进出境植物检疫标准汇编

（二）

全国植物检疫标准化技术委员会
国家认证认可监督管理委员会科技与标准管理部　编
中国标准出版社第一编辑室

中国标准出版社
北京

图书在版编目(CIP)数据

进出境植物检疫标准汇编.2/全国植物检疫标准化技术委员会,国家认证认可监督管理委员会科技与标准管理部,中国标准出版社第一编辑室编.—北京:中国标准出版社,2011

ISBN 978-7-5066-6199-7

Ⅰ.①进… Ⅱ.①全…②国…③中… Ⅲ.①植物检疫:国境检疫-标准-汇编-中国 Ⅳ.①S41-65

中国版本图书馆 CIP 数据核字(2011)第 004914 号

中国标准出版社出版发行
北京复兴门外三里河北街 16 号
邮政编码:100045
网址 www.spc.net.cn
电话:68523946 68517548
中国标准出版社秦皇岛印刷厂印刷
各地新华书店经销
*
开本 880×1230 1/16 印张 63.75 字数 1 834 千字
2011 年 2 月第一版 2011 年 2 月第一次印刷
*
定价 295.00 元

前　　言

进出境植物检疫工作的主要目的是防范检疫性有害生物传入、传出国境，保护农林业、人类健康和生态安全。随着全球贸易自由化的发展，我国的国民经济和世界各国的联系越来越密切，口岸面临防范有害生物入侵的严峻形势，标准作为技术执法的主要依据，其技术支撑能力进一步增强，作用更加重要。近年来，进出境植物检疫标准已进入稳步发展时期，每年都有几十项新标准发布，为了方便口岸植物检疫人员查询、使用标准，我们精心组织编辑了《进出境植物检疫标准汇编》一书。

《进出境植物检疫标准汇编》收录了截至2010年11月底批准发布且现行有效的植物检疫国家标准和出入境检验检疫行业标准共318项，其中国家标准50项、出入境检验检疫行业标准268项。《进出境植物检疫标准汇编》共分三卷，第一卷内容包括综合类、风险分析类、调查监测类和检疫规程类标准，第二卷内容包括昆虫检疫鉴定类、线虫检疫鉴定类、杂草检疫鉴定类、转基因检测类和物种资源鉴定类标准，第三卷内容包括真菌检测鉴定类、细菌检测鉴定类、病毒检测鉴定类和检疫处理类标准。

本卷为《进出境植物检疫标准汇编》的第二卷，收录了昆虫检疫鉴定类、线虫检疫鉴定类、杂草检疫鉴定类、转基因检测类和物种资源鉴定类五部分标准共107项，其中国家标准5项、出入境检验检疫行业标准102项。

本书的编辑出版对我国植物检疫系统的管理和检疫人员、植物和植物产品相关的进出口企业，以及其他关注植物和植物产品进出口贸易的相关人士有所借鉴和帮助。

编　者

2010年12月

目　　录

一、昆虫检疫鉴定类

二、线虫检疫鉴定类

三、杂草检疫鉴定类

四、转基因检测类

五、物种资源鉴定类

一、昆虫检疫鉴定类

前　　言

地中海实蝇为我国进境植物检疫危险性害虫。为了防止地中海实蝇随寄主植物传入我国，在进境植物检疫时，需正确掌握地中海实蝇的检疫鉴定方法。本标准在制定过程中，经过调查研究、资料分析和总结多年的实践经验，以及依据地中海实蝇的生物学特性和形态分类学原理，确定各项技术指标。本标准以地中海实蝇成虫外部的形态特征作为鉴定的依据。

本标准由农业部提出。

本标准负责起草单位：中华人民共和国广东出入境检验检疫局。

本标准主要起草人：梁广勤、杨国海、梁帆、黄冠胜、司徒保禄。

中华人民共和国国家标准

植物检疫
地中海实蝇检疫鉴定方法

GB/T 18084—2000

Plant quarantine—Methods for inspection and identification of mediterranean fruit fly, *Ceratitis capitata* Wiedemann

1 范围

本标准规定了进境植物检疫中对地中海实蝇的检疫和鉴定方法。

本标准适用于进境水果、蔬菜(限番茄、茄子、辣椒等)中地中海实蝇的检疫和鉴定。

2 原理

地中海实蝇的成虫将卵产在果实内,在果皮上留下产卵孔。剖开果实用肉眼或借助扩大镜或双目解剖镜可看见在果实皮下的卵粒或在果实内取食的幼虫。幼虫发育成熟后从果实中蛀孔爬出并弹跳落地,入土化蛹。蛹在土中发育成熟后,羽化为成虫破土外出。成虫的形态特征与其他实蝇种不同。该虫的生物学特性及其形态学特征是本标准鉴定方法的依据。

3 仪器、用具

3.1 双目解剖镜、扩大镜。

3.2 白瓷盘适用的规格是:小号长×宽×高为 30 cm×26 cm×3 cm;大号长×宽×高为 52 cm×36 cm×3 cm。

3.3 防虫网罩:长×宽×高为 42 cm×30 cm×12 cm,内表面用 40 目尼龙纱布作衬里。

3.4 解剖刀和镊子。

3.5 养虫箱。

4 抽查

4.1 一般要求

4.1.1 抽查在现场进行。

4.1.2 抽查前应对待检水果、蔬菜的有关单证、产地、包装、唛头、品种、数量进行核实。

4.1.3 用随机的方法进行抽查,开件检查包装物底部、四周、缝隙及水果和蔬菜洼陷等处有无幼虫和蛹。对抽查到的水果和蔬菜逐个进行检验。

4.2 抽查件数

4.2.1 批量在 10 件以下(含 10 件)的,全部检查。

4.2.2 批量在 10 件以上(不含 10 件)的,按表 1 所列比例抽查。

国家质量技术监督局 2000-04-26 批准　　　　2000-10-01 实施

表 1 抽查比例

批量,件	抽查,%	备注
100 以下	≥10	每批抽查件数不少于 10 件
101～300	10～5	
301～500	5～3	
501～1 000	4～3	
1 000～2 000	3～2	
2 001～5 000	2～1	
5 000 以上	1～0.2	

4.2.3 发现可疑疫情,适当增加抽查件数,每批抽查不得少于 30 件(批量少于 30 件的,全部检查)。

5 取样

5.1 取样结合抽查进行。

5.2 按表 2 的比例抽取代表样品。

表 2 取样比例

批量,件	取样,份	样品质量
100 以下	1	每份代表样品的质量为 2～5 kg
101～300	1～2	
301～500	2～3	
501～1 000	3～4	
1 000～2 000	4～5	
2 001～5 000	5～6	
5 000 以上	7	

5.3 发现可疑症状的水果和蔬菜也应作为样品带回实验室检验。

6 检验方法

6.1 表面检验

在现场或室内用肉眼或借助扩大镜直接检查水果、蔬菜表面是否有地中海实蝇的为害状,如产卵孔、软腐现象。

6.2 剖果检验

在现场或室内用解剖刀将可疑的果实剖开,仔细检查是否有蛆状幼虫,一旦发现,作进一步培养至成虫,再作鉴定。

6.3 镜检

把怀疑带虫的样品置于双目解剖镜下进行检查。

6.4 培养检验

将经过上述方法检验后的样品放在小号白瓷盘里,然后将小号白瓷盘放在装有自来水的大号白瓷盘内,再用防虫网罩盖及小号白瓷盘,罩的下方边缘浸没于大号白瓷盘的自来水中,在室温(25～26)℃下培养(5～10)天。每天至少观察二次,如发现大号白瓷盘内的水中有幼虫,则用镊子将幼虫夹起,放入盛有半干湿洁净细砂的杯状容器中化蛹。将容器移至养虫箱继续培养。待成虫羽化后,在养虫箱内再饲养(3～5)天,然后制成标本。

7 成虫形态特征

7.1 腊实蝇属(*Ceratitis*)的主要特征

7.1.1 触角的长度显短于颜；第3节长约2倍于宽，末端圆钝。

7.1.2 鬃序完全；其中侧额鬃4对；单眼鬃发达。

7.1.3 翅较短阔，基部散布多个暗褐色至黑色小斑点或不规则的小条斑；翅斑大部分黄色或黄褐色，通常具前缘带、中横带、端前横带各1条；臀肘脉(CuA_2)强烈屈曲，后肘室的延长部分较短；基中室的宽度与后肘室的宽度大致相等。

7.2 种的主要特征

7.2.1 体长(3.5～5.0)cm。

7.2.2 雄虫头部第2对侧额鬃上端部特化成暗灰色匙状附器，端尖。雌虫第2对侧额鬃不特化但比其他3对粗。

7.2.3 肩胛中央具1个黑色斑点，上生有1根肩鬃。

7.2.4 中胸盾片凸，有光泽，其上的黑色区与淡色区域彼此镶嵌而构成形状和大小不同的斑纹，横缝上有两个近圆形的黑斑，两黑斑之间有一个较小的黑斑，之后有两个较大的黑斑。

7.2.5 小盾片凸、发亮，黑色；近基部有一波纹状淡黄色横带。

7.2.6 翅具前缘带、中横带、端前横带各1条，但后端横带缺如。

7.2.7 腹部短宽，黄色或黄褐色，被覆黑色细毛，第2、第4背板后半部各有1条银灰色横带。

8 结果判定

以成虫形态特征为依据，符合上述形态特征可鉴定为地中海实蝇。

前 言

谷斑皮蠹是我国进境植物检疫危险性害虫。为了防止谷斑皮蠹随货物传入我国，在进境植物检疫时，需正确掌握谷斑皮蠹的检疫鉴定方法。

本标准在制定过程中，参考国内外有关研究成果，经调查研究、资料分析和检疫实践的基础上编制而成。

本标准给出谷斑皮蠹幼虫和成虫的形态特征，两者可同时或单独作为谷斑皮蠹的鉴定依据。

本标准由农业部提出。

本标准起草单位：中华人民共和国昆明出入境检验检疫局。

本标准主要起草人：蒋小龙、沐咏民、王龙文、丁元明。

中华人民共和国国家标准

植物检疫　谷斑皮蠹检疫鉴定方法

GB/T 18087—2000

Plant quarantine—Methods for inspection and identification on Khapra Beetle (*Trogoderma granarium* Everts)

1　范围

本标准规定了谷斑皮蠹(*Trogoderma granarium* Everts)的检验和鉴定方法。

本标准适用于谷斑皮蠹的检疫和鉴定。

2　原理

2.1　谷斑皮蠹属鞘翅目(Coleoptera)、皮蠹科(Dermestidae)、斑皮蠹属(Trogoderma),有翅不能飞,主要靠货物、包装材料和运输工具传播。

2.2　谷斑皮蠹的分布、寄主、形态特征、内部解剖特征、传播途径及生物学习性为制定检疫和鉴定方法提供了依据。

3　溶液配置

3.1　10%氢氧化钾溶液:氢氧化钾 10 g 加 90 mL 蒸馏水摇匀而成。用于标本解剖处理。

3.2　福尔马林溶液:1 份福尔马林(含甲醛 40%)加(17～19)份蒸馏水摇匀而成。用于虫卵的保存。

3.3　酒精溶液:在 75%的酒精中加入 0.5%～1%的甘油而成。用于成虫和幼虫的保存。

3.4　卡莱氏溶液:17 份 95%酒精加 2 份冰乙酸、6 份甲醛、28 份蒸馏水摇匀而成。用于虫体形态固定和标本保存。

3.5　霍氏封片液:将 30 g 阿拉伯树胶放入 50 mL 蒸馏水,置于(50～80)℃水浴液中,待树胶全部溶解后再加入 200 g 水合三氯乙醛和 20 mL 甘油,用玻棒调匀而成。用于虫体封片。

4　仪器及用具

4.1　显微镜、解剖镜。

4.2　培养皿、小烧杯、酒精灯、微型解剖刀、解剖针、载玻片、盖玻片、吸管、小毛笔、标签、各类孔径样筛。

4.3　选 14-甲基-8-十六碳烯醛[14-Methyl-8-hexadecenal],(顺∶反)结构为 92∶8 的性诱剂。

4.4　选芝麻油、菜子油、燕麦油、玉米油、麦芽油等为食物诱剂。

4.5　选瓦楞纸捕器或探管捕器结合性诱剂或食物诱剂使用。

5　现场检疫

5.1　抽查

5.1.1　抽查在现场进行。

5.1.2　用随机方法进行抽查。

5.1.3　抽查件数:按货物总件数的 0.5%～5%抽查。500 件以下抽查 3～5 件;(501～1 000)件抽查(6～10)件;(1 001～3 000)件抽查(11～20)件;3 001 件以上,每增加 500 件抽查件数增加 1 件(散装货物

国家质量技术监督局 2000-04-26 批准　　　　2000-10-01 实施

以 100 kg 比照 1 件计算)。

5.2 取样

5.2.1 现场取样结合抽查进行。

5.2.2 当抽查易筛货物时,在每件货物内均匀抽取(1~3)kg 物品过筛,将 1%的混合样(不足 1 kg 按 1 kg取样)和筛下物带回室内检查;当抽查非粮豆类货物时,视情况确定取样数量;散装货物以 100 kg 比照 1 件计算。

5.3 检疫方法

5.3.1 过筛检查:对谷物、豆类、油料、花生仁、干果、坚果等,采用过筛检查。

5.3.2 肉眼检查:对包装物、填充物、铺垫材料、集装箱、运输工具、动物产品等,采用肉眼检查。特别是麻袋的边、角、缝隙处;棉花包和攀枝花包的皱褶、边、角、缝隙处;纸盒的夹缝等隐蔽场所;运输工具、集装箱的角落和地板缝。

5.3.3 诱剂检查:将性诱剂、食物诱剂或两者混合物装入诱捕器内。将诱捕器放入货物内或麻袋间,运输工具、集装箱或停货仓库内的缝隙、角落等地方,定期收集诱捕器内的昆虫标本。

5.3.4 饲养检查:将按 5.2 取回的样品,放入(32~35)℃、湿度 70%培养箱内饲养观察。

5.4 收集标本:通过检查收集的成虫、幼虫、蛹、卵及蜕皮壳,分别保存于相关溶液中,根据鉴定方法进行结果判定。

6 实验室鉴定

6.1 斑皮蠹属(*Trogoderma*)的主要特征

6.1.1 表皮褐色至黑色,鞘翅上常有淡红色或淡黄色的亚基带、亚中带及亚端带,亚基带往往呈环状。

6.1.2 头部具 1 中单眼。

6.1.3 触角 11 节,雄虫触角棒 3~5 节,雌虫触角棒 3~4 节。

6.1.4 后足第 1 附节长于第 2 附节。

6.2 谷斑皮蠹主要特征

6.2.1 成虫:体长(1.8~3.0)mm,宽(0.9~1.7)mm,雌虫大于雄虫,头及前胸背板暗褐色至黑色,鞘翅红褐色,上面的淡色花斑不明显;触角 11 节,雄虫触角棒 3~5 节,末节长约为 9、10 节的总和,雌虫触角棒 3~4 节;触角窝宽而深,触角窝的后缘隆线特别退化,在雄虫约消失全长的三分之一,在雌虫约消失全长的三分之二。颏的前缘中部具有深凹,两侧钝圆,在凹缘深处的高度不及颏最大高度的一半;雌虫交配囊骨片极小,长约 0.2 mm,宽 0.01 mm,上面的齿稀少。

6.2.2 幼虫:纺锤型、长(4.0~6.7)mm(平均 5.3 mm),宽(1.4~1.6)mm(平均 1.5 mm),背面乳白色至红褐色;触角 1、2 节约等长,第 1 节上的刚毛散生于该节周围,仅外侧四分之一处无刚毛;第 1 腹节端背片最前端的芒刚毛不超过前脊沟;或仅以间断线形式存在;上内唇具感觉乳突 4 个。

7 结果判定

7.1 成虫符合雄虫触角棒 3~5 节,雌虫 3~4 节,鞘翅上的花斑极不清晰;触角窝的后缘隆线特别退化,在雄虫约消失全长的三分之一,在雌虫约消失全长的三分之二,颏的前缘中部具有深凹,侧缘圆形,雌虫交配囊骨片极小,长约 0.2 mm,则可鉴定为谷斑皮蠹。

7.2 幼虫符合上内唇乳突 4 个和第 8 个腹节背板无前脊沟,则可鉴定为谷斑皮蠹。

ICS 65.020.99
B 16

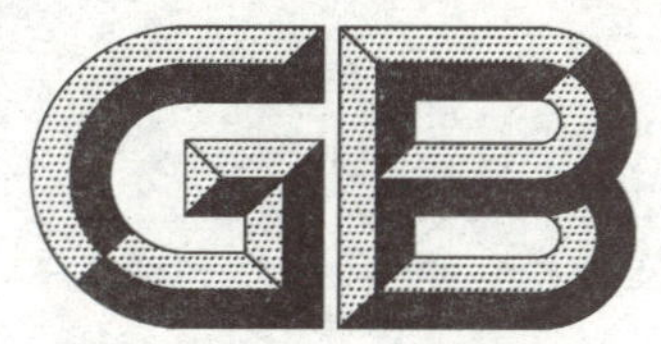

中华人民共和国国家标准

GB/T 20477—2006

红火蚁检疫鉴定方法

Methods of quarantine and identification of *Solenopsis invicta* Buren

2006-08-31 发布　　2007-03-01 实施

中华人民共和国国家质量监督检验检疫总局
中国国家标准化管理委员会　发布

前　言

本标准的附录A为资料性附录。

本标准由全国植物检疫标准化技术委员会提出并归口。

本标准起草单位：中国检验检疫科学研究院、中华人民共和国深圳出入境检验检疫局和中华人民共和国广东出入境检验检疫局。

本标准起草人：陈乃中、施宗伟、陈岩、朱水芳、陈洪俊、马晓光、杨伟东、郭权、陈克、李尉民、张生芳。

红火蚁检疫鉴定方法

1 范围

本标准规定了检疫过程中红火蚁的查验和鉴定方法。

本标准适用于红火蚁的疫情调查、出入境现场检疫及其鉴定。

2 术语和定义

下列术语和定义适用于本标准。

2.1

柄节 scape

触角基部第1节(图1)。在蚁类,该节甚长,呈圆柱状或略扁。

2.2

并胸腹节 propodeum

膜翅目昆虫中,向前并入胸部的第1腹节(图1)。

2.3

腹柄结 petiolar node

膜翅目昆虫中,并胸腹节后面有1至2腹节缩小为“腰”,此时的腹节称为腹柄节,统称为腹柄。腹柄的膨大部称为腹柄结(图1)。有时腹柄就称为腹柄结。腹柄节有2节时,第2腹柄节称为后腹柄结(postpetiolar node)。

2.4

柄后腹 gaster

腹柄之后腹节(图1)的统称。

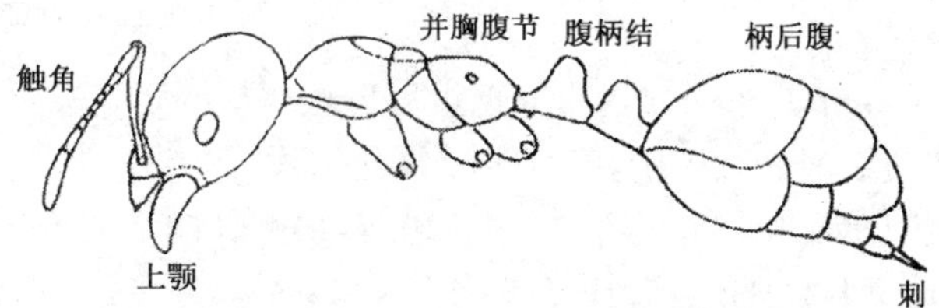

图1 红火蚁工蚁侧观示意图

3 原理

红火蚁(*Solenopsis invicta* Buren)属于膜翅目(Hymenoptera),蚁科(Formicidae),切叶蚁亚科(Myrmicinae),火蚁属(*Solenopsis* Westwood)。蚁后产卵,卵大部分发育为工蚁,少量发育为雄蚁和繁殖型雌蚁。生殖型雌蚁和雄蚁婚飞受精后,飞行扩散,形成单蚁后型蚁群;雌蚁受精后,爬行扩散,形成多蚁后型蚁群。蚁群群栖于蚁巢之中,随着蚁群个体数量的增大,蚁巢也在增大。其中的工蚁又有大小型之分,大型工蚁又称为兵蚁。迄今的蚁科分类主要以大型工蚁的形态特征为依据。

4 器材和试剂

体视显微镜、装有70%乙醇的指形管、试管架、标签纸、记号笔、玻璃棒、小铁铲、橡胶手套、手持放大镜。

5 现场查验

5.1 疫情调查

在公园、校园、园艺场、庭院、运动场、公路两侧、废弃荒地，花木、蔬菜、水果种植场，货物存放场地，以及木质包装检疫处理厂等地，检查地面、草丛、石块和木材底部、杂物存放地、花盆下面等处，观察有无新翻的细土、蚁巢蚁道、活动中的蚂蚁，如有可疑迹象，用小铁铲翻挖土沙，肉眼或用手持放大镜观察，若发现头胸红褐色、腹部色深的蚂蚁，可用玻璃棒招引，置于装有70%乙醇的指形管中，贴上标签，用记号笔做必要的记录，带回实验室鉴定，也可用诱集的方法发现该虫，也可以访问当地人员，询问有无被蚂蚁叮咬起脓泡的被害者，若有，应追踪调查。

5.2 出入境现场检疫

查验红火蚁疫区即将启运、或自红火蚁疫区入境的草皮、种子、花卉、苗木、盆景、介质土、原木、废纸、包装材料、集装箱、交通工具等可能携带红火蚁的物品。在5%～20%抽查比例基础上加大抽查比例，对带有栽培介质或土壤的花卉、苗木应100%查验。若发现头胸红褐色、腹部色深的蚂蚁，可用前面所述方法带回实验室鉴定。

5.3 防护

查验过程中，应戴橡胶手套，注意自身防护。若遭红火蚁叮咬，应立即冷敷患部，并用肥皂与清水清洗；应忍耐身体不适和剧烈的疼痛感，不可抓揉被叮咬处、弄破脓泡，以防细菌造成二次感染；若有过敏史或被叮咬后产生全身性搔痒、荨麻疹、脸部燥红肿胀，或呼吸困难、胸痛、心跳加快等严重症状时，应尽快就医。

6 实验室鉴定

6.1 鉴定基本方法

将带回室内的标本，置于体视显微镜下，观察是否符合以下鉴定特征。

6.2 火蚁属的鉴定特征

工蚁腹柄结2个；触角10节，末2节成锤棒状；唇基两侧有纵脊向前延伸成齿。

6.3 红火蚁的鉴定特征

6.3.1 工蚁的鉴定特征

工蚁[图2a)]体长约2.0 mm～6.0 mm。头部近正方形至略呈心形(图A.1)长1.00 mm～1.47 mm，宽0.90 mm～1.42 mm。头顶中间轻微下凹，不具带横纹的纵沟；唇基中齿发达，长约为侧齿的一半，有时不在中间位置；唇基中刚毛明显，着生于中齿端部或近端；唇基侧脊明显，末端突出呈三角尖齿，侧齿间中齿基以外的唇基边缘凹陷；复眼椭圆形，最大直径为11个～14个小眼长，最小直径约8个～10个小眼长；触角柄节长，兵蚁柄节端离头顶约0.08倍～0.15倍柄节长，小型工蚁柄节端可伸达或超过头顶。

前胸背板前侧角圆至轻微的角状，罕见突出的肩角；中胸侧板前腹边厚，厚边内侧着生多条与厚边垂直的横向小脊；并胸腹节背面和斜面两侧无脊状突起，仅在背面和其后的斜面之间呈钝圆角状。

后腹柄结略宽于前腹柄结，前腹柄结腹面可能有一些细浅的中纵沟，柄腹突小，平截，后腹柄结后面观(图A.1)长方形，顶部光亮，下面三分之二或更大部分着生横纹与刻点。

虽同一蚁巢个体间颜色比较一致，但种内颜色变化大，双色，头、胸从桔红色至深红褐色，柄后腹从褐色及第1背板上有大斑，至黑褐色。三角形额中斑和其后的窄中纵沟颜色在大多数标本中均明显深于周围区域。同一蚁巢中，小型工蚁颜色深于大型工蚁。

红火蚁分布及其与重要近似种和国内有关种类兵蚁鉴别索引表见附录A。

6.3.2 雌蚁的颜色

雌蚁[图2b)]颜色与工蚁相近。柄后腹黑褐色；胸、足和触角柄节浅褐色；中胸盾片上常有3条深色纵纹；头部中间黄色或黄褐色；头顶和上颚颜色与胸部接近；翅脉浅褐色。

6.3.3 **雄蚁的颜色**

雄蚁[图 2c)]通体黑色,但触角白色。翅脉透明至浅褐色。

7 结果判定

以工蚁形态特征为依据,以雌蚁和雄蚁颜色特征做参考,符合上述 6.1 和 6.3 特征者可判定为红火蚁。

a) 工蚁

b) 雌蚁

c) 雄蚁

图 2 红火蚁全形图

附　录　A
（资料性附录）
红火蚁分布及其与重要近似种和国内有关种类兵蚁鉴别检索表

红火蚁是最具入侵性和破坏性的外来有害生物之一。目前已知发生于巴西、秘鲁、玻利维亚、阿根廷、乌拉圭、美国（1940 年前后）、澳大利亚（2001 年）、新西兰（2001 年）、马来西亚、安提瓜岛和巴布达岛、巴哈马群岛、特立尼达和多巴哥、英国维京岛、美国维京岛及我国台湾、广东、广西、福建、湖南和香港。

红火蚁入侵前国内已知火蚁种类有：急逃火蚁 *S. fugax*（Latreille）、热带火蚁 *S. geminata*（F.）、猎食火蚁 *S. indagatrix* Wheeler、贾氏火蚁 *S. jacoti* Wheeler 和知本火蚁 *S. tipuna* Forel。国外重要的火蚁种类有：黑火蚁 *S. richteri* Forel、巴西火蚁 *S. saevissima* Smith 和木火蚁 *S. xyloni* MacCook 等。红火蚁和它们的区别可参考如下检索表（图 A.1）：

1　复眼小，小眼不足 10 个 …………………………………………………………………… 2
　复眼大，小眼超过 10 个 …………………………………………………………………… 5
2　复眼仅有 2 个～4 个小眼；并胸腹节长，其长度为前胸与中胸总长度的 2 倍 ………………
　……………………………………………………………… 知本火蚁 *S. tipuna* Forel
　复眼具有 4 个以上小眼；若仅有 4 个小眼，则并胸腹节至多与前胸和中胸总长度等长或短于其总长度 ……………………………………………………………………………………… 3
3　触角柄节短，很少超过复眼与头顶角之间距离的二分之一 ……… 贾氏火蚁 *S. jacoti* Wheeler
　触角柄节长，远超过复眼与头顶角之间距离的二分之一……………………………………… 4
4　头近长方形，小而窄；头顶缘不凹陷，近平直 ………………… 猎食火蚁 *S. indagatrix* Wheeler
　头较宽，头顶缘中部凹陷 ……………………………………… 急逃火蚁 *S. fugax*（Latreille）
5　唇基中齿缺如，罕见不明显的小齿…………………………………………………………… 6
　唇基有明显的中齿 ………………………………………………………………………… 8
6　头部前面观两侧近于平行；头顶中间明显下凹，有带横纹的纵沟伸向额部；并胸腹节背面和其后斜面两侧具脊状突起 ……………………………………………… 热带火蚁 *S. geminata*（F.）
　头部前面观上宽下窄；头顶中间纵沟浅，不带横纹；并胸腹节背面和其后斜面两侧无脊状突起，至多在背面和其后斜面交接处有短脊或突起 ……………………………………………… 7
7　较大个体头宽在 1.5 mm 以上，最大工蚁的并胸腹节背面和其后斜面的交界处两侧有一对短的纵脊或不规则形状突起 …………………… 热带火蚁木火蚁杂交种 *S. geminata*×*S. xyloni*
　最大个体头宽不超过 1.48 mm，并胸腹节无背侧脊 ……………… 木火蚁 *S. xyloni* MacCook
8　前胸背板前侧角成角状，常有明显的突起；背板后面部分中部通常下凹；头部黑褐色；上颚通常黄褐色；额无深色中斑，或极少能与周围区域分开；柄后腹第 1 背板有明显的黄褐色斑 ………
　……………………………………………………………… 黑火蚁 *S. richteri* Forel
　前胸背板前侧角圆，通常无突起；背板后面部分中部平或凸起；头部黄色，至少在上颚基和唇基附近如此 ………………………………………………………………………………… 9
9　无深色额中斑；后腹柄结后面观上半或三分之二部分光亮或稍呈纹状，下半或三分之一部分着生横纹与刻点 ……………………………………………… 巴西火蚁 *S. saevissima* Smith
　有深色额中斑；后腹柄结后面观长方形，顶部光亮，下面三分之二或更大部分着生横纹与刻点
　……………………………………………………………… 红火蚁 *S. invicta* Buren

红火蚁和黑火蚁之间出现有杂交种 *S. richteri*×*S. invicta*，呈似黑火蚁颜色被洗脱后的颜色，头、胸比柄后腹更褐或更斑驳，柄后腹斑块暗，后缘不明显，额中斑可见，头部椭圆形至略呈心形。南美一些

地区本种的一些标本在形态上似北美的杂交种。北美的“纯”黑火蚁在形态上的变异无疑比南美的黑火蚁小。

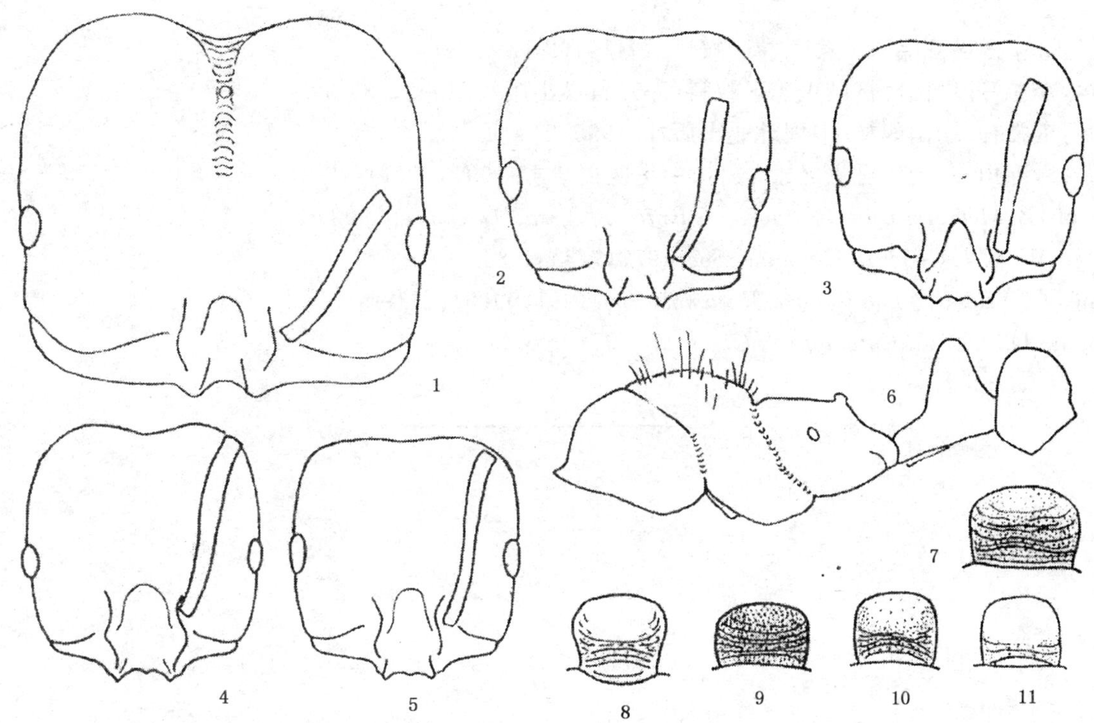

1～5——头部前面观；
6——并腹胸和腹柄结侧面观；
7～11——后腹柄结后面观；
1,7——热带火蚁；
2,8——木火蚁；
3,9——红火蚁；
4,10——黑火蚁；
5,11——巴西火蚁；
6——热带火蚁与木火蚁杂交种。

图 A.1 红火蚁及其重要近似种的部分特征

参考文献

1. 胡经甫. 中国昆虫名录・第六卷・蚁科. 1941:162-164.

2. 唐觉,李参等. 中国经济昆虫志・蚁科(一). 科学出版社. 1995,134 页.

3. 吴坚,王常禄. 中国蚂蚁. 中国林业出版社. 1995,214 页.

4. 周梁镒,寺山守. 台湾昆虫名录-蚁科. 中华昆虫杂志. 1991,11(1):75-84.

5. Bolton,B. *Memoirs of the American Entomological Institute*. 2003,71:1-370.

6. Buren W. F. *J. Georgia Entomol. Soc.* 1972,7(1):1-26.

7. James C. Trager. *J. New York Entomol. Soc.* 1991,99(2):141-198.

8. Wojcik,D. P. et al. *Entomology Circular*. 1976,No. 173.

中华人民共和国出入境检验检疫行业标准

SN/T 1105—2002

大家白蚁检疫鉴定方法

Quarantine methods for identification of *Coptotermes curvignathus* Holmgren

2002-05-20 发布　　2002-11-01 实施

中华人民共和国国家质量监督检验检疫总局 发布

前　言

本标准是按照GB/T 1.1—2000《标准化工作导则　第1部分:标准的结构和编写规则》进行编写的。

大家白蚁是我国二类进境植物检疫危险性害虫。为了防止该害虫随原木、锯木或含木质纤维素的商品和包装物的调运传入我国,在进境检验检疫时,需正确掌握大家白蚁的检疫和鉴定方法。

本标准是在总结了多年来植物检疫的实践经验,参阅了国内外的最新资料后制定的。其中实验室鉴定方法的制定采用了大家白蚁各个品级形态特征的比较权威的描述,并结合了现有的标本和检疫实践。

本标准的附录A和附录B为资料性附录。

本标准由国家认证认可监督管理委员会提出并归口。

本标准起草单位:中华人民共和国厦门出入境检验检疫局。

本标准主要起草人:方元炜、林振基、庞金、刘启斌。

本标准系首次发布的出入境检验检疫行业标准。

大家白蚁检疫鉴定方法

1 范围

本标准规定了大家白蚁(*Coptotermes curvignathus* Holmgren)的检疫和鉴定方法。

本标准适用于大家白蚁的检疫和鉴定。

2 原理

大家白蚁是一种危害热带、亚热带林木和果树的危险性害虫,属等翅目(Isoptera)、鼻白蚁科(Rhinotermitidae)、乳白蚁属(*Coptotermes* Wasman,亦称家白蚁属),随原木、锯材或含木质纤维素的商品和包装物入境传播。大家白蚁属于社会性多形态昆虫,同一个巢群有不同品级的分化,有蚁王、蚁后、工蚁、兵蚁和繁殖蚁之分,兵蚁变化奇特,在分类学有明显的鉴别价值。该虫属土木栖白蚁,可筑巢于木材内,也可筑巢于土壤中,营隐蔽生活方式,各个品级的发生和整个巢群的发展都在巢穴内,在木材内筑巢者多在木材中央空洞处。受害木材外表有时可见小孔、通气孔或工蚁出入的洞口,并常见有排泄物或泥路泥被。大家白蚁的生活习性、各个品级尤其是兵蚁的形态特征可作为鉴定该虫的主要依据。

3 仪器、试剂

3.1 显微镜、解剖镜。

3.2 树皮铲、手锯、油锯、解锥、螺丝刀、小斧头。

3.3 解剖刀、解剖针、镊子、培养皿、毛笔。

3.4 养虫瓶、指形管。

3.5 75%酒精。

4 现场检疫

4.1 抽查

4.1.1 抽查方法

在现场用随机方法进行抽查。

4.1.2 抽查数量

4.1.2.1 木材货物抽查

按木材货物(原木、锯材含木质纤维的商品或木质包装物等)总件数的比例抽查:10件以下的,全部检查;(11~100)件,增加抽查(3~5)件;101件以上,每增加100件,增加抽查1件。如发现有白蚁为害症状的,应适当增加抽查件数。

4.1.2.2 木质包装物抽查

以木托盘、木箱等个数计件,50件以下的,全部检查;51件以上的,每增加10件,增加抽查1件。

4.2 取样

现场取样结合抽查进行。发现可疑为害状的木材(原木、锯材含木质纤维的商品或木质包装物等)时,应截取样品木段带回室内检验。

4.3 检验方法

4.3.1 检查空洞

用解锥敲打木材,探明是否有空洞。若是异常声响,应撬开空洞,仔细检查是否有白蚁行踪。

4.3.2 检查白蚁外露的活动踪迹

检查木材是否有白蚁泥(即白蚁排泄物及泥土堆积和蚁路)、分飞孔(此孔是有翅成虫移植出飞的孔口,孔口常有泥土封住)和通气孔(即蚁巢外面直径约1 mm的针尖状小孔,通常有十几个至几十个,孔口有时有细泥土,并常有兵蚁守卫)。

4.3.3 查寻巢穴

在现场对有白蚁外露的活动踪迹的可疑木材仔细查寻巢穴,如发现有白蚁活动,应及时收集标本,保存于75%酒精内,以备进行实验室鉴定。

5 实验室鉴定

5.1 乳白蚁属(*Coptotermes* Wasman)的鉴定

5.1.1 兵蚁鉴定

乳白蚁属之兵蚁依据以下主要特征进行鉴定:头卵形,前端明显变狭,囟位于头前部,呈短管延出,囟孔大,朝向前方,上颚细而弯曲,除基部的锯形缺刻外,内缘光滑无齿,触角13节~17节,上唇尖吞形。前胸背板平坦,狭于头部。

5.1.2 有翅成虫鉴定

乳白蚁属之有翅成虫依据以下主要特征进行鉴定:头部宽卵形,后唇基极短而平,触角18节~25节,囟位于头中部。前胸背板扁平,狭于头部,前翅鳞大于后翅鳞且覆盖后翅鳞之上,翅脉有极浅淡的网状纹,翅面具毛,前翅中脉由肩缝处独立伸出,后翅中脉由胫分脉基部分出,中脉距肘脉极近。

5.2 大家白蚁的鉴定

5.2.1 兵蚁鉴定

大家白蚁之兵蚁依据以下主要特征进行鉴定:头壳深黄色,上颚深褐色,胸部腹部和足淡黄色。头壳稀布小毛,上唇端有1对端毛,囟孔两侧各具1枚刚毛,囟孔与触角间也有1枚粗刚毛,前胸背板中区具短毛约20枚。头壳卵圆形,最宽处在头的后半部,上颚瘦长,军刀状,颚端强烈弯曲,左上颚基部有1深凹处,其前具小齿刻,上唇为舌形,长稍大于宽,端部稍尖,唇端半透明,囟孔大、圆形,侧面观孔口倾斜,上部稍向后。触角15节~16节,一般为16节,第3、4节短小,几乎相等,第2节稍长于第3节或相等。前胸背板元宝形,宽大于长,前后缘中央具浅凹,前侧角圆,两侧缘斜向后缘。兵蚁量度和形态特征图见附录A、附录B。

5.2.2 有翅成虫鉴定

大家白蚁之有翅成虫依据以下主要特征进行鉴定:全长16 mm~17 mm,翅长13 mm~14 mm,体长(不含翅)7.50 mm,头近圆形,深褐色,头长1.15 mm。触角黄褐色,21节,第2节、第3节、第4节短于其他各节,其中第3节最短。复眼大,近圆形,单眼卵圆形。触角与复眼间距小于触角与单眼间距,单眼与复眼间距小于单眼的宽度。前胸背板前缘中央向后凹入,后缘中央向前凹入。前胸背板褐色,密生黄褐色长毛。前翅鳞大于后翅鳞,翅面密生细短的淡褐色毛,前翅中脉从肩缝处独立伸出,肘脉有4条~10条分支。后翅中脉从径分脉基部分出,肘脉有8条~10条分支,在不同个体间翅脉变化较大。

6 结果判定

以兵蚁的形态特征为依据,有翅成虫的鉴定特征可作参考,符合上述形态特征可鉴定为大家白蚁。

7 标本保存

采集到的标本应保存在内盛75%酒精的广口瓶中,注明货物来源,白蚁寄主,采集时间、地点及采集者,保存期为6个月至1年。

附 录 A
（资料性附录）
大家白蚁兵蚁量度表

A.1 大家白蚁兵蚁量度如表 A.1 所示。

表 A.1 大家白蚁兵蚁量度

单位为毫米

项　目	Holmgren(1913) 原记载	Ahamad(1965) 根据泰国标本	平正明(1992) 根据马来西亚标本
头长至上颚	1.48～1.56	1.65～1.76(1.69)	1.45～1.65(1.55)
头宽(颚基)	0.78～0.83	0.86～0.90(0.87)	0.72～0.83(0.78)
头最宽	1.35～1.43	1.40～1.63(1.53)	1.25～1.37(1.33)
头高	0.93～0.98	0.97～1.11(1.06)	0.85～0.93(0.99)
左上颚长	—	1.08～1.22(1.14)	0.90～1.10(0.99)
囟孔长径	—	0.15～0.21(0.18)	0.21～0.25
囟孔短径	—	0.15～0.18(0.16)	—
后颏长	—	0.97～1.11(1.08)	0.90～1.00(0.94)
后颏宽	0.39～0.44	0.43～0.46(0.44)	0.37～0.45(0.41)
后颏狭	—	0.23～0.30(0.26)	0.22～0.25(0.24)
前胸背板长	0.48	0.54～0.63(0.57)	0.47～0.52(0.51)
前胸背板宽	0.93～1.01	1.04～1.18(1.12)	0.87～0.98(0.93)
注：括号内的各项目的数值为该项目的平均值。			

附 录 B
（资料性附录）
大家白蚁兵蚁特征图

B.1 大家白蚁兵蚁特征如图 B.1 所示。

单位为毫米

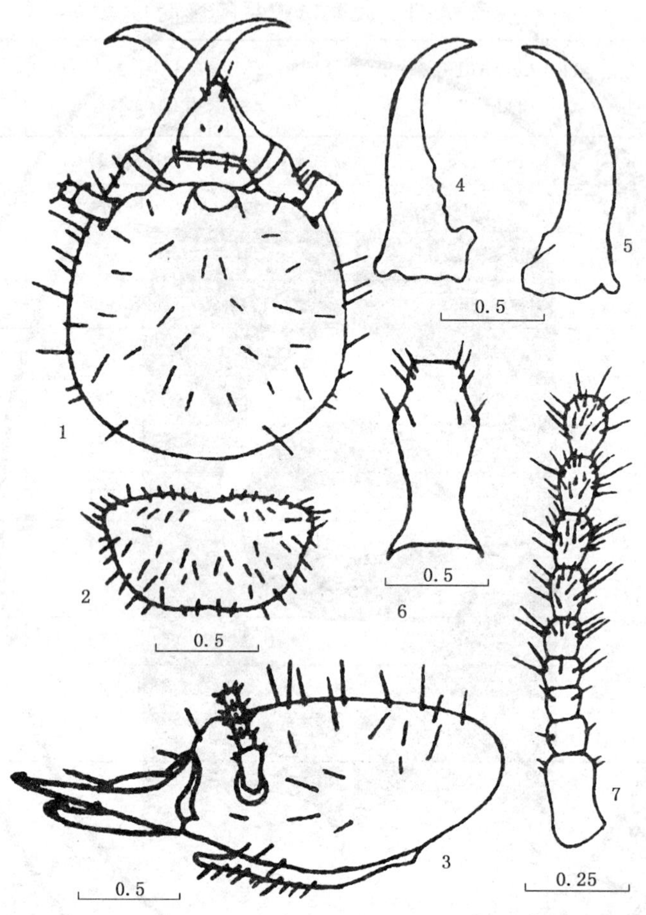

1——头部正面；
2——前胸背板；
3——头部侧面；
4——左上颚；
5——右上颚；
6——后颏；
7——触角。

图 B.1 大家白蚁兵蚁特征图(仿 R.S.Thapa)

中华人民共和国出入境检验检疫行业标准

SN/T 1120—2002

苹果蠹蛾检疫鉴定方法

Method of quarantine and identification for Codling moth (*Cydia pomonella* L.)

2002-08-02 发布　　　　2003-01-01 实施

中华人民共和国国家质量监督检验检疫总局　发布

前　言

本标准的附录 A、附录 B、附录 C 为资料性附录。

本标准由国家认证认可监督委员会提出并归口。

本标准起草单位：中华人民共和国新疆出入境检验检疫局。

本标准主要起草人：薛光华、范伟功、严钧、柴燕、依米提、张红。

本标准系首次发布的检验检疫行业标准。

苹果蠹蛾检疫鉴定方法

1 范围

本标准规定了进境植物检疫中对苹果蠹蛾(*Cydia pomonella* L.)的检疫鉴定方法。

本标准适用于水果(苹果、梨、桃、杏、李、山楂、核桃、石榴等)中苹果蠹蛾的检疫鉴定。

2 原理

2.1 苹果蠹蛾

学名(*Cydia pomonella* L.),英文名(Codling moth),属鳞翅目(Lepidoptera)、卷蛾科(Tortricidae)、小卷蛾亚科(Olethreutinae Walsingham)、小卷蛾属(*Cydia* hûbner)。其成虫的形态特征与其他卷蛾种类不同,苹果蠹蛾的生物学特征、形态学特征及寄主是本标准鉴定方法的依据。

2.2 苹果蠹蛾的传播

主要是靠幼虫、蛹或成虫随货物、包装材料和运输工具远距离传播;近距离传播为成虫生理需要的迁飞,或靠风的力量迁飞。

2.3 苹果蠹蛾的习性

成虫将卵产在果实表面或树叶表面。幼虫孵化后从果实表面蛀进果实中取食,完成其幼虫发育阶段。幼虫发育成熟后从果实的蛀孔中爬出,在树皮下,落叶中及其他隐蔽地方化蛹。幼虫有相残习性和转果习性。蛹在隐蔽处发育成熟后,羽化为成虫。

3 术语和定义

下列术语和定义适用于本标准。

3.1

翅脉 nervure

支持翅膜的似杆或似脉的构造。有 Sc 脉,R_{1-X}脉,M_{1-X}脉,Cu_{1-X}脉,A_{1-X}脉,其为分类的依据。

3.2

翅斑 speckle

由鳞片排列成的斑纹。在翅基部的为基斑,翅中部的为中带,翅靠外缘前端的为端纹。

3.3

产卵瓣 papilla analis

为雌性外生殖器最末端的一对带有许多毛的肛乳突。

3.4

前胸背板 bouclier

前胸节的上部或背面。其上着生的毛序、排列位置、长短及斑纹为分类依据。

3.5

臀栉 anal comb

为鳞翅目幼虫肛上板的腹面,有一骨化的栉形构造,其邻近肛门中间部分,主要功能是弹去粪粒。

3.6

趾钩 crochet

为着生在幼虫的腹足与臀足的趾节的腹面上钩状结构。

3.7

臀棘 cremaster

为蛹的末腹节的顶端和腹部末端的刺。其位置、长短、形状是分类依据。

4 仪器及用具

体视显微镜、扩大镜、指形管、防虫网罩、水果刀、镊子、养虫笼、培养皿、瓦楞纸板、蜂窝纸。

5 实验室鉴定

5.1 检验方法

5.1.1 表面检验

目检或借助扩大镜、体视显微镜直接检查水果表面、萼凹部是否有苹果蠹蛾的为害状，如蛀孔、虫粪及腐烂的现象。

5.1.2 剖果检验

用水果刀将可疑的果实剖开，仔细检查，发现有鳞翅目幼虫、蛹，放入指形管中并进行鉴定。

5.2 苹果蠹蛾的饲养

对幼虫、蛹的鉴定仍然不能确定为苹果蠹蛾，可将其饲养为成虫再进行鉴定。一般情况下，在果实上截获的苹果蠹蛾幼虫多为3龄～5龄，采取原蛀果实饲养。

5.2.1 饲养条件

温度25℃～30℃，相对湿度65%，环境安静、清洁，通风透光，每天光照大于15 h。

5.2.2 饲养方法

将虫蛀果放入养虫笼中的培养皿里，养虫笼里放一些瓦楞纸板或蜂窝纸板，供幼虫化蛹用，再放几个同种类果实，以备幼虫转果。同时建立饲养记录卡，记录幼虫编号，采集地点、时间、输出国家或地区、寄主、采集人、饲养人、蜕皮时间、化蛹时间、羽化时间等内容。

5.3 苹果蠹蛾形态特征(见附录A)

5.3.1 成虫(见附录B)

——体长：约8 mm，翅展19 mm～20 mm。全体灰褐色，带有紫色光泽，雄性色深，雌性色浅。

——头部具有发达的灰白色鳞片丛。唇须向上弯曲，第二节最长，第三节着生于第二节末端的下方。

——前翅臀角处有深色大圆斑，内有三条青铜色条纹，其间显出五条褐色横纹，这是本种外形上的显著特征。翅基部浅褐色，外缘突出略呈三角形，在此区内有较深的斜行波状纹。翅中部最浅，其中也杂有褐色斜行的波状纹。雄性前翅腹面中室后缘有一黑色条斑，雌性无。肛上纹明显。

——后翅深褐色，基部较淡。M_1 脉与 M_3 脉平行，基部不靠紧。

——雄性抱握器端钝圆，抱握器腹凹处外侧有一个尖刺。阳茎粗短，端部有六到八根大刺，分二行排列。

——雌性外生殖器的产卵瓣内侧平直，外侧弧形。交配孔宽扁，后阴片圆大。囊导管短粗，在近口处强烈几丁质化，扩大呈半圆。囊突二个，牛角状。

5.3.2 幼虫(见附录C)

——幼虫共五龄。初孵化的幼虫白色，随着幼虫的发育，背面显淡粉红色，末龄幼虫14 mm～18 mm。

——前胸气门具三根毛，腹部末端无臀节。

——腹足趾钩为单序缺环，有趾钩19个～23个。臀足趾钩14个～18个。

——大龄幼虫可分辨雌雄，雄性第五腹节背面之内，可见一对紫红色的睾丸。

5.3.3 蛹

——体长 7 mm～10 mm。淡褐色至深褐色。

——第二至七腹节背面各有两排整齐的刺，前排粗大，后排细小。

——第 8～10 腹节背面各为一排刺，第 10 节的刺常为七到八根。

——腹部末端有臀棘六根，肛孔两侧各有臀棘二根。

——雌蛹生殖孔在腹面第八节。雄蛹生殖孔在腹面第九节。

——雌雄肛孔均在第 10 节。

6 鉴定结果评定

以成虫前翅臀角处有深色大圆斑，内有三条青铜色条纹；幼虫背面显淡粉红色，臀足趾钩 14 个～18 个，雄性第五腹节背面之内可见一对紫红色的睾丸；蛹腹部末端共有臀棘 10 根为依据，符合上述形态的可鉴定为苹果蠹蛾。

7 标本和样品保存

所有害虫及重要为害状标本应妥善保存，害虫标本可以根据虫态制作为针插标本或浸渍标本，保存期一般为六个月。

附 录 A
（资料性附录）
苹果蠹蛾图例

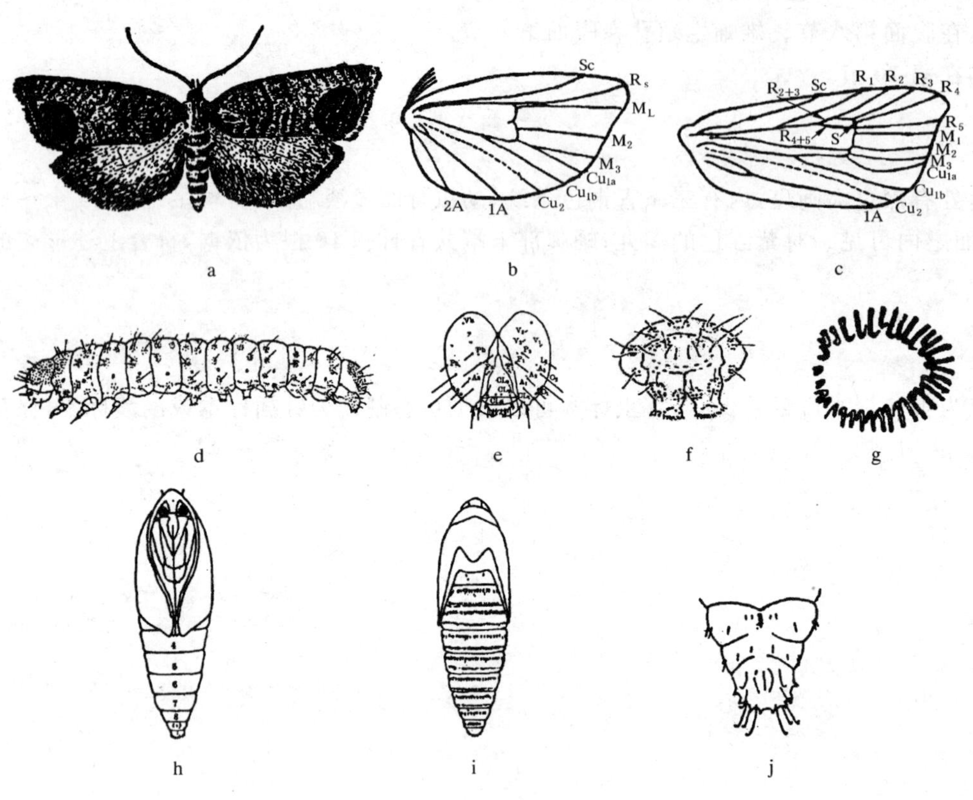

a——成虫；
b——前翅翅序；
c——后翅翅序；
d——末龄幼虫；
e——末龄幼虫头部正面观；
f——末龄幼虫尾部正面观；
g——末龄幼虫腹足趾钩；
h——雄蛹腹面观；
i——雄蛹背面观；
j——雌蛹 8～10 腹节腹面观。

图 A.1 苹果蠹蛾图例

附 录 B
(资料性附录)
苹果蠹蛾近似种常见成虫检索表

1 后翅 $Sc+R_1$ 脉与 Rs 脉在中室有一段合并;前翅 R 脉在中室外常共柄;前翅前缘基部(肩区)不前突,翅近三角形;后翅后缘毛常超过翅宽 …… 大蛾类 2
后翅 $Sc+R_1$ 脉与 Rs 脉分离不合并;前翅 R 在中室外多不共柄(仅 R_4 脉与 R_5 脉共柄);前翅肩区多前突,翅多近长方形;后翅后缘毛常超过翅宽 …… 小蛾类 3
2 前翅中室下角呈三岔形,M_1 脉与 M_2 脉共柄,在中室外独立,后翅无 M_2 脉 …… 香梨优斑螟(*Euzophera pyriella* Yan)
前翅中室下角呈四岔形,M_1 脉与 M_2 脉不共柄,后翅有 M_2 脉 …… 梨大食心虫(*Nephopteryx pirivrella* Mat.)
3 前翅 Cu_2 脉起自中室下缘端部;后翅无 M 脉 …… 蛀果蛾科(Carposinidae)桃小食心虫(*Carposina niponensis* Wal.)
前翅 Cu_2 脉起自中室下缘中部;后翅有 M_1 脉;前翅多有基斑、中带、端纹 …… 卷蛾科 Tortricidae4
4 后翅 Cu_2 脉基部多无节状毛;雄性抱器瓣基部无孔穴;雌性囊突一个 …… 5
后翅 Cu_2 脉基部多有长的节状毛;雄性抱器瓣基部有孔穴;雌性囊突二个 …… 小卷蛾亚科(*Olethreutinae* Walsingham) 13
5 雄性颚形突发达,末端合并上举;雌性囊突呈角状、齿状、星状等 …… 卷蛾亚科 Tortricidae 6
雄性颚形突不发达,末端合并下垂;雌性囊突呈带状、索状、袋状等 …… 长须卷蛾亚科 葡萄长须卷蛾(*Spargano pilleriana* Den&Sch.)
6 翅展:13 mm~23 mm,前翅 R_4 脉与 R_5 脉在中室外共柄;基斑、中带、端纹明显,深褐色 …… 棉褐带卷蛾(*Adoxophyes orana* Fis.)
前翅 R_4 脉与 R_5 脉在中室外共柄 …… 7
7 前翅 R_2 脉基部与 R_3 脉、R_1 脉等距 …… 8
前翅 R_2 脉基部近于 R_3 脉,远于 R_1 脉,不等距 …… 10
8 前翅中带与基斑、端纹共呈"小"字形;中带完整,呈狭长条状;前翅红褐色 …… 9
前翅中带与基斑、端纹不呈"小"字形;中带不完整,上窄下宽;前翅略呈红褐色 …… 山楂黄卷蛾(*Archips crataegana* Hub)
9 前翅翅尖突出,呈钩状 …… 梨黄卷蛾(*Archips breviplicana* Wal.)
前翅翅尖稍突出,不呈钩状 …… 苹黄卷蛾(*Archips ingentana* Chr.)
10 雄性触角第 2 节上无凹陷;前翅红褐色,后翅黄褐色 …… 桃褐卷蛾(*Pandemis dumetana* Tre.)
雄性触角第 2 节上有凹陷;前翅暗褐色或略呈红褐色,后翅灰褐色或略带红褐色 …… 11
11 前翅基斑明显向后缘伸出成一带状,并与中带平行,全翅呈二条带纹 …… 醋栗褐卷蛾(*Pandemis ribeana* Hub.)
前翅基斑不向后缘伸出带状,全翅仅一条带纹(即中带) …… 12
12 前翅端纹不明显;前翅略呈红褐色 …… 苹褐卷蛾(*Pandemis heparana* Den.)
前翅端纹较大,明显;前翅暗褐色 …… 松褐卷蛾(*Pandemis cinnamoeana* Tre.)
13 后翅 M_2 脉与 M_3 脉平行,基部不紧靠,雄性抱器端钝圆 …… 14
后翅 M_2 脉基部紧靠 M_3 脉,常弯曲,雄性抱器端呈鹅头状 …… 17
14 前翅肛上纹明显;抱器腹凹处外侧有一个尖刺;阳茎粗短,端部有大刺六到八根 …… 苹果蠹蛾(*Cydia pomonella* L.)

前翅肛无纹明显;抱器腹无尖刺;或仅有一个指状小突起 ………………………………………… 15

15 阳茎细长;前翅前缘白色斜纹小于10个 ………………… 苹小食心虫(*Grapholitha inpinana* Hei.)

阳茎粗短;前翅前缘白色斜纹大于10个 ……………………………………………………………… 16

16 雄性抱器腹中部有一个小突起 ……………………… 李小食心虫(*Grapholitha funebrana* Tre.)

雄抱器腹中部无突起 ………………………………………… 梨小食心虫(*Grapholitha molesta* Bus.)

17 前翅基斑全为黑褐色,中无灰色斑 ………………………… 苹白小卷蛾(*Spilonota ocellana* Fab.)

前翅基斑不全为黑褐色,中有灰色斑………………………………………………………………… 18

18 灰色斑二个,大小相近,明显 ……………… 梨白小卷蛾(芽白小卷蛾)(*Spilonota lechriaspis* Mey)

灰色斑二个,上小下大,不明显 ……………… 白小食心虫(桃白食心虫)(*Spilonota albicana* Mot)

附 录 C
（资料性附录）
苹果蠹蛾近似种常见幼虫检索表

1 前胸气门只有一根或两根毛 ……………………………………………………… 螟蛾科 Pyralidae 2
前胸气门有三根毛 ……………………………………… 小卷蛾亚科 *Olethreutinae* Walsingham 4
2 腹足趾钩二序 ……………………………………………… 香梨优斑螟（*Euzophera pyriella* Yan）
腹足趾钩三序 ……………………………………………………………………………………… 3
3 前胸背板黑色 ……………………………………… 梨大食心虫（*Nephopteryx pirivrella* Mat.）
前胸背板褐色 …………………… 蛀果蛾科（Carposinidae）桃小食心虫（*Carposina niponensis* Wal.）
4 无臀节 ……………………………………………………………………………………………… 5
有臀节 ……………………………………………………………………………………………… 6
5 末龄幼虫 14 mm～18 mm，老熟幼虫粉红色 …………………… 苹果蠹蛾（*Cydia pomonella* L.）
末龄幼虫 8 mm～10 mm，老熟幼虫污白色 ……………………………………………………………
……………………………………………… 梨白小卷蛾（芽白小卷蛾）（*Spilonota lechriaspis* Mey）
6 腹部背板具红褐色横纹 ………………………………… 苹小食心虫（*Grapholitha inpinana* Hei.）
腹部背板不具红褐色横纹 ……………………………………………………………………………… 7
7 末龄幼虫白色，头部浅棕黄色 ……………… 白小食心虫（桃白食心虫）（*Spilonota albicana* Mot.）
末龄幼虫非白色 ……………………………………………………………………………………… 8
8 末龄幼虫红褐色，头褐色，胸足漆黑色 ………………… 苹白小卷蛾（*Spilonota ocellana* Fab.）
末龄幼虫淡红、玫瑰红或桃红色，胸足非漆黑色 ………………………………………………… 9
9 臀足趾钩（13～17）个 ……………………………… 李小食心虫（*Grapholitha funebrana* Tre.）
腹足趾钩（20～30）个 ………………………………………… 梨小食心虫（*Grapholitha molesta* Bus.）

中华人民共和国出入境检验检疫行业标准

SN/T 1125—2002

欧洲大榆小蠹检疫鉴定方法

Method of quarantine and identification for *Scolytus scolytus* Fabricius

2002-08-02 发布 2003-01-01 实施

中华人民共和国
国家质量监督检验检疫总局 发布

前　言

本标准附录A、附录B均为规范性附录。

本标准由国家认证认可监督管理委员会提出并归口。

本标准起草单位：中华人民共和国江苏出入境检验检疫局。

本标准主要起草人：刁彩华、顾忠盈。

本标准系首次发布的出入境检验检疫行业标准。

欧洲大榆小蠹检疫鉴定方法

1 范围

本标准规定了欧洲大榆小蠹(*Scolytus scolytus* Fabricius)的鉴定方法。

本标准适用于进境木材及木质包装、铺垫材料检疫中欧洲大榆小蠹的鉴定。

2 原理

2.1 欧洲大榆小蠹属鞘翅目(*Coleoptera*),小蠹科(*Scolytidae*)危害白杨、山榆、黑杨、桦叶千金榆、胡桃、榆属等植物。该虫是荷兰榆枯萎病菌(*Ceraticystis ulmi*)的主要传播媒介之一。欧洲大榆小蠹与欧洲榆小蠹营共生。除森林外,在园林中也有发生。以幼虫越冬。

2.2 危害木材的小蠹科害虫有多种,但欧洲大榆小蠹成虫的形态特征具有独特性,根据其形态特征及属内种间形态的比较和为害寄主情况进行欧洲大榆小蠹虫种的鉴定。

2.3 已报道的欧洲大榆小蠹生物学特性、成虫形态特征及寄主情况为制定该虫检验鉴定方法的依据。

3 仪器及试剂

3.1 仪器

双目解剖镜、显微镜、剪刀、昆虫解剖针、培养皿、载玻片、盖玻片、酒精灯、烧杯、玻片标签等。

3.2 试剂

浸虫液(冰乙酸∶福尔马林∶95%酒精∶蒸馏水=4∶6∶15∶30)、70%酒精溶液。

4 实验室鉴定

4.1 准备

4.1.1 欧洲大榆小蠹主要在木材的木质部与韧皮部之间为害形成为害状,现场检查时注意对发现的小蠹虫以及小蠹虫为害症状进行取样,对发现的害虫进行收集。

4.1.2 对发现小蠹虫为害症状的木样进行剖检,可用手工锯、电工起子等工具,小心地将小蠹虫取出。

4.1.3 将待观察、鉴定的小蠹虫成虫、幼虫等虫样进行清洁、整理,体表有污物或粉屑时,用70%的酒精或配置的浸虫液进行浸泡。

4.2 鉴定

4.2.1 **成虫鉴定特征**(见附录A)

——体长3.5 mm~5.5 mm,短粗,常有光泽。

——头、口须末端、前胸背板、后胸为黑色;触角、口须基部、前胸背板前后缘、鞘翅、足、腹部盾片红褐色。

——触角鞭节七节,锤状部呈铲状,不分节。

——前胸背板具有圆形刻点,靠近侧缘和顶部较密。

——鞘翅有明显的刻点组成的条纹,间隔宽大,在间隔上的刻点比条纹里的刻点小。鞘翅基缝深,末端光滑无齿。

——腹部第三和第四腹节后缘中央有一尖突起。

——雄虫腹板五的端部有一排长的刚毛,腹板二至四两侧无刺。腹部多毛,腹部末节的长毛呈水平分布，似小毛刷，在中央有一凹窝，此毛刷两侧通常露出鞘翅外，好似两个赤黄色小穗。

4.2.2 **老熟幼虫的鉴定特征**(见附录B)

——幼虫体型拱曲，多皱。头壳卵形，向胸收缩；冠缝的一边有一条狭窄的淡褐色带，在每一边有一条较宽的横带。

——前额心形盾着生六对刚毛，刚毛二、三和六与前感觉器排列在一条斜线上，前额感觉器位于第二、三刚毛之间，刚毛四、五和后感觉器也排列在一斜线上。

——触角区凸起，触角圆锥形；触角刚毛八根，其中五根位于侧面，一根在触角基部，二根在中间。

——上唇宽约为长的二倍，前缘呈三叶状，每边有三根上唇刚毛排成三角形(中间的最长)，三个上唇感觉器排成一横线，有时中间的一个略偏后。中叶有二对前中刚毛，里面一对针形。

——内唇有三对伸长的前侧内唇刚毛，排列成行与上唇缘平行，中刚毛在最前且最粗。

5 结果评定

5.1 成虫完全符合鉴定特征，可以鉴定为欧洲大榆小蠹。

5.2 幼虫符合鉴定特征，可以作为欧洲大榆小蠹鉴定的参考依据。

6 样本和样品保存

所有害虫的虫样及重要的为害状标本均应妥善保存，害虫标本可以根据虫态分别做成针插标本或浸渍标本，为害状标本则应进行除虫处理后进行保存。保存时间至少为六个月。

附　录　A
（规范性附录）
欧洲大榆小蠹成虫形态

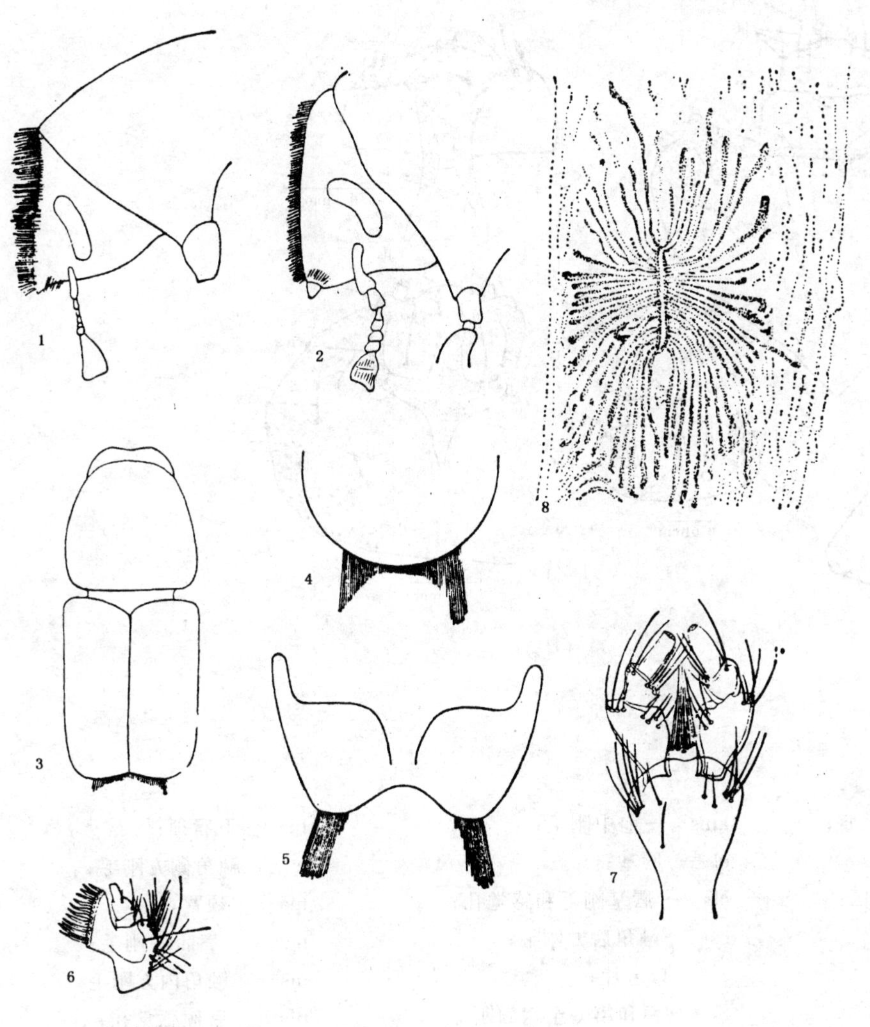

1——雄虫头部构造；
2——雌虫头部构造；
3——成虫背面观；
4——雄虫腹部末节腹板毛束；
5——雄虫腹部末节背板毛束；
6——成虫下颚；
7——成虫下唇；
8——边材被害状、示母虫坑（中央）和幼虫坑（周围）；
（1～5 仿 B. H. CTAPK，1952 6～7 仿 M. Hagedorn，1910，8. 仿 Nüsslin，采自 K. Escherich，1923）。

图 A.1　欧洲大榆小蠹成虫形态

附 录 B
(规范性附录)
欧洲大榆小蠹幼虫头部形态

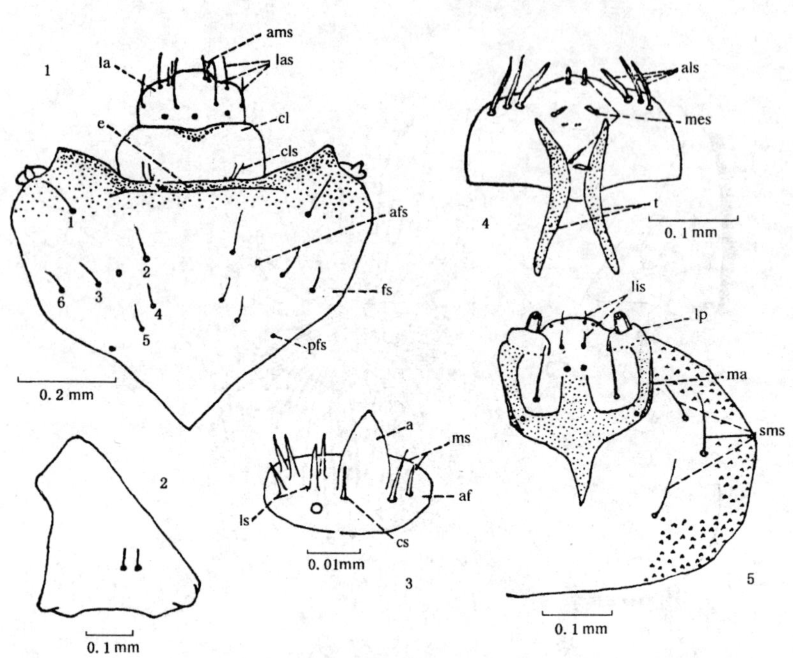

1——额、唇基和上唇；
2——上颚；
3——触角和触角区；
4——内唇；
5——颏和亚颏；
a——触角；
af——触角区；
afs——前额感觉孔；
als——前侧内唇刚毛；
ams——前中刚毛；
cl——唇基；
cls——唇基刚毛和感觉孔；
cs——触角后方刚毛；
e——口上片；
fs——额和第一至六额刚毛；
la——上唇；
las——上唇刚毛；
lis——唇舌刚毛；
lp——下唇须；
ls——触角侧方刚毛；
ma——颏臂；
mes——唇舌中刚毛；
ms——触角内方刚毛；
pfs——后额感觉孔；
sms——亚颏刚毛；
t——上唇根(仿 R. A. Beaver，1970)。

图 B.1 欧洲大榆小蠹幼虫头部形态

中华人民共和国出入境检验检疫行业标准

SN/T 1147—2002

植物检疫
椰心叶甲检疫鉴定方法

Plant quarantine—
Methods for inspection and identification of
coconut leaf beetle [*Brontispa longissima* (Gestro)]

2002-11-25 发布　　2003-05-01 实施

中华人民共和国
国家质量监督检验检疫总局　发布

前　言

本标准制定过程中参考了国内外有关椰心叶甲的研究成果，经过资料整理，并对该虫部分发生区的实地调查、取样和室内检验、饲养观察，依据它的形态分类特征、生物学特性和寄主等内容的基础上编制而成。

本标准附录 A 是资料性附录。

本标准由国家认证认可监督管理委员会提出并归口。

本标准起草单位：中华人民共和国深圳出入境检验检疫局。

本标准主要起草人：金显忠、余道坚、屈娟、仲建忠。

本标准系首次发布的检验检疫行业标准。

植物检疫
椰心叶甲检疫鉴定方法

1 范围

本标准规定了椰心叶甲的检疫和鉴定方法。

本标准适用于棕榈科植物椰心叶甲的检疫与鉴定。

2 术语和定义

下列术语和定义适用于本标准。

2.1

后口式 opisthognathous

昆虫头型之一,口器在头下后方伸出,头的纵轴和体躯纵轴成一锐角。

2.2

全开式 unfolded claw

指两爪平开,两者基部所组成的角度很大,一般超过120°或甚至接近180°。

2.3

内寄生 endoparasite

幼虫的习性之一,寄生于未开放的叶片之内,潜食叶片或芽。

2.4

角间突 cephalic process

头顶在眼间区凸出呈角状的小坑。

2.5

刻点 puncture

分布在鞘翅表面上粗细稀密不一的凹刻。

3 依据

椰心叶甲是我国进境植物检疫二类危险性害虫名单之一,其形态特征、分布、寄主和生物学特性是制定该虫检疫和鉴定方法的依据。

4 原理

椰心叶甲在分类地位上属鞘翅目(Coleoptera),铁甲科(Hispidae),*Brontispa* 属。椰心叶甲食性较单一,主要以幼虫和成虫为害棕榈科植物心叶,成虫白天伏在叶上取食,爬行迟缓,早晚以外不多飞行。雌虫钻入心叶产卵,羽化约3周后开始产卵,每周产卵3次,每雌虫可产卵100粒以上。卵期约5 d;幼虫3龄~6龄,发育历期约30 d~40 d;蛹期为5 d~6 d;成虫寿命为3月~6月;平均世代周期约120 d,每年3代~6代。以成虫形态学特征作为该虫的主要鉴定依据。

5 仪器试剂

5.1 仪器

5.1.1 放大镜
5.1.2 体视显微镜
5.1.3 显微镜
5.1.4 小毛笔
5.1.5 镊子
5.1.6 剪刀
5.1.7 白瓷盘
5.1.8 解剖针
5.1.9 指形管
5.1.10 标签

5.2 试剂

75%酒精保存液。

6 现场检疫

6.1 抽查

6.1.1 在棕榈科植物种苗或植株入境时现场进行。

6.1.2 抽查方法要视装载的棕榈科植物植株大小而定,种苗可采用随机法进行,以开顶集装装运的成树要逐株全部进行查验。

6.1.3 抽查数量按总量的5%～20%抽取,最低抽取10件且总量不少于500株,达不到此数量的全部检查。

6.2 取样

6.2.1 现场取样与抽样同步进行。

6.2.2 取样数量:50株以下取1份;51株～200株取2份;201株～1 000株取3份;1 001株～5 000株取4份;5 001株以上每增加5 000株增取1份,不足5 000株的余量计取1份样品;每份样品为5株。种苗样品以株为单位,大树取心叶部分叶片。

6.3 检疫方法

6.3.1 现场检疫

在现场用放大镜对出入境棕榈科植物种苗或植株仔细查找,根据椰心叶甲的生物学特性,先观察植株外围老叶是否有椰心叶甲取食形成的褐色条状"灼伤"为害状,如有可疑,应重点检查未展开的心叶,用手紧压心叶,将接合缝打开,顺势掰开心叶,检查有无取食为害状,成虫、幼虫和蛹往往藏匿于未展开的心叶片内,成虫有群集为害的习性,1个叶片上可能发现多对椰心叶甲为害和取食;卵则常常粘附在成虫和幼虫取食过的叶片取食痕排泄物中,单个散产居多,也有多个(2个～6个)连接沿叶脉纵向排列;根据该虫的为害习性,重点加强对3年～4年生的棕榈科植物的检疫。同时亦要注意对集装箱、外包装纸箱等装载容器进行检查,对现场检疫发现的各种虫态害虫用镊子或毛笔收集,以指形管保存(必要时幼虫用75%酒精保存液浸泡),加贴标签,带回实验室鉴定。

6.3.2 取样检疫

发现有可疑虫卵、幼虫和蛹的棕榈科植物种苗或植株,应将寄主一并取样(种苗可整株取样,植株用剪刀取部分心叶或有危害状叶片),及时安全地送往实验室检疫,经室内饲养至成虫再做种类鉴定。

7 室内检疫

7.1 检疫方法

将取回的样品放在白瓷盘上,用现场检疫同样的方法对取回的样品,如棕榈科植物植株或种苗的叶片进行认真检疫,有灼烧褐斑为害状的叶片上要重点检查卵,检查时需注意卵的体形较小,色泽与受害寄主相似，多位于成虫取食后的食痕内且周围常有叶片碎片和排泄物，要用解剖针将上述杂物剔除。幼虫和蛹颜色与棕榈科植物心叶部分颜色相近，应在心叶部位仔细查找。

7.1.1 饲养检疫

室内发现有可疑椰心叶甲卵、幼虫和蛹等未成熟虫态，要饲养成成虫再做进一步鉴定。

7.1.2 显微镜检疫

在室内对怀疑带虫的样品特别是卵和低龄幼虫等虫态的观察，肉眼较难发现，需借助显微镜观察；现场取样的成虫、幼虫和蛹也要用体视显微镜进行鉴定。

7.2 鉴定特征

7.2.1 铁甲科 Hispidae 鉴定特征

7.2.1.1 跗节4节，第4、5节一般完全愈合，有时留有分节痕迹。

7.2.1.2 头呈后口式，口器后位，背面不见。

7.2.1.3 两触角着生处极近，有时近乎连接。

7.2.2 潜甲亚科 Anisodertinae 鉴定特征

7.2.2.1 体一般长形，背面无刺，鞘翅有时具脊线。

7.2.2.2 头部插入胸腔较浅，口器全部外露，口缘近乎圆形，长宽相等或宽大于长。

7.2.2.3 前唇基明显，后足腿节伸出于鞘翅侧缘之外。

7.2.2.4 爪全开式，无卵鞘。

7.2.2.5 幼虫内寄生，末腹节具骨化盘。

7.2.3 *Brontispa* 属鉴定特征

7.2.3.1 头有角间突且端部不上弯，长度超过触角柄节长度的一半。

7.2.3.2 前胸前侧角圆且略向外伸展，后侧角简单或有1个～2个小齿或尖角，背面有大的刻点。

7.2.3.3 鞘翅有一短的刻点盾列。

7.2.4 椰心叶甲鉴定特征

7.2.4.1 成虫

体细长、扁平，长度约7 mm～10 mm，鞘翅宽度约2 mm；触角鞭状，11节，黄褐色至黑色，顶端4节色深，有绒毛，柄节长2倍于宽。头较前胸背板显著窄，头顶前方有角间突，雌雄二性角间突长超过触角柄节的二分之一，由基部向端渐尖，不平截；沿角间突向后有浅褐色纵沟；头中间部分宽过于长；前胸背板红黄色，长约等于宽，有粗而不规则的刻点100多粒。鞘翅蓝黑色，少数个体鞘翅基部约四分之一至二分之一为红黄色，刻点纵向排列，刻点大小窄于刻点横向间距，刻点区除两侧和末梢外平坦。足黄色，短、粗壮而略扁（形态参见附录A中的图A.1）。

7.2.4.2 卵

椭圆形，褐色，扁平，长度为1.5 mm，宽度为1.0 mm；镜检可以发现卵上表皮有蜂窝状扁平突起（形态参见附录A中的图A.2），粘附在寄主叶片的下表皮光滑无突起。

7.2.4.3 幼虫

成熟幼虫体扁平，乳白色至淡黄色；头部隆起，两侧圆；前胸和各腹节两侧有1对刺状侧突，腹部9节，第8节和第9节合并，在末端形成1对内弯的钳状尾突，两尾突外侧在基部近乎平行，尾突逐渐尖细（形态参见附录A中的图A.3、图A.4、图A.5）。

7.2.4.4 蛹

形态与幼虫相似，但体色较深，个体较粗，有翅芽和足，腹末仍保留1对卡钳状突起，但基部的气门开口消失（形态参见附录A中的图A.6）。

8 结果判定

以成虫形态特征为依据，对照7.2.1至7.2.4逐级鉴定，完全符合7.2.4描述的形态特征可以确定为椰心叶甲。卵、幼虫、蛹的形态特征为参考。

附 录 A
（资料性附录）
椰心叶甲形态特征图

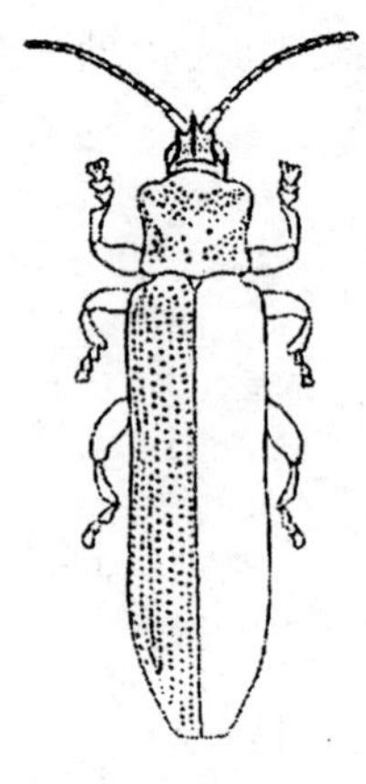

图 A.1 成虫

图 A.2 卵

图 A.3 1龄幼虫

图 A.4 末龄幼虫尾突

图 A.5 老熟幼虫

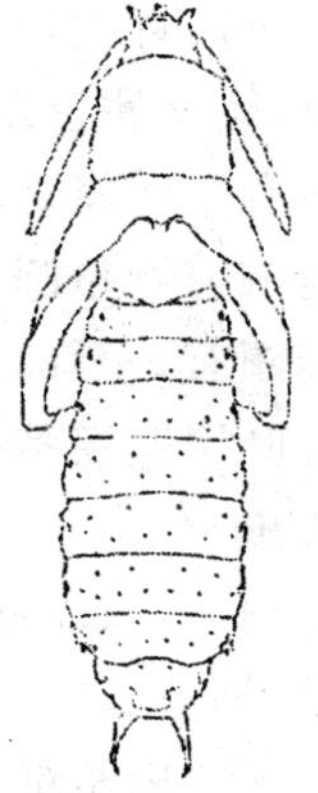

图 A.6 蛹

注：图 A.1 仿 Gressitt 1960，图 A.2 至图 A.5 仿 Maulik 1938。

中华人民共和国出入境检验检疫行业标准

SN/T 1148—2002

植物检疫　木薯单爪螨检疫鉴定方法

Plant quarantine—Methods for inspection and identification of cassava green mite［*Mononychellus tanajoa*（Bondar）］

2002-11-25 发布　　2003-05-01 实施

中华人民共和国
国家质量监督检验检疫总局　发布

前　言

目前国际上尚无关于木薯单爪螨的检疫鉴定方法的标准，本标准是在大量收集并深入研究国内外有关木薯单爪螨的危害情况、寄主、地理分布、生物学特性、检疫和分类鉴定方法等文献资料基础上编写的。

本标准的附录A为资料性附录。

本标准由认证认可监督管理委员会提出并归口。

本标准起草单位：中华人民共和国深圳出入境检验检疫局。

本标准主要起草人：屈娟、余道坚、仲建忠、顾光昊。

本标准系首次发布的检验检疫行业标准。

植物检疫　木薯单爪螨检疫鉴定方法

1　范围

本标准规定了进境植物检疫中木薯单爪螨 *Mononychellus tanajoa*(Bondar)的检疫和鉴定方法。

本标准适用于进境木薯属繁殖材料插条(插枝)携带木薯单爪螨的检疫和鉴定。

2　术语和定义

下列术语和定义适用于本标准。

2.1

须肢　palpus

位于颚体两侧,左右两对,叶螨科须肢 5 节。

2.2

气门沟　peritreme

位于口针鞘中央上方的表皮下,为气管干伸于口针鞘和口上片之间的管状突起。

2.3

触毛　tactile seta

分布在躯体及附肢,细长,末端尖细,壁厚,具微茸毛。

2.4

前足体背毛　dorsal propodosomal seta

前足体上的 3 对毛。

2.5

肩毛　humeral seta

后半体前外侧的 1 对背毛。

2.6

后半体背侧毛　dorsolateral hysterosomal seta

后半体内侧的 3 对背毛。

2.7

殖肛毛　genito-anal seta

雄螨生殖毛与肛毛的统称。

3　原理

木薯单爪螨在分类地位上属蛛形纲(Arachnida),蜱螨目(Acarina),叶螨科(Tetranychidae),单爪螨属(*Mononychellus*),主要危害木薯(*Manihot esculenta* Crant),也危害木薯属其他 40 余种植物。该虫在 27℃,相对湿度 55%～82%情况下,卵、幼螨、第 1 若螨和第 2 若螨的发育历期分别为 3 d～4 d、1d～2 d、1 d～2 d 和 2 d～3 d。它的生物学特性及其成虫形态学特征是本标准鉴定方法的依据。

4 仪器和试剂

4.1 仪器

放大镜、体视显微镜、显微镜、测微尺、小毛笔、镊子、剪刀、白瓷盘、解剖针、吸管、载玻片、盖玻片、酒精灯、水浴锅、烧杯、量筒、漏斗、标签。

4.2 试剂

4.2.1 保存液:75%酒精。

4.2.2 霍氏封固液或埃蔡氏封固液(配方见附录A),附录中玻片封固液A.1和A.2可任选一种。

5 现场检疫

5.1 抽查

5.1.1 抽查内容

木薯属繁殖材料如插条(插枝)现场抽查。

5.1.2 抽查方法

用随机法进行抽查,对各主要部位(如幼茎、芽和幼叶)进行针对性检疫,对来自木薯单爪螨疫区的木薯插条(插枝)加强检疫;用拍击法采集螨虫标本,即用木条拍击株苗,使螨虫跌落,下面用大白瓷盘收集标本。

5.1.3 抽查数量

按总量的5%~20%随机抽检,最低抽检10件且总量不少于500枝,达不到此数量的全部检查。

5.2 取样

5.2.1 现场取样与抽查同步进行。

5.2.2 取样数量

50株以下取1份;51株~200株取2份;201株~1 000株取3份;1 001株~5 000株取4份;5 001株以上每增加5 000株增取1份,不足5 000株的余量计取1份样品。每份样品为5株。

5.3 检验方法

5.3.1 表面检验

在现场用放大镜对进境木薯插条(插枝)的幼茎、芽和幼叶等部位仔细查找,受木薯单爪螨危害的芽或幼叶出现黄色斑点、褪绿、变形、变黑等症状,幼茎则发育不良,有上述症状的样品重点检查,螨虫用小毛笔挑起,放入75%酒精保存液中。

6 室内检验

6.1 镜检

怀疑带虫的样品需借助体视显微镜进行室内检验,对幼茎、芽和幼叶逐一镜检,特别是幼叶正面、背面都应认真检查;现场发现的螨虫亦要用体视显微镜进行初步鉴定。

6.2 玻片检验

先在洁净的载玻片中央滴一滴霍氏封固液或埃蔡氏封固液,用吸管从保存液中吸取成螨至滤纸上,用蘸有封固胶液的解剖针从滤纸上迅速粘取螨虫标本至胶液中,也可直接取活螨于胶液中,盖上盖玻片;放于酒精灯外焰上加热至沸腾,让螨虫虫体完全伸展透明,玻片置40℃~50℃烘箱干燥,玻片制成后置显微镜观察鉴定,并在盖玻片左侧粘贴记录标签。

6.3 饲养检验

对可疑木薯插条(插枝)或插条(插枝)上发现有螨类卵、幼螨、若螨等未成熟虫态的要在室内饲养至成螨,再进行镜检或玻片检验。

6.4 检验结果记录和保存

玻片右侧粘贴定名标签，注明鉴定结果（螨虫学名、中文名、鉴定人和鉴定日期），以备复检。

7 鉴定特征

7.1 单爪螨属鉴定特征

7.1.1 后半体背表皮纹在第3对背中毛之间为纵向。

7.1.2 背毛通常着生于微弱的突起上，足Ⅰ跗节2对典型双毛相距较近。

7.1.3 有爪间突，无粘毛；爪间突裂开为3对针状毛，足Ⅰ跗节具2对典型的双毛，间突端部裂开。

7.1.4 末体具2对肛侧毛；雄螨肛毛1对～2对，雌螨殖肛毛2对～3对。

7.2 木薯单爪螨鉴定特征

7.2.1 成螨

体绿色，雌螨体长350 μm左右，雄螨体长230 μm，包括颚体长281 μm。须肢端感器粗短，长度不到宽度的1.5倍；口针鞘前端钝圆；气门沟末端球形；表皮纹突明显，前足体后端表皮纹轻微网状。前足体背毛、后半体背侧毛和肩毛的长度与它们基部间距相当；后半体背中毛长度约为它们基部间距的二分之一；足Ⅰ胫节有9根触毛和1根纤细感毛，跗节有5根触毛和1根纤细感毛；足Ⅱ跗节有3根触毛和1根纤细感毛，胫节有7根触毛。

7.2.2 卵

圆球形，产于木薯插条的叶片、叶柄或枝干上。

7.2.3 若螨

由卵孵化的幼螨具足3对；若螨具4对足，无生殖孔，第1和第2若螨的体型大小、腹面毛数、生殖孔等可与成螨区别。

8 结果判定

以成螨鉴定特征为依据，符合上述形态特征的可判定为木薯单爪螨。

附　录　A
（资料性附录）
蝴虫玻片封固液配方

A.1　霍氏封固液

30 g 阿拉伯胶，200 g 水合三氯乙醛，20 g 甘油，50 mL 蒸馏水；配制时，按上述比例使阿拉伯胶溶于蒸馏水中，至完全溶解后，置 40℃～50℃的水浴加热，加入水合三氯乙醛，搅拌至溶解，加入甘油，最后用抽气漏斗过滤。

A.2　埃蔡氏封固液

在 10 g 聚乙烯醇中加入 40 mL～60 mL 蒸馏水，置 100℃水浴上加热，搅拌至完全溶解，再加入 85%～92%的乳酸 35 mL 和 10 mL 甘油，搅拌均匀，冷却至微温后，加入 1.5%酚水溶液 25 mL 和 20 g 水合三氯乙醛，最后过滤。

中华人民共和国出入境检验检疫行业标准

SN/T 1149—2002

植物检疫
椰子缢胸叶甲检疫鉴定方法

Plant quarantine—Methods for inspection and identification of coconmt leaf miner(*Promecotheca cumingi* Baly)

2002-11-25发布　　2003-05-01实施

中华人民共和国国家质量监督检验检疫总局　发布

前　言

本标准的附录 A 为资料性附录。

本标准由国家认证认可监督管理委员会提出并归口。

本标准起草单位:中华人民共和国深圳出入境检验检疫局。

本标准主要起草人:陈志麟、娄定风、陈冬美。

本标准系首次发布的检验检疫行业标准。

植物检疫
椰子缢胸叶甲检疫鉴定方法

1 范围

本标准规定了植物检疫中椰子缢胸叶甲的检疫和鉴定方法。

本标准适用于进口棕榈科植物种苗、椰子果实、椰壳纤维时对椰子缢胸叶甲的检疫鉴定。

2 术语和定义

下列术语和定义适用于本标准。

2.1

体长 length

从头顶前缘至鞘翅端部的长度。

2.2

体宽 breadth

计量身体最宽的部位。

2.3

行纹 strise

鞘翅背面纵向排列的沟纹，包括成行的刻点。

2.4

行间 interstices

鞘翅上每相邻两条行纹之间的区域为行间。

2.5

腿节内侧刺 interior spinula femur

成虫足腿节靠近身体的一面，即内侧缘上的齿突。

2.6

小盾片 scutellum

小盾片即中胸背板后端的一块小骨片，位于前胸背板基部中央与两鞘翅内角之间。

2.7

小盾片行 scutellar sculpture

鞘翅刻点行中紧靠小盾片的短行。

2.8

爪全开式 unfolded claw

全开式是指两爪平开，两者基部所组成的角度很大，一般超过120°。

2.9

何燕尔封液

用于封片。其配方为：蒸馏水50 mL、阿拉伯树胶30 g、水合三氯乙醛200 g、甘油20 g。

3 依据

椰子缢胸叶甲为我国进境植物检疫二类危险性害虫，其生物学特性、寄主及各虫态的形态特征为制定该虫检疫鉴定方法的科学依据。

4 原理

椰子缢胸叶甲属鞘翅目(Coleoptera)，铁甲科(Hispidae)，缢胸甲属 *Promecotheca*。该虫主要危害椰子、油棕、亚塔椰子、王棕、槟榔等棕榈科植物，成虫常危害植株下部较老的叶片(即第 4 叶片～5 叶片)，但危害严重时，幼叶也会受害。成虫先在叶背面咬一小孔，将单粒卵产下，然后，盖上排泄物并分泌胶粘物，形成一个长约 2 mm～3 mm 的卵圆形囊状鼓包。初孵幼虫直接钻入叶内，朝向叶端蛀食，将叶肉蛀空仅剩上下表皮，形成隧道，其表面呈泡状。老熟幼虫在隧道中化蛹。根据椰子缢胸叶甲可随椰子种苗和果实运输而传播，对进口椰子缢胸叶甲的寄主植物，特别是来自疫区的棕榈科植物种苗、椰子果实及椰壳纤维有必要进行严格检疫。

5 仪器、用具及药品

5.1 仪器

5.1.1 体视显微镜
5.1.2 显微镜
5.1.3 测微尺
5.1.4 放大镜
5.1.5 剪刀
5.1.6 镊子
5.1.7 昆虫解剖针
5.1.8 小毛笔
5.1.9 培养皿
5.1.10 指形管
5.1.11 载玻片
5.1.12 盖玻片
5.1.13 酒精灯
5.1.14 烧杯
5.1.15 玻片标签
5.1.16 干燥箱
5.1.17 培养箱

5.2 试剂

5.2.1 何燕尔封液
5.2.2 10%氢氧化钠(NaOH)[或 10%氢氧化钾(KOH)]溶液
5.2.3 70%酒精液
5.2.4 幼虫保存液(8%福尔马林)

6 现场检疫

6.1 棕榈科种苗的检疫

6.1.1 抽查种苗或植株在入境现场进行。
6.1.2 抽查方法按总株数的 5%～20%进行棋盘式或随机法抽检，如果是成树要逐株全部进行查验；

同时注意对集装箱、外包装箱或装载容器进行检查。

6.1.3 取样数量:50 株以下取 1 份;51 株～200 株取 2 份;201 株～1 000 株取 3 份;1 001 株～5 000 株取 4 份;5 001 株以上每增加 5 000 株增取 1 份,不足 5 000 株的余量计取 1 份样品;每份样品为 5 株。

6.1.4 检疫方法:选点观察叶片时,从下而上,逐叶查看,尤其是下部的老叶要特别注意,先看叶表面是否有成虫,再观察各小叶是否有"泡状",用小刀或剪刀将泡状的叶表皮挑开,在泡状隧道的端部将幼虫或蛹抓获。然后用 10 倍放大镜观察叶表面是否有 2 mm～3 mm 的卵圆形囊状鼓包,发现囊包物,将整块叶子剪下。叶片放入样品袋,成虫用指形管盛装,幼虫或蛹用 8%福尔马林液泡,带回室内作进一步检验。

6.2 椰子果实、椰壳纤维的检疫

6.2.1 进口椰子果实或椰壳纤维检疫时,首先查看货物包装、铺垫材料、车船底面、四周及边角缝隙等。

6.2.2 按总件数的 5%～10%进行棋盘式分上、中、下层抽检。选点检查时,先观察外包装是否有虫,然后打开包装,逐果观察,注意能隐蔽虫的蒂部或裂缝等,并倒包查看包底杂物。对有怀疑带虫的椰子果实或椰壳纤维可适当抽取样品作室内进一步检验,并注意对装载集装箱或装载容器进行检查。

6.2.3 详细做好检查记录。

7 室内检验

7.1 检验方法

对现场抽取的棕榈科植物植株或种苗叶片进行认真检查,尤其是下部的老叶要特别注意,先看叶表面是否有成虫,再观察各小叶是否有"泡状",用小刀或剪刀将泡状的叶表皮挑开,取出幼虫或蛹。并用 10 倍放大镜观察叶表面是否有 2 mm～3 mm 卵圆形囊状态鼓包,发现囊包物,可用解剖针挑开囊包,在解剖镜下寻找虫卵。

7.2 饲养检验

发现有可疑椰子缢胸叶甲卵、幼虫和蛹等未成熟的虫态要饲养至成虫再作鉴定。

8 鉴定方法

8.1 成虫的鉴定方法

8.1.1 标本的预处理

用于观察的成虫,虫体表面一定要清洁。如体表有污物或粉屑,应将标本浸入 70%的酒精液内,用毛笔刷洗干净。

8.1.2 形态特征观察

在解剖镜下观察虫体形态特征,重点观察头部、触角、前胸背板的形状,鞘翅行纹与刻点及足腿节内侧刺。

8.2 卵的鉴定方法

椰子缢胸叶甲的卵在叶背面,外表盖有排泄物及分泌胶粘物,形成长约 2 mm～3 mm 的卵圆形囊状鼓包。可用昆虫针将囊包挑开,用镊子将卵块取出,置于解剖镜下观察卵的形状、色泽,测量卵的长宽。若卵量允许,需测定 10 粒以上,逐一记录。

8.3 成熟幼虫的鉴定方法

8.3.1 标本的预处理

用于观察的幼虫,虫体表面一定要清洁。如体表有污物或粉屑,应将标本浸入 70%的酒精液内,用毛笔刷洗干净。

8.3.2 形态特征观察

在解剖镜下观察幼虫形态,前胸背板骨化板形状;在显微镜下放大 400 倍～800 倍观察幼虫头部形态。

8.4 蛹的鉴定方法

在解剖镜下观察蛹形态，测量蛹的长宽，需测定10个以上，并逐一记录。

9 椰子缢胸叶甲形态特征

9.1 铁甲科(Hispidae)鉴定特征

9.1.1 跗节4节，第4至5节一般完全愈合，有时留有分节痕迹。

9.1.2 头呈后口式，口器后位，背面不见。

9.1.3 两触角着生处极近，有时近几乎连接。

9.1.4 跗节第1至3节粘毛呈单叉状。

9.2 潜甲亚科(Anisoderinas)鉴定特征

9.2.1 体一般长形，背面无刺，鞘翅有时具脊线。

9.2.2 头部插入胸腔较浅，口器全部外露，口缘几乎圆形，长阔相等或阔胜于长。

9.2.3 前唇基明显，后足股节伸出于鞘翅侧缘之外。

9.2.4 爪全开式，无卵鞘。

9.2.5 幼虫内寄生，无尾叉。

9.3 Promecothecini 族鉴定特征

9.3.1 体两侧近平行，前胸无明显的边，前后缢缩，宽度相当，中部外凸。

9.3.2 鞘翅无明显的脊，无额外的刻点盾列，后足腿节相当长。

9.4 *Promecotheca* 属鉴定特征

鞘翅长约为头胸长之和的3倍，几乎没有完整的毛被。

9.5 成虫

9.5.1 体长为7.5 mm～10 mm，体宽为1.6 mm～2.0 mm，红褐色。头部向前凸出，眼大，卵圆形，小眼面细，额瘤稍隆起，光洁；触角11节，长达鞘翅之半。

9.5.2 前胸背板长大于宽，光洁，前部具微细刻点，中部偏前部位两侧略为缢缩，基部横沟深，沟中部向后稍拱(参见附录图A.1)。

9.5.3 小盾片舌形。

9.5.4 鞘翅长形，雌虫稍大于雄虫，其腹部末端略大于前端，雄虫腹部前端与末端相等。两侧近平行，刻点粗大，排列整齐，有行纹8列，行间无隆脊，无小盾片行。

9.5.5 前中足短，各足跗节宽平，爪全开式；后腿节细而长，内侧近端五分之一处有1三角形齿突，胫节基部弯凹，与腿节齿对应。

9.6 卵

9.6.1 卵长为1.5 mm，宽为1.0 mm。

9.6.2 椭圆形，形似西瓜籽，棕褐色。

9.7 老熟幼虫

9.7.1 平均体长为9.5 mm，头宽为1.5 mm，半圆柱形，无足。

9.7.2 背腹面扁平，奶油色；前胸背板褐色，骨化片呈三角形。

9.7.3 腹部背腹面稍凸起，背腹面有光泽，体11节，每节两侧有6对细毛(参见附录图A.2)。

9.8 蛹

9.8.1 体长为7 mm～8 mm，体宽为1.6 mm，桔黄至黄褐色。

9.8.2 腹部背腹面稍凸起，能自由蠕动；有毛被，眼黑色，上颚棕褐色(参见附录图A.3)。

10 结果判定

以成虫形态特征为依据，符合第9章的描述特征可以确定为椰子缢胸叶甲；卵、幼虫及蛹可作参考。

附　录　A
(资料性附录)
椰子缢胸叶甲形态特征图

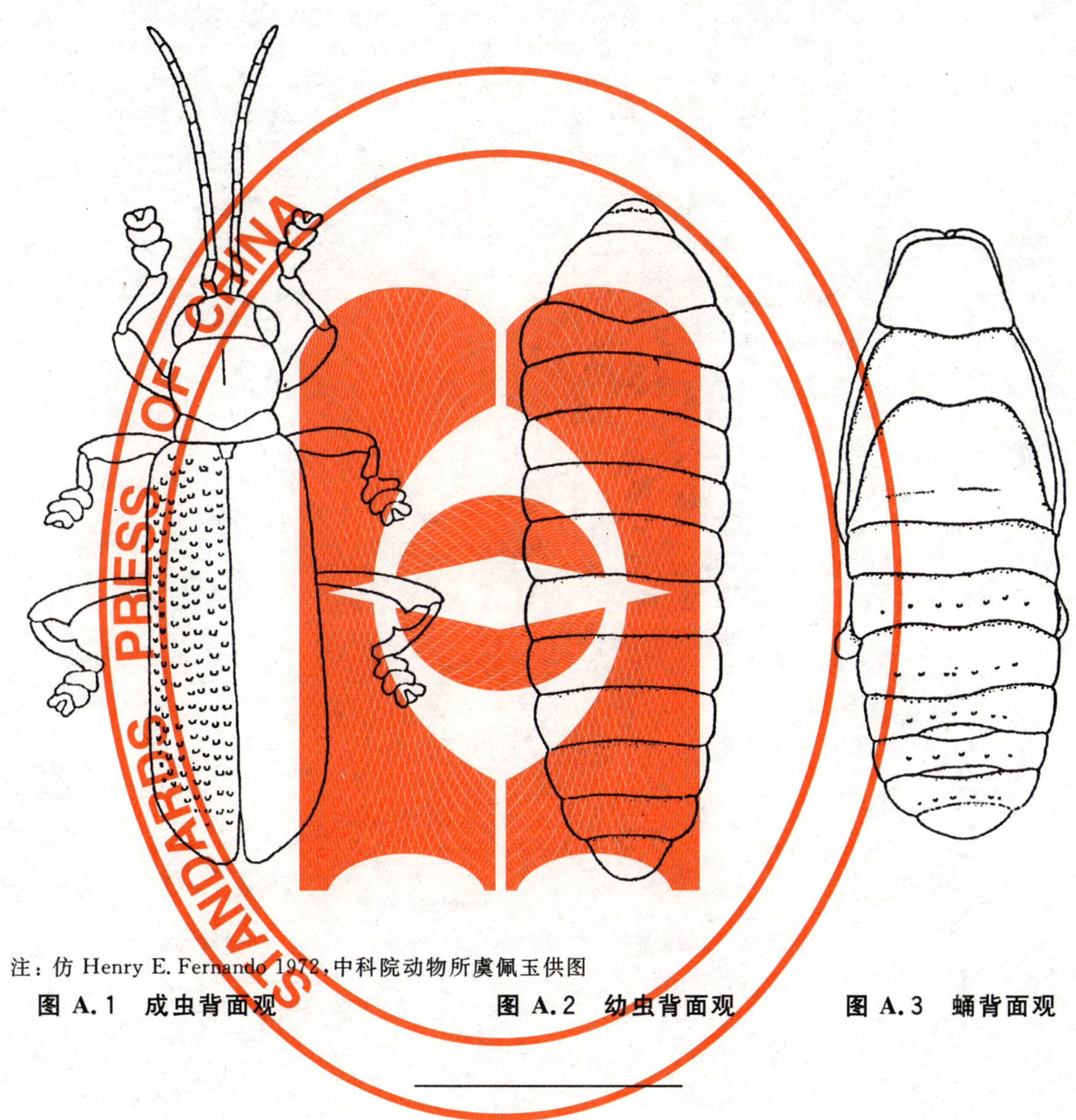

注：仿 Henry E. Fernando 1972，中科院动物所虞佩玉供图

图 A.1　成虫背面观　　　图 A.2　幼虫背面观　　　图 A.3　蛹背面观

中华人民共和国出入境检验检疫行业标准

SN/T 1160—2002

棕榈象甲检疫鉴定方法

Methods for the identification of
Rhynchophorus palmarum (Linnaeus)

2002-11-25发布　　2003-05-01实施

中华人民共和国国家质量监督检验检疫总局　发布

前　言

本标准是在参考国内外有关研究成果，主要依据棕榈象甲的形态分类学原理，确定各项技术指标。

本标准给出棕榈象甲成虫、幼虫和蛹的形态特征，以及其近缘种分类检索表，可同时或单独作为棕榈象甲的鉴定依据。

本标准的附录A、附录B为资料性附录，附录C为规范性附录。

本标准由国家认证认可监督管理委员会提出并归口。

本标准起草单位：中华人民共和国海南出入境检验检疫局。

本标准主要起草人：林明光、李继勇、华丽、伍玉卿。

本标准系首次发布的检验检疫行业标准。

棕榈象甲检疫鉴定方法

1 范围

本标准规定了棕榈象甲的检疫鉴定方法。

本标准适用于进口寄主植物(参见资料性附录 A)及其植物产品时对棕榈象甲的鉴定。

2 原理

棕榈象甲[*Rhynchophorus palmarum* (Linnaeus)],属鞘翅目(Coleoptera)、象虫科(Curculionidae)、隐颏象亚科(Rynchophorinae)、隐颏象属(*Rhynchophorus*),主要随寄主植物的种苗及以寄主植物为材料制成的包装物,作远距离传播。成虫有迅速飞翔和扩散能力,飞翔速度每秒可达 6 m,可连续飞翔 4 km～6 km,进行自然传播。

棕榈象甲的形态特征、寄主植物、分布范围、传播途径及生物学习性为制定鉴定方法提供了依据。

3 术语和定义

下列术语和定义适用于本标准。

3.1

体长 length

从眼前缘到臀板后缘的长度(不包括喙长)。

3.2

体宽 width

身体背面观最大的宽度,一般在鞘翅肩部。

3.3

喙 rostrum

额部向前延伸的部分,末端具口器;喙的长度指喙端部到眼前缘的长度。

3.4

假 4 节 fasle four segmentes

跗节共有 5 节,但第 4 节退化缩小,不易看出;描述跗节时,通常把实际的第 5 节说明为第 4 节。

3.5

臀板 pygudium

腹部第 7 节背板,大部分暴露于鞘翅之后。

3.6

感觉孔 sensory pores

幼虫内唇上的具有感觉功能的孔状器官。

3.7

内唇 epipharynx

幼虫口器上唇的内侧(即外露面的反面),具有感觉器官。

3.8

鼻板 nasal plate

喙端部背面圆弧状延伸的部分,后缘被一行刻点分开。

4 仪器和试剂

4.1 仪器

双目解剖镜、显微镜、测微尺、恒温干燥箱、白瓷盘、磨口广口瓶、烧杯、酒精灯、指形管、量筒、普通天平、培养皿、昆虫针、解剖针、载玻片、盖玻片、标签纸、镊子、剪刀、三级台。

4.2 试剂

10%氢氧化钠、酒精、甘油、二甲苯、加拿大树胶。

5 实验室鉴定

5.1 标本的预处理

5.1.1 成虫、幼虫及蛹标本制备

成虫标本采取针插风干保存，并注意防虫蛀；幼虫和蛹浸泡前放入开水内煮 1 min～2 min 至虫体直硬，后用酒精-甘油保存液保存。

5.1.2 成虫外生殖器封片制备

将雌、雄虫腹部取下，在 10%氢氧化钠溶液中浸泡 24 h，或者水浴加热，溶解掉肌肉后用清水冲洗，进行外生殖器解剖，小心将受精囊或阳茎及其基板取出，然后放置于不同浓度酒精逐级脱水，脱水后放入二甲苯进行透明，最后用加拿大树胶封片保存。

5.1.3 幼虫内唇封片制备

将头部取下，投入 10%氢氧化钠液内浸泡 24 h，或在沸水中加热 5 min，然后在蒸馏水中洗 1 次～2 次，在双目解剖镜下，将连成一块的上唇—唇基—后唇基骨片取出，剔净着生的肌肉、注意不损坏上唇附属构造。然后投入 70%酒精内固定 1 h，逐级脱水，转入二甲苯透明 30 min 至 1 h 即可用加拿大树胶封藏。

5.1.4 幼虫气门片封片制备

在双目解剖镜下，取出气门，剔净着肌肉、微气管，注意不损坏气门附属构造。然后投入 70%酒精内固定 1 h，逐级脱水，转入二甲苯透明 30 min 至 1 h 即可用加拿大树胶封藏。

5.2 鉴定特征(参见资料性附录 B)

5.2.1 成虫

5.2.1.1 外形(见图 B.1)

雄虫体长 29 mm～44 mm，宽 11.5 mm～18 mm；长卵形，背面平坦，腹面凸起，深黑色，背面暗或者亮，有的种群的前胸背板具有天绒状的柔毛，腹面光亮；雌虫体长 26 mm～42 mm，宽 11 mm～17 mm，颜色及外形近似雄虫，但其臀板较狭，端部略呈尖。

5.2.1.2 头部

5.2.1.2.1 喙(见图 B.2)

粗壮，短于前胸背板，侧面观基部宽，向端部逐渐狭缩，略弧形下弯；雄虫喙端半部背面具密集、直立的黄褐色刚毛，基半部具密集的刻点，且具中隆线的痕迹；雌虫喙较细长，更接近圆筒形，从后部三分之一到端部均匀弯曲，端半部背面无刚毛，刻点微弱不甚汇合。

5.2.1.2.2 触角(见图 B.3)

从喙基部的触角窝向侧面发出，触角窝深而宽，下方宽大地开放；柄节长，长于索节和棒节长度之和，或者等于喙长度的一半。索节分为 6 节，第 1 节长度为随后两节长度之和，第 2 节和第 3 节短，近相等，几乎圆形，第 4 节和第 5 节略宽于第 2 节和第 3 节，但狭于第 6 节，第 3 节具一根刚毛，第 4 节具两根刚毛，第 6 节几乎三角形并且具两根刚毛；触角棒节大，宽三角形，背面和腹面具数根刚毛，绵毛区内面具 8 根～10 根刚毛。

5.2.1.3 胸部

5.2.1.3.1 前胸背板

长大于宽，平坦，向端部缩狭并且近端部两侧缢缩，基部向后突出，具褐色刚毛，后缘有二曲状细而隆起的边缘；两侧及端部密布甚细小的刻点，中央具一条纵向隆线的痕迹。

5.2.1.3.2 小盾片（见图 B.4）

常为黑色，大而光滑，长三角形，端部伸长，长度为鞘翅长度的四分之一，前面凹。

5.2.1.3.3 鞘翅

宽于前胸，两侧近直，向后急剧缩狭，后缘略内凹；每侧鞘翅具 6 条深的行纹和侧面 3 条以上的行纹痕迹，缝行纹不延伸到基部，第 4 行纹和第 5 行纹在末端汇合，第 6 行纹和第 7 行纹相连，行间宽度为行纹宽度 5 倍～8 倍，略凸。

5.2.1.3.4 足（见图 B.5）

黑色，前足基节间距为一个基节宽度的四分之一，基节球形；胫节略外弯，端部尖细，各足胫节具一个长而弯的端钩和一个长度为端钩长度五分之一的小钩；雄虫各足刚毛明显，腿节近基部具 2 根～3 根暗褐色的刚毛，前足胫节刚毛为前足腿节刚毛长的两倍，长于中、后足胫节刚毛，雌虫前足腿节无刚毛。

5.2.1.3.5 跗节（见图 B.6）

假 4 节，第 1 节长，长度为第 2 节的 2 倍，第 3 节膨大，腹面基部一半覆盖暗褐色刚毛，第 4 节长，与前 3 节长度总和相等，腹面散布十余根细长的刚毛，端部具两个简单、细而可动的爪。

5.2.1.4 腹部

腹部完全黑色，5 节，第 1 节腹片较短并且与第 2 节腹片在中央融合，第 2 节腹片长度为第 3、第 4 腹片长度之和的十一分之三倍；腹部第 5 节近三角形，侧缘具一列稠密的长的暗褐色刚毛，端部无凹缘；背侧面具刻点。

臀板（见图 B.7）黑色，三角形，中央隆起，基部、端部和两侧刻点强烈，中部刻点更分散；侧缘具暗褐色刚毛；雄虫臀板略宽于雌虫的臀板。

5.2.2 幼虫

5.2.2.1 外形（见图 B.8）

老熟幼虫大，粗壮，体长 44 mm～57 mm，宽 22 mm～25 mm，头暗褐色，明显外露，近圆形，长 10.5 mm～13 mm，宽 9.5 mm～11 mm。淡黄色无足，身体弯曲，腹部第 4 节或者第 5 节最宽，向两端骤然缩狭。

5.2.2.2 头部

5.2.2.2.1 头盖

背面（见图 B.9）刚毛 1 与刚毛 2 等长，略长于刚毛 5 但短于刚毛 4，位于副头盖缝上（副头盖缝在此开始明显）；头盖背面刚毛 2 接近但不位于副头盖缝前端；头盖背面刚毛 3 小，长约为刚毛 1 或 2 的六分之一，与刚毛 2 和 4 的距离相等；头盖背面刚毛 4 和 5 位于侧面；头盖侧面刚毛从背面难见。

5.2.2.2.2 内唇（见图 B.10）

具刚毛，前部具宽的骨片，向后缩狭并近平截，内唇骨片具一对感器和两对刚毛；内唇刚毛部分梨形，后端略隆起；内唇刚毛 1 比刚毛 2 甚短而小，有时缩短为甚小的刚毛；内唇刚毛 1 和内唇的间距小于内唇刚毛 1 和内唇刚毛 2 的间距，内唇感器位于内唇刚毛 1 和 2 的中间。

5.2.2.2.3 上颚（见图 B.11）

具齿或者分为二叶；下颚叶背面具 26 根～27 根刚毛。

5.2.2.3 胸部

5.2.2.3.1 前胸背面（见图 B.12）

不分开，具成对的重型骨片，具六对小刚毛；中胸和后胸分为纺锤形的前背和后背；前背具一对刚毛，后背具四对刚毛；中胸和后胸背面前方刚毛 3 和 4 位于黄褐色骨片上：背面前方刚毛 4 基部的骨片长和宽均大于刚毛3基部的骨片;背面前方刚毛1和2基部的骨片较小。

5.2.2.3.2 气门

共九对,一对位于中胸,八对位于腹部第1至8节;中胸气门(图B.13)二唇形,腹部所有气门简单,椭圆形,腹部1节~7节气门大小相等,中胸气门和腹部第8节气门近相等并且长度均为其他气门的3倍~4倍;中胸气门的气门片沿气门前缘具排成一列的六根刚毛,还有一根刚毛位于气门之后。

5.2.2.4 腹部

共10节,各节背面分为四个明显的褶,即节间褶,前盾片,盾片和小盾片,具以下刚毛:腹部第1节~7节两侧在节间褶上各具一根背面前部刚毛,在前盾片上具一根气门刚毛,在小盾片上具五根背面后部刚毛。

腹部第8节(图B.14)略小其他腹节,仅具四根背面后部刚毛;第9节宽,背面和腹面平坦,后部内凹,每侧具4根长刚毛。

5.2.3 蛹

5.2.3.1 形状和大小

体长40 mm~51 mm,宽16 mm~20 mm,黄褐色,长卵形;中胸最宽,向前和向后逐渐缩狭(图B.15)。

5.2.3.2 喙和触角

喙沿着腹面向后延伸,触角沿着前足腿节向侧面延伸:喙延伸到前足胫节并且达到中足基部;喙背面(图B.16)具三对着生于瘤突上的刚毛,其中两对着生于大的隆起的瘤突上,位于触角基部上方,瘤突被小而明显的脊分为3个~4个(常为3个)横向叶;另一对刚毛位于触角基部以下;有时在喙端部和那一对位于触角基部之下的刚毛之间的中点上(几乎总是在左侧)有一根刚毛。

5.2.3.3 背板

前胸背板近卵形,边缘覆盖众多大小不一的短刺,侧后方较密,而中部侧面无刺。中胸背板和后胸背板被折叠的后翅所迭盖,从背面只有部分可见;后胸背板具一对着于瘤突上的刚毛,有时无刚毛。

5.2.3.4 腹部

分为大致相等的九节,背面观可见7节,第1至7节背片各具两行短刺;背片1具两对到四对刚毛(常两对);背片2至6各具四对着生在小瘤突上的刚毛,有时背片4具五对,而背片6和7各具六对。每节侧面具两根刚毛。背片7近三角形,骨化程度强,侧后方具众多短小的刺,并且具有两对着生在小瘤突上的刚毛。

6 鉴定结果的判定

6.1 亚科的判定

触角棒节愈合,节间环纹不明显,或基节扩大而发光,节间缝几乎不明显;触角索节6节,有时退化为5或4节;前足胫节内缘近端部不密布一排长而直立的毛;臀板多数外露;身体光滑,稀被覆鳞片;幼虫蛀食茎、芽或种子。

6.2 属的判定

喙园筒形,雄虫喙具瘤突或具刚毛;触角着生于喙基部,触角柄节长度为喙的三分之一,棒节呈靴状;前胸无眼叶,中胸后侧片大于中胸前侧片,后胸前侧片非常宽,端部三分之一明显宽于腿节最大宽度,后胸后侧片可见;前足基节分离,前、中足腿节腹面不强烈弯曲;小盾片长,基部宽,长为宽的2倍;臀板大部分外露。

6.3 种的判定

以成虫、幼虫或蛹的形态特征以及其近缘种分类检索表(见附录C)为依据,符合上述形态特征以及附录C描述的确定为棕榈象甲。

附 录 A
（资料性附录）
棕榈象甲的寄主植物

A.1 棕榈科植物

Acrocomia aculeate Lodd. ex Mart. 格鲁刺棕

Acrocomia lasiopatha Wall. 格鲁棕属

Acrocomia sclerocarpa Mart. 厚皮刺棕

Attalea cohune Mart. 亚特利棕

Bactris major Jacq. 大刺棒棕

Chrysalidocarpus lutescens Wendl. 散尾葵

Cocos coronata Mart. 花环椰子

Cocos fusiformis Sw. 纺锤椰子

Cocos nucifera Linn. 椰子

Cocos romanzofiana Cham. 罗曼椰子

Cocos schizopylla Mart. 裂叶椰子

Cocos vagans Bond. 椰子属

Desmoncus major Crueg. ex Griseb. 束藤（黑莓棕属）

Elaeis guineensis Jacq. 油棕

Euterpe brodwayana Becc. 埃塔棕属

Guilielma sp. =*Bactris Scop*. 粮棕（刺棒棕属）

Manicaria saccifera Gaaertn. 母树棕（袖棕属）

Maximiliana caribaea Griseb. 加勒比棕（巴西棕榈属）

Metroxylon sagu Rottb. 西谷椰子

Euterpe oleracea Mart. 甘蓝棕榈

Phoenix spp. （*Date Palms*） 枣椰

Sabal umbraculifera Mart. 伞形蓑棕

Sabal sp. (*carat palm*) 萨巴棕属

Washingtonia spp. 华盛顿棕（丝葵属）

A.2 其他植物

Saccharum officinarum L. 甘蔗

Ananas sativa Linn. 菠萝

Musa sapientum Kuntz. 香蕉

Carica papaya Linn. 番木瓜

Ricinus sp. (Castorbean) 蓖麻属

Mangifera indica Linn. 芒果

Theobroma cacao Linn. 可可

附 录 B
（资料性附录）
棕榈象甲的形态特征图

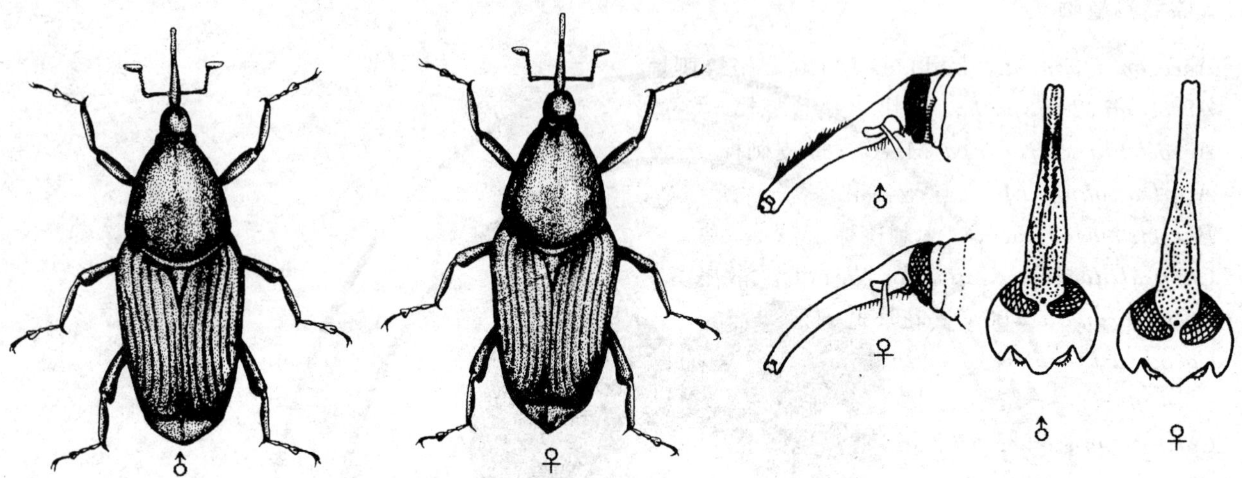

图 B.1 成虫外形

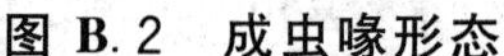

图 B.2 成虫喙形态

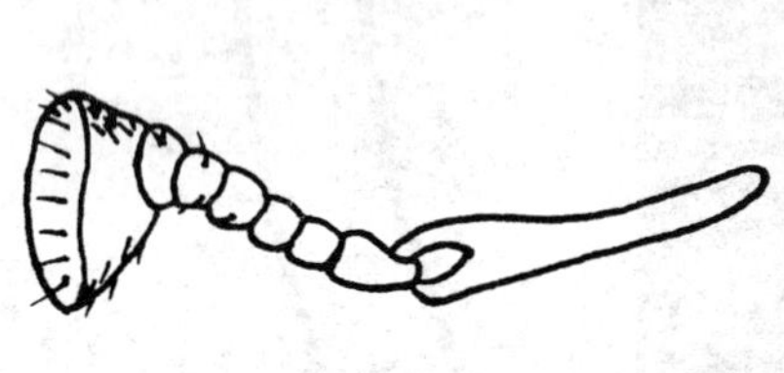

图 B.3 触角侧面

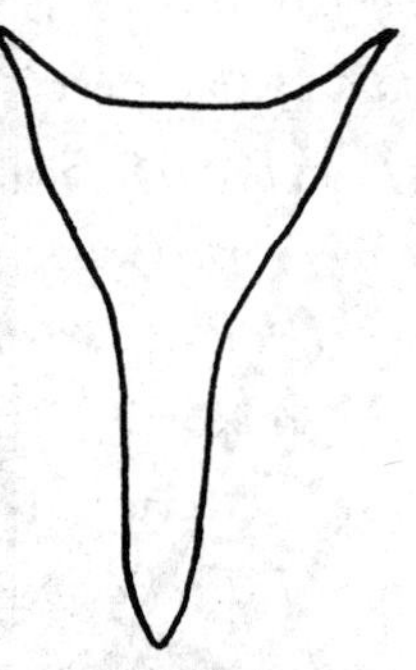

图 B.4 小盾片

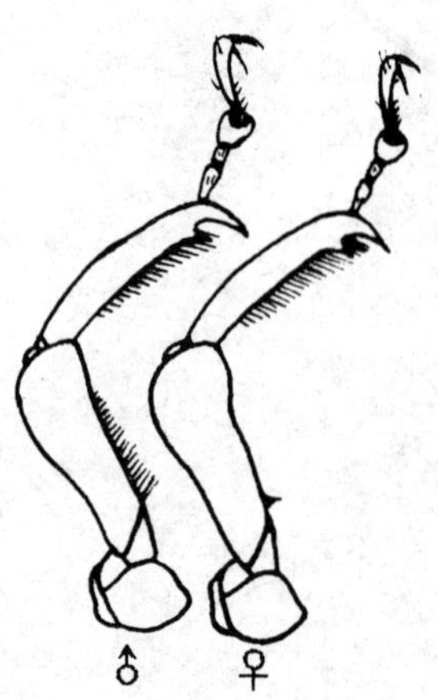

图 B.5 雌雄虫前足

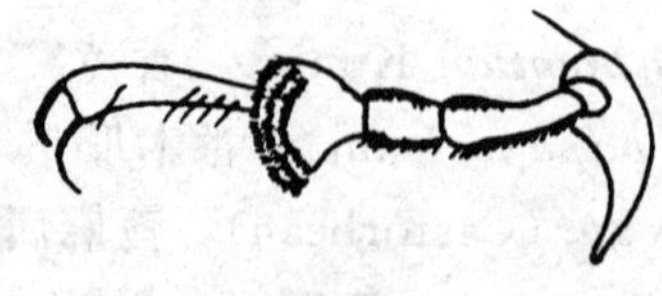

图 B.6 跗节腹面

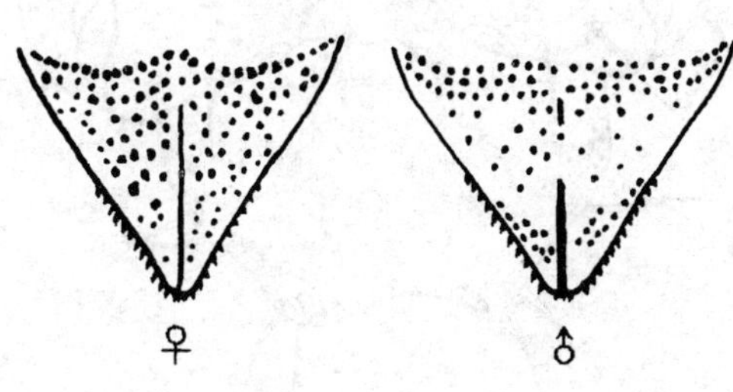

图 B.7 雌雄虫臀板背面

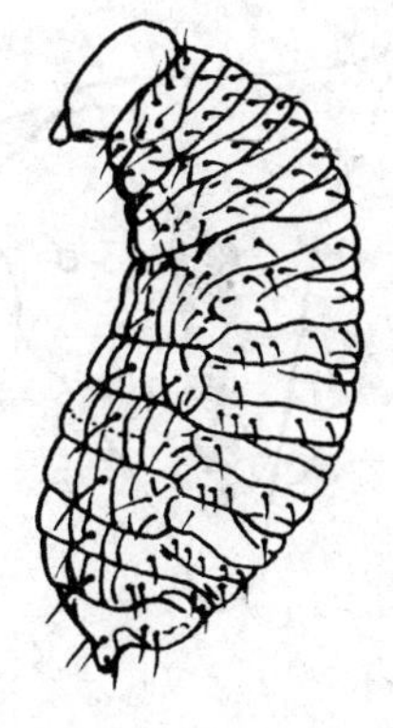

图 B.8 幼虫形态

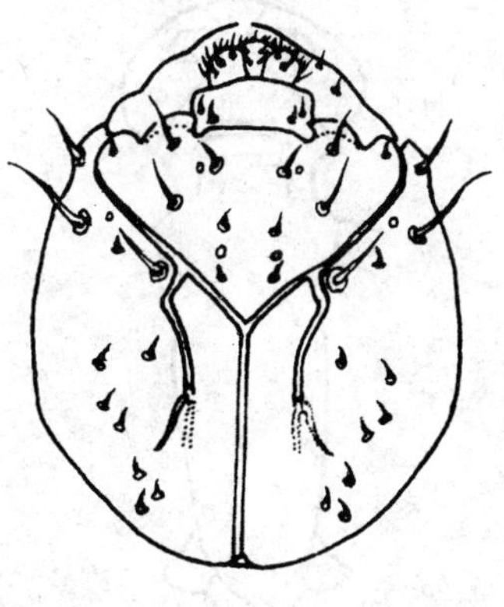

图 B.9 幼虫头部背面

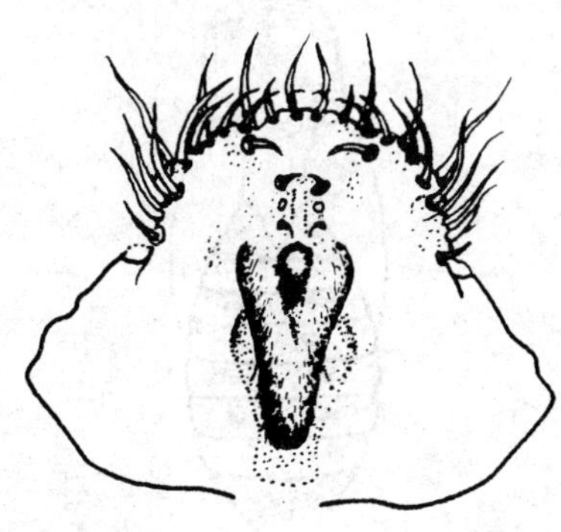

图 B.10 幼虫内唇

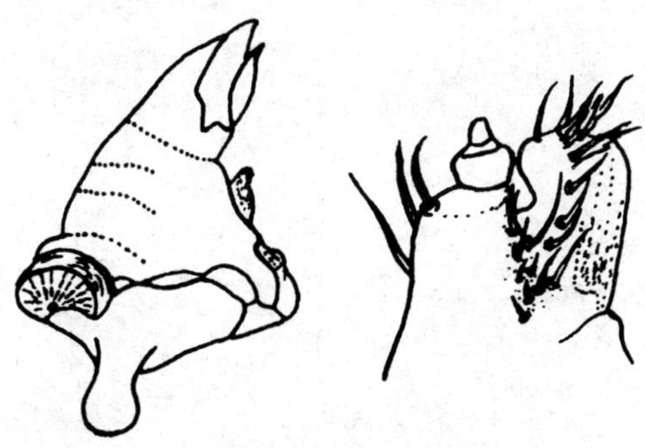

图 B.11 上颚腹面及下颚叶背面

图 B.12 幼虫胸部背面

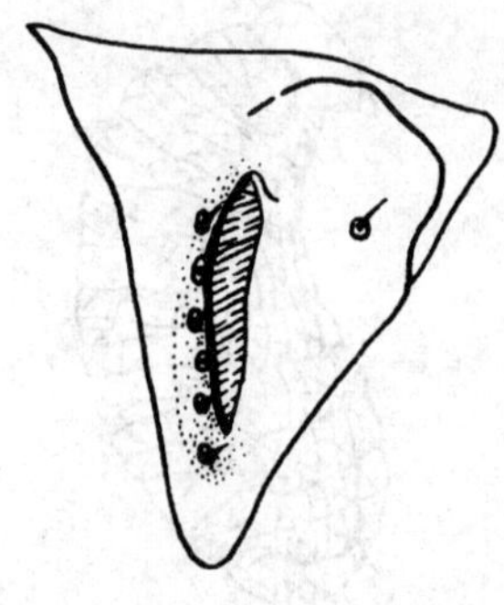

图 B.13　幼虫中胸气门

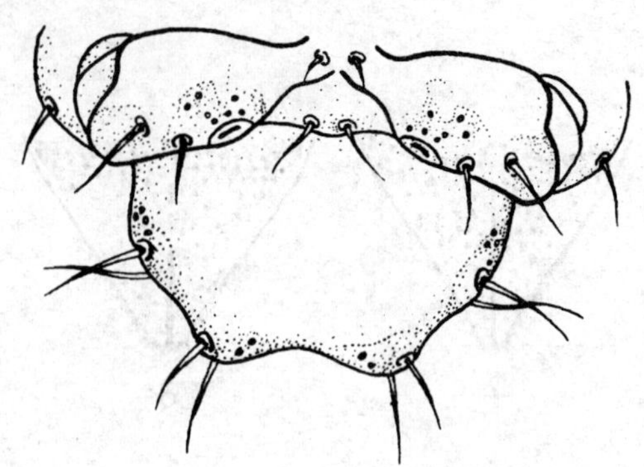

图 B.14　幼虫腹部 8.9 腹板

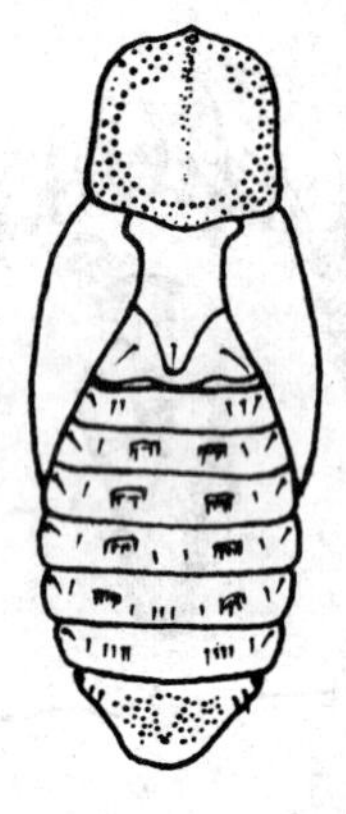

图 B.15　蛹背面

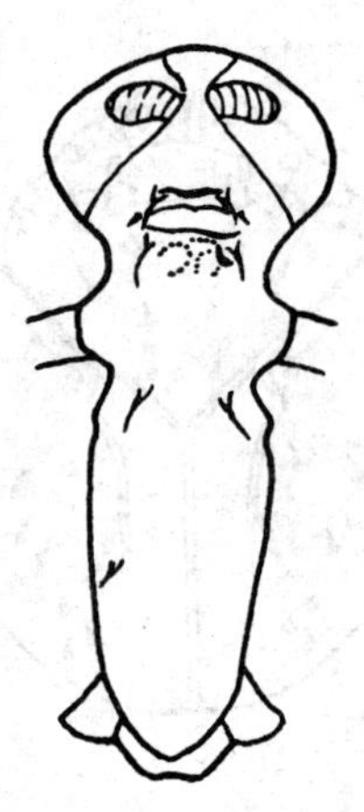

图 B.16　蛹喙背面

注：引自(中国科学院动物研究所　张润志)

附　录　C
（规范性附录）
棕榈象甲近缘种分类检索表

C.1　成虫分类检索表

1　上颚端部无齿呈圆或卵圆形 …………………………………………………………………… 2
上颚端部具齿 ……………………………………………………………………………………… 4

2　无鼻板；跗节第三节腹面六分之一具刚毛；前胸背板后部卵形；外咽缝狭；喙端部腹面不凸起，略侧扁或者圆筒形，并且基部背面不凸或者卵形；亚颏端部平 ………………………………… 3
具鼻板，明显圆；跗节第三节腹面三分之二具刚毛；前胸背板近方形，后部宽圆；外咽缝宽；喙端部腹面强烈凸起，强烈侧扁，基部背面凸并且卵形；亚颏端部卵形 ………………………………
……………………………………………………………… *Rhynchophorus quadrangulus* Quedenfeldt

3　前足胫节宽扁，端部具两个宽叶，中、后足胫节端部平截；前胸背板前端渐狭，两侧弧形扩展；喙方形，略侧扁，端部背面凹或呈沟状；亚颏端部平凹；上颚端部狭卵形；雄虫喙密生直立的刚毛
…………………………………………………………………… *Rhynchophorus ritcheri* attanapongsiri
前足胫节不扁平；中、后足胫节端部不平截；前胸背板两侧直；喙圆筒形，端部卵形或略凹；亚颏端部深凹入；上颚端部宽卵形；雄虫喙背面无刚毛，具瘤突 ……………………………………
…………………………………………………………………… *Rhynchophorus cruentatus* (Fabricius)

4　前胸背板基部突出；外咽缝狭；触角窝腹面间距狭；喙端背面具沟或者近平截；眼间距总是等或短于喙基部宽的三分之一 ………………………………………………………………………… 5
前胸背板基部卵形或者宽圆形，外咽缝宽；触角窝腹面间距宽；喙尖端无槽而且卵形；眼间距不短于喙基部宽的三分之一 ……………………………………………………………………… 6

5　颚端部具三个明显的尖齿；喙腹面在触角窝之间平滑，无刚毛；中、后足胫节在端钩基部背面具明显的刺；臀板背面平坦；跗节第三节腹面几乎完全覆盖刚毛；亚颏端部略内凹并且具三个尖齿；触角细小；小盾片后面突出甚尖；身体铁锈色并且具黑斑 ……………………………………
……………………………………………………………………… *Rhynchophorus distinctus* Watt.
上颚端部具两个宽叶突；喙腹面在触角窝之间起皱并且具几根细长的刚毛；中、后足胫节无端刺；臀板背面凸；跗节第三节腹面的一半具刚毛；亚颏端部卵形；触角粗；小盾片向后面突出但不尖；身体全黑色 ……………………… 棕榈象甲 *Rhynchophorus palmarum* (Linnaeus)

6　臀板光滑；跗节第三节腹面两侧无刚毛列；眼间距接近喙基部宽的三分之一；前胸背板基部宽圆，常具两条纵贯全长的红色纵带；小盾片向后突出甚狭……………………………………
…………………………………………………………………… *Rhynchophorus phoenicis* (Fabricius)
臀板具刻点；跗节第三节腹面两侧各具一列刚毛；前胸背板基部卵形或者宽卵形，常具一条宽的红色的纵带，或者两条短小的红色纵带，或者几个斑点；小盾片向后稍突出…………………… 7

7　外咽缝自基部宽度一致；上颚端部具四个齿；亚颏端部平截，中央具一个三角形凹陷；体黑色，前胸背板上面常具狭窄短小的红色纵带 ……………… *Rhynchophorus bilineatus* (Montrouzier)
外咽缝基部渐狭，向后长卵形扩宽；上颚端部具三个齿；亚颏端部平凹，具纵贯全长的狭长的中纵沟；身体黑色或者铁锈色，前胸背板常具一条红色的宽纵带或斑点 ………………………… 8

8　前胸背板基部宽卵形，两侧向前较均匀弯曲；身体常铁锈色，前胸背板具黑色斑点 ……………
…………………………………………………………………… *Rhynchophorus ferrugineus* (Oliver)
前胸背板宽卵形，但两侧向前猛烈弯曲；身体常黑色，前胸背板中央具一条宽的红色纵带 ……
…………………………………………………………………… *Rhynchophorus vulneratus* (Panzer)

C.2 幼虫分类检索表

1 内唇感觉孔靠近刚毛 2 而远离刚毛 1；上唇侧面具 16 根～22 根刚毛 ………………………… 2

内唇感觉孔在刚毛 1 与刚毛 2 中间或者接近中间，上唇侧面具 24 根～30 根刚毛 …………… 3

2 上唇侧面具 16 根短刚毛；内唇感觉孔与刚毛 1 间距几乎是与刚毛 2 间距的三倍，腹部第八节背片前端背面无刚毛；内唇前侧方不扩大；下颚叶背面具二分叉…………………………………………………………………………………………… *Rhynchophorus cruentatus* (Fabricius)

上唇侧面具长刚毛 22 根；内唇感觉孔与刚毛 1 间距不到与刚毛 2 间距的两倍；腹部第八节背片前方背面具四根刚毛；内唇前侧方扩大；下颚叶背面具二分叉和三分叉的刚毛………………………………………………………………………………………… *Rhynchophorus ferrugineus* (Oliver)

3 上颚具齿或二叶状；内唇前方宽大；下颚叶背面具 26 根～27 根刚毛 ………………………… 4

上颚无齿，不分叶；内唇狭或向前端渐细；下颚叶背面具 18 根～20 根刚毛 …………………… 5

4 上唇侧面具 24 根刚毛；内唇 Y 形；上颚端部具明显尖齿；下颚叶背面具二分叉的刚毛；内唇刚毛 1 与内唇间距短于内唇刚毛 1 与刚毛 2 间距…………………………………………………………………………………… 棕榈象甲 *Rhynchophorus palmarum* (Linnaeus)

上唇侧面具 28 根刚毛；内唇基部宽，不呈 Y 形；上颚端部齿钝；下颚叶背面具二分叉和三分叉的刚毛；内唇刚毛 1 与内唇间距是内唇刚毛 1 与刚毛 2 间距的四倍 ……………………………………………………………………………… *Rhynchophorus vulneratus* (Panzer)

5 上唇侧面刚毛 30 根；下颚叶背面刚毛 20 根；上颚粗大；腹部第八节背片前、后方各具两根刚毛 ………………………………………………………… *Rhynchophorus phoenicis* (Fabricius)

上唇侧面刚毛 24 根；下颚叶背面刚毛 18 根；上颚小，不粗大；腹部第八节背片前、后方无刚毛 ………………………………………………………… *Rhynchophorus bilineatus* (Montrouzier)

C.3 蛹分类检索表

1 前胸背板刚毛两对或三对；中胸背板刚毛一对…………………………………………………… 2

前胸背板和中胸背板无刚毛 ……………………………………………………………………… 3

2 前胸背板各对刚毛间距近相等；喙具三对着生于瘤突上的刚毛，有的刚毛二分叉………………………………………………………………………… *Rhynchophorus vulneratus* (Panzer)

前胸背板前面一对刚毛间距是后面一对刚毛间距的两倍；喙具两到四对着生于瘤突上的刚毛 ………………………………………………………… *Rhynchophorus ferrugineus* (Oliver)

3 喙背面具七对着生于瘤突上的刚毛；后胸背板无刚毛 ……………………………………………………………………………………… *Rhynchophorus phoenicis* (Fabricius)

喙背面具三对或者更少刚毛；后胸背板常具一对刚毛……………………………………………… 4

4 喙背面具一对刚毛，并且在两触角之间具隆起的瘤突 ……………………………………………………………………………………… *Rhynchophorus cruntatus* (Fabricius)

喙背面具三对着生于瘤突上的刚毛，两对位于喙基部的瘤突上 ……………………………………………………………………… 棕榈象甲 *Rhynchophorus Palmarum* (Linnaeus)

参 考 文 献

［1］ Wattanapongsiri A. A revision of the general rhynchophorus and dynamis. Depart. Agric. Sc. Bull. Bangkok (Thailand). 1966. 1:49-76

［2］ 农牧渔业部农垦生产处．热带作物检疫对象图说 1984 年．27～29

［3］ 蔡悦．几种危害棕榈科植物的象甲植物检疫．1983.(1):24～26

［4］ 国家动植物检疫局、农业部植物检疫实验所．中国进境植物检疫有害生物选编．中国农业出版社．1997 年．37～41

［5］ 赵养昌、陈元清．中国经济昆虫志．1980 年．第 20 册:鞘翅目　象虫科(一)

［6］ Diennis S. Hill. Agricultural Insect Pests of the Tropics & Their Control. 1983. 488-48

中华人民共和国出入境检验检疫行业标准

SN/T 1178—2003

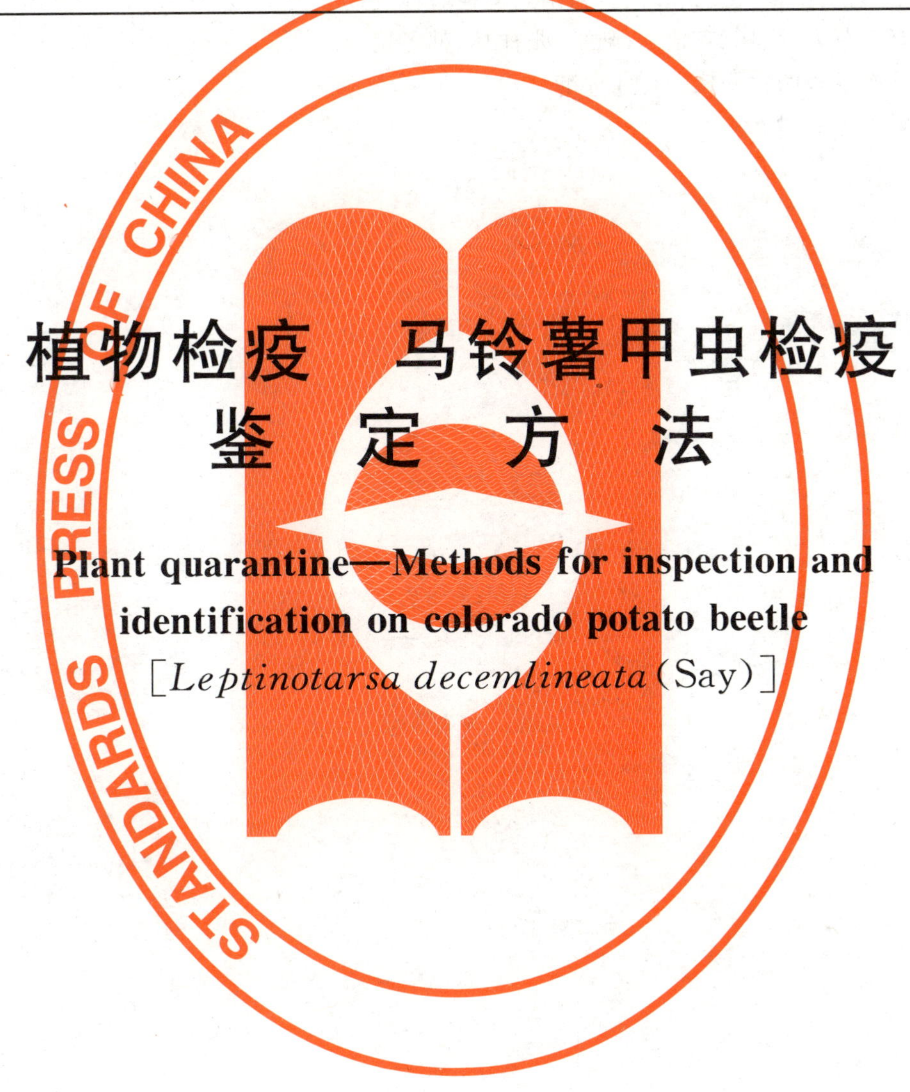

植物检疫 马铃薯甲虫检疫鉴定方法

Plant quarantine—Methods for inspection and identification on colorado potato beetle

[*Leptinotarsa decemlineata* (Say)]

2003-03-17 发布　　　　2003-09-01 实施

中华人民共和国
国家质量监督检验检疫总局　发布

前　言

本标准的附录 A、附录 B 为规范性附录。

本标准由国家认证认可监督管理委员会提出并归口。

本标准起草单位:中华人民共和国新疆出入境检验检疫局。

本标准主要起草人:张伟、克依木、陆平、张祥林、韩冬艳。

本标准系首次发布的检验检疫行业标准。

植物检疫　马铃薯甲虫检疫鉴定方法

1　范围

本标准规定了马铃薯甲虫[*Leptinotarsa decemlineata*(Say)]的检疫和鉴定方法。

本标准适用于马铃薯甲虫的检疫和鉴定。

2　原理

2.1　马铃薯甲虫属鞘翅目(Coleoptera)、叶甲科(Chrysomelidae)、叶甲亚科(Chrysomelinae)、瘦跗叶甲属(*Leptinotarsa*),主要靠货物、包装材料、运输工具、土壤及随季风迁飞传播。

2.2　马铃薯甲虫的分布、寄主、形态特征、内部解剖特征、传播途径及生物学习性为制定检疫和鉴定方法提供了依据。

3　溶液配制

3.1　10%氢氧化钾溶液:氢氧化钾10 g加90 mL蒸馏水摇匀而成。用于标本解剖处理。

3.2　福尔马林溶液:1份福尔马林(含甲醛40%)加17份~19份蒸馏水摇匀而成。用于虫卵的保存。

3.3　乙醇溶液:在75%的乙醇中加入0.5%~1%的甘油而成。用于成虫和幼虫的保存。

3.4　霍氏封片液:将30 g阿拉伯树胶放入50 mL蒸馏水,置于50℃~80℃水浴液中,待树胶全部溶解后再加入200 g水合三氯乙醛和20 mL甘油,用玻棒调匀而成。用于肢体解剖和生殖器解剖封片。

4　仪器及用具

4.1　显微镜、解剖镜、扩大镜。

4.2　培养皿、烧杯、酒精灯、微型解剖刀、解剖针、昆虫针、载玻片、凹玻片、盖玻片、镊子、标签、各类孔径样筛。

4.3　养虫缸、养虫盒、养虫箱。

4.4　标本盒:成虫针插标本用。

5　现场检疫

5.1　抽查

5.1.1　用随机方法进行抽查。

5.1.2　抽查件数:按货物总件数的0.5%~5%抽查。10件以下的(含10件)全部检查;500件以下的抽查13件~15件;501件~1 000件抽查16件~20件;1 001件~3 000件抽查21件~30件;3 001件以上,每增加500件抽查件数增加一件(散装货物以100 kg比照一件计算)。

5.1.3　来自疫区的茄科植物种子、苗木及其产品,发现可疑疫情,可增加抽查件数,每批抽查宜多于50件(批量少于50件的则全部检查)。

5.1.4　现场抽查中发现可疑虫样,带回室内做检查鉴定。

5.2　运输工具的现场检疫

5.2.1　汽车、飞机、船舶抵达入境口岸前,货主及其代理人去口岸检验检疫机关报检,并按要求提交有关文件。

5.2.2 认真查询运输工具的始发站、途径站及所载货物的产地、种类、数量等情况。

5.2.3 检查入境运输工具、集装箱、包装物内外表、缝隙边角等害虫潜伏和活动场所有无马铃薯甲虫分布和危害。

5.3 旅客检疫

对来自疫区的入境旅客严格检查其携带物，尤其是茄科植物种子、苗木及其产品应重点检查。

5.4 疫区动物产品的检疫

对来自疫区的动物产品特别是绒毛类产品，也按上述抽查检验。

5.5 检疫检查方法

5.5.1 过筛检查：对易筛货物，如谷物、豆类、油料、花生仁、干果、坚果及植物种子，采用过筛检查，检查货物中是否带有幼虫和成虫。

5.5.2 肉眼检查：对包装物、填充物、铺垫材料、集装箱、运输工具、动物产品等，采用肉眼检查，特别是麻袋的边、角、缝隙处，棉花包及羊毛(绒)包的皱褶、边、角、缝隙片，纸盒的夹缝等隐蔽场所，来自疫区的运输工具的轮胎边缘及缝隙处作重点检查。

5.6 收集标本

通过检查收集的成虫、幼虫、蛹、卵及蜕皮壳，分别保存于标本盒及相关溶液中，根据鉴定方法进行结果判定。

6 室内鉴定

6.1 将现场检疫中收集的卵及幼虫放入养虫盒或养虫缸中，在室温 25℃～26℃下培养 5 d 至 15 d 。每天至少观察二次，并饲喂新鲜马铃薯叶片。待幼虫老熟后，用镊子将幼虫夹起，放入半干湿砂土的杯状容器(如烧杯)中化蛹。将容器移至养虫箱继续培养。待成虫羽化后，在养虫箱再饲养 2 d 至 3 d，然后制成标本。

6.2 瘦跗叶甲属(*Leptinotarsa*)成虫主要特征：体长卵形，尾端较尖，背面十分拱凸。复眼近似肾形，较小。触角短，向后刚抵前胸背板后缘，第三节长于前后各节，端末五节显粗，略呈棒状，触角基窝较远离复眼内缘。前胸背板基缘向后拱弧，前角突出向前，前缘凹进。小盾片三角形。鞘翅刻点排成规则纵行。跗节瘦狭，第三节完整，不纵裂为二叶。爪单齿式。

6.3 马铃薯甲虫的主要特征

6.3.1 成虫

体长 11.25 mm±0.93 mm，宽 6.33 mm±0.45 mm。短卵圆形，淡黄色至红褐色，有光泽，每一鞘翅上具黑色纵条纹五条，第一与第三纵带在尾部交会。头下口式，横宽，背方稍隆起，向前胸缩入达眼处。触角 11 节，第一节粗而长，第二节很短，第五、六节约等长，第六节显著宽于第五节，末节呈圆锥形。口器咀嚼式，上颚有三个明显的齿，下颚须三节向端膨粗，第四节显细而短，圆柱形，端末平截。足短，转节呈三角形，股节稍粗而侧扁，胫节端部方向放宽，跗节显四节，第四节极短，爪基部无附齿。雌雄两性成虫外形差异不大，雌虫个体一般稍大，雄虫最末腹板比较隆起，具一纵凹线，雌虫无上述凹线。(见附录 A 图 A.1、图 A.2)

6.3.2 幼虫

一龄幼虫体长 2.76 mm±0.22 mm，头宽 0.59 mm±0.09 mm；二龄幼虫体长 5.08 mm±0.27 mm，头宽 0.90 mm±0.08 mm；三龄幼虫体长 8.31 mm±0.35 mm，头宽 1.39 mm±0.12 mm；四龄幼虫体长 13.94 mm±0.83 mm，头宽 2.29 mm±0.15 mm。体色一、二龄幼虫暗褐色，三龄以后逐渐变为粉红色或橙黄色。头部黑色，头为下口式两侧各有六个疣状小眼分成二组，上方四个，下方二个和一个三节的触角，上唇半圆形，中间有缺刻。前胸明显大于中胸和后胸，后缘有褐色宽带。中胸和后胸各有三个斑点，每侧各有一个，中间有二个。一龄幼虫前胸背板骨片全为黑色，随着虫龄的增加前胸背板颜色变淡，仅后部为黑色。除最末两个体节外，虫体两侧有两行大的暗色骨片，即气门骨片和上侧骨片。腹节上的气门骨片呈瘤状突出，包围气门，中、后胸由于缺少气门，气门骨片完整。腹部较胸部显著膨大，中央部分特别膨大，向上隆起，以后各节急剧缩小，末端细尖。腹部共有九节，一节至七节背面两侧各有二个斑点，上面的一个较大，位于气门的周围。腹部腹面有三行小斑点，斑点由密集的短刚毛组成。前胸背板及腹部第八节、九节背部有黑色素斑。足黑褐色。（见附录B图B.1、图B.2）

6.3.3 蛹

为离蛹，体长9.49 mm±0.37 mm，宽6.24 mm±0.25 mm。黄色或桔黄色。体侧各有一排黑色小斑点。

6.3.4 卵

椭圆形，顶部钝尖。卵长1.83 mm±0.08 mm，宽0.83 mm±0.06 mm。橙黄色，少数为桔红色。

7 结果判定

以成虫、幼虫形态特征为依据，符合上述形态特征可鉴定为马铃薯甲虫。

附 录 A
（规范性附录）
马铃薯甲虫成虫特征

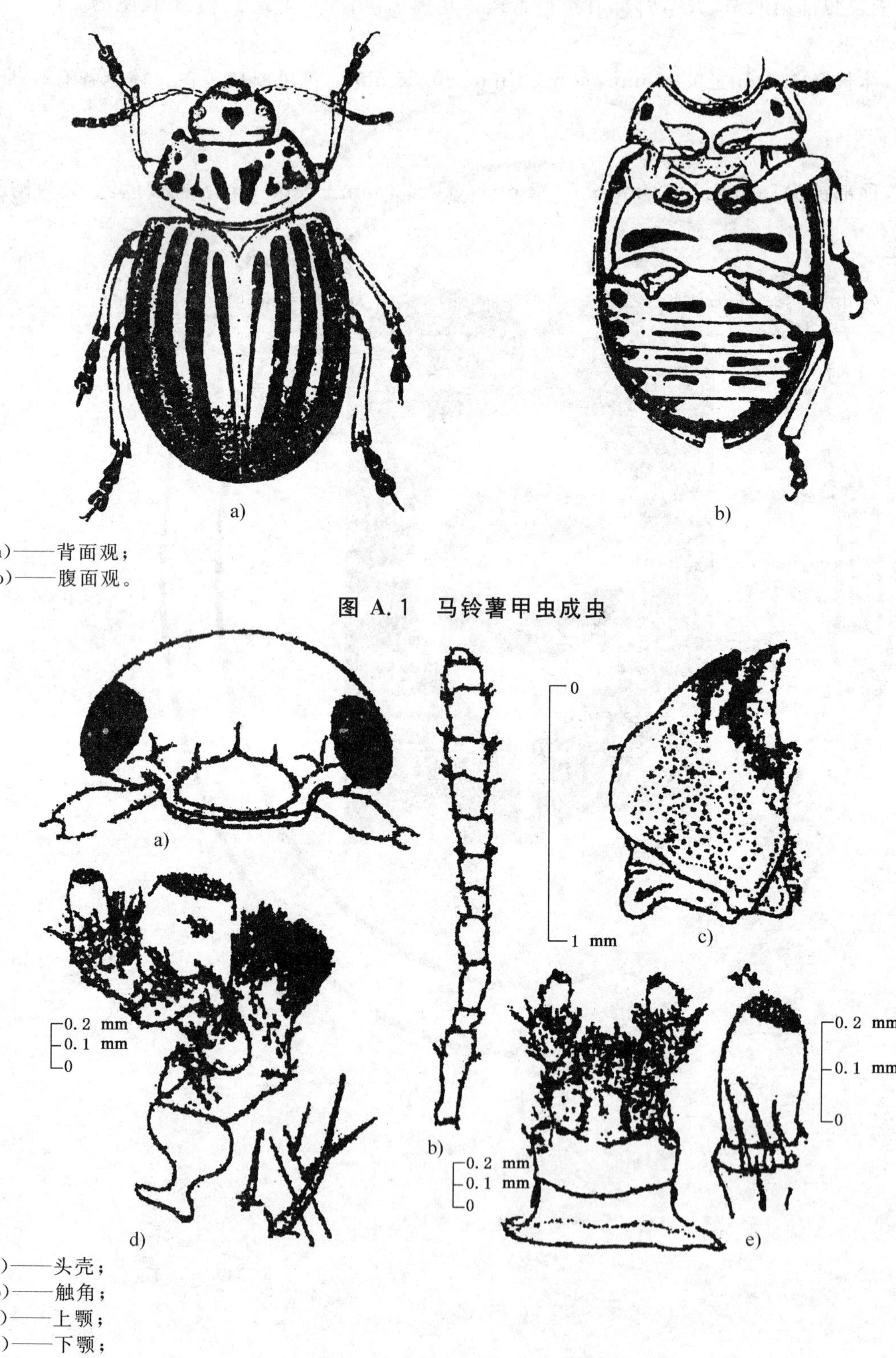

a)——背面观；
b)——腹面观。

图 A.1 马铃薯甲虫成虫

a)——头壳；
b)——触角；
c)——上颚；
d)——下颚；
e)——下唇。

图 A.2 马铃薯甲虫成虫头部

附 录 B
（规范性附录）
马铃薯甲虫幼虫特征

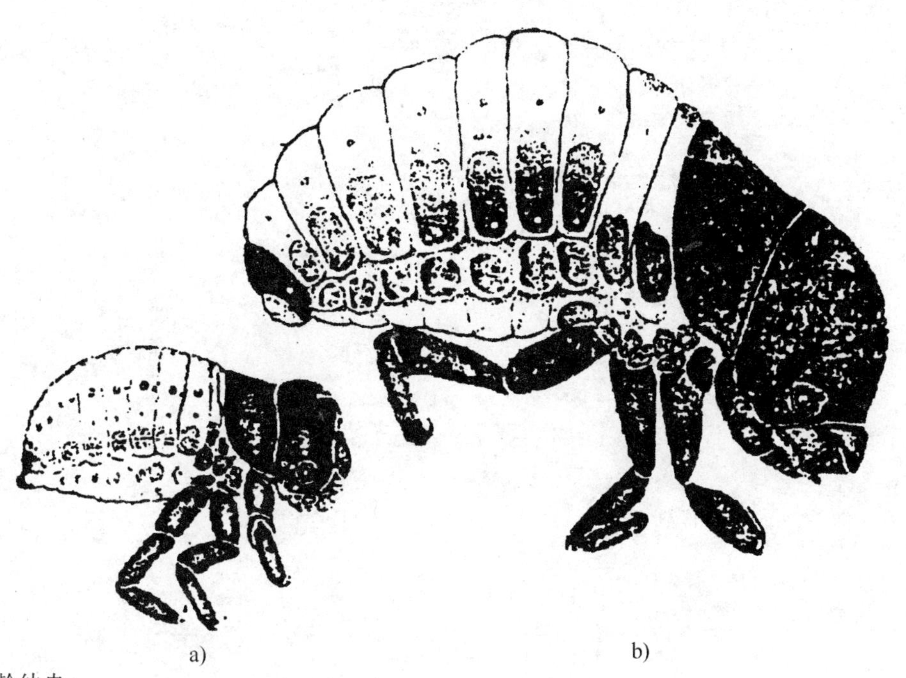

a)——一龄幼虫；
b)——二龄幼虫。

图 B.1 马铃薯甲虫幼虫

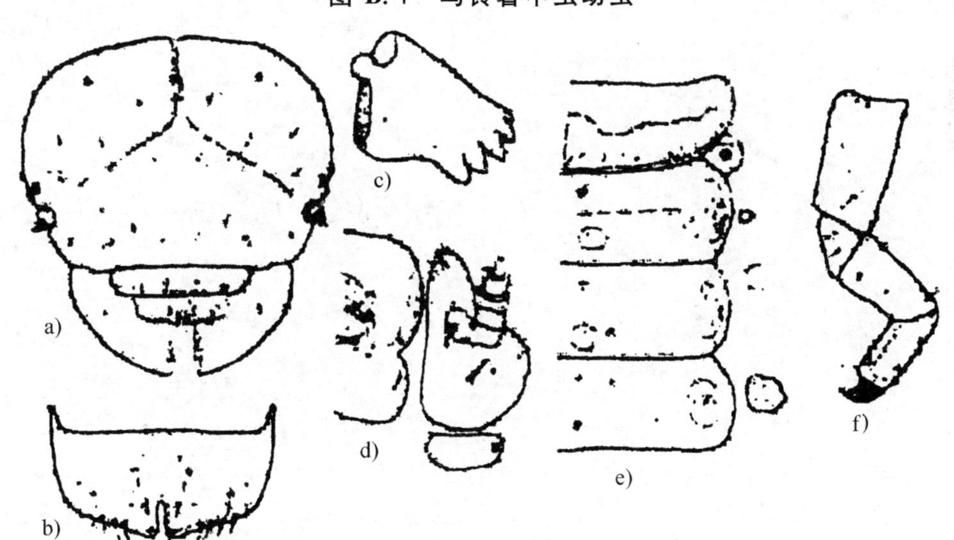

a)——头部；
b)——上唇；
c)——上颚；
d)——下唇-下颚复合体；
e)——三个胸节背板及第一腹节背板。

图 B.2 马铃薯甲虫幼虫构造

中华人民共和国出入境检验检疫行业标准

SN/T 1257—2003

大谷蠹的检疫和鉴定方法

Inspection and identification of *Prostephanus truncatus*（Horn）

2003-05-28 发布　　　　2003-12-01 实施

中华人民共和国国家质量监督检验检疫总局　发布

前　言

本标准由国家认证认可监督管理委员会提出并归口。

本标准负责起草单位：国家质量监督检验检疫总局动植物检疫实验所。

本标准参加起草单位：中华人民共和国山东检验检疫局、中华人民共和国岚山检验检疫局、中华人民共和国日照检验检疫局、中华人民共和国青岛检验检疫局。

本标准主要起草人：张生芳、刘长生、鄢建、李玉亮、鹿宁、赖凡。

本标准系首次发布的检验检疫行业标准。

大谷蠹的检疫和鉴定方法

1 适用范围

本标准规定了大谷蠹的检疫和鉴定方法。

本标准适用于进境玉米、薯干、软质小麦、豆类、可可豆、木质器具时对大谷蠹的检疫和鉴定。

2 原理

成虫和幼虫均钻蛀危害。成虫钻蛀到寄主内，外部留下圆形的蛀孔。成虫和幼虫在寄主内部取食，形成大量的粉屑。交尾之后，雌虫在与主虫道垂直的盲端室内产卵，幼虫孵出后继续在寄主内蛀食危害。

在将尖胸长蠹属与长蠹科其他属形态比较以及尖胸长蠹属内种间比较的基础上，确定大谷蠹特有的种的鉴别特征。

大谷蠹的生物学特性及形态特征为本标准制定的依据。

3 术语和定义

下列术语和定义适用于本标准。

3.1

幼虫上内唇 larval epipharynx

大谷蠹幼虫的上唇为位于上颚上方、口器最外的半圆形骨片。上唇的内面即为上内唇。上内唇上有刚毛、感觉器及骨化结构，具有种的特异性(见图3)。

3.2

幼虫触角 larval antenna

位于幼虫头部唇基两侧，短，由三节组成，端部着生微毛(见图2)。

3.3

成虫鞘翅斜面及缘脊 elytral declivity and marginal ridge

部分长蠹科昆虫鞘翅后部陡斜，形成坡面，称鞘翅斜面。在斜面周围若有脊包围，称为缘脊。

4 仪器、用具和试剂

4.1 仪器和用具

双目解剖镜、显微镜、测微尺、放大镜、剪刀、镊子、昆虫解剖针、培养皿、载玻片、盖玻片、酒精灯、烧杯、规格筛、毛笔。

4.2 试剂

何燕尔封液、10%氢氧化钠(NaOH)液、70%乙醇液。

5 现场及室内检查

5.1 抽查

5.1.1 抽查在现场进行。

5.1.2 用随机方法进行抽查。

5.1.3 抽查时，注意检查货物包装物外表、铺垫材料、车船四壁、边角缝隙等处，看是否有大谷蠹活成虫或死成虫。

5.1.4 抽查比例：批量在五件以下(含五件)的，全部检查；六件以上 200 件以下按 5%～10%抽查(最低不少于五件)，201 件以上 1 000 件以下 2%～5%抽查(最低不少于 10 件)，1 001 件以上按 0.2%～2%抽查(最低不少于 10 件)。散装货物以 10 kg 比照一件计算。

5.2 取样

5.2.1 取样结合抽查进行。

5.2.2 取样数量：在全面检查的基础上，按每件货物内抽取 1 kg～3 kg 物品过筛，将 1%的混合样(不足 1 kg，按 1 kg 取样)和筛下物及可疑害虫带回实验室作进一步检查。

5.3 检疫方法

5.3.1 过筛检查

用筛孔为 5 mm 的圆孔筛，对抽取样品以回旋法进行筛选，在筛下物中仔细检查是否有大谷蠹的幼虫、卵或成虫。

5.3.2 肉眼检查

注意检查货物表面是否有成虫蛀入孔(圆形，直径约 1.5 mm)，是否有散落的粉屑；检查车船四壁、边角缝隙等处，看是否有大谷蠹成虫；将被蛀的寄主剖开，看是否有成虫、幼虫或卵。

5.3.3 饲养检查

将按 5.2.2 取回的一部分样品，放入 30℃～32℃、相对湿度 80%的培养箱内饲养观察。

5.3.4 镜检

5.3.4.1 成熟幼虫的鉴定方法

对未经氢氧化钠(NaOH)液处理的幼虫，观察幼虫形状。在显微镜下放大 400 倍～800 倍，观察幼虫触角及上内唇封片。

5.3.4.2 成虫的鉴定方法

在双目解剖镜下观察成虫的体形、体色、触角、前胸背板和鞘翅斜面的形态特征。

5.4 标本的预处理

5.4.1 用于观察的成虫和幼虫，虫体表面一定要清洁。如体表有污物或粉屑，应将标本浸在 70%的乙醇液内，用毛笔刷洗干净。

5.4.2 幼虫上唇及触角封片的制作。将幼虫投入 10%的氢氧化钠(NaOH)液内，在室温下浸泡 12 h～24 h，或在沸水浴中加热 5 min，移至蒸馏水中洗一至二次，然后在双目解剖镜下将头部的上唇及触角取下，用何燕尔液封片。

6 形态特征

6.1 成熟幼虫

6.1.1 体长 4 mm～5 mm。身体弯曲呈“C”形。有胸足三对，无腹足。第一至五腹节背板各有二条褶(见图 1)。

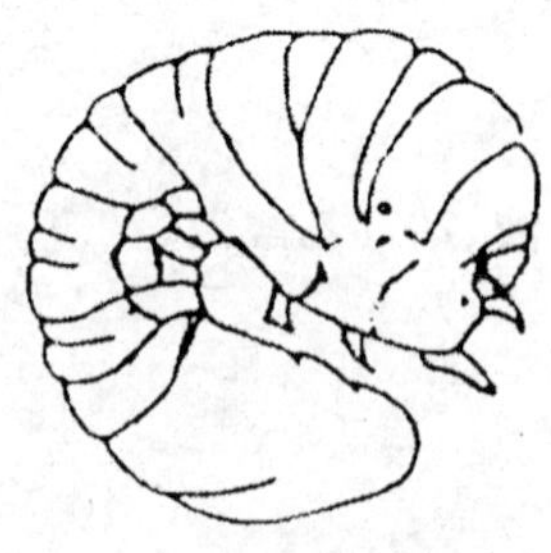

图 1 大谷蠹幼虫侧面观

6.1.2 触角三节。第一节短，狭带状；第二节长宽略等，端部着生少数长刚毛及一个感觉乳突；第三节短而狭窄，其长约为第二节宽的四分之一(见图 2)。

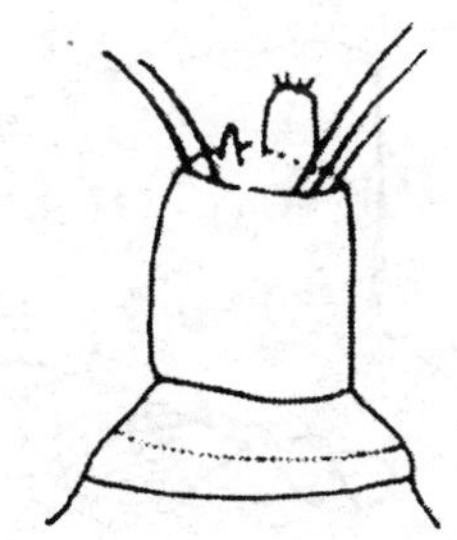

图 2 大谷蠹幼虫触角

6.1.3 上内唇近前缘中央两侧各有三根长刚毛。近刚毛基部有三排感觉器：前排二个，相互远离；中排六至八个；后排三个，彼此靠近。感觉器每侧有 1 个前端弯曲的杆状体。感觉器的后面有大量后指向的微刺群，构成方形图案，基部有一大骨化板(见图 3)。

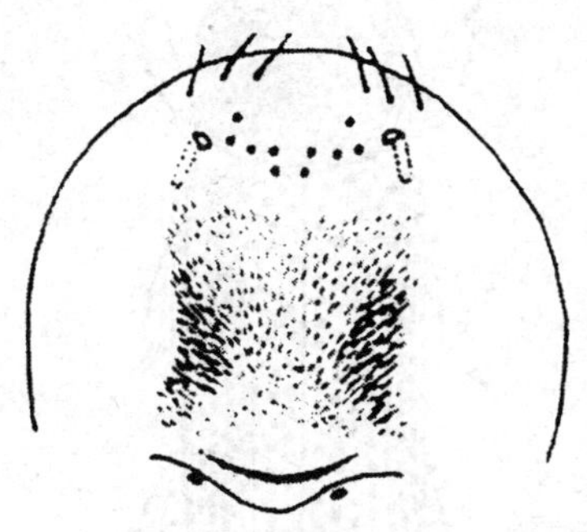

图 3 大谷蠹幼虫上内唇

6.2 成虫

6.2.1 体长 3 mm～4 mm。圆筒状。红褐色至黑褐色，略有光泽。

6.2.2 后足跗节短于胫节。

6.2.3 头缩入前胸，由背方不可见。触角 10 节，棒三节，末节不窄于第九节，索节细，着生长毛(见图 4)。

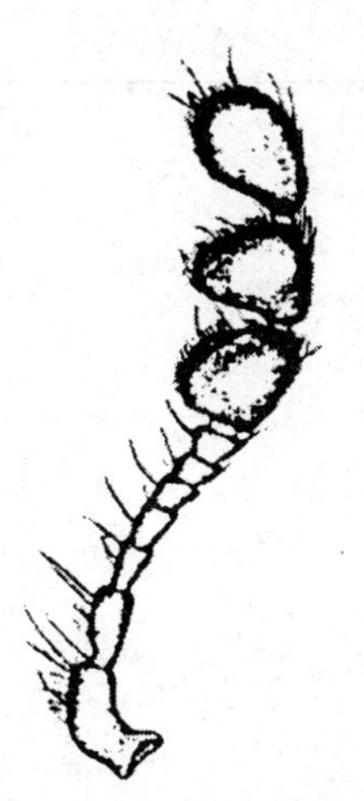

图 4 大谷蠹成虫触角

6.2.4 前胸背板无侧脊，每侧有一列弧形的颗瘤(见图 5)。

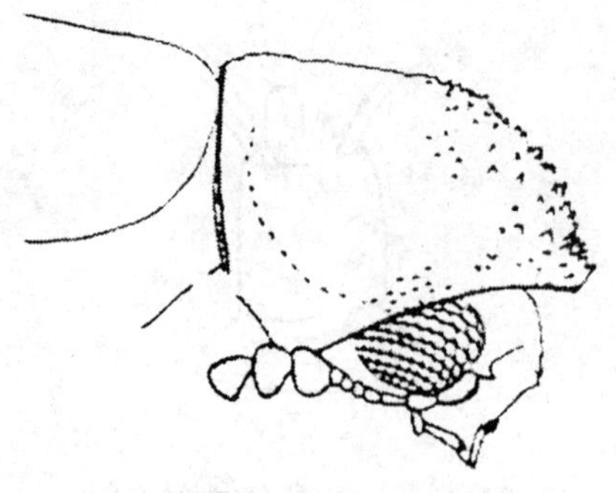

图5 大谷蠹成虫头胸部侧面观

6.2.5 鞘翅后部陡斜，形成平坦的斜面。斜面的缘脊明显(见图6)。

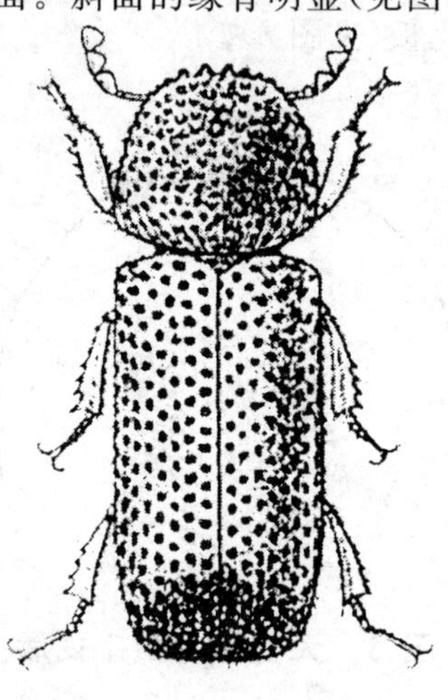

图6 大谷蠹成虫背面观

7 结果判定

以形态特征为依据，符合6.2特征的判定为大谷蠹成虫；不符合6.1的判定不是大谷蠹幼虫。

中华人民共和国出入境检验检疫行业标准

SN/T 1264—2003

墨西哥棉铃象鉴定方法

Inspection and identification of cotton boll weevil
***Anthonomus grandis* Boheman**

2003-05-28 发布　　2003-12-01 实施

中华人民共和国国家质量监督检验检疫总局　发布

前　言

本标准由国家认证认可监督管理委员会提出并归口。

本标准负责起草单位：国家质量监督检验检疫总局动植物检疫实验所。

本标准参加起草单位：中华人民共和国珠海出入境检验检疫局、中华人民共和国南京出入境检验检疫局、中华人民共和国青岛出入境检验检疫局。

本标准主要起草人：蔡悦、顾忠盈、赖凡、乐海洋、李冠雄。

本标准系首次发布的检验检疫行业标准。

引　言

墨西哥棉铃象(*Anthonomus grandis* Boheman)属鞘翅目、象虫科、花象属。该虫是经济意义重大的国际性检疫害虫,1992 年被我国列入进境植物危险性病、虫、杂草一类害虫名单中。它的成虫和幼虫严重为害棉花生长。为防止墨西哥棉铃象随进口棉传入我国,准确地掌握墨西哥棉铃象的检疫和鉴定方法是十分必要的。

墨西哥棉铃象鉴定方法

1 范围

本标准规定了进境植物检疫中对墨西哥棉铃象的检疫和鉴定方法。

本标准适用于出入境籽棉、棉籽、棉花中墨西哥棉铃象的鉴定。特别适用于对来自美国、墨西哥等南、北美洲疫区国家上述物品中墨西哥棉铃象的检疫鉴定。

2 术语和定义

下列术语和定义适用于本标准。

2.1

体长 body length

象虫的体长计算为从眼的前缘至鞘翅端部的长度，不包括喙、鞘翅的端刺和突起的长度。如果臀板超过鞘翅，则臀板应计算在内。

2.2

体宽 body width

计量身体最宽的部位。

2.3

内和外 inner and outer

以喙中线、前胸背板中线、鞘翅缝连接的一条线为基础，离这条线近的一边称为“内”，远的一边叫“外”。

2.4

基部和端部 base and apex

以前胸背板和鞘翅之间的一条线为基础，离这条线近的一端称为基部，远的一端叫端部。即前胸背板的前端叫端部，后端叫基部，而鞘翅的前端则叫基部，后端叫端部。

2.5

喙 rostrum

头部两眼之间的区域是额，喙是由额向前延伸而成，外形像象的鼻子。

2.6

触角沟 scrobe

触角沟位于喙部，它是容纳触角柄节的沟。

2.7

行纹 stria

行纹是鞘翅背面纵向排列的沟纹，包括成行的刻点。在正常情况下，一个鞘翅具有 10 条行纹，从鞘翅缝开始，把行纹标为 1—10。

2.8

行间 interval

鞘翅上每两条行纹之间的区域为行间。在正常情况下，一个鞘翅具有 11 个行间，从鞘翅缝开始，把行间标为 1—11。

2.9

小盾片 scutellum

小盾片即中胸背板，位于前胸背板基部中央与两鞘翅内角之间。

2.10

臀板　pygidium

露出鞘翅外的体节，即可见的腹部末节背板。

2.11

受精囊　spermatheca

受精囊是雌虫生殖器的一部分，在交配时用以接受精子的囊状结构。

3　实验方法

3.1　原理

墨西哥棉铃象成虫在棉蕾或棉铃上咬穴产卵，幼虫在棉铃内取食并在其中化蛹。墨西哥棉铃象的蛹室质硬色深，外形酷似棉籽。蛹室内可存在待化蛹的老熟幼虫、蛹和初孵化尚未钻出的新成虫，部分幼虫还钻入棉籽的内部做蛹室。根据墨西哥棉铃象的离传播途径，对进口的墨西哥棉铃象寄主植物，特别是来自疫区的主要寄主植物棉花必需进行严格地检疫。

该虫的生物学特性、寄主和种类形态特征是制定本标准鉴定方法的科学依据。

3.2　试剂与材料

3.2.1　清洗液

无水乙醇：乙酸乙酯：水＝1：1：1

3.2.2　毒瓶

在 500 mL 磨口广口瓶底部放入适量氢化钾和微量水杨酸，在药剂上面加入 1 cm～2 cm 厚的锯末并压平，然后再加入厚 1 cm 左右的石膏以固着锯末，迅速盖好瓶盖。另种方法也可用棉花蘸上麻醉药乙醚放入磨口广口瓶中制成毒瓶。

3.2.3　还软液

在玻璃干燥器底部加入 2 cm 厚洗涤清洁的沙粒，加水并漫过沙粒约 1 cm，水中应滴入少量石炭酸以防标本腐烂。

3.2.4　酒精-甘油保存液

75％乙醇：甘油＝100：(0.5～1)

3.2.5　10％氢氧化钠水溶液

3.2.6　乙醇、二甲苯、加拿大树胶

3.3　仪器和工具

双目解剖镜、测微尺、恒温干燥箱、玻璃干燥器、整姿台、三级板、白磁盘、标本钳、昆虫针、解剖针、磨口瓶、指形管、载玻片、盖玻片、标签、小毛笔、刀子、剪子、镊子等。

3.4　试样的采集、制备和保存

3.4.1　现场采集

登轮、登车检查装载货物的船舱或车厢内外、上下四壁、缝隙边角，以及包装物、铺垫物、残留物等害虫易潜伏和藏身的地方。开仓检查要加强上层棉花的检验，仔细检查棉花包装的外表，剪开包装检查内壁和棉絮表层，仔细寻找有无害虫和混杂在棉花内的棉籽，在卸货过程中，继续检验中、下层装载的棉花。

检查货物存放的仓库或场所，注意货物表层、堆角、周围环境及包装外部和袋角有无害虫和害虫活动的痕迹。

把现场按规定抽样检查发现的可疑害虫详细记载与截获有关的采集时间、采集地点、截获国家、截获物品、运载工具、采集者、虫态和数量等信息资料。混杂在棉花上的所有棉籽应带回实验室逐一地进行剖开检查，确定是否存在墨西哥棉铃象的老熟幼虫、蛹和新发育尚未羽化钻出的成虫。

3.4.2 试样制备和保存

检疫现场采集的可疑墨西哥棉铃象活成虫应立即置入备好的毒瓶内杀死，死的或干的成虫宜放入盛有还软液的干燥器内回软数日。

将成虫头向前背朝上放在整姿台上，用昆虫针穿刺右鞘翅的左上角，使针正好穿过右中足和后足之间。用三级板固定昆虫标本高度，整形后干燥并佩带标签。标签宜采用白色硬质纸，并应记录标本的采集时间、地点、寄主及采集者等信息。

雌虫生殖器受精囊制备：将雌虫腹部放入10％氢氧化钠水溶液内加热煮沸 3 min～5 min，使肌肉溶解分离，取出用清水冲洗干净。在双目解剖镜下解剖腹部，将取出的雌虫生殖器受精囊用不同浓度酒精脱水，放入二甲苯中透明后用加拿大树胶封片并贴标签。

幼虫浸泡标本制作：从蛹室内剖解得到的老熟幼虫应放入开水内煮 1 min～2 min，至虫体直硬，放入酒精-甘油保存液中备用。

3.5 形态特征鉴定

将可疑墨西哥棉铃象成虫标本置于双目解剖镜下进行鉴定，必要时可用小毛笔蘸少许清洗液仔细清洗虫体表面。

3.5.1 成虫

3.5.1.1 外形

雌虫体长 4.5 mm，体宽 2.2 mm，长椭圆形，红褐色或暗红色，被覆粗造刻点和浓密的灰色短柔毛。雄虫体长 5 mm，体宽 3 mm，体色较浅(见图 1、图 2)。

图 1 成虫背面观图

图 2 成虫背面观图

3.5.1.2 头部

触角索节七节，索节和棒节颜色相同。亚种野棉铃象 *Anthonomus grandisi thurberiae* Boheman 棒节较索节颜色稍暗。

喙细长近体长的二分之一，雌虫喙从两端到中间略收缩，基部具稀疏茸毛；雄虫喙较雌虫略粗短，两侧边近乎平行,刻点较大。

雄虫触角嵌入位于喙端到眼之间的三分之一处,雌虫较雄虫略远离喙端(见图 3)。

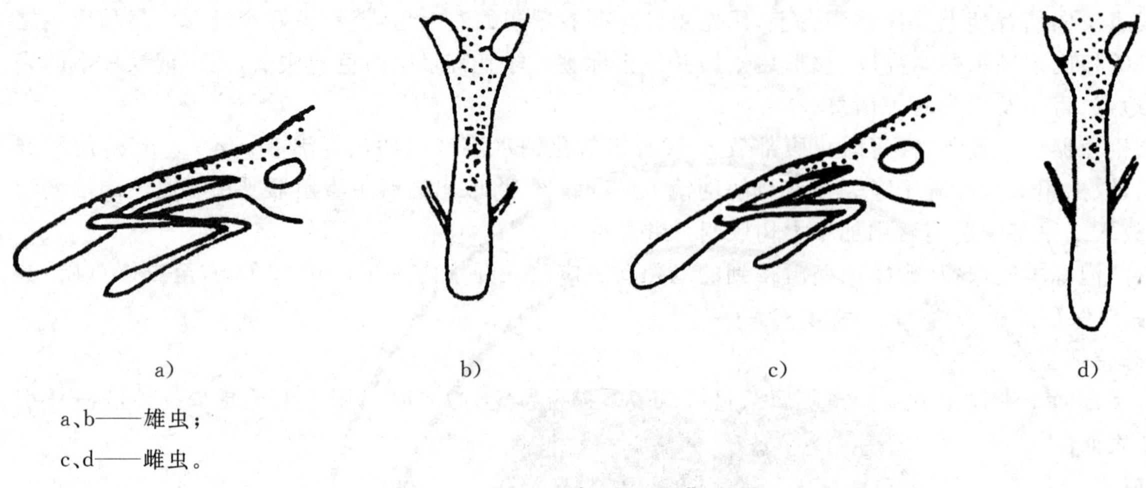

a)　　b)　　c)　　d)

a、b——雄虫;

c、d——雌虫。

图 3　喙侧面和背面观

3.5.1.3　胸部

——前胸背板 1.5 倍宽于长,后角直角形,前端不窄缩、背面相当隆起,密布刻点。前胸背板的刚毛倒卧,紧贴在前胸背板上。野棉铃象的前胸背板前端略窄缩,前胸背板的刚毛呈弓形;

——小盾片中凸,具稀疏刻点。野棉铃象的小盾片平坦且宽大,具粗造小刻点;

——后胸前侧片崎岖不平,有时具皱纹。野棉铃象的后胸前侧片平滑;

——鞘翅长椭圆形,基部稍宽于前胸背板,向后逐渐加宽。鞘翅行纹刻点深且互相接近,行间稍隆起具横皱,奇数和偶数行间等宽,一些个体行间四基部有多态现象(见图 4),后翅无明显斑点;

——前足腿特别粗大呈棒形,通常长为宽的 2.8 倍~4.6 倍(平均 3.7 倍),具二个齿,靠内侧的齿较长而且粗大,外侧的呈尖锐三角形,两齿基部合生(见图 5)。中、后足腿节不如前足的粗大,中足腿节具一个齿(见图 6)。雌虫前足跗节爪内侧的齿较细长而尖锐,其长几乎等于爪。雄虫的较粗大,端部钝圆不尖锐(见图 7)。野棉铃象中足腿节具二个齿。

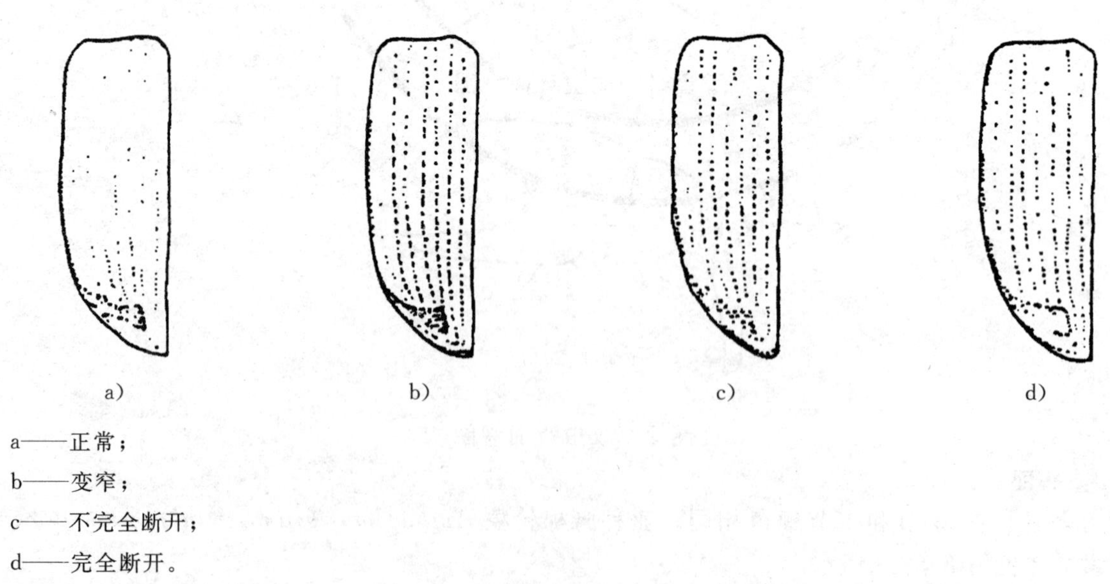

a)　　b)　　c)　　d)

a——正常;

b——变窄;

c——不完全断开;

d——完全断开。

图 4　鞘翅行间 4 的多态现象图

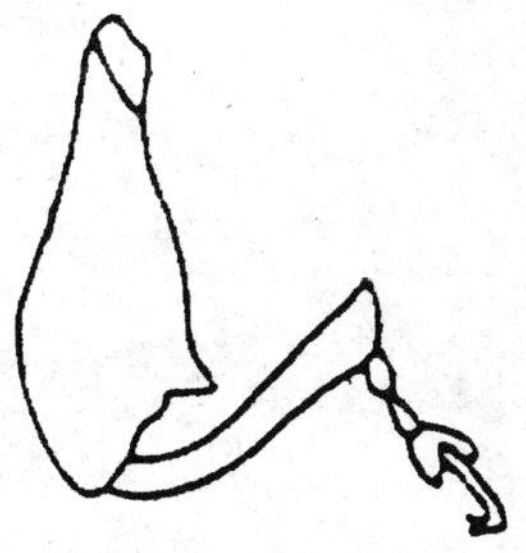

图 5 前足

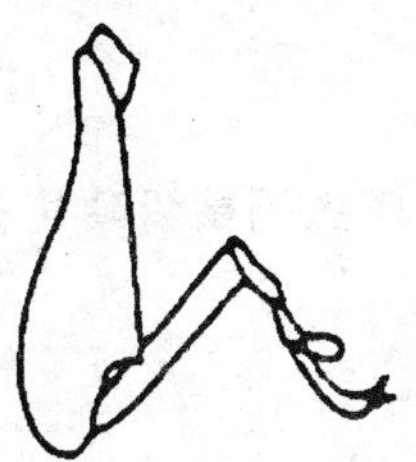

图 6 中足

a)

b)

a——雌虫；

b——雄虫。

图 7 雌雄异态爪

3.5.1.4 腹部

臀板外露，腹部有腹板八个，腹板八缩在腹板七下面。雌虫有背板七个，背板八缩在背板七下面，雄虫有背板八个(见图 8)。

雌虫生殖器受精囊开放一端连接附属腺的硬化管从短到很短。野棉铃象的硬化管要长的多(见图 9)。

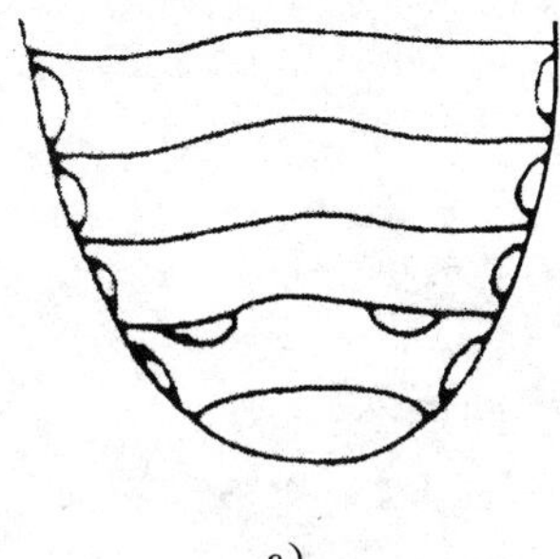

a)

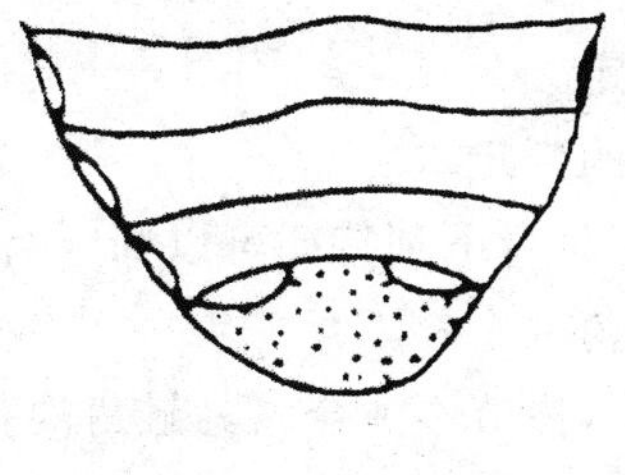

b)

a——雄虫；

b——雌虫。

图 8 腹部腹面观图

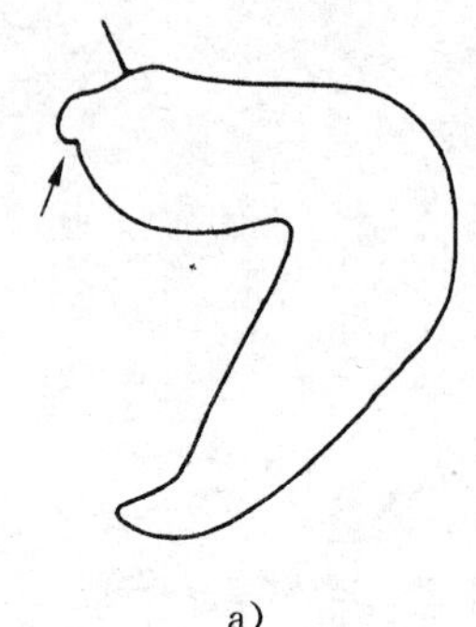

a)

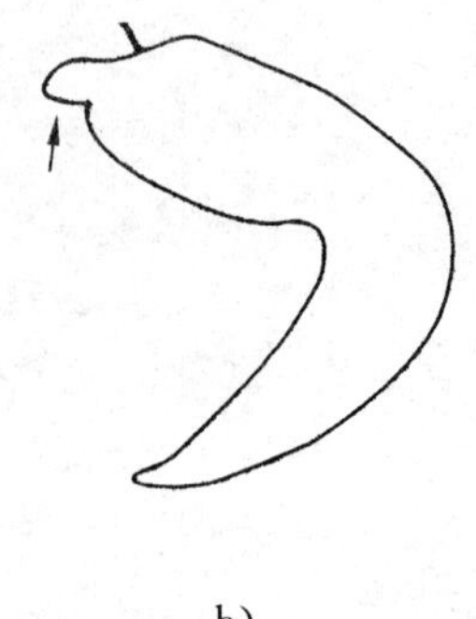

b)

a——墨西哥棉铃象；

b——野棉铃象。

图 9 雌虫受精囊硬化管长度

3.5.2 卵

卵白色椭圆形，长 0.8 mm，宽 0.5 mm。

3.5.3 幼虫

老熟幼虫体长约大于 8 mm(见图 10)。白色无足，身体弯曲呈 C 形，多褶皱并被覆少量刚毛。头壳和口器浅黄褐色，腹部气孔二孔形。

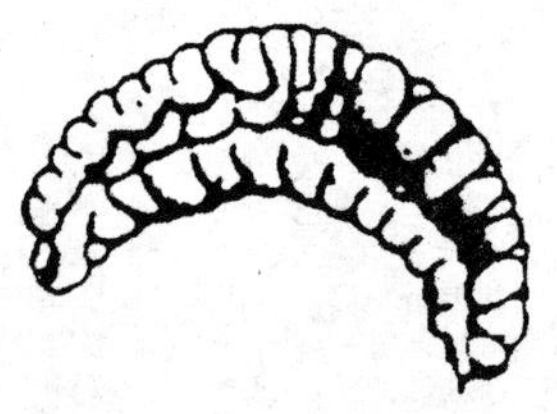

图 10 幼虫

3.5.4 蛹

蛹乳白色(见图 11)。

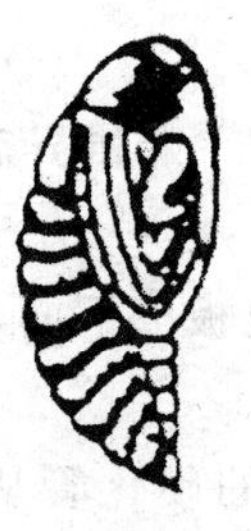

图 11 蛹

3.6 结果判定

3.6.1 亚科的判定

成虫形态符合下列特征可以判定为花象亚科。

3.6.1.1 触角

触角膝状，棒节不愈合。具触角沟，触角位于喙的中间与端部之间嵌入。

3.6.1.2 喙

喙细长，呈圆筒状，上颚左右活动。

3.6.1.3 胸部

胸部无胸沟，前胸背板宽于长，中胸后侧片不上升；足转节短，胫节端部不窄缩，爪离生具齿；前足基节并合，前足基节到前胸腹板前、后缘距离相等；鞘翅前缘不特别向前突出。

3.6.1.4 **腹部**

腹部腹节二至三之间的缝直。

3.6.2 **属的判定**

花象亚科成虫形态符合下列特征可判定为花象属。

3.6.2.1 **足**

爪具齿;后足胫节无锐突,具小齿突起或无。

3.6.2.2 **眼**

眼相当突起,近乎圆形。

3.6.2.3 **触角**

触角索节六至七节。触角沟长,伸达喙基部,指向眼。

3.6.2.4 **腹部**

腹部节间缝直。

3.6.3 **种的判定**

以成虫形态特征为依据,符合标准中所描述形态特征的个体可鉴定为墨西哥棉铃象。

参考文献

[1] Burke, H. R. 1966 Elytral interval polymorphism in *Anthonomus grandis* Boheman and *Anthonomus vestitus* Boheman

[2] Burke, H. R. 1972 A New Species of Maxican *Anthonomus* Related to the Boll Weevil

[3] Kissinger, D. G. 1964 Curculionidae of America North of Mexico—A Key to the genera

[4] Warner, R. E. 1966 Taxonomy of the Subspecies of *Anthonomus grandis* (Coleoptera: Curculionidae)

[5] Werner, F. G. 1960 A New Character for the Identification of the Boll Weevil and Thurbaria Weevil

[6] 国家动植物检疫局、农业部植物检疫实验所. 1997 中国进境植物检疫有害生物选编

[7] 赵养昌等. 1974 植物检疫害虫鉴定手册

[8] 赵养昌、陈元清. 1980 中国经济昆虫志. 第20册：鞘翅目、象虫科(一)

中华人民共和国出入境检验检疫行业标准

SN/T 1274—2003

菜豆象的检疫和鉴定方法

Inspection and Identification of *Acanthoscelides obtectus* (Say)

2003-05-28 发布　　　　2003-12-01 实施

中华人民共和国国家质量监督检验检疫总局 发布

前　言

本标准由国家认证认可监督管理委员会提出并归口。

本标准负责起草单位:中华人民共和国国家质量监督检验检疫总局动植物检疫实验所。

本标准参加起草单位:中华人民共和国山东检验检疫局、中华人民共和国岚山检验检疫局、中华人民共和国日照检验检疫局、中华人民共和国青岛检验检疫局。

本标准起草人:张生芳、刘长生、鄢建、李玉亮、鹿宁、赖凡。

本标准系首次发布的检验检疫行业标准。

菜豆象的检疫和鉴定方法

1 范围

本标准规定了菜豆象的检疫和鉴定方法。

本标准适用于进境豆类时对菜豆象的检疫和鉴定。

2 原理

菜豆象主要危害菜豆属和豇豆属的豆类，此外也危害兵豆、鹰嘴豆、蚕豆和豌豆。成虫产的卵无粘性物质，不能粘附在种皮上，而是分散于豆粒之间。由卵孵出的幼虫四处爬动，寻找适合的蛀入点。蛀入种子后，种子表面留下一个直径为0.13 mm～0.24 mm的圆形蛀孔。幼虫4个龄，全部在种子内蛀食危害。化蛹前，成熟幼虫运行到种皮下，做一圆形半透明的"小窗"，并将"小窗"四周咬成一个圆形的羽化孔盖。成虫羽化时，顶开羽化孔盖离开豆粒，留下一个圆形羽化孔。

危害食用豆类的豆象，主要集中于豆象属（*Bruchus*）、瘤背豆象属（*Callosobruchus*）、三齿豆象属（*Acanthoscelides*）、短颊粗腿豆象属（*Caryedon*）和宽颈豆属（*Zabrotes*），与菜豆象有相同寄主的有豆象属、瘤背豆象属和宽颈豆象属，而三齿豆象属内有重要经济意义的仅菜豆象一种。在将三齿豆象属与其他属以及三齿豆象属内种间形态比较的基础上确定菜豆象种的鉴定特征。

菜豆象的生物学特性及其形态特征为本标准制定的依据。

3 术语和定义

下列术语和定义适用于本标准。

3.1

幼虫下唇 larval labium

菜豆象幼虫下唇为口器最下方的一个片状结构，略呈三角形，两侧凹入，后缘后凸，由颏和亚颏组成。颏具有一盾形的骨板，称下唇板，下唇板的前方二分裂。亚颏横长，亚颏骨片在有的种类不明显，有的种类在中部断裂，有的种类亚颏骨片完整（见图2）。

3.2

雄虫阳基侧突 parameres

为雄性外生殖器的组成部分。位于阳茎背方，由两叶组成，呈匙状，端部膨大。在不同的类群，两个阳基侧突有的在基部分离，有的部分愈合，有的几乎完全愈合（见图5左）。

3.3

雄虫阳茎、内阳茎及内阳茎骨化刺 phallus, endophallus and its sclerites

阳茎为雄性外生殖器的组成部分，位于阳基侧突腹面，呈棒状，基部膨大呈囊状（称为囊区），端部呈瓣状（称外阳茎瓣）。阳茎又分为外阳茎和内阳茎。外阳茎为阳茎的外壳部分。内阳茎膜质，衬在外阳茎里面。内阳茎上着生大量骨化刺，排列成一定的图案，具有种的特异性，为豆象科虫种鉴别的重要依据之一（见图5右）。

4 仪器、用具和试剂

4.1 仪器和用具

双目解剖镜、显微镜、测微尺、放大镜、剪刀、镊子、昆虫解剖针、培养皿、载玻片、盖玻片、酒精灯、烧杯、规格筛、毛笔。

4.2 试剂

何燕尔封液、10%氢氧化钠(NaOH)液、70%乙醇液、酸性品红染色剂。

5 现场及室内检查

5.1 抽查

5.1.1 抽查在现场进行。

5.1.2 用随机方法进行抽查。

5.1.3 抽查时,注意检查货物包装物外表、铺垫材料、车船四壁、边角缝隙等处、看是否有菜豆象活成虫或死成虫。

5.1.4 抽查比例

批量在五件以下(含五件)的,全部检查;六件以上200件以下按5%～10%抽查(最低不少于五件),201件以上1 000件以下2%～5%抽查(最低不少于10件),1 001件以上按0.2%～2%抽查(最低不少于10件)。散装货物以10 kg比照一件计算。

5.1.5 对船舶食品仓和旅客携带及国际邮寄或作为样品传递的小宗豆类,要全部进行检查。

5.2 取样

5.2.1 取样结合抽查进行。

5.2.2 取样数量:在全面检查的基础上,按每件货物内抽取1 kg～3 kg物品过筛,将1%的混合样(不足1 kg按1 kg取样)和筛下物及可疑害虫带回实验室作进一步检查。

5.3 检疫方法

5.3.1 过筛检查

用筛孔为4 mm的圆孔筛,对抽取样品以回旋法进行筛检。在筛下物中仔细检查是否有菜豆象的卵或成虫。

5.3.2 肉眼检查

对货物包装物外表,铺垫材料,车、船、集装箱的四周,袋的边、角、缝隙等处,用肉眼看是否有菜豆象活成虫或死成虫。检查筛上物的豆粒上是否有幼虫蛀入孔,是否有“小窗”或羽化孔。

5.3.3 染色检查

若豆类的种皮呈白色或淡色,可利用染色法检查幼虫蛀入点。将酸性品红0.5 g,冰乙酸50 mL及蒸馏水950 mL充分混合,将样品豆粒放入纱网中,在酸性品红染色液内浸泡1 min～2 min,然后取出豆粒,用清水漂半分钟,再用纱布擦去豆粒表面的水,幼虫蛀入点被染成红色。

5.3.4 饲养检查

将按5.2.2取回的一部分样品,放入28℃～30℃、相对湿度75%的培养箱内饲养观察。

5.3.5 镜检

5.3.5.1 卵的鉴定方法

在双目解剖镜下测量卵的长与宽。若卵量允许,需测定10粒以上。

5.3.5.2 成熟幼虫的鉴定方法

对未经氢氧化钠(NaOH)液处理的幼虫,观察幼虫形状,小眼数目。在显微镜下放大400倍～800倍观察下唇板的形状、亚颏骨片及骨片周围的刚毛。

5.3.5.3 成虫的鉴定方法

对未经氢氧化钠(NaOH)液处理的成虫,观察触角的形状和颜色、鞘翅上的毛斑及后足腿节刺。对雄虫外生殖器封片,观察两个阳基侧突愈合的情况及内阳茎骨化刺的特点。

5.4 **标本的预处理**

5.4.1 用于观察的成虫和幼虫，虫体表面一定要清洁。如体表有污物或粉屑，应将标本浸在70%的乙醇液内，用毛笔刷洗干净。

5.4.2 若发现豆粒上有圆形的半透明“小窗”，可用解剖针小心将“小窗”挑开。若得到的是幼虫，即为成熟幼虫。

5.4.3 幼虫下唇封片的制作。将头部取下，投入10%的氢氧化钠(NaOH)液内，在室温下浸泡12 h～24 h，或在沸水浴中加热5 min，移至蒸馏水中洗1次～2次，然后在双目解剖镜下将下唇与头壳的其余部分分离，用何燕尔液封片。

5.4.4 雄虫外生殖器制备。将雄虫的整个腹部取下，投入10%氢氧化钠(NaOH)液内，在沸水中加热5 min，然后在蒸馏水中洗1次～2次。解剖在双目解剖镜下进行。用解剖针打开腹部臀板，小心取出外生殖器，去除没有用的结缔组织，将阳茎与阳基侧突分开，用何燕尔液封片。

6 鉴定特征

6.1 卵

6.1.1 白色，半透明，椭圆形，两端圆形，一端较另一端宽。卵不粘附于豆粒表面。

6.1.2 卵宽0.264 mm±0.046mm，卵长0.660 mm±0.089mm，宽与长的比值为平均为0.40。与常见的几种危害食用豆类的豆象相比，菜豆象的卵最接近长形(见图1)。

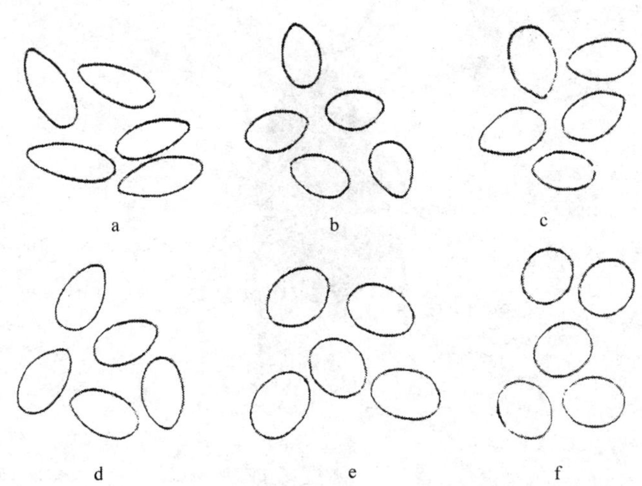

a——菜豆象；
b——绿豆象；
c——四纹豆象；
d——灰豆象；
e——花生豆象；
f——巴西豆象。

图1 6种豆象卵的轮廓

6.2 成熟幼虫

6.2.1 体长2.1 mm～3.5 mm。菜豆形，乳白色，胸足退化呈瘤突状，头部有单眼一对。

6.2.2 下唇板前方突出的两个侧臂在末端愈合；亚颏骨片完整，呈狭弧状，亚颏骨片每侧前方各有刚毛两根(见图2)。

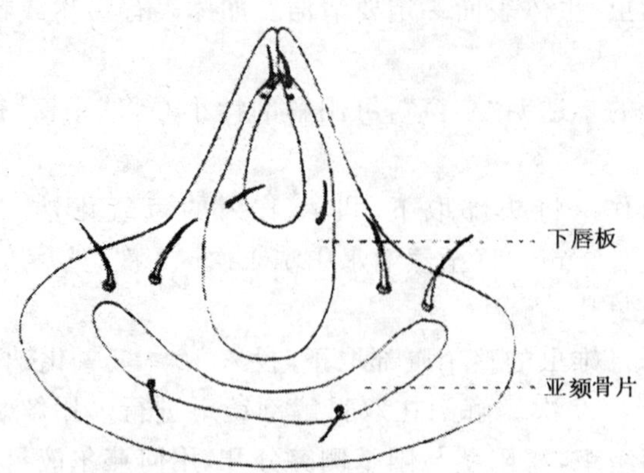

图 2　菜豆象成熟幼虫的下唇

6.3　成虫

6.3.1　成虫体长 2 mm～4 mm。触角基部四节(有时包括第五节基半部)及末节红褐色,其余节黑色(见图 3)。

图 3　菜豆象成虫

6.3.2　后足腿节近端部有三至四个(多为三个)齿(见图 4)。

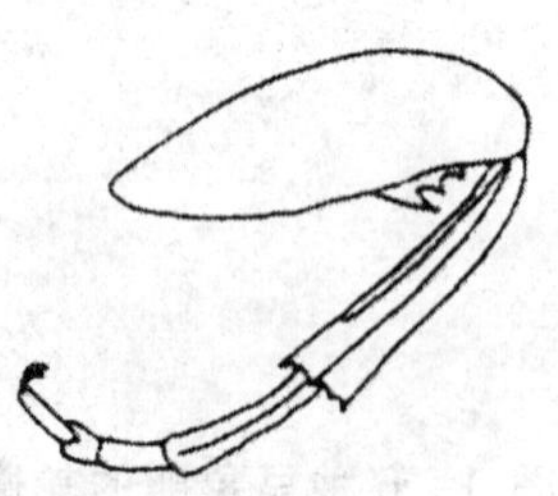

图 4　菜豆象成虫后足,示腿节近端部的齿

6.3.3　雄性外生殖器的两阳基侧突在基部五分之一愈合。阳茎长,外阳茎瓣端部尖,两侧稍凹;内阳茎有大量细毛状骨化刺及较粗短的骨化刺,没有大骨片,囊区有两个并列的骨化刺团(见图 5)。

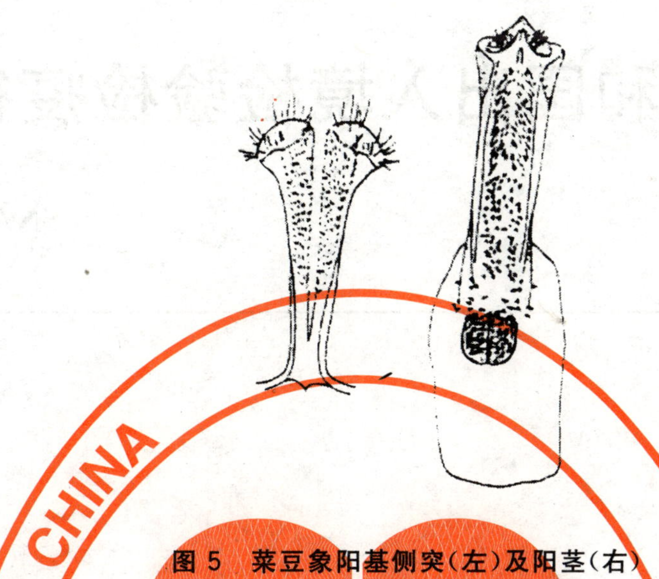

图5 菜豆象阳基侧突(左)及阳茎(右)

7 结果判定

以形态特征为依据,符合6.3特征的,判定为菜豆象成虫;不符合6.1特征的,判定不是菜豆象卵;不符合6.2特征的,判定不是菜豆象成熟幼虫。

中华人民共和国出入境检验检疫行业标准

SN/T 1277—2003

松突圆蚧的检疫和鉴定方法

Inspection and identification of *Hemiberlesia pitysophila* Takagi

2003-05-28 发布　　　　2003-12-01 实施

中华人民共和国国家质量监督检验检疫总局 发布

前　　言

本标准由国家认证认可监督管理委员会提出归口；

本标准负责起草单位：中华人民共和国国家质量监督检验检疫总局动植物检疫实验所。

本标准参加起草单位：中华人民共和国江苏出入境检验检疫局、中华人民共和国上海出入境检验检疫局。

本标准主要起草人：陈乃中、安榆林、叶　军、金　翕。

本标准系首次发布的检验检疫行业标准。

引　言

松突圆蚧(*Hemiberlesia pitysophila* Takagi)属昆虫纲，同翅目，盾蚧科。目前分布于日本和我国台湾、香港和澳门等地。该虫危害松属(*Pinus*)许多树种，常群栖针叶基部吸食。针叶被害处变色发黑、缢缩或腐烂，日久针叶常枯黄脱落，新梢缩短或卷曲，树势衰弱，枝条或整株枯死，以马尾松受害最重。该虫对我国森林资源和生态环境构成严重威胁，被我国列为进境植物检疫危险性害虫，制定该虫的检疫鉴定标准十分必要。

松突圆蚧的检疫和鉴定方法

1 范围

本标准规定了松突圆蚧的现场检查、标本制备,形态特征和结果判定的方法。

本标准适用于对带松枝叶和鲜球果、尤其来自于日本和我国台湾、香港和澳门等地的进境物品的检疫和截获害虫的鉴定。

2 原理

该虫的卵在雌体内发育成熟,孵出的若虫在母体腹下存留一段时间后爬出,寻到合适寄生部位后即用口针固定取食,并逐渐泌蜡覆盖虫体。若虫历二龄后,部分个体经前蛹、蛹期,羽化为雄成虫,部分个体脱皮直接成为雌成虫。

该虫主要寄生于老针叶基部叶鞘内,其次寄生于新梢基部和嫩果上,以及新生针叶中下部。寄生叶鞘内的多为雌虫,而散居针叶、嫩梢和球果上的多为雄虫。

由于若虫期特征尚不稳定,而雄成虫寿命短促,外部形态特征相对简单,标本易碎,故学界主要以雌成虫外部形态特征作为分类依据。该虫在昆虫分类学上属于盾蚧科(Diaspididae)的突(栉)圆盾蚧属(*Hemiberlesia* Cockerell)。

该虫的生物学特性和外部形态特征是制定本标准的依据。

3 定义和术语

本标准采用下列定义和术语。

3.1

介壳 folliculum

盾蚧的保护构造,由分泌物与蜕皮形成。

3.2

盘腺 dischis

分布于气门和阴门附近的多格腺孔。

3.3

背腺管 ceratubae ventrales

腹腺管 ceratubae dorsales

开口在虫体背面、腹面的管状分泌腺。

3.4

臀板 pygidium

腹部末后数节愈合骨化而成的板状体。

3.5

臀棘 pectine

臀板边缘未骨化的薄棘状附属突起。

3.6

臀叶　palette

臀板边缘骨化的扁平瓣状附属突起。

3.7

硬化棒　paraphyses

臀板由边缘向前延伸的长囊形的皮肤加厚部分。

4　器材和试剂

4.1　器材

双目解剖镜、小镊子、0号昆虫解剖针、0号小毛笔、尖端带圈的小铜圈、载玻片、盖玻片。

4.2　试剂

10%氢氧化钠(或氢氧化钾)液、蒸馏水、KD8B活性染料(KD8B 2 g,加蒸馏水100 mL,再加冰乙酸20 mL,过滤)、二甲苯与无水乙醇混合液(1∶1)、加拿大树胶二瓶(一瓶浓一瓶稀)。

5　现场检查

对可能携带松枝叶和鲜球果、尤其来自于日本和我国台湾、香港和澳门等地的进境物品进行检查。

如发现松枝叶,应仔细检查老针叶叶鞘内、针叶上、新梢上和嫩球果上等处是否带有介壳为白色或灰白色、圆形的蚧虫。

将发现上述蚧虫的枝叶鲜球果袋装带回实验室,挑取蚧虫置入70%乙醇中固定,以备标本制备,并做好必要的记录。

6　标本制备

选取有两个蜕皮壳的虫体移入10%氢氧化钠(或氢氧化钾)液,放在灯泡下加热至虫体内含物及体外蜡质溶化(若为鲜活虫体,加热前可在双目解剖镜下用00号解剖针在虫体中胸腹面刺小孔1个～2个,若为干虫体,加热后再刺孔)。

在氢氧化钠(或氢氧化钾)液内,用自制小铜圈轻轻挤压虫体,清除虫体内含物。

移入蒸馏水浸泡1 h左右。移入KD8B活性染料染色10 min～30 min。移入蒸馏水浸泡1 h左右。移入二甲苯与无水酒精混合液内脱水1次～2次,使虫体透明。先在清洁的载玻片上滴一小滴稀胶,再用干的0号小毛笔在双目解剖镜下将透明虫体移入稀胶中,用0号小毛笔整好姿后旁置。

待载玻片上的树胶将虫体位置固定后,取清洁的盖玻片,在其中央滴一滴浓胶,用小镊子镊住反手盖在虫体上。

7　形态特征

雌成虫(见图1)体略呈宽梨形,长约0.7 mm～1.1 mm。触角疣状,生有一根毛。前气门无盘腺。腹第2节～4节侧缘常向外突出。臀板上无网状花纹;臀叶二对,中臀叶突出,宽略大于长,顶端圆,两侧各有一凹刻,第二臀叶很小;在中臀叶和第二臀叶间及第二臀叶前各有一对顶端膨大的硬化棒;臀棘细而短,在中臀叶间一对,在中臀叶和第二臀叶间一对,在第二臀叶前有三对;背腺管细长,在中臀叶间一个,其余排成三纵列;无围阴盘腺。腹腺管细小,在前后胸气门间排成横带。

雄成虫体桔黄色,长约0.78 mm。触角10节。单眼二对。胸足三对。翅一对,翅展约1.1 mm,膜质,具脉二条。后翅退化为平衡棒。交尾器发达。

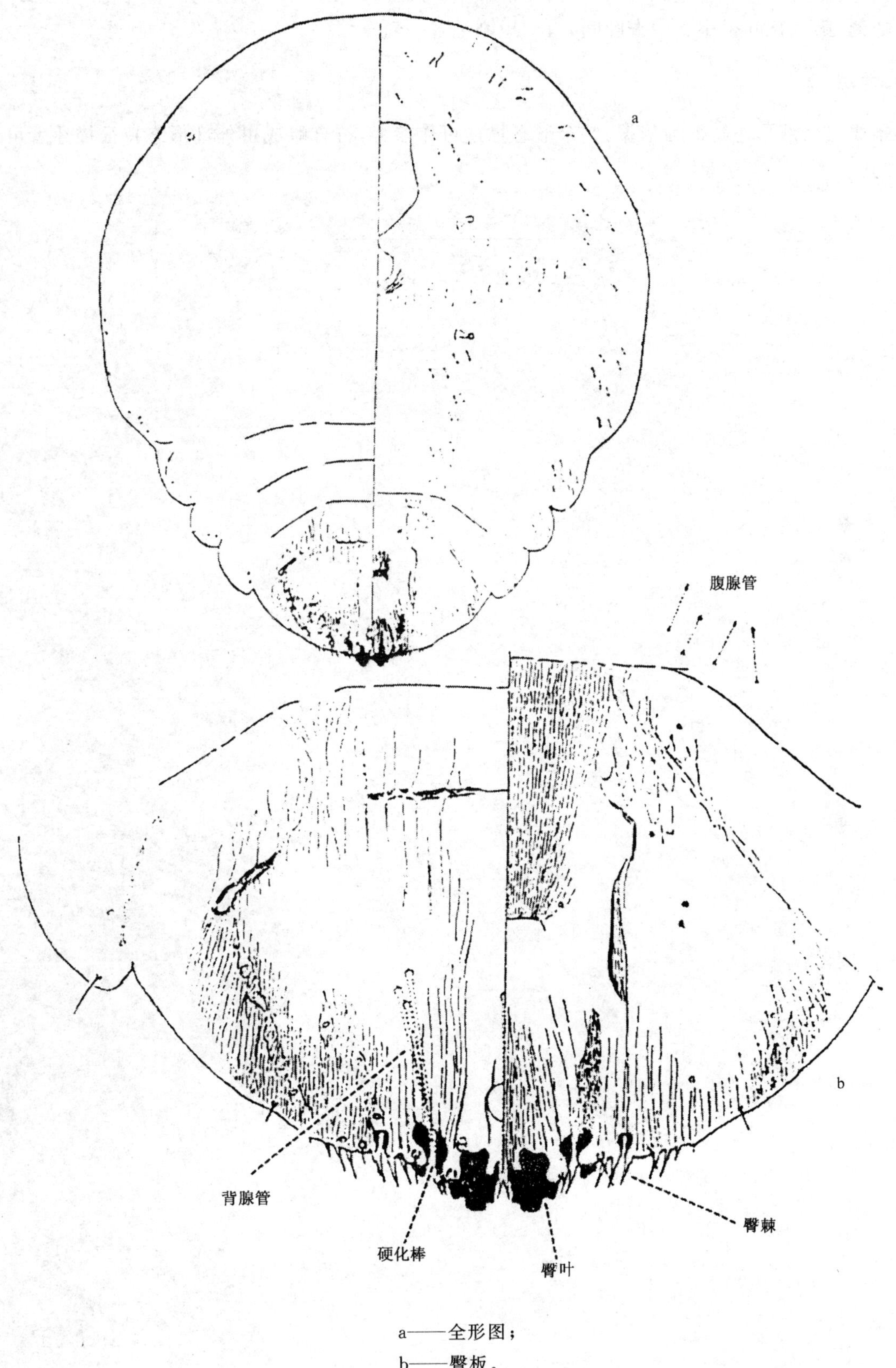

a——全形图；

b——臀板。

图 1　雌成虫(左侧背面观,右侧腹面观)

初孵若虫体呈卵圆形，淡黄色，长0.2 mm～0.3 mm，眼一对，发达，着生于触角下侧方。触角四节，末节最长，具轮纹。口器发达。足三对，具正常节数。腹面体缘生有一列刚毛。臀叶二对，中臀叶发达，外侧有缺刻，第二臀叶很小。中臀叶间有长、短刚毛各一对。

8 结果判定

以雌成虫外部形态特征为依据，其余形态描述可作参考，符合雌成虫外部形态特征描述者可以鉴定为松突圆蚧。

中华人民共和国出入境检验检疫行业标准

SN/T 1278—2010

代替 SN/T 1278—2003,SN/T 1453—2004

巴西豆象检疫鉴定方法

Detection and identification of *Zabrotes subfasciatus* (Boheman)

2010-05-27 发布　　　　2010-12-01 实施

中华人民共和国
国家质量监督检验检疫总局　发布

前　言

本标准按照 GB/T 1.1—2009 给出的规则起草。

本标准代替 SN/T 1278—2003《巴西豆象的检疫和鉴定方法》,SN/T 1453—2004《巴西豆象检疫鉴定方法》。

本标准与 SN/T 1278—2003,SN/T 1453—2004 相比,主要技术变化如下:

——增加了巴西豆象所隶属的宽颈豆象属的属征,更便于种的鉴定;

——删去了个别繁琐的表格,内容更加精练。

本标准由国家认证认可监督管理委员会提出并归口。

本标准起草单位:中国检验检疫科学研究院动植物检疫研究所、中华人民共和国云南出入境检验检疫局、中华人民共和国山东出入境检验检疫局、中华人民共和国岚山出入境检验检疫局、中华人民共和国日照出入境检验检疫局、中华人民共和国青岛出入境检验检疫局。

本标准主要起草人:张生芳、张俊华、王龙文、刘长生、刘忠善、鄢建、刘海峰、丁元明、李玉亮、方蕾、鹿宁、寸东义。

本标准所代替标准的历次版本发布情况为:

——SN/T 1278—2003;

——SN/T 1453—2004。

巴西豆象检疫鉴定方法

1 适用范围

本标准规定了巴西豆象的检疫和鉴定方法。

本标准适用于豆类进出境时对巴西豆象的检疫和鉴定。

2 原理

巴西豆象 *Zabrotes subfasciatus*(Boheman)属鞘翅目(Coleoptera),豆象科(Bruchidae),宽颈豆象属(*Zabrotes*),主要危害菜豆属(*Phaseolus*)和豇豆属(*Vigna*)的豆类,宽颈豆象属内有重要经济意义的仅巴西豆象1种。

此虫主要在仓库内繁殖危害。成虫产卵于豆粒表面,卵牢固地粘附在种皮上,幼虫和蛹全部在被害豆粒内生活,这种习性使该虫很容易随寄主传播蔓延。卵、幼虫、蛹和成虫均可传播。

巴西豆象的形态特征及生物学特性为本标准制定的依据。

3 术语和定义

下列术语和定义适用于本文件。

3.1

幼虫上内唇及缘刚毛 larval epipharynx and marginal setae

巴西豆象幼虫头部背面观,可见部分有上颚、下颚、上唇、唇基、后唇基、触角、额和头顶几部分(参见附录A图A.2)。上唇即位于上颚上方、口器最外的半圆形骨片。上唇的内面即为上内唇。缘刚毛位于上内唇近外缘,粗而扁,端部钝圆。其他刚毛端部尖细,区别于缘刚毛(参见附录A图A.3)。

3.2

幼虫触角 larval antenna

位于幼虫头部后唇基两侧。每一触角由2节组成,端部着生数根感觉刚毛(参见附录A图A.2)。

3.3

成虫后足胫节端距 apical movable spurs of hind tibia

着生于后足胫节端部,2根,近等长,借助于关节与胫节相连(参见附录A图A.6)。多数豆象后足胫节端部有刺而无距,刺是胫节端部的延伸,与胫节间无关节相连,不同于距。

3.4

雄虫阳基侧突 parameres

为雄性外生殖器的组成部分。位于阳茎背方,由两叶组成,呈匙状,端部膨大。在不同的类群,两个阳基侧突或在基部分离,或部分愈合,在巴西豆象则几乎完全愈合[参见附录A图A.7b)]。

3.5

雄虫阳茎、内阳茎及内阳茎骨化刺 phallus,endophallus and its sclerites

阳茎为雄性外生殖器的组成部分,位于阳基侧突腹面,呈棒状,基部膨大呈囊状(称为囊区),端部呈瓣状(称外阳茎瓣)。阳茎又分为外阳茎和内阳茎。外阳茎为阳茎的外壳部分。内阳茎膜质,衬在外阳茎里面,当雄虫交尾时通过阳茎端孔外翻出来。内阳茎上着生大量骨化刺,排列成一定的图案,具有种的特异性，为豆象科虫种鉴别的重要依据之一[参见附录 A 图 A.7a)]。

4 仪器、用具和试剂

4.1 仪器和用具

体视显微镜、生物显微镜、恒温恒湿培养箱、测微尺、放大镜、剪刀、镊子、昆虫解剖针、培养皿、载玻片、盖玻片、酒精灯、烧杯、规格筛、毛笔。

4.2 试剂

何燕尔封液、10%氢氧化钠、70%乙醇。

5 现场及室内检查

5.1 抽查

5.1.1 抽查在现场进行。用随机方法进行抽查。抽查时，注意检查货物的品种、产地以及包装物外表、铺垫材料、车船四壁、边角缝隙等处，看是否有巴西豆象成虫、幼虫及感染豆粒。

5.1.2 抽查比例：批量小于等于 5 件的，全部检查；6 件～200 件按 5%～10%抽查(最低不少于 5 件)，201 件～1 000 件按 2%～5%抽查(最低不少于 10 件)，大于等于 1 001 件按 0.2%～2%抽查(最低不少于 10 件)。散装货物以 10 kg 比照 1 件计算。

5.1.3 对船舶食品仓和旅客携带及国际邮寄或作为样品传递的小宗豆类，要全部进行检查。

5.2 取样

5.2.1 取样结合抽查进行。

5.2.2 取样数量：在全面检查的基础上，按每件货物内抽取 1 kg～3 kg 物品过筛，将 1%的混合样(不足 1 kg 按 1 kg 取样)和筛下物及可疑害虫带回实验室作进一步检查。

5.3 检疫方法

5.3.1 过筛检查

用筛孔为 3.5 mm 的圆孔筛，对抽取样品以回旋法进行筛检。在筛下物中仔细检查是否有巴西豆象成虫和圆形羽化盖。检查筛上物的豆粒上是否有卵，是否有“小窗”或羽化孔。

5.3.2 肉眼检查

对货物包装物外表，铺垫材料，车、船、集装箱的四周，袋的边、角、缝隙等处，用肉眼看是否有巴西豆象活成虫或死成虫。

5.3.3 饲养检查

将按 5.2.2 取回的一部分样品，放入 30 ℃～32 ℃相对湿度 75%的培养箱内饲养观察。

5.3.4 镜检

5.3.4.1 卵的鉴定方法

在体视显微镜下测量卵的长与宽。若卵量允许，需测定 10 粒以上。

5.3.4.2 老熟幼虫的鉴定方法

对未经氢氧化钠液处理的幼虫，观察幼虫形状，小眼数目。在生物显微镜下放大400倍～1 000倍观察幼虫封片，测量两触角的间距及上内唇缘刚毛数。

5.3.4.3 成虫的鉴定方法

对未经氢氧化钠处理的成虫，观察触角的形状及颜色、鞘翅上的毛斑及后足胫节距。对雄虫外生殖器封片，观察两个阳基侧突愈合的情况及内阳茎骨化刺的特点。

5.4 标本的预处理

5.4.1 用于观察的成虫和幼虫，虫体表面一定要清洁。如体表有污物或粉屑，应将标本浸在70%的乙醇溶液内，用毛笔刷洗干净。

5.4.2 若发现豆粒上有圆形的半透明“小窗”，可用解剖针小心将“小窗”挑开，将成虫、蛹或幼虫取出。若得到的是幼虫，即为老熟幼虫。

5.4.3 幼虫头部封片的制作：将头部取下，投入10%的氢氧化钠内，在室温下浸泡12 h～24 h，或在沸水浴中加热5 min，移至蒸馏水中清洗1次～2次，然后在体视显微镜下将上唇-唇基-后唇基-额-触角这几块连接紧密的骨片整体取下(切勿分离开!)，制成玻片标本，用何燕尔液封片。

5.4.4 雄虫外生殖器制备：将雄虫的整个腹部取下，投入10%的氢氧化钠内，在沸水中加热5 min，然后在蒸馏水中清洗1次～2次，在体视显微镜下进行解剖。用解剖针打开腹部臀板，小心取出外生殖器，去除不相关的结缔组织，将阳茎与阳基侧突分开，放在载玻片上，用何燕尔液封片。

6 形态特征

6.1 宽颈豆象属成虫的属征

6.1.1 复眼深凹呈马蹄形。

6.1.2 前足基节间突短，锐三角形。

6.1.3 前胸背板半圆形。

6.1.4 鞘翅行纹规则，基部无瘤状突起；第10行纹向后仅达鞘翅侧缘中部。

6.1.5 后足腿节无齿，后足胫节有2根端距。

6.1.6 雄性外生殖器：阳茎中等长，外阳茎瓣分为背瓣和腹瓣，内阳茎具骨化刺；两阳基侧突大部愈合，仅末端分离。

6.2 巴西豆象的形态特征

6.2.1 卵

6.2.1.1 白色，扁平近圆饼状，粘附于豆粒表面。

6.2.1.2 卵长0.536 mm±0.063 mm，卵宽0.459 mm±0.018 mm，宽与长的比值为0.75～0.97，平均0.86。与常见的几种危害食用豆类的豆象相比，巴西豆象的卵最接近圆形(参见附录A图A.1)。

6.2.2 老熟幼虫

6.2.2.1 体长2.7 mm～3 mm。菜豆形，乳白色，胸足退化呈瘤突状，头部有单眼一对。

6.2.2.2 两触角间距为0.25 mm～0.28 mm，上内唇缘刚毛七根(参见附录A图A.3)(其他几个属幼虫缘刚毛为四根或六根)。

6.2.3 成虫

6.2.3.1 体长 2 mm～3.6 mm。触角弱锯齿状，黑色，仅基部两节红褐色(参见附录 A 图 A.4)。

6.2.3.2 雌虫鞘翅中部有 1 条白色横毛带(参见附录 A 图 A.5)，雄虫鞘翅无白色横毛带。

6.2.3.3 后足胫节端有两根红褐色距(参见附录 A 图 A.6)。

6.2.3.4 雄性外生殖器的两阳基侧突大部愈合，仅在末端分离[参见附录 A 图 A.7b)]，内阳茎有一倒“U”形大骨片[参见附录 A 图 A.7a)]。

7 结果判定

以成虫形态特征为主要依据，若成虫形态特征符合 6.2.3，判定为巴西豆象成虫；卵和老熟幼虫的鉴别特征可作为判定巴西豆象的参考依据。

附 录 A
（资料性附录）
巴西豆象的形态特征图

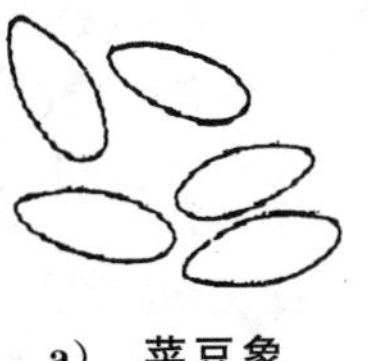

a） 菜豆象

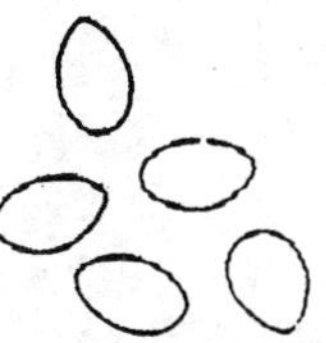

b） 绿豆象

c） 四纹豆象

d） 灰豆象

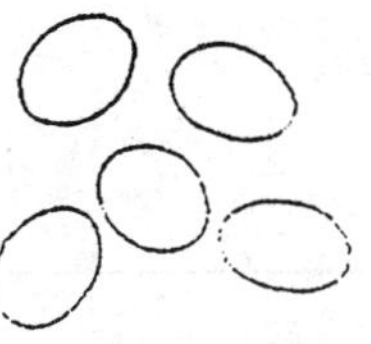

e） 花生豆象

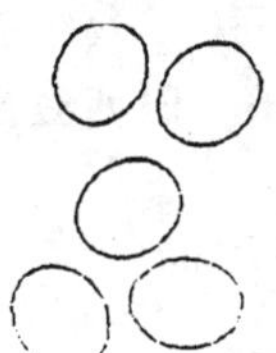

f） 巴西豆象

图 A.1 6种豆象卵的轮廓

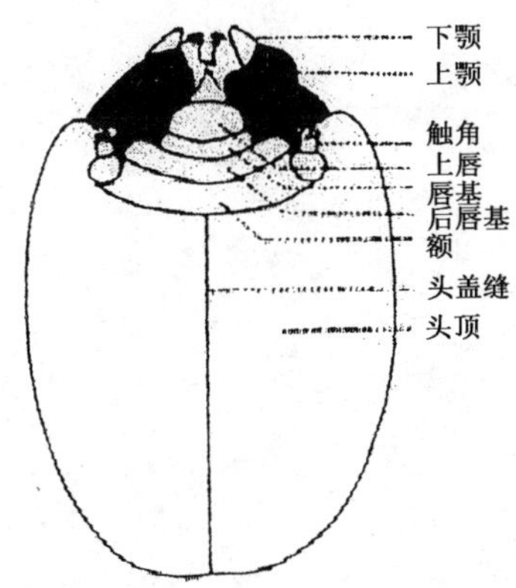

图 A.2 巴西豆象幼虫头部背面观

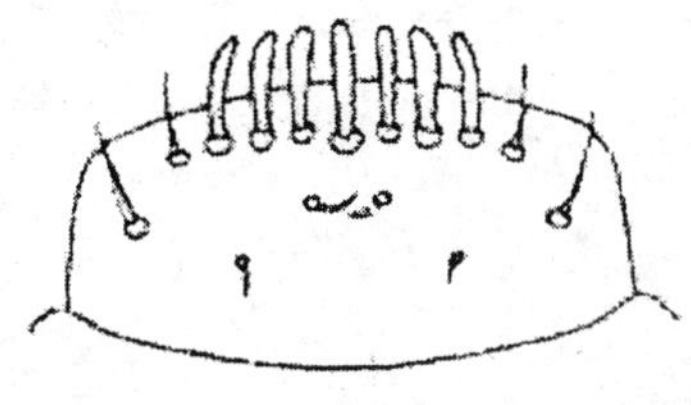

图 A.3 巴西豆象成熟幼虫上内唇

图 A.4 巴西豆象成虫触角

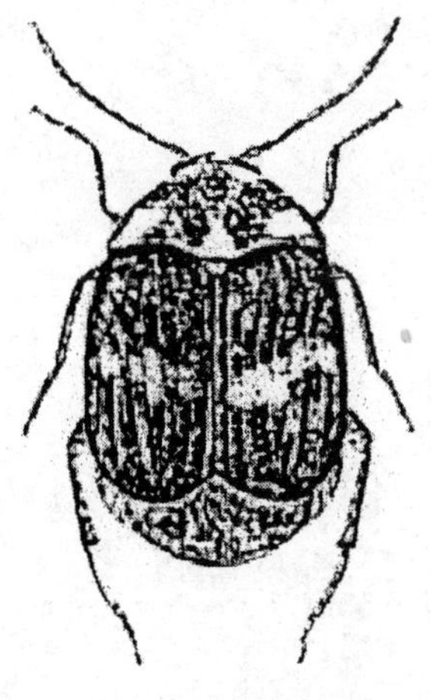

图 A.5 巴西豆象雌成虫

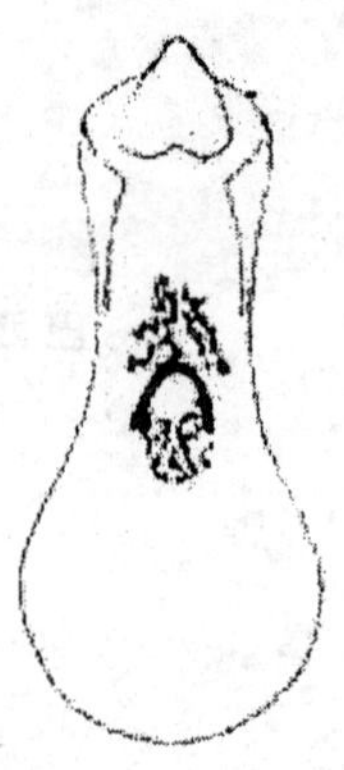

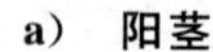

a) 阳茎

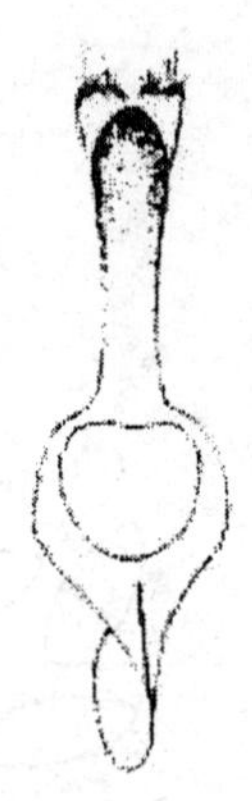

b) 阳基侧突

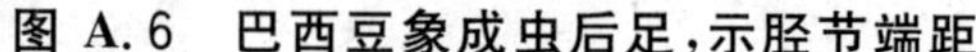

图 A.6 巴西豆象成虫后足，示胫节端距

图 A.7 巴西豆象雄虫阳茎及阳基侧突

中华人民共和国出入境检验检疫行业标准

SN/T 1348—2004

白缘象甲检疫鉴定方法

Methods for quarantine and identification of white-fringed weevil

***Naupactus leucoloma*（Boheman）**

2004-06-01 发布　　　　2004-12-01 实施

中华人民共和国
国家质量监督检验检疫总局　发布

前言

本标准的附录 A、附录 B 为资料性附录。

本标准由国家认证认可监督管理委员会提出并归口。

本标准起草单位：中华人民共和国国家质量监督检验检疫总局动植物检疫实验所、中华人民共和国珠海出入境检验检疫局、中华人民共和国南京出入境检验检疫局、中华人民共和国青岛出入境检验检疫局。

本标准主要起草人：蔡悦、陈乃中、李冠雄、顾忠盈、赖凡。

本标准系首次发布的出入境检验检疫行业标准。

白缘象甲检疫鉴定方法

1 范围

本标准规定了进境植物检疫中对白缘象甲的检疫鉴定方法。

本标准适用于白缘象甲的检疫和鉴定。

2 术语和定义

下列术语和定义适用于本标准。

2.1

体长 body length

象虫的体长计算为从眼的前缘至鞘翅端部的长度,不包括喙、鞘翅的端刺和突起的长度。如果臀板超过鞘翅,则臀板应计算在内。

2.2

体宽 body width

计量身体最宽的部位。

2.3

“内”inner 和“外”outer

以喙中线、前胸背板中线、鞘翅缝连接的一条线为基础,离这条线近的一边称为“内”,远的一边叫“外”。

2.4

喙 rostrum

头部两眼之间的区域是额,喙是由额向前延伸而成,外形像象的鼻子。

2.5

触角沟 scrobe

触角沟位于喙部,它是容纳触角柄节的沟。

2.6

行纹 stria

行纹是鞘翅背面纵向排列的沟纹,包括成行的刻点。

2.7

行间 interval

鞘翅上每相邻两条行纹之间的区域为行间。

3 原理

白缘象甲 *Naupactus leucoloma* (Boheman)属鞘翅目 Coleoptera、象虫科 Curculionidae、短喙象亚科 Brachyderinae、白缘象属 *Naupactus* Dejean(白缘象甲及其近缘种参见附录 B),分布于南非、美国、阿根廷、巴西、乌拉圭、智利、秘鲁、澳大利亚和新西兰等地。为害 40 余科近 400 种寄主植物,成虫和幼虫严重为害花生、大豆、蔬菜、玉米、棉花等农作物和观赏植物。该虫在寄主植物地表以上任何部位产卵,以茎基为多。幼虫主要在茎杆和根部取食,在根部或根际周围部位越冬,翌年春化蛹。初羽化成虫爬向寄主植物。该虫行孤雌生殖,除南美以外至今未见雄虫。

该虫的生物学特性和形态特征是制定本标准的主要依据。

4 试剂、仪器和用具

4.1 试剂

4.1.1 清洗液

无水乙醇：乙酸乙酯：水＝1：1：1

4.1.2 还软液

在玻璃干燥器底部加入 2 cm 厚洗涤清洁的沙粒，加水并漫过沙粒约 1 cm，水中应滴入少量苯酚以防止标本腐烂。

4.1.3 乙醇-甘油保存液

75％乙醇：甘油＝100：0.5～1

4.2 仪器和用具

体视显微镜、测微尺、恒温干燥箱、玻璃干燥器、白磁盘、指形管、载玻片、盖玻片、小毛笔、刀子、剪子、镊子等。

5 检疫方法

5.1 现场检疫

检查装载货物的运输工具内外、上下四壁、缝隙边角，以及包装物、铺垫物、残留物等害虫可能隐匿的地方；存放在仓库或其他场所的货物，注意检查垛表层、堆角、包装外部和袋角以及周围环境有无害虫和害虫活动的痕迹。

对于观赏植物，重点检查其根部。

对可疑害虫，详细记录发现的时间、地点、货物的种类、来自国家或地区、检验员、等相关信息资料。

5.2 标本的处理

活幼虫宜饲养出成虫后再进行鉴定。可置于有消毒土壤的塑料器皿中，在 21℃左右的条件下的以每 15 cm^2～20 cm^2 一头幼虫的密度饲养，定期放入胡萝卜片以供幼虫取食。

从蛹室内剖解得到的老熟幼虫应放入开水内煮 1 min～2 min，至虫体僵硬，再放入酒精-甘油保存液中保存。

6 形态特征鉴定

6.1 成虫

雌虫体长 8 mm～12 mm，长椭圆形。虫体灰褐色。被覆浓密短毛，鞘翅后端毛较长。雄虫罕见，体长约 8.5 mm，前胸背板比较凸起(参见附录 A 图 A.1)。

头部两侧各有两条纵向白色条纹，一条在眼上，另一条在眼下。复眼侧生，轻微凸起，额宽于喙。喙粗短，中沟端部加宽，沟较深，且有隆线，触角窝侧背缘缘脊尖隆。触角明显膝状。上颚[参见附录 A 图 A.1 b)]具有明显的颚尖脱落留下的颚疤。从颚疤下缘至上颚腹面后缘有沟，沟两侧边呈钝隆线状。

前胸背板两侧有纵向白色条纹。前胸背板前缘平截，与眼有间距，眼后不形成圆形的眼叶，两侧无长纤毛。前胸背板毛半直立，中域后半部分的毛和鳞片前伸。

鞘翅长椭圆形，基部稍宽于前胸背板，中部以后逐渐窄缩。鞘翅长约为前胸背板长的 2.5 倍。鞘翅基直，肩退化。鞘翅两侧边缘有一条纵向浅色带，该虫因而得名。鞘翅行纹较暗，明显。鞘翅鳞片圆形至椭圆形。

足转节短，呈三角形，腿节在转节之侧与基节连接。后足胫节窝较窄[参见附录 A 图 A.1 c)]。第三跗节明显双叶状。二爪在基部离生，爪不具附爪。

6.2 卵

卵椭圆形，长约 0.8 mm。初孵为乳白色，四至五天后变成浅黄褐色。

6.3 幼虫

老熟幼虫体长约 13 mm,浅黄白色,身体弯曲,无足,被覆稀疏短毛。头部颜色较暗,部分缩入前胸。上颚粗壮,黑色[参见附录 A 图 A.1 e)]。

7 结果判定

主要以成虫形态特征为依据,符合第 6 章中各条所描述形态特征的可判定为白缘象甲。

附　录　A
（资料性附录）
白缘象甲的形态特征

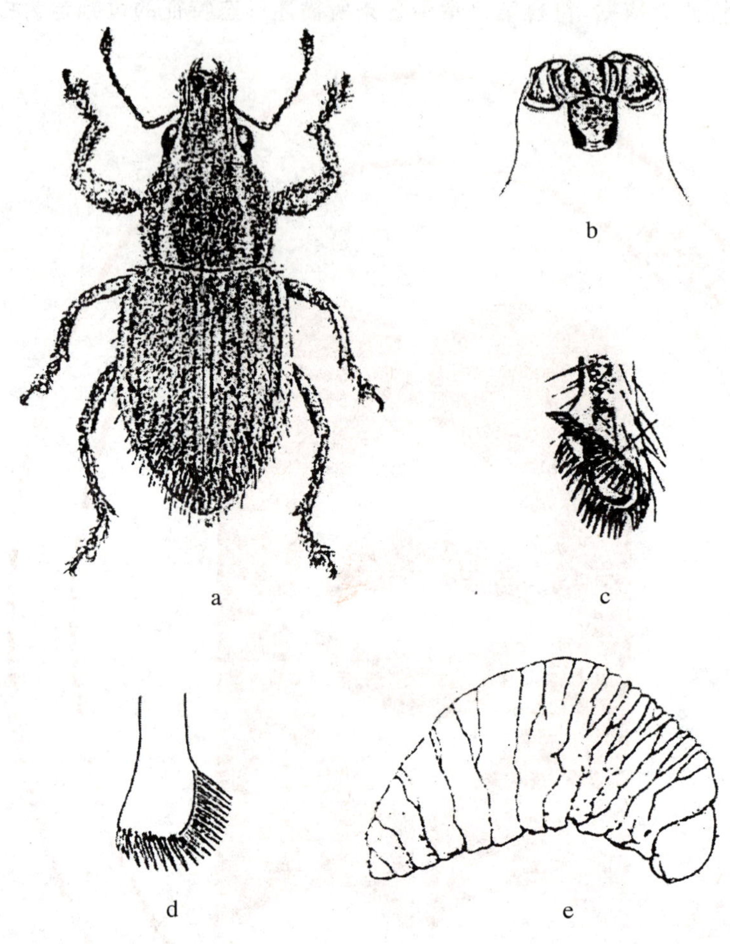

a——成虫；
b——成虫上颚腹面观；
c——后足胫节(示胫窝)；
d——后足胫节端侧观；
e——幼虫。

图 A.1　白缘象甲的形态特征

附 录 B
（资料性附录）
白缘象甲及其近缘种的鉴别检索表

1 鞘翅基略呈S形，肩发达，鞘翅长约为前胸背板长的3倍 …………………………………………………… 2
鞘翅基直，肩退化，鞘翅长为前胸背板长的2.0倍～2.5倍 ……………………………………………… 3

2 鞘翅鳞片椭圆形；前胸背板颗粒状，近中部最宽；腹部后足基节间部分明显窄于后足基节 ………… …………………………………………………………………… *Naupactus albolateralis* Hustache
鞘翅鳞片圆形；前胸背板轻微颗粒状，近基部最宽；腹部后足基节间部分与后足基节宽相当 ……… ……………………………………………………………………………… *N. tucumanensis* Hustache

3 前胸背板中域后半部分着生的毛后伸；鞘翅鳞片圆形；复眼凸起 ……… *N. peregrinus* (Buchanan)
前胸背板中域后半部分着生的毛前伸；鞘翅鳞片圆形至椭圆形；复眼轻微凸起至扁平 …………… 4

4 复眼轻微凸起；前胸背板毛半直立；后足胫节窝板窄；鞘翅长约为前胸背板长的2.5倍 …………… ……………………………………………………………………………………… *N. leucoloma* Boheman
复眼扁平；前胸背板毛倒伏；后足胫节窝板较宽；鞘翅长约为前胸背板长的2.0倍 …………………… ………………………………………………………………………………………… *N. minor* (Buchanan)

中华人民共和国出入境检验检疫行业标准

SN/T 1349—2004

山松大小蠹检疫鉴定方法

Methods for quarantine and identification of mountain pine beetle

(*Dendroctonus ponderosae* Hopkins)

2004-06-01 发布　　　　2004-12-01 实施

中华人民共和国
国家质量监督检验检疫总局 发布

前言

本标准的附录 A 为资料性附录。

本标准由国家认证认可监督管理委员会提出并归口。

本标准起草单位:中华人民共和国江苏出入境检验检疫局。

本标准主要起草人:孙亮、张宇、娄少之、杨占臣、冉俊祥。

本标准系首次发布的出入境检验检疫行业标准。

山松大小蠹检疫鉴定方法

1 范围

本标准规定了山松大小蠹的检疫鉴定方法。

本标准适用于山松大小蠹的检疫鉴定。

2 原理

2.1 山松大小蠹，学名（*Dendroctonus ponderosae* Hopkins），英文名（Mountain pine beetle），属鞘翅目（Coleoptera）、小蠹科（Scolytidae）、切梢小蠹族（Tomicini）、大小蠹属（*Dendroctonus*）。主要为害松属（*Pinus*）11种树木，成虫可进行短距离飞行，主要随针叶树原木、锯材、木质包装材料传播扩散。

2.2 山松大小蠹成虫羽化后转移为害其他树株，并在树皮内交配产卵完成一个新的生活世代。

2.3 山松大小蠹的分布、寄主、成虫形态特征、传播途径及生物学特性为制定该虫检疫鉴定方法的依据。

3 仪器和试剂

3.1 仪器及用具

体视显微镜、剪刀、镊子、微型解剖刀、解剖针、培养皿、载玻片、盖玻片、酒精灯、烧杯、昆虫针、三级台、标本瓶、标签等。

3.2 试剂

浸泡液（冰乙酸:福尔马林:95%乙醇:蒸馏水＝4：6：15：30）、75%乙醇溶液。

4 现场检疫

4.1 山松大小蠹主要在木材的木质部和韧皮部之间为害，现场检查时重点检查蠹虫虫孔、蠹虫排泄物、为害坑道、成虫羽化孔等，对发现的蠹虫以及蠹虫为害症状进行取样，对发现的害虫进行收集。

4.2 对发现蠹虫为害症状的木材进行剖检，小心地将蠹虫取出。

5 实验室鉴定

5.1 准备

5.1.1 将需要饲养的幼虫、虫卵连同相关部位的木材、树皮样品带回实验室，在温度25℃～30℃、湿度70%的饲养环境中饲养观察，待长成成虫后进行鉴定。

5.1.2 将待观察、鉴定的成虫、幼虫等虫样进行清洁、整理，体表有污物或粉屑时，用75%的乙醇或配置的浸泡液清洗后浸泡。

5.2 鉴定

5.2.1 大小蠹属成虫主要特征

——背面观可见头部；呈暗褐色至黑色，具强光泽。

——复眼长椭圆。

——触角鞭节五节，锤状部扁饼状，分四节，顶端平齐。

——前胸背板平坦，无鳞状瘤区，有刻点和茸毛，前缘中部具角状凹刻。

——两鞘翅基缘各自前突，合成并列双弧，基缘隆起，上有一列锯齿。

——胫节外缘有齿列。

5.2.2　**山松大小蠹成虫鉴定特征(参见附录A)**

——体长3.5 mm～6.8 mm,平均5.5 mm,体长为体宽的2.2倍。

——额中部适度凸起,不很高,颅顶中缝止于两眼上缘之间,不再下延,因而额突成一整块,未被额面中沟分割成两个半块。

——口上突基部宽阔,其基部宽度大于两复眼上缘连线宽度的一半,基缘不明显,常为若干小段连接拼成,侧缘较横直,有如光滑凸瘤并列于口上突的两侧。

——前胸背板平坦,无鳞状瘤区;但前胸背板刻点粗糙紧密,刻点间距小于刻点直径,背板上的茸毛象刻点一样稠密,紧贴体表。

——鞘翅长度为两翅合宽的1.5倍,并为前胸背板长度的2.25倍。鞘翅斜面色暗(具小皱纹);斜面第一沟间部凸起,第二沟间部凹陷,斜面上的刻点沟狭窄而深陷,其中第二和第三沟向翅缝的外侧弓曲。

5.2.3　**山松大小蠹老熟幼虫鉴定特征**

——额后角钝,额中部有一粗阔的横向突起。

——唇基基部光亮,上唇宽度不及长度的一半。

——腹节的腹突上有明显的足垫。

5.2.4　**山松大小蠹为害坑道特征(参见附录A)**

——母坑道由雌虫开凿,纵向直线分布,一般长度30 cm～50 cm。

——雌虫在母坑道两侧的卵龛内产卵,幼虫孵化后向两侧取食为害,形成与母坑道成直角的子坑道。

6　结果评定

6.1　成虫完全符合鉴定特征,可以鉴定为山松大小蠹。

6.2　幼虫符合鉴定特征,坑道符合5.2.4特征,可以作为山松大小蠹鉴定的参考依据。

7　样品保存

害虫的虫样及重要的为害症状应妥善保存,害虫标本可以根据虫态分别做成针插标本或浸渍标本,为害状标本则应进行除虫处理后进行保存。

附 录 A
（资料性附录）
山松大小蠹成虫形态特征及为害状

1——雌虫额面；
2——雄虫前胸背板侧面；
3——口上片与口上突；
4——为害状，示母坑道和子坑道
（1～3 仿殷惠芬，4 仿 S. L. Wood）。

图 A.1

中华人民共和国出入境检验检疫行业标准

SN/T 1355—2004

可可褐盲蝽检疫鉴定方法

Methods for quarantine and identification of *Sahlbergella singularis* Haglund

2004-06-01 发布　　2004-12-01 实施

中华人民共和国国家质量监督检验检疫总局　发布

前　言

本标准的附录 A、附录 B 为资料性附录。

本标准由国家认证认可监督管理委员会提出并归口。

本标准由中华人民共和国国家质量监督检验检疫总局动植物检疫实验所负责起草，中华人民共和国宁波出入境检验检疫局参加起草。

本标准主要起草人：张生芳、徐瑛、傅冬良。

本标准系首次发布的出入境检验检疫行业标准。

可可褐盲蝽检疫鉴定方法

1 范围

本标准规定了进境植物检疫中可可褐盲蝽的检疫和鉴定方法。

本标准适用于可可褐盲蝽的检疫和鉴定。

2 术语和定义

下列术语和定义适用于本标准。

2.1

胝 callus

在半翅目昆虫中，指前胸背板前叶一对略呈椭圆形的区域，常略隆起或质地特殊。

2.2

盘域（或称中域） discal area

对于昆虫的前胸背板而言，是指前胸背板中心区。

2.3

膜片 membrane

半翅目昆虫前翅端部薄而透明或半透明区域。

2.4

爪片 clavus

在半翅目昆虫中，半鞘翅后缘处被一条与后缘近平行的逢线（爪片缝 Claval suture）分割出的一个狭片。

2.5

革片 Corium

在盲蝽科，半鞘翅除爪片与楔片之外的部分。

2.6

楔片 Cuneus

在盲蝽科、花蝽科，革片端角处被一短横线分割出的一个小三角形区域。

3 原理

可可褐盲蝽广泛分布于西非，严重危害可可等作物（参见附录 B）。该虫属半翅目 Hemiptera 盲蝽科 Miridae 大盾盲蝽属 *Sahlbergella*。盲蝽科为半翅目的一个大科，世界已知约 5 000 种。在掌握盲蝽科形态特征的基础上，形态鉴定中需强调大盾盲蝽属的属征及可可褐盲蝽种的鉴别要点。另外，寄主被害状也是现场检验的重要依据。

4 仪器和试剂

4.1 仪器

放大镜、体视显微镜、生物显微镜、小毛笔、镊子、剪刀、白瓷盘、解剖针、指形管、标签。

4.2 试剂

保存液：75％乙醇。

5 现场检疫

5.1 检查被害状

在现场用放大镜对入境可可类材料如种苗、枝条、果荚的背光面仔细查找，受可可褐盲蝽危害的果荚出现圆形小斑点，后变黑、腐烂或开裂。嫩梢被害后先出现水渍状梭形斑点，后变黑，组织干枯下陷，被害处出现纵折痕。茎干被害后出现细长卵形下陷斑，被害有裂纹，约 20 d 后树皮裂开，可看到死后韧皮纤维的网状结构。如果受害茎干组织愈合，则在白斑边缘产生梭形突起的痂。

5.2 收集虫样

用木条拍击寄主材料，使可疑盲蝽跌落，下面用大白瓷盘收集标本；如检查被害状时发现可疑盲蝽，则用小毛笔挑起，放入指形管或 75%乙醇保存液中。

5.3 表面检验

在进境可可类材料的种苗、枝条、果荚上如发现可疑盲蝽类卵、若虫时，可移入室内在 25℃，相对湿度 75%条件下饲养观察，待成虫出现后进行镜检。

6 实验室鉴定

6.1 盲蝽科鉴定特征

触角四节，喙四节，无单眼；前翅分为革片、爪片、楔片及膜片四部分，膜区的脉纹围成两个翅室。

6.2 大盾盲蝽属 *Sahlbergella* 鉴定特征

复眼大，其宽约为头顶宽之半，具短柄，向两侧伸出。触角第一节粗短，第二节具排列不规则的颗瘤，第三节向端部渐膨大，第四节短于第三节，水滴状。前胸背板六角形，盘域具粗大刻点，并散布光滑的小颗瘤。小盾片大，较强烈拱隆，表面构造同前胸背板。胫节粗而略弯，圆柱形，密布半直立毛，外侧不呈波曲状。

6.3 可可褐盲蝽鉴定特征

6.3.1 成虫

体长 8 mm～10 mm，宽 3 mm～4.5 mm。褐色至红褐色，散布淡色斑，触角褐色至黑褐色。前胸背板的胝多为黑色，或多或少隆起。前翅膜片黄色，密布大形褐斑。腿节有一淡色宽环，两端黑褐色，两侧黄白色，散布稀疏的褐色碎斑(参见图 A.1)。

6.3.2 若虫

玫瑰色或栗色，体圆形或小球形。老龄若虫腹节有明显的圆疣，并整齐横向排列于每个环节。胸及小盾片有皱纹。

6.3.3 卵

长 1.6 mm～1.9 mm，圆筒形，白色，孵化前玫瑰色。端部稍弯曲，前部有隆线，有两个不同长度的附器。

7 结果判定

以成虫鉴定特征为依据，符合 6.1、6.2、6.3 形态特征的可判定为可可褐盲蝽。

附 录 A
（资料性附录）
可可褐盲蝽与狄氏盲蝽的形态特征比较

可可褐盲蝽与狄氏盲蝽 *Distantiella theobroma*（Dist.）的危害方式和生物学特性极其相似，而且在南非许多地区分布重叠，两者的形态区别见表 A.1。

表 A.1

可可褐盲蝽	狄氏盲蝽
1. 眼较宽大，约为额宽之半	1. 眼较小，约为额宽的四分之一
2. 前胸背板呈梯形，后缘远宽于前缘，其上颗粒状突起较小	2. 前胸背板近四方形，具若干小瘤状结节，凹凸不平
3. 小盾片较平，其上颗粒状突起小	3. 小盾片强烈隆起，肥厚，具小瘤状结节
4. 前足基节臼小，由背方不可见	4. 前足基节臼大，由背方从前胸领部两侧可见
5. 后足胫节不呈结节状，外缘直	5. 后足胫节结节状肿大，外缘波曲状

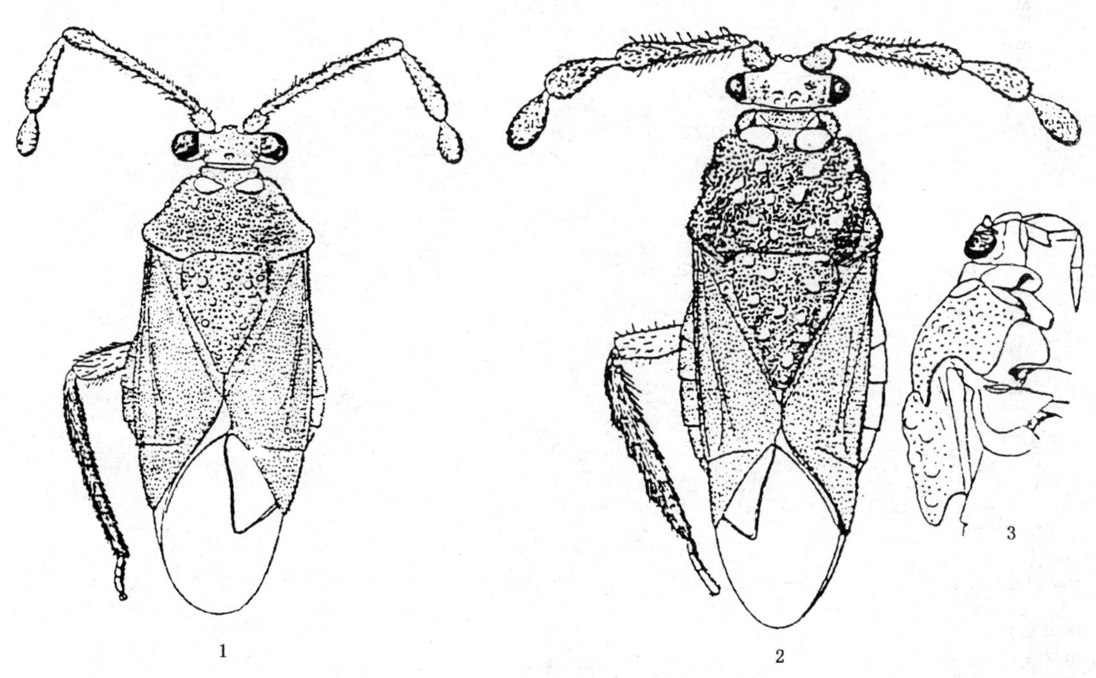

1——可可褐盲蝽；

2——狄氏盲蝽；

3——狄氏盲蝽头胸侧面观（仿 China）。

图 A.1 可可褐盲蝽与狄氏盲蝽的形态特征图示

附 录 B
（资料性附录）
可可褐盲蝽的分布和寄主植物

B.1 分布

塞拉利昂、加纳、多哥、尼日利亚、喀麦隆、中非、乌干达、扎伊尔、刚果、斐南多波岛等地。

B.2 寄主植物

Berria amonilla、几内亚斑贝 *Bombax buonpozense*、吉贝 *Ceiba pentandra*、苏丹可乐果 *Cola acuminata*、异叶可乐果 *Cola diversifolia*、大叶可乐果 *Cola gigantea glabrescens*、侧生可乐果 *Cola lateritia maclaudi*、半氏大叶可乐果 *Cola millenii*、亮叶可乐果 *Cola nitida*、*Nesogordonia papavifera*、香苹婆 *Sterculia foetida*、象鼻黄苹婆 *Sterculia rhinopetala*、二色可乐 *Theobroma bicolor*、可可 *Theobroma cacao*、小可可 *Theobroma microcarpum*。

中华人民共和国出入境检验检疫行业标准

SN/T 1366—2004

葡萄根瘤蚜的检疫鉴定方法

Methods for quarantine and identification of grape phylloxera *Viteus vitifolii*（Fitch）

2004-06-01 发布　　　　2004-12-01 实施

中华人民共和国国家质量监督检验检疫总局 发布

前　言

本标准由国家认证认可监督管理委员会提出并归口。

本标准起草单位：中华人民共和国山东出入境检验检疫局。

本标准主要起草人：王寿民、郑雪明、王振忠、鞠洪绶。

本标准系首次发布的检验检疫行业标准。

葡萄根瘤蚜的检疫鉴定方法

1 范围

本标准规定了葡萄根瘤蚜的检疫和鉴定方法。

本标准适用于葡萄苗木、插条传带的葡萄根瘤蚜的检疫鉴定。

2 原理

2.1 葡萄根瘤蚜 *Viteus vitifolii*(Fitch)属同翅目(Homoptera)、胸喙亚目(Sternorrhycha)、球蚜总科(Adelgoidea)、根瘤蚜科(Phylloxeridae)。

2.2 单食性,主要为害葡萄的根部。须根被害后肿胀形成菱角形或鸟头状根瘤,侧根和大根被害后形成关节形肿瘤;部分葡萄品种的叶部受害后在叶背面形成虫瘿。此虫主要随带根的葡萄苗木或插条的调运而传播。

2.3 该虫的寄主、形态特征、传播途径、危害症状是本标准鉴定方法的依据。

3 术语和定义

下列术语和定义适用于本标准。

3.1

根瘤 root nodule

因蚜虫刺吸植物根部而导致植物根组织形成的瘤状物称为根瘤。

3.2

虫瘿 gall

因昆虫或螨类的取食刺激引起植物组织局部增生而形成的瘤状物。

3.3

喙 proboscis

头部前方延伸的部分。

3.4

原生感觉圈 primary sensorium

蚜虫触角第一节上的感觉孔。

3.5

次生感觉圈 secondary sensorial

蚜虫触角上除了第一节外,其他各触角节上的感觉孔。

3.6

无翅成蚜 wingless adult aphid

无翅的孤雌蚜虫。

3.7

若虫 nymph

渐变态中幼体与成虫在体型、习性及栖息环境等方面都很相似,但幼体的翅发育还不完全,成为翅芽,生殖器官也未发育成熟,特称为若虫。

3.8

中胸盾片　mesoscutum

有翅蚜中胸前端的三角形骨片。

3.9

尾片　cauda

蚜虫腹末生有一个圆锥形或乳头状突起。

3.10

腹管　cornicles

蚜虫科多数种类在第六或第七腹节两侧前方生有一对管状突起。

4　仪器、用具及试剂

4.1　体视解剖镜、生物显微镜。

4.2　手持放大镜、小镊子、解剖针、毛笔、剪刀、小玻瓶、指形管、标签纸、橡皮塞、脱脂棉、载玻片、盖玻片。

4.3　75%乙醇,用于蚜虫的采集及保存。

4.4　5%氢氧化钾、50%乙醇、95%乙醇、蒸馏水、品红、无水乙醇和二甲苯混合液(1∶1)、丁香油、中性树胶,用于玻片标本的制作。

5　现场检疫

5.1　检查

5.1.1　检查葡萄根部(尤其须根),有无被害后形成的菱形(或鸟头状)根瘤,侧根和大根处有无关节形肿瘤。

5.1.2　检查叶片上有无虫瘿。

5.1.3　检查运输工具、包装物及四周区域。

5.2　将获得的各虫态蚜虫放入盛有75%乙醇的小玻瓶或指形管中保存,在实验室根据鉴别特征进行结果判定。

6　室内鉴定

6.1　将现场检疫所得的乙醇浸泡标本,换上棉花塞,放在开水杯中水浴一次至两次,凉后换橡皮塞保存。用体视解剖镜观察各虫态浸液标本的形态特征。

6.2　玻片制作

6.2.1　用“0”号昆虫针在蚜虫腹部刺穿一孔至二孔,在5%氢氧化钾溶液水浴加热3 min～10 min,清除蚜虫腹内残余内容物,用蒸馏水清洗一次至二次后,依次用50%乙醇(5 min)、70%乙醇(5 min)、95%乙醇(2 min)脱水,然后用1%的(以95%乙醇作为溶剂)品红溶液染色,再用95%乙醇清洗多余的颜色,移入无水乙醇和二甲苯混合液(1∶1)中,用小毛笔除去污物。

6.2.2　在载玻片上滴数滴丁香油,放入标本,整姿,用吸水纸吸干丁香油,滴入中性树胶数滴,盖好盖玻片,置入40℃～50℃恒温箱内烘烤二至三天。

6.3　在生物显微镜下观察玻片标本的形态特征。

7　主要鉴定特征

7.1　根瘤蚜科的鉴定特征

无翅蚜和若蚜触角三节,有一个圆形原生感觉圈。眼有三小眼面。头部与胸部之和长于腹部。尾片半月形，无腹管。罕见有产卵器。有翅蚜触角三节，有两个纵长次生感觉圈。前翅有三脉：一根中脉和两根共柄的肘脉，后翅无脉。静止时翅平叠于背面。中胸盾片不分为两片。性蚜无喙，不活泼。孤雌蚜与性蚜均卵生。

7.2 葡萄根瘤蚜的主要鉴定特征

7.2.1 根瘤型无翅成蚜

体背各节具灰黑色瘤，头部四个，各胸节六个，各腹节四个。胸、腹各节背面各具一横形深色大瘤状突起。触角第三节最长，其端部有一个圆形或椭圆形感觉圈，末端有刺毛三根（个别的具四根）。

7.2.2 叶瘿型无翅成蚜

体背无瘤，体表具细微凹凸皱纹，触角末端有刺毛五根。

7.2.3 有翅蚜

复眼由多个小眼组成，单眼三个。触角第三节有感觉圈两个，一个在基部近圆形，另一个在端部长椭圆形。前翅翅痣长形，有三根斜脉（中脉、肘脉和臀脉），后翅仅有一根脉（径分脉）。

7.2.4 性蚜

无口器和翅，黄褐色，复眼由三个小眼组成。外生殖器孔头状，突出于腹部末端。

7.2.5 若虫

共四龄，眼、触角及喙分别与各型成虫相似。

8 结果评定

葡萄根部有瘤状膨大或叶背面有虫瘿；虫态特征符合7.2的鉴别特征；符合以上两种特征则可鉴定为葡萄根瘤蚜。

9 标本和样品的保存

保存浸液标本和玻片标本。

中华人民共和国出入境检验检疫行业标准

SN/T 1370—2004

日本金龟子检疫鉴定方法

Methods for quarantine and identification of Japanese beetle (*Popillia japonica* Newman)

2004-06-01 发布　　　　2004-12-01 实施

中华人民共和国国家质量监督检验检疫总局 发布

前言

本标准的附录A、附录B为资料性附录。

本标准由国家认证认可监督管理委员会提出并归口。

本标准起草单位：中华人民共和国山东出入境检验检疫局。

本标准主要起草人：赖凡、魏晓棠、杜琦、陈长法、王岩。

本标准系首次发布的检验检疫行业标准。

日本金龟子检疫鉴定方法

1 范围

本标准规定了日本金龟子的检疫和鉴定方法。

本标准适用于日本金龟子的检疫和鉴定。

2 术语和定义

下列术语和定义适用于本标准。

2.1

阳基侧突 paramere

为雄性外生殖器的组成部分。位于阳茎片的前端背方,由左右两侧突片组成。

2.2

额唇基沟 trontoclypeal suture

位于两上颚的前关节之间,是额和唇基的分界线。

2.3

内阳茎囊 endophallus

阳茎为雄性生殖器的组成部分,位于阳基侧突腹面,它分为外阳茎和内阳茎,外阳茎为阳茎的外壳部分,内阳茎膜质,衬在外阳茎里面,其基部膨大呈囊状,称内阳茎囊。

2.4

阳基 tegment basal

为雄性外生殖器的组成部分,位于阳茎片的基部,为一完整的骨片,但可由沟槽分为近端部的中片和近基部的基片,阳基前端以膜与阳基侧突相连。

2.5

阳茎基片 tegment

为雄性外生殖器的组成部分,由阳基侧突和阳基组成,其内包藏阳茎。

2.6

阳茎 penis

阳茎包藏于阳茎基片中,其端部具一开口,通入内阳茎,后者是一个可以外翻的空腔,其端部具生殖孔。阳茎肉质或呈现不同程度的骨化。

2.7

离蛹 exarate pupa

又称裸蛹,附肢和翅不贴附在身体上,可以活动,同时腹节间也能自由活动。

3 原理

日本金龟子,学名 *Popillis japonica* Newman,英文名 Japanese beetle,鞘翅目 Coleoptera,丽金龟科 Rutelidae,为多食性植物害虫,取食近 300 种植物,对其中大约 106 种植物可造成经济损失。日本金龟子常以三龄幼虫在约 15 cm~30 cm 深处的土室中越冬。当春季土温超过 10℃,幼虫在土中约 5 cm 处恢复活动,取食植物根部。经几周后化蛹,五月至七月份羽化,羽化时间与纬度有关。成虫善飞翔,为害植物的叶子、花和果实,平均寿命 30 d~ 45 d,在土中产卵。卵孵化后,幼虫在土中为害植物根部。

一般一年一代，少数二年一代。

日本金龟子成虫主要取食叶肉及叶表皮，通常只剩下叶脉，使叶子变黄并脱落；取食花瓣；受害玉米胚胎膨大，果粒畸形等。

根据日本金龟子的生物学特性、寄主及各虫态的形态特征制定该虫的检疫鉴定标准。

4 仪器及用具

4.1 实体显微镜、测微尺。

4.2 剪刀、镊子、昆虫解剖针、毒瓶。

4.3 培养皿、烧杯。

4.4 载玻片、盖玻片。

4.5 酒精灯。

5 试剂及材料

5.1 清洗液

无水乙醇：乙酸乙酯：水＝1：1：1。

5.2 10％氢氧化钠溶液。

5.3 还软器

玻璃干燥器底部加入2 cm厚洗涤清洁的沙粒，加水并漫过沙粒1 cm，水中应滴入少量苯酚以防标本腐烂。

5.4 乙醇-甘油保存液

75％乙醇：甘油＝100：0.5～1。

6 现场检疫

6.1 确定进境的寄主植物及植物产品是否来自疫区(参见第A.1章)。

6.2 对来自疫区如日本、美国、加拿大、韩国等的寄主植物及植物产品特别是主要的一些寄主植物(参见第A.2章)进行严格检疫，对疫区来的带土活植物应重点进行检疫。

6.3 对疫区来的运输工具进行检疫，重点查看食品舱、客机机舱、载货舱以及水果垃圾堆放点等。

6.4 现场检查时，对发现可疑危害症状的样品进行取样，取样应按照中华人民共和国动植物检疫法规定的操作规程进行；发现可疑害虫虫样立即置入备好的毒瓶内杀死，并详细记载有关的采集时间、采集地点、进境国家、寄主植物、运输工具、采集者、虫态和数量等信息资料。

7 实验室检验与鉴定

7.1 标本的预处理

7.1.1 用于观察的死的或干的成虫宜放入还软器内回软，新鲜的可疑日本金龟子成虫和幼虫，虫体表面一定要清洁。若虫体表面有污物或粉屑，可用小毛笔蘸少许清洗液仔细清洗虫体表面。

7.1.2 制作生殖器玻片：将雄虫的腹部取下，取出生殖器，放入50％的乙醇溶液浸泡一天，去除杂物，制成玻片，在实体显微镜下观察鉴定。

7.2 观察

在显微镜下测量各虫态的虫体长度和宽度，观察虫体颜色；对于成虫，还要观察其触角的形状及节数、前胸背板、小盾片、鞘翅以及前后足胫节的特征；而对于雌雄生殖器玻片，要在显微镜下观察雄性阳基侧突、内阳茎及雌性交配囊、受精囊的特征。

7.3 鉴定特征

7.3.1 科的特征

具单眼，或缺；上唇近于后缘平截的心圆形，或近似横椭圆形，左右不对称；上颚腹面具近椭圆形的发音横脊区域，由平行紧密排列的横脊构成，各横脊上常有缺口，上颚切齿叶缺刻较浅。下颚发音齿发达，尖端尖锐，，通常五至十一个，其前方尚有一钝齿，宽度常远大于高度，内外颚叶愈合，腹面无明显的缝相隔，外颚叶尖端一齿，内颚叶尖端通常二齿，基部愈合，极少有三齿者；触角较细长，第二节最长，端节感觉器通常三个，其中背面一个，极少为两个以上者，各节均无毛，或第二、三节上具毛，极少有第一节具毛者。

内唇端感区感区刺三至九根，呈单横列；通常具缘脊，如无缘脊或缘脊极细弱，则触角端节背面感觉器两个或两个以上；缺亚缘脊；左上唇根尖端常明显前弯；基感区具突斑两个，其中近中央之感觉突斑较小。

前胸及腹部第七、八节气门板显著大于其他各节的气门板；各足具爪，较细长、尖锐，其上具两根刺毛。

臀节背板上常具向后开口的骨化环，或缺；复毛区具钩状刚毛，有刺毛列，或缺，如有，则均呈纵列；肛门孔横弧状。

7.3.2 **种的特征**(参见附录B)

7.3.2.1 **成虫的鉴定特征**

7.3.2.1.1 **外形**

虫体卵圆形，长9 mm～15 mm，宽4 mm～7 mm，带强金属光泽。前胸、头、足、小盾片墨绿色，鞘翅黄褐色至褐色，鞘翅外、内端缘暗绿色。

7.3.2.1.2 **头部**

触角九节，鳃片部三节。

唇基倒簸箕形，强卷，前缘加厚并上翘，厚度为其宽度的四分之一至八分之三，前角近1 000水平夹角；额唇基沟中断或消失。颏中部纵凹。

7.3.2.1.3 **胸部**

前胸背板宽大于长，强隆弓。前角锐，后角钝角形，基缘向后方突出，并在小盾片前凹入，后缘边框近完整。侧区小凹陷一对。小盾片圆三角形，常具不规则刻点。

鞘翅扁平，短，向后收狭，露出部分前臀板，具缘膜。鞘翅缝角间具有一对小齿，鞘翅背面六条点行，行二散乱并在近端部五分之四处消失。

中胸腹突前伸较明显，胸腹部布满白毛，足粗壮，前足胫节端部外侧具二个相连大齿，内侧中端具一距。后足胫节内侧无刺列，但有一个长毛列。

7.3.2.1.4 **腹部**

臀板强隆，具鳞状横刻纹，前臀板具有白色刚毛。臀板基部有两个白色毛斑，腹部一至五节腹板中央两侧中部各着生一列白色刚毛，刚毛列在腹侧分别聚成毛斑，六对毛斑不被鞘翅覆盖。

背面观，雄性外生殖器的阳基侧突端部钝，两侧由基部向端部收窄，对称，右侧突叠于左侧之上。阳基中片长于基片。侧面观，阳基侧突顶部尖削，向下弯曲呈鸟喙状，长为隆拱点处宽的四倍，腹片端缘翘突位于腹缘隆拱点的顶端。

7.3.2.2 **卵的鉴定特征**

刚产的卵乳白色，呈圆形，直径1 mm，之后变成长卵形，长1.5 mm，宽1 mm，色也渐加深。

7.3.2.3 **幼虫的鉴定特征**

体白色，呈"C"型弯曲，老熟幼虫体长18 mm～25 mm，上颚极发达，黑褐色，臀节膨大，背面具骨化环。肛门横裂，刺毛列由针状毛组成，每列五到六根，前端不超过腹毛区。幼虫三个龄期，头壳宽度分别为1.2 mm、1.9 mm、3.1 mm。

7.3.2.4 **蛹的鉴定特征**

阔纺锤形，长14 mm，宽7 mm，灰白色至黄褐色，跗肢活动自如，离蛹。

8 结果评定

以上述特征为依据，符合标准中所描述的成虫形态特征者可鉴定为日本金龟子，其他虫态可作参考。

9 标本制作和样品保存

日本金龟子制作标本时，将成虫放入毒瓶内或用乙醚杀死后，将昆虫针从其右鞘翅的左上角插入，正好穿过右中足和后足之间，利用三级板调整好虫体在昆虫针上的位置，再用镊子和解剖针调整其足和触角的姿势，使其处于一种自然状态，同时用标签注明采集的时间、来源地和名称、寄主，最后放入恒温干燥箱内干燥，保存，以备复验、谈判和仲裁。

日本金龟子幼虫，一般用乙醇-甘油保存液浸泡保存。

附 录 A
（资料性附录）
日本金龟子的分布范围与主要寄主

A.1 分布范围

朝鲜、韩国、日本、千岛群岛、俄罗斯(远东地区)、葡萄牙、加拿大(安大略、魁北克)、美国(康涅狄格、纽经贸部、佐治亚、俄亥俄、新泽西、田纳西、弗吉尼亚、马萨诸塞、密执安、伊利诺斯、印第安纳、北卡罗来纳、密苏里、依阿华、肯塔基、缅因、新罕布什尔、宾夕法尼亚、南卡罗业纳、佛蒙特、华盛顿、西弗吉尼亚、威斯康星、马里兰、加利福尼亚)、古巴。

A.2 主要嗜食的寄主

槭属 *Acer*、七叶树属 *Aesculus*、桦木属 *Betula*、栗属 *Castanea*、大豆属 *Glycine*、胡桃属 *Juglans*、桃属 *Malus*、悬铃木属 *Platanus*、杨属 *Populus*、李属 *Prunus*、蔷薇属 *Rosa*、悬钩子属 *Rubus*、柳属 *Salix*、椴树属 *Tilis*、榆属 *Ulmus*、葡萄属 *Vitis* 等，其中主要包括：葡萄、苹果、草莓、树莓、樱桃、梨、桃、李、杏、柿、梅、黑梅、油桃、槭树、杨、柳、榆、石刁柏、栎树、椴树、白桦、落叶松、美国梧桐、蔷薇、樟、栗、黑槐、丁香、接骨木、忍冬、虎杖、柽树、紫藤、连翘、酸模、王叶地锦、玫瑰、杜鹃、蜀葵、锦葵、向日葵、大丽花、美人蕉、天竺葵、万寿菊、牵牛花、鸢尾、薄荷、五叶爬山虎、蒲公英、百日草、律草、啤酒花、车前草、香堇菜、切花等花卉观赏植物及蓼科植物杂草、牧草、蕨类、小麦、裸麦、荞麦、高粱，栗、花生、大豆、菜豆、小豆、豌豆、马铃薯、甘薯、西瓜、甜瓜、蛇葡萄、玉米、芦笋、苜蓿。

附　录　B
（资料性附录）
日本金龟子各虫态图

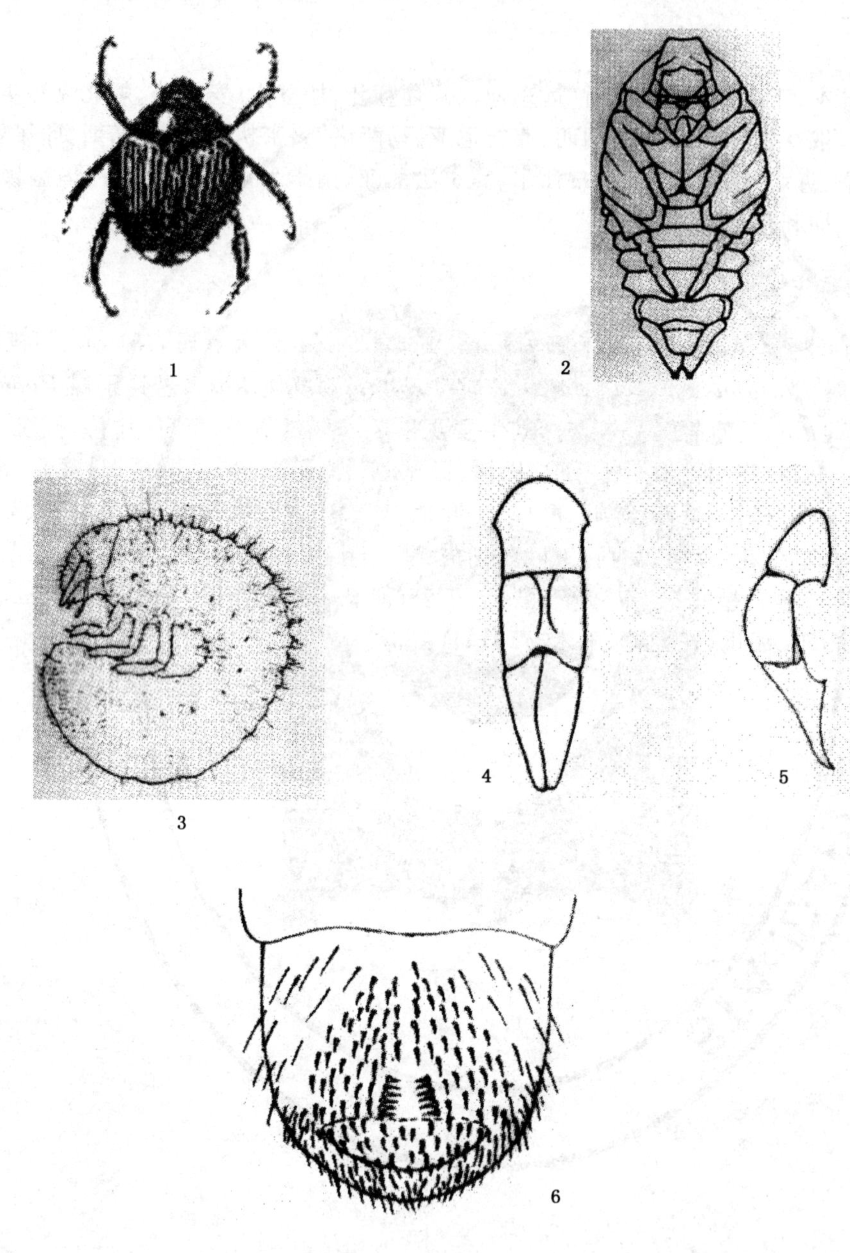

1——成虫；
2——蛹；
3——幼虫；
4——雄性外生殖器背面观；
5——雄性外生殖器侧面观；
6——幼虫腹部末端腹面观。

图 B.1　日本金龟子

中华人民共和国出入境检验检疫行业标准

SN/T 1374—2004

美国白蛾检疫鉴定方法

Methods for quarantine and identification of *Hyphantria cunea*（Drury）

2004-06-01 发布　　2004-12-01 实施

中华人民共和国国家质量监督检验检疫总局 发布

前　言

本标准的附录 A 是资料性附录。

本标准由国家认证认可监督管理委员会提出并归口。

本标准负责起草单位:中华人民共和国陕西出入境检验检疫局。

本标准主要起草人:段勇鹏、李高华、潘亚勤、李卫民。

本标准系首次发布的检验检疫行业标准。

美国白蛾检疫鉴定方法

1 范围

本标准规定了美国白蛾的检疫鉴定方法。

本标准适用于美国白蛾的检疫鉴定。

2 原理

美国白蛾属鳞翅目(Lepidoptera),灯蛾科(Arctiidae)。以幼虫取食树叶,寄主广泛,包括林木、果树、农作物及野生植物等370余种,其中主要危害多种阔叶树。其成虫大多产卵于寄主树冠周缘近端叶背,幼虫孵出即吐丝做网幕在内群集危害,多数计六龄或七龄。老熟幼虫寻觅树皮裂缝、树洞、树下土块、瓦砾、枯枝落叶、包装物及建筑物缝隙等隐蔽处化蛹越冬。该虫有黑头型和红头型之分。五龄以上幼虫有很强耐饥力。成虫有一定飞翔能力和趋光性。这些习性使该虫很容易随木材、带叶苗木等相关货物及其包装物借助运输工具扩散。五龄以上幼虫和蛹是该虫远距离传播的主要虫态。该虫生物学特性及其形态特征是本标准鉴定方法的依据。

3 仪器、用具

3.1 体视显微镜、生物显微镜、手持扩大镜。

3.2 木材刀、镊子、剪子、解剖针、昆虫针。

3.3 毒瓶、指形管、磨口瓶、三角纸袋、载玻片、盖玻片。

3.4 养虫箱、黑光灯或频振式杀虫(测报)灯。

4 试剂、材料及用途

4.1 冰乙酸一份、40%甲醛溶液(福尔马林)六份、95%乙醇15份、蒸馏水30份混匀,用于幼虫、蛹标本保存[或纯白糖3 g、40%甲醛(福尔马林)5 mL、冰乙酸5 mL、甘油10 mL混匀,对保存幼虫体色有一定效果]。

4.2 40%甲醛溶液(福尔马林)一份、蒸馏水17份~19份混匀,用于卵的保存。

4.3 二甲苯,用于观察翅脉时翅的透明。

4.4 70%乙醇、无水乙醇、5%氢氧化钾,用于成虫外生殖器处理。

4.5 阿拉伯胶12 g、冰乙酸5 mL、水合氯醛20 g、50%葡萄糖水溶液5 mL、蒸馏水20 mL,先将阿拉伯胶放入蒸馏水中加热溶解,待完全溶化后,用人造纤维棉过滤。加入冰乙酸、水合氯醛、葡萄糖水溶液充分搅匀,用于外生殖器玻片标本封片。

5 现场检疫

5.1 确定进境运输工具及相关货物是否来自或过境美国白蛾疫区。

5.2 详细检查运输工具、货物及其包装物、铺垫材料的内外、缝隙、角落、原木的粗皮、裂缝、树洞、栽植苗木的茎枝、叶面等。

5.3 在运输工具及相关货物集散场,设黑光灯或频振式杀虫(测报)灯诱集成虫。

5.4 将检查获得的成虫、幼虫、蛹及卵块放入相应器皿或保存液内保存。

6 实验室检验

6.1 将现场检疫所获得的各虫态标本置于体视显微镜下，观察其形态特征。

6.2 取下成虫腹部末端，在70%乙醇中浸一下，再放入5%氢氧化钾溶液中，煮沸5 min～6 min，清水漂洗，用镊子和解剖针剔除多余部分，剩下完整的外生殖器；封片，置生物显微镜下观察。

6.3 现场检疫获得的如是活的卵块或幼龄幼虫，置养虫箱内(25℃、相对湿度70%～80%、透光)饲养至老龄幼虫、蛹或成虫观察鉴定。

6.4 做好标本保存。

7 美国白蛾鉴别特征

7.1 灯蛾科主要形态特征

成虫后翅 $Sc+R_1$ 脉和 Rs 脉有长距离愈合；幼虫体生毛瘤，毛丛浓密，毛长短比较一致；蛹有丝质茧。

7.2 美国白蛾型的区别

7.2.1 黑头型幼虫头和背部毛瘤黑色，五龄以前在网幕内昼夜取食，网内叶片被食尽后幼虫移至另处织一新网。六龄幼虫脱离网幕分散危害，不再织网。成虫均产卵于叶背，卵块100%单层排列。

7.2.2 红头型幼虫头和背部毛瘤桔红色，不离开网幕生活。后期幼虫昼栖夜食。网幕大，有时包被整个树冠。成虫多数产卵于叶背(约占88%)，少数产卵于叶面(约占12%)。卵块多为双层或多层(约占64%)，少数为单层(约占36%)。

7.2.3 两型的蛹、成虫形态鉴别特征无明显差异。

7.3 成虫

7.3.1 白色蛾子。雌虫体长9.5 mm～15 mm，翅展30 mm～48 mm；雄虫体长9 mm～13.5 mm，翅展23 mm～36.5 mm。头部及胸部密被白色长毛，翅底色纯白。雄虫前翅由无斑到有多数暗褐色斑，雌虫前翅常为白色。后翅纯白或仅有几个小斑。

7.3.2 雄虫触角双栉齿状，雌虫触角为锯齿状。复眼大而突出，黑色；有单眼；喙短而细弱。

7.3.3 前翅 R_1 脉由中室单独发出，R_2～R_5 脉共柄，M_1 脉由中室前角发出。后翅 $Sc+R_1$ 脉由中室前缘中部发出，Rs 和 M_1 脉由中室前角发出。前、后翅的 M_2 与 M_3 脉共柄，都由中室后角上方发出，Cu_1 脉都由中室后角发出(参见附录A图A.1)。

7.3.4 前足基节及股节端部桔黄色，胫节有一对小刺，一个长而弯，一个短而直；后足胫节有一对端距，但无中距。

7.3.5 雄虫外生殖器的钩形突向腹方作钩状弯曲，基部颇宽；抱握瓣对称，具一发达的中央齿状突；阳茎稍弯，较抱握瓣长得多，顶端有微刺突(参见附录A图A.2)。

7.4 老熟幼虫

7.4.1 体细长，圆筒形；头宽2.4 mm～2.7 mm，体长22 mm～37 mm，头宽大于头高。

7.4.2 黑头型头黑色，具光泽；体色暗；背部毛瘤黑色，体侧毛瘤黄色，体背毛瘤上毛丛呈棕褐色；背部有一条深褐至黑色宽纵带，侧线、气门下线浅黄色。红头型头和背部毛瘤橘红色，毛瘤上散生褐色或黑色刚毛；体色由淡到暗色；几条纵线乳白色，终止于每节的前缘或后缘。

7.4.3 单眼 Oc_3 靠近 Oc_4，Oc_2 远离 Oc_1，Oc_6 与刚毛 So_1 十分接近(参见附录A图A.3)。

7.4.4 上唇凹约为唇高的三分之一，后唇基白色；上颚具四个端齿，无内齿。

7.4.5 胸部各节毛瘤 V_1 为单刚毛；前胸(T_1)毛瘤 D_2 退化，毛瘤 SD_1 微小且与 SD_2 相接；中、后胸(T_2、T_3)毛瘤 D_1 与 D_2、L_1 与 L_2 完全愈合；第一至第七腹节(A_1-A_7)上毛瘤 D_1 约为 D_2 的三分之一大，毛瘤 L_1 部分位于气门(SP)下缘水平线之上；第九腹节(A_9)毛瘤 D_1、D_2 和 SD_1 相互邻接，毛瘤 L_1 和 L_2 愈合，L_3 缺如(参见附录A图A.4)。

7.4.6 气门(SP)长椭圆形，边缘黑褐色；前胸、第七、第八腹节上的气门长径比为1.3∶1∶1.8。

7.4.7 趾钩单序，异形中带排列；中间趾钩10根～14根，等长，两侧趾钩各10根～12根。

7.5 蛹

7.5.1 蛹长8 mm～15 mm，宽3 mm～5 mm；初化蛹淡黄色，后渐变为暗红褐色。

7.5.2 头部圆，额和触角(a)基部略膨大；上唇(lbr)小，但明显；触角(a)不达中胸足(l_2)端部；前翅(w_1)伸达第四腹节(A_4)的约四分之三处(参见附录A图A.5)。

7.5.3 中胸背板稍凹，前翅(w_1)侧稍缢；头部、前胸和中胸布满小而不规则皱纹刻斑；后胸节和腹部各节除节间沟外密布浅凹刻点；胸部背面中央具一纵脊。

7.5.4 第五至第七腹节(A_5-A_7)沿前缘具一凸缘，并具光滑浅色深沟。第四至第六腹节(A_4-A_6)沿后缘也具同样的凸缘，前凸缘接近气门；气门椭圆形，稍凸出。

7.5.5 臀棘(Cr)由8个～15个细刺组成，每刺端部膨大呈盘状，长度几乎相等(参见附录A图A.5)。

7.5.6 茧灰白色，薄、松丝质，混以幼虫体毛。

7.6 卵

7.6.1 近球形，直径0.4 mm～0.5 mm，淡绿色或黄绿色，有光泽，表面有多数规则小凹刻。

7.6.2 卵粒整齐排列成块，覆盖有雌虫鳞毛；卵块含卵约300粒～500粒。

8 结果判定

8.1 成虫符合7.3形态特征，可判定为美国白蛾。

8.2 幼虫符合7.4形态特征，可判定为美国白蛾。

8.3 蛹符合7.5形态特征，可判定为美国白蛾。

附 录 A
（资料性附录）
美国白蛾形态特征图示

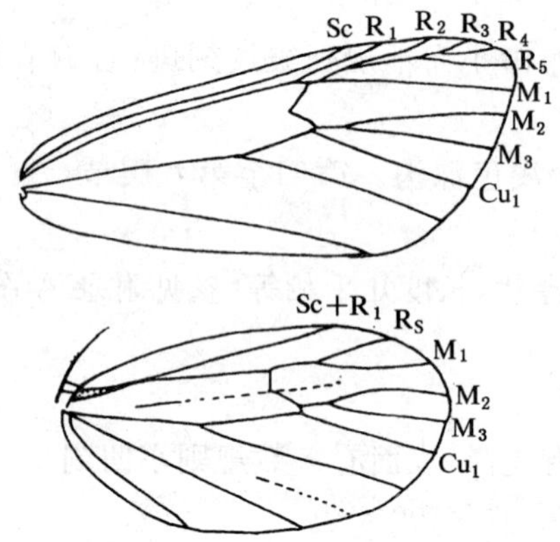

图 A.1 前、后翅脉

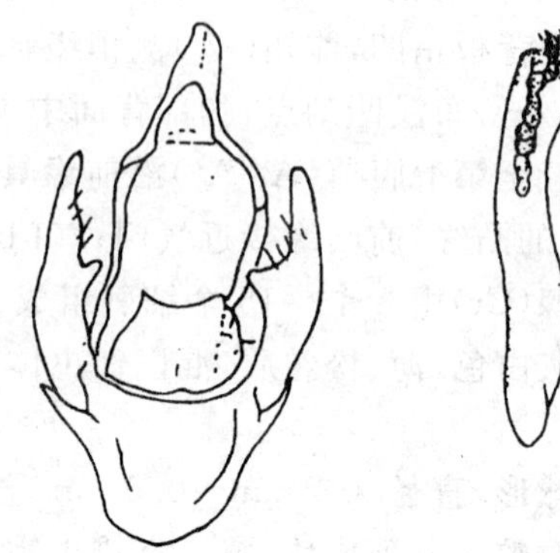

图 A.2 雄虫外生殖器，示抱握瓣、阳具

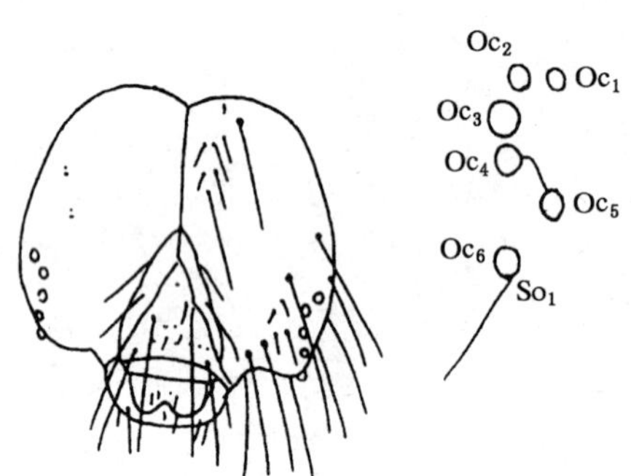

图 A.3 老熟幼虫头部正面观，示单眼

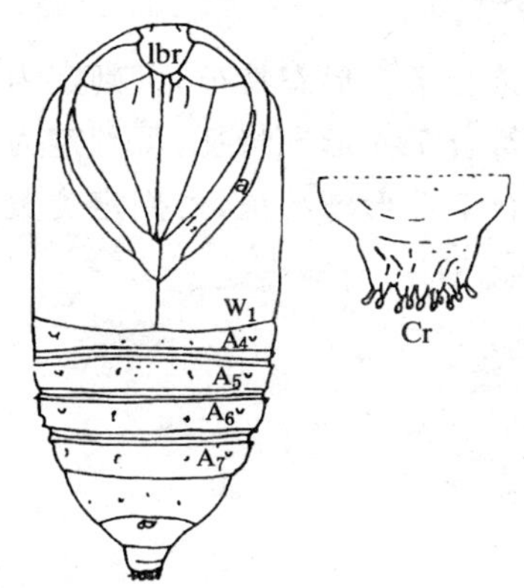

图 A.5 蛹腹面观，示腹末

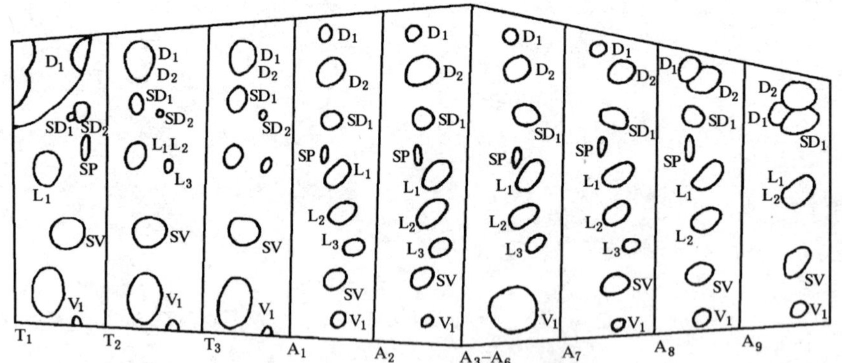

图 A.4 老熟幼虫体毛位

中华人民共和国出入境检验检疫行业标准

SN/T 1383—2004

苹果实蝇检疫鉴定方法

Methods for quarantine and identification of apple maggot
[*Rhagoletis pomonella*（Walsh）]

2004-06-01 发布　　　　2004-12-01 实施

中华人民共和国
国家质量监督检验检疫总局　发布

前 言

本标准的附录C为规范性附录,附录A、附录B和附录D为资料性附录。

本标准由国家认证认可监督委员会提出并归口。

本标准由中华人民共和国广东出入境检验检疫局负责起草。

本标准主要起草人:吴佳教、梁广勤、杨国海、梁帆、胡学难、张志红。

本标准系首次发布的检验检疫行业标准。

苹果实蝇检疫鉴定方法

1 范围

本标准规定了苹果实蝇的检疫和鉴定方法。

本标准适用于进口苹果实蝇寄主植物(参见附录A)及其果实时对苹果实蝇的检疫和鉴定。

2 原理

苹果实蝇 *Rhagoletis pomonella* (Walsh),属双翅目(Diptera),实蝇科(Tephritidae)、实蝇亚科(Trypetinae)、绕实蝇属(*Rhagoletis*),主要以幼虫随被害果实作远距离传播,有时围蛹也可随果实的包装物或寄主植物所附土壤传播。

苹果实蝇的形态特征、寄主植物、传播途径及生物学特性为制定检疫鉴定方法提供了依据。

3 术语和定义

下列术语和定义适用于本标准。

3.1

额额　frons

头部前面,两侧以复眼为界并介于单眼三角区(在头部背缘)与触角之间的区域。

3.2

上额眶鬃　superior fronto-orbital bristles

位于额区靠头顶的一对或二对鬃的统称。

3.3

下额眶鬃　inferior fronto-orbital bristles

位于额区上额眶鬃之下的数对鬃的统称。

3.4

后头　occiput

头部的整个后面。

3.5

后头鬃列　occipital rows

在后头沿每个复眼后缘的一列鬃毛。

3.6

顶鬃　vertical bristles

位于头顶、两复眼之间,单眼三角区周围的二对鬃(分别称内顶鬃和外顶鬃)的统称。

3.7

颊　genae

头部侧面,复眼以下伸展至外咽缝的区域。

3.8

肩胛　humeral calli

中胸盾片的前侧方略为隆出的区域。

3.9

背侧板胛　notopleural calli

位于肩胛与翅基之间的背侧板上三角形隆起。

3.10

中胸背板缝　mesonotal suture

中胸背板上由背侧板胛内缘至中胸背板中央的一条凹线。

3.11

肩板鬃　scapular bristles

位于中胸背板前缘的鬃的统称。

注：实蝇分类学常见术语图示，参见附录B。

4　仪器、用具和试剂

4.1　仪器与用具

体视显微镜、干燥箱、冰箱、温湿度计、量筒(50 mL、500 mL)、烧杯数个(大号、小号)、培养皿、小型干燥器、指形管、剪刀、解剖刀、解剖针、昆虫针(00号、四号)、载玻片、盖玻片、标签纸、三级台、三角纸、酒精灯、玻璃棉、养虫杯、养虫箱、防虫网罩(用40目纱网做衬底)、白瓷盘(大号、小号)。

4.2　试剂

10%氢氧化钠(或10%氢氧化钾)溶液、封片胶、苯酚、二甲苯、75%乙醇、丙三醇、水合三氯乙醛、阿拉伯树胶粉、蒸馏水。

4.3　试剂的配制

4.3.1　10%氢氧化钠(或10%氢氧化钾)溶液的配制

称取氢氧化钠(或氢氧化钾)10 g，加入100 mL蒸馏水，溶解后即可。

4.3.2　封片胶的配制

称取阿拉伯树胶粉30 g于烧杯中，加入50 mL蒸馏水(最好是温水以加速溶解)。溶解后，加入200 mL水合三氯乙醛及20 mL丙三醇，置于55℃～60℃的干燥箱内。一天后，用玻璃棉过滤(过滤时仍置于55℃～60℃的干燥箱内进行)。

4.3.3　保存液的配制

量取75%乙醇100 mL，加入1 mL丙三醇。

5　实验室鉴定

5.1　鉴定前的培养方法

5.1.1　卵或幼虫的培养

将现场采取的卵和幼虫部分个体制成鉴定标本，其余个体继续用原寄主果实培养。具体的培养方法是：将带有卵或幼虫的寄主果实放在小号白瓷盘里，然后将小号白瓷盘放在装有自来水的大号白瓷盘内，再用防虫网罩盖住小号白瓷盘，罩的下方边缘浸没于大号白瓷盘内的水中，置于温度为22℃～28℃，湿度为50%～90%的环境中培养5 d～10 d。在样品培养过程中，感染在果实中的卵或幼虫发育至老熟幼虫时将会弹跳入大号白瓷盘的水中，易于发现。

5.1.2　围蛹的培养

取一盛有半干湿(含水量约5%)洁净细砂的养虫杯，将现场检疫收集的或室内培养得到的围蛹埋入距细砂表面3 cm～5 cm处(若是老熟幼虫则可直接将其置于细砂表面，幼虫将钻入砂中化蛹)，然后置于养虫箱中培养，待成虫羽化。培养环境温度为22℃～28℃，湿度为50%～90%，培养过程中注意保湿。

5.1.3 初羽化成虫的饲养

成虫羽化后，悬挂相应寄主果实切片于养虫箱内供其取食，待成虫斑纹的色泽和大小稳定后(约需5 d)，收集成虫并置于冰箱冷冻层0.5 h～1 h，杀死，待鉴定。

5.2 标本的预处理

5.2.1 成虫还软处理

如果成虫虫体已干硬，在制作标本前应进行还软处理。具体方法是：取一小型干燥器，加入干净细砂约2 cm，加水至漫过细砂表面约1 cm，并滴加数滴苯酚以防标本腐烂，上层放待还软的成虫标本，密闭一天即可。

5.2.2 成虫标本制备

取00号昆虫针，借助三级台插入三角纸尖角近处，然后将针尖端从成虫中胸的腹面插入，再用四号昆虫针插入三角纸另两个角中央近边缘处，固定，插上相应的标签。

5.2.3 成虫外生殖器封片标本的制作

用解剖刀取成虫标本腹节，置于预先配制好的10%氢氧化钠(或10%氢氧化钾)溶液的小烧杯中，浸泡12 h(或煮沸3 min)后取出，用蒸馏水洗净，在体视显微镜下，用解剖针挑取所需的部位(阳茎或产卵器)并置于载玻片上，滴上封片胶，再用解剖针将所需的结构展开，然后盖上盖玻片，附上相应的标签。

5.2.4 幼虫封片标本制备

用昆虫针在幼虫体壁上刺戳数个小孔，置于10%氢氧化钠(或10%氢氧化钾)溶液中浸泡12 h(或煮沸3 min)后取出，用解剖针将幼虫体中的残留物挤压出并用蒸馏水洗净；在体视显微镜下挑取口钩、前气门和后气门等部位，置于载玻片上，滴上封片胶，用解剖针将所挑取部位展开，盖上盖玻片并附上相应的标签。

5.3 鉴定特征(见附录B、附录C和附录D)

5.3.1 成虫

5.3.1.1 外形

体暗褐色到黑色，有光泽，体长约5.0 mm。

5.3.1.2 头部

额黄褐或淡赤褐色，颜面黄色，后头黄色具黑褐色斑纹。触角橘红色，较短，触色芒短毛型，基部黄色，端部黑色。

5.3.1.3 胸部

5.3.1.3.1 中胸背板

中胸背板侧缘从肩胛至翅基有黄白色条纹，盾片中部有四条灰色纵条，中间的二条中纵条分别与其外侧的侧纵条在横缝前方联合。

5.3.1.3.2 翅

翅透明，有四条明显的黑色斜形带。其中，端前横带(此带覆及dm-cu横脉)从中横带靠近r-m横脉处倾斜走向，几乎与前端横带平行；前端横带与C脉分离，出现一横跨R_{2+3}和R_{4+5}脉端部的透明区；中横带与亚基横带在A_1+CuA_2脉区相连，但相连处色较淡，无副前缘横带。

5.3.1.3.3 小盾片

小盾片淡黄色，基带黑色甚宽，与两侧黑色斑相连。具小盾鬃二对，基部一对着生于黑色区内缘，端部一对着生于两侧黑色区延长部分的外缘。

5.3.1.3.4 足

足黄褐色，腿节大部褐色。

5.3.1.4 腹部

腹部黑色，被黑色细毛，有白色横带多条(雌虫四条，雄虫三条)。产卵管通常长，以苹果类为寄主的个体，其成虫产卵管长为1.0 mm～1.4 mm；但发生于美国佛罗里达州非以苹果类为寄主的种群，其个体产卵管长度仅有 0.7 mm～1.0 mm。

5.3.2 幼虫

5.3.2.1 三龄幼虫

体长 8.0 mm～11.0 mm，宽 1.5 mm～2.0 mm，近白色或略带淡黄色，蛆形。口感器圆形，略突。前口叶缺如，前口齿大，成对，位于口感器的基部。口脊五至七条，无齿。口钩黑色，高度骨化，端部没有端前齿。前气门扇形，前缘有指突 17 个～32 个，排列成不规则二至三列。后气门位于中线上方，气门裂细长，长约四倍于宽，有骨化缘，内缘齿甚多，相互嵌接，气门毛分枝且较短，其长度不足气门裂长的二分之一。背、腹气门毛束有九至十六枚毛，侧气门毛束有六至十枚毛。后气门腹侧部位有一对明显的间突。肛叶很大，突起，背面有三至五条不连续的刺列，并延伸到侧列，但在肛开口下方形成小集合。

5.3.2.2 二龄幼虫

口钩黑色，口钩下侧的端前齿较小。前气门的指突小而简单，后气门裂为椭圆形，内缘各具六至八个齿，周围有分支的气门毛四丛。

5.3.2.3 一龄幼虫

口钩黑色，口钩下侧有明显端前齿。无前气门，后气门仅有二个气门裂，气门裂为卵圆形，周围有放射状气门毛四丛。

5.3.3 卵

长约 1.0 mm，白色，长椭圆形，前端有刻纹。

5.3.4 围蛹

体长 4.0 mm～5.0 mm，宽 1.5 mm～2.0 mm；黄褐色至褐色；具有幼虫期的前气门和后气门痕迹。前气门之下有一条线缝向后延伸至第一腹节，并与该节环形线缝相接；从后胸至腹末各节两侧都有一个小气门，共九对。

6 鉴定结果判定

6.1 亚科的判定

翅 Sc 脉突然朝前弯曲成近 90°，外弯段变弱，终于前缘脉的断裂处；R_1 脉的背侧有小鬃，翅 cup 室具一尖角延伸，与 bm 室近等宽。单眼后鬃均细长且通常都是黑色。中胸背板具肩板鬃（在某些种类中如在 Phytalmini 族中甚退化）。

6.2 属的判定

成虫颊高通常不及复眼高的四分之一，具下额眶鬃三至四对，上额眶鬃两对，单眼鬃长，其长短和粗细与上额眶鬃相当。触角第三节末端成角状；翅的基区非网纹状，M 脉端部不前弯。小盾片相当扁平且不发亮，全为乳白色到黄色，如果具黑色斑，则黑色区仅限于基区和侧区，具小盾鬃两对。

6.3 种的判定

以成虫的形态特征为依据，符合上述形态特征的个体可确定为苹果实蝇。成虫以外虫态的形态特征描述仅做参考。

7 标本保存

7.1 成虫标本及玻片标本的保存

将制好的成虫标本或相应的玻片标本，置于干燥箱中干燥数日，然后移入标本柜中保存，保存过程中注重防虫和防潮。

7.2 幼虫、围蛹标本的保存

将采集到的幼虫或围蛹用水（最好是蒸馏水）清洗后，投入 60℃（±5℃）热水中浸泡杀死，置于室温下冷却，再将冷却了的幼虫（或围蛹）置于保存液中保存。

附 录 A
（资料性附录）
苹果实蝇寄主植物

Amelanchier 唐棣属
Amelanchier bartramiana 疏果唐棣
Aronia spp. 腺肋花楸属
Aronia arbutifolia（L.）
Aronia melanocarpa（Michx.）
Cotoneaster spp. 栒子属
Crataegus spp. 山楂属
Malus spp. 苹果属
Malus baccata 山荆子
Malus domestica 苹果
Prunus spp. 李属
Prunus angustifolia 窄叶李
Prunus armeniaca 杏
Prunus（=*Cerasus*）*cerasus* 酸樱桃
Prunus（=*Cerasus*）*avium* 甜樱桃
Prunus（=*Cerasus*）*pseudocerasus* 樱桃
Prunus persica 桃
Pyracantha spp. 火刺木属
Pyrus spp. 梨属
Rosa spp. 蔷薇属
Rosa rugosa 玫瑰
Symphoricarpos spp. 毛核木属

附　录　B
（资料性附录）
实蝇分类学常见术语图示

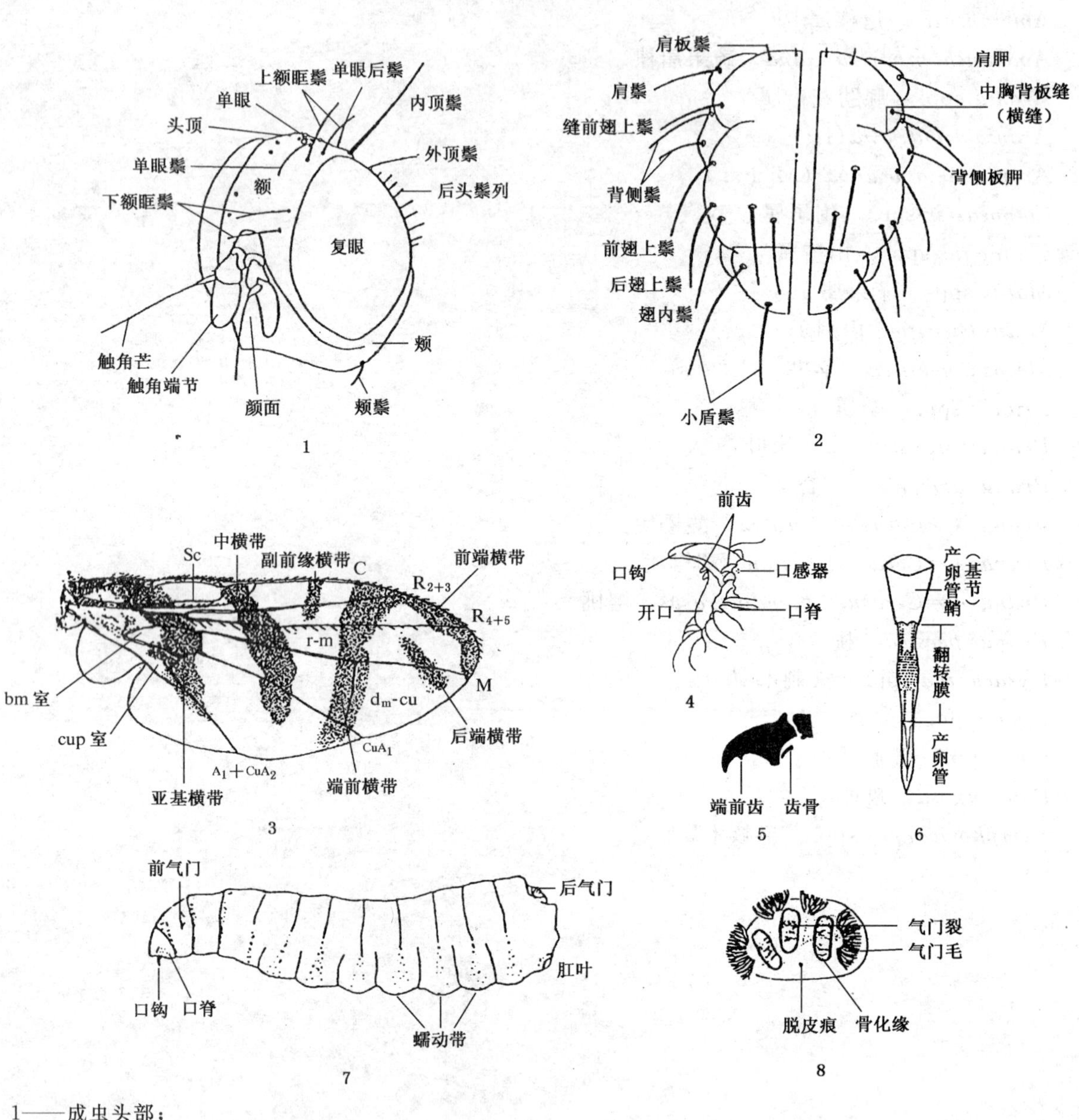

1——成虫头部；
2——成虫胸部背面观；
3——翅；
4——幼虫头部侧面观；
5——幼虫口钩；
6——产卵器；
7——幼虫；
8——幼虫后气门。

（6　仿赵又新，其余仿 White & Elson-Harris）

图 B.1

附 录 C
（规范性附录）
绕实蝇属重要种类检索表

1 中胸背板和腹面黄色到橙色，盾片不具灰色纵条……………………………………………………… 2
中胸背板和腹部黑色，盾片有二至四条灰色纵条。小盾片两侧具黑色斑纹，有时基带宽 ………… 4
2 翅无明显的亚基横带，但有时亚基区（尤其是 c 室的基部）色带略暗，端前横带和前端横带通常分离 …………………………………………………………………… *R. juglandis* 核桃实蝇
翅具有显著的亚基横带，端前横带和前端横带在 C 脉和 R_{4+5} 脉之间相连，且连接处宽，R_{4+5} 脉和 M 脉处无任何分离斑 ……………………………………………………………………… 3
3 中横带和端前横带相连于 dm 室并覆及此室整个宽度，端前横带有叉口，因此出现一透明区，此区从翅的后缘延伸到 dm 室，中背片橙色 ………………………… *R. suavis* 美国核桃实蝇
中横带和端前横带常分离，但有时与 dm 室或 CuA_1 脉后方狭窄相连，中背片全为暗褐色或具有一对垂直的暗褐色条 ……………………………………………… *R. completa* 核桃壳实蝇
4 小盾片仅两侧具斑，基部黄褐色或略黑 ……………………………………………………………… 5
小盾片基部黑色，黑色部分至少占五分之一，但基部和侧面的黑斑有时分离 ……………………… 6
5 翅具后端横带和前端横带，中横带和端前横带沿 M 脉和 CuA_1 脉相连，在 dm 室端四分之一形成一透明斑，翅无副前缘横带 ……………………………………………… *R. fausta* 黑樱桃实蝇
翅无后端横带，中横带和端前横带分离，有一副前缘横带，但个体甚小者例外 ……………………… …………………………………………………………………… *R. cerasi* 欧洲樱桃实蝇
6 翅具副前缘横带 …………………………………………………………………………………… 7
翅无副前缘横带 …………………………………………………………………………………… 10
7 盾片上的四条纵条在横缝前方联合。翅无后端横带，但在端前横带和前端横带之间有时在 M 脉上有一烟褐色分离斑，前端横带常缩小成一分离斑横过 R_{4+5} 脉的端部。小盾片有黑色基带和侧斑 ………………………………………………………………… *R. nova* 智利茄实蝇
盾片至少有二条纵条相当分离 ……………………………………………………………………… 8
8 盾片侧纵条与中纵条在横缝前方联合。端前横带和前端横带间无后端横带甚至黑斑………………… …………………………………………………………………… *R. tomatis* 南美番茄实蝇
盾片四条纵条两两分离 ……………………………………………………………………………… 9
9 翅有一短的后端横带，此带不与其他任何横带相连。盾片上的侧纵条仅前端伸到横缝，或略伸到横缝之前。产卵器端部尖 …………………………………………… *R. lycopersella* 番茄实蝇
无后端横带。盾片上的侧纵条前端伸过横缝。产卵器有一对端前齿 ………… *R. conversa* 茄实蝇
10 前端横带与 C 脉分离，出现一透明区，且该区横过 R_{2+3} 和 R_{4+5} 脉的端部 ………………… 11
翅前端横带紧接 C 脉并至少横过 R_{4+5} 的端部，或有一分离斑盖及 R_{4+5} 的端部 ……………… 16
11 端前横带（此带盖及 dm-cu 横脉）从中横带靠近 r-m 横脉处倾斜走向，几乎与前端横带平行（盾片黑色基带较宽；产卵器端尖） ……………………… *R. pomonella groups* 苹果实蝇种团 12
端前横带横过翅面 ………………………………………………………………………………… 15
12 产卵管通常长，以苹果类为寄主的个体，其成虫产卵管长为 1.0 mm～1.4 mm；但发生于美国佛罗里达州非以苹果类为寄主的种群，其个体的产卵管长度仅有 0.7 mm～1.0 mm。翅带宽比（端横带/中横带），常小于 0.50；阳基侧叶平行。幼虫为害蔷薇科如苹果属和山楂属等植物果实 …………………………………………………………………… *R. pomonella* 苹果实蝇
产卵管通常较短，0.7 mm～1.1 mm。幼虫为害寄主植物不同上述 ……………………………… 13

13　幼虫为害杜鹃科 Ericaceae 植物，特别是越桔属 *Vaccinium* 植物（包括伞房花越桔 *V. corymbosum*，窄叶乌饭树 *V. angustifolium*，越桔 *V. vitisidaea*）和 Gaylussacia 属植物（黑果 *Gaylussacia baccata*，悬果 *G. frondosa*，短黑果 *G. dumosa*）；翅长 2.3 mm～3.4mm ……………………………………………………………………………………………… *R. mendax*　越橘实蝇

幼虫为害寄主植物不同上述 …………………………………………………………………………… 14

14　幼虫为害忍冬科 Caprifoliaceae 的毛核木属 *Symphoricarpos* 植物。产卵管长度 0.66 mm～0.88 mm（很少与 R. pomonella 重叠）；翅带宽比常大于 0.50；阳基侧叶外分 ………… *R. zephyria*

幼虫为害山茱萸科 Cornaceae 的梾木属 *Cornus* 植物的一些种类（包括红串果 *C. canadensis*，偃伏梾木 *C. amomum*，熊果梾木 *C. stolonifera*） ……………………………………… *R. cornivora*

15　亚基横带和中横带在 A_1+CuA_2 处连结 ………………… *R. tabellaria groups*　山茱萸实蝇种团

亚基横带和中横带不相连…………………………………………………… *R. ribicola*　醋栗绕实蝇

16　翅具后端横带 ……………………………………………………………… *R. striatella*　酸浆实蝇

翅无后端横带，前端横带有时在其端部被分割，留下倾斜的透明条横过 R_{4+5} 室的端部 ……………………………………………………………………………… *R. cingulata* groups　东部樱桃实蝇种团

附　录　D
（资料性附录）
苹果实蝇形态特征图

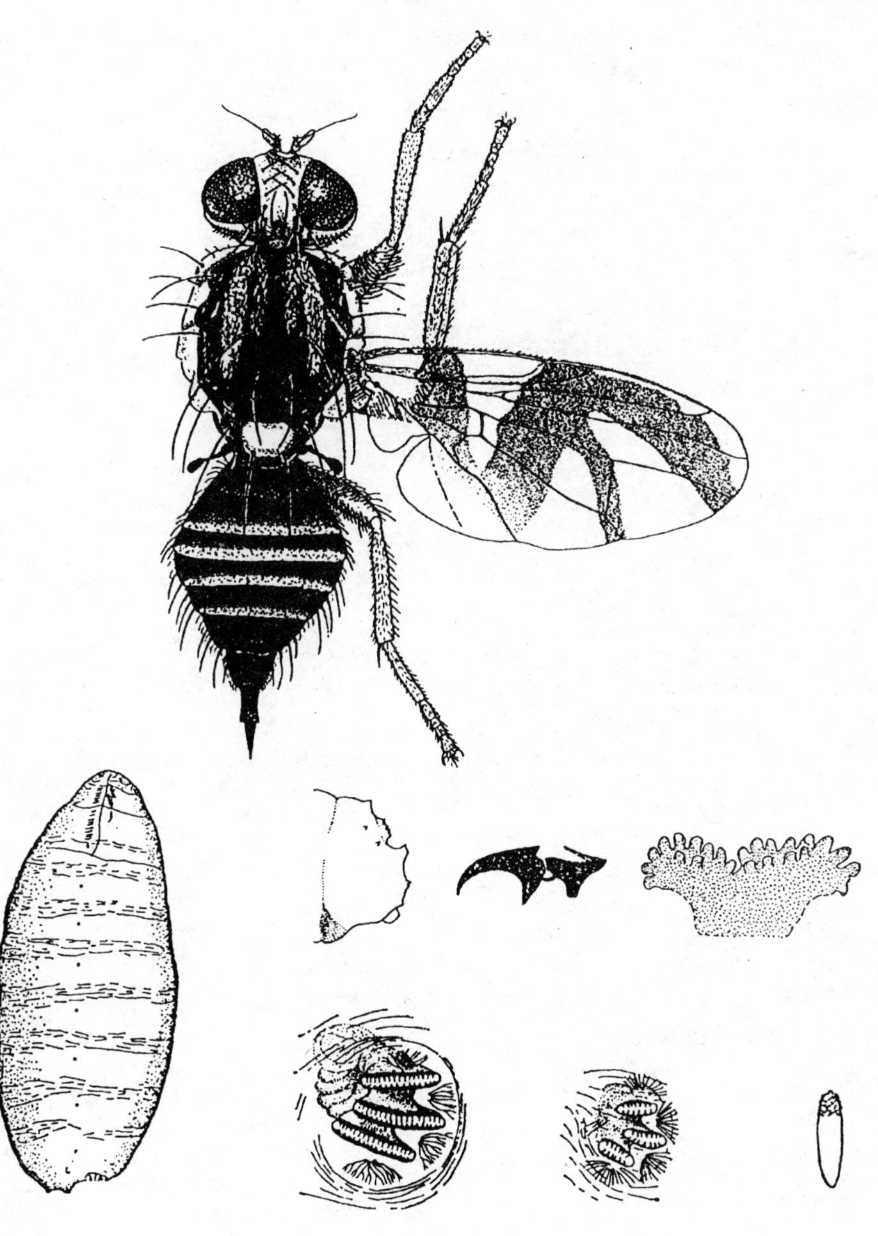

1——雌成虫；
2——蛹；
3——3 龄幼虫腹末；
4——3 龄幼虫口钩；
5——幼虫前气门；
6——3 龄幼虫后气门；
7——2 龄幼虫后气门；
8——卵。

（1 仿 White & Elson-Harris；4、5、7 仿 Phillips；其余仿 Snodgrass）

图 D.1

中华人民共和国出入境检验检疫行业标准

SN/T 1384—2004

蜜柑大实蝇鉴定方法

Methods for identification of japanese orange fly
[*Bactrocera*（*Tetradacus*）*tsuneonis*（Miyake）]

2004-06-01 发布　　　　2004-12-01 实施

中华人民共和国
国家质量监督检验检疫总局　发布

前　言

本标准的附录C为规范性附录,附录A、附录B和附录D为资料性附录。

本标准由国家认证认可监督委员会提出并归口。

本标准由中华人民共和国广东出入境检验检疫局负责起草。

本标准主要起草人:吴佳教、梁广勤、梁帆、杨国海、胡学难、张志红。

本标准系首次发布的检验检疫行业标准。

蜜柑大实蝇鉴定方法

1 范围

本标准规定了蜜柑大实蝇的鉴定方法。

本标准适用于进口蜜柑大实蝇寄主植物(参见附录A)及其果实时对蜜柑大实蝇的鉴定。

2 原理

蜜柑大实蝇 *Bactrocera* (*Tetradacus*) *tsuneonis* (Miyake),属双翅目(Diptera),实蝇科(Tephritidae)、寡毛实蝇亚科(Dacinae)、离腹寡毛实蝇属(*Bactrocera*)、大实蝇亚属(*Tetradacus*),主要以幼虫随被害果实(有时也能随被害种子)作远距离传播,其卵也可随果实传播,围蛹则可随果实的包装物或寄主植物所附土壤传播。

蜜柑大实蝇的形态特征、寄主植物、传播途径及生物学特性为制定鉴定方法提供了依据。

3 术语和定义

下列术语和定义适用于本标准。

3.1

上额眶鬃 superior fronto-orbital bristles

位于额区靠头顶的一对或二对鬃的统称。

3.2

下额眶鬃 inferior fronto-orbital bristles

位于额区上额眶鬃之下的数对鬃的统称。

3.3

顶鬃 vertical bristles

位于头顶、两复眼之间,单眼三角区周围的二对鬃(分别称内顶鬃和外顶鬃)的统称。

3.4

肩胛 humeral calli

中胸盾片的前侧方略为隆出的区域。

3.5

背侧板胛 notopleural calli

肩胛与翅基之间的背侧板上三角形隆起。

3.6

小盾前鬃 prescutellar bristles

小盾片前方,近盾片后缘的一对鬃。

3.7

小盾鬃 scutellar bristles

小盾片上的一对或二对鬃。

3.8

前翅上鬃 anterior suppa-alar bristles

中胸背板侧缘,前翅翅基正上方的一对鬃。

3.9

后翅上鬃　posterior suppa-alar bristles

中胸背板后侧角，翅基之上的一对鬃。

3.10

中侧板鬃　mesopleural bristles

中胸侧板上，在背侧板胛之下的鬃。

3.11

背侧鬃　notopleural bristles

背侧区上的二对鬃，分别位于三角形背侧板胛之端部和肩胛与背侧板胛之间。

3.12

肩板鬃　scapular bristles

位于中胸背板前缘的鬃的统称。

3.13

中胸侧板条　mesopleural stripes

位于胸部侧面，盖住中胸上前侧片后缘和上后侧片前缘，并常延伸到下前侧片上缘的一对黄色条带。

3.14

中胸背板缝　mesonotal suture

中胸背板上由背侧板胛内缘至中胸背板中央的一条凹线。

3.15

缝后侧黄色条　lateral post-sutural vitta

始于中胸缝或其之前，沿中胸背板侧缘的一对黄色带或黄色条。

3.16

缝后中黄色条　medial post-sutural vitta

位于中胸背板中线上的一条黄色带。

注：实蝇分类学常见术语图示，参见附录B。

4　仪器、用具和试剂

4.1　仪器与用具

体视显微镜、测微尺、干燥箱、冰箱、温湿度计、量筒(50 mL、500 mL)、烧杯数个(大号、小号)、培养皿、小型干燥器、剪刀、解剖刀、解剖针、昆虫针(00号、四号)、载玻片、盖玻片、标签纸、三级台、三角纸、酒精灯、玻璃棉、养虫杯、养虫盒、养虫箱、防虫网罩(用40目纱网做衬底)、白瓷盘(大号、小号)。

4.2　试剂

10%氢氧化钠(或10%氢氧化钾)溶液、封片胶、苯酚、二甲苯、75%乙醇、丙三醇、水合三氯乙醛、阿拉伯树胶粉、蒸馏水。

4.3　试剂的配制

4.3.1　10%氢氧化钠(或10%氢氧化钾)溶液的配制

称取氢氧化钠(或氢氧化钾)10 g，加入100 mL蒸馏水，溶解后即可。

4.3.2　封片胶的配制

称取阿拉伯树胶粉30 g于烧杯中，加入50 mL蒸馏水(最好是温水以加速溶解)。溶解后，加入200 mL水合三氯乙醛及20 mL丙三醇，置于55℃～60℃的干燥箱内。一天后，用玻璃棉过滤(过滤时仍置于55℃～60℃的干燥箱内进行)。

4.3.3 保存液的配制

量取75%乙醇100 mL,加入1 mL丙三醇。

5 实验室鉴定

5.1 鉴定前的培养方法

5.1.1 卵或幼虫的培养

将现场采取的卵和幼虫部分个体制成鉴定标本,其余个体继续用原寄主果实培养。具体的培养方法是:将带有卵或幼虫的寄主果实放在小号白瓷盘里,然后将小号白瓷盘放在装有自来水的大号白瓷盘内,再用防虫网罩盖住小号白瓷盘,罩的下方边缘浸没于大号白瓷盘内的水中,置于温度为22℃~28℃,湿度为50%~90%的环境中培养5 d~10 d。在样品培养过程中,感染在果实中的卵或幼虫发育至老熟幼虫时将会弹跳入大号白瓷盘的水中,易于发现。

5.1.2 围蛹的培养

取一盛有半干湿(含水量约5%)洁净细砂的养虫杯,将现场检疫收集的或室内培养得到的围蛹埋入距细砂表面3 cm~5 cm处(若是老熟幼虫则可直接将其置于细砂表面,幼虫将钻入砂中化蛹),然后置于养虫箱中培养,待成虫羽化。培养环境温度为22℃~28℃,湿度为50%~90%,培养过程中注意保湿。

5.1.3 初羽化成虫的饲养

成虫羽化后,悬挂相应寄主果实切片于养虫箱内供其取食,待成虫斑纹的色泽和大小稳定后(约需5 d),收集成虫并置于冰箱冷冻层0.5 h~1 h,杀死,待鉴定。

5.2 标本的预处理

5.2.1 成虫还软处理

如果成虫虫体已干硬,在制作标本前应进行还软处理。具体方法是:取一小型干燥器,加入干净细砂约2 cm,加水至漫过细砂表面约1 cm,并滴加数滴苯酚以防标本腐烂,上层放待还软的成虫标本,密闭一天即可。

5.2.2 成虫标本制备

取00号昆虫针,借助三级台插入三角纸尖角近处,然后将针尖端从成虫中胸的腹面插入,再用四号昆虫针插入三角纸另两个角中央近边缘处,固定,插上相应的标签。

5.2.3 成虫外生殖器封片标本的制作

用解剖刀取成虫标本腹节,置于预先配制好的10%氢氧化钠(或10%氢氧化钾)溶液的小烧杯中,浸泡12 h(或煮沸3 min)后取出,用蒸馏水洗净,在体视显微镜下,用解剖针挑取所需的部位(阳茎或产卵器)并置于载玻片上,滴上封片胶,再用解剖针将所需的结构展开,然后盖上盖玻片,附上相应的标签。

5.2.4 幼虫封片标本制备

用昆虫针在幼虫体壁上刺戳数个小孔,置于10%氢氧化钠(或10%氢氧化钾)溶液中浸泡12 h(或煮沸3 min)后取出,用解剖针将幼虫体中的残留物挤压出并用蒸馏水洗净;在体视显微镜下挑取口钩、前气门和后气门等部位,置于载玻片上,滴上封片胶,用解剖针将所挑取部位展开,盖上盖玻片并附上相应的标签。

5.3 鉴定特征(见附录B、附录C和附录D)

5.3.1 成虫

5.3.1.1 外形

体大型,黄褐色。雌虫体长(不包括产卵器)10.0 mm~12.0 mm,翅长8.8 mm~10.1 mm。雄虫体长9.9 mm~11.0 mm,翅长8.2 mm~10.1 mm。

5.3.1.2 头部

头部黄色或黄褐色，单眼三角区黑色，颜面斑棱形或长椭圆形，黑色；触角黄褐色，触角芒暗褐色，其基部近黄色。具一对上额眶鬃和二对下额眶鬃，内、外顶鬃各一对。

5.3.1.3 胸部

5.3.1.3.1 中胸背板

中胸背板红褐色，中央有“人”字形的褐色纵纹，肩胛和背侧板胛以及中胸侧板条均为黄色，中胸侧板条宽，几乎伸抵肩胛的后缘，缝后侧黄色条始于中胸背板缝并终于翅内鬃之后，呈内弧形弯曲，具缝后中黄色条。

5.3.1.3.2 小盾片

小盾片黄色。

5.3.1.3.3 翅

翅膜质透明，前缘带宽，与 R_{4+5} 脉汇合，并在翅端 R_{4+5} 脉的下方和 M_{1+2} 脉之间略扩展；在 R_{2+3} 脉与 R_{4+5} 脉之间的暗褐色前缘带上有一空白透明长形条，无臀条。

5.3.1.3.4 足

足近红褐色，胫节色较深。

5.3.1.3.5 胸部的鬃序

小盾鬃一对，无小盾前鬃。后翅上鬃及翅内鬃各一对，前翅上鬃两对(有时一对，或有时一侧二根而另一侧仅具一根)，中侧板鬃缺，背侧鬃两对，肩板鬃两对(内对常较外对弱小)。

5.3.1.4 腹部

腹部椭圆形，黄褐色至红褐色，背面具一暗褐色到黑色中横带，自腹基部延伸到腹部末端或在末端之前终止；第三腹节背板前缘有一暗褐色到黑色横带，与上述中纵带相交呈“十”字形；第一节呈长方形，第四和第五节背板两侧各有一对暗褐色到黑色短带，第二至四节背板侧缘均有黑色短条斑纹。

雌虫第六节背板陷于第五节的下方，第七至九节形成产卵器。产卵器的组成是：第七节为基节，形如瓶状，暗褐色；第八节为中节，具锉区；第九节为产卵管节，端呈三叶状，长度在 2.5 mm 以下，具端前刚毛四对。产卵器基节长度约等于腹部第二至五节长度之和，其后端狭小部分短于腹部第五背板长。

雄虫第三腹节背板具栉毛，第五腹板后缘向内凹陷的深度达此腹板长度的五分之一。阳茎端暗褐色，其上透明的蘑菇状物端半部密生透明小刺。

5.3.2 幼虫

5.3.2.1 三龄幼虫

体长 5.0 mm～15.5 mm。口钩发达，黑色，长 0.21 mm～0.38 mm。前气门丁字形，外缘呈较平直，略弯曲，有指突 33 个～35 个。体节第二至四节前端有小刺带，腹面仅第二至三节有刺带。后气门具气门裂三个，气门毛五丛。

5.3.2.2 二龄幼虫

体长 3.4 mm～8.0 mm。口钩长 0.16 mm～0.17 mm。前气门外缘中央深凹，有指突 28 个～30 个。后气门具气门裂三个，气门毛五丛。

5.3.2.3 一龄幼虫

体长 1.25 mm～3.50 mm。口钩小形，长 0.04 mm～0.07 mm，前气门尚未发现，后气门甚小，由二片气门裂组成，裂孔呈马蹄形，气门毛四丛。

5.3.3 卵

卵长 1.33 mm～1.60 mm，椭圆形，白色，一端稍尖，另一端圆钝，上有二个小突起。

5.3.4 围蛹

围蛹长 8.0 mm～9.8 mm，椭圆形，黄褐色至淡黄色。

6 鉴定结果判定

6.1 亚科的判定

翅 Sc 脉突然朝前弯曲成近 90°，外弯段变弱，终于前缘脉的断裂处，R_1 脉的背侧有小鬃；cup 室具一尖角延伸。单眼后鬃均细长且通常为黑色。中胸背板具肩板鬃，上前侧片的后区为一顶缝将上前侧片的其余部分清楚地分离。翅通常沿 R_{4+5} 脉背面远至 r-m 横脉处具小鬃。

6.2 属的判定

触角第三节长至少为其宽的三倍；翅 cup 室狭，其延伸部分甚长，翅上斑纹通常汇合成前缘带和臀条。腹部各节背板分离。

6.3 亚属的判定

体大型（长 10.0 mm 以上）；中胸背板缝侧黄色条前方向内弯，无小盾前鬃，具一对小盾鬃。腹部第一节背板近长方形，第三至五节背板呈圆形，产卵器基节呈球状。雄虫第三节背板具栉毛，加翅叶不明显。

6.4 种的判定

以成虫形态特征为依据，符合上述形态特征的个体可确定为蜜柑大实蝇。成虫以外虫态的形态特征描述仅做参考。

7 标本保存

7.1 成虫标本及玻片标本的保存

将制好的成虫标本或相应的玻片标本，置于干燥箱中干燥数日，然后移入标本柜中保存，保存过程中注重防虫和防潮。

7.2 幼虫、围蛹标本的保存

将采集到的幼虫或围蛹用水（最好是蒸馏水）清洗后，投入 60℃（±5℃）热水中浸泡杀死，置于室温下冷却，再将冷却了的幼虫（或围蛹）置于保存液中保存。

附 录 A

（资料性附录）

蜜柑大实蝇寄主植物

Citrus aurantium 酸橙、*C. kinokuni* 乳桔、*C. sinensis* 甜橙、*C. reticulata* 桔、*C. tangerina* 大红桔、*C. unshiu* 温州蜜柑、*Fortunella crassifolia* 厚叶金桔、*F. margarita* 金桔、*F. japonica* 圆金桔等。

附 录 B

（资料性附录）

实蝇分类学常见术语图示

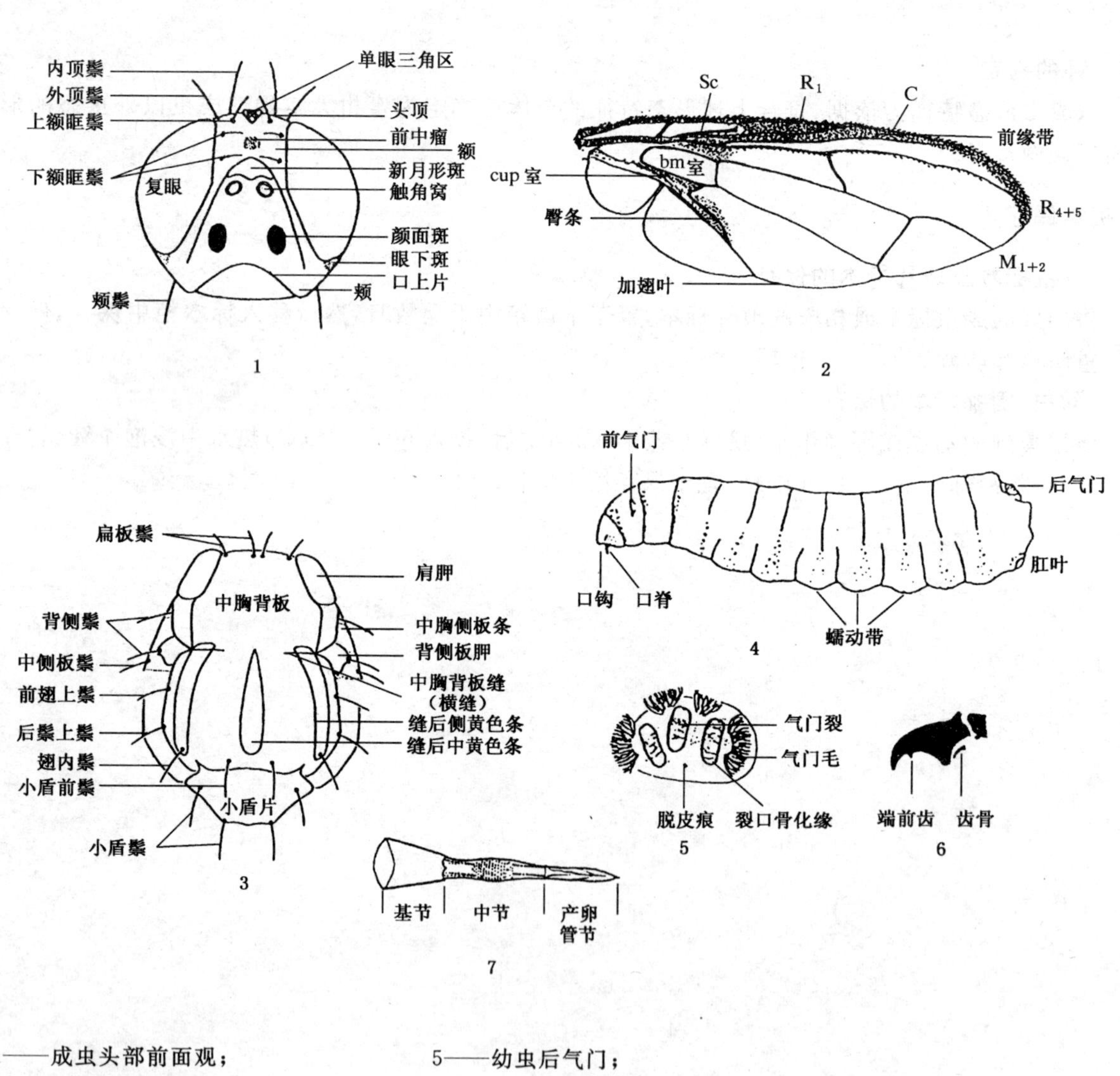

1——成虫头部前面观；

2——成虫胸部背面观；

3——翅；

4——幼虫侧面观；

5——幼虫后气门；

6——幼虫口钩；

7——雌虫产卵器。

（1、3 仿 Drew et al.，7 仿赵又新，其余仿 White & Elson-Harris）

图 B.1

附 录 C
（规范性附录）
蜜柑大实蝇与其近似种（桔大实蝇）形态特征比较

C.1 成虫形态特征比较见表C.1。

表 C.1

蜜柑大实蝇 *Bactrocera*（*Tetradacus*）*tsuneonis*	桔大实蝇 *Bactrocera*（*Tetradacus*）*minax*
具前翅上鬃。	无前翅上鬃。
产卵器基节长度约等于腹部第四与第五节长度之和；产卵管端呈三叶状，长不足2.5 mm。	产卵器基节长度约等于腹部第二至五节长度之和；产卵管端尖，不呈三叶状，长达3.5 mm以上。
雄虫腹部第五腹板后缘向内凹陷的深度达此腹板长度的五分之一。	雄虫腹部第五腹板后缘向内凹陷的深度达此腹板长度的三分之一。

C.2 二、三龄幼虫形态特征比较见表C.2。

表 C.2

蜜柑大实蝇 *B.*（*T.*）*tsuneonis*	桔大实蝇 *B.*（*T.*）*minax*
前气门宽阔，呈"T"字形，外缘较平直，微曲；具指突33个～35个。	前气门甚宽大，扇形，外缘中部凹入，两侧下弯；具指突30多个。
后气门裂周围具细毛群五丛。	后气门裂外侧具细毛群四丛，排列成放射状。

附 录 D
（资料性附录）
蜜柑大实蝇形态特征图

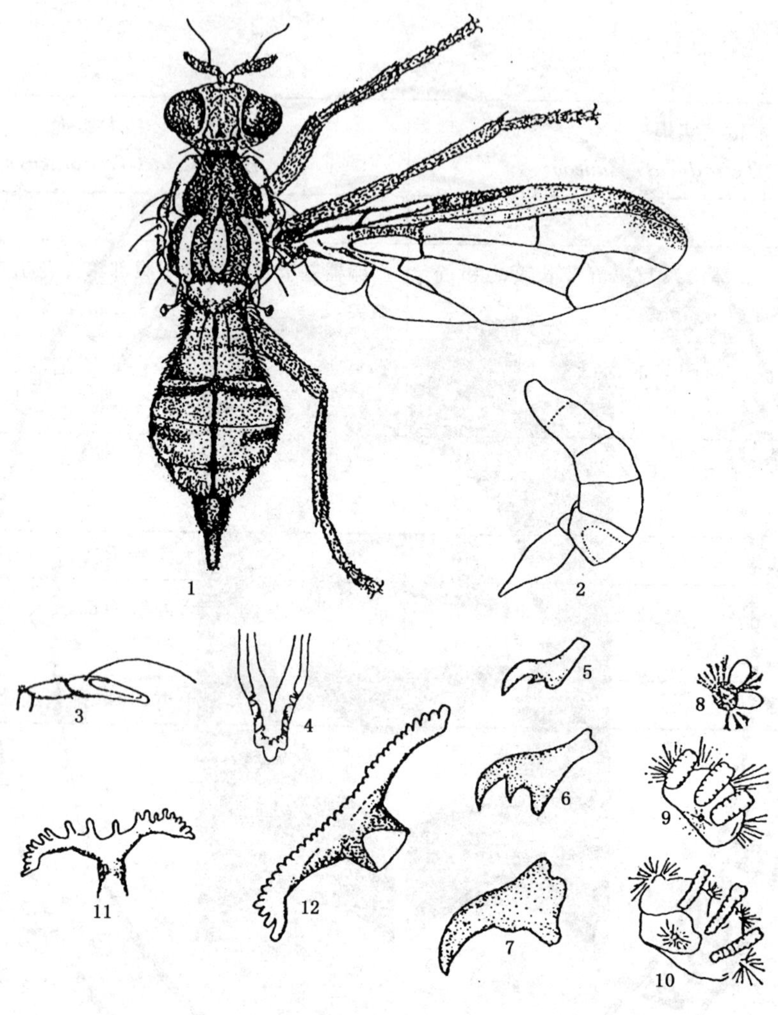

1——雌成虫；
2——雌成虫腹部侧面；
3——成虫触角；
4——产卵管末端；
5～7——幼虫 1、2、3 龄口钩；
8～10——幼虫 1、2、3 龄后气门；
11～12——幼虫 2、3 龄前气门。
（1 仿 White & Elson-Harris；2、3 仿陈世骧；其余仿深进胜海）

图 D.1

中华人民共和国出入境检验检疫行业标准

SN/T 1389—2004

美洲榆小蠹检疫鉴定方法

Methods for quarantine and identification of *Hylurgopinus rufipes*(Eichhoff)

2004-06-01 发布　　　　2004-12-01 实施

中华人民共和国国家质量监督检验检疫总局　发布

前　言

本标准附录A为资料性附录。

本标准由国家认证认可监督管理委员会提出并归口。

本标准起草单位：中华人民共和国江苏出入境检验检疫局。

本标准主要起草人：杜国兴、周明华、杨晓耘、陈正桥、庄永林、汪利忠。

本标准系首次发布的出入境检验检疫行业标准。

美洲榆小蠹检疫鉴定方法

1 范围

本标准规定了美洲榆小蠹的检疫鉴定方法。

本标准适用于美洲榆小蠹的检疫和鉴定。

2 原理

2.1 美洲榆小蠹属鞘翅目 Coleoptera，小蠹科 Scolytidae，海小蠹亚科(Hylesininae)，瘤干小蠹属(*Hylurgopinus*)。危害榆属 *Ulmus* spp.、梣属 *Fraxinus* spp.、李属 *Prunus* spp.、椴属 *Tilia* spp. 等植物。该虫是荷兰榆枯萎病菌 *Ceraticystis ulmi* 的主要传播媒介之一。以幼虫或成虫越冬。

2.2 危害木材的小蠹科害虫有多种，但美洲榆小蠹成虫形态特征具有独特性，根据其形态特征及属内种间形态的比较及为害寄主情况进行美洲榆小蠹种的鉴定。

2.3 以美洲榆小蠹生物学特性、成虫形态特征及寄主情况为制定该虫检疫鉴定方法的依据。

3 仪器及试剂

3.1 仪器

体视显微镜(带目镜测微尺)、生物显微镜、剪刀、昆虫解剖针、培养皿、载玻片、盖玻片、酒精灯、烧杯、玻片标签。

3.2 试剂

浸渍液(冰乙酸：福尔马林：95%乙醇：蒸馏水=4：6：15：30)、75%乙醇溶液。

4 现场检疫

4.1 美洲榆小蠹主要在木材的韧皮部与木质部之间行成为害状。成虫在韧皮部下挖筑横向或稍微斜向坑道至形成层。在形成层有二分支坑道横向延伸，在边材上略有划痕。幼虫一般从母坑咬筑与边材纹理平行的横道向外延伸。现场检查时注意对发现的小蠹虫以及小蠹虫为害症状进行取样，对发现的害虫进行收集。

4.2 对发现小蠹虫为害症状的木样进行剖检，可用手工锯、电工起子等工具，小心地将小蠹虫取出。如果现场没发现成虫，只发现幼虫，则应将幼虫饲养成成虫后再作鉴定。

5 实验室鉴定

5.1 准备

将待观察、鉴定的成虫、幼虫等虫样进行清洁、整理，体表有污物或粉屑时，用75%的乙醇或配置的浸渍液进行浸泡。

5.2 鉴定

5.2.1 成虫鉴定特征(参见附录A)

——雌成虫体长约2.2 mm～2.5 mm，体长约为体宽的2.3倍。体暗褐色，全身被粗壮短毛。

——头的一部分缩进前胸，从上观查只能见头部小部分。额顶凸出，额无中隆线。口上突长而直。口上片较大，突起，上方具微弱横向刻痕。口上片中央低于口上突，侧缘与口上突重合或被遮盖。除缩进背板的部分外，背区、侧区均具有精细而不规则的刻点。复眼椭圆形至长椭圆形，顶端稍宽，无单眼。

——触角柄节短，不达眼后缘，基部稍扭曲；索节七节，第一节最长。锤状部长椭圆形，三节，基节粗大，其大小约是中、后节之和，第一节节缝明显，第二节节缝不明显。顶端尖。

——前胸背板长约为宽的0.84倍，前端约三分之一向前窄收，后端渐宽，至基部最宽，侧缘基部一半几乎平行，但在宽圆形的前缘后方略呈弓形。前胸背板前缘无隆线，表面具稠密刻点，表面平滑具光泽。

——鞘翅长约为宽的1.5倍，约为前胸背板的两倍。双翅闭合时，两侧缘大约三分之二的长度近于平行，在后端逐渐弯曲会合，斜面成四分之一球面状，其上无体刺。

——每一鞘翅具十行刻点沟，刻点沟略凹陷，刻点粗糙且深陷；沟间部隆起略窄于刻点沟，除第三沟间基部二分之一处的刻点有些融合外，其余均呈单列。

——翅斜面似圆盘，后缘（尾端）呈宽圆形，斜面刻点沟宽于中域，沟间部凸，每一沟间基部的二或三瘤突（除第一沟间部外）扩展成亚缘细圆齿。

——翅面表被由粗短几乎呈鳞片状的刚毛组成，刚毛长约为宽的五至六倍；此外还有几列约为该刚毛长两倍而粗壮直立的鬃毛，这两种刚毛均延伸至基部。

——前足胫节前方有长跗节槽，中后足胫节后方有一槽。前足胫节端部有一爪状齿，外缘具齿五个。

——雄成虫与雌成虫后部腹背板不同，其余特征相同。

5.2.2 幼虫的鉴定特征

老熟幼虫体长0.35 mm～0.4 mm，乳白色，头部黄色至褐色，无足，起皱，圆柱形，背部凸起。

5.2.3 卵的鉴定特征

卵长约0.6 mm，长椭圆形，珍珠白色。

5.2.4 蛹的鉴定特征

蛹长约3.25 mm，全身背刺刚毛。

6 结果判定

成虫完全符合鉴定特征，可以鉴定为美洲榆小蠹。老熟幼虫、卵、蛹符合鉴定特征，可作为美洲榆小蠹的参考依据。

7 样品保存

该虫的虫样及重要的为害状标本应妥善保存，该虫样标本可以根据虫态分别做成针插标本和浸渍标本，为害状标本则应进行除虫处理后进行保存。

附 录 A
（资料性附录）
美洲榆小蠹成虫特征图

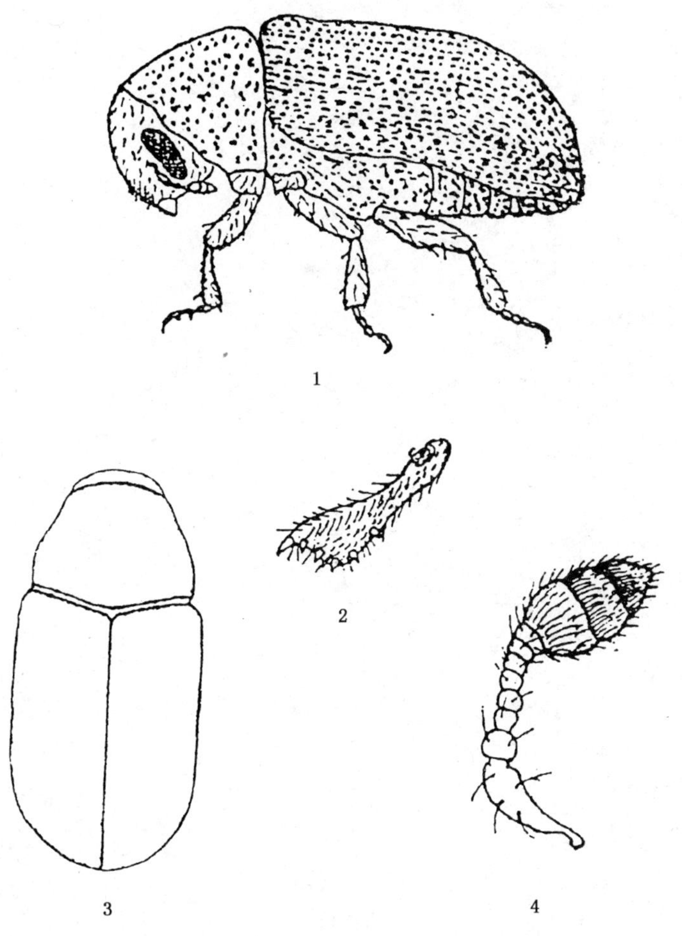

1——成虫侧面；
2——前足胫节；
3——成虫正面；
4——触角。

（仿 D. E. Bright）

图 A.1

中华人民共和国出入境检验检疫行业标准

SN/T 1393—2004

西松大小蠹检疫鉴定方法

Methods for quarantine and identification of western pine beetle
(*Dendroctonus brevicomis* Le Conte)

2004-06-01 发布 2004-12-01 实施

中华人民共和国
国家质量监督检验检疫总局 发布

前　言

本标准的附录A为资料性附录。

本标准由国家认证认可监督管理委员会提出并归口。

本标准起草单位：中华人民共和国江苏出入境检验检疫局。

本标准主要起草人：韩振冲、顾杰、张愚。

本标准系首次发布的检验检疫行业标准。

西松大小蠹检疫鉴定方法

1 范围

本标准规定了西松大小蠹的检疫和鉴定方法。

本标准适用于西松大小蠹的检疫和鉴定。

2 原理

2.1 西松大小蠹(*Dendroctonus brevicomia* Le Conte)属鞘翅目(Coleoptera)、小蠹科(Scolytidae)、切梢小蠹族(Tomicini)、大小蠹属(*Dendroctonus*)。近距离靠成虫扩散传播,远距离靠带虫木材和随货物木质包装辅垫材料的远途运输传播。

2.2 西松大小蠹的分布、寄主、形态特征、传播途径及生物学特性为制定检疫和鉴定方法提供了依据。

3 仪器和试剂

3.1 仪器及用具

体视显微镜、培养皿、烧杯、酒精灯、微型解剖刀、解剖针、吸管、小毛笔、标签、指形管、镊子、斧头、凿子、尖嘴钳、放大镜、载玻片、盖玻片、记号笔。

3.2 溶液及材料

3.2.1 乙醇溶液:在75%的乙醇中加入0.5%~1%的甘油而成。用于成虫和幼虫的保存。

3.2.2 卡莱氏溶液:在17份95%乙醇中加入两份冰乙酸、六份甲醛、28份蒸馏水摇匀而成。用于虫体形态固定和标本保存。

4 现场检疫

西松大小蠹主要生存于树皮内、形成层、边材与形成层相切部位,因此现场检查时重点检查树皮部位。观察树皮表面是否有虫孔,形成层与边材间是否有虫道、害虫。对发现的蠹虫及为害症状取样,带回实验室进一步鉴定。

西松大小蠹为害坑道特征:母坑道弯曲有分叉,坑道宽1.2 mm~2.4 mm,在其前三分之一部分子坑道较密集,后三分之一部分子坑道数量较少(参见附录A中图A.2)。

5 实验室鉴定

5.1 准备

将待观察的成虫、幼虫等虫样进行清洁、整理,体表有污物或粉屑的,用乙醇溶液浸泡。

5.2 大小蠹属成虫的主要特征

5.2.1 背面观可见头部:呈暗褐色至黑色,具强光泽。

5.2.2 复眼长椭圆。

5.2.3 触角鞭节五节,锤状部扁饼状,分四节,顶端平齐。

5.2.4 前胸背板平坦,无鳞状瘤区,有刻点和茸毛,前缘中部具角状凹刻。

5.2.5 两鞘翅基缘各自前突,合成并列双弧,基缘隆起,上有一列锯齿。

5.2.6 胫节外缘有齿列。

5.3 西松大小蠹主要特征

5.3.1 成虫

5.3.1.1 体长 2.0 mm～4.7 mm(平均 3.5 mm),体长约为体宽的 2.2 倍。

5.3.1.2 触角鞭节五节,锤状部四节,其三条节缝平行,缝当中向锤端弓曲。

5.3.1.3 雄虫额面(参见附录 A 中图 A.1)在两眼间以下额的中部凸起,该凸起又被起自颅顶中缝的中沟所纵穿,分成左右对称的两半,两半凸起各有顶峰,雌虫中沟稍浅,凸起弱;口上突基部较宽阔,侧缘分别向额外方倾斜并略抬起,有如一对光滑的小瘤;额面遍布刻点和颗粒及稠密短小的茸毛。

5.3.1.4 前胸背板长小于宽,梯形,前缘中部向后有角状缺刻;雄虫前胸背板的横缢部分凸起,构成横缢凸带,雌虫无横缢凸带。

5.3.1.5 两鞘翅基缘分别前突,形成双凸弧线形,基缘本身向背上方凸起,并有一列规则的锯齿。

5.3.1.6 鞘翅斜面中度陡峭,凸出,在第一和第三沟间部稍凹,斜面表被茸毛较稠密、短,平均长度约为一条沟间部的一半,不长于沟间宽。

5.3.2 幼虫

蛴螬形,体长 3.1 mm(2.3 mm～3.9 mm),头壳宽 0.8 mm(0.7 mm～0.9 mm),头壳色素浅;口上片明显突起,口上片内缘与额颊背具暗色带;额部平滑无中突,后半部浅凹,冠缝及额缝明显,蜕裂线不超过额中央;头部刚毛较体刚毛多,低倍镜下头部刚毛不凸出,刚毛被一条微刺线分开;胸节有腹突,腹突上有毛垫;气门无瘤突;在延长的八、九腹节背刚毛无微刺。

6 结果判定

成虫符合 5.3.1 特征,结合 5.3.2 幼虫特征及为害状可鉴定为西松大小蠹。

7 样品保存

该成虫的虫样及重要的为害状标本应妥善保存,该虫样标本可以根据虫态分别做成针插标本和浸渍标本,为害状标本则应进行除虫处理后进行保存。

附 录 A
（资料性附录）
西松大小蠹的形态特征及为害状

图 A.1 雄虫额面

图 A.2 为害状（坑道特征）

中华人民共和国出入境检验检疫行业标准

SN/T 1401—2004

果核杧果象检疫鉴定方法

Methods for quarantine and identification of mango weevil[*Sternochetus olivieri*(Faust)]

2004-06-01 发布　　2004-12-01 实施

中华人民共和国国家质量监督检验检疫总局 发布

前　言

本标准的附录 A、附录 B 为资料性附录。

本标准由国家认证认可监督管理委员会提出并归口。

本标准起草单位:中华人民共和国广西出入境检验检疫局。

本标准主要起草人:陈业林、邓润祯、陈开生、李伟丰、黄仁恒。

本标准系首次发布的检验检疫行业标准。

果核杧果象检疫鉴定方法

1 范围

本标准规定了果核杧果象的检疫鉴定方法。

本标准适用于杧果果实和种苗中果核杧果象的检疫鉴定。

2 原理

果核杧果象属鞘翅目(Coleoptera)、象甲科(Curculionidae)、杜果象属(*Sternochetus*),可随杧果果实和种苗的调运而传播。成虫将卵产在果实果皮表面上,幼虫直接侵入杧果果肉和果核内取食,并在果核内发育、化蛹、羽化。受害的果实外表看不见为害状,切开果皮和果肉后,可见到果核表面有受害后形成的一个黑色孔洞,而核内的种子严重受害,并有害虫粪便。

果核杧果象的生物学特性及其形态特征是本标准鉴定方法的依据。

3 术语和定义

下列术语和定义适用于本标准。

3.1

喙 rostrum

额部向前延伸的部分,末端具口器。

3.2

胸沟 thorax groove

前胸和中胸腹板之间的一个用于容纳喙的纵沟。

3.3

喙接受器 rostal groove

胸部腹面的凹陷,用以放置管状的喙。

3.4

中隆线 median sculpture

前胸背板中部隆起所形成的纵线。

3.5

鳞片 scale

昆虫体壁由刚毛特化变形而成的扁平外长物。

3.6

行间 interval

鞘翅目昆虫鞘翅上由细刻点形成的纵条之间的部分。

3.7

臀板 pygudium

腹部末节的背板。

4 仪器、用具及药剂

4.1 体视显微镜、生物显微镜、培养箱。

4.2 养虫箱、枝剪、解剖刀、解剖针、指形管、标签、玻璃缸、滤纸、纱网、载玻片、盖玻片。

4.3 75%乙醇、0.5%～1%丙三醇、10%氢氧化钠或氢氧化钾溶液。

4.4 样品保存液:40 mL亚硫酸、50 mL丙三醇、50 g氯化锌和1 g乙酸铜加蒸馏水至1 000 mL,用于杧果样品的保存。

5 检验方法

5.1 杧果果实

5.1.1 剖果检验

在现场或室内用解剖刀将杧果果实剖开,去掉果肉后,观察果核表面有无黑色的孔洞,如发现有黑色洞孔,用枝剪从果核薄的尾端剪开,并进一步将果核剖开,仔细检查是否有幼虫、蛹或成虫。

5.1.2 培养检验

将经5.1.1检验后发现的幼虫和蛹连同原来的果核,放入衬有滤纸的玻璃缸中,罩上防虫纱网,放入温度25℃～30℃、湿度70%培养箱或室温25℃～26℃下移入养虫箱内饲养观察。待成虫羽化后,制成标本。

5.2 杧果种苗

对抽查的种苗逐株进行检查,重点检查种苗的茎干裂缝、嫩枝嫩梢等处,有无隐藏取食的成虫。

5.3 镜检

将成虫标本置于体视显微镜下观察其形态特征。另将雄成虫用10%氢氧化钠或氢氧化钾溶液煮10 min后进行解剖,用解剖针挑出雄外生殖器,制成玻片,置于生物显微镜下观察。

6 成虫形态特征

6.1 杧果象属(*Sternochetus* Pierce)主要特征

——体形多肥大,呈卵形。

——喙长而弯,休息时隐藏于胸沟内。

——胸沟端部有帽状的喙接受器。

——接受器长约等于宽,其端部宽于两侧的边缘,压扁,两侧的边缘略凸圆,向后缩窄,密被鳞片。

——额宽近于胫节宽。

——腿节有一齿。

6.2 种的主要特征(参见附录A、附录B)

6.2.1 体形

体长7.0 mm～7.3 mm,体宽3.4 mm～4.6 mm。体形较大,体壁黑色,被覆锈赤色、黑褐色和白色鳞片。

6.2.2 喙

喙端部略宽,喙长不达中足基节之后;端部至喙长0.47 mm处略弯曲;中隆线明显。

6.2.3 触角

触角11节,着生在喙中间,第一索节长于第二索节,各索节只有一圈环毛;棒节端部尖细,节间不明显,密被绵毛,长两倍于宽。

6.2.4 头部

头部额中间有窝,或浅,或被鳞片覆盖。

6.2.5 前胸背板

前胸背板长为宽的1.5倍,中隆线粗大突出,两侧被两排白色鳞片斑部分遮盖;中隆线两侧对称位置各有一个黑色乳头状的鳞片丛,近中隆线中间两侧有白色的圆形鳞片斑。

6.2.6 鞘翅

鞘翅长略大于宽的1.8倍,鞘翅行纹成棘状凸起,第三、第五、第七、行尤为凸,奇数行间宽而隆,每行间各具一行小瘤；鞘翅肩后有一黄褐色斜带，斜带宽阔，后端约三分之一处有一明显横带。

6.2.7 腹部

腹部第二至第四节各具二排刻点。

6.2.8 阳茎

阳茎与阳茎突长度相等，外阳茎宽度均匀，内阳茎中部无骨片。阳茎突向其端部逐渐变宽，末端圆钝。

7 结果判定

以成虫形态特征为依据，符合上述形态特征可鉴定为果核杧果象。

8 标本和样品保存

所有害虫及重要为害状标本应妥善保存，幼虫和蛹用75%乙醇加0.5%～1%丙三醇保存，成虫制作成针插标本，重要为害状标本用样品保存液保存，记录来源、截获时间、地点、人员等信息。保存期一般为六个月。

附 录 A
（资料性附录）
果核杧果象特征图

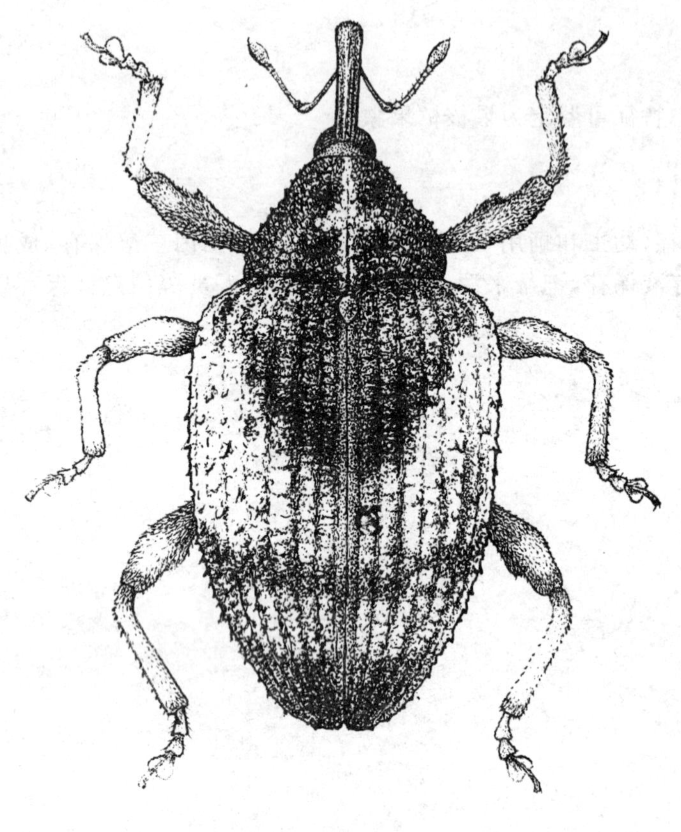

a

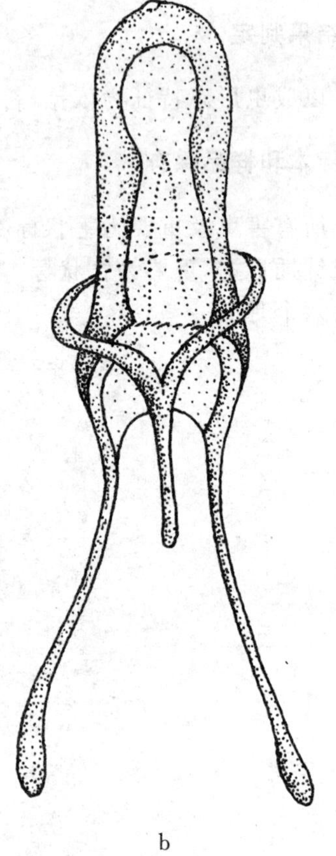

b

a——成虫；
b——雄性外生殖器。
（仿张志铄等）

图 A.1

附　录　B
（资料性附录）
果核杧果象近似种常见成虫检索表

1　前胸背板中线两侧各有一白斑；鞘翅基半部有一斜带斑纹，端半部有一横带斑纹；体长 7.0 mm～9.0 mm；为害杧果果核 ………………………………………………………… 2

前胸背板中线两侧有时各有一淡褐色斑；鞘翅仅有斜带斑纹，横带斑纹一般不明显；体长 5.5 mm～6.0 mm；为害杧果果肉 …………… 果肉杧果象 *Sternochetus frigidus*(Fabricius)

2　鞘翅奇数行间较隆起，各行间具一行小瘤；鞘翅斜带斑纹很宽；体长 7.0 mm～7.3 mm ……… ……………………………………………………………… 果核杧果象 *S. olivieri*(Faust)

鞘翅奇数行间稍隆起，各行间小瘤不明显；鞘翅斜带斑纹较窄；体长 7.0 mm～9.0 mm ……… ……………………………………………… 印度果核杧果象 *S. mangiferae*(Fabricius)

中华人民共和国出入境检验检疫行业标准

SN/T 1402—2004

果肉杧果象检疫鉴定方法

Methods for quarantine and identification of mango pulp weevil [*Sternochetus frigidus* (Fabricius)]

2004-06-01 发布　　　　2004-12-01 实施

中华人民共和国国家质量监督检验检疫总局　发布

前　言

本标准的附录 A、附录 B 为资料性附录。

本标准由国家认证认可监督管理委员会提出并归口。

本标准起草单位：中华人民共和国广西出入境检验检疫局。

本标准主要起草人：胡善前、李伟丰、何国宝、龚秀泽。

本标准系首次发布的检验检疫行业标准。

果肉杧果象检疫鉴定方法

1 范围

本标准规定了果肉杧果象的检疫鉴定方法。

本标准适用于杧果果实和种苗中果肉杧果象的检疫鉴定。

2 原理

果肉杧果象属鞘翅目(Coleoptera)、象甲科(Curculionidae)、杧果象属(*Sternochetus*),可随杧果果实和种苗的调运而传播。成虫将卵产在果实果皮表面上,幼虫直接侵入杧果果肉取食并在其中发育、化蛹、羽化。受害的果实外表看不见为害状,切开果实后可见纵横交错的虫道或虫粪堆积而成的蛹室。成虫在果皮上咬一圆形孔后钻出,取食杧果树的嫩叶和嫩梢。

果肉杧果象的生物学特性及其形态特征是本标准鉴定方法的依据。

3 术语和定义

下列术语和定义适用于本标准。

3.1

喙 rostrum

额部向前延伸的部分,末端具口器。

3.2

胸沟 thorax groove

前胸和中胸腹板之间的一个用于容纳喙的纵沟。

3.3

喙接受器 rostal groove

胸部腹面的凹陷,用以放置管状的喙。

3.4

中隆线 median sculpture

前胸背板中部隆起所形成的纵线。

3.5

鳞片 scale

昆虫体壁由刚毛特化变形而成的扁平外长物。

3.6

行间 interval

鞘翅目昆虫鞘翅上由细刻点形成的纵条之间的部分。

3.7

臀板 pygudium

腹部末节的背板。

4 仪器、用具及药剂

4.1 体视显微镜、生物显微镜、培养箱。

4.2 养虫箱、解剖刀、解剖针、指形管、标签、玻璃缸、滤纸、纱网、玻片。

4.3 75%乙醇、0.5%～1%丙三醇、10%氢氧化钠或氢氧化钾溶液。

4.4 样品保存液：40 mL 亚硫酸、50 mL 丙三醇、50 g 氯化锌和 1 g 乙酸铜加蒸馏水至 1 000 mL，用于杧果果实样品的保存。

5 检验方法

5.1 杧果果实

5.1.1 剖果检验

在现场或室内用解剖刀将可疑的果实剖开，仔细检查果肉内有无幼虫和虫粪堆积而成的蛹室，蛹室内有无蛹或成虫。

5.1.2 培养检验

将经 5.1.1 检验后发现的幼虫和蛹连同原来的果实，放入衬有滤纸的玻璃缸中，罩上防虫纱网，放入温度 25℃～30℃，湿度 70%培养箱或室温 25℃～26℃下移入养虫箱内饲养观察。待成虫羽化后，制成标本。

5.2 杧果种苗

对抽查的种苗逐株进行检查，重点检查种苗的茎干裂缝、嫩枝嫩梢等处，有无隐藏取食的成虫。

5.3 镜检

将成虫标本置于体视显微镜下观察其形态特征。另将雄成虫用 10%氢氧化钠或氢氧化钾溶液煮 10 min 后进行解剖，用解剖针挑出雄外生殖器，制成玻片，置于生物显微镜下观察。

6 成虫形态特征

6.1 杧果象属(*Sternochetus* Pierce)主要特征

——体形多肥大，呈卵形。

——喙长而弯，休息时隐藏于胸沟内。

——胸沟端部有帽状的喙接受器。

——接受器长约等于宽，其端部宽于两侧的边缘，压扁，两侧的边缘略凸圆，向后缩窄，密被鳞片。

——额宽近于胫节宽。

——腿节有一齿。

6.2 种的主要特征(参见附录 A、附录 B)

6.2.1 体形

体长 5.5 mm～6.0 mm，体宽 3.0 mm～3.3 mm。体小，卵形，黄褐色，被覆浅褐、暗褐至黑色鳞片。雌虫体型略大，色较深。

6.2.2 喙

喙长 1.5 mm，喙的前半部稍有弯曲，喙背面刻点深且密，有三条近平行的隆线，中隆线较明显，由喙的基部通向口器。

6.2.3 触角

触角 11 节，雄虫触角着生在喙端二分之一处，雌虫触角着生在喙端三分之一处。索节七节，第一、第二索节等长，第三索节长略大于宽，第四索节至第七索节长等于或小于宽；第二索节近端有两圈环毛，其余索节各有一圈环毛；触角棒三节，卵形，长两倍于宽，密被绒毛，节间缝不明显。

6.2.4 头部

头部刻点浓密，具直立暗褐色鳞片。额窄于喙基部，中间无窝。

6.2.5 前胸背板

宽 1.3 倍于长，基部二分之一两侧平行，向前逐渐缩窄，前缘弯曲包裹颈部，后缘中央突出，两边凹形，背面刻点深且密，被覆暗褐色鳞片，沿中隆线被覆浅褐色鳞片，中央两侧通常各具两个浅褐色鳞片斑，中隆线细，被鳞片遮蔽。

6.2.6 鞘翅

长略大于宽的1.5倍，前端五分之三两侧平行，向后逐渐缩窄。肩明显，被覆暗褐色鳞片，从肩至第三行间具三角形黄褐色鳞片斜带，整体观呈倒八字形，有时后端约三分之一处具不完全的横带，行纹宽，刻点长方形，行间略宽于行纹，奇数行间第三、第五、第七较隆，具少数鳞片小瘤。

6.2.7 腹部

腹部第二节至第四节各有刻点三排。

6.2.8 阳茎

阳茎比阳茎突略长，外阳茎中部开始略向端部收缩，内阳茎中部略向前之处有一倒“V”形骨片。

7 结果判定

以成虫形态为依据，符合上述形态特征可鉴定为果肉杧果象。

8 标本和样品保存

所有害虫及重要为害状标本应妥善保存，幼虫和蛹用75%乙醇加0.5%～1%丙三醇保存，成虫制作成针插标本，重要为害状标本用样品保存液保存，记录来源、截获时间、地点、人员等信息。保存期一般为六个月。

附 录 A
(资料性附录)
果肉杧果象特征图

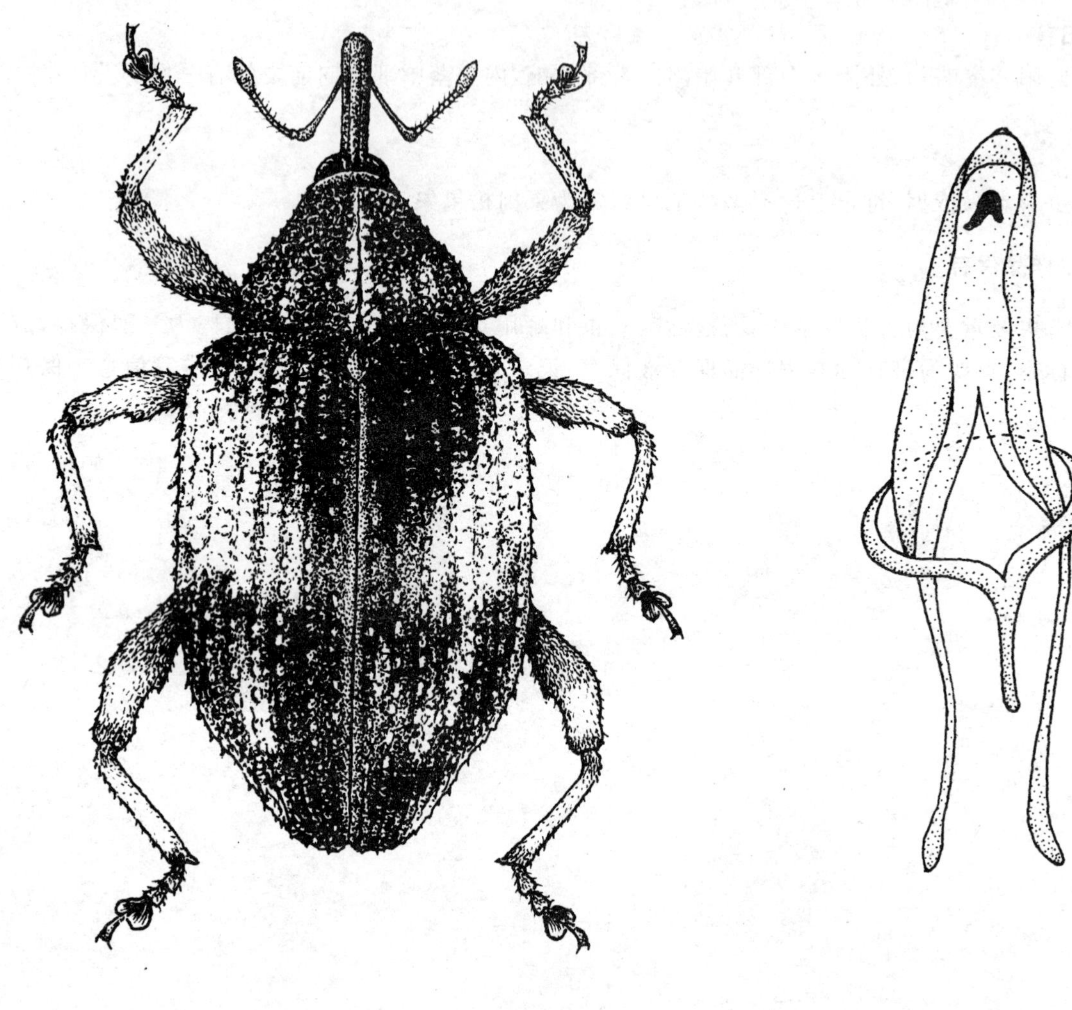

a——成虫;
b——雄性外生殖器。
(仿司徒英贤、张志钰等)

图 A.1

附　录　B
（资料性附录）
果肉杧果象近似种常见成虫检索表

1　前胸背板中线两侧各有一白斑；鞘翅基半部有一斜带斑纹，端半部有一横带斑纹；体长 7.0 mm～9.0 mm；为害杧果果核 ………………………………………………………………………… 2

前胸背板中线两侧有时各有一淡褐色斑；鞘翅仅有斜带斑纹，横带斑纹一般不明显；体长 5.5 mm～6.0 mm；为害芒果果肉 ……………………………… 果肉杧果象 *Sternochetus frigidus* (Fabricius)

2　鞘翅奇数行间较隆起，各行间具一行小瘤；鞘翅斜带斑纹很宽；体长 7.0 mm～7.3 mm …………… ………………………………………………………………………… 果核杧果象 *S. olivieri*(Faust)

鞘翅奇数行间稍隆起，各行间小瘤不明显；鞘翅斜带斑纹较窄；体长 7.0 mm～9.0 mm …………… ……………………………………………………… 印度果核杧果象 *S. mangiferae* (Fabricius)

中华人民共和国出入境检验检疫行业标准

SN/T 1403—2004

印度果核杧果象检疫鉴定方法

Methods for quarantine and identification of mango seed weevil [*Sternochetus mangiferae* (Fabricius)]

2004-06-01 发布　　2004-12-01 实施

中华人民共和国国家质量监督检验检疫总局　发布

前　　言

本标准的附录A、附录B为资料性附录。

本标准由国家认证认可监督管理委员会提出并归口。

本标准起草单位:中华人民共和国广西出入境检验检疫局。

本标准主要起草人:李伟丰、陈业林、胡善前、黄建业、林红日。

本标准系首次发布的检验检疫行业标准。

印度果核杧果象检疫鉴定方法

1 范围

本标准规定了印度果核杧果象的检疫鉴定方法。

本标准适用于杧果果实和种苗中印度果核杧果象的检疫鉴定。

2 原理

印度果核杧果象属鞘翅目(Coleoptera)、象甲科(Curculionidae)、杧果象属(*Sternochetus*),可随杧果果实和种苗的调运而传播。成虫将卵产在果实果皮表面上,幼虫直接侵入果肉和果核取食,并在果核内发育、化蛹、羽化。受害的果实外表看不见为害状,切开果皮和果肉后,可见到果核表面有受害后形成的一个黑色孔洞,而核内的种子严重受害,并有害虫粪便。

印度果核杧果象的生物学特性及其形态特征是本标准鉴定方法的依据。

3 术语和定义

下列术语和定义适用于本标准。

3.1

喙 rostrum

额部向前延伸的部分,末端具口器。

3.2

胸沟 thorax groove

前胸和中胸腹板之间的一个用于容纳喙的纵沟。

3.3

喙接受器 rostal groove

胸部腹面的凹陷,用以放置管状的喙。

3.4

中隆线 median sculpture

前胸背板中部隆起所形成的纵线。

3.5

鳞片 scale

昆虫体壁由刚毛特化变形而成的扁平外长物。

3.6

行间 interval

鞘翅目昆虫鞘翅上由细刻点形成的纵条之间的部分。

3.7

臀板 pygudium

腹部末节的背板。

4 仪器、用具及药剂

4.1 体视显微镜、培养箱。

4.2 养虫箱、枝剪、解剖刀、指形管、标签、玻璃缸、滤纸、纱网。

4.3　75%乙醇、0.5%～1%丙三醇。

4.4　样品保存液：40 mL 亚硫酸、50 mL 丙三醇、50 g 氯化锌和 1 g 乙酸铜加蒸馏水至 1 000 mL 用于杧果果实样品的保存。

5　检验方法

5.1　杧果果实

5.1.1　剖果检验

在现场或室内用解剖刀将杧果果实剖开，去掉果肉后，观察果核表面有无黑色的孔洞，如发现有黑色洞孔，用枝剪从果核薄的尾端剪开，并进一步将果核剖开，仔细检查是否有幼虫、蛹或成虫。

5.1.2　培养检验

将经 5.1.1 检验后发现的幼虫和蛹连同原来的果核，放入衬有滤纸的玻璃缸中，罩上防虫纱网，放入温度 25℃～30℃、湿度 70%培养箱或室温 25℃～26℃下移入养虫箱内饲养观察。待成虫羽化后，制成标本。

5.2　杧果种苗

对抽查的种苗逐株进行检查，重点检查种苗的茎干裂缝、嫩枝嫩梢等处，有无隐藏取食的成虫。

5.3　镜检

将成虫标本置于体视显微镜下观察其形态特征。

6　成虫形态特征

6.1　杧果象属(*Sternochetus* Pierce)主要特征

——体形多肥大，呈卵形。

——喙长而弯，休息时隐藏于胸沟内。

——胸沟端部有帽状的喙接受器。

——接受器长约等于宽，其端部宽于两侧的边缘，压扁，两侧的边缘略凸圆，向后缩窄，密被鳞片。

——额宽近于胫节宽。

——腿节有一齿。

6.2　种的主要特征(参见附录 A、附录 B)

6.2.1　体形

体长 7.5 mm～9.0 mm，体宽 4.0 mm，体形较大。体黑褐色，被有黑褐色、浅灰色、浅黄色和赤锈色鳞片。

6.2.2　喙

喙接受器长约等于宽，端部宽于两侧边缘。

6.2.3　触角

触角 11 节，着生在喙基部九分之五处，触角沟直。第一索节基部细小，稍弯曲，端部膨大，第一索节略长于第二索节(9∶8)；第二索节近端有两圈环毛，其余索节各有一圈环毛。

6.2.4　头部

头部较小，复眼纯黑有光泽，复眼间靠后有一深凹。

6.2.5　前胸背板

前胸背板在基部三分之一处两侧近平行，中隆线窄而平直，被两侧鳞片覆盖，其两侧对称位置缺黑色乳头状鳞片丛。

6.2.6　鞘翅

鞘翅长宽比 6∶4，奇数行间稍隆，行间上小瘤突不明显；鞘翅前端的灰白色斜带较窄，后端约三分之一处有一灰白色横带。

6.2.7 腹部

雌虫第七腹板长圆形，臀板有凹陷，端部有垂直的突起的脊；雄虫第八腹板圆弧形，臀板的末端圆形。

7 结果判定

以成虫形态特征为依据，符合上述形态特征可鉴定为印度果核杧果象。

8 标本和样品保存

所有害虫及重要为害状标本应妥善保存，幼虫和蛹用75％乙醇加0.5％～1％丙三醇保存，成虫制作成针插标本，重要为害状标本用样品保存液保存，记录来源、截获时间、地点、人员等信息。保存期一般为六个月。

附　录　A
（资料性附录）
印度果核杧果象特征图

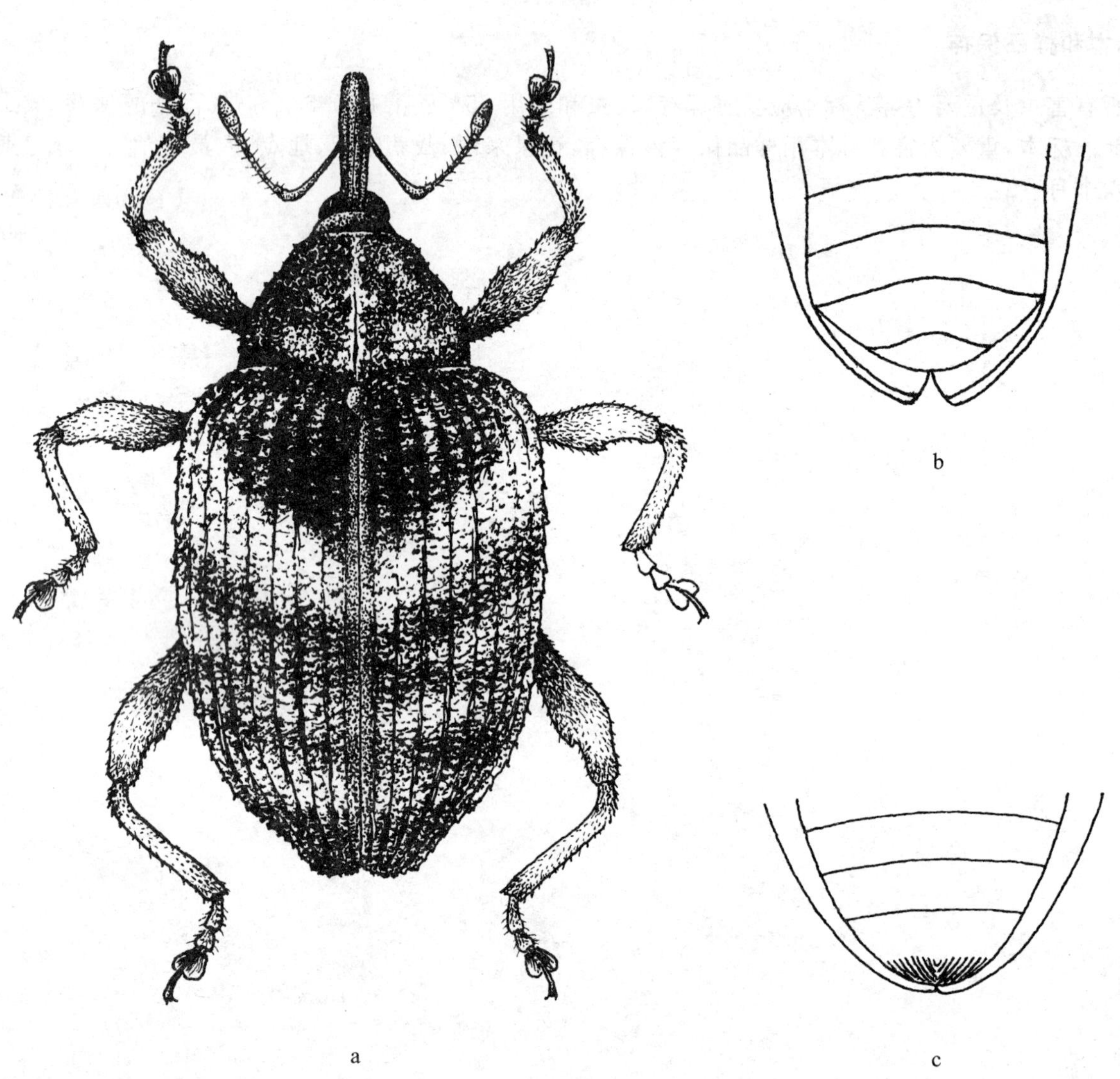

a——成虫；
b——雌虫腹部末端；
c——雄虫腹部末端。
（仿刘青慧）

图 A.1

附 录 B
（资料性附录）
印度果核杧果象近似种常见成虫检索表

1 前胸背板中线两侧各有一白斑；鞘翅基半部有一斜带斑纹，端半部有一横带斑纹；体长 7.0 mm～8.5 mm；为害杧果果核 ………………………………………………………………………… 2

前胸背板中线两侧有时各有一淡褐色斑；鞘翅仅有斜带斑纹，横带斑纹一般不明显；体长 5.5 mm～6.0 mm；为害杧果果肉 ……………………………… 果肉杧果象 *Sternochetus frigidus* (Fabricius)

2 鞘翅奇数行间较隆起，各行间具一行小瘤；鞘翅斜带斑纹很宽；体长 7.0 mm～7.3 mm ……………………………………………………………………………… 果核杧果象 *S. olivieri* (Faust)

鞘翅奇数行间稍隆起，各行间小瘤不明显；鞘翅斜带斑纹较窄；体长 7.0 mm～8.5 mm ……………………………………………………………… 印度果核杧果象 *S. mangiferae* (Fabricius)

中华人民共和国出入境检验检疫行业标准

SN/T 1438—2004

稻水象甲检疫鉴定方法

Methods for quarantine and identification of *Lissorhoptrus oryzophilus*(Kuschel)

2004-06-01 发布　　2004-12-01 实施

中华人民共和国国家质量监督检验检疫总局　发布

前　言

本标准的附录D为规范性附录，附录A、附录B和附录C为资料性附录。

本标准由国家认证认可监督管理委员会提出并归口。

本标准负责起草单位：中华人民共和国河北出入境检验检疫局。

本标准主要起草人：宋福、孙汝川、孙淑真。

本标准系首次发布的检验检疫行业标准。

稻水象甲检疫鉴定方法

1 范围

本标准规定了稻水象甲的检疫鉴定方法。

本标准适用于稻水象甲的检疫鉴定。

2 原理

2.1 发生概况

稻水象甲属鞘翅目(Coleoptera)、象虫科(Curculionidae)、稻水象属(*Lissorhoptrus*),主要分布在美国、加拿大、墨西哥、古巴、多米尼加、哥伦比亚、圭亚那、日本、朝鲜、韩国和中国,通过自身的活动,如爬行、飞翔等,借助气流、水流等扩散,随货物、包装材料、铺垫材料和交通工具等作远距离传播。

2.2 鉴定依据

稻水象甲一生经过卵、幼虫、蛹和成虫四个虫态。成虫又有两性生殖型和孤雌生殖型,发生在中国、日本、朝鲜和韩国的稻水象甲均为孤雌生殖型。稻水象甲的形态学特征、传播途径、危害症状以及生物学特性为制定检疫鉴定方法提供了依据。

3 术语和定义

下列术语和定义适用于本标准。

3.1

体长 body length

从眼前缘到臀板后缘的长度(不包括喙长)。

3.2

体宽 body width

身体背面观最大的宽度,一般在鞘翅肩部。

3.3

喙 rostrum

额部向前延伸的部分,末端具口器;喙的长度指喙端部到眼前缘的长度。

3.4

行纹 stria

鞘翅背面纵向排列的沟纹,包括成行的刻点,在正常的情况下,一个鞘翅具有十条行纹,从鞘翅缝开始,把行纹标为一至十。

3.5

行间 interval

鞘翅上每两条相邻行纹之间的区域。在正常情况下,一个鞘翅具有十一个行间,从鞘翅缝开始,把行间标为一至十一。

3.6

索节

触角上柄节和棒节之间的所有节。

4 仪器及用具

4.1 仪器

双目解剖镜、生物显微镜、放大镜、测微尺。

4.2 用具

白瓷盘、整姿台、解剖针、指形管、镊子、玻棒、载玻片、盖玻片等。

5 试剂配制

5.1 乙醇-甘油保存液

在75%的乙醇中加入0.5%～1%的甘油。

5.2 10%氢氧化钠溶液

氢氧化钠10 g加90 mL蒸馏水混匀。

5.3 霍氏封片液

将30 g阿拉伯树胶放入50 mL蒸馏水中，置于50℃～80℃水浴，待树胶全部溶解后加入200 g水合三氯乙醛和20 mL甘油，用玻棒调匀而成。

5.4 还原液

在玻璃干燥器底部加入2 cm厚洗涤干净的细沙，加水并漫过沙粒1 cm，水中应滴入少量苯酚。

5.5 毒瓶

在适当大小的磨砂广口瓶底部放入适量的氰化钾，其上加入1 cm厚的锯末压平，然后再加入1 cm厚的石膏，加水固定干燥后，密闭保存。

6 现场检疫

6.1 检疫方法

6.1.1 过筛检查

对稻谷、稻壳等采用过筛检查。

6.1.2 敲打检查

对稻穗、稻草以及用其作成的包装物、填充料、铺垫物品等进行敲打，下面放一个大的白瓷盘，收集散落的碎屑。

6.1.3 肉眼检查

对集装箱、运输工具等采用肉眼检查，特别是交通工具的照明灯附近以及边角缝隙处、地板缝等处，地板缝等处，更应仔细检查。

6.2 危害症状

6.2.1 幼虫危害状

低龄幼虫在寄主植物根的侧面蛀入，钻食稻根，使根呈空筒状；高龄幼虫在寄主植物根外咬食，造成碎根和断根。

6.2.2 成虫危害状

沿寄主叶脉啃食叶肉或幼苗叶鞘，喜从叶片正面取食，使叶片仅存透明的表皮，形成白色的长条斑，宽0.38 mm～0.8 mm，一般为0.5 mm，长一般不超过30 mm；斑纹两端钝圆，较规则，新啃食的白条斑上常有碎末。

6.2.3 相似危害状

相似危害状害虫的区别（参见附录A）。

7 实验室鉴定

7.1 标本前期处理

截获到的可疑成虫，立即置入毒瓶内杀死，死的或干的成虫宜放入盛有还软液的干燥器内回软数日；在制作标本时，将成虫头朝前背朝上放在整姿台上，用昆虫针穿刺右鞘翅的左上角，使针正好穿过右中足和后足之间。用三级板固定昆虫标本的高度，整形后干燥并标注标签，记录标本的采集时间、地点、寄主和采集者等信息。

卵、幼虫和蛹的可疑标本(老熟幼虫应先放在开水中煮 1 min～2 min 至虫体直硬)放在乙醇-甘油保存液中备用，标注标签，记录标本的采集时间、地点、寄主和采集者等信息。

7.2 鉴定特征

7.2.1 成虫

7.2.1.1 外形(参见图 B.1)

体长 2.6 mm～3.8 mm，体宽 1.15 mm～1.75 mm，雌虫略大于雄虫。体褐色，在水中变为墨绿色，密被鱼鳞状排列的灰色鳞片，前胸背板和鞘翅的中央有黑褐色鳞片组成的广口瓶状的斑纹。

7.2.1.2 头部

7.2.1.2.1 喙

喙近扁圆筒形，略弯曲，几乎与前胸背板等长。

7.2.1.2.2 触角(参见图 B.2)

触角红褐色，索节由六个亚节组成，第一节膨大为球形，雌虫第一索节几乎为第二索节 1.2 倍，雄虫第一索节为第二索节 1.1 倍，第二节长大于宽，而第三至第六节均宽大于长；触角棒节呈倒卵形，长为宽的 2.0 倍～2.1 倍，由三节组成，第一节光滑无毛，其长度为第二棒节与第三棒节之和的二倍，第二棒节和第三棒节上密生浓密的细毛。

7.2.1.3 胸部

7.2.1.3.1 鞘翅

鞘翅两侧近平行，长为宽的 1.5 倍；鞘翅宽度为前胸背板宽度的 1.5 倍，鞘翅第一、第三、第五、第七行间中部之后有瘤突。

7.2.1.3.2 胫节(参见图 B.3、图 B.4)

胫节细长，弯曲、末端有钩状突起；中足胫节两侧各有一排细长的白毛；雄虫后足胫节无前锐突，只有一个锐突，锐突短而粗，深裂成两叉形；雌虫有一个前锐突和一个锐突，锐突长而尖，钩状不分叉。

7.2.1.3.3 跗节

跗节细，第三跗节非双叶状且不宽于第二跗节，雌虫第二跗节长为宽的 1.7 倍。

7.2.1.4 腹部

7.2.1.4.1 第一腹板和第二腹板(参见图 B.5)

雌虫第一腹板和第二腹板中央平坦或凸起，雄虫第一腹板和第二腹板中央有较宽的凹陷。

7.2.1.4.2 第五腹板(参见图 B.5)

雌虫第五腹板突起超过腹板长度的一半，突起的后缘呈圆形；雄虫第五腹板突起则不超过腹板长度的一半，突起后缘平直。

7.2.1.4.3 第七背板(参见图 B.6)

雌虫第七背板后缘深凹，雄虫第七背板后缘平截。

7.2.2 卵(参见图 B.7)

珍珠白色。长约 0.8 mm，宽约 0.2 mm～0.27 mm。圆柱形，两端圆，一侧略向内弯曲。

7.2.3 **幼虫**

7.2.3.1 **外形**

体白色，长条形，弯曲，似新月状。无足。头部褐色。体长与龄期的变化不大，共四龄，老熟幼虫约10 mm。

7.2.3.2 **头部**

蜕裂线隐约可见，不明显，未见触角，在头前方两侧各有一半椭圆形的突起(单眼)，额唇基沟不完整，中端消失，唇基表面有六个对称分布的刻点，唇基沟为“∧”形。口器下口式，上唇较狭窄，其下缘为“W”形，中央的缺刻不深。上唇表面有十四根毛，其中四根毛对称分布于上唇中区，另十根毛沿上唇下缘对称排列。

7.2.3.3 **腹部(参见图 B.8)**

第二腹节至第七腹节上的气门位于背面六对钩状突起上，每对钩状突起位于一个隆起之上，钩状突起的长度为 0.11 mm，基部直径约 0.06 mm。

7.2.4 **蛹(参见图 B.9)**

土茧灰色，卵球形，表面光滑，长径约 4 mm～5 mm，短径约 3 mm～4 mm，是老熟幼虫在寄主植物的根系上所作，内为蛹。蛹体白色，复眼红褐色，大小和形态似成虫，但喙紧贴于胸部。

8 结果判定

以成虫形态特征和近似种的区别(参见附录 C)以及近缘种的分类检索表(按照附录 D)所描述的形态特征为依据，符合形态特征以及分类检索表描述的，可确定为稻水象甲。卵、幼虫和蛹的形态特征描述仅作为参考。

附 录 A
(资料性附录)
相似危害状害虫的区别

A.1 稻螟蛉(*Naranga aenescens* Moore)低龄幼虫

啃食叶肉形成的白色细条纹较窄,宽一般为0.25 mm,有时数条合在一起形成较宽的条纹,条纹两端参差不齐,明显可见是数条斑纹的合成。

A.2 稻负泥虫(*Lema oryzae* Kuwayma)幼虫

啃食叶片形成的条纹细长、白色,较薄且呈透明状。虫体梨形,黄白色,背上堆积墨绿色粪便。

A.3 铁甲虫(*Dicladispa armigera* Similis)成虫、幼虫

成虫叶片啃食形成的条纹白色、细长,宽不均整,虫体蓝黑色有光泽,背面有很多长短不一的刺;幼虫潜食叶肉,留下上下表皮成黄色皮膜,皮膜间虫体扁平乳白色,各节两侧有突起的肉刺。

A.4 稻纵卷叶螟(*Cnaphalocroscis medinalis* Guen'ee)幼虫

啃食叶片形成的白条斑长短不一,且叶片被吐丝纵卷,卷筒内虫体细长、绿色、喜动。

A.5 稻小潜叶蝇(*Hydarellia griseola* Fall'en)幼虫

潜食叶肉,形成的白色条纹弯曲不规则,且留有上下两层表皮,内有长纺锤形、略扁、乳白色虫体和褐色粪便。

附 录 B
（资料性附录）
稻水象甲形态特征图

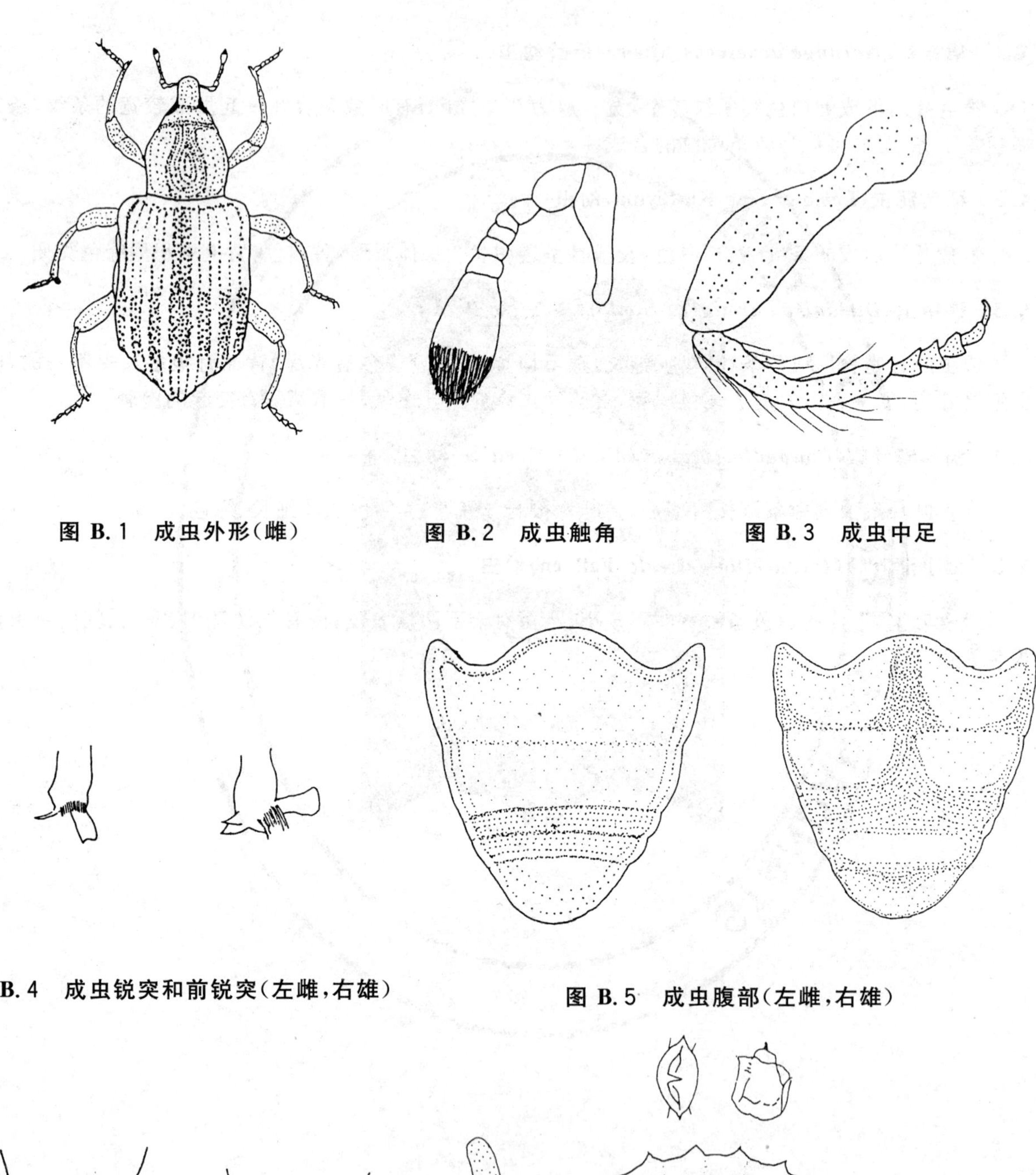

图 B.1 成虫外形（雌）

图 B.2 成虫触角

图 B.3 成虫中足

图 B.4 成虫锐突和前锐突（左雌，右雄）

图 B.5 成虫腹部（左雌，右雄）

图 B.6 成虫腹部第七背板（左雌，右雄）

图 B.7 卵

图 B.8 幼虫钩状突起

图 B.9 土茧

附 录 C
（资料性附录）
稻水象甲成虫与其近似种的区别

C.1 *Lissorhoptrus bucharani*

第三跗节明显宽于第二跗节，喙全部被覆鳞片，中足胫节具白色长毛，后足胫节有前锐突。

C.2 *Lissorhoptrus chapini*

第三跗节明显宽于第二跗节，喙背面光裸，后足胫节无前锐突。

C.3 *Lissorhoptrus lacustris*

肩突不明显。

C.4 *Lissorhoptrus longiennis*

鞘翅细长，长为宽的1.65倍。

C.5 *Lissorhoptrus simplex*（Say）

雌虫第七背板后缘平截或稍具凹陷，后足胫节雌虫和雄虫均具前锐突，雄虫的锐突具三个齿，中间的较长，钩状，两侧的两个突出；两鞘翅端部会合线呈三角形凹陷；雄虫阳茎端部呈窄的长三角形，两侧向内侧呈弧线弯曲。

C.6 *Lissorhoptrus brevirostris*（Suffrian）

身体被覆鳞片较粗大，喙短于前胸背板的四分之一，触角第一索节极少长于第二索节；鞘翅宽为前胸背板的1.2倍，雄虫后足胫节有前锐突，锐突简单，比雌虫的锐突稍粗大。

C.7 *Echinocnemus squameus* Billberg

体长5 mm，宽2.3 mm，被覆卵圆形的鳞片；触角索节七节，第一索节棒形，不膨大成球形，棒节具细绒毛；小盾片明显可见，呈圆形，被覆鳞片；鞘翅行纹刻点明显，第一、第三、第五和第七行间端部不具瘤突，但在第三行间近端部各有一明显的长圆形灰白色毛斑；第三跗节明显宽于第二跗节，呈两叶状；前中后足胫节外缘不具长游泳毛，而在内缘各具一排刚毛和一排明显的小齿，腹部末端有一深的圆形凹陷窝。

C.8 *Bagous* Germar

前胸腹面接受喙处有沟，两侧形成突出的隆起条，从侧面看身体较扁，体壁为暗红褐色，触角索节七节，棒节被覆细绒毛，不光裸。

C.9 *Notaris* Germars

体长大于稻水象甲，不被覆紧密相连的防水鳞片，而具有稀疏分散的长形鳞片；第三跗节明显宽于第二跗节，深裂呈二叶状；触角索节有七节，触角在喙部三分之一处嵌入，喙的背面有刻点沟和隆起线。

附　录　D
（规范性附录）

D.1　稻水象属雌成虫检索表

1(4)　第三跗节宽于第二跗节

2(3)　喙背部光裸，鞘翅圆筒状，稍宽于前胸背板，中足胫节没有长毛，眼小，在腹面两眼间距宽，跗节有少量被覆物 ………… *chapini*

a. 眼叶发达，索节、棒节和跗节短，第五腹节的节间缝较浅，通常背覆较小，不呈颗粒状 ………… (a)*chapini chapini*

b. 眼叶不很发达，索节、触角棒和跗节扩大，第五腹节的节间缝较深，一般被覆较大，呈颗粒状 ………… (b)*chapini insularis*

3(2)　喙背面有被覆，鞘翅背面多少平坦，明显宽于前胸背板；中足胫节具长毛；眼大，两眼在腹面较靠近，跗节被覆浓密 ………… *buchanani*

4(1)　第三跗节不宽于第二跗节

5(6)　第七背板凹陷深 ………… *oryzophilus*

6(5)　第七背板至多适度凹陷

7(12)　被覆鳞片明显粗大，后足胫节有一明显的内上缘

8(11)　第五腹板后端有一个可见的窝形凹陷，跗节较粗大

9(10)　喙从额到触角镶入处明显缢缩，行纹细而浅，刻点几乎不可见，行间至少部分具三排鳞片，翅瘤突几乎达到基部，第五腹板近一半具隆起区 ………… *bosqi*

10(9)　喙从额到触角镶入处几乎不窄缩，行纹明显，呈沟形，有明显可见刻点，行纹宽等于行间的一半，行间仅具两行鳞片，翅瘤突仅限于后半部，第五腹板的前半部明显隆起 ………… *mexicanus*

11(8)　第五腹板后部没有明显可见的窝状凹陷，跗节较细长 ………… *isthmicus*

12(7)　被覆的鳞片明显较光滑，后足胫节没有明显的内上缘，近于圆柱状

13(14)　第六索节和第一棒节具绒毛，第五腹板有一小而深的孔 ………… *erratilis*

14(13)　第六索节和第一棒节光亮，第五腹板没有小而深的孔

15(16)　喙前部具一明显的、较低的短缩隆线 ………… *carinirostris*

16(15)　喙的隆线不明显

17(18)　鞘翅长为翅肩部宽的1.65倍 ………… *longipennis*

a. 后足第二跗节长为宽的1.5倍，索节和棒较短，行纹较明显，行间几乎全部具两行鳞片 ………… *longipennis longipennis*

b. 后足第二跗节长为宽的二倍，索节和棒较长，行纹较细，第三行间有三排鳞片 ………… *longipennis longitarsis*

18(17)　鞘翅长小于翅肩部宽的1.65倍

19(20)　肩明显降低，在前胸背板中央不具明显的刻纹 ………… *lacuatris*

20(19)　肩斜，鞘翅急速加宽，前胸背板在中央具明显的刻纹

21(22)　触角棒短而宽，长不达宽的二倍，柄节密被绒毛 ………… *panamecsis*

22(21)　触角棒长至少为宽的二倍，柄节不具绒毛

23(24)　鞘翅末端凹陷 ………… *simplex*

24(23)　翅末端圆形 ………… *brevirostris*

D.2 稻水象属雄成虫检索表

1(4) 第三跗节宽于第二跗节

2(3) 喙背部光裸，后足胫节无前锐突；鞘翅圆筒形，稍宽于前胸背板，中足胫节无细长白毛；眼小，两眼腹面距离宽 …… *chapini chapini*

3(2) 喙背部有被覆，后足胫节有前锐突；鞘翅背面近乎于平坦，宽于前胸背板，中足胫节有细长白毛，眼较大，两眼下方间距较小 …… *buchanani*

4(1) 第三跗节不宽于第二跗节

5(12) 后足胫节无前锐突

6(9) 锐突双叉形，外缘基部有或无齿

7(8) 锐突相对粗短，深裂，有两个叉，外缘在基部有大齿，与锐突长度相差无几 …… *oryzophilus*

8(7) 锐突细长，端部二叉的外缘基部无齿 …… *lepidus*

9(6) 锐突细长而直，外缘基部有一个大的齿

10(11) 喙从额到触角窝处明显收缩，行纹细而浅，刻点不清楚，行间至少部分带有三行鳞片；翅瘤几乎伸达基部，第五腹节的节间缝浅细 …… *bosqi*

11(10) 喙从额到触角窝处几乎不收缩，行纹明显，刻点清楚，行纹为行间宽的二分之一，行间只具有两行鳞片；翅瘤只限于身体后半部，第五腹节的节间缝非常深 …… *mexicanus*

12(5) 后足胫节锐突正常

13(14) 后足胫节锐突简单，没有齿 …… *brebirostris*

14(13) 后足胫节锐突沿内缘或外缘具齿，有时内、外缘具齿

15(20) 锐突沿内缘不具齿

16(17) 鞘翅长大于肩宽的 1.65 倍 …… *longipennis*

a. 后足第二跗节长为宽的 1.65 倍；触角索节和棒节较短，鞘翅行纹较清楚，行间几乎全部具有两排鳞片 …… *longipennis longipennis*

b. 后足第二跗节长为宽的二倍；触角索节和棒节较长，鞘翅行纹较细，行间大部分带有三排鳞片 …… *longipennis longitaris*

17(16) 鞘翅长等于肩宽的 1.65 倍

18(19) 喙前部有一条明显短而低的隆线；身体较小 …… *carinirostris*

19(18) 喙至多有一条稍微可见的隆线 …… *lacustris*

20(15) 锐突具内齿

21(22) 锐突内、外缘在基部各有一齿 …… *simplex*(Say)

22(21) 锐突只在内缘基部具一齿 …… *brevirostris*

中华人民共和国出入境检验检疫行业标准

SN/T 1448—2004

小蔗螟检疫鉴定方法

Methods for quarantine and identification of sugarcane borer *Diatraea saccharalis*（Fabricius）

2004-06-01 发布　　2004-12-01 实施

中华人民共和国国家质量监督检验检疫总局 发布

前　言

本标准的附录 A、附录 B、附录 C 和附录 D 均为资料性附录。

本标准由国家认证认可监督管理委员会提出并归口。

本标准起草单位：中华人民共和国福建出入境检验检疫局。

本标准主要起草人：陈艳、黄可辉、李德福。

本标准系首次发布的出入境检验检疫行业标准。

小蔗螟检疫鉴定方法

1 范围

本标准规定了小蔗螟[*Diatraea saccharalis* (Fabricius)]的检疫和鉴定方法。

本标准适用于小蔗螟的检疫和鉴定。

2 术语和定义

下列术语和定义适用于本标准。

2.1

抱器瓣 valva

鳞翅目昆虫雄性外生殖器中的成对抱握器官,多为片状,大而显著。由雄虫第九腹节生殖肢的基节和刺突变成。

2.2

背兜 teguman

鳞翅目昆虫外生殖器中形似围巾或倒置的槽状构造,位于肛门背面,后端延伸成爪形突,为第九节背板演变形成。

2.3

爪形突 uncus

鳞翅目昆虫背兜后端向下弯曲的片状或钩状构造。

2.4

颚形突 gnathos

鳞翅目昆虫外生殖器中,由背兜后缘发出的一对附器,位于爪形空之下,并可向下向后围绕肛管,在其下方中央会合。

3 原理

小蔗螟属鳞翅目(Lepidoptera)、螟蛾科(Pyralidae)、杆草螟属(*Diatraea*),危害甘蔗、玉米、高粱、水稻及其他一些禾本科杂草。小蔗螟卵产于寄主叶片上,刚孵化的幼虫取食寄主叶片,三龄后蛀入寄主茎秆取食为害。可随寄主的茎秆、繁殖材料和包装材料进行传播。小蔗螟的形态学特征和生活习性及其为害状是鉴定该虫的主要依据。

4 仪器、试剂

4.1 体视显微镜、生物显微镜。

4.2 砍刀、螺丝刀、镊子、解剖刀、解剖针、小毛笔、培养皿、酒精灯、烧杯、载玻片、盖玻片、指形管、养虫瓶、毒瓶。

4.3 75%乙醇,85%乙醇、90%乙醇、95%乙醇、100%乙醇、蒸馏水、10%氢氧化钾、二甲苯。

5 现场检疫

在现场检查甘蔗、玉米、高粱、水稻及其他一些禾本科杂草的茎秆或包装材料的表面有无蛀孔和蛀屑,受小蔗螟为害的植物茎杆一般短小、重量较轻,受害严重的植株有时只剩下植株的纤维组织;受害甘蔗蔗茎坚韧程度降低、易折断。

6 实验室检验

6.1 剖茎检验

对发现可疑为害状的植物茎秆和包装材料，在室验室内用解剖刀将寄主茎秆剖开，观察有无蛀道和幼虫或蛹。

6.2 培养检验

将检验发现的幼虫、蛹连同寄主茎秆，放入玻璃缸中，罩上纱布，放入温度为25℃～30℃、相对湿度为70％培养箱内饲养。待成虫羽化后，制成成虫针插标本，并解剖制作雄性外生殖器玻片标本。外生殖器玻片标本制作方法见资料性附录A。老熟幼虫用75％乙醇浸泡。

6.3 镜检

将成虫和幼虫标本置于体视显微镜下观察其形态特征。将雄性外生殖器玻片标本置于显微镜下观察其形态特征。

7 鉴定特征

7.1 成虫

雌虫翅展28.0 mm～39.0 mm。体淡黄色。额突出；下唇须褐色，伸出头长1.25倍。前翅枯黄色或褐色，有两条清晰的斜纹：一条由翅褶中部曲折升达顶角，另一条较细，由后缘近中部呈弧形延伸到顶角附近，末端有一个黑色圆点；翅脉棕色较明显，中脉 M_2 和 M_3 在末端几乎合并，径脉 R_2 紧靠 R_{3+4}；外缘有若干黑点。后翅白色。雄虫翅展18.0 mm～26.0 mm，体色及翅的颜色比雌虫深。成虫形态特征图见附录A。

雄性外生殖器：爪形突侧面呈镰刀状，末端尖；颚形突与爪形突约等长，内面密被疣突。背兜宽阔，基叶发达。抱器瓣自基部向端部逐渐变窄；抱器背基突粗壮，拇指状。阳茎直、细长，末端稍尖，近端部有一角状器。雄性外生殖器特征图参见附录B。

7.2 幼虫

幼虫分夏型和冬型。夏型老熟幼虫体长约26.0 mm；头部深褐色，并向腹侧逐渐加深，口器黑色；上颚粗壮，具四个锐齿和两个钝齿，第一锐齿基部有一小尖突起；亚单眼毛 SO_2 与第五和第六单眼之间距离相等。前胸盾片淡褐色至褐色，毛片和毛淡褐色；第一腹节前背毛片大且左右接近，前背毛与后背毛连线与中线在该节前方相遇，并成锐角(约30°)；第九腹节前背毛可见，气门深褐色；冬型幼虫体长约22.0 mm，与夏型幼虫主要区别是：前胸盾片和毛片颜色较浅，呈淡黄色。幼虫特征图参见附录C。与同属近似种幼虫主要鉴定特征的比较参见附录D。

7.3 卵

扁平，椭圆形，长1.16 mm，宽0.75 mm。数粒至几十粒集成卵块，鱼鳞状排列。

7.4 蛹

体狭长，16 mm～20 mm，浅褐色至深褐色，末节有明显尖突。

8 结果判定

以幼虫或成虫的形态特征为依据，符合第7章幼虫或成虫形态特征可鉴定为小蔗螟。

附 录 A
（资料性附录）
雄性外生殖器玻片标本制作方法

刚毒杀死或死后 24 h 内的新鲜成虫标本，将标本腹面向上，安放在软木解剖台上，在体视显微镜下，沿标本尾端腹面里侧中央部位，将微细钩针的针钩尖端向上伸入。一般约伸入到腹部长度的四分之一处，将针钩尖端翻转向下。这样就刚好钩住雄性抱握器腹内基的骨化部位。然后很均匀地用力向外拉，不久即可见到抱握器两端平均向外伸开，逐渐被拉露出来。这说明所拉位置和方向都很恰当，再继续向外拉，直到完整地拉出来为止。

将解剖出的外生殖器放在 10％的氢氧化钾溶液中，水浴加热数分钟，用水洗净，经 85％乙醇、90％乙醇、95％乙醇、100％乙醇脱水，脱水后的标本放入二甲苯中透明。经处理的外生殖器标本移到载玻片上，摆好，并把标本边缘多余的二甲苯吸去，立即滴上加拿大树胶，随即盖上盖玻片。置 45℃～50℃恒温箱中放置一段时间。

附　录　B
（资料性附录）
小蔗螟成虫特征图

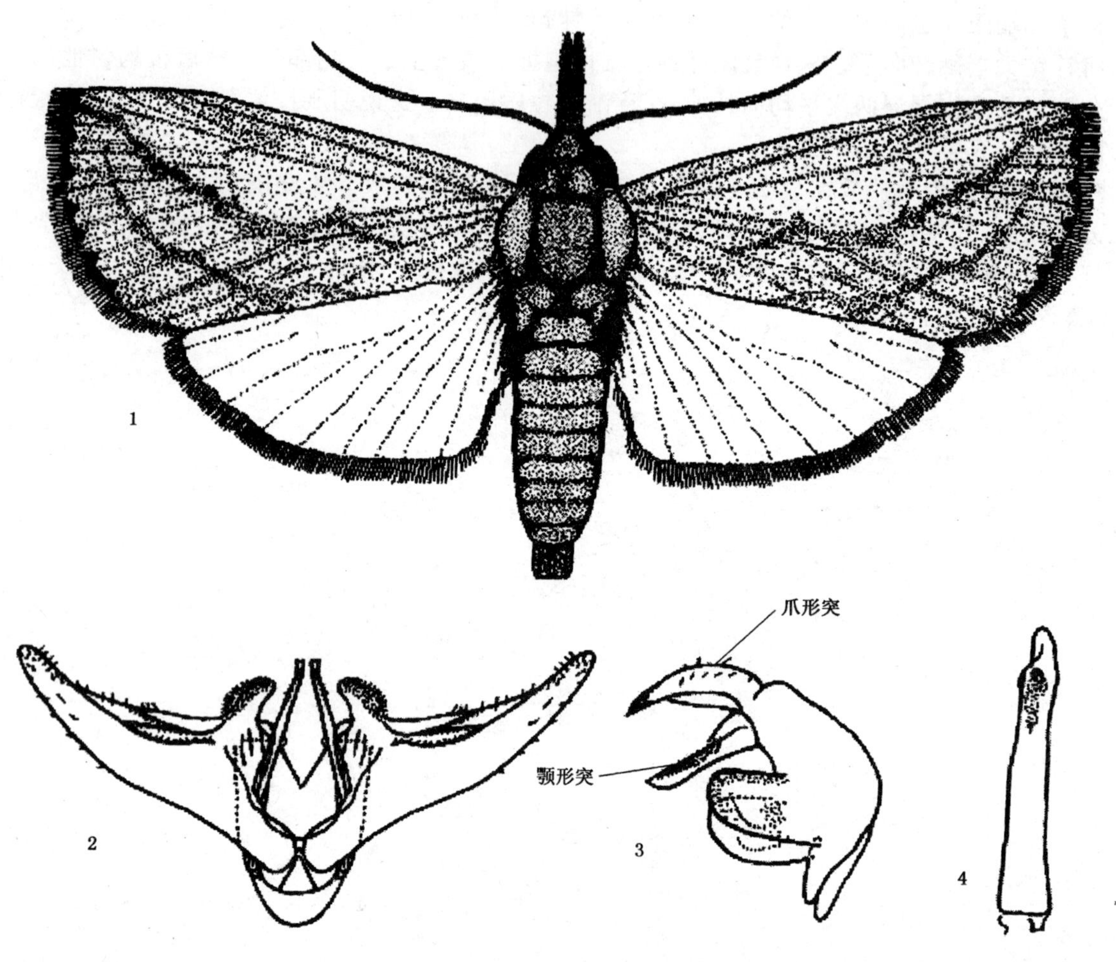

1——雌性成虫背面观；
2——雄性外生殖器抱器瓣；
3——雄性外生殖器背兜、爪形突、颚形突；
4——阳茎。
（仿 Holloway et al.，1987）

图 B.1　小蔗螟成虫特征图

附 录 C
（资料性附录）
小蔗螟幼虫特征图

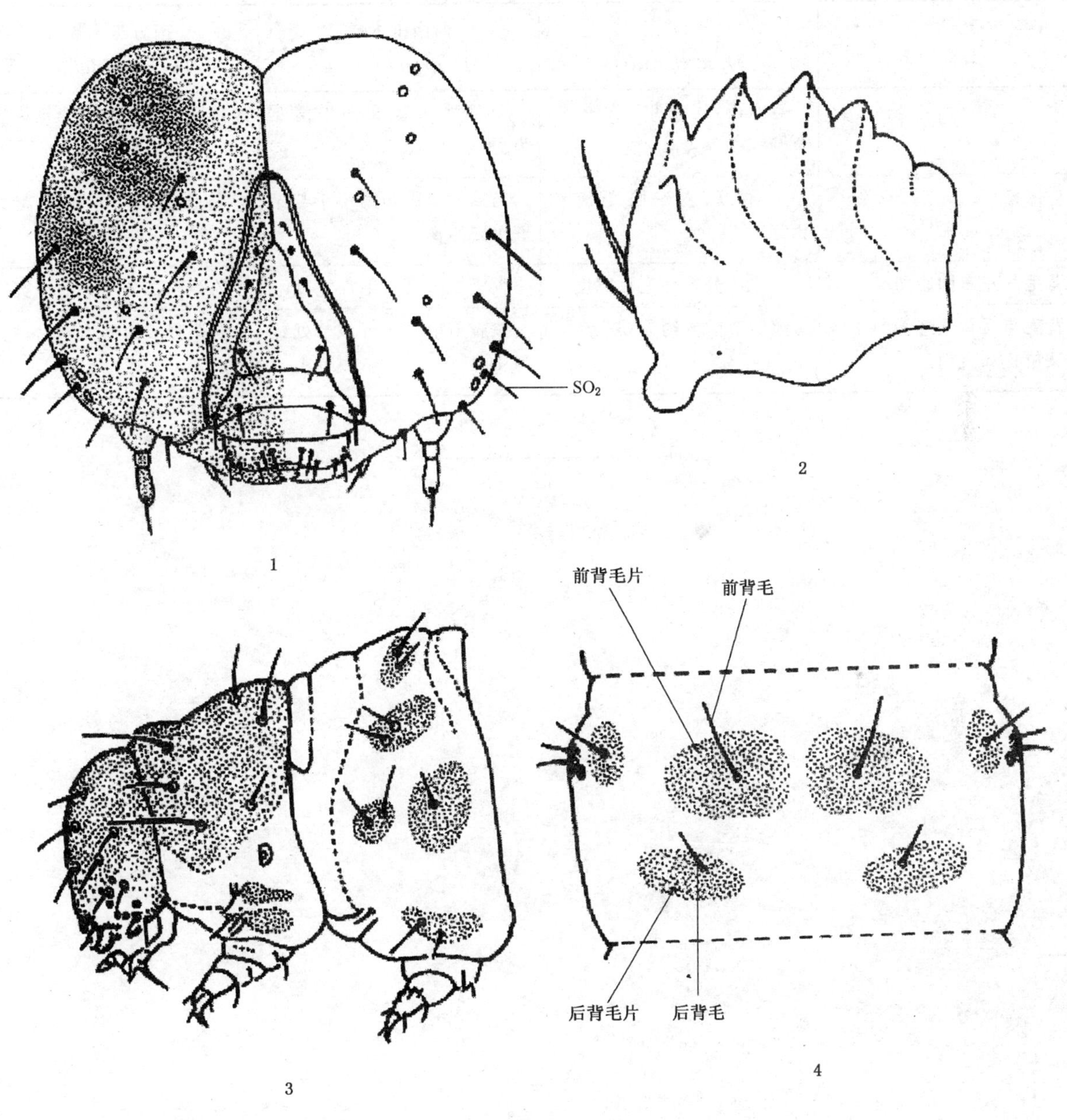

1——头部正面观；

2——上鄂腹面观；

3——头部、前胸和中胸侧面观；

4——第二腹节背面观。

（仿 Peterson 1948）

图 C.1 小蔗螟幼虫特征图

附　录　D
（资料性附录）
三种为害玉米、甘蔗 *Diatraea* 属幼虫主要鉴定特征的比较

表 D.1

	小蔗螟 *D. saccharalis*	西南玉米螟 *D. grandiosella*	南方玉米螟 *D. crambidoides*
上颚	具六齿，其中四个尖锐，两个圆钝	具四个尖齿和一平滑锯齿边	具四个尖齿和一个锯齿边
SO_2 位置	与第五、六单眼距离约相等	与第六单眼距离小于与第五单眼距离	与第五、六单眼距离约相等
前背毛片左右间距	小于二分之一毛片宽度	大于二分之一毛片宽度	约等于二分之一毛片宽度
前背毛与后背毛连线与中线交叉位置和夹角	该腹节前方约为 30°	该腹节前方接近该节处约为 40°	在该腹节内约为 60°

中华人民共和国出入境检验检疫行业标准

SN/T 1450—2004

咖啡美洲叶斑病菌鉴定方法

Methods for identification of *Mycena citricolor*（Berk. & Curt.）Sacc

2004-06-01 发布　　　　2004-12-01 实施

中华人民共和国国家质量监督检验检疫总局　发布

前　言

本标准的附录A和附录B为资料性附录。

本标准由国家认证认可监督管理委员会提出并归口。

本标准起草单位：中华人民共和国广州出入境检验检疫局。

本标准主要起草人：钟国强、张传飞、司徒保禄、赵立荣。

本标准系首次发布的出入境检验检疫行业标准。

咖啡美洲叶斑病菌鉴定方法

1 范围

本标准规定了咖啡美洲叶斑病菌的鉴定方法。

本标准适用于来源于咖啡美洲叶斑病疫区(参见附录A)的咖啡和其他主要寄主植物苗木(参见附录B)携带的咖啡美洲叶斑病菌的鉴定。

2 术语和定义

下列术语和定义适用于本标准。

2.1

芽孢 gemmae

咖啡美洲叶斑病菌的无性繁殖体,一种黄色的针状结构,由茎和飞碟状芽孢体组成,是该病的主要传播繁殖结构。

2.2

担子果 basidiocarp

咖啡美洲叶斑病菌的有性生殖体,一种黄色的伞状小菇。

3 原理

3.1 咖啡美洲叶斑病菌的分类地位

咖啡美洲叶斑病菌[*Mycena citricolor* (Berk. & Curt.)Sacc],属担子菌亚门(Basidiomycotina)、层菌纲(Hymenomycetes)、伞菌目(Agaricales)、伞菌科(Agaricaceae)、小菇属(*Mycena*)。咖啡美洲叶斑病现局限发生在美洲的一些国家和地区,主要为害咖啡属植物的叶片、嫩枝和嫩果,气候条件与环境条件适合时,也可为害其他科属植物。病害英文名:American Leaf Spot of Coffee。

3.2 检疫原理

咖啡美洲叶斑病菌为美洲热带潮湿山区和森林地区的一种弱寄生菌,通常腐生于腐朽的树干或腐殖质中,在适宜的气候和环境下,病原菌的菌丝体可以寄生咖啡和其他寄主植物组织,使寄主发病,产生坏死病斑。病原菌产生两种繁殖结构:无性生殖的芽孢和有性生殖的担子果(担子果的产生通常需要用青霉菌诱发)。通过检疫来自该病发生地区的寄主苗木,分离纯化病原菌,利用该病的症状特征和病原特征进行鉴定。

3.3 鉴定原理

咖啡美洲叶斑病的症状、病原菌形态特征和生物学特性(培养性状和生物荧光的产生)是该病鉴定的主要依据。

4 仪器和试剂

4.1 生物显微镜。

4.2 体视显微镜。

4.3 高压灭菌器。

4.4 超净工作台。

4.5 生物培养箱。

4.6 塑料盒(28 cm×22 cm)。

4.7 5%次氯酸钠(NaClO)溶液。

4.8 马铃薯葡萄糖琼脂(PDA)培养基。

5 检验方法

5.1 组织保湿法

用塑料盒作为培养器皿，在盒内铺上保湿滤纸，将采集的病叶组织样品置于滤纸上，喷雾保持病叶高度湿润，置25℃培养箱内在自然光或弱光下培养，3 d后取出叶片观察病斑上有无针状、黄色的芽孢产生，如发现芽孢，将芽孢移至PDA培养基内继续培养，观察菌落形态、颜色、芽孢以及担子果的产生情况。

5.2 培养基法

剪取可疑的病斑组织，用5%次氯酸钠溶液消毒5 min，灭菌水洗三至四次，将病斑组织移到PDA的培养基中，置25℃培养，3 d后观察菌落的形态、颜色、芽孢以及担子果的产生情况。

5.3 生物荧光观察方法

将病叶或培养菌落，带进黑暗的房间中，停留15 min以适应黑暗的环境，肉眼观察病叶上病斑或培养的菌落是否可以产生生物荧光。

5.4 担子果诱发试验

取分离纯化的咖啡美洲叶斑病菌可疑待测菌和青霉菌 *Penicillium* spp. 的菌落，分别接种于同皿PDA培养基的一侧培养，培养3 d后该菌与青霉菌菌落交界处拮抗带的边沿可产生大量芽孢及黄色、伞状的担子果。

5.5 致病性试验

按5.1组织保湿法在盒内平铺三层保湿滤纸，取分离纯化得到的芽孢或菌丝(注：不能用担子果)接种在冲洗干净的健康咖啡或其他寄主叶片上，每天喷雾保湿，观察症状和病原的产生情况。

6 鉴定特征

6.1 症状特征

6.1.1 病叶上病斑大小为3 mm～10mm，多数为4 mm～6mm，典型的病斑为圆形，黄褐色至浅红褐色，病部正面稍凹陷，病斑中央往往残留着芽孢入侵叶片时留下稻杆颜色的芽孢体。病健交界明显，形状如鸡眼(又叫鸡眼病)。当两个以上病斑连接时，病斑形状不规则形。干旱季节，病部的坏死组织会脱落，流下空洞。叶脉上的病斑向两边稍伸长，凹陷，浅灰色，病部有散生的乳黄色晕圈，晕圈外有狭窄的暗色边缘。

6.1.2 枝条上病斑症状为长椭圆形，黑褐色，中间浅灰，病部稍凹陷。受害果实产生近圆形斑点，后期病部变灰白色至浅红褐色。

6.2 病原特征

6.2.1 在显微镜下观察菌丝无色，有分隔，菌丝细胞双核并具典型的锁状联合体菌丝。在PDA培养基中，菌丝初呈白色，成放射状紧贴着培养基表面向四周扩展，气生菌丝少，培养3 d后中央开始产生黄色色素，然后产生黄色的芽孢。

6.2.2 菌落的生长速率平均为0.35 cm/d。菌落在培养后期产生一些颗粒状黄色的菌丝团。该病原的菌丝和芽孢在黑暗的环境中都能发出生物荧光。

6.2.3 无性生殖体的芽孢小，黄色、针状，由芽孢的茎和芽孢体组成，茎细长圆柱状，长约2 mm，茎的顶部长有飞碟状的芽孢体。芽孢体展开时，直径约0.33 mm，表面中间稍凹陷。芽孢体易脱落，萌发时边缘长出放射状有分隔的侵染丝(侵染体)。

6.2.4 有性生殖体的担子果黄色，由菌柄和菌盖组成，形状如微型的小伞。菌柄直立，黄色，有细小绒毛，长0.6 cm～1.4 cm。连接菌柄的菌盖，黄色、半球形、伞面状，菌体薄、膜质、中间稍凹陷，边缘扁平、光洁、可透光。菌盖直径 0.8 mm～4.3 mm，通常 2.0 mm，辐射状条纹 7 条～15 条。菌褶少，离得较开，黄色，有蜡质。担子棍棒状，(14.0 μm～17.4 μm)×5 μm。担孢子非常小，椭圆形或卵形，无色，(4 μm～5 μm)×(2.5 μm～3.0 μm)。

7 结果判定

如病原菌可产生生物荧光，其症状特征和病原特征符合 6.1、6.2 项的特征描述，鉴定为咖啡美洲叶斑病。必要时，按 5.5 项进行致病性试验。

8 菌株的保存

将鉴定为咖啡美洲叶斑病的菌株移至装有 PDA 培养基的试管内，放 15℃条件下保存，定期(两个月)转管。菌株至少需保存十二个月，保存期满后，需经灭菌处理。

附 录 A
（资料性附录）
咖啡美洲叶斑病的分布范围

哥斯达黎加、巴拿马、尼加拉瓜、危地马拉、萨尔瓦多、古巴、洪都拉斯、特立尼达和多巴哥、多米尼加、波多黎各、牙买加、海地、圭亚那、苏里南、墨西哥、玻利维亚、巴西、秘鲁、委内瑞拉、哥伦比亚、美国（佛罗里达、夏威夷）、瓜德罗普岛、马提尼克岛、西印度群岛。

附 录 B
（资料性附录）
一些咖啡美洲叶斑病的主要寄主

小果咖啡 *Coffea arabica*
中果咖啡 *Coffea canephora*
大果咖啡 *Coffea liberica*
咖啡 *Coffea stenophylla*
正金鸡纳树 *Cinchona officinalis*
甜橙 *Citrus sinensis*
辣椒 *Capsicum frutescens*
可可 *Theobroma cacao*
牛心番荔枝 *Annona reticulata*
榕树 *Ficus colubrinea*；*F. torresiana*
果子曼 *Guzmania*
蕉芋 *Canna edulis*
肖竹竽 *Calathea warscewiczii*
竹竽 *Maranta arundinacea*
花烛 *Anthurium myosuroides*
五彩竽 *Caladium* sp.
龟背竹 *Monstera gigantea*；*M. Pittieri*
三裂喜林芋 *Philodendron tripartitum*
西番莲 *Passiflora coriacea*
蒲桃 *Eugenia jambos*
秋海棠 *Begonia involucrata*；*B. pittieri*
鳄梨 *Persea ameicana*；*P. caerulea*
大胡椒 *Pothomorphe umbellata*

中华人民共和国出入境检验检疫行业标准

SN/T 1451—2004

灰豆象检疫鉴定方法

Methods for the quarantine and identification on *Callosobruchus phaseoli* (Gyllenhall)

2004-06-01 发布　　2004-12-01 实施

中华人民共和国国家质量监督检验检疫总局 发布

前　　言

本标准的附录 A、附录 B、附录 C 均为规范性附录。

本标准由国家认证认可监督管理委员会提出并归口。

本标准由中华人民共和国云南出入境检验检疫局负责起草。

本标准主要起草人:刘忠善、丁元明、寸东义、王龙文。

灰豆象检疫鉴定方法

1 范围

本标准规定了进出境植物检疫中对灰豆象的检疫和鉴定方法。

本标准适用于进出境豆类中灰豆象的检疫和鉴定。

2 规范性引用文件

下列文件中的条款通过本标准的引用而成为本标准的条款。凡是注日期的引用文件，其随后所有的修改单(不包括勘误的内容)或修订版均不适用于本标准，然而，鼓励根据本标准达成协议的各方研究是否可使用这些文件的最新版本。凡是不注日期的引用文件，其最新版本适用于本标准。

SN/T 0800.1—1999 进出口粮油、饲料检验 抽样和制样方法

3 原理

3.1 灰豆象 *Callosobruchus phaseoli* (Gyllenhall)属鞘翅目(Coleoptera)、豆象科(Bruchidae)、瘤背豆象属(*Callosobruchus*)，为完全变态的昆虫。为害多种豆类的种子，成虫将卵产在豆荚或豆粒上，卵孵化后，幼虫咬破卵壳蛀入豆粒内，幼虫共四龄，在豆粒内完成发育并在其中化蛹，羽化时成虫顶破豆粒上的羽化孔盖而出。成虫善飞，但远距离传播主要通过其寄主豆类种子的运输进行。

3.2 灰豆象的生物学习性及形态特征为制定其鉴定方法提供了依据。

4 仪器及用具

体视显微镜、生物显微镜、测微尺、指形管、样品筛、白瓷盘、解剖刀、解剖针、镊子、载玻片、盖玻片、吸管、小毛笔、标签、吸水纸、玻璃瓶、培养箱、小烧杯、酒精灯。

5 试剂及溶液配制

5.1 10%氢氧化钾(KOH)或10%氢氧化钠(NaOH)溶液。

5.2 霍氏封片液：将30 g阿拉伯胶加入50 mL蒸馏水中，水浴加热，待胶完全溶解后，逐渐加入200 g水合三氯乙醛，边加边搅拌均匀，最后加入20 mL甘油调匀。60℃温箱中放置24 h，用洁净玻璃棉及纱布过滤，黑暗中保存备用。

6 抽查

6.1 一般要求

6.1.1 抽查在现场进行。

6.1.2 抽查前应对待检豆类的有关单证、产地、包装、唛头、品种、数量进行核实。

6.1.3 核查货物的产地及途经地是否为疫区。

6.1.4 用随机的方法进行抽查，开件检查包装物内外部、四周、缝隙等处有无虫。

6.2 抽查件数

按照SN/T 0800.1—1999的规定执行。

7 取样

7.1 取样结合抽查进行。

7.2 每件中抽取的样品不少于100 g,总样品量不少于2 kg,对产地或途经地为疫区的产品应适当加大抽样量。

7.3 发现带虫豆粒作为样品带回实验室检验。

8 检验方法

8.1 表面检验

仔细检查豆粒上是否带有虫卵、成虫羽化孔和半透明的圆形“小窗”,豆内是否有幼虫、蛹和成虫。

8.2 过筛检验

对豆粒过筛,检查筛下物,检查是否有虫危害造成的粉末、排泄物,是否有成虫和老熟幼虫头壳。

8.3 饲养检验

将豆粒样品和可能带虫的豆粒装在玻璃瓶中,放置于室内培养箱(20℃~30℃,相对湿度50%~70%)内,逐日观察是否有成虫出现。

8.4 镜检

8.4.1 将卵、幼虫和成虫置于体视显微镜下直接观察外部形态并测量相关数据。

8.4.2 将成虫若干头置于适量10%氢氧化钾(KOH)或10%氢氧化钠(NaOH)溶液中,水浴加热3 min~5 min后取出,置体视显微镜下解剖,挑出完整的外生殖器制片,置生物显微镜下镜检,如需永久保存可用霍氏封片液封片。

9 形态特征

9.1 瘤背豆象属(*Callosobruchus*)成虫的主要特征(见附录A)

9.1.1 体短小,卵圆形。

9.1.2 头在眼后狭窄,额中间有明显的纵隆脊,触角11节,锯齿状,有的种类雄虫栉齿状。

9.1.3 前胸背板圆锥形,隆起,前端强烈狭窄,侧缘直或略凹,后缘中间有一对长卵圆形的瘤状突起,上覆较密的白毛。

9.1.4 鞘翅有斑纹,臀板弯向下方。

9.1.5 后腿节有两个隆脊,每个隆脊上有一个明显的齿,齿前端凹陷;后跗第一节长于其余各节之和,略弯曲。

9.2 灰豆象的主要特征(见附录B、附录C)

9.2.1 成虫

9.2.1.1 体形及体色:体长2.5 mm~4 mm,卵圆形,体壁黄褐色至暗红色,被灰黄色及暗褐色毛。

9.2.1.2 触角:11节,雌虫锯齿状,雄虫强锯齿状,基部四至五节及末节黄褐色,其余节色暗。

9.2.1.3 前胸背板:赤褐色,中区有两条暗褐色纵纹,近后缘中央有两个并列的瘤突,上面着生白色毛。

9.2.1.4 鞘翅:赤褐色,表皮每一鞘翅中部外侧各有一个半圆形暗色斑,斑内有淡色纵条纹。表面密被大量淡黄色毛,沿翅缝形成一条纵宽带,并在翅的后半部形成一条不清晰的横带。

9.2.1.5 臀板:红褐色,几乎着生均一的淡黄白毛,暗色斑不清晰或全缺。

9.2.1.6 足:后足腿节腹面近端部的内缘齿突大而尖,外缘齿突大而钝。

9.2.1.7 雄性外生殖器:内阳茎的囊区自内向外排列三对骨化板,第一对长形,骨化弱,第二对和第三对骨化强。

9.2.1.8 雌性外生殖器:交配囊外壁近中部有盘状物一对。

9.2.2 卵

椭圆形,扁平,长约0.63 mm,宽约0.37 mm,宽与长的比值为0.52~0.64。

9.2.3 幼虫

体长约3.5 mm,身体肥胖粗壮,背方隆起,向腹方弯曲,呈蛴螬型,胸足退化,除头部外体壁极少骨化。

头缩入前胸，每侧有小眼一个。亚颏骨片不完整，两侧骨化弱。上内唇具缘刚毛四根。额区每侧有刚毛四根，每侧最前的一根刚毛着生于额侧的骨化区。

10 结果判定

10.1 成虫符合9.1和9.2.1，可鉴定为灰豆象。

10.2 卵和幼虫分别符合9.2.2和9.2.3，可作为灰豆象鉴定的参考依据。

附　录　A
（规范性附录）
豆象亚科分属检索表

1　前胸背板横形，侧缘近中部凹入，其前方有一齿突；后足腿节腹面外缘有一齿突；雄中足胫节端部有一齿突或片状突；雄外生殖器囊部仅密生微毛，无骨化板 ……………… 豆象属 *Bruchus*
前胸背板圆锥形，端部狭窄，侧缘直或凸出，无齿突，极少有微齿数个；后足腿节腹面外缘无齿突或内外缘均有齿突；雄中足胫节端部无齿突或片状突；雄外生殖器囊部无密生微毛，有时有骨化板或齿突 ……………………………………………………………………………………… 2

2　前胸背板基部中央纵列一对有白毛的长形瘤突，瘤突间呈沟状；后足腿节腹面内外缘均有一明显齿突 …………………………………………………………… 瘤背豆象属 *Callosobruchus*
前胸背板基部中央无上述瘤突；后足腿节腹面外缘无齿突 ………………………………………… 3

3　后足腿节腹面内缘有大齿突一个及小齿突一至三个；雄外生殖器囊部端部无附生物 ………… 4
后足腿节腹面内缘无齿突或仅有一小齿突；雄外生殖器囊部端部有各种附生物 ……………… 5

4　前胸背板基部有侧纵隆脊一对或一对以上 ………………………… 脊背豆象属 *Specularius*
前胸背板基部扁平或略隆起，无明显纵隆脊 …………………… 三齿豆象属 *Acanthoscelides*

5　后足腿节腹面呈沟状，内缘无齿突 ……………………………… 沟足豆象属 *Sulcobruchus*
后足腿节腹面不呈沟状，或呈沟状而内缘有一小齿突 …………………………………………… 6

6　腿节细；后足腿节腹面不呈沟状，内缘有或无一小齿突 ………… 锥胸豆象属 *Conicobruchus*
腿节粗；后足腿节腹面呈沟状，内缘有一小齿突，极少无齿突或在小齿突端部另有微齿一至二个 …………………………………………………………………… 多型豆象属 *Bruchidius*

（引自陈耀溪《仓库害虫》）

附　录　B
（规范性附录）
瘤背豆象属分种检索表

1　背面表皮全部黑色 …………………………………………………………………………………… 2
背面表皮大部分黄褐色、赤褐色、黑褐色或黑色 ………………………………………………… 3
2　前胸背板和鞘翅有灰白毛，其间杂生黄褐或赤褐色小毛斑；臀板赤褐色或黄褐色 ………………………………………………………………………………… 野葛豆象　*ademptus*
前胸背板后部和鞘翅基半部密生白毛，其余部分密生黑毛，鞘翅基半部的白毛沿内缘向后伸入黑色毛间；臀板黑色 …………………………………………………… 白毛瘤背豆象　*albobasalis*
3　鞘翅第二、四、六、八间室各有细长黑色斑点二至三个 ………………………… 木豆象　*cajanis*
鞘翅毛斑不如上述 ………………………………………………………………………………… 4
4　雄性外生殖器囊部有骨化板二对 ……………………………………………… 可可豆象　*theobromae*
雄性外生殖器囊部有骨化板一对或三对 …………………………………………………………… 5
5　鞘翅全部黄褐到赤褐色，或基部、中部、端部自侧缘至内缘呈宽阔的暗赤褐色、黑褐色或黑色 … 6
鞘翅端部及肩部小部分黑色、其余黄褐色，或中部自侧缘至三至五间室亦黑色 ……………… 7
6　雄性触角栉状，雌性锯齿状；后足腿节腹面内缘齿突长而直，两侧近平行，与腿节纵轴近垂直；阳基侧突端部有刚毛约15根；外阳茎瓣箭头状，两侧各有刚毛三根为一列；内阳茎内基半部有多量小刺突 ………………………………………………………………………… 绿豆象　*chinensis*
两性触角均锯齿状；后足腿节腹面内缘齿突短而钝；阳基侧突端部有刚毛九根；外阳茎瓣三角形，两侧在端部与基部中间各有一刚毛；内阳茎内无刺突 ……… 罗得西亚豆象　*rhodesianus*
7　雄性触角栉状，雌性锯齿状；触角基部四节和末节黄赤色，其余黑色；内阳茎囊部有骨化板三对 ………………………………………………………………………………… 灰豆象　*phaseoli*
两性触角强或弱锯齿状；全部黄赤色或第一至第三节、第一至第四节、第三至第五节黄赤色、黄褐色，其余黑色；内阳茎囊部有骨化板1对 …………………………………………………… 8
8　小盾片上生不显著的金黄色毛；后足腿节腹面内缘的齿突极小或全缺，沿内缘基部五分之三有多量小齿突 …………………………………………………………………… 鹰嘴豆象　*analis*
小盾片上生白毛；后足腿节腹面内缘有一显著齿突，基部无小齿突 ………………………… 9
9　雌性前胸背板散生白毛斑；雄性臀板暗褐色，主要为白毛，混杂金黄色毛；后足腿节腹面内缘齿突大而弯曲；体长4.5 mm～5.5 mm ………………………………… 南非豆象　*subinnotatus*
雌性前胸背板全部为金黄色毛；雄性臀板黑色或两侧黄褐色而中纵纹黑色，着生淡黄褐色或灰色毛；后足腿节腹面内缘齿突尖而长，不弯曲；体长2.5 mm～3.5 mm…四纹豆象　*quadrimaculatus*

（引自陈耀溪《仓库害虫》）

附 录 C
(规范性附录)
灰豆象成虫鉴别特征图

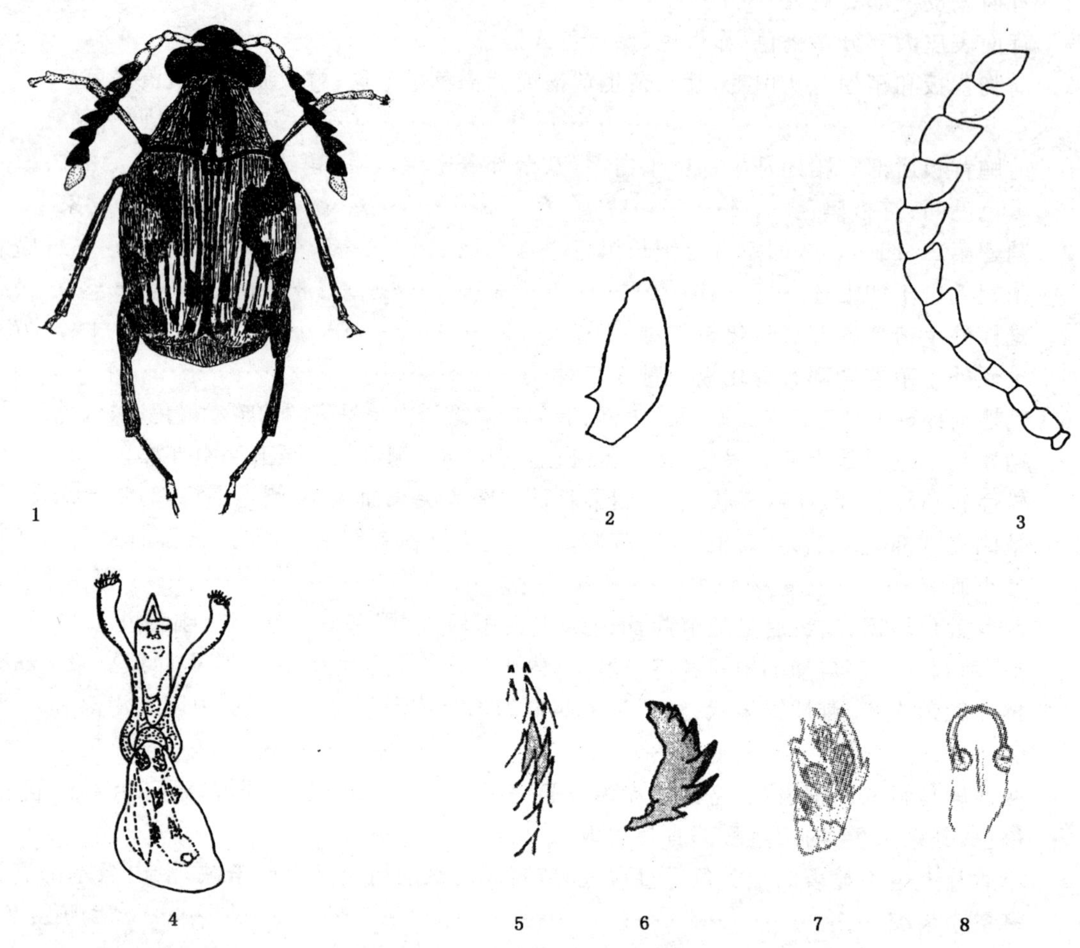

1——成虫全体；
2——后足腿节；
3——雌成虫触角；
4——雄外生殖器；
5——雄外生殖器第一对骨片；
6——雄外生殖器第两对骨片；
7——雄外生殖器第三对骨片；
8——雌交配囊。
(1、3 引张生芳；5、6、7、8 仿 Mukerji 与 Chatterjee)

图 C.1

中华人民共和国出入境检验检疫行业标准

SN/T 1452—2004

鹰嘴豆象检疫鉴定方法

Methods for the quarantine and identification on *Callosobruchus analis* (Fabricious)

2004-06-01 发布　　2004-12-01 实施

中华人民共和国国家质量监督检验检疫总局　发布

前　言

本标准的附录A、附录B、附录C均为规范性附录。

本标准由国家认证认可监督管理委员会提出并归口。

本标准由中华人民共和国云南出入境检验检疫局负责起草。

本标准主要起草人：寸东义、刘忠善、丁元明、王龙文。

鹰嘴豆象检疫鉴定方法

1 范围

本标准规定了进出境植物检疫中对鹰嘴豆象的检疫和鉴定方法。

本标准适用于进出境豆类中鹰嘴豆象的检疫和鉴定。

2 规范性引用文件

下列文件中的条款通过本标准的引用而成为本标准的条款。凡是注日期的引用文件，其随后所有的修改单(不包括勘误的内容)或修订版均不适用于本标准，然而，鼓励根据本标准达成协议的各方研究是否可使用这些文件的最新版本。凡是不注日期的引用文件，其最新版本适用于本标准。

SN/T 0800.1—1999 进出口粮油、饲料检验 抽样和制样方法

3 原理

3.1 鹰嘴豆象 *Callosobruchus analis* (Fabricious)属鞘翅目(Coleoptera)、豆象科(Bruchidae)、瘤背豆象属(*Callosobruchus*)。该虫为害多种豆类的种子，成虫将卵产在豆粒表面，卵孵化后，幼虫咬破卵壳蛀入豆粒内，幼虫共四龄，在豆粒内完成发育并在其中化蛹，羽化时成虫顶破豆粒上的羽化孔盖而出。成虫善飞，但远距离传播主要通过其寄主豆类种子的运输进行。

3.2 鹰嘴豆象的生物学习性及形态特征为制定其鉴定方法提供了依据。

4 仪器及用具

体视显微镜、生物显微镜、测微尺、指形管、样品筛、白瓷盘、解剖刀、解剖针、镊子、载玻片、盖玻片、吸管、小毛笔、标签、吸水纸、玻璃瓶、培养箱、小烧杯、酒精灯。

5 试剂及溶液配制

5.1 10%氢氧化钾(KOH)或10%氢氧化钠(NaOH)溶液。

5.2 霍氏封片液：将30 g阿拉伯胶加入50 mL蒸馏水中，水浴加热，待胶完全溶解后，逐渐加入200 g水合三氯乙醛，边加边搅拌均匀，最后加入20 mL甘油调匀。60℃温箱中放置24 h，用洁净玻璃棉及纱布过滤，黑暗中保存备用。

6 抽查

6.1 一般要求

6.1.1 抽查在现场进行。

6.1.2 抽查前应对待检豆类的有关单证、产地、包装、唛头、品种、数量进行核实。

6.1.3 核查货物的产地及途经地是否为疫区。

6.1.4 用随机的方法进行抽查，开件检查包装物内外部、四周、缝隙等处有无虫。

6.2 抽查件数

按照SN/T 0800.1—1999的规定执行。

7 取样

7.1 取样结合抽查进行。

7.2 每件中抽取的样品不少于 100 g,总样品量不少于 2 kg,对产地或途经地为疫区的产品应适当加大抽样量。

7.3 发现带虫豆粒作为样品带回检疫实验室检验。

8 检验方法

8.1 表面检验

仔细检查豆粒上是否带有虫卵、成虫羽化孔和半透明的圆形“小窗”,豆内是否有幼虫、蛹和成虫。

8.2 过筛检验

对豆粒过筛,检查筛下物,检查是否有虫危害造成的粉末、排泄物,是否有成虫和老熟幼虫头壳。

8.3 饲养检验

将豆粒样品和可能带虫的豆粒装在玻璃瓶中,放置于室内培养箱(20℃～30℃,相对湿度 50%～70%)内,逐日观察是否有成虫出现。

8.4 镜检

8.4.1 将卵、幼虫和成虫置于体视显微镜下直接观察外部形态并测量相关数据。

8.4.2 将成虫若干头置于适量 10%氢氧化钾(KOH)或 10%氢氧化钠(NaOH)溶液中,水浴加热 3 min～5 min后取出,置体视显微镜下解剖,挑出完整的外生殖器制片,置生物显微镜下镜检,如需永久保存可用霍氏封片液封片。

9 形态特征

9.1 瘤背豆象属(*Callosobruchus*)成虫的主要特征(见附录 A)

9.1.1 体短小,卵圆形。

9.1.2 头在眼后狭窄,额中间有明显的纵隆脊,触角 11 节,锯齿状,有的种类雄虫栉齿状。

9.1.3 前胸背板圆锥形,隆起,前端强烈狭窄,侧缘直或略凹,后缘中间有一对长卵圆形的瘤状突起,上覆较密的白毛。

9.1.4 鞘翅有斑纹,臀板弯向下方。

9.1.5 后腿节有两个隆脊,每个隆脊上有一个明显的齿,齿前端凹陷;后跗第一节长于其余各节之和,略弯曲。

9.2 鹰嘴豆象的主要特征(见附录 B、附录 C)

9.2.1 成虫

9.2.1.1 体形:体长 2.5 mm～4 mm,卵圆形,体壁黄褐色至暗红色,被灰黄色及暗褐色毛。

9.2.1.2 触角:11 节,雌虫弱锯齿状。

9.2.1.3 前胸背板:黄褐至暗褐色,金黄色毛极少,近后缘中央有两个并列的瘤突,上面着生白色毛。

9.2.1.4 鞘翅:赤褐色,长约为宽的两倍,每鞘翅中部和后部各有一黑斑,两黑斑在鞘翅的外缘相连,其间有一椭圆形白毛斑。

9.2.1.5 臀板:黑色,雄虫臀板与体轴近垂直,雌虫臀板倾斜,具有一白色纵毛带。

9.2.1.6 后足腿节:外缘脊上的端齿尖,内缘脊上的端齿小或缺,与同属其他种类相比明显弱小。

9.2.1.7 雄性外生殖器:阳茎侧突端部着生刚毛 10 余根;内阳茎端部的骨化区呈矩形,端部不凹入;囊区有 2 个椭圆形的骨化板。

9.2.2 卵

椭圆形,扁平,长约 0.63 mm,宽约 0.41 mm。

9.2.3 幼虫

老熟幼虫长约 3.6 mm～4 mm,宽 1.9 mm～2.0 mm。足退化,身体弯曲呈“C”形,淡黄白色。

头圆形,两侧及后面骨化较强;有小眼一对;额区每侧有刚毛三根,排成弧形,具感觉窝一对。上唇卵圆形，基部骨化，前缘有多数细刺及四根长的亚缘刚毛，基部每侧有一根刚毛和一个感觉窝。上内唇中部有两对短刚毛，稍弯曲，前缘有四根缘刚毛。前颏具一圆形骨片，前端呈双叶状，在凹缘两侧各有一根短刚毛；唇舌有一对感觉窝。

前、中、后胸节上的环纹数分别为3、2、3。足三节。

腹部一至八节上各有环纹两条，第九至十节上各有环纹一条。气门环形。

10 结果判定

10.1 凡成虫形态符合9.1和9.2.1所有特征，可鉴定为鹰嘴豆象。

10.2 卵和幼虫形态特征可为鉴定提供参考。

附 录 A
（规范性附录）
豆象亚科分属检索表

1 前胸背板横形，侧缘近中部凹入，其前方有一齿突；后足腿节腹面外缘有一齿突；雄中足胫节端部有一齿突或片状突；雄外生殖器囊部仅密生微毛，无骨化板 ……………… 豆象属 *Bruchus*

前胸背板圆锥形，端部狭窄，侧缘直或凸出，无齿突，极少有微齿数个；后足腿节腹面外缘无齿突或内外缘均有齿突；雄中足胫节端部无齿突或片状突；雄外生殖器囊部无密生微毛，有时有骨化板或齿突 ……………………………………………………………………………………… 2

2 前胸背板基部中央纵列一对有白毛的长形瘤突，瘤突间呈沟状；后足腿节腹面内外缘均有一明显齿突 ……………………………………………………………… 瘤背豆象属 *Callosobruchus*

前胸背板基部中央无上述瘤突；后足腿节腹面外缘无齿突 ……………………………………… 3

3 后足腿节腹面内缘有大齿突一个及小齿突一至三个；雄外生殖器囊部端部无附生物………… 4

后足腿节腹面内缘无齿突或仅有一小齿突；雄外生殖器囊部端部有各种附生物………………… 5

4 前胸背板基部有侧纵隆脊一对或一对以上 ………………………… 脊背豆象属 *Specularius*

前胸背板基部扁平或略隆起，无明显纵隆脊 …………………… 三齿豆象属 *Acanthoscelides*

5 后足腿节腹面呈沟状，内缘无齿突 ………………………………… 沟足豆象属 *Sulcobruchus*

后足腿节腹面不呈沟状，或呈沟状而内缘有一小齿突……………………………………………… 6

6 腿节细；后足腿节腹面不呈沟状，内缘有或无一小齿突 ………… 锥胸豆象属 *Conicobruchus*

腿节粗；后足腿节腹面呈沟状，内缘有一小齿突，极少无齿突或在小齿突端部另有微齿一至二个 …………………………………………………………………… 多型豆象属 *Bruchidius*

（引自 陈耀溪《仓库害虫》）

附 录 B
（规范性附录）
瘤背豆象属分种检索表

1 背面表皮全部黑色 …………………………………………………………………………………… 2
背面表皮大部分黄褐色、赤褐色、黑褐色或黑色 ……………………………………………… 3
2 前胸背板和鞘翅有灰白毛，其间杂生黄褐或赤褐色小毛斑；臀板赤褐色或黄褐色
…………………………………………………………………………… 野葛豆象 *ademptus*
前胸背板后部和鞘翅基半部密生白毛，其余部分密生黑毛，鞘翅基半部的白毛沿内缘向后伸入黑色毛间；臀板黑色 ……………………………………………… 白毛瘤背豆象 *albobasalis*
3 鞘翅第二、四、六、八间室各有细长黑色斑点二至三个 ……………………… 木豆象 *cajanis*
鞘翅毛斑不如上述 …………………………………………………………………………… 4
4 雄性外生殖器囊部有骨化板两对 …………………………………………… 可可豆象 *theobromae*
雄性外生殖器囊部有骨化板一对或三对 ………………………………………………………… 5
5 鞘翅全部黄褐到赤褐色，或基部、中部、端部自侧缘至内缘呈宽阔的暗赤褐色、黑褐色或黑色
……………………………………………………………………………………………… 6
鞘翅端部及肩部小部分黑色、其余黄褐色，或中部自侧缘至三至五间室亦黑色 ……………… 7
6 雄性触角栉状，雌性锯齿状；后足腿节腹面内缘齿突长而直，两侧近平行，与腿节纵轴近垂直；阳基侧突端部有刚毛约15根；外阳茎瓣箭头状，两侧各有刚毛三根为一列；内阳茎内基半部有多量小刺突 …………………………………………………………………… 绿豆象 *chinensis*
两性触角均锯齿状；后足腿节腹面内缘齿突短而钝；阳基侧突端部有刚毛九根；外阳茎瓣三角形，两侧在端部与基部中间各有一刚毛；内阳茎内无刺突 ……… 罗得西亚豆象 *rhodesianus*
7 雄性触角栉状，雌性锯齿状；触角基部四节和末节黄赤色，其余黑色；内阳茎囊部有骨化板三对
…………………………………………………………………………… 灰豆象 *phaseoli*
两性触角强或弱锯齿状；全部黄赤色或第一至第三节、第一至第四节、第三至第五节黄赤色、黄褐色，其余黑色；内阳茎囊部有骨化板一对 …………………………………………………… 8
8 小盾片上生不显著的金黄色毛；后足腿节腹面内缘的齿突极小或全缺，沿内缘基部五分之三有多量小齿突 ………………………………………………………………… 鹰嘴豆象 *analis*
小盾片上生白毛；后足腿节腹面内缘有一显著齿突，基部无小齿突 ……………………………… 9
9 雌性前胸背板散生白毛斑；雄性臀板暗褐色，主要为白毛，混杂金黄色毛；后足腿节腹面内缘齿突大而弯曲；体长4.5 mm～5.5 mm ………………………… 南非豆象 *subinnotatus*
雌性前胸背板全部为金黄色毛；雄性臀板黑色或两侧黄褐色而中纵纹黑色，着生淡黄褐色或灰色毛；后足腿节腹面内缘齿突尖而长，不弯曲；体长2.5 mm～3.5 mm…四纹豆象 *quadrimaculatus*

（引自 陈耀溪《仓库害虫》）

附 录 C
（规范性附录）
鹰嘴豆象成虫及部分分类特征图

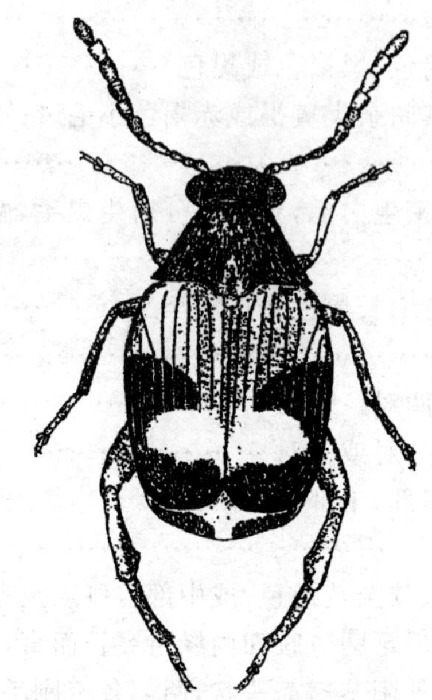

图 C.1 鹰嘴豆象成虫图

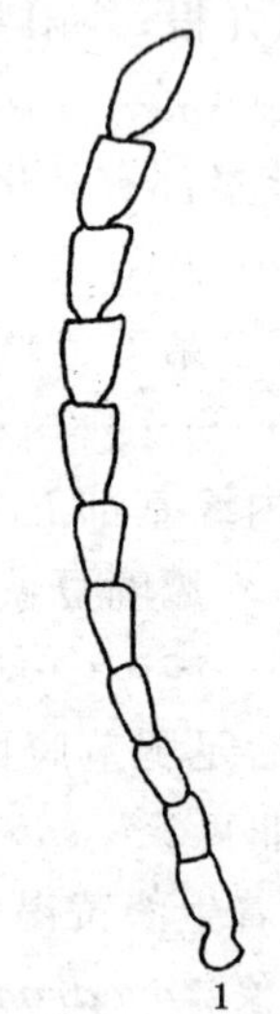

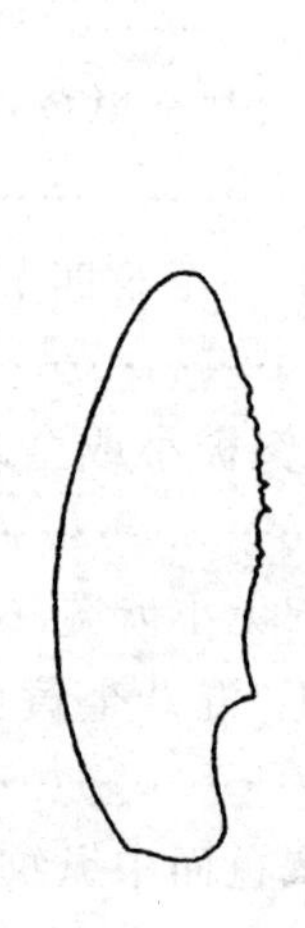

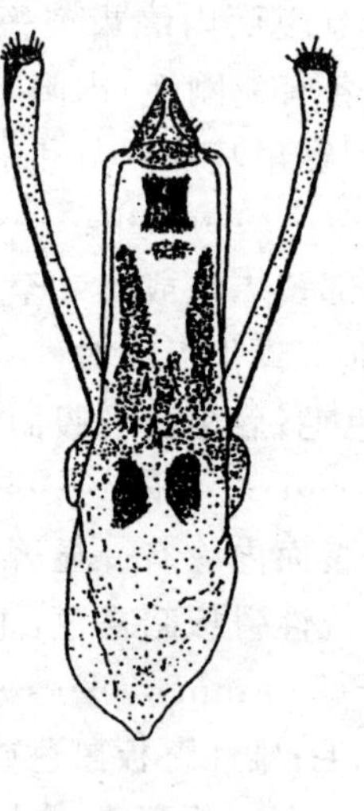

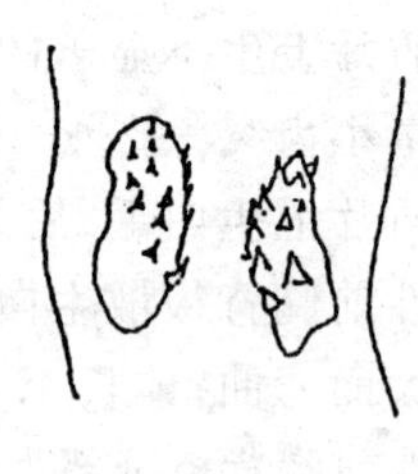

1——触角；

2——后足腿节(示内缘齿)；

3——雄虫外生殖器；

4——内阳茎囊部骨化板。

(以上图形仿张生芳、刘永平等《中国储藏物甲虫》)

图 C.2 鹰嘴豆象的部分结构特征

中华人民共和国出入境检验检疫行业标准

SN/T 1483.1—2004

高粱瘿蚊检疫鉴定方法

Methods for quarantine and identification of sorghum midge

（*Contarinia sorghicola* Coquillett.）

2004-11-17 发布　　2005-04-01 实施

中华人民共和国国家质量监督检验检疫总局　发布

前　言

本标准的附录A为资料性附录。

本标准由国家认证认可监督管理委员会提出并归口。

本标准起草单位：中华人民共和国重庆出入境检验检疫局。

本标准主要起草人：江兴培、吴德荣、宋定明、陈异林、张斌。

本标准系首次发布的出入境检验检疫行业标准。

高梁瘿蚊检疫鉴定方法

1 范围

本标准规定了高粱瘿蚊 *Contarinia sorghicola* Coquillett 检疫和鉴定方法。

本标准适用于高粱瘿蚊的检疫和鉴定。

2 术语和定义

下列术语和定义适用于本标准。

2.1

体长 body length

通常以翅基的弓脉至翅顶的长度表示瘿蚊成虫体长。

2.2

围蛹 puparia

高粱瘿蚊的蛹包裹在其最后一龄幼虫脱皮形成的茧状结构中，又称伪茧。

2.3

翅顶 wing apex

瘿蚊成虫翅的外缘离翅基最远端(参见附录 A 图 A.5)。

2.4

端爪 apical claw

瘿蚊雄成虫外生殖器抱器端节端部的梳状结构。

2.5

二结双环型 binode and bifilar

瘿蚊雄虫触角鞭节中部和端部缢缩为二结状，各结具一轮环丝(参见附录 A 图 A.2)。

3 原理

高粱瘿蚊隶属双翅目(Diptera)瘿蚊科(Cecidomyiidae)康瘿蚊属(*Contarinia*)，是我国规定的二类检疫性有害生物，主要危害高粱属植物如高粱、甜高粱、帚高粱、假高粱、约翰生草、苏丹草等。成虫产卵于正在开花抽穗的寄主植物内颖和颖壳内。幼虫吮吸种子幼胚汁液，造成瘪粒、秕粒。幼虫在寄主植物小穗颖壳内作一薄茧越冬，可休眠 3 年之久。此虫主要以幼虫休眠体随寄主植物种子(包括高粱类粮食)、带穗头的寄主植物远距离传播。

高粱瘿蚊成虫形态特征与其近缘种不同，是分类鉴定的形态学基础。

4 仪器及试剂

4.1 生物显微镜、体视显微镜、干燥箱。

4.2 解剖针、镊子、0 号毛笔、标签、白瓷盘、培养皿、烧杯、酒精灯、载玻片、盖玻片、吸管、医用纱布、胶圈、养虫瓶。

4.3 80%乙醇溶液、95%乙醇溶液、无水乙醇、10%氢氧化钾溶液、冰乙酸、二甲苯、苯酚、丁香油、加拿大树胶。

5 检疫方法

5.1 肉眼检查

解剖来自疫区的高粱属植物种子、高粱类粮食、饲料高粱样品，检查有无休眠幼虫。

5.2 X 光检查

在 X 光下透视，受高粱瘿蚊危害的高粱籽粒图像模糊不清，健康高粱籽粒图像清晰。

5.3 淘水法检查

用水浸渍高粱类粮食、种子，漂浮出带有休眠幼虫的高粱籽粒。

5.4 培养检查

口岸截获的高粱瘿蚊标本一般为老熟幼虫或蛹。将老熟幼虫或蛹放入养虫瓶内，用滤纸保湿。置于 25℃～30℃的条件下即可饲养出成虫。成虫羽化后，须用 0 号毛笔醮取 80％乙醇溶液，轻轻“粘住”成虫，移入 80％乙醇溶液中保存，即可获得完整的高粱瘿蚊成虫标本。

6 玻片标本制备

6.1 从 80％乙醇保存液中的成虫标本上取下一翅置于显微载玻片上，滴一滴加拿大树胶，封片即成翅脉标本。

6.2 用 10％氢氧化钾溶液浸渍标本，或短时加热(100℃下处理 2 min～5 min)，或长时冷处理(在 80％乙醇溶液里保存 6 个月以上的标本要浸渍 12 h 以上)。处理过程中观察到标本软化而且部分透明时即停止。

6.3 将标本轻轻移入培养皿中，用微针轻轻挤压腹腔内容物，若觉仍然坚硬，应继续浸渍一会。

6.4 将标本转入蒸馏水中 5 min～10 min，加几滴冰乙酸中和剩余的碱性。

6.5 将标本移入 95％乙醇溶液 5 min，并轻轻挤压除去残留的水分。

6.6 转入无水乙醇彻底脱水。

6.7 转入苯酚和二甲苯混和液(一份苯酚，三份二甲苯)透明，透明过程应在 5 min 内完成，任何不透明结构的存在都表明：浸渍时间不够或脱水不彻底或两者兼而有之。

6.8 转入无水乙醇中清洗，然后移入丁香油中最后透明和解剖。把成虫解剖成头、胸(具足)和腹三段。整姿时，头正面朝上，触角披向两边；腹部背面朝上，对称地展示雄性外生殖器和雌虫产卵管；胸部侧面向上，使足和剩下的另一翅展示出来。在载有翅的载玻片上再用三块小圆盖片(7 mm～10 mm)分别盖住三段。

6.9 完整地贴上标签，放置在 35℃的干燥箱内干燥 5 d。

7 鉴定特征

7.1 康瘿蚊属(*Contarinia*)成虫的主要形态特征

7.1.1 体黄色或浅白色，稀红色。

7.1.2 下颚须四节，稀三节。

7.1.3 复眼背面愈合。

7.1.4 触角 14 节；雄蚊鞭节各结大小相等，中茎和端颈较长；雌蚊鞭节各节圆柱形，具短端颈。

7.1.5 雄蚊外生殖器抱器端节稍狭，肛下板深裂；雌蚊产卵器长，可伸缩，肛尾叶一对，端部逐渐变细。

7.2 高粱瘿蚊成虫的主要形态特征

7.2.1 体型

体中型，长约 2 mm，雌蚊略大于雄蚊。

7.2.2 体色

颜面黄色；复眼黑色；触角淡褐色；胸腹部除背板和腹板黑色外，其余部分红色；翅灰色透明，足淡褐色。

7.2.3 下颚须

下颚须四节，稀三节(参见附录 A 图 A.1)。

7.2.4 触角

7.2.4.1 雄蚊触角

与体等长，鞭节二结双环型，第三鞭节中茎和端颈长为宽的 1.5 倍，鞭节端节的基结近球形，中茎较短，端结阔卵形(参见附录 A 图 A.2)。

7.2.4.2 雌蚊触角

长为体长的一半，鞭节圆柱形，端颈短，环丝贴生，具二轮刚毛，第三鞭节长为宽的 2.5 倍，第一鞭节与第二鞭节只在背面愈合，以后各节依次逐渐缩短，端节基部三分之一处稍缢缩，端部三分之一处膨大而末端狭圆(参见附录 A 图 A.3)。

7.2.5 跗爪

细长，简单无齿，中部以后近直角状弯曲(参见附录 A 图 A.4)。

7.2.6 爪间突

爪间突短于爪长(参见附录 A 图 A.4)。

7.2.7 外生殖器

7.2.7.1 雄蚊外生殖器

肛上板、肛下板深裂；肛上板较宽，端部中央凹凸呈 V 形，裂叶阔圆；肛下板端部中央凹口呈 U 形；抱器端节至少基部三分之二具细毛(参见附录 A 图 A.6)。

7.2.7.2 雌蚊产卵器

产卵器极长，超过体长，可伸缩；肛尾叶分离，端半部被刺状毛(参见附录 A 图 A.7)。

8 结果判定

以成虫形态特征为依据，符合上述形态特征可鉴定为高粱瘿蚊。

附　录　A
(资料性附录)
高粱瘿蚊成虫形态特征图

图 A.1

图 A.2

图 A.3

图 A.4

图 A.5

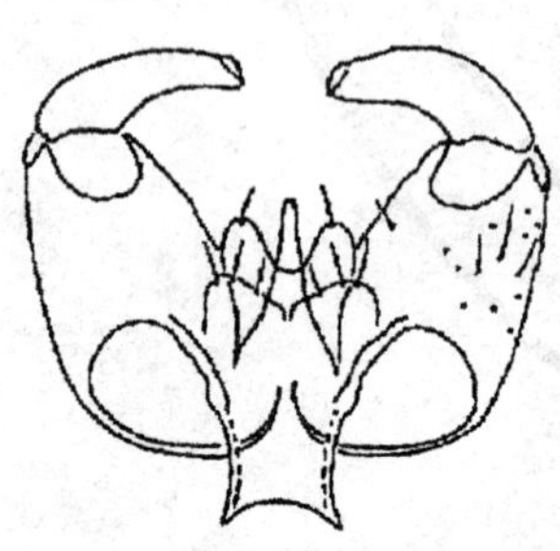
图 A.6

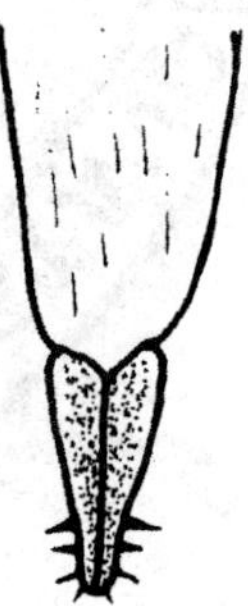
图 A.7

中华人民共和国出入境检验检疫行业标准

SN/T 1483.2—2004

黑森瘿蚊检疫鉴定方法

Methods for quarantine and identification of hessian fly
（*Mayetiola destructor* Say）

2004-11-17 发布　　　　2005-04-01 实施

中华人民共和国国家质量监督检验检疫总局　发布

前　言

本标准的附录A为资料性附录。

本标准由国家认证认可监督管理委员会提出并归口。

本标准起草单位：中华人民共和国重庆出入境检验检疫局。

本标准主要起草人：江兴培、吴德荣、宋定明、陈异林、张斌。

本标准系首次发布的出入境检验检疫行业标准。

黑森瘿蚊检疫鉴定方法

1 范围

本标准规定了黑森瘿蚊 *Mayetiola destructot* Say 检疫和鉴定方法。

本标准适用于黑森瘿蚊检疫和鉴定。

2 术语和定义

下列术语和定义适用于本标准。

2.1

体长 body length

通常以翅基的弓脉至翅顶的长度表示瘿蚊成虫体长。

2.2

围蛹 pupar ia

黑森瘿蚊的蛹包裹在其最后一龄幼虫脱皮形成的茧状结构中,又称伪茧。

2.3

翅顶 wing apex

瘿蚊成虫翅的外缘离翅基最远端。

2.4

后缘毛 caudal setae

瘿蚊成虫腹部背板各节后缘的一排刚毛。

2.5

端爪 apical claw

瘿蚊雄成虫外生殖器抱器端节端部的梳状结构。

3 原理

黑森瘿蚊隶属双翅目(Diptera)瘿蚊科(Cecidomyiidae)喙瘿蚊属(*Mayetiola*),是世界各国关注的检疫性有害生物,主要危害小麦、大麦、黑麦和冰草属植物。成虫产卵于小麦等禾本科植物叶片正面两叶脉之间。幼虫在茎与叶鞘之间吮吸汁液。蛹为围蛹,位于植株叶鞘基部。此虫主要以围蛹随麦类粮食、种子、麦秆、麦秸制品、禾本科饲草、包装物、填充物及其运输工具等远距离传播。

黑森瘿蚊成虫形态特征与其近缘种不同,是分类鉴定的形态学基础。

4 仪器及试剂

4.1 生物显微镜、体视显微镜、干燥箱。

4.2 解剖针、镊子、0 号毛笔、标签、培养皿、烧杯、酒精灯、载玻片、盖玻片、吸管、医用纱布、胶圈、养虫瓶。

4.3 80%乙醇溶液、95%乙醇溶液、无水乙醇、10%氢氧化钾溶液、冰乙酸、二甲苯、苯酚、丁香油、加拿大树胶。

5 检疫方法

5.1 过筛检查

对来自疫区的麦类作物种子、粮食过筛，检查筛上物及筛下物是否混有黑森瘿蚊的围蛹。将可疑虫体带回室内培养鉴定。

5.2 肉眼检查

对来自疫区的打捆干草、麦杆、麦秸制品以及禾本科植物包装、铺垫材料等，着重检查根部及近根部各节叶鞘内有无黑森瘿蚊幼虫及“亚麻籽”状围蛹。将可疑虫体带回室内培养鉴定。

5.3 室内培养

口岸截获的黑森瘿蚊标本一般为老熟幼虫或围蛹。将老熟幼虫或围蛹放入养虫瓶内，用滤纸保湿。置于25℃～30℃的条件下即可饲养出成虫。成虫羽化后，用0号毛笔醮取80%乙醇溶液，轻轻“粘住”成虫，移入80%乙醇溶液中保存，即可获得完整的黑森瘿蚊成虫标本。

6 玻片标本制备

6.1 从80%乙醇保存液中的成虫标本上取下一翅置于显微载玻片上，滴一滴加拿大树胶，封片即成翅脉标本。

6.2 用10%氢氧化钾溶液浸渍标本，或短时加热(100℃下处理2 min～5 min)，或长时冷处理(在80%乙醇溶液里保存6个月以上的标本要浸渍12 h以上)。处理过程中观察到标本软化而且部分透明时即停止。

6.3 将标本轻轻移入培养皿中，用微针轻轻挤压腹腔内容物，若觉仍然坚硬，应继续浸渍一会。

6.4 将标本转入蒸馏水中5 min～10 min，加几滴冰乙酸中和剩余的碱性。

6.5 将标本移入95%乙醇溶液5 min，并轻轻挤压除去残留的水分。

6.6 转入无水乙醇彻底脱水。

6.7 转入苯酚和二甲苯混和液(一份苯酚，三份二甲苯)透明，透明过程应在5 min内完成，任何不透明结构的存在都表明：浸渍时间不够或脱水不彻底或两者兼而有之。

6.8 转入无水乙醇中清洗，然后移入丁香油中最后透明和解剖。把成虫解剖成头、胸(具足)和腹三段。整姿时，头正面朝上，触角披向两边；腹部背面朝上，对称地展示雄性外生殖器和雌虫产卵管；胸部侧面向上，使足和剩下的另一翅展示出来。在载有翅的载玻片上再用三块小圆盖片(7 mm～10 mm)分别盖住三段。

6.9 完整地贴上标签，放置在35℃的干燥箱内干燥5 d。

7 鉴定特征

7.1 喙瘿蚊属(*Mayetiola* Kieffer)成虫的主要形态特征

7.1.1 下颚须四节。

7.1.2 触角至少14节以上，雄蚊鞭节端颈显著(参见附录A图A.2)，雌蚊通常无端颈(参见附录A图A.3)。

7.1.3 径脉R_5脉较长，通常为翅长的五分之四或更长，径脉R_5脉与前缘脉C脉在翅顶相接(参见附录A图A.4)。

7.1.4 跗爪具齿。

7.1.5 爪间突较跗爪长得多。

7.1.6 腹部第二节至第六节背板后缘毛中间不连续。

7.1.7 雄蚊外生殖器肛上板裂叶端部圆形，抱器端节端爪狭而尖。雌蚊产卵器锥形，质软。

7.2 黑森瘿蚊成虫的主要形态特征

7.2.1 体色

雄虫黑灰色至淡黄色；雌虫橘红色或红褐色，腹部具黑斑。

7.2.2 触角

雄虫触角17节～20节；雌蚊触角16节～18节；环丝贴生。

7.2.3 下颚须

下颚须四节(参见附录A图A.1)。

7.2.4 翅

翅被烟黑色鳞片，鳞片较狭。

7.2.5 足

足背面密被黑色鳞片，鳞片较宽。

7.2.6 跗爪

跗爪具单齿，端部三分之一弯曲(参见附录A图A.5)。

7.2.7 爪间突

爪间突显著长于跗爪(参见附录A图A.5)。

7.2.8 雌虫腹部背板

第六节背板显著横阔；第七节背板前部三分之一两侧突出。第八节背板显著楔形(参见附录A图A.7)。

7.2.9 外生殖器

7.2.9.1 雄蚊外生殖器

肛上板短于肛下板，深凹，刻点稀疏；抱器端节长宽比为4∶1，端爪梳齿状(参见附录A图A.6)。

7.2.9.2 雌蚊外生殖器

产卵器锥状，可伸缩，稀被微毛；肛尾叶卵圆形，密被微毛(参见附录A图A.7)。

8 结果判定

以成虫形态特征为依据，符合上述形态特征可鉴定为黑森瘿蚊。

附　录　A
（资料性附录）
黑森瘿蚊成虫形态特征图

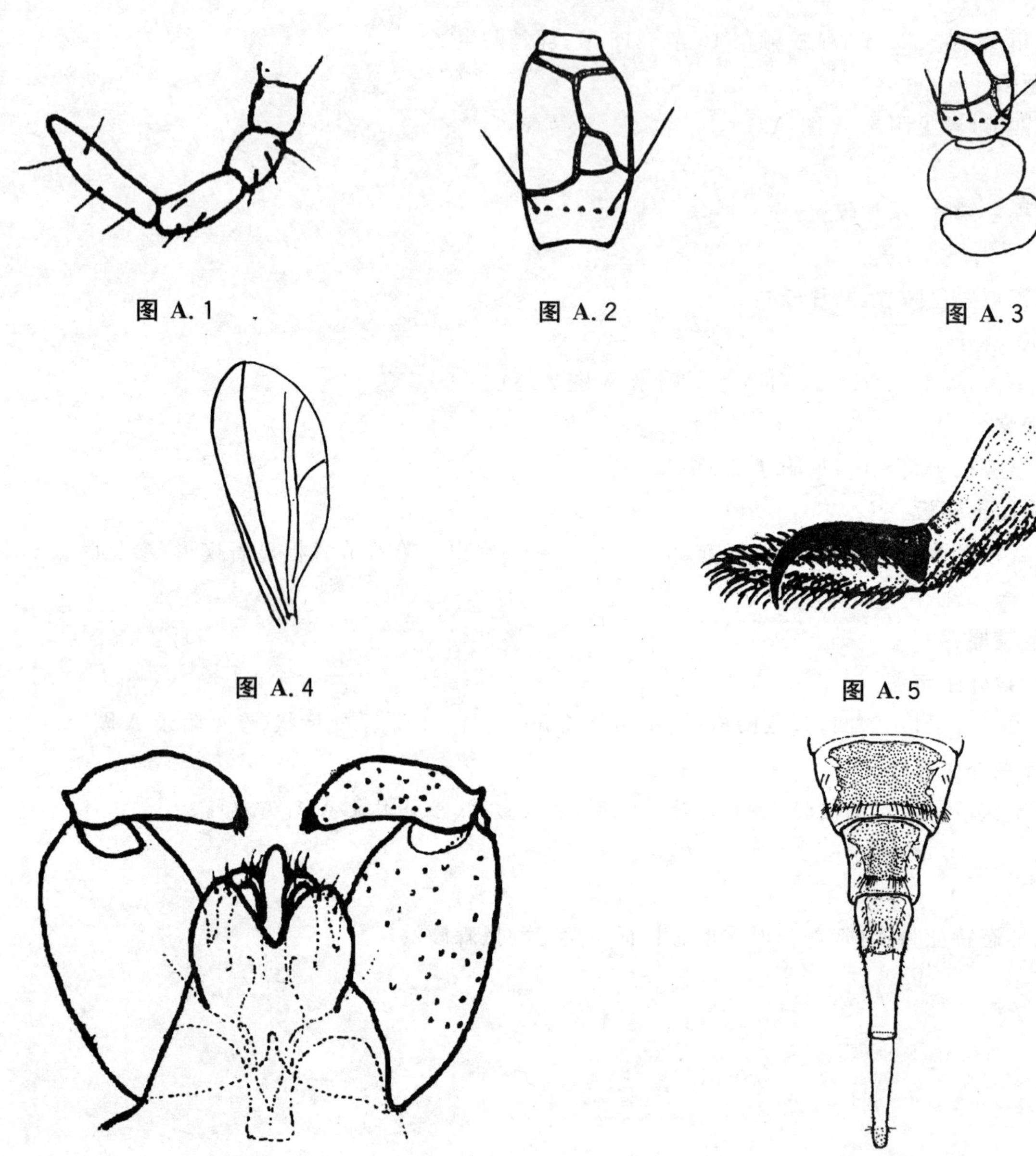

图 A.1　图 A.2　图 A.3

图 A.4　图 A.5

图 A.6　图 A.7

中华人民共和国出入境检验检疫行业标准

SN/T 1493—2004

剑麻象甲检疫鉴定方法

Methods of quarantine identification of *Scyphophorus acupunctatus* Gyllenhal

2004-11-17 发布　　　　2005-04-01 实施

中华人民共和国
国家质量监督检验检疫总局　发布

前 言

本标准的附录 A 为资料性附录。

本标准由国家认证认可监督委员会提出并归口。

本标准起草单位:中华人民共和国厦门出入境检验检疫局。

本标准主要起草人:林振基、方元炜、庞金、刘启斌。

本标准系首次发布的出入境检验检疫行业标准。

剑麻象甲检疫鉴定方法

1 范围

本标准规定了剑麻象甲(*Scyphophorus acupunctatus* Gyllenhal)的检疫鉴定方法。

本标准适用于剑麻象甲的检疫鉴定。

2 原理

剑麻象甲是一种危害剑麻或西沙尔麻(*Agave sisalana*)、毛里求斯麻(*Furcraea gigantean*)、小丝兰(*Yucca glauca*)、龙血树(*Dracaena draco*),以及其他各种龙舌兰科植物的危险性害虫。剑麻象甲属鞘翅目(Coleoptera)、象虫科(Curculionidae)、隐颏象亚科(Rhynchophorinae)、黑环象属(*Scyphophorus*),可随寄主植物(主要是龙舌兰科植物)及其运载工具、寄主植物纤维(主要是剑麻纤维)包装物等作远距离传播。剑麻象甲成虫和幼虫均能对寄主植物造成危害:成虫取食寄主植物叶片,并在地面以下植物的叶片基部或腐烂组织产卵,卵孵化后的幼虫钻进植物茎秆,危害植物的幼嫩组织和生长点。该虫的生物学特性及其形态学特征是本标准制定的依据。

3 仪器、试剂

3.1 生物显微镜、体视显微镜、放大镜。

3.2 柴刀、剪刀、解剖刀、解剖针、昆虫针、镊子、毛笔、手电筒。

3.3 养虫箱、养虫缸、培养皿、指形管。

3.4 标本盒。

3.5 75%酒精溶液。

4 现场检疫

4.1 肉眼检查货物,包装物,以及运载工具的内外表面和四周的边角、缝隙等处是否有象甲虫体;检查寄主植物、苗木叶片基部、幼嫩茎干和腐烂潮湿的寄主组织是否有卵、幼虫、蛹或成虫,在植株上的叶片上发现有直径约 1 cm 蛀孔的(系成虫为害引起的),应特别注意检查。

4.2 劈开有为害状的寄主幼树或衰弱木的茎干基部和叶子基部,寻找黑色象甲成虫,和头部褐色、体乳白色、无足的幼虫。

4.3 收集所发现的害虫和有为害状的寄主组织。

5 实验室鉴定

5.1 饲养

将现场检疫中收集的卵、幼虫、蛹以及有可疑为害状的寄主组织(4.3)放入 25℃～30℃、相对湿度 70%的条件下饲养,逐日观察是否有成虫出现。

5.2 镜检

在体视显微镜下观察虫体(4.3 和 5.1)的外部形态特征。

5.3 形态特征

5.3.1 卵

长 1.6 mm～1.75 mm,宽 0.7 mm, 长卵形,乳白色,卵壳光滑而薄。

5.3.2 幼虫

1 龄幼虫长 1.3mm～1.8mm;刚孵化时, 全身呈乳白色,不久,头部变成褐色,其余部分颜色稍暗。

老熟幼虫体长约 18 mm，头壳宽 4 mm。各龄幼虫的头壳坚硬，呈角质化；上颚呈深褐色或黑色；身体柔软具皱，无足；第 8 节后的体节突然缩小；最后一节向上弯曲，伸为 2 个肉质突起：每一个突起上有 3 根毛，左右 2 根向后直着伸出，中间 1 根较短，向下伸出。参见附录 A。

5.3.3 蛹

长 15 mm～19 mm；早期呈浅黄褐色，几天后头部和其他部分变暗，最后整个蛹体呈深褐色；鞘翅、足、喙等紧贴在表皮上，明显可见。

5.3.4 成虫

雌雄两性在形态上相似。体长 9 mm～19 mm；虫体呈暗黑色。头部相对较小，两眼在腹面下方距离相对较宽；头部伸长成为向下弯曲的喙，喙端具小而粗壮的呈钳状的上颚。触角着生在靠近喙的基部，索节 6 节，触角棒 1 节，棒端部明显宽于基部，疏松的顶端部分缩回，凹陷，侧面观不可见。前胸背板大，约等于腹部长的一半，其上的刻点细小；小盾片小，几乎不会宽于翅缝基部的间隙。每个鞘翅有 9 行大刻点，刻点互相连接呈纵沟状，行间稍凸起，有成排的细小刻点，两鞘翅合并紧密。后胸前侧片端部三分之一 处明显窄于股节最宽处，后胸前侧片后端明显窄于中部；臀板裸露。足腿节棍棒状，内缘顶端以下有凹刻；胫节内缘平直，外缘末端有两齿；跗节 3 呈宽三角形，腹面的绒毛只限于跗节前端边缘。

注：丝兰象甲（*Scyphophorus yuccae* Horn.）与剑麻象甲相似，不同之处在于触角棒有疏松平截的末端，有时有隆线，侧面可见一条窄线；小盾片大而长，其宽度是翅缝基部间隙的两倍。

6 结果判定

以成虫的外部形态特征为依据，其余虫态的形态特征可作参考。符合上述成虫外部形态特征的，可鉴定为剑麻象甲。

7 标本保存

将采集到的成虫标本制作成针插标本，其余虫态制作成浸渍标本，保存 6 个～12 个月。

附 录 A
（资料性附录）
剑麻象甲形态特征图

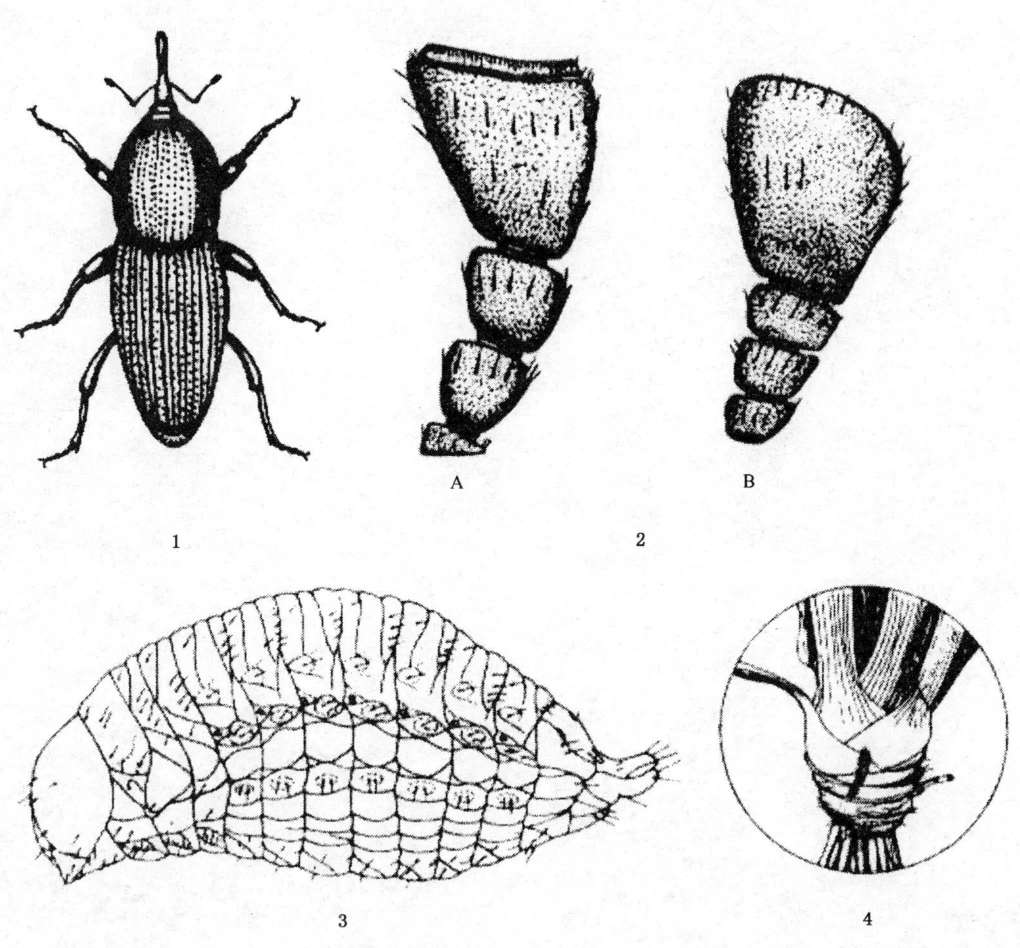

1——成虫（仿 Hill）；

2——成虫触角棒端部形状

(A) *S. yuccae*

(B) *S. acupunctatus*（仿 Woodruff）；

3——幼虫（仿 Woodruff）；

4——幼虫对剑麻的危害（仿 Hill）。

图 A.1 剑麻象甲形态特征图

中华人民共和国出入境检验检疫行业标准

SN/T 1722—2006

长林小蠹检疫鉴定方法

Methods for quarantine and identification of *Hylurgus ligniperda* Fabricius

2006-01-26 发布 2006-08-16 实施

中华人民共和国国家质量监督检验检疫总局 发布

前　言

本标准的附录A、附录B均为规范性附录。

本标准由国家认证认可监督管理委员会提出并归口。

本标准起草单位：中华人民共和国福建出入境检验检疫局。

本标准起草人：陈寿铃、周卫川、黄可辉、李德福。

本标准系首次发布的出入境检验检疫行业标准。

长林小蠹检疫鉴定方法

1 范围

本标准规定了长林小蠹(*Hylurgus ligniperda* Fabricius)的鉴定方法。

本标准适用于进境木材、木质包装及铺垫材料检疫中长林小蠹的鉴定。

2 原理

2.1 长林小蠹属鞘翅目(Coleoptera),小蠹科(Scolytidae),切梢小蠹族(Tomicini),林小蠹属(*Hylurgus* Latreille)。该虫主要危害松属植物。

2.2 鉴于危害松属植物的小蠹科种类甚多,为准确鉴定,本方法在形态上给予族、属和种的主要特征,逐渐缩小范围,以便做出准确鉴定。

2.3 以成虫形态特征为主,幼虫形态特征、寄主植物、生物学特性、地理分布为辅的鉴定原则。

3 仪器及试剂

3.1 仪器

实体解剖镜、显微镜、铲子、解剖刀、昆虫解剖针、镊子、培养皿、载玻片、酒精灯、烧杯、标签纸等。

3.2 试剂

75%乙醇。

4 实验室鉴定

4.1 准备

4.1.1 长林小蠹主要寄生于树木主干基部或树皮厚的部位,坑道筑于树皮最内层与木质部相接之处,现场检查时注意收集所发现的小蠹虫,并对小蠹虫危害症状进行取样。

4.1.2 对小蠹虫危害症状样木进行剖检,可用铲子、解剖刀、镊子等工具,小心将小蠹虫完整地取出。

4.1.3 将收集到的小蠹虫成虫、幼虫等虫样及时保存于75%乙醇内,以备实验室鉴定。

4.2 形态鉴定

4.2.1 成虫形态特征

4.2.1.1 切梢小蠹族(Tomicini)特征

——两性额面略有区别或有适度区别:雌凸雄凹;

——眼完整,纵椭圆形;

——触角鞭节细长,4节~7节,锤状部形状对称,4节;

——前胸背板前半部无瘤齿;

——前足两基节窝相连或分开;

——鞘翅两基缘呈并列双凸弧线;

——体表毛被或全为鳞,或全为毛或两者均有。

4.2.1.2 林小蠹属(*Hylurgus* Latreille)特征

——后胸前侧片的毛被呈毛状;

——触角鞭节6节,锤状部锥形,共4节,其中第1节长占锤状部长的一半;

——前胸背板的长宽比等于1或略大于1;前胸背板前端的横缢不明显;

——前足两基节窝相连;

——额中部有横直凹沟，两性凹凸差异甚微，不易以额面鉴别雌雄；额面有短的纵中脊；
——全体被毛，无鳞片。

4.2.1.3 长林小蠹（*Hylurgus ligniperda* Fabricius）特征（见附录A、附录B）

——体长约4.0 mm～5.7 mm；
——头部腹面前咽缝三角区在角顶部有明显的凹陷；
——鞘翅沟间部中的竖毛长而稠密；
——身体背面观前胸背板两侧的毛比鞘翅两侧的毛长。

4.2.1.4 长林小蠹的近缘种米林小蠹（*Hylurgus micklitzi* Watchtl）特征（见附录B）

——体长约3.2 mm～4.4 mm；
——头部腹面前咽缝三角区在角顶部无凹陷；
——鞘翅沟间部中的竖毛长而稀疏；
——身体背面观前胸背板两侧的毛与鞘翅两侧的毛等长。

4.2.2 幼虫形态特征

——体长约4.1 mm～5.9 mm；
——体圆柱形，粗壮，弓曲，黄白色；
——头部黄褐色，有光泽；下唇须2节；
——胸节无足；
——腹节无足，腹节背板有2节背褶。

4.3 长林小蠹的辅助鉴定材料

4.3.1 寄主植物

随着本种分布范围的扩展，其寄主植物在不断增多，主要有：樟子松（*Pinus sylvestris* Linn.），北美乔松（*P. strobus* Linn.），海岸松（*P. pinaster* Ait.），欧洲黑松（*P. nigra* Aruold.），阿勒颇松（*P. halepenesis* Mill.），辐射松（*P. radiata* Don.），湿地松（*P. elliottii* Engelm）。

4.3.2 生物学特性

发生于人工松林的成林区和采伐林区，也发生在积木场中有松树原木堆积之处；寄生于主干基部或树皮厚的部位，坑道筑于树皮最内层与木质部相接之处，母坑道10 cm～16 cm，幼虫坑方向不规则，很长，常相互交错；春季钻出树株后，时有成虫群聚现象。

4.3.3 分布

欧洲；非洲北部及其南端；亚洲：日本、土耳其、斯里兰卡；大洋洲：澳大利亚、新西兰；南美洲：巴西、智利、乌拉圭。

5 结果评定

5.1 成虫完全符合鉴定特征，可以确定为长林小蠹。

5.2 幼虫符合鉴定特征，寄主树种、生物学特性、分布符合辅助鉴定材料，可以作为长林小蠹鉴定的参考依据。

6 标本保存

采集到的标本应妥善保存，害虫标本可保存在内盛75%乙醇的广口瓶中或制作成针插标本，为害状标本经除虫处理后保存，保存时间不少于6个月。

附 录 A
（规范性附录）
长林小蠹成虫形态

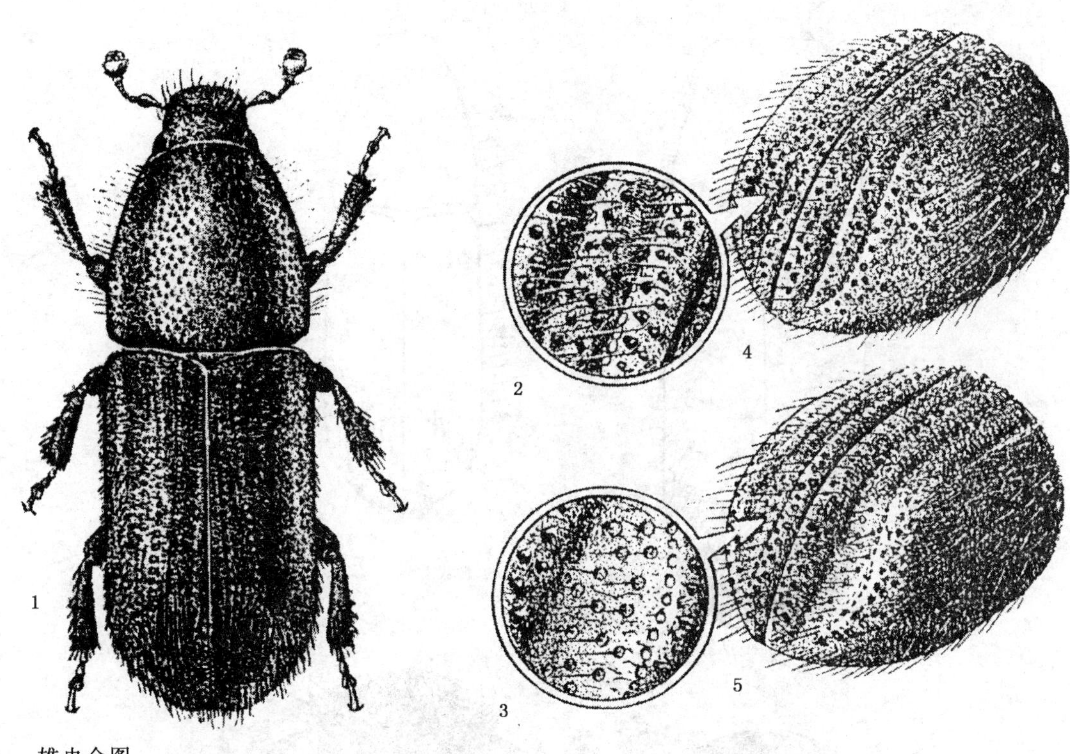

1——雄虫全图；
2——雄虫鞘翅斜面示局部放大；
3——雌虫鞘翅斜面示局部放大；
4——雄虫鞘翅斜面；
5——雌虫鞘翅斜面。

图 A.1 长林小蠹成虫形态(仿 Balachowsky)

附　录　B
（规范性附录）
长林小蠹与米林小蠹成虫形态区别

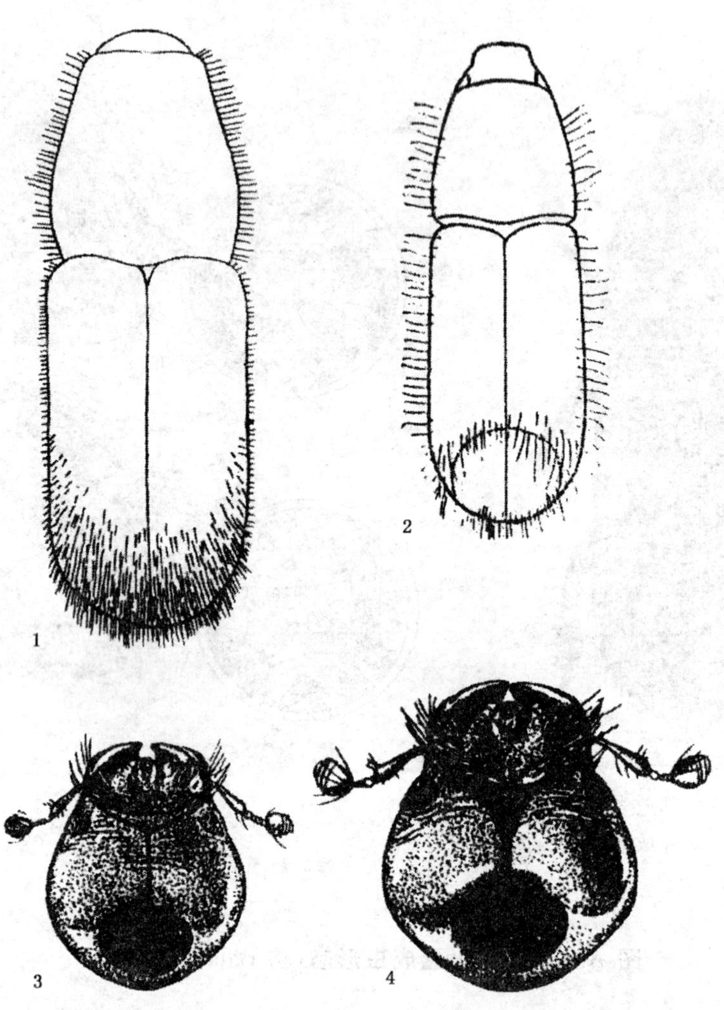

1——长林小蠹胸侧与翅侧毛长；
2——米林小蠹胸侧与翅侧毛长；
3——米林小蠹前咽缝三角区；
4——长林小蠹前咽缝三角区。

图 B.1　长林小蠹与米林小蠹成虫虫形态区别
（1 仿 Spessivtsev，2～4 仿 Balachowsky）

SN

中华人民共和国出入境检验检疫行业标准

SN/T 1817—2006

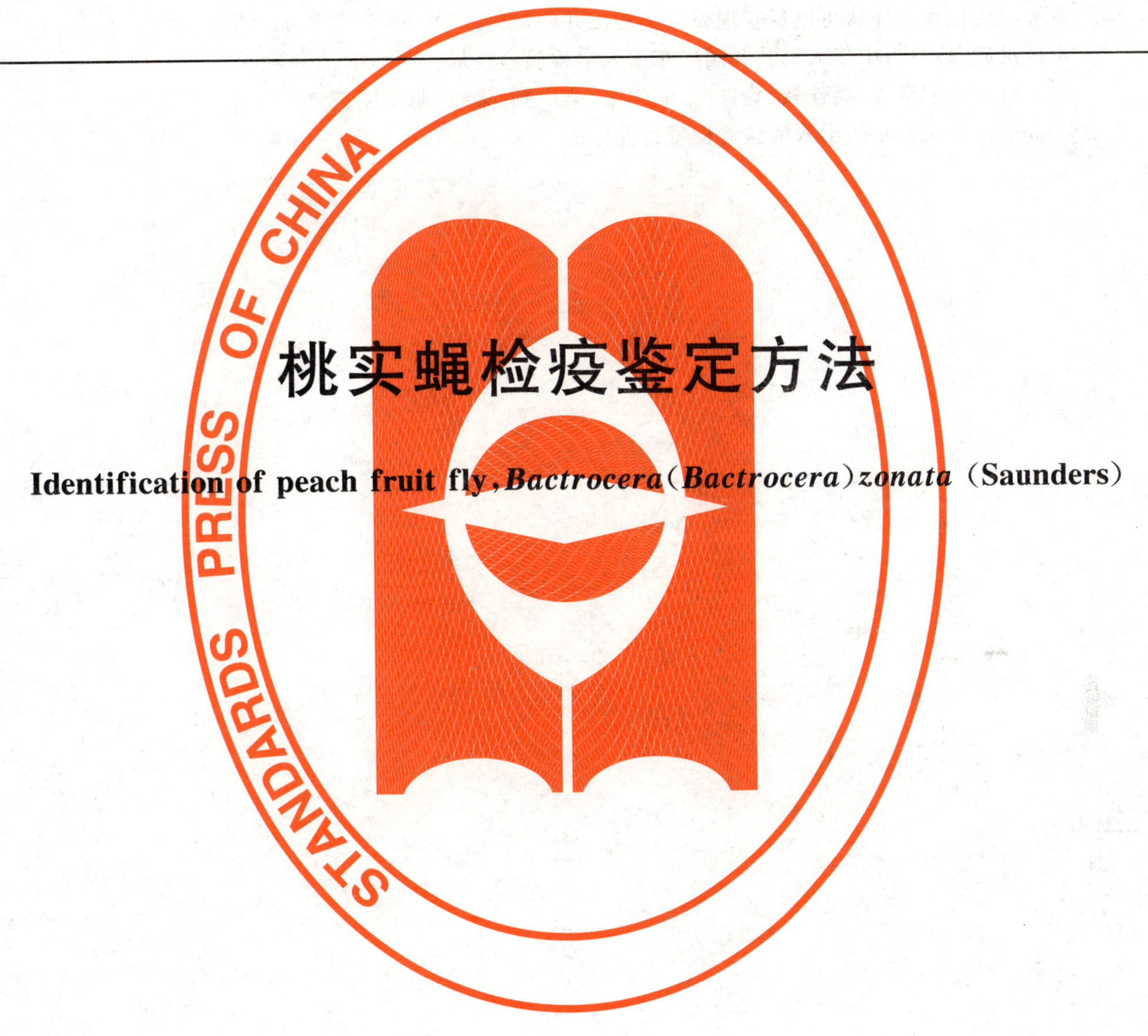

桃实蝇检疫鉴定方法

Identification of peach fruit fly, *Bactrocera*(*Bactrocera*)*zonata* (Saunders)

2006-08-28 发布　　　　2007-03-01 实施

中华人民共和国国家质量监督检验检疫总局 发布

前　言

本标准的附录 A、附录 B 和附录 C 均为资料性附录。

本标准由国家认证认可监督管理委员会提出并归口。

本标准起草单位：中华人民共和国广东出入境检验检疫局。

本标准主要起草人：吴佳教、莫仁浩、胡学难、梁广勤、梁帆、赵菊鹏。

本标准系首次发布的出入境检验检疫行业标准。

桃实蝇检疫鉴定方法

1 范围

本标准规定了桃实蝇[*Bactrocera*(*Bactrocera*) *zonata* (Saunders)]的检疫鉴定方法。

本标准适用于进境桃实蝇寄主植物(参见附录 A)及其果实中桃实蝇的检疫鉴定。

2 原理

桃实蝇[*Bactrocera*(*B.*)*zonata*(Saunders)],属双翅目(Diptera),实蝇科(Tephritidae)、寡毛实蝇亚科(Dacinae)、离腹寡毛实蝇属(*Bactrocera*)、离腹寡毛实蝇亚属(*Bactrocera*),主要以幼虫随被害果实作远距离传播,其卵也可随果实传播,围蛹则可随果实的包装物或寄主植物所带土壤传播。

桃实蝇的形态特征、生物学特性、寄主植物及传播途径为制定该检疫鉴定方法的依据。

3 术语和定义

下列术语和定义适用于本标准,实蝇分类学常见术语图示参见附录 B。

3.1

颜面 face

头部的前面,复眼间介于触角和口上片之间的区域。

3.2

颜面斑 facial spots

位于颜面上的斑块。

3.3

肩胛 humeral calli

中胸盾片前侧方略为隆出的区域。

3.4

背侧板胛 notopleural calli

肩胛与翅基之间的背侧板上隆起区域。

3.5

小盾前鬃 prescutellar bristles

小盾片前方,近盾片后缘的 1 对鬃。

3.6

小盾鬃 scutellar bristles

小盾片上的 1 对或 2 对鬃。

3.7

肩板鬃 scapular bristles

位于中胸背板前缘的鬃的统称。

3.8

缝后侧黄色条 lateral post-sutural vitta

始于中胸缝或其之前,沿中胸背板侧缘后伸的一对黄色带或黄色条。

3.9

缝后中黄色条　medial post-sutural vitta

位于中胸背板中线上的一条黄色带。

4　仪器、用具和试剂

4.1　仪器与用具

体视显微镜、干燥箱、冰箱、养虫箱、小型干燥器、防虫网罩、玻璃棉、养虫杯、载玻片、盖玻片、解剖刀、解剖针、酒精灯、温湿度计、量筒(50 mL、200 mL)、烧杯数个(200 mL、500 mL)、白瓷盘(大号、小号)。

4.2　试剂

10%氢氧化钠(或10%氢氧化钾)溶液、封片胶、苯酚、二甲苯、75%乙醇、丙三醇、水合三氯乙醛、阿拉伯树胶粉、蒸馏水。

4.3　试剂的配制

4.3.1　10%氢氧化钠(或10%氢氧化钾)溶液的配制

称取氢氧化钠(或氢氧化钾)10 g置于200 mL烧杯中,加入约80 mL的蒸馏水,搅拌溶解后再加蒸馏水定容至100 mL。

4.3.2　封片胶的配制

称取阿拉伯树胶粉30 g于烧杯中,加入50 mL蒸馏水(最好是温水以加速溶解)。溶解后,加入200 mL水合三氯乙醛及20 mL丙三醇,置于55℃～60℃的干燥箱内。1 d后,用玻璃棉过滤(在55℃～60℃干燥箱内进行)。

4.3.3　保存液的配制

量取75%乙醇100 mL,加入1 mL丙三醇。

5　实验室鉴定

5.1　样品检查

检查果实表面有无产卵刻点或产卵痕迹,或果实是否有腐软的现象,必要时剖果检查是否有蛆状幼虫。将怀疑带虫的果实进行饲养鉴定。

5.2　饲养鉴定

5.2.1　卵或幼虫饲养

将带有卵或幼虫的寄主果实放在小号白瓷盘里,然后将小号白瓷盘放在装有自来水的大号白瓷盘内,再用防虫网罩盖住小号白瓷盘,罩的下方边缘浸没于大号白瓷盘内的水中,置于温度为22℃～28℃,相对湿度为50%～90%的环境中饲养5 d～10 d,以获取老熟幼虫。

5.2.2　围蛹饲养

取一盛有半干湿(含水量约5%)洁净细砂的养虫杯,将围蛹埋入距细砂表面3 cm～5 cm处(若是老熟幼虫则可直接将其置于细砂表面,幼虫将钻入砂中化蛹),然后置于养虫箱中,在温度为22℃～28℃,相对湿度为50%～90%条件下饲养,直至成虫羽化。

5.2.3　初羽化成虫饲养

成虫羽化后,悬挂相应寄主果实切片于养虫箱内供其取食,待成虫斑纹的色泽和大小稳定后(约需5 d),收集成虫并置于冰箱冷冻层0.5 h～1 h杀死。

5.3　标本制备

5.3.1　成虫标本制备

如果成虫虫体已干硬,在制备标本前应进行软化处理。取一小型干燥器,加入干净细砂约2 cm,加水至漫过细砂表面约1 cm,并滴加数滴苯酚以防标本腐烂,上层放待软化的成虫标本,密闭1 d,制成针插标本。

5.3.2 **成虫外生殖器玻片标本制备**

用解剖刀取成虫标本腹节，置于10%氢氧化钠(或10%氢氧化钾)溶液中，浸泡12 h(或煮沸3 min)后取出，用蒸馏水洗净，在体视显微镜下，用解剖针挑取阳茎或产卵器，制成玻片标本。

5.3.3 **幼虫玻片标本制备**

用昆虫针在幼虫体壁上刺戳数个小孔，置于10%氢氧化钠(或10%氢氧化钾)溶液中浸泡12 h(或煮沸3 min)后取出，用解剖针将幼虫体中的残留物挤压出并用蒸馏水洗净；在体视显微镜下挑取口钩、前气门和后气门等部位，制成玻片标本。

5.4 **鉴定特征(参见附录C)**

5.4.1 **实蝇科 Tephritidae**

翅Sc脉突然朝前弯曲成近90°，外弯段变弱，终于前缘脉的断裂处，R_1脉的背侧有小鬃；cup室具一尖角延伸。

5.4.2 **寡毛实蝇亚科 Dacinae**

后头鬃列均细长且通常为黑色，无单眼鬃。中胸背板具肩板鬃，肩鬃常缺如；无背中鬃；上前侧片为一条缝所分离。翅沿R_{4+5}脉背面远至r-m横脉处通常具小鬃。具2个受精囊。

5.4.3 **离腹寡毛实蝇属 *Bactrocera***

触角第3节长至少为其宽的3倍；翅cup室狭，其延伸部分甚长，翅上斑纹通常汇合成前缘带和臀条。腹部各节背板分离。

5.4.4 **离腹寡毛实蝇亚属 *Bactrocera***

背板具小盾前鬃和前翅上鬃，小盾端鬃1对。雄成虫背针突后叶短，第5腹板后缘深凹，第3节腹节背板具栉毛。

5.4.5 **桃实蝇 *Bactrocera*(*B.*)*zonata* 成虫**

5.4.5.1 **外形**

成虫以橙褐色至红褐色为主。体长和翅长均为5.2 mm～6.1 mm。

5.4.5.2 **头部**

头部黑色，中颜板黄色，具一对卵圆形黑色颜面斑。

5.4.5.3 **胸部**

中胸背板淡黄色至红褐色，覆灰白粉被4条；缝后侧黄色条宽，终于翅内鬃之后，缝后中黄色条缺如，具前翅上鬃；小盾片黄色，基部偶有1红褐色狭横带，小盾前鬃1对，小盾鬃1对。肩胛、背侧板胛和足均为黄色。

翅斑少，前缘区无深色条纹，亚前缘室棕黄色，r_{2+3}室端部有一个小褐斑，延伸到r_{4+5}室端部；臀条几乎缺如或仅限于基肘室端部呈灰褐色。r-m横脉向外顷斜与M脉成锐角。

5.4.5.4 **腹部**

腹部黄色至红褐色，一般第3背板的前缘有1黑色狭横带，第3背板至第5背板的中央常具一黑色狭纵条，但有时间断或不明显。第5背板具1对褐色大腺斑。

雌虫产卵器短，其基节长约与第5背板长相等。产卵管长约1.0 mm～1.2 mm，末端尖锐，具长、短亚端刚毛各2对。产卵器长约4.0 mm。

雄虫第3背板具栉毛，第5腹板后缘具深V形裂。

5.4.6 **桃实蝇幼虫**

幼虫蛆形，共3龄。

3龄期幼虫体长10.0 mm～11.0 mm。口感器小，呈圆形；口脊10条～11条；齿裂深，清晰；口钩中等骨化，各具一细长端齿。第1胸节的节前部有6行～9行小刺环；第2胸节的节前刺环不多；第3胸节的背面有少量微刺，其侧、腹面有微刺带若干。第1腹节至第8腹节腹面小刺列形成爬行突起，前有

1列、后有1列～2列较大的刺列。前气门指状突13个～15个。后气门裂长为宽的3.0倍～3.5倍，各具一中等骨化缘；气门毛较气门裂略长，常分枝；背、腹毛束有3毛～17毛，侧束6毛～8毛。

6 结果判定

以成虫形态特征为依据，符合上述科、属和种鉴定特征的个体可确定为桃实蝇。成虫以外的虫态的形态特征可作为鉴定时参考。

7 标本保存

7.1 成虫标本及玻片标本的保存

将制好的成虫标本或相应的玻片标本，置于干燥箱中干燥数日，然后移入标本柜中保存，保存过程中注重防虫和防潮。

7.2 幼虫标本的保存

将采集到的幼虫或围蛹用蒸馏水清洗后，投入60℃（±5℃）热水中浸泡杀死，置于室温下冷却，再将冷却后的幼虫（或围蛹）置于保存液中保存，保存期为6个月至1年。

附 录 A
（资料性附录）
桃实蝇地理分布及其寄生植物

A.1 桃实蝇地理分布

缅甸、越南、老挝、泰国、印度尼西亚（苏门答腊）、印度、尼泊尔、孟加拉国、也门、巴基斯坦、斯里兰卡、阿曼、沙特阿拉伯、留尼汪、埃及、毛里求斯、新西兰等。此外，该虫曾传入美国（加州）和以色列，但均已被根除。

A.2 桃实蝇寄主植物

Abelmoschus esculentus	黄葵	*Malus domestica*	苹果
Aegle marmelos	硬皮橘	*Malus pumila*	星苹果
Annona squamosa L.	番荔枝	*Mangifera indica*	芒果
Begonia tuberhybrida	海棠	*Manilkara zapota*	人心果
Carica papaya	木瓜	*Momordica charantia*	苦瓜
Citrullus lanatus	西瓜	*Phoenix dactylifera*	梅枣
Citrus sinensis	柑橘（甜橙）	*Prunus dulcis*	热带扁桃
Cocos nucifera	椰子	*Prunus persica*	桃
Coffea arabica	咖啡	*Psidium guajaval*	番石榴
Cucumis melo	甜瓜	*Punica granatum*	石榴
Cydonia oblonga	榅桲	*Pyrus communis*	梨
Ficus carica	无花果	*Solanum melongena*	红茄
Grewia asiatica	印度捕木鱼	*Solanum muricatum*	茄
Lagenaria siceraria	小葫芦	*Syzygium jambos L.*	洋蒲桃
Luffa sp.	瓜类	*Syzygium samarangense*	莲雾
Luffa cylindrica Reom.	丝瓜	*Terminalia catappa*	杏仁
Lycopersicon lycopersicum	番茄	*Ziziphus jujube*	枣

附 录 B
（资料性附录）
实蝇分类学常见术语图示

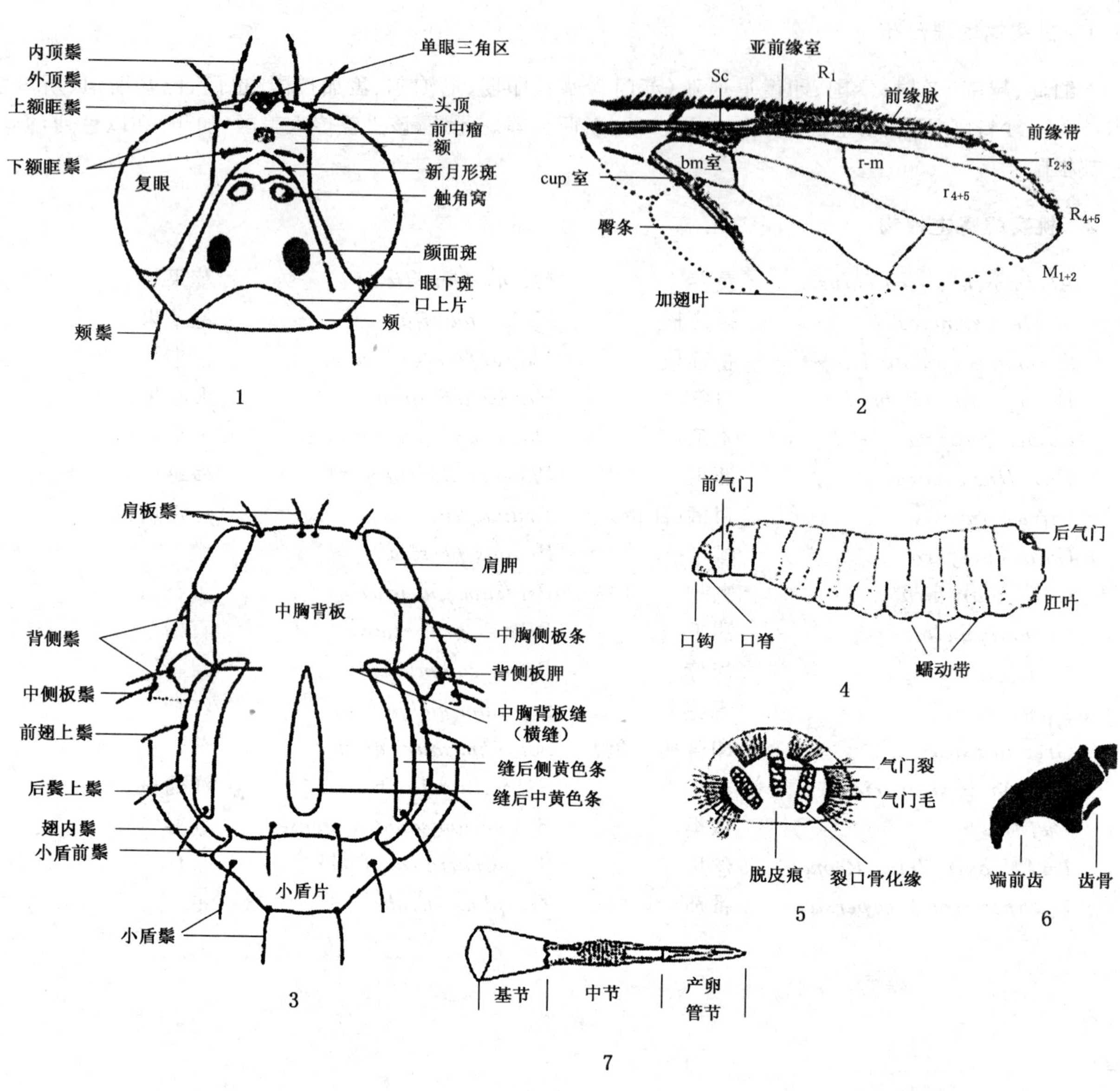

1——成虫头部前面观；

2——翅；

3——成虫胸部背面观；

4——幼虫侧面观；

5——幼虫后气门；

6——口钩；

7——产卵器。

（1、3 仿 Drew et al. 1982；其余仿 White & Elson-Harris，1992）

图 B.1 实蝇分类学常见术语图示

附　录　C
（资料性附录）
桃实蝇形态特征图

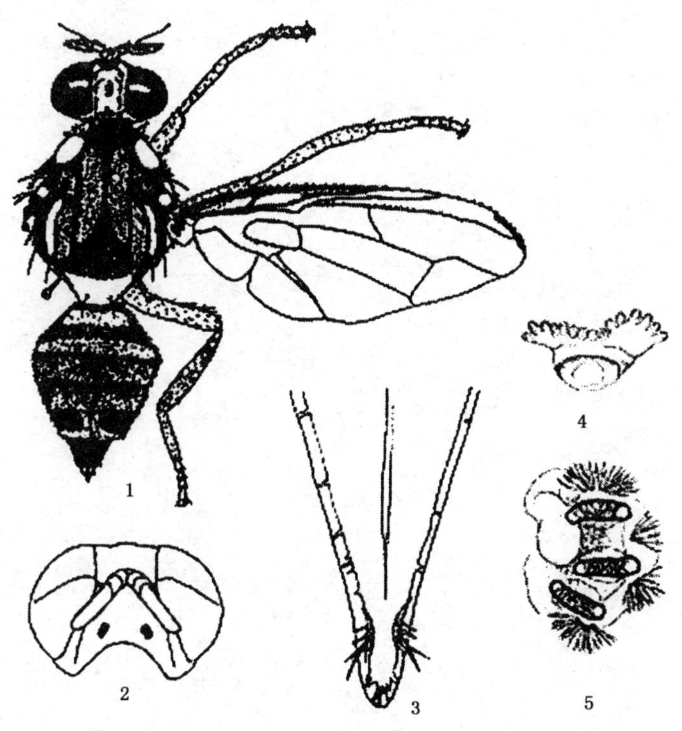

1——雌成虫；
2——头部前面观；
3——产卵管末端；
4——幼虫前气门；
5——幼虫后气门。

（1～3 仿 White & Elson-Harris，1992；4、5 仿 Carroll et al. 2004）

图 C.1　桃实蝇形态特征图

中华人民共和国出入境检验检疫行业标准

SN/T 1821—2006

双钩异翅长蠹检疫鉴定方法

Identification of kapok borer *heterobostrychus aequalis*
(Waterhouse)

2006-11-10 发布　　　　2007-05-16 实施

中华人民共和国国家质量监督检验检疫总局　发布

前　言

本标准的附录 A 为资料性附录。

本标准由国家认证认可监督管理委员会提出并归口。

本标准起草单位：中华人民共和国珠海出入境检验检疫局。

本标准起草人：李冠雄、朱绍智、喻国泉、张建军、李捷。

本标准系首次发布的出入境检验检疫行业标准。

双钩异翅长蠹检疫鉴定方法

1 适用范围

本标准规定了双钩异翅长蠹[*Heterobostrychus aequalis* (Waterhouse)]的检疫鉴定方法。

本标准适用于进出境木料、竹料、藤料及其制品、包装材料中双钩异翅长蠹的检疫鉴定。

2 原理

双钩异翅长蠹属鞘翅目(Coleoptera)、长蠹科(Bostrychidae)、异翅长蠹属(*Heterobostrychus*),主要通过木竹藤料、制品和包装铺垫材料进行传播。双钩异翅长蠹的形态特征和生物学特性是制定本标准检疫鉴定方法的依据。

3 仪器、用具及药剂

体视显微镜、锯、刀、镊子、标签、解剖针、解剖刀、毛刷、指形管、养虫箱、75%酒精、0.5%～1%丙三醇。

4 现场检查

4.1 表面检查

在现场检查木材、竹材、藤材及其制品、包装材料的表面是否有活虫爬行或死虫附着,观察其外表是否有蛀孔和蛀屑。

对带皮的木材应剥开树皮观察是否有蛀孔和蛀屑。

对船舱和车厢的木材要进行多层次的检查。

4.2 剖材检查

对可疑的或发现蛀孔和蛀屑的木竹藤材要用锯和刀进行剖材检查,检查是否有成虫或幼虫。观察是否有与材料纵向平行的幼虫取食坑道,坑道直径 6 mm 左右,长可达 30 cm,深 5 cm～7 cm,常数条坑道并列或相互交错,坑道内充满粉屑。对藤料可根据其韧性作初步判断,被害藤料的韧性受影响,极易折断,据此可发现蛀孔及虫体。

对柳、藤制品作击拍检查:在平地上铺 1 m^2(面积大小可视情形而定)大小白塑料布,击拍样品,使隐藏的双钩异翅长蠹害虫落于白塑料布上。用毛刷、指形管收集。

5 实验室检验

5.1 饲养检验

将发现的幼虫连同被害的木竹藤材送实验室,一起放入养虫箱内,恒温(20℃～30℃)下饲养观察,待成虫羽化后作进一步鉴定,并制成标本。

5.2 镜检

将成虫、幼虫、蛹标本置于体视显微镜下观察其形态特征。

6 鉴定

6.1 长蠹科(Bostrychidae)主要形态特征

体小至中形,长圆筒形。头向下方倾斜,自背面不可见。触角 10 节～11 节,短小,末 3 节膨大成锤状。前胸背板大,帽状,前半部具小齿或棘状突起。翅鞘末端急剧向下倾斜,周缘具棘状或角状突起。

足短，前足基节大，左右相接触。跗节5节，第1节很小，第2～5节长。幼虫蛴螬形，头小，胸部大。

6.2 异翅长蠹属(*Heterobostrychus*)主要形态特征

成虫：体圆柱形，长6 mm～15 mm；前胸背板前缘两侧有明显的钩突和不规则的齿，背面观，前胸背板前缘在角状突之间凹陷；鞘翅斜面无侧隆线，通常背面和侧面呈圆形，有时具强钩或瘤突；触角10节，触角棒节长3节。

6.3 双钩异翅长蠹(*Heterobostrychus aequalis*)形态特征

参见附录A。

6.3.1 成虫

成虫体长6 mm～15 mm，宽2.1 mm～3.0 mm，赤褐色，圆筒形；头部黑色，具细粒状突起，头背中央具一纵向脊线，后头具很密的纵向脊线；触角10节，鞭节6节，锤状部3节，锤状部长度超过触角全长的二分之一，端节椭圆形；前胸背板前缘呈弧状凹入，前缘角每边有一个较大的齿状突起，前缘后面明显横向凹陷，后缘角成直角，背板前半部密布锯齿状突起，两侧有5个～6个较大的齿，后半部的突起呈颗粒状；小盾片四边形，微隆起，光滑无毛；鞘翅肩角明显，两侧缘自基缘向后几乎平行延伸，至后翅四分之一处急剧收缩，鞘翅具刻点沟，刻点近圆而深凹，沟间光滑，无毛，鞘翅斜面的两侧，雄虫有2对钩状突起，上面的1对较大，呈尖钩状，向上并向内弯曲，尖钩不相对，下面的1对较小，位于鞘翅边缘，无尖钩，仅稍隆起，雌虫鞘翅斜面仅有稍微隆起的瘤粒，无尖钩。

6.3.2 幼虫

成熟幼虫体肥胖，体长8.5 mm～15 mm，宽3.5 mm～4 mm，乳白色。体节12节，体壁皱褶。头部大部分被前胸背板覆盖，背面中央有一白色中线，前额密被黄褐色的短柔毛。体向腹节弯曲，胸部特别粗，背中央明显具一条白色而稍下陷的中线，中线后端较大。胸部侧面中间有一浅黄色的骨化片，长1.5 mm～1.8 mm，斜向，其下方有一椭圆形的气门，黄褐色，长约0.40 mm，宽约0.18 mm。

6.3.3 蛹

体长7 mm～15 mm。前期乳白色，可见触角轮廓，锤状部3节，复眼为暗褐色。前胸背板前缘凹入，两侧密布乳白色锯齿状突起，且密布浅褐色柔毛。中胸背板具一瘤突，后胸背板中央有一纵向凹入，后缘具一束浅褐色毛。腹部各节后缘中部有一列浅褐色毛，第6节的毛呈倒"V"形，鞘翅弯向腹部。后蛹期体转浅黄色，复眼和上颚黑色，触角可见柄节、鞭节6节和锤状部3节。前胸背板两侧锯齿状突起呈褐色，鞘翅逐渐向背中吻合，鞘翅斜面的一对突起明显，成虫轮廓明显。

7 结果判定

以成虫外部形态特征为依据，幼虫和蛹的形态特征描述可作参考，符合成虫外部形态特征可判定为双钩异翅长蠹。

8 标本保存

将检查和饲养中收集到的害虫应制成标本妥善保存，幼虫和蛹用75%酒精加0.5%～1%丙三醇保存，成虫制作成针插标本，并注明标本来源、寄主、采集时间、地点、采集者等信息。

附 录 A
（资料性附录）
双钩异翅长蠹形态特征图（仿陈志粦）

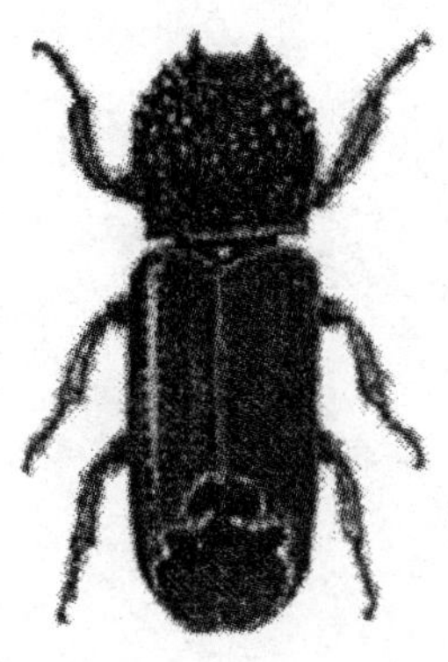

图 A.1 雄成虫

图 A.2 成虫触角

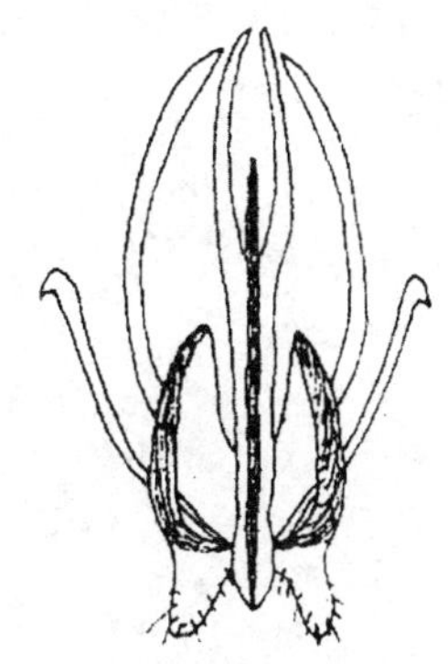

图 A.3 雄性外生殖器

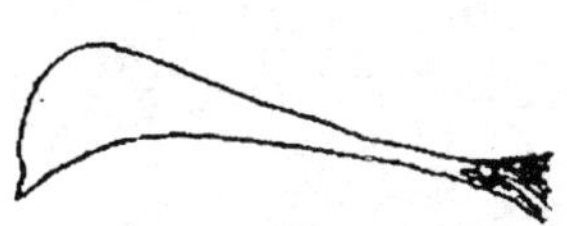

图 A.4 幼虫骨化片

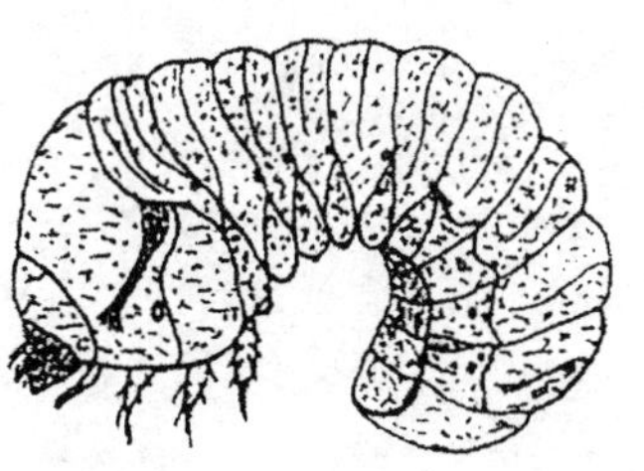

图 A.5 幼虫

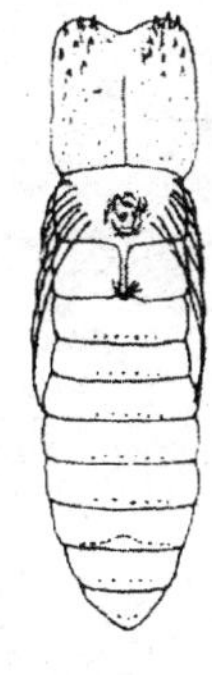

图 A.6 蛹

中华人民共和国出入境检验检疫行业标准

SN/T 1845—2006

加勒比实蝇检疫鉴定方法

Identification of Caribbean fruit fly, *Anastrepha suspensa* (Loew)

2006-11-10 发布　　2007-05-16 实施

中华人民共和国
国家质量监督检验检疫总局 发布

前　言

本标准的附录 A、附录 B 和附录 C 均为资料性附录。

本标准由国家认证认可监督管理委员会提出并归口。

本标准起草单位:中华人民共和国广东出入境检验检疫局。

本标准主要起草人:梁帆、吴佳教、梁广勤、胡学难、莫仁浩。

本标准系首次发布的出入境检验检疫行业标准。

加勒比实蝇检疫鉴定方法

1 范围

本标准规定了加勒比实蝇 *Anastrepha suspensa* (Loew)的鉴定方法。

本标准适用于对进境加勒比实蝇寄主植物(参见附录 A)及其果实中加勒比实蝇的鉴定。

2 原理

加勒比实蝇 *Anastrepha suspensa* (Loew),属双翅目(Diptera),实蝇科(Tephritidae)、实蝇亚科(Trypetinae)、按实蝇属(*Anastrepha*),主要以幼虫随被害果实作远距离传播,其卵也可随果实传播,围蛹则可随果实的包装物或寄主植物所附土壤传播。

加勒比实蝇成虫、幼虫的形态特征为制定鉴定方法提供了依据。

3 术语和定义

下列术语和定义适用于本标准。

3.1

颜面 face

头部的前面,复眼间介于触角和口上片之间的区域。

3.2

肩胛 humeral calli

postpronotal lobe

中胸盾片前侧方略为隆出的区域。

3.3

肩板鬃 scapular bristles

位于中胸背板前缘的鬃的统称。

3.4

后背侧鬃 posterior notopleural bristles

位于背侧板胛端部的一对鬃。

3.5

前背侧鬃 anterior notopleural bristles

位于肩胛与背侧板胛之间近中部的一对鬃。

3.6

前翅上鬃 anterior supra-alar bristles

位于中胸背板侧缘,翅基前上方的一对鬃。

3.7

后翅上鬃 posterior supra-alar bristles

位于中胸背板后侧角,翅基后上方的一对鬃。

3.8

翅内鬃 intra-alar bristles

位于中胸背板后侧角,缝后侧黄色条线上的一对鬃。

3.9

小盾鬃 scutellar bristles

小盾片上的1对或2对鬃，又称小盾端鬃。

以上术语以外的其他实蝇分类学常见术语图参见附录B。

4 仪器、用具和试剂

4.1 仪器与用具

体视显微镜、干燥箱、冰箱、养虫箱、小型干燥器、防虫网罩、玻璃棉、养虫杯、载玻片、盖玻片、解剖刀、解剖针、酒精灯、温湿度计、量筒(50 mL、200 mL)、烧杯(200 mL、500 mL)、白瓷盘(大号、小号)、昆虫还软器。

4.2 试剂

10%氢氧化钠(或10%氢氧化钾)溶液、封片胶、苯酚、二甲苯、75%乙醇、丙三醇、水合三氯乙醛、阿拉伯树胶粉、蒸馏水。

4.3 试剂的配制

4.3.1 10%氢氧化钠(或10%氢氧化钾)溶液的配制

称取氢氧化钠(或氢氧化钾)10 g置于200 mL烧杯中，加入约80 mL的蒸馏水，搅拌溶解后再加蒸馏水定容至100 mL。

4.3.2 封片胶的配制

称取阿拉伯树胶粉30 g于烧杯中，加入50 mL蒸馏水(最好是温水以加速溶解)。溶解后，加入200 g水合三氯乙醛及20 mL丙三醇，置于55℃～60℃的干燥箱内。1 d后，用玻璃棉过滤(过滤在55℃～60℃干燥箱内进行)。

4.3.3 保存液的配制

量取75%乙醇100 mL，加入1 mL丙三醇。

5 实验室鉴定

5.1 样品检查

检查果实表面有无产卵刻点或产卵痕迹，或果实是否有腐软的现象，必要时剖果检查是否有蛆状幼虫。将怀疑带虫的果实进行饲养鉴定。

5.2 饲养鉴定

5.2.1 卵或幼虫饲养

将带有卵或幼虫的寄主果实放在小号白瓷盘里，然后将小号白瓷盘放在装有自来水的大号白瓷盘内，再用防虫网罩盖住小号白瓷盘，罩的下方边缘浸没于大号白瓷盘内的水中，置于温度为22℃～28℃，相对湿度为50%～90%的环境中饲养5 d～10 d至幼虫老熟。

5.2.2 围蛹饲养

取一盛有半干湿(含水量约5%)洁净细砂的养虫杯，将老熟幼虫置于细砂表面，幼虫将钻入砂中化蛹，约1 d后形成围蛹，然后置于养虫箱中，在温度为22℃～28℃，相对湿度为50%～90%条件下饲养，直至成虫羽化。

5.2.3 初羽化成虫饲养

成虫羽化后，悬挂相应寄主果实切片于养虫箱内供其取食，待成虫斑纹的色泽和大小稳定后(约需5 d)，收集成虫并置于冰箱冷冻层0.5 h～1 h杀死。

5.3 标本制备

5.3.1 成虫标本制备

如果成虫虫体已干硬，在制备标本前用昆虫还软器进行软化处理，虫体软化斤制成针插标本。

5.3.2 成虫外生殖器玻片标本制备

用解剖刀取成虫标本腹节，置于10%氢氧化钠(或10%氢氧化钾)溶液中，浸泡12 h(或煮沸3 min)后取出，用蒸馏水洗净，在体视显微镜下，用解剖针挑取阳茎或产卵器，制成玻片标本。

5.3.3 幼虫玻片标本制备

用昆虫针在幼虫体壁上刺戳数个小孔，置于10%氢氧化钠(或10%氢氧化钾)溶液中浸泡12 h(或煮沸3 min)后取出，用解剖针将幼虫体中的残留物挤压出并用蒸馏水洗净；在体视显微镜下挑取口钩、前气门和后气门等部位，制成玻片标本。

5.4 鉴定特征(参见附录C)

5.4.1 实蝇科(Tephritidae)

翅Sc脉突然朝前弯曲成近90°，外弯段变弱，终于前缘脉的断裂处，R_1脉的背侧有小鬃；cup室具一尖角延伸。

5.4.2 实蝇亚科(Trypetinae)

cup室与bm室近等宽。后头鬃列均细长且通常为黑色。上前侧片为一缝所分离。中胸背板具肩板鬃。具3个受精囊。

5.4.3 实蝇属(*Anastrepha*)

成虫颜面隆起常甚发达，触角短，长通常不伸过下颜面缘。翅cup室较宽且延伸部分较短，M脉在进入翅缘相汇之前朝上拱曲。具肩板鬃1对，前背侧鬃和后背侧鬃各1对，前翅上鬃和后翅上鬃各1对，翅内鬃1对，背中鬃1对，小盾鬃2对。

5.4.4 加勒比实蝇(*Anastrepha suspensa*)成虫(参见附录C)

5.4.4.1 外形

体小型，黄褐色。

5.4.4.2 胸部

中胸背板长2.28 mm～2.86 mm；黄褐色，无暗褐色斑，但在背板与小盾片之间缝上有一明显的黑色斑。具3条浅黄色条，中黄色条细长，后端变宽，侧黄色条自横缝伸至小盾片。肩胛色较浅。胸部鬃黑褐色至黑色，毛被黄褐色。腹侧鬃通常发达。

翅长4.9 mm～6.4 mm，色带黄褐色至褐色，前缘带与S带在R_{4+5}脉处相连或相隔很近，端前横带和后端横带组成的V带完整，通常与S带相连，但相连处狭窄，S带伸达或盖过M_{1+2}脉端，一些雄虫M室略带棕色。

5.4.4.3 腹部

雌成虫：产卵器基节较长，长1.6 mm～1.9 mm，其长度约为腹部背板第三节至第五节长度之和，端渐尖，气门距基0.7 mm，锉钩短，5排～6排。产卵管长1.45 mm～1.6 mm，宽0.11 mm；端部长0.19 mm，有细齿，具齿部分长0.14 mm，约等于从生殖开口到产卵管端部距离的二分之一。

雄成虫：第五背板长是第三和第四背板长之和的0.8倍。抱握器长约0.3 mm，基中等粗，端扁平，窄，但末端圆，齿大致在中间部分。

5.4.5 加勒比实蝇幼虫

幼虫蛆形，共3龄。中等大，长7.5 mm～9.0 mm，宽1.0 mm～1.5 mm。

头部：口感器大，圆形；口脊8条～11条，具宽间距，钝圆的齿列；副板3条～4条，细，壳形板，有些其边缘无齿；口钩中等骨化，各具一大、细长而弯的端齿。

胸节和腹节：第一胸节前缘有5条～10条不连续的粗尖刺列环带；第二胸节有3条～5条不连续的小刺带环绕，背上无刺带；第三胸节与第二胸节相似。第一腹节至第八腹节无刺。第一腹节至第八腹节上的蠕形突突起大，有8列～10列小粗刺。第八腹节气门区突起，中间区大。背瘤和中间区瘤基大，甚发达，有大感器；腹区感器较小。前气门具指突9个～15个。后气门裂长约3倍于宽，裂缘高度骨化、暗褐色；气门毛短，有些毛在端三分之一处分支；背毛束和腹毛束各具9毛～16毛，侧毛束具4毛～

7毛。肛叶大,突起,无沟,周边具2条～5条不连续的小尖刺列,在肛开口下方集合成小刺团。

6 结果判定

以成虫形态特征为依据,经鉴定符合5.4.1、5.4.2、5.4.3和5.4.4鉴定特征描述的可确定为加勒比实蝇。幼虫的口钩、前气门和后气门等部位的形态特征可作为鉴定时参考。

7 标本保存

7.1 成虫标本及玻片标本的保存

将制好的成虫标本或相应的玻片标本,置于干燥箱中干燥数日,然后移入标本柜中保存。

7.2 幼虫标本的保存

将采集到的幼虫或围蛹用蒸馏水清洗后,投入60℃(±5℃)热水中浸泡杀死,置于室温下冷却,再将冷却后的幼虫(或围蛹)置于保存液中保存,保存期为6个月～12个月。

附　录　A
（资料性附录）
加勒比实蝇地理分布及其寄主植物

A.1　加勒比实蝇地理分布

美国（佛罗里达）、墨西哥、古巴、牙买加、海地、多米尼加、波多黎各、伊斯帕尼奥拉岛、大安的列斯群岛、巴哈马群岛、危地马拉、洪都拉斯、哥斯达黎加、巴拿马、特立尼达、多巴哥、哥伦比亚、委内瑞拉、苏里南、厄瓜多尔、秘鲁、巴西、玻利维亚。

A.2　加勒比实蝇寄主植物

加勒比实蝇寄主植物见表A.1。

表A.1　加勒比实蝇寄主植物表

拉丁名称	中文名称
Annona glabra	牛心果
Annona reticulata	牛心番荔枝
Annona spp.	番荔枝属
Annona squamosa L.	番荔枝
Armoracia rusticana (Lam.)	辣根
Averrhoa carambola	杨桃
Bischofia polycarpa	重阳木
Blighia sapida	阿开木
Canella winteriana	野生龙眼
Capsicum annuum	菜椒
Carica papaya	木瓜
Carissa macrocarpa	纳塔尔李
Casimiroa edulis	加锡弥罗果
Chrysobalanus icaco	金鸡李
Chrysophyllum cainito	牛奶果
Chrysophyllum oliviforme	金叶树属
Citrus limonia	黎檬
Citrus aurantifolia Swingle	莱檬
Citrus aurantium	酸橙
Citrus limetta	甜莱姆
Citrus medica	香橼
Citrus paradisi	葡萄柚
Citrus reticulata	橘

表 A.1(续)

拉丁名称	中文名称
Citrus sinensis	甜橙
Citrus spp.	柑桔
Citrus tangelo	橘柚
Clausena lansium	黄皮
Coccoloba nvifera	海葡萄
Diospyros blancoi	毛柿
Diospyros virginiana	柿
Dovyalis caffra	大风子科
Dovyalis hebecarpa	锡兰莓
Eriobotrya japonica	枇杷
Eugenia aggregata	番樱桃属
Eugenia brasiliensis	巴西浆果
Eugenia pitanga (O. berg) Kiaersk.	番樱桃
Eugenia spp.	番樱桃属
Eugenia uniflora	苏里南樱桃
Ficus carica	无花果
Flacourtia indica	刺篱木
Fortunella×*crassifolia*	金弹
Fortunella margaritra	金桔
Garcinia livingstonei	藤黄属
Garcinia multiflora champ	多花山竹子
Litchi chinensis Sonn.	荔枝
Lycopersicon esculentum	番茄
M. charantia	苦瓜
Malpighia glabra	光滑金虎尾
Malus domestica	苹果
Mangifera indica	芒果
Manilkara zapota	人心果
Momordica balsamina	胶苦瓜
Momordica charantia	苦瓜
Muntingia colabura	文定果
Murraya paniculata (L.) Jack	九里香
Myrciania cauliflora	拟爱神果
Passiflora edulis	西番莲
Persea americana	鳄梨

表 A.1(续)

拉丁名称	中文名称
Diospyros kaki	日本柿
Pimenta dioic	多香果
Pouteria campechiana	鸡蛋果
Pouteria sericea	桃榄属
Prunus armeniaca L.	藏杏
Prunus domestica	西班牙李
Prunus persica	桃
Psidium friedrichsthalianum	哥斯达黎加番石榴
Psidium guajava	番石榴
Psidium guineense	巴西番石榴
Psidium littorale	草莓番石榴
Phoenix dactylifera L.	枣椰子
Punica granatum	石榴
Pyrus communis	梨
Pyrus pyrifolia	沙梨
Spondias cytherea	金酸枣
Spondias sp.	槟榔青属
Synsepalum dulcificum	神秘果
Syzygium cumini	爪哇蒲桃
Syzygium jambos	玫瑰蒲桃
Syzygium mallaccense	马六甲蒲桃
Syzygium spp.	蒲桃属

附 录 B
（资料性附录）
实蝇分类学常见术语图示

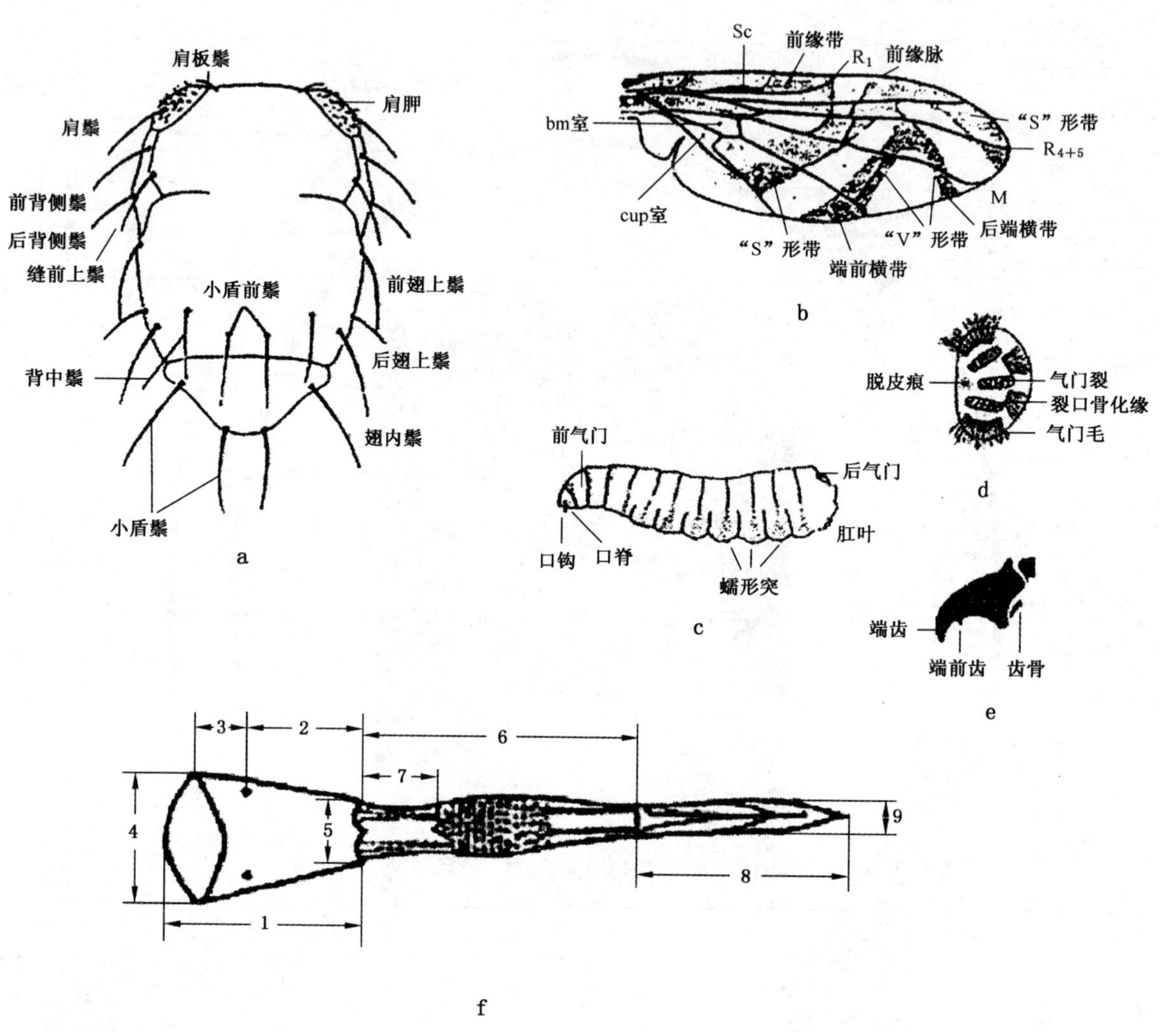

a——成虫胸部背面观；

b——翅；

c——幼虫侧面观；

d——幼虫后气门；

e——口钩；

f——产卵器（1. 基节长度；2. 气门至基节端部距离；3. 气门至基节基部距离；4. 基节基部宽度；5. 基节端部宽度；6. 翻转膜长度；7. 锉齿段与基节端部距离；8. 产卵管长度；9. 产卵管宽度）。

图 B.1 实蝇分类学常见术语图

（f 仿赵又新，1990；其余仿 White & Elson-Harris，1992）

附　录　C
（资料性附录）
加勒比实蝇形态特征图

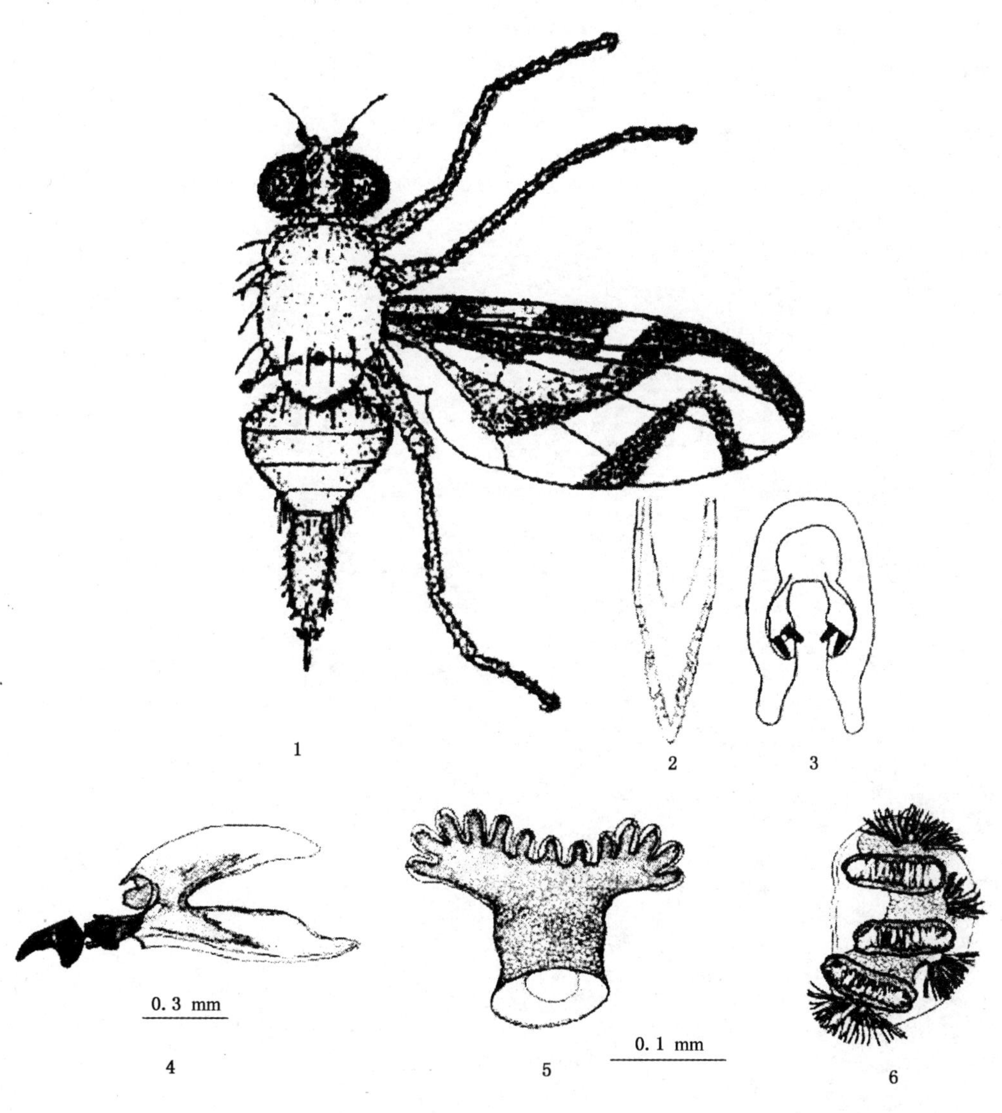

1——雌成虫；
2——产卵管；
3——抱握器；
4——幼虫口钩；
5——幼虫前气门；
6——幼虫后气门。

图 C.1　加勒比实蝇形态特征图
（1 仿 White & Elson-Harris，1992；其余仿 Carroll et al.，2004）

中华人民共和国出入境检验检疫行业标准

SN/T 1846—2006

墨西哥实蝇检疫鉴定方法

Identification of Mexican fruit fly, *Anastrepha ludens*（Loew）

2006-11-10 发布　　2007-05-16 实施

中华人民共和国
国家质量监督检验检疫总局　发布

前　言

本标准的附录 A、附录 B 和附录 C 均为资料性附录。

本标准由国家认证认可监督管理委员会提出并归口。

本标准由中华人民共和国广东出入境检验检疫局负责起草。

本标准主要起草人:梁帆、吴佳教、胡学难、莫仁浩、梁广勤。

本标准系首次发布的出入境检验检疫行业标准。

墨西哥实蝇检疫鉴定方法

1 范围

本标准规定了墨西哥实蝇 *Anastrepha ludens* (Loew)的鉴定方法。

本标准适用于进境墨西哥实蝇寄主植物(参见附录 A)及其果实时对墨西哥实蝇的鉴定。

2 原理

墨西哥实蝇 *Anastrepha ludens* (Loew),属双翅目(Diptera),实蝇科(Tephritidae)、实蝇亚科(Trypetinae)、按实蝇属(*Anastrepha*),主要以幼虫随被害果实作远距离传播,其卵也可随果实传播,围蛹则可随果实的包装物或寄主植物所附土壤传播。

墨西哥实蝇成虫、幼虫的形态特征为制定鉴定方法提供了依据。

3 术语和定义

下列术语和定义适用于本标准。

3.1

颜面 face

头部的前面,介于触角窝和口上片之间的区域。

3.2

肩胛 humeral calli(又称 postpronotal lobe)

中胸盾片前侧方略为隆出的区域。

3.3

肩板鬃 scapular bristles

位于中胸背板前缘的鬃的统称。

3.4

后背侧鬃 posterior notopleural bristles

位于背侧板胛端部的一对鬃。

3.5

前背侧鬃 anterior notopleural bristles

位于肩胛与背侧板胛之间近中部的一对鬃。

3.6

前翅上鬃 anterior supra-alar bristles

位于中胸背板侧缘,翅基前上方的一对鬃。

3.7

后翅上鬃 posterior supra-alar bristles

位于中胸背板后侧角,翅基后上方的一对鬃。

3.8

翅内鬃 intra-alar bristles

位于中胸背板后侧角,缝后侧黄色条线上的一对鬃。

3.9

小盾鬃　scutellar bristles

小盾片上的1对或2对鬃，又称小盾端鬃。

以上术语以外的其他实蝇分类学常见术语图参见附录B。

4　仪器、用具和试剂

4.1　仪器与用具

体视显微镜、干燥箱、冰箱、养虫箱、小型干燥器、防虫网罩、玻璃棉、养虫杯、载玻片、盖玻片、解剖刀、解剖针、酒精灯、温湿度计、量筒(50 mL、200 mL)、烧杯(200 mL、500 mL)、白瓷盘(大号、小号)、昆虫还软器。

4.2　试剂

10%氢氧化钠(或10%氢氧化钾)溶液、封片胶、苯酚、二甲苯、75%乙醇、丙三醇、水合三氯乙醛、阿拉伯树胶粉、蒸馏水。

4.3　试剂的配制

4.3.1　10%氢氧化钠(或10%氢氧化钾)溶液的配制

称取氢氧化钠(或氢氧化钾)10 g置于200 mL烧杯中，加入约80 mL的蒸馏水后，搅拌溶解，再加蒸馏水将溶液定容至100 mL。

4.3.2　封片胶的配制

称取阿拉伯树胶粉30 g于烧杯中，加入50 mL蒸馏水(最好是温水以加速溶解)。溶解后，加入200 g水合三氯乙醛及20 mL丙三醇，置于55℃～60℃的干燥箱内。1 d后，用玻璃棉过滤(过滤时仍置于55℃～60℃的干燥箱内进行)。

4.3.3　保存液的配制

量取75%乙醇100 mL，加入1 mL丙三醇。

5　实验室鉴定

5.1　样品检查

检查果实表面有无产卵刻点或产卵痕迹，或果实是否有腐软的现象，必要时剖果检查是否有蛆状幼虫。将怀疑带虫的果实进行饲养鉴定。

5.2　饲养鉴定

5.2.1　卵或幼虫饲养

将带有卵或幼虫的寄主果实放在小号白瓷盘里，然后将小号白瓷盘放在装有自来水的大号白瓷盘内，再用防虫网罩盖住小号白瓷盘，罩的下方边缘浸没于大号白瓷盘内的水中，置于温度为22℃～28℃，相对湿度为50%～90%的环境中饲养5 d～10 d至幼虫老熟。

5.2.2　围蛹饲养

取一盛有半干湿(含水量约5%)洁净细砂的养虫杯，将老熟幼虫置于细砂表面，幼虫将钻入砂中化蛹，约1 d后形成围蛹，然后置于养虫箱中，在温度为22℃～28℃，相对湿度为50%～90%条件下饲养，直至成虫羽化。

5.2.3　初羽化成虫饲养

成虫羽化后，悬挂相应寄主果实切片于养虫箱内供其取食，待成虫斑纹的色泽和大小稳定后(约需5 d)，收集成虫并置于冰箱冷冻层0.5 h～1 h杀死。

5.3　标本制备

5.3.1　成虫标本制备

如果成虫虫体已干硬，在制备标本前用昆虫还软器进行软化处理，虫体软化后制成针插标本。

5.3.2 成虫外生殖器玻片标本制备

用解剖刀取成虫标本腹节，置于10%氢氧化钠（或10%氢氧化钾）溶液中，浸泡12 h（或煮沸3 min）后取出，用蒸馏水洗净，在体视显微镜下，用解剖针挑取阳茎或产卵器，制成玻片标本。

5.3.3 幼虫玻片标本制备

用昆虫针在幼虫体壁上刺戳数个小孔，置于10%氢氧化钠（或10%氢氧化钾）溶液中浸泡12 h（或煮沸3 min）后取出，用解剖针将幼虫体中的残留物挤压出并用蒸馏水洗净；在体视显微镜下挑取口钩、前气门和后气门等部位，制成玻片标本。

5.4 鉴定特征（参见附录C）

5.4.1 实蝇科（Tephritidae）

翅Sc脉突然朝前弯曲成近90°，外弯段变弱，终于前缘脉的断裂处，R_1脉的背侧有小鬃；cup室具一尖角延伸。

5.4.2 实蝇亚科（Trypetinae）

cup室与bm室近等宽。后头鬃列均细长且通常为黑色。上前侧片为一缝所分离。中胸背板具肩板鬃。具3个受精囊。

5.4.3 实蝇属（*Anastrepha*）

成虫颜面隆起常甚发达，触角短，长通常不伸过下颜面缘。翅cup室较宽且延伸部分较短，M脉在进入翅缘相汇之前朝上拱曲。具肩板鬃1对，前背侧鬃和后背侧鬃各1对，前翅上鬃和后翅上鬃各1对，翅内鬃1对，背中鬃1对，小盾鬃2对。

5.4.4 墨西哥实蝇（*Anastrepha ludens*）成虫（参见附录C）

5.4.4.1 外形

体中型，黄褐色。

5.4.4.2 胸部

中胸背板长2.75 mm～3.6 mm，黄褐色，无银色或灰白色斑纹，具3条淡黄色条，中黄色条细长，后端变宽，侧黄色条伸至小盾片。肩胛淡黄色，侧板、后胸背板黄褐色，中背片全为橙色。胸部各鬃黑褐色，毛被黄褐色，有腹侧鬃，有时很纤细。

翅长6.6 mm～9.0 mm，色带浅黄褐色。前缘带和S带相汇于R_{4+5}脉上或相隔很近，R_1脉末端后有一个倒三角形的透明斑；翅具后端横带并与端前横带组成V形带，V带前端颜色通常很浅，V带与S带分离或狭窄相连；M脉端部略向上弯曲。

5.4.4.3 腹部

雌成虫：产卵器基节长为3.4 mm～4.7 mm，其长度等于或超过整个腹部的长度，是中胸背板和小盾片长之和的1.1倍；气门距基0.85 mm～1.35 mm。翻转膜上具有5排中等大小的钩状物；产卵管端宽0.14 mm，渐尖端部长0.3 mm，有细齿，具齿部分长0.2 mm。

雄成虫：第5背板的长度是第3和第4背板长度之和的1.12倍。抱器长约0.37 mm，基粗端扁平，背针突中等长，粗，端尖。

5.4.5 墨西哥实蝇幼虫

幼虫中等大，白色，长5.8 mm～11.1 mm，宽1.2 mm～2.5 mm。口感器圆形突起，有5枚突起感觉器；口脊11条～17条，全缘呈波纹或略呈波纹，副板小，与口脊外缘互锁。第一胸节至第三胸节前缘有刺区，背中分别有刺4列～6列，3列～5列和1列～2列，各中胸有4列～6列。第一腹节至第八腹节有蠕形突突起，第8腹节有中间叶，中等发达；瘤和感器小但明显。前气门有排列不规则的指突12个～21个。后气门气门裂约3.5倍长于宽，缘中等骨化，气门毛束短，在末端三分之一处具分支；背和腹毛束有6毛～13毛，侧毛束有4毛～7毛。肛叶大，突起，常具明显的双叶，有3列～4列不连续的小刺列围绕。

老熟幼虫口脊11条～17条。前气门指突19个～22个，胸节和腹节有背刺，后气门第1突丛和第

4 突丛有枝 7 条～13 条，端梢 15 条～18 条。臀板二分式。

6 结果判定

以成虫形态特征为依据，经鉴定符合 5.4.1、5.4.2、5.4.3 和 5.4.4 鉴定特征描述的可确定为墨西哥实蝇。幼虫的口钩、前气门和后气门等部位的形态特征可作为鉴定时参考。

7 标本保存

7.1 成虫标本及玻片标本的保存

将制好的成虫标本或相应的玻片标本，置于干燥箱中干燥数日，然后移入标本柜中保存。

7.2 幼虫标本的保存

将采集到的幼虫或围蛹用水(最好是蒸馏水)清洗后，投入 60℃(±5℃)热水中浸泡杀死，置于室温下冷却，再将冷却了的幼虫(或围蛹)置于保存液中保存，保存期为 6 个月～12 个月。

附　录　A
（资料性附录）
墨西哥实蝇地理分布及其寄主植物

A.1　墨西哥实蝇地理分布

美国（得克萨斯、加利福尼亚、亚利桑那州）、墨西哥、危地马拉、萨尔瓦多、厄尔萨尔瓦多、洪都拉斯、哥斯达黎加、尼加拉瓜、哥伦比亚、阿根廷、纽西兰。

A.2　墨西哥实蝇寄主植物

墨西哥实蝇寄主植物见表 A.1。

表 A.1　墨西哥实蝇寄主植物表

拉丁名称	中文名称	拉丁名称	中文名称
Anacardium occidentale	腰果	*Feijoa sellowiana*	费约果
Annona cherimola	南美番荔枝	*Ficus carica*	无花果
Annona glabra	牛心果	*Hylocereus undatus*	量天尺
Annona muricata	刺果番荔枝	*Inga* sp.	音加属中的一种
Annona reticulata	牛心番荔枝	*Juglans regia* Linn.	核桃
Cucurbita moschata	南瓜	*Lycopersicon lycopersicum*	番茄
Capsicum annuum	辣椒	*Malus domestica*	苹果
Carica papaya	木瓜	*Malus pumila*	乐园苹果
Casimiroa edulis	加锡弥罗果	*Mammea americana*	曼密苹果
Casirmiroa tetrameria	香肉果属	*Mangifera indica*	芒果
Citrus aurantiifolia	莱檬	*Manilkara zapota*	人心果
Citrus aurantium	酸橙	*Musa basjoo*	芭蕉
Citrus deliciosa Tenore	橘子	*Passiflora edulis*	鸡蛋果
Citrus limetta	甜莱姆	*Persea americana*	鳄梨
Citrus maxima	柚	*Pouteria sapota*	山榄
Citrus medica	香橼	*Pouteria sericea*	桃榄属
Citrus reticulata	红橘	*Prunus armeniaca* L.	藏杏
Citrus sinansis	甜橙	*Prunus domestica*	李
Citrus spp.	柑桔属	*Prunus persica*	桃
Citrus×paradisi	葡萄柚	*Psidium guineense*	巴西番石榴
Citrus×tangelo	橘柚	*Psidium littorale*	草莓番石榴
Coffea arabica	咖啡	*Punica granatum*	石榴
Cydonia oblonga	榅桲	*Punica* spp.	安石榴属
Cyphomandra betacea	树番茄	*Pyrus communis*	梨
Diospyros kaki	日本柿	*Pyrus pyrifolia*	沙梨
Diospyros texana	得克萨斯柿	*Spondias purpurea*	猪李
Eriobotrya japonica	枇杷	*Spondias* sp.	槟榔青属
Eugenia aggregata	樱桃	*Syzygium jambos*	蒲桃

附 录 B
（资料性附录）
实蝇分类学常见术语图示

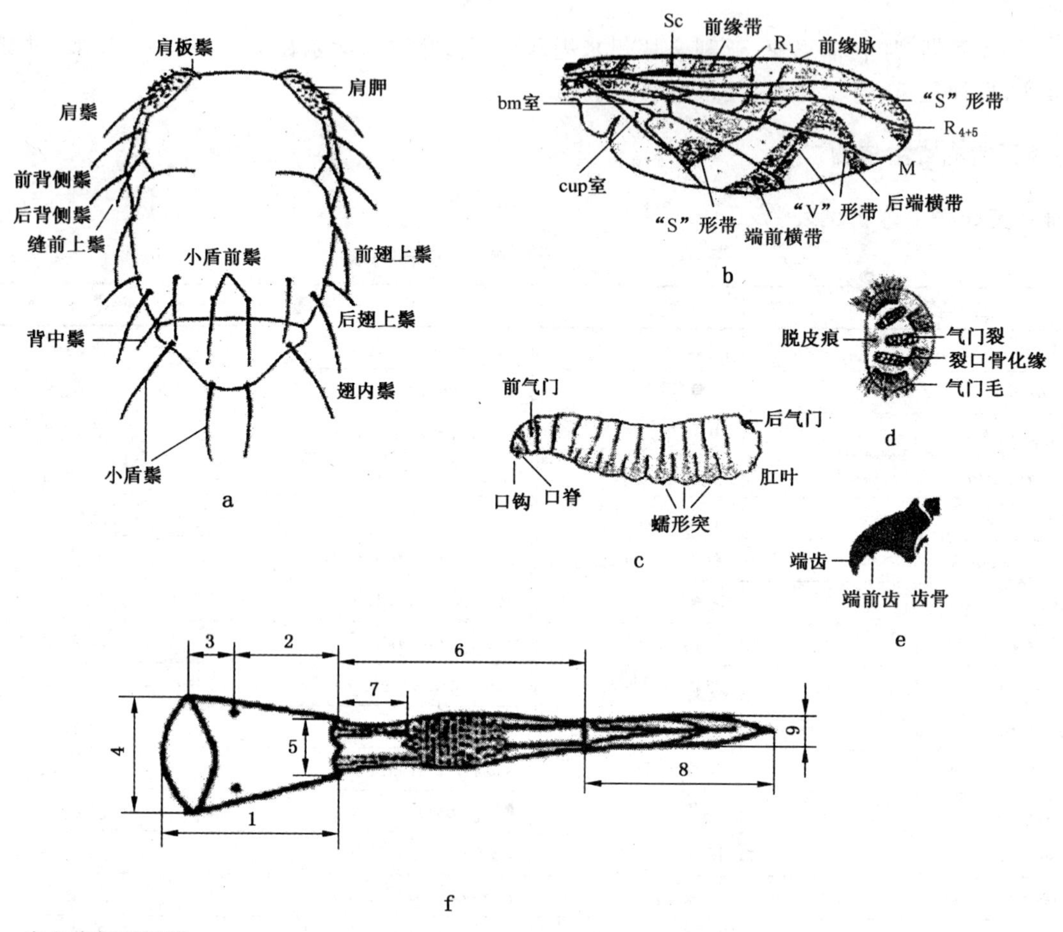

a——成虫胸部背面观；

b——翅；

c——幼虫侧面观；

d——幼虫后气门；

e——口钩；

f——产卵器(1. 基节长度；2. 气门至基节端部距离；3. 气门至基节基部距离；4. 基节基部宽度；5. 基节端部宽度；6. 翻膜长度；7. 锉齿段与基节端部距离；8. 产卵管长度；9. 产卵管宽度)。

图 B.1 实蝇分类学常见术语图

(f 仿赵又新，1990；其余仿 White & Elson-Harris，1992)

附　录　C
（资料性附录）
墨西哥实蝇形态特征图

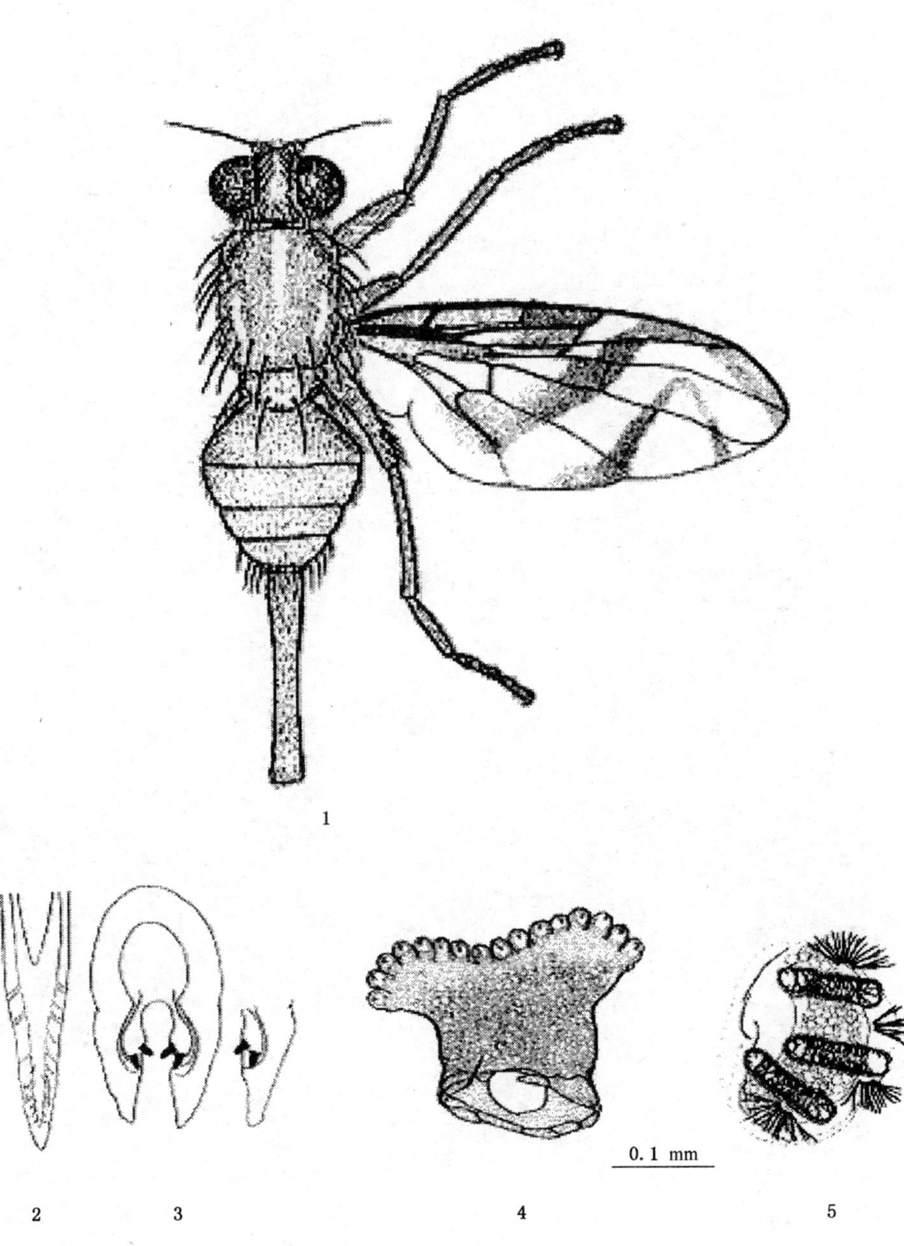

1——雌成虫；
2——产卵管；
3——抱握器；
4——幼虫前气门；
5——幼虫后气门。

图 C.1　墨西哥实蝇形态特征图
（1 仿 White & Elson-Harris，1992；其余仿 Carroll et al.，2004）

中华人民共和国出入境检验检疫行业标准

SN/T 1854—2006

家希天牛检疫鉴定方法

Identification of *Hylotrupes bajulus*（Linnaeus）

2006-11-10 发布　　2007-05-16 实施

中华人民共和国
国家质量监督检验检疫总局 发布

前 言

本标准的附录A为规范性附录，附录B为资料性附录。

本标准由国家认证认可监督管理委员会提出并归口。

本标准负责起草单位：中华人民共和国吉林出入境检验检疫局。

本标准参加起草单位：中国检验检疫科学研究院、中华人民共和国江苏出入境检验检疫局。

本标准起草人：魏春艳、张生芳、杨晓军、安榆林、牟峻、刘金华、王振国、吴剑、宋立国、王金丽、梁春、王岸英。

本标准系首次发布的出入境检验检疫行业标准。

家希天牛检疫鉴定方法

1 范围

本标准规定了家希天牛 *Hylotrupes bajulus*(Linnaeus)的检疫和鉴定方法。

本标准适用于木材、木质家具及木质包装中家希天牛的检疫和鉴定。

2 原理

2.1 家希天牛属鞘翅目(Coleoptera)、天牛科(Cerambycidae)、天牛亚科(Cerambycinae)、希天牛属(*Hylotrupes*),主要危害木材及建筑物的木质结构和木质家具,是对于燥软木最具威胁的毁灭性害虫。

2.2 以成虫的形态特征为主,幼虫形态特征、寄主植物、生物学特性为辅的鉴定原则(参见附录A和附录B)。

3 术语和定义

下列术语和定义适用于本标准。

3.1

成虫前胸背板侧刺突和侧瘤突 spine and tubercle

天牛科许多属成虫的前胸背板侧缘有一明显的瘤突,瘤突端部有一尖刺,称侧刺突。若两侧的瘤突圆钝无尖刺,称为侧瘤突。

3.2

成虫前胸腹板凸片 prosternal process

位于天牛成虫两前足基节窝间的基节间突。

3.3

破卵刺 hatching spines

胚胎头部或其他部分突起,在孵化时用以破开卵壳。

4 仪器和试剂

4.1 仪器

生物显微镜、体视显微镜、光照培养箱。

4.2 用具

养虫瓶、放大镜、刀、锯、斧、凿子、毛笔、镊子、白瓷盘、培养皿、解剖针、昆虫针、指形管、标本盒、标签等。

4.3 试剂

75%乙醇、幼虫保存液(75%乙醇:甘油=100:0.5～1)。

5 实验室鉴定

5.1 表面检查

对木材或木质包装现场检查时观察其表面是否有活虫或死虫、是否有幼虫的蛀屑、虫粪和成虫的羽化孔等。羽化孔一般呈卵圆形,直径为6 mm～10 mm。虫粪呈圆柱形,干燥后可断裂成近球状的两部分。

5.2 剖材检查

对发现羽化孔或蛀屑的木材要用刀、锯、斧等进行剖检。幼虫的虫道与木材的纹理平行，内充满碎的木纤维和虫粪。坑道直径可达 12 mm。家希天牛成虫产卵于约 0.2 mm～9.6 mm 宽的树木裂缝中，优先选择粗糙的表面；幼虫通常在木材内构筑虫道，多在边材内危害，成虫羽化后从木材表面的羽化孔中飞出。

5.3 镜检

在体视显微镜下对可疑幼虫和成虫进行形态特征的鉴定。

5.4 培养检验

若仅取得活的幼虫，则可将之连同被害木材一起放在相对湿度为 90%～95%、温度为 30℃～31℃的光照培养箱中培养，待羽化为成虫后再作进一步的鉴定。

6 鉴定特征

6.1 天牛亚科(Cerambycinae)鉴定特征

体小或中等至大型甲虫，头前口式，触角着生于复眼内缘，远离上颚基部，长度不等。下颚须端节末端钝圆或平截。前胸背板两侧无边缘，有侧刺突或者缺。前足基节不呈圆锥形，前、中足胫节无斜沟。

6.2 希天牛属(*Hylotrupes*)鉴定特征

中足基节窝外方向后侧片开放；前足基节窝圆形，向后方开放；前胸中区不具强隆起，体强烈背腹扁平，额极短，前胸腹板凸片甚宽阔、扁平；触角第 3 节远长于第 4 节，爪基部具附齿。

6.3 家希天牛的鉴定特征

6.3.1 成虫(见图 A.1)

——体长 7 mm～21 mm。颜色变异大，从黄褐色至栗色，有的几乎漆黑色；胸部及足的腿节密被直立长毛；

——触角红褐色，细短，向后不超越鞘翅基部的三分之一；第 3 节长，几乎为第 4 节的 2 倍，第 5 节的 1.5 倍；

——前胸背板横宽，两侧圆弧形，密被长柔毛，无侧刺突或瘤突，中线光滑无毛，贯穿整个前胸背板；中线两侧有 1 对对称、具光泽而光滑无毛的圆形瘤突(见图 A.2)；

——鞘翅扁平，具皱纹，两侧近平行，中部之前具 1 浅色的柔毛带，通常呈 4 个明显的淡色毛斑，毛斑形状多变；

——基节窝外侧有明显的尖角；足的腿节膨大呈棍棒状。

6.3.2 幼虫(见图 A.3)

6.3.2.1 初龄幼虫

几丁质乳白色，体背蜡质。破卵刺位于第 1～8 腹节的背侧面，刺粗短，较钝，后面的刺较大。具双孔气门，长达 1.2 mm，最大宽 0.65 mm。

6.3.2.2 成熟幼虫

——体稍扁平，粗壮，长达 24 mm，最大宽处在前胸可达 7.5 mm；

——头梯形，前缘肿胀，最宽处位于中部之后，可达 4.25 mm；颊稍呈肩状突起，色浅，光滑，被数支浅色刚毛；口器框位于触角下的部分弱骨化；

——触角褐黄色，第 2 节长为第 3 节的 3 倍，第 3 节圆筒形，长为宽的 2 倍；端部附属结构呈锥形，长至少为第 3 节的三分之二(见图 A.4)；

——前胸背板长方形，扁平，密被刚毛；后半区光滑、光亮，具不规则的皱纹；中裂缝深陷；肛门裂叶散布刚毛；

——足腿节宽大于长；腿节和胫跗节褐黄色；爪节至少端部三分之二赤褐色，被鳞状刚毛。

6.3.3 **卵**

卵长纺锤形，一端较细。长 1.2 mm～2.0 mm，宽 0.5 mm。卵壳白色，色暗，光滑。

6.3.4 **蛹(见图 A.5)**

——头横宽，光滑无毛；

——中胸小盾片扁平，两侧着生数支细长的浅色刚毛，刚毛向后倾伏；后胸小盾片缝稍平，两侧有无数类似的刚毛；

——鞘翅和后翅延伸到腹部第 4 节；第 7 腹节背板很长，后方强收缩；第 8 腹节背板长，两侧近平行；第 9 腹节背板极短，粗糙，稍呈二裂叶，各裂叶上具 1 支细刚毛；侧片突起，具皱纹，光滑无毛；

——后足腿节伸至第 4 腹节。第 1～5 腹节上具功能气门；气门片阔卵圆形，厚度适中。

7 结果判定

以成虫鉴定特征为依据，符合 6.1、6.2 及 6.3.1 形态特征时可判定为家希天牛。

8 标本和样品保存

根据害虫的虫态，幼虫和蛹用乙醇-甘油保存液保存，成虫制作成针插标本，记录害虫名称、来源、截获时间、地点、人员等相关信息，一般保存期至少为 6 个月。

附 录 A
（规范性附录）
家希天牛形态特征图

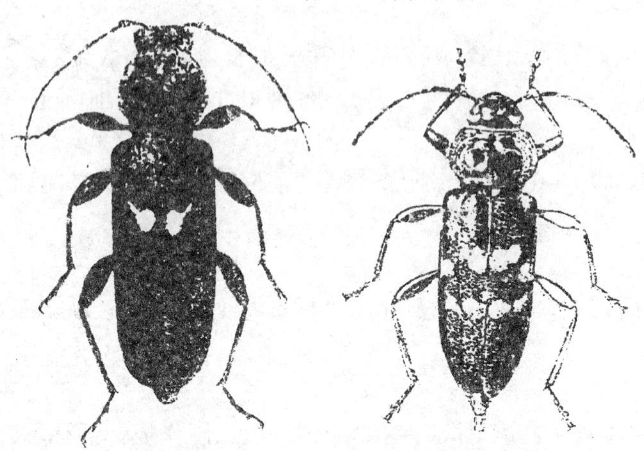

图 A.1 成虫（示鞘翅斑纹变异）

图 A.2 成虫前胸背板

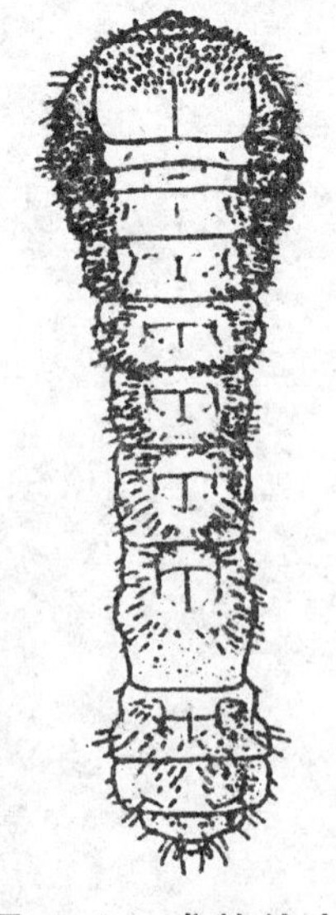

图 A.3 成熟幼虫

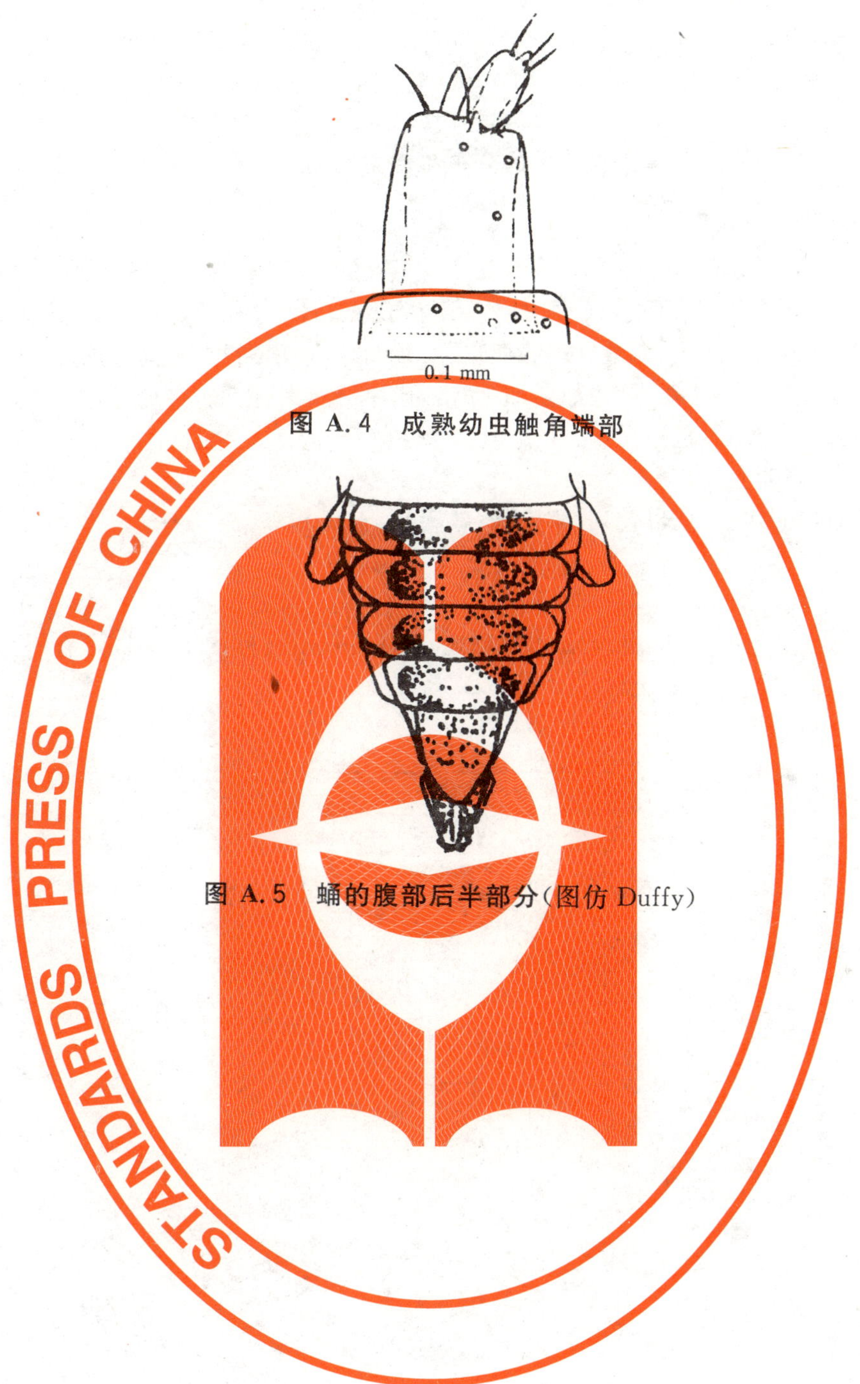

图 A.4 成熟幼虫触角端部

图 A.5 蛹的腹部后半部分(图仿 Duffy)

附 录 B
（资料性附录）
家希天牛的分布和寄主植物

B.1 分布

欧洲：阿尔巴尼亚、奥地利、比利时、英国、捷克、斯洛伐克、丹麦、芬兰、法国、德国、希腊、匈牙利、意大利、卢森堡、马耳他、瑞典、瑞士、挪威、波兰、西班牙、葡萄牙、前南斯拉夫、前苏联。

非洲：阿尔及利亚、埃及、利比亚、马达加斯加、摩洛哥、津巴布韦、南非、突尼斯。

美洲：加拿大、美国、阿根廷、危地马拉。

大洋洲：澳大利亚、新西兰。

亚洲：塞浦路斯、伊朗、伊拉克、以色列、黎巴嫩、叙利亚、土耳其。

B.2 寄主植物

松属 *Pinus*、云杉属 *Picea*、冷杉属 *Abies*、黄杉属 *Pseudotsuga*、栎属 *Quercus*、金合欢属 *Acacia*、杨属 *Populus*、榛属 *Corylus*、桤木属 *Alnus*。

中华人民共和国出入境检验检疫行业标准

SN/T 1855—2006

暗条豆象检疫鉴定方法

Identification of *Bruchidius atrolineatus*(Pic)

2006-11-10 发布

2007-05-16 实施

中华人民共和国
国家质量监督检验检疫总局 发布

前　言

本标准的附录D为规范性附录，附录A、附录B、附录C均为资料性附录。

本标准由国家认证认可监督管理委员会提出并归口。

本标准负责起草单位：中华人民共和国吉林出入境检验检疫局。

本标准参加起草单位：中国检验检疫科学研究院、中华人民共和国山西出入境检验检疫局、中华人民共和国江阴出入境检验检疫局、中华人民共和国辽宁出入境检验检疫局。

本标准起草人：魏春艳、张生芳、刘金华、陈乃中、王振国、李惠萍、商明磊、殷玉生、王有福、赵庆松、温有学、王岸英、徐金祥。

本标准系首次发布的出入境检验检疫行业标准。

暗条豆象检疫鉴定方法

1 范围

本标准规定了暗条豆象 *Bruchidius atrolineatus*(Pic)的检疫和鉴定方法。

本标准适用于暗条豆象的检疫和鉴定。

2 原理

暗条豆象属鞘翅目(Coleoptera),豆象科(Bruchidae),多型豆象属(*Bruchidius*),该属约有300种。该虫的形态特征和生物学习性是制定本标准的主要科学依据(参见附录A)。

3 术语和定义

下列术语和定义适用于本标准。

3.1

雄虫阳基侧突 parameres

为雄性外生殖器的组成部分。位于阳基背方,由两叶组成,呈匙状,端部膨大。在不同的类群,两个阳基侧突有的在基部分离,有的部分愈合,有的几乎完全愈合。

3.2

雄虫阳茎、内阳茎及内阳茎骨化刺 phallus,endophallus and its sclerites

阳茎为雄性外生殖器的组成部分,位于阳基侧突腹面,呈棒状,基部膨大呈囊状(称为囊区),端部呈瓣状(称外阳茎瓣)。阳茎又分为外阳茎和内阳茎。外阳茎为阳茎的外壳部分。内阳茎膜质,衬在外阳茎里面,当雄虫交尾时通过阳茎端孔外翻出来。内阳茎上着生大量骨化刺,排列成一定的图案,具有种的特异性,为豆象科昆虫种鉴别的重要依据之一。

4 仪器、用具和试剂

4.1 仪器

生物显微镜、体视显微镜、光照培养箱、烘箱。

4.2 用具

测微尺、放大镜、剪刀、镊子、昆虫解剖针、培养皿、载玻片、盖玻片、酒精灯、烧杯、圆孔筛、标本盒、毛笔、标签等。

4.3 试剂

何燕尔封液、10%氢氧化钠溶液、70%乙醇、还软液、乙醇-甘油保存液(试剂的配制参见附录B)。

5 实验室鉴定

5.1 表面检查

仔细检查豆粒上是否有成虫的羽化孔,是否有黑色的幼虫蛀入点。

5.2 过筛检验

用直径为4 mm的圆孔筛对豆粒过筛,检查筛下物内是否有豆象成虫,是否有圆形的羽化盖。

5.3 饲养检验

将可疑的被害豆粒装在玻璃瓶中,放置于28℃~30℃、相对湿度70%~75%的光照培养箱内,待成虫出现后进行鉴定。

5.4 镜检

观察成虫的外部形态特征，首先确定是否属于多型豆象属，在此基础上再核对种的特征（参见附录 C）。

5.5 标本预处理

必要时，要检查雄虫的外生殖器，操作时可将雄虫腹部取下，放入 10% 氢氧化钠溶液中，在酒精灯上加热煮沸 5 min 后取出，在体视显微镜下解剖，将阳茎及阳基侧突分离，用何燕尔封液制片后在生物显微镜下观察。

6 形态特征

6.1 多型豆象属(*Bruchidius*)成虫主要形态特征

——触角多呈锯齿状，少数种类雄虫触角栉齿状；

——复眼深凹呈马蹄形；

——前胸背板多呈圆锥形，两侧无侧脊或齿突；

——鞘翅长与肩部宽近等，第 10 行纹向后伸达近翅端；

——后足腿节粗，腹面内侧近端部多有 1 小齿，外侧缘无齿；胫节直，无端距，末端有 2 个～4 个小齿（见附录 D 中图 D.4）；

——臀板外露，不被鞘翅遮盖。

6.2 暗条豆象成虫的鉴定特征

——体长 2.2 mm～3.5 mm（见附录 D 中图 D.1）；

——触角由第 6 节开始至端部呈黑色，第 2 节显著短于第 1 节或第 3 节，雄虫触角栉齿状，雌虫触角强锯齿状（见附录 D 中图 D.3）；

——前胸背板圆锥形，中线两侧各有 1 条黑纵纹；鞘翅第 4 行间基部有 1 大型齿突，翅面散布多数黑斑，且多集中于翅的后半部；

——臀板端半部每侧有 1 半圆形大黑斑（见附录 D 中图 D.2）；

——雄虫外生殖器的两阳基侧突在基半部愈合，末端呈截形膨大（见附录 D 中图 D.5）；外阳茎瓣三角形，近外阳茎瓣基部有 1 个三角形骨化区；内阳茎无大型骨化板，大量的骨化刺在端半部排成左右两纵列（见附录 D 中图 D.6）。

7 结果判定

以成虫形态特征为主要依据，符合 6.1 和 6.2 时可判定为暗条豆象。

8 标本和样品保存

将暗条豆象及重要的为害状标本妥善保存，根据害虫的虫态，幼虫和蛹用乙醇-甘油保存液保存，成虫制作成针插标本，记录害虫名称、来源、截获时间、地点、人员等相关信息，一般保存期至少为 6 个月。

附　录　A
（资料性附录）
暗条豆象的寄主和世界分布

A.1　寄主

主要为豇豆 *Vigna unguiculata*，在取食赤豆 *Vigna angularis*、绿豆 *V. radiata* 和鹰嘴豆 *Cicer arietinum* 时也可顺利完成生活周期。

A.2　分布

安哥拉、喀麦隆、埃及、加纳、肯尼亚、马里、莫桑比克、尼日尔、尼日利亚、塞内加尔、坦桑尼亚、乌干达、扎伊尔、埃塞俄比亚、巴西、牙买加。

附　录　B
（资料性附录）
试剂的配制

B.1　何燕尔封液

称取阿拉伯树胶粉 30 g 于烧杯中，加入 50 mL 蒸馏水。溶解后，加入 200 mL 水合三氯乙醛及 20 mL 甘油，放置于 55℃～60℃的干燥箱内。1 d 后，用玻璃棉过滤（仍在此温度干燥箱内完成）。

B.2　还软液

在玻璃干燥器底部加入 2 cm 厚洗涤干净的沙粒，加水并漫过沙粒约 1 cm，并在水中加入几滴苯酚以防止标本腐烂。

B.3　乙醇-甘油保存液

量取 75％乙醇 100 mL，加入 0.5 mL～1 mL 甘油。

附 录 C
（资料性附录）
国内储藏物内豆象成虫检索表

1 除臀板之外，腹部还有1节背板不被鞘翅遮盖；足细长 …… 2
腹末仅臀板不被鞘翅遮盖；足较粗壮 …… 3

2 鞘翅褐色 …… 柠条豆象 *Kytorhinus immixtus*
鞘翅黑色 …… 苦参豆象 *Kytorhinus senilis*

3 后足腿节极粗壮，其宽度明显大于后足基节之长，腿节腹面的纵脊上有一列小齿，胫节显著弯曲 …… 4
后足不如上述 …… 5

4 前胸背板具暗色纵纹 …… 胸纹粗腿豆象 *Caryedon lineatonota*
前胸背板无暗色纵纹 …… 花生豆象 *Caryedon serratus*

5 后足胫节有2根端距 …… 6
后足胫节无端距 …… 7

6 鞘翅第10行纹向后仅伸达翅中部；后足胫节端距红褐色 …… 巴西豆象 *Zabrotes subfasciatus*
鞘翅第10行纹向后伸达近翅端；后足胫节端距黑色 …… 牵牛豆象 *Spermophagus sericeus*

7 前胸背板两侧近中央处各有一齿突 …… 8
前胸背板两侧无齿突 …… 10

8 后足胫节端的内侧齿不长于或稍长于其他端齿；前胸背板侧缘齿发达，齿尖后指向；臀板上的黑斑明显 …… 豌豆象 *Bruchus pisorum*
后足胫节端的内侧齿显著长于其他端齿 …… 9

9 臀板上的2个黑斑明显；鞘翅上的毛长而密，遮盖体表结构 …… 黑斑豆象 *Bruchus dentipes*
臀板上的2个黑斑不明显；鞘翅上的毛疏而短，不遮盖体表结构 …… 蚕豆象 *Bruchus rufimanus*

10 后足腿节内缘脊的近端部有3个齿（少数情况下有4个齿） …… 11
后足腿节不如上述 …… 12

11 鞘翅表皮大部黑色，仅端缘红褐色；为害菜豆、红豆等 …… 菜豆象 *Acanthoscelides obtectus*
鞘翅表皮大部红褐色，仅在翅的侧缘、基部及近翅缝处黑色；仅为害紫穗槐种子 …… 紫穗槐豆象 *Acanthoscelides pallidipennis*

12 前胸背板基部中央有1对瘤状突；后足腿节腹面内缘脊及外缘脊的近端部分各有1齿突 …… 13
胸背板无上述瘤状突；后足腿节腹面的构造不如上述 …… 15

13 后足腿节腹面的内侧齿远短于外侧齿；前胸背板表皮红褐色 …… 鹰嘴豆象 *Callosobruchus analis*
后足腿节腹面的内侧齿与外侧齿约等长；前胸背板表皮色暗 …… 14

14 腹部第2～5腹板两侧有浓密的白色毛，雄虫触角栉齿状 …… 绿豆象 *Callosobruchus chinensis*
腹部第2～5腹板两侧无浓密的白色毛，雄虫触角锯齿状 …… 四纹豆象 *Callosobruchus maculatus*

15 后足腿节腹面内缘脊及外缘脊上均无齿；雄虫腹部第1腹板中部有1个光亮的镜状圆盘 …… 腹镜沟股豆象 *Sulcobruchus discus*
后足腿节腹面内缘脊上有一小齿，外缘脊上无齿 …… 16

16 体长大于4 mm；前胸背板凹凸不平，后侧角的内侧凹陷；为害皂荚种子 …… 皂荚豆象 *Bruchidius dorsalis*
体长小于4 mm；前胸背板不如上述 …… 17

17　前胸背板顶区有 2 个淡色圆斑；臀板长而倾斜，端部近圆形；为害合欢种子…… 合欢豆象 *Bruchidius terrenus*

前胸背板无上述淡色斑；雌虫臀板的纵隆起多少明显，端部呈瘤突状；为害甘草种子……………………………………………………………………………………………… 臀瘤豆象 *Bruchidius tuberculicauda*

附 录 D
（规范性附录）
暗条豆象成虫鉴别特征图

图 D.1 暗条豆象成虫

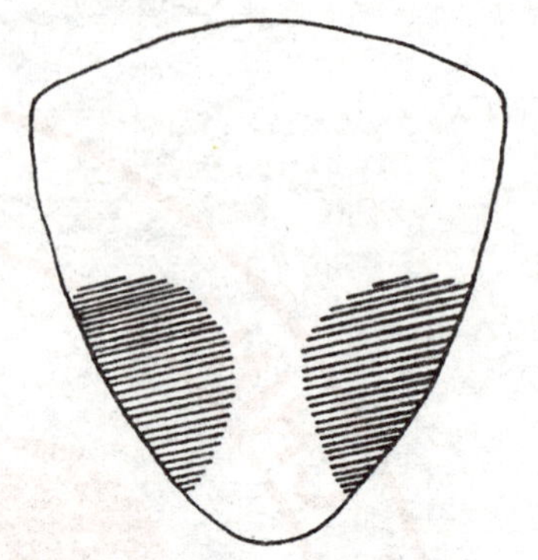

图 D.2 暗条豆象成虫臀板

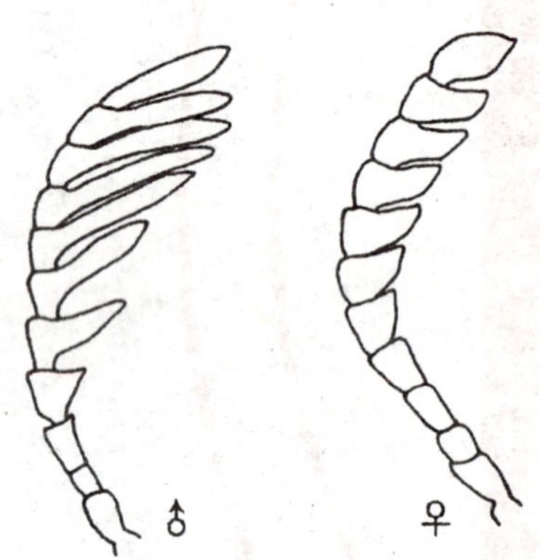

图 D.3 暗条豆象成虫触角

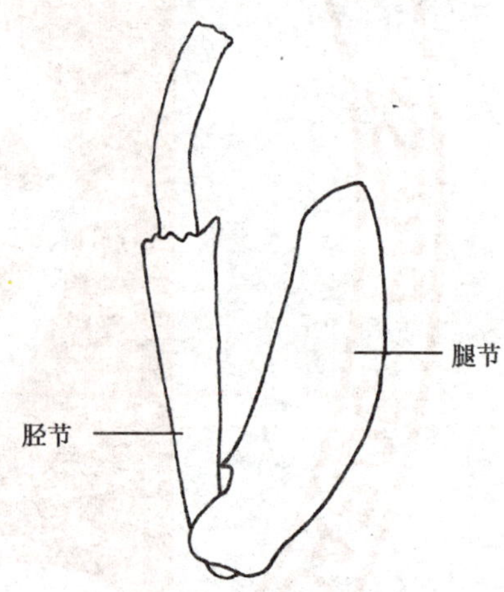

图 D.4 暗条豆象成虫后足

图 D.5 暗条豆象雄虫阳基侧突

图 D.6 暗条豆象雄虫阳茎

中华人民共和国出入境检验检疫行业标准

SN/T 1912—2007

咖啡潜叶蛾检疫鉴定方法

Identification of Coffee Leaf Miner[*Leucoptera coffeella*(Guér.)]

2007-05-23 发布　　2007-12-01 实施

中华人民共和国国家质量监督检验检疫总局　发布

前　言

本标准的附录 A、附录 B 和附录 C 均为资料性附录。

本标准由国家认证认可监督管理委员会提出并归口。

本标准起草单位：中华人民共和国海南出入境检验检疫局。

本标准主要起草人：林明光、李伟东、李继勇、陈义群。

本标准系首次发布的出入境检验检疫行业标准。

咖啡潜叶蛾检疫鉴定方法

1 范围

本标准规定了咖啡潜叶蛾的检疫和鉴定方法。

本标准适用于进境咖啡属植物检疫中对咖啡潜叶蛾的检疫和鉴定。

2 原理

2.1 分类地位

咖啡潜叶蛾 *Leucoptera coffeella*（Guér.）属鳞翅目 Lepidoptera、潜蛾科 Lyonetiidae、白潜蛾属 *Leucoptera* Hübner。

2.2 生物学特性和传播途径

卵随机产于叶面，幼虫孵化后从卵壳底部蛀入叶内，开始取食栅栏组织，剩下叶脉和上下表皮，在叶面上形成黄褐色潜道。幼虫 4 龄。当危害严重时，若干潜道往往交迭，形成一个大斑，幼虫在其端部或边缘取食。远距离传播主要通过咖啡属植物植株或种苗运输而传播。

2.3 鉴定依据

咖啡潜叶蛾的形态特征、生物学特性及分布和传播途径是制定本标准鉴定方法的依据。

3 术语和定义

下列术语和定义适用于本标准。

3.1

翅展 wing expanse

双翅展开时，两前翅翅尖之间的直线长度。

3.2

体宽 breadth

计量身体最宽的部位长度。

3.3

臀角 anal angel

翅的外缘与内缘形成的角。

3.4

臀斑 anal spot

着生在臀角处的鳞片较鲜艳，有两种以上色泽和花纹组成的复合斑，常有金属光泽，是白潜蛾属种间分类特征。

3.5

眼罩 eye cap

丝状的触角柄节膨大，并在下方凹入，密生银毛，在复眼上方形成与眼一样大小的绒毛状的眼罩（触角的柄节扩大后盖在复眼上的部分）。

3.6

前缘纹 costal streak

沿前翅前缘中部至端部之间常着生有两条以上带状纹伸向翅中央或臀斑，其边缘常有深色的斑纹包围，是白潜蛾属种间分类特征。

4 仪器与试剂

4.1 仪器

体视显微镜、放大镜、昆虫解剖针、解剖刀、镊子、测微尺、指形管、三级台、载玻片、盖玻片、磨口瓶、白瓷盘、标签、人工气候箱等。

4.2 试剂

保存液(75%乙醇∶丙三醇=100∶0.5～1)、封口蜡。

5 实验室检验

5.1 叶面检验

检查叶面有无幼虫蛀食造成的不规则、褐色的潜道,叶背面是否带茧,在解剖镜下用解剖针小心挑开潜道,用镊子取出一部分成熟幼虫(4 龄幼虫);同时将蛹挑出,一并放入固定液中保存,用于镜检;一部分带活虫的受害咖啡叶片在养虫室内进行饲养。

5.2 饲养检验

5.2.1 饲养条件

潜叶蛾的饲养在养虫室内的人工气候箱中进行,温度在 25℃～28℃,相对湿度 75%～90%,光照周期 L∶D=14∶10。养虫室应装有纱门和纱窗(网眼 0.5 mm),以防成虫逃逸。

5.2.2 饲养方法

采集潜道中带有活幼虫的受害咖啡叶片,分别放入直径为 4 cm,高 9 cm 的饲养瓶中(每饲养瓶内放入 1 个叶片),瓶盖用纱网封口,然后置于人工气候箱内进行饲养,并每天观察幼虫的发育进度。约 2 周后大部分幼虫发育成熟,钻出潜道或潜食斑在叶片背面作茧化蛹,再经 1 周左右将陆续羽化为成虫。

5.3 镜检

将幼虫、蛹或成虫标本置于体视显微镜下进行鉴定。

6 鉴定特征

6.1 潜蛾科

体小型。触角丝状,柄节扩大,并在下方凹入,形成一个眼罩。前翅细长披针形,顶端尖锐;前翅翅脉在中室端部辐射状相互分离,后翅线形,有长缘毛,无中室,主要翅脉在翅的中轴。

幼虫扁或圆筒形,有腹足,趾钩单序。幼虫潜食为害植物叶片的上下表皮组织,叶面显出的潜痕常因种而异。

6.2 白潜蛾属

成虫体长 3 mm～5 mm,翅展 5 mm～12 mm,白色带有铜绿色彩或金属光泽。除喙和后胸背面外全身密覆鳞片,其中头顶的一簇鳞片呈帽状,腹部末端具长鳞;后足胫节具长毛。

翅矛形,具长缘缨,脉序简化。前翅正面有黑色的臀斑,具金属光泽并嵌有黄色至淡红色;前缘纹 1 条～2 条,端纹 1 条～3 条。翅基片腹面被长毛,背面被鳞片。后翅具翅缰。

6.3 咖啡潜叶蛾(参见附录 C)

6.3.1 成虫

翅展 4 mm～6 mm,体长约 2 mm,头部、虫体、前翅以及足(除端部黑色外)均为银白色。头部前面突起一簇伸展的银白色毛,其后鳞片向后平躺。

触角线状,长约为前翅的四分之三,除基节膨大,密生银毛,形成与眼一样大小的绒毛状的眼帽,触角其余部分呈灰黑色。

前翅臀斑椭圆形,中央钢青色,有紫色光泽,在翅基部和前缘方包围有黄色带,该黄色带一直伸到翅端。前缘脉稍过中部处有一明显的黄色带，其边缘缀有黑色鳞片，该色带伸向臀斑，有时几乎达到臀斑边缘，在距与该色带宽度相等处还有一条略宽短的黄色带，仅内方缀有黑色鳞片，不甚斜向臀斑，也不与该黄色带相交。相隔相同距离的前缘脉还有一黑色鳞片形成的条纹，斜伸向臀斑外方一点，并与近外缘的一个黑色鳞片组成的条纹相交成锐角三角形。

在前翅的内缘和外缘以及后翅四周长有灰黑色或褐色长缘毛。

6.3.2 幼虫

老熟幼虫体长 4 mm～5 mm，体宽 0.75 mm，浅黄色，部分透明，扁平，身体可见体节 12 节，胸部 3 节，前胸最宽，中、后胸渐狭，腹部 9 节，前 3 节渐宽，其后各节渐窄；胸部各节具 1 对分节的足，腹部第 3 节～6 节以及第 9 节具 1 对突起肉足。

头部扁平，前端浑圆，常部分缩入前胸，上颚位于上唇下方，端部有 3 齿突，头两侧约有 9 根刚毛，具 2 个单眼，前个单眼较大。

腹节后侧面生 3 毛，前 1 毛最短伸向前方，后 2 毛向后伸，第 3 毛是第 2 毛的 2 倍长，几乎与该体节宽相等，胸部刚毛 3 根，均朝前伸展，第 2 根毛最长，还有另 1 毛从后部外沿长出。

6.3.3 蛹

长度 2 mm～2.5 mm，淡黄色，眼暗色；触角一直延伸到 3 对足的下方；被约 6 mm 长呈 H 型白色茧包围。

6.3.4 卵

卵长约 0.28 mm、宽 0.18 mm、高 0.08 mm，端部呈船形，有明显的纵脊纹，俯视具宽大基座；乳白色，随着胚胎发育的进行颜色逐渐加深；卵散产在叶片正面（卡菲白潜蛾 *L. caffeina* 的卵则排成 1 列，两者很容易区别）。

7 结果判定

以成虫鉴定特征为依据，以卵、幼虫和蛹的形态特征为参考，符合标准中所描述形态特征的个体可鉴定为咖啡潜叶蛾。

8 标本制作和保存

8.1 成虫标本的保存

潜叶蛾成虫标本的制作多采用针插法。先将饲养瓶内羽化 1 d 后的成虫用乙酸乙酯毒死，然后进行展翅，制成针插标本。放入－10℃的冰箱中保存 24 h，杀死标本虫和霉菌。待标本风干定型后，在标本的下方加插两个标签，上面分别注明标本的产地和采集时间、寄主和采集人。经种类鉴定后，再附上鉴定签，小心插在标本盒内，置于具有防潮、防蛀条件的标本柜或标本室内长期保存。

8.2 幼虫或蛹标本的保存

幼虫或蛹标本的制作多采用液浸法。将成熟幼虫（4 龄幼虫）或蛹用沸水煮死，然后放入盛有保存液的玻瓶中，瓶口用软木塞盖紧，并以熔化的石蜡加以密封。再在玻瓶外壁贴上写有种名、产地、采集时间、寄主和采集人的标签，置于标本柜或标本室内长期保存。

8.3 为害状标本的保存

先将带有潜道或潜食斑的受害咖啡叶片放在 60℃的烘箱中烘 2 h～3 h，待完全杀死潜叶蛾卵、幼虫和蛹后，再按制作植物干制标本的方法做成干制标本，并注明标本的产地和采集时间、寄主和采集人。同时，附上鲜活受害咖啡叶片的彩色照片，与其成虫、幼虫和蛹的标本一起进行保存。

附 录 A
(资料性附录)
咖啡潜叶蛾地理分布

危地马拉、萨尔瓦多、哥斯达黎加、古巴、牙买加、多米尼加、波多黎各、瓜德罗普岛、特立尼达和多巴哥、安的列斯群岛、哥伦比亚、委内瑞拉、圭亚那、厄瓜多尔、秘鲁、巴西、玻利维亚。

附 录 B
(资料性附录)
咖啡潜叶蛾近缘种检索表

1 前翅前缘中部发出的暗褐色条纹与臀角的黑斑相连;后翅淡褐色 …… 咖啡潜叶蛾 *L. coffeella*
前翅前缘中部发出的暗褐色条纹不与臀角的黑斑相连;后翅白色到淡白色 …… 2
2 前翅前缘中部发出的暗色条纹在达中室端时呈锐角折向前缘;寄主植物为咖啡 …… 卡菲白潜蛾 *L. caffeina*
前翅前缘中部发出的暗色条纹在达中室端时即终止;寄主植物为白花丹(Plumbago) …… 3
3 前翅中室上角的两支脉共柄很长,超过脉长的五分之四 …… 星白潜蛾 *L. staterias*
前翅中室上角的两支脉共柄较短,不超过脉长的二分之一 …… 4
4 前翅中室上角的两支脉共柄中等长,不超过脉长的二分之一 …… 指白潜蛾 *L. onychotis*
前翅中室上角的两支脉共柄很短,不超过脉长的五分之一 …… 丹白潜蛾 *L. daricella*

附　录　C
（资料性附录）
咖啡潜叶蛾形态特征图

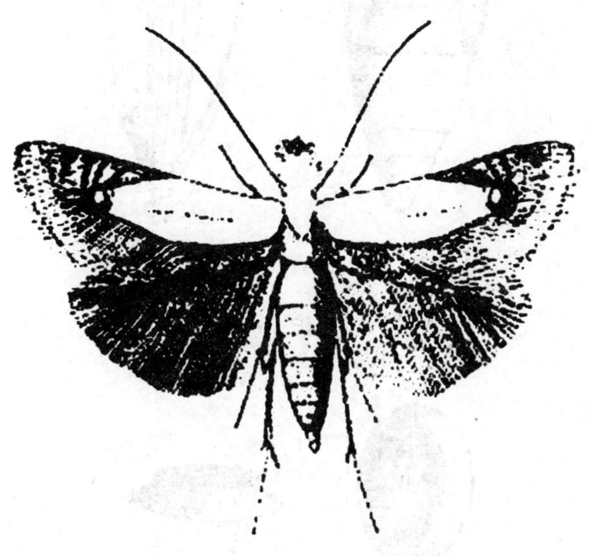

图 C.1　成虫（仿 Box 1923）

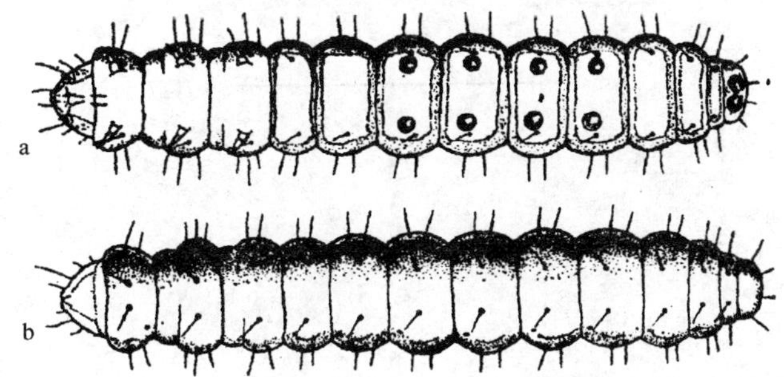

a——幼虫腹面观；
b——幼虫背面观。

图 C.2　（仿 Box 1923）

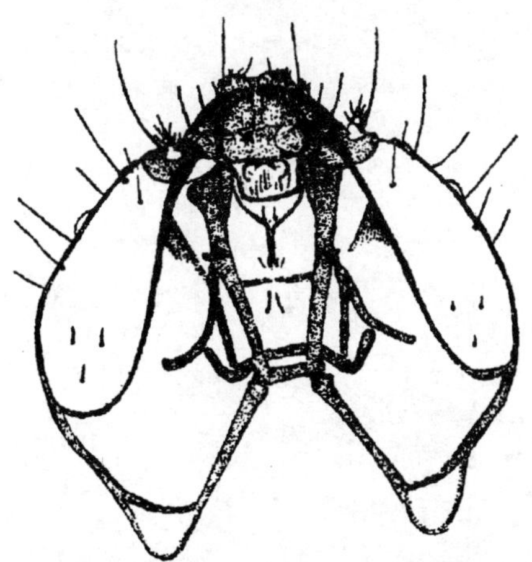

图 C.3　幼虫头部腹面观（仿 Box 1923）

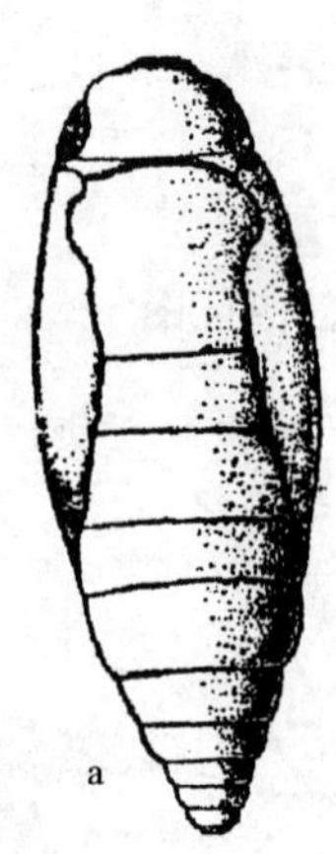

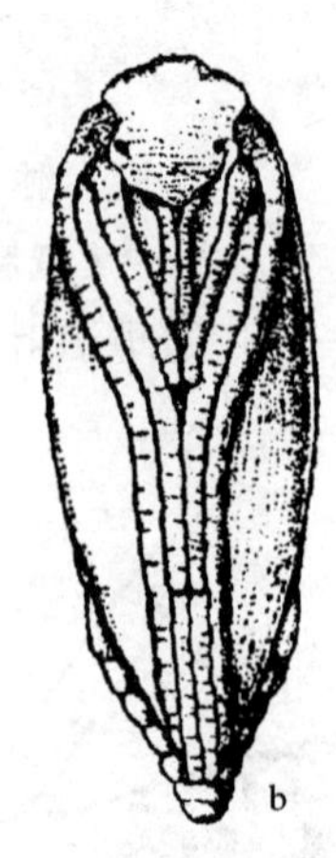

a——蛹背面观；
b——蛹腹面观。

图 C.4 （仿 Box 1923）

图 C.5 卵（仿 Box 1923）

中华人民共和国出入境检验检疫行业标准

SN/T 1913—2007

咖啡果小蠹检疫鉴定方法

Identification of Coffee Berry Borer[*Hypothenemus hampei*(Ferrari)]

2007-05-23 发布　　　　2007-12-01 实施

中华人民共和国
国家质量监督检验检疫总局 发布

前　言

本标准的附录A、附录B和附录C均为资料性附录。

本标准由国家认证认可监督管理委员会提出并归口。

本标准起草单位:中华人民共和国海南出入境检验检疫局。

本标准起草人:林明光、李伟东、李继勇、华丽、李娜。

本标准系首次发布的出入境检验检疫行业标准。

咖啡果小蠹检疫鉴定方法

1 范围

本标准规定了咖啡果小蠹的检疫鉴定方法。

本标准适用于进境咖啡属植物果实及种子检疫中对咖啡果小蠹的检疫鉴定。

2 原理

2.1 分类地位

咖啡果小蠹 *Hypothenemus hampei*（Ferrari）属鞘翅目 Coleoptera、小蠹科 Scolytidae、咪小蠹属 *Hypothenemus* Westwood。

2.2 传播途径

主要通过咖啡果（豆）、种子及其包装物远距离传播，近距离传播主要靠雌成虫在寻找产卵场所过程借助气流飞翔传播，有实验记录雌虫最远可飞行 345 m。

2.3 鉴定依据

咖啡果小蠹的形态特征以及分布、生物学特性和传播途径是制定检疫鉴定方法的依据。

3 仪器及试剂

3.1 仪器

体视显微镜、放大镜、昆虫解剖针、解剖刀、镊子、测微尺、指形管、三级台、载玻片、盖玻片、磨口瓶、白瓷盘、标签、养虫箱、恒温箱等。

3.2 试剂

乙醇-丙三醇保存液（75%乙醇：丙三醇＝100：0.5～1）。

4 实验室检验

4.1 剖果检验

根据该虫蛀食果实的习性，检查果实有无蛀孔，重点留意靠近果顶部有无蛀孔。用解剖刀将咖啡果剖开，观察有无钻蛀的褐色坑道，仔细检查内部是否有幼虫、蛹或成虫。

4.2 饲养检验

将发现有幼虫或蛹的蛀果放入培养皿里置于养虫箱或恒温箱内在温度 25℃～30℃条件下饲养观察，25 d～36 d 内成虫就可羽化。

4.3 成虫、幼虫及蛹标本制作

成虫标本采取针插风干保存，并注意防虫蛀；幼虫和蛹浸泡前放入水内煮 1 min～2 min 至虫体直硬，后用乙醇-丙三醇保存液保存。

4.4 镜检

将幼虫、蛹或成虫标本置于体视解剖镜下进行鉴定。

5 鉴定特征

5.1 小蠹科

5.1.1 头狭于前胸背板，头部无喙；复眼椭圆形、肾形或分作两半；触角第 1 节延长，呈膝状，末端 3 至 4 节紧密相接，构成大的锤状部；胫节横断面扁平，胫节外缘有齿列，或有端距；第 1 跗节约与其后两节等长。

5.1.2 头部隐于前胸背板的下面，从背面不能看见；前胸背板前半部有鳞状瘤区，后半部为刻点区；各足胫节外缘均有齿列，但无端距；前足胫节后面光滑。

5.1.3 前胸前板强烈突起，侧视最高点位于背板中部附近，呈风帽状。背板上的鳞状瘤从前缘至背顶部均显著，瘤区后缘中间向后延伸成夹角，夹角恰在背板顶部的最高点上。体表有鳞片；鞘翅斜面平匀弓曲。

5.2 咪小蠹属

5.2.1 触角鞭节3至5节；触角锤状部长卵形，第1毛缝几乎直，部分不相连，第2毛缝前伸，着生刚毛。

5.2.2 前胸背板后缘和三分之一后侧缘具细隆线，前缘着生1齿列。

5.2.3 前足胫节外缘具一列4至6个小齿，端部外缘具4齿；后足胫节端缘约4齿；跗节圆柱形。

5.3 咖啡果小蠹(参见附录C)

5.3.1 成虫

5.3.1.1 雌成虫体长约1.6 mm，宽约0.7 mm；雄虫体长约1.05 mm～1.20 mm，宽为0.55 mm～0.6 mm；体呈圆柱形，暗褐色到黑色，有光泽。一雄多雌，雄虫小，常无翅，一生不离开母巢。

5.3.1.2 头背中央具一条深陷的中纵沟，延伸额面，止于口上片。

5.3.1.3 触角浅棕色；柄节约等于鞭节和锤状部长度之和；鞭节5节，其中基部一节大，球形，其余4节短宽，锤状部具3列几乎垂直的毛缝。

5.3.1.4 前胸背板前缘中部有4～6枚小颗瘤，瘤区有4至5列颗瘤，第1列粗大，第2列后逐渐缩小，至最后一列连成弧列。

5.3.1.5 足浅棕色；胫节有锯齿，除了突出的端齿外，前足胫节外缘有齿6～7个，中足胫节5个，后足胫节4个。

5.3.1.6 鞘翅基部肩角处(即第6沟间部的基部)有明显突起，而且光滑。鞘翅上有8至9列刻点沟，刻点沟宽阔，其中刻点圆大而规则，沟间部略凸起，上面的刻点细小，不易分辨，沟间部刚毛狭长，其长度至少是宽度的8倍以上。刚毛列间的距离等于刚毛长度，同列刚毛间的距离稍短于刚毛长度。

5.3.2 卵

卵0.31 mm～0.56 mm；乳白色，稍有光泽，长球形。

5.3.3 幼虫

体长0.75 mm，宽0.2 mm，乳白色，有些透明；头部褐色，无足；体被白色硬毛，后部弯曲呈镰刀形。

5.3.4 蛹

白色，头部藏于前胸背板之下；前胸背板边缘有3～10个彼此分开的乳头状突起，每个突起上面有1根白色刚毛；腹部有2根较小的白色针状突起，长0.7 mm，基部相距0.15 mm。

6 结果判定

以成虫鉴定特征为依据，以卵、幼虫和蛹的形态特征为参考，符合标准中所描述形态特征的个体可鉴定为咖啡果小蠹。

附　录　A
（资料性附录）
咖啡果小蠹的地理分布

越南、老挝、柬埔寨、泰国、马来西亚、菲律宾、印度尼西亚、印度、斯里兰卡、沙特阿拉伯、利比亚、塞内加尔、几内亚、塞拉利昂、科特迪瓦、加纳、多哥、尼日利亚、喀麦隆、乍得、中非、苏丹、埃塞俄比亚、肯尼亚、乌干达、坦桑尼亚、卢旺达、布隆迪、扎伊尔、刚果、加那利群岛（西属）、圣多美和普林西比、安哥拉、莫桑比克、加蓬、费尔南多波动群岛、巴布亚新几内亚、新喀里多尼亚、密克罗尼西亚、马里亚纳群岛、加罗林群岛、社会群岛、塔希提岛、伊里安岛、危地马拉、萨尔瓦多、洪都拉斯、哥斯达黎加、古巴、牙买加、海地、多米尼加、波多黎各、哥伦比亚、苏里南、秘鲁、巴西等国家和地区，美国的夏威夷和加利福尼亚南部。

附 录 B
（资料性附录）
咖啡果小蠹近缘种分类检索表

1 鞘翅背面第2和3沟间部的刻点杂乱无章，每个刻点带有1枚竖起扁平刚毛，个体较大，雌虫体长1.5 mm～1.8 mm，分布墨西哥、哥伦比亚和委内瑞拉 …… *Hypothenemus trivialis* Wood

鞘翅背面沟间部的刻点成1列，个体较小…………………………………………………………… 2

2 鞘翅背面沟间部刚毛扁平，比斜面沟间部刚毛宽；鞘翅斜面陡，限于鞘翅后的1/4；鞘翅背面基半部上沟间部刻点成细瘤. 分布美国…………………… *Hypothenemus interstitials*(Hopkins)

鞘翅背面沟间部和斜面的刚毛在宽度上相等，鞘翅斜面上瘤起几乎扩展至鞘翅中部，鞘翅背面基半部沟间部刻点没有全部颗瘤化，分面危地马拉\洪都拉斯 巴西非洲东南亚等，寄主咖啡豆，雌虫体长1.4 mm～1.68 mm …………………………… *Hypothenemus hampei*(Ferrari)

附　录　C
（资料性附录）
咖啡果小蠹形态特征图

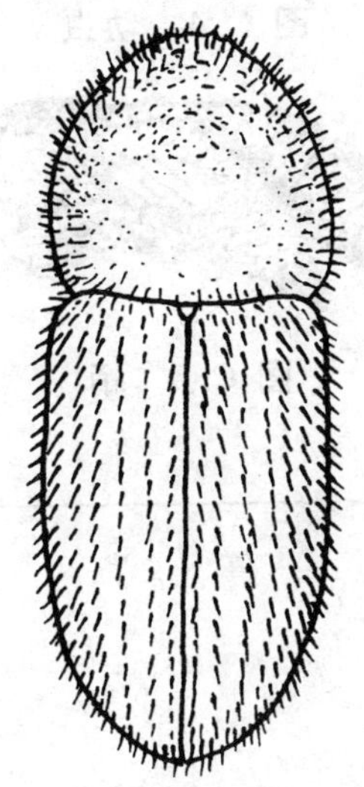

图 C.1　成虫

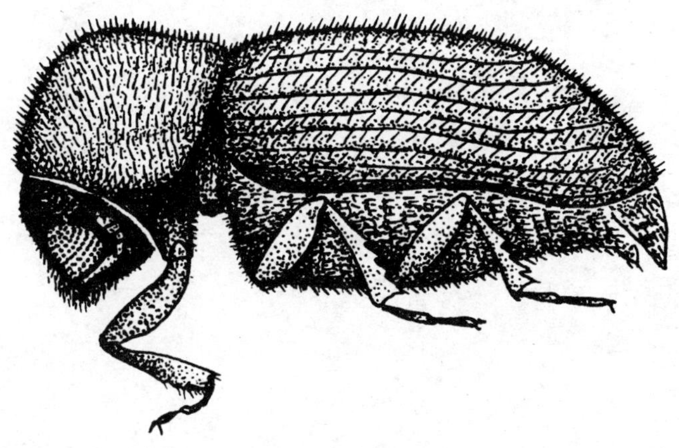

图 C.2　成虫侧面

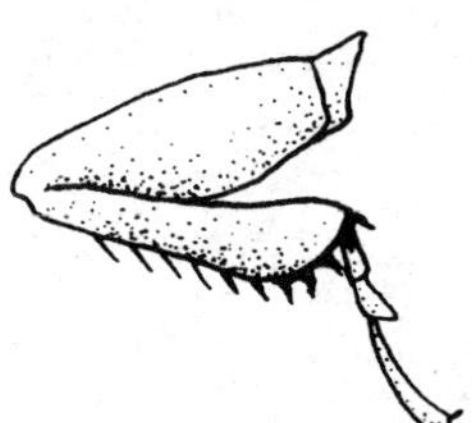

图 C.3　前足

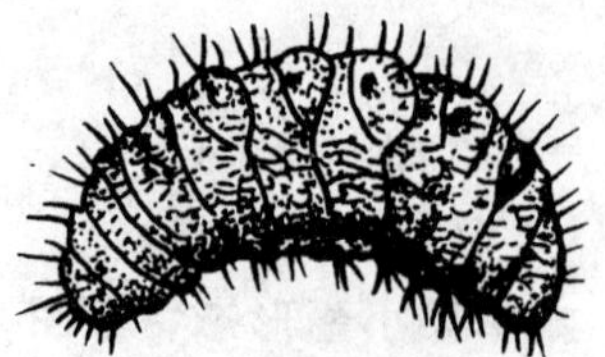

图 C.4 幼虫

图 C.5 蛹

中华人民共和国出入境检验检疫行业标准

SN/T 2009—2007

南欧暗天牛、圆弧暗天牛、粗体暗天牛检疫鉴定方法

Identification of *Vesperus luridus* Rossi、*V. strepeus* Fabricius、*V. xatarti* Dufour

2007-12-24 发布　　2008-07-01 实施

中华人民共和国国家质量监督检验检疫总局 发布

前言

本标准的附录B、附录C为规范性附录，附录A为资料性附录。

本标准由国家认证认可监督管理委员会提出并归口。

本标准由中华人民共和国江苏出入境检验检疫局负责起草，中华人民共和国吉林出入境检验检疫局参加起草。

本标准主要起草人：殷玉生、安榆林、杨晓军、魏春艳、田志芳、吴滏新、朱明道、徐金祥、黄鹏峰。

本标准系首次发布的出入境检验检疫行业标准。

南欧暗天牛、圆弧暗天牛、粗体暗天牛
检疫鉴定方法

1 范围

本标准规定了南欧暗天牛(*Vesperus luridus* Rossi,1794)、圆弧暗天牛(*V. strepeus* Fabricius,1792)、粗体暗天牛(*V. xatarti* Dufour,1839)的检疫和鉴定方法。

本标准适用于南欧暗天牛、圆弧暗天牛、粗体暗天牛的检疫和鉴定。

2 术语和定义

下列术语和定义适用于本标准。

2.1

中沟 median furrow

额中部两触角之间的纹沟。

2.2

阳基侧突 parameres

阳基两侧的片状或叶状突起。

2.3

产卵器 ovipositor,oviscapt

雌虫腹端用以产卵的管状或瓣状构造。

3 原理

南欧暗天牛、圆弧暗天牛、粗体暗天牛属鞘翅目(Coleoptera)、暗天牛科(Vesperidae)、暗天牛属(*Vesperus* spp.)。目前我国已将南欧暗天牛、圆弧暗天牛、粗体暗天牛作为危险性有害生物而列入对外检疫对象名录。暗天牛属天牛主要分布于地中海地区,含17种,其中危险性较大的是南欧暗天牛、圆弧暗天牛和粗体暗天牛3种。南欧暗天牛、圆弧暗天牛、粗体暗天牛属多食性昆虫,在多种果树、林木、花圃植物、豆科、葫芦科和野生的蔷薇科上生活,以幼虫钻蛀根部危害(参见附录A)。

该虫的形态特征和生物学特性为本标准制定的主要依据。

4 仪器和试剂

4.1 仪器

生物显微镜、体视显微镜、光温培养箱。

4.2 用具

养虫瓶、放大镜、刀、锯、斧、凿子、毛笔、镊子、白瓷盘、培养皿、解剖针、昆虫针、指形管、标本盒、标签等。

4.3 试剂

75%乙醇溶液。

5 检疫方法

5.1 表面检查

对林木、果树及豆科和葫芦科植物等进行现场检疫时，重点检查是否有活虫或死虫，是否有幼虫的蛀屑、虫粪和成虫的羽化孔等。对发现羽化孔或蛀屑的林木要用刀、锯、斧等进行剖检。

5.2 根部检查

上述带根植物，重点观察基部根系，发现可疑作剖根检查。

5.3 镜检

将现场检疫取到的虫样送到实验室，在体视显微镜下进行形态特征的鉴定。首先确定是否属于暗天牛科，在此基础上再核对种的特征。

5.4 培养检查

现场检疫发现活的幼虫，可将幼虫与寄主一起送到实验室，在相对湿度为90%～95%、温度为25℃～32℃的光温培养箱中培养，待羽化为成虫后再作进一步的鉴定。

6 形态特征

6.1 暗天牛科鉴定特征

眼后区较长，头部在其后收缩，与前胸明显分离。中胸突片窄小。成虫体长15 mm～30 mm。雌虫触角短于体长，无翅，翅基退化，腹部肥大，无后翅或仅有翅芽，鞘翅明显比腹部短，鞘翅沿翅缝向后分叉。雄虫触角长于体长，后翅发达，能飞翔；鞘翅和腹部等长，鞘翅仅在端部膨大变宽。雌、雄成虫(见附录B中图B.1和图B.2)。头、胸、腹呈褐色，腹部末节有坚硬刚毛。一龄幼虫圆筒形，黄色，有刚毛；二龄幼虫肥大，梯形，身体有很深的横向皱纹，被浅红色刚毛。

6.2 成虫的鉴定特征(见附录B、附录C)

6.2.1 南欧暗天牛

雄虫：体长12 mm～20 mm；触角长，鞘翅短并向后部顶端变窄(图B.3)；鞘翅在肩角之间宽度对长度的比例至多是1∶2.8，头部特征见图B.4。头、前胸背板、小盾片、足和触角红褐色；鞘翅浅褐色。

雌虫：末腹节后边缘仅仅有短的斜生刚毛(图B.5)；露出的产卵器长，长度几乎是腹部的四分之三。

6.2.2 圆弧暗天牛

雄虫：体长20 mm～30 mm；头、前胸背板、足和触角红褐色；鞘翅淡黄色；触角中等长度或长，触角基节几乎不膨大(图B.6)；腹节末端在端部成圆弧形(图B.7)；阳基侧突短而弯曲，长是基部宽度的2倍(图B.8)。成虫见图B.9。

雌虫：体长16 mm～20 mm，腹末节末端呈圆弧形(图B.10)。

6.2.3 粗体暗天牛

雄虫：体长20 mm～33 mm；头、前胸背板、小盾片、足和触角深褐色；鞘翅浅褐色；触角长度中等，鞘翅很长并在后部略膨扩(图B.11)；鞘翅在肩角之间宽度对长度的比例至少是1∶2.9，头部特征见图B.12。成虫见图B.13(雌成虫)、图B.14(雄成虫)。

雌虫：末腹节的后边缘密被长毛(图B.15)；露出的产卵器短，长度仅仅是腹部的三分之一。

7 结果判定

以成虫鉴定特征为依据，符合6.1及6.2形态特征时可鉴定为南欧暗天牛、圆弧暗天牛、粗体暗天牛。

8 标本和样品保存

将南欧暗天牛、圆弧暗天牛、粗体暗天牛及重要的为害状标本妥善保存。根据害虫的虫态制作成针插标本或浸渍标本，一般保存期至少为6个月。

附 录 A
（资料性附录）
南欧暗天牛、圆弧暗天牛、粗体暗天牛的分布和寄主植物

A.1 分布

南欧暗天牛发生于西班牙、葡萄牙、意大利和法国等地；圆弧暗天牛和粗体暗天牛分布于西班牙、意大利和法国。另外，在阿尔及利亚、希腊、摩洛哥和土耳其等国家有上述种类分布。

A.2 寄主植物

多种果树、林木、花圃植物、豆科、葫芦科和野生的蔷薇科。

附 录 B
（规范性附录）
南欧暗天牛、圆弧暗天牛、粗体暗天牛成虫鉴别特征图

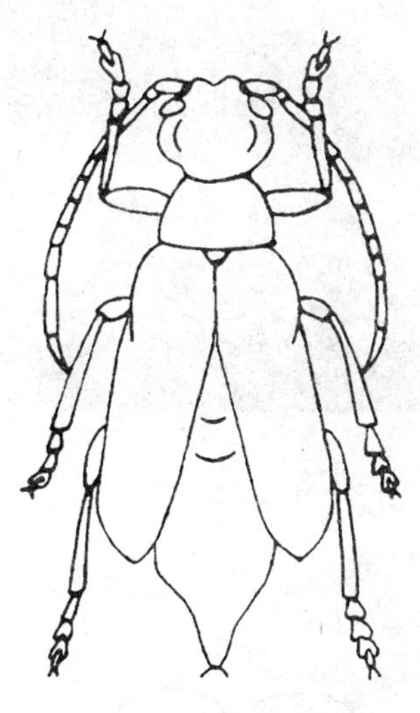

图 B.1 成虫♀

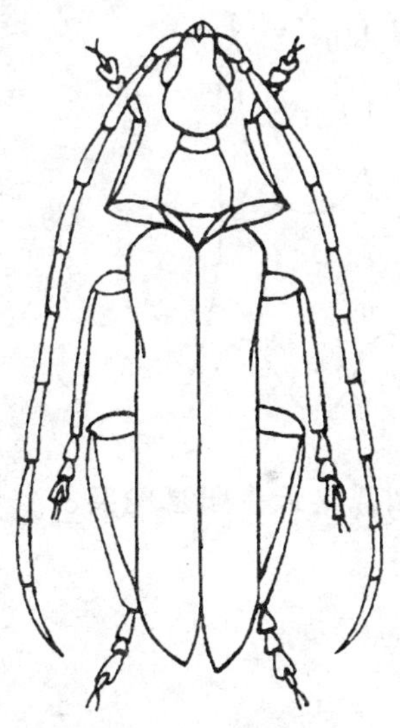

图 B.2 成虫♂

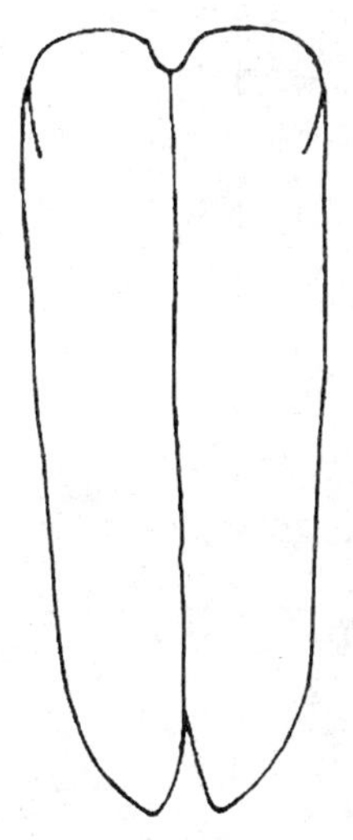

图 B.3 南欧暗天牛鞘翅♂

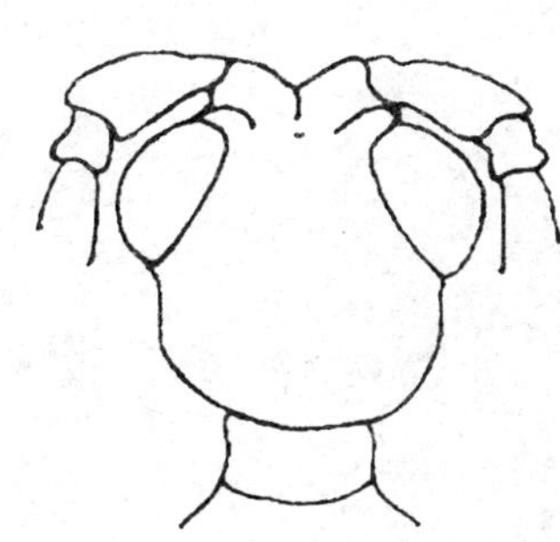

图 B.4 南欧暗天牛头部♂

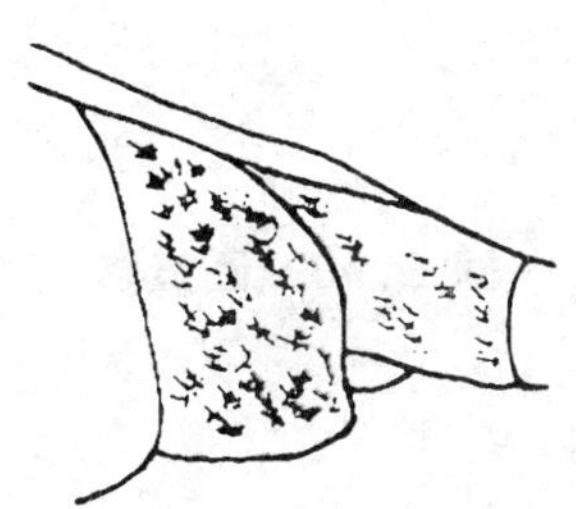

图 B.5 南欧暗天牛末腹节♀

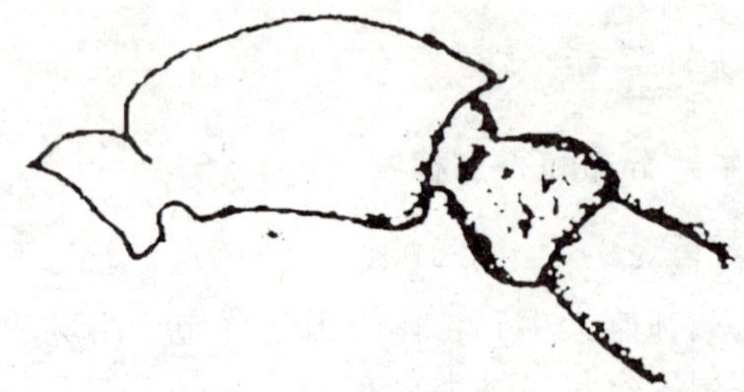

图 B.6 圆弧暗天牛触角基节♂

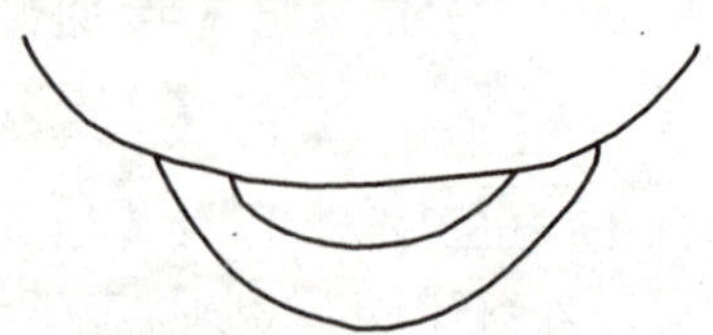

图 B.7 圆弧暗天牛末腹节♂

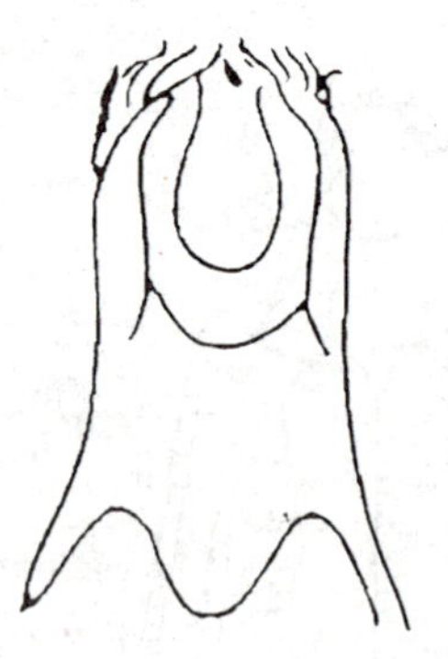

图 B.8 圆弧暗天牛阳基侧突♂

图 B.9 圆弧暗天牛成虫♂

图 B.10 圆弧暗天牛末腹节♀

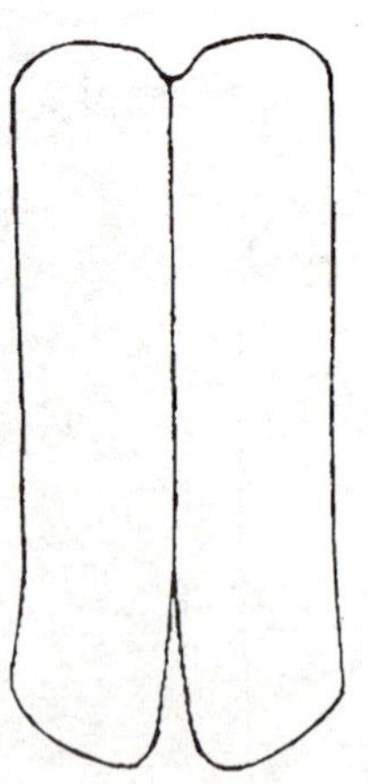

图 B.11 粗体暗天牛鞘翅♂

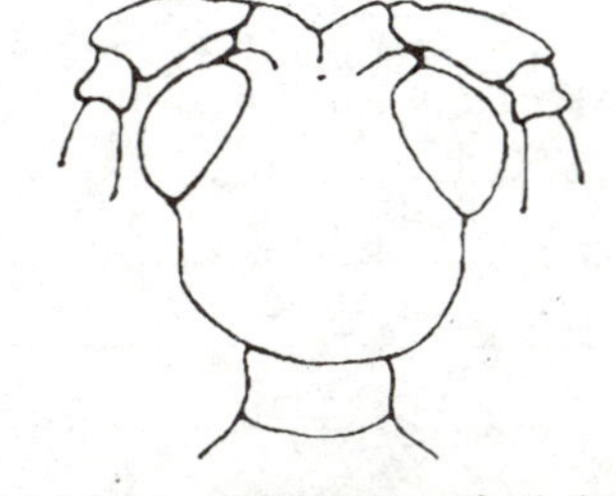

图 B.12　粗体暗天牛头部♂

图 B.13　粗体暗天牛成虫♀

图 B.14　粗体暗天牛成虫♂

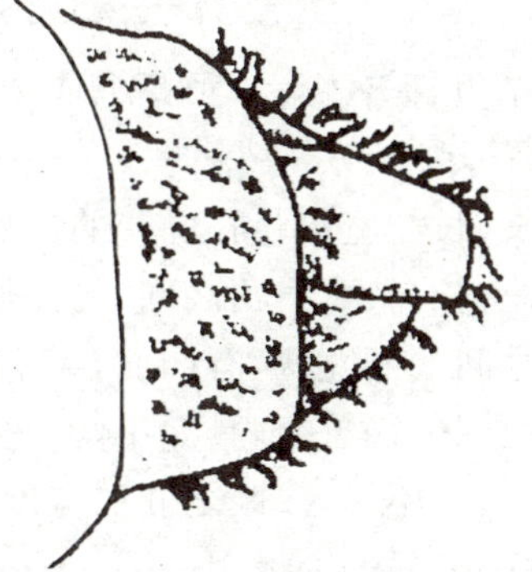

图 B.15　粗体暗天牛末腹节♀

注：图 B.9、B.13、B.14 源于 www.eppo.org，其他均仿 Ulrich Bense.

附 录 C
（规范性附录）
常见暗天牛属成虫检索表

1 后翅发达，能飞翔；鞘翅和腹部等长，鞘翅仅仅在端部膨大变宽（雄虫）…… 2
无后翅或仅有翅牙，鞘翅明显比腹部短，鞘翅沿翅缝向后分叉（雌虫）…… 12
2 鞘翅从肩角开始往后明显变窄 …… 窄翅暗天牛 *V. bolivari* Paulino，1893
鞘翅两侧或多或少平行 …… 3
3 前胸背板长明显小于宽，长与宽的比例小于 0.9∶1 …… 4
前胸背板长与宽几乎等长或长大于宽，长与宽的比例至少 0.95∶1 …… 7
4 体长大于 20 mm …… 5
体长最多 18 mm …… 6
5 触角基节显著膨大；最后腹节在端部略凹陷；阳基侧突长且直，长是基部宽度的 3 倍 ……
…… 大角暗天牛 *V. aragonicus* Baraud，1964
触角基节几乎不膨大；最后腹节在端部圆弧形；阳基侧突短而弯曲长是基部宽度的 2 倍
…… 圆弧暗天牛 *V. strepens* Fabricius，1792
6 鞘翅较长，长与宽（肩角之间）的比例为 3∶1 …… 长翅暗天牛 *V. brevicollis* Graells，1858
鞘翅稍短，长与宽（肩角之间）的比例为 2.5∶1 …… 黄翅暗天牛 *V. sanzi* Reitter，1895
7 触角窝之间的额宽阔，有凹面，无中沟 …… 8
触角窝之间的额狭窄，具深中沟 …… 10
8 复眼小、凸出不多，复眼之间的宽度和触角窝之间的宽度一样或更宽；触角未达鞘翅末端 ……
…… 短角暗天牛 *V. serranoi* Zuzarte，1985
复眼大、凸出，复眼之间的宽度比触角窝之间的窄；触角到达并超过鞘翅末端…… 9
9 头、前胸背板栗褐色，前胸背板长胜于宽；鞘翅颜色比前胸背板淡；触角细长；最后腹节末端平截形
…… 毕苏里暗天牛 *V. baesuriensis* Zuzarte，1985
头、前胸背板淡黄褐色，前胸背板长小于宽或相等；鞘翅的颜色不比前胸背板淡；触角粗；最后腹节末端略成凹面形 …… 凹缘暗天牛 *V. conicicollis* Fairmaire et Coquerel，1866
10 鞘翅很长并在后部略膨胀；鞘翅在肩角之间宽度对长度的比例至少是 1∶2.9；……
…… 粗体暗天牛 *V. xatarti* Dulour，1839
鞘翅短并向后部顶端变窄；鞘翅在肩角之间宽度对长度的比例至多是 1∶2.8 …… 11
11 分布在法国东南部、意大利和达尔马提亚海岸（南斯拉夫）…… 南欧暗天牛 *V. luridus* Rossi，1794
分布在西班牙（包含巴勒里克岛） …… 西班牙暗天牛 *V. fuentei* Pic，1905
12 触角窝之间的额宽阔，无中沟…… 13
触角窝之间的额狭窄，具深中沟…… 14
13 鞘翅很短，最多同肩部之间宽度等长…… 短翅暗天牛 *V. serranoi* Zuzarte，1985
鞘翅较长，长度与宽度之比（肩角之间）大于 1.5∶1；
…… 长翅暗天牛 *V. conicicollis* Fairmaire et Conquerel，1866
14 前胸背板两侧几乎平直，仅仅在前部变窄 …… 窄翅暗天牛 *V. bolivari* Paulino，1893
前胸背板两侧圆弧形，向前基部变窄…… 15
15 鞘翅长度至少是前胸背板长度的 4 倍 …… 16
鞘翅长最多 3.5 倍于前胸 …… 18
16 体长 16 mm～20 mm …… 长翅暗天牛 *V. brevicollis* Graells，1868

体长大于 25 mm …………………………………………………………………………………………… 17

17 最后腹节向末端成圆弧形 ………………………………… 圆弧暗天牛 *V. strepens* Fabricius,1792

最后腹节向末端略凹陷 ………………………………… 大角暗天牛 *V. aragonicus* Baraud,1964

18 鞘翅宽阔,末端成宽圆弧形 ………………………………… 黄翅暗天牛 *V. sanzi* Reitter,1895

鞘翅向末端明显变狭窄 ……………………………………………………………………………… 19

19 鞘翅细长,长是最宽处的 3 倍以上………………………………………………………………… 20

鞘翅宽阔,长至多是最宽处的 2.5 倍 ………………………… 西班牙暗天牛 *V. fuentei* Pic,1905

20 末腹节的后边缘密被长毛;露出的产卵器短,长度仅仅是腹部的三分之一 ………………………… …………………………………………………………… 粗体暗天牛 *V. xatarti* Dulour,1839

末腹节后边缘仅仅有短的斜生刚毛;露出的产卵器长,长度几乎是腹部的四分之三 ……………… ……………………………………………………………… 南欧暗天牛 *V. luridus* Rossi,1794

(译自 Ulrich Bense,Longhorn Beetles illustrated key to the Cerambycidae and Vesperidae of Europe.)

中华人民共和国出入境检验检疫行业标准

SN/T 2013—2007

暗褐断眼天牛检疫鉴定方法

Identification of *Tetropium fuscum*(F.)

2007-12-24 发布 　　　　2008-07-01 实施

中华人民共和国国家质量监督检验检疫总局 发布

前　言

本标准的附录 A、附录 B 为资料性附录。

本标准由国家认证认可监督管理委员会提出并归口。

本标准由中国检验检疫科学研究院动植物检疫研究所负责起草，中华人民共和国北京出入境检验检疫局、中华人民共和国山西出入境检验检疫局、中华人民共和国宁波出入境检验检疫局、中华人民共和国烟台出入境检验检疫局。

本标准主要起草人：陈乃中、张生芳、何德敏、丁三寅、李惠萍、付冬良、徐瑛、李林、徐明艳。

本标准系首次发布的出入境检验检疫行业标准。

暗褐断眼天牛检疫鉴定方法

1 范围

本标准规定了暗褐断眼天牛[*Tetropium fuscum*(F.)]的检疫和鉴定方法。

本标准适用于进境木材、木质包装、木制品携带的暗褐断眼天牛的检疫和鉴定。

2 原理

暗褐断眼天牛[*Tetropium fuscum*(F.)]隶属鞘翅目(Coleoptera)、天牛科(Cerambycidae)、断眼天牛属(*Tetropium*)。该虫严重危害欧洲云杉等针叶树(参见附录A),可随木材、木质包装和木制品等远距离传播。该虫的形态特征和生物学特性是制定本标准的依据。

3 器材和试剂

3.1 器材

体视显微镜、生物培养箱、锯、刀、凿子、斧头、改锥、剪刀、镊子、白布块、白瓷盘、指形管、标签、培养皿。

3.2 试剂

保存液:75%乙醇。

4 现场检疫

4.1 检查被害状

现场检疫时,对木材、木质包装、木制品等寄主的表面进行检查,注意是否存在该虫的为害状,如虫孔、木屑等。如有树皮,应撬开查看有无虫体、虫道,并注意检查寄主周围有无该种害虫。发现虫孔的,可用刀、锯等进行剖材检查有无幼虫或蛹。

4.2 收集虫样

若发现成虫、幼虫或蛹,用镊子将虫样放入指形管、贴上标签,送实验室鉴定。

5 实验室鉴定

5.1 饲养

对于小幼虫,可采用适当的方法进行饲养;老熟幼虫也可直接进行鉴定;蛹可置于培养皿内羽化为成虫再作鉴定。

5.2 断眼天牛属形态特征

头侧观倾斜前伸。下颚须末节平截。触角着生于额前方,紧靠上颚基部;伸达鞘翅中部前后;第1节粗短,第3节约为第2节长的2倍,第3节与第4节之和明显长于第5节。复眼内缘极深凹,将复眼分为上下两部分,其间仅一线相连,小眼面细小(见图1)。前胸背板长不超过宽;两侧无明显边缘;侧缘呈圆弧形凸出,无刺突或突起。鞘翅两侧平行,表面带有纵隆线。足短。前足基节球状。腿节端半部显著加粗呈棒状。前足胫节外缘不呈锯齿状,末端不扩展为宽距状;中足胫节端部无斜沟;跗节隐5节。

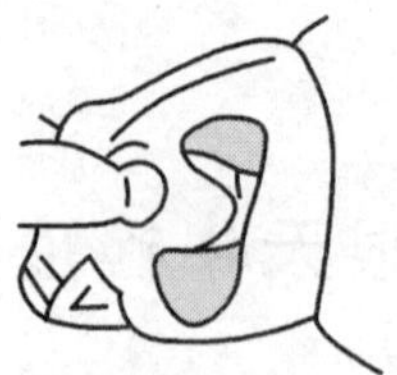

图 1　断眼天牛属(示复眼)

5.3　暗褐断眼天牛鉴定特征

5.3.1　成虫(图 2)

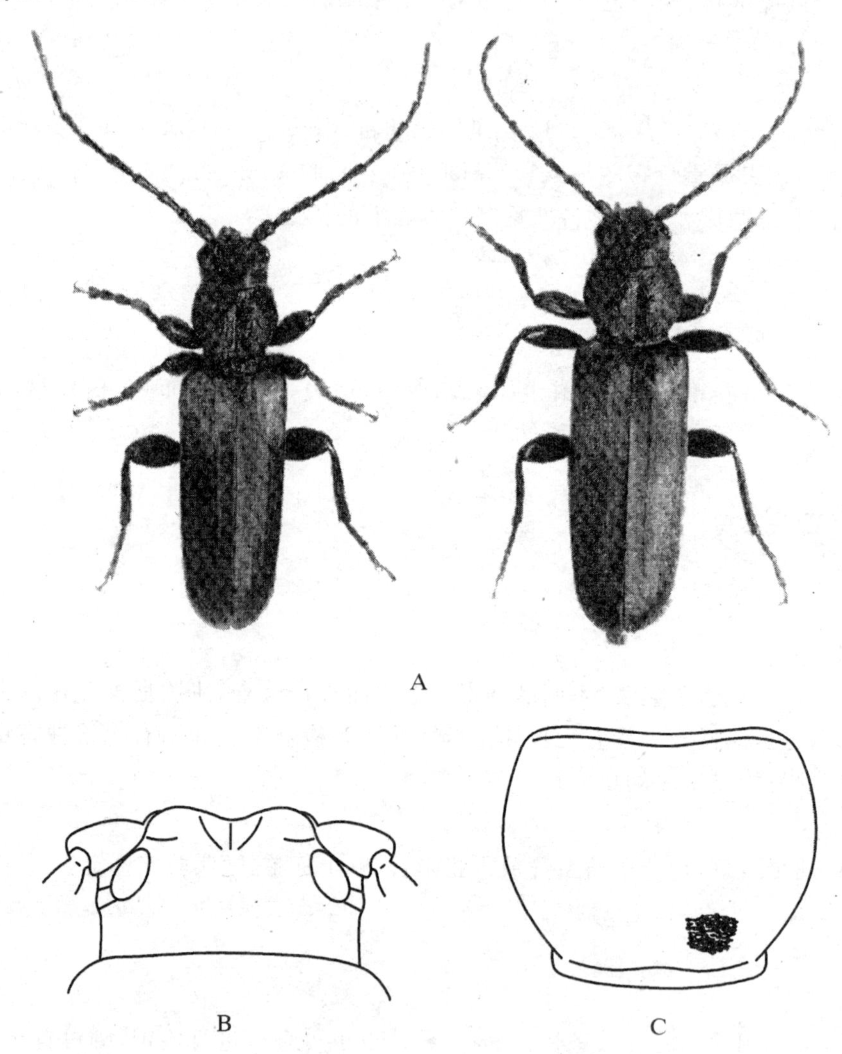

A——成虫(左雄右雌);

B——成虫头部(示纵沟);

C——成虫前胸背板(示皱纹状刻点)。

图 2　暗褐断眼天牛成虫

体长 8 mm～17 mm(见图 2A)。头部及前胸为黑色,额区复眼间有一条短纵沟(见图 2B),触角仅为体长一半,红棕色。前胸背板色暗,具皱纹刻点,两侧具颗粒,前胸长胜于宽,两侧棱角状,中区基部的刻点密,相互融合(见图 2C)。鞘翅棕黄,淡黄或棕色至红棕色,具 2 条～3 条明显的纵脊;翅基具一较宽的灰棕色绒毛带,灰黄色短毛覆盖鞘翅基部四分之一。足短,暗褐色。

5.3.2 幼虫

头部刚毛相对较稀，体刚毛相对较密，头部色泽非常深，头盖前区具非常微弱的网纹（口上片边缘除外），额前角略具光泽，头盖背面色泽均匀，有时仅边缘具模糊的斑点（见图 3A）；侧前腹片全覆网状微刺，中前腹片两侧不具黄色斑点，中心光滑区无或非常小；尾突间距较大（见图 3B），端尖，短，基瘤不显著隆起。老熟幼虫体长约 18 mm，宽约 3.8 mm。

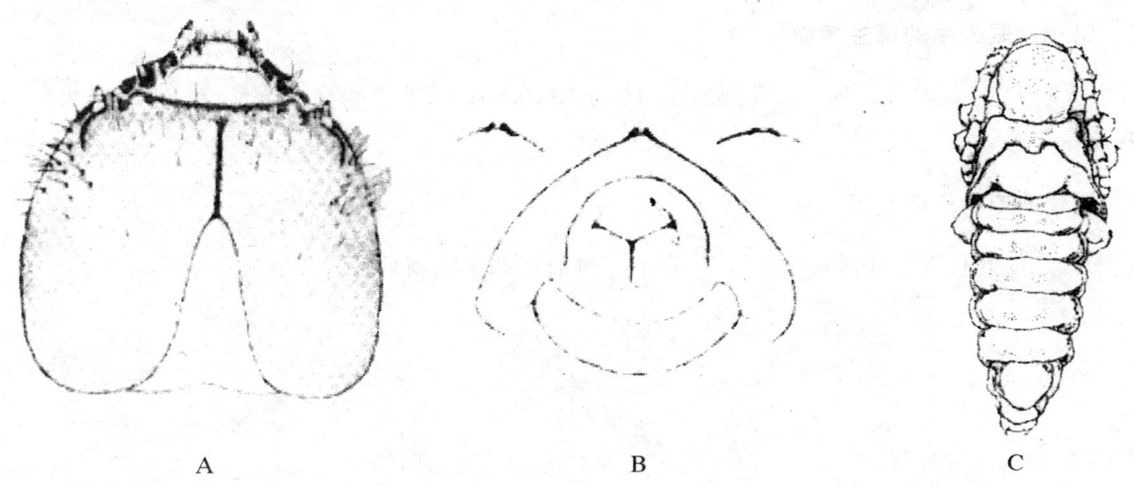

A——幼虫头部；
B——幼虫尾部（示尾突）；
C——蛹。

图 3 暗褐断眼天牛幼虫及蛹

5.3.3 蛹（图 3C）

长约 17 mm，宽约 3.8 mm。触角呈弧形弯曲，贴近体两侧，触角节端部具锐齿，在第 1 至 5 节尤其明显。前胸背板两侧圆；端部稍隆起，该部位着生的刺极小；中区的纵沟相互平行，在前方不相互远离。腹末背方具尾突 2 个，基部相互远离，尾突末端细长呈锐刺状，向上向内弯曲。

6 结果判定

以成虫或老熟幼虫形态特征为主要依据，其他特征作为参考，符合 5.2、5.3.1 及 5.3.2 的可判定为暗褐断眼天牛（参见附录 B）。

7 样本保存

经过鉴定的暗褐断眼天牛标本应制作为针插标本或浸泡标本永久保存。

附　录　A
（资料性附录）
暗褐断眼天牛的寄主与地理分布

A.1　暗褐断眼天牛的寄主植物

为害欧洲云杉（*Picea abies*），欧洲赤松（*Pinus sylvestris*），及冷杉属（*Abies*）和落叶松属（*Larix*）的种类。

A.2　暗褐断眼天牛的分布

该虫分布于欧洲，西伯利亚、土耳其、日本。目前在加拿大新斯科舍省有发生。

附　录　B
（资料性附录）

古北区断眼天牛属（*Tetropium*）种检索表

1　前胸背板有光泽，两侧的刻点密，中区的刻点小而稀 ………………………………………………… 2
　前胸背板无光泽，两侧密布小颗瘤，中区密布皱纹刻点，部分刻点彼此愈合………………………… 6
2　前胸背板中区的刻点分散，刻点间距多数大于刻点本身；头部复眼间有明显的纵沟………………
　………………………………………………………………… 光胸断眼天牛 *T. castaneum* L.
　前胸背板中区的刻点较密，刻点间距（尤其在中区后半部）通常明显小于刻点本身………………… 3
3　头部复眼间无纵沟，或纵沟不明显………………………………………………………………………… 4
　头部复眼间有明显的纵沟 ………………………………………………………………………………… 5
4　触角较粗，第 2 至 5 节端部呈结节状显著膨大，第 4 节长仅为该节端部宽的 2 倍～2.5 倍；前胸背板中区较隆起，刻点较粗密，前缘之后无或仅有极小的无刻点光亮区……………………………………
　…………………………………………………………… 落叶松断眼天牛 *T. gabrieli* Weise
　触角明显较细，第 2 至 5 节端部仅稍呈结节状膨大，第 4 节长至少为该节端部宽的 3 倍；前胸背板中区较扁平，密布较小的刻点，前缘之后有大的无刻点区；体较小，鞘翅明显伸长……………………
　………………………………………………………… 云杉断眼天牛 *T. gracilicorne* Reitter
5　额部及头顶具纵沟；前胸背板中区密布大的皱纹刻点，仅局部有光泽；鞘翅较短，因此触角看上去较长………………………………………………………………… 沟胸断眼天牛 *T. oreinum* Gahan
　仅额部具纵沟，头顶隆起；前胸背板中区的刻点小，不太密，仅局部有皱纹刻点，多少有光泽；鞘翅显著伸长，因此触角看上去较短 …………………………………… 凹胸断眼天牛 *T. standingeri* Pic
6　复眼间没有短纵沟；前胸背板及鞘翅密被倒伏细毛，遮盖鞘翅及前胸背板刻饰……………………
　…………………………………………………… 阿奎断眼天牛 *T. aquilonium* Plavilstshikov
　复眼间有一条短纵沟；前胸背板上的毛十分稀疏，不遮盖体表刻饰；鞘翅上的毛不密，基部的毛较淡较长，形成一条淡色宽横带 ………………………………………… 暗褐断眼天牛 *T. fuscum*（F.）

中华人民共和国出入境检验检疫行业标准

SN/T 2030—2007

按实蝇属鉴定方法

Identification of *Anastrepha* Schiner

2007-12-24 发布　　2008-07-01 实施

中华人民共和国国家质量监督检验检疫总局　发布

前　言

本标准的附录 A、附录 B、附录 C、附录 D、附录 E 为资料性附录。

本标准由国家认证认可监督管理委员会提出并归口。

本标准由中华人民共和国广东出入境检验检疫局负责起草。

本标准主要起草人：王章根、陈定虎、管维、杨国海、莫我杰、曹小茂、黄昕恒。

本标准系首次发布的出入境检验检疫行业标准。

按实蝇属鉴定方法

1 范围

本标准规定了按实蝇属(*Anastrepha* Schiner)鉴定方法。

本标准适用于进口按实蝇寄主植物(参见附录A)及其果实时对按实蝇属的鉴定。

2 术语和定义

下列术语和定义适用于本标准,其他分类学术语参见附录B。

2.1

颊 genae

头部侧面,复眼以下伸展至外咽缝的区域。

2.2

后头 occiput

头部的整个后面。

2.3

颜面 face

头部的前面,复眼间介于触角和口上片之间的区域。

2.4

肩板鬃 scapular bristles

位于中胸背板前缘的鬃的统称。

2.5

前背侧鬃 anterior notopleural bristles

位于肩胛与背侧板胛之间近中部的一对鬃。

2.6

后背侧鬃 posterior notopleural bristles

位于背侧板胛端部的一对鬃。

2.7

前翅上鬃 anterior suppa-alar bristles

位于中胸背板侧缘,前翅翅基正上方的一对鬃。

2.8

后翅上鬃 posterior suppa-alar bristles

位于中胸背板后侧缘,翅基之上的一对鬃。

2.9

翅内鬃 intra-alar bristles

位于中胸背后侧角,缝后侧黄色线条上的一对鬃。

2.10

小盾前鬃 prescutellar bristles

小盾片前方,近盾片后缘的一对鬃。

2.11

小盾鬃　scutellar bristles

小盾片上的一对或两对鬃；又称小盾端鬃。

3　原理

按实蝇属(*Anastrepha*)隶属双翅目(Diptera)、实蝇科(Tephritidae)、实蝇亚科(Trypetinae)，长尾实蝇族(Toxotrypanini)。主要以幼虫随被害果实作远距离传播，有时蛹也可随果实的包装物和运输工具或寄主植物所附土壤传播。

按实蝇属的形态特征、寄主植物、传播途径及生物学特性为制定鉴定方法提供了依据。

4　仪器、用具和试剂

4.1　仪器与用具

体视显微镜、生物显微镜、干燥箱、冰箱、温湿度计、量筒、烧杯、培养皿、小型干燥器、指形管、剪刀、解剖刀、解剖针、昆虫针、载玻片、标签纸、三级台、三角纸、酒精灯、玻璃棉、养虫杯、养虫箱、防虫网罩、白瓷盘。

4.2　试剂

10％氢氧化钠(或10％氢氧化钾)溶液、封片胶、苯酚、二甲苯、75％乙醇、丙三醇、水合三氯乙醛、阿拉伯树胶粉、蒸馏水、保存液。

4.3　试剂的配制

4.3.1　10％氢氧化钠(或10％氢氧化钾)溶液的配制

称取氢氧化钠(或氢氧化钾)10 g置于200 mL烧杯中，加入约80 mL的蒸馏水，搅拌溶解后再加蒸馏水定容至100 mL。

4.3.2　封片胶的配制

称取阿拉伯树胶粉30 g，加入50 mL蒸馏水(最好是温水以加速溶解)。溶解后，加入200 g水合三氯乙醛及20 mL丙三醇，置于55℃～60℃的干燥箱内。1 d后，用玻璃棉过滤(过滤时仍置于55℃～60℃的干燥箱内进行)。

4.3.3　保存液的配制

量取75％乙醇100 mL，加入1 mL丙三醇。

5　实验室鉴定

5.1　鉴定前的培养方法

5.1.1　卵或幼虫的培养

将现场采集的卵和幼虫部分个体制成鉴定标本，其余个体继续用原寄主果实培养。具体的培养方法是：将带有卵或幼虫的寄主果实放在小号白瓷盘里，然后将小号白瓷盘放在装有自来水的大号白瓷盘内，再用防虫网罩住小号白瓷盘，罩的下方边缘浸没于大号白瓷盘内的水中，置于温度为22℃～28℃，湿度为50％～90％的环境中培养5 d～10 d至幼虫老熟。

5.1.2　蛹的培养

取一盛有半干湿(含水量约5％)洁净细砂的养虫杯，将现场检疫收集的或室内培养得到的蛹埋入距细砂表面3 cm～5 cm处(若是老熟幼虫则可直接将其置于细砂表面，幼虫自己会钻入砂中化蛹)，然后置于养虫箱中培养，培养环境温度为22℃～28℃，湿度为50％～90％。

5.1.3　初羽化成虫的饲养

成虫羽化后，悬挂相应寄主果实切片在养虫箱内供其取食，待成虫斑纹的色泽和大小稳定后(约需5 d)，收集成虫置于冰箱冷冻层0.5 h～1 h，即可杀死成虫。

5.2 标本的预处理

5.2.1 成虫回软处理

如果成虫虫体已干硬，在制作标本前应回软处理：取一小型干燥器，加入干净细砂约 2 cm，加水至漫过细砂表面约 1 cm，并滴加数滴苯酚以防标本腐烂，上层放待回软的成虫标本，密闭 1 d 即可。

5.2.2 成虫标本制备

取 00 号昆虫针，借助三级台插入三角纸尖角近处，然后将针尖端从成虫中胸的腹面插入，再用 4 号昆虫针插入三角纸另一端两个角中央近边缘处，插上相应的标签。

5.2.3 成虫外生殖器封片标本的制作

用解剖刀切取成虫标本的腹部，置于盛有 10%氢氧化钠(或 10%氢氧化钾)适量溶液的小烧杯中，浸泡 12 h(或煮沸 3 min)后取出，用蒸馏水洗净，在体视显微镜下，用解剖针挑取所需的部位(阳茎或产卵器)，制成玻片标本。

5.2.4 幼虫封片标本制备

用昆虫针在幼虫体壁上刺戳数个小孔，置于盛有 10%氢氧化钠(或 10%氢氧化钾)适量溶液的小烧杯中，浸泡 12 h(或煮沸 3 min)后取出，用解剖针将幼虫体中的残留物挤出，用蒸馏水洗净，在体视显微镜下挑取口钩、前气门和后气门等部位，制成玻片标本。

5.3 鉴定特征

5.3.1 实蝇科(**Tephritidae**)鉴定特征

翅 Sc 脉突然朝前弯曲成近 90°，外弯段变弱，终于前缘脉的断裂处，R_1 脉的背侧有小鬃；cup 室具一尖角延伸。

5.3.2 实蝇亚科(**Trypetinae**)鉴定特征

cup 室与 bm 室近等宽。后头鬃列均细长且通常为黑色。上前侧片为一缝所分离。中胸背板具肩板鬃。具 3 个受精囊。

5.3.3 长尾实蝇族(**Toxotrypanini**)鉴定特征

触角芒短毛型。鬃序基本完全，但单眼鬃退化或缺如，背中鬃若存在则位置极后，接近翅上鬃之水平；上侧背片无长毛；翅 R_{4+5} 脉背面被小鬃至 r－m 横脉之后；M 脉端部明显呈弧形向前弯曲，末端与 R_{4+5} 脉接近；cup 室的后端角长度中等；雄性阳茎端具 T 形端骨片；雌性产卵器基节发达，其基部具翼状侧缘，翻转膜基部背面具大的鳞状齿。

5.3.4 按实蝇属的鉴定特征

5.3.4.1 成虫特征(参见附录 **B**、**C**)

5.3.4.1.1 头部

通常为橙色，但头顶、颊和后头有时褐色，颜面隆线常甚发达；单眼鬃细小呈毛状，上侧额鬃 2 对，下侧额鬃 3 对～4 对；触角显短于颜，第 3 节末端圆钝，角芒短毛型。

5.3.4.1.2 胸部

橙黄色到暗褐色，胸部色条和小盾片黄色；具肩鬃 1，前背侧鬃 1，后背侧鬃 1，前翅上鬃 1，后翅上鬃 1，翅内鬃 1，背中鬃 1，小盾鬃 2。

5.3.4.1.3 翅

大多数种类有 3 条翅带：短的前缘带(C)，此带终止于 R_1 脉；"S"形带，位于翅中部；"V"形带，位于翅的外缘，由端前横带和后端横带组成；3 条带之间常分离或相连接。M 脉的端段强烈向前弯曲，cup 室与 bm 室近等宽，cup 室的后端角的长度中等，短于 A_1+CuA_2 脉段。

5.3.4.1.4 腹部

不具柄。雄虫背针突短、扁；雌虫产卵器管状，通常长形；翻转膜基部膨大，其背面有鳞状小齿；具 3 个受精囊。

5.3.4.2 幼虫特征(3龄)

触角感觉器基节阔而坚硬,端节小、成圆锥形;下颚感觉器大而扁平,有两组界线明显,由小褶皮围绕的感器;口前叶愈合,在口钩上方形成一硬脊;口脊6条～17条,脊列短,后缘锯齿状或非锯齿状;副板细小,壳形,通常为非锯齿状。口钩均无端齿。前气门淡琥珀色,中央凹陷,在突起的基部有9个～37个长而硬的指突。肛叶大而突起,不具沟陷、具沟陷或呈双叶状;有时表面具清晰的刻纹。

5.3.4.3 重要种类形态特征

参见附录D、附录E。

6 鉴定结果判定

以成虫形态特征为主要鉴定依据,符合5.3.4.1特征描述的可鉴定为按实蝇属。成虫以外虫态的形态特征描述仅供参考。

7 标本保存

7.1 成虫标本及玻片标本的保存

将制好的成虫标本或相应的玻片标本置于干燥箱中干燥数日,然后移入标本柜中保存,保存过程注意防潮和防虫。

7.2 幼虫、蛹标本的保存

将采集到的幼虫和蛹用蒸馏水清洗后,投入60℃±5℃热水中浸泡杀死,置于室温下冷却,再将冷却的幼虫(或蛹)置于保存液中保存。

附　录　A
（资料性附录）
按实蝇属部分寄主植物

表 A.1　按实蝇属部分寄主植物

科	属
Anacardiceae　漆树科	*Anacardium* L.　腰果属
	Margifera L.　芒果属
	Spondias L.　槟榔青属
Annonaceae　番荔枝科	*Annona* L.　番荔枝属
Combretaceae　使君子科	*Terminalia* L.　榄仁树属
Ebenaceae　柿科	*Diospyros* L.　柿树属
Flacourtiaceae　大风子科	*Dovyalis* E. Mey.　锡兰莓属
Juglandaceae　胡桃科	*Juglans* L.　胡桃属
Lauraceae　樟科	*Persea* Miller　鳄梨属
Moraceae　桑科	*Ficus* L.　无花果属
Myrtaceae　桃金娘科	*Eugenia* L.　番樱桃属
	Psidium L.　番石榴属
	Syzygium Gaertn　蒲桃属
Oxalidaceae　酢浆草科	*Averrhoa* L.　阳桃属
Punicaceae　石榴科	*Punica* L.　石榴属
Rosaceae　蔷薇科	*Cydonia* L.　榅桲属
	Eriobotrya Lindl.　枇杷属
	Fragaria L.　草莓属
	Prunus L.　李属
	Malus Miller　苹果属
	Pyrus L.　梨属
	Rubus L.　悬钩子属
Rubiaceae　茜草科	*Coffea* L.　咖啡属
Rutaceae　芸香科	*Casimiroa* L. & Lex.　香肉果属
	Citrus L.　柑橘属
	Fortunella Swingle　金橘属
Polygoaceae　蓼科	*Coccoloba* P. Browne　海葡萄属
Sapindaceae　无患子科	*Litchi* Sonn.　荔枝属
Sapotaceae　山榄科	*Chrysophyllum* L.　金叶树属
	Manilkara Ad.　铁线子属
	Pouteria Aublet　桃榄属

表 A.1(续)

Sterculiaceae 梧桐科	*Theobroma* L. 可可树属
Vitaceae 葡萄科	*Vitis* L. 葡萄属
Caricaceae 番木瓜科	*Carica* L. 番木瓜属
Cucurbitaceae 葫芦科	*Citrullus* Neck 西瓜属
	Coccinia W. & A. 红瓜属
	Cucumis L. 香瓜属(甜瓜)
	Cucurbua L. 南瓜属
	Lagenaria Ser 葫芦属
	Momordica L. 苦瓜属
Passifloraceae 西番莲科	*Passiflora* L. 西番莲属
Solanaceae 茄科	*Capsicum* L. 辣椒属
	Lycopersicum M. 番茄属
	Solanum L. 茄属

附 录 B
（资料性附录）
按实蝇属成虫特征

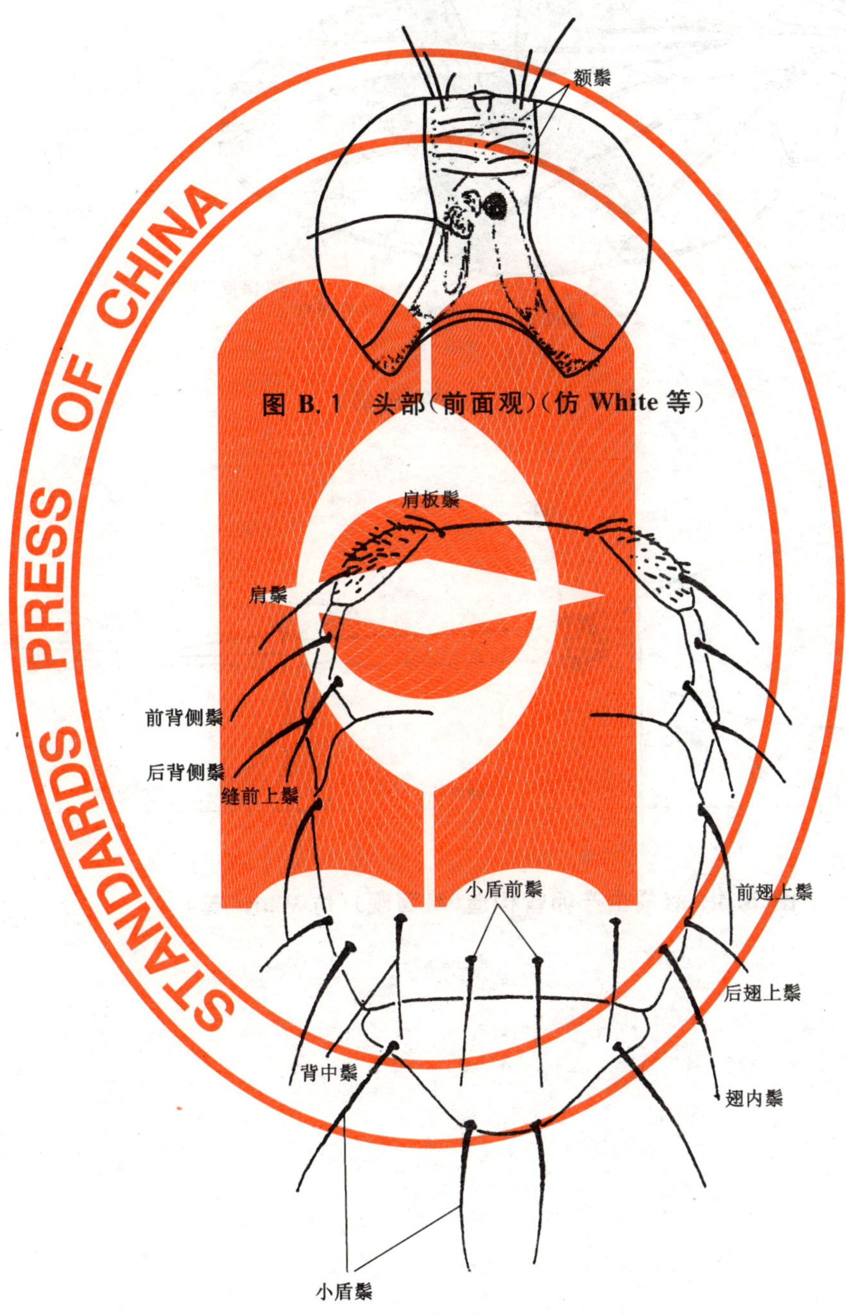

图 B.1 头部(前面观)(仿 White 等)

图 B.2 胸部(背面观)(仿 White 等)

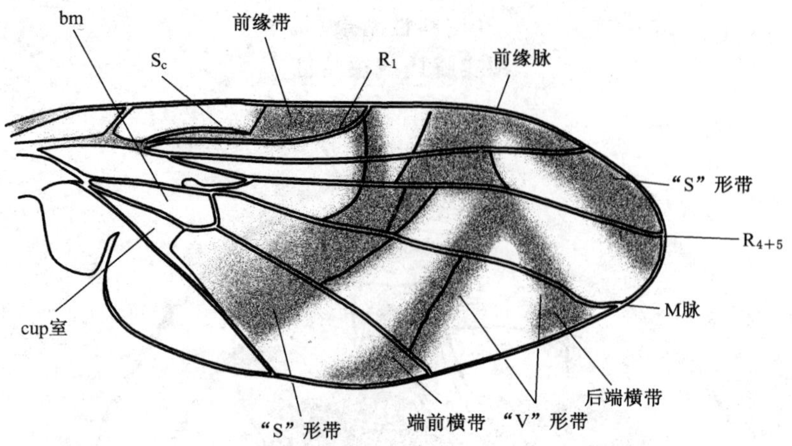

图 B.3 翅(仿 White 等)

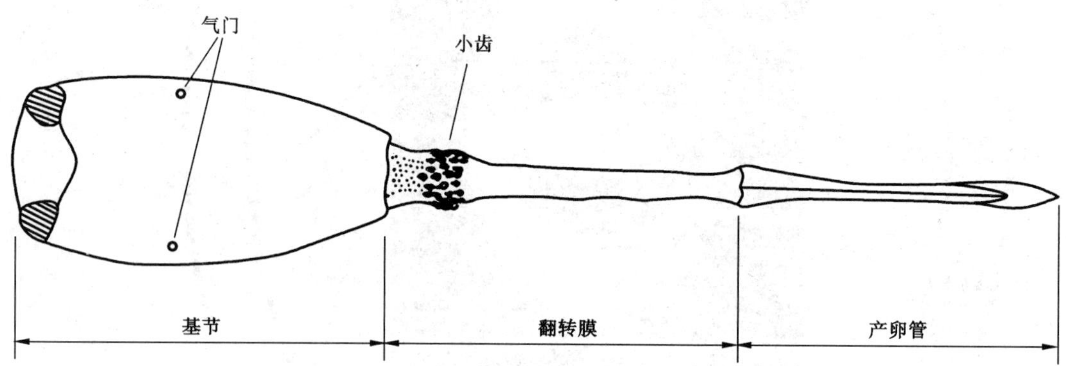

图 B.4 雌成虫产卵管构造(腹面观)(仿 White 等)

附 录 C
（资料性附录）
实蝇科重要实蝇属检索表

1 触角显长于颜，第 3 节至少 3 倍于宽，角芒裸。鬃序退化不全。缺少单眼鬃、单眼后鬃、肩鬃、沟前鬃、背中鬃和腹侧鬃。翅上 3 条径脉（R_1、R_{2+3} 和 R_{4+5}）极为接近，翅斑较简，代表型仅包括前缘带和臀斑各 1 条，cup 室的后端角狭长，至少为 A_1+CuA_2 脉段长度的 1.5 倍。腹部第 5 背板具腺斑 1 对 ……………… 2

1′ 触角显短于颜，第 3 节长约 2.0 倍～2.5 倍于宽，角芒短毛型。鬃序完全，若单眼鬃退化或缺如，则其他鬃全部存在。翅上 3 条径脉（R_1、R_{2+3} 和 R_{4+5}）之间保持相当距离，翅斑型式与上述不同，cup 室的后端角较宽短，其长度显短于 A_1+CuA_2 脉段。腹部背板无腺斑。……………… 3

2 腹部各背板（除第 1、2 合背板外）彼此分离，侧面观，节间缝处可见前、后背板骨片依次重叠交盖 ……………… 果实蝇属 *Bactrocera* Macquart

2′ 腹部各背板相互愈合，侧面观，无前、后背板骨片依次重叠交盖现象 ……………… 寡鬃实蝇属 *Dacus* Fabricius

3 单眼鬃退化呈细毛状，甚至缺如；背中鬃位置极后，约与后翅上鬃处于同一水平。翅斑黄色，具 S 形带或 V 形带；M 脉端段强烈向前弯曲，其末端与 R_{4+5} 脉接近；r-m 位于中室（dm）的中点之后。雌虫产卵器基节极长，等于或超过整个腹部的长度 ……………… 按实蝇属 *Anastrepha* Schiner

3′ 单眼鬃存在，发达；背中鬃位置较前，约与前翅上鬃处于同一水平。翅斑黄色或褐色，无 S 形带或 V 形带；M 脉端段与 R_{4+5} 脉平行，不向上弯曲；r-m 位于中室（dm）之中点。雌虫产卵器基节较短，其长度至多为腹部的二分之一 ……………… 4

4 触角第 3 节末端圆钝。小盾片背面明显膨鼓，末端具 3 个黑色斑点或端部的二分之一至三分之二完全黑色。翅较短阔，翅斑大部黄色，基部散布多个暗褐至黑色斑点或不规则的小条斑；CuA_2 脉强烈屈曲 ……………… 腊实蝇属 *Ceratitis* Macleay

4′ 触角第 3 节末端呈尖刺状突起。小盾片背面平坦，末端无黑色斑点。翅较狭长，翅斑褐色，基部无暗褐至黑色斑点和小条斑；CuA_2 脉不强烈屈曲 ……………… 绕实蝇属 *Rhagoletis* Loew

附 录 D
（资料性附录）
按实蝇属重要实蝇种类（成虫）检索表

1 翅斑为非典型的按实蝇型，后端横带缺如，故 V 形带也同时不存在 ………… 2

1′ 翅斑为典型的按实蝇型，后端横带存在，并与端前横带连接而成 V 形带 ………… 3

2 中胸盾片大部黄褐色，具 1 对沿背中鬃伸展的褐色宽纵条和 3 个黄色条纹。翅前缘带长而阔，自翅基直达翅端，占据整个前缘区，故 R_1 脉末端后无三角形透明斑，r_3 室端部也无透明区。腹部黄褐色，无深色斑纹；产卵器基节的长度约等于整个腹长的 1.5 倍；产卵管狭长，其长度达 5.2 mm～6.2 mm末端边缘不呈锯齿状。体、翅长 9 mm～11mm ………… 南美葫芦按实蝇 *A. grandis*

2′ 中胸盾片大部褐色或黑褐色，具 3 黄色条纹。翅前缘带短而窄，R_1 脉末端后有 1 个三角形透明斑，r_3 室大部透明。腹部褐色，中间有 1 个明显的 T 形黄色区；产卵器基节接近或略短于腹长；产卵管较短，其长度达 2.8 mm～3.7 mm，末端边缘呈锯齿状。体、翅长 6.6 mm～9.0 mm ………… 人心果按实蝇 *A. serpentina*

3 中胸盾片具 1 个 U 形褐色至黑色斑纹，其两臂于横缝处间断；腹部背板两侧具褐色斑纹或完全黄褐色至红褐色。翅 V 形带与 S 形带彼此分离。产卵器基节长度约与腹长相等；产卵管的长度 2.0 mm～2.3 mm，末端边缘光滑而不呈锯齿状。体、翅长 5.7 mm～7.7 mm ………… 中美按实蝇 *A. striata*

3′ 中胸盾片黄色或黄褐色，无深色 U 形斑纹；腹部完全黄色黄褐色。产卵管的末端边缘呈锯齿状 ………… 4

4 中胸背板于小盾沟的中部有一深褐色斑点。翅 S 形带的端臂较宽，其末端接近或伸至 M 脉。产卵器基节的长度约与腹长相等；产卵管较短，其长度 1.4 mm～1.6 mm，体、翅长 4.9 mm～6.7 mm ………… 加勒比按实蝇 *A. suspensa*

4′ 中胸背板完全黄色或黄褐色，无深褐色斑点。翅 S 形带的端臂末端不达 M 脉 ………… 5

5 后小盾片全部黄褐色，无褐色斑纹；中胸后背片两侧褐色。翅 V 形带一般不与 S 形带连接。产卵器基节的长度接近或等于腹长；产卵管较短，其长度 1.3 mm～1.6 mm，体、翅长 5.7 mm～7.5 mm ………… 西印度按实蝇 *A. obliqua*

5′ 后小盾片两侧有褐色斑纹；中胸后背片两侧有或无褐色斑纹。翅 V 形带一般与 S 形带分离 ………… 6

6 中胸后背片几全黄褐色，两侧无褐色斑纹，小盾片两侧褐色。翅 S 形带通过沿 R_{4+5} 脉延伸的一极狭窄的黄褐色斑与基前缘带连接。产卵器基节的长度达整个腹长的 1.5 倍；产卵管的长度 3.3 mm～4.7 mm，体、翅长 6.5 mm～9.0 mm ………… 墨西哥按实蝇 *A. ludens*

6′ 中胸后背片和后小盾片两侧均呈褐色。翅 S 形带通过一宽阔的黄褐色斑与基前缘带连接。产卵器基节的长度大致与腹长相等；产卵管的长度 1.4 mm～1.7 mm，体、翅长 4.4 mm～7.2 mm ………… 南美按实蝇 *A. fraterculus*

附 录 E
（资料性附录）
按实蝇属重要种类形态特征图（成虫）

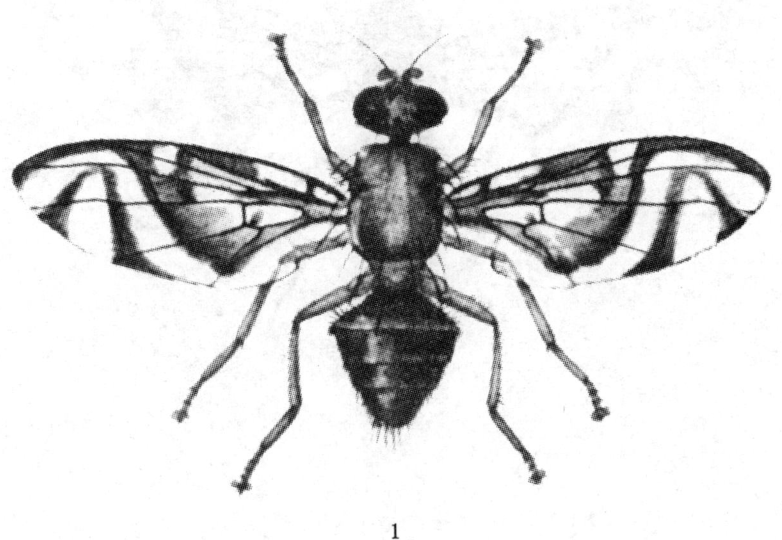

1

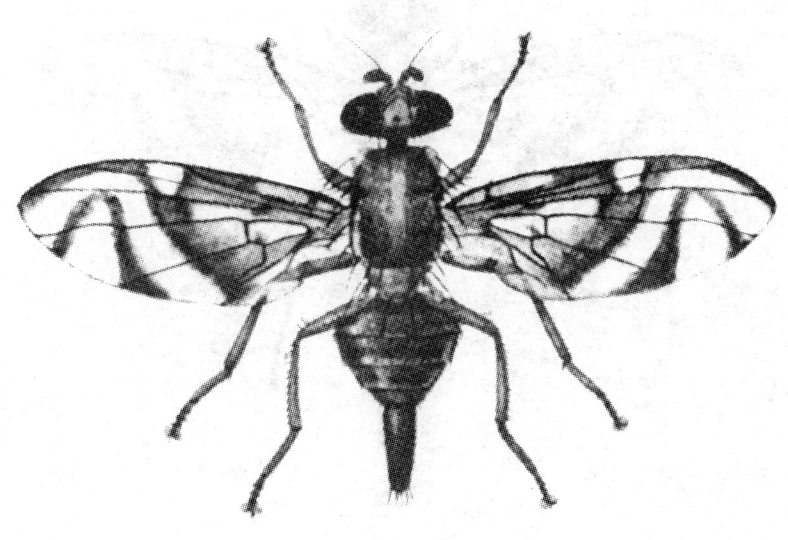

2

1——雄虫；
2——雌虫。

图 E.1 南美按实蝇 *A. fraterculus*（仿安英姬绘图）

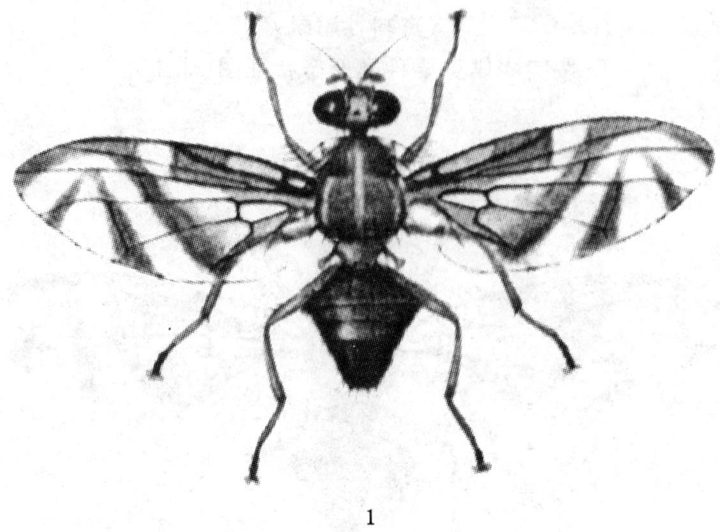

1

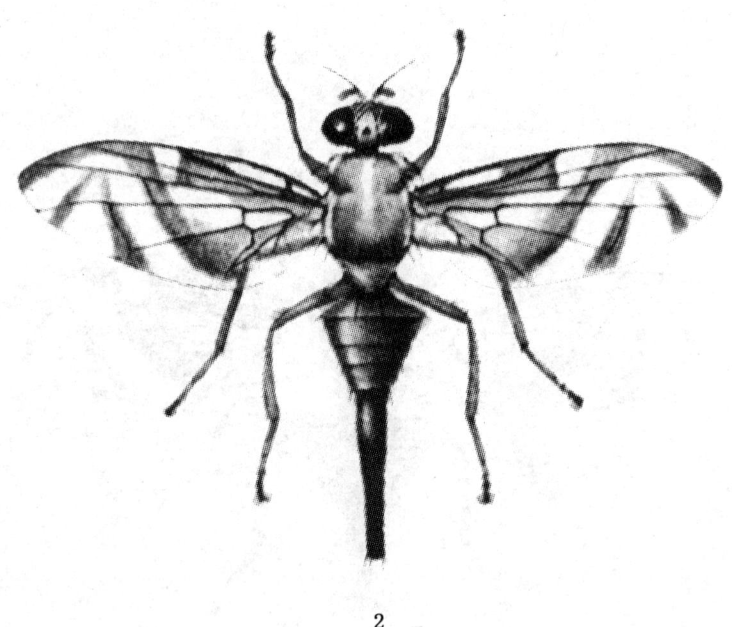

2

1——雄虫；

2——雌虫。

图 E.2 墨西哥按实蝇 *A. ludens*（仿安英姬绘图）

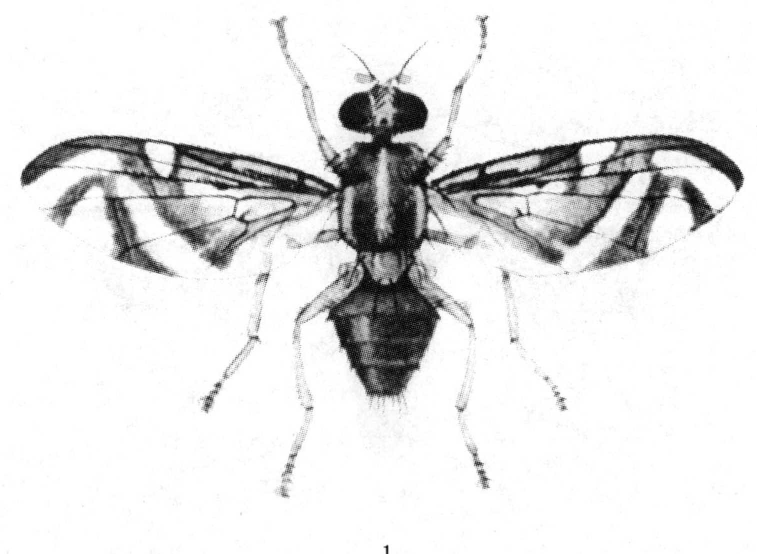

1

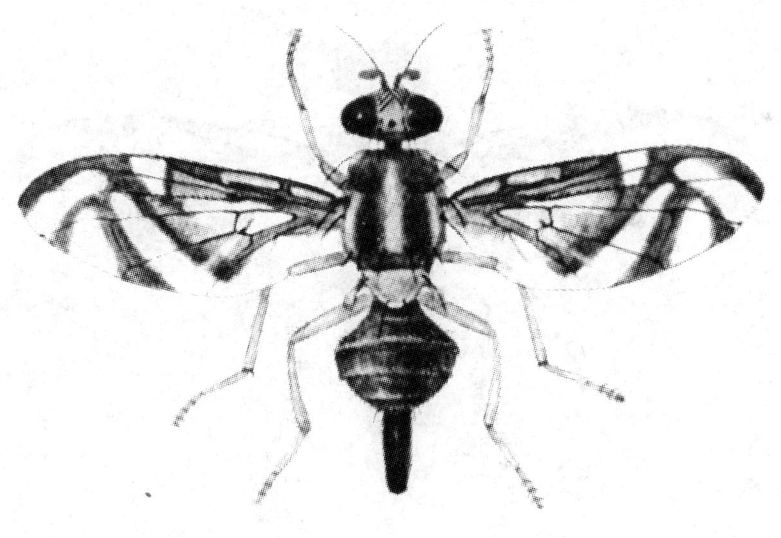

2

1——雄虫；

2——雌虫。

图 E.3　西印度按实蝇 *A. obliqua*（仿安英姬绘图）

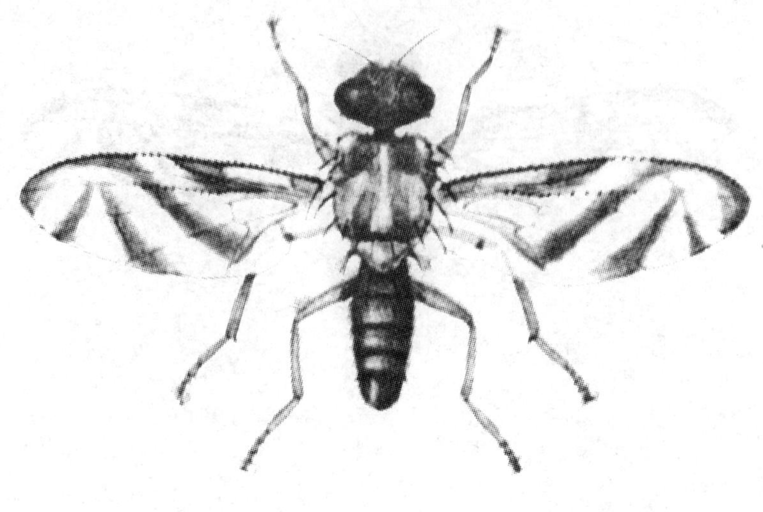

1

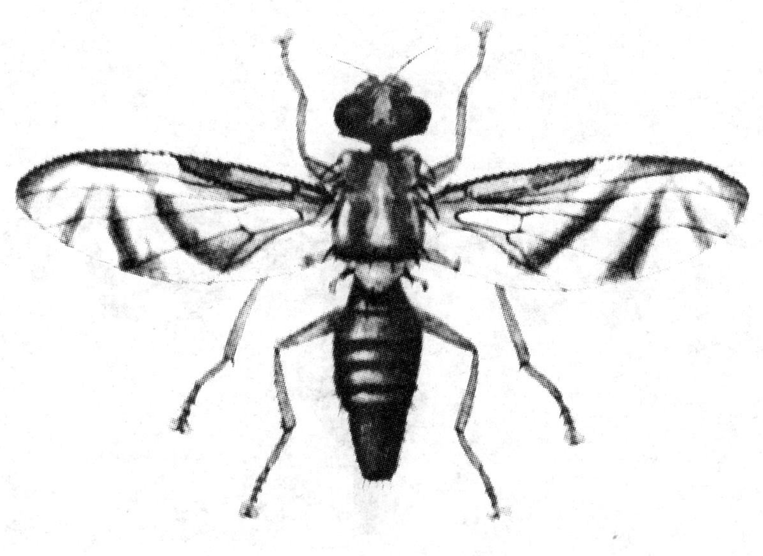

2

1——雄虫；

2——雌虫。

图 E.4 加勒比按实蝇 *A. suspensa*(仿安英姬绘图)

1

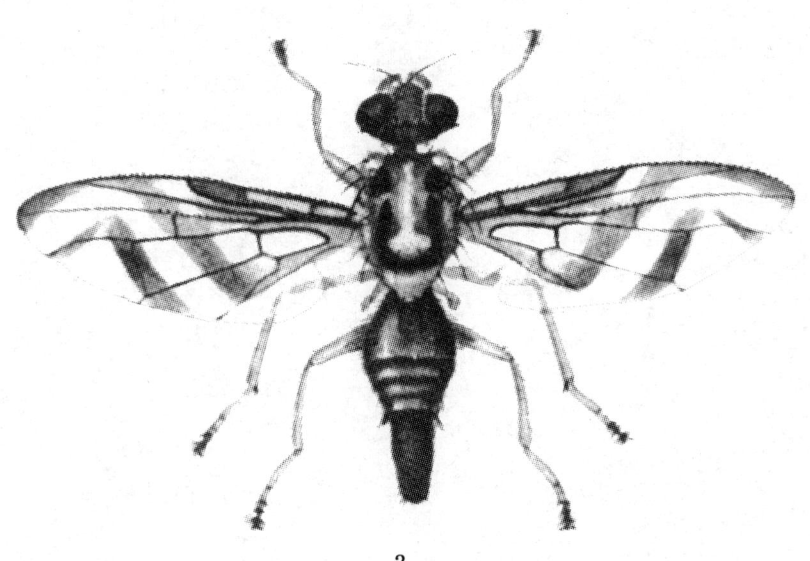

2

1——雄虫；

2——雌虫。

图 E.5 中美按实蝇 *A. striata*(仿安英姬绘图)

中华人民共和国出入境检验检疫行业标准

SN/T 2031—2007

桔小实蝇检疫鉴定方法

Identification of oriental fruit fly, *Bactrocera*(*Bactrocera*) *dorsalis*(Hendel)

2007-12-24 发布　　2008-07-01 实施

中华人民共和国国家质量监督检验检疫总局　发布

前　言

本标准的附录A、附录B、附录C和附录D均为资料性附录。

本标准由国家认证认可监督管理委员会提出并归口。

本标准起草单位:中华人民共和国广东出入境检验检疫局、中华人民共和国重庆出入境检验检疫局。

本标准主要起草人:胡学难、赵菊鹏、江兴培、吴佳教、梁帆、刘海军。

本标准系首次发布的出入境检验检疫行业标准。

桔小实蝇检疫鉴定方法

1 范围

本标准规定了桔小实蝇[*Bactrocera*(*Bactrocera*)*dorsalis*(Hendel)]的鉴定方法。

本标准适用于进境桔小实蝇寄主植物(参见附录 A)及其果实中桔小实蝇的鉴定。

2 术语和定义

下列术语和定义适用于本标准,实蝇分类学常见术语图示参见附录 B。

2.1

颜面 face

头部的前面,复眼间介于触角和口上片之间的区域。

2.2

颜面斑 facial spots

位于颜面上的斑块。

2.3

肩胛 humeral calli

中胸盾片前侧方略为隆出的区域。

2.4

背侧板胛 notopleural calli

肩胛与翅基之间的背侧板上隆起区域。

2.5

小盾片 scutellum

为一刻痕从中胸背板后缘切开的三角形部分。

2.6

小盾前鬃 prescutellar bristles

小盾片前方,近盾片后缘的 1 对鬃。

2.7

小盾鬃 scutellar bristles

小盾片上的 1 对或 2 对鬃。

2.8

肩板鬃 scapular bristles

位于中胸背板前缘的鬃的统称。

2.9

缝后侧黄色条 lateral post-sutural vitta

始于中胸缝或其之前,沿中胸背板侧缘后伸的一对黄色带或黄色条。

3 原理

桔小实蝇[*Bactrocera dorsalis*(Hendel)]属双翅目(Diptera),实蝇科(Tephritidae)、寡毛实蝇亚科(Dacinae)、离腹寡毛实蝇属(*Bactrocera*)、离腹寡毛实蝇亚属(*Bactrocera*),主要以幼虫随被害果实作远距离传播,其卵也可随果实传播,围蛹则可随果实的包装物或寄主植物所带土壤传播。

桔小实蝇成虫和幼虫形态特征为制定鉴定方法提供了依据。

4 仪器、用具和试剂

4.1 仪器与用具

体视显微镜、干燥箱、冰箱、养虫箱、小型干燥器、防虫网罩、玻璃棉、养虫杯、载玻片、盖玻片、解剖刀、解剖针、酒精灯、温湿度计、量筒(50 mL、200 mL)、烧杯(200 mL、500 mL)、白瓷盘(大号、小号)、昆虫还软器。

4.2 试剂

10%氢氧化钠(或10%氢氧化钾)溶液、封片胶、苯酚、二甲苯、75%乙醇、丙三醇、水合三氯乙醛、阿拉伯树胶粉、蒸馏水。所用试剂均为分析纯。

4.3 试剂的配制

4.3.1 10%氢氧化钠(或10%氢氧化钾)溶液的配制

称取氢氧化钠(或氢氧化钾)10 g 置于200 mL 烧杯中,加入约80 mL 的蒸馏水,搅拌溶解后再加蒸馏水定容至100 mL。

4.3.2 封片胶的配制

称取阿拉伯树胶粉30 g 于烧杯中,加入50 mL 蒸馏水,置于40℃～50℃的水浴中加热。溶解后,加入200 g 水合三氯乙醛及20 mL 丙三醇,置于55℃～60℃的干燥箱内。1 d 后,用玻璃棉过滤(过滤在55℃～60℃干燥箱内进行)。

4.3.3 保存液的配制

量取75%乙醇100 mL,加入1 mL 丙三醇。

5 实验室鉴定

5.1 样品检查

检查果实表面有无产卵刻点或产卵痕迹,或果实是否有腐软的现象,必要时剖果检查是否有蛆状幼虫。将怀疑带虫的果实进行饲养鉴定。

5.2 饲养

5.2.1 卵或幼虫饲养

将带有卵或幼虫的寄主果实放在小号白瓷盘里,然后将小号白瓷盘放在装有自来水的大号白瓷盘内,再用防虫网罩盖住小号白瓷盘,罩的下方边缘浸没于大号白瓷盘内的水中,置于温度为22℃～28℃,相对湿度为50%～90%的环境中饲养5 d～10 d 至幼虫老熟。

5.2.2 围蛹饲养

取一盛有半干湿(含水量约5%)洁净细沙的养虫杯,将老熟幼虫置于细沙表面,幼虫将钻入沙中化蛹,约1 d 后形成围蛹,然后置于养虫箱中,在温度为22℃～28℃,相对湿度为50%～90%条件下饲养,直至成虫羽化。

5.2.3 初羽化成虫饲养

成虫羽化后,悬挂相应寄主果实切片于养虫箱内供其取食,待成虫斑纹的色泽和大小稳定后(约需5 d),收集成虫并置于冰箱冷冻层0.5 h～1 h 杀死。

5.3 标本制备

5.3.1 成虫标本制备

如果成虫虫体已干硬,在制备标本前用昆虫还软器进行软化处理,虫体软化后制成针插标本。

5.3.2 成虫外生殖器玻片标本制备

用解剖刀取成虫标本腹部,置于10%氢氧化钠(或10%氢氧化钾)溶液中,浸泡12 h(或煮沸3 min)后取出,用蒸馏水洗净,在体视显微镜下,用解剖针挑取阳茎或产卵器,制成玻片标本。

5.3.3 幼虫玻片标本制备

用昆虫针在幼虫虫体中段体壁上刺戳数个小孔，置于10%氢氧化钠(或10%氢氧化钾)溶液中浸泡12 h(或煮沸3 min)后取出，用解剖针将幼虫体中的残留物挤压出并用蒸馏水洗净；在体视显微镜下挑取口钩、前气门和后气门等部位，制成玻片标本。

5.4 鉴定特征(参见附录B)

5.4.1 实蝇科(Tephritidae)

翅Sc脉突然朝前弯曲成近90°，外弯段变弱，终于前缘脉的断裂处，R_1 脉的背侧有小鬃；cup室具一尖角延伸。

5.4.2 寡毛实蝇亚科(Dacinae)

后头鬃列均细长且通常为黑色，无单眼鬃。中胸背板具肩板鬃，肩鬃常缺如；无背中鬃；上前侧片为一条缝所分离。翅沿 R_{4+5} 脉背面远至r-m横脉处通常具小鬃。具2个受精囊。

5.4.3 离腹寡毛实蝇属(*Bactrocera*)

触角第3节长至少为其宽的3倍；翅cup室狭，宽度通常为基中室的一半，其延伸部分甚长；翅上斑纹通常汇合成前缘带和臀条。第5背板具一对亮斑，腹部各节背板分离。

5.4.4 离腹寡毛实蝇亚属[*Bactrocera*(*Bactrocera*)]

中胸背板具小盾前鬃、前翅上鬃和小盾鬃各1对；肩胛鬃缺如。雄成虫侧尾叶后叶短，长至多为前叶长的2倍，第5腹板后缘深凹，第3节腹节背板具栉毛。

5.4.5 桔小实蝇(*Bactrocera dorsalis*)成虫(参见附录C和附录D)

5.4.5.1 外形

体长约8.0 mm，翅长6.4 mm左右。

5.4.5.2 头部

头部颜面黄褐色，具黑色、圆形中等大小的颜面斑1对；具1对上侧额鬃和2对下侧额鬃，额鬃基部具褐色斑。触角3节，各节长度分别为0.20 mm、0.35 mm和0.90 mm。

5.4.5.3 胸部

中胸背板黑色，但缝后侧色条的下方及其之后，横缝周围、肩胛与背侧板胛间及肩胛内侧均为褐色，后背片的后方三分之一为黑色。缝后侧黄色条宽且平行，并位于翅内鬃之后；小盾片黄色，具狭窄的黑色基带。具肩板鬃2对，背侧鬃2对，前翅上鬃和后翅上鬃各1对，小盾前鬃1对，小盾鬃1对，中侧鬃1对。足腿节大部黄褐色。

翅透明，前缘带狭窄，暗褐色，与 R_{2+3} 脉汇合，在 R_{4+5} 脉与M脉端部之间处横向略变宽；臀条狭窄，暗褐色，不达后缘。

5.4.5.4 腹部

腹部橙褐色，第1背板色泽多为橙褐色，其侧淡褐色或全为黑褐色；第2背板具一不规则的暗褐到黑褐的横带(不达侧缘)，前缘有一黑色狭纵条；第3背板的前半部有一黑色宽横带；第3至第5腹节背板中纵条狭窄；第5节背板具1对卵圆形亮斑。雄虫第3背板具栉毛。

雌虫产卵器基节棕黄色，其长与第5背板的长度之比为0.7∶1，产卵管长约1.4 mm～1.6 mm，末端尖锐，具长、短亚端刚毛各2对。

5.4.6 桔小实蝇幼虫(参见附录B)

幼虫乳白色，蛆形，共3龄。3龄期幼虫体长10.0 mm～11.0 mm。头部感觉器3个～4个，不分枝或具少量短分枝；口脊11条～14条，边缘锯齿状或钝圆。副板12个～15个，无端前齿。背微刺分布于第1至3节。前气门开口呈环状，有8个～12个指状突，排成单一直行；后气门板一对，新月形，其上有3个椭圆形气门裂；后气门裂长约为宽的2.5倍～3倍，侧气门突8个～12个。尾节周缘有乳突6对，感觉器10对。

6 结果判定

以成虫形态特征为依据，经鉴定符合 5.4.1、5.4.2、5.4.3、5.4.4 和 5.4.5 鉴定特征描述的可确定为桔小实蝇。幼虫的口钩、前气门和后气门等部位的形态特征可作为鉴定时参考。

7 标本保存

7.1 成虫标本及玻片标本的保存

将制好的成虫标本或相应的玻片标本，置于干燥箱中干燥数日，然后移入标本柜中保存。

7.2 幼虫标本的保存

将采集到的幼虫或围蛹用蒸馏水清洗后，投入 60℃（±5℃）热水中浸泡杀死，置于室温下冷却，再将冷却后的幼虫（或围蛹）置于保存液中保存，保存期为 6 个月～12 个月。

附　录　A
（资料性附录）
桔小实蝇地理分布及其主要寄生

A.1　桔小实蝇地理分布

孟加拉、不丹、柬埔寨、中国(南方部分地区)、印度、印度尼西亚、老挝、缅甸、尼泊尔、巴基斯坦、斯里兰卡、泰国、阿拉伯联合酋长国、越南、美国(夏威夷;佛罗里达州和加利福尼亚州偶尔发生)、贝劳、法属玻利尼西亚、关岛、瑙鲁、北马里亚纳群岛;日本和毛里求斯(已根除)。

A.2　桔小实蝇主要寄主

桔小实蝇主要寄主见表 A.1。

表 A.1　桔小实蝇主要寄主

Anacardium occidentale	腰果	*Mangifera indica*	芒果
Annona reticulata	牛心果	*Manilkara zapota*	人心果
Annona squamosa	番荔枝	*Mimusops elengi*	香榄
Areca catechu	槟榔	*Momordica charantia*	香苹果
Artocarpus altilis	面包果	*Muntingia calabura*	牙买加樱桃
Artocarpus heterophyllus	木菠萝	*Musa* spp.	香蕉属
Averrhoa carambola	阳桃	*Nephelium lappaceum*	红毛丹
Canavium album	橄榄	*Passiflora edulis*	西番莲
Capsicum annuum;*Capsicum frutescens*	辣椒	*Persea americana*	鳄梨
Carica papaya	木瓜	*Phoenix dactylifera*	梅枣
Chrysophyllum cainito	牛奶果	*Prunus armeniaca*	杏
Citrullus lanatus	西瓜	*Prunus avium*	甜樱桃
Citrus aurantiifolia	酸橙	*Prunus cerasus*	酸樱桃
Citrus limon	柠檬	*Prunus domestica*	李
Citrus maxima	柚子	*Prunus dulcis*	热带扁桃
Citrus reticulata	柑橘	*Prunus mume*	日本杏子
Citrus sinensis	甜橙	*Prunus persica*	桃
Citrus x paradisi	柚	*Prunus serrulata*	樱桃
Clausena lansium	黄皮	*Psidium guajaval*	番石榴
Coffea arabica	咖啡	*Punica granatum*	石榴
Cucumis melo	西瓜	*Pyrus communis*	梨
Cucumis sativus	黄瓜	*Solanum melongena*	茄
Dimocarpus longan	龙眼	*Solanum muricatum*	茄瓜
Diospyros kaki	柿子	*Spondias purpurea*	紫槟榔青
Durio Zibethinus	榴莲	*Syzygium aqueum*	水苹果
Eriobotrya japonica	枇杷	*Syzygium aromaticum*	丁香

表 A.1(续)

Syzygium cumini	海南蒲桃	*Syzygium jambos*	洋蒲桃
Ficus carica	无花果	*Syzygium malaccense*	马来蒲桃
Ficus racemosa	聚果榕	*Syzygium samarangense*	莲雾
Flacourtia indica	州梅	*Terminalia catappa*	杏仁
Juglans regia	胡桃	*Vitis vinifera*	葡萄
Lycopersicon esculentum	番茄	*Ziziphus jujuba*	枣
Malus pumila＝*M. domestica*	苹果	*Ziziphus mauritiana*	中华枣
Malpighia glabra	金虎尾		

附 录 B
（资料性附录）
实蝇分类学常见术语图示

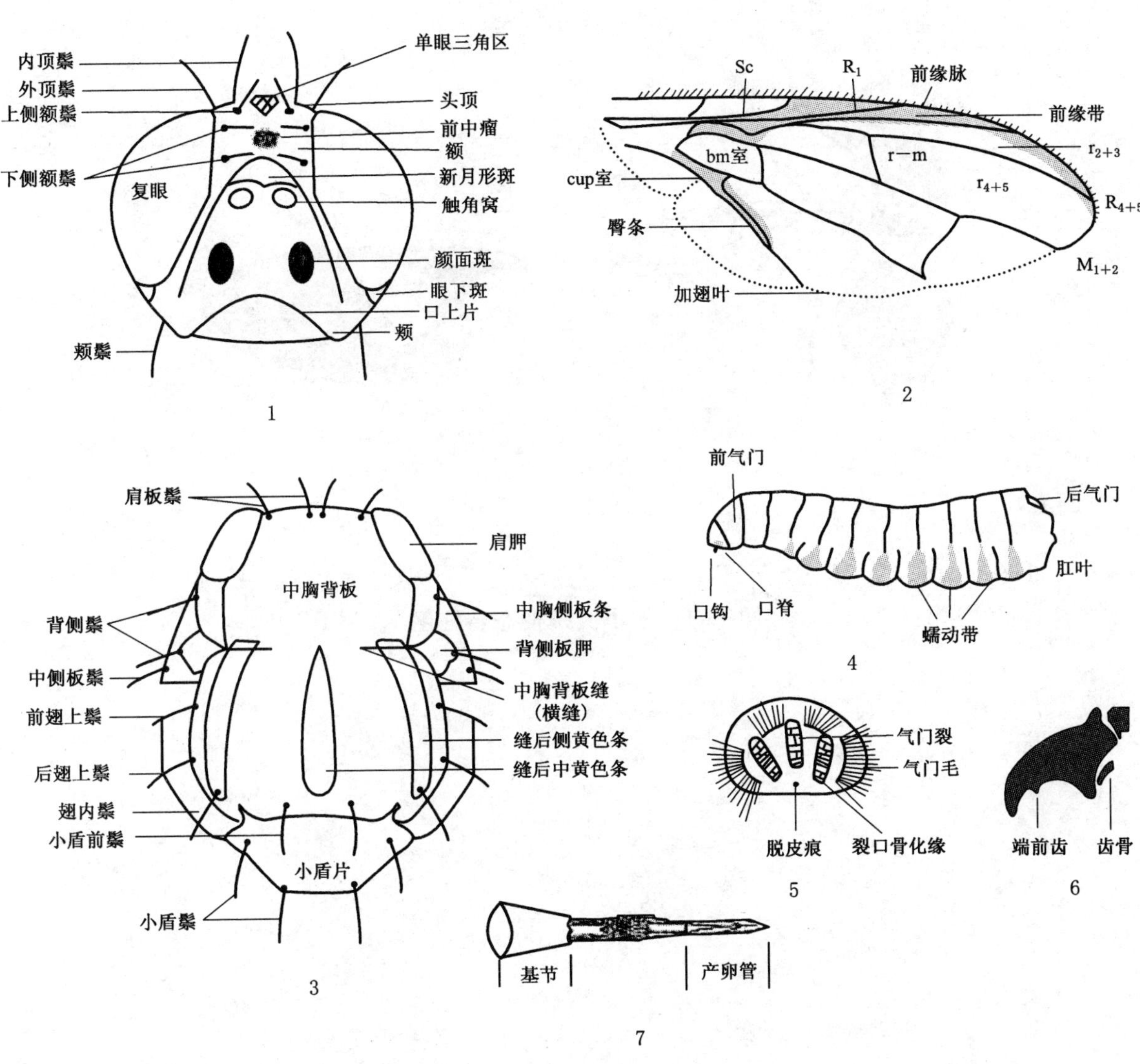

1——成虫头部前面观；
2——翅；
3——成虫胸部背面观；
4——幼虫侧面观；
5——幼虫后气门；
6——口钩；
7——产卵器。
（1、3 仿 Drew et al. 1982；其余仿 White & Elson-Harris，1992）

图 B.1 实蝇分类学常见术语图示

附 录 C
（资料性附录）
桔小实蝇形态特征图

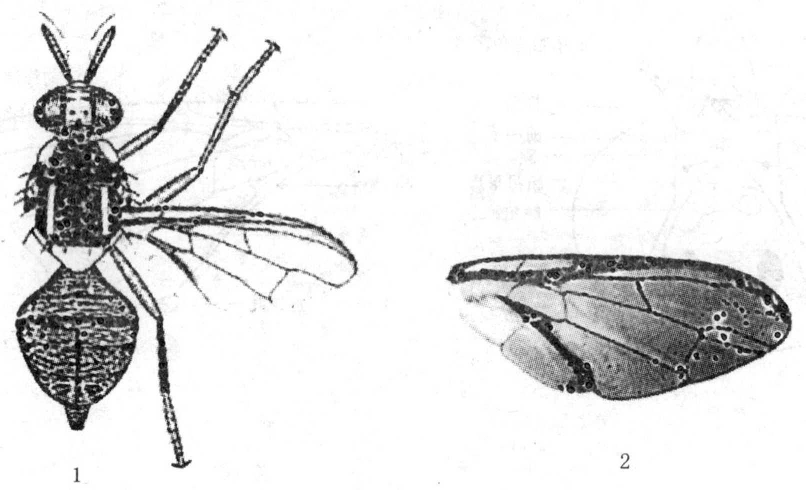

1——雌成虫；
2——翅。
（仿 Carroll et al. 2002）

图 C.1 桔小实蝇形态特征图

附 录 D
（资料性附录）
桔小实蝇与其他3个近似种的主要形态特征比较

表 D.1 桔小实蝇与其他3个近似种的主要形态特征比较

形态特征	桔小实蝇 *Bactrocera dorsalis*	木瓜实蝇 *Bactrocera papayae*	杨桃实蝇 *Bactrocera carambolae*	菲律宾实蝇 *Bactrocera philippinensis*
头垂直长	1.8 mm	1.8 mm	1.9 mm	1.5 mm
额长宽比值	1.4	1.57	1.55	1.47
颜面长	0.53 mm	0.52 mm	0.48 mm	0.4 mm
翅长	6.4 mm	6.2 mm	6.3 mm	5.7 mm
翅前缘带	狭窄，与 R_{2+3} 脉汇合，在 R_{4+5} 脉和 M 脉端部之间横向略变宽	狭窄，与 R_{2+3} 脉汇合（有时重叠）终于 R_{4+5} 脉和 M 脉端部之间（有些标本在 R_{4+5} 脉端部周围略扩展）	狭窄，略宽出 R_{2+3} 脉并沿 R_{4+5} 脉端部略横扩展（常沿 R_{4+5} 略反曲）	狭窄，略宽出 R_{2+3} 脉（宽出部分色较淡）并沿 R_{4+5} 脉端部扩展返回成鱼钩状、终于 R_{4+5} 脉和 M 脉端部之间
腹部中纵条	狭窄	较宽	较宽	狭窄至较宽
产卵器基节长与第5腹节背板长度比	0.7∶1	1.2∶1	1∶1	1∶1
产卵管长	1.4 mm～1.6 mm	1.77 mm～2.12 mm	1.4 mm～1.6 mm	1.85 mm
分布	孟加拉、不丹、柬埔寨、中国（南方部分地区）、印度、印度尼西亚、老挝、缅甸、尼泊尔、巴基斯坦、斯里兰卡、泰国、阿拉伯联合酋长国、越南、美国（夏威夷；佛罗里达州和加利福尼亚州偶尔发生）、贝劳、法属玻利尼西亚、关岛、瑙鲁、北马里亚纳群岛。日本和毛里求斯（已根除）	文莱、圣诞岛、印度尼西亚、马来西亚、新加坡、泰国、巴布亚新几内亚。澳大利亚（已根除）	文莱、印度、印度尼西亚、马来西亚、新加坡、泰国、巴西、法属圭亚那、苏里南。圭亚那（已根除）	菲律宾。澳大利亚（已根除）

中华人民共和国出入境检验检疫行业标准

SN/T 2034—2007

香蕉灰粉蚧和新菠萝灰粉蚧检疫鉴定方法

Identification of *Dysmicoccus grassii*（Leonardi）and *Dysmicoccus neobrevipes* Beardsley

2007-12-24 发布　　2008-07-01 实施

中华人民共和国国家质量监督检验检疫总局 发布

前　言

本标准的附录 A、附录 B、附录 C、附录 D 均为资料性附录。

本标准由国家认证认可监督管理委员会提出并归口。

本标准负责起草单位：中华人民共和国天津出入境检验检疫局。

本标准主要起草人：黄国明、冯洁、牛春敬、曲鹏、刘勇、刘跃庭。

本标准系首次发布的出入境检验检疫行业标准。

香蕉灰粉蚧和新菠萝灰粉蚧检疫鉴定方法

1 范围

本标准规定了进境植物检疫中香蕉灰粉蚧和新菠萝灰粉蚧的检疫鉴定方法。

本标准适用于进境水果、种苗、花卉等检疫物中香蕉灰粉蚧和新菠萝灰粉蚧的检疫和鉴定。

2 定义和术语

下列术语和定义适用于本标准。

2.1

背孔 ostioles

着生在虫体背面的一横裂如嘴唇状的构造,数目常为两对,少数只具一对。背孔按着生位置的不同可分为前背孔和后背孔。前背孔生在前胸背板上,后背孔则生在第6腹节背板上。

2.2

腹脐 circulus

腹脐位于虫体腹部腹面,常以局部地角质化的狭窄的硬化框为界限,其数目和大小在不同的蚧虫种类中变化很大,也有的种类无腹脐。

2.3

盘腺 disk pore

盘腺又名孔腺,为蚧虫泌腊腺的一种类型,包括三孔腺、五孔腺、多孔腺、筛状孔等多种形状的腺体。

2.4

三孔腺 trilocular pore

盘腺的一种,各种大小的略呈三角形或圆形的硬化结构,其中部有三个长形的腺孔。

2.5

五孔腺 quinquelocular pore

盘腺的一种,具有5个腺孔。通常存在于绒蚧、软蜡蚧,常聚集在阴门附近。粉蚧中少数种类具有五孔腺,灰粉蚧无五孔腺。

2.6

多孔腺 multilocular pore

盘腺的一种,不同直径的圆形或卵圆形硬化孔,腺孔多于5个。

2.7

单孔 discoidal pore

盘腺的一种,结构简单的孔状腺,内无其他明显孔口。

2.8

筛状孔 shield disk pore

盘腺的一种,指圆形具有颗粒状表面的单孔。

2.9

领状腺 oral-collar tubular duct

管腺的一种,圆柱形,管口有一圈硬化环。

2.10

尾瓣 anal lobe

粉蚧第9腹节在肛环两侧的突出部分。

2.11

肛环　anal ring

肛门开口处的硬化环，常为椭圆形，其上具有腊腺孔和肛环毛。

2.12

阴门　vulva

阴门位于身体腹面，在第 8 至第 9 腹节腹板间，为雌性生殖孔的开口，阴门周围常有盘腺分布，有些成群排列。

2.13

刺孔群　cerarius

刺孔群一般由两个，少数一个或数个圆锥状刺和聚集在刺附近的三孔腺或少数五孔腺，并常有一些毛共同组成。刺孔群为粉蚧科中许多种类都具有的特殊泌腊构造，常着生在虫体背面边缘，少数种类背面中部也有分布。

3　原理

香蕉灰粉蚧[*Dysmicoccus grassii* (Leonardi)]和新菠萝灰粉蚧[*Dysmicoccus neobrevipes* Beardsley]属昆虫纲(Insecta)、同翅目(Homoptera)、粉蚧科(Pseudococcidae)、灰粉蚧属(*Dysmicoccus*)。香蕉灰粉蚧和新菠萝灰粉蚧在中国尚无分布，主要分布在欧洲、美洲、亚洲和非洲的二十多个国家和地区，是为害香蕉、菠萝、椰子、咖啡、人心果、剑麻等数十种经济作物的重要害虫(参见附录 A、附录 B)，其生物学特性及形态特征是制定本标准的依据。

4　器材和试剂

4.1　器材

双目解剖镜、显微镜、酒精灯、水浴锅、温箱、小烧杯、比色皿、小镊子、解剖针(刀)、接种环、小毛笔、载玻片、盖玻片。

4.2　试剂

氢氧化钾(KOH)、蒸馏水、无水乙醇(CH_3CH_2OH)、酸性品红($C_{20}H_{17}N_3O_9S_3Na_2$)、橄榄油、树脂、丁香油、甘油($C_3H_8O_3$)、二甲苯($C_8H_{10}$)、苯酚($C_6H_5OH$)。

5　现场检查

对可能携带粉蚧的进境水果、种苗、花卉等检疫物各部位进行检查，重点检查果实的果柄、果蒂及植株的腋芽、枝条、叶鞘等处，寄生部位常伴有白色的蜡粉或蜡丝等分泌物。如发现粉蚧，将其放入样品袋中，做好现场记录，送实验室进行鉴定。

6　实验室鉴定

6.1　标本固定

挑取样品上的蚧虫置入 70%乙醇中杀死固定 2 h，以备制作玻片标本。如需长期保存，则在 70%乙醇中加入少量甘油(50∶1)作为保存液。

6.2　玻片标本制作方法

6.2.1　脱脂透明：选取经固定的成熟虫体(制片后可见阴门)，用解剖针(刀)在虫体中腹背交界处刺一小孔，若为较干燥的虫体，加热回软后再刺小孔，移入加有 20%氢氧化钾溶液的小烧杯中，用酒精灯加热 10 min～30 min，以不沸腾为度，直至体外蜡质和虫体内含物全部融化；将虫体移入盛有碱液的透明比色皿或其他器皿中，用解剖针、接种环、小毛笔等轻轻挤压、清理虫体，直至彻底清除内含物、虫体变为清洁透明。加热还可用水浴、温箱等方法，脱脂时间以标本透明为准。

6.2.2 脱碱:把虫体从氢氧化钾溶液中移入热蒸馏水中清洗、浸泡,更换蒸馏水3次~5次,以清除虫体表面和内部的碱液。

6.2.3 染色:移入酸性品红(酸性品红95%乙醇饱和溶液)中染色,也可用其他染料使虫体着色,染色时间视标本着色情况而定,一般在8 h以上;移入95%乙醇中,视染色程度浸泡1 min~3 min,洗去浮色,但不能停留过久,以免褪色过分。

6.2.4 固色:移入二甲苯酚(二甲苯:苯酚为3:1)内5 min~10 min进一步透明;移入二甲苯中1 min~3 min使颜色固定;移入橄榄油或丁香油中20 min~30 min或更长。

6.2.5 封片:在载玻片上加一滴树脂,移入虫体,用小毛笔整肢,用盖玻片封片。

6.3 形态特征鉴定

6.3.1 灰粉蚧属(*Dysmicoccus* Ferris)

灰粉蚧属雌成虫一般椭圆形,少数体细长。触角6节~8节。有眼,其旁有时有伴孔。背孔2对,有时前背孔缺。刺孔群7对~17对,每个刺孔群一般有2根锥刺、少数附毛及一群三孔腺,末对和眼对(第三对)刺孔群常多刺,但不超过6根。肛环在背末,有内、外列环孔和6根长环毛。尾瓣常明显,长端毛1根~2根,尾瓣腹面常无硬化条,少数种有。腹脐有或无,如有,常大,位于第3、4腹节腹板间,有节间褶通过,或两侧有凹缢。足3对,发达。爪下无齿,后足基节常有透明孔。盘腺有三孔腺和多孔腺。五孔腺无。有的种还有单孔存在。管腺为领状腺,1式或多式。体毛背、腹面稀疏分布。

6.3.2 雌成虫鉴定特征

6.3.2.1 香蕉灰粉蚧

香蕉灰粉蚧雌成虫体椭圆形,触角8节。足细长,前足基节附近的腹面有领状腺分布,后足腿、胫节上有许多透明孔。腹脐一个,大,位于第3、4腹节腹板间,有明显侧缢和褶。肛环正常,有内、外列环孔和6根长环毛,其长约为环径的2倍。前、后背孔发达,孔瓣上有2根~4根毛,瓣缘硬化。刺孔群17对,末对有2根锥刺、5根附毛和1群三孔腺,位于椭圆形硬化片上;其余刺孔群硬化片远小,各有2根锥刺(头部3根)、1群三孔腺和3根~5根附毛。尾瓣腹面有一块长方形硬化条,端毛和环毛同长。体背仅有均匀分布的三孔腺。多孔腺限于腹脐前、后的腹节腹面,第4至6腹节上成单列,第7、8腹节后缘多少呈双列,也在第6至8腹节前缘成单列,阴门后则成群。管腺为领状腺,有大小两种。小领状腺在腹部腹面成横列,另在尾瓣向前至胸部腹面每节成1个亚缘群,少数在胸部中区;大领状腺在头部至第7腹节腹面缘区成群。腹面三孔腺均匀分布,但数少。体毛在背面细小,腹面较长。参见附录C。

香蕉灰粉蚧与*D. orchidum*近似,两者腹部刺孔群具短硬的附毛和2根锥刺。两者区别在于前者前足基节附近的腹面有领状腺分布,后者前足基节附近腹面无领状腺;前者仅后足腿节、胫节上着生透明孔,后者后足基节、转节、腿节、胫节均着生透明孔;前者多孔腺限于第4至8腹节腹面,后者多孔腺限于后2个腹节上。

香蕉灰粉蚧与*D. mackenziei*也近似,两者不同之处在于香蕉灰粉蚧次末对刺孔群具2根锥刺,而*D. mackenziei*次末对刺孔群锥刺超过2根。

6.3.2.2 新菠萝灰粉蚧

新菠萝灰粉蚧雌成虫触角8节。眼半球形,其周围常有筛状孔。足大而粗,后足腿节和胫节上有许多透明孔。腹脐大,有节间褶,位于第3、4腹节腹板间。肛环在背末,有内外列环孔和6根长环毛,其长约为环径的2倍。前、后背孔发达,孔瓣上有许多短毛和三孔腺。刺孔群17对,末对有2根锥刺、多根附毛和1群三孔腺,位于浅硬化区(圆形,比肛环小)上,其余刺孔群有2根~4根刺和少数附毛及三孔腺。尾瓣突出,端毛长于肛环毛,尾瓣腹面有长方形硬化区。三孔腺在背、腹面均匀分布。多孔腺仅在腹部腹面,即体末第6至第8腹节上成横列,总数约35个~50个。筛状孔分布背、腹面,有各种大小,约介于三孔腺和多孔腺之间。管腺仅一种,分布于腹部腹面,即第4至第7腹节中区每节后缘成横列,侧缘成群,但第4节侧缘例外。体毛在体背短小,体腹面毛较长,肛环前无成丛背毛。爪下无齿。参见附录D。

新菠萝灰粉蚧和菠萝灰粉蚧 *D. brevipes*(Ckll.)近似，两者眼附近常有筛状孔，多孔腺限于腹部第6至第8腹节腹面，后足腿节、胫节上有许多透明孔，前足基节附近腹面无领状腺。两者区别在于前者肛环前无成丛背毛，后者肛环前有成丛长毛；前者尾瓣腹面硬化区长方形，后者尾瓣腹面硬化区方形；前者第八腹节背毛约等长于第六、七腹节背毛，后者第八腹节背毛显著长于第六、七腹节背毛。

7 结果判定

以雌成虫形态特征为依据，其余特征描述可作参考，符合6.3.2.1特征即可鉴定为香蕉灰粉蚧，符合6.3.2.2特征即可鉴定为新菠萝灰粉蚧。

附　录　A
（资料性附录）
香蕉灰粉蚧的分布范围和寄主

A.1　分布范围

尼日利亚、墨西哥、巴哈马群岛、巴西、哥伦比亚、哥斯达黎加、古巴、多米尼加共和国、厄瓜多尔、洪都拉斯、巴拿马、秘鲁、波多黎各、特立尼达和多巴哥岛、马来西亚、加那利群岛、法国、意大利。

A.2　寄主

杧果（*Mangifera indica*）、番荔枝（*Annona squamosa*）、炮弹果（*Crescentia cujete*）、菠萝（*Ananas comosus*）、番木瓜（*Carica papaya*）、佛手瓜（*Sechium edule*）、香蕉（*Musa acuminata*）、大蕉（*Musa sapientum*）、海葡萄（*Coccoloba uvifera*）、安石榴（*Punica granatum*）、小粒咖啡（*Coffea arabica*）、可可（*Theobroma cacao*）、柚木（*Tectona grandis*）等。

附　录　B
（资料性附录）
新菠萝灰粉蚧的分布范围和寄主

B.1　分布范围

美国（萨摩亚群岛、维京岛、关岛、夏威夷群岛、北马里亚纳群岛）、库克岛、斐济、基里巴斯、马绍尔群岛、西萨摩亚、墨西哥、印度、马来西亚（沙巴州）、巴基斯坦、菲律宾、新加坡、泰国、越南、意大利（西西里岛）、安提瓜和巴布达岛、巴哈马群岛、巴西、哥伦比亚、哥斯达黎加、多米尼加共和国、厄瓜多尔、危地马拉、洪都拉斯、海地、牙买加、巴拿马、秘鲁、波多黎各、萨尔瓦多、苏里南、特立尼达和多巴哥岛。

B.2　寄主

酸豆（*Tamarindus indica*）、剑麻（*Agave sisalana*）、晚香玉（*Polianthes tuberosa*）、芒果（*Mangifera indica*）、刺果番荔枝（*Annona muricata*）、牛心番荔枝（*Annona reticulata*）、番荔枝（*Annona squamosa*）、芋（*Colocasia esculenta*）、散尾葵（*Chrysalidocarpus lutescens*）、椰子（*Cocos nucifera*）、菠萝（*Ananas comosus*）、向日葵（*Helianthus annus*）、甘蓝（*Brassica olearacea*）、南瓜（*Cucurbita maxima*）、金合欢（*Acacia farnesiana*）、落花生（*Arachis hypogaea*）、木豆（*Cajanus cajan*）、洋葱（*Allium cepa*）、菠萝蜜（*Artocarpus heterophyllus*）、红蕉（*Musa coccinea*）、中粒咖啡（*Coffea canephora*）、海岸桐（*Guettarda speciosa*）、洋柠檬（*Citrus limon*）、橙（*Citrus sinensis*）、红毛丹（*Nephelium lappaceum*）、人心果（*Manilkara zapota*）、番茄（*Lycopersicon esculentum*）、茄（*Solanum melongena*）、可可（*Theobroma cacao*）、柚木（*Tectona grandis*）等。

附 录 C
（资料性附录）
香蕉灰粉蚧雌成虫形态特征图

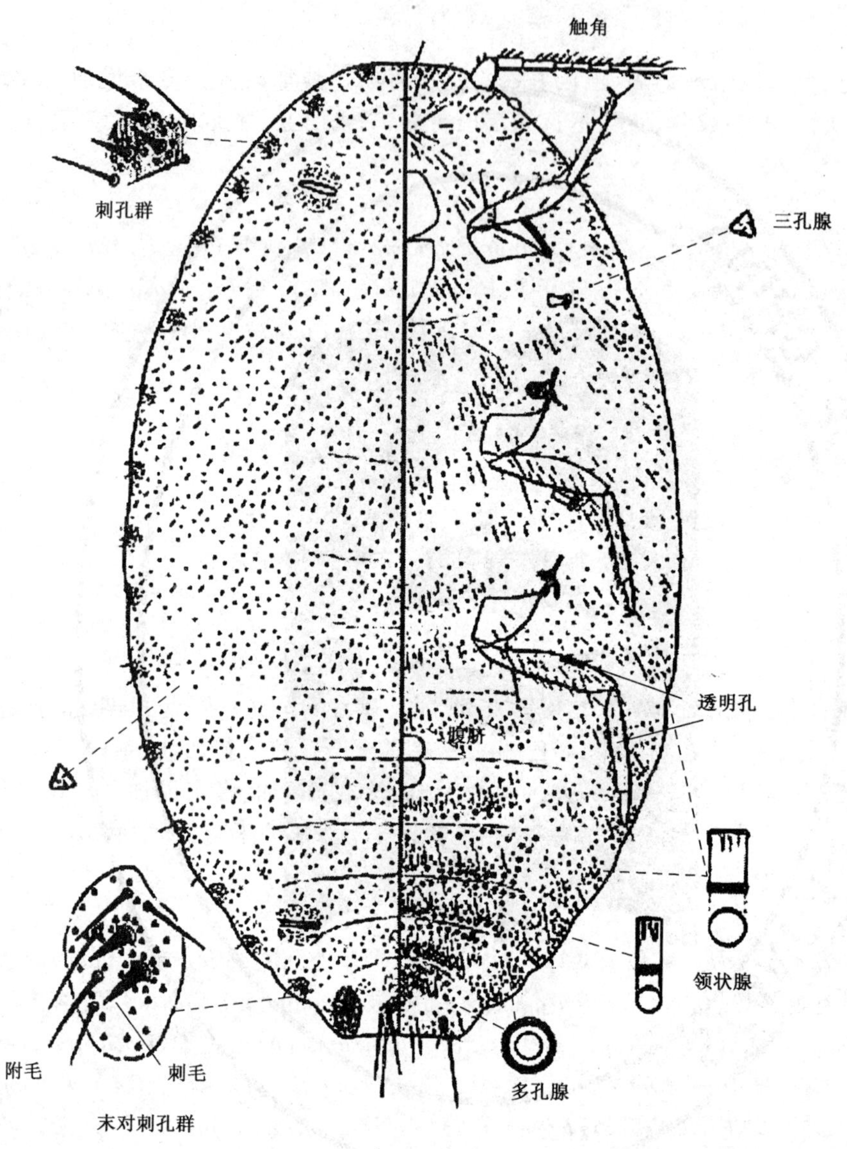

图 C.1　香蕉灰粉蚧 *Dysmicoccus grassii*（Leonardi）（仿 Douglas Williams）

附 录 D
（资料性附录）
新菠萝灰粉蚧雌成虫形态特征图

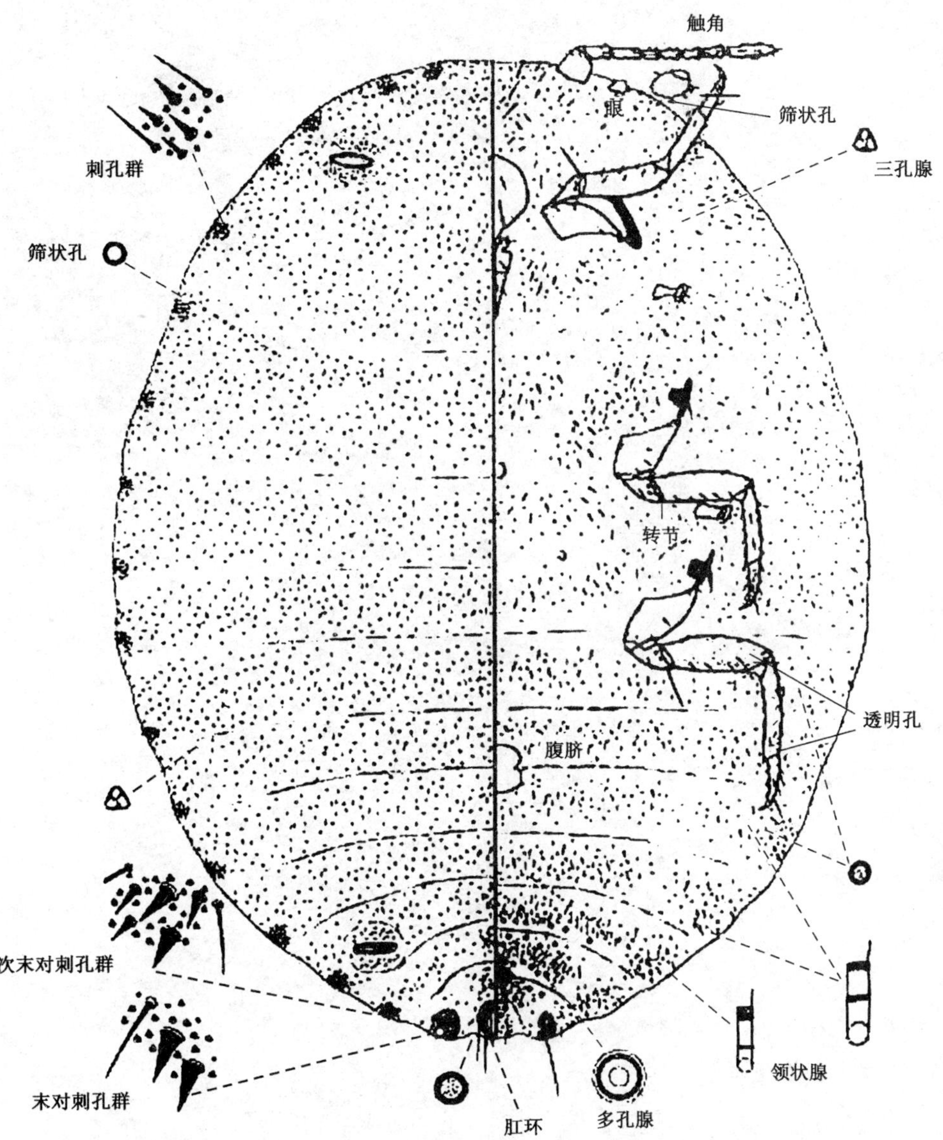

图 D.1　新菠萝灰粉蚧 *Dysmicoccus neobrevipes* Beardsley（仿 Douglas Williams）

中华人民共和国出入境检验检疫行业标准

SN/T 2039—2007

地中海实蝇检疫鉴定方法 PCR法

Identification of Mediterranean fruit fly, *Ceratitis capitata* (Wiedemann)—PCR protocol

2007-12-24 发布　　　　2008-07-01 实施

中华人民共和国国家质量监督检验检疫总局　发布

前 言

本标准由国家认证认可监督管理委员会提出并归口。

本标准起草单位:中华人民共和国深圳出入境检验检疫局、中华人民共和国广东出入境检验检疫局。

本标准主要起草人:杨伟东、余道坚、胡学难、康林、陈枝楠、仲建忠、章桂明、徐浪。

本标准系首次发布的出入境检验检疫行业标准。

地中海实蝇检疫鉴定方法
PCR 法

1 范围

本标准规定了地中海实蝇常规 PCR 和 SYBR Green 实时荧光 PCR 鉴定方法。

本标准适用于进境水果、茄科蔬菜(包括番茄、茄子和辣椒等)及包装物、土壤等的检验检疫中对地中海实蝇卵、幼虫、蛹和成虫的种类鉴定。

2 规范性引用文件

下列文件中的条款通过本标准的引用而成为本标准的条款。凡是注明日期的引用文件,其随后所有的修改单(不包括勘误的内容)或修订版均不适用于本标准,然而,鼓励根据标准达成协议的各方研究是否可使用这些文件的最新版本。凡是不注明日期的引用文件,其最新版本适用于本标准。

GB/T 6682 分析实验室用水规格和试验方法(neq ISO 3696)

3 缩略语

下列缩略语适用于本标准。

3.1

SG-PCR SYBR green real-time PCR

SYBRGreen 实时荧光 PCR。

3.2

dNTP deoxyribonucleoside triphosphate

脱氧核苷三磷酸。

3.3

MCA melting curve analysis

溶解曲线分析。

3.4

***Taq* 酶**

栖热水生菌 DNA 聚合酶。

3.5

COI cytochrome oxidaseI

细胞色素氧化酶 I 亚基。

3.6

Ct threshold cycle

循环阈值。

4 原理

实蝇样本(卵、幼虫、蛹或成虫)经过提取总基因组 DNA 后,利用设计的特异性引物,通过常规 PCR 和 SYBR Green 实时荧光 PCR(SG-PCR)技术,特异性扩增地中海实蝇 mtDNA COI 基因片段(343bp),根据 PCR 扩增结果(常规 PCR 通过产物凝胶电泳结果;SG-PCR 通过扩增曲线和溶解曲线),

判定实蝇标本的种类是否是地中海实蝇。

特异性引物是通过比对地中海实蝇与腊实蝇属中的纳塔尔实蝇、非洲芒果实蝇，按实蝇属中的加勒比按实蝇、墨西哥按实蝇，以及绝大多数果实蝇的 mtDNA COI 基因片段设计出来的。

5 仪器

5.1 PCR 扩增仪。

5.2 实时荧光 PCR 仪。

5.3 电泳仪。

5.4 紫外分光光度计。

5.5 凝胶成像系统。

5.6 低温冰箱。

5.7 冷藏冷冻冰箱。

5.8 水浴锅。

5.9 离心机。

5.10 电子天平。

5.11 微量加样器(0.5 μL、2 μL、10 μL、20 μL、100 μL、200 μL、1 000 μL)。

6 试剂

6.1 实验用水(应符合 GB/T 6682 中一级水的规格)。

6.2 蛋白酶 K(20 mg/mL)。

6.3 RNA 消化酶。

6.4 EDTA(0.5 mol/L,pH8.0)。

6.5 TE(pH 8.0)。

6.6 10×Loading Buffer(电泳上样缓冲液)。

6.7 Ladder DNA Marker。

6.8 琼脂糖。

6.9 DNA 染色剂。

6.10 昆虫基因组 DNA 提取试剂盒。

6.11 DNA 快速纯化/回收试剂盒。

6.12 70%和 99.99%乙醇。

6.13 酚、三氯甲烷、异丙醇、异戊醇等有机试剂，有机试剂如未有特殊说明，均为分析醇。

6.14 PCR 试剂盒[包括 10×PCR 缓冲液、Mg^{2+}(25 mmol/L)、dNTP(2.5 mmol/L)]。

6.15 *Taq* 酶。

6.16 2×SYBR Green Master Mix。

6.17 引物(10 pmol/μL)。

7 检测方法

7.1 实蝇标本的前处理

用于分子生物学试验的实蝇样本使用前应长期冷藏在－4℃冰箱。所有实蝇标本在 DNA 提取之前均要作前处理，卵、幼虫、蛹、成虫或部分组织等实蝇样本要用无菌水冲洗数遍，晾干；干标本、乙醇和福尔马林浸泡的标本先用 TE(pH 8.0)浸泡处理 1 h～2 h。

7.2 实蝇基因组 DNA 提取

7.2.1 试剂盒法

将实蝇样本移入 1.5 mL 离心管或碾钵中，捣碎或加入液氮碾磨，之后实验步骤根据试剂盒的操作说明书操作。实蝇基因组 DNA 溶液置－20℃冷冻保存。

7.2.2 酚-三氯甲烷法

将单头实蝇样本移入 1.5 mL 离心管或碾钵中，捣碎或加入液氮碾磨。加入 DNA 裂解缓冲液 300 μL和蛋白酶 K20 μL(200 μg/mL)，65℃水浴 1 h～3 h 或过夜；加等体积的酚：三氯甲烷：异戊醇(25：24：1)，轻轻颠倒混匀 2 次，8 000 r/min 离心 5 min，小心吸取上清液；加入等体积的三氯甲烷-异戊醇(24：1)，混匀，8 000 r/min 离心 5 min，小心吸取上清液；重复此步骤 1 次～2 次，直到在界面上看不到蛋白质；加入 2 倍体积的无水乙醇或异丙醇，混匀，室温或－20℃沉淀 0.5 h～3 h(也可沉淀过夜)，13 000 r/min离心 5 min～30 min，弃上清液；70％或 75％的乙醇洗涤沉淀 2 次～3 次，8 000 r/min 适度离心 2 min，弃上清液，沉淀干燥后加入 50 μL～200 μLTE 或去离子水溶解，－20℃低温保存。

7.3 DNA 质量检查

实蝇基因组 DNA 的纯度和浓度检测方法通过紫外分光光度计测定 DNA 溶液的 *OD* 值，DNA 纯度＝OD_{260}/OD_{280}(1.6≤OD_{260}/OD_{280}≤2.0，比值低于 1.6 或高于 2.0 都认为模板纯度不够，前者不能满足 PCR 扩增时对模板的纯度要求，需用 DNA 快速纯化/回收试剂盒纯化；后者模板中含有 RNA，必要时要用 RNA 酶消化)；双链 DNA 浓度＝OD_{260}×DNA 母液稀释倍数×50 ng/μL。

7.4 常规 PCR 扩增反应

7.4.1 引物

地中海实蝇常规 PCR 扩增引物序列见表 1。

表 1 引物序列

类 型	名 称	序 列	扩增片段长度/bp
正向引物	CCCA-COI-L	5′-TCTTCACGATACTTATTATGTTGTT-3′	343
反向引物	CCCA-COI-R	5′-ACTTGACGTTGAGAAACAAGG-3′	

7.4.2 反应体系

反应体系见表 2。

表 2 常规 PCR 反应体系

试剂名称	PCR 反应体系终浓度
10×PCR 缓冲液(不含 Mg^{2+})	1×PCR 缓冲液
$MgCl_2$ 溶液	2 mmol/L
dNTP	0.2 mmol/L
正向引物和反向引物	各 0.2 μmol/L
Taq 酶	1 U
DNA 模板	20 ng～40 ng
双蒸水	补足反应总体积到 25 μL
注：反应体系中各试剂的量可根据反应体系的总体积进行适当调整。	

7.4.3 反应条件

94℃/5 min,95℃/40 s,54℃/30 s,72℃/30 s,25 个循环,72℃延伸 5 min。

7.4.4 阴性对照、阳性对照和空白对照的设置

阴性对照以实蝇科其他实蝇种类(如:桔小实蝇)DNA 为模板;阳性对照以已知是地中海实蝇的 DNA 或含有待测基因序列的质粒为 PCR 模板;空白对照以水代替 DNA 模板。

7.5 SYBR-Green 实时荧光 PCR

7.5.1 引物

引物序列同 7.4.1。

7.5.2 反应体系

SYBR Green 实时荧光 PCR 反应体系见表 3。

表 3 SG-PCR 反应体系

试剂名称	加入 PCR 反应体系的体积/μL
2×SYBR Green Master Mix	10 μL
正向引物和反向引物	各 0.5 μL
DNA 模板	1 μL(20 ng～40 ng)
双蒸水	8 μL
反应总体积	20 μL
注:反应体系中各试剂的量可根据反应体系的总体积进行适当调整。	

7.5.3 反应条件

50℃/2 min;95℃/10 min;95℃/15 s; 60℃/1 min;40 个循环。

7.5.4 阴性对照、阳性对照和空白对照的设置

同 7.4.4。

7.6 PCR 扩增产物的检测

7.6.1 凝胶电泳检测

常规 PCR 产物用琼脂糖凝胶电泳检查扩增目标片段的大小。取 PCR 产物 5 μL,加入上样缓冲液 1 μL,并用 DL 2 000 Ladder DNA Marker 作分子量标记,在含 DNA 染色剂的 1.5%琼脂糖凝胶上电泳 30 min(90 V),凝胶图像分析仪上检查是否扩增出预期大小的目标片段,拍摄并记录结果。

7.6.2 SG-PCR 检测

7.6.2.1 SYBR Green 实时荧光 PCR 扩增曲线

SG-PCR 反应中,PCR 扩增中收集到的荧光数据由计算机软件自动生成扩增曲线,即 ΔR_n 对循环数的曲线图,当样品的荧光值与仪器内标 ROX 染料之差(ΔR_n)超过设定的阈值则认为是阳性反应,Ct 值是指荧光值开始达到指数增长时的循环数。

7.6.2.2 溶解曲线分析

SG-PCR 产物的特异性可用溶解曲线分析来确定,实时荧光 PCR 反应结束后,直接实时荧光 PCR 仪上再运行 Melting allias 程序进行溶解曲线分析,程序的反应步骤:95℃/15 s;60℃/20 s,在 19 min 59 s 内温度上升至 95℃并维持 15 s。

8 结果判定

8.1 常规 PCR 检测

琼脂糖凝胶电泳结果待测样品与阳性对照扩增出一条大小为 343 bp 的特异性 DNA 产物带，阴性对照与空白对照无 DNA 产物带。上述实验做 2 个或 2 个以上重复，结果一致则可判定样品的种类为地中海实蝇。

8.2 SG-PCR 检测

待测样品和阳性对照 *C*t 值小于等于 30，有典型的扩增曲线，溶解曲线有明显的溶解温度；阴性对照和空白对照无 *C*t 值或 *C*t 大于 35，无扩增曲线，溶解曲线无明显的溶解温度。上述实验做 2 个或 2 个以上重复，结果一致则可判定样品的种类为地中海实蝇。

*C*t 大于 30 的样品建议调整模板浓度后重做，重做结果无 *C*t 值，无扩增曲线，溶解曲线无明显的溶解温度，可判定样品不是地中海实蝇。

中华人民共和国出入境检验检疫行业标准

SN/T 2040—2007

日本松干蚧检疫鉴定方法

Identification of the Japanese pine bast scale, *Matsucoccus matsumurae* (Kuwana)

2007-12-24 发布　　　　2008-07-01 实施

中华人民共和国
国家质量监督检验检疫总局　发布

前　言

本标准的附录D为规范性附录，附录A、附录B、附录C为资料性附录。

本标准由国家认证认可监督管理委员会提出并归口。

本标准由中华人民共和国山西出入境检验检疫局负责起草，中华人民共和国吉林出入境检验检疫局、吉林伊通县林业局森防站参加起草。

本标准主要起草人：李惠萍、丁三寅、连庚寅、赵常胜、吴海军、魏春燕、巩红霞。

本标准系首次发布的出入境检验检疫行业标准。

日本松干蚧检疫鉴定方法

1 范围

本标准规定了日本松干蚧[*Matsucoccus matsumurae*(Kuwana)]的检疫和鉴定方法。

本标准适用于进境松属类的带皮原木、枝条、针叶、树皮及球果鳞片;松属类砧木的盆景、苗木上携带有的松干蚧属和日本松干蚧的检疫和鉴定。

2 术语和定义

下列术语和定义适用于本标准。

2.1

背疤 dorsal cicatrice

为圆形,外圈为硬环,环内为具颗粒状表面之皮膜,内部为两个柱状分泌细胞,分布体背,有时可延至腹面。

2.2

多孔盘腺 multilocular disc pore

为圆形盘腺,比背疤小,外具一圆环,内部小孔排列有多种形式。

2.3

双孔管腺 bilocular tubular duct

该种腺体表面开口为双孔或单孔,双孔凹入呈双管状。

2.4

珠体 cyst stage

为珠蚧科蚧虫特有的一个虫期,此期虫体近球形、梨形或椭圆形,主要特点是触角退化、无足,虫体多少变硬或坚硬,壳面常有光泽,形如珍珠,口器和气门极其发达。

2.5

隐蔽期 cryptic phase

孵出若虫沿树干上下爬行活动 1 d~2 d 后,即潜于树皮裂缝和叶腋等处固定寄生,成为寄生若虫;此时虫体很小、隐蔽、很难发现和识别,即"隐蔽期"。

2.6

显露期 apparent phase

寄生若虫脱皮后,触角和足等附肢全部消失,雌、雄分化,虫体迅速增大而显露于树皮缝外为"显露期",这是危害最严重的时期。

3 原理

日本松干蚧隶属同翅目(Homeptera)、珠蚧科(Margarodidae)、松干蚧属(*Matsucoccus*),该属专性寄生松属(*Pinus*)植物(参见附录 A),现知有 32 种,分布于全北区(指古北区和北美区)。日本松干蚧的形态学特征和生物学特性是制定本标准的主要科学依据。

4 仪器、用具和试剂

4.1 仪器

生物显微镜、体视显微镜、光照培养箱、水浴锅。

4.2 用具

放大镜、剪刀、小刀、镊子、昆虫解剖针、1.5 mL Eppendorf 管、6 cm 表面皿、载玻片、凹面载玻片、盖玻片、解剖刀、酒精灯、滤纸、小毛笔、标签、养虫瓶等。

4.3 试剂

70%乙醇、95%乙醇、100%乙醇、10%氢氧化钠(或 10%氢氧化钾)溶液、冰乙酸、酸乙醇溶液、酸性品红、二甲苯、石炭酸-二甲苯溶液、中性树胶、乙醇-甘油保存液(参见附录 B)。

5 实验室鉴定

5.1 症状检查

仔细检查松属类的带皮原木、枝条、针叶叶鞘、树皮、球果及松属类砧木的盆景、苗木上是否有白色或灰白色蜡粉、蜡丝、成虫羽化时遗留的蜕皮;如有,即进一步检查是否有橙色或棕红色成虫虫体,或是僵死于卵囊中的褐色虫体,如有用毛笔轻挑于有保存液的瓶中。此外注意有无白色的茧和褐色或黑褐色椭圆形珠体及橙褐色圆形、扁圆形珠体,如有,随寄主一同采下,置于养虫瓶。对有翘皮的植物,先用小刀挑去翘皮后再作检查;针叶叶鞘、球果鳞片缝要用放大镜细查。

5.2 饲养检查

将珠体或茧连同寄主放入养虫瓶,寄主底部要垫放浸湿的棉纱布,置于 20℃～25℃、相对湿度 70%～75%的光照培养箱内,待成虫出现后,挑放于保存液或 70%乙醇溶液中进行固定。

5.3 标本制备

——将保存液中的虫体移入装有 10%氢氧化钠(或 10%氢氧化钾)溶液的 Eppendorf 管中,如是活体标本须预先在 70%乙醇溶液中固定 1 h～2 h 后再置于前述液体中;

——将放入标本的 Eppendorf 管置于 40℃～50℃的水浴锅中加热,定时观察,当虫体涨满显淡褐色时移至凹玻片上,在体视显微镜下侧切,用沸水将内容物冲洗掉;

——将洗干净的虫体移入表面皿中,滴入酸乙醇中和 5 min,用滤纸吸掉酸乙醇;

——再加入 70%乙醇浸泡 5 min,吸掉乙醇,滴入酸性品红溶液,染色 12 h～16 h;

——用 70%乙醇洗掉多余染色剂,再依次经过 95%、100%乙醇脱水各 5 min;

——用滤纸吸掉乙醇,滴入石炭酸-二甲苯溶液,3 min 后吸掉;

——滴入二甲苯 3 min 后,将虫体移入载玻片上的中性树胶中整姿后盖上盖玻片;

——待玻片标本晾干后,即可用生物显微镜来观察成虫的形态特征,进行鉴定。

5.4 镜检

观察成虫的形态特征,首先确定是否属于松干蚧属,在此基础上再核对种的特征。

5.5 鉴定特征

5.5.1 松干蚧属(*Matsucoccus* Cockerell)雌成虫主要特性及鉴定特征(参见附录 C)

——专性寄生松属(*Pinus*):在其幼期的发育过程中,经过一个特有的珠体阶段;

——体细长,后端略宽,体表膜质;

——触角在头端,两触角基相近而不连接;

——足发达,分节明显,跗节 2 节,有爪冠毛,长过爪端;

——胸气门腔内无盘孔,腹气门 7 对,均小于胸气门;

——体面有背疤、多孔盘腺和双孔管腺。

5.5.2 日本松干蚧(*M. matsumurae*)的鉴定特征

5.5.2.1 雌成虫(见附录 D)

——体长 2.5 mm～3.3 mm,卵圆形,橙褐色。体壁柔软,虫体分节不明显,头端较窄,后部肥大;

——触角 9 节,基部 2 节粗大,其余各节为念珠状,其上生有鳞纹,第 6 节至第 9 节上每节有 1 对感觉刺;

——口器退化。单眼1对,黑色。胸足转节三角形,有1根长刚毛;腿节粗、胫节略弯,有鳞纹;跗节2节,端部有爪,爪基部有爪冠毛1对,长过爪端,末端呈扇形状;

——胸气门2对,较大;腹气门7对,较小;

——体背第二至七腹节有圆形背疤排成横行,总数为208个~384个;在第八腹节腹面具多孔盘腺40个~78个;体背腹两面都有双孔管腺分布。生殖孔在腹部末端凹陷内。

5.5.2.2 **雄成虫**

——体长1.3 mm~1.5 mm,翅展3.5 mm~3.9 mm。头胸部黑褐色,腹部淡褐色;

——触角丝状,10节,基部2节粗短,其余各节细长,生有许多刚毛;

——复眼大而突出。口器退化;

——腹部9节,第7腹节背面有1个马蹄形的硬化片,其上排列约12个~18个管腺,分泌白色长蜡丝。腹末交尾器钩状,向腹面弯曲。

5.5.2.3 **卵**

椭圆形,初产时黄色,后为暗黄色。卵包被于卵囊中。卵囊白色,椭圆形。

5.5.2.4 **若虫**

——1龄若虫分初孵若虫和隐蔽期的寄生若虫,前者体长0.26 mm~0.34 mm,长椭圆形,橙黄色,腹末具长短尾毛各1对;后者长0.42 mm,宽0.23 mm,梨形或心脏形,橙黄色,虫体背面两侧有成对白色蜡条;

——2龄若虫被称为无肢若虫,是日本松干蚧发育历程中的显露期。虫体周围有长的白蜡丝。触角和足退化,口器发达,雌雄分化显著。雌性较大,圆珠形或扁圆形,橙褐色;雄性较小,椭圆形,褐或黑褐色;

——3龄若虫,体长约1.5 mm,橙褐色。口器退化。触角和足发达。外形与雌成虫相似,但腹部较窄,无背疤。

5.5.2.5 **雄蛹**

雄蛹外被白色蜡茧,茧疏松,长约1.8 mm,椭圆形。蛹长1.4 mm~1.5 mm,头胸部淡褐色,眼紫褐色,附肢和翅灰白色。腹部9节,呈圆锥形。

6 结果判定

以雌成虫鉴定特征为主要依据,其余形态描述可作参考,符合5.5.1和5.5.2.1时可判定为日本松干蚧。

7 标本和样品保存

将日本松干蚧及重要的为害状标本妥善保存,各龄若虫、蛹和成虫均可用乙醇-甘油保存液保存,成虫也可制成玻片标本保存,同时记录害虫名称、来源、截获时间、地点、人员等相关信息。为害状标本和携带该蚧虫的样品,应进行无害化处理,防止有害生物的逃逸和扩散。

附　录　A
（资料性附录）
寄主及分布

A.1　寄主

马尾松（*Pinus massoniana*）、黑松（*P. thunbergii*）、赤松（*P. densiflora*）、油松（*P. tabulaeformis*）、千头赤松（*P. densiflora* cv. '*Umbraculifera*'）、垂枝赤松（*P. densiflora* var. *pendula*）、黄山松（*P. taiwanensis*）、黄松（*P. massonoana*×*P. thunbergii*）、琉球松（*P. luchuensis*）等松属植物。

A.2　分布

日本、朝鲜、中国的辽宁、吉林、山东、江苏、浙江。

附　录　B
（资料性附录）
试剂的配制

B.1　酸性品红染液

称取品红 1 g 溶于 10 mL 96％乙醇溶液中，加冰乙酸 5 mL，再加蒸馏水 100 mL，经 24 h 后过滤。如用酸性品红，应以 96％的乙醇溶液配成饱和液。

B.2　酸乙醇溶液

冰乙酸 10 mL，95％酒精 45 mL，蒸馏水 45 mL。

B.3　石炭酸-二甲苯溶液

按体积比，石炭酸 1 份，二甲苯 2 份。

B.4　乙醇-甘油保存液

量取 75％乙醇 100 mL，加入 0.5 mL～1 mL 甘油。

附 录 C
（资料性附录）
松干蚧属（*Matsucoccus*）的种类检索表（雌成虫）

C.1 古北区

1 无多孔腺 …… 2
有多孔腺 …… 4
2 背疤大约 10 μm～13 μm 直径，腹末中部凹入 …… 3
背疤小，约 6 μm 直径，腹末中部凸出 …… *M. mugo*
3 背疤总数约为 59 个～77 个 …… *M. yunnansonsaus*
背疤总数为 203 个～242 个 …… *M. sinensis*
4 触角第 5 至第 9 节上每节有 1 对感觉刺 …… 5
触角第 6 至第 9 节上每节有 1 对感觉刺 …… 7
5 触角 0.70 mm～0.85 mm 长 …… 6
触角 0.85 mm～1.01 mm 长 …… *M. feytaudi*
6 体背有背疤 5 条～6 条横带 …… *M. josephi*
体背有背疤 4 条横带 …… *M. shennongjiaensis*
7 转节有 1 根长刚毛 …… 8
转节有 2 根长刚长 …… *M. massonianae*
8 多孔盘腺 16 格，分布成 2 群 …… *M. boratynski*
多孔盘腺 9 格～14 格，分布成 1 群 …… 9
9 背疤分布在第 3 腹节上 …… *M. matsumurae*
背疤分布在第 4 腹节上 …… 10
10 背疤分布在第 4 至第 7 腹节上 …… 11
背疤分布在第 4 至第 8 腹节上 …… 12
11 多孔盘腺 12 格～14 格；寄生云南松；每年 3 代 …… *M. yunnanensis*
多孔盘腺 10 格～12 格；寄生蒙古松；每年 1 代 …… *M. dahuriensis*
12 背疤总数 70～113；寄生海松；每年 1 代 …… *M. koraiensis*
背疤总数 202～334；寄生赤松；每年 2 代 …… *M. pini*

C.2 北美区

1 腹部腹面末端有多孔盘腺 …… 2
腹部腹面末端无多孔盘腺 …… 15
2 腹面具两种大小不同的刺，其中较大的刺存在于基节附近与腹部中间的第 5 至第 7 节 …… 3
腹面仅有一种刺 …… 11
3 触角第 5 至第 9 节上每节有 1 对感觉刺 …… 4
触角第 6 至第 9 节上每节有 1 对感觉刺 …… 6
4 背疤直径大于 9 μm（10 μm～33 μm） …… 5
背疤直径小于 8 μm（4 μm～7 μm） …… *M. paucicicatrices*
5 体背有背疤 4 条横带 …… *M. macrocicatrices*
体背有背疤 7 条或更多横带 …… *M. leiophyllae*

6 转节有 2 根近等长的刚毛,有时触角第五节上有 1 根小的感觉刺 …………………… *M. bisetosus*

转节有 1 根长刚毛,有时也会有 2 根(1/5 可能概率),但触角第五节无感觉刺 ……………… 7

7 腹部双孔管腺边缘带中无刺或少刺,取食墨西哥果松(*Pinus* subsection *Cembroides*) …………… 8

腹部双孔管腺边缘带中有各种各样的刺,不取食墨西哥果松…………………………………… 9

8 背疤直径小于 12 μm,每一基节一般有不少于 3 根的长刚毛 ………………………… *M. eduli*

背疤直径大于 10 μm,每一基节一般有不多于 3 根的长刚毛 …………………… *M. monophyllae*

9 腹气门轮廓明显,边缘硬化,一般不取食北美赤松……………………………………………… 10

腹气门轮廓不明显,边缘轻微硬化,主要寄主为北美赤松 ……………………………… *M. resinosae*

10 腹部双孔管腺次边缘带中有刺,取食除恩氏松(*P. engelmanii*)之外的多种松树 …… *M. gallicolus*

腹部双孔管腺次边缘带中无刺,取食恩氏松 ………………………………………… *M. apachecae*

11 后胸及第一腹节间的双孔管腺边缘带延伸至腹背面交叉 ……………………………………… 12

后胸及第一腹节间的双孔管腺边缘带不如上述 ………………………………………………… 13

12 背疤 4 条横带,有些可能存在不明显的第五条带,寄主为卵果松(*P. oocarpa*) ……… *M. oocarpae*

背疤 5 条或更多条横带,寄主西黄松(*P. ponderosa*) ……………………………… *M. vexillorum*

13 双孔管腺的小管聚集在一起,取食西黄松的亚组种类 ………………………… *M. californicus*

双孔管腺的小管分离散,寄主不如上述………………………………………………………… 14

14 背疤 4 条横带,前面带约为其他带的二分之一宽,寄主为 *Australes* 亚组种类 ……… *M. alabamae*

背疤横带数差异大,取食 *Contortae* 亚组的 *P. banksiana* ………………………… *M. banksianae*

15 足退化,触角短于 9 节,双孔管腺只分布于腹部 ………………………………………………… 16

足中等发达,触角 9 节,双孔管腺分布于整个虫体 ………………………………………………… 17

16 触角 8 节,7 对腹气门,足退化成折痕覆盖物及爪 ……………………………… *M. degeneratus*

触角 5 或 6 节,8 对腹气门,足退化成转节和一附爪节 …………………………… *M. subdegeneratus*

17 触角末 4 节具感觉刺,背疤呈 4 条离散带,且最前端在第四、五腹气门之间 ………… *M. acalyptus*

触角末 5 节具感觉刺,背疤呈离散带多于 4 条,通常出现在第一腹气门之间 ………………… 18

18 双孔管腺的边缘带有刺;前两排管腺的中部无双孔管腺;初龄若虫末端有 4 对腹气门,开口于膜质瘤顶端 ……………………………………………………………………………… *M. secretus*

双孔管腺的边缘带无刺;前两排管腺的中部有双孔管腺;初龄若虫无膜质瘤 …… *M. fasciculensis*

附 录 D
（规范性附录）
日本松干蚧雌成虫鉴别特征图

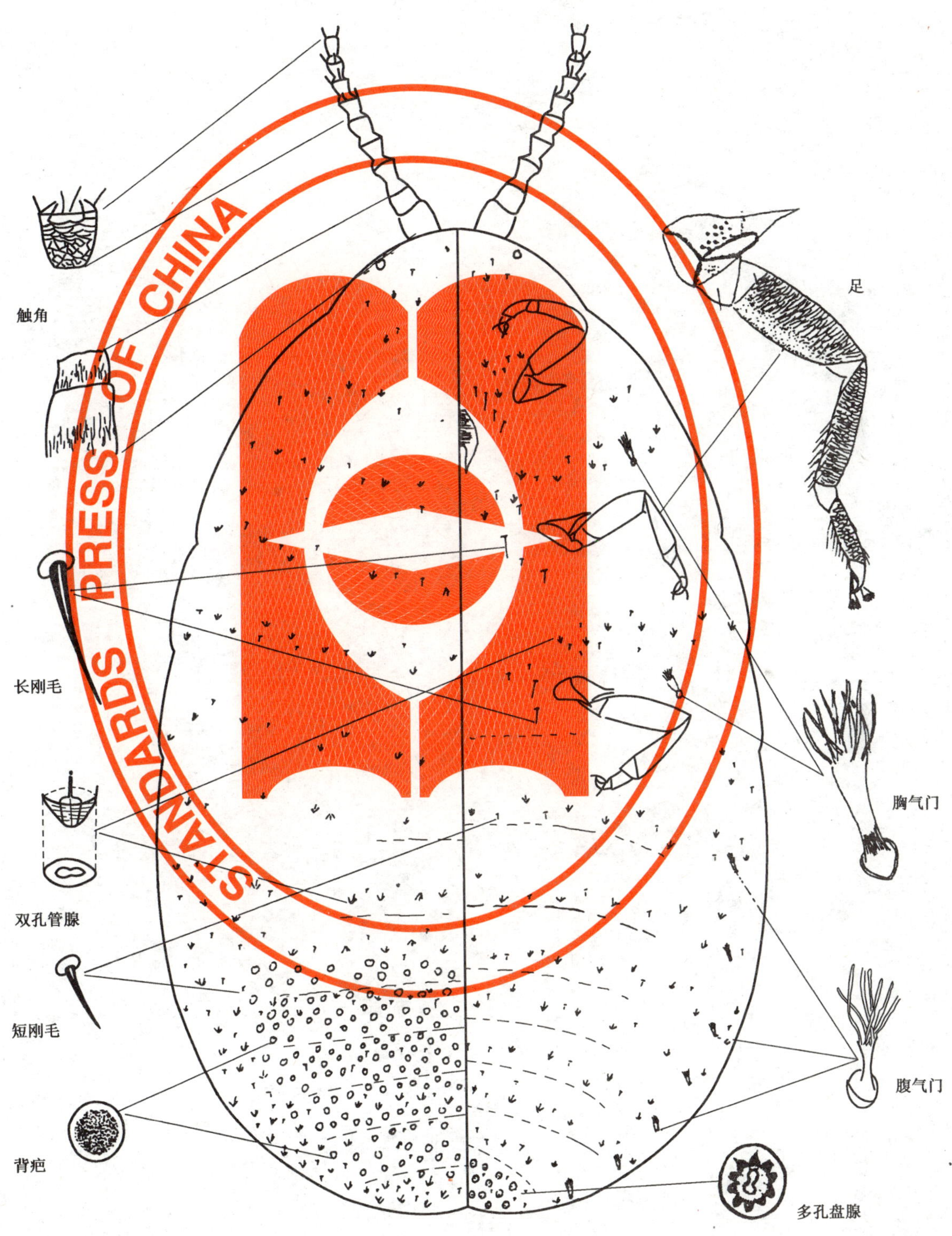

图 D.1 日本松干蚧雌成虫鉴别特征图

中华人民共和国出入境检验检疫行业标准

SN/T 2053—2008

家木小蠹检疫鉴定方法

Identification of *Trypodendron domesticum*（Linnaeus）

2008-04-29 发布　　　　2008-11-01 实施

中华人民共和国
国家质量监督检验检疫总局　发布

前言

本标准的附录B、附录C、附录D为规范性附录,附录A为资料性附录。

本标准由国家认证认可监督管理委员会提出并归口。

本标准由中华人民共和国浙江出入境检验检疫局负责起草,中华人民共和国吉林出入境检验检疫局参加起草。

本标准主要起草人:吴蓉、林晓佳、魏春艳、刘金华、吴志毅、吴姗、王建伟、郑云福。

本标准为首次发布的出入境检验检疫行业标准。

家木小蠹检疫鉴定方法

1 范围

本标准规定了家木小蠹[*Trypodendron domesticum*(Linnaeus)]的检疫和鉴定方法。

本标准适用于进境木材及木质包装材料、铺垫材料检疫中家木小蠹的鉴定。

2 原理

家木小蠹,异名 *Xyloterus domesticum* (Linneaus)、*Dermestes domesticum* (Linnaeus)、*Apate limbata* (Fabricius),属鞘翅目 Coleoptera,小蠹科 Scolytidae,木小蠹族 Xyloterini,木小蠹属 *Trypodendron*,是山毛榉、云杉、白桦等林木的主要害虫之一,在欧洲危害情况严重,我国无分布(参见附录 A)。家木小蠹的坑道系统多呈梯形,林木在树干被害处常可见有白色木屑虫粪。家木小蠹主要通过自然迁飞扩散和木材调运等进行传播。

该虫的形态特征和生物学特性及为害状是检疫鉴定该虫的主要依据。

3 仪器、用具、试剂

3.1 仪器和用具

体视显微镜、手术剪刀、镊子、放大镜、培养皿、指形管、昆虫解剖针及昆虫针、三级台等标本制作器具。

3.2 试剂

0.5%苯酚溶液、75%乙醇、甘油、乙醇-甘油保存液。

4 现场检疫

4.1 对木材或木质包装材料现场检疫时,重点检查是否有入侵孔、蛀孔、羽化孔,在入侵孔及蛀孔附近是否有白色的木屑虫粪。对发现有入侵孔、蛀孔、羽化孔的木材,用刀、锯、斧等工具进行剖验。

4.2 将蛀有小蠹的木材或木质包装密封保存。对检疫到的卵、幼虫、蛹、成虫放入装有乙醇-甘油保存液的指形管中保存。若未发现成虫,则将可疑的卵、幼虫或蛹仍置于原寄主木材或木质包装中,一起带回实验室培养。

5 实验室鉴定

5.1 饲养

发现有可疑的卵、幼虫或蛹等未成熟的虫态要培养成成虫再作鉴定。采用原寄主或主要寄主饲养,若发现的是老熟幼虫或蛹,还可放在烧杯或培养皿中,置于25℃～28℃,相对湿度75%～80%的光照培养箱内培养羽化。

5.2 镜检

将成虫等标本置于体视显微镜下观察其形态特征,首先确定是否属于木小蠹属,在此基础上再作种的特征鉴定。

6 鉴定特征

6.1 木小蠹属成虫主要鉴定特征(见附录 B)

——体中型,圆柱形,有光泽,光秃少毛,没有鳞片;

——复眼完全分作两半，或仅有一线缘边将上下两半的后缘连接起来；
——触角锤状部叶片状，没有节间，遍覆微毛；鞭节4节，柄节粗长；
——雄虫额面强烈凹陷，底面光亮，着生颗粒和茸毛，额心毛短小竖立，额缘毛粗长弓曲；雌虫额面隆起，底面有细密印纹，晦暗无光泽，颗粒和茸毛较雄虫稠密，口上部有中隆线；
——雄虫前胸背板背面观长小于宽，呈横矩形，侧面观从前向后均匀突起，中部平直，背板表面大部为瘤区，近基缘处为刻点区，瘤区中的颗粒低平，有如横向条脊和印痕；雌虫前胸背板背面观后方前圆，呈盾形，侧面观从前向后强烈突起，呈弓形，前胸背板表面瘤区和刻点区的比例与雄虫相同，但颗瘤甚大，挺直尖利，由前缘至背顶，逐渐减弱；
——鞘翅斜面平滑弓曲，没有特殊结构。

6.2 家木小蠹的鉴定特征(见附录C和附录D)

6.2.1 成虫

——体长3.0 mm～3.9 mm，体表圆滑光亮；
——头部黑色，两复眼至额唇基间密生茸毛，其余部分光滑，色泽明显；
——触角褐色，锤状部的两侧不对称，里侧直伸，在端部呈明显的略向上弯的尖角；
——前胸背板黑色，表面粗糙，中区密布先端尖锐的粗大刻点，至后区，刻点渐钝、渐细，后侧区刻点消失，略显光滑，后侧角钝圆；
——鞘翅底面淡褐色或黄色，鞘翅斜面在中缝处的凹陷宽而短，翅缝两侧(包括小盾片)有黑色或深褐色纵带，并从基部至端部逐渐变窄，鞘翅两侧外缘也各有一条黑色或深褐色纵带，鞘翅斜面内缘有一个大的黑色或深褐色斑。

6.2.2 幼虫

体白色，身体呈“C”字形弯曲，无足，头小，褐色，胸部比较明显。

6.2.3 蛹

体白色，稍有光泽。

7 结果判定

以成虫形态特征为主要依据，符合6.1和6.2.1时可判定为家木小蠹。幼虫和蛹的形态特征符合6.2.2、6.2.3，可作为鉴定的参考依据。

附 录 A
（资料性附录）
家木小蠹的寄主和世界分布

A.1 寄主

欧洲山毛榉、桤木、灰桤木、欧洲鹅耳枥、东方鹅耳枥、欧洲花楸、白花花楸、胡桃、桑树、刺槐、欧洲板栗、枸骨叶冬青、苹果树、黄花柳、栎属、槭属、桦木属、椴树属、李属、梣属（白蜡树属）、锦鸡儿属、山楂属等。

A.2 分布

土耳其、俄罗斯、奥地利、比利时、保加利亚、英格兰、捷克、斯洛伐克、丹麦、爱沙尼亚、芬兰、法国、德国、希腊、匈牙利、爱尔兰、意大利、拉脱维亚、卢森堡、荷兰、挪威、波兰、瑞士、瑞典、西班牙、苏格兰、罗马尼亚、萨丁尼亚、塞尔维亚共和国、黑山共和国、克罗地亚共和国、斯洛文尼亚共和国、马其顿共和国、波斯尼亚和黑塞哥维纳共和国、加拿大。

附 录 B
（规范性附录）
木小蠹族（Xyloterni）分属检索表[1)]

1 触角锤状部端部前缘或明显向前弯，呈尖角状，或略向前弯或不突出。雄虫额宽，从口上片至头顶间强烈凹陷，雌虫额面隆起。雄虫前胸背板横矩形，前缘直至略内弯，无齿突，雌虫前胸背板前缘前弯且具数齿。雌虫前胸后侧片凹陷纵向且甚狭窄。前足胫节粗大，雌虫前足胫节后部具瘤状突，雄虫前足胫节后部扁平且常具细小的瘤状突……………………………… *Typodendron*

触角锤状部端部宽，前缘略向前弯或不突出。两性前胸背板前缘均前弯且具数齿。两性前足胫节均扁平且后部均无齿………………………………………………………………………………2

2 触角锤状部端部前缘不突出，被均匀的短柔毛。雌雄虫体形大小相同。雌虫前胸后侧片凹陷纵向，长至短，窄至甚宽……………………………………………………………… *Indocryphalus*

触角锤状部端部前缘略向前弯。雄虫体明显小于雌虫。雄虫前胸背板前缘比雌虫少齿或不具齿。雌虫前胸后侧片凹陷横向，宽且甚大……………………………………………… *Xyloterinus*

1） 译自 Stephen Wood. 1986, A Reclassification of the genera of Scolytidae. Great Basin Naturalist Memoirs No. 10.

附 录 C
(规范性附录)
木小蠹属(*Typodendron*)主要种检索表

1 体表光泽较弱,体形比较细长;鞘翅有黑色纵带……………………………………………………2
体表光泽极强,体形短阔粗壮;鞘翅没有黑色纵带,只是在赤褐的底面上染有墨黑片迹;雄虫前胸背板前部五分之一垂直上升,后部五分之四水平向弓突………光亮木小蠹 *T. proximum*(Niijima)

2 触角锤状部的两侧较对称,鞘翅底面褐色,黑色纵带长而宽阔,刻点沟中的刻点微弱
……………………………………………………………………黑条木小蠹 *T. lineatum*(Olivier)
触角锤状部的两侧不对称……………………………………………………………………………3

3 触角锤状部里侧直伸,在端部呈明显的略向上弯的尖角;鞘翅斜面在中缝处的凹陷宽而短
………………………………………………………………家木小蠹 *T. domesticum*(Linnaeus)
触角锤状部里侧直伸,外侧弓曲;鞘翅底面黄色,黑色纵带短而狭窄,刻点沟中的刻点较粗大
…………………………………………………………黄条木小蠹 *T. signatum*(Fabricius)

附　录　D
（规范性附录）
家木小蠹成虫鉴别特征图

注：示触角、鞘翅上的刻点沟及带斑。

图 D.1　成虫背面观

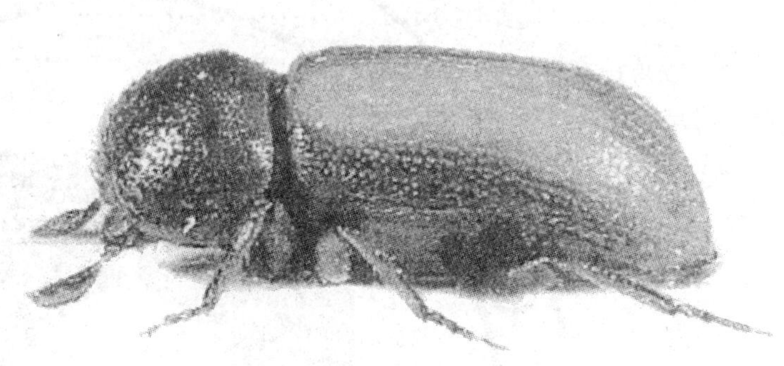

注：示鞘翅两侧外缘的条带。

图 D.2　成虫侧面观

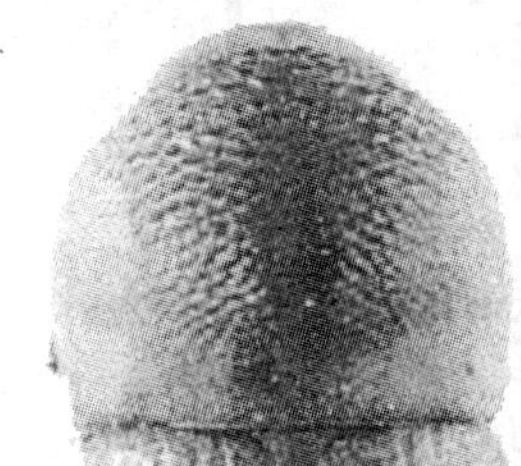

注：示中区密集刻点。

图 D.3　初羽化成虫前胸背板背面观

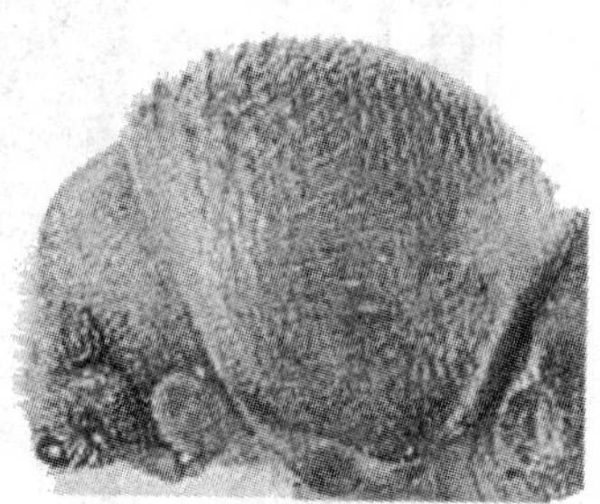

注：示尖锐粗大刻点及前胸背板后侧角。

图 D.4　初羽化成虫前胸背板侧面观

中华人民共和国出入境检验检疫行业标准

SN/T 2054—2008

蔗扁蛾检疫鉴定方法

Identification of banana moth *Opogona sacchari* (Bojer)

2008-04-29 发布　　2008-11-01 实施

中华人民共和国国家质量监督检验检疫总局 发布

前　言

本标准的附录B为规范性附录,附录A、附录C为资料性附录。

本标准由国家认证认可监督管理委员会提出并归口。

本标准由中华人民共和国浙江出入境检验检疫局负责起草,中华人民共和国宁波出入境检验检疫局参加起草。

本标准主要起草人:吴蓉、林晓佳、陈先锋、徐瑛、吴志毅、吴姗、钟根秀、翁志平。

本标准为首次发布的出入境检验检疫行业标准。

蔗扁蛾检疫鉴定方法

1 范围

本标准规定了蔗扁蛾的检疫和鉴定方法。

本标准适用于进出境花卉、苗木、经济作物等寄主植物中蔗扁蛾的检疫和鉴定。

2 术语和定义

下列术语和定义适用于本标准。

2.1

背兜 teguman

主要由第9背板组成，较大且骨化，形似屋脊状或头巾状结构。

2.2

爪形突 uncus

由第10背板后端形成，为背兜后端向下弯曲的片状或钩状构造。

2.3

阳茎 phallus

包括阳茎基和阳茎器。阳茎器具阳茎端膜，阳茎端膜常具各种骨化构造，称为角状器。

2.4

抱器瓣 valvae

是外生殖器中最显著的部分，为一对瓣状结构，多为片状。

3 原理

蔗扁蛾 *Opogona sacchari*（Bojer）属鳞翅目 Lepidoptera、辉蛾科 Hieroxestidae、扁蛾属 *Opogona*。*Opogona subcervinella*（Walker）为其异名。原主要分布于非洲大陆和附近岛屿、欧洲一些国家，现广泛分布于非洲、欧洲、美洲和亚洲。蔗扁蛾食性很广，国内外已报道的寄主植物为29科100多种和变种，以绿化树种和园林花卉植物为主，也危害甘蔗、香蕉等一些经济作物（寄主与分布参见附录A）。

蔗扁蛾主要以钻蛀的方式在寄主茎杆内上下蛀食为害，如在巴西木、发财树等植株上典型的被害状为在茎杆内形成不规则蛀道，或蛀道连成片。木段表皮有通气孔，从中排出粪屑。皮层蛀空后，仅留外表皮，皮下充满粪屑。枝叶逐渐枯黄，或造成整株枯死。对不同寄主植物，幼虫入侵部位有明显差异，植株枝条上部切口处、表皮、生长点、叶鞘、嫩芽等均可成为入侵部位。但被害植株的茎杆表皮多蛀孔，周围满布虫粪、碎木屑，或表皮下聚集有大量虫粪，这一类被害特征却是共同的。

蔗扁蛾的形态特征和生物学特性及为害状是检疫鉴定该虫的主要依据。

4 仪器、用具、试剂

4.1 仪器和用具

体视显微镜、生物显微镜、光照培养箱、养虫盒、解剖剪、镊子、解剖针、小毛笔、培养皿、指形管、酒精灯、烧杯、载玻片、盖玻片、密封塑料袋、昆虫针、展翅板等标本制作工具。

4.2 试剂

0.5%苯酚溶液、75%乙醇、95%乙醇、10%氢氧化钾、二甲苯、甘油、乙醇-甘油保存液。

5 现场检疫

5.1 对蔗扁蛾可能为害的寄主植物(参见第 A.1 章)都要加强检疫,尤其是该虫分布国家(参见第 A.2 章)的进境该虫寄主植物,需重点检疫。

5.2 首先看寄主植物的生长情况,凡长势弱、萎蔫、枯黄均应列为怀疑对象。其次,检查寄主植株上是否有虫孔、棕黑色粪屑;用手触摸寄主植株的表皮,感觉是否松软。

5.3 将发现的卵、幼虫或蛹仍置于原寄主植物上,已死的干成虫直接装入密封袋,一起带回实验室。

6 实验室检疫

6.1 寄主解剖

在实验室内,用解剖剪剪取具可疑为害状的寄主植物茎杆,用解剖刀剖茎,利用镊子和毛笔等仔细检查茎杆表皮虫孔下和蛀道内是否有幼虫或蛹。

6.2 饲养

将检验发现的可疑幼虫连同寄主植物放入养虫盒内,老熟幼虫或蛹可直接放入培养皿中,均置于温度 25℃～30℃,相对湿度 75%～80%的光照培养箱内培养羽化。部分幼虫或蛹放入装有乙醇-甘油保存液的指形管中。

6.3 镜检

经饲养羽化后的成虫直接制成针插标本,干成虫需回软后再制成标本;同时解剖制作雄蛾外生殖器玻片标本。将成虫和幼虫标本置于体视显微镜下观察其形态特征并测量相关数据,雄性外生殖器玻片标本置于显微镜下观察,根据形态特征进行种的鉴定。

7 鉴定特征

7.1 辉蛾科的主要形态特征

成虫口器具上颚与后下唇,额扁平,头顶鳞片平滑且下颚须卷折,下唇须第二节上的栉状毛有时短小且隐蔽在鳞片中。翅较狭窄,翅脉减少且后翅脉序简单。

7.2 扁蛾属的主要形态特征

额区平扁斜向后伸、与头顶成锐角,头部鳞片宽大、平伏且紧贴头部,部分特有种头顶具竖鳞,下颚须细长而卷折,下唇须向两侧斜伸近 180°;体扁平,翅狭、平覆体背,本属的许多种前翅具明显的黄色或褐色斑纹,前翅翅脉有些退化,R_1 脉缺失。

7.3 蔗扁蛾的主要形态特征

7.3.1 成虫(见附录 B)

——体黄灰色至黄褐色,有金属光泽,体较平扁,体长 8.0 mm～9.5 mm,翅展 20 mm～26 mm,雄虫体略小于雌虫;

——头部被鳞、大而光滑,头顶具毛隆,复眼大,无单眼。触角细长纤毛状,密覆鳞毛,长达前翅的三分之二;柄节粗长略弯,梗节较短小,鞭节约 11 节左右,各节宽大于其长。口器有一对退化的上颚,下颚须细长,5 节,喙短小,仅盘两圈;下唇须很发达粗长,3 节,向上侧伸但不超过头顶;具后下唇结构;

——翅披针形,前翅深棕色,中室端部和后缘各有一黑色斑点,其后缘生有毛束;后翅色较淡而端部较暗,后缘具长缘毛。前翅的翅脉有退化,径脉 R_1 完全消失,径分脉 Rs 有 4 条,R_3 微弱,R_4 与 R_5 基部紧靠或共短柄;中脉 M 有 3 条,M_2 近 M_1 在中室端靠下,M_3 则出自中室后缘近端部;肘脉 Cu 明显 2 条均远离,Cu_2 出自中室后缘五分之三处,臀脉 3 条,1A 明显,与 2A 平行且较近,2A 简单无基叉。后翅窄于前翅,脉完全。雄虫后翅背面基部具一独特的长毛束,在翅表伸展;

——足粗状而扁，跗节很长；前足径节具长而尖突的前胫突；中足腿节稍长于胫节，胫节具一对端距，跗节甚长为胫节的2倍；后足腿节短粗、仅为胫节的一半长，胫节狭长，有2对距，中距长而端距较短，中距内距极长、约为胫节长的三分之二，跗节稍长于胫节；

——腹部狭长而略扁，腹板两侧具褐色斑列；

——雄外生殖器背兜短宽，前后缘均向内凹缺；爪形突为一对宽大的叶，内缘密生粗大的长刺，两叶与背兜仅内侧基部关连，余由窄条膜连接可以折动；基腹弧短阔，囊形突呈一宽大而截断的突出；抱瓣大而长，为一椭圆形片，腹面分开一向内匆的尖突；阳茎端甚坚硬而色深，为一长锥状，阳茎基则为相连的大型透明薄片，无角状器。

7.3.2 幼虫(参见附录C)

——幼虫体白色，略透明，具多数成对的褐色斑点。老熟幼虫体长20 mm左右，宽约3 mm左右；

——头部暗红褐色，前口式，侧单眼退化，仅剩2个；

——触角色淡向前伸，位于触角窝内；

——上颚发达，具5齿；

——胸部前胸盾和气门片暗红褐色，周缘色淡，气门与侧毛组位于同一毛片上；中和后胸的侧毛 L_2 离开 L_1 与 L_3 在单独的毛片上。胸足很发达，跗爪延长，基部具2叶突；

——腹部的褐色毛片分散呈明显的斑点，腹背的4片大而横长，侧面的较小略圆或不规则；侧毛3根均单成一毛片，亚腹毛3根共一毛片，但第九腹节的 L_2 与3合一毛片，且 SV_1 与2各一毛片，第八腹节的则 SV_1 单一毛片；腹足5对，第3～6节腹足趾钩呈二横带，单行单序约40余根密集排列，周围有许多小刺环绕；第十腹节的一对臀足趾钩呈单横带，约20余根，小刺仅限于前缘处。

7.3.3 卵

淡黄色，卵圆形，长0.5 mm～0.7 mm，宽0.3 mm～0.4 mm。卵壳表面密布多边形的网状纹。单粒散产，或成堆成片，数十粒甚至百粒以上。

7.3.4 蛹

蛹长10.0 mm左右，宽约3.0 mm，亮褐色至暗红褐色，首尾两端多呈黑色。头顶具很发达的额突，为粗壮宽三角形的坚硬突出物。腹部第八节的气门明显突出，腹端的臀棘粗壮，位于背面向前钩弯。

8 结果判定

以成虫或幼虫的形态特征为主要依据，成虫符合7.3.1或幼虫符合7.3.2形态特征可判定为蔗扁蛾。卵和蛹的形态特征分别符合7.3.3、7.3.4，可作为鉴定的参考依据。

附　录　A
（资料性附录）
蔗扁蛾的寄主和世界分布

A.1　寄主

危害大部分观赏植物，也能危害一些经济作物。寄主植物主要有香龙血树（巴西木）、马拉巴栗（发财树）、香蕉、甘蔗、马铃薯、竹子、玉蜀黍（玉米）、凤梨等，此外还包括绿巨人（大叶发财树）、香龙血树金星变种、海南龙血树（山海带）、异味龙血树（太阳神）、金边香龙血树、反折香龙血树（百合竹）、龙舌兰、酒瓶兰、丝兰、朱蕉、红剑叶朱蕉、黄边竹蕉、荷兰铁、海南铁、苏铁、绿萝、青苹果、袖珍椰子、赛氏袖珍椰子、国王椰子、大王椰子、竹茎玲珑椰子（夏威夷椰子）、棕竹、狐尾椰子、鹅掌柴、散尾葵、鱼尾葵、天竺葵、皇后葵、假槟榔、刺棒棕、蒲葵、酒瓶椰子、猩猩椰子（红槟榔）、槟榔竹（加拿大海枣）、软叶刺葵（美丽针葵）、南洋花生、大叶榕、小叶榕、印度榕（橡皮树）、花叶垂榕、垂叶榕、高山榕、一品红、九重葛、芋、海芋、喜林芋、红柄喜林芋、合果芋、白鹤芋、八角金盘、鹤望兰、旅人蕉、朱顶兰、虎尾兰、金边虎尾兰、印度南洋参（羽叶南洋参）、圆叶南洋参、鹅掌柴材、大丽花、木棉、爪哇木棉、山姜、秋海棠、紫茉莉、非洲紫罗兰、花叶万年青、美叶光萼荷（蜻蜓凤梨）、垂花果子蔓、三色叶凤梨、薯蓣、苣苔花、非洲紫苣苔、唐菖蒲、合欢、象耳豆、刺桐、木槿、朱槿（扶桑）、鼓槌石斛、细叶石斛、选鞘石斛、条纹竹芋、常山、粉蕉、大蕉、番茄、辣椒、茄、番薯、番木瓜、无花果等29科、100余种或变种。

A.2　分布

西班牙（加那利群岛）、葡萄牙（含亚速尔、马德拉）、希腊、意大利、比利时、丹麦、芬兰、法国、德国、荷兰、英国、巴西、秘鲁、委内瑞拉、巴巴多斯、洪都拉斯、百慕大群岛及美国（佛罗里达州和夏威夷群岛）、毛里求斯、马达加斯加、留尼汪群岛、塞舌尔群岛、圣赫那群岛、罗德里格斯群岛、南非、尼日利亚、佛得角、中国（北京、广东、海南、福建、河南、新疆、四川、上海、江苏、浙江、广西等）、日本、印度。

附 录 B
（规范性附录）
蔗扁蛾成虫形态特征图

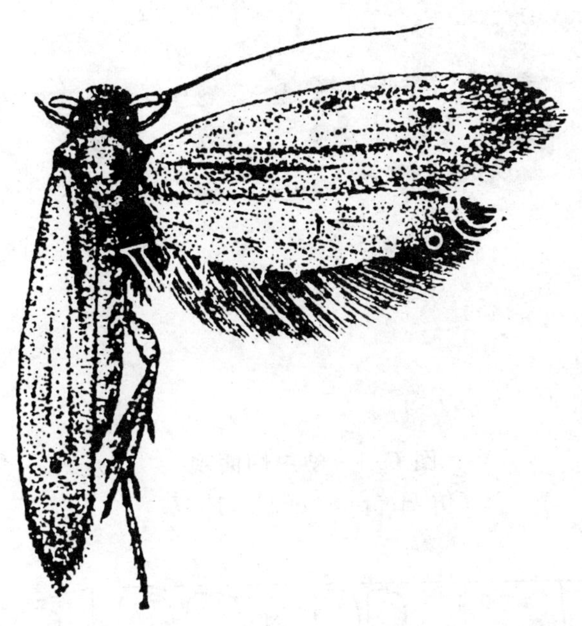

图 B.1 成虫背面观

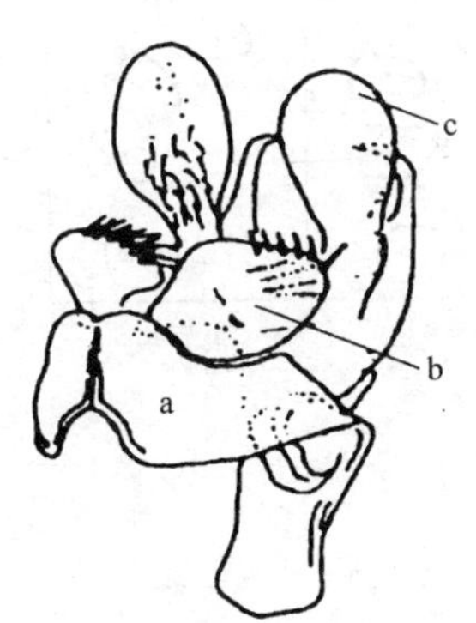

a——背兜；
b——爪形突；
c——抱器瓣。

图 B.2 雄性外生殖器背面观

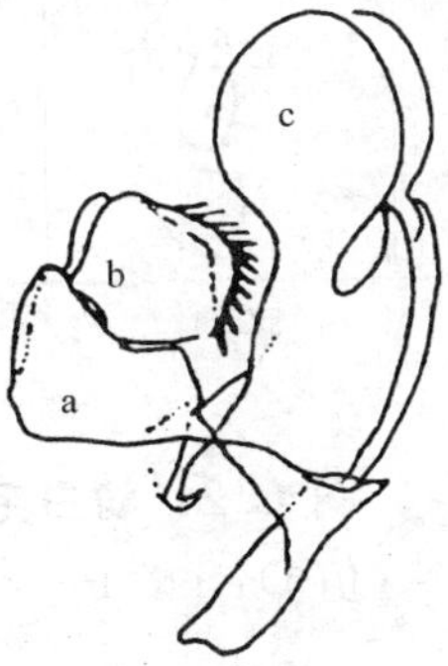

a——背兜；
b——爪形突；
c——抱器瓣。

图 B.3 雄性外生殖器侧面观

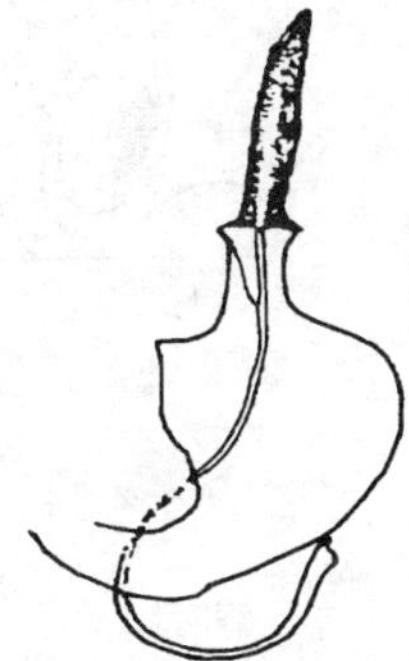

图 B.4 阳茎

（仿杨集昆等，1997）

附 录 C
（资料性附录）
蔗扁蛾幼虫形态特征图

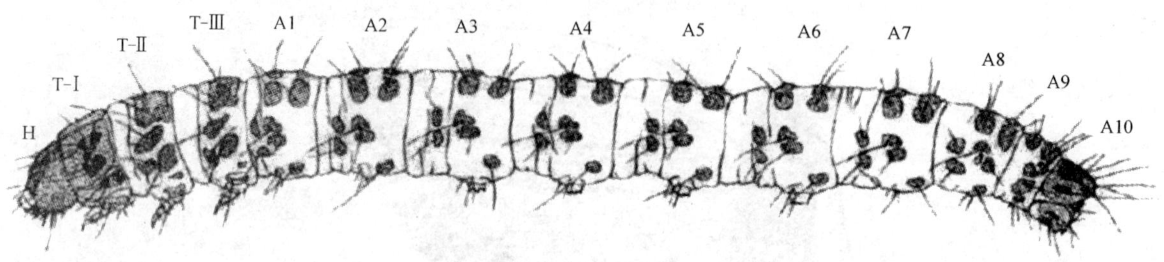

H——头部；
T——胸部；
A——腹部。

图 C.1 幼虫侧面观
（仿 Heppner et al.,1987）

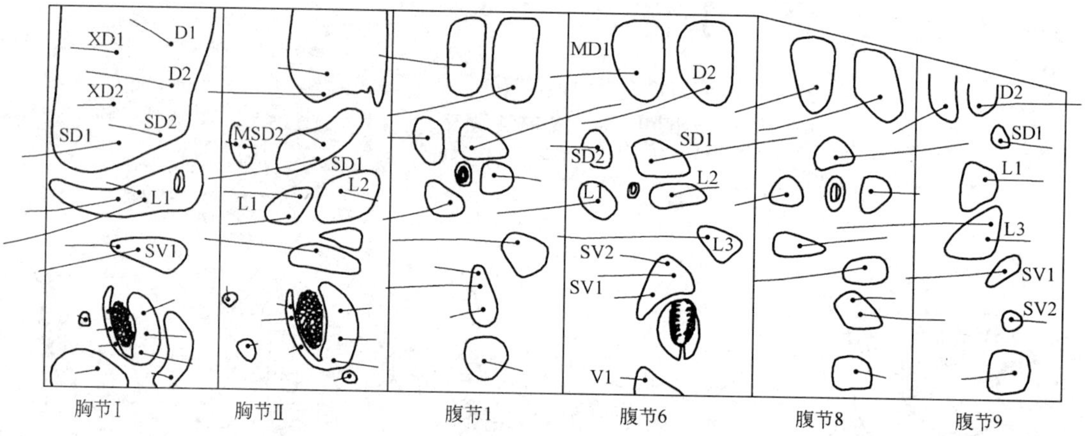

图 C.2 幼虫毛序图
（仿 Davis&Pena,1990）

中华人民共和国出入境检验检疫行业标准

SN/T 2084—2008

西花蓟马检疫鉴定方法

Identification and quarantine of *Frankliniella occidentalis*（Pergande）

2008-04-29 发布 2008-11-01 实施

中华人民共和国
国家质量监督检验检疫总局 发布

前言

本标准附录B、附录C为规范性附录,附录A为资料性附录。

本标准由国家认证认可监督管理委员会提出并归口。

本标准起草单位:中华人民共和国珠海出入境检验检疫局、中华人民共和国云南出入境检验检疫局。

本标准主要起草人:张建军、刘忠善、黄福珍、丁元明、李冠雄、李捷、廖力、薛旅、彭仁。

本标准系首次发布的出入境检验检疫行业标准。

西花蓟马检疫鉴定方法

1 适用范围

本标准规定了西花蓟马的检疫和鉴定方法。

本标准适用于进出境植物传带的西花蓟马的检疫和鉴定。

2 术语和定义

下列术语和定义适用于本标准。

2.1

过渐变态 hyperpaurometabola

为不全变态中特殊的一类，其若虫在变为成虫前要经过一个不食又懒惰不大动的类似蛹的虫龄。

2.2

叉状感觉锥 forked sense cones

位于触角第Ⅲ、Ⅳ节上、呈叉状的感觉器官。

2.3

钟形感觉孔 campaniform sensilla

位于中后胸背片中部的一对小孔。

3 原理

3.1 西花蓟马属缨翅目(Thysanoptera)、蓟马科(Thripidae)、花蓟马属(*Frankliniella*)。为过渐变态昆虫，一生要经过卵、若虫和成虫三个阶段。

3.2 西花蓟马可为害多种植物(参见附录A)，雌成虫将卵产在叶、花(包括花芽)和果实的薄壁组织中，产卵处的表面略为隆起，若虫和成虫用锉吸式口器穿刺或锉伤花、叶组织，吸食汁液，影响植株生长、开花，轻则导致变色、疤痕、畸形，重则引起生长停滞，矮小甚至枯萎。

3.3 西花蓟马的形态特征、生物学特性和为害症状为制定检疫鉴定方法提供了依据。

4 仪器、用具及试剂

4.1 体视显微镜、生物显微镜。

4.2 手持放大镜、小镊子、解剖针、剪刀、白瓷盘、脱脂棉、载玻片、盖玻片、吸管、小毛笔、玻璃瓶、酒精灯、小玻瓶。

4.3 5%氢氧化钾、75%乙醇、85%乙醇、95%乙醇、无水乙醇、蒸馏水、二甲苯、丁香油、中性树胶、蓟马保存液(75%乙醇+5%冰乙酸)、Hoyer氏液(阿拉伯胶30 g，水合氯醛200 g，甘油20 g，蒸馏水50 mL，混合加热，待充分融合后再过滤)。

5 现场检疫

5.1 卵

在25℃～30℃下，卵历期3 d～4 d，可在室温下将样品植株插于盛装适量水的容器内保水，冬天可在25℃植物生长箱内放置4 d，之后检查是否有若虫。或直接将可能有虫卵的叶片剪下，浸泡于75%乙醇中，待叶片变色后，置体视显微镜下检查。

5.2 若虫和成虫

5.2.1 检查切花时,先在地上或实验台上置一白瓷盘,最好再铺上一层深色纸,然后倒持切花轻轻抖动,蓟马受惊后会从花内掉落到盘上,将盘上的蓟马(1龄若虫色浅,近白色,2龄若虫黄色)用蘸有75%乙醇的小毛笔收集到盛有蓟马保存液的透明小瓶内。

5.2.2 检查植株时,应注意检查花、叶面和叶背、枝条的隐蔽处,仔细观察是否有蓟马为害状,其中是否隐藏该虫。

6 玻片标本制作

6.1 临时性玻片标本

将浸泡标本置于载玻片上,用Hoyer氏液封盖,置入40℃～50℃,恒温箱内烘烤2 d～3 d,使其身体略透明即可用作鉴定标本。

6.2 永久性玻片标本

将浸泡标本渐至85%乙醇、95%乙醇、100%乙醇中脱水,每浓度乙醇中约经20 min,在载玻片上滴上丁香油数滴,放入标本,用小针对翅、触角及足等整姿,用吸水纸吸干丁香油,然后滴上数滴中性树胶,盖上盖玻片,置入40℃～50℃恒温箱内烘烤2 d～3 d。

7 室内鉴定

7.1 鉴定方式

7.1.1 用体视显微镜观察各虫态浸泡标本的形态特征。

7.1.2 用生物显微镜观察玻片标本的形态特征。

7.2 花蓟马属(*Frankliniella*)成虫的主要形态特征(属种的检索表见附录B)

触角8节,头部具有1对单眼间鬃,前胸前缘、前缘角各有1对长鬃,后者长于前者;后缘角有2对长鬃,后缘有1对较长鬃,其外有2对短鬃,其内有1对短鬃。前翅前脉与后脉着生排列等距的鬃。腹部末段雄性端部圆形,雌性为圆锥性,腹面纵裂,雌虫产卵器呈锯状,由4片组成。雄虫体略小,体色较淡,腹部腹片没有附属鬃,一般第Ⅲ～Ⅶ节腹片具腹腺域。

7.3 西花蓟马的形态特征

7.3.1 成虫(见附录C)

7.3.1.1 体型体色:雌虫体长1.2 mm～1.7 mm,体淡黄色至棕色,头及胸部色较腹部略淡,雄虫与雌虫形态相似,但体形较瘦小,体色淡。

7.3.1.2 头部:头宽略大于长,短于前胸,颊后部略收窄,单眼间鬃位于前、后单眼中间连线上,复眼后鬃6对,从内向外第4对鬃最长,约与单眼间鬃等长。

7.3.1.3 触角:触角8节,第Ⅲ、Ⅳ节具叉状感觉锥。

7.3.1.4 前胸背板:前胸背板有4对长鬃,前缘角及前缘各有1对长鬃,前缘角鬃长于前缘长鬃,后缘角有2对长鬃,后缘鬃5对,其中从中央向外第2对鬃最长。

7.3.1.5 中、后胸背板:中后胸背板愈合,前缘具4根长鬃,中胸盾片布满细横纹,后胸盾片中央有不规则的网纹状,后方有1对钟形感觉孔(呈亮点状)。

7.3.1.6 前翅:前脉鬃22根,后脉鬃18根,均等距排列。

7.3.1.7 腹部:第Ⅷ节背片后缘梳完整,两侧梳毛较长,中央则较短,雄虫腹部第Ⅲ～Ⅶ节腹片上有长椭圆形颜色稍浅的腹腺域。

7.3.2 卵

不透明,肾形,约200 μm长。

7.3.3 若虫

7.3.3.1 若虫有4个龄期。第一龄若虫一般无色透明,虫体包括头、3个胸节、11个腹节;在胸部有

3对结构相似的胸足，没有翅芽。

7.3.3.2 第二龄若虫金黄色，形态与第一龄若虫相同。

7.3.3.3 第三龄若虫白色，具有发育完好的胸足，具有翅芽和发育不完全的触角，身体变短，触角直立，少动，又称“前蛹”。

7.3.3.4 第四龄若虫白色，在头部具有发育完全的触角、扩展的翅芽及伸长的胸足，又称“蛹”。

8 结果评定

8.1 成虫符合7.2和7.3.1，可鉴定为西花蓟马。

8.2 卵、若虫分别符合7.3.2和7.3.3，可作为西花蓟马鉴定的参考依据。

附 录 A
（资料性附录）
西花蓟马的寄主及地理分布

寄主：

已记载的寄主有 66 科 244 种植物，包括杏、桃、洋桃、李、玫瑰、甜豌豆、豌豆、番茄、辣椒、草莓、甜菜、胡萝卜、棉花、葡萄、洋葱、菜豆、菊花、扶郎花属、石竹属植物、唐菖蒲属、葫芦科作物等。

地理分布：

欧洲：比利时、塞浦路斯、丹麦、芬兰、法国、德国、匈牙利、爱尔兰、以色列、意大利、荷兰、挪威、波兰、葡萄牙、西班牙、瑞典、瑞士、英国。

亚洲：日本、中国。

非洲：肯尼亚、南非。

北美洲：加拿大、墨西哥、美国（含夏威夷）。

中美洲和加勒比海地区：哥斯达黎加。

南美洲：哥伦比亚。

大洋洲：新西兰。

附 录 B
（规范性附录）
花蓟马属分种检索表

1. 体鬃较短而细。前脉鬃 11 根～15 根，后脉鬃 9 根～12 根。单眼间鬃长，位于前、后单眼外缘连线上。后胸盾片具多条纵向线纹，近后方有钟形感觉器 1 对。腹部第Ⅷ背板后缘梳状毛缺……………………………………………………………………………………… 茭笋花蓟马 *F. zizaniophila*

体鬃较长而粗。前脉鬃 19 根～22 根，后脉鬃 15 根～18 根…………………………………………… 2

2. 头长于前胸，头顶略成拱圆，两颊平直。单眼间鬃位于前、后单眼外缘连线上。后胸盾片密布纵走线纹，无钟形感觉器 ……………………………………………………… 禾花蓟马 *F. tenuicornis*

头短于前胸，前缘不拱圆，颊后部略收窄……………………………………………………………… 3

3. 复眼后鬃长，最长的鬃几与单眼间鬃等长。单眼间鬃位于前、后单眼中间连线上，后胸盾片中央具长网状纹，并具 1 对钟形感觉器 ………………………………………… 西花蓟马 *F. occidentalis*

复眼后鬃短，长度仅为单眼间鬃的一半，颊后部较窄。单眼间鬃位于后单眼前内方，在前后单眼中心连线上。触角较粗。后胸盾片中部以网纹为主。腹部第Ⅷ背板后缘梳状毛细小而稀疏 ……………………………………………………………………………………… 花蓟马 *F. intonsa*

附　录　C
（规范性附录）
西花蓟马成虫外形特征

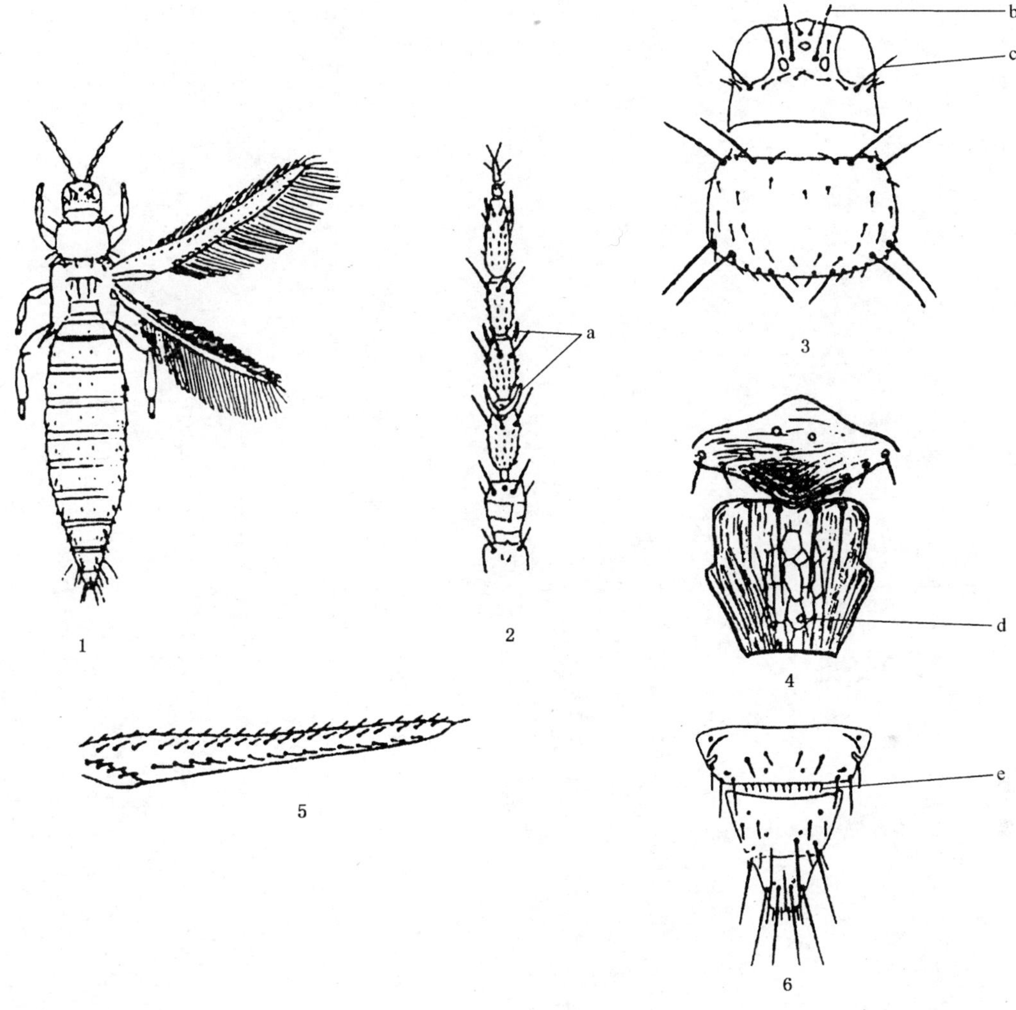

1——雌成虫；
2——触角；
3——头部及前胸；
4——中后胸；
5——右前翅；
6——腹部第Ⅷ～Ⅹ背板。

a——叉状感觉器；
b——单眼间鬃；
c——复眼后鬃；
d——钟状感觉器；
e——完整的梳状毛。

图 C.1　西花蓟马成虫外形特征

中华人民共和国出入境检验检疫行业标准

SN/T 2346—2009

家具窃蠹检疫鉴定方法

Quarantine identification of *Anobium punctatum*（Degeer）

2009-07-07 发布　　2010-01-16 实施

中华人民共和国国家质量监督检验检疫总局 发布

前　言

本标准附录 A、附录 B 均为资料性附录。

本标准由国家认证认可监督管理委员会提出并归口。

本标准由中华人民共和国江苏出入境检验检疫局负责起草，中国检验检疫科学研究院参加起草。

本标准主要起草人：娄少之、孙民琴、杨晓军、杨占臣、冉俊祥、安榆林、张生芳。

本标准系首次发布的出入境检验检疫行业标准。

家具窃蠹检疫鉴定方法

1 范围

本标准规定了家具窃蠹 *Anobium punctatum*(Degeer)的鉴定方法。

本标准适用于家具窃蠹的检疫鉴定。

2 规范性引用文件

下列文件中的条款通过本标准的引用而成为本标准的条款。凡是注日期的引用文件，其随后所有的修改单(不包括勘误的内容)或修订版均不适用于本标准，然而，鼓励根据本标准达成协议的各方研究是否可使用这些文件的最新版本。凡是不注日期的引用文件，其最新版本适用于本标准。

SN/T 1078 进出境藤、柳、草制品检疫操作规程

SN/T 1126 进出境木材检疫规程

3 术语和定义

下列术语和定义适用于本标准。

3.1

行间 interval

鞘翅目昆虫鞘翅上由细刻点形成的刻点沟之间的部分。

3.2

刻点 puncture

分布在鞘翅表面上粗细稀密不一的凹刻。

3.3

内唇 epipharynx

幼虫口器上唇的内侧(即外露面的反面)，具有感觉器官。

3.4

刚毛 setae

由真皮层的延伸发生的中空构造，细长似毛附器。

3.5

气门 spiracles

气管在体壁表面的开口及其附属的开闭结构。

4 原理

家具窃蠹 *Anobium punctatum* (Degeer) 属鞘翅目(Coleoptera)、窃蠹科(Anobiidae)、窃蠹属(*Anobium*)，分布于欧洲、前苏联、澳大利亚、新西兰、南非、北美。幼虫取食木材并在其中构筑纵向隧道，在化蛹之前，幼虫移至距木材表面约 1 mm 时，又退回离虫道 4 mm～5 mm 处做椭圆形蛹室。成虫

飞翔范围十分有限，主要随原木、锯材、木质包装材料及木制品等作远距离传播。

家具窃蠹的分布、形态特征、传播途径及生物学特性为制定检疫鉴定方法提供了依据。

5 仪器、用具及试剂

5.1 仪器、用具

体式显微镜、显微镜、剪刀、镊子、手工锯或斧头、电工起子、微型解剖刀、解剖针、培养皿、载玻片、盖玻片、酒精灯、烧杯、指形管、昆虫针、解剖针、三级台、标本瓶、标签、干燥箱、培养箱等。

5.2 试剂

浸虫液(冰乙酸：40%甲醛溶液：95%乙醇：蒸馏水=4：6：15：30)、75%乙醇溶液。

6 现场检疫

6.1 抽查

6.1.1 原木、锯材

按 SN/T 1126 抽检比例抽检。

6.1.2 木质包装材料

10 件以下的逐件抽查；11 件以上的每增加 10 件抽查件数增加 1 件。

6.1.3 木制品

木制品按 SN/T 1078 抽样比例抽检。

6.2 取样

对现场发现的蠹虫各虫态标本及截取的为害状样木带回实验室作鉴定。现场发现的幼虫、虫卵需要进行饲养的，截取相关部位的木材、树皮样品带回室内使用。

6.3 检疫方法

6.3.1 肉眼检查：检查原木、锯材、木质包装及木制品等表面有无蠹虫、虫孔、虫道、排泄物，现场挑取、剖取虫样或截取为害状样木。

6.3.2 饲养检查：将按 6.2 取回的饲养样品，放入培养箱内饲养观察。饲养条件；温度 25 ℃±1 ℃，相对湿度 70%。

6.4 收集标本

检查收集的成虫、幼虫等虫样，分别保存在相关溶液中，根据鉴定方法进行结果判定。

7 实验室鉴定

7.1 准备

——对具有蠹虫为害征状的木样进行剖检，可用手锯、电工起子等工具，小心将蠹虫取出；

——对待观察、鉴定的蠹虫成虫、幼虫等虫样进行清洁、整理，体表有污物或粉屑的，用 75%乙醇或配置的浸虫液进行浸泡。

7.2 鉴定

7.2.1 窃蠹属主要特征

——成虫体呈圆筒形，背面有光泽，被覆倒伏状细毛；

——头下口式，中度突出，有时额区有一小瘤突，无凹陷；

——触角 11 节，丝状，第 9 节至 11 节长于前 8 节之和；

——复眼在触角基部方向无缺切，小眼面小；

——前胸背板呈风帽状遮盖头部，在基半部有一峰状隆起；前缘简单，非齿状，明显比鞘翅窄；

——侧缘具狭窄的平展区，边缘锋利，伸达前角处；前胸背板最宽处位于近基部；

——鞘翅肩胛突出，无缘边；翅端部不形成突起状饰物；刻点行整齐；

——前胸腹板无凹陷收纳前足腿节；后胸前面有深凹，与腹部第1可见腹板不形成收纳后足的凹槽；腹部各可见腹板均游离；

——前足及中足基节分离；足细，前足胫节简单；后足腿节中等长，端部突出于鞘翅侧缘之外，跗节狭长；

——雌虫外形与雄虫相似，但有时触角末3节较雄虫短。

7.2.2 家具窃蠹主要特征(参见附录A、附录B)

7.2.2.1 成虫鉴定特征

——体长2.4 mm～5 mm，长圆筒形，褐色，背面有光泽，被倒伏状细毛，毛不发达，呈粉尘状(参见图B.1)；

——头下垂，隐于风帽状的前胸背板之下(参见图B.2)；额区有1小瘤突；

——触角11节，末3节显著延长，雄虫触角末3节长于其余8节之和，雌虫触角末3节较雄虫短：

——前胸背板稍窄于鞘翅，基半部有1纵隆脊；侧缘平展，光滑无齿；后侧角尖而突出；

——鞘翅肩胛突出，刻点行明显，行间平坦；

——腹面观，中胸有1深纵凹陷，向后伸达后胸中部；

——后足基节腿节盖的后缘无突起或仅稍突起。

7.2.2.2 幼虫鉴定特征

——成熟幼虫体长达4 mm～7 mm，背面强烈弯曲(参见图B.3)；

——头壳近圆形，长略大于宽，无额线，表面有直立的淡金色的刚毛；

——口上片长约为宽的5倍，前缘着生2根刚毛；唇基前缘稍弯曲，宽是长的4倍，后角各有2根刚毛；

——触角很小，膜片状。触角上有4根刚毛，离基部不远处有一根长为触角2倍的粗壮长刚毛(参见图B.4)；

——上唇椭圆形，前部背面着生多数中等长的刚毛(参见图B.5)，有2个明显的暗色斑，后角向后延伸形成一对高度骨化的钩状突出物。上颚有2个小端齿及1个端前齿突(参见图B.6)；

——下颚内颚叶是外颚叶的三分之一，近顶端有6根粗刚毛；外颚叶约有20根粗刚毛：下颚须3节。内唇表面每侧有6根弯曲刚毛；

——后胸及多数腹节背板中线的两侧着生刚毛，以下体节背板每侧刚毛数如下：后胸30根，第1腹节40根，第2腹节38根，第3腹节35根，第4腹节35根，第5腹节20根，第6腹节20根，第7腹节15根，第8、9、10腹节0根；

——气门有一个管状的突出部分(气管)，长度约和气门本身相等；

——足短，具爪，大，稍弯曲，长为胫跗节的二分之一。

7.2.2.3 卵鉴定特征

——长形，长约0.5 mm，宽约0.2 mm；

——产出的卵可牢固粘附在木材表面。

7.2.2.4 蛹鉴定特征

——雌蛹后部较尖，有一对生殖突；在第八腹片距离后缘三分之一腹片宽处的中心有一个中央有沟的凹陷；第七腹片有一个新月形的凹陷；

——雄蛹腹部顶端圆(参见图B.7)，在最后腹片上有一对突起，其前部和一带状突起相连。

8 结果判定

以成虫形态特征为主要鉴定特征，幼虫、卵和蛹形态特征为辅助鉴定特征。成虫符合7.2.1和7.2.2.1形态特征，可判定为家具窃蠹*A. punctatum*。

9 样本和样品保存

所有害虫的标本及重要的为害状标本均应妥善保存，害虫标本根据虫态分别制成针插标本或浸渍标本，为害状标本则应进行除虫处理后保存。记录来源、寄主、截获时间、地点、人员、鉴定(复核)人等信息，保存时间至少6个月。

附 录 A
(资料性附录)
窃蠹属成虫检索表

前苏联窃蠹属成虫分类检索表

1 中胸具深纵凹陷,向后延伸达后胸中央;体长2.4 mm~5 mm …… 家具窃蠹 *A. punctatum*(Degeer)
中胸前部倾斜,无纵凹陷 …… 2
2 额中央有一小瘤突 …… 3
额区无瘤突 …… 4
3 前胸背板后角钝,不显著突出;被金黄色毛;体长2.6 mm~4.1 mm …… *A. hederae* Ihssens
前胸背板后角尖,显著突出;被淡黄白色毛;体长2.1 mm~4.1 mm …… *A. inexspectatum* Lohse
4 前胸背板侧缘光滑无齿,鞘翅显著宽于前胸背板 …… 5
前胸背板侧缘有小齿,鞘翅与前胸背板等宽 …… 7
5 鞘翅的第1、3、9行间有弱脊,第2、10行间向端部方向明显加宽;背面密被淡色毛,部分遮盖表皮结构;体长3.5 mm~4.8 mm …… *A. costatum* Gene
所有的鞘翅行间平坦;背面的毛不明显,不遮盖鞘翅表皮结构 …… 6
6 前胸背板后角钝;体黑褐色;体长2.7 mm~4.2 mm …… *A. fulvicorne* Sterm
前胸背板后角尖;体黑色,鞘翅红色,足黄红色;
体长2.5 mm~4.1 mm …… *A. rufipenne* Duftschmid
7 前胸背板侧缘直,中部不内凹,后角尖而显著突出;后足基节的腿节盖中部呈钝角突出;体长2.5 mm~4 mm …… *A. nitidum* Herbst
前胸背板侧缘中部凹入,后角圆,不明显突出;后足基节的腿节盖不呈钝角突出;体长3 mm~3.9 mm …… *A. alexandri* LogVinovskij

[引自张生芳,李业林.家具窃蠹的鉴定及生物学特性,植物检疫,1995,(3):154-156]

附 录 B
（资料性附录）
家具窃蠹形态特征图

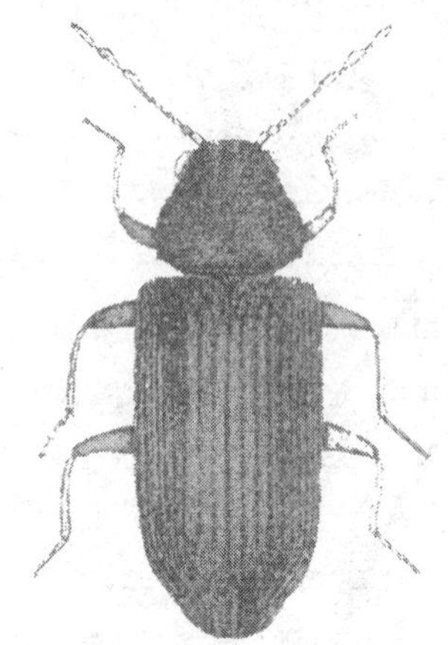

图 B.1 成虫背面

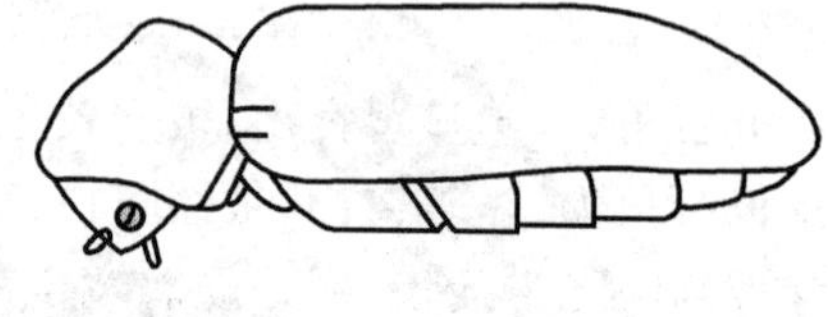

图 B.2 成虫侧面

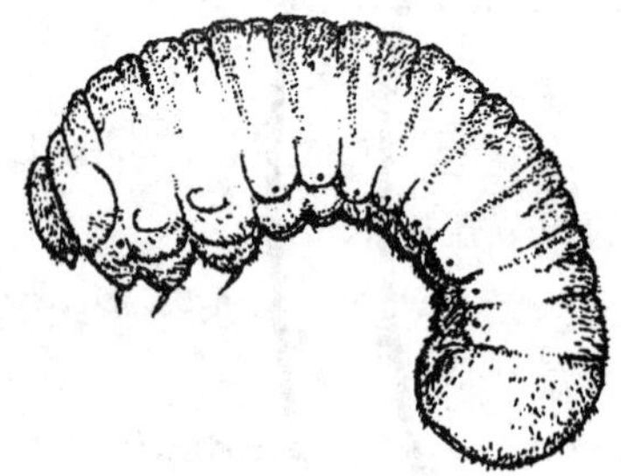

图 B.3 幼虫

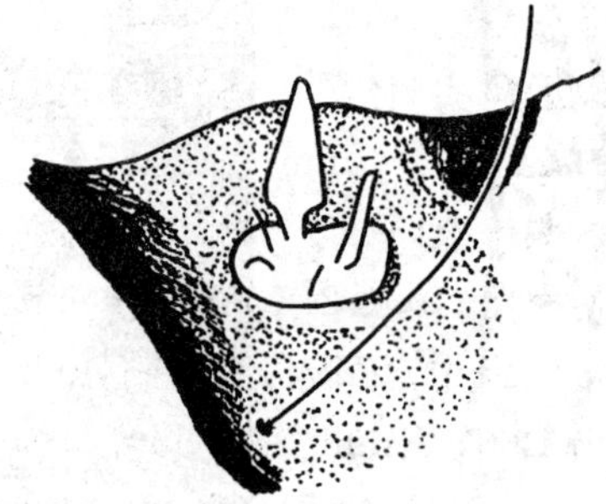

图 B.4 幼虫右触角

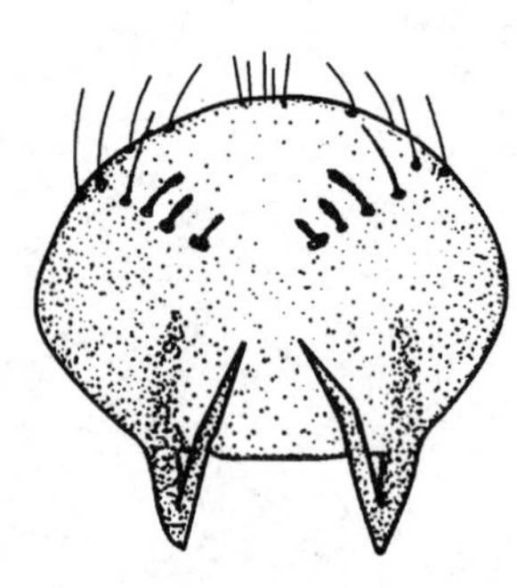

图 B.5 幼虫上唇

图 B.6 幼虫左上颚

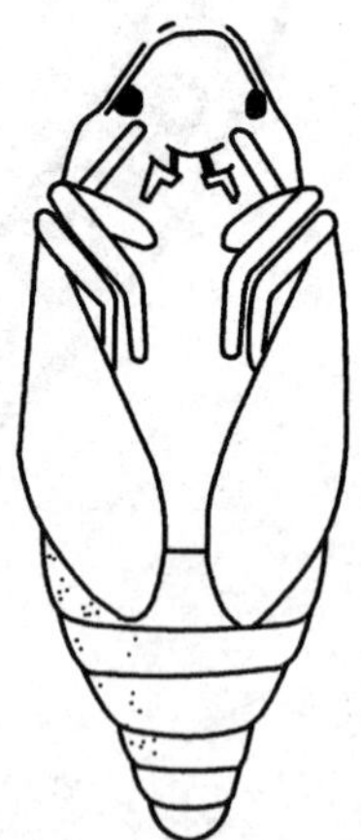

图 B.7 蛹(雄)

(图引自 Hickin N E. The insect factor in wood decay. 3rd edition, Hutchinson, London. 1975)

中华人民共和国出入境检验检疫行业标准

SN/T 2377—2009

四纹豆象检疫鉴定方法

Quarantine identification of *Callosobruchus maculates*（Fabricius）

2009-09-02 发布　　2010-03-16 实施

中华人民共和国国家质量监督检验检疫总局　发布

前　言

本标准的附录B和附录C为规范性附录，附录A和附录D为资料性附录。

本标准由国家认证认可监督管理委员会提出并归口。

本标准负责起草单位：中华人民共和国吉林出入境检验检疫局。

本标准参加起草单位：中华人民共和国浙江出入境检验检疫局、中华人民共和国湖北出入境检验检疫局、中华人民共和国丹东出入境检验检疫局、中华人民共和国江阴出入境检验检疫局、中华人民共和国内蒙古出入境检验检疫局、中华人民共和国大窑湾出入境检验检疫局、中国检验检疫科学研究院。

本标准主要起草人：魏春艳、吴志毅、罗雁非、肖成蕊、刘金华、王振华、张吉良、张永宏、刘和平、殷玉生、芦春梅、吴剑、王金丽、王坤兰、张生芳。

本标准系首次发布的出入境检验检疫行业标准。

四纹豆象检疫鉴定方法

1 范围

本标准规定了四纹豆象 *Callosobruchus maculatus*(Fabricius)的检疫鉴定方法。

本标准适用于四纹豆象的检疫鉴定。

2 术语和定义

下列术语和定义适用于本标准。

2.1

雄虫阳基侧突 parameres

为雄性外生殖器的组成部分。位于阳基背方,由两叶组成,呈匙状,端部膨大。在不同的类群,两个阳基侧突有的在基部分离,有的部分愈合,有的几乎完全愈合。

2.2

雄虫阳茎、内阳茎及内阳茎骨化刺 phallus,endophallus and its sclerites

阳茎为雄性外生殖器的组成部分,位于阳基侧突腹面,呈棒状,基部膨大呈囊状(称为囊区),端部呈瓣状(称外阳茎瓣)。阳茎又分为外阳茎和内阳茎。外阳茎为阳茎的外壳部分。内阳茎膜质,衬在外阳茎里面,当雄虫交尾时通过阳茎端孔外翻出来。内阳茎上着生大量骨化刺,排列成一定的图案,具有种的特异性,为豆象科昆虫种鉴别的重要依据之一。

3 原理

中文名称:四纹豆象

学名:*Callosobruchus maculates*(Fabricius)

分类地位:鞘翅目(Coleoptera)、豆象科(Bruchidae)、瘤背豆象属(*Callosobruchus*)

四纹豆象严重危害豇豆、豌豆、小豆、绿豆、鹰嘴豆、大豆、扁豆、蚕豆、胡豆等多种豆类,广泛分布于世界热带及亚热带区(参见附录A)。雌虫喜欢在光滑的豆粒表面产卵,卵牢固地粘附在寄主种子表面。成虫寿命短,在最适条件下一般不多于12 d。幼虫的发育在1粒种子内进行,共经历4龄。四纹豆象以成虫或幼虫在豆粒中越冬,主要通过被害种子的调运进行远距离传播。

4 仪器、用具和试剂

4.1 仪器

生物显微镜、体视显微镜、光照培养箱、烘箱。

4.2 用具

测微尺、放大镜、剪刀、镊子、昆虫解剖针、培养皿、载玻片、盖玻片、酒精灯、烧杯、圆孔筛、标本盒、毛笔、标签等。

4.3 试剂及溶液配制

4.3.1 何燕尔封液:称取阿拉伯树胶粉30 g于烧杯中,加入50 mL蒸馏水。溶解后,加入200 mL水合三氯乙醛及20 mL甘油,放置于55 ℃~60 ℃的干燥箱内。24 h后,用玻璃棉过滤(仍在此温度干燥箱内完成)。

4.3.2 10%氢氧化钾溶液或10%氢氧化钠溶液。

4.3.3 70%乙醇。

4.3.4 还软液：在玻璃干燥器底部加入 2 cm 厚洗涤干净的沙粒，加水并漫过沙粒约 1 cm，并在水中加入几滴苯酚以防止标本腐烂。

4.3.5 乙醇-甘油保存液：量取 75%乙醇 100 mL，加入 0.5 mL～1 mL 甘油。

5 实验室鉴定

5.1 表面检查

仔细检查豆粒上是否有成虫的羽化孔，是否有黑幼虫蛀入点。

5.2 过筛检验

根据豆粒的大小，选择适宜孔径的圆孔筛对豆粒过筛，检查筛下物内是否有豆象成虫。

5.3 饲养检验

将可疑的被害豆粒装在玻璃瓶中，放置于 30 ℃～32 ℃、相对湿度 75%～90%的光照培养箱内，待成虫出现后进行鉴定。

5.4 镜检

观察成虫的外部形态特征，首先确定是否属于瘤背豆象属，在此基础上再核对种的特征。

5.5 雄虫外生殖器标本制作

必要时，要检查雄虫的外生殖器，操作时将雄虫腹部取下，放入 10%氢氧化钾溶液或 10%氢氧化钠溶液中，在酒精灯上加热煮沸 5 min 后取出，在体视显微镜下解剖，将阳茎及阳基侧突分离，用何燕尔封液制片后在生物显微镜下观察。

6 形态特征

6.1 瘤背豆象属(*Callosobruchus*)成虫主要形态特征(见附录 B)

——触角弱锯齿状、锯齿状或栉齿状；

——额区具明显的中隆脊；

——前胸背板多为圆锥形，无侧脊，通常在基部中央有 2 个瘤突；

——后足腿节膨扩，腹面有纵沟形成 2 条脊，内脊和外脊近端部各有 1 小齿；

——雄虫的臀板与体轴垂直；阳茎或多或少长形，外阳茎瓣三角形，内囊有或无大骨化板；阳基侧突扁平，两阳基侧突由基部分开。

6.2 四纹豆象的鉴定特征(见附录 C 和参见附录 D)

6.2.1 成虫

——体长 2.5 mm～3.5 mm，宽 1.4 mm～1.6 mm；

——表皮暗红褐色至黑色，足红褐色，后足腿节基半部色暗，全体被灰白色及暗褐色毛；

——触角 11 节，弱锯齿状，基部几节或全部黄褐色；

——前胸背板密生刻点，刻点相互连接，表面凹凸不平，中央稍隆起，两侧向前狭缩，近端部两侧略凹，前缘中央向后有一纵凹陷，着生浅黄色毛，后缘中央有 1 对瘤突被白色毛；

——每鞘翅有 3 个黑斑，肩部的黑斑小，中部及端部的黑斑大，两鞘翅的淡色区多构成“X”形图案。由于不同性别和不同的“型”，鞘翅斑纹在种内变异甚大；

——后足腿节近端部外缘有 1 个齿，内缘有 1 个尖齿，大而尖，呈三角形。胫节端部宽于基部，端部有 4 个刺状突起，以内缘突起为最大；

——雄虫臀板黑色，雌虫臀板黄褐色，有白色中纵纹，雄性外生殖器的阳基侧突较直，顶端着生刚毛 40 根左右；内阳茎端部骨化部分呈“U”形，大量的骨化刺在中部构成 2 个直立的穗状体，囊区有 1 对骨化板或缺如。

6.2.2 卵

椭圆形，扁平，长 0.4 mm～0.8 mm，乳白色。

6.2.3 **幼虫**

老熟幼虫体长 4.5 mm～4.7 mm，宽 2.0 mm～2.3 mm。淡黄白色，粗而弯曲呈“C”型。头部正面呈椭圆形，肥硕、稍弯曲，除黑色上颚外均白色，具 1 对小眼。胸足退化。

6.2.4 **蛹**

体长 3.0 mm～5.0 mm。椭圆形，乳白色或淡黄色，体被细毛。头部弯近胸部，口器在前胸基节间，复眼明显。后足跗节露出鞘翅，直达腹部末节基部。

7 结果判定

以成虫形态特征为主要依据，符合 6.2.1 时可判定为四纹豆象 *Callosobruchus maculatus*（Fabricius）。

8 标本和样品保存

将四纹豆象及重要的为害状标本妥善保存，根据害虫的虫态，幼虫和蛹用乙醇-甘油保存液保存，成虫制作成针插标本，记录害虫名称、来源、寄主、截获时间、地点、人员等相关信息，一般保存期至少为 6 个月。

附 录 A
（资料性附录）
四纹豆象的寄主和国外分布

A.1 寄主

阿拉伯金合欢、木豆、*Cajanus indicus*、加拿大紫荆、鹰嘴豆、*Dolichos biflorus*、*D. cyprus*、扁豆、*D. monocalis*、*D. sesquipedalis*、*D. sudanensis*、*Glycine hispida*、大豆、*Lathyrus clymenum*、家山黧豆、*Lens esculenta*、*Medicago ciliaris*、*Phaseolus aconitifolius*、*P. acutifolius*、*P. articulatus*、*P. aureus*、金甲豆、*P. mungo*、绿豆、菜豆、赤豆、豌豆、*Vicia ervilia*、蚕豆、豇豆、*Vigna catjang*、*V. lutea*、*V. chinensis*、长豇豆、*Voandzeia subterranea*。

A.2 国外分布

亚洲：朝鲜、日本、越南、缅甸、泰国、印度、伊朗、伊拉克、叙利亚、土耳其。

非洲：阿尔及利亚、塞内加尔、加纳、尼日利亚、苏丹、埃塞俄比亚、坦桑尼亚、扎伊尔、安哥拉、南非。

欧洲：前苏联、匈牙利、比利时、英国、法国、意大利、前南斯拉夫、保加利亚、希腊。

北美洲：美国。

中美洲：洪都拉斯、古巴、牙买加、特立尼达和多巴斯岛。

南美洲：委内瑞拉、巴西。

附 录 B
(规范性附录)
豆象亚科 Bruchinae 分属检索表

1 前胸背板横形，侧缘近中部凹入，其前方有一齿突；后足腿节腹面外缘有一齿突；♂中足胫节端部有一齿突或片状突；♂外生殖器囊部仅密生微毛，无骨化板 …………………………… 豆象属 *Bruchus*

前胸背板圆锥形，端部狭窄，侧缘直或凸出，无齿突，极少有微齿数个；后足腿节腹面外缘无齿突或内外缘均有齿突；♂中足胫节端部无齿突或片状突；♂外生殖器囊部无密生微毛，有时有骨化板或齿突 ………………………………………………………………………………………… 2

2 前胸背板基部中央纵列一对有白毛的长形瘤突，瘤突间呈沟状；后足腿节腹面内外缘均有一明显齿突 ……………………………………………………………………… 瘤背豆象属 *Callosobruchus*

前胸背板基部中央无上述瘤突；后足腿节腹面外缘无齿突 ………………………………………… 3

3 后足腿节腹面内缘有大齿突 1 个及小齿突 1 个～3 个；♂外生殖器囊部端部无附生物 …………… 4

后足腿节腹面内缘无齿突或仅有一小齿突；♂外生殖器囊部端部有各种附生物 ……………………… 5

4 前胸背板基部有侧纵隆脊 1 对或 1 对以上 ……………………………… 脊背豆象属 *Specularius*

前胸背板基部扁平或略隆起，无明显纵隆脊 …………………………… 三齿豆象属 *Acanthoscelides*

5 后足腿节腹面呈沟状，内缘无齿突 ……………………………………… 沟足豆象属 *Sulcobruchus*

后足腿节腹面不呈沟状，或呈沟状而内缘有一小齿突 ……………………………………………… 6

6 腿节细；后足腿节腹面不呈沟状，内缘有或无一小齿突 ………………… 锥胸豆象属 *Conicobruchus*

腿节粗；后足腿节腹面呈沟状，内缘有一小齿突，极少无齿突或在小齿突端部另有微齿 1 个～2 个 ………………………………………………………………………………… 多型豆象属 *Bruchidius*

(引自陈耀溪编著《仓库害虫》)

附 录 C
(规范性附录)
瘤背豆象属 *Callosobruchus* 种检索表

1 前胸背板后半部及鞘翅基半部密被灰白色毛,鞘翅基半部的淡色毛也沿内侧深入到后半部的黑色毛之间 ………………………………………………… 白背豆象 *Callosobruchus albobasalis* chûjô
背面的毛被不如上述 …………………………………………………………………………………… 2

2 鞘翅第3、4行纹基部有1对小瘤突,翅面散布多数长形的无毛小黑斑,无大型黑斑;雄虫阳茎中部有1对骨化板,外阳茎瓣呈矛形。为害木豆 …………………… 木豆象 *Callosobruchus cajanis* Arora
无上述综合特征 ………………………………………………………………………………………… 3

3 后足腿节内缘齿显著长于外缘齿;体表皮黑色,前足、中足及腹部末端黄褐色,背面有灰色、黑色及铜黄色毛形成的斑纹。为害野葛种子 …………………… 野葛豆象 *Callosobruchus ademptus*(Sharp)
后足腿节内缘齿与外缘齿等长或短于外缘齿;如果内缘齿长于外缘齿,则表皮色及毛被色不如上述;如果表皮黑色,则背面的毛斑不清晰,内缘齿稍长于外缘齿,且体长大于4.0 mm ………………… 4

4 表皮均一深暗褐色至黑色,偶尔足及触角显暗红色;鞘翅被灰色或褐色毛,无清晰的斑纹,或仅雌虫有模糊的灰白色斑纹;体长4.0 mm~5.5 mm。主要为害 *Vigna subterranea* ……………………
………………………………………………………… 西非豆象 *Callosobruchus subinnotatus*(Pic)
表皮通常具红色、红黄色或褐色花斑,鞘翅上的毛斑明显;体长通常不足4.0 mm ………………… 5

5 后足腿节内缘脊基部三分之二有多数不规则的微齿,内缘脊近端部的齿短于外缘齿,或偶尔缺如,或极少数个体的内缘齿与外缘齿近等长;前胸背板表皮均一红褐色;雄性外生殖器的阳基侧突端部仅着生刚毛10余根,内阳茎囊区有1对骨化板 ………… 鹰嘴豆象 *Callosobruchus analis*(Fabricius)
无上述综合特征 ………………………………………………………………………………………… 6

6 腹部第2~5腹板两侧有浓密的白毛斑…………………………………………………………………… 7
腹部第2~5腹板两侧无浓密的白毛斑…………………………………………………………………… 9

7 背面观,复眼十分突出,复眼宽为两复眼间距的5倍~6倍(♂)或2倍~3倍(♀):雄性外生殖器十分狭长,内阳茎的近中部有1对骨化板 ………… 可可豆象 *Callosobruchus theobromae*(Linnaeus)
由背面观,复眼不十分突出,复眼宽为两复眼间距的2.5倍~3倍(♂)或1.5倍(♀);雄性外生殖器的构造不如上述 ……………………………………………………………………………………… 8

8 雄虫触角栉齿状,第4节~10节向前侧方强烈延伸,雌虫触角锯齿状,触角第4节~11节通常暗褐色;雄性外生殖器细长,外阳茎瓣呈矛状,内阳茎基部有1对骨化板 ……………………………………
……………………………………………………… 绿豆象 *Callosobruchus chinensis*(Linnaeus)
雄虫及雌虫触角均锯齿状,通常呈黄褐色;雄性外生殖器不如此细长,外阳茎瓣呈三角形,内阳茎基部有3对骨化板 ……………………………………… 罗得西亚豆象 *Callosobruchus rhodesianus*(Pic)

9 前胸背板暗红色至黑色;雄性外生殖器的阳茎中部有2个由大量强骨化刺组成的穗状体,囊区无骨化板或有1对骨化板 ……………………………… 四纹豆象 *Callosobruchus maculates*(Fabricius)
前胸背板灰黄色至褐色,中央两侧各有1暗色纵纹;雄性外生殖器的阳茎中部无上述骨化强的穗状体,囊区有3对骨化板 ……………………………… 灰豆象 *Callosobruchus phaseoli*(Gyllenhal)

(引自张生芳、施宗伟、薛光华、安榆林主编《储藏物甲虫鉴定》)

附 录 D
（资料性附录）
四纹豆象成虫鉴别特征图

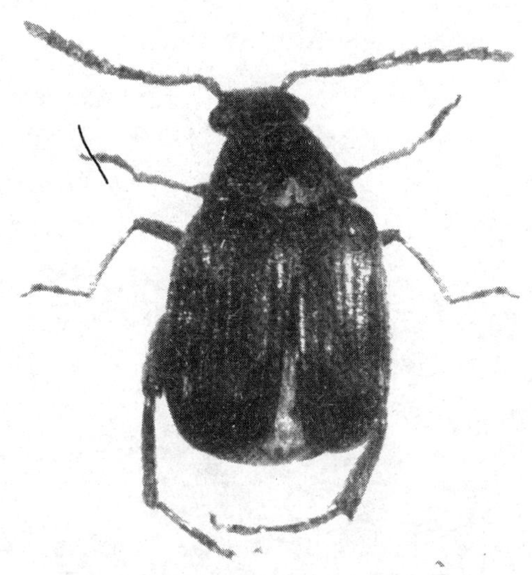

图 D.1 四纹豆象成虫形态特征

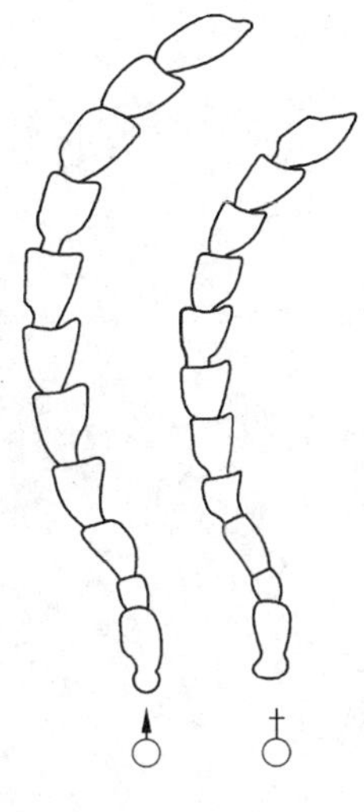

图 D.2 四纹豆象成虫触角

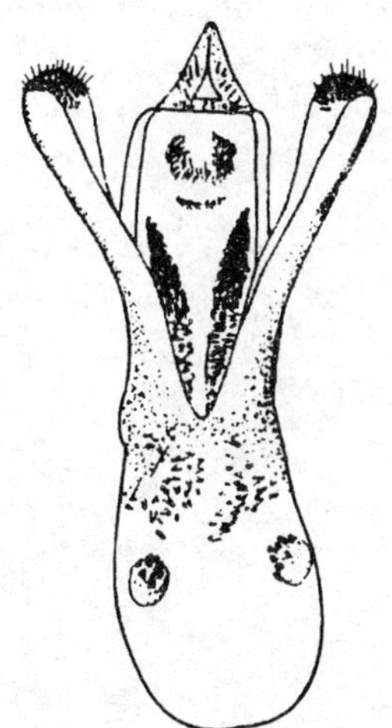

图 D.3 四纹豆象雄性外生殖器

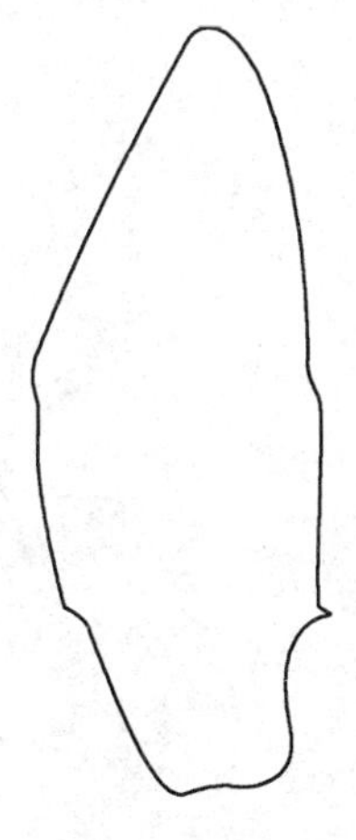

图 D.4 四纹豆象后足腿节外缘齿

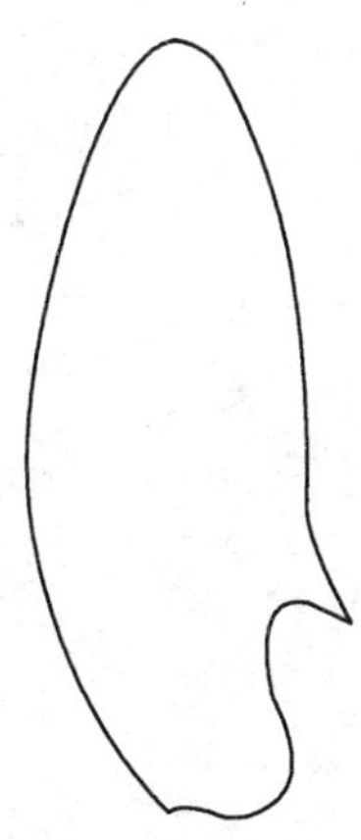

图 D.5 四纹豆象后足腿节内缘齿

（图 D.2～图 D.5 引自张生芳、刘永平、武增强主编《中国储藏物甲虫》）

中华人民共和国出入境检验检疫行业标准

SN/T 2471—2010

落叶松种子小蜂与黄连木种子小蜂检疫鉴定方法

Identification of *Eurytoma laricis* Yano and *Eurytoma plotnikovi* Nikolskaya

2010-01-10 发布　　　　2010-07-16 实施

中华人民共和国国家质量监督检验检疫总局　发布

前　言

本标准的附录A、附录B均为资料性附录。

本标准由国家认证认可监督管理委员会提出并归口。

本标准负责起草单位：中国检验检疫科学研究院。

本标准参加起草单位：中华人民共和国北京出入境检验检疫局。

本标准主要起草人：陈岩、陈乃中、黄英、陈克、李建光。

本标准系首次发布的出入境检验检疫行业标准。

落叶松种子小蜂与黄连木种子小蜂检疫鉴定方法

1 范围

本标准规定了落叶松种子小蜂 *Eurytoma laricis* Yano 与黄连木种子小蜂 *Eurytoma plotnikovi* Nikolskaya 的检疫和鉴定方法。

本标准适用于落叶松种子小蜂与黄连木种子小蜂的检疫和鉴定。

2 术语和定义

下列术语和定义适用于本标准。

2.1

中胸盾纵沟 notauli

中胸盾片前缘两侧向后生有两条沟。

2.2

并胸腹节 propodeum

膜翅目细腰亚目昆虫所特有，由腹部第1节与后胸一部分愈合而成。

2.3

前翅翅脉 vein of fore wing

包括亚缘脉(submarginal vein)、缘脉(marginal vein)、痣脉(stigmal vein，raidus)和后缘脉(post-marginal vein)。

2.4

腹柄 petiole

小蜂总科昆虫第2腹节形成腹柄，观察到的第1腹节实际上是真正第3腹节。

2.5

柄后腹 gaster

小蜂总科昆虫腹柄之后各腹节统称为柄后腹。

3 原理

落叶松种子小蜂 *Eurytoma laricis* Yano 与黄连木种子小蜂 *Eurytoma plotnikovi* Nikolskaya 隶属于膜翅目(Hymenoptera)小蜂总科(Chalcidoidea)广肩小蜂科(Eurytomidae)广肩小蜂属(*Eurytoma*)。1833年，Francis Walker 建立广肩小蜂科，至今世界已知88属1 424种，我国已知17属67种。分布与寄主参见附录A。

落叶松种子小蜂：危害落叶松种子，被害种子表面无被害症状。每粒种子内仅1条幼虫，无转移危害习性。以老熟幼虫在种子内越冬，幼虫具有滞育习性，可达2年之久。成虫羽化后由种子内向外咬一小孔飞出，羽化孔圆形，边缘整齐。

黄连木种子小蜂：黄连木果实的主要害虫，一龄幼虫取食果皮内壁和胚外海绵组织，稍大时可咬破种皮，钻入胚内，取食胚乳和发育中的子叶，至幼虫老熟可将子叶全部吃光，并以老熟幼虫在果实内越冬。果实受害率极高，严重影响果实产量和质量。

小蜂的分类鉴定主要以雌性成虫的外部形态特征为依据。

4 器材和试剂

可封口塑料袋、标签、记录笔、白瓷盘、清水、无水乙醇、养虫笼(体积限于可置于生物培养箱内)、控温控光培养箱、钳子、镊子、手术剪、小毛笔、剪刀、昆虫针、粘虫胶、体视显微镜。

5 现场与室内检验检疫

5.1 落叶松种子小蜂

5.1.1 剖粒检验

将抽取的种子样品逐粒解剖(≥100 粒)。具体操作方法如下:先用手术剪在种子的一端剪 1 个小口,再用昆虫针逐渐剥离,把幼虫或蛹放在培养皿内,置于解剖镜下,根据幼虫或蛹的形态特征进行初步鉴定。

5.1.2 比重检验

此方法通常在种子含虫率较低的情况下使用。具体操作方法如下:将抽取的种子样品放入清水中,种子与清水的容积比为 1∶5,充分搅拌后,静置 30 min,捞取上层漂浮种子逐粒解剖,可提高剖粒检验效率。

5.2 黄连木种子小蜂

5.2.1 直观检验

将抽取的果实样品置于白纸上或白瓷盘内仔细观察,健康饱满的果实呈蓝绿色,被害的果实红褐色,极易区别。被害果实容易与未成熟的或受潮发霉的果实相混淆:未成熟的果实个体较小,果皮较薄,黄色;而受潮发霉的果实灰黑色或灰褐色。

5.2.2 剖粒检验

此法可在直观检验的基础上进行,具体操作方法如下:将抽取的果实样品放在白瓷盘内,将颜色异样的果实挑出,用钳子逐粒挤裂,再用解剖针逐渐剥离。为避免将果粒和幼虫一起挤烂,可在钳子接近轴心处缠纱布,以确保果壳挤裂又不损伤虫体完整。

5.2.3 比重检验

此法通常在果实含虫率较低的情况下使用,具体操作方法如下:将抽取的果实样品放入清水中,果实与清水的容积比为 1∶5,充分搅拌后,静置 30 min,捞取上层漂浮的果粒剖粒检查,可提高检验效率。

5.3 成虫饲养

将上述种子或果实置于养虫笼中,在温度为 25 ℃、光周期(L∶D)为 14∶10 h 的培养箱中饲养,最长培养时间不超过 30 d。

如有成蜂出现,在饲养结束后,将温度调至 45 ℃,放置 1 h,以杀死成蜂。

6 标本制作

用粘虫胶,以翅向外方、头部露出、胸侧接触三角纸尖的方位,将成虫标本粘在三角纸尖上,并在标签上注明采集地点、寄主、羽化时间等信息。

或用无水乙醇浸泡保存成虫标本,最好冷藏保存。

7 实验室鉴定

7.1 广肩小蜂科成虫的鉴定特征

体中等大小,体长 4 mm～5 mm,雌雄同型或异型。体多为黑色,有时黄色或具黄斑,无金属光泽。植食性(以种子、禾本科茎为食)或寄生性。头及胸部常具脐状深大刻点或呈皱褶状。头正面观横宽,上颚强大,具 3 齿,颊长。触角着生于颜面中部,11 节～13 节。前胸背板呈长方形,中胸盾纵沟完整;并胸腹节常具皱褶网纹且明显。柄后腹平滑或光滑。雌虫柄后腹卵圆形,侧扁,末端上翘呈犁状或柱状,产卵器略突出。柄后腹圆形具长腹柄。后足胫节具2距。

7.2　广肩小蜂属成虫的鉴定特征

前翅缘脉明显长于痣脉，雄虫触角索节常为5节。肉食性或植食性。

雌：头正面观宽略大于长，下端微窄，颊几与复眼长径相等，颜面常凹陷。触角着生于颜面中部，索节线状，多为5节，棒节3节。胸部相当长，背面膨起，前胸盾片宽2倍～3倍于长，稍短于中胸盾片；小盾片膨起，卵圆形。并胸腹节显著倾斜，具大的网状皱纹，中纵槽窄且深。前翅透明，缘脉长于痣脉。柄后腹卵圆形，几与中躯等长，略侧扁而末端尖，腹末节背板上翘呈犁头状，产卵器微突。

雄：柄后腹圆形，具长腹柄。触角索节5节，呈具柄的香蕉状彼此偏连，各节具轮生长毛，棒节2节。头及胸表面均具大的脐状刻点。

7.3　落叶松种子小蜂和黄连木种子小蜂的鉴定特征

7.3.1　落叶松种子小蜂(参见附录B图B.1和图B.2)

雌：体长1.8 mm～2.5 mm。体黑色，无金属光泽。复眼赭褐色。足除基节与体同色，腿节及胫节或多或少呈现黑褐至黄褐色，跗节黄褐色，末端黑褐色。翅透明，翅脉褐色。柄后腹略带红褐色，末端(包括产卵器鞘)红黑褐色。

头正面观横宽(头宽与高之比为28∶20)，颜面除开放的触角洼稍凹陷外其他区域略微膨起，并具银灰色羽状长刚毛。复眼不大，光滑无毛。触角着生于颜面中部，位于复眼下缘连线的上方。触角柄节柱状，长不伸达头顶；索节5节，均长大于宽，第1索节最长(1.5倍于宽)，以后各节逐渐变宽；棒节3节。

中胸盾纵沟完整；小盾片膨起，卵圆形；并胸腹节陡斜，中央凹陷略呈浅纵槽状，槽缘内外并具网状皱纹。前翅缘脉长约2倍于痣脉，1.5倍于后缘脉，痣脉末端膨大呈鸟首状。并胸腹节两侧气门附近及后足基节前侧方所具刚毛较粗大密致，后足胫节背侧方第1、2跗节具较粗壮的银灰色刚毛，在胫节上的排列成一列。

柄后腹侧扁，长于头胸合并之长(50∶40)。柄后腹第4节背板最长，第1～4节较光滑，产卵器鞘突出与腹末数节共同形成略微上翘的犁状突起。

雄：体较雌虫短小(体长1.2 mm～2.2 mm)，与雌虫相异点为：

a)　触角柄节膨大，索节5节亦膨大呈柄状相连，鞭节上具长毛；

b)　柄后腹椭圆形，具长腹柄。

卵：乳白色，长椭圆形，长径约0.1 mm，具丝状卵柄，白色，略长于卵的长径。

幼虫：老熟幼虫白色，蛆状，呈"C"型弯曲，体长2 mm～3 mm，无足，头极小，上颚发达，前端红褐色。3龄前呈红褐色，老熟时淡黄色。

蛹：体长2 mm～3 mm，乳白色，复眼红色，将羽化时蛹体变为黑色。

7.3.2　黄连木种子小蜂(参见附录B图B.3、B.4和B.5)

雌：体长4 mm～4.5 mm，头黑色，体火红褐色，局部黑色。足、触角柄节及梗节暗黄色，鞭节褐黄色，棒节色较浅，翅脉黄色，足关节、胫节末端及跗节黄色，跗节末端、爪及垫基部褐色。

触角着生于颜面中部的上方，触角洼明显、光滑，两侧各有一片状突起；环节2节，短小；第1索节最长(长约为宽的2.5倍)，第5索节长约为宽的1.3倍；棒节3节，较末2索节之和稍长，末节分界不明显；索节和棒节的各节上均具长形感觉器。头及胸的刻点不深，被白毛；前胸与中胸几等长，中胸盾纵沟明显，小盾片前窄后宽，长宽大致相等，胸部背面膨起；并胸腹节具大型网状刻纹，中央略呈纵凹槽。前翅缘脉长于鸟首状的痣脉，后缘脉略长于缘脉；后足基节后缘近末端处有半圆形透明片状突起，胫节具1距；柄后腹短于胸、光滑、略侧扁、呈卵圆形；腹柄短小横形，两侧各有一刺状突起；柄后腹第4节背板最长，略长于第3节，腹末仅微呈犁状，产卵器微突出。

雄：体长3 mm～4 mm，黑色，触角索节6节，棒节2节，几愈合。腹柄细长，柄后腹呈纺锤形。足黄色，后足腿节稍暗。

卵：圆柱形，乳白色，具丝状白色卵柄，柄与卵体约等长。

幼虫：老熟幼虫蛆状，两头尖，中间宽，头、胸向腹部弯曲。头极小，骨化；上颚发达，镰刀状，黄褐色。初孵幼虫乳白色，老熟幼虫黄白色。

蛹：体长 3.2 mm～4.0 mm，米黄色，复眼红色。

8 结果判定

以 7.1～7.3 所述雌性成虫特征为主要依据，其他虫态特征为辅，符合 7.1、7.2、7.3.1 的可判定为落叶松种子小蜂，符合 7.1、7.2、7.3.2 的可判定为黄连木种子小蜂。

9 标本保存

经过鉴定的上述标本应永久保存。

附 录 A
（资料性附录）
分布与寄主

A.1 分布

落叶松种子小蜂：山西、内蒙古、吉林、黑龙江、辽宁、山东、甘肃、河北；中亚细亚及远东滨海地区，蒙古、日本、波兰、芬兰、荷兰、法国。

黄连木种子小蜂：河北；希腊、突尼斯、中亚细亚、哈萨克斯坦、伊朗、以色列、塔吉克斯坦、土库曼斯坦。

A.2 寄主植物

落叶松种子小蜂：落叶松 *Larix gmelinii*、日本落叶松 *Larix kaempferi*、长白落叶松 *Larix olgensis*、朝鲜落叶松 *Larix olgensis* var. *koreana*、华北落叶松 *Larix gmelinii* var. *principis-rupprechtii*。

黄连木种子小蜂：黄连木（*Pistacia* spp.）。

附　录　B
（资料性附录）
形　态　图

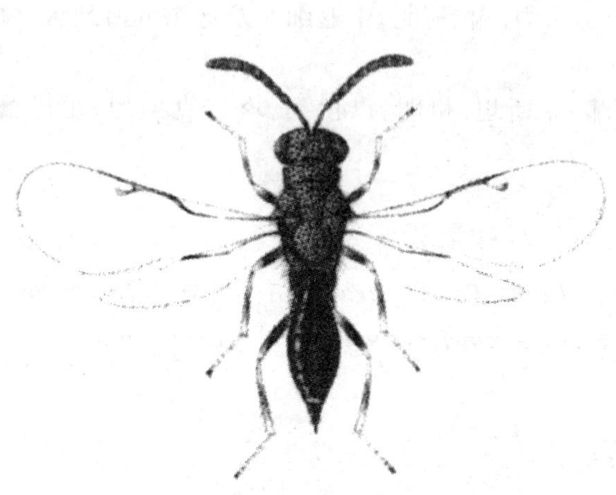

图 B.1　落叶松种子小蜂成虫♀（仿廖定熹）

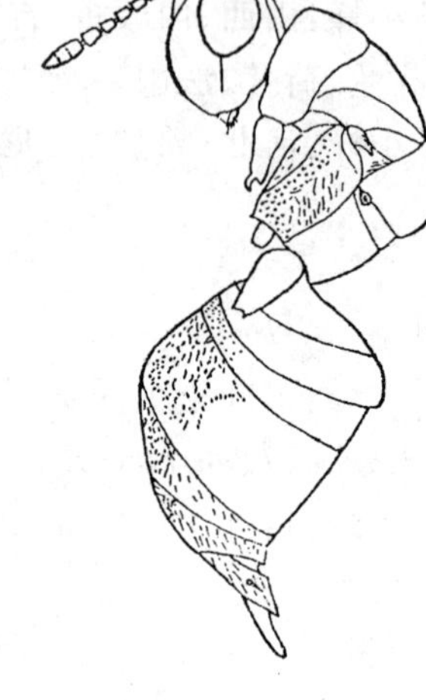

图 B.2　落叶松种子小蜂♀,侧面观（仿 Zerova）

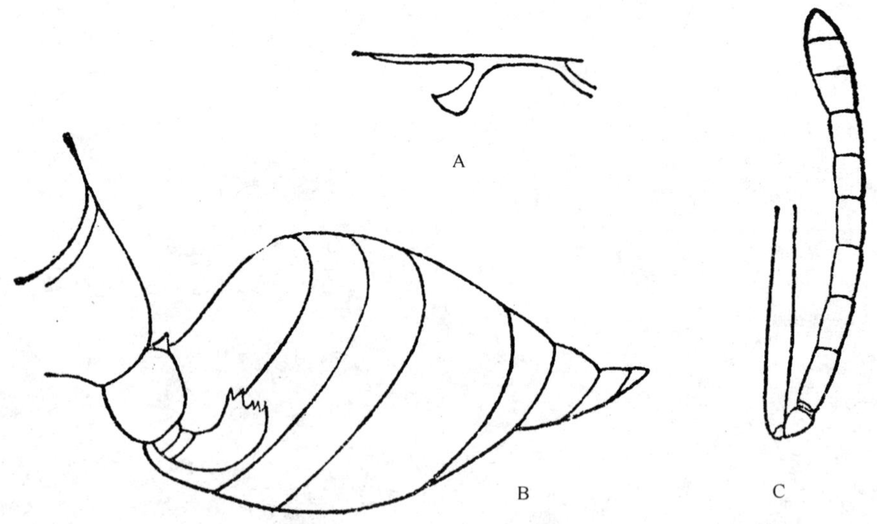

A——前翅翅脉；
B——♀腹部,侧面观；
C——触角。

图 B.3　黄连木种子小蜂♀（仿廖定熹）

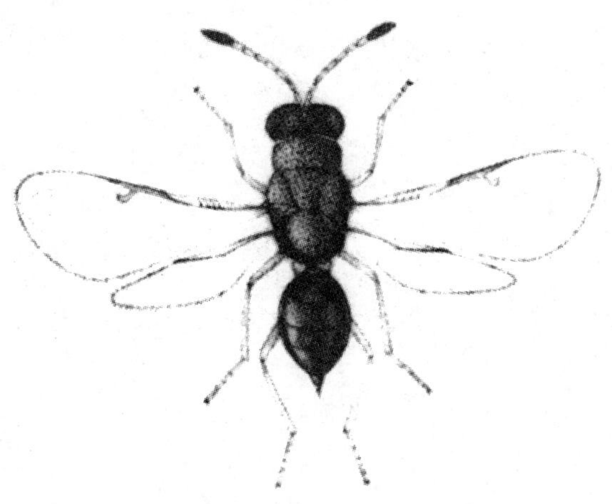

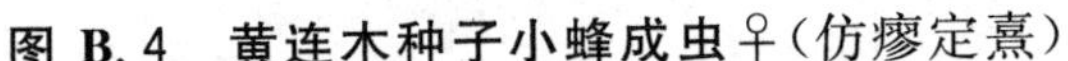

图 B.4　黄连木种子小蜂成虫♀（仿廖定熹）

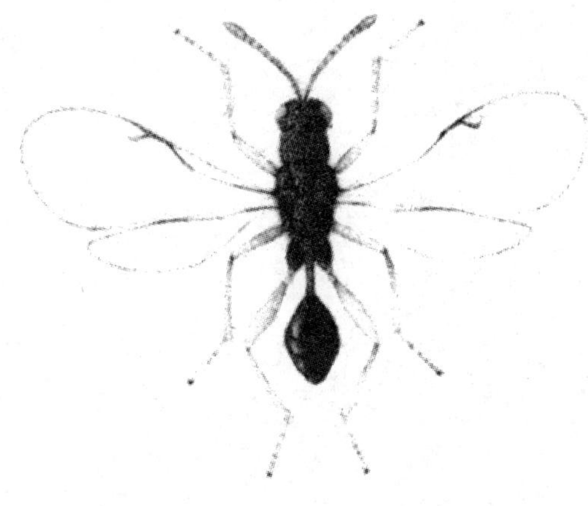

图 B.5　黄连木种子小蜂成虫♂（仿廖定熹）

中华人民共和国出入境检验检疫行业标准

SN/T 2480—2010

黑松八齿小蠹检疫鉴定方法

Identification of *Ips plastographus*（LeConte）

2010-01-10 发布　　　　2010-07-16 实施

中华人民共和国
国家质量监督检验检疫总局 发布

前　言

本标准的附录A、附录B均为资料性附录。

本标准由国家认证认可监督管理委员会提出并归口。

本标准起草单位：中华人民共和国黑龙江出入境检验检疫局。

本标准主要起草人：郑超、张洪祥、徐贵生、于恒纯、张箭、邹殿文。

本标准系首次发布的出入境检验检疫行业标准。

黑松八齿小蠹检疫鉴定方法

1 范围

本标准规定了黑松八齿小蠹 *Ips plastographus*(LeConte)的检疫和鉴定方法。

本标准适用于黑松八齿小蠹的检疫和鉴定。

2 原理

黑松八齿小蠹 *Ips plastographus*(LeConte),隶属鞘翅目 Coleoptera、小蠹科 Scolytidae、齿小蠹族 Ipini、齿小蠹属 *Ips* De Geer。主要危害扭叶松 *Pinus contorta*、西黄松 *Pinus ponderosa*。近距离靠成虫扩散传播,远距离靠带虫木材和随货物木质包装材料的远途运输传播。

黑松八齿小蠹的分布(参见附录 A)、寄主、成虫形态特征、传播途径及生物学特性为制定检疫和鉴定方法的依据。

3 仪器和试剂

3.1 仪器及用具

体视显微镜、培养皿、烧杯、酒精灯、微型解剖刀、解剖针、吸管、毛笔、标签、指形管、镊子、斧、凿、尖嘴钳、螺丝刀、放大镜、载玻片、盖玻片、记号笔等。

3.2 试剂

卡莱氏溶液:95%乙醇∶冰乙酸∶35%甲醛∶蒸馏水=17∶2∶6∶28,用于幼虫形态固定;75%甘油乙醇溶液:在75%的乙醇溶液中加入乙醇溶液0.5%~1.0%的甘油而成,用于成虫和幼虫的保存;75%乙醇溶液,用于虫体清洁。

4 现场检疫

现场检查时重点检查蠹虫虫孔、木屑及排泄物、是否有坑道和害虫。对发现小蠹虫为害的木材,可用手工锯、凿子、螺丝刀等工具剥开树皮。如发现蠹虫用镊子将小蠹虫取出或将为害状带回实验室进一步鉴定。如现场只发现幼虫,则应将幼虫饲养成成虫后再进行鉴定。

5 实验室鉴定

5.1 准备

将待观察、鉴定的成虫虫样进行清洁、整理,体表有污物的,用75%乙醇浸泡。

5.2 齿小蠹属成虫的主要特征

触角锤状部侧面扁平,锤状部的外面共分3节,节间与毛缝向顶端弯曲,锤状部里面无节无毛。复眼肾形。前胸背板长宽相近,表面前部为鳞状瘤区,后部为刻点区,常有无点光亮的背中线。鞘翅斜面呈盘状,盘底圆形深陷,盘缘突起生齿,鞘翅尾端部向后水平延伸。各足胫节外缘均有齿列,但无端距。

5.3 成虫形态特征(参见附录 B)

5.3.1 雄虫体长4.0 mm~5.2 mm,体宽1.5 mm~2.0 mm,深棕色至黑色。雌虫与雄虫基本相似,但额心中瘤较小;斜面第3齿相对较小且不呈头突状(见图B.1)。

5.3.2 额隆起,密布大的颗粒,口上片上方具横向压痕,表面光亮,额面中央具中瘤;前缘有9个瘤突,中间瘤突明显大于额瘤。额后中部由颗粒愈合成短脊。额毛细长稀疏。触角棕色,触角锤状部毛缝呈90°(见图B.2)。

5.3.3 前胸背板(见图 B.4)长约是宽的 1.1 倍,侧缘从基部到顶端轻微呈弧形。前端弧度小,后端弧度大。前端鳞状瘤区密集,大小比较一致,中间夹杂着少量小瘤。鳞状区分布至前胸背板的中部,后部刻点区有一条无点光亮的背中线,约至背板二分之一处,周围有一浅色区域,刻点小且稀疏。

5.3.4 鞘翅长约是宽的 1.5 倍。沟间部间隙明显,而且略微凸起。刻点直径大于刻点之间的距离。第一沟间有单行的具刚毛刻点,在第 2 到第 5 沟间无刻点。肩角第 6 刻点沟处有明显的突起。斜面第一齿位于第 2 个沟间处,圆锥形,顶部尖锐。第 2 个齿同第 1 齿,圆锥形的,但是顶部更粗壮,基部肿大。雄虫的第 3 齿呈头状,向腹部轻微弯曲,顶部略尖锐。雌虫的第 3 齿和第 2 齿的形状、大小基本一致,第 4 齿在雌、雄两性中都呈圆锥形,不计基部肿大的地方比第 2 齿略长。翅盘(见图 B.3)末端宽阔向后伸展,而且沿着边缘呈细圆齿状。翅盘密布的刻点略比鞘翅上的刻点小。

6 结果判定

成虫符合 5.2、5.3 的可鉴定为黑松八齿小蠹。

7 标本的保存

用卡莱氏溶液固定幼虫;标本可以分别做成针插标本或用 75% 甘油乙醇溶液制成浸渍标本;需要时,保存为害状标本,为害状标本应进行灭虫处理后进行干燥保存。

附 录 A
（资料性附录）
黑松八齿小蠹分布

加拿大(不列颠哥伦比亚),美国(华盛顿州、蒙大拿州、俄勒冈州、爱达荷州、加利福尼亚州、亚利桑那州、新墨西哥州),墨西哥(杜兰州、墨西哥州、哈利斯科州、米却肯州、恰帕斯州),危地马拉。

附 录 B
（资料性附录）
黑松八齿小蠹成虫形态特征

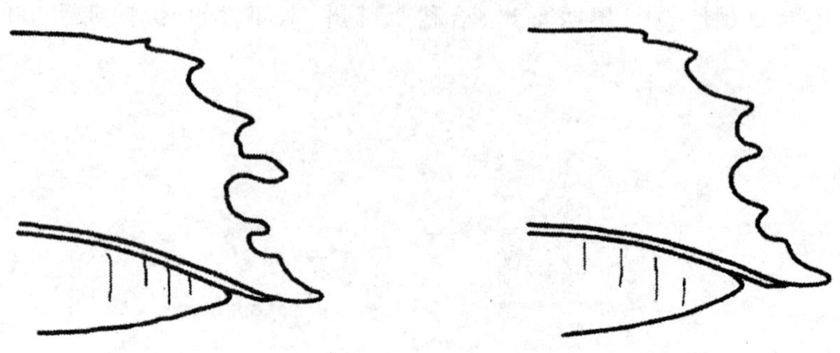

图 B.1 鞘翅斜面齿的侧面观（左：♂ 右：♀）

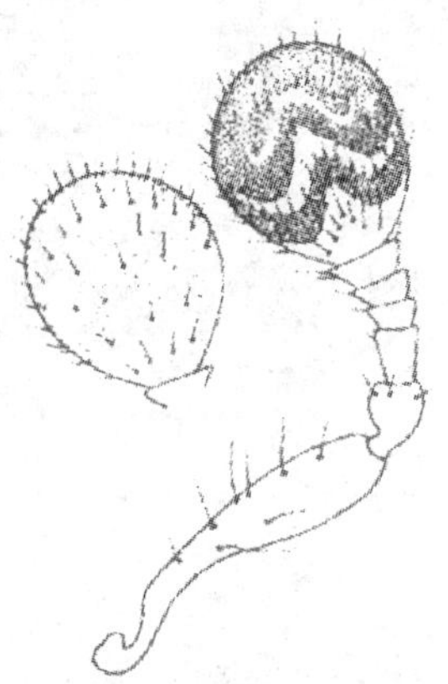

图 B.2 触角（左：反 右：正）

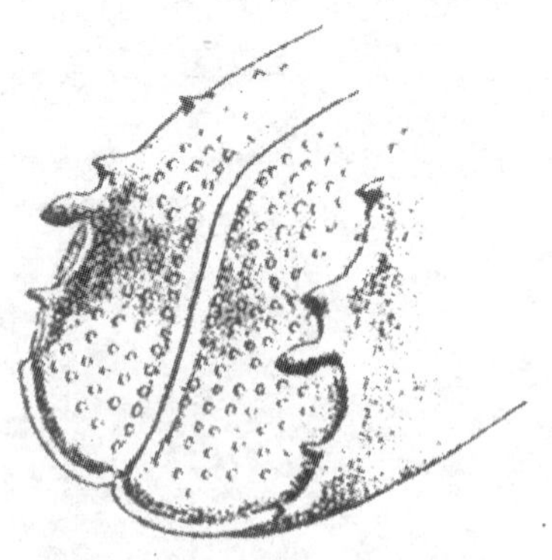

图 B.3 雄性鞘翅斜面

图 B.4 雄性成虫背面观

(仿 G. R. Hopping)

中华人民共和国出入境检验检疫行业标准

SN/T 2585—2010

肾斑皮蠹和拟肾斑皮蠹检疫鉴定方法

Detection and identification of *Trogoderma inclusum* LeConte and *Trogoderma versicolor*（Creutzer）

2010-05-27 发布　　2010-12-01 实施

中华人民共和国国家质量监督检验检疫总局 发布

前　言

本标准按照 GB/T 1.1—2009 给出的规则起草。

本标准由国家认证认可监督管理委员会提出并归口。

本标准负责起草单位：中华人民共和国吉林出入境检验检疫局。

本标准参加起草单位：中华人民共和国浙江出入境检验检疫局、中华人民共和国湖北出入境检验检疫局、中华人民共和国天津出入境检验检疫局、中华人民共和国北京出入境检验检疫局、中华人民共和国江苏出入境检验检疫局、中国检验检疫科学研究院。

本标准主要起草人：魏春艳、吴志毅、王振华、刘金华、王洪宾、柏亚铎、牟峻、王伟利、吴连鹏、郭建波、安榆林、张生芳。

肾斑皮蠹和拟肾斑皮蠹检疫鉴定方法

1 范围

本标准规定了肾斑皮蠹 *Trogoderma inclusum* LeConte 和拟肾斑皮蠹 *Trogoderma versicolor* (Creutzer)的检疫和鉴定方法。

本标准适用于肾斑皮蠹和拟肾斑皮蠹的检疫和鉴定。

2 术语和定义

下列术语和定义适用于本文件。

2.1

光刚毛 nudisetae

为单一而表面光滑的刚毛,绝无分支。

2.2

芒刚毛 spicisetae

1 根刚毛上具有多数芒状分支。

2.3

箭刚毛 hastisetae

由多数节组成,末端节发达,箭头状,其余节小,呈塔形。分布于幼虫胸部背板及腹部背板,尤其在腹末几节背板的两侧最集中,形成暗褐色毛簇。

2.4

上内唇 epipharynx

附在上唇内面的膜质衬里。

2.5

前脊沟 antecostal suture

幼虫胸节背板或多数腹节背板在每节前部的 1 条细横凹线,即体节前内脊的外沟。

2.6

端背片 acrotergite

在具前脊沟的体节背板,位于前脊沟之前,由前脊沟划分出的 1 条狭窄骨片。

3 原理

中文名称:肾斑皮蠹

学名:*Trogoderma inclusum* LeConte

分类地位:鞘翅目(Coleoptera)、皮蠹科(Dermestidae)、斑皮蠹属(*Trogoderma*)

中文名称:拟肾斑皮蠹

学名:*Trogoderma versicolor*(Creutzer)

分类地位:鞘翅目(Coleoptera)、皮蠹科(Dermestidae)、斑皮蠹属(*Trogoderma*)

肾斑皮蠹和拟肾斑皮蠹主要为害储藏谷物、豆类、油料等农产品,以各虫态随货物进行远距离传播,属于毁灭性为害。前者分布在美国、英国和印度；后者分布在欧洲大陆。斑皮蠹属昆虫在上世纪 60 年代已记述 120 种，主要分布于大洋洲区、新北区（北美）和新热带区（中美和南美），古北区的种类不多，其中经济意义较大的主要有 8 种：谷斑皮蠹 *Tr. granarium* Everts、花斑皮蠹 *Tr. variabile* Ballion、黑斑皮蠹 *Tr. glabrum*（Herbst）、肾斑皮蠹 *Tr. inclusum* LeConte、拟肾斑皮蠹 *Tr. versicolor*（Creutzer）、胸斑皮蠹 *Tr. sternale* Jayne、墨西哥斑皮蠹 *Tr. anthrenoides*（Sharp）和条斑皮蠹 *Tr. teukton* Beal。

两者的分类鉴定主要以成虫的外部形态特征和雄性外生殖器构造为依据。

4 仪器、用具和试剂

4.1 仪器

生物显微镜、体视显微镜、光照培养箱、烘箱。

4.2 用具

测微尺、放大镜、剪刀、镊子、昆虫解剖针、培养皿、载玻片、盖玻片、酒精灯、烧杯、圆孔筛、标本盒、毛笔、标签等。

4.3 试剂

何燕尔封液、10%氢氧化钠溶液、70%乙醇、还软液、乙醇-甘油保存液。

5 实验室检测鉴定

5.1 表面检查

仔细检查被害物上是否有皮蠹的成虫、幼虫、卵和蜕皮的壳等。

5.2 过筛检验

用圆孔筛对被害豆粒、植物种子等过筛，检查筛下物内是否有皮蠹成虫、幼虫和卵。

5.3 饲养检验

将可疑的被害物装在玻璃瓶中，放置于 28 ℃～30 ℃、相对湿度 70%～75%的光照培养箱内，待成虫羽化后进行鉴定。

5.4 标本预处理

必要时，要检查雄虫的外生殖器，操作时可将雄虫腹部取下，放入 10%氢氧化钠溶液中，在酒精灯上加热煮沸 5 min 后取出，在体视显微镜下解剖，将阳茎及阳基侧突分离，用何燕尔封液制片后在生物显微镜下观察。

5.5 镜检

观察成虫的外部形态特征，首先确定是否属于斑皮蠹属，在此基础上再核对种的特征。

5.6 鉴别特征

5.6.1 斑皮蠹属（*Trogoderma*）主要形态特征：

——表皮褐色至黑色，鞘翅上常有淡红色或淡黄色的亚基带和亚端带，亚基带常呈环状；

——头部具 1 中单眼；

——触角 11 节，雄虫触角棒 3 节～8 节，雌虫触角棒 3 节～5 节；

——后足第 1 跗节长于第 2 跗节。

5.6.2 肾斑皮蠹成虫主要形态特征(见附录 A)

——成虫体长 1.8 mm～4.2 mm，鞘翅淡色毛斑及表皮的花斑明显；在亚基带环与亚中带间常有纵带相连；

——触角 11 节，雄虫触角棒 6 节～8 节，末节长为宽的 2 倍，雌虫触角棒 4 节；

——复眼内缘中部显著凹入；

——颏的前缘中部稍凹入，凹缘的最深处颏的高度大于颏最大高度之半；

——鞘翅淡色毛斑及表皮的花斑明显，在亚基带环与亚中带间常有纵带相连；

——腹部第一腹板斜向外方伸达腹板后部二分之一，极少伸达腹板后缘的侧中陷线；

——雄虫外生殖器的阳茎桥中部不膨扩，第九腹节背方两侧角各有几根刚毛。

5.6.3 拟肾斑皮蠹成虫主要形态特征(见附录 B)

——成虫体长 2.0 mm～5.0 mm，倒卵形，表皮黑褐色，有光泽；前胸背板及鞘翅具淡色斑纹，鞘翅的亚基带环通常有伸入其内的傍中线与亚中带相连；

——触角及足的跗节淡褐色，腿节、胫节暗褐色，或触角及足全部暗褐色；

——雄虫触角第 3 节小，触角棒 8 节，但基部 1 节～2 节颇小，外观似为 6 节～7 节，末节长为宽的 2 倍；雌虫触角第 3 节和第 4 节近等长，触角棒 4 节～5 节，末节长略大于宽；

——复眼内缘中部不凹入；

——前胸背板后缘中央有一圆形白色毛斑，两侧下弯；

——颏的前缘略凹入，中部高度为最大高度的三分之二；

——中胸腹板中沟两侧亚矩形隆起，长为宽的 1.5 倍，后胸腹板侧中陷线的后部向外斜，达腹板前部的三分之一，腹部第一腹板无中侧陷线；

——雄虫外生殖器的阳茎桥宽，中部膨扩；雌虫交配囊内的成对骨片大，有很多齿。

5.6.4 肾斑皮蠹和拟肾斑皮蠹幼虫主要形态特征

参见附录 C。

6 结果判定

以成虫形态特征为主要依据(参见附录 D)，幼虫鉴别特征作为参考，符合 5.6.1 和 5.6.2 时可判定为肾斑皮蠹；符合 5.6.1 和 5.6.3 时可判定为拟肾斑皮蠹。两者外形十分相似，主要区别在于肾斑皮蠹复眼内缘中部明显凹入，雄虫外生殖器的阳茎桥中部不膨扩。

7 标本和样品保存

将肾斑皮蠹和拟肾斑皮蠹及重要的为害状标本妥善保存，根据害虫的虫态，幼虫和蛹用乙醇-甘油保存液保存，成虫制作成针插标本，记录害虫名称、来源、截获时间、地点、人员等相关信息，一般保存期至少为 6 个月。

附 录 A
（规范性附录）
肾斑皮蠹成虫鉴别特征图

图 A.1 肾斑皮蠹雄成虫
（摘自 www.dermestidae.com）

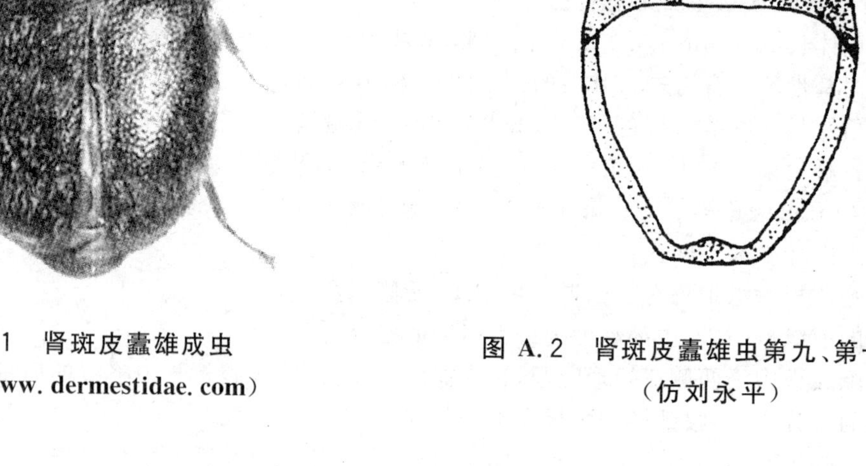

图 A.2 肾斑皮蠹雄虫第九、第十背板
（仿刘永平）

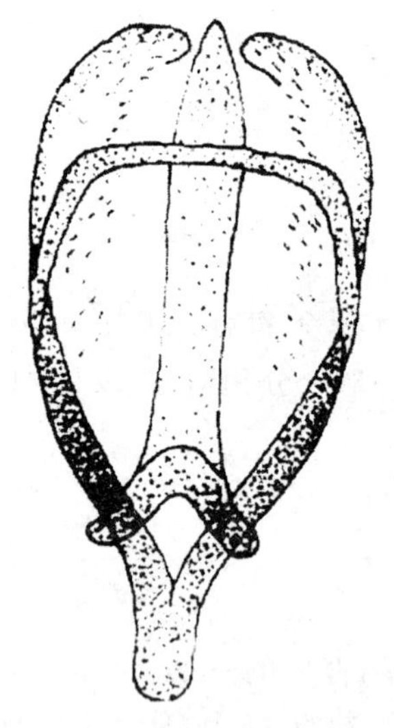

图 A.3 肾斑皮蠹雄性外生殖器（仿刘永平）

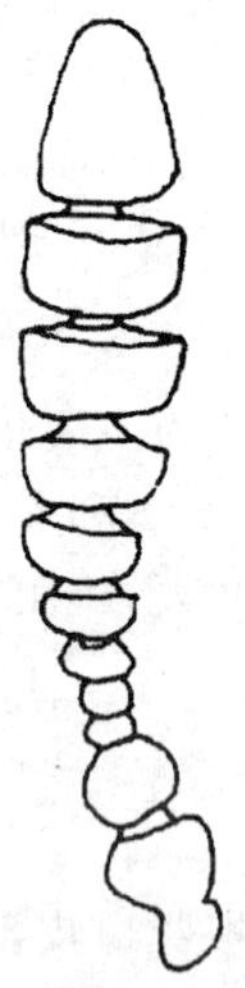

图 A.4 肾斑皮蠹雄虫触角（仿刘永平）

附 录 B
（规范性附录）
拟肾斑皮蠹成虫鉴别特征图

图 B.1 拟肾斑皮蠹雄成虫
（摘自 www.dermestidae.com）

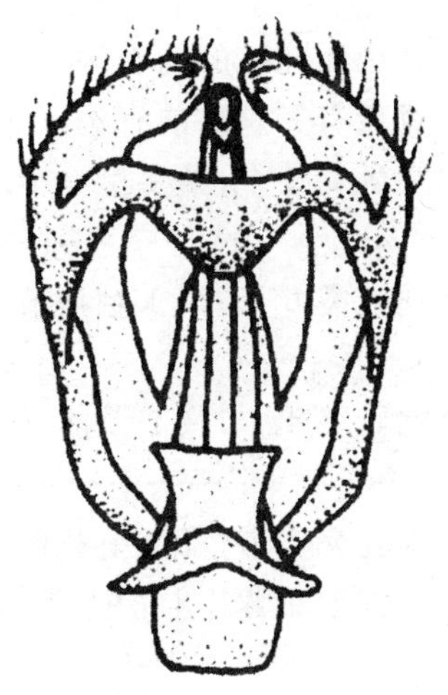

图 B.2 拟肾斑皮蠹雄性外生殖器
（仿 beal）

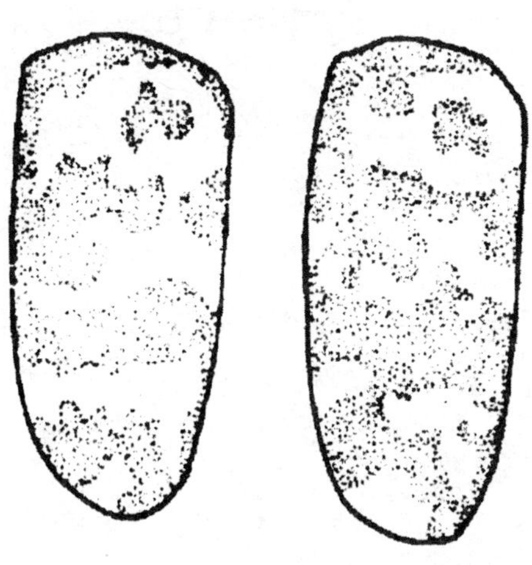

图 B.3 拟肾斑皮蠹成虫鞘翅斑纹（仿 Hinton）

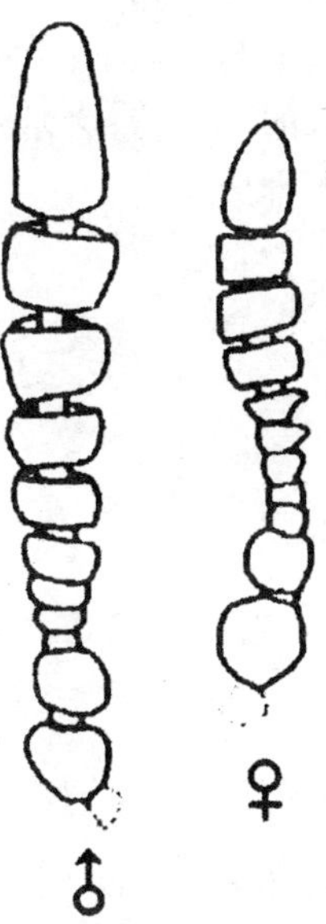

图 B.4 拟肾斑皮蠹成虫触角（仿 Hinton）

附　录　C
（资料性附录）
斑皮蠹属（*Trogoderma*）八种幼虫鉴别检索表

1. 触角第 2 节有光刚毛 2 根～3 根 …………………………………… 长斑皮蠹 *Tr. Angusturm*（Solier）
   触角第 2 节无刚毛或仅有 1 根刚毛 …………………………………………………………………… 2
2. 触角第 1 节上的长刚毛着生于该节周围，伸达或超越第 2 节端部 ………………………………… 3
   触角第 1 节上的长刚毛仅着生于该节一侧，不超越第 2 节端部；第 8 腹板具前脊沟；上内唇乳突 6 个 ……………………………………………………………………………………………… 7
3. 第 8 腹节背板无完整的前脊沟 …………………………………………………………………… 4
   第 8 腹板背板有完整的前脊沟 …………………………………………………………………… 5
4. 上内唇感觉乳突 4 个；第 1 触角节上的毛超越第 2 节端部；背板单一黄色或淡黄色 ……………………………………………………………………… 谷斑皮蠹 *Tr. granarium* Everts
   上内唇感觉乳突 6 个；第 1 触角节上的毛不超越第 2 节端部；胸节及前几个腹节背板两侧通常呈淡灰褐色……………………………………………………………… 条斑皮蠹 *Tr. teukton* Beal
5. 上内唇感觉乳突 4 个；胸节及前几个腹节背板全部或局部暗灰色 ……………………………………………………………………………… 黑斑皮蠹 *Tr. glabrum*（Herbst）
   上内唇感觉乳突 6 个；背板呈黄色或淡红褐色 ……………………………………………………… 6
6. 腹部第 1 节背板端背片上芒刚毛的长度不大于该背板长度之半 ……………………………………………………………………………… 肾斑皮蠹 *Tr. inclusum* Le Conte
   腹部第 1 节背板端背片上有许多芒刚毛的长度大于该背板的长度 ……………………………………………………………………… 拟肾斑皮蠹 *Tr. versicolor*（Creutzer）
7. 幼虫箭刚毛末节与末前节间的中轴简单，两侧近平行，无明显的附属结构，末第 2 节长约为末第 3 节的 2 倍；大龄幼虫的背板淡黄色；胸部和腹部前几个脊板中区通常着生较密的箭刚毛；背板上直立的长芒刚毛通常排成 2 列 …………………………………… 墨西哥斑皮蠹 *Tr. anthrenoides*（Sharp）
   幼虫箭刚毛末节与末前节间的中轴有两组不规则的附属物，看上去被划分为 3 个小节，末第 2 节长约为末第 3 节的 1.2 倍；大龄幼虫的背板呈红褐色；胸节和腹节背板中区很少有箭刚毛；背板上直立的长刚毛通常排成 1 列 ………………………………………… 花斑皮蠹 *Tr. variabile* Ballion

（注：引自刘永平、张生芳编著《中国仓储品皮蠹害虫》）

附 录 D
（资料性附录）
斑皮蠹属（*Trogoderma*）有关害虫成虫鉴别检索表

1. 体细长，宽不及长的二分之一；雌虫触角棒3节；鞘翅亚基带不呈环状；鞘翅淡色，横带上的淡色毛除极少量为淡黄褐色外，近全部白色 …………………………………… 长斑皮蠹 *Tr. Angusturm*(Solier)
   体较宽，宽大于长的二分之一；雌虫触角棒至少4节；鞘翅亚基带环状 …………………………………… 2
2. 鞘翅的表皮色泽单一，或有极不明显的淡色斑纹；白色毛稀少而不形成明显毛斑，或无白毛 ……… 3
   鞘翅的表皮有明显淡色斑纹，淡色毛形成明显毛斑 …………………………………………………… 4
3. 触角9节～11节；雄虫触角棒不超过5节，雌虫3节～4节；鞘翅上的花纹极不清晰；触角窝后缘隆线特别退化；底部表面呈弱隆线状或有粗皱状刻点；前胸腹板中突无隆线，端部中央有一隆起 ……
   ………………………………………………………………………… 谷斑皮蠹 *Tr. granarium* Everts
   触角11节，雄虫触角棒6节～7节，雌虫触角棒4节；雄虫触角窝底有模糊斜纹，光滑，有光泽；前胸腹板有一低而宽明显中纵隆 ………………………………………… 黑斑皮蠹 *Tr. glabrum*(Herbst)
4. 复眼内缘中部显著凹入；雄虫触角窝底有细纹并发亮 …………… 肾斑皮蠹 *Tr. inclusum* Le Conte
   复眼内缘中部直行，圆形或略弯曲，不凹入 ………………………………………………………… 5
5. 鞘翅亚基带与亚中带间以傍中线相连，雄虫触角棒8节，基部2节颇小，外观似6节～7节；触角窝底全部着生细小颗粒，暗淡无光泽 ……………………………… 拟肾斑皮蠹 *Tr. versicolor*(Creutzer)
   鞘翅亚基带与亚中带间无明显的傍中线相连；触角窝底及雄虫触角棒非上述 …………………… 6
6. 雄虫触角棒5节～6节；触角窝底具少量细纵纹，光滑有光泽；后胸腹板和腹部第一腹板的侧中陷线向中足及后足基节窝内缘后斜伸 …………………………………………… 条斑皮蠹 *Tr. teukton* Beal
   雄虫触角棒8节；触角窝底着生斜纹；后胸腹板和腹部第一腹板无侧中陷线 ………………………
   ………………………………………………………………………… 花斑皮蠹 *Tr. variabile* Ballion

（注：引自中华人民共和国北京动植物检疫局编著《中国植物检疫性害虫图册》）

中华人民共和国出入境检验检疫行业标准

SN/T 2588—2010

刺桐姬小蜂检疫鉴定方法

Detection and identification of *Quadrastichus erythrinae* Kim

2010-05-27 发布　　　　2010-12-01 实施

中华人民共和国
国家质量监督检验检疫总局　发布

前　言

本标准按照 GB/T 1.1—2009 给出的规则起草。

本标准由国家认证认可监督管理委员会提出并归口。

本标准起草单位：中华人民共和国深圳出入境检验检疫局、中华人民共和国厦门出入境检验检疫局。

本标准主要起草人：陈志粦、焦懿、余道坚、康林、杨伟东、黄蓬英、林明光、向才玉、徐浪。

刺桐姬小蜂检疫鉴定方法

1 范围

本标准规定了刺桐姬小蜂检疫鉴定方法。

本标准适用于进出境刺桐属植物的携带刺桐姬小蜂的检疫和鉴定。

2 原理

2.1 刺桐姬小蜂的分类地位

学名：*Quadrastichus erythrinae* Kim，2004。

异名：无。

英文名 Erythrina Gall Wasp。

分类地位：膜翅目 Hymenoptera，姬小蜂科 Eulophidae，啮小蜂亚科 Tetrastichinae，胯姬小蜂属 *Quadrastichus*。

2.2 刺桐姬小蜂的为害状及生物学特性

刺桐姬小蜂分布较广（参见附录 A 第 A.1 章），专一为害刺桐属植物 *Erythrina* spp.（参见附录 A 第 A.2 章）。成虫产卵于寄主植物的新叶、叶柄、嫩枝、花蕾或果荚等幼嫩表皮组织内，幼虫孵出后在组织内取食和发育，植株受到刺激，受害部位形成肿大的虫瘿。老熟幼虫在虫瘿内化蛹，成虫羽化后在寄主表皮咬一个羽化孔，并从羽化孔爬出。刺桐姬小蜂为害造成树木生长缓慢，严重时能引起大量落叶甚至植株死亡。刺桐姬小蜂生活周期短，1 个世代大约 1 个月左右，1 年可发生多个世代，世代重叠严重。该虫主要随刺桐属植物苗木、植株、栽培介质等进行远距离传播。

2.3 刺桐姬小蜂的鉴定依据

本标准以刺桐姬小蜂成虫的形态特征为鉴定依据。

3 术语和定义

下列术语和定义运用于本文件。

3.1

环状节 annellus

触角鞭节前的第 1、2 环状小节（位于索节前方）。

3.2

乳头状端突 papillary

触角棒末节端部的乳状突起。

3.3

感觉器 sensillum

触角鞭节上的板状感觉器。

3.4

产卵器 ovipositor

雌成虫腹端用以产卵的结构。

3.5

雄虫外生殖器 male genitalia

由阳茎、阳基侧突和基片组成。

4 仪器和试剂

4.1 仪器与用具

体视显微镜、光学显微镜、恒温恒湿箱、小毛笔、培养皿、放大镜、剪刀、解剖刀、昆虫解剖针、镊子、枝剪、指形管、样品袋等。

4.2 试剂

70%乙醇、5%亚硫酸浸泡液。

5 鉴定前的准备工作

5.1 症状检查

刺桐姬小蜂主要寄生于刺桐属植物的新叶、叶柄、嫩枝、花蕾或夹果表皮组织内，受害部位逐渐膨大形成虫瘿。检查时注意观察虫瘿，收集有虫瘿症状的叶、枝、花及夹果。在室内将虫瘿进行解剖，取出虫瘿内的幼虫、蛹虫和成虫，保存于70%乙醇内，以备实验室鉴定之用。

5.2 饲养

用剪刀将虫瘿部位剪下，放入密实袋中密封，在袋两面用解剖针针头刺成多个小孔透气，置于恒温恒湿培养箱中，在27 ℃～28 ℃条件下饲养观察和收集成虫。

5.3 成虫生殖器玻片制作

用解剖刀切下成虫腹部，置于10%氢氧化钠(或10%氢氧化钾)溶液中浸泡12 h(或煮沸3 min)后取出，用蒸馏水洗净，在体视显微镜下挑出雌虫产卵器和雄虫阳茎，移入盛有何燕尔封液或加拿大树胶的载玻片上，盖上盖玻片制成玻片标本，以供显微镜下观察。

6 胯姬小蜂属与刺桐姬小蜂的形态特征

6.1 胯姬小蜂属的鉴定特征

头正面观横宽，触角着生于颜面中部下方，位于复眼下缘连线之下，索节和棒节均为3节。前胸短，小盾片具纵沟2条。并胸腹节无中脊和侧褶。前翅亚前缘脉具刚毛1根，具后缘脉，腹部卵圆形，无柄，产卵器不突出。

6.2 刺桐姬小蜂雌成虫的鉴定特征

6.2.1 体长1.45 mm～1.6 mm，体黑褐色，间有黄色斑；头浅黄色，单眼3个，红色，略呈三角形排列；复眼棕红色，近圆形(参见附录B图B.1)。

6.2.2 触角9节,淡棕色,柄节后部淡黄色。柄节柱状,不伸达头顶;梗节长约为宽的1.6倍;环状节短小,横宽;索节3节,各节大小几乎相等,长均为宽的1.3倍～1.6倍,侧面观每节具1个～2个比索节略短的感觉器,感觉器端部抵达下一索节;棒节3节,较索节粗,第1节长宽相当,第2节横宽,第3节收缩成圆锥状,末端具一乳头状端突(参见附录B图B.4)。

6.2.3 前胸背板黑褐色,中间具一凹形浅黄色横斑。具3根～5根短刚毛;小盾片棕黄色,中间有2条浅黄色纵线,有明显的亚中线和亚侧线,具2对刚毛(偶尔3对),前毛正好位于小盾片长度之半(参见附录B图B.1)。

6.2.4 翅面纤毛黑褐色,翅脉褐色。前缘室无纤毛。亚缘脉具1根刚毛,着生于亚缘脉的中部稍靠前。亚缘脉通向缘前脉之间有折痕。后缘脉几乎退化,其长为痣脉的0.3倍。前缘脉、缘脉、痣脉、后缘脉=(3.9～4.1):(2.8～3.1):1.0:(0.1～0.3)。基室无纤毛,后方有一个较小的透明斑,斑内无毛,其后端开口(参见附录B图B.3)。

6.2.5 腹部褐色,略长于头部与胸部之和,背面颜色较腹面深。肛下板长,伸达第6腹节后缘,为腹部长的0.8倍～0.9倍。产卵器鞘不突出,藏于腹内。刺针长度为0.46 mm～0.53 mm。尾须具3根刚毛,最长1根稍弯曲,其长度约为其他两根的1.3倍;其他两根大致相等(参见附录B图B.6)。

6.3 刺桐姬小蜂雄成虫的鉴定特征

6.3.1 体长1.0 mm～1.15 mm,体色较雌虫浅,头和触角浅黄白色,头具3个红色单眼,略呈三角形排列。复眼棕红色,近圆形(参见附录B图B.2)。

6.3.2 触角10节,触角柄节柱状,高超过头顶,梗节长为宽的1.5倍。柄节腹面具数条浅褐色斑纹,其长度约为柄节之半。索节4节,无毛轮,第1索节明显短于其他各节,呈横形,宽约为长的1.4倍,其余各节形状与雌虫相同(参见附录B图B.5)。

6.3.3 腹部短于雌虫,前半部黄白色,后半部黑褐色。外生殖器延长,阳茎长而突出,并具1对腹侧突,其长约为阳茎的0.4倍。阳茎长度为0.36 mm～0.43 mm,露出体外部分长度约为0.08 mm～0.12 mm(参见附录B图B.7)。

6.3.4 其余部分与雌成虫相同。

7 结果评定

成虫符合6.2和6.3鉴定特征的,判定为刺桐姬小蜂。

8 标本的保存

采集到的标本应妥善保存。害虫标本可保存在70%的乙醇溶液中。为害状标本先放5%硫酸酮溶液中浸泡,从第3天开始,每天1次,观查溶液中浸泡标本的颜色。当观察到标本颜色褪成黄色后又重新变成绿色时,将标本取出,用清水将硫酸酮洗净,放入装有4%亚硫酸保存液的玻璃瓶中,密封瓶口保存,并注明学名、采集人、采集时间及地点等。

附　录　A
（资料性附录）
刺桐姬小蜂的寄主植物与地理分布

A.1　刺桐姬小蜂的地理分布

西班牙、以色列、意大利（西西里岛）、美国（夏威夷、佛罗里达州和萨莫亚群岛）、摩洛哥、印度尼西亚、印度、日本、泰国、菲律宾；中国台湾、香港、中国大陆的广东、福建及海南省等。

A.2　刺桐姬小蜂的寄主植物

刺桐 *Erythrina indica*、杂色刺桐 *E. variegata*、金脉刺桐 *E. variegata var. orientalis*、珊瑚刺桐 *E. coralloides*、鸡冠刺桐 *E. cristagalli*、龙牙花 *E. corallodendron*、*E. fusca*、*E. sandwicensis* 等刺桐属植物。

附 录 B
（资料性附录）
刺桐姬小蜂形态特征图

图 B.1 雌成虫背面观

图 B.2 雄成虫背面观

图 B.3 翅

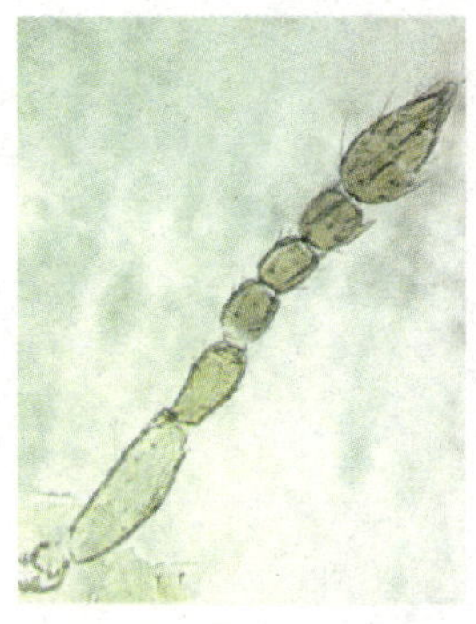
图 B.4 雌虫触角

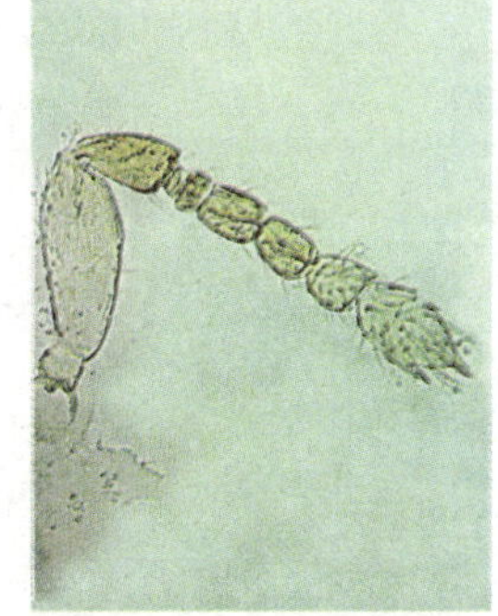
图 B.5 雄虫触角

图 B.6 雌虫产卵器

图 B.7 雄虫外生殖器

中华人民共和国出入境检验检疫行业标准

SN/T 2599—2010

红脂大小蠹检疫鉴定方法

Detection and identification of *Dendroctonus valens* LeConte

2010-05-27 发布　　2010-12-01 实施

中华人民共和国
国家质量监督检验检疫总局　发布

前　言

本标准按照 GB/T 1.1—2009 给出的规则起草。

本标准由国家认证认可监督管理委员会提出并归口。

本标准起草单位:中华人民共和国安徽出入境检验检疫局、中华人民共和国珠海出入境检验检疫局、中华人民共和国吉林出入境检验检疫局、安徽农业大学。

本标准主要起草人:姚剑、温劲松、廖力、魏春艳、张龙娃、方元炜、余晓峰、李刚、张萍、李云飞、郑海松、张道环。

红脂大小蠹检疫鉴定方法

1 范围

本标准规定了红脂大小蠹 *Dendroctonus valens* LeConte 的检疫和鉴定方法。

本标准适用于红脂大小蠹的检疫和鉴定。

2 规范性引用文件

下列文件对于本文件的应用是必不可少的。凡是注日期的引用文件,仅所注日期的版本适用于本文件。凡是不注日期的引用文件,其最新版本(包括所有的修改单)适用于本文件。

SN/T 2122 进出境植物及植物产品检疫抽样方法

3 原理

3.1 分类地位:鞘翅目(Coleoptera),小蠹科(Scolytidae),海小蠹亚科(Hylesininae),切梢小蠹族(Tomicini),大小蠹属(*Dendroctonus*),红脂大小蠹 *Dendroctonus valens* LeConte。

3.2 鉴于切梢小蠹族昆虫较多,寄主范围近,为准确鉴定,本方法从族、属、种的形态特征入手,逐步缩小鉴定范围。

3.3 本方法遵循以成虫的形态特征为主要依据的鉴定原则。

4 仪器和试剂

4.1 仪器及用具

体视显微镜、解剖刀、昆虫解剖针、标签、试管、镊子、铲子、斧子、放大镜、记号笔。

4.2 溶液

4.2.1 75%的乙醇溶液。

4.2.2 卡莱氏溶液:在17份95%乙醇中加入2份冰乙酸、6份甲醛、28份蒸馏水摇匀而成,用于虫体形态固定和标本保存。

5 现场检疫

5.1 抽样

按SN/T 2122抽样检查红脂大小蠹寄主植物、植物产品或其他应检物(参见附录A)。

5.2 现场检查

5.2.1 检查树干皮部是否有红褐色或灰白色漏斗状或不规则状凝脂块。

5.2.2 查看韧皮部与木质部之间或直接查看木质材料是否有成虫侵入的虫道或幼虫取食韧皮部后的

痕迹，进而查看坑道、羽化孔和蛹室，查找成虫、幼虫、卵或蛹。

5.2.3 将发现的大小蠹成虫、幼虫或蛹、卵装入盛有75%乙醇溶液的试管中，如现场仅取得活的幼虫可随被害植物块一起直接带回，经人工饲育羽化为成虫后再进一步鉴定。

6 实验室鉴定

6.1 镜检

将清理后的标本置于体视显微镜下，观察是否符合以下鉴定特征。

6.2 鉴定特征

6.2.1 切梢小蠹族成虫特征

——复眼纵椭圆形，从无缺刻或分成两半；
——触角鞭节细长，4节～7节，锤状部对称，形扁，有节缝；
——前胸背板前半部无瘤齿；
——鞘翅两基缘呈并列双凸弧线；
——前足两基节窝相连或分开；
——体表被毛或鳞状毛。

6.2.2 大小蠹属成虫特征

——体长2.5 mm～9.6 mm，体暗褐色至黑色；
——两性额中部均微突，有刻点和强劲的额毛，额毛以中部突起为中心，向四周倾伏；颅中缝凹陷呈沟状；
——复眼长椭圆形，完整无缺刻；
——触角着生点与复眼前缘有一定距离，触角鞭节5节，锤状部扁饼状，近圆形，4节，顶端平齐；
——前胸背板长小于宽，背板两侧自基向端急剧收缩，背板前缘中部有凹刻。背板表面平滑，有刻点和茸毛，毛梢指向背中线的中点；
——鞘翅基缘宽于前胸背板基缘；鞘翅侧缘直伸，尾端圆钝。两翅基缘各自前突，合成并列双弧，基缘本身隆起，上有一列锯齿，小盾片处锯齿中断。刻点沟稍凹陷，沟中刻点圆大；沟间部隆起，有褶皱和小颗粒，并有长短不等的茸毛；
——两前足基节相互连接，第3跗节宽阔呈双叶状，将微小的第4跗节夹于双叶之间，胫节外缘有齿列。

6.2.3 红脂大小蠹特征(参见附录B和附录C)

6.2.3.1 雄虫特征

——体长5.3 mm～8.3 mm，平均约7.3 mm，体红褐色；
——额面凸起，其中有3高点，排成品字：第1高点紧靠头盖缝下端之下，其余2高点则分别位于额中两侧；口上突宽阔，其基部宽度约占复眼上缘连线宽度的0.55以上，口上突两侧臂圆鼓地凸起，而口突表面中部则纵向下陷，口突侧臂与水平向夹角约20°；
——前胸背板的长宽比约为0.73，前缘稍呈弓形，外缘后部三分之二近平行，在靠近前缘的部位中度缢缩。表面平滑有光泽，前胸侧区上的刻点细小，不甚稠密；
——鞘翅的长宽比为1.5，翅长与前胸长度之比为2.2；侧缘前部三分之二直伸，近平行，尾部圆钝；基缘弓形，具一列12个中等大小、隆起、重叠的锯齿和较小的亚缘齿，尤其在第2、3沟间部；鞘翅斜面第1沟间部基本不凸起，第2沟间部不变狭窄也不凹陷；各沟间部表面均有光泽；沟间部上的刻点较多，在其纵中部刻点凸起呈颗粒状，有时前后排成纵列，有时散乱不成行列。

6.2.3.2 雌虫特征

——与雄虫相似；
——体形稍大，体长7.5 mm～9.6 mm，平均约8.3 mm；
——额中部在复眼上缘高度处具1圆形凸起；
——前胸背板上的刻点略大；
——鞘翅上的颗粒和鞘翅中部的锯齿稍大。

6.2.3.3 成虫与近似种 *D. rhizophagus* 的区别

红脂大小蠹触角棒近圆球形，*D. rhizophagus* 触角棒为不规则形。

6.2.3.4 卵

圆形，长0.9 mm～1.1 mm，宽0.4 mm～0.5 mm，乳白色，有光泽。

6.2.3.5 幼虫

体白色，头部淡黄色，口器黑褐色，老熟幼虫体长约11.8 mm，腹末端1棕色臀痣，其上生两列棕褐色刺钩，每列3个，上列大于下列。

6.2.3.6 蛹

体长6.4 mm～10.5 mm，初乳白色，渐浅黄或暗红色，腹末端1对刺突。

7 结果判定

以成虫鉴定特征为依据，幼虫鉴定特征为参考，符合6.2.1,6.2.2,6.2.3.1～6.2.3.3，可判定为红脂大小蠹。

8 样品和标本保存

经过鉴定的上述标本应制成针插标本或用卡莱氏溶液制成浸渍标本，至少保存6个月。

附 录 A
（资料性附录）
红脂大小蠹分布、寄主及危害状

A.1 国外分布

广泛分布于美洲从北纬 15°～55°的地区，包括美国亚利桑那、加利福利亚等 23 个州，加拿大的艾伯特、不列颠哥伦比亚、新斯科舍，魁北克、安大略省，墨西哥的北下加利福利亚、联邦区、杜兰哥、墨西哥城、奇瓦瓦、伊达尔弋、莫雷洛斯、普埃布拉以及危地马拉、洪都拉斯等国。

A.2 寄主

松属（*Pinus*）所有树种和云杉属（*Picea*）、黄杉属（*Pseudotsuga*）、冷杉属（*Abies*）及落叶松属（*Larix*）的部分树种。国内主要为害油松（*Pinus tabulaeformis*），少量侵害白皮松（*P. bungeana*）、樟子松（*P. svlvestris*）以及华山松（*P. armandii*）。

A.3 危害状

坑道：扇形共同坑，子坑道向母坑道两侧发展，母坑道长 30 cm～65 cm、宽 1.5 cm～2.0 cm。

羽化孔：圆形，直径 3.03 cm～4.04 mm，平均 3.35 mm。

蛹室：肾形、椭圆形或圆形，长 10 cm～13.6 mm，平均 11.3 mm；宽 7.8 cm～10.5 mm，平均 9.1 mm。

附 录 B
（资料性附录）
红脂大小蠹形态特征图

图 B.1 成虫侧面观

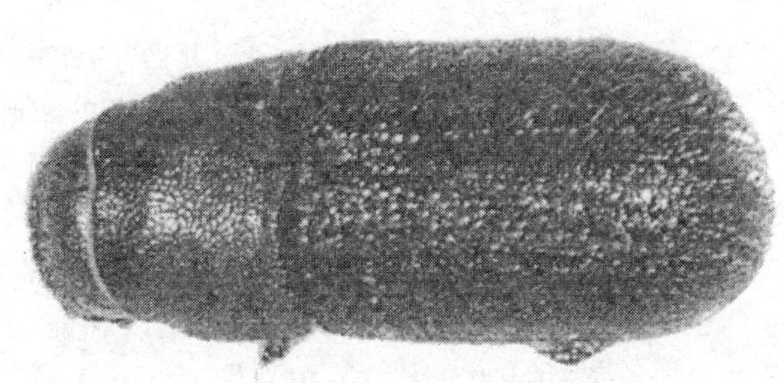

图 B.2 成虫背面观

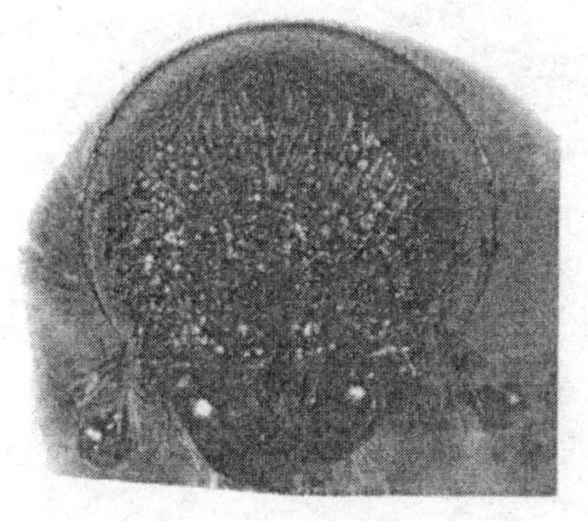

图 B.3 成虫额部图

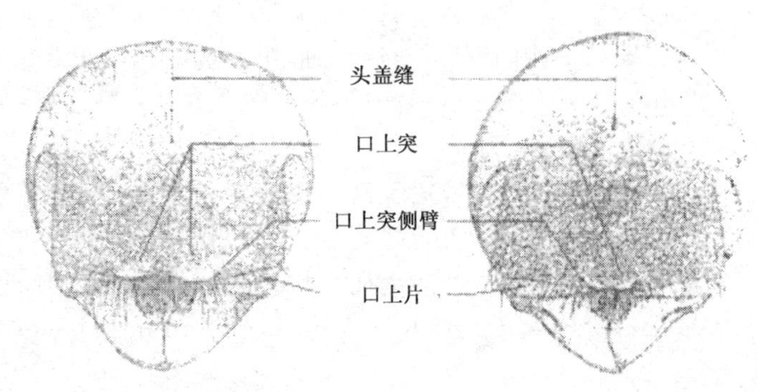

图 B.4 成虫额部特征图（左：雄 右：雌）（仿 Wood，1982）

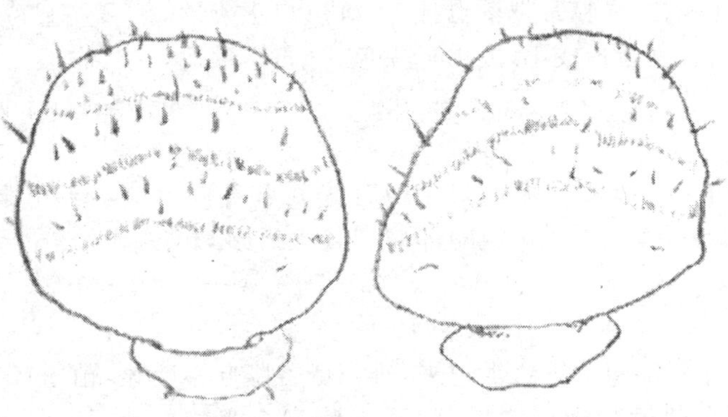

图 B.5 与 *D. rhizophagus*（右）触角棒的区别

附　录　C
（资料性附录）
大小蠹属鉴定特征

C.1　国外分布的大小蠹属（*Dendroctonus*）检索表

1　额上有一深窄中沟从口上突至复眼上缘连线，雄虫中沟若不明显，则额侧区明显凸起并常常伴有1个～2个瘤突（除 *D. adjunctus*）；雌虫凸起若不明显，则前胸背板的前部收缩并在侧后部伴有横向突起（*D. adjunctus* 侧部不明显）；口上突宽，侧缘显著隆起；体形较小，2.5 mm～7.4 mm，寄主为松属（*Pinus*）…………………………………………………………………………………… 2

额部眼上缘连线下方无中沟；额侧区和前胸背板均无突起；口上突窄，不显著，侧臂隆起或不；体形较大，5.0 mm～9.0 mm（*D. simplex* 属的较少种 3.7 mm 以至 3.4 mm），寄主为松属（*Pinus*）和其他针叶…………………………………………………………………………………………… 7

2　鞘翅斜面第 2 沟间部刻点和颗粒多而杂乱，第 2 沟间与第 1、3 同宽，顶部无缢缩；体形较小，2.5 mm～5.0 mm　…………………………………………………………………………………… 3

鞘翅斜面第 2 沟间部颗粒稀，单列，第 2 沟间比第 1、3 窄或顶部明显缢缩。体形较大，3.8 mm～7.4 mm …………………………………………………………………………………………………… 6

3　鞘翅斜面上软毛较多，短于沟间部宽度的一半；沟间后半部横褶不宽于沟间部宽度的一半；斜面上的刻点沟不显著，沟间部刻点若成为颗粒，则多，粒形细小，以至成颗粒状。分布加拿大的大不列颠哥伦比亚，墨西哥的奇瓦瓦州和美国的得克萨斯州西部，寄主为美国黄松（*P. ponderosa*）和大果松（*P. coulteri*），体长 2.5 mm～5.0 mm　…………… 西松大小蠹 *D. brevicomis* LeConte

鞘翅斜面上软毛较少，有些长于沟间距的 2 倍，一些沟间后半部横褶至少与沟间部宽度相等，斜面刻点沟清晰，刻点较沟间刻点大而明显，沟间刻点较少，大多具粗糙颗粒 …………………… 4

4　前胸背板侧部三分之一处刻点多而密，直径大都小于小眼面直径的 2 倍，一般具瘤突，后侧区三分之一以上部分具颗粒，颗粒常把刻点抹掉，雄虫口上突宽，侧臂明显隆起，前部瘤突较小且少，鞘翅尤其是斜面上有锯齿列较小，成虫近黑色，分布于危地马拉，体长 2.6 mm～4.6 mm ……
………………………………………………………… 危地马拉（韦氏）大小蠹 *D. vitei* Wood

前胸背板侧部三分之一处刻点大，不紧密，有些刻点直径至少等于小眼面直径的 3 倍，瘤突和颗粒不明显或无，雄虫口上突稍窄，前部瘤突较大且多，鞘翅斜面锯齿列较大，成虫深褐色，体形较小 ……………………………………………………………………………………………… 5

5　雌虫额面刻点细小，紧靠口上突之上坦平，雄虫侧臂隆起不明显，鞘翅背上方刻点沟通常宽，沟部刻点较大，刻点间无圆齿状刻点瘤堤；沟间齿状刻点平均较小且少；成虫浅褐色到褐色，体长 2.2 mm～3.2 mm，寄主为松属（*Pinus*），分布于美国的俄克拉荷马、宾夕法尼亚到亚利桑那、新墨西哥、得克萨斯东部、福罗里达和洪都拉斯……　南松（瘤额）大小蠹 *D. frontalis* Zommermann

雌虫前额刻点粗糙，紧靠口上突之上凹陷（由于侧臂的隆起），雄虫侧臂明显隆起，鞘翅背上方的刻点沟窄，沟中刻点小或不明显，刻点前缘突起前后相接变成细小的瘤堤；沟间部瘤堤平均较大；成虫褐色到黑色，体长 2.4 mm～3.7 mm，寄主为松属（*Pinus*），墨西哥的奇瓦瓦州到洪都拉斯 …………………………………………………… 墨西哥松大小蠹 *D. mexicanus* Hopkins

6 第 1 和第 3（大多情况下）沟间部颗粒多而杂乱，雌虫前胸背板亚前缘的侧面横向隆起明显，雄虫额部两侧具明显瘤突，身体粗壮，长是宽的 2.5 倍；体长 4.5 mm～7.4 mm，寄主松属（*Pinus*），美国的犹他州中部到科罗拉多，洪都拉斯 ………………… 科松大小蠹 *D. approximatus* Dietz

第 1 和第 3 沟间部颗粒稀，单列，雌虫前胸背板亚前缘侧面横向隆起在体侧消失，雄虫额部两侧无瘤突，体型狭长，长是宽的 2.65 倍，体长 3.8 mm～6.0 mm，分布美国的犹他州中部，科罗拉多到危地马拉 …………………………………………………… 间大小蠹 *D. adjunctus* Blandford

7 沟间部暗（有许多小皱褶）或有光泽，若有光泽，雌雄虫刻点都是颗粒而且沟部刻点大而清晰；口上突较宽，复眼间距离不超过其基部宽度的 2.2 倍；前胸的口上区刻点具粗糙颗粒，刻点模糊或无 ………………………………………………………………………………………… 8

沟间部平整有光泽，大都有刻点，少数种雌虫具颗粒；口上突较窄，复眼间距离是其基部宽度的 2 mm～3 倍；前胸背板的侧区前部具刻点，颗粒小或无 ……………………………………………… 12

8 鞘翅斜面暗（通常多皱）；第 2 沟间通常扁平下陷，第 1 沟间明显隆起，第 3 沟间微弱隆起；鞘翅沟间颗粒单列，并有散生的小刻点 ……………………………………………………………… 9

鞘翅斜面有光泽；第 2 沟间不下陷，若第 1 沟间部隆起，则为微弱的缝；鞘翅沟间刻点几乎为颗粒，多，杂乱而密，不成纵列 ……………………………………………………………………… 10

9 前胸背板上刻点粗糙稠密，间距平均小于刻点直径，刻点底心通常扁平，或具 1 颗粒；体长 3.7 mm～7.5 mm，加利福利亚标本平均较小，96% 的标本体长小于 5.0 mm；寄主为松属（*Pinus*），分布加拿大的不列颠哥伦比亚和美国的达科他州南部、加利福利亚平原和新墨西哥 …………………………………………………………………… 山松大小蠹 *D. ponderosae* Hopkins

前胸背板上刻点细小，间距平均至少是刻点直径 2 倍，底心通常凹陷，不生颗粒；体长 5.0 mm～7.5 mm（6% 的标本体长小于 5.0 mm），寄主为约弗松（黑材松 *Pinus jeffreyi*），分布南俄勒冈，加利福利亚平原 ………………………………………… 光背（约弗）大小蠹 *D. jeffreyi* Hopkins

10 口上突宽、平，侧臂不隆起；刻点沟中刻点小而暗，鞘翅中上方刻点沟褶皱缩粗，许多与沟间部的同宽，少数横跨整沟；额明显均匀凸起，前胸背板前部渐窄，无明显的亚前缘缢缩。体长 5.2 mm～6.9 mm，寄主为松属（*Pinus*），分布墨西哥的奇瓦瓦州和锡那罗亚州到洪都拉斯 ……… …… ……………………………………………………… 平行（浅沟）大小蠹 *D. parallelocollis* Chapuis

口上突宽，横向凹陷，侧臂明显隆起；刻点沟较大，沟间横褶从不跨过沟；额不规则凸起，不如前种明显；前胸背板前部若窄也很微弱，背板前缘之后有明显缢缩 ……………………………… 11

11　成虫体色黑，前胸背板背顶部刻点粗糙，靠近侧缘的较顶部的大得多；斜面上瘤突通常较大，明显多，体长 5.0 mm～8.0 mm，寄主为松属(*Pinus*)，分布于美国的东马塞诸塞州到东得克萨斯州和福罗里达州 …………………………………………………… 黑脂大小蠹 *D. terebrans*(Olivier)

成虫红棕色，前胸背板上刻点不粗糙，与靠近侧缘的相似；斜面上瘤突通常较小，不多，体长 5.4 mm～9.0 mm，寄主为松属(*Pinus*)，少数其他针叶树，分布加拿大西北地区、新斯科舍到洪都拉斯…………………………………………………………………… 红脂大小蠹 *D. valens* LeConte

12　斜面上的沟若下陷也很微弱，第 2 沟顶端向沟缝(第 1 沟)弯曲；斜面第 1 沟间部稍微隆起，第 2 沟间部与第 1、3 沟间部同宽或略宽(除翅端处)；背上方刻点沟宽度不及沟间部宽度的一半，口上突常横向凹陷(除 *micans*)，宽，侧臂与水平夹角小于 55° ………………………………… 13

斜面刻点沟深陷，第 2 沟直；第 1 沟间部明显隆起，第 2 沟间轻微凹陷，比第 1、3 沟间窄；背上方沟与沟间部同宽，口上突平或外凸，窄，侧缘与水平夹角约 80° ……………………………… 16

13　额部平坦有光泽，刻点稠密，刻点间几乎无小颗粒，斜面沟上的刻点大，是沟间部刻点的 3 倍或以上 ………………………………………………………………………………………… 14

额面在深刻点间上细小的颗粒(*D. murrayanae* 有的种颗粒不清晰)；沟上的刻点小，很少大于沟间部刻点的 2 倍 ………………………………………………………………………… 15

14　口上突平，身体粗壮，长是宽的 2.3 倍，刻点沟明显下陷，分布北欧至亚洲，体长 6.0 mm～8.0 mm …………………………………………………………… 云杉大小蠹 *D. micans*(Kugelann)

口上突浅，横向浅弱凹陷，身体较细长，长是宽的 2.4 倍，沟上刻点浅，分布美国的阿拉斯加州，阿尔伯它到纽约和西弗吉里亚，寄主云杉属(*Picea*)，体长 5.4 mm～6.5 mm ……………………………………………………………………………… 粗点大小蠹 *D. punctatus* LeConte

15　额部有粗糙而清晰的刻点，刻点间的颗粒独立，通常很稀；雄虫外生殖器与种不同；分布加拿大的英哥伦比亚、安大略，美国的犹他、科罗拉多、密西根，寄主美国短叶松和扭叶松(*Pinus banksiasna*，*P. contorta*)，体长 5.0 mm～7.3 mm ……………………………………………………………………… 穆氏(深沟)大小蠹 *D. murrayanae* Hopkins

额部稠密较粗糙的刻点，额中部刻点常晦暗；雄虫生殖器特别；分布加拿大的纽芬兰，美国的阿拉斯加州、亚利桑那、新墨西哥和宾夕法尼亚，寄主云杉属(*Picea*)；体长 4.4 mm～7.0 mm ……………………………………………………………………… 红翅大小蠹 *D. rufipennis* (Kirby)

16　额部中度突出，光滑，具深、粗糙刻点；前胸背板上刻点较大；鞘翅背上方的沟间部具细小刻点，其间有一些小皱褶；分布美国的阿拉斯加、西弗吉里亚，加拿大的大不列颠哥伦比亚东北、纽芬兰，寄主落叶松属(*Larix*)，体形小，3.4 mm～5.0 mm ……………………………………………………………… 落叶松(红衫)大小蠹 *D. simplex* LeConte

额部明显突出，不规则，呈粒状，有细深的刻点；前胸背板上刻点小；鞘翅背上方的沟间部无细小刻点分散在皱褶间；分布加拿大的大不列颠哥伦比亚南部、阿尔伯它西南部，美国的加利福利亚和墨西哥奇瓦瓦，寄主黄杉属(*Pseudotsuga*)和落叶松属(*Larix*)，体形小，4.7 mm～7.0 mm ………………………………………………………… 黄杉大小蠹 *D. pseudotsugae* Hopkins

C.2 红脂大小蠹与国内发生其他大小蠹的区别见表 C.1。

表 C.1 红脂大小蠹与国内发生其他大小蠹的区别

种类	红脂大小蠹 *D. valens* LeConte	华山松大小蠹 *D. armandi* Tsai et Li	云杉大小蠹 *D. micans* (Kugelann)
体长/mm	6.5～9.5(平均 7.5)	4.5～6.5(平均 5.5)	5.7～7.0(平均 6.3)
体色	红褐色	黑褐色	黑褐色或全黑色
头部	额面不规则隆起，复眼下方至口上片之间有一对侧隆突，口上片边缘隆起，表面平滑有光泽，具稠密黄色毛刷	额表面粗糙，呈颗粒状，被有长而竖起的绒毛，粗糙的颗粒汇合成点沟。口上片粗糙，无平滑无点区	额面下部突起，顶部有点状凹陷，口上片中部有平滑光亮区，额毛棕红色
前胸背板	前胸背板两侧弱弓形，基部三分之二近平行，前缘后方中度缢缩，表面平滑有光泽，刻点非常稠密，但后部刻点稀疏或无	前胸背板基部较宽，前端较窄，收缩成横缢状，中央有光滑纵线，前缘中央向后凹陷，后缘两侧向前凹入，略呈“S”形	前胸背板两侧自基部向端部急剧收缩，背板底面平滑光亮，具大而圆的刻点，背板的茸毛挺拔有力，毛梢共同指向背板中心
鞘翅	鞘翅两侧直伸，后部阔圆形，基缘弓形，生有 11～12 个中等大小的重叠齿	鞘翅基缘有锯齿状突起，两缘平行，背面粗糙，点沟显著，沟间有一列竖立长绒毛和散生的短绒毛	鞘翅具刻点沟，沟间部隆起，上边的刻点突起成粒。在鞘翅斜面上沟间部较平坦，有一列小颗粒

中华人民共和国出入境检验检疫行业标准

SN/T 2613—2010

三叶草斑潜蝇检疫鉴定方法

Detection and identification of *Liriomyza trifolii* (Burgess)

2010-05-27 发布　　　　2010-12-01 实施

中华人民共和国国家质量监督检验检疫总局　发布

前　言

本标准按照 GB/T 1.1—2009 给出的规则起草。

本标准由国家认证认可监督管理委员会提出并归口。

本标准负责起草单位：中国检验检疫科学研究院。

本标准参加起草单位：中华人民共和国广东出入境检验检疫局、中华人民共和国福建出入境检验检疫局、中华人民共和国深圳出入境检验检疫局、中华人民共和国珠海出入境检验检疫局和中华人民共和国湖北出入境检验检疫局。

本标准主要起草人：陈乃中、吴佳教、王章根、管维、王振华、吴志毅、余道坚、廖力、陈艳、陈洪俊。

三叶草斑潜蝇检疫鉴定方法

1 范围

本标准规定了进出境植物检疫及相关工作中三叶草斑潜蝇 *Liriomyza trifolii* (Burgess)的检疫和鉴定方法。

本标准适用于三叶草斑潜蝇的检疫和鉴定。

2 术语

下列术语和定义适用于本文件。

2.1

内顶鬃 inner verticals

单眼三角区后侧面2对鬃靠内的1对鬃。

2.2

外顶鬃 outer verticals

单眼三角区后侧面2对鬃靠外的1对鬃。

2.3

后顶鬃 postverticals

位于单眼三角区后方的1对鬃。

2.4

髭 vibrissae

位于口器上面颊下角部位最粗的1对鬃。

2.5

上眶鬃 upper orbitals

位于眼眶上半部的鬃。

2.6

下眶鬃 lower orbitals

位于眼眶下半部的鬃。

2.7

眶毛 orbital setulae

着生于眼眶部位的细毛。

2.8

盾片 scutum

双翅目昆虫中胸节背板位于盾间沟和小盾沟之间的骨片。

2.9

中侧片 anepisternum

中胸节的上前方侧片。是位于背侧片与腹侧片之间、翅侧片之前的大型骨片。

2.10

腹侧片 katepisternum

中胸节的下前方侧片。是位于中侧片下方的一近似三角形的骨片。

2.11

端阳体 distiphallus

雄成虫阳茎的端部构造，又称阳茎端。

3 原理

三叶草斑潜蝇 *Liriomyza trifolii*(Burgess，1880)，又称三叶斑潜蝇。异名 *L. alliovora* Frick，1925，俗名 American serpentine leafminer、serpentine leaf miner 和 chrysanthemum leaf miner，属于双翅目(Diptera)，潜蝇科(Agromyzidae)，植潜蝇亚科(Phytomyzinae)，斑潜蝇属(*Liriomyza* Mik)。迄今广泛分布于亚洲、非洲、欧洲和美洲等地。是目前世界上最重要的花卉蔬菜害虫之一，该虫主要危害菊科、茄科、葫芦科植物和旱芹等。产卵于寄主叶片表皮下，幼虫孵出后即潜食叶肉，主要危害上表皮下的栅栏组织，叶面上表可见弯曲缠绕的虫道，幼虫老熟后弹出，在土中或叶片上化蛹。成虫取食叶片汁液，交配、产卵。卵、幼虫和蛹等随寄主叶片传带是主要传播途径。斑潜蝇属在全世界已知共 370 余种，属内形态上与三叶草斑潜蝇近似的重要多食性种类还有美洲斑潜蝇 *L. sativae* Blanchard、南美斑潜蝇 *L. huidobrensis*(Blanchard)和番茄斑潜蝇 *L. bryoniae* Kaltenbach。斑潜蝇种类和寄主种类等因素对虫道式样有一定影响，但虫道式样不足以做为鉴定的依据。三叶草斑潜蝇幼虫与近似种美洲斑潜蝇 *L. sativae* Blanchard 幼虫在形态上无法区分，迄今的有关分类鉴定主要以成虫的外部形态特征包括雄外生殖器构造为依据。

4 器材和试剂

4.1 器材

可封口塑料袋、标签、培养皿、吸水纸、镊子、生物培养箱、小毛笔、指形管、纱布、冰箱、三角纸剪刀、昆虫针、滴管、培养皿、载玻片、盖玻片、体视显微镜。

4.2 试剂

荷燕尔胶(用阿拉伯树胶 30 g∶蒸馏水 50 mL∶水合氯醛 200 g∶甘油 20 mL 配方配制而成)、树脂胶、无水乙醇、氢氧化钠或氢氧化钾、蒸馏水。

5 检验与饲养

5.1 检验

观察有关寄主植物叶片，如发现上表发白、由细变粗、弯曲甚至缠绕的疑似虫道，观察虫道末尾有无半透明的幼虫，并进一步查找附近有无长椭圆形长约 2.0 mm 的黄褐色蛹粒。如发现疑似蛹粒，用指形管盛装；如发现上述幼虫，摘取叶片，用可封口塑料袋装。上述管、袋均加标签，或编号，记录时间、地点、寄主、采集人等，带回实验室。

5.2 饲养

带虫叶片置于皿底铺有吸水纸的培养皿中，蛹盛于指形管中，用纱布扎口，防止羽化成虫逃逸，放入生物培养箱中 25 ℃～30 ℃下培养。成虫羽化 24 h 后可将指形管置于冰箱－1 ℃下不短于 1 h 将成虫冷冻杀死。

6 标本的制作准备

6.1 成虫标本

6.1.1 针插标本

为了便于鉴定和保存，成虫标本可以制作为针插标本。其中，粘虫用的三角纸应用三角纸剪刀制作；可用荷燕尔胶或其他快干的树脂胶作为粘虫胶；成虫翅向外方、头部露出、侧身粘在三角纸尖上；要有注明地点、寄主、羽化时间等信息的标签。

6.1.2 浸泡标本

也可以用无水乙醇浸泡保存成虫标本。但如果要备分子试验用，则可用无水乙醇浸泡，并冷冻保存。

6.2 雄外生殖器玻片标本

用昆虫针取下雄虫腹部（参见附录A）投入5%氢氧化钠或氢氧化钾溶液中煮沸3 min～5 min（体视显微镜下观察，以骨质部分保留深色、肌肉脂肪等溶解为佳）；用滴管吸移至培养皿装薄层蒸馏水中浸洗；在体视显微镜下（载物台为白色背景）用细针解剖，除去背腹板等物，仅剩第9背板及其附属构造（雄外生殖器）；用针尖粘取第9背板及其附属构造至载玻片上荷燕尔胶滴中，体视显微镜下整姿，尽量使雄外生殖器构造在视野中为正面图像；封片；自然干燥或用烘箱45 ℃ 24 h烘干。

7 实验室鉴定

7.1 鉴定方法

将成虫标本置于体视显微镜下，雄外生殖器玻片标本置于显微镜下，观察是否符合以下鉴定特征（参见附录A）。

7.2 潜蝇科成虫的鉴别特征

体小或微小，长1.5 mm～4.0 mm。有髭，后顶鬃分歧，上眶鬃分歧，下眶鬃内向。翅C脉仅在Sc脉端处折断，Sc脉端部退化为一褶痕或与R脉合并，R脉3分支直达翅缘。腹部扁平，雌第7节长而骨化，不能伸缩。

7.3 植潜蝇亚科 Phytomyzinae 成虫的鉴别特征

Sc脉端部退化为一褶痕，独立于R_1脉之基伸达前缘脉。

7.4 包括三叶草斑潜蝇在内的具经济意义 *Liriomyza* spp. 成虫鉴别特征

上眶鬃2对，眶毛后倾；小盾片通常为黄色；翅C脉伸达M_{1+2}脉端，它们终止于翅端附近，有第2横脉。

7.5 三叶草斑潜蝇的鉴别特征

7.5.1 成虫

7.5.1.1 触角各节亮黄色；头部内、外顶鬃均着生于黄色区域，至少外顶鬃着生于黑黄交界处；中胸盾片黑色无光泽，带灰白色绒毛被(侧光照射可见)；小盾片鲜黄色；中侧片下缘具黑斑，腹侧片大部分黑色；翅 M_{3+4} 脉末段长是次末段的约 3 倍；足基节黄色，腿节大部分黄色，有时有淡褐色条纹，胫节、跗节暗褐色。三叶草斑潜蝇及其重要近缘种成虫的鉴别参见附录 B。

7.5.1.2 雄外生殖器阳茎端阳体基半部分明显凸起，中间部位缢缩明显；柄部(中阳体)长，长度接近端阳体长度。

7.5.2 卵

白色，长椭圆形，长约 0.25 mm。

7.5.3 幼虫和蛹

幼虫 3 龄，初孵幼虫长约 0.5 mm，老熟幼虫长约 3.0 mm，略呈蛆形。蛹长椭圆形，长约 2.0 mm，腹面扁平，有突出的前、后气门，后气门有 3 个指状突。

8 结果判定

以成虫鉴别特征为主要依据，幼虫和蛹鉴别特征及附录 C 可作参考，符合 7.5.1.1 描述的可初步判定为三叶草斑潜蝇，符合 7.5.1 的可准确判定为三叶草斑潜蝇。

9 标本保存

经过鉴定的三叶草斑潜蝇标本应永久保存。

附　录　A
（资料性附录）
三叶草斑潜蝇成虫重要形态特征

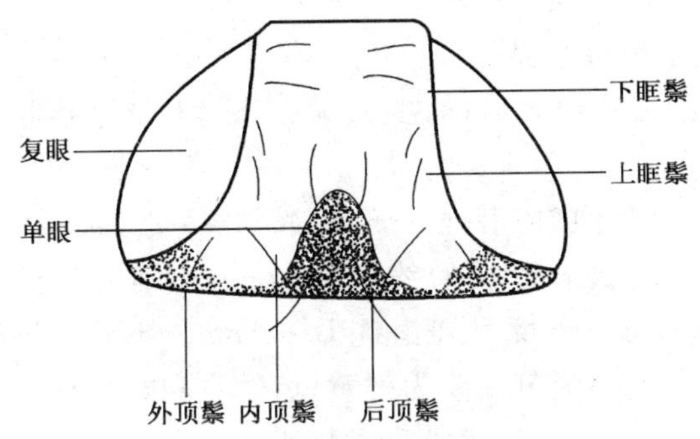

图 A.1　头部背面观

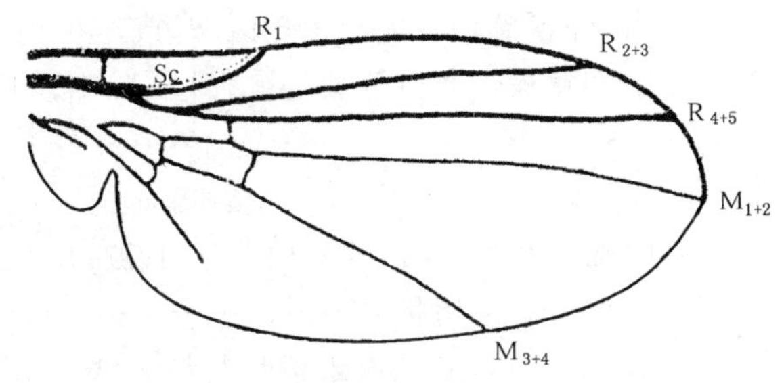

图 A.2　翅脉示意图

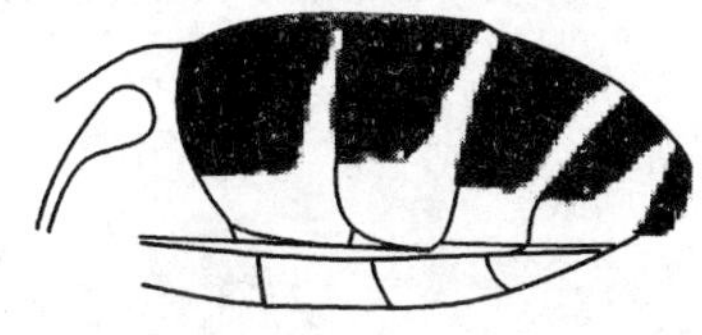

图 A.3　三叶草斑潜蝇雄成虫腹部（自 Collins）

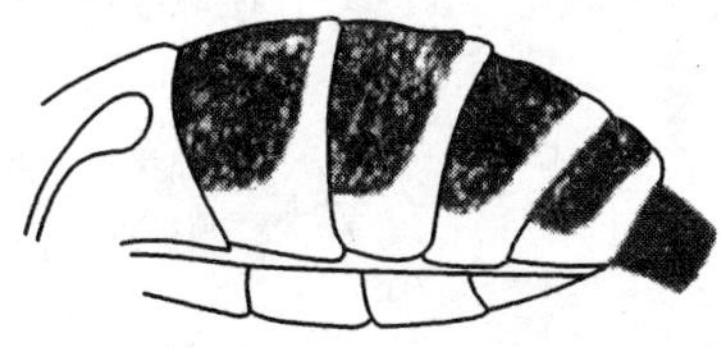

图 A.4　三叶草斑潜蝇雌成虫腹部（自 Collins）

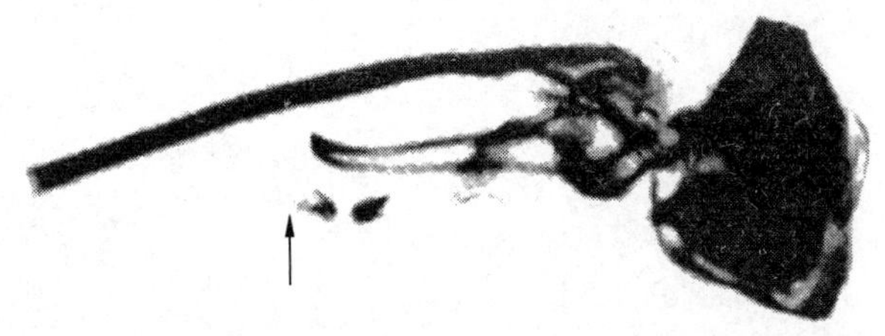

注：箭头所指为端阳体。

图 A.5　斑潜蝇雄外生殖器侧观图（自 Collins）

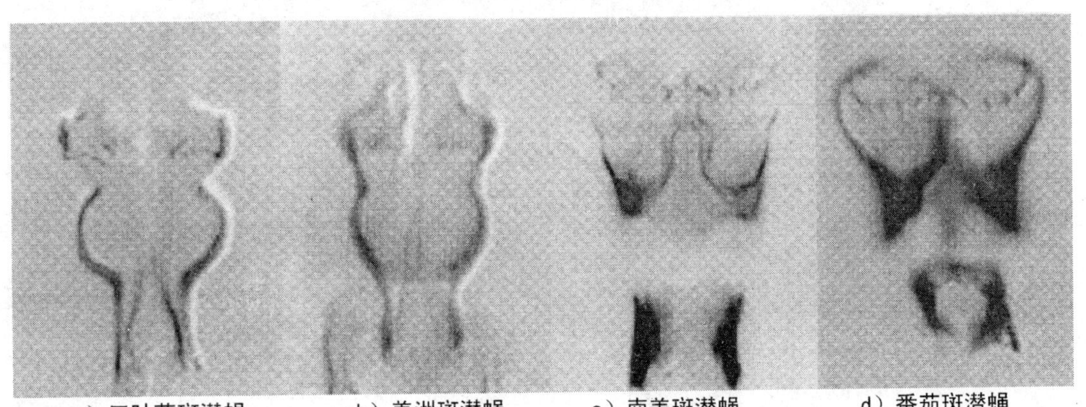

a）三叶草斑潜蝇　　b）美洲斑潜蝇　　c）南美斑潜蝇　　d）番茄斑潜蝇

图 A.6　三叶草斑潜蝇及其重要近缘种雄外生殖器阳茎端阳体的比较（自 Collins）

附 录 B
（资料性附录）
三叶草斑潜蝇及其重要近缘种成虫鉴别检索表

1 内、外顶鬃均着生于黄色区域，或至少外顶鬃着生于黑黄交界处……………………………………2
内、外顶鬃均着生于黑色区域，或至少内顶鬃着生于黑黄交界处……………………………………3

2 中胸背板带灰白色绒毛被；M_{3+4}脉末段长是次末段长的约3倍；幼虫和蛹后气门有3个指状突……………………………………………………………… 三叶草斑潜蝇 *Liriomyza trifolii*(Burgess)
中胸背板无如上述灰白色绒毛被；M_{3+4}脉末段长是次末段长的约2倍；幼虫和蛹后气门有7个～12个指状突…………………………………………………… 番茄斑潜蝇 *L. bryoniae* Kaltenbach

3 M_{3+4}脉末段长是次末段长的约3倍～4倍；触角鲜黄色；腿节主要为鲜黄色；幼虫和蛹后气门有3个指状突…………………………………………………………… 美洲斑潜蝇 *L. sativae* Blanchard
M_{3+4}脉末段长是次末段长的2倍～2.5倍；触角棕黄色；腿节有黑色斑块或全为黑色；幼虫和蛹后气门有6个～9个指状突……………………………… 南美斑潜蝇 *L. huidobrensis*(Blanchard)

附 录 C
（资料性附录）
三叶草斑潜蝇的分布、寄主和危害状

C.1 三叶草斑潜蝇的国外分布

韩国、日本、菲律宾、印度、塞浦路斯、以色列、黎巴嫩、土耳其、也门、奥地利、比利时、保加利亚、克罗地亚、捷克、丹麦、芬兰、法国、德国、匈牙利、冰岛、意大利、马耳他、荷兰、挪威、波兰、葡萄牙、罗马尼亚、俄罗斯、斯洛伐克、斯洛文尼亚、西班牙、瑞典、瑞士、英国、南斯拉夫、贝宁、象牙海岸、埃及、埃塞俄比亚、几内亚、肯尼亚、马达加斯加、毛里求斯、马约特岛、尼日利亚、留尼汪、塞内加尔、南非、苏丹、坦桑尼亚、突尼斯、赞比亚、津巴布韦、加拿大、美国、巴哈马、巴巴多斯、百慕大、哥斯达黎加、古巴、多米尼加共和国、瓜德罗普、危地马拉、马提尼克岛、特立尼达和多巴哥、巴西、哥伦比亚、法属圭亚那、圭亚那、秘鲁、委内瑞拉、美属萨摩亚、密克罗尼西亚、关岛、北马里亚纳群岛、萨摩亚、汤加(其中有的国家或地区声称已根除)。

C.2 三叶草斑潜蝇的寄主植物

该虫为害包括重要花卉、果、蔬、棉和牧草等在内的20余科植物。重要的寄主作物包括菊花、扶朗花、大丽花、百日菊、石竹花、丝石竹花、黄瓜、南瓜、甜瓜、西瓜、旱芹、番茄、辣椒、马铃薯、豌豆、菜豆、豇豆、甜菜、菠菜、蒜、韭、洋葱、青菜、白菜、莴苣、苜蓿和棉等。其中菊科、茄科、葫芦科和旱芹是三叶草斑潜蝇的嗜食寄主。

C.3 三叶草斑潜蝇及其相关种类的危害状

寄主植物叶片上弯曲虫道及取食刻点是斑潜蝇可能存在的标识性被害状。斑潜蝇取食刻点圆，直径约0.2 mm，在叶片上表呈现为白色小斑点，外观上三叶草斑潜蝇及其同属的近缘种没有不同。三叶草斑潜蝇及美洲斑潜蝇、番茄斑潜蝇主要潜食叶片上面部分的栅栏组织，并在取食过程中排出粪便，因此，外观虫道为白色，并透过虫道上留下的叶片上表皮可见虫道两侧交替出现的断续的黑色线状细斑。尽管三叶草斑潜蝇的虫道在一些寄主上缠绕比较紧密，末端甚至成块状，而美洲斑潜蝇、番茄斑潜蝇的虫道比较疏松，南美斑潜蝇的虫道常顺叶脉伸展和或限于叶脉之间，但潜蝇不同种类间的虫道基本相似。但南美斑潜蝇及田间常见的豌豆彩潜蝇 *Chomatomyia horticola* Goureau 既危害叶片上面部分的栅栏组织，也危害下面的海绵组，故叶片下表也可见虫道。斑潜蝇幼虫老熟后，一般弹出化蛹，其弹出孔呈半圆性裂缝。豌豆彩潜蝇的蛹(白色)主要在虫道内化蛹，往往露出前截在叶片下表外。

中华人民共和国出入境检验检疫行业标准

SN/T 2636—2010

根螨检疫鉴定方法

Detection and identification of bulb mites (*Rhizoglyphus* spp.)

2010-05-27 发布　　2010-12-01 实施

中华人民共和国国家质量监督检验检疫总局　发布

前　言

本标准按照 GB/T 1.1—2009 给出的规则起草。

本标准由国家认证认可监督管理委员会提出并归口。

本标准起草单位：中华人民共和国福建出入境检验检疫局、中华人民共和国厦门出入境检验检疫局、福建农林大学。

本标准主要起草人：陈艳、林阳武、黄蓬英、范青海、苏秀霞。

根螨检疫鉴定方法

1 范围

本标准规定了进境植物检疫中对根螨属螨类(*Rhizoglyphus* spp.)的检疫鉴定方法。

本标准适用于蔬菜、花卉、中药材等根螨寄主植物球根、球茎、鳞茎及块茎中根螨的检疫鉴定。根螨寄主植物参见附录A。

本标准适用于根螨属螨类的检疫和鉴定。

2 规范性引用文件

下列文件对于本文件的应用是必不可少的。凡是注日期的引用文件,仅所注日期的版本适用于本文件。凡是不注日期的引用文件,其最新版本(包括所有的修改单)适用于本文件。

SN/T 2122 进出境植物及植物产品检疫抽样方法

3 术语和定义

下列术语和定义适用于本文件。

3.1

颚体 gnathosoma

位于身体前端或前端腹面,由颚基和两对附肢即螯肢和须肢组成。

3.2

躯体 idiosoma

蜱螨颚体后方的体段,常以围颚沟与颚体分开,占身体的大部分,多呈囊状。

3.3

前足体 propodosoma

第一对和第二对足着生的体段。

3.4

后足体 metapodosoma

第三对和第四对足着生的体段。

3.5

格氏器 Grandjean's organ

粉螨前足体前侧缘形成的一环绕颚体基部的薄骨板,为指状或叉状等多种形状。

3.6

生殖吸盘 genital papillae

生殖区内小型杯状或盘状结构,偶尔具柄位于生殖板上、生殖孔或散布于生殖孔两侧的体壁上。

3.7

肛吸盘 anal suckers

粉螨等螨类的雄螨交配器,位于肛门两侧的一对大型吸盘。

3.8

跗节吸盘　tarsal suckers

雄成螨特有特征。位于跗节Ⅳ，由跗节毛(d,e)特化而成的构造。

3.9

生殖褶　genital fold

无气门螨类遮盖生殖孔的分叉形的褶。

3.10

克氏器　Claparede's organ

仅发现于前幼螨和幼螨期的一种器官，位于前、中两足基节之间，具柄和半球形的端部，或呈凹陷状结构。

4　原理

4.1　根螨分类地位

学名：*Rhizoglyphus* spp.，英文名：bulb mites，属蜱螨亚纲(Acari)、真螨总目(Acariformes)、疥螨目(Sarcoptiformes)、粉螨科(Acaridae)。其形态特征与其他粉螨种类不同，根螨形态学特征、生活习性及其为害状是本标准鉴定方法的依据。

4.2　根螨的传播

各发育螨态都可随货物、土壤、包装材料以及运输工具远距离传播；近距离传播主要以休眠体(第二若螨)附在昆虫等动物上或随真菌孢子等扩散，此外根螨本身可做小范围移动。

4.3　根螨的鉴定依据

根螨发育经历卵、幼螨、第一若螨、第二若螨(休眠体)或第三若螨和成螨等阶段。在检疫过程中一般均可能遇到各个发育阶段的根螨，但目前对根螨属种类成螨形态特征研究较多，因此，鉴定时以成螨的形态特征作为鉴定依据。

5　仪器、试剂

5.1　仪器

放大镜、解剖刀、镊子、挑针、环形针、指形管、小培养皿、驼毛笔、载玻片、盖玻片、体视显微镜、生物显微镜(具油镜)、电热板、干燥箱、贝氏漏斗。

5.2　试剂

奥氏液(Oudemans'fluid 配方：70%酒精 87 mL、冰乙酸 8 mL、甘油 5 mL)。

内氏液(Nesbitt's fluid 配方：水合氯醛 40 g、浓盐酸 2.5 mL、蒸馏水 25 mL)。

霍氏液(Hoyer's medium 配方：水合氯醛 100 g、阿拉伯胶 15 g、甘油 10 mL、蒸馏水 25 mL)。

中性树胶。

6　现场检疫

按 SN/T 2122 抽样检查根螨寄主植物及其他应检物。

重点检查蔬菜、花卉、中药材等根螨寄主植物鳞茎、球茎、块茎、根茎和块根等表面有无腐烂、裂缝或伤口。

7 实验室检验

7.1 表面检验

在放大镜或体视显微镜下检查植物鳞茎、球茎、块茎、根茎和块根等表面，重点检查有病菌发生的腐烂组织以及有裂缝或伤口的组织，借助解剖刀和挑针仔细检查，若有乳白色囊状物活动，需要调整显微镜放大倍数检查，确认是螨类后，用挑针或驼毛笔挑入指形管中，同时放入采集标签，并登记采集地点、时间、输出国家或地区、寄主、采集人等内容。

7.2 漏斗分离

取待检植物活体、残片、土屑等放置于贝氏漏斗网上，漏斗下放置承接器皿，器皿内放少量清水，以防螨逃逸或干死。用 40 W 灯泡为热源，烘烤干燥 24 h，然后将承接器皿放在体视显微镜下检查，并做好记录。

7.3 根螨的饲养

对无法确定种类的卵、幼螨、若螨，可将其放置在盛有酵母片的培养皿或指形管里，然后放于温度为 25 ℃～30 ℃、相对湿度 90％以上的黑暗培养箱里，同时做好饲养记录。数天至十多天后发育为成螨，制作成玻片标本（参见附录 B），再进行鉴定。

8 鉴定特征（参见附录 C、附录 D、附录 E、附录 F）

8.1 成螨（参见附录 C 图 C.1～图 C.4）

躯体长 500 μm～900 μm，半透明，乳白色至浅褐色，足深褐色。前足体着生 5 对背毛和 1 对足Ⅰ基节上毛，外顶毛(ve)极小，位于内顶毛(vi)后方、背板外缘。内胛毛(sci)显著短于外胛毛(sce)。生殖褶(genital folds)发达。基节上毛(scx)光滑。后半体着生 12 对毛。跗节Ⅰ和跗节Ⅱ上近基毛(ba)粗壮，靠近感棒(ω_1)。跗节Ⅰ末端具 4 根长毛和 1 根长感棒(ω_3)。跗节Ⅱ末端具 4 根长毛，跗节Ⅲ末端具 3 根长毛；雌螨跗节Ⅳ末端具 2 根长毛，雄螨跗节Ⅳ末端具 1 根长毛。足毛序(Ⅰ～Ⅳ)：基节 1,0,2,1，转节 1,1,1,0，股节 1,1,0,1，膝节 2＋2σ,2＋1σ,1＋1σ,0，胫节 2＋1φ,2＋1φ,1＋1φ,1＋1φ，跗节 8c＋4t＋3ω＋1ε,8c＋4t＋1ω,7c＋3t,8c＋2t。

注：σ:膝节感棒；φ:胫节感棒；ω:跗节感棒；c:锥状毛；t:触毛。

雄螨生殖孔内有阳茎，肛孔后侧有 1 对肛吸盘，跗节Ⅳ具 2 个跗节吸盘。异型雄螨（见附录 B 图 4）一侧或两侧的第三对足异常膨大，末端钩状。

8.2 第三若螨（参见附录 C 图 C.5）

有两对生殖吸盘，足毛序与雌成螨相同。但无生殖褶，肛毛短。

8.3 休眠体（亦称第二若螨）（参见附录 C 图 C.5）

身体扁平，深褐色，强骨化。颚体微小，螯肢完全退化。除 vi 和 h_2 外，其他背毛均微小。基节上毛 scx 位于腹面。无生殖褶，有两对生殖吸盘，肛区有 4 对吸盘。跗节Ⅰ感棒 ω_3 缺如，近基毛 ba 棒状。膝节感棒 σ_2 缺如。足毛序(Ⅰ～Ⅳ)：基节 1,0,2,1，转节 1,1,1,0，股节 1,1,0,1，膝节 2＋1σ,2＋1σ,1σ,0，胫节 2+1φ,2+1φ,1+1φ,1+1φ,跗节 1c+8t+2ω+1ε,1c+8t+1ω,8t,1c+7t。

8.4 第一若螨(参见附录 C 图 C.5)

躯体囊状,乳白色,足褐色。腹毛 3a 和 4a 缺如。无生殖褶,有一对生殖吸盘。跗节Ⅰ感棒 ω_3 缺如,转节Ⅳ和胫节Ⅳ无毛。足毛序(Ⅰ～Ⅳ):基节 1,0,1,0,转节 0,0,0,0,股节 1,1,0,0,膝节 2+2σ,2+1σ,1+1σ,0,胫节 2+1φ,2+1φ,1+1φ,1+1φ,跗节 8c+4t+2ω+1ε,8c+4t+1ω,7c+3t,7c+1t。

8.5 幼螨(参见附录 C 图 C.5)

乳白色,足颜色随着发育逐渐加深。背毛 f_2 和 h_3 缺如,腹毛 3a 和 4a 缺如。基节Ⅰ和Ⅱ间有格氏器(Claparède organ)。无生殖孔、生殖毛、生殖吸盘、肛毛。只有三对足,跗节Ⅰ感棒 ω_2 和 ω_3 缺如。足毛序(Ⅰ～Ⅳ):基节 0,0,0,转节 0,0,0,股节 1,1,0,膝节 2+2σ,2+1σ,1+1σ,胫节 2+1φ,2+1φ,1+1φ,跗节 8c+4t+1ω+1ε,8c+4t+1ω,7c+3t。

9 结果判定

以成螨的形态特征为依据。外顶毛(ve)极小并且位于内顶毛(vi)后方、前足体背板外缘,内胛毛(sci)显著短于外胛毛(sce),后半体着生 12 对毛,跗节Ⅰ和跗节Ⅱ上近基毛(ba)粗壮,靠近感棒(ω_1),跗节Ⅰ末端具 4 根长毛和 1 根长感棒(ω_3),跗节Ⅱ末端具 4 根长毛。符合上述形态的可鉴定为根螨。

10 样品保存

为害状样品以及根螨应妥善保存。放入盛有奥氏液或 70%～75%酒精的指形管中制成浸渍标本,并插入标签;再将指形管放入盛有 70%～75%酒精的广口瓶中,密封保存。

附 录 A
（资料性附录）
根螨寄主植物

寄主植物类群有：葱科 Alliaceae、石蒜科 Amaryllidaceae、夹竹桃科 Apocynaceae、天南星科 Araceae、菊科 Asteraceae、山毛榉科 Betulaceae、木棉科 Bombacaceae、凤梨科 Bromeliaceae、铃兰科 Convallariaceae、旋花科 Convolvulaceae、十字花科 Cruciferae、葫芦科 Cucurbitaceae、苏铁科 Cycadaceae、薯蓣科 Dioscoreaceae、大戟科 Euphorbiaceae、龙胆科 Gentianaceae、苦苣苔科 Gesneriaceae、禾本科 Gramineae、鸢尾科 Iridaceae、豆科 Leguminosae、百合科 Liliaceae、兰科 Orchidaceae、芍药科 Paeoniaceae、棕榈科 Palmae、露兜树科 Pandanaceae、蓼科 Polygonaceae、毛茛科 Ranunculaceae、蔷薇科 Rosaceae、茄科 Solanaceae、泥炭藓科 Sphagnaceae、梧桐科 Sterculiaceae、延龄草科 Trilliaceae、伞形科 Umbelliferae、姜科 Zingiberaceae。

常见寄主有蔬菜类：洋葱 *Allium cepa*、大蒜 *Allium sativum*、藠头 *Allium chinense*、鹿葱 *Lycoris squamigera*、韭菜 *Allium tuberosum*、大蒜 *Allium sativum*、姜黄 *Curcuma longa*、生姜 *Zingiber officinale*、芋 *Colocasia esculenta*、海芋 *Alocasia macrorrhiza*、山芋 *Colocasia* sp.、野芋 *Colocasia antiquorum*、白鹤芋 *Spathiphyllum kochii*、胡萝卜 *Daucus carota*、番薯 *Ipomoea batatas*、马铃薯 *Solanum tuberosum*、竹笋 bamboo shoots 等；花卉类：郁金香 *Tulipa* sp.、水仙 *Narcissus* sp.、唐菖蒲 *Gladiolus hybrida*、风信子 *Hyacinthus* sp.、百合 *Lilium* sp.、芍药 *Paeonia* sp. 等；中药材类：何首乌 *Polygonum multiflorum*、半夏 *Pinellia ternata*、天麻 *Gastrodia elata* 等。

附　录　B
（资料性附录）
根螨标本制作

B.1　清洗

在体视显微镜下，用环形针将螨移入盛有内氏液的小培养皿中，浸泡 24 h。

B.2　封片

在载玻片上滴 1 滴～2 滴的霍氏液。从内氏液中挑出根螨，触碰滤纸去除多余液体，然后放入霍氏液，整姿后，盖上盖玻片，放在 60 W 白炽灯或 500 W 电热板上加热至气泡排出，用油漆笔在载玻片下方标出螨体位置，并写明采集标签（见图 B.1 玻片标本标签标注方法图示）。在低倍显微镜下检查、调整螨体位置，用 40× 以下物镜进行初步鉴定。

粉螨科 ACARIDAE		标本馆名称
中　　名：		寄　　主：
学　　名：		采集地点：
鉴 定 人：		采集时间：
鉴定日期：		采 集 人：
鉴定编号：		标本编号：

图 B.1　玻片标本标签标注方法图示

B.3　保藏

将玻片标本放在 50 ℃左右干燥箱中干燥，1 周后即可用于油镜（100×）观察。干燥约 3 个月后，在盖玻片周围封中性树胶，继续干燥 1 d～2 d 即可在常温下保存，也可置于干燥器中长期保存。

附 录 C
（资料性附录）
根 螨 图 例

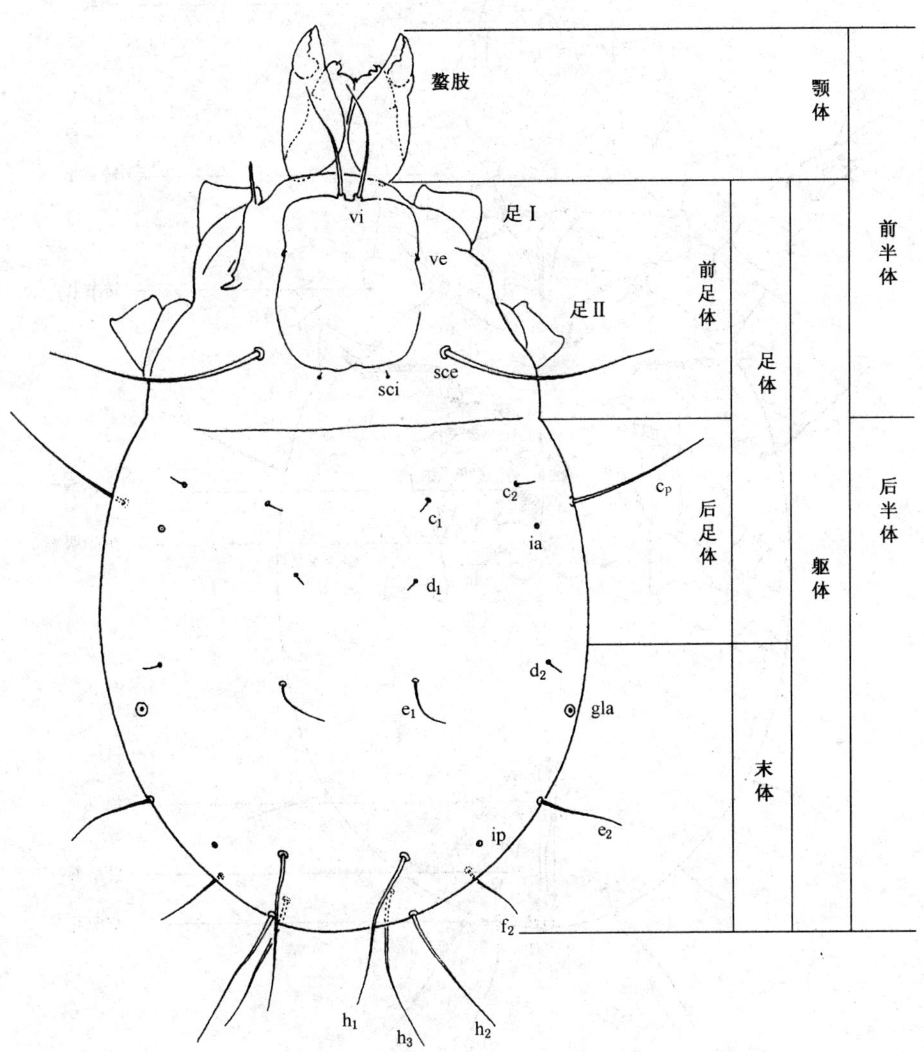

图 C.1 根螨（*Rhizoglyphus* sp.）雌成螨背面观

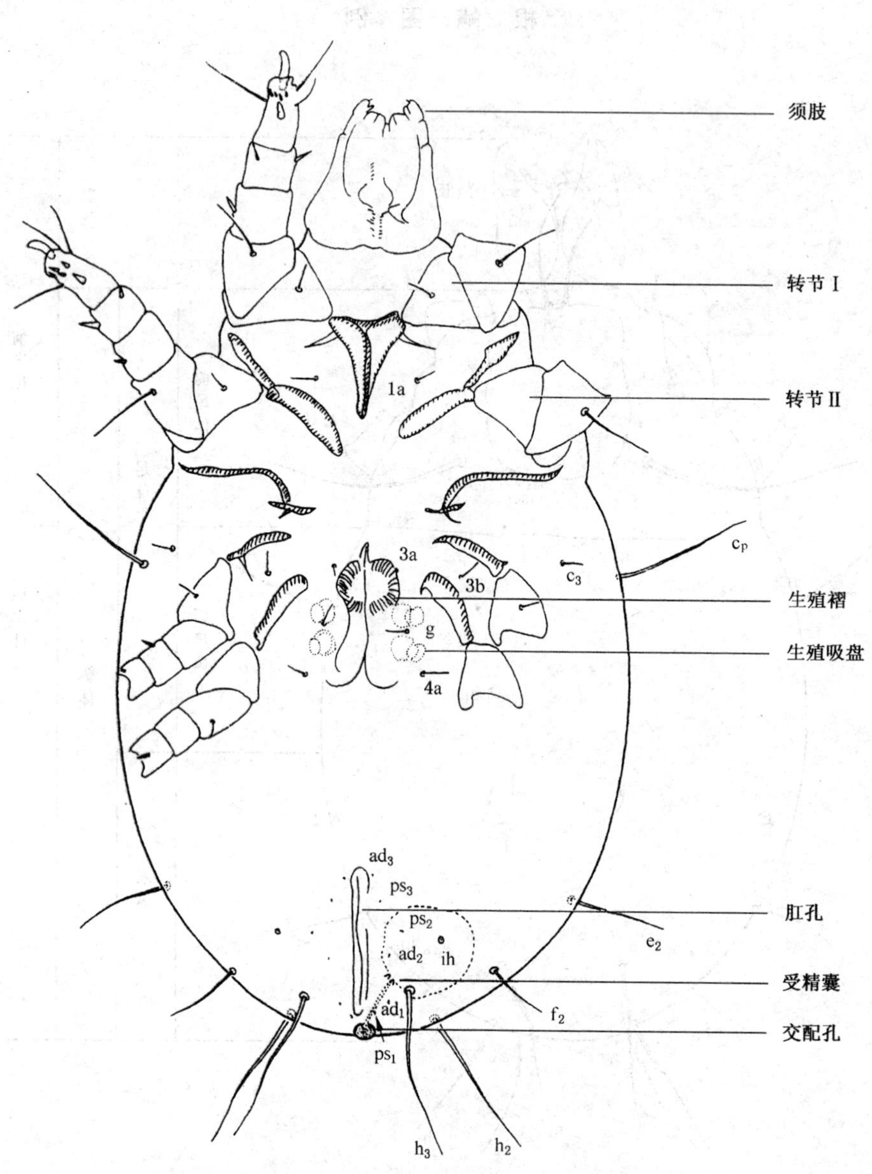

图 C.2 根螨(*Rhizoglyphus* sp.)雌成螨腹面观

a) 足Ⅰ

b) 足Ⅱ

c) 足Ⅲ

d) 足Ⅳ

图 C.3 根螨(***Rhizoglyphus* sp.**)雌成螨

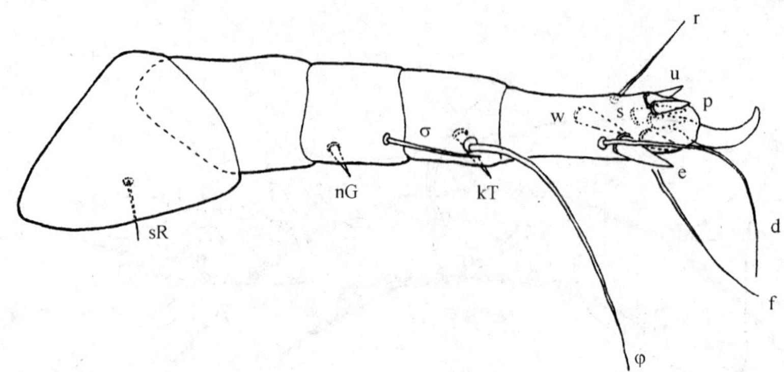

a） 同型雄螨足Ⅲ

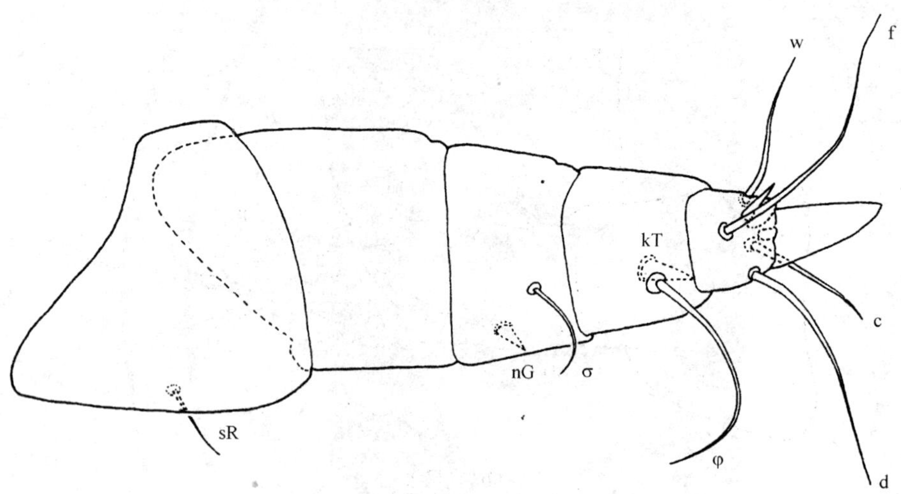

b） 异型雄螨足Ⅲ

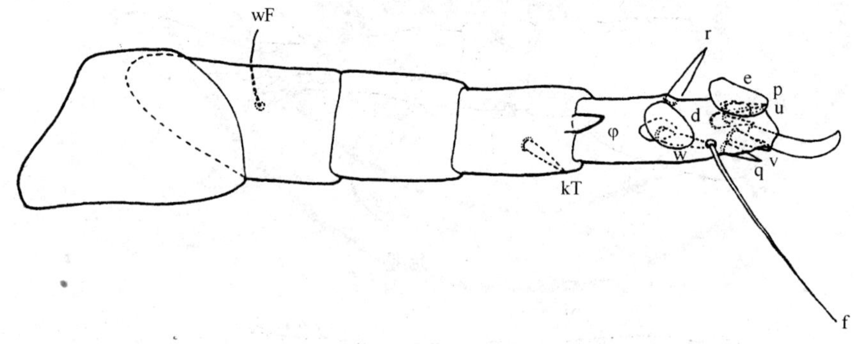

c） 同型雄螨足Ⅳ

图 C.4 根螨(***Rhizoglyphus* sp.**)

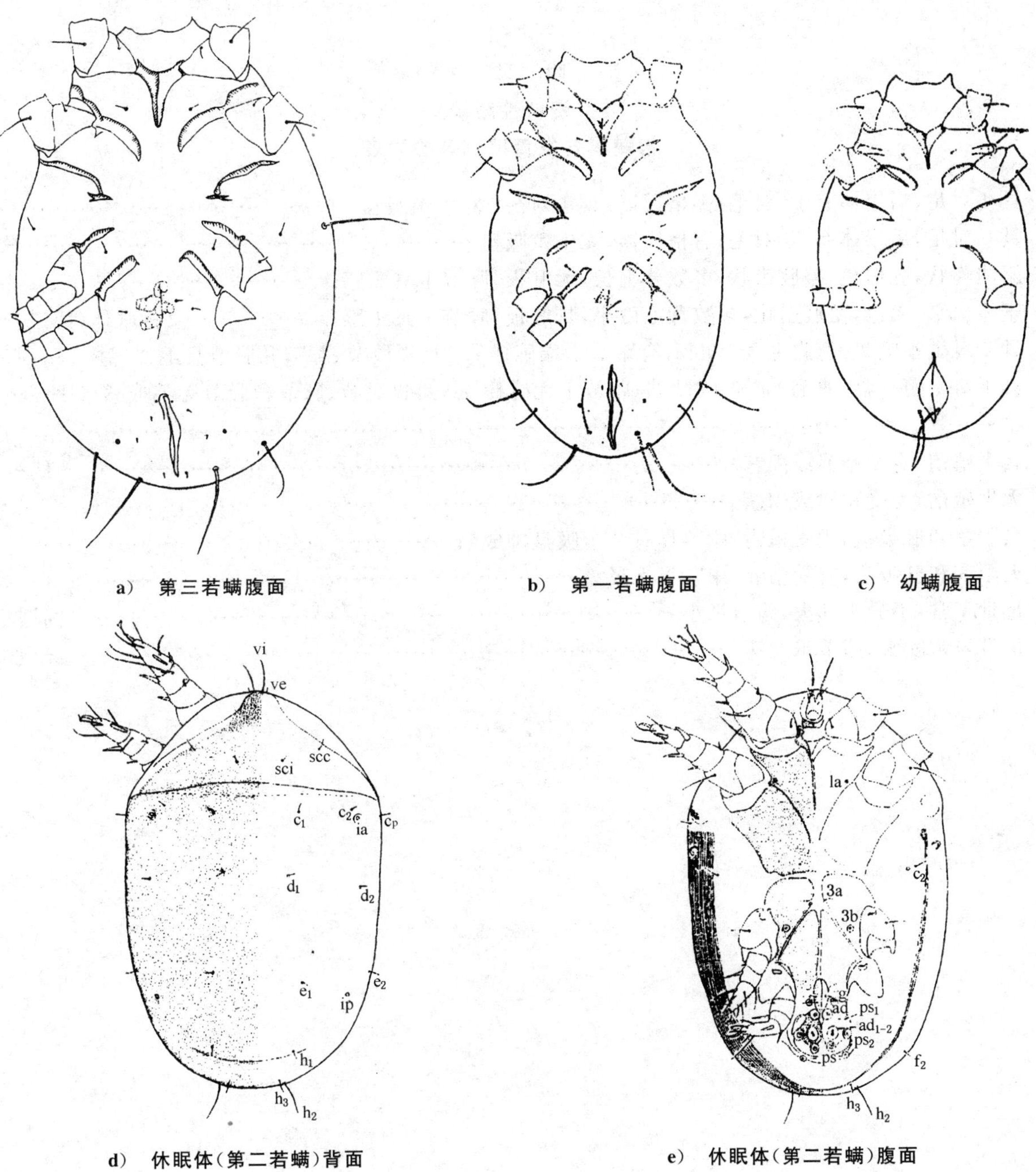

a） 第三若螨腹面　　b） 第一若螨腹面　　c） 幼螨腹面

d） 休眠体（第二若螨）背面　　e） 休眠体（第二若螨）腹面

图 C.5 根螨（*Rhizoglyphus* sp.）未成熟期螨态

附 录 D
（资料性附录）
根螨属各发育期螨态检索表

1. 具4对足，后半体有12对毛；无格氏器，具1对～2对生殖吸盘 …………………………………… 2
-. 具3对足，后半体有10对毛；有格氏器，无生殖吸盘 ………………………………………… 幼螨
2. 躯体囊状，乳白色，螯肢钳状，多数背毛长，无肛板，膝节Ⅰ具2感棒 ……………………… 3
-. 躯体扁平，褐色，螯肢退化，多数背毛微小，具肛板，膝节Ⅰ具1感棒 …………… 休眠体（第二若螨）
3. 具2对生殖吸盘，有腹毛3a和4a；有跗节Ⅰ端感棒 ω_3，足Ⅳ股节、膝节和胫节具毛或感棒 ……… 4
-. 具1对生殖吸盘，腹毛3a和4a缺如；跗节Ⅰ无感棒 ω_3，足Ⅳ股节、膝节和胫节无毛或感棒…………
……………………………………………………………………………………… 第一若螨
4. 具生殖褶，有受精囊或阳茎 ……………………………………………………………… 成螨……5
-. 无生殖褶，无受精囊或阳茎 …………………………………………………………… 第三若螨
5. 具阳茎和肛吸盘，无受精囊，跗节Ⅳ具2个吸盘雄成螨 ……………………………………… 6
-. 无阳茎和肛吸盘，有受精囊，跗节Ⅳ无吸盘 ……………………………………………… 雌螨
6. 足Ⅲ正常，不异常膨大，跗节爪小 ………………………………………………… 同型雄螨
-. 足Ⅲ异常膨大，跗节爪发达 ……………………………………………………… 异型雄螨

附　录　E
（资料性附录）
中国根螨属雌成螨分种检索表[1)]

1. 输卵管两侧的小骨片接近，间距小于 45 μm；基节上毛 scx 细长或微小 …………………………… 2
-. 输卵管两侧的小骨片远离，间距大于 60 μm；基节上毛 scx 粗壮 ………………………………… 6
2. 肛毛微小，若长则呈鞭状；假肛毛 ps_2 微小，不长于 ps_1 和 ps_3；跗节Ⅰ锥状毛 ba 长，超出 ω_1 长度的 2/3 ……………………………………………………………………………………… 3
-. 肛毛粗壮，皆长于 30 μm；假肛毛 ps_2 明显长于 ps_1 和 ps_3；跗节Ⅰ锥状毛 ba 短，约为 ω_1 的一半 … ……………………………………………………… 花叶芋根螨 *R. caladii* Manson，1972
3. 背毛 d_2 远离后背腺开口(gla)，两者间距大于 30 μm ………………………………………… 5
-. 背毛 d_2 接近后背腺开口(gla)，两者间距小于 20 μm ………………………………………… 4
4. 肛毛 3 对，ps_1 明显长于 ps_2 和 ps_3；c_1 和 d_1 长于 d_2 的 2 倍 …………………………………… ……………………………………………………… 单列根螨 *R. singularis* Manson，1972
-. 肛毛 6 对，均微小；c_1、d_1 和 d_2 均微小 …………………… 大蒜根螨 *R. allii* Bu & Wang，1995
5. 肛侧毛 ad_1 和 ad_2 以及假肛毛 ps_1 微小，不长于假肛毛 ps_3 …… 罗宾根螨 *R. robini* Claparède，1869
-. 肛侧毛 ad_1 和 ad_2 长于 ps_3 或 ad_3 的三倍；假肛毛 ps_1 长于 ps_3 ………………………………… ……………………………………………………… 长毛根螨 *R. setosus* Manson，1972
6. 格氏器分叉显著，分叉点接近基部；基节上毛 scx 末端分叉 ………………………………………… ……………………………… 刺足根螨 *R. echinopus* (Fumouze & Robin，1868)
-. 格氏器分叉短，分叉点位于端部四分之一处；基节上毛 scx 末端不分叉 …………………………… 7
7. 须肢基节上毛 elcp 长 30 μm～35 μm，背毛 sci 长 48 μm～60 μm，c_1 长 72 μm～98 μm，e_1 长 84 μm～108 μm …………………………………… 水仙根螨 *R. narcissi* Lin & Ding，1990
-. 须肢基节上毛 elcp 长 19 μm～25 μm，背毛 sci 长 17 μm～28 μm，c_1 38 μm～55 μm，e_1 60 μm～73 μm ……………………………………………………… 澳登根螨 *R. ogdeni* Fan & Zhang，2004

1） 不含猕猴桃根螨 *Rhizoglyphus actinidia* Zhang，1994 和淮南根螨 *R. huainanensis* Zhang & Li，2000。该两种原描缺少定种依据，据查模式标本已遗失。

附 录 F
（资料性附录）
中国根螨属雄成螨分种检索表[2)]

1. 假肛毛 ps_1 短，不长于 ps_2 …… 2

-. 假肛毛 ps_1 长，至少达 ps_2 的 3 倍 …… 4

2. 假肛毛 ps_1 接近肛吸盘，与肛吸盘之间的距离小于其长度；假肛毛 ps_2 位于肛吸盘侧面；肛盘大，并有发达的放射状网纹 …… 花叶芋根螨 *R. caladii* Manson，1972

-. 假肛毛 ps_1 远离肛吸盘，与肛吸盘之间的距离大于其长度的 4 倍；假肛毛 ps_2 位于肛吸盘的后方；肛盘较小，无放射状网纹或仅有数个小孔 …… 3

3. 肛盘小，其直径不及肛吸盘直径的四分之一；背毛 c_1 长 25 μm～38 μm，d_1 长 35 μm～45 μm，d_2 长 27 μm～33 μm …… 长毛根螨 *R. setosus* Manson，1972

-. 肛盘较大，其直径约为肛吸盘直径的三分之一；背毛 c_1、d_1 和 d_2 均微小，约为 10 μm～11 μm …… 大蒜根螨 *R. allii* Bu & Wang，1995

4. 背毛 d_2 远离后背腺开口(gla)；肛盘微小，无放射状网纹；阳茎内壁不呈波浪状弯曲 …… 5

-. 背毛 d_2 接近后背腺开口(gla)；肛盘发达，有发达放射状网纹；阳茎内壁呈波浪状弯曲 …… 单列根螨 *R. singularis* Manson，1972

5. 格氏器分叉；阳茎粗短，末端平截 …… 6

-. 格氏器不分叉；阳茎末端尖 …… 罗宾根螨 *R. robini* Claparède，1869

6. 格氏器分叉显著，分叉点位于基半部；基节上毛 scx 末端分叉 …… 刺足根螨 *R. echinopus* (Fumouze & Robin，1868)

-. 格氏器分叉短，分叉点位于端部四分之一处；基节上毛 scx 末端不分叉 …… 7

7. 须肢基节上毛 elcp 长 27 μm～30 μm，背毛 c_1 长 16 μm～23 μm，e_1 长 39 μm～63 μm …… 水仙根螨 *R. narcissi* Lin & Ding，1990

-. 须肢基节上毛 elcp 长 17 μm～20 μm，背毛 c_1 33 μm～35 μm，e_1 71 μm～100 μm …… 澳登根螨 *R. ogdeni* Fan & Zhang，2004

---

2) 不含猕猴桃根螨 *Rhizoglyphus actinidia* Zhang，1994 和淮南根螨 *R. huainanensis* Zhang & Li，2000。该两种原描缺少定种依据，据查模式标本已遗失。

中华人民共和国出入境检验检疫行业标准

SN/T 2637—2010

辐射松幽天牛检疫鉴定方法

Detection and identification of *Arhopalus syriacus* (Reitter)

2010-05-27 发布　　　　2010-12-01 实施

中华人民共和国
国家质量监督检验检疫总局 发布

前　言

本标准按照 GB/T 1.1—2009 给出的规则起草。

本标准由国家认证认可监督管理委员会提出并归口。

本标准负责起草单位:中华人民共和国泰州出入境检验检疫局。

本标准参加起草单位:中华人民共和国江苏出入境检验检疫局、中华人民共和国吉林出入境检验检疫局、中华人民共和国江阴出入境检验检疫局。

本标准主要起草人:高振兴、徐梅、魏春艳、朱林、殷玉生、朱彬、杨光、陈瑞辉、杨晓军、安榆林。

辐射松幽天牛检疫鉴定方法

1 范围

本标准规定了辐射松幽天牛 *Arhopalus syriacus* (Reitter)的检疫和鉴定方法。

本标准适用于进出境木材及木质包装中辐射松幽天牛的检疫和鉴定。

2 原理

2.1 分类学地位

辐射松幽天牛属鞘翅目(Coleoptera)、天牛科(Cerambydidae)、幽天牛亚科(Aseminae)、梗天牛属(*Arhopalus* Serville)。

2.2 寄主

辐射松幽天牛主要为害松属中的多数种(参见附录 A),嗜食寄主是辐射松 *Pinus radiata* D.,对过火木、衰弱木、倒木均可造成严重为害,偶尔为害健康松树。

2.3 生物学习性

每年 1 代~3 代。成虫产卵于树皮表面或刚死的树干上,特别喜欢产卵于因受火灾伤害的树木根部,最早于火后 24 h 就可产卵,5 粒~50 粒一族,单个成虫可产卵 60 粒。卵约 10 d 后孵化,幼虫的足不发达,幼虫期为 2 年~4 年(在欧洲)。幼虫先在树皮下取食,后取食枯枝、树干、树桩和浅树根。幼虫孵化后取食形成层近 6 个月时间,虫道交叉处呈卵圆形,最宽约 12 mm。老熟幼虫 6 月~7 月在木质部筑蛹室化蛹,蛹室长卵圆形,两端充满松散木屑。羽化后成虫从树干处蛀孔而出,蛀孔呈卵圆形。成虫于 6 月~8 月出现于寄主植物上,夜晚活动,具假死性,偶尔具趋光性。

2.4 鉴定依据

本方法遵循以成虫的形态特征和生物学特性为主要依据,幼虫形态特征为辅的鉴定原则。

3 仪器和试剂

3.1 仪器及用具

生物显微镜、体视显微镜、光照培养箱、养虫瓶、放大镜、刀、锯、斧、凿子、毛笔、镊子、白瓷盘、培养皿、解剖针、昆虫针、指形管、标本盒、标签等。

3.2 溶液

75%乙醇、无水乙醇、幼虫保存液(75%乙醇:甘油=100:0.5~1)。

4 现场查验

4.1 表面检查

对原木、板材、木方及木包装现场检查时,注意观察其木表面是否有虫、虫孔、蛀屑或虫蛀痕迹,发现可疑进行破木查虫。

4.2 剖材检查

对发现虫孔、蛀屑或虫蛀痕迹，用凿子或斧破木查虫。成虫羽化呈卵圆形，下方有椭圆形蛹室；成虫和卵在母坑道中，蛹在蛹室；幼虫坑道呈纵向延伸，坑道内堆塞排泄物和木屑，老熟幼虫在坑道端部扩大成蛹室，并化蛹其中。

5 实验室鉴定

5.1 镜检

在体视显微镜下对可疑幼虫和成虫进行形态特征的鉴定。

5.2 培养检验

如发现活的幼虫，将幼虫和寄主木材一起放置于培养箱中，在相对湿度为90%～95%、温度大约为30 ℃条件下培养，待幼虫羽化为成虫后再作进一步的鉴定。

5.3 幽天牛亚科(Aseminae)鉴定特征

5.3.1 成虫

成虫特征如下：

——体小至中型，长扁形或微拱凸，色泽较暗；

——前口式，头很短而圆，触角一般短而粗壮，长度不超过体长，着生于额的前方，紧靠上鄂基部；

——前胸背板宽大于长，两侧无明显边缘，侧缘呈圆弧形凸出。鞘翅表面常有纵隆脊。中胸背板发音器具中纵沟；

——前足基节横宽，中足胫节外侧端部无斜沟。

5.3.2 幼虫

幼虫特征如下：

——幼虫近圆柱形；

——头后缘凹缘浅，主单眼在老龄幼虫不明显，仅在低龄幼虫明显，位置向后移，不与颊后缘接触；下颚须第一节大，约为第二节的2倍，上舌前区和上唇背方密生粗刚毛；触角2节，常有骨化、具刚毛的第3节；

——前胸背板后区两侧沟深而明显，之间密布微刺粒；步泡突无瘤突，常有微粒；

——腹末具尾突。

5.4 梗天牛属(*Arhopalus* Serville)鉴定特征

5.4.1 成虫

成虫特征如下：

——体长形，中等大小。头近于圆形，窄于前胸；

——触角圆柱形或扁形，第3节长约三倍于第2节长，雄虫触角等于或短于体长，雌虫触角明显短于体长，仅达鞘翅中部。上颚较短，复眼小眼面粗；

——前胸两侧圆形，背面稍扁平。小盾片舌状，末端圆形；

——鞘翅长形，两侧近于平行，端部稍窄，翅面密布颗粒状细皱纹，散布小刻点，各具3条纵隆脊，缝角具刺；

——足粗壮，中等长，后足第1跗节等于或稍长于第2、3节之和。

5.4.2 幼虫

幼虫特征如下：

——体小至中型，呈圆柱状，淡黄色至白色；

——头大，黄棕色，多毛；口上片宽，稍窄于前胸，暗棕色，某些区域具微刺；唇基白色，具粗糙微粒；下唇暗棕色，心形，侧区和端部多毛；上唇长略大于宽；中额线白色，完整，前额多毛；上颚内侧有2脊，伸达下齿顶端；下颚须第3节短小；下颚舌有细毛，腹面有小型色素点；触角短，3节；

——前胸背板横宽，前缘白色，被细毛，具棕黄色横皱纹，杂生许多光滑小点；

——第9节腹节背板后端有2个尾突，端部骨化。

5.5 辐射松幽天牛的鉴定特征(参见附录B、附录C、附录D)

5.5.1 成虫

成虫特征如下：

——体长11.4 mm～23.0 mm，体红褐色至黑褐色；

——头近于圆形，窄于前胸；触角中等长度，第3节约三倍于第2节长，雌虫触角短于体长，雄虫触角等于或短于体长；上颚较短；复眼小眼面粗，小眼之间无长毛；下颚须末节极似斧形，端部中等宽，长等于或略长于宽；复眼大而突出，近卵圆形，内缘凹；

——前胸两侧圆形，背面稍扁平；小盾片舌状，末端圆形；

——鞘翅长形，两侧近于平行，端部稍窄，翅面密布颗粒状细皱纹，散布小刻点，各具2条～3条纵隆脊，缝角圆；

——后足跗节第三节双叶状，分裂至基部；雄虫第8背板顶端微凹。

5.5.2 幼虫

幼虫特征如下：

——头颅灰白色，口器周围深褐色，额区和腹部骨片比头盖区稍暗；

——体长最大可达30.0 mm；额唇基缝相对较低，通常倾斜；唇基具细小网纹，下半部几乎光滑；上唇长，心形，长与宽约相等；腹部骨片相对较短，口后线延伸到后头处；外咽片微凸，中间的线不明显，不伸达前缘；触角的感觉器长稍大于宽，第三节长通常为宽的2倍；下唇须第三节为第二节的两分之一；舌的腹面具刚毛；幼虫毛被相对较密，前腹片两侧具稀疏毛，在低龄幼虫中无；

——前胸背板布满微刺粒，具光滑区；中胸腹片中部不具光滑区，缘室很小，最多可达10个，尾突一对，形状独特，基部愈合，向上分成二叉，尾端尖。

6 结果判定

以成虫鉴定特征为主要依据，符合5.5.1形态特征时可判定为辐射松幽天牛(*Arhopalus syriacus*)。

7 标本和样品保存

根据害虫的虫态，幼虫和蛹用乙醇-甘油保存液保存，若需用作于分子生物学实验，应用无水乙醇保存并冷冻保存于－20 ℃冰箱中。成虫制作成针插标本，详细记录害虫名称、来源、寄主、截获时间、地点、人员等相关信息，一般保存期至少为6个月。如涉及到贸易纠纷则应保存到纠纷解决完毕。保存期满后，需经灭菌处理。

样品检测结束后，其原始记录单和检验报告或证书应归档，妥善保管，以备复验、谈判和仲裁。

附　录　A
（资料性附录）
辐射松幽天牛和近似种的比较

表 A.1　辐射松幽天牛和近似种的比较

中文名	辐射松幽天牛	褐梗天牛	暗梗天牛
学　名	*Arhopalus syriacus*（Reitter）	*Arhopalus rusticus*（Linnaeus）	*Arhopalus tristis*（Fabricius）（异名：*Arhopalus ferus*（Mulsant））
寄主植物	海岸松 *Pinus pinaster* Aiton、辐射松 *Pinus radiata* D.、湿地松 *Pinus elliottii* Engelm、地中海白松 *Pinus halepensis*、欧洲黑松 *Pinus nigra*	松树 *Pinus*、云杉、冷杉 *Picea*、落叶松 *Larix*、柏科 *Cupressaceae*、日本柳杉 *Cryptomeria japonica*、刺柏 *Juniperus*	主要为害松属 *Pinus* 和云杉属 *Picea* 植物
国外分布	起源于欧洲，分布于沿地中海至中东地区的南部欧洲国家，非洲，亚洲北部（西伯利亚），南亚和东南亚以及澳大利亚	分布于欧洲、北非、亚洲、澳大利亚和新西兰	主要分布于朝鲜半岛、西伯利亚、北非、外高加索、叙利亚、欧洲等
成虫主要特征	成虫体长 11.4 mm～23 mm，黄棕色至黑棕色。下颚须末节极似斧形[图 C.1a)]，顶端长等于或略长于宽。鞘翅缝角圆[图 C.1d)]。后足第 3 节深裂，几乎达至基部[图 C.1b)]。雄虫第 8 背片顶端微凹[图 C.1c)]	成虫体长 10.3 mm～28.6 mm，浅棕色至深棕色。下颚须末节[图 C.1e)]顶端横宽，长为宽的 1.34 倍～1.39 倍。鞘翅缝角尖钝[图 C.1h)]，有时具一浅纵脊。后足第 3 节深裂，几乎达至基部[图 C.1f)]。雄虫第 8 背片顶端圆形[图 C.1g)]	成虫体长 18.3 mm～27 mm，红棕色至黑色。下颚须末节[图 C.1i)]顶端横宽，长为宽的 1.27 倍～1.29 倍。鞘翅缝角圆弧形[图 C.1e)]。后足第 3 跗节[图 C.1j)]从顶端深裂，至该节的二分之一处。雄虫第 8 背片顶端明显凹陷[图 C.1k)]
幼虫主要特征	前胸背板布满微刺粒，具明显光滑区，但少于褐梗天牛。中胸腹片通常无中央光滑区，前腹片前叶散布稀疏短毛，在低龄幼虫中光滑无毛；缘室少而小，最多达 10 个。尾突形状独特，基部愈合，向上分成两叉，尾端尖。老熟幼虫最大体长达 30 mm	前胸背板背中区具横皱纹，侧区密生棕黄色绒毛，杂有许多光滑区域；中胸腹片通常无中央光滑区，前腹片前叶具较多短刚毛。缘室少而小，通常少于8个，最多可达 10 个～14 个。尾突互相靠近，圆锥形，端部骨化不平。老熟幼虫体长可达 35 mm	前胸背板横宽，背中区毛稀疏，后区侧沟间骨化板硬，密布微刺粒，夹杂的光滑小点较少，有的愈合成短纵纹或短斜纹；前胸腹板中前腹片基区中央的光滑区较大，前腹片前叶仅具稀疏细毛。缘室非常多，一般都多于 10 个；尾突大，完全分开，端部骨化部分平。老熟幼虫体长可达 38 mm

附 录 B
（资料性附录）
辐射松幽天牛与近似种成虫形态特征图

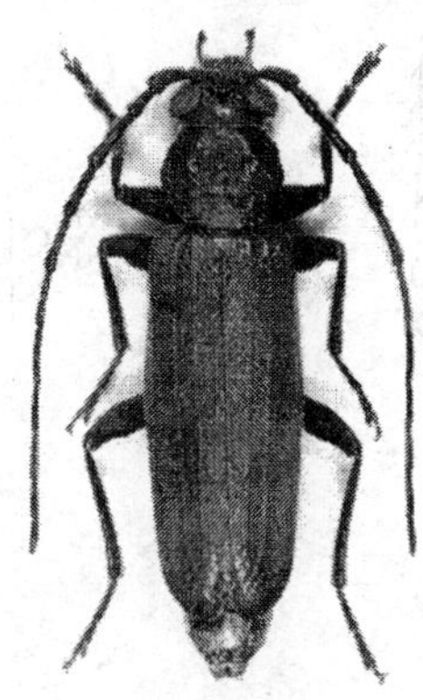

图 B.1 辐射松幽天牛（*Arhopalus syriacus*）雌成虫
（摘自 http://www.cerambyx.uochb.cz/arhs.htm）

图 B.2 褐梗天牛（*Arhopalus rusticus*）雌成虫
（摘自 http://www.zin.ru/animalia/coleoptera/images/arhrustl.jpg）

图 B.3 暗梗天牛（*Arhopalus tristis*）雌成虫
（摘自 http://www.cerambyx.uochb.cz/arhs.htm）

附 录 C
（资料性附录）
辐射松幽天牛与近似种成虫形态特征图区别

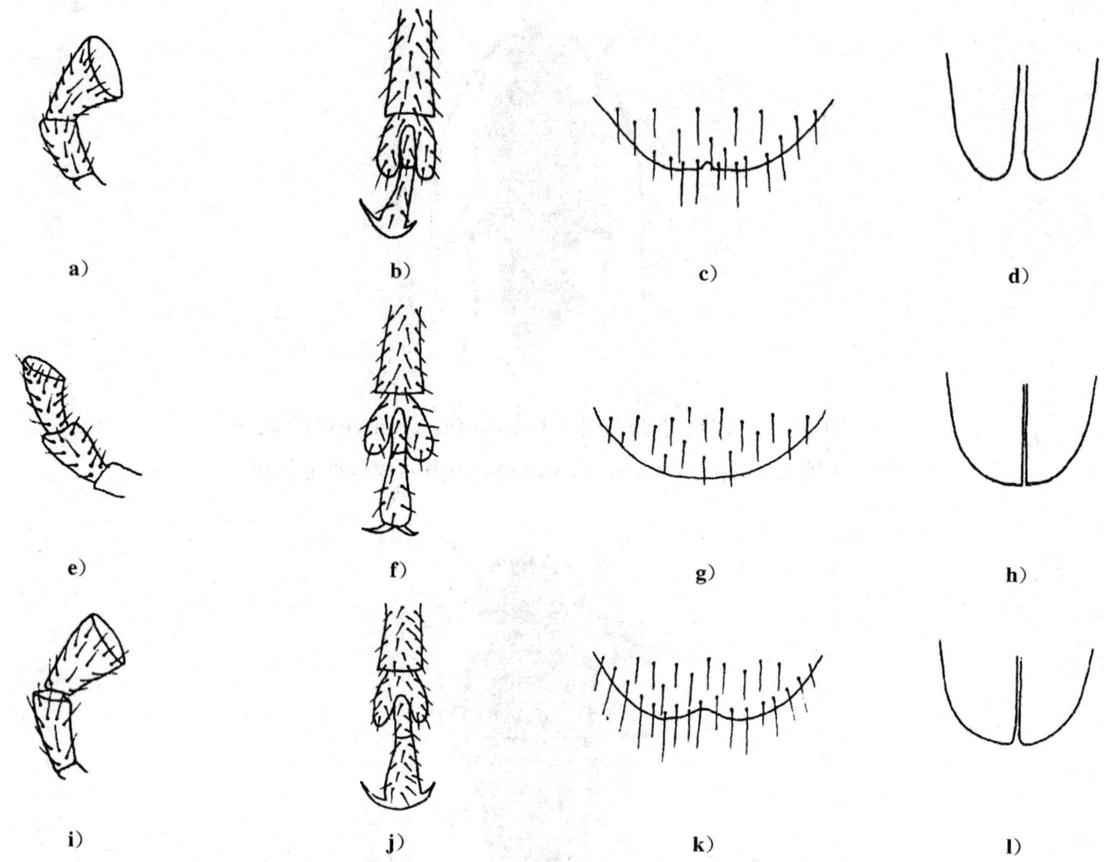

a)～d)辐射松幽天牛 *Arhopalus syriacus*；
e)～h)褐梗天牛 *Arhopalus rusticus*；
i)～l)暗梗天牛 *Arhopalus tristis*；
a)、e)、i)下颚须；
b)、f)、j)后足跗节；
c)、g)、k)雄虫第八背板；
d)、h)、l)鞘翅端部。

图 C.1 辐射松幽天牛与近似种成虫部分特征[引自—王乔，Richard A. B. Leschen(2003)]

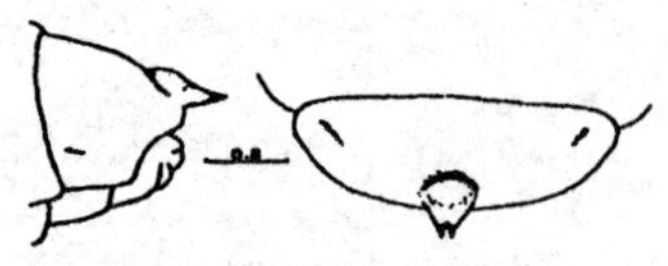
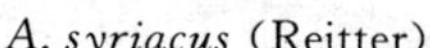
A. syriacus (Reitter)

A. rusticus (Linnaeus)

A. tristis (Fabricius)

图 C.2 幼虫尾突[引自—DUFFY，E. A. J.，British Museum (Nat. Hist.)，London，1953.]

附　录　D
（资料性附录）
辐射松幽天牛与近似种成虫检索表

梗天牛属 *Arhopalus* Serville 的分类研究比较早，相对来说种类数量也比较丰富。目前该属包括约 24 个种和亚种，其中古北区种类最多，大概有 16 个种和亚种，新北区包括 8 种，*A. rusticus*（Linn.）和 *A. tirstis*（Fab.）2 个种类分布地比较广泛。据华立中（2002）报道，我国国内有 11 种分布，其中有 4 种仅在西藏有分布记录。另外，有几种如 *A. cubensis*（Mutchler）、*A. deceptor*（Sharp）、*A. pinetorum*（Wollaston）分布范围较窄，研究较少。本标准中给出梗天牛属 9 个常见属的检索表。

1. 后足跗节第三节双叶状，仅端部分裂 …………………………… 暗梗天牛 *A. tristis*（Fabricius）
   后足跗节第三节双叶状，分裂至端部之后 …………………………………………………………… 2
2. 后足跗节分裂至基部[图 C.1b)] …………………………………………………………………… 3
   后足第三跗节不完全分裂，仅分裂至中央 ………………………………………………………… 4
3. 小眼之间生有长毛（图 D.1），鞘翅端部具有缝角或缝刺 ………… 褐梗天牛 *A. rusticus*（Linnaeus）
   小眼之间无长毛（图 D.2），鞘翅端部圆形 ………………… 辐射松幽天牛 *A. syriacus*（Reitter）

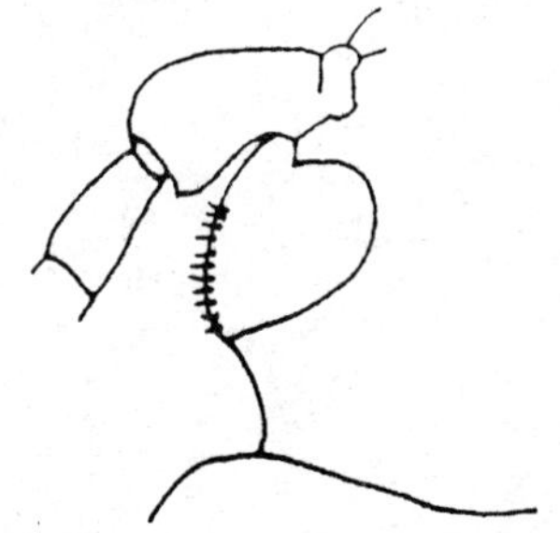

图 D.1　褐梗天牛小眼

图 D.2　辐射松幽天牛小眼

4. 体赤褐色；鞘翅缝角细刺状 ……………………………………… 赤梗天牛 *A. unicolor*（Gressit）
   体褐色至黑褐色；鞘翅缝角圆弧状 ………………………………………………………………… 5
5. 触角后面各节突然变短，后 4 节总和最多与其前 2 节总和等长；前胸背板 2 侧缘具角突。体长 21 mm～28 mm，分布于北美西部 ………………………………………… *A. asperatus*（LeConte）
   触角后面各节逐渐缩短，后 4 节总和与其前 3 节总和约等长；前胸背板 2 侧缘通常圆形 ………… 6
6. 前胸背板宽不大于长或少大于长。体长 20 mm～26 mm，北美西部 …… *A. productus*（LeConte）
   前胸背板宽明显大于长 ……………………………………………………………………………… 7
7. 鞘翅长约为前胸的 4 倍，黑褐色，触角及足黑褐色。体长 10 mm～27 mm，分布我国东北部、朝鲜、日本 …………………………………………………………………… *A. coreanus*（Sharp）
   鞘翅长约大于前胸 4 倍，体褐色 …………………………………………………………………… 8
8. 外咽片具皱纹，具明显浅刻点，具长缘毛。体长 22 mm～29 mm，落基山脉 ……………………………………………………………………… *A. foveicollis*（Haldeman）
   外咽片具皱纹，具浅刻点，不具缘毛。体长 14 mm～24 mm，分布于日本（本州）、朝鲜 ……………………………………………………………………… *A. tobierensis* Hayashi

二、线虫检疫鉴定类

ICS 65.020
B 16

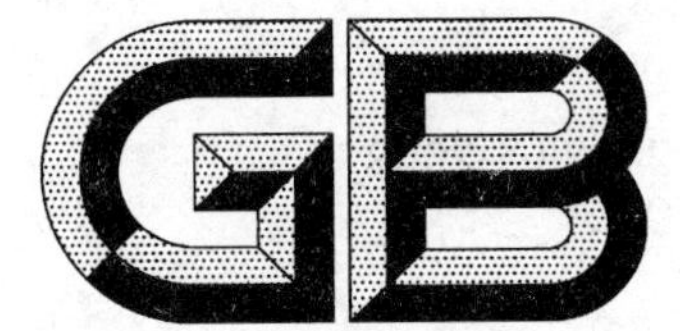

中华人民共和国国家标准

GB/T 24828—2009

穿刺根腐线虫检疫鉴定方法

Methods for quarantine and identification of *Pratylenchus penetrans*

2009-12-15 发布 2010-06-01 实施

中华人民共和国国家质量监督检验检疫总局
中国国家标准化管理委员会 发布

前　言

本标准的附录A、附录B均为规范性附录。

本标准由全国植物检疫标准化技术委员会提出并归口。

本标准起草单位：中华人民共和国上海出入境检验检疫局、中国检验检疫科学院。

本标准主要起草人：戚龙君、葛建军、宋绍祎、孙红、郑建中。

穿刺根腐线虫检疫鉴定方法

1 范围

本标准规定了对穿刺根腐线虫检疫和鉴定方法。

本标准适用于花卉、观赏植物、蔬菜、烟草、果树、豆科、禾本科等多种植物根部和土壤及栽培介质中的穿刺根腐线虫。

2 鉴定依据

穿刺根腐线虫英文名：Root-Lesion Nematode

学名：*Pratylenchus penetrans* (Cobb,1917) Filipjev & Schuurmans Stekhoven,1941

异名：*Tylenchus penetrans* Cobb,1917

Anguillulina (*Pratylenchus*) *penetrans* (Cobb) Goodey,1932

Tylenchus gulosus Kühn,1890

Pratylenchus gulosus (Kühn) Filipjev & Schuurmans Stekhoven,1941

分类地位：线虫门(Nemata)、侧尾腺纲(Secernentea)、垫刃目(Tylenchida)、根腐线虫科(Pratylenchidae)、根腐线虫属(*Pratylenchus*)

穿刺根腐线虫是一种根部迁移性内寄生线虫，被侵染的植株呈现如下特征：

a) 地上部分表现为生长不良，发生矮化、褪绿，过早凋萎甚至死亡，产量减少；

b) 地下部分引起根部变褐色、坏死，根茎和块茎往往也会遭受侵害；

c) 幼虫和成虫都可以侵入寄主根部组织，在病痕区和健康组织的交界处可见各个发育阶段的线虫。

该线虫危害350多种植物，主要分布在温带地区。它的形态学特征是该检疫鉴定方法的依据。

3 仪器、用具

3.1 生物显微镜(40×以上)。

3.2 生物体视显微镜(10×以上，具透射光源)。

3.3 电热恒温箱。

3.4 载玻片和凹玻片。

3.5 盖玻片。

3.6 分样筛(100目、500目)。

3.7 烧杯(500 mL、1 000 mL)。

3.8 漏斗。

3.9 漏斗架。

3.10 乳胶管或硅胶管。

3.11 止水夹。

3.12 小镊子。

3.13 剪刀。

3.14 挑针。

3.15 浅盘。

3.16 线虫滤纸或卫生纸。

3.17　酒精灯。

3.18　钟面皿或培养皿。

3.19　加热板。

3.20　干燥器。

3.21　试管。

4　药品

4.1　中性树胶。

4.2　4%甲醛。

4.3　指甲油。

4.4　乳酚油(苯酚 20 mL、乳酸 20 mL、甘油 40 mL 和蒸馏水 20 mL 混合而成)。

4.5　石蜡。

5　现场检疫

5.1　抽样

5.1.1　抽样方法

棋盘式、五点式或随机抽样。

5.1.2　抽样数量

按总件数的5%～20%抽样,最低抽检10件且不少于500株(个)。采集样品数量见表1。

表1　采集样品数量表

总株(个)数,N	采集样品株(个)数
N≤50	5
51≤N≤200	10
201≤N≤1 000	15
1 001≤N≤5 000	20
5 001≤N≤10 000	25
N>10 000	在30的基础上,每增加5 000株(个)增取5株(个)

5.2　外观症状的检查

5.2.1　对花卉、观赏植物、烟草、果树、蔬菜、豆科、禾本科等根茎部分进行检查,注意检查有否变褐和坏死等症状。

5.2.2　收集上述可疑根部材料及所夹带的土壤或包装介质材料等和采集的样品一并送实验室进行穿刺根腐线虫的检验。

6　实验室检验

6.1　样品分离

对于抽取的样品,仔细检查根部,尽量选取有变褐和坏死等症状的根及根围介质作为分离样品。

6.2　线虫分离

用浅盘分离法或漏斗法分离线虫,详见附录A。

6.3　体视显微镜检查

分离获得的水样在生物体视显微镜下检查。

6.4　显微镜检查

挑取线虫若干条制成临时玻片在生物显微镜下镜检,观察线虫的形态结构。

7 形态鉴定特征

7.1 根腐线虫属形态鉴定特征

7.1.1 雌雄虫共同特征

a) 雌雄同型,蠕虫状;体环明显,虫体粗短(体长 300 μm~900 μm);
b) 头部低平(高度通常小于头基环直径的二分之一),有 2 个~4 个唇环,头部连续到略缢缩,头架骨化显著;
c) 口针粗短,长 11 μm~22 μm,基部球发达;
d) 背食道腺开口位于口针基部球后约 2 μm~4 μm。食道腺叶短,从腹面和侧面覆盖肠前端;
e) 侧区有 4 条~8 条侧线,通常有 4 条。

7.1.2 雌虫

单生殖腺、前伸,后阴子宫囊通常短于 2 个阴门处体宽。尾长是肛门处体宽的 2 倍~3 倍,尾圆锥形,末端钝圆(很少尖)。

7.1.3 雄虫

交合刺骨化、稍弯,引带不伸出泄殖腔,交合伞延伸到尾端。

7.2 根腐线虫形态鉴定特征

7.2.1 测计值

穿刺根腐线虫的测量数据见表 2。

表 2 穿刺根腐线虫测计值

项目	L/μm	a	b	c	V/%	T/%	S/μm
雌虫	343~811	19~32	5.3~7.9	15~24	75~84	—	15~17
雄虫	305~574	23~34	5.4~7.3	16~22	—	36~58	13~16

注:L=体长;a=体长/最大体宽;b=体长/自头顶至食道与肠连接处的长度;S=口针长;
c=体长/尾长;V=头顶至阴门处长度/体长×100;T=精巢长度/体长×100。

7.2.2 形态描述

7.2.2.1 雌虫

a) 热杀死时虫体近直线形,虫体中等大小,体表环纹较细,侧线四条,中食道球近圆形,宽度为该处体宽的一半。食道腺从腹面覆盖肠的前端,覆盖长度为 30 μm~40 μm。排泄孔约在食道-肠交界的相对位置上,离虫体前端 74 μm~101 μm 处,见图 1 中的 I;
b) 头架发达,唇区稍高,稍缢缩,唇环三个,口针基部球宽圆形,背食道腺开口在口针基部球 2.5 μm,见图 1 中的 B;
c) 受精囊近圆形,内充满精子,宽为该处体宽的三分之二。阴道直且短,长约为阴门处体宽的四分之一。后阴子宫囊短,长约为阴门处体宽的 1 倍~1.5 倍。肛门与阴门的距离约为尾长的 2.5 倍,见图 1 中的 C;
d) 尾近圆筒形,末端光滑(偶尔有一个至两个线纹),尾腹面有 15 条~27 条体环,见图 1 中的 D、E。

7.2.2.2 雄虫

a) 与雌虫体形相似,普遍发生,见图 1 中的 A、H;
b) 侧线四条,排泄孔约在离虫体前端 66 μm~79 μm 处,见图 1 中的 H;
c) 交合刺骨化略成弓形,长为 14 μm~17 μm;引带长为 3.9 μm~4.2 μm;交合伞包到尾端,见图 1 中的 F、G。

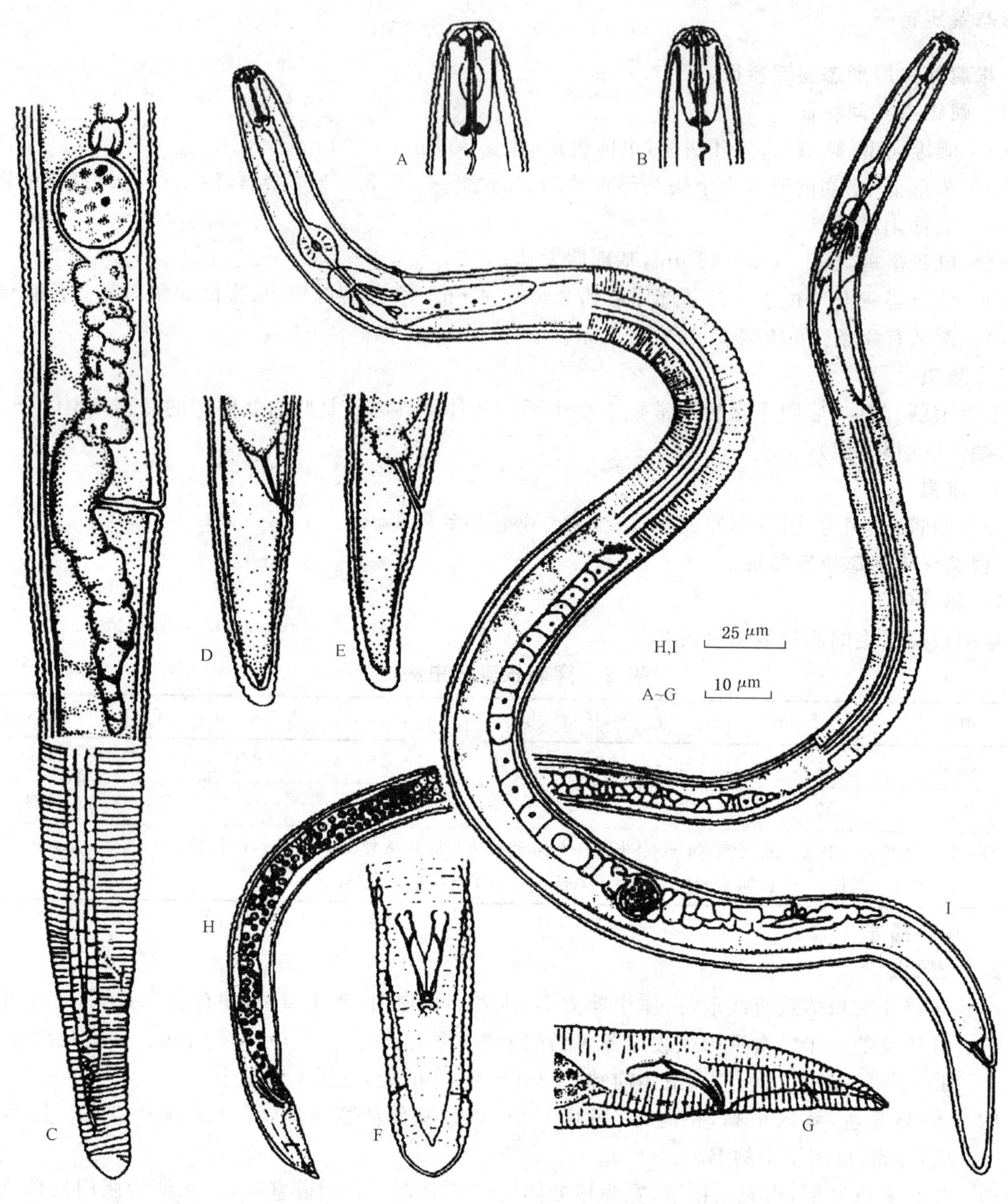

A——雌虫头部；
B——雄虫头部；
C——雌虫阴门区和尾；
D,E——雌虫尾端；
F——雄虫尾部腹面；
G——雄虫尾部侧面；
H——雄虫整体；
I——雌虫整体。

图 1 穿刺根腐线虫形态特征(仿 Corbett,1973)

8 结果判定

符合第7章形态特征的可鉴定为穿刺根腐线虫。鉴定过程应注意该线虫与咖啡根腐线虫、伤残根腐线虫和卢斯根腐线虫的形态区别，四者的主要区别见表3。

表3 四种主要根腐线虫的主要形态区别对照表

根腐线虫种	唇环数	口针长度/μm	侧线数	受精囊形状	尾形	后阴子宫囊长度/μm
穿刺根腐线虫	3	15～17	4	近圆形	锥形，末端钝园、无纹	1倍～1.5倍阴门处体宽
咖啡根腐线虫	2	15～18	4(个别5条～6条)	长卵圆形	亚园柱形、末端无纹	17～50
伤残根腐线虫	3～4	13～19	4	长椭圆形	锥形，尾尖细园	21～64
卢斯根腐线虫	2	14～18	4(个别5条～6条)	长卵形	锥形，尾端无纹、钝尖	18～26

9 样品保存

9.1 若鉴定为穿刺根腐线虫，则将剩余的线虫杀死、固定制成永久玻片保存，制作方法详见附录B；也可以固定后放入含4%甲醛液的指形管内长期保存。

9.2 对已鉴定出带有穿刺根腐线虫的植物材料，经登记后，要保存在5℃～10℃及干燥、防鼠防虫处，并标明样品编号、截获日期、截获人、寄主名称、运输工具名称、输出国名等，样品需至少保存6个月，以备复验、谈判和仲裁。

附 录 A
（规范性附录）
穿刺根腐线虫的分离法

A.1 漏斗法

首先将 10 cm～15 cm 直径的漏斗固定在支架上（见图 A.1），柄端接一段乳胶管，管的近末端用止水夹夹紧。将分离的样品先剪成小块，用纱布包好，放入漏斗，加水淹没。分离土壤中的线虫，在漏斗内加一只不锈钢或塑料的网，将纱布铺在筛网上，再放入样品。在线虫自身的趋水性和重量作用下，线虫不断脱离植物组织和土壤等，穿过纱布迁游到水中，最后沉降到漏斗末端的乳胶管下端水中。24 h 后，小心地打开乳胶管末的止水夹，用小器皿接取约 5 mL 的含有线虫的水样，放在生物体视显微镜下进行观察。用此法分离线虫时，室内温度最好要保持在 21 ℃～24 ℃，温度太高或太低均会影响穿刺根腐线虫的分离效果。

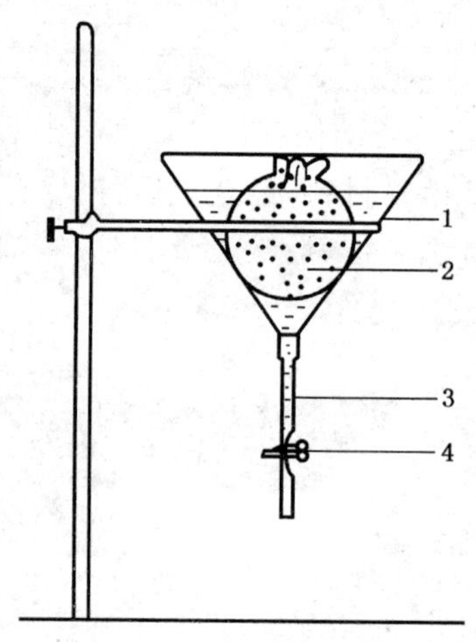

1——漏斗；
2——用纱布包裹的样品；
3——乳胶管；
4——止水夹。

图 A.1 Baermann 漏斗装置

A.2 浅盘分离法

浅盘分离法装置（见图 A.2）由两只不锈钢浅盘、线虫滤纸或卫生纸组成，两只浅盘可套放，上盘底面为大于 10 目的粗筛网，下盘为正常浅盘。

分离线虫时，将线虫滤纸平放在上盘的筛网上，用水淋湿，将供分离的已剪成小块的样品撒铺在其上，套进下盘内；从两只浅盘的夹缝中注水，以淹没供分离的样品为宜；在 21 ℃～24 ℃下放置 24 h 后，线虫渐渐集中到下盘的水中；用烧杯收集浅盘中水，并将烧杯中的水连续通过 100 目和 500 目的筛网，将 500 目标准筛上的含线虫的残留物冲洗到培养皿中镜检。

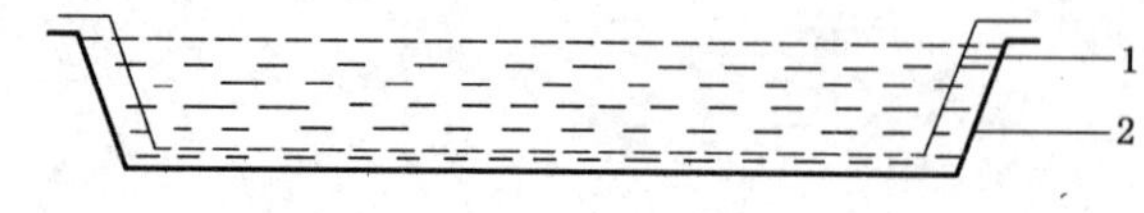

1——上盘；
2——下盘。

图 A.2 浅盘分离装置

附 录 B
（规范性附录）
穿刺根腐线虫玻片标本制作方法

B.1 线虫杀死

在生物体视显微镜下，用线虫挑针挑取少量线虫放至凹玻片上的水滴中，使线虫位于水滴中央。手持凹玻片在酒精灯火焰上来回 5 s～6 s，使线虫恰好被杀死为止。杀死大量的线虫，可将线虫悬浮液放在试管中加等量的沸水杀死线虫。

B.2 线虫固定

少量线虫被杀死后，可用线虫挑针将线虫移至 4％甲醛液中固定。大量的线虫被杀死后，在线虫悬浮液中加等量浓度双倍的固定液即可。

B.3 临时玻片标本的制作

以 4％甲醛液作为浮载剂，滴适量于载玻片上。用挑针将固定好的线虫移数条于浮载剂中，并使其完全沉下。浮载剂边缘均匀放置 3 mm～5 mm 长、直径与线虫体宽相近的玻璃纤维丝 3 根，加盖玻片。用滤纸吸去溢出的浮载剂，用指甲油封片。待指甲油干后再加封一次，可保存几天至数周。

B.4 永久玻片标本的制作

B.4.1 脱水

采用乳酚油快速脱水法(Franklin & Goodey，1949)，把滴有乳酚油的凹玻片放在加热板上，加热至 65 ℃～70 ℃。将已固定 1 d 以上的线虫挑入热的乳酚油中，继续加热 2 min～3 min 后，在生物体视显微镜下观察标本是否清晰。若不够清晰，继续在 65 ℃～70 ℃的加热板上加热片刻至清晰(注意避免加热过度而损坏标本)。然后放在干燥器中 12 h～24 h，进一步去除水分后即可制片。

B.4.2 制片

将直径 1.5 cm 的打孔器在酒精灯火焰上加热后，插到蜡盘中蘸取少量石蜡，并迅速轻按于载玻片中央。待冷却后即形成一个蜡圈。在蜡圈内滴一小滴乳酚油(用量以盖上盖玻片后不外溢为宜)作为浮载剂，将已脱水的线虫数条挑入其中，排列整齐，并使其完全沉下。将与线虫体宽相近的 3 根 3 mm～5 mm 的玻璃纤维丝均匀置于浮载剂边缘，加盖玻片后，将载玻片移至 65 ℃～70 ℃的加热板上熔蜡，待蜡熔化后移至实验台上冷却。用指甲油封片，待指甲油干后再封一次。最后贴上标签，左边的标签写明样品号、寄主、截获口岸、产地、制作日期；右边的标签写线虫种名、线虫虫态及其数量。

ICS 65.020.01
B 16

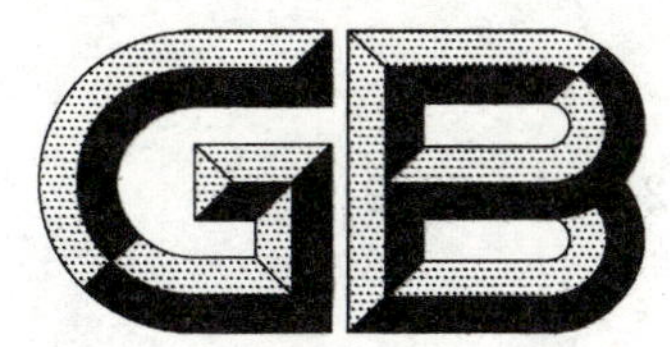

中华人民共和国国家标准

GB/T 24831—2009

香蕉穿孔线虫检疫鉴定方法

Methods for quarantine and identification of the burrowing nematode, *Radopholus similis*(Cobb, 1893)Thorne, 1949

2009-12-15 发布 2010-06-01 实施

中华人民共和国国家质量监督检验检疫总局
中国国家标准化管理委员会 发布

前言

本标准的附录B为规范性附录,附录A、附录C为资料性附录。

本标准由全国植物检疫标准化技术委员会提出并归口。

本标准起草单位:中国检验检疫科学院、中华人民共和国上海出入境检验检疫局、中华人民共和国江苏出入境检验检疫局、中华人民共和国云南出入境检验检疫局和中华人民共和国深圳出入境检验检疫局。

本标准主要起草人:葛建军、戚龙君、粟寒、杜宇、张明、李芳荣、李生贵、龙海。

香蕉穿孔线虫检疫鉴定方法

1 范围

本标准规定了香蕉穿孔线虫检疫鉴定方法。

本标准适用于观赏植物、蔬菜、果树等多种植物根部和土壤及栽培介质中的香蕉穿孔线虫检疫鉴定。

2 规范性引用

下列文件中的条款通过本标准的引用而成为本标准的条款。凡是注日期的引用文件，其随后所有的修改单(不包括勘误的内容)或修订版均不适用于本标准，然而，鼓励根据本标准达成协议的各方研究是否可使用这些文件的最新版本。凡是不注日期的引用文件，其最新版本适用于本标准。

SN/T 2122 进境植物及植物产品检疫抽样

3 鉴定依据

英文俗名：burrowing nematode、pepper yellows nematode、slow wilt nematode、citrus burrowing nematode、banana burrowing nematode。

学名：*Radopholus similis*(Cobb，1893) Thorne，1949

异名：*Radopholus similis citrophilus* Huettel，Dickson & Kaplan，1984

Anguillulina granulosa(Cobb，1893)Goodey，1932

Tetylenchus granulosus(Cobb，1893)Filipjev，1936

Radopholus granulosus(Cobb，1893)Siddiqi，1986

Anguillulina acutocaudatus(Zimmermann，1898)Goodey，1932

Tylenchorhynchus acutocaudatus(Zimmermann，1898)Filipjev，1934

Radopholus acutocaudatus(Zimmermann，1898)Siddiqi，1986

Tylenchus biformis Cobb，1909

Anguillulina biformis(Cobb，1909)Goodey，1932

Radopholus biformis(Cobb，1909)Siddiqi，1986

Radopholus citrophilus Huettel，Dickson & Kaplan，1984

分类地位：线虫门(Nematoda)、侧尾腺纲(Secernentea)、垫刃目(Tylenchida)、短体线虫科(Pratylenchidae)、穿孔线虫属(*Radopholus*)

香蕉穿孔线虫是一种根部迁移性内寄生线虫，危害寄主植物呈现如下症状：

——线虫一般穿刺根表皮进入皮层，在根的外部形成多个暗黑色的斑痕，接着邻近的斑痕融合，根的皮层组织萎缩，变黑；严重危害时，斑痕可环割根；对于整个根系而言，表现为根系明显减少。

——生姜(大姜)等根茎受侵害可造成组织萎缩，表现为根茎小、干缩。

——地上部分表现为生长不良，叶片褪绿、黄化、叶片较少等症状，植株矮化、衰退，甚至凋萎、死亡。

香蕉穿孔线虫的寄主非常广泛，达数百种之多，主要侵染单子叶植物的芭蕉科 Musaceae(芭蕉属 *Musa* 和鹤望兰属 *Strelizia*)、天南星科 Araceae(喜林芋属 *Philodendron* 和花烛属 *Anthurium*)、竹芋科 Marantaceae(肖竹芋属 *Calathea*)和凤梨科(果子蔓属 *Guzmania* 和丽穗凤梨属 *Vriesea* 等)，但也危害双子叶植物。香蕉穿孔线虫的主要农作物和经济作物寄主包括香蕉、胡椒、芭蕉、椰子、槟榔、可可、芒果、柑橘、咖啡、茶树、美洲柿、鹗梨、油柿、生姜、花生、大豆、高粱、甘蔗、茄子、番茄、马铃薯、甘薯、薯蓣、酸豆、姜黄、小豆蔻、肉豆蔻、蚕豆、油棕、山葵、王棕等。

香蕉穿孔线虫的形态学特征、传播途径、寄主范围和地理分布是制定该标准的主要依据。

4 符号和缩略语

n——测量的线虫标本数目；

L——虫体体长（mm 或 μm）；

a——体长/最大体宽；

b——体长/虫体前端至食道与肠连接处的距离；

b’——体长/虫体前端至食道腺末端的距离；

c——体长/尾长；

c’——尾长/肛门处体宽；

St.——口针长度（μm）；

Sp.——交合刺长度（μm）；

Gub.——引带长度（μm）；

V——虫体前端至阴门的距离×100/体长。

5 仪器、用具

5.1 生物显微镜（100×以上）。

5.2 生物体视显微镜（10×以上，具透射光源）。

5.3 电热恒温箱。

5.4 载玻片和凹玻片。

5.5 盖玻片。

5.6 网筛（20 目、100 目、500 目）。

5.7 烧杯（500 mL、1000 mL）。

5.8 漏斗。

5.9 漏斗架。

5.10 乳胶管或硅胶管。

5.11 止水夹。

5.12 小镊子。

5.13 剪刀。

5.14 挑针。

5.15 浅盘。

5.16 线虫滤纸或卫生纸。

5.17 酒精灯。

5.18 钟面皿或培养皿。

5.19 加热板。

5.20 干燥器。

5.21 试管。

5.22 水浴锅。

6 药品

6.1 4%甲醛。

6.2 指甲油。

6.3 甘油。

6.4 95%酒精。

6.5 石蜡。

7 现场检疫

7.1 抽样

具体抽样方法见 SN/T 2122 。

7.2 外观症状的检查

7.2.1 对花卉、观赏植物、果树、蔬菜等根及根茎部分进行检查,注意检查是否有变褐和坏死等症状。

7.2.2 收集上述可疑植物材料及所夹带的土壤或栽培介质等,和采集的样品一并送实验室进行香蕉穿孔线虫的检验。

8 实验室检验

8.1 样品分离

对于抽取的样品,仔细检查根部,尽量选取有变褐和坏死等症状的根及根围介质作为分离样品。

8.2 线虫分离

用浅盘分离法或漏斗法分离线虫,具体分离方法见附录 A。

8.3 体视显微镜检查

分离获得的线虫样在生物体视显微镜下检查。

8.4 显微镜检查

挑取线虫若干条制成临时玻片在生物显微镜下镜检,观察线虫的形态。

9 形态鉴定特征

9.1 穿孔线虫属形态鉴定特征

9.1.1 雌虫

——虫体长 0.4 mm~0.9 mm,a 值在 20~30 之间;

——头部低,不缢缩或稍缢缩,头架骨化显著;

——口针粗短,14 μm~23 μm,基部球发达;

——中食道球发达,后食道腺叶较长叶状从背部覆盖肠;

——侧区刻线 3 条~7 条,非网格化;

——无颈乳突,侧尾腺孔常位于尾的前部;

——双生殖腺、对伸,或后生殖腺退化,授精囊园至卵园形,内多有杆状精子;

——尾长圆锥形至亚圆柱形,长为肛门处体宽的 2 倍~4 倍,末端窄圆至稍尖。

9.1.2 雄虫

——头部高,显著缢缩呈球状;

——口针和食道明显退化;

——交合伞延伸到近尾端,极少延伸到尾端;

——引带大,伸出泄殖腔。

9.2 香蕉穿孔线虫形态鉴定特征

9.2.1 测计值

香蕉穿孔线虫的测量数据见表 1。

表 1　香蕉穿孔线虫测计值一览表

测量项目	来自香蕉(Sher,1968)		来自柑橘(Huettel 等,1984)		来自可可(Koshy 等,1991)	
	♀(n=12)	♂ (n=5)	♀(n=30)	♂ (n=30)	♀(n=20)	♂ (n=20)
L/mm	0.52～0.88(0.69)	0.54～0.67(0.63)	0.60～0.76	0.59～0.70	0.624～0.748	0.559～0.711
a	22～30(27)	31～44(35)	21.4～31.7(28)	—	23.3～32.2	28.9～38.1
b	4.7～7.4(6.5)	6.1～6.6(6.4)	—	—	7.0～8.1	—
b'	3.5～5.2(4.5)	4.1～4.9(4.8)	—	—	3.8～4.6	—
c	8～13(10.6)	8～10(9)	8.7～12.2(10)	—	8～13	7.8～9.0
c'	2.9～4.0(3.4)	5.1～6.7(5.7)	—	—	2.99～4.41	4.66～6.53
V	55～61(56)	—	46～58	—	53.8～61.9	—
St. /μm	17～20(19)	12～17(14)	18～20(19.1)	11.6～16(14.8)	16.8～18.7	11.2～14.9
Sp. /μm	—	18～22(20)	—	17.6～25.6(20.9)	—	16.8～18.7
Gub. /μm	—	8～12(9)	—		—	9.3～12.1

9.2.2　形态描述

9.2.2.1　香蕉穿孔线虫的形态特征描述图见附录 B。

9.2.2.2　雌虫

——唇区低,半球形,无缢缩或稍缢缩,唇环 3 个～6 个,唇盘不明显;

——口针发达,长约 17 μm～21 μm,口针基部球大,前端微凸,偶见圆形;

——排泄孔位于中食道球后约 1 个～2 个中食道球长度处,即食道与肠接合处;

——侧带区占体宽的三分之一,非网格化,刻线 4 条,其中内侧的两条在尾中部愈合成 1 条;

——双生殖管发育相当,偶见后生殖管退化,受精囊卵圆形至圆形,内充满杆状精子;

——尾指形,偶见亚圆锥形,尾端常为不规则的缨枪头状;部分有尾环,尾部透明区长约 9 μm～17 μm;

——侧尾腺孔明显,位于尾部的前三分之一处,一般为肛门后 7 个～17 个尾环处。

9.2.2.3　雄虫

——雄虫细长,较雌虫短;

——唇区高,半球型突起,明显缢缩,头环 3 个～5 个;

——排泄孔位于中食道球后约 2 个中食道球长度处;

——刻线 4 条;

——交合伞包裹尾端的 2/3～3/4,交合刺健壮,末端尖,长 18 μm～20 μm;

——引带伸出泄殖腔外,尖端有一明显的指状突;

——尾部圆至圆锥形,末端尖。

10　样品保存

若鉴定为香蕉穿孔线虫,则将剩余的线虫杀死、固定制成永久玻片保存,制作方法详见附录 C;也可以固定后放入含 4%甲醛液的指形管内长期保存。

对已鉴定出带有香蕉穿孔线虫的植物材料,经登记后,要保存在 5 ℃～10 ℃及干燥、防鼠防虫处,并标明样品编号、截获日期、截获人、寄主名称、运输工具名称、输出国名等,样品需至少保存 3 个月,以备复验、谈判和仲裁。

附 录 A
（资料性附录）
香蕉穿孔线虫的分离方法

A.1 漏斗法

首先将10 cm～15 cm直径的漏斗固定在支架上（见图A.1），柄端接一段乳胶管，管的近末端用止水夹夹紧。将分离的样品先剪成小块，用纱布包好，放入漏斗，加水淹没。分离土壤中的线虫，在漏斗内加一只不锈钢或塑料的网，将纱布铺在筛网上，再放入样品。在线虫自身的趋水性和重力作用下，线虫不断脱离植物组织和土壤等，穿过纱布迁游到水中，最后沉降到漏斗末端的乳胶管下端水中。12 h～24 h后，小心地打开乳胶管末的止水夹，用小器皿接取约5 mL的含有线虫的分离水样，放在生物体视显微镜下进行观察。用此法分离线虫时，室内温度最好要保持在21 ℃～24 ℃，温度太高或太低均会影响香蕉穿孔线虫的分离效果。

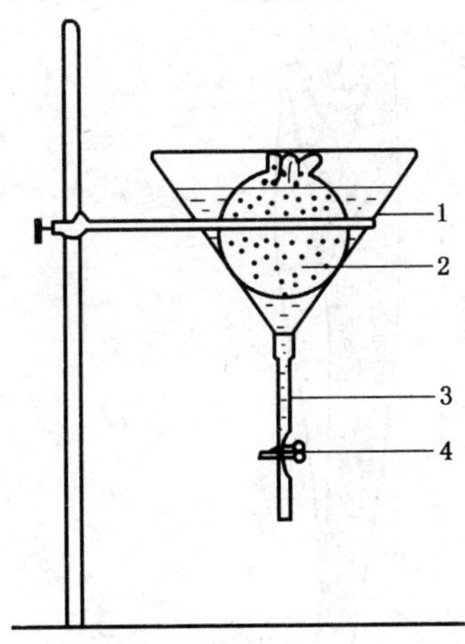

1——漏斗；
2——用纱布包裹的样品；
3——乳胶管；
4——止水夹。

图A.1 Baermann漏斗装置

A.2 浅盘分离法

浅盘分离法装置（见图A.2）由两只不锈钢浅盘、线虫滤纸或卫生纸组成，两只浅盘可套放，上盘底面为大于10目的粗筛网，下盘为正常浅盘。

分离线虫时，将线虫滤纸平放在上盘的筛网上，用水淋湿，将供分离的已剪成小块的样品撒铺在其上，套进下盘内；从两只浅盘的夹缝中注水，以淹没供分离的样品为宜；在21 ℃～24 ℃下放置24 h后，线虫渐渐集中到下盘的水中；用烧杯收集浅盘中水，并将烧杯中的水连续通过100目和500目的筛网，将500目标准筛上的含线虫的残留物冲洗到培养皿中镜检。

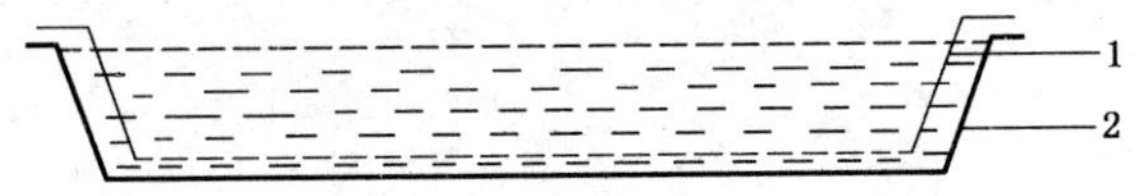

1——上盘；
2——下盘。

图A.2 浅盘分离装置

附 录 B
（规范性附录）
香蕉穿孔线虫的形态特征图

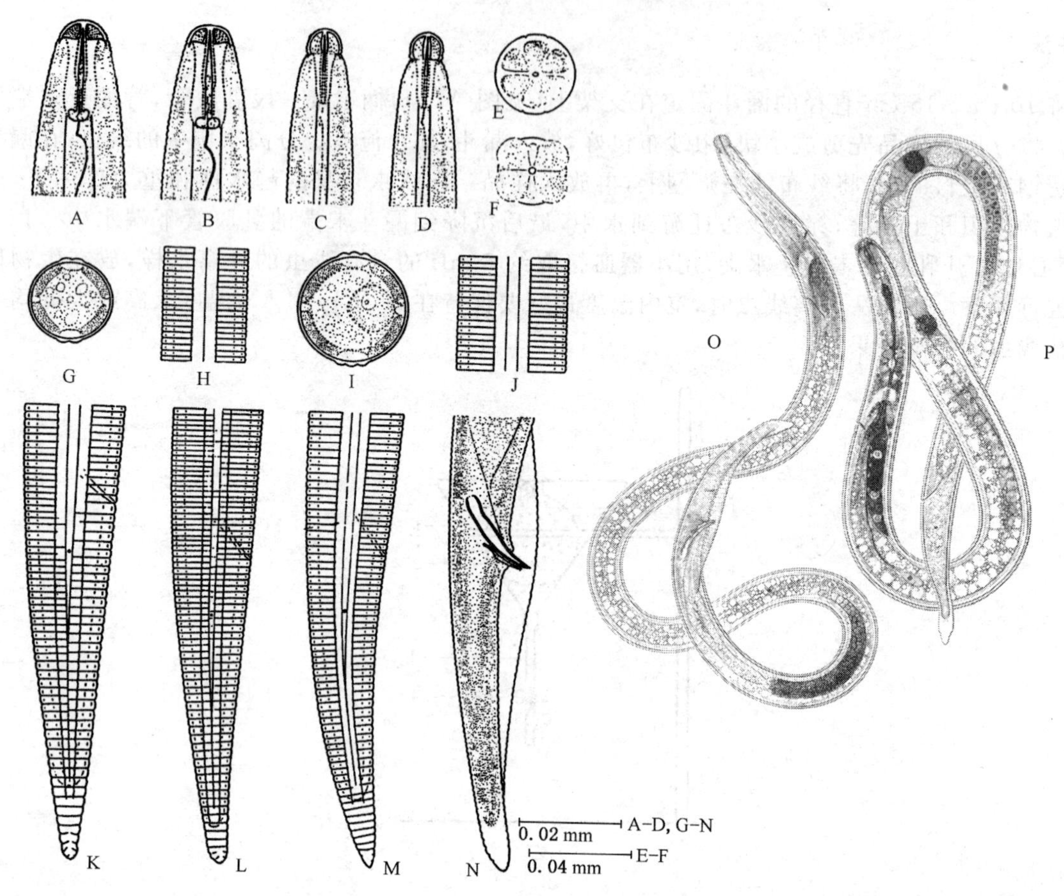

A——雌虫前部；
B——雌虫前部；
C——雄虫前部；
D——雄虫前部；
E——顶面观；
F——虫顶面观；
G——幼虫接近虫体中部的切面图；
H——幼虫接近虫体中部的侧面图；
I——雌虫接近虫体中部的切面图；
J——雌虫接近虫体中部的侧面图；
K——雌虫尾部；
L——雌虫尾部；
M——雌虫尾部；
N——雄虫尾部；
O——雄虫；
P——雌虫。

图 B.1 香蕉穿孔线虫形态特征（A～N 仿 Sher，1968；O～P 仿 Cobb，1915）

附 录 C
(资料性附录)
香蕉穿孔线虫玻片标本制作方法

C.1 线虫杀死

在生物体视显微镜下,用线虫挑针挑取少量线虫放至凹玻片上的水滴中,使线虫位于水滴中央。手持凹玻片在酒精灯火焰上来回 5 s~6 s,使线虫恰好被杀死为止。杀死大量的线虫,可将线虫悬浮液放在试管中于 65 ℃的水浴锅中放置 5 min 杀死线虫。

C.2 线虫固定

少量线虫被杀死后,可用线虫挑针将线虫移至 4%甲醛液中固定。大量的线虫被杀死后,在线虫悬浮液中加等量浓度双倍的固定液即可。

C.3 临时玻片标本的制作

以 4%甲醛液作为浮载剂,滴适量于载玻片上。用挑针将固定好的线虫移数条于浮载剂中,并使其完全沉下。浮载剂边缘均匀放置 3 mm~5 mm 长、直径与线虫体宽相近的玻璃纤维丝 3 根,加盖玻片。用滤纸吸去溢出的浮载剂,用指甲油封片。待指甲油干后再加封一次,可保存几天至数周。

C.4 永久玻片标本的制作

C.4.1 脱水

采用甘油酒精快速脱水法(Seinhorst,1959) 脱水,具体方法如下。

——将固定好的线虫移入含 FA(4∶1) 固定液(95%酒精 20 mL,甘油 1 mL,蒸馏水 79 mL)的贝氏小皿中;

——将其放入充满饱和酒精蒸汽(1/10 体积的 95%乙醇)的干燥器内,密封后置于 35 ℃~40 ℃恒温箱中,保持至少 12 h;

——取出小皿,在解剖镜或放大镜下小心吸去上层液体后(由于酒精的沉积,小皿中的液体会增加),加入少量甘油酒精混合液(甘油 5 mL,95%乙醇 95 mL);

——将小皿放置于培养皿中,盖上部分皿盖,再转移到 40 ℃恒温箱中脱水 3 h 以上,待酒精完全蒸发后,将线虫移至纯甘油液中。

C.4.2 制片

将直径 1.5 cm 的打孔器在酒精灯火焰上加热后,插到蜡盘中蘸取少量石蜡,并迅速轻按于载玻片中央。待冷却后即形成一个蜡圈。在蜡圈内滴一小滴乳酚油(用量以盖上盖玻片后不外溢为宜)作为浮载剂,将已脱水的线虫数条挑入其中,排列整齐,并使其完全沉下。将与线虫体宽相近的 3 根 3 mm~5 mm的玻璃纤维丝均匀置于浮载剂边缘,加盖玻片后,将载玻片移至 65 ℃~70 ℃的加热板上熔蜡,待蜡熔化后移至实验台上冷却。最后贴上标签,左边的标签写明样品号、寄主、截获口岸、产地、制作日期;右边的标签写线虫种名、数量等数据。

中华人民共和国出入境检验检疫行业标准

SN/T 1132—2002

松材线虫检疫鉴定方法

Methods for quarantine and identification of *Bursaphelenchus xylophilus* (steiner & buhrer) nickle

2002-08-02 发布 2003-01-01 实施

中华人民共和国国家质量监督检验检疫总局 发布

前　言

本标准的附录A、附录B为规范性附录，附录C、附录D均为资料性附录。

本标准由国家认证认可监督管理委员会提出并归口。

本标准起草单位：中华人民共和国江苏出入境检验检疫局。

本标准主要起草人：沈培垠、徐培方、周弘、刁彩华。

本标准系首次发布的出入境检验检疫行业标准。

松材线虫检疫鉴定方法

1 范围

本标准规范了松材线虫检疫鉴定方法和依据。

本标准适用于口岸植物检疫过程中鉴定松材线虫。

2 术语和定义

下列术语和定义适用于本标准。

2.1

松材线虫 pine wood nematode,PWN

一种线形动物,隶属于动物界、线虫门(Nematoda)、侧尾腺纲(Secernentea)、垫刃目(Tylenchida)、滑刃科(Apelenchoidoidea)、伞滑刃属(*Bursaphelenchus*)。能引起松树萎蔫病,是针叶树木上最重要的病原生物之一。

2.2

分散型3龄幼虫 dispersal larva 3,$L_{Ⅲ}$

松材线虫为扩散和度过不良生存环境,在寄主组织中出现的一种特定类型的3龄幼虫。

2.3

持久型4龄幼虫 dauerlarva 4,$L_{Ⅳ}$

松材线虫为扩散传播,适应不良环境,在媒介天牛和寄主组织中出现的一种特定类型的4龄幼虫。

2.4

繁殖型3、4龄幼虫 propagative larva 3 and propagative larva 4,L_3,L_4

松材线虫正常生长和繁殖期出现的幼虫虫态。

2.5

雌虫早期 young female

4龄幼虫刚完成蜕皮阶段而出现的早期松材线虫雌虫,具体表现为生殖系统发育尚未完全。

3 检疫原理

松材线虫分布在被感染寄主的树体组织中,利用其在水中的活动性和密度大于水的特性,可以将寄主组织破碎后浸泡在水中,使松材线虫从寄主组织中游离到水中,从而分离和获得松材线虫。

利用甘油置换松材线虫体内的水,可以使松材线虫标本能保存较长时间,从而方便对标本进一步鉴定。

依据松材线虫成虫头部、食道的形态特征、雌虫的阴门、尾端和雄虫交合刺、交合伞形状等稳定遗传的形态特征以及体长、体长/体宽比值等测计值,鉴定松材线虫。

4 仪器及用具

4.1 木工锯或电锯木工钻;

4.2 样品袋;

4.3 贝尔曼漏斗;

4.4 浅盘(筛盘、底盘);

4.5 改进型漏斗分离器;

4.6 标准套筛(40目、400目、500目);

4.7 显微镜(放大倍率40×~1 000×,具目镜测微尺、绘图仪等);

4.8 体视显微镜(放大倍率10×~80×,具透射光源);

4.9 超净工作台;

4.10 恒温培养箱;

4.11 恒温烘箱;

4.12 钟面皿(ϕ7 cm,ϕ9 cm);

4.13 培养皿(ϕ7 cm,ϕ9 cm);

4.14 酒精灯;

4.15 盖玻片;

4.16 载玻片;

4.17 线虫挑针;

4.18 控温电热平板。

5 药品和材料

5.1 指甲油

5.2 0.1%硫酸链霉素(配方见附录A中A.6);

5.3 TAF双倍液(配方见附录A中A.1);

5.4 棉蓝-乳酚油(配方见附录A中A.2);

5.5 福尔马林甘油液(配方见附录A中A.3);

5.6 封片蜡(配方见附录A中A.4);

5.7 PDA培养基(配方见附录A中A.5);

5.8 灰葡萄孢菌(*Botrytis cinerea*)。

6 现场检疫

6.1 直观检验

对应施检疫物观察材质是否干燥,木质部有否蓝变,有无媒介昆虫栖居的痕迹,如侵入孔、蛀道、蛹室等。

6.2 抽样和取样

6.2.1 选取材质干燥无松脂香味、有蓝变、有媒介昆虫栖居痕迹的松木或其加工制品,若无上述特征时可随机抽样。抽样数量为每批总件数的0.5%~5%,最低不得少于三件,不满三件时全部抽取。

6.2.2 将所抽的样木锯成5 cm左右的木段,或用木工钻多点钻取木屑(不得少于10 g/份),标号后即送样至实验室检验。

6.2.3 取样时注意选取靠近虫道、蛹室的部位,钻取木屑时要注意先把取样部位的树皮剥净。

6.2.4 必要时可将样木整件带回实验室检验。

7 实验室检验

7.1 松材线虫的分离

松材线虫分离方法见附录B。

7.2 线虫的镜检

在体视显微镜下观察钟面皿中收集的线虫分离液,发现线虫后用挑针挑取或用50 μL微量移液器吸取线虫并制成临时水玻片，在显微镜下观察。

7.2.1 临时水玻片的制作

在载玻片上滴加一小滴水液（约 50 μL），将线虫挑至水滴中央，沉底。从水滴正上方加盖玻片，在酒精灯上用 1 s 的振幅周期通过 10 次左右，使线虫恰好被杀死。

7.2.2 每份样品的分离液中线虫含量在 20 条以下的，全部制成临时水玻片境检；20 条以上时，通过解剖镜观察选取各类各虫态线虫制片镜检，每类每虫态线虫至少镜检三条以上。

7.3 松材线虫的培养

分离得到的松材线虫雌、雄成虫数量极少或仅发现幼虫时，须进行培养获得足够的雌、雄成虫，以进一步鉴定。培养方法见附录 C。

7.4 松材线虫的虫体测计

7.4.1 标本制作

在进行虫体测计时，需杀死、固定松材线虫，确保虫体各器官定型，并制作玻片标本，供虫体测计。松材线虫标本的制作方法见附录 C。

7.4.2 虫体测计

分别测量雌、雄成虫虫体的长度、宽度及有关器官的长度，并记录测量的数据，然后按德曼公式（De Man formula）计算各种比值，用相应的符号表示。测计方法见附录 C。

8 形态鉴定特征

8.1 松材线虫雄虫（见图 1）

热力杀死后虫体呈“J”形；头部缢缩；口针细长 13 μm 左右，基部稍增厚但不形成基部球；中食道球卵圆形，占体宽三分之二以上，食道腺长叶状覆盖在肠背面；排泄孔位于食道和肠交接处；半月体在排泄孔后三分之二体宽处。尾部侧面观呈鸡爪状向腹部弯曲，交合刺大，弓状，成对，喙突显著，交合刺远端有盘状突，端生交合伞卵圆形（背、腹面观）。

8.2 松材线虫雌虫（见图 1）

热力杀死后呈弓形，前部特征和雄虫相似。阴门开口于虫体中后部 70%左右处，开口处有向后延伸的阴门前唇——阴门盖。尾部亚圆锥状，尾端指状，偶尔有尾尖突，尾尖突位于虫体尾部正中间，长约 1 μm～2 μm（不超过 2 μm）。

8.3 松材线虫幼虫

松材线虫幼虫分为繁殖型幼虫和分散型幼虫，其形态特征可作为辅助特征应用。

8.3.1 繁殖型幼虫

无生殖器官，其他形态特征同成虫。处于生活期，体内脂肪颗粒少，肠内食物多，结构模糊，体色呈暗色。繁殖型 3 龄幼虫蜕皮成繁殖型 4 龄幼虫；繁殖型 4 龄幼虫蜕皮成为成虫。

8.3.2 分散型 3 龄幼虫

其形态上与相应龄期的繁殖型幼虫相似，但体内脂肪颗粒多，表皮增厚，食道部分因退化，有时表现不清晰。

8.3.3 分散型 4 龄幼虫（又称持久型幼虫）

该类型幼虫食道严重退化，口针不易被发现，虫体表皮胶质多。

8.4 松材线虫的测计值（见表 1 和表 2）

松材线虫的虫体测计值可反映其器官的位置、器官与器官的比例，可作为辅助鉴定特征应用。不同疫区的松材线虫虫体测计值有一定的差异。

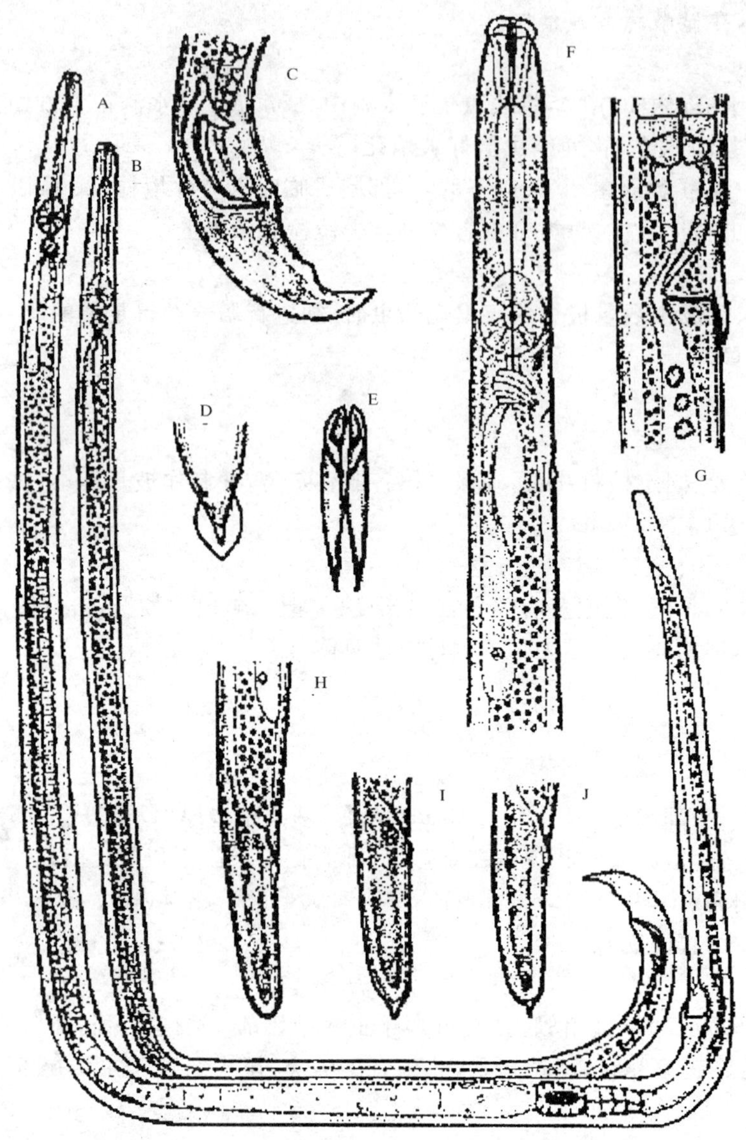

A——雌虫；
B——雄虫；
C——雄虫尾部；
D——雄虫尾部((腹面观)；
E——交合刺(腹面观)；
F——雌虫前部；
G——雌虫阴门；
H—J——雌虫常见的三种尾型(H——标准尾型、I—J——略有尾尖突)。

图 1 松材线虫 *Bursaphelenchus xylophilus*(Steiner & Buhrer，1934) Nickle，1970. 仿 Nickle 等，1981

表 1 各疫区松材线虫雄虫测计值

线虫疫区		L/μm	S_t/μm	a	b	c	S_p/μm	N/条
美国		1 021 (811～1 188)	15.1 (14.9～16.2)	40.8 (32～50)	9.7 (8.6～11.5)	33.9 (28.6～38.1)	29.5 (27.0～32.4)	11
日本		730 (590～820)	14.9 (14～17)	42.3 (36～47)	9.4 (7.6～11.3)	26.4 (21～31)	27.0 (25～30)	30
中国	南京	1 070 (910～1 190)	15.1 (13.6～17.6)	47.6 (35～55)	11.0 (9.2～15.0)	31.3 (28.5～35)	29.8 (27.0～32.0)	20
	镇江	803.2 (603～1 061)	15.5 (13.0～15.6)	36.1 (32～42)	12.0 (8.0～15.3)	23.1 (17.1～28.3)	29.4 (26.0～31.2)	40
	深圳	602.5 (489～842)	13.7 (10.4～15.6)	35.7 (27～45)	9.3 (8.2～10.9)	20.8 (17.2～25.5)	25.5 (20.8～31.2)	60
	台湾	1 174.9 ±78.6	13.0±1.6	39.1±3.4	—	—	—	10
	香港	800.3 (572～967)	15.3 (13.0～16.9)	37.4 (34～51)	10.7 (8.3～11.7)	24.1 (17.1～31.0)	29.8 (26.0～33.8)	40

表 2 各疫区松材线虫雌虫测计值

线虫疫区		L/μm	S_t/μm	a	b	c	V/%	N/条
美国		1 029.6 (741～1 235)	15.3 (13.5～16.2)	42 (34～48)	11.1 (9.8～12.6)	27.7 (19.6～34.5)	73.7 (71.6～75.7)	13
日本		810 (710～1 010)	15.9 (14～18)	40 (33～46)	10.2 (9.4～12.8)	26 (23～32)	72.7 (71.6～75.7)	40
中国	南京	1 140 (634～1 529)	15.2 (13.5～16.2)	39.4 (32～52)	11.1 (9.6～12)	27.3 (23.6～31.6)	72.9 (70～82.0)	20
	镇江	948 (634～1 529)	15.6 (15.4～16.9)	37 (31～45)	13.3 (9.0～19.1)	30.9 (24.4～38.9)	74.0 (64.6～80.0)	40
	深圳	562.2 (501～583)	14.4 (10.4～15.6)	35 (31～40)	10.0 (8.4～11.8)	26.0 (21.6～31.6)	74.1 (68.8～82.8)	60
	台湾	1 257.2 ±82.5	14.3±3.3	41.0±3.3	—	—	76.1±0.16	10
	香港	844.2 (624～1 134)	15.4 (13.0～16.9)	36.4 (30～42)	11.3 (9.4～14.1)	21.6 (23.2～46.3)	75.2 (69.9～83.3)	40

8.5 松材线虫和拟松材线虫的区别(见附录 D)

伞滑刃属中松材线虫和拟松材线虫(*Bursaphelenchus mucronatus* Mamiya & Enda,1979)形态极为相似,是鉴定时极易混淆的两种线虫,要注意两者的区别(见表 3)。

表 3　松材线虫和拟松材线虫主要形态区别

线虫种类 \ 虫体器官	雌虫尾端	幼虫尾端	雄虫交合刺	雄虫交合伞
松材线虫 *Bursaphelenchus xylophilus*	钝圆、或有短的尾尖突（小于 2 μm）	钝圆、或有短的尾尖突（小于 2 μm）	远端有盘状突	卵圆型
拟松材线虫 *Bursaphelenchus mucronatus*	有尾尖突 （大于 3 μm）	有尾尖突 （大于 3 μm）	远端无盘状突	月牙铲型

9　结果判定

以雌虫、雄虫的形态特征为依据，符合上述形态特征的，可判定为松材线虫。

10　样品保留

10.1　经鉴定为松材线虫的，则将剩余的线虫杀死、固定，放入含有线虫保存液（TAF 液）的瓶中保存，也可制成永久玻片保存，并贴上标签。

10.2　对含有线虫的木样材料，经登记后妥善保存，并做好标识，标明基本情况，如截获日期、截获人、输出入国别/地区、运输工具名称等，木样至少需保留六个月，以备复验。保存期满后视情况作销毁处理。

10.3　需保留具有雌、雄成虫形态特征的显微照片各三张，雄虫包括：线虫整体，交合刺形状，端生交合伞形状；雌虫包括：线虫整体，阴门盖形状，尾部形状。

附 录 A
（规范性附录）
标准中涉及的试剂配置方法

A.1 TAF 双倍液（三乙醇胺福尔马林双倍液）

福尔马林（40%甲醛）	14 mL
三乙醇胺	4 mL
蒸馏水	82 mL

A.2 棉蓝-乳酚油液

配制含染料的乳酚油，按 5×10^{-6}～10×10^{-6}的比例另加事先溶好的棉蓝水溶液。乳酚油的配制成分如下：

苯酚（液体）	500 mL
乳酸	500 mL
甘油	1 000 mL
蒸馏水	500 mL

A.3 福尔马林甘油液（PG 液）

福尔马林（40%甲醛）	8 mL
甘油	2 mL
蒸馏水	90 mL

A.4 封片蜡

由 3 份蜂蜡与 1 份凡士林融化后混合而成。

A.5 PDA 培养基（马铃薯葡萄糖琼脂培养基）

马铃薯	200 g
琼脂	17 g～20 g
葡萄糖	10 g～20 g
水	1 000 mL

将洗净后去皮的马铃薯切碎，加水 1 000 mL 煮沸半小时，用纱布滤去马铃薯渣，加水补足 1 000 mL，然后加葡萄糖和琼脂。加热使琼脂完全溶化后，乘热用纱布过滤，或者用滤纸和保温漏斗过滤。而后分装试管或三角瓶，加棉花塞后灭菌备用。

A.6 0.1%硫酸链霉素

硫酸链霉素	1 g
灭菌水	1 000 mL

附 录 B
（规范性附录）
松材线虫分离方法

B.1 漏斗分离法

将漏斗（直径 10 cm～15 cm）架在漏斗架上，下面接一段 10 cm 长的橡皮管，橡皮管上装一个截流夹（图 B.1）。

具体操作步骤如下：将 10 g 木屑或细木片用双重纱布包好，放在盛满清水的漏斗中（由于线虫的趋水性和自身的重量，线虫离开植物组织，在水中蠕动，最后沉降到漏斗末端的橡皮管中）；24 h 后打开弹簧夹，用离心管或小瓶接取约 5 mL 的水样；静置 20 min 左右或 1 500 r/min 离心 3 min，倾去离心管内上层清液后，即获得浓度较高的线虫水悬浮液。

用此方法分离松材线虫时，分离时温度应保持在 25℃左右。温度太高或太低均会影响松材线虫的分离效果。

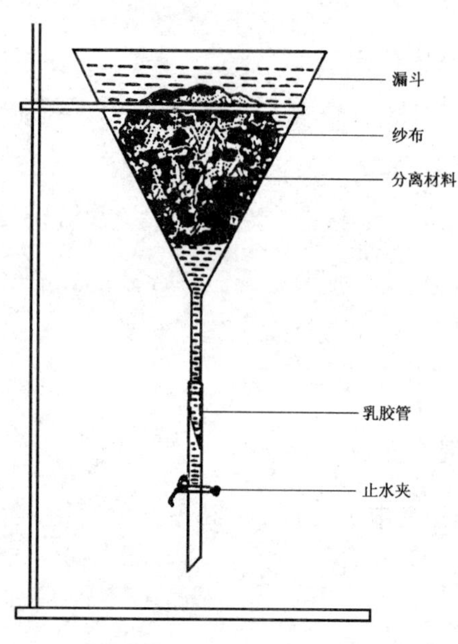

图 B.1 漏斗法分离线虫装置示意图

B.2 浅盘分离法

浅盘分离法装置由两只不锈钢浅盘、线虫滤纸或宽幅卫生纸组成。一只浅盘口径小，可套放于另一只浅盘内，并且其底部用粗筛网（10 目）取代，被称为筛盘；另一只是正常浅盘（图 B.2）。

将线虫滤纸或 1 层～2 层卫生纸平铺在筛盘筛网上，用水淋湿滤纸边缘与筛盘结合部分；将待分离线虫的木屑或薄木片放置其上；从两只浅盘的夹缝中注水，至淹没供分离的材料为止；在 25℃左右下放置 12 h～24 h 后，用烧杯收集浅盘中水，并将烧杯中的水连续通过 40 目和 500 目的套筛，将 500 目标准筛上的含线虫的残留物冲洗到小培养皿中镜检。

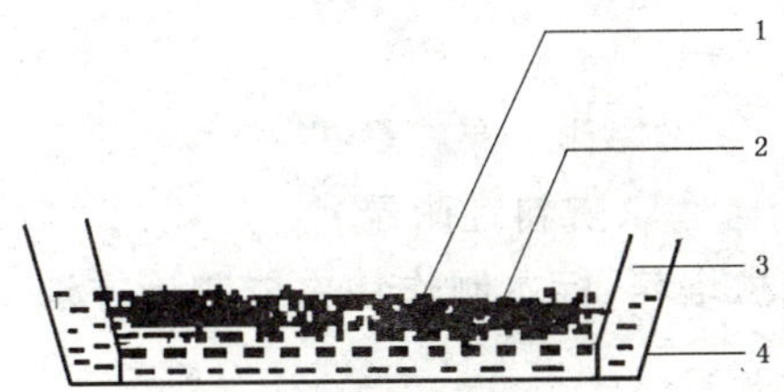

1——样品；

2——线虫滤纸；

3——筛盘；

4——底盘。

图 B.2 浅盘法分离线虫装置示意图

B.3 改进型漏斗法

改进型漏斗法分离松材线虫，包容了浅盘法和漏斗法各自的优点，在提高了漏斗法分离效率的同时，又解决了浅盘法必须使用套筛而使树脂及杂物经常堵塞500目筛的筛孔的问题。

改进型漏斗法分离装置，由1只较大并类似于贝尔曼漏斗的玻璃或有机玻璃作为外壳，上部装置则与浅盘法装置相似(见图B.3)。

将线虫滤纸或1层～2层卫生纸平放在筛盘筛网上，用水淋湿滤纸边缘与筛盘结合部分；将待分离线虫的木屑或薄木片(2 mm 左右)放置其上；从筛盘下部的空隙中将水注入分离器中，以淹没供分离的材料为止；在15℃～25℃下放置1 d～2 d后，打开弹簧夹，用离心管接取约5 mL的水样；静置20 min左右或1 500 r/min离心3 min，吸去离心管内上层清液后，即获得浓度较高的线虫水悬浮液。

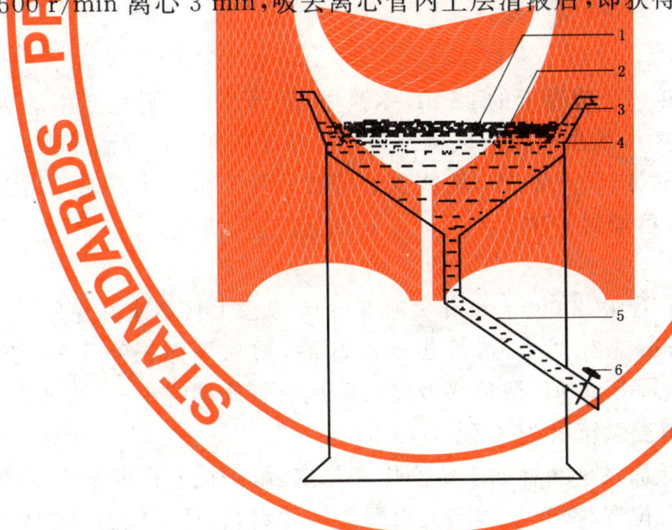

1——样品；

2——线虫滤纸；

3——筛盘；

4——基座；

5——橡胶管；

6——截流夹。

图 B.3 改进型漏斗分离松材线虫装置示意图

附　录　C
（资料性附录）
松材线虫培养、标本制作和虫体测计方法

C.1　松材线虫培养方法

当分离得到的松材线虫数量较少或未分离到雌雄成虫时，可通过培养获得大量成虫，进行进一步鉴定。

C.1.1　病木保温保湿培养

将样品锯成小段，置于烧杯中加少量清水，使木段下端浸在水中，木段上端用湿纱布覆盖，在25℃条件下保温保湿培养3 d～4 d，倒取杯中水液，可获得较多雌雄成虫；或将样品木段适当浸湿，放于塑料袋里，扎紧袋口，置于25℃培养箱中3 d～4 d取出重新分离，可获得较多雌雄成虫。

C.1.2　单异活体培养

用灰葡萄孢（*Botrytis cinerea*）或多毛孢（*Pestalotia* sp）培养线虫。以灰葡萄孢为例：制取马铃薯—葡萄糖—琼脂（PDA）培养基平板。挑取PDA斜面上的一小块灰葡萄孢，移在PDA平板上，保持25℃恒温及黑暗条件，经4 d～5 d菌丝长满平板。在长满灰葡萄孢的PDA平板上接种经0.1%硫酸链霉进行表面消毒的2条以上的幼虫，在25℃恒温箱中培养5天可获得足够用于鉴定的线虫；10天左右，可繁殖产生大量线虫。

C.2　松材线虫标本制作方法

C.2.1　临时标本

解剖镜下用线虫挑针挑取线虫，转移至玻片上的25 μL水滴中，使线虫沉底并位于水滴中央。在水滴边缘放置3 mm～5 mm长、直径略大于线虫体宽的玻璃纤维丝二根至三根。从水滴正上方加盖玻片，在酒精灯火焰上用1 s的振幅周期通过10次～20次，使线虫恰好被杀死为止。待盖玻片周围溢出的水渍干燥后，用透明指甲油封固，30 min后加封一次。

C.2.2　半永久标本

将分离所得的线虫液，转移至离心管中，2 000 r/min离心3 min。吸去上部清水并保留底部3 mm～4 mm线虫液，置于53℃热水中15 min杀死线虫，待线虫液冷却后，加入等体积的TAF双倍液固定48 h以上。固定后用上述方法再次离心，用50 μL微量移液器吸取离心管底部线虫液，滴加进装有2 mL～3 mL棉蓝-乳酚油的钟面皿中，置恒温烘箱中45℃脱水24 h。

在载玻片上加上封片蜡圈，用挑针加一小滴甘油于蜡圈中心位置。解剖镜下挑取脱水后的目标线虫于甘油中，使其沉底并位于甘油滴中心位置。在封片蜡圈上放置盖玻片后，转移至控温电热平板上，保持75℃使蜡完全融化，取下并自然冷却后用透明指甲油加封一次。在显微镜下鉴定并确认为松材线虫标本后贴上标签，注明标本中松材线虫的虫龄、数量、寄主、寄主产地、截获口岸及鉴定人等。

C.2.3　永久标本

同上述方法杀死、固定线虫后，用“甘油缓慢脱水法”制作松材线虫永久玻片。在钟面皿/培养皿内注入2 mL～3 mL福尔马林甘油液，在其中加2滴苦味酸饱和液制成脱水液，用微量移液器吸离心后的离心管底部线虫液50 μL，滴加在上述脱水液中。以同样的小染色皿盖好线虫皿后，放置在43℃温箱中或干燥皿中6周～8周，让水和甲醛等缓慢蒸发，期间由于皿中的水和福尔马林的蒸发，需要及时补充在同一温箱中预热的甘油福尔马林液。在不断“蒸发-补充”过程中，皿内的甘油愈积愈多，线虫体内的水分愈来愈少，直至线虫完全脱水为止。

脱水后的线虫用C.2.2中方法制片并加贴标签。

C.3 松材线虫虫体测计方法

本标准采用德曼公式(De Man formula)对松材线虫进行虫体测定，具体测定项目和方法如下：

N——标本数；

L——体长(mm 或 μm，头端至尾端的中线距离，不包括尾尖突)；

a——体长除最大体宽；

b——体长除自头端至食道与肠的连接处的长度；

c——体长除尾长(肛门或泄殖腔口至尾端，不包括尾尖突)；

V——头端至阴门的长度乘 100 除体长；

T——睾丸长度乘 100 除体长；

S_t——口针长度；

S_p——交合刺长度。

附 录 D
(资料性附录)
松材线虫和拟松材线虫鉴别方法

可以依据以下方法鉴定和区别松材线虫和拟松材线虫(见图 D.1):①松材线虫雌虫和幼虫尾部基本无尾尖突,有时部分出现的尾尖突,也不超过 2 μm,且位于尾部正中间;而拟松材线虫尾部尖、或有 3 μm左右有时可以更长的尾尖突;有尾尖突类型的拟松材线虫尾尖突常常偏生于虫体背部。②松材线虫雄虫交合伞呈卵圆形,一般末端尖;而拟松材线虫雄虫交合伞末端呈月牙铲形。③松材线虫雄虫交合刺末端有明显盘状突;而拟松材线虫雄虫交合刺末端尖利。

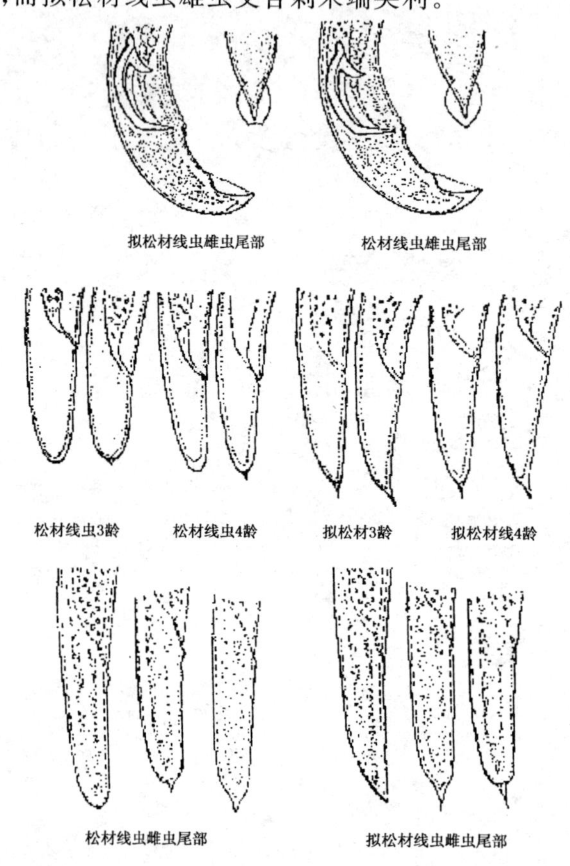

图 D.1 松材线虫 *B. xylophilus* 和拟松材线虫 *B. mucronatus* 的主要形态区别

SN

中华人民共和国出入境检验检疫行业标准

SN/T 1136—2002

水稻茎线虫检疫鉴定方法

Methods for quarantine and identification of *Ditylenchus angustus*（Butler）Filipjev

2002-08-02 发布　　2003-01-01 实施

中华人民共和国国家质量监督检验检疫总局　发布

前　言

本标准的附录B和附录C为规范性附录，附录A为资料性附录。

本标准由国家认证认可监督管理委员会提出并归口。

本标准起草单位：中华人民共和国上海出入境检验检疫局、南京农业大学。

本标准主要起草人：戚龙君、宋绍祎、林茂松。

本标准系首次发布的检验检疫行业标准。

水稻茎线虫检疫鉴定方法

1 范围

本标准规定了对水稻茎线虫检疫和鉴定方法。

本标准适用于稻种以及稻草、稻草编织成的袋、绳、席等包装物中水稻茎线虫的检疫和鉴定。

2 原理

水稻茎线虫 Rice stem nematode，学名：*Ditylenchus angustus* (Butler, 1913) Filipjev，属于线虫门(Nemata)，侧尾腺纲(Secernentea)，垫刃目(Tylenchida)，粒线虫科(Anguinidae)，茎线虫属(*Ditylenchus*)。其外寄生于水稻，生殖只能在稻株内进行，主要寄居于花梗的基部、茎杆末节以上以及颖片之内，这些地方大多有包括卵到成虫各个阶段的大量线虫。水稻受害后叶面出现浅绿色斑点，叶缘卷缩，叶尖弯曲，整张叶片扭曲或呈畸形，严重时花穗捻转或包在叶鞘内不能抽出，小穗不孕，形成空粒。

本病主要由稻种内潜伏的线虫作远距离传播，通过引种传带到新稻区，还可通过罹病的稻草作远距离传播。土壤中残留的线虫以及带线虫的病稻草、稻茬、种子或混在种子里的病残碎片为当地次年发病的主要来源。它的侵染循环、传播途径、寄主范围(参见附录A)、生物学和形态学特征是该检疫鉴定方法的依据。

3 仪器、用具

3.1 生物显微镜(100倍～1 000倍，具有目镜测微尺或者绘图仪、监视器等)；

3.2 体视显微镜(10倍～90倍，具透射光源)；

3.3 冰箱；

3.4 凹玻片；

3.5 试管；

3.6 载玻片；

3.7 盖玻片；

3.8 加热板(80℃以下)；

3.9 烧杯(500 mL、1 000 mL)；

3.10 漏斗；

3.11 漏斗架；

3.12 研钵；

3.13 培养皿；

3.14 剪刀；

3.15 挑针；

3.16 干燥器；

3.17 打孔器；

3.18 酒精灯；

3.19 乳胶管；

3.20 纱布；

3.21 止水夹；

3.22 指形管；

3.23 玻璃纤维丝(3 mm～5 mm)。

4 药品

4.1 指甲油；

4.2 TAF固定液(40%甲醛7 mL、三乙醇胺2 mL和蒸馏水91 mL混合而成)；

4.3 乳酚油(苯酚20 mL、乳酸20 mL、甘油40 mL和蒸馏水20 mL混合而成)；

4.4 石蜡。

5 现场检疫

5.1 抽样

5.1.1 抽样方法

棋盘式、五点式或随机抽样。

5.1.2 抽样数量

5.1.2.1 稻种

按总件数的5%～20%抽样，最低抽检10件。取样的数量为:10 kg以下取2 kg；11 kg～100 kg取4 kg；101 kg～500 kg取6 kg；501 kg～1 000 kg取8 kg：1 001 kg～2 000 kg取10 kg:2 001 kg～5 000 kg取12 kg；5 001 kg～10 000 kg取14 kg:10 001 kg～100 000 kg每增加5 000 kg增取2 kg，不足5 000 kg的余量计取2 kg；100 001 kg以上，每增加50 000 kg增取2 kg，不足50 000 kg余量计取2 kg。

5.1.2.2 稻草及其编织品

按总件数的5%～20%抽样，每次检查不得少于10件且不少于500根。取样的数量为：50根以下取五根：51根～200根取10根；201根～1 000根取15根；1 001根～5 000根取20根；5 001根以上，每增加5 000根增取五根样品，不足5 000根的余量计取五根样品。

5.2 外观症状的检查

5.2.1 水稻种子的检查

首先要注意检查褐色畸形种子，其次要看稻种内是否混有稻草或其他水稻残体，同时注意是否夹带泥土等，收集后与采集的样品一并送实验室进行检查。

5.2.2 稻草及其编织品的检查

注意检查叶鞘颜色异常、叶缘卷缩、叶尖弯曲、整张叶片扭曲或呈畸形、草杆短小的稻草及其编织品。收集上述可疑植物材料及所夹带的土壤等与采集的样品一并带回实验室检验。

6 实验室检验

6.1 稻种检验方法

6.1.1 抽样所得种子，可将稻种去壳，利用漏斗法(按附录B)分离颖壳中可能带有的线虫。分离所得的线虫制成临时玻片(制作方法按附录C)，在显微镜下观察，并根据形态鉴定特征进一步鉴定。

6.1.2 对于畸形、不饱满的种子，可直接在体视显微镜下解剖，检查有无线虫。如有线虫，制成临时玻片，在显微镜下观察，并根据形态鉴定特征进一步鉴定。

6.2 稻草及其编织品检验方法

6.2.1 将采得的样品适当处理成小段，用漏斗法分离。

6.2.2 收集所分离的线虫，在体视显微镜下观察，并挑取若干条线虫至载玻片上，制成临时玻片，在显微镜下观察，并根据形态鉴定特征进一步鉴定。

7 形态鉴定特征

7.1 茎线虫属鉴别特征

雌虫：一般不肥大，不弯成螺旋形，长 0.6 mm～1.5 mm，有的可达 2 mm；表皮有很细的环纹，侧区有四条至六条刻线；口针细小，多数长度为 7 μm～11 μm；中食道球有或无瓣，偶尔无明显的中食道球，峡部与后食道腺之间无缢缩，后食道腺短或长，不覆盖、短覆盖或长覆盖肠；单生殖腺、前伸，卵巢短或长，有时伸达食道区或转折，卵母细胞一行至二行排列，子宫柱状部有四排细胞(每排四个细胞)，后阴子宫囊有或无。

雄虫：精巢不转折，精细胞大(通常直径 3 μm～5 μm)，交合伞不伸到尾端，延伸至尾长的四分之一至四分之三处。交合刺窄细，基部宽大，其上具特殊的突起。两性尾形相似，呈长圆锥形到近柱形，偶尔丝状，多数 c′(尾长÷肛门或泄殖腔处体宽)为 4～7。寄主不形成虫瘿。

7.2 水稻茎线虫形态鉴定特征

7.2.1 测计值(据 Butler，1913)

表 1 水稻茎线虫测计值

	体长/mm	体宽/μm	口针长/μm	*a*	*b*	*c*	*V*	卵长/μm
雌虫	0.9 (0.7～1.1)	19 (15～22)	9 或 10	50 (47～58)	7.0	20 (15～23)	70～80	(80～88)× (16～22)
雄虫	0.6～1.1	14～19	9 或 10	44 36～47	7	18～23		

注：*a*＝体长÷最大体宽；
b＝体长÷自头顶至食道与肠连接处的长度；
c＝体长÷尾长；
V＝头顶至阴门处长度×100÷体长。

7.2.2 形态描述(见图 1)

雌虫：虫体细长、直。侧带区刻线四条。唇区不缢缩。口针发达，针锥细，为口针长的 45%，口针基部球小、清晰，微向后倾斜。中食道球卵圆形，肌肉发达，瓣门明显。后食道球长约 27 μm～34 μm，微覆盖肠端。神经环位于中食道球后 21 μm～35 μm 处。排泄孔位于距虫体前端 90 μm～110 μm 处。半月体位于排泄孔前 3 μm～6 μm 处。阴门斜裂，其长度为阴门处体宽的二分之一。后阴子宫囊为阴门处体宽的二倍～2.5 倍或为阴肛距的 50%～67%。尾圆锥形，长为肛门处体宽的 5.2 倍～5.4 倍，末端有一尾尖突。

雄虫：雄虫形态与雌虫相似。交合伞窄，始于交合刺先端水平，延伸至近尾端。交合刺向腹面弯曲，引带短，交合刺长 16 μm～21 μm。

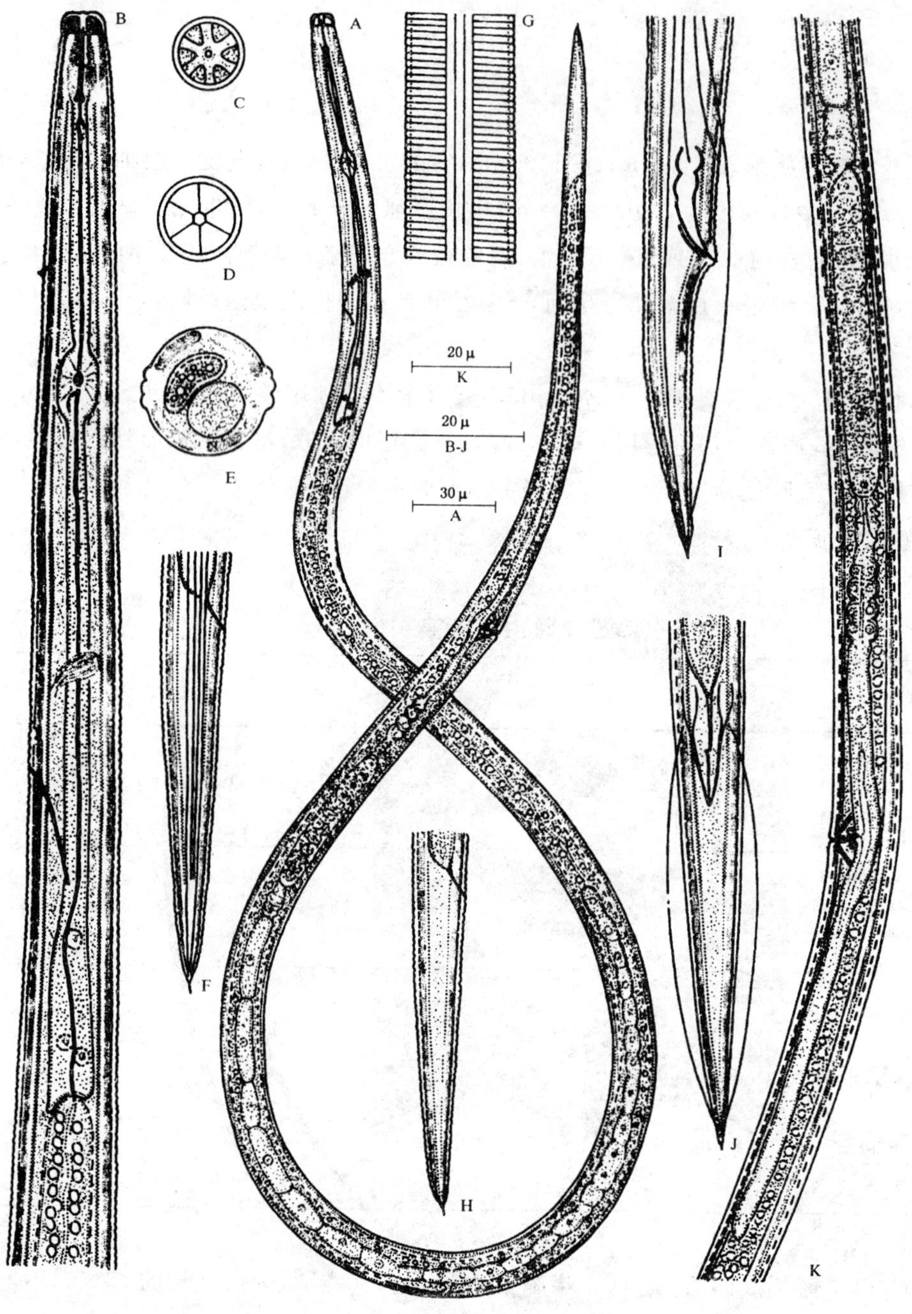

A——雌虫；
B——雌虫食道；
C——唇区顶面观；
D——头架；
E——雌虫体中部截面；
F——雌虫尾；
G——体中部侧区；
H——幼虫尾；
I——雄虫尾侧面观；
J——雄虫尾腹面观；
K——阴区。

图 1 水稻茎线虫形态特征(仿 Seshadri &Dasgupta,1975)

8 结果判定

符合第7章形态鉴定特征的可鉴定为水稻茎线虫。

9 样品保存

9.1 若鉴定为水稻茎线虫,则需将剩余的线虫杀死、固定制成永久玻片保存;也可以固定后置于含TAF液的指形管内,在4℃冰箱内长期保存,并标上样品编号、制作时间、制作人等。

9.2 已检出水稻茎线虫的稻种、稻草及稻草编织品等经登记后,要保存在低温干燥、防鼠防虫处,并标明相应基本情况,如样品编号、截获日期、截获人、寄主名称、运输工具名称、输出国名等,样品需至少保存六个月,以备复验、谈判和仲裁。

附 录 A
（资料性附录）
水稻茎线虫的寄主与分布

A.1 水稻茎线虫的寄主

水稻茎线虫是一种专性外寄生线虫，除寄生为害水稻外，还为害稻属的 Oryza alta、O. cubensis、O. eichingeri、O. globerrima、O. latfolia、O. meyriana、O. minuta、O. nivara、O. officinalis、O. perennis、O. rufipogon、O. spontanea；此外，马达加斯加和缅甸有寄生假稻的报道；越南报道 Echinochloa colona 和 Sacciolepis interrupta 也是此线虫的寄主；Vuong(1969)、Plowrichrt(1992)报道，水稻茎线虫可取食多种真菌，并能繁殖，如链格孢菌和灰葡萄孢菌。

A.2 水稻茎线虫的分布

水稻茎线虫分布于亚洲和非洲的生长水稻的地区，包括印度、越南、孟加拉、巴基斯但、泰国、缅甸、印度尼西亚、马来西亚、以色列、菲律宾、乌兹别克、埃及、苏丹、马达加斯加、南非、阿联酋等。

附 录 B
(规范性附录)
水稻茎线虫的漏斗分离法

首先将 10 cm～15 cm 直径的漏斗固定在支架上(图 B.1),柄端接一段乳胶管,管的近末端用止水夹夹紧。将分离的样品先剪成小块,用纱布包好,放入漏斗,加水淹没。分离土壤中的线虫,在漏斗内加一只不锈钢或塑料的网,将纱布铺在筛网上,再放土样。由于线虫有趋水性和自身的重量,线虫不断脱离植物组织,穿过纱布迁游到水中,最后沉降到漏斗末端的乳胶管下端水中。24 h 后,小心地打开乳胶管末的止水夹,用小培养皿接取约 5 mL 的含有线虫的水样,放在体视显微镜下进行观察。用此法分离线虫时,室内温度最好要保持在 25℃左右,温度太高或太低均会影响水稻茎线虫的分离效果。

1——漏斗;
2——用纱布包裹的样品;
3——乳胶管;
4——止水夹。

图 B.1 Baermann 漏斗装置

附 录 C
（规范性附录）
水稻茎线虫玻片标本制作方法

C.1 线虫的杀死：在体视显微镜下用线虫挑针挑取少量线虫放至凹玻片上的水滴中，使线虫位于水滴中央，手持凹玻片在酒精灯火焰上来回 5 s～6 s，使线虫恰好被杀死为止；杀死大量的线虫，可将线虫悬浮液放在试管中加等量的沸水杀死线虫。

C.2 线虫的固定：少量线虫被杀死后，可用线虫挑针将线虫移至 TAF 固定液中固定。大量的线虫被杀死后，在线虫悬浮液中加等量浓度双倍的固定液即可。

C.3 临时玻片标本的制作：以 TAF 作为浮载剂，滴适量于载玻片上，用挑针将固定好的线虫移数条于浮载剂中，并使其完全沉下，浮载剂边缘均匀放置 3 mm～5 mm 长、直径与线虫体宽相近的玻璃纤维丝三根，加盖玻片，用滤纸吸去溢出的浮载剂，用指甲油封片，待指甲油干后再加封一次，可保存几天至数周。

C.4 永久玻片标本的制作

C.4.1 脱水：采用乳酚油快速脱水法(Franklin & Goodey, 1949)，把滴有乳酚油的凹玻片放在加热板上，加热至 65℃～70℃，将已固定 1 d 以上的线虫挑入热的乳酚油中，继续加热 2 min～3 min 后，在解剖镜下观察标本是否清晰，若不够清晰，继续在 65℃～70℃的加热板上加热片刻至清晰（注意避免加热过度而损坏标本），然后放在干燥器中 12 h～24 h，进一步去除水分后即可制片。

C.4.2 制片：将直径 1.5 cm 的打孔器在酒精灯火焰上加热后，插到蜡盘中蘸取少量石蜡，并迅速轻按于载玻片中央。待冷却后即形成一个蜡圈。在蜡圈内滴一小滴乳酚油（用量以盖上盖玻片后不外溢为宜）作为浮载剂，将已脱水的线虫数条挑入其中，排列整齐，并使其完全沉下，将与线虫体宽相近的三根 3 mm～5 mm 的玻璃纤维丝均匀置于浮载剂边缘，加盖玻片后，将载玻片移至 65℃～70℃的加热板上熔蜡，待蜡熔化后移至实验台上冷却，用指甲油封片，待指甲油干后再封一次。最后贴上标签，左边的标签写明样品号、寄主、截获口岸、产地、制作日期；右边的标签写线虫种名、线虫虫态及其数量。

中华人民共和国出入境检验检疫行业标准

SN/T 1140—2002

甜菜胞囊线虫检疫鉴定方法

Methods for quarantine and identification of *Heterodera schachtii* schmidt

2002-08-02 发布　　　　2003-01-01 实施

中华人民共和国国家质量监督检验检疫总局 发布

前　言

本标准的附录B、附录C、附录D和附录E为规范性附录，附录A为资料性附录。

本标准由国家认证认可监督管理委员会提出并归口。

本标准起草单位：中华人民共和国上海出入境检验检疫局、南京农业大学。

本标准主要起草人：戚龙君、宋绍祎、林茂松。

本标准系首次发布的检验检疫行业标准。

甜菜胞囊线虫检疫鉴定方法

1 范围

本标准规定了对甜菜胞囊线虫检疫和鉴定方法。

本标准适用于甜菜及其他藜科和十字花科等植物及植物繁殖材料的根和病土中甜菜胞囊线虫的检疫和鉴定。

2 原理

甜菜胞囊线虫 Sugarbeet cyst nematode，学名：*Heterodera schachtii* Schmidt，1871，属于线虫门(Nemata)、侧尾腺纲(Secernentea)、垫刃目(Tylenchida)、异皮科(Heteroderidae)、异皮线虫属(*Heterodera*)。该病原线虫一生中形态多样，由蠕虫状二龄幼虫进入寄主植物根内发育，变成豆荚状三龄幼虫，此时出现性别分化，三龄雌幼虫发育成近葫芦形四龄早幼虫，四龄雄虫为蠕虫状，四龄雌幼虫再蜕变为雌性成虫，白色的成熟雌虫与雄虫交配后，蠕虫状的雄虫便死亡，雌虫完全成熟后就叫胞囊，胞囊一般从根表面掉入土中。受害甜菜出现侧根增多，整个根系呈簇须状，严重缺少功能根，在太阳照射下或干燥土壤中萎蔫。

甜菜胞囊线虫是危害甜菜及其他藜科和十字花科植物(参见附录A)的一种植物寄生性线虫，该病原线虫主要靠寄主植物和病土的移动进行传播。它的侵染循环、传播途径、寄主范围、生物学和形态学特征是该检疫鉴定方法的依据。

3 仪器、用具

3.1 Fenwick 胞囊漂浮器。

3.2 生物显微镜(100 倍～1 000 倍，具有目镜测微尺或者绘图仪、监视器等)。

3.3 体视显微镜(10 倍～90 倍，具透射光源)。

3.4 加热板。

3.5 低速离心机(1 000 r/min～4 000 r/min)。

3.6 离心管(100 mL)。

3.7 载玻片。

3.8 盖玻片。

3.9 分样筛(直径均为 20 cm，孔径为 20 目、60 目、100 目、300 目、500 目)。

3.10 烧杯(500 mL、1 000 mL)。

3.11 毛刷。

3.12 打孔器。

3.13 干燥器。

3.14 挑针。

3.15 冰箱。

3.16 滤纸。

3.17 酒精灯。

3.18 培养皿。

3.19 解剖刀。
3.20 搪瓷盘。
3.21 竹针。
3.22 试管。
3.23 记号笔。
3.24 指形管。
3.25 玻璃纤维丝(3 mm～5 mm)。

4 药品

4.1 中性树胶。
4.2 TAF 固定液(40%甲醛 7 mL、三乙醇胺 2 mL 和蒸馏水 91 mL 混合而成)。
4.3 酒精(浓度为 70%、95%和 100%)。
4.4 双氧水(H_2O_2)(浓度为 40%)。
4.5 丁香油。
4.6 蔗糖溶液(W/V 为 80%)。
4.7 指甲油。
4.8 石蜡。
4.9 乳酚油(苯酚 20 mL、乳酸 20 mL、甘油 40 mL 和蒸馏水 20 mL 混合而成)。

5 现场检疫

5.1 抽样

5.1.1 抽样方法

棋盘式、五点式或随机抽样。

5.1.2 抽样数量

按总件数的 5%～20%抽样,最低抽检数量不少于 10 件或 500 株。取样的数量为:50 株以下取五株;51 株～200 株取 10 株;201 株～1 000 株取 15 株;1 001 株～5 000 株取 20 株;5 001 株以上,每增加 5 000 株增取五株,不足 5 000 株的余量计取五株样品。

5.2 外观症状检查

对植物,尤其是甜菜、藜科、十字花科及其他植物繁殖材料的带根和土的情况进行检查,注意检查侧根较多,整个根系呈簇须状,植株出现萎蔫状的材料,收集上述材料和所扦取的样品及运输工具上可能携带的土壤,一并带回实验室检验。

6 实验室检验

6.1 土壤的收集

用毛刷将收集的材料和所扦取的样品的根或其他组织表面附着的土刷下,收集到塑料袋中,作为检验的土样。

6.2 线虫分离

6.2.1 改进的浮力离心法

本法可以分离到土壤中的胞囊和幼虫,一般用于检验 100 g 以下的土壤。具体分离步骤如下:

6.2.1.1 搓碎土样,充分混匀。
6.2.1.2 100 mL 离心管加水 70 mL,再加土样,搅拌成悬浮状。
6.2.1.3 3 000 r/min 离心 5 min,去上清液。
6.2.1.4 加入 80%蔗糖液 60 mL,搅拌成悬浮状。

6.2.1.5 2 000 r/min 离心 2 min。

6.2.1.6 上清液倒入套筛中(20 目+100 目+500 目),用清水尽快冲洗。

6.2.1.7 去除 20 目筛中的杂质;从 100 目筛中可以收集到胞囊(阴门锥制作方法见附录 B);将 500 目筛中剩余物全部洗入培养皿中,在体视显微镜下观察,用挑针挑取二龄幼虫制备临时玻片(线虫玻片制作见附录 C)镜检。

6.2.2 套筛法

本法可同时分离土壤中的胞囊和二龄幼虫,一般用于检验 100 g 以下的土壤。具体方法如下:

6.2.2.1 选用 20 目、60 目、100 目、300 目、500 目筛子各一个,从上到下依次放置在特制的架子上;

6.2.2.2 采回的土样放于烧杯中,加水充分搅拌成悬浮状;

6.2.2.3 将土壤悬浮液缓慢倒入套筛中,并用清水冲洗;

6.2.2.4 从 60 目和 100 目筛中收集胞囊,从 300 目和 500 目筛中收集二龄幼虫,制片镜检。

6.2.3 Fenwick 胞囊漂浮器分离法(见图 D.1)

仅用于分离土样中的胞囊,一般用于检验 100 g 以上的土壤。具体方法如下:

6.2.3.1 将收集到的附着土壤铺于干净的浅瓷盘内,将土样在室内风干,去除土壤中的植物组织和粗砂等杂物,称 100 g 土样备用。

6.2.3.2 先将漂浮器加满清水,再取 100 g 的风干土样放入漂浮器的上筛中,加水冲洗,使土样全部被淋洗至漂浮筒内。

6.2.3.3 再由上筛加水至漂浮筒内,用 100 目筛子(底筛)接收从漂浮器中漂浮出来的胞囊和杂物。

6.2.3.4 将 100 目筛子上的含胞囊的残留物冲洗到滤纸上,在体视显微镜下用毛刷挑取胞囊制片镜检。

7 形态鉴定特征

7.1 异皮线虫属形态鉴定特征

雌虫:有胞囊期;虫体球形或柠檬形,有短颈和末端锥;角质层厚,表面有网状花纹,D 层不明显;阴门位于末端,阴门层不突出,阴门区有双半膜孔或双膜孔,无肛区膜孔,一般有下桥,泡囊有或无(胞囊线虫雌虫阴门锥见图 E.1)。卵存留在体内,有时也产生卵块,卵表面光滑。

雄虫:虫体蠕虫形、弯曲,侧线四条(偶尔三条);交合刺长于 30 μm,远末端尖或呈叉状,泄殖腔层不形成泄殖腔管;尾圆、非常短。

二龄幼虫:口针短于 30 μm,侧线四条(偶尔三条),食道腺充满体腔;尾圆锥形、端尖,尾的透明后部长度有变化,一般为尾长的二分之一;侧尾腺口呈刻点状。

7.2 甜菜胞囊线虫形态鉴定特征

7.2.1 测计值(据 Raski,1950)

表 1 甜菜胞囊线虫测计值

	体长/μm	体宽/μm	口针长/μm	表皮厚/μm	食道长/μm	交合刺长/μm	引带长/μm	a	虫体环纹间距/μm
雌虫	626~890	361~494	27	9~12	28~30				
雄虫	1 119~1 438	28~42	29			34~38	10~11	32~48	
二龄幼虫	435~492	21~22	25						1.4~1.7

注:

a=体长÷最大体宽。

胞囊:阴门窗长=38.7 μm,阴门窗宽略小,阴门与肛门间距离为 65 μm~111 μm(平均为 77 μm)。

7.2.2 形态鉴定特征(见图1)

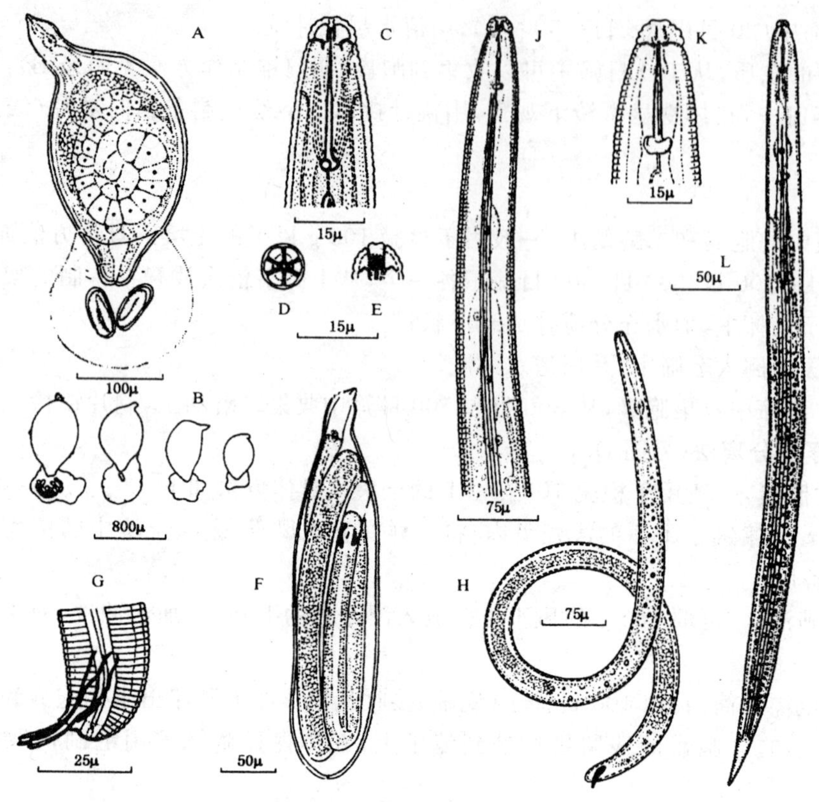

A——雌虫和卵;
B——胞囊;
C~E——雄虫头部;
F——四龄雄幼虫;
H、J——雄虫及其食道;
G——雄虫尾部;
K、L——二龄幼虫及其头部。

图1 甜菜胞囊线虫形态(仿 Krankling 等)

胞囊:含有卵和幼虫的胞囊从植物根上脱落,留在土壤中。胞囊褐色,表皮为鞣革质,具有粗糙感觉的微小皱折。胞囊的阴门裂几乎等长于阴门桥,阴门裂位于胞囊表皮的二个肾形薄区的两侧,此区域在较老的胞囊中只剩下两个孔或者被阴门桥分成两个半膜孔。在阴门锥内,阴道连接着阴门下桥和许多不规则排列的位于阴门桥下的褐色泡状结构。

雌虫:虫体白色、呈柠檬形,有短颈插入寄主根内,膨大的虫体露在根外,体内充满卵和幼虫;阴门锥被胶质团所覆盖;头部小,颈部急剧膨大呈柱形;排泄孔位于"肩部",从此处开始虫体膨大而成近球形,至阴门锥处变小;肛门位于近尾端的背部,无明显的尾;头骨架弱,口针细、有小的基部球,中食道球明显、呈球形,食道腺覆盖肠的腹侧面;双生殖腺、长、盘卷。少部分卵产在胶质团内,大部分卵存留在体内。表皮基本上分三层,外层覆盖着脊状网形结构。

雄虫:虫体蠕虫形,热杀死后虫体前部直,后四分之一部分呈螺旋形旋绕 90°~180°,虫体从中部向前渐变细;体表环纹明显,侧区有四条侧线,无网格。头部圆、缢缩明显,有三个至四个头环,头架对称;侧器孔为小裂缝状，位于近口的侧部。口针发达，基部球前端凹陷；中食道球纺锤形，食道腺覆盖肠的侧腹面，背食道腺开口于口针基部球后 2 μm 处。排泄孔在中食道球后二倍至三 倍体宽处，半月体在排泄孔前六个至十个体环处。交合刺腹面弯，基部略膨大，顶端凹陷；引带结构简单。尾部短于体宽的二分之一，尾端钝圆，侧尾腺口位于肛门附近。

二龄幼虫：头部半球形、缢缩，头环四个，头骨架粗壮，对称；体环较宽，口针处体环宽 1.4 μm，体中部体环宽为 1.7 μm，侧线四条；口针中度硬化、有小的基部球，基部球前端向前凸；中食道球比雄虫发达，背食道腺开口在基部球后 3 μm ～4 μm 处；肛门不清楚，距尾端约四倍体宽处；尾部急剧变细呈圆锥形、末端圆，尾后部透明区明显，长度是口针长的 1.25 倍。

8 结果判定

符合第 7 章的形态鉴定特征可鉴定为甜菜胞囊线虫。

9 样品保存

9.1 对于分离获得的剩余二龄幼虫可以加热杀死、固定制成永久玻片保存；也可固定后放入含 TAF 液的指形管中，在 4℃冰箱内长期保存，并标明样品登记号码、制作日期和制作人等。

9.2 对于剩余的胞囊，可以放入含 TAF 液的指形管中，在 4℃冰箱内长期保存，并标明样品登记号码、制作日期和制作人等。

9.3 对于检出甜菜胞囊线虫的剩余样品，土样可风干，保存在低温干燥、防虫防鼠处；并标明基本情况，如样品登记号码、截获日期、截获人、寄主名称、运输工具名称和输出国名等。

9.4 所有保存样品，至少需保存六个月，以备复验、谈判和仲裁。

附 录 A
（资料性附录）
甜菜胞囊线虫的寄主与分布

A.1 甜菜胞囊线虫的寄主

甜菜胞囊线虫的寄主范围极广，主要发生在十字花科、藜科植物上，还可侵染蓼科、石竹科、苋科、豆科、茄科等多种植物和杂草，包括：甜菜、菠菜、茎椰菜、抱子甘蓝、结球甘蓝、球茎甘蓝、羽衣甘蓝、大白菜、芸苔、芜青甘蓝、萝卜、南芥、白芥、食用大黄、香石竹、番茄、大豆、鹰嘴豆、羽扇豆、黄荚种菜豆等植物，及芥菜类、藜、龙葵、滨藜、扁蓄、苋、马齿苋、荠菜、香杏、蘩缕、野萝卜、反枝苋等多种杂草。

A.2 甜菜胞囊线虫的分布

亚洲：伊朗、伊拉克、约旦、韩国、巴基斯坦、阿塞拜疆、哈萨克斯坦、乌兹别克斯坦、吉尔吉斯斯坦、土耳其、以色列。

欧洲：奥地利、比利时、法国、捷克、斯洛伐克、丹麦、意大利、德国、芬兰、爱沙尼亚、英国、荷兰、卢森堡、葡萄牙、西班牙、爱尔兰、希腊、波兰、罗马尼亚、拉脱维亚、摩尔达维亚、乌克兰、俄罗斯、前南斯拉夫、保加利亚、瑞典、瑞士。

非洲：赞比亚、塞内加尔、南非、加那利群岛、佛得角共和国。

北美洲：加拿大、美国、墨西哥。

大洋洲：澳大利亚、新西兰。

南美洲：智利、乌拉圭。

附　录 B
（规范性附录）
胞囊线虫雌虫阴门锥的制作方法

B.1　将用水浸泡 24 h 的胞囊移至有水滴的载玻片上，在体视显微镜下用解剖刀切下胞囊后部的阴门锥部分。

B.2　用竹针仔细清除阴门锥内的附着物。

B.3　用解剖刀适当修整阴门锥边缘，最好使阴门锥的高度不超过阴门窗区域宽度的 10 倍～15 倍。

B.4　将切下的阴门锥用 40％双氧水处理数分钟，再依次移至玻片另一侧的 70％、95％、100％酒精液滴中脱水，再移至凹玻片的凹穴中的丁香油内透明。

B.5　在凹玻片的凹穴内加一小滴中性树胶，稍涂平，将处理好的阴门锥埋于中性树胶内，阴门锥顶端向上。

B.6　待中性树胶凝固后，再在阴门锥附近加入适量的中性树胶，并加盖玻片，贴好标签。

附 录 C
（规范性附录）
甜菜胞囊线虫二龄幼虫的玻片标本制作方法

C.1 线虫的杀死：在体视显微镜下用线虫挑针挑取少量线虫放至凹玻片上的水滴中，使线虫位于水滴中央，手持凹玻片在酒精灯火焰上来回 5 s～6 s，使线虫恰好被杀死为止；杀死大量的线虫，可将线虫悬浮液放在试管中加等量的沸水杀死线虫。

C.2 线虫的固定：少量线虫被杀死后，可用线虫挑针将线虫移至 TAF 固定液中固定。大量的线虫被杀死后，在线虫悬浮液中加等量浓度双倍的固定液即可。

C.3 临时玻片标本的制作：以 TAF 作为浮载剂，滴适量于载玻片上，用挑针将固定好的线虫移数条于浮载剂中，并使其完全沉下，浮载剂边缘均匀放置 3 mm～5 mm 长、直径与线虫体宽相近的玻璃纤维丝三根，加盖玻片，用滤纸吸去溢出的浮载剂，用指甲油封片，待指甲油干后再加封一次，可保存几天至数周。

C.4 永久玻片标本的制作

C.4.1 脱水：采用乳酚油快速脱水法(Franklin & Goodey，1949)，把滴有乳酚油的凹玻片放在加热板上，加热至 65℃～70℃，将已固定一天以上的线虫挑入热的乳酚油中，继续加热 2 min～3 min 后，在解剖镜下观察标本是否清晰，若不够清晰，继续在 65℃～70℃的加热板上加热片刻至清晰(注意避免加热过度而损坏标本)，然后放在干燥器中 12 h～24 h，进一步去除水分后即可制片。

C.4.2 制片：将直径 1.5 cm 的打孔器在酒精灯火焰上加热后，插到蜡盘中蘸取少量石蜡，并迅速轻按于载玻片中央。待冷却后即形成一个蜡圈。在蜡圈内滴一小滴乳酚油(用量以盖上盖玻片后不外溢为宜)作为浮载剂，将已脱水的线虫数条挑入其中，排列整齐，并使其完全沉下，将与线虫体宽相近的三根 3 mm～5 mm 的玻璃纤维丝均匀置于浮载剂边缘，加盖玻片后，将载玻片移至 65℃～70℃的加热板上熔蜡，待蜡熔化后移至实验台上冷却，用指甲油封片，待指甲油干后再封一次。最后贴上标签，左边的标签写明样品号、寄主、截获口岸、产地、制作日期；右边的标签写线虫种名、线虫虫态及其数量。

附 录 D
（规范性附录）
Ferwick 胞囊漂浮器分离法

Ferwick 胞囊漂浮器(见图 D.1)分离法主要用于分离土壤中的胞囊。分离时先堵好排污水孔，在漂浮筒内灌满水，把风干的土样放在上筛中(16 目筛)，并用水淋湿 100 目的底筛。再用强水流淋洗全部土样到漂浮筒内，并从环颈水槽流到底筛中，静止 2 min 后，待筒内胞囊充分漂浮后，再注入适量的水，清洗筛子和仪器。最后将底筛中含胞囊的杂物洗到滤纸上，滤去水后晾干，收集胞囊检查。

1——上筛；
2——漏斗；
3——环颈水槽；
4——漂浮筒；
5——排污口；
6——底筛。

图 D.1 Fenwick-Oostenbrik 胞囊漂浮器

附　录　E
（规范性附录）
胞囊线虫雌虫阴门锥图

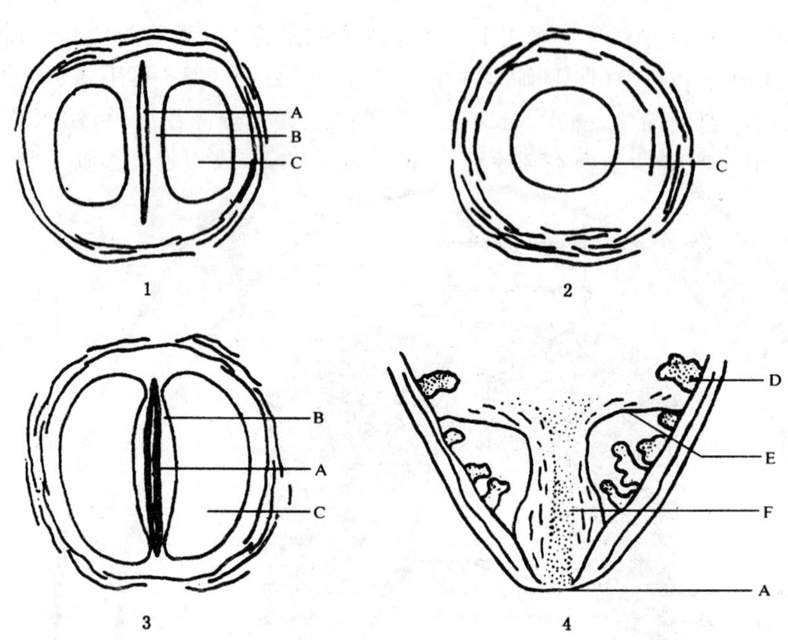

1——双膜孔；
2——周膜孔；
3——双半膜孔；
4——阴门锥；
A——阴门；
B——阴门桥；
C——膜孔；
D——泡囊；
E——下桥；
F——阴道。

图 E.1　胞囊线虫雌虫阴门锥图

中华人民共和国出入境检验检疫行业标准

SN/T 1141—2002

鳞球茎茎线虫检疫鉴定方法

Methods for quarantine and identification of *Ditylenchus dipsaci* (Kühn) Filipjev

2002-08-02发布　　2003-01-01实施

中华人民共和国国家质量监督检验检疫总局　发布

前　言

本标准的附录B和附录C为规范性附录,附录A为资料性附录。

本标准由国家认证认可监督管理委员会提出并归口。

本标准起草单位:中华人民共和国上海出入境检验检疫局、南京农业大学。

本标准主要起草人:宋绍祎、戚龙君、林茂松。

本标准系首次发布的检验检疫行业标准。

鳞球茎茎线虫检疫鉴定方法

1 范围

本标准规定了对鳞球茎茎线虫检疫和鉴定方法。

本标准适用于花卉和蔬菜的块茎、鳞茎、球茎等根茎部分和其他寄主植物种子、花、茎、叶及残体中鳞球茎茎线虫的检疫和鉴定。

2 原理

鳞球茎茎线虫 Stem and bulb nematode，学名：*Ditylenchus dipsaci*(Kühn，1857)Filipjev，属于线虫门(Nemata)、侧尾腺纲(Secernentea)、垫刃目(Tylenchida)、粒线虫科(Anguinldae)、茎线虫属(*Ditylenchus*)。是一种迁移性内寄生线虫，被侵染的球茎发生腐烂，切成片时有褐色环纹。受侵染的植株常矮化、肿胀、畸形，甚至最终死亡。在植物的种子、花、花序、芽、茎、匍匐茎、根状茎及土内可发现此虫。

该线虫是一种危害 450 多种植物(参见附录 A)的寄生性线虫，又称作起绒草茎线虫，它的地理分布、寄主范围、传播途径、生物学和形态学特征是该检疫鉴定方法的依据。

3 仪器、用具

3.1 生物显微镜(100 倍～1 000 倍，具有目镜测微尺或者绘图仪、监视器等)。

3.2 体视显微镜(10 倍～90 倍，具透射光源)。

3.3 冰箱。

3.4 加热板(80℃以下)。

3.5 打孔器。

3.6 载玻片。

3.7 盖玻片。

3.8 分样筛(100 目、500 目)。

3.9 烧杯(500 mL、1 000 mL)。

3.10 漏斗。

3.11 漏斗架。

3.12 乳胶管。

3.13 止水夹。

3.14 凹玻片。

3.15 指形管。

3.16 剪刀。

3.17 挑针。

3.18 浅盘(上盘、下盘)。

3.19 线虫滤纸。

3.20 酒精灯。

3.21 培养皿。

3.22 试管。

3.23 纱布。

3.24 干燥器。

3.25 记号笔。

3.26 玻璃纤维丝(3 mm～5 mm)。

4 药品

4.1 指甲油。

4.2 TAF 固定液(40%甲醛 7 mL、三乙醇胺 2 mL 和蒸馏水 91 mL 混合而成)。

4.3 乳酚油(苯酚 20 mL、乳酸 20 mL、甘油 40 mL 和蒸馏水 20 mL 混合而成)。

4.4 石蜡。

5 现场检疫

5.1 抽样

5.1.1 抽样方法

棋盘式、五点式或随机抽样。

5.1.2 抽样数量

5.1.2.1 块茎、鳞茎、球茎

按总件数的 5%～20%抽样，最低抽检 10 件且不少于 1 000 粒，取样的数量为：500 粒以下取一份；501 粒～2 000 粒取二份；2 001 粒～5 000 粒取三份；5 001 粒～10 000 粒取四份；10 001 粒以上每增加 10 000 粒增取一份样品，不足 10 000 粒的余量计取一份样品。每份样品为 20 粒。

5.1.2.2 整株植物或者插枝

按总件数的 5%～20%抽样，最低抽检 10 件且不少于 500 株。取样的数量为：50 株以下抽取五株；51 株～200 株抽取 10 株；201 株～1 000 株抽取 15 株；1 001 株～5 000 株抽取 20 株；5 001 株以上每增加 5 000 株增取五株，不足 5 000 株的余量计取五株样品。

5.1.2.3 种子

按总件数的 5%～20%抽样，最低抽检 10 件，小包装(指最小单位包装不大于 0.5 kg 的)，只扦取室内检验样品。取样数量为：10 kg 以下取一份；11 kg～100 kg 取二份；101 kg～500 kg 取三份；501 kg～1 000 kg 取四份；1 001 kg～2 000 kg 取五份；2 001 kg～5 000 kg 取六份；5 001 kg～10 000 kg 取七份；10 001 kg～100 000 kg，每增加 5 000 kg 增取一份样品，不足 5 000 kg 的余量，计取一份样品；100 001 kg以上每增加 50 000 kg 增取一份样品，不足 50 000 kg 的余量，计取一份样品。每份样品的重量为1 kg～2 kg。

5.2 外观症状的检查

对花卉和蔬菜的块茎、鳞茎、球茎等根茎部分和其他寄主植物种子及花、茎、叶进行检查，注意检查有无矮化、肿胀、畸形和腐烂等症状，收集上述可疑植物材料及所夹带的土壤等，一并带回实验室检验。

6 实验室检验

对于抽取的样品，可用浅盘分离法或漏斗法分离线虫(见附录 B)。分离获得的水样在体视显微镜下检查，然后挑取线虫若干条制成临时玻片(制作方法见附录 C)在显微镜下镜检，观察线虫的形态结构。

7 形态鉴定特征

7.1 茎线虫属形态鉴定特征

雌虫一般不肥大，不弯成螺旋形，长 0.6 mm～1.5 mm，有的可达 2 mm；表皮有很细的环纹，侧区有四条至六条刻线；口针细小，多数长度为 7 μm～11 μm；中食道球有或无瓣，偶尔无明显的中食道球，峡

部与后食道腺之间无缢缩，后食道腺短或长，不覆盖、短覆盖或长覆盖肠；雌虫单生殖腺、前伸，卵巢短或长，有时伸达食道区或转折，卵母细胞一行至二行排列，子宫柱状部有四排细胞(每排四个细胞)，后阴子宫囊有或无。雄虫精巢不转折，精细胞大(通常直径 3 μm～5 μm)，交合伞不伸到尾端，延伸至尾长的四分之一至四分之三处。交合刺窄细，基部宽大，其上具特殊的突起。两性尾形相似，呈长圆锥形到近柱形，偶尔丝状，多数 c′(尾长÷肛门或泄殖腔处体宽)为 4～7。寄主不形成虫瘿。

7.2 鳞球茎茎线虫形态鉴定特征

7.2.1 测计值

表 1 鳞球茎茎线虫测计值

数据来源		L/mm	a	b	c	V	T	n/条
Thorne	雌虫	1.0～1.3	36～40	6.5～7.1	14～18	80		
	雄虫	1.0～1.3	37～41	6.5～7.3	12～15		65～72	
Blake	雌虫	1.3	62±5.6	15±1.4	14±2.1	80±1.5		48
	雄虫	1.3	63±11.3	15±1.7	14±2.1		72	23
Goodey	雌虫	1.97 (1.73～2.23)	58.2 (50～64)	9 (7～12)	17.5 (15.8～20.0)	82 (76～84)		22
	雄虫	1.77 (1.51～1.93)	67 (58～74)	7 (6～8)	16.9 (14.6～19.1)			23

注：n=样本数；
L=体长；
a=体长÷最大体宽；
b=体长÷自头顶至食道与肠连接处的长度；
c=体长÷尾长；
V=头顶至阴门处长度×100÷体长；
T=精巢长度×100÷体长。

7.2.2 形态描述(见图 1)

7.2.2.1 雌虫 热杀死时虫体近直线形，角质层有明显环纹，环距约 1 μm；侧区有四条侧线，占虫体的六分之一到八分之一；唇区低平，无环纹，几乎不缢缩；头架中等发达，口针长约 10 μm～12 μm，有明显的基部球；食道前体部圆桶状，食道峡部窄，后食道腺与肠平截或略有覆盖；排泄孔正对后食道腺体基部；尾锥形，尾长是肛门处体宽的四倍至五倍，末端锐尖；阴门清晰，前卵巢向前延伸，卵母细胞单列，偶尔双列；后阴子宫囊向肛门处伸展，约是阴肛距的一半。

7.2.2.2 雄虫 虫体前部与雌虫相似；热力杀死时虫体直线形；尾部与雌虫相似，末端锐尖；交合伞开始于交合刺的前部末端部位，交合伞长度约是尾长的四分之三；交合刺向腹部弯曲，并向前延伸，引带短，简单。

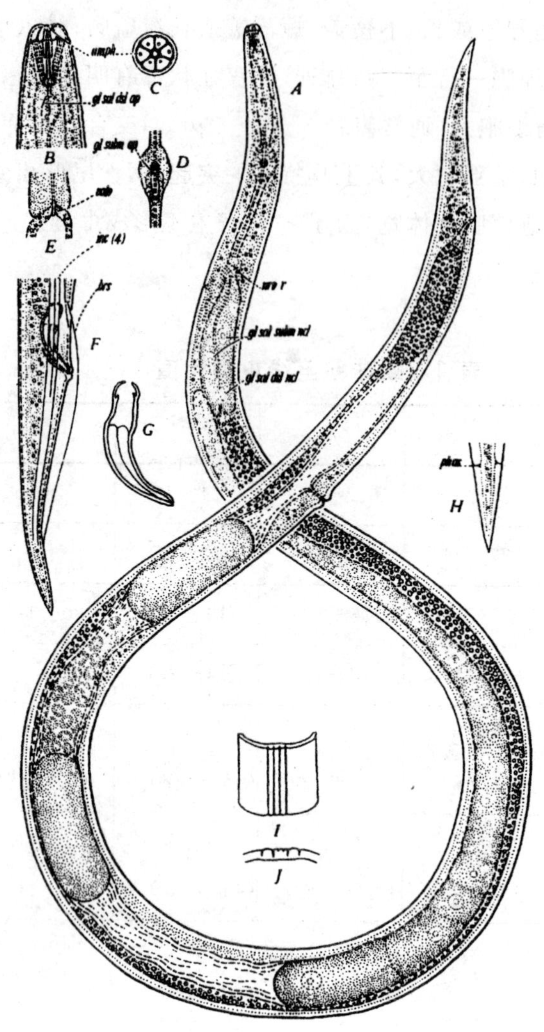

A——雌虫；

B——雌虫头端；

C——唇区顶面观；

D——中食道球背面观；

E——肠与食道瓣膜交接处；

F——雄虫尾；

G——交合刺；

H——尾；

I——体中部角质膜；

J——体中部侧区横切面

amph＝侧器；gl sal dsl ap＝背食道腺孔；gl subm ap＝亚腹食道腺孔；valv＝肠前端肌肉瓣器；inc＝侧线；brs＝交合伞；nrv r＝神经环；gl sal subm ncl＝亚腹食道腺核；gl sal dsl ncl＝背食道腺核；phas＝侧尾腺口

图1 鳞球茎茎线虫形态特征(仿 Thorne,1945)

8 结果判定

符合第7章形态鉴定特征的可鉴定为鳞球茎茎线虫。鉴定过程中应注意与马铃薯腐烂线虫的区别，二者的区别见表2。

表2 茎线虫属二种茎线虫的主要形态区别对照表

种别	区分特征						
	侧区侧线数	食道与肠覆盖程度	后阴子宫囊与肛阴距比	交合刺上有无指状突起	尾部末端形状	卵的平均长度	卵原细胞排列
马铃薯腐烂线虫（*Ditylenchus destructor*）	六条	覆盖	三分之二	有	钝尖	与虫体体宽相近	双列
鳞球茎茎线虫（*Ditylenchus dipsaci*）	四条	不覆盖	二分之一	无	锐尖	为虫体体宽的二倍至三倍	单列

9 样品保存

9.1 若鉴定为鳞球茎茎线虫，则将剩余的线虫杀死、固定制成永久玻片保存；也可以固定后放入含TAF液的指形管内，在4℃冰箱内长期保存，并标上样品编号、制作时间和制作人等。

9.2 对已检出带有鳞球茎茎线虫的植物材料、种子，经登记后，要保存在低温干燥、防鼠防虫处，并标明相应基本情况，如样品编号、截获日期、截获人、寄主名称、运输工具名称、输出国名等，样品需至少保存六个月，以备复验、谈判和仲裁。

附 录 A
（资料性附录）
鳞球茎茎线虫的寄主与分布

A.1 鳞球茎茎线虫的寄主

鳞球茎茎线虫的寄主范围极广，已有40科450种植物。涉及到经济价值较高的科有：洋葱科、石蒜科、藜科、起绒草科、禾本科、豆科、百合科、花葱科、蓼科、蔷薇科、玄参科、茄科、伞形花科。包括：起绒草、黄水仙、水仙、郁金香、风信子、百合、唐菖蒲、鸢尾、马铃薯、甘薯、小麦、大麦、玉米、黑麦、荞麦、燕麦、大蒜、洋葱、葱、冬葱、韭葱、青葱、火葱、黄瓜、甘蓝、草莓、胡萝卜、萝卜、甜菜、芜青、荠菜、菠菜、白菜、大豆、蚕豆、菜豆、豌豆、红花三叶草、白花三叶草、紫苜蓿、车轴草、宽叶兰、茶、绣球、烟草、芸薹、福禄考、川续断、防风、草爽竹桃、大黄、亚麻、葱布、花生、人参等粮食作物、经济作物、蔬菜、中草药、花卉及观赏植物。

A.2 鳞球茎茎线虫的分布

欧洲：比利时、希腊、俄罗斯、保加利亚、阿尔及利亚、白俄罗斯、亚速尔群岛、捷克、斯洛伐克、丹麦、爱尔兰、德国、爱沙尼亚、亚美尼亚、芬兰、冰岛、马耳他、英国、摩尔达维亚、意大利、匈牙利、荷兰、挪威、奥地利、瑞士、瑞典、法国、葡萄牙、西班牙、罗马尼亚、波兰、立陶宛、拉脱维亚、克罗地亚、前南斯拉夫、塞尔维亚、乌克兰。

亚洲：伊朗、伊拉克、以色列、叙利亚、土耳其、巴基斯坦、印度、日本、韩国、孟加拉国、阿塞拜疆、约旦、阿曼、也门、乌兹别克斯坦、亚美尼亚、哈萨克斯坦、塞浦路斯。

非洲：南非、突尼斯、摩洛哥、阿尔及利亚、尼日利亚、乌干达、肯尼亚、留尼汪岛。

大洋洲：澳大利亚、新西兰。

北美洲：美国、加拿大、墨西哥。

中南美洲：巴西、秘鲁、智利、阿根廷、巴拉圭、乌拉圭、海地、多米尼各共和国、委内瑞拉、厄瓜多尔、哥伦比亚、哥斯达黎加。

附　录　B
（规范性附录）
鳞球茎茎线虫的分离法

B.1　漏斗法

首先将10 cm～15 cm直径的漏斗固定在支架上（图B.1），柄端接一段乳胶管，管的近末端用止水夹夹紧。将分离的样品先剪成小块，用纱布包好，放入漏斗，加水淹没。分离土壤中的线虫，在漏斗内加一只不锈钢或塑料的网，将纱布铺在筛网上，再放土样。由于线虫有趋水性和自身的重量，线虫不断脱离植物组织，穿过纱布迁游到水中，最后沉降到漏斗末端的乳胶管下端水中。24 h后，小心地打开乳胶管末的止水夹，用小培养皿接取约5 mL的含有线虫的水样，放在体视显微镜下进行观察。

用此法分离线虫时，室内温度最好要保持在25℃左右，温度太高或太低均会影响鳞球茎茎线虫的分离效果。

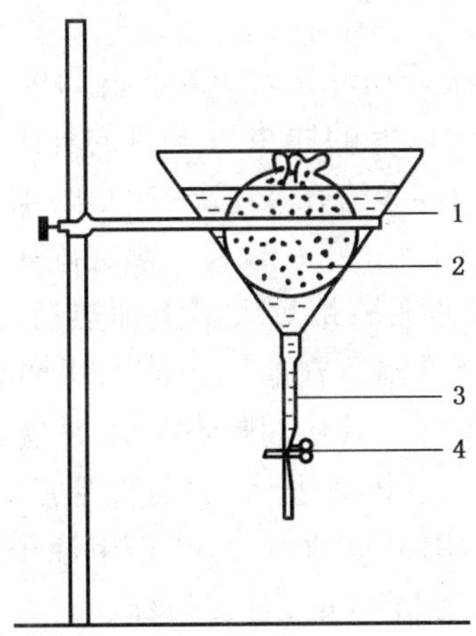

1——漏斗；
2——用纱布包裹的样品；
3——乳胶管；
4——止水夹。

图B.1　Baermann漏斗装置

B.2　浅盘分离法

浅盘分离法装置（图B.2）由两只不锈钢浅盘、线虫滤纸组成，两只浅盘可套放，上盘底面为10目粗筛网，下盘为正常浅盘。

分离线虫时，将线虫滤纸平放在上盘的筛网上，用水淋湿，将供分离的已剪成小块的样品撒铺在其上，套进下盘内；从两只浅盘的夹缝中注水，以淹没供分离的样品为宜；在25℃左右下放置24 h后，线虫渐渐集中到下盘的水中；用烧杯收集浅盘中水，并将烧杯中的水连续通过100目和500目的筛网，将500目标准筛上的含线虫的残留物冲洗到培养皿中镜检。

1——上盘；
2——下盘。

图B.2　浅盘分离装置

附 录 C
（规范性附录）
鳞球茎茎线虫玻片标本制作方法

C.1 线虫的杀死：在体视显微镜下用线虫挑针挑取少量线虫放至凹玻片上的水滴中，使线虫位于水滴中央，手持凹玻片在酒精灯火焰上来回 5 s～6 s，使线虫恰好被杀死为止；杀死大量的线虫，可将线虫悬浮液放在试管中加等量的沸水杀死线虫。

C.2 线虫的固定：少量线虫被杀死后，可用线虫挑针将线虫移至 TAF 固定液中固定。大量的线虫被杀死后，在线虫悬浮液中加等量浓度双倍的固定液即可。

C.3 临时玻片标本的制作：以 TAF 作为浮载剂，滴适量于载玻片上，用挑针将固定好的线虫移数条于浮载剂中，并使其完全沉下，浮载剂边缘均匀放置 3 mm～5 mm 长、直径与线虫体宽相近的玻璃纤维丝三根，加盖玻片，用滤纸吸去溢出的浮载剂，用指甲油封片，待指甲油干后再加封一次，可保存几天至数周。

C.4 永久玻片标本的制作

C.4.1 脱水：采用乳酚油快速脱水法（Franklin & Goodey，1949），把滴有乳酚油的凹玻片放在加热板上，加热至 65℃～70℃，将已固定一天以上的线虫挑入热的乳酚油中，继续加热 2 min～3 min 后，在解剖镜下观察标本是否清晰，若不够清晰，继续在 65℃～70℃的加热板上加热片刻至清晰（注意避免加热过度而损坏标本），然后放在干燥器中 12 h～24 h，进一步去除水分后即可制片。

C.4.2 制片：将直径 1.5 cm 的打孔器在酒精灯火焰上加热后，插到蜡盘中蘸取少量石蜡，并迅速轻按于载玻片中央。待冷却后即形成一个蜡圈。在蜡圈内滴一小滴乳酚油（用量以盖上盖玻片后不外溢为宜）作为浮载剂，将已脱水的线虫数条挑入其中，排列整齐，并使其完全沉下，将与线虫体宽相近的三根 3 mm～5 mm 的玻璃纤维丝均匀置于浮载剂边缘，加盖玻片后，将载玻片移至 65℃～70℃的加热板上熔蜡，待蜡熔化后移至实验台上冷却，用指甲油封片，待指甲油干后再封一次。最后贴上标签，左边的标签写明样品号、寄主、截获口岸、产地、制作日期；右边的标签写线虫种名、线虫虫态及其数量。

中华人民共和国出入境检验检疫行业标准

SN/T 1159—2010
代替 SN/T 1159—2002

椰子红环腐线虫检疫鉴定方法

Inspection and identification of *Bursaphelenchus cocophilus* (Cobb, 1919) Baujard 1989

2010-05-27 发布　　　　2010-12-01 实施

中华人民共和国国家质量监督检验检疫总局 发布

前　言

本标准按照 GB/T 1.1—2009 给出的规则起草。

本标准代替 SN/T 1159—2002《椰子红环腐线虫检疫鉴定方法》。

本标准与 SN/T 1159—2002 相比，主要技术变化如下：

——删去 6.2.2 中的从介体昆虫中分离线虫；

——增加线虫样品的保存。

本标准由国家认证认可监督管理委员会提出并归口。

本标准起草单位：中华人民共和国海南出入境检验检疫局。

本标准主要起草人：李伟东、杨祖江、韩玉春、张宁。

本标准于 2002 年首次发布，2010 年第一次修订。

椰子红环腐线虫检疫鉴定方法

1 范围

本标准规定了椰子红环腐线虫的检疫鉴定方法。

本标准适用于进境棕榈科植物(包括种果、苗木等繁殖材料)、土壤、栽培介质等传带的椰子红环腐线虫的检疫鉴定。

2 规范性引用文件

下列文件对于本文件的应用是必不可少的。凡是注日期的引用文件,仅所注日期的版本适用于本文件。凡是不注日期的引用文件,其最新版本(包括所有的修改单)适用于本文件。

SN/T 1157—2002 进出境植物苗木检疫规程

SN/T 1158—2002 进出境植物盆景检疫规程

3 原理

椰子红环腐线虫[*Bursaphelenchus cocophilus*(Cobb,1919)Baujard 1989]属线虫门(Nematoda)侧尾腺纲(Secernentea),滑刃目(Aphelenchida),滑刃科(Aphelenchoididae),伞滑刃属(*Bursaphelenchus*)。系一种移居性内寄生线虫。侵入后,在树干皮层下的薄壁组织内取食和繁殖,然后进入茎的内部组织,并在中柱的外层扩散。在椰子树的根、茎、叶柄的组织内也能发现各龄期的幼虫。

椰子红环腐线虫的寄主(参见附录A第A.1章)、地理分布(参见附录A第A.2章)、生物学特性、传播途径和形态学特征为制定检疫鉴定方法提供了依据。

4 仪器、用具和化学试剂

4.1 仪器

生物显微镜、体视显微镜、冰箱。

4.2 用具

标准套筛(60目~400目)载玻片、盖玻片、烧杯(100 mL、500 mL、1 000 mL)、斧头、锯子、刀、漏斗、漏斗架、乳胶管、止水夹、酒精灯、凹面皿、试管、纱布或滤纸、记号笔。

4.3 化学试剂

福尔马林(40%甲醛)、冰乙酸、蒸馏水,FA固定液(福尔马林:冰乙酸:蒸馏水=10:1:89)。

5 现场检疫

查验待检的棕榈科植物材料的有关单证,核实产地、包装、唛头、品种和数量。逐件检查棕榈科植物繁殖材料的种果、苗木等是否有可疑症状。对于来自椰子红环腐线虫发生区域的材料，还应仔细检查装载运输工具和包装材料。按 SN/T 1157—2002 中 5.3.2.2 的方法抽取样品，并收集植物材料所夹带的土壤或栽培介质；按 SN/T 1158—2002 中 5.2.2 的方法抽取介质样品。

6 实验室检验

6.1 外观症状的检查

仔细检查叶片有无发生黄化、枯死、叶片变小硬化，用斧头和锯子横切植株茎干，检查有无变色组织或变色环；检查椰果外壳及其他棕榈科植物有无变色腐烂组织；纵切植株茎干和根部，特别关注是否有虫蛀隧道及象甲等昆虫幼虫与成虫。

该病的症状为植株茎干表层下出现一条坏死组织带，带宽约 3 cm，横切树干后，其横断面上会有砖红色或褐红色组织环带，叶柄和根的横断面有相同症状；染病树呈现黄化，通常是较低部的叶片，从羽叶的先端开始，进而向叶基部扩展，接着变褐色。被线虫侵染的根系由白色变为黄色、粉红色、暗黄色或红棕色，病根的皮层脱落。

该线虫还引起椰子树和油棕的小叶病，症状表现为叶片变小、僵硬、直立；羽叶短、铁丝状和末端坏死；叶基部和叶柄出现栓化斑块，较老的叶片变成黄色至灰色。

6.2 分离线虫

6.2.1 从植物组织中分离线虫

将植株材料（茎干、根部、叶柄及果实）切成片状，大小约 2 cm×2 cm×0.5 cm 的小片，用浅盘-漏斗法进行分离。选用玻璃漏斗，下面接一段乳胶管，乳胶管上装一个止水夹，在漏斗中装满蒸馏水，将漏斗置于铁架上。将切好的植物组织铺放在有 1 层纱布加滤纸的筛盘中，然后把筛盘放入装满水的漏斗中，筛盘直径比漏斗直径小 2 cm～3 cm、深度为 3 cm。在室温下，浸泡 12 h～24 h 后，用凹面皿或试管接在乳胶管下，松开止水夹，小心收集线虫悬浮液。

6.2.2 土壤或介质中线虫的分离

将收集到的土壤或介质混匀；在筛盘上铺 1 层纱布加滤纸，将样品均匀撒布于纱布上；将盛样品的筛盘放入装满水的漏斗中，用浅盘-漏斗法分离线虫，方法同 6.2.1。

6.3 镜检

将分离获得的水样在体视显微镜下检查，挑取或吸取疑似线虫若干条，制成临时玻片后在显微镜下镜检，观察线虫的形态特征，并测量。

7 椰子红环腐线虫的形态学鉴定特征

7.1 测量数据

椰子红环腐线虫测计数据（参考数值）见表 1。

表 1　椰子红环腐线虫测计数据

测计项目	资料来源			
	Goodey,1960		Lordello & Zamith,1954	
	雌虫	雄虫	雌虫	雄虫
L(体长)/mm	1.05 (0.97～1.18)	1.02 (0.84～1.16)	0.83～1.11	0.82～1.42
a(体长/最大体宽)	87(78～96)	120 (100～179)	60～96	92～143
b(体长/体前端至食道与肠连接处的距离)	8.7	6.5	11～14	11～19
c(体长/尾长)	11.6(9.5～13.2)	28(24～35)	9.4～10.7	22～47
V[(头顶至阴门的长度×100)/体长]	66 (64～68)	—	66～69	—
St(口针长度)/μm	—	—	15.3	10.7～13.8

7.2　形态特征

7.2.1　雌虫形态特征描述

虫体长约 0.8 mm～1.4 mm,非常细(其 a 值为 60～96),热杀死后虫体呈弓形或近直线形。体表环纹宽度为 0.6 μm～1 μm。侧区有 4 条刻线,侧区占体宽的四分之一,中间有 1 条模糊的刻线,最外侧的刻线为圆齿状。无颈乳突和侧尾腺孔。唇区高而平滑,缢缩,前部扁平而边缘呈直线形,其宽度比虫体部窄。头骨架明显。口针细,长度为 11 μm～13 μm,口针基部球不显著,针锥尖锐,长度短于口针的一半,口针牵引肌明显,附着于唇区骨架的基片上。食道前体部呈细长圆筒形,中食道球椭圆形,其长度为宽度的 2 倍,并有明显的瓣膜。食道腺长叶状,从背面覆盖肠的前部。神经环呈宽带状绕于峡部,位于中食道球后约 1 个～2 个体宽处。排泄孔位于神经环后,半月体前 3 个体宽处。肠内具有小颗粒,肠腔不清晰。阴门呈裂缝状,在腹面观呈 C 形,有 1 宽而厚的阴门前唇覆盖,阴门后唇也厚,并硬化。阴道壁厚,在阴道一半长度后微弯曲。前卵巢发达,前伸,卵母细胞单行排列。后阴子宫囊细长,延伸到阴肛距的四分之三处,常有几个大的球形精子。直肠长度约有肛门处体宽的 1.5 倍。肛门明显,尾细长,近圆筒形,端部钝圆,尾长为肛门处体宽的 10 倍～17 倍。

雌虫形态特征参见附录 B。

7.2.2　雄虫形态特征描述

体长、形态、头部、口针和食道的特征均似雌虫,但经热杀死的死态呈弓形,尾部向腹面极度卷曲。精巢单生,向前伸展,超过虫体长度的一半,精原细胞呈单行排列。交合刺成对,小而呈玫瑰刺形,顶端有缺刻,基喙小、尖,背枝长度为 9 μm～13 μm,具有 1 个延伸的钝圆形的头端,腹枝在其末端反卷与背枝相连,整个交合刺的末端呈 V 型槽口。无引带,但交合刺的背壁能形成表皮突。尾部向腹部急弯,甚至可能旋卷 1.5 圈,尾的前半部呈近圆筒形,后部渐变细呈圆锥形,末端尖,端生交合伞向前,延伸到尾长的 40%～50%处。

雄虫形态特征参见附录 B。

8 结果判定

以雌虫和雄虫的形态特征作为鉴定依据，符合第7章形态特征和测计值的可鉴定为椰子红环腐线虫。

9 样品保存

9.1 样品保存

对已鉴定出带有椰子红环腐线虫的植物材料，经登记、经手人签字后，要保存在5 ℃～10 ℃及干燥、防鼠防虫处，并标明样品编号、截获日期、截获人、寄主名称、运输工具名称、输出国名等，样品需至少保存6个月，以备复验、谈判和仲裁。

9.2 标本保存

若鉴定为椰子红环腐线虫，则将剩余的线虫杀死、固定制成永久玻片保存；或固定后放入FA液中浸泡保存。

附 录 A
（资料性附录）
椰子红环腐线虫的寄主植物、地理分布

A.1 椰子红环腐线虫的寄主植物

主要寄主为椰子（*Cocos nucifera*）、油棕（*Elaeis guineensis*）、星果棕属之一种（*Astrocaryum standleyanum*）、枣椰子（*Phoenix dactylifera*）、加拿利海枣（*Phoenix canariensis*）、格鲁刺椰（*Acrocomia aculeata*）、刺椰属的一种（*Acrocomia intumescens*）、直叶榈属（*Attalea* sp.）、菜棕（*Euterpe pacifica*）、刺棒棕（*Guilielma gasipaes*）、毛瑞榈（*Mauritia flexuosa*）、墨西哥茅榈（*Mauritia mexicana*）、巴西棕榈（*Maximiliana maripa*）、酒实棕（*Oenocarpus distichus*）、王棕（*Roystonea regia*）、甘蓝椰子（*Roystonea oleracea*）等棕榈科植物。

A.2 椰子红环腐线虫的地理分布

为美洲特有的病害，主要分布在西印度群岛、加勒比海地区和拉丁美洲的伯利兹、巴西、哥斯达黎加、厄瓜多尔、哥伦比亚、萨尔瓦多、格林纳达、危地马拉、圭亚那、洪都拉斯、墨西哥、尼加拉瓜、巴拿马、巴哈马、海地、多米尼各共和国、秘鲁、圣文森特、苏里南、委内瑞拉、特立尼达和多巴哥。此外，古巴、阿根廷等20多个国家和地区怀疑有分布。

附　录　B
（资料性附录）
椰子红环腐线虫形态特征图

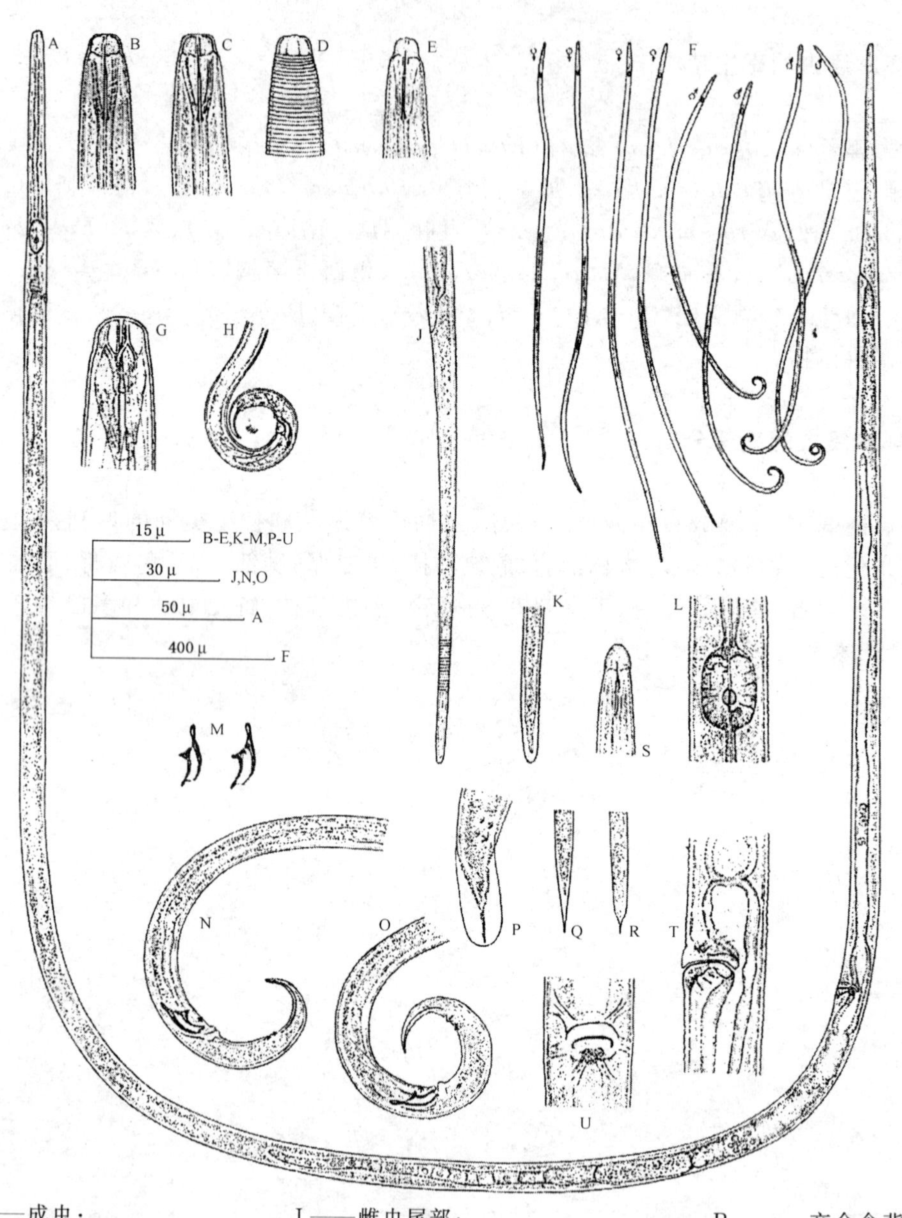

A,F ——成虫；
B,C,D,G——雌虫头部前端；
E ——雄虫头部前端；
H,N,O ——雄虫尾部；
J——雌虫尾部；
K——雌虫尾端；
L——雌虫中食道球；
M——交合刺；
P ——交合伞背面观；
Q,R——幼虫尾端；
S ——幼虫头部前端；
T,U——阴门侧腹面观。

图 B.1　椰子红环腐线虫形态特征图（仿 Brathwaite & Siddiqi，1975）

中华人民共和国出入境检验检疫行业标准

SN/T 1505—2005

穿孔属线虫检疫鉴定方法

Inspection and identification of *Radopholus* (Cobb) Thorne

2005-02-17 发布 2005-07-01 实施

中华人民共和国
国家质量监督检验检疫总局 发布

前　言

本标准的附录A为规范性附录,附录B、附录C、附录D为资料性附录。

本标准由国家认证认可监督管理委员会提出并归口。

本标准起草单位:中华人民共和国厦门出入境检验检疫局。

本标准主要起草人:林奇力、陈勇、林石明、王宏毅、张汀洲。

本标准系首次发布的出入境检验检疫行业标准。

穿孔属线虫检疫鉴定方法

1 范围

本标准规定了穿孔属线虫(*Radopholus* Thorne,1949),包括以前的拟穿孔属线虫(*Radopholoides* de Guiran,1967)的检疫鉴定方法。

本标准适用于植物繁殖材料和土壤及栽培介质中的穿孔属线虫的检疫鉴定。

2 原理

穿孔属线虫(*Radopholus* Thorne,1949)属线虫门(Nematoda)、侧尾腺纲(Secernentea)、垫刃目(Tylenchida)、垫刃亚目(Tylenchina)、垫刃总科(Tylenchoidea)、短体科(Pratylenchidae)。该属线虫主要为植物根系的迁移性内寄生线虫,其传播途径是植物繁殖材料和土壤及栽培介质。根据成熟的雌雄虫的形态特征进行该属线虫检疫鉴定。

3 仪器、用具及药品

3.1 仪器及用具

生物显微镜、解剖镜、大管离心机、恒温箱、研钵、离心管、漏斗、漏斗架、橡皮管、止水夹、分离浅盘、线虫滤纸,网筛(60 目、400 目、500 目)、培养皿、剪刀、刀片、天平、吸管、烧杯、载玻片、盖玻片、酒精灯、挑针等。

3.2 药品

酒精、福尔马林、冰醋酸、甘油、三乙醇胺、聚乙烯醇、苯酚、乳酸、蒸馏水、中性树胶等。

4 现场检疫与实验室线虫分离、鉴定

4.1 现场检疫

4.1.1 检查

核查单证(核对品名、数量、唛头,产地以及必需的检疫单证等)与货物是否相符。

检查植物体的生长情况(长势),注意是否有矮化、黄化枯萎等症状;重点检查植物体根部(根系、须根、根眼处)和叶柄处,观察是否有变红或变黑、爆裂腐烂等症状;剖开有可疑症状根部组织,检查是否有变色、空腔、隧道等典型症状。收集上述可疑的植物材料及夹带的土壤,送实验室作线虫分离检验。

4.1.2 抽样

除抽取一般样品外,应有针对性地重点抽取具有可疑症状的样品。将样品连同现场检查所发现的可疑症状的样品,分别用塑料袋装好,加贴标识;带回实验室后,打开袋口透气,适当保湿,放在 20℃～25℃室内待检。

4.2 实验室线虫分离检验

4.2.1 直接检查

4.2.1.1 解剖检查

清除材料表面的土壤,放在装有适量水的培养皿或表面皿中,在解剖镜下用解剖针撕开可疑的植物组织;挑取所发现的线虫,制成临时玻片(见附录 A),进行检查鉴定。

4.2.1.2 切片检查

对草本、多汁多肉植物根系,可采用此方法。

清除材料表面的土壤，用刀片将切成约 0.5 mm 厚的薄片，放在装有适量水的培养皿或表面皿中，在 30℃～35℃温度下，静置 30 min 左右；挑取所发现的线虫，制成临时玻片，进行检查鉴定。

4.2.2 贝曼漏斗法分离

用 1 层～2 层纱布将已剪成 0.5 cm 大小的植物根组织或栽培介质包好，浸没于盛水的漏斗中。经 24 h 后，收集漏斗底部的水样，在解剖镜下检查。挑取线虫，制成临时玻片，进行检查鉴定。

4.2.3 浅盘法分离

分别将已剪成 0.5 cm 大小的植物根组织或栽培介质和土壤样品放进垫有纱布或线虫分离纸(面巾纸也可替代)的浅盘中，缓慢加水淹没样品。24 h 后用 60 目和 400 目(或 500 目)的套筛过滤线虫分离液，收集 400 目(或 500 目)筛上线虫，在解剖镜下检查。挑取线虫，制成临时玻片，进行检查鉴定。

4.2.4 蔗糖离心分离法

在隔离场圃和进行检疫调查时，可采用此方法。

去除土壤样品中的植物残余组织和石块后，均匀混合该样品，放入离心管中，加入 2 倍土壤样品体积的水，充分搅拌均匀，以 1 500 r/min 转速离心 3 min～5 min。停置 5 min，弃上层悬浮液。加入与水等体积的[密度为 1.18(484 g 蔗糖加水至 1 000 mL)]的蔗糖溶液，搅拌均匀，以相同的转速和时间再次离心。用 60 目和 400 目(或 500 目)套筛过滤上清液，收集 400 目(或 500 目)筛上线虫，在解剖镜下检查。挑取线虫，制成临时玻片，进行检查鉴定。

4.3 鉴定观察方法

挑出若干分离到的线虫虫体，置于载玻片的水滴中，盖上盖玻片，在酒精灯上稍微加热杀死线虫后，置于显微镜下的线虫形态学观察。以成虫的雌、雄虫为准，重点观察虫体的头部、口针、生殖系统和尾形，并进行形态学测量。

5 形态鉴定特征描述

5.1 穿孔属线虫的鉴定特征

雌虫头部低，不缢缩或略缢缩，头架骨化显著；口针粗短(长 14 μm～23 μm)，有发达的基部球；中食道球发达，瓣膜清晰，后食道腺长叶状从背面覆盖肠；无颈乳突，双生殖腺，对生，或后生殖腺退化成短囊；尾长圆锥形，末端窄圆近尖；侧区有 3 条～6 条侧线。

雄虫(有些种至今未发现雄虫)头部高，呈球状，缢缩，头架骨化不明显；口针食道退化；交合伞包到近尾端，或偶尔包到尾端；引带略伸出泄殖腔；精子通常呈杆状；侧区有 3 条～6 条侧线。

穿孔属线虫种类的鉴定特征参见附录 B 和附录 C。

穿孔属线虫的模式种为香蕉穿孔线虫[*R. similis*(Cobb, 1893) Thorne, 1949]，亦称为相似穿孔线虫。

5.2 香蕉穿孔线虫(*Radopholus similis*)形态特征描述

5.2.1 主要鉴定特征

雌虫体圆筒形，稍向腹面弯曲(指固定标本体态)，自肛门后渐细；头部低，前面圆，无缢缩或稍缢缩；3 个～4 个头环，口针发达，基部球大，有的稍向前突；中食道椭圆形，瓣门清晰，食道腺长叶状，覆盖肠的背侧；排泄孔位于中食道球后约 1.2 倍的中食道球长度处；侧区占体宽的三分之一；侧线 4 条，其中内侧的 2 条在尾的中部合并成 1 条；阴门位于虫体中部的 50%～60%处；双卵巢，受精囊圆形，精子杆状；尾端为不规则的缨枪头状，部分有环纹，尾透明区约 9 μm～17 μm；侧尾腺孔明显，位于尾的三分之一前。

雄虫头部高，球形，缢缩明显；具 3 个～5 个头环，口针和食道退化；排泄孔位于中食道后约 2 倍的中食道球的长度处；侧线 4 条；交合伞包裹尾端的三分之二至四分之三处，交合刺健壮，末端尖，长 18 μm～20 μm；引带棒形，伸出泄殖腔外，末端有一明显的尖爪状突。

香蕉穿孔线虫的主要寄主及地理分布参见附录D。

5.2.2　测量值

测量值见表1。

表1　香蕉穿孔线虫形态测量值

测　量　项　目	雌　虫	雄　虫
测量的标本数(n)	12	5
体长(L/μm)	520～880(690)	590～670(630)
体长/最大体宽(a)	22～30(27)	31～44(35)
体长/体前端至食道与肠连接处的距离(b)	4.7～7.4(6.5)	6.1～6.6(6.4)
体长/体前端至食道腺末端的距离(b)	3.5～5.2(4.5)	无
体长/尾长(c)	8～13(10.6)	8～10(9)
尾长/肛门处体宽(c)	2.9～4.0(3.4)	5.1～6.7(5.7)
口针长/μm	17～20(19)	12～17(14)
体前端至阴门处体宽(V)	55～61(56)	无
交合刺长/μm	无	19～22(20)
尾长/μm	52～74(59.8)	63～72
尾透明区长/μm	9～17	5～9
引带长/μm	无	8～12(9)
注：以上的测量数据来自 Williams,1973。		

5.2.3　香蕉穿孔线虫的生理小种

香蕉穿孔线虫至少有2个生理小种(也有认为是2个种),即香蕉小种和柑橘小种。它们对寄主的致病性不同:香蕉小种侵染香蕉不侵染柑橘;而柑橘小种既可侵染柑橘又可侵染香蕉。

本标准将嗜柑橘香蕉穿孔线虫(*Radopholus citorphilus* Huettel et al.,1984)作为香蕉穿孔线虫(*Radopholus similis* (Cobb,1893) Thorne,1949)次异名。

6　结果判定

以雌、雄虫的形态特征为依据,符合5.1形态特征的可鉴定为穿孔属线虫,符合5.2形态特征的可鉴定为香蕉穿孔线虫。

7　标本及样品的保存

7.1　标本保存

凡被鉴定为穿孔属线虫的标本,应制作成永久玻片保存,或热杀死后置于固定液中长期保存(见附录A),并注明寄主、产地、时间、鉴定人等。

7.2　样品保存

凡被检出有穿孔属线虫的样品,应置于隔离环境下保存,并注明抽样日期、抽样人、运输工具、输出国家等。样品需至少保存6个月,以备复检、谈判或仲裁。

附 录 A
（规范性附录）
穿孔属线虫玻片标本制作方法

A.1 线虫的杀死

杀死少量线虫，可在解剖镜下进行，用线虫挑针挑取若干线虫，放至凹玻片上的水滴中央，手持凹玻片在酒精灯火焰上来回移动 5 s～6 s，至线虫被杀死；杀死大量线虫，可将线虫悬浮液移入试管中，并加入与悬浮液等量的沸水。

A.2 线虫的固定

A.2.1 TAF 固定液：40％甲醛 7 mL，三乙醇胺 2 mL，蒸馏水 91 mL，三者混配。

A.2.2 双倍浓度的 TAF 固定液：40％甲醛 7 mL，三乙醇胺 2 mL，蒸馏水 45.5 mL，三者混配。

A.2.3 用挑针直接将杀死后的线虫移至 TAF 固定液（A.2.1）中固定；或直接在线虫悬浮液中加入等量的双倍浓度的 TAF 固定液（A.2.2）。

A.3 临时玻片标本的制作

取适量 TAF 固定液（A.2.1）作为浮载剂，滴于载玻片上；用挑针将固定好的数条线虫移入浮载剂中，使其完全沉入；取 3 根长 3 mm～5 mm、直径与线虫体宽相近的玻璃纤维丝，均匀置于浮载剂边缘，加盖玻片，用滤纸吸去溢出的浮载剂；用中性树脂或指甲油封片，干固后再加封一次。

A.4 永久玻片标本的制作

A.4.1 脱水

采用乳酚油快速脱水法（Franklin & Goodey，1949）。

把滴有乳酚油的凹玻片放在加热板上，加热至 65℃～70℃，将已固定 1 d 以上的线虫挑入乳酚油中，继续加热 2 min～3 min，在解剖镜下观察线虫标本的清晰程度，如标本还不够清晰，可继续在加热板上加热片刻，但应避免加热过度而损坏标本；将清晰线虫标本置于干燥器中干燥 12 h～24 h，进一步去除水分后制片。

A.4.2 制片

取直径 1.5 cm 的打孔器在酒精灯火焰上加热后，插入蜡盘中蘸取少量石蜡，并迅速轻按于载玻片中央；待冷却并形成一个蜡圈后，在蜡圈内滴一小滴乳酚油（用量以盖上盖玻片后不外溢为宜）作为浮载剂，挑入已脱水的数条线虫，使其整齐排列并完全沉入浮载剂中，将 3 根与线虫体宽相近（约 3 mm～5 mm 长）的玻璃纤维丝均匀置于浮载剂边缘，加盖玻片，移至 65℃～70℃的加热板上熔化蜡，熔后自然冷却，指甲油封片，指甲油干后再封一次；两边加贴标签，左标签写上样品号、寄主、截获口岸、产地、制作日期，右标签写上线虫种名、线虫虫态及其数量。

附 录 B
（资料性附录）
穿孔属线虫(*Radopholus* spp.)检索表

1. 后生殖腺明显退化成短囊 …… 2
   后生殖腺发育基本正常 …… 9
2. 尾端具一刺状突，$C=4.5$ …… *R. scrjabini* Nesterov & Kozhokaru，1980
   尾端无刺状突，C 值大于 9 …… 3
3. 侧区侧线三条 …… *R. triversus* Minagawa，1983(图 C.31)
   侧区侧线四条 …… 4
4. 尾短，C 值明显大于 15 …… 5
   尾较长，C 值明显小于 15 …… 6
5. 阴门位置靠后，$V=82.3$，受精囊圆形 …… *R. brassicae* Shahina，1996(图 C.3)
   阴门位置较靠前，$V=76.8$，受精囊长囊状 …… *R. allius* Shahina，1996(图 C.1)
6. 口针基部球三球基本均衡 …… 7
   口针基部球的背基球大于另两个基球 …… *R. antoni* E. van den Berg，*et al.*，2000(图 C.2)
7. 口针长度 $S=18.5$ μm，受精囊近方圆形 …… *R. sanoi* Mizukubo，1989(图 C.27)
   口针长度 $S<16$ μm，受精囊球形 …… 8
8. 口针＝12 μm，尾端无环 …… *R. laevis* Colbran，1970(图 C.15)
   口针＝15.5 μm，尾端有环 …… *R. litoralis* Guiran，1967(图 C.16)
9. 侧区外缘两侧线呈深深的折痕，两内侧线浅薄、模糊 …… *R. musicola* Stanton，2001(图 C.19)
   侧区侧线深浅较均匀、正常 …… 10
10. 前受精囊明显大于后受精囊 …… 11
    前后受精囊一样 …… 12
11. 口针长度≥19 μm，受精囊中精子杆状，虫体中部侧区比两边的体外侧窄 …… *R. magniglans* Sher，1968(图 C.17)
    口针长度≤13 μm，受精囊中精子圆形，虫体中部侧区与两边的体外侧等宽 …… *R. intermecius* Colbran，1971(图 C.13)
12. 虫体中部侧区侧线 3 条 …… *R. trilineatus* Sher，1968(图 C.30)
    虫体中部侧区侧线 4 条或更多 …… 13
13. 虫体中部侧区侧线 5 条～6 条 …… 14
    虫体中部侧区侧线 4 条 …… 16
14. 受精囊内无精子，尾透明区小于 3 μm …… *R. nigeriensis* Sher，1968(图 C.24)
    受精囊内有精子，杆状或圆形，尾透明区大于 7 μm …… 15
15. 受精囊内精子杆状，一口针基部球明显大于其他两个基部球 …… *R. inaequalis* Sauer，1958(图 C.11)
    受精囊内精子圆形，口针基部球大小均等 …… *R. rotuncisemenus* Sher，1968(图 C.26)
16. 尾端圆滑 …… 17
    尾端具环纹 …… 23
17. 侧尾腺口至尾端侧线 4 条 …… *R. inanis* Colbran，1971(图 C.12)
    侧尾腺口至尾端侧线 3 条 …… 18
18. 头环两环 …… *R. vacuus* Colbran，1971(图 C.32)

头环三环以上 …………………………………………………………………………………… 19

19. 虫体中部侧区与两边的体外侧等宽 ………………………………………………………… 20

虫体中部侧区比两边的体外侧明显窄 …………………………………………………… 22

20. 体长大于 500 μm，口针＞17(17～20) μm ………………………………………………… 21

体长小于 450 μm，口针＜17(15～16) μm ……………………… *R. williamsi* Siddiqi，1964(图 C. 35)

21. 雄虫口针基部球退化明显 ……………………… *R. similis*(Cobb，1893)Thorne，1949(图 C. 29)

雄虫口针、基部球发育良好 ………………………………… *R. ferax* Colbran，1971(图 C. 10)

22. 虫体≤460 μm，尾≤35 μm，口针≥20 μm ……………… *R. brevicaucatus* Colbran，1971(图 C. 4)

虫体长≥500 μm，尾≥50 μm，口针≤18 μm ……………………… *R. bridgei* Siddigi et Hahn，1995

23. 头部光滑 ……………………………………………………………………………………… 24

头部具环纹 ……………………………………………………………………………………… 25

24. 虫体中部侧区比两边的体外侧窄，尾≥46 μm ……………… *R. megadorus* Colbran，1971(图 C. 18)

虫体中部侧区与两边的体外侧等宽，尾≤46 μm ……………… *R. crenatus* Colbran，1971(图 C. 9)

25. 受精囊内充满圆形或椭圆形精子 ………………………………………………………… 26

受精囊内充满杆状精子或无精子 ………………………………………………………… 29

26. 尾端变窄或尖 …………………………………………………………………………………… 27

尾端圆形或宽圆形 ……………………………………………………………………………… 28

27. 虫体 530 μm，口针长度≥18 μm，交合刺长度≥20 μm …… *R. kahikateae* Ryss et Wouts，1997(图 C. 14)

虫体 500 μm，口针 16 μm，交合刺≤16 μm ………………… *R. serratus* Colbran，1971(图 C. 28)

28. 背向位口针基部球前突，并明显比侧腹面的基部球大，尾长度≥43 μm ……………………………
……………………………………………………………… *R. citri* MaChon et Bridge，1996(图 C. 7)

口针基部球三个大小一致，尾长度≤39 μm ……………………… *R. rectus* Colbran，1971(图 C. 25)

29. 受精囊内无精子 ………………………………………………………………………………… 30

受精囊内精子杆状 ……………………………………………………………………………… 31

30. 头部前端盘平，具(2～3)头环，口针 15 μm～17 μm 长 …… *R. vertexplanus* Sher，1968(图 C. 34)

头部前端圆屋顶状，具(3～5)头环，口针 17 μm～23 μm 长………… *R. nativus* Sher，1968(图 C. 20)

31. 头环两环 ……………………………………………………… *R. capitatus* Colbran，1971(图 C. 5)

头环多于三环 …………………………………………………………………………………… 32

32. 侧尾腺口至尾端间侧线 4 条 ……………………………………………………………… 33

侧尾腺口至尾端间侧线 3 条 ……………………………………………………………… 37

33. 尾端变窄至尖 ……………………………………………………… *R. vanguncyi* Sher，1968(图 C. 33)

尾端圆或宽圆形 ………………………………………………………………………………… 34

34. 口针长度≥24 μm，C≥22 ……………………… *R. nelsonensis* Ryss et Wouts，1997(图 C. 21，22)

口针长度≤21 μm，C≤17 ……………………………………………………………………… 35

35. 半月体及排泄孔位于虫体神经环的水平上……………… *R. cavenessi* Egunjobi，1968(图 C. 6)

半月体及排泄孔位于虫体神经环半个体宽之后的水平上 ……………………………………… 36

36. 尾端宽圆，尾透明区长于 8 μm 以上，口针 19 μm～21 μm ……… *R. clarus* Colbran，1971(图 C. 8)

尾端圆，尾透明区长不超过 5 μm，口针 16 μm～19 μm ………… *R. neosimilis* Sauer，1958(图 C. 23)

37. 背向口针基部球向前突，并明显大于其他两个侧腹位基部球 … *R. citri* Machon et BriCge，1996(图 C. 7)

口针基部球大小一致 …………………………………………………………………………… 38

38. 尾长与口针长之比≥3.0，C≤13 ……………… *R. similis*(Cobb，1893)Thorne，1949(图 C. 29)

尾长与口针 长之比≤2.9，C 通常大于 13 ……………………… *R. nativus* Sher，1968(图 C. 20)

附　录　C
（资料性附录）
穿孔属线虫种的形态特征图

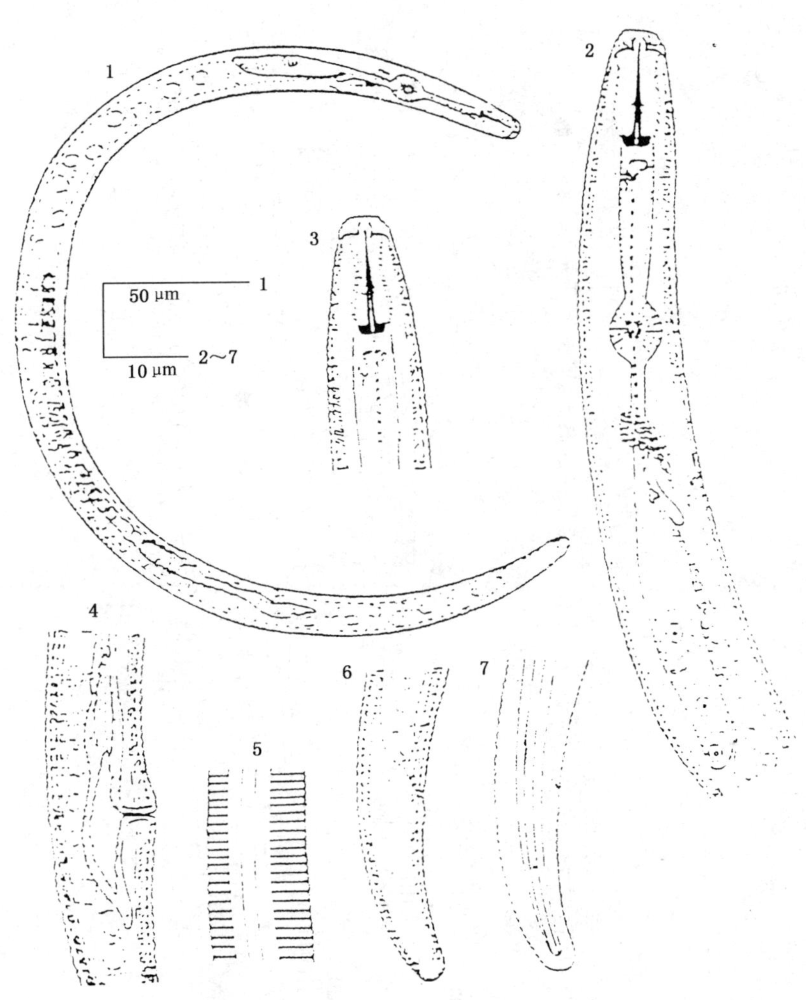

1——整体；
2——食道腺；
3——虫体前部；
4——阴门区（侧面观）；
5——刻线（侧区）；
6，7——尾部。

图 C.1　*Radopholus allius* 特征图（仿 Fayyaz Shahina）

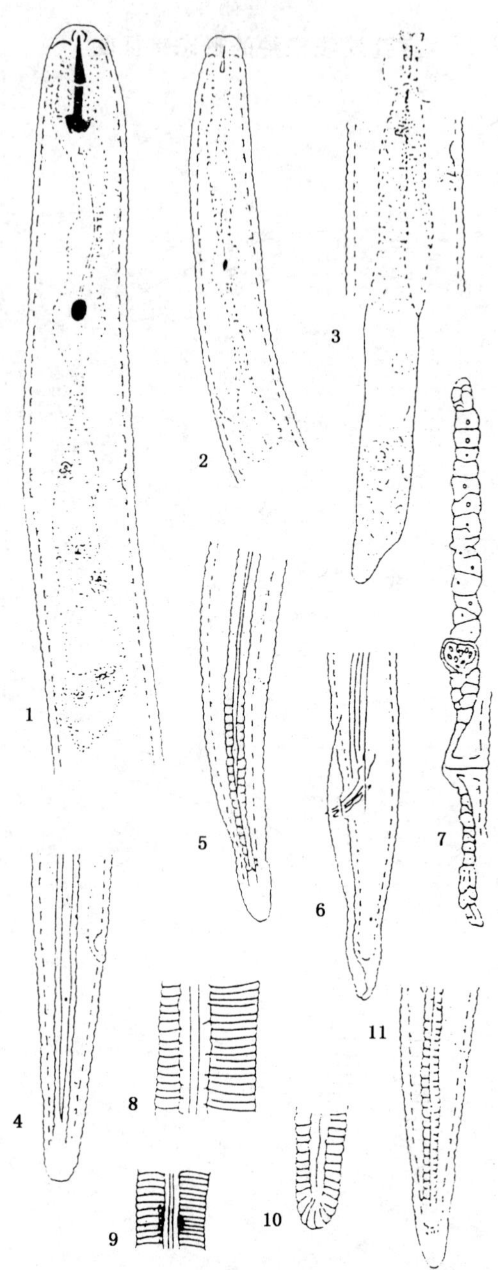

1——雌虫虫体前部；
2——雄虫虫体前部；
3——雌虫食道腺；
4,5——雌虫尾部；
6——雄虫尾部；
7——雌虫前长后短的生殖腺。

图 C.2 *Radopholus antoni*（仿 E. van den Berg, et al.）

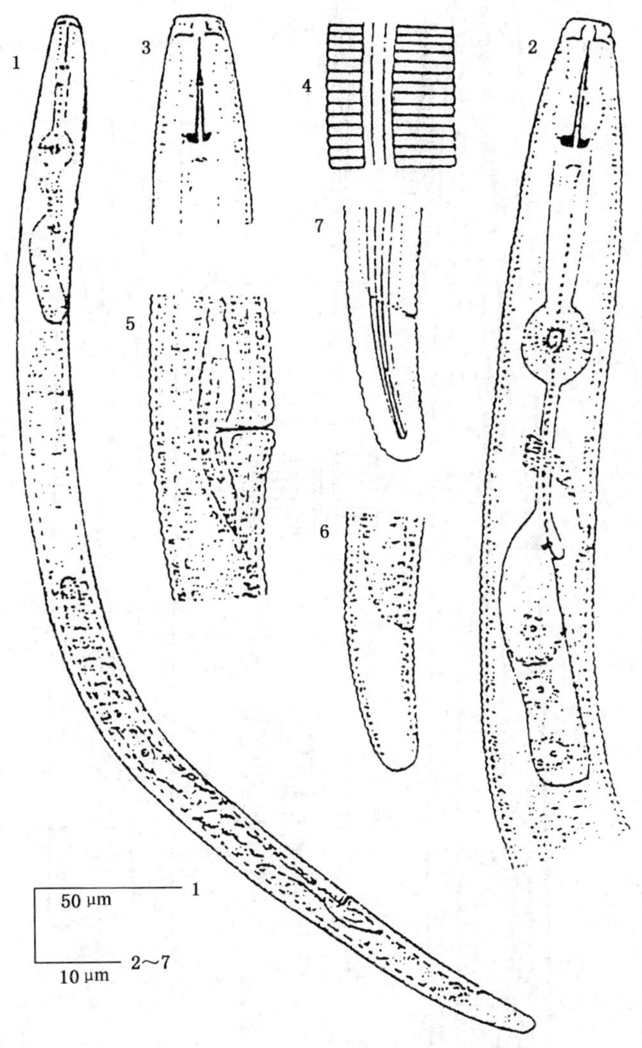

1——整体；

2——食道腺；

3——虫体前部；

4——刻线(侧区)；

5——阴门区(侧面观)；

6,7——尾部。

图 C.3 *Radopholus brassicae* 特征图(仿 Fayyaz Shahina)

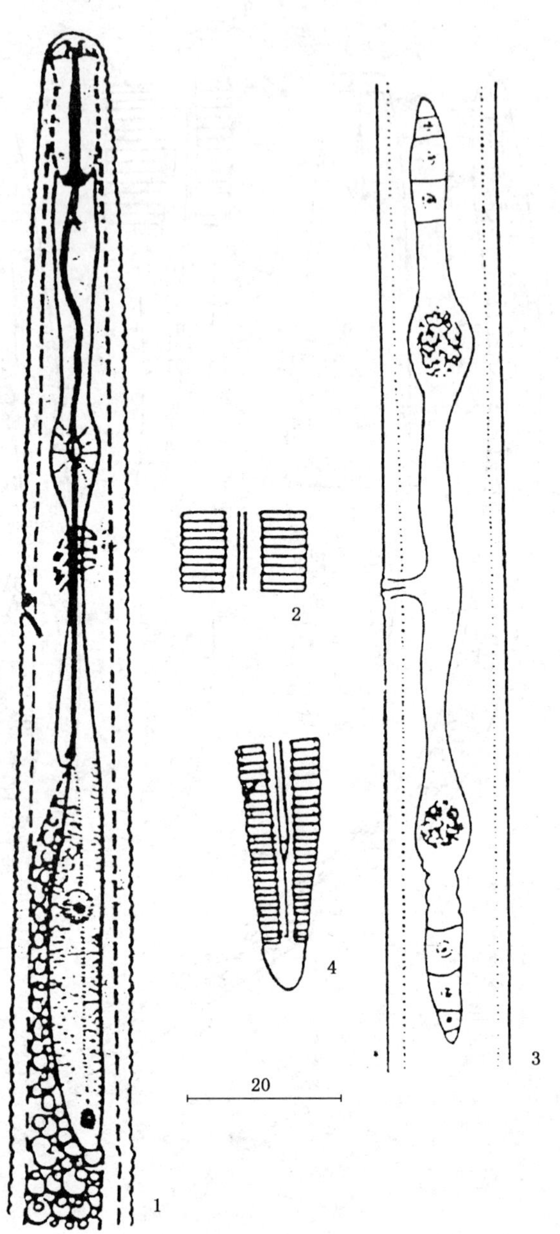

1——雌虫虫体前部；
2——雌虫中部侧区；
3——雌虫前后的生殖腺；
4——雌虫尾部。

图 C.4 *Radopholus brevicaudatus* 特征图（仿 Colbran）

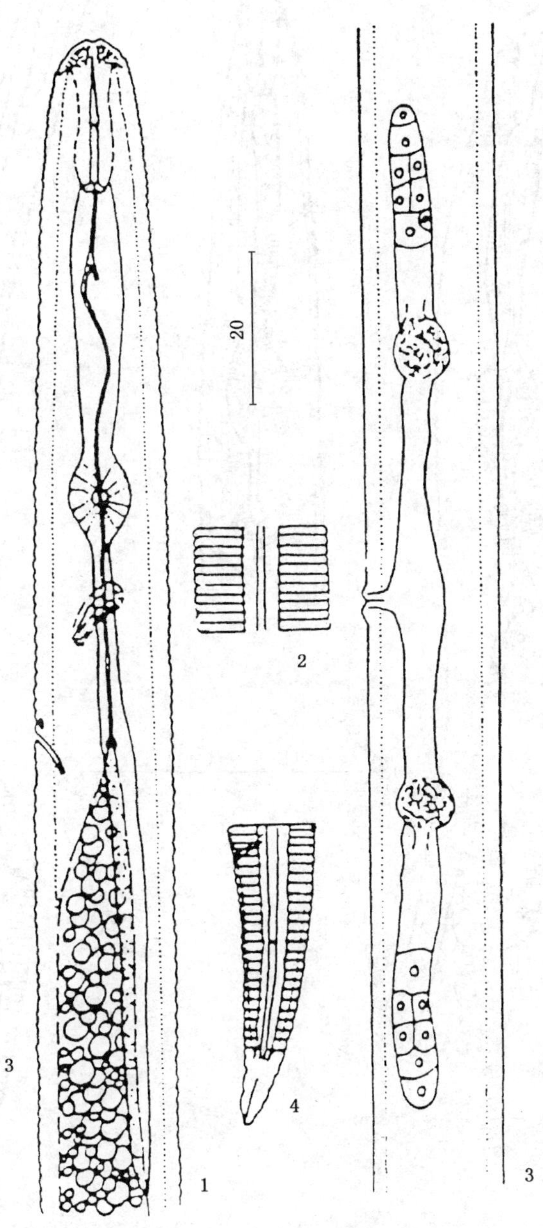

1——雌虫虫体前部；

2——雌虫中部侧区；

3——雌虫前后的生殖腺；

4——雌虫尾部。

图 C.5 *Radopholus capitatus* 特征图(仿 Colbran)

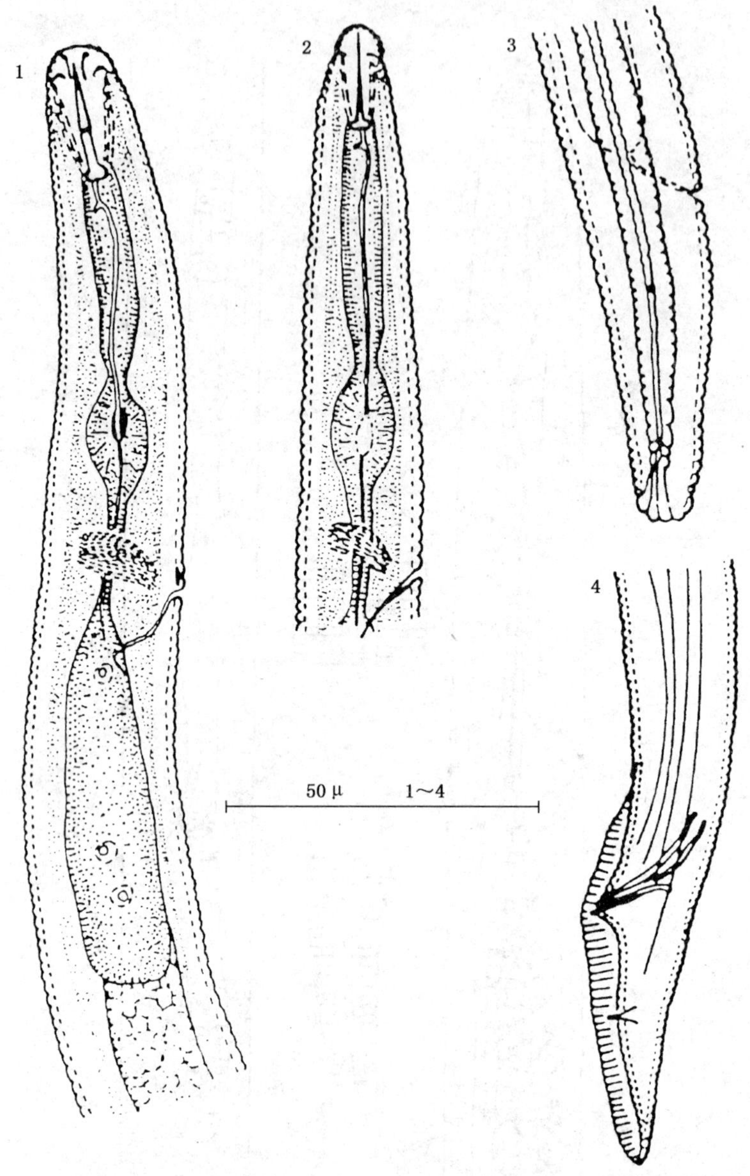

1——雌虫虫体前部；

2——雄虫虫体前部；

3——雄虫尾部；

4——雌虫尾部。

图 C.6 *Radopholus cavenessi* 特征图(仿 Olufunke A. Egunjobi)

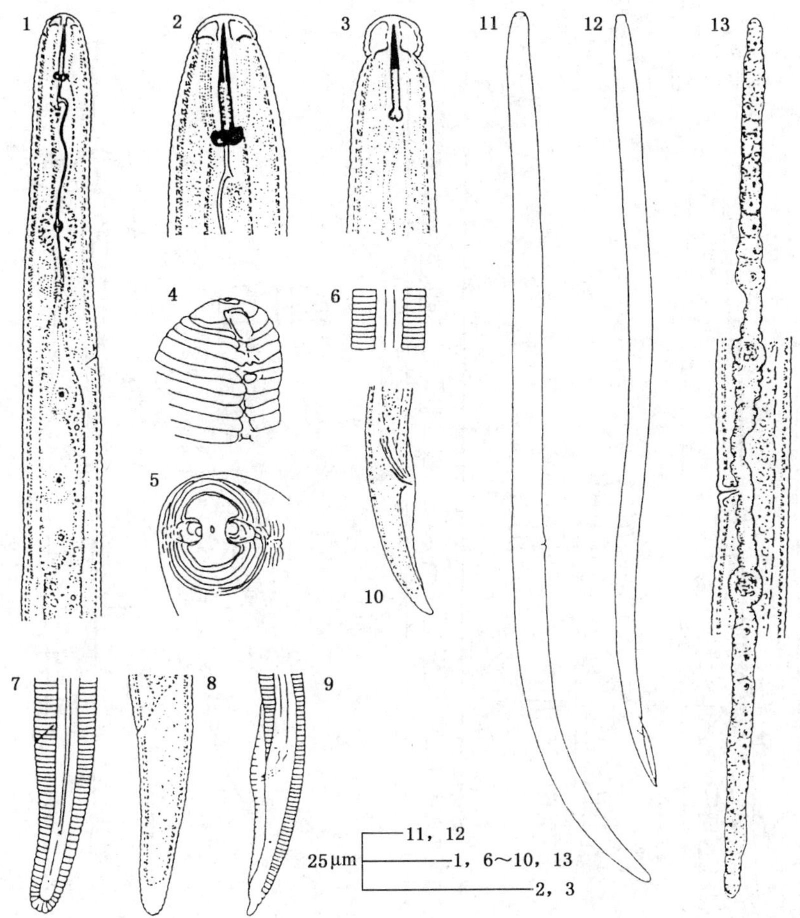

1——雌虫食道腺；

2——雌虫头部；

3——雄虫头部；

4——雌虫头部(电镜扫描形状)；

5——雌虫头部，上面观；

6——侧区，虫体中部；

7，8——雌虫尾部；

9，10——雄虫尾部；

11——雌虫整体；

12——雄虫整体。

图 C.7 *Radopholus citri* 特征图(仿 Colbran)

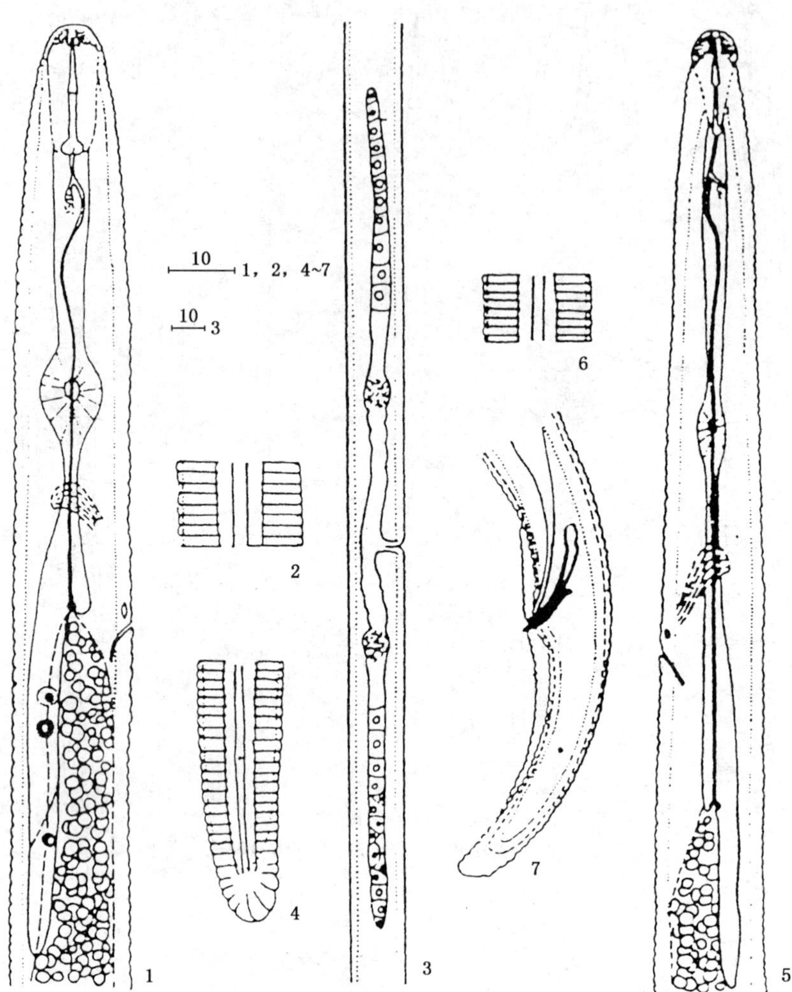

1——雌虫虫体前部；
2——雌虫中部侧区；
3——雌虫前后的生殖腺；
4——雌虫尾部；
5——雄虫虫体前部；
6——雄虫中部侧区；
7——雄虫尾部。

图 C.8 *Radopholus clarus* 特征图(仿 Janet E. Machon & John Bridge)

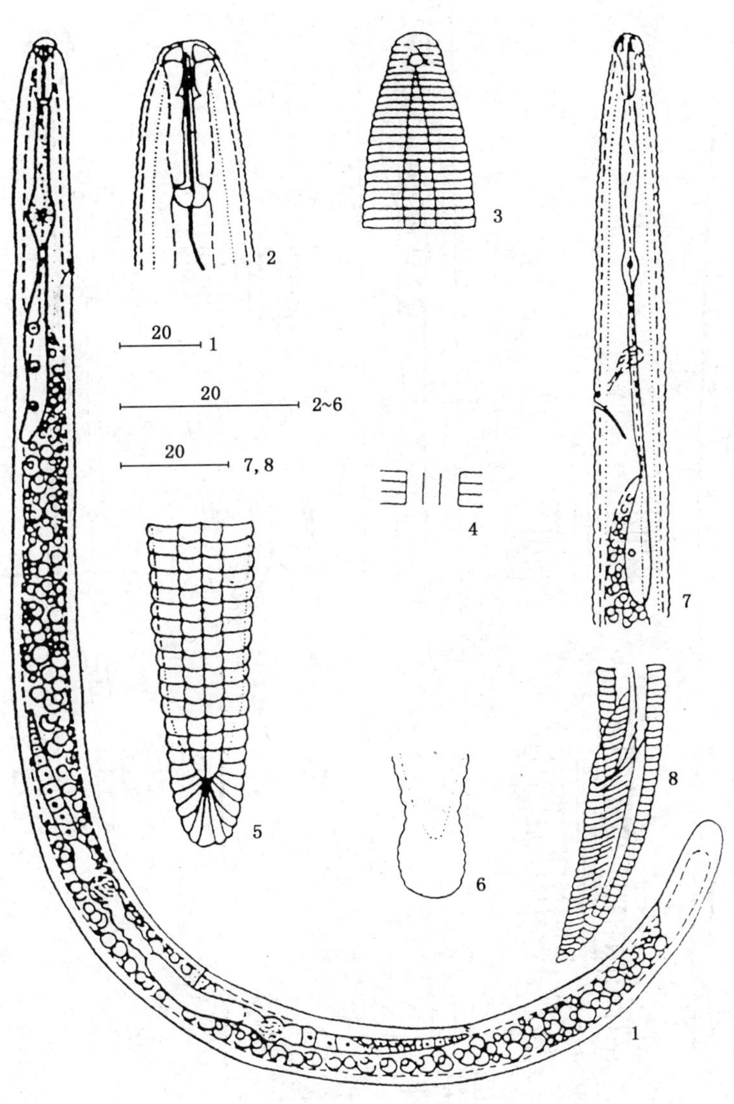

1——雌虫虫体；
2,3——雌虫头部；
4——雌虫中部侧区；
5,6——雌虫尾部；
7——雄虫虫体前部；
8——雄虫尾部。

图 C.9 ***Radopholus crenatus*** 特征图(仿 Colbran)

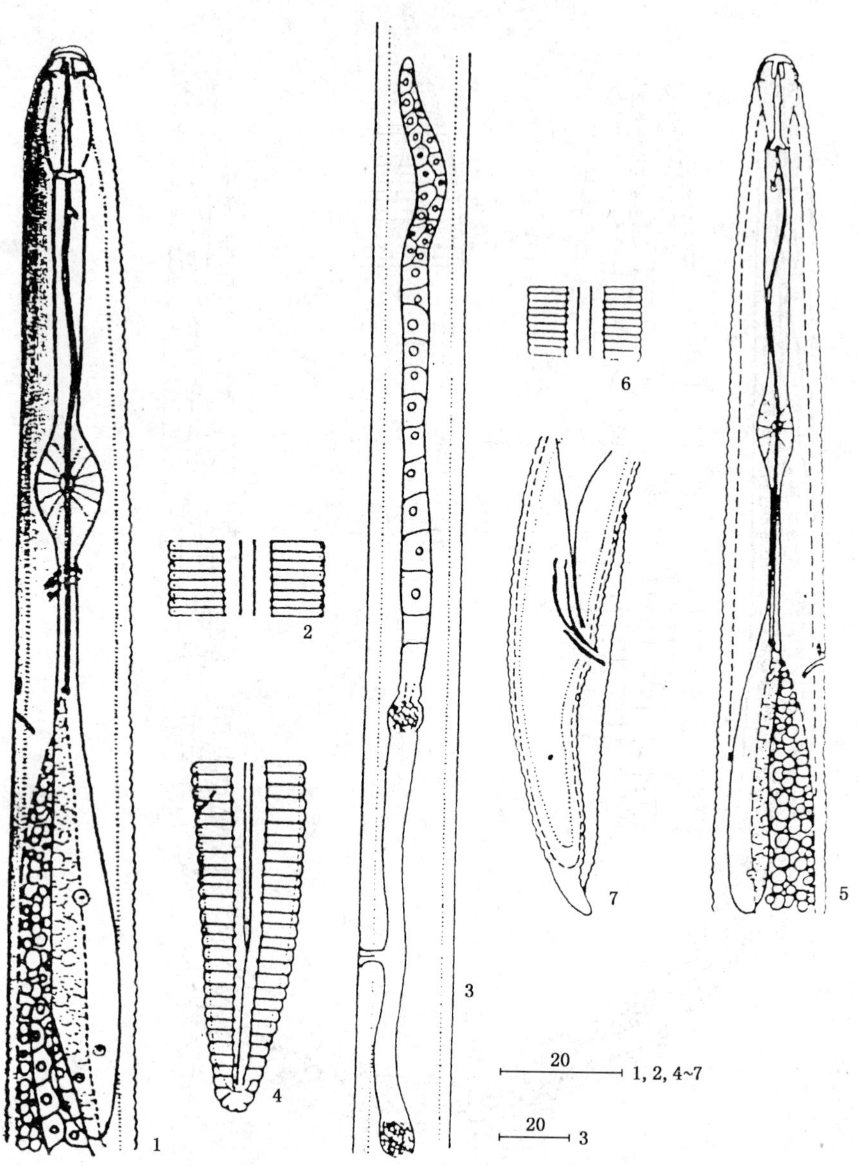

1——雌虫虫体前部；
2——雌虫中部侧区；
3——雌虫前后的生殖腺；
4——雌虫尾部；
5——雄虫虫体前部；
6——雄虫中部侧区；
7——雄虫尾部。

图 C.10 *Radopholus ferax* 特征图(Colbran)

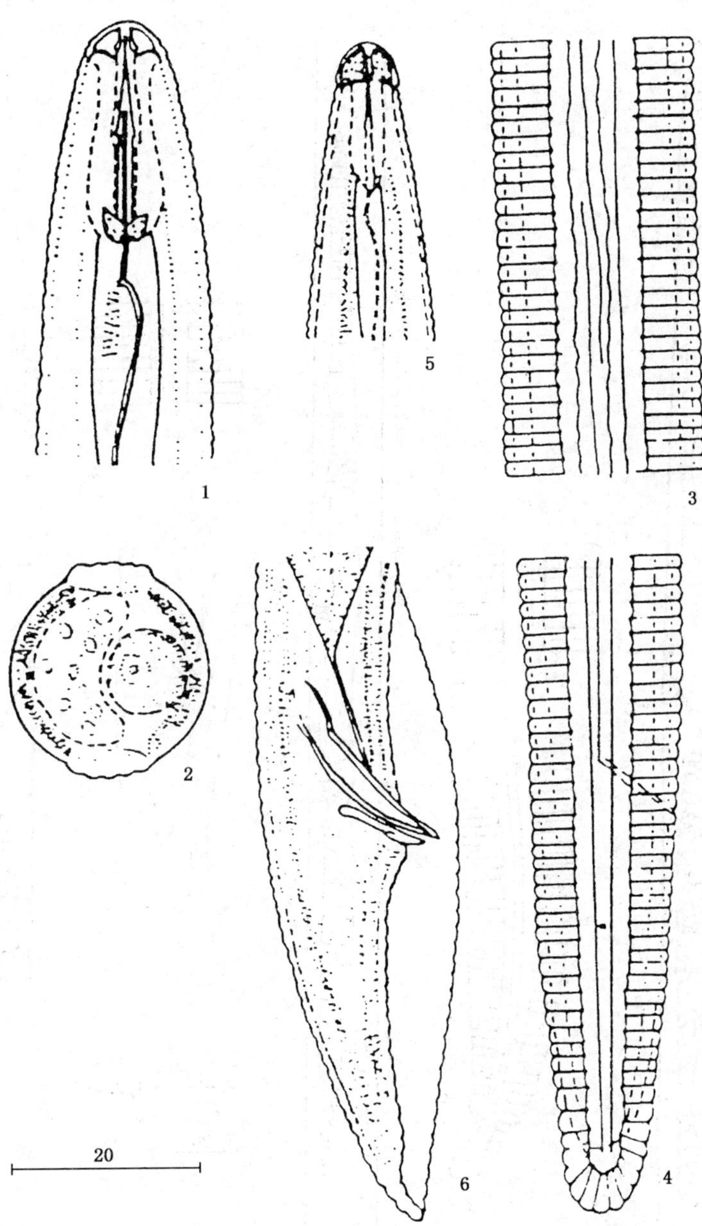

1——雌虫头部；

2——虫体横切面；

3——雌虫中部侧区；

4——雌虫尾部；

5——雄虫虫体前部；

6——雄虫尾部。

图 C.11 ***Radopholus inaequalis*** **特征图(仿 Sauer)**

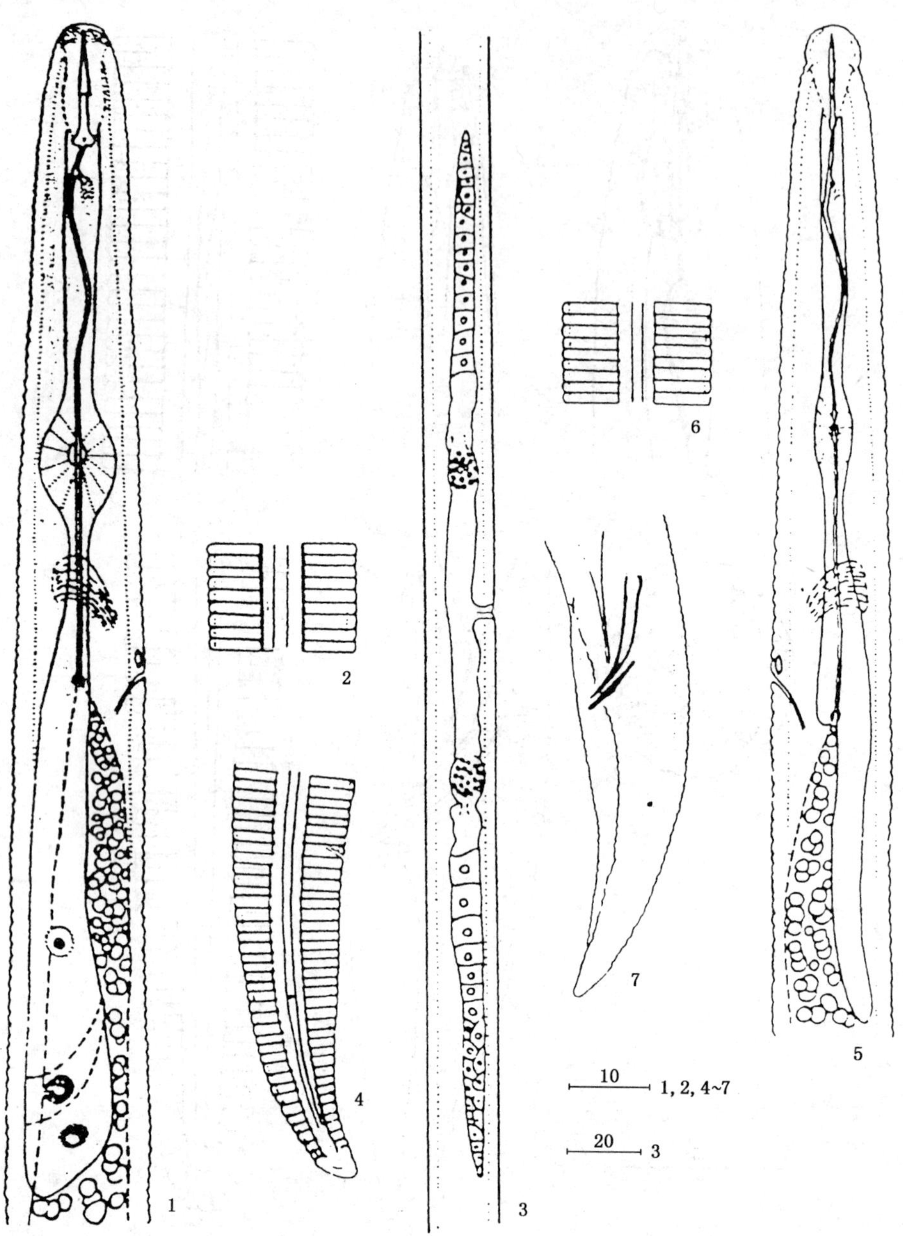

1——雌虫虫体前部；
2——雌虫中部侧区；
3——雌虫前后的生殖腺；
4——雌虫尾部；
5——雄虫虫体前部；
6——雄虫中部侧区；
7——雄虫尾部。

图 C.12 *Radopholus inanis* 特征图(仿 Colbran)

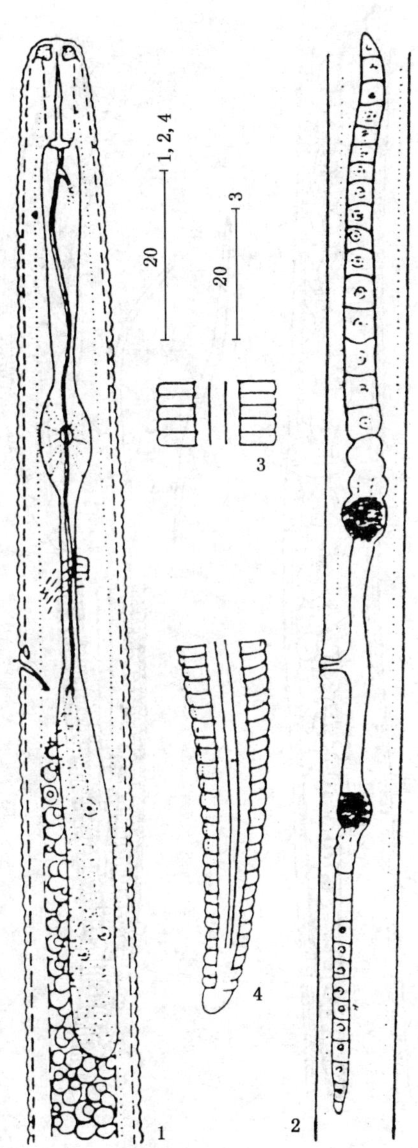

1——雌虫虫体前部；
2——雌虫前后的生殖腺；
3——雌虫中部侧区；
4——雌虫尾部。

图 C.13 *Radopholus intermedius* 特征图(仿 Colbran)

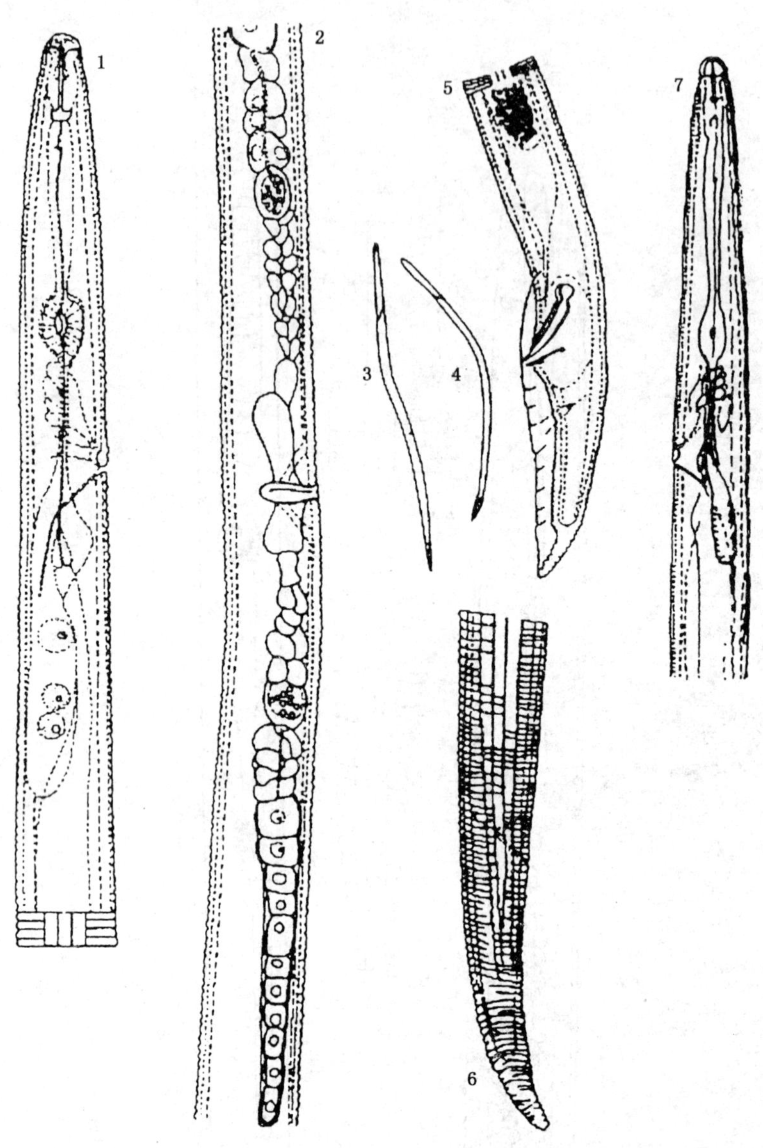

1——雌虫食道腺区；
2——生殖系统；
3——雌虫虫体外形轮廓；
4——雄虫虫体外形轮廓；
5——雄虫后部；
6——雌虫后部；
7——雄虫食道腺区。

图 C. 14 *Radopholus kahikateae* 特征图(仿 A. Y. Ryss & W. M. Wouts)

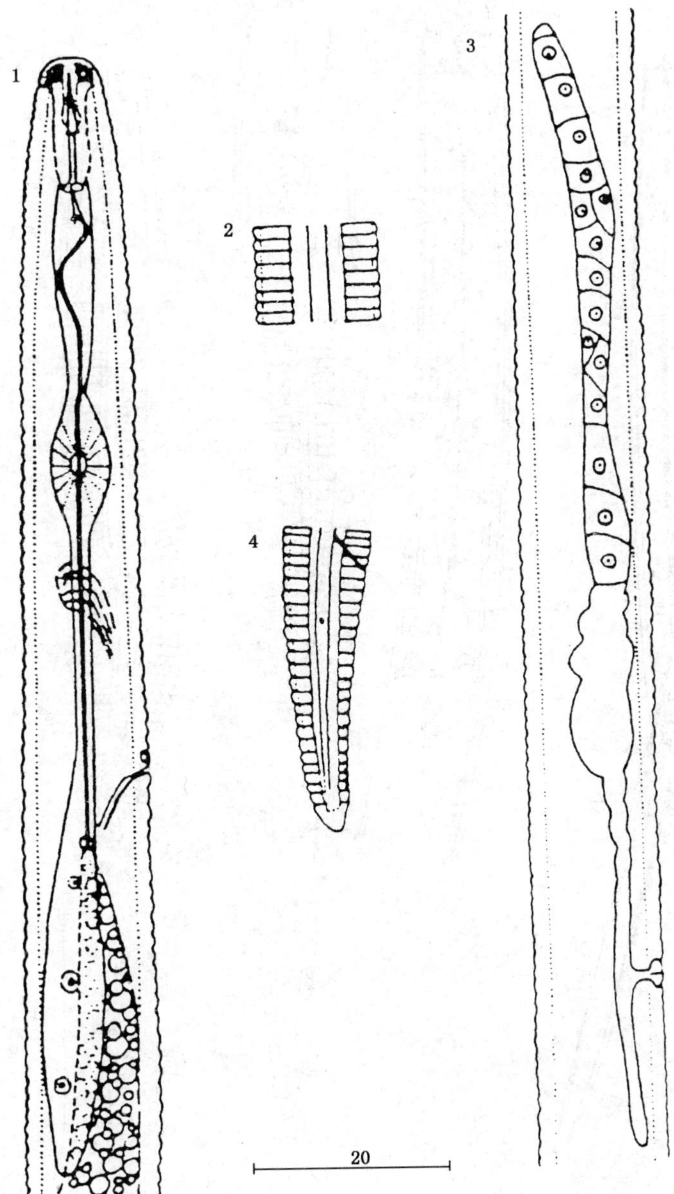

1——雌虫虫体前部；

2——雌虫中部侧区；

3——雌虫前后的生殖腺；

4——雌虫尾部。

图 C.15 *Radopholus laevis* 特征图(仿 Colbran)

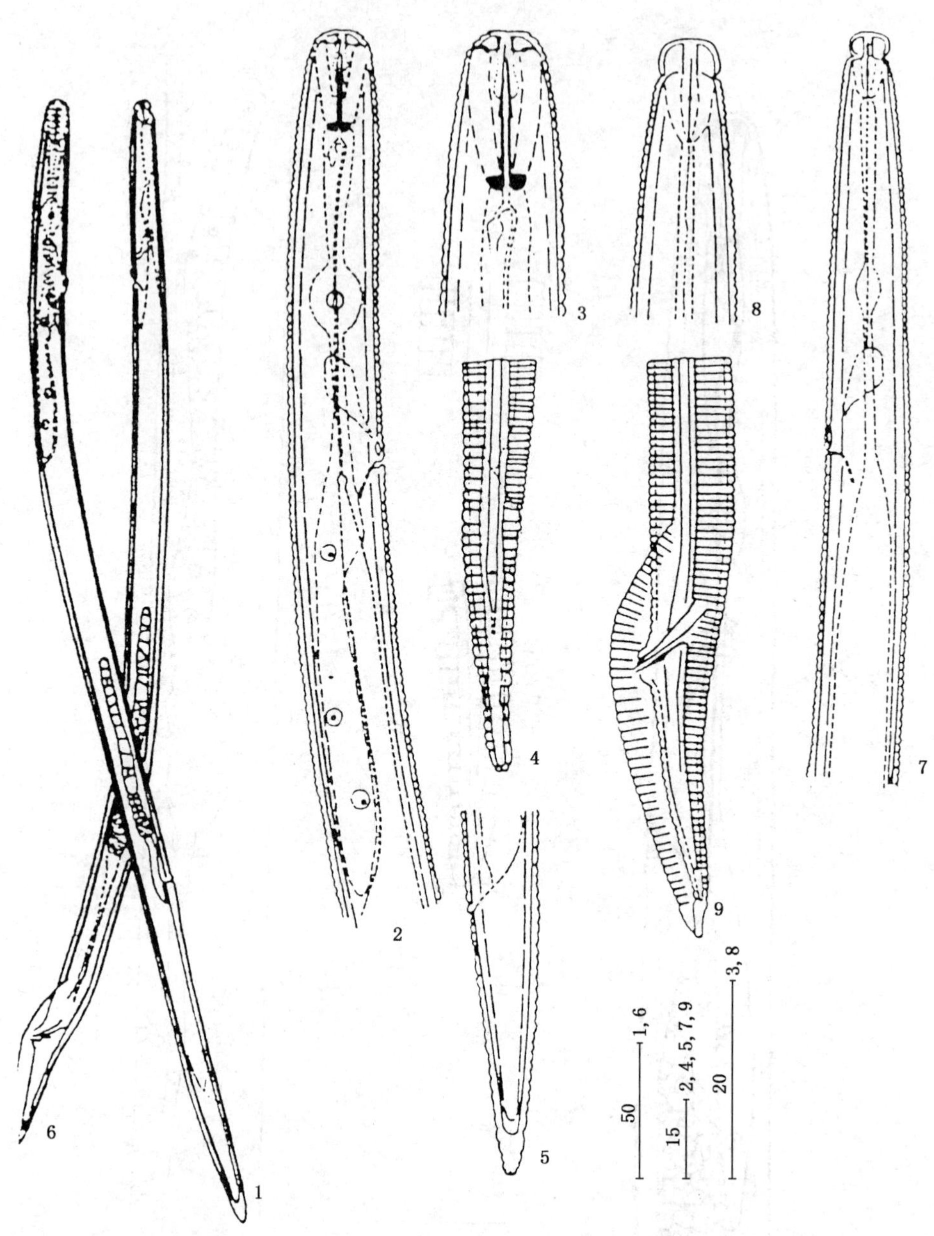

1——雌虫虫体；
2——雌虫虫体前部；
3——雌虫头部；
4,5——雌虫尾部；
6——雄虫虫体；
7——雄虫虫体前部；
8——雄虫前部；
9——雄虫尾部。

图 C. 16 *Radopholus litoralis* 特征图(仿 Georges)

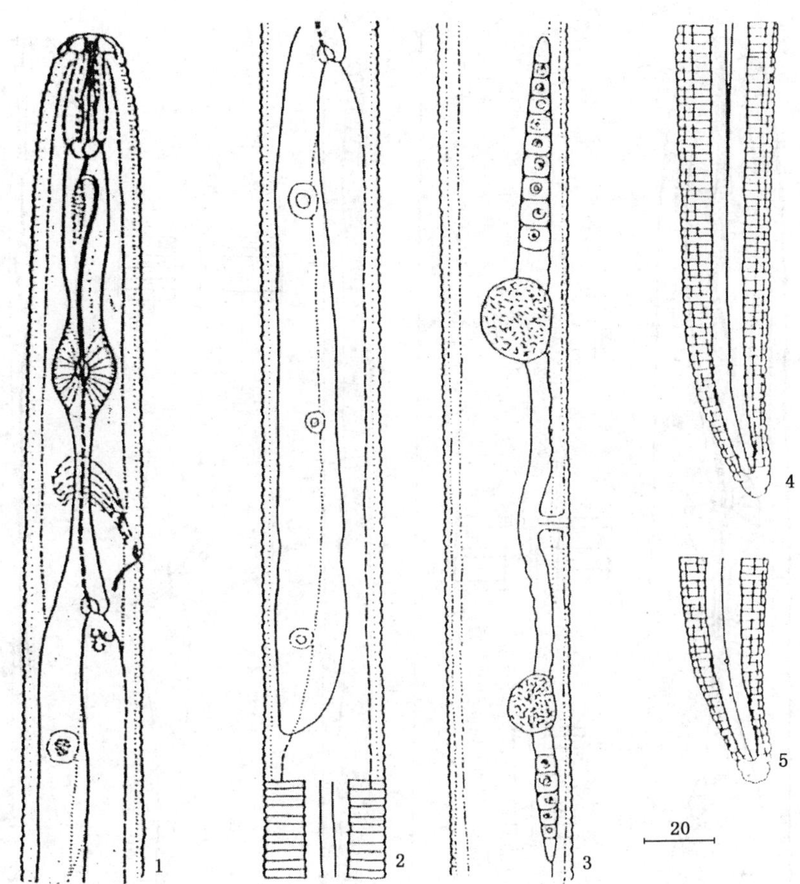

1——雌虫虫体前部；

2——后食道腺；

3——雄虫双卵巢、受精囊；

4,5——雌虫尾部。

图 C.17 ***Radopholus magniglans*** **特征图(仿 Sher)**

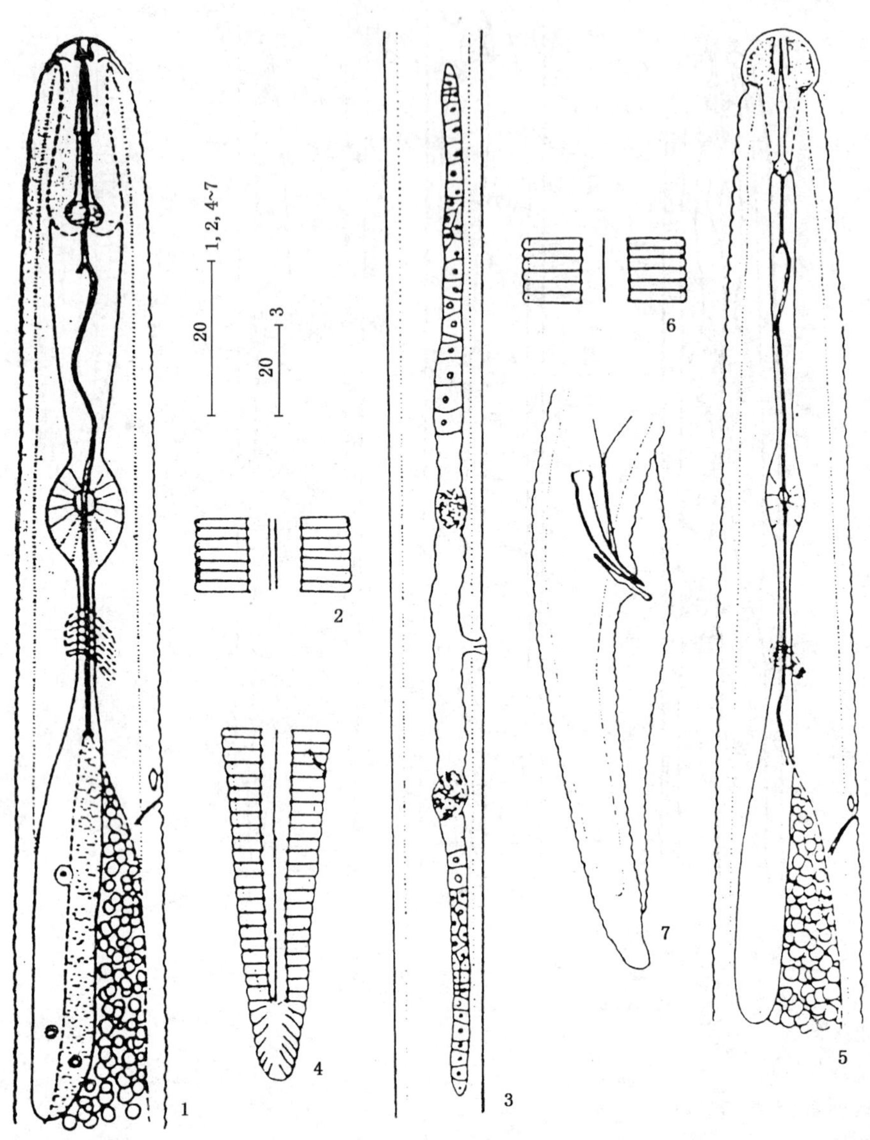

1——雌虫虫体前部；
2——雌虫中部侧区；
3——雌虫前后的生殖腺；
4——雌虫尾部；
5——雄虫虫体前部；
6——雄虫中部侧区；
7——雄虫尾部。

图 C.18 *Radopholus megadorus* 特征图(仿 Sher)

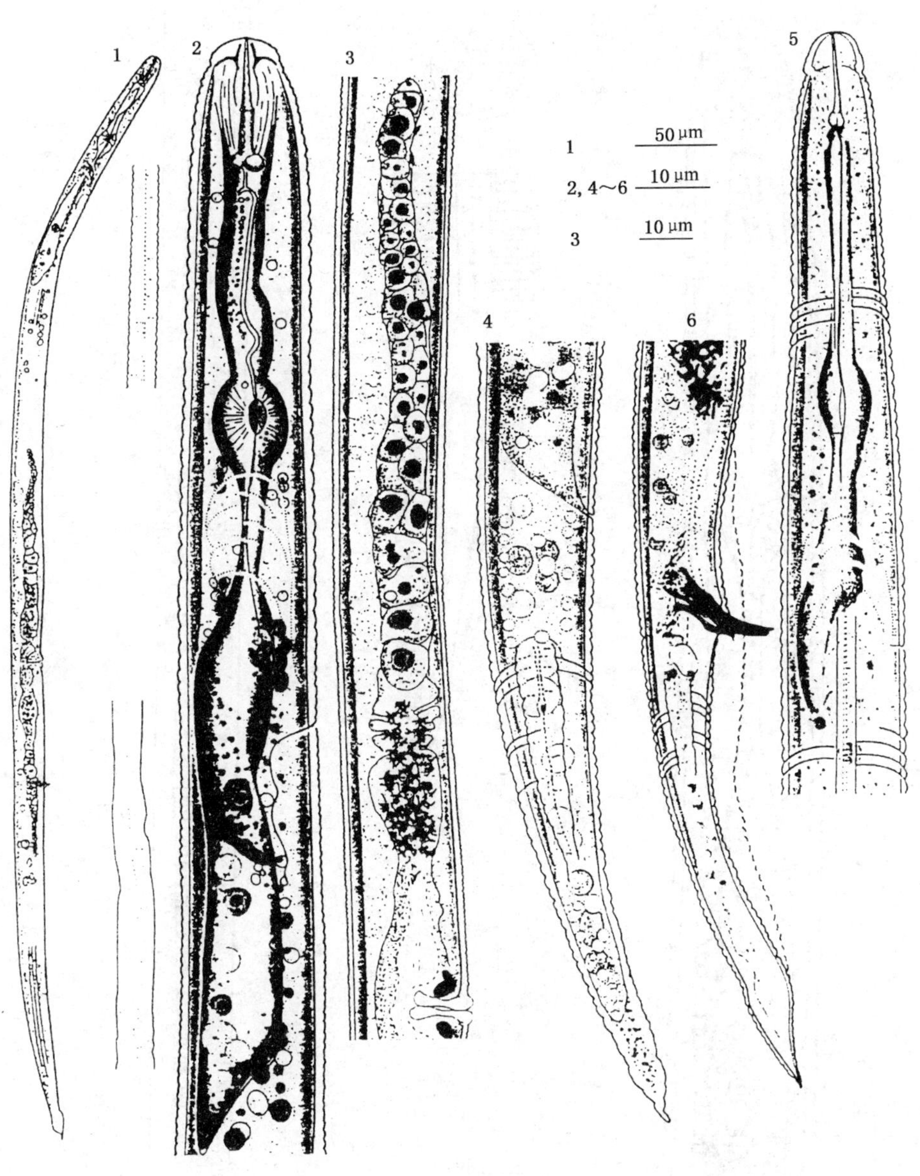

1——雌虫整体；
2——雌虫前部包括口腔；
3——雌虫前卵巢；
4——雌虫尾部；
5——雄虫前部包括口腔；
6——雄虫尾部。

图 C.19 *Radopholus musicola* 特征图(仿 Julie Stanton)

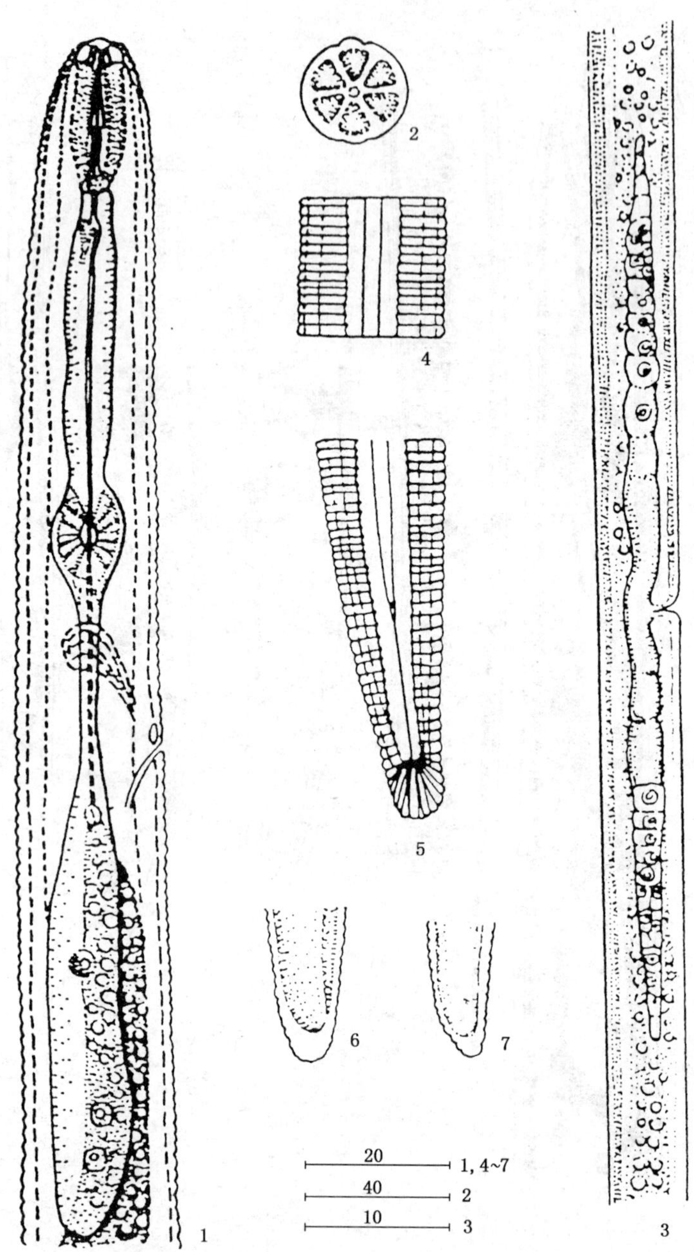

1——雌虫虫体前部；

2——虫体横切面；

3——雌虫前后的生殖腺；

4——雌虫中部侧区；

5,6,7——雌虫尾部。

图 C.20 *Radopholus nativus* 特征图(仿 Sher)

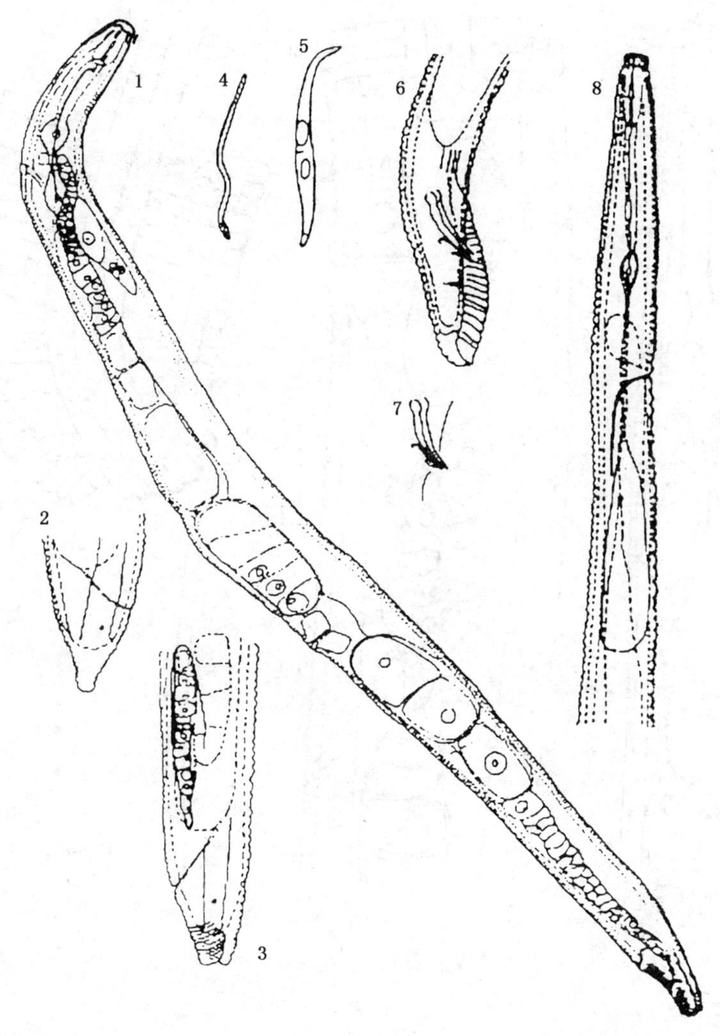

1——抱卵的雌虫虫体；
2——雌虫后部；
3——有着白折卵巢的雌虫后部；
4——雄虫虫体外形轮廓；
5——雌虫虫体外形轮廓；
6——雄虫虫体后部；
7——交合刺；
8——雄虫食道腺区。

图 C.21 *Radopholus nelsonensis* 特征图(仿 A. Y. Ryss&W. M. Wouts)

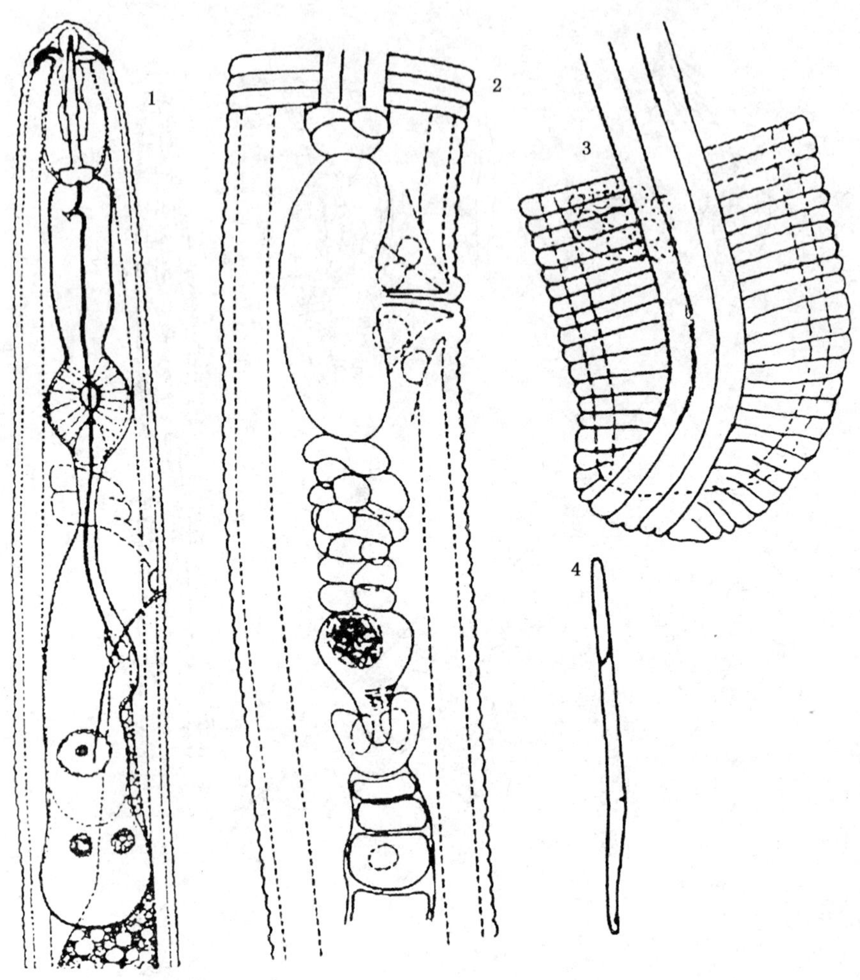

1——雌虫食道腺区；
2——生殖系统(部分)；
3——雌虫尾部末端；
4——虫体外形轮廓。

图 C.22 *Radopholus nelsonensis* 特征图(仿 A.Y.Ryss&W.M.Wouts)

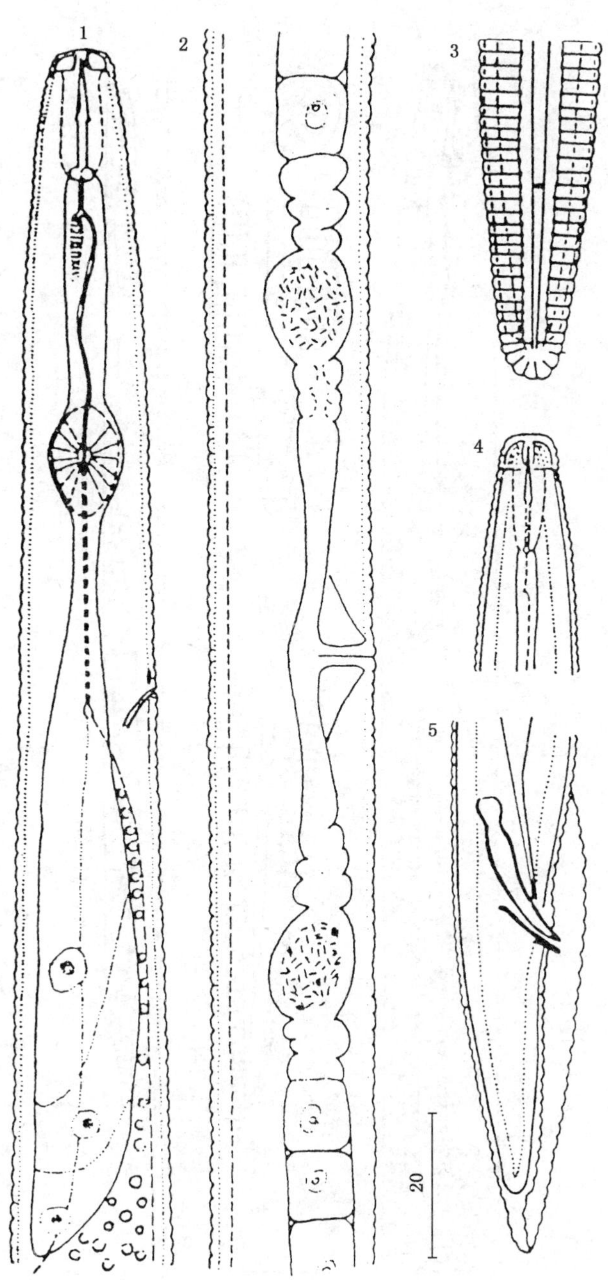

1——雌虫虫体前部；

2——雌虫前后的生殖腺；

3——雌虫尾部；

4——雌虫头部；

5——雄虫尾部。

图 C.23 *Radopholus neosimilis* 特征图(仿 Sauer)

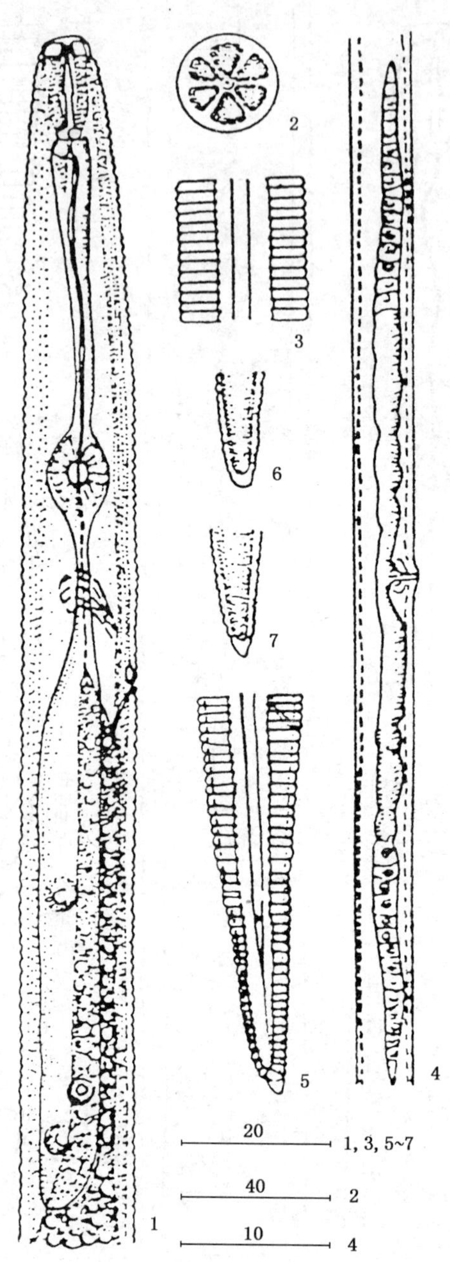

1——雌虫虫体前部；
2——虫体横切面；
3——雌虫中部侧区；
4——雌虫前后的生殖腺；
5——雌虫尾部。

图 C. 24 *Radopholus nigeriensis* 特征图(仿 Sher)

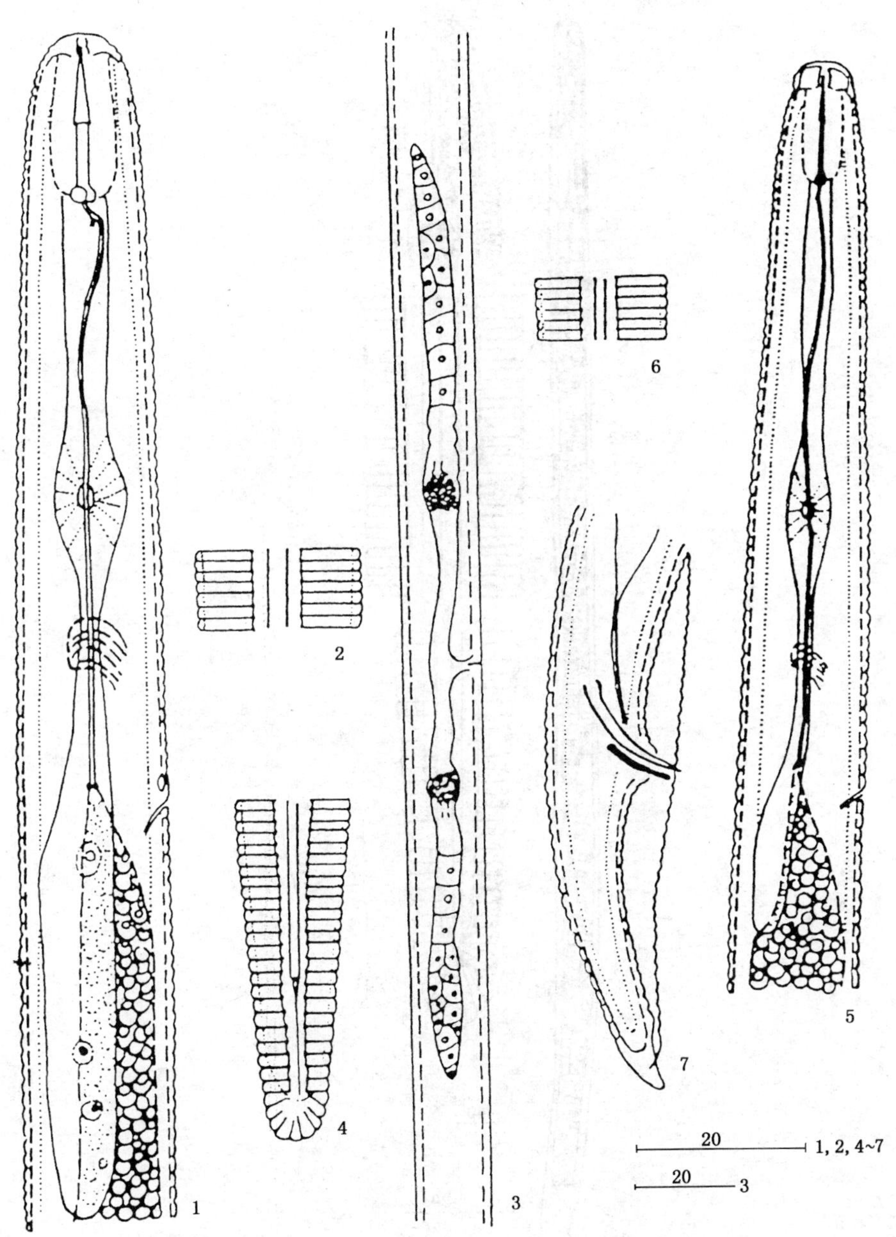

1——雌虫虫体前部；
2——雌虫中部侧区；
3——雌虫前后的生殖腺；
4——雌虫尾部；
5——雄虫虫体前部；
6——雄虫虫体前部；
7——雄虫尾部。

图 C.25 *Radopholus rectus* 特征图(仿 Colbran)

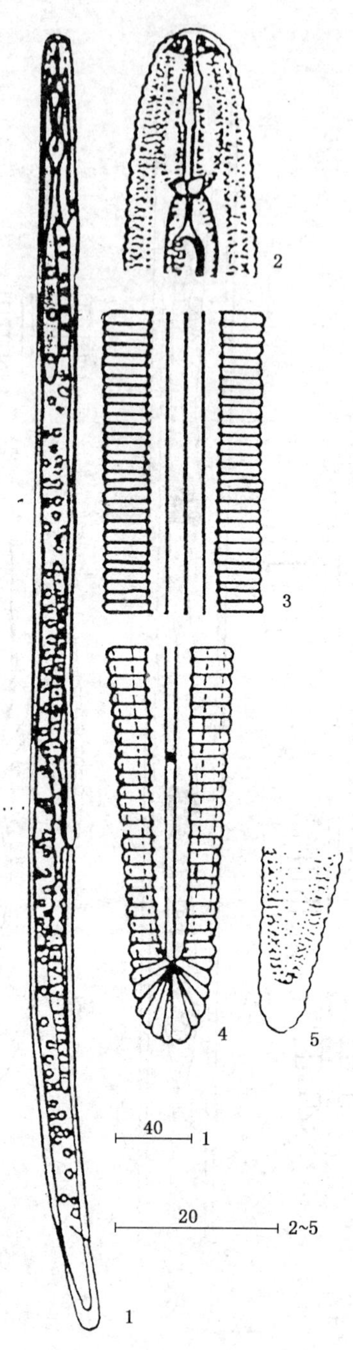

1——雌虫虫体；
2——雌虫头部；
3——雌虫中部侧区；
4——雌虫尾部(示侧尾腺孔)；
5——雌虫尾部(示尾透明区)。

图 C.26 *Radopholus rotundisemenus* 特征图(仿 Sher)

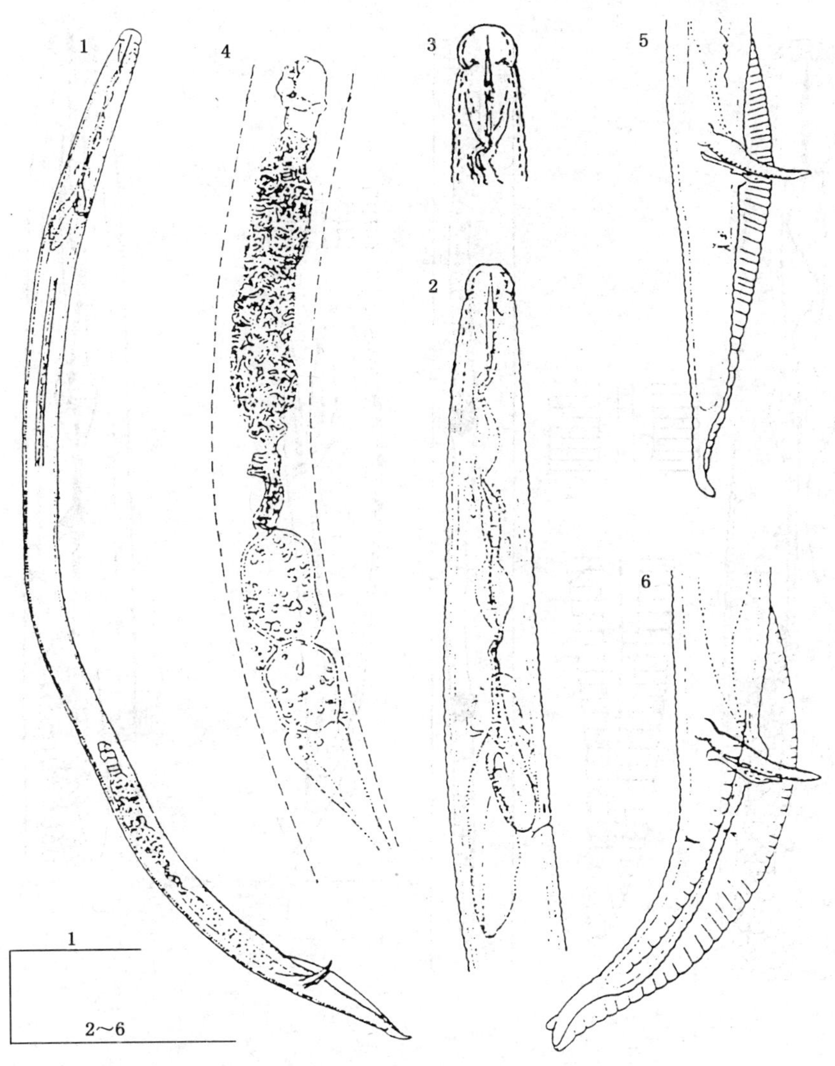

1——雄虫整体；

2——雄虫虫体前部至食道腺端部；

3——球状头部；

4——有着短生殖区的精巢；

5,6——交合散和尾部。

图 C.27 *Radopholus sanoi* 特征图(仿 Takayuki Mizukubo)

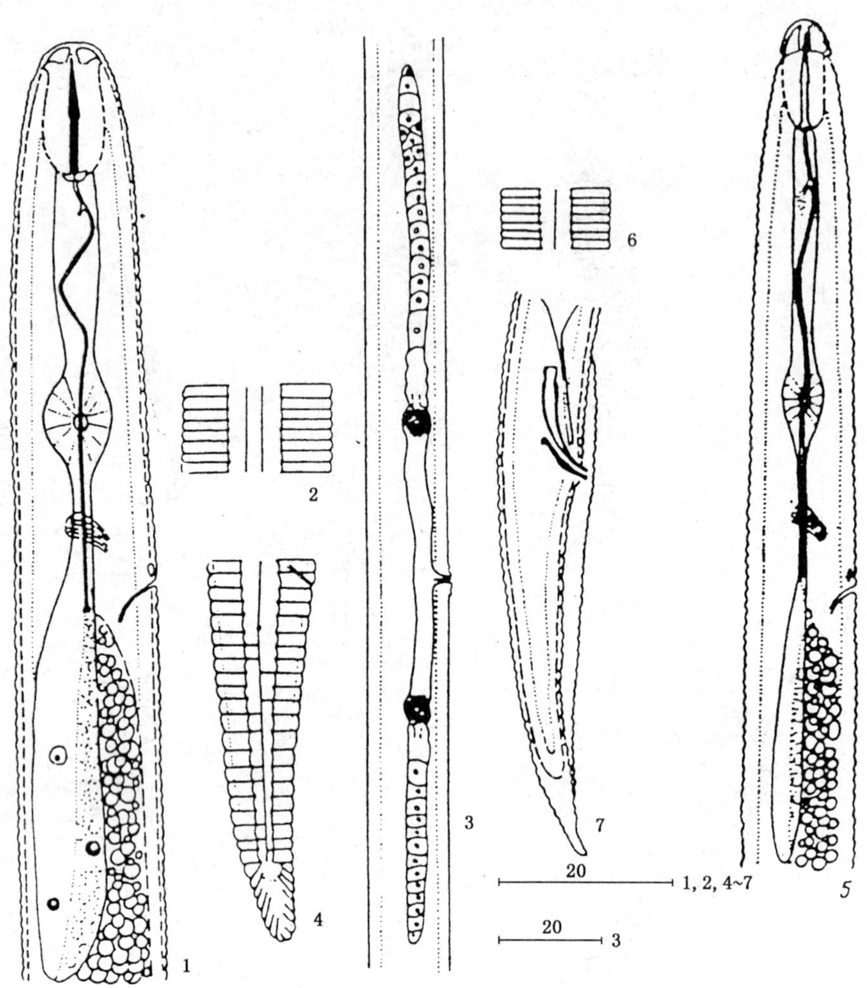

1——雌虫虫体前部；
2——雌虫中部侧区；
3——雌虫前后的生殖腺；
4——雌虫尾部；
5——雄虫虫体前部；
6——雄虫虫体前部；
7——雄虫尾部。

图 C. 28 ***Radopholus serratus*** **特征图(仿 Colbran)**

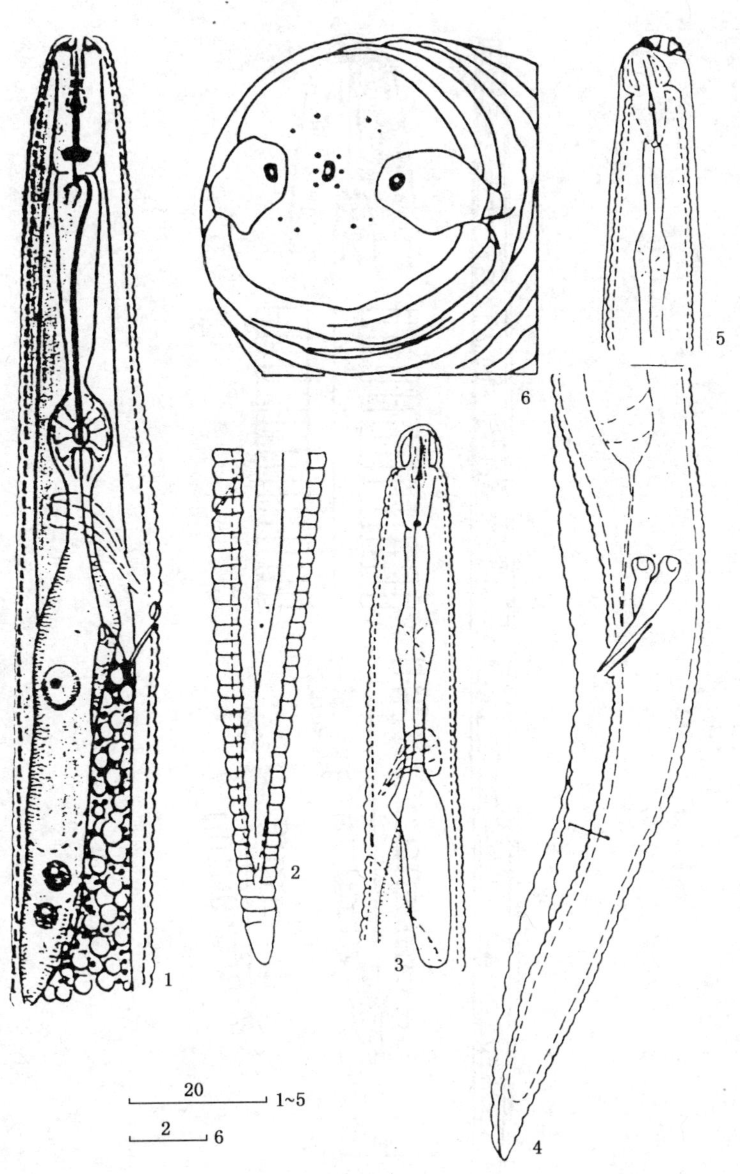

1——雌虫前部；
2——雌虫尾部；
3——雄虫前部；
4——雄虫尾部；
5——蜕皮雄虫前部；
6——雌虫唇形。

图 C.29 *Radopholus similis* 特征图(仿 Cobb, Baldwin, et al.)

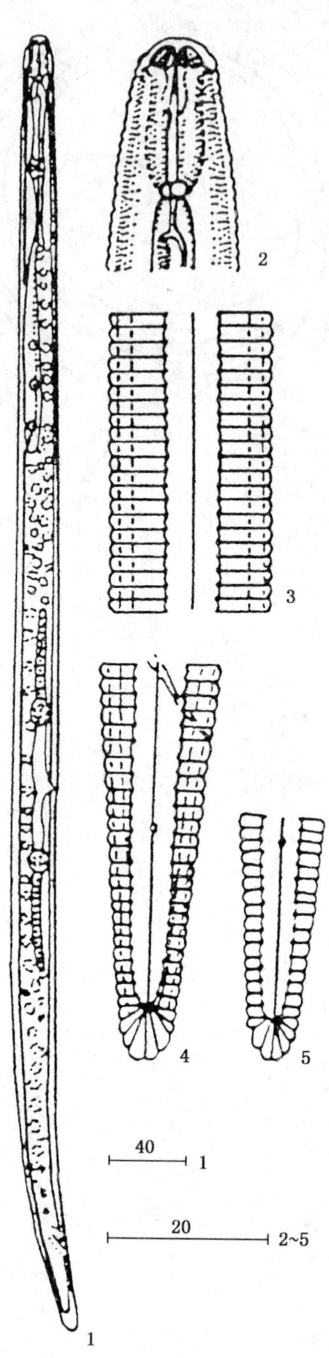

1——雌虫虫体；

2——雌虫头部；

3——雌虫中部侧区；

4,5——雌虫尾部(示侧尾腺孔)。

图 C.30 *Radopholus trilineatus* 特征图(仿 Sher)

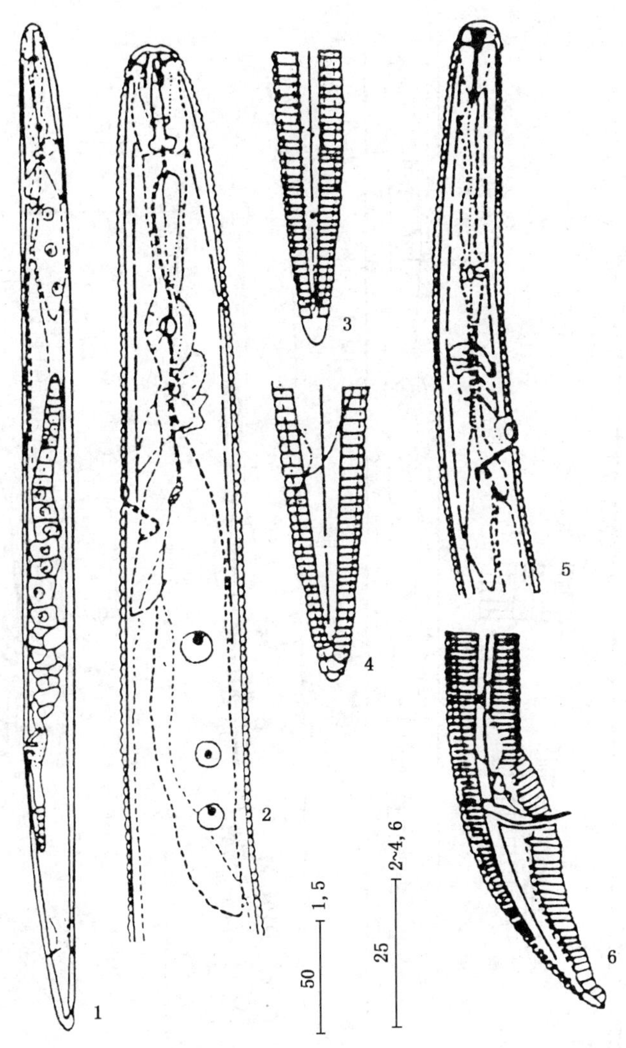

1——雌虫虫体；
2——雌虫虫体前部；
3,4——雌虫尾部；
5——雄虫虫体前部；
6——雄虫尾部。

图 C.31 ***Radopholus triversus*** **特征图（仿 Nozomu Minagawa）**

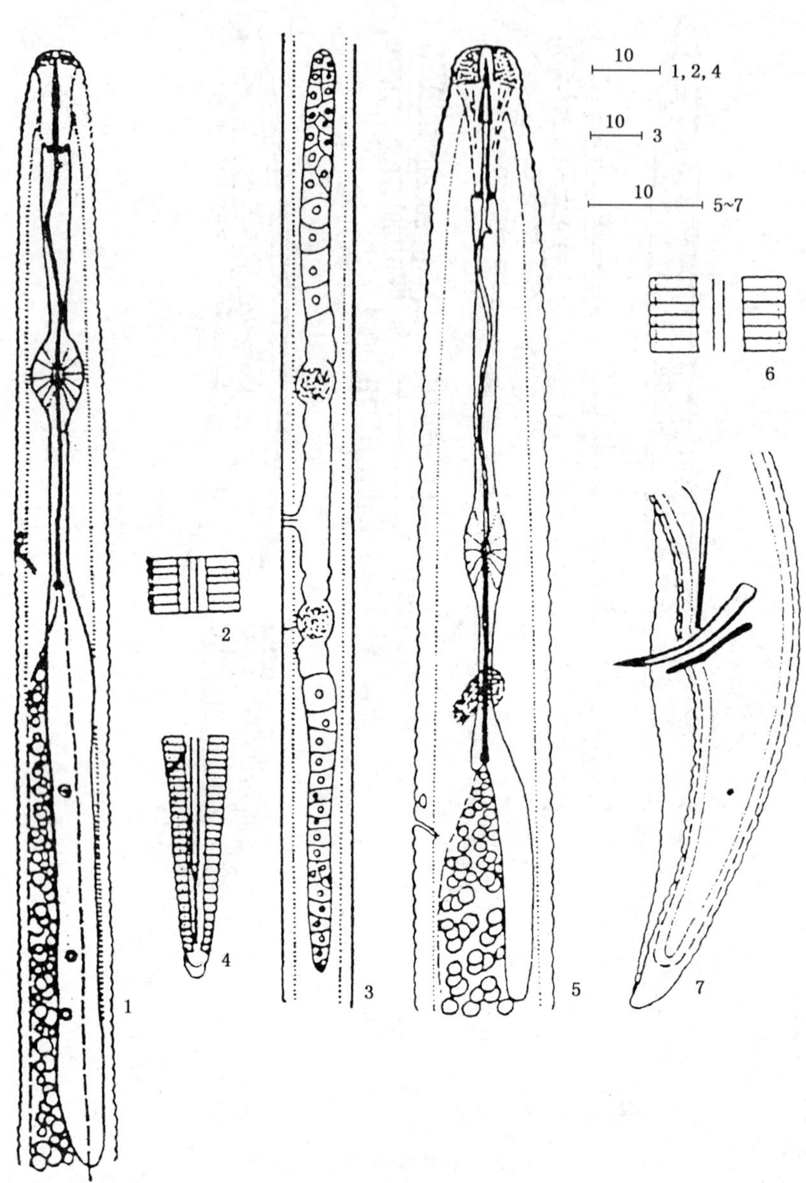

1——雌虫虫体前部；
2——雌虫中部侧区；
3——雌虫前后的生殖腺；
4——雌虫尾部；
5——雄虫虫体前部；
6——雄虫中部侧区；
7——雄虫尾部。

图 C.32 *Radopholus vacuus* 特征图(仿 Colbran)

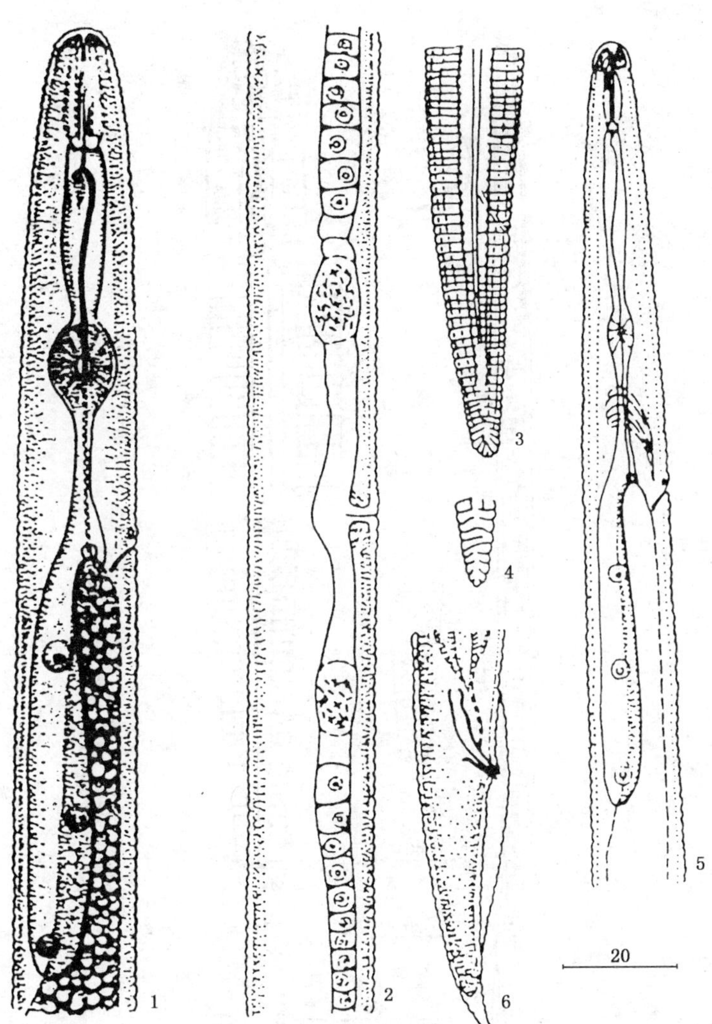

1——雌虫虫体前部；
2——雌虫前后的生殖腺；
3,4——雌虫尾部；
5——雄虫虫体前部；
6——雄虫尾部。

图 C.33 *Radopholus vangundyi* 特征图(仿 Sher)

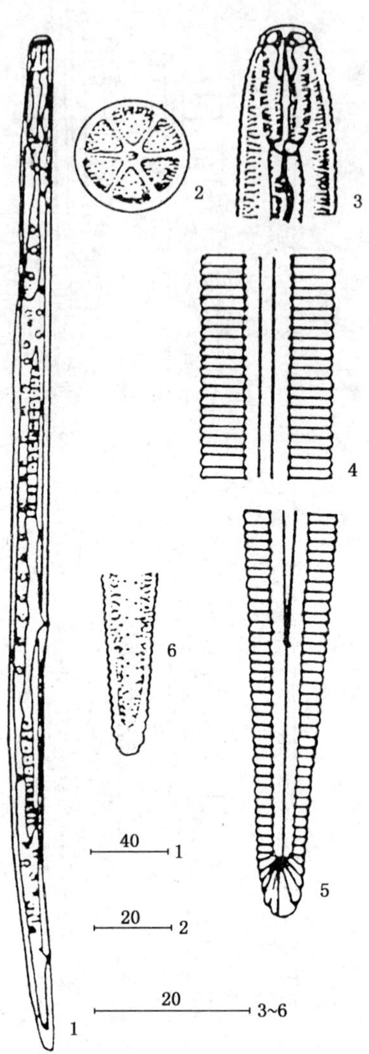

1——雌虫虫体；
2——虫体横切面；
3——雌虫头部；
4——雌虫中部侧区；
5——雌虫尾部。

图 C.34 *Radopholus vertexplanus* 特征图(仿 Sher)

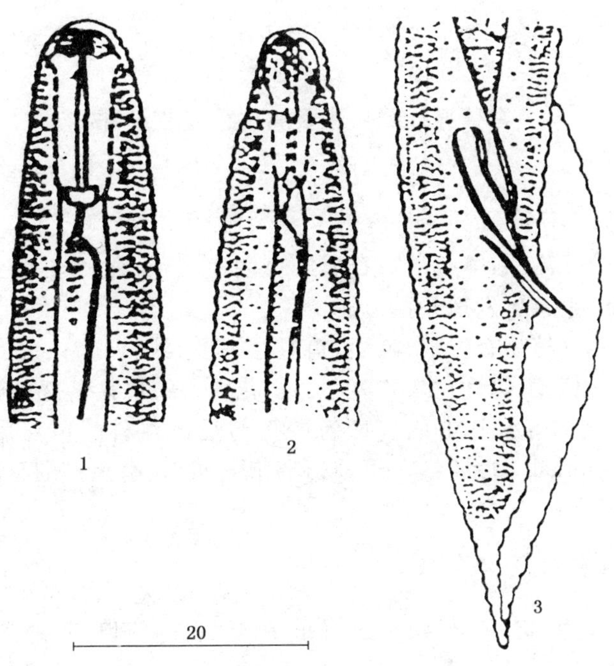

1——雌虫头部；

2——雄虫头部；

3——雄虫尾部。

图 C.35 *Radopholus williamsi* 特征图(仿 Siddiqi)

附 录 D
（资料性附录）
香蕉穿孔线虫主要寄主及地理分布

D.1 香蕉穿孔线虫的主要寄主

香蕉穿孔线虫(*Radopholus similis*)是穿孔属线虫的模式种，1893年由Cobb在斐济Viti Levu群岛的大蕉(Musa sapientum)上首次发现并报道。

受危害的主要作物和花卉植物有香蕉、芭蕉、鹤望兰、蔓绿绒、火鹤花、肖竹芋、胡椒、姜黄、豆蔻、甘蔗、高粱、椰子树、槟榔树、油棕、王棕、山葵、芫荽、大豆、花生、葛、甘薯、薯蓣、茄子、西红柿、马铃薯、芒果树、咖啡树、茶树、油柿、美洲柿等。其中危害最为严重的是芭蕉科的芭蕉属(Musaspp.)，AAA组的Cavendish亚组Dwarf Cavendish品系，旅人蕉科的鹤望兰属，天南星科的喜林芋属、花烛属，竹芋科的肖竹芋属。

D.2 香蕉穿孔线虫的地理分布

亚洲：文莱、印度、印度尼西亚、黎巴嫩、马来西亚、阿曼、巴基斯坦、菲律宾、斯里兰卡、泰国和也门。

欧洲：比利时、法国、德国、意大利、荷兰、波兰和斯洛文尼亚。

非洲：非洲南部、西非、东非广泛分布，具体为布隆迪、喀麦隆、中非共和国、刚果、科特迪瓦、埃及、埃塞尔比亚、加蓬、加纳、肯尼亚、马达加斯加、马拉维、毛里求斯、莫桑比克、尼日利亚、留尼汪、西非、塞舌尔群岛、索马里、南非、苏丹、坦桑尼亚、乌干达、赞比亚和津巴布韦。

北美洲：加拿大的不列颠哥伦比亚省，美国的佛罗里达州、夏威夷州群岛，墨西哥。

中美洲、加勒比地区：巴巴多斯、伯利兹、哥斯达黎加、古巴、多米尼加、多米尼加共和国、格林纳达、瓜德罗普岛、危地马拉、洪都拉斯、牙买加、马提尼克、巴拿马、波多黎各、圣卢西亚和圣文森特。

南美洲：阿根廷、巴西、哥伦比亚和厄瓜多尔。

大洋洲：澳大利亚、巴布亚新几内亚、斐济、法属西印度群岛、太平洋岛屿、西萨摩亚、向风群岛。

见图D.1。

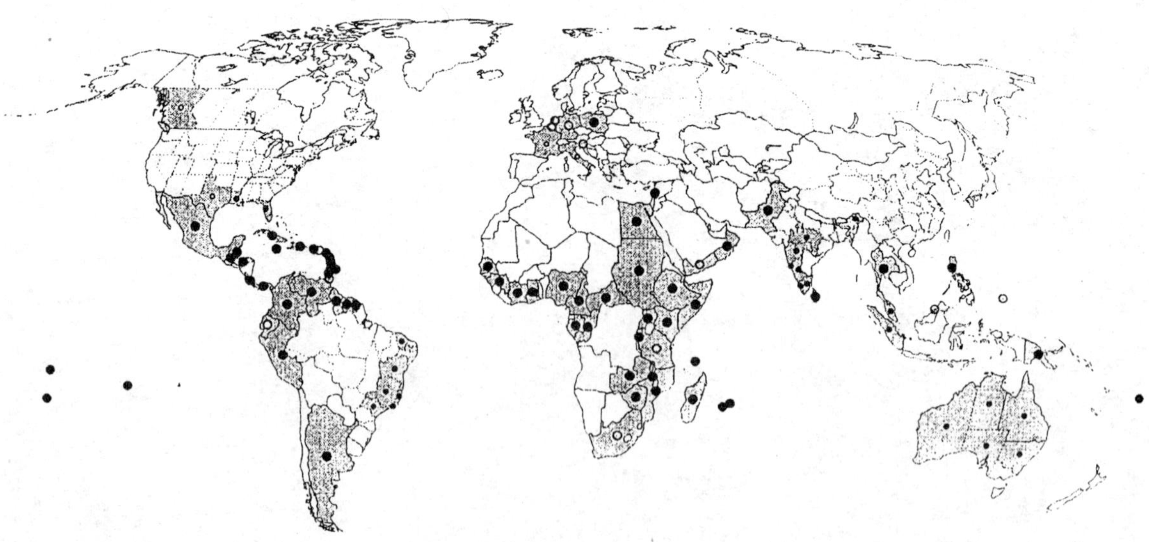

注：图中的黑圆点、黑圆圈分别表示香蕉穿孔线虫在该国家或地区的普遍分布、局部分布。

图 D.1 香蕉穿孔线虫的地理分布(CABI 1998)

中华人民共和国出入境检验检疫行业标准

SN/T 1723.1—2006

马铃薯白线虫检疫鉴定方法

Inspection and identification of the white potato cyst nematode,
***Globodera pallida* (Stone) Behrans**

2006-01-26 发布　　　　2006-08-16 实施

中华人民共和国
国家质量监督检验检疫总局　发布

前　言

SN/T 1723 分为两部分：

——马铃薯白线虫检疫鉴定方法；

——马铃薯金线虫检疫鉴定方法。

本部分为 SN/T 1723 的第 1 部分。

本部分的附录 A 为资料性附录。

本部分由国家认证认可监督管理委员会提出并归口。

本部分负责起草单位：中国检验检疫科学研究院。

本部分参加起草单位：中华人民共和国辽宁出入境检验检疫局、中华人民共和国江苏出入境检验检疫局和中华人民共和国上海出入境检验检疫局。

本部分起草人：葛建军、姜丽、沈培垠、戚龙君。

本部分系首次发布的出入境检验检疫行业标准。

马铃薯白线虫检疫鉴定方法

1 范围

SN/T 1723 的本部分规定了进境植物检疫中马铃薯白线虫检疫的基本原则，以及对马铃薯白线虫的检疫鉴定方法。

本部分适用于输华的马铃薯种薯、食用马铃薯、带根、土的茄属植物及其他带根、土的植物繁殖材料中马铃薯白线虫的检疫鉴定。

2 规范性引用文件

下列文件中的条款通过 SN/T 1723 的本部分的引用而成为本部分的条款。凡是注日期的引用文件，其随后所有的修改单(不包括勘误的内容)或修订版均不适用于本部分，然而，鼓励根据本部分达成协议的各方研究是否可使用这些文件的最新版本。凡是不注日期的引用文件，其最新版本适用于本部分。

SN/T 1723.2—2006　马铃薯金线虫检疫鉴定方法

3 符号

下列符号适用于 SN/T 1723 的本部分。

n——测计的线虫样本数目

L——虫体体长(μm 或 mm)

S_t——口针长度(μm)

S_p——交合刺长度(μm)

4 原理

马铃薯白线虫　white potato cyst nematode

学名：*Globodera pallida* (Stone) Behrans 1975

异名：*Heterodera pallida* Stone 1973

英文名：white potato cyst nematode，pale potato cyst nematode

分类地位：线虫门(Nemata 或 Nematoda)、垫刃目(Tylenchida)、异皮线虫科(Heteroderidae)、球胞囊线虫属(*Globodera*)。

马铃薯白线虫的侵染循环、传播途径、寄主范围、生物学和形态学特征是该检疫鉴定方法的依据。马铃薯白线虫的寄主范围、分布、生活史和传播途径参见附录 A。

5 仪器、用具及药品

5.1 仪器、用具

光学显微镜、解剖镜、恒温箱、漂浮筒、20 目网筛、60 目网筛、100 目网筛、500 目网筛、酒精灯、烧杯、1 000 mL 三角瓶、毛笔、毛刷。

5.2 药品

酒精、丁香油、过氧化氢、中性树胶、福尔马林(40%)、冰乙酸、甘油、三乙醇胺、乳酚油、硫酸镁、蒸馏水。

6 现场检疫与抽样

6.1 现场检疫

检查马铃薯种薯、食用马铃薯薯块的带土情况，肉眼观察薯块基本不带土壤，则对进境的马铃薯薯块进行随机抽样，带回实验室检验；肉眼观察发现薯块带有土壤，应将带有土壤的所有薯块带回实验室进行检查。

查看带根、土的茄属植物及其他带根、土的植物繁殖材料的带土情况，收集上述植物繁殖材料和运输工具上可能携带的土壤，连同植物繁殖材料一并带回实验室检查。

6.2 抽样

6.2.1 抽样方法

棋盘式或五点式随机抽样。抽样时应注意上、中、下层的代表性。

6.2.2 抽样比例

以品种为单位，按总件数的 10%抽样，每件按种薯总数的 5%～10%抽样。

7 实验室检验

7.1 土壤的收集

使用毛刷将马铃薯等块茎和根上的土壤刷下来，尤其注意收集薯眼等内凹表面的土壤；若马铃薯种薯等繁殖材料的带土量小，应用水将马铃薯块茎上沾附的少量土洗刷下来。

7.2 线虫分离

7.2.1 Fenwick-Oostenbrink 漂浮法

此方法一般用于检验 100 g 以上的泥土。具体的分离步骤如下：

将现场采集到的土样铺于干净的浅瓷盘内，置于通风无阳光处风干，用手(或用小的圆木棍)将泥土轻轻压碎，用孔径为 3 mm 的标准筛过筛，除去泥土中混杂的植物组织和粗砂等杂物后备用；将漂浮筒和下筛淋湿；漂浮筒内灌满清水；在上筛中放置风干的土壤样品 100 g 左右，用强水流冲洗，使土样全部被淋洗至漂浮筒内；进入筒内的土粒因较重而逐渐下沉，而较轻的胞囊和一些有机杂物则陆续向上漂浮，经 1 min～2 min 后漂浮于筒口水面之上；再由上筛加水至漂浮筒内，使漂浮于筒口的胞囊和杂物沿水槽流到下筛(100 目)上面；将下筛内含胞囊的残留物冲洗至 1 000 mL 的三角瓶内，往瓶内加清水，直至瓶口处；静置片刻，待漂浮物浮于液面时，将漂浮物倒入装有滤纸的漏斗中过滤，待滤纸晾干后即可镜检。

7.2.2 简易漂浮法分离线虫

收集的土壤数量在 100 g 以下时可采用此方法分离胞囊。

将上述泥土倒入 2 000 mL 的三角瓶中，加少量水(可用 10%的硫酸镁溶液代替水作漂浮液使用效果更佳)后至水深 5 cm 左右后充分摇晃使之呈悬浮液，然后边加水边搅动，加水直至接近瓶口处。静置片刻，待三角瓶颈部的水变清时，将三角瓶瓶口的漂浮物通过 20 目和 100 目的套筛。彻底冲洗 20 目筛网，使所有的胞囊被冲到 100 目的筛网上。将 100 目筛网上的收集物轻轻地倒入装有滤纸的漏斗中过滤，待滤纸晾干后即可在解剖镜下检查是否有胞囊。

7.2.3 直接过筛分离胞囊

马铃薯薯块上马铃薯胞囊线虫的分离尽量使用该方法。

将洗涤马铃薯薯块的泥水洗涤液倒入 20 目—100 目—500 目的三层套筛中，然后用水喷淋冲洗，使杂质留在 20 目的粗筛内，而胞囊则会被冲到 100 目的筛网中，500 目的网筛用于收集胞囊线虫的 2 龄幼虫、雄虫和其他蠕虫形线虫。将 100 目筛网上的胞囊和残余物冲洗入三角瓶内，一并倒入装有滤纸的漏斗中过滤，待滤纸晾干后镜检。将 500 目网筛上的收集物冲洗到小培养皿中镜检。

7.3 镜检

晾干后的滤纸可在解剖镜下检查，寻找胞囊。若发现胞囊，则用竹针或眉笔或0号狼毛笔将其挑至凹玻片上或装有白色滤纸的小培养皿中。并在显微镜下对胞囊的肛阴板进行鉴定。胞囊的肛阴板制作方法见SN/T 1723.2—2006的附录B。

8 马铃薯白线虫的鉴定特征

8.1 形态特征

8.1.1 雌虫

虫体近球形，具突出的颈部。白色，一些群体经4周～6周呈奶油色，当雌虫死亡时，变成亮褐色。头部具有融合的唇和1或2个明显的唇片。颈部环纹不规则，大多数体壁变成网纹型脊，头骨架发育弱。无刻线。口针锥部约为口针长的50%，与针干部区别明显，口针基部球向后倾斜，口针套管约为口针长的75%。中食道球大，几乎环形，瓣门新月形。排泄孔明显，位于颈基部。双卵巢充满整个体腔。阴门横裂，周围角质层轻微环形凹陷，形成阴门膜孔。阴门口位于两个细的唇突状新月形区域之间。肛门与阴门膜孔间角质层有12个平行的脊，少数交叉相联（见图1）。

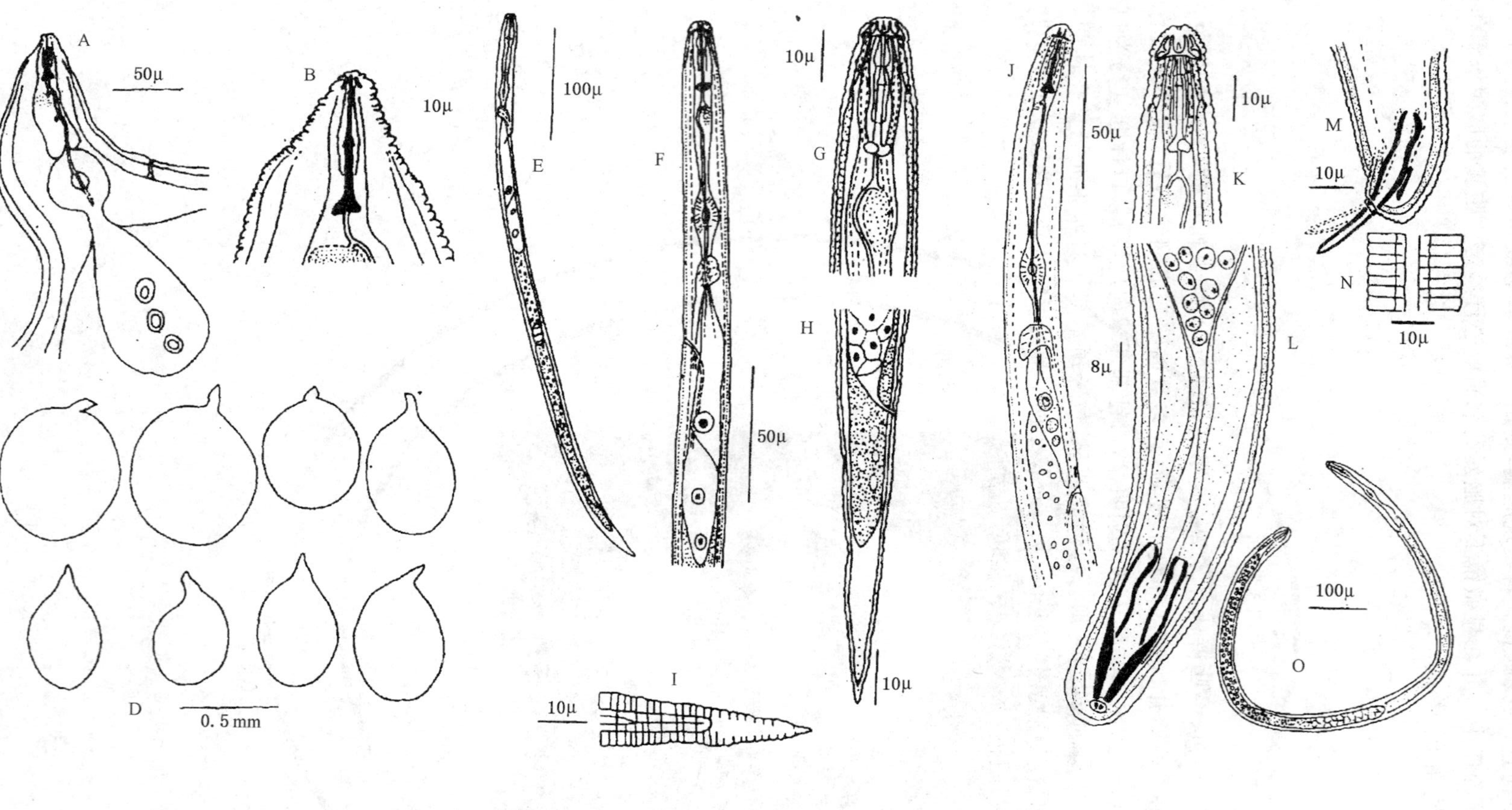

A——雌虫前端颈部区域；
B——雌虫头部；
C——雌虫头部顶面观；
D——雌虫整体；
E——幼虫整体；
F——幼虫前端；
G——幼虫头部；
H——幼虫尾部；
I——幼虫侧区；
J——雄虫前端；
K——雄虫头部；
L——雄虫尾区腹面观；
M——雄虫尾部侧面观；
N——雄虫虫体中部侧区；
O——雄虫整体。

图1 马铃薯白线虫(*Globodera pallida*)

8.1.2 胞囊

新胞囊亮褐色，近球形具突出的颈。新胞囊的阴门区可能是完整的，但较老的胞囊标本的部分或全部阴门膜孔丢失，形成1个单环膜孔型(single circular fenestra)阴门膜孔。无阴门桥、下桥和其他内腺突，无泡状突，但在阴门区域有时有小突黑色的或变厚的阴门体。肛门明显。无亚晶层。

8.1.3 雄虫

蠕虫形，尾短、末端钝圆，热力杀死呈C或S形，后部卷曲90°～180°。角质层具明显的环纹，侧区四条刻线延伸至尾部末端，外刻线有时有网纹但内刻线无网纹。头部缢缩，6或7个环纹，头骨架严重骨化。口针发育良好，口针基部球向后倾斜，口针锥部约为口针长的45%，口针套管为口针长的70%。中食道球椭圆形，具有强壮的新月形瓣门。食道腺核3个，背食道腺核大多数明显，食道腺垂体延伸至排泄孔附近，约占到头部体长的15%。半月体2个环纹长，位于排泄孔后2个～3个环纹处。单精巢，顶端为单个帽状细胞，其位置位于40%～65%体长处。泄殖腔具小的环形唇，有2个强壮的交合刺，引带小(见图1)。

8.1.4 二龄幼虫

蠕虫形，但在卵内折叠成4折。角质层环纹规则，侧区四条侧线，偶尔有完整的网纹，角质层前7个～8个环纹较厚。头部圆形，轻微缢缩，4个～6个环纹。口针发育好，口针基部球侧面观前表面具有明显向前的突起，口针针锥部几乎为口针长的50%。食道腺体向后延伸，几乎占35%的体长。排泄孔位于20%体长处。半月体明显，2个体环长，位于排泄孔前1个环纹处；半月小体位于排泄孔后5个～6个环纹。尾部渐变细，末端圆指状，体腔延伸至尾长的一半，其余尾长形成一个透明尾区(见图1，SN/T 1723.2—2006的附录C中图C.1)。

8.2 测计值

8.2.1 雌虫

(n=25)：L=27.4 μm±1.1 μm，头基部宽5.2 μm±0.5 μm，口针基球至背食道腺开口距离为5.4 μm±1.1 μm，头顶到中食道球瓣门距离67.2 μm±18.7 μm，中食道球瓣门至排泄孔的距离71.2 μm±21.9 μm，排泄孔到头顶距离139.7 μm±15.5 μm，中食道球平均直径32.5 μm±4.3 μm，阴门膜孔平均直径24.8 μm±3.7 μm，阴门裂长11.5 μm±1.3 μm，肛门至阴门膜孔44.6 μm±1.9 μm，阴门与肛门间角质层的脊数12.5个±3.1个。

8.2.2 胞囊

(n=25)：L(不包括颈)=579 μm±70 μm，体宽534 μm±66 μm，颈长118 μm±20 μm，阴门膜孔直径24.5 μm±5.0 μm，肛门至阴门膜孔距离49.9 μm±13.4 μm，格氏比值(肛门至阴门盆近缘的距离/阴门盆直径)=2.1±0.9。

8.2.3 雄虫

(n=50)；L=1 198 μm±104 μm，排泄孔处体宽28.4 μm±1.3 μm，头基部宽12.3 μm±0.5 μm，头部高6.8 μm±0.3 μm，S_t=27.5μm±1.0μm，口针基部球至背食道腺开口距离为3.4 μm±1.0 μm，头顶至中食道球瓣96.0 μm±7.1 μm，中食道球瓣至排泄孔距离81.0 μm±10.9 μm，排泄孔至头顶距离176.4 μm±14.5 μm，尾长5.2 μm±1.4 μm，泄殖腔处体宽13.5 μm±2.1 μm，S_p=36.3 μm±4.1 μm，引带长11.3 μm±1.6 μm。

8.2.4 二龄幼虫

(n=50)：L=486 μm±23 μm，排泄孔处体宽19.3 μm±0.6 μm，头基部宽10.6 μm±0.5 μm，头部高5.5 μm±0.1 μm，S_t=23.8 μm±1.0 μm，口针基部球至背食道腺开口距离为2.7 μm±0.9 μm，头端至中食道球瓣门68.7 μm±2.7 μm，中食道球瓣至排泄孔至距离39.9 μm±3.3 μm，排泄孔至头端距离108.6 μm±4.1 μm，尾长51.1 μm±2.8 μm，肛门处体宽12.1 μm±0.4 μm，透明尾长26.6 μm±4.1 μm。

8.3 与相似种的区别

马铃薯白线虫与马铃薯金线虫在形态上极为相似，两个种的主要区别见 SN/T 1723.2—2006 的附录 C。

9 结果判定

以胞囊或雌虫的形态学作为该线虫鉴定的主要依据，2 龄幼虫和雄成虫作为鉴定的辅助依据。符合上述形态特征和测计值的可鉴定为马铃薯白线虫。

10 样品的保存

10.1 样品保存

样品经登记，经手人签字，妥善保存 2 个月。如发现马铃薯白线虫，该样品至少需保存 6 个月，以备复验、谈判和仲裁。保存期满后，发现马铃薯白线虫的，需作销毁处理。

10.2 线虫标本的保存

截获的马铃薯白线虫的胞囊、雌虫、雄虫和幼虫可制作成标本，永久保存。

附 录 A
（资料性附录）
马铃薯白线虫的寄主、分布、生活史和传播途径

A.1 马铃薯白线虫的寄主

马铃薯白线虫的寄主范围较窄，最主要的农业寄主作物有马铃薯、茄子和番茄。

A.2 马铃薯白线虫的分布

马铃薯白线虫亦是世界性分布的重要病原线虫，在全世界五大洲56个国家有分布。

欧洲：比利时、奥地利、保加利亚、法罗群岛、白俄罗斯、斯洛伐克、丹麦、芬兰、法国、德国、希腊（仅克里特岛）、匈牙利、冰岛、爱尔兰、意大利、卢森堡、马耳他、荷兰、英国、挪威、波兰、葡萄牙（本土）、俄罗斯、英国（英格兰、苏格兰、海峡群岛）、西班牙（包括加那利群岛）、瑞典、瑞士和前南斯拉夫。

亚洲：塞浦路斯、印度（喜马措尔邦、喀拉拉邦、泰米尔纳德邦）、巴基斯坦。

非洲：阿尔及利亚、南非、突尼斯和加那利群岛。

大洋洲：新西兰。

北美洲：加拿大（纽芬兰）。

中南美洲：整个安第斯高海拔地区：巴拿马、厄瓜多尔、阿根廷、玻利维亚、秘鲁、智利、哥伦比亚和委内瑞拉。

A.3 马铃薯白线虫的侵染循环和生活史

在寄主根部分泌物的刺激下，从土壤中线虫胞囊内孵化出的马铃薯白线虫的2龄幼虫侵入到寄主根内，在根的中柱鞘、皮层或内皮层的一组细胞中取食，将其转变成大的合胞体转移细胞，此后线虫在此营固定性内寄生生活，并完成其余的发育过程；经蜕皮，2龄幼虫变为3龄幼虫、4龄幼虫，而从3龄幼虫开始出现性别的分化，雄性幼虫仍为蠕虫状，而雌性幼虫的身体开始膨大；4龄雌性幼虫再蜕皮变为雌性成虫，虫体的后部不断膨大，撑破根表皮露出根外，仅头和颈部固着于根内；蠕虫状活泼运动的雄虫与雌虫交配后死亡，而雌虫继续留在根上，卵在其中发育。雌虫穿出根表层时呈白色，在雌虫完全成熟时，其表皮变硬、变褐色从而成为保护壳，这就是胞囊，内含大量的卵；至此，胞囊一般从根表面脱落掉入土中，其内的卵可以立即孵化，侵害作物或保持休眠成为未来作物的初侵染源；鞣革质的胞囊可抵抗化学物和干旱，使得该线虫在土壤内越冬、滞育及度过不良环境，在无寄主茄属植物存在的情况下，胞囊可在土壤中存活多年并仍有侵染能力。

A.4 马铃薯白线虫的传播途径

马铃薯白线虫以2龄幼虫在土壤内作短距离的移动，农事操作、农具和交通工具可将农田中的土壤带走，从而近距离传播马铃薯白线虫；马铃薯种薯、苗木、花卉鳞球茎、消费或加工用马铃薯块茎上沾附的土壤可将马铃薯白线虫的胞囊传播到新的马铃薯生产地区，因此，胞囊是马铃薯白线虫远距离传播的主要途径。

中华人民共和国出入境检验检疫行业标准

SN/T 1723.2—2006

马铃薯金线虫检疫鉴定方法

Inspection and identification of gloden potato cyst nematode
***Globodera rostochiensis*（Wollenweber）Behrans**

2006-01-26 发布　　　　2006-08-16 实施

中华人民共和国国家质量监督检验检疫总局 发布

前　言

SN/T 1723 分为两部分：

——马铃薯白线虫检疫鉴定方法；

——马铃薯金线虫检疫鉴定方法。

本部分为 SN/T 1723 的第 2 部分。

本部分的附录 C 是规范性附录，附录 A 和附录 B 均为资料性附录。

本部分由国家认证认可监督管理委员会提出并归口。

本部分负责起草单位：中国检验检疫科学研究院。

本部分参加起草单位：中华人民共和国辽宁出入境检验检疫局、中华人民共和国江苏出入境检验检疫局。

本部分起草人：葛建军、姜丽、沈培垠、周虹。

本部分系首次发布的出入境检验检疫行业标准。

马铃薯金线虫检疫鉴定方法

1 范围

SN/T 1723 的本部分规定了进境植物检疫中马铃薯金线虫检疫的基本原则，以及检疫鉴定方法。

本部分适用于输华的马铃薯种薯、食用马铃薯、带根、土的茄属植物及其他带根、土的植物繁殖材料中马铃薯金线虫的检疫鉴定。

2 符号

下列符号适用于 SN/T 1723 的本部分。

n——测计的线虫样本数目

L——虫体体长(μm 或 mm)

S_t——口针长度(μm)

S_p——交合刺长度(μm)

3 原理

马铃薯金线虫 golden potato cyst nematode

学名：*Globodera rostochiensis*(Wollenweber，1923)Behrans，1975

异名：*Heterodera schachtii rostochiensis* Wollenweber，1923

Heterodera schachtii solani Zimmermann，1927

英文名：golden potato cyst nematode；yellow potato cyst nematode；golden nematode

分类地位：线虫门(Nemata 或 Nematoda)、垫刃目(Tylenchida)、异皮线虫科(Heteroderidae)、球胞囊线虫属(*Globodera*)。

马铃薯金线虫的侵染循环、传播途径、寄主范围、生物学和形态学特征是其检疫鉴定方法的依据。马铃薯金线虫的寄主范围、分布、生活史和传播途径参见附录 A。

4 仪器、用具及药品

4.1 仪器、用具

光学显微镜、解剖镜、恒温箱、漂浮筒、20 目网筛、60 目网筛、100 目网筛、500 目网筛、酒精灯、烧杯、1 000 mL 三角瓶、毛笔、毛刷等。

4.2 药品

酒精、丁香油、过氧化氢、中性树胶、福尔马林(40%)、冰乙酸、甘油、三乙醇胺、乳酚油、硫酸镁、蒸馏水等。

5 现场检疫与抽样

5.1 现场检疫

检查马铃薯种薯、食用马铃薯薯块的带土情况，肉眼观察薯块基本不带土壤，则对进境的马铃薯薯块进行随机抽样，带回实验室检验；肉眼观察发现薯块带有土壤，应将带有土壤的所有薯块带回实验室进行检查。

查看带根、土的茄属植物及其他带根、土的植物繁殖材料的带土情况，收集上述植物繁殖材料和运输工具上可能携带的土壤，连同植物繁殖材料一并带回实验室检查。

5.2 抽样

5.2.1 抽样方式

棋盘式或五点式随机抽样。抽样时应注意上、中、下层的代表性。

5.2.2 抽样比例

以品种为单位,按总件数的10%抽样,每件按种薯总数的5%～10%抽样。

6 实验室检验

6.1 土壤的收集

使用毛刷将马铃薯等块茎和根上的土壤刷下来,尤其注意收集薯眼等内凹表面的土壤;若马铃薯种薯等繁殖材料的带土量极小,可使用少量水将块茎沾附的少量土洗刷下来。

6.2 线虫的分离与鉴定

6.2.1 **Fenwick-Oostenbrink** 漂浮法

此方法一般用于检验100 g以上的泥土。具体的分离步骤如下:

将现场采集到的土样铺于干净的浅瓷盘内,置于通风无阳光处风干,用手(或用小的圆木棍)将泥土轻轻压碎,用孔径为3 mm的标准筛过筛,除去泥土中混杂的植物组织和粗砂等杂物后备用;将漂浮筒和下筛淋湿;漂浮筒内灌满清水;在上筛中放置风干的土壤样品100 g左右,用强水流冲洗,使土样全部被淋洗至漂浮筒内;进入筒内的土粒因较重而逐渐下沉,而较轻的胞囊和一些有机杂物则陆续向上漂浮,经1 min～2 min后漂浮于筒口水面之上;再由上筛加水至漂浮筒内,使漂浮于筒口的胞囊和杂物沿水槽流到下筛(100目)上面;将下筛内含胞囊的残留物冲洗至1 000 mL的三角瓶内,往瓶内加清水,直至瓶口处;静置片刻,待漂浮物浮于液面时,将漂浮物倒入装有滤纸的漏斗中过滤,待滤纸晾干后即可镜检。

6.2.2 简易漂浮法分离线虫

收集的土壤数量在100 g以下时可采用此方法分离胞囊。

将上述泥土倒入2 000 mL的三角瓶中,加少量水(可用10%的硫酸镁溶液代替水作漂浮液使用效果更佳)后至水深5 cm左右后充分摇晃使之呈悬浮液,然后边加水边搅动,加水直至接近瓶口处。静置片刻,待三角瓶颈部的水变清时,将三角瓶瓶口的漂浮物通过20目和100目的套筛。彻底冲洗20目筛网,使所有的胞囊被冲到100目的筛网上。将100目筛网上的收集物轻轻地倒入装有滤纸的漏斗中过滤,待滤纸晾干后即可在解剖镜下检查是否有胞囊。

6.2.3 直接过筛分离胞囊线虫

马铃薯薯块上马铃薯胞囊线虫的分离使用该方法。

将洗涤马铃薯薯块的泥水洗涤液倒入20目—100目—500目的三层套筛中,然后用水喷淋冲洗,使杂质留在20目的粗筛内,而胞囊则会被冲到100目的网筛中,500目的网筛用于收集胞囊线虫的2龄幼虫、雄虫和其他蠕虫形线虫。将100目筛网上的胞囊和残余物冲洗入三角瓶内,一并倒入装有滤纸的漏斗中过滤,待滤纸晾干后镜检。将500目网筛上的收集物冲洗到小培养皿中镜检。

6.3 镜检

晾干后的滤纸可在解剖镜下检查,寻找胞囊。若发现胞囊,则用竹针或眉笔或0号狼毛笔将其挑至凹玻片上或装有白色滤纸的小培养皿中。并在显微镜下对胞囊的肛阴板进行鉴定。胞囊的肛阴板制作方法参见附录B。

7 马铃薯金线虫的鉴定特征

7.1 形态特征

7.1.1 雌虫

近球形,具突出的颈,虫体球形部分的角质层具有网状脊,无侧线。口针锥部约为口针长度的

50%,有时略弯曲，口针基部球圆形,明显向后倾斜，口针套管向后延伸略占口针长度的75%。排泄孔明显,位于颈基部。阴门膜孔略凹陷,阴门横裂状。肛门位于阴门膜孔之外,肛门与阴门间角质层有20个平行脊(见图1)。

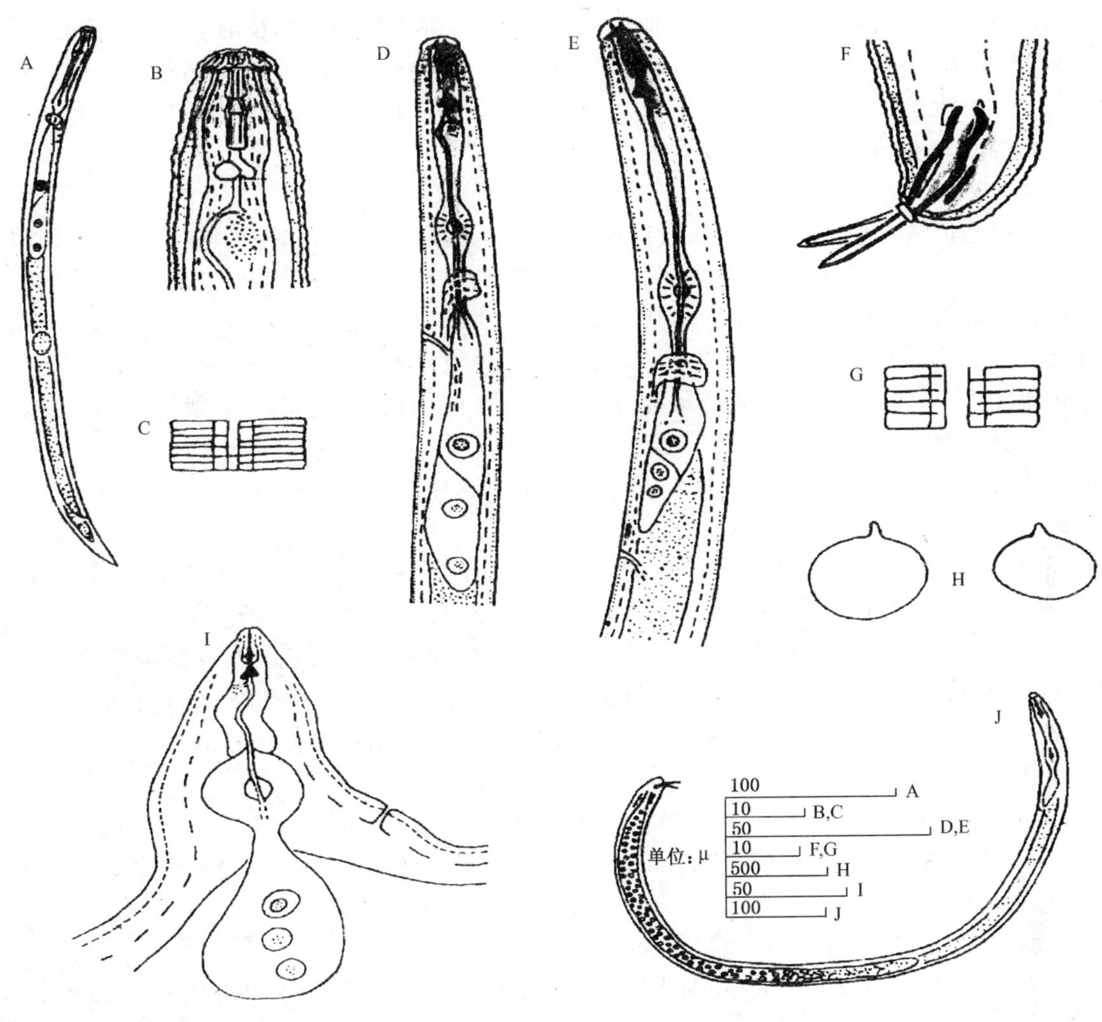

A——幼虫整体；

B——2龄幼虫头部区域；

C——2龄幼虫中部侧区；

D——2龄幼虫食道区域；

E——雄虫食道区域；

F——雄虫尾部；

G——雄虫虫体中部侧区；

H——胞囊；

I——雌虫头部和颈部；

J——雄虫整体。

图1 马铃薯金线虫(*Globodera rostochiensis*)[仿 Stone,1973]

7.1.2 胞囊

近球形具突出的颈,无突出的阴门椎;新胞囊的阴门区可能是完整的,但较老的胞囊标本的部分或全部阴门膜孔丢失,形成1个单环膜孔型(single circular fenestra)阴门膜孔。无阴门桥、下桥及其他残存的虫体腺体结构;无泡状突,但阴门区域可能有一些小而不规则黑色素沉积物。无亚晶层,角质膜与雌虫相似。

7.1.3 雄虫

蠕虫形，尾短、钝圆，热力杀死固定时，虫体弯曲，后部卷曲 90°～180°，呈“C”形或“S”形，角质膜具规则环纹，侧区 4 条刻线延伸至尾末端，两条外刻线具网纹但内刻线无。头部圆、缢缩，具 6 个～7 个环纹，头骨架严重骨化。口针发育好，基部球向后倾斜，口针锥部占整个口针长的 45%，口针套管向后延伸到 70%口针长处。中食道球椭圆形，中间有明显的新月形瓣门，无明显的食道肠瓣状结构。半月体 2 个环纹长，位于排泄孔前 2 个～3 个环纹处，半月小体 1 个环纹长，位于排泄孔后 9 个～12 个体环处。单精巢，泄殖腔开口小，具升起的唇。交合刺强壮，弓形，末端单指尖状。引带小。

7.1.4 2 龄幼虫

蠕虫形，但在卵内折叠成 4 折，角质层环纹清晰，侧区刻线 4 条，偶尔有网格化。头圆，稍微缢缩，4 个～6 个环纹。头骨架严重骨化，前、后头状体分别位于第 2 或第 3 个和第 6 个～8 个体环处。口针发育好，口针锥部小于口针长的 50%，口针基部球略向后倾斜，食道腺体在腹面延伸至排泄孔后 35%体长处，排泄孔位于 20%体长处，半月体 2 个体环长，位于排泄孔前 1 个环纹处，半月小体小于 1 个体环长，位于排泄孔后 5 个～6 个环纹处。尾部逐渐变细，直至尾端，后部的一半到三分之二为透明尾（见图 1）。

7.2 测计值

7.2.1 雌虫

（n=25）：L（不包括颈）=520(420～640) μm，S_t=22.9 μm±1.2 μm，口针基部至背食道腺开口的距离为 5.7 μm±0.9 μm，头基部宽 5.2 μm±0.7 μm，头端至中食道球瓣门的距离为 73.2 μm±14.6 μm，中食道球瓣门至排泄孔的距离为 65.2 μm±20.2 μm，头端至排泄孔的距离为 145.3 μm±17.4 μm，中食道球平均直径 30 μm±2.8 μm，阴门膜孔直径 22.4 μm±2.8 μm，阴门裂长 9.7 μm±1.9 μm，肛门至阴门膜孔距离 60 μm±10.1 μm，肛门至阴门间角质层脊数为 21.6 个±3.5 个。

7.2.2 胞囊

（n=25）：L（不包括颈）=445 μm±50 μm，体宽 382 μm±61 μm，颈长 104 μm±19 μm，阴门椎直径 18.8 μm±2.2 μm，肛门至阴门盆距离 66.5 μm±10.3 μm，格氏比值（肛门至阴门盆近缘的距离/阴门盆直径）3.6±0.8。

7.2.3 雄虫

（n=50）：L=1 197 μm±100 μm，排泄孔处体宽 28.1 μm±1.7 μm，头基部宽 11.8 μm±0.6 μm，头高 6.8 μm±0.3 μm，S_t=25.8 μm±0.9 μm，口针基部到背食道腺开口的距离为 5.3 μm±0.9 μm，头端到中食道球瓣门距离 98.5 μm±7.4 μm，中食道球瓣门至排泄孔的距离为 73.8 μm±9.0 μm，头端到排泄孔距离 172.3 μm±12.1 μm，尾长 5.4 μm±1.1 μm，泄殖腔处体宽 13.5 μm±0.4 μm，S_p=35.5 μm±2.8 μm，引带长 10.3 μm±1.5 μm。

7.2.4 2 龄幼虫

（n=25）：L=468 μm±20 μm，排泄孔处体宽 18.3 μm±0.5 μm，基部头宽 9.9 μm±0.4 μm，头高 4.6 μm±0.6 μm，头端到中食道球瓣门距离 69.2 μm±1.9 μm，S_t=21.8 μm±0.7 μm，口针基部到食道腺开口的长度为 2.6 μm±0.6 μm，中食道球瓣门至排泄孔距离 31.3 μm±2.3 μm，头端至排泄孔 100.5 μm±2.4 μm，尾长 43.9 μm±11.6 μm，肛门处体宽 11.4 μm±0.6 μm，透明尾长 26.5 μm±1.8 μm。

7.3 与相似种的区别

马铃薯金线虫与马铃薯白线虫在形态上极为相似，两个种的主要区别见附录 C。

8 结果判定

以胞囊或雌虫的形态学作为该线虫鉴定的主要依据，2 龄幼虫和雄成虫作为鉴定的辅助依据。符合上述形态特征和测计值的可鉴定为马铃薯金线虫。

9 样品的保存

9.1 样品保存

样品经登记，经手人签字，妥善保存 2 个月。如发现马铃薯金线虫，该样品至少需保存 6 个月，以备复验、谈判和仲裁。保存期满后，发现马铃薯金线虫的，需作销毁处理。

9.2 线虫标本的保存

截获的马铃薯金线虫的胞囊、雌虫、雄虫和幼虫可制作成标本，永久保存。

附 录 A
（资料性附录）
马铃薯金线虫的寄主范围、分布、生活史和传播途径

A.1 马铃薯金线虫的寄主

马铃薯金线虫的寄主范围较窄，最主要的农业寄主作物有马铃薯、茄子和番茄。此外，茄属的90种植物均是其寄主，其中许多是南部非洲的野生种，包括与马铃薯近缘的植物及具有不同抗性水平的 *Solanum tubgrosun andigena*、*S. vernei* 和 *S. sucrense*，在欧洲，某些野生杂草如 *S. sarachoides*、*S. dulcamara*、*Datura stramorium* 可延续马铃薯金线虫的种群。

A.2 马铃薯金线虫的分布

欧洲：阿尔巴尼亚、阿尔及利亚、奥地利、白俄罗斯、比利时、保加利亚、捷克、丹麦、爱沙尼亚、法罗群岛、芬兰、法国、德国、希腊（包括克里特岛）、匈牙利（仅一个地方发生）、冰岛、爱尔兰、意大利、拉脱维亚、立陶宛、卢森堡、马耳他、荷兰、挪威、波兰、葡萄牙（包括马德里，亚速尔群岛未证实）、西班牙（包括加那利群岛）、俄罗斯（俄罗斯中部、西伯利亚东部、远东地区、俄罗斯北部和南部）、斯洛伐克、英国（苏格兰和海峡群岛）、瑞典、瑞士、乌克兰和前南斯拉夫。

亚洲：亚美尼亚、塞浦路斯、埃及、印度（喀拉拉邦、泰米尔纳德邦）、以色列（仅在1954和1965年偶然在 Sharon region 的小面积发现，现已成功地铲除）、日本（北海道）、黎巴嫩、巴基斯坦、菲律宾、斯里兰卡、塔吉克斯坦。

非洲：阿尔及利亚、埃及、利比亚、摩洛哥（仅被截获）、塞拉利昂、南非、突尼斯和加那利群岛。

大洋州：澳大利亚（两次暴发，1986年在西澳大利亚，1991在维多利亚；两次都采取了官方铲除计划）、新西兰、诺福克岛。

北美洲：美国（纽约州；特拉华已铲除）、加拿大（纽芬兰、温歌华）和墨西哥。

中南美洲：哥斯达黎加、巴拿马、阿根廷、玻利维亚、巴西、秘鲁、智利、哥伦比亚、委内瑞拉和厄瓜多尔。

A.3 马铃薯金线虫的侵染循环和生活史

在寄主根部分泌物的刺激下，从土壤中线虫胞囊内孵化出的马铃薯金线虫的2龄幼虫侵入到寄主根内，在根的中柱鞘、皮层或内皮层的一组细胞中取食，将其转变成大的合胞体转移细胞，此后线虫在此营固定性内寄生生活，并完成其余的发育过程；经蜕皮，2龄幼虫变为3龄幼虫、4龄幼虫，而从3龄幼虫开始出现性别的分化，雄性幼虫仍为蠕虫状，而雌性幼虫的身体开始膨大；4龄雌性幼虫再蜕皮变为雌性成虫，虫体的后部不断膨大，撑破根表皮露出根外，仅头和颈部固着于根内；蠕虫状活泼运动的雄虫与雌虫交配后死亡，而雌虫继续留在根上，卵在其中发育。雌虫穿出根表层时呈白色，后经4～6周的金黄色阶段，在雌虫完全成熟时，其表皮变硬、变褐色从而成为保护壳，这就是胞囊，内含大量的卵；至此，胞囊一般从根表面脱落掉入土中，其内的卵可以立即孵化，侵害作物或保持休眠成为未来作物的初侵染源；鞣革质的胞囊可抵抗化学物和干旱，使得该线虫在土壤内越冬、滞育及度过不良环境，在无寄主茄属植物存在的情况下，胞囊可在土壤中存活多年并仍有侵染能力。

A.4 马铃薯金线虫的传播途径

马铃薯金线虫以2龄幼虫在土壤内作短距离的移动，农事操作、农具和交通工具可将农田中的土壤

带走，从而传播马铃薯金线虫；马铃薯种薯、苗木、花卉鳞球茎、消费或加工用马铃薯块茎上沾附的土壤可将马铃薯金线虫的胞囊传播到新的马铃薯生产地区，因此，胞囊是马铃薯金线虫远距离传播的主要途径。

附　录　B
（资料性附录）
胞囊线虫肛阴板标本的制作

将分离到的胞囊在乳酚油或清水中浸泡 24 h；在塑料载玻片一侧的水滴中放置已浸泡过的胞囊，于双目解剖镜下用解剖刀切下胞囊的后端(肛阴板及其边缘)部分；用竹针或眉笔或 0 号狼毛笔轻轻剔除肛阴板的沾附物和卵；用 90 倍的过氧化氢漂白几分钟(不能漂白过度)后，用解剖刀适当修整肛阴板的边缘；将修整后的肛阴板移至塑料载玻片的另一侧，先用无菌水冲洗已净化了的肛阴板，然后再通过 70%、95%和 100%的酒精和丁香油处理，使之脱水和透明；在凹穴载玻片的凹穴内加一滴中性树胶，稍为涂平后将处理好的肛阴板(3 枚～4 枚)埋入该薄层树胶内(注意用竹针将肛阴板扶直，使其外表面向上)；待凹穴载玻片中的树胶干固后，再在其四周加适量的中性树胶，盖上盖玻片(加进去树胶的量以在加盖玻片后树胶正好铺满盖玻片下表所占的空间为宜)。

附 录 C
(规范性附录)
马铃薯金线虫和马铃薯白线虫的主要区别

马铃薯白线虫与马铃薯金线虫在形态上极为相似，两个种的主要区别在于马铃薯白线虫的幼虫通常比马铃薯金线虫的大；白线虫的幼虫口针较长为 21～26(23.6) μm，而金线虫的幼虫口针较短为 21～23(21.8) μm；白线虫的幼虫体长较长为 440～525(484) μm，而金线虫的幼虫体长较短为 425～505(468) μm；白线虫的幼虫尾长较长为 46～52(51.9) μm，而金线虫幼虫尾长为 40～50(43.9) μm；白线虫幼虫口针基部球前表面向前突起，而金线虫的幼虫口针基部球圆形，向后倾斜。白线虫的雌虫为白色或奶油色至亮褐色，金线虫雌虫为金黄色；白线虫雌虫口针较长，为 23～29(26.7) μm，而金线虫雌虫口针较短为 21～25(22.9) μm；白线虫雌虫阴门与肛门间角质层的脊数为 8～20(12.2)，而金线虫雌虫阴门与肛门间角质层的脊数为 16～31(21.6)。白线虫胞囊阴门与肛门间距离较短，为 32～35 μm，而金线虫胞囊阴门与肛门间距离较长，为 88～102 μm(见图 C.1 和表 C.1)。

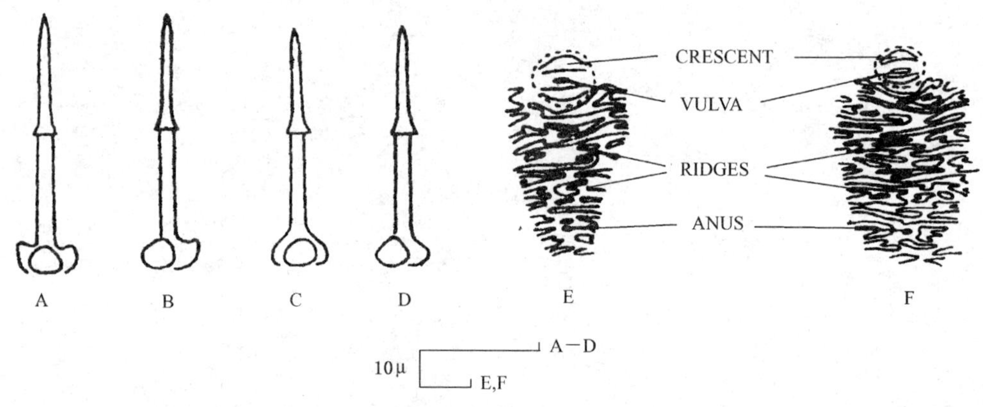

A～B——马铃薯白线虫 2 龄幼虫口针；

C～D——马铃薯金线虫 2 龄幼虫口针；

E——马铃薯白线虫雌虫肛门-阴门区，示角质层脊数；

F——马铃薯金线虫雌虫肛门-阴门区，示角质层脊数。

图 C.1 马铃薯金线虫和马铃薯白线虫的区别[仿 Stone，1973]

表 C.1 马铃薯金线虫和马铃薯白线虫的主要区别及测计值范围

单位为微米

类别	2龄幼虫				雌虫口针	胞囊			
	口针	体长	尾长	口针基球		阴门盆直径	脊数[a]	肛阴距[b]	格氏比值
马铃薯 金线虫	21～23 (22)	425～505 (468)	40～50 (43.9)	前表面圆， 向后倾斜	21～25 (22.9)	8～20 (＜19)	12～31 (＞14)	37～77 (＞55)	1.3～9.5 (＞3)
马铃薯 白线虫	21～26 (＞23)	440～525 (484)	46～52 (51.9)	前表面向 前突起	23～29 (26.7)	18～21 (＞19)	8～20 (＜14)	22～67 (＜50)	1.2～3.5 (＜3)

a) 肛阴脊数是指雌虫肛门和阴门之间的角质层的脊数。

b) 指肛门至阴门盆边缘的距离。

中华人民共和国出入境检验检疫行业标准

SN/T 2017—2007

拟松材线虫检疫鉴定方法

Identification of *Bursaphelenchus mucronatus* Mamiya & Enda

2007-12-24 发布

2008-07-01 实施

中华人民共和国
国家质量监督检验检疫总局 发布

前　言

本标准的附录A、附录B、附录C、附录D、附录E和附录F均为资料性附录。

本标准由国家认证认可监督管理委员会提出并归口。

本标准由中华人民共和国云南出入境检验检疫局负责起草，中华人民共和国上海出入境检验检疫局、中华人民共和国浙江出入境检验检疫局、中华人民共和国江苏出入境检验检疫局、云南农业大学参加起草。

本标准主要起草人：杜宇、蒋小龙、宋绍祎、林小佳、吴蓉、林何燕、王扬、喻盛甫。

本标准系首次发布的出入境检验检疫行业标准。

拟松材线虫检疫鉴定方法

1 范围

本标准规定了拟松材线虫的检疫鉴定方法。

本标准适用于进出境木材(包括原木、板材、木包装和木屑等)传带的拟松材线虫的检疫鉴定。

2 规范性引用文件

下列文件中的条款通过本标准的引用而成为本标准的条款。凡是注日期的引用文件,其随后所有的修改单(不包括勘误的内容)或修订版均不适用于本标准,然而,鼓励根据本标准达成协议的各方研究是否可使用这些文件的最新版本。凡是不注日期的引用文件,其最新版本适用于本标准。

SN/T 1132—2002 松材线虫检疫鉴定方法

3 符号

线虫测计:本标准采用 De Man 公式,对线虫进行测计。

De Man 公式测计参数如下:

N——标本数;

L——体长(mm 或 μm,头端至尾端的中线距离,不包括尾尖突);

a——体长/最大体宽;

b——体长/自头端至食道与肠连接处的长度;

c——体长/尾长(尾长指肛门或泄殖腔口至尾端的长度,不包括尾尖突);

V——自头端至阴门的长度×100/体长(%);

T——雄虫前生殖腺(精巢)端至泄殖腔口的长度×100/体长(%);

St——口针长度;

Sp——交合刺长度;

M——尾尖突的长度。

4 分类地位

拟松材线虫(*Bursaphelenchus mucronatus* Mamiya & Enda,1979)隶属线虫门(Nematoda)、侧尾腺纲(Secernentea)、滑刃目(Aphelenchida)、滑刃科(Aphelenchoididae)、伞滑刃属(*Bursaphelenchus*)。

5 原理

拟松材线虫是系统侵染寄主茎干部分的内寄生线虫,松墨天牛(*Monochamus alternatus* Hope)为拟松材线虫的媒介昆虫,可随着染虫材料和传媒昆虫传播扩散,常在进境检疫中被截获。其侵染寄主特点、传播途径、寄主范围、生物学特性和形态特征等是检疫鉴定的依据(参见附录 A)。

6 仪器及用具

6.1 木工锯或木工电锯,空心电钻,砍刀。

6.2 样品袋和标签。

6.3 贝尔曼漏斗分离器或浅盘。

6.4 标准套筛(400 目以上)。

6.5 生物显微镜。

6.6 体视显微镜。

6.7 超净工作台。

6.8 可调式气候培养箱。

6.9 恒温培养箱。

6.10 恒温水浴锅。

6.11 凹面皿。

6.12 培养皿、载玻片和盖玻片。

6.13 酒精灯。

6.14 线虫挑针。

6.15 微量移液管、可调微量加样器(0.2 μL~1 000 μL)。

6.16 控温电热平板。

6.17 大容量离心机。

6.18 普通冰箱。

7 药品和材料

7.1 指甲油。

7.2 石蜡。

7.3 70%的酒精。

7.4 休眠线虫发育催化液(配方参见第B.1章)。

7.5 线虫保存液(配方参见第B.2章)。

7.6 线虫脱水液(配方参见第B.3章)。

7.7 PDA培养基。

7.8 灰葡萄孢菌(*Botrytis cinerea*)。

8 现场检疫

8.1 核查和直观检验

8.1.1 核对品名、品种、产品、批号、数量、唛头及相关的检验检疫单证等是否与申报相符。

8.1.2 检查检疫物是否为针叶类木材、有无媒介昆虫侵染的痕迹,如:侵入孔、虫道和蛹室等。

8.2 抽样

选取有媒介昆虫侵染痕迹的松木或其加工制品;如无上述特征时,则随机抽样,抽样数量为每批总件数的0.5%~5%,最低不得少于3件,不足3件时,全部抽取。

8.3 取样

木质包装或其他木材带有树皮时,取样前将树皮清除;有媒介昆虫侵染时,尽量在靠近有侵染痕迹的部位取样;在其他情况下,去除表层的木质部分后,将所抽取的样品劈成长2 cm~5 cm和宽1 cm~2 cm的小木段,或用木工空心钻多点钻取木屑(样品量至少为50 g),贴上标签后,送样至实验室。

必要时,可将整件样品送交实验室。

9 实验室检验

9.1 分离

线虫分离可采用贝尔曼漏斗法或浅盘法。

9.2 镜检

初步形态观察:收集线虫于凹面皿中,在体视显微镜下观察,发现线虫后,用挑针挑取,或用微量移液管吸取线虫，转到带小凹面的载玻片或普通载玻片上，制成临时水玻片，在显微镜下观察，重点观察鉴别性特征，识别该线虫是否属于伞滑刃属线虫，包括口针基部球和中食道球的形状、雌虫有无阴门盖、雄虫交合刺的形状和尾部是否有交合伞等特点，并做好笔记。

9.3 培养

分离所得的拟松材线虫雌、雄虫数量较少，或仅发现幼虫时，应通过线虫培养，获得足够的雌雄成虫(参见第 B.1 章和第 C.1 章)。

9.4 鉴定准备

线虫鉴定前，应制作临时玻片或永久玻片(参见第 B.2 章、第 B.3 章、第 C.2 章)，在显微镜下，对线虫进行形态鉴定、测计和描述。

9.5 形态鉴定(参见附录 D)

9.5.1 测量值

雌虫($n=40$)：$L=700$ μm～1 197 μm；$a=34$～46；$b=10$～16；$c=20$～38；$M=2.5$～5.0；$V=72$～80；St=15 μm～20 μm。

雄虫($n=35$)：$L=640$ μm～970 μm；$a=27$～51；$b=8.4$～15；$c=20$～39；St=11 μm～20 μm；Sp=23 μm～29 μm。

3 龄幼虫($n=30$)：$L=500$ μm～590 μm；$a=30$～37；$b=8.4$～10；$c=20$～25；St=11 μm～13 μm。

4 龄耐久性幼虫($n=30$)：$L=500$ μm～650 μm；$a=35$～46；$b=10$～16；$c=20$～24。

9.5.2 特征描述

雌虫：经缓慢加热杀死后，虫体向腹部微弯，纤细，表面光滑，有浅环纹，侧区侧线 4 条；唇区高，缢缩。内唇和外唇各 6 片。口针细，基部略膨大，中食道球为典型的滑刃型，占体腔的三分之二以上，瓣门发达；神经环位于中食道球下方；背食道腺开口于中食道球内；后食道腺背侧长覆盖肠，其长大约等于 4 倍体宽；排泄孔的位置大约与神经环平齐，靠近食道和肠交界处。半月体明显，位于排泄孔后 1 个体宽处。阴门有前阴门盖；单卵巢前伸，卵母细胞单列；后阴子宫囊长，约为肛阴距的三分之二，常见精子。尾端指状，或圆锥形，有尾尖突，端部尖锐，长度在群体中有差异，通常大于 2.5 μm。

雄虫：热杀死后，虫体近似“J”形。头部和食道部分与雌虫相似。精巢前伸，不折叠；精子圆形，较大，直径 5 μm～7 μm；交合刺为典型的玫瑰刺形，近基部有明显的喙尖突；尾端有交合伞，交合伞的形状因地区等因素存在种群间差异。

3 龄幼虫：体前端和雌、雄虫的相似。因肠中充满营养物质，体色较深。尾端具明显的尾尖突。

4 龄耐久性幼虫：头部高，半球形，不缢缩。口针、食道和中食道球退化。体融物非常浓。尾端圆锥形或亚弓形，具明显的尾尖突。

9.5.3 松材线虫和拟松材线虫形态特征区别

在伞滑刃属线虫中，松材线虫 *B. xylophilus*(Steiner & Buhrer)Nickle 和拟松材线虫 *B. mucronatus* 的形态极为相似，两者有细微的区别在于尾形和尾尖突的有无和长短(参见附录 E，表 E.1)。

不同地区拟松材线虫种群间测量值具有差异(参见附录 F)。

10 结果判定

主要依据雌、雄成虫的综合形态特征进行判定，符合拟松材线虫的特征的，可鉴定为拟松材线虫。

11 样品保存

对传带拟松材线虫的木质样品，应登记备案，并做好标识，标注：截获日期、截获人、输出国别/地区、运输工具、包装货物名称等基本信息。样品保存至少 1 个月，以备复查。保存期满后，做销毁处理。

附 录 A
（资料性附录）
拟松材线虫的生物学和生态学特性

拟松材线虫与松材线虫的生物学特性相似，差别是前者的生活史略长些。拟松材线虫可在松树的组织或媒介昆虫松墨天牛体内繁殖，能随着染虫的树枝、树干和树根以及传媒昆虫传播扩散。深秋和冬天，从染虫木材中分离的侵染期3龄幼虫与其他虫态的比例较高。在25℃时，拟松材线虫在灰葡萄孢菌培养基上完成一个生活史需5 d。侵染型3龄幼虫在水中或灰葡萄孢菌培养基上蜕皮，发育成4龄幼虫，耐久型4龄幼虫蜕皮发育为成虫。拟松材线虫比松材线虫有更广泛的分布范围。接种拟松材线虫发生病害症状或死亡的松树，其症状表现与接种松材线虫的松树相似。相对松材线虫而言，拟松材线虫具有较弱的致病能力。

附 录 B
（资料性附录）
标准中涉及的试剂配制方法

B.1 休眠线虫发育催化液

双氧水	$5\times10^{-3}\sim3.3\times10^{-4}$
去氢枞酸	2.5×10^{-6}
长叶烯	2.5×10^{-6}

B.2 线虫保存液

FG液的配方：	福尔马林（40%甲醛）	10份
	甘油	1份
	蒸馏水	89份

B.3 线虫脱水液

脱水液1：	酒精（96%）	95份
	甘油	5份
脱水液2：	酒精（96%）	50份
	甘油	50份

附　录　C
（规范性附录）
拟松材线虫培养、线虫标本制作方法

C.1　拟松材线虫的培养方法

C.1.1　病木保湿保温培养

将样品处理成小段，置于烧杯中，加少量清水，使木段下端浸在水中，木段上端用湿纸巾覆盖，在25℃下保温保湿培养3 d～4 d。

C.1.2　单异活体培养

在PDA培养基上，于25℃的培养箱中培养灰葡萄胞，直至其覆盖整个平板后，取出，在其上接种经0.1%的硫酸链霉素表面消毒的幼虫（2条以上），继续在同等温度的培养箱中保持5 d。

C.1.3　控温快速培养

将木质样品处理成小段，用纱布包好置于烧杯中，加入足量的线虫分离液（以淹没纱布为准），在36℃的气候培养箱中，湿度80%，培养4 h～6 h，将温度调到32℃左右，继续培养10 h以上，取烧杯中沉淀液，检查线虫。

C.2　标本制作方法

C.2.1　临时标本制作方法

C.2.1.1　线虫量大时，将离心浓缩的线虫水液转移入1.5 mL的PCR管中，置于65℃的水浴锅中热水中处理5 min左右，进入步骤3（见C.2.2.1）的操作。

C.2.1.2　线虫量小时，将线虫转移到带有小凹面的载玻片上，盖上盖玻片，在酒精灯火焰外焰上来回轻轻移动（15次左右），加热凹面里水液中的线虫，将线虫刚好杀死为止。

C.2.1.3　取少量线虫固定液（FG，约25 μL）置于载玻片的中央，稍微加热后，在解剖镜下，用线虫挑针挑取线虫（约10条），转移到载玻片上的线虫固定液中央，待线虫沉底后，从水滴的正上方盖上盖玻片。

C.2.2　永久玻片制作方法

C.2.2.1　线虫脱水（甘油-乙醇脱水法，De Griss，1996）

步骤1：将活体线虫离心，制成浓缩水液，转入小凹面皿中，将与浓缩线虫水液等体积的FG液加热至75℃左右，迅速加入装有线虫的小凹面皿中。

步骤2：将小凹面皿放在干燥器中，干燥器内加有其容量十分之一的乙醇（95%），将干燥器置于35℃～40℃的培养箱中12 h（注：应加盖）。从干燥器中取出小凹面皿，直接放在40℃的培养箱中，加入脱水液1（如果液面过满，在加脱水液前，应缓缓抽吸去掉上层液），加盖，半盖小凹面皿（防止皿内乙醇蒸发过快），每隔3 h，再加脱水液1至皿刚满为止，重复2次～3次，最后，加入脱水液2，过夜。

步骤3：将脱水后的线虫保存在装有氯化钙（$CaCl_2$）的干燥皿中，用凡士林封盖，常温保存。

C.2.2.2　玻片制作

步骤1：在酒精灯上加热直径为1.2 cm的空心小钢管，粘取封片石蜡，在干净的载玻片上印制蜡圈。

步骤2：取15 μL纯净甘油，置于载玻片石蜡圈中央，挑针挑取10条线虫，按照头尾一致的顺序排列成两行于甘油中，取与线虫直径大小一致的玻璃丝3根～4根，紧靠石蜡圈周围放置（能包容在盖玻片下），小心盖上盖玻片。

步骤3：在加热板上缓慢加热石蜡圈，直到其完全融化，置室温自然冷却，指甲油封片。

步骤4：加贴标签。在左标签上写上样品号、寄主、截获口岸、产品、制作日期；右标签上标注线虫学名、虫态和数量。

附 录 D
（资料性附录）
拟松材线虫的形态特征

D.1 拟松材线虫的形态特征图

拟松材线虫的形态特征见图 D.1。

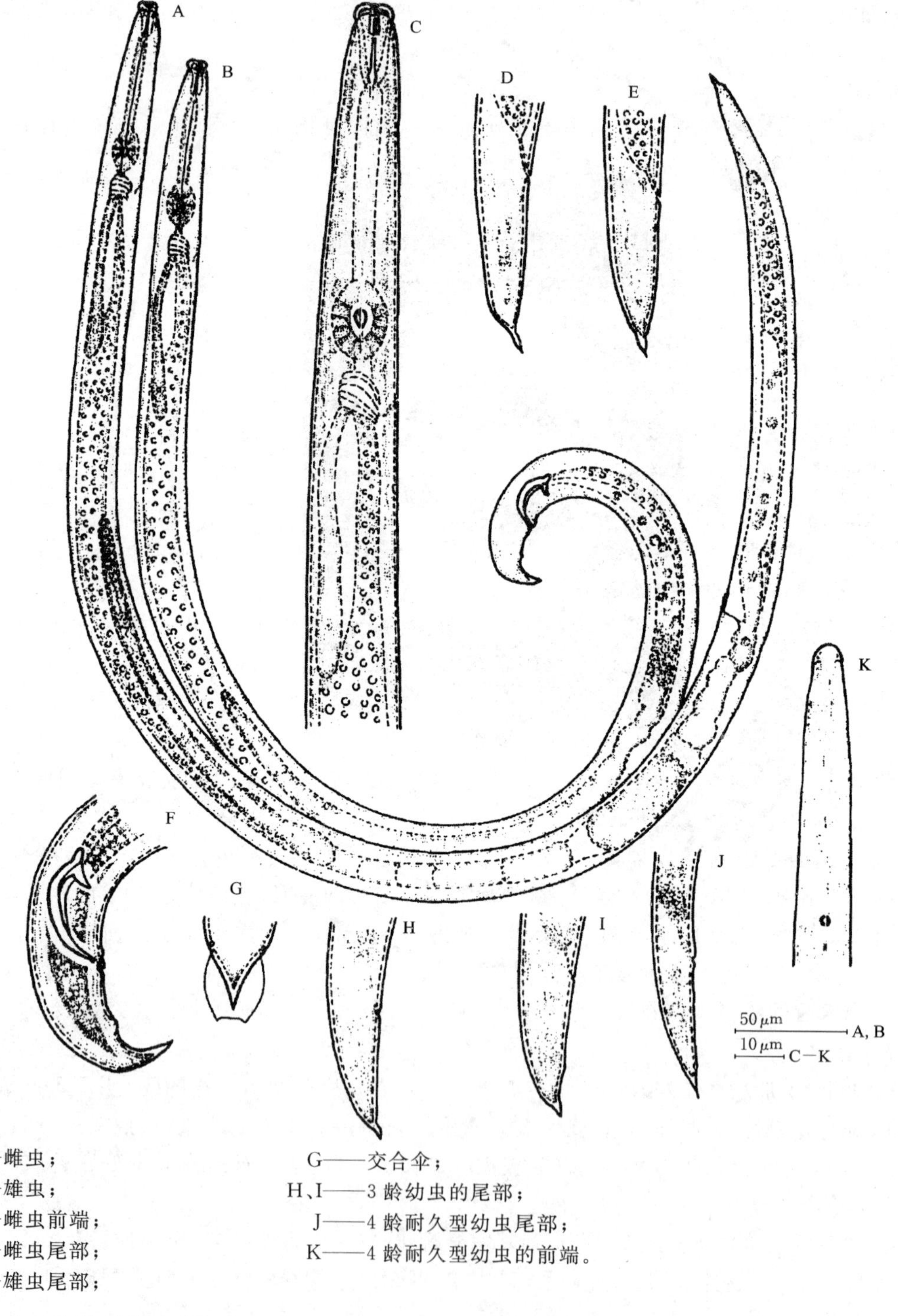

A——雌虫；
B——雄虫；
C——雌虫前端；
D、E——雌虫尾部；
F——雄虫尾部；
G——交合伞；
H、I——3 龄幼虫的尾部；
J——4 龄耐久型幼虫尾部；
K——4 龄耐久型幼虫的前端。

图 D.1 拟松材线虫（*Bursaphelenchus mucronatus*）的形态特征图（仿 Mamiya & Enda 1979）

D.2 拟松材线虫雄虫交合伞类型图

拟松材线虫雄虫交合伞类型见图 D.2。

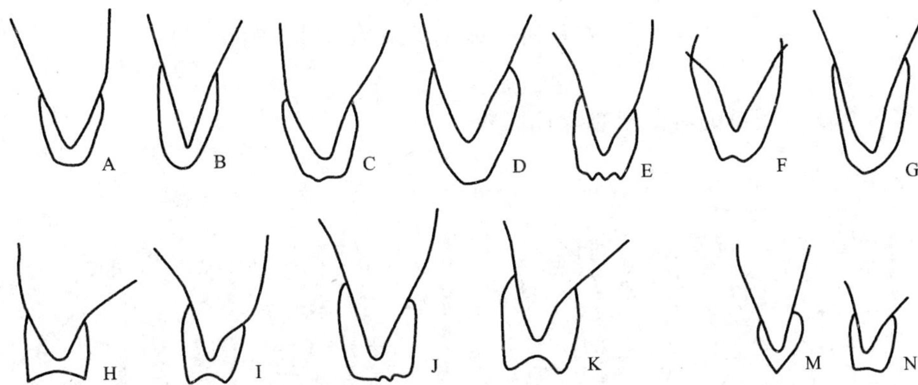

A,B,C,D,E,F,G,H,I——拟松材线虫雄虫交合伞形状；

A,B,E,F,G,I,J,K——松材线虫雄虫交合伞形状；

M、N——分别为 Mamiya 报道的松材线虫和拟松材线虫雄虫交合伞形状。

图 D.2 拟松材线虫(*Bursahpelenchus mucronatus*)和松材线虫(*B. xylophilus*)6 个株系的雄虫交合伞形状图(引用自刘伟、杨宝君)

附 录 E
（资料性附录）
拟松材线虫和松材线虫的形态特征比较图

E.1 拟松材线虫和松材线虫的尾部形态特征比较

拟松材线虫和松材线虫的尾部形态特征比较见图E.1。

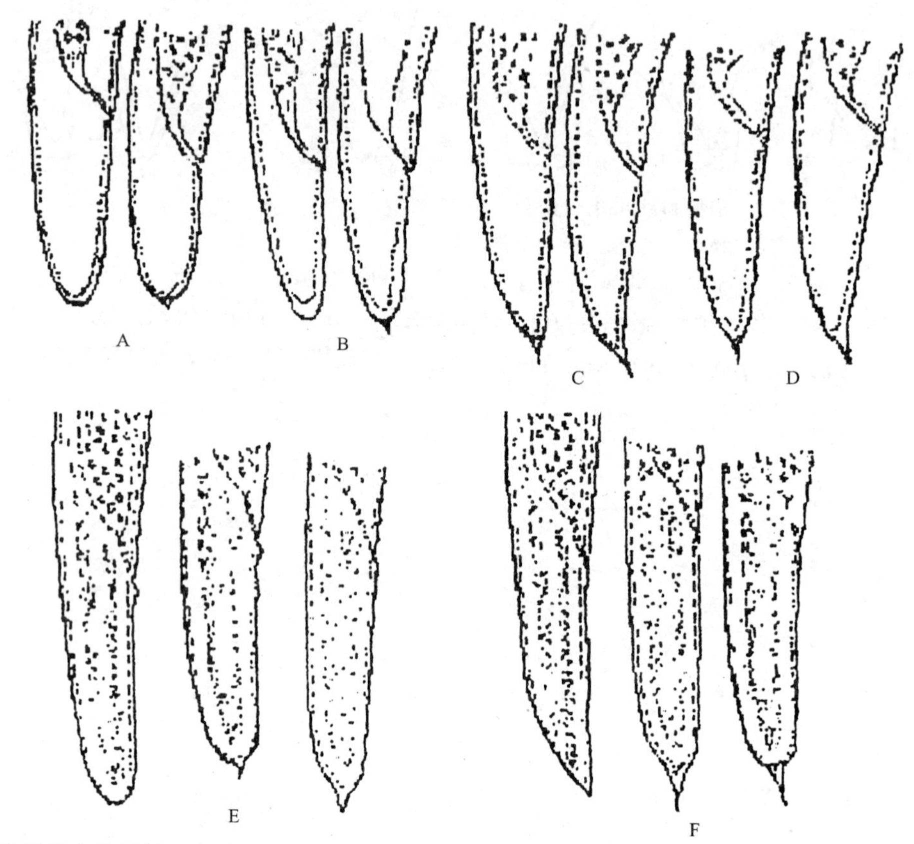

A——3龄松材线虫的尾部；
B——4龄松材线虫的尾部；
C——3龄拟松材线虫的尾部；
D——4龄拟松材线虫的尾部；
E——松材线虫雌虫尾部；
F——拟松材线虫雌虫尾部。

图E.1 拟松材线虫（*Bursaphelenchus mucronatus*）和松材线虫（*B. xylophilus*）的主要形态区别
（引用自SN/T 1132—2002）

E.2 松材线虫和拟松材线虫形态特征区别

松材线虫和拟松材线虫形态特征区别见表E.1。

表E.1 松材线虫和拟松材线虫形态特征区别

种 类	雌 虫 尾 部
松材线虫（*Bursaphelenchus xylophilus*）	无尾尖突、或有短的尾尖突（小于2 μm），尾圆柱形
拟松材线虫（*Bursaphelenchus mucronatus*）	有尾尖突（大于2.5 μm），通常偏向腹侧，尾圆椎形或指状

附 录 F
（资料性附录）
不同地区（国家）拟松材线虫种群测量值比较

不同地区（国家）拟松材线虫种群测量值比较见表 F.1。

表 F.1 不同地区拟松材线虫 *Bursaphelenchus mucronatus* 种群测量值对照表[a]

（引用自丹阳、喻盛甫）

参数	云南江川		日本	南京	日本	南京
	雌虫	雄虫	雌虫		雄虫	
	平均值	平均值	平均值		平均值	
N	15	15	40	20	35	20
L/μm	1 058	844	870	1 007	790	845
A	39	35	42	39	44	40
B	12	9.2	13	13	11	11
C	29	28	26	33	29	34
V/%	75	—	75	75	—	—
St/μm	17	15	16	15	15	15
M/μm	4.2	—	5.0	5.0	—	—
Sp/μm	—	25	—	—	26	28

[a] 当测量值低于 1 时，精确到小数点后两位；当测量值间于 1～9，精确到小数点后 1 位；当测量值大于 10，精确到个位，百分比率分子精确到个位。

中华人民共和国出入境检验检疫行业标准

SN/T 2117—2008

伪哥伦比亚根结线虫检疫鉴定方法

Identification and quarantine of *Meloidogyne fallax*

2008-09-04 发布　　　　2009-03-16 实施

中华人民共和国国家质量监督检验检疫总局　发布

前　言

本标准的附录 A、附录 B、附录 C 和附录 D 均为资料性附录。

本标准由国家认证认可监督管理委员会提出并归口。

本标准负责起草单位：中华人民共和国云南出入境检验检疫局。

本标准主要起草人：杜宇、丁元明、寸东义、梅华全、曹云华、段禄华、周剑、和捷、刘忠善。

本标准系首次发布的出入境检验检疫行业标准。

伪哥伦比亚根结线虫检疫鉴定方法

1 范围

本标准规定了伪哥伦比亚根结线虫的检疫鉴定方法。

本标准适用于进出境植物及植物产品、土壤等传带的伪哥伦比亚根结线虫。

2 符号

本标准使用的符号源于 De Man 公式，并作了少部分修改：

n——标本数；

L——体长(mm 或 μm，头端至尾端的中线距离，不包括尾尖突)；

a——体长/最大体宽；

c——体长/尾长(尾长指肛门或泄殖腔口至尾端的长度，不包括尾尖突)；

W——最大卵宽；

St——口针长度；

Sp——交合刺长度；

h——透明尾的长度；

T——尾长；

BW——最大体宽；

EP——排泄孔至体最前端的距离；

VA——阴门至肛门的距离；

VL——阴门宽度。

3 原理

3.1 伪哥伦比亚根结线虫的学名为 *Meloidogyne fallax* Karssen，1996，异名为 *Meloidogyne chitwoodi* B-type Karssen，1995，英文名为 False columbia root-knot nematode，隶属于线虫门 Nematoda，侧尾腺纲 Secernentea，垫刃目 Tylenchida，胞囊科 Heteroderidae，根结线虫亚科 Meloidogyninae，根结线虫属 *Meloidogyne*。

3.2 伪哥伦比亚根结线虫属侵染寄主根部的固定内寄生线虫，2 龄幼虫可在土壤中生存一段时间，是惟一可迁移的侵染期虫态，雌虫是固定在植物根部或块茎组织内的侵染期虫态。因此，伪哥伦比亚根结线虫可随着染虫植物组织和土壤传播扩散，其形态特征、地理分布、寄主范围、生物学特性、为害症状和传播途径等(参见附录 A)是检疫鉴定的依据。

4 仪器及用具

4.1 样品袋和标签。

4.2 贝尔曼漏斗分离器或浅盘、标准套筛(40 目～500 目)。

4.3 数字智能显微镜(含照相装置、电脑和测微数据分析系统软件)、体视显微镜。

4.4 恒温水浴锅。

4.5 凹面皿、培养皿、载玻片、盖玻片、三角瓶、试管。

4.6 酒精灯、线虫挑针。

4.7 控温电热平板、大容量离心机。

4.8 普通冰箱和低温冰箱(−4 ℃～−10 ℃,−20 ℃～−40 ℃,−70 ℃以下)。

5 试剂和材料

5.1 指甲油、石蜡。

5.2 线虫保存液(配方参见附录B中的第B.1章)。

5.3 线虫脱水液(配方参见附录B中的第B.2章)。

5.4 无水乙醇(纯度96%以上)、70%的酒精、碳酸钙、福尔马林(4%甲醛溶液)、甘油、硫酸镁、高岭土、次氯酸钠溶液或漂白粉精片。

6 现场检疫

6.1 核查和直观检验

检查受检植物及其产品是否带有根、块茎,以及土壤或介质土,是否是伪哥伦比亚根结线虫的寄主等。根上是否有根结,块茎上是否有疙瘩状变异,如果是来自疫区的马铃薯,应去皮检查是否有腐烂或棕黑色变异等症状。

6.2 抽样和取样

如果有为害症状的,抽取有为害症状的受检物。如果无为害症状的,或土壤、介质土等,则随机抽样。

7 实验室检验

7.1 获取线虫的方法

7.1.1 直接法

在体视显微镜下,将带有症状的植物组织浸泡于盛有自来水的培养皿中,用小刀或挑针刺破根结或小疙瘩,检查球状虫体或卵块是否存在,并轻轻从组织上剥离附着的雌虫虫体。将所获取的雌虫和卵块用吸管转移至0.9%的氯化钠水溶液中,将幼虫和雄虫移至蒸馏水中,待用。

7.1.2 分离法

从未见症状的植物根或块茎、土壤和介质土分离2龄幼虫或雄虫,可采用贝尔曼漏斗法或浅盘法。

7.2 标本制作

线虫鉴定前,对雌虫虫体需进行会阴花纹的切片处理,2龄幼虫、雄虫和会阴花纹的切片需制作临时玻片或永久玻片(参见附录C)。在显微镜下,对线虫进行形态鉴定、测计和描述。

7.3 形态鉴定

7.3.1 测量值

7.3.1.1 雌虫($n=30$)

$L=404$ μm～720 μm;$BW=256$ μm～464 μm;$EP=12.6$ μm～32.9 μm;$VA=12.6$ μm～19.0 μm;$VL=20.2$ μm～28.4 μm;St=13.9 μm～15.2 μm。

7.3.1.2 雄虫($n=30$)

$L=736$ μm～1 520 μm;$a=21.2$～53.5;$c=82.7$～202;St=18.9 μm～20.9 μm;Sp=22.1 μm～29.7 μm。

7.3.1.3 2龄幼虫($n=30$)

$L=381$ μm～435 μm;$BW=13.3$ μm～16.4 μm;$T=46.1$ μm～55.6 μm;$h=12.2$ μm～15.8 μm;St=10.1 μm～11.4 μm。

7.3.1.4 卵($n=30$)

$L=89.7$ μm～104 μm;$W=34.1$ μm～44.2 μm。

7.3.2 特征描述

7.3.2.1 雌虫

虫体珍珠白色，球形至梨形，具环纹，微向后突出的颈区明显与体中线成一定的角度，有时可达90°，体具有微突出的尾端。唇区高，具1至2个环纹。头帽明显，形态多样；唇盘微微隆起，头架骨化弱，前庭延伸明显。口针锥体部背弯，杆部圆柱形，基部球大，圆形至横向椭圆形，微向后倾斜。排泄孔位于头端至中食道球中间位置。食道腔两侧分布有1或2个大泡和多个小泡。食道腺的形状和大小变化多样。会阴花纹呈卵圆形或椭圆形，有时呈多边形，背弓低至中等高，具粗纹。尾端不明显，无刻点。侧尾腺孔小，不易看见。阴门周围无环纹。在光学显微镜下，未见侧线；在电子显微镜下，可见不明显的凹痕，延伸到尾端，凹痕中无纹。腹面环纹呈卵圆形至角状，纹路较粗(参见D.1.1)。

7.3.2.2 雄虫

体线形，前体部渐变细，尾钝圆。体环明显。侧区侧线4条，外侧两条呈不规则的网状。唇区微突出，具1条后唇区头环，通常被侧线分割。唇盘圆形、隆起或与中唇融合。头架骨化中等，前庭延伸明显。口针锥体部直，杆部圆柱形。基部球大而圆、突出。中食道球中等大小，卵圆形，瓣门发达。后食道腺长度在个体间变异较大，从腹面覆盖肠。半月体长2 μm或3 μm，在排泄孔前2个～4个体环处，精巢长，单个前伸，前端直或折叠。尾短而弯曲。交合刺细，腹弯。交合刺韧带月牙形。侧尾腺孔位于泄殖腔的前区(参见D.1.2)。

7.3.2.3 2龄幼虫

体细长，前、后渐变细，尾较前体部更细。体环细而明显。侧区侧线4条，不呈网状。头部平截，唇区微突出，唇盘低，比头架窄。头架骨化弱，前庭延伸明显。口针细，中等长度，锥体部直，杆部圆柱形。基部球显著、圆而突出。中食道球卵圆形，瓣门发达，后食道腺长度在个体间变异较大，从腹面覆盖肠。半月体明显，与排泄孔平齐。尾渐变细，直到透明尾的起始处。透明尾端宽圆形，可见微弱缢缩的体环。侧尾腺孔小，难以观察，位于肛门之后(参见D.1.3)。

7.4 近似种的区别

伪哥伦比亚根结线虫的形态特征与哥伦比亚根结线虫相似，它们的区别表现为：

a) 前者雌虫和雄虫的口针长于后者，前者雄虫的口针基部球大而突出，后者的小而不规则；

b) 前者雄虫头部电镜扫描形态表现为较后者有更高的唇盘；

c) 前者雌虫的会阴花纹的背弓较后者更高，环纹更粗；

d) 前者2龄幼虫的平均体长、尾长、透明尾的长度均比后者的长，前者的排泄孔位与半月体在同一位置上，后者的半月体在排泄孔之前；

e) 这2种根结线虫与北方根结线虫在亲缘关系上较近似，3种根结线虫的形态区别参见附录D.2。

8 结果判定

主要依据雌、雄成虫、2龄幼虫的综合形态特征进行鉴别判定，其寄主、来源、为害症状及传播途径等可作为辅助的依据，符合伪哥伦比亚根结线虫上述特征的，可确定为伪哥伦比亚根结线虫。

附 录 A
（资料性附录）
伪哥伦比亚根结线虫的生物学特性和生态学特征

A.1 生物学特性

A.1.1 虫口动态

伪哥伦比亚根结线虫与哥伦比亚根结线虫(*Meloidogyne chitwoodi*)非常相似，由于有关前者的资料较少，因此，将哥伦比亚根结线虫的有关信息资料简述如下，以供参考。哥伦比亚根结线虫相对于其他根结线虫种类来说，可在相对较低的温度下开始侵染活动；在适宜环境下，3周～4周可完成1代的发育，其发育积温第1代和第2代分别是600～800和500～600摄氏度日时，其发育阈温是5℃；伪哥伦比亚根结线虫的生活史相对哥伦比亚根结线虫的生活史要短，在荷兰，前者1年可完成2代至3代的发育；2种线虫均以卵或幼虫越冬。

A.1.2 发育史

A.1.2.1 成虫

在根结线虫中，雄虫的存在对于繁殖的作用尚不清楚。雌虫行孤雌生殖，在哥伦比亚根结线虫和伪哥伦比亚根结线虫同时存在的种群中，两者的发育是独立完成的，不存在种间交配现象。雌虫在寄主上取食，并产卵于几丁质包被中，卵块突出于根(或茎)表皮下，或在组织中，例如：在马铃薯块茎内10 mm深处可发现卵块的存在。

A.1.2.2 卵

卵的孵化并不依赖于寄主根部分泌物的刺激，而是对环境湿度作出迅速的反应。在干燥环境下卵不能孵化，但是可在土壤或干枯的根中存在一段时期。当湿度适宜时，即孵化。

A.1.2.3 幼虫

根结线虫幼虫虫态共4龄，1龄幼虫在卵中完成发育，脱皮后，在土壤湿度适宜时，2龄幼虫从卵中孵化出来，如果土壤太干燥，幼虫处于休眠状态。根结线虫容易随着水流传播扩散，可在水中存活3周。2龄幼虫是惟一具有侵染力的活动期虫态，侵染寄主植物的根部，可单个取食，也可群体取食。一旦发现适宜的寄主，通常在根冠上或附近取食，并建立固定的取食点，受侵染植物组织的韧皮部或薄壁组织细胞畸形发育成多核巨大细胞，在根尖上表现为圆形肿大(称为根结)，幼虫继续发育成膨大的雌虫。一旦受侵染的细胞不能发育成巨大细胞，幼虫或者离开该侵入点，寻找新的侵入点，或者因饥饿而死亡。根结通常在幼虫成功侵入后的1 d～2 d内形成。幼虫在取食过程中虫体逐步膨大成年轻雌虫，并继续完成发育，根结也随之增大。

A.2 生态学特征

A.2.1 地理分布

欧洲：比利时、法国、德国、荷兰；非洲：南非；大洋洲：澳大利亚、新西兰。

A.2.2 寄主范围

主要寄主有马铃薯(*Solanum tuberosum*)，三叶草(*Medicago sativa*)，胡萝卜(*Daucus carota*)，甜菜(*Beta vulgaris*)、花生(*Arachis hypogaea*)和番茄(*Solanum lycopersicum*)(以上寄主是与哥伦比亚共同的寄主)。其他寄主包括：萱草属(*Hemerocallis* sp.)、荷包牡丹(*Dicentra spectabilis*)、报春花(*Oenothera erythrospala*)、钟蕙花(*Phacelia tenacetifolia*)、朝鲜蓟(*Cynara scolymus*)、莴苣(*Lactuca sativa*)、鸦葱(*Scorzonera hispanica*)、芦笋(*Aaparagus officinalis*)、菊牛蒡(*Scorzonera hispanica*)、荞麦(*Eriogonum* sp.)，玉米(*Zea mays*)、大丽花(*Dahlia* spp.)、白藜(*Chenopodium album*)、白芥

(*Sinapis alba*)、月见草(*Oenothera biennis*)、大青萝卜(*Raphanus sativus*)、草莓(*Fragaria* sp.)、小麦(*Triticum* sp.)、*T. aestivum*、*T. durum*、黑麦草(*Lolium* sp.),*Lolium perenne* spp.、*Multiflorum*、谷类和杂草等。

A.2.3 为害症状

根结线虫的为害直接影响到植物根部的生长、植物产量和品质。受害寄主地上部分在受害较轻时通常无症状表现,但是受害较重时,表现为:矮化、失活或缺水状萎蔫。地下部分的典型症状为根结。通常,伪哥伦比亚根结线虫侵染寄主上的根结相对于其他根结线虫侵染引起的根结要小,而且,根结上不再长出次生根。在马铃薯上,通常在其表面形成小疙瘩。但是,在有些种类的马铃薯表面上没有明显的症状,皮下组织却腐烂或变成棕黑色(参见图 A.1)。

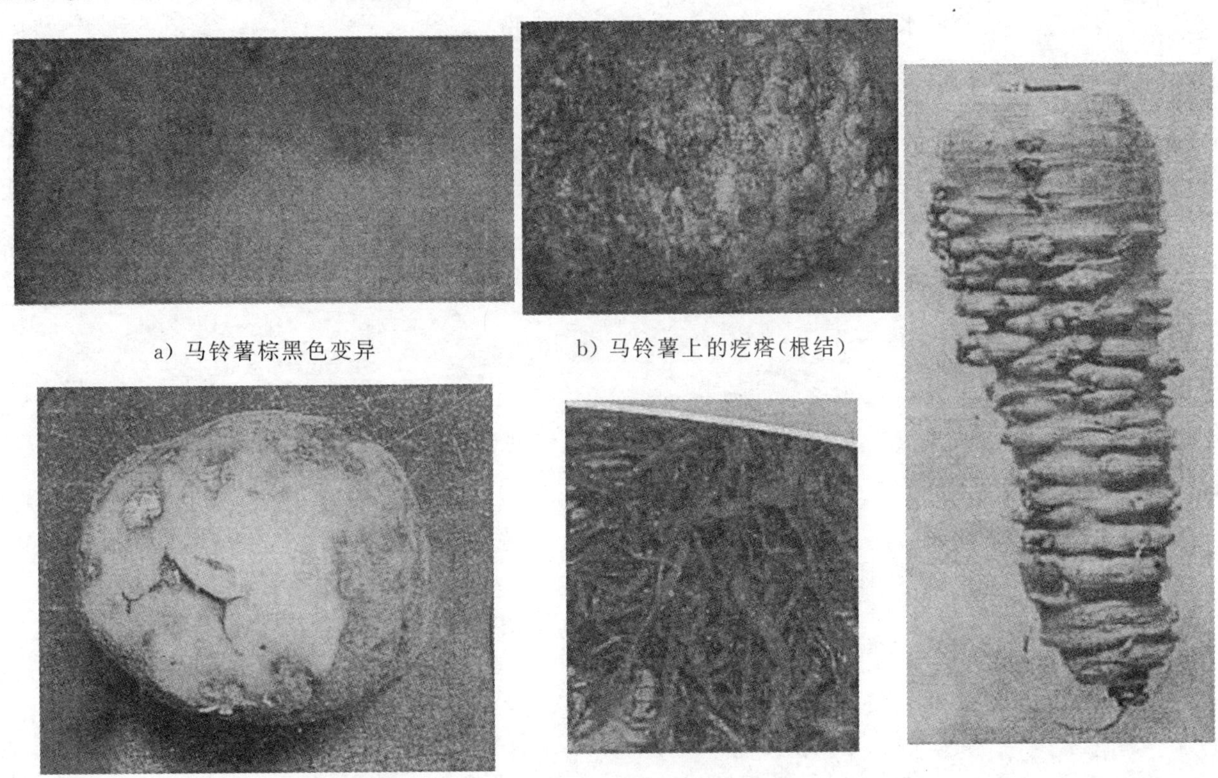

a) 马铃薯棕黑色变异

b) 马铃薯上的疙瘩(根结)

c) 胡萝卜上的疙瘩

d) 马铃薯上的腐烂和褐变

e) 西红柿根上的根结

图 A.1 伪哥伦比亚根结线虫的为害症状

(引用自:http://www.australasianplantpathologysociety.org.au/Regions/May07.pdf)

A.2.4 传播途径和扩散方式

随着被感染的植株、土壤残渣和其他被感染的仓储繁殖材料如:鳞球茎、块茎等传播。

附　录　B
（资料性附录）
线虫保存液和脱水液

B.1　线虫保存液

TAF液的配方：	福尔马林（40%甲醛）	7份
	三乙醇胺	2份
	蒸馏水	91份

B.2　线虫脱水液

脱水液1：	酒精（96%）	95份
	甘油	5份
脱水液2：	酒精（96%）	50份
	甘油	50份

附　录　C
（资料性附录）
线虫标本制作方法

C.1　根结线虫会阴花纹的切片方法和步骤（参见图 C.1）

C.1.1　选取带有成熟雌虫的植物组织，置于培养皿中，用手术刀和镊子撕开植物组织，将雌虫虫体从组织中释放出来。

C.1.2　切除雌虫的颈部，并轻轻地挤压虫体，去除虫体内的体液和内脏部分，剩下表皮。

C.1.3　切除会阴花纹周围多余的表皮层，呈四方形，将会阴花纹置于 1 滴 45% 的乳酸水溶液中，清除其他杂质部分。

C.1.4　制作玻片（参见 C.2.2.2）。

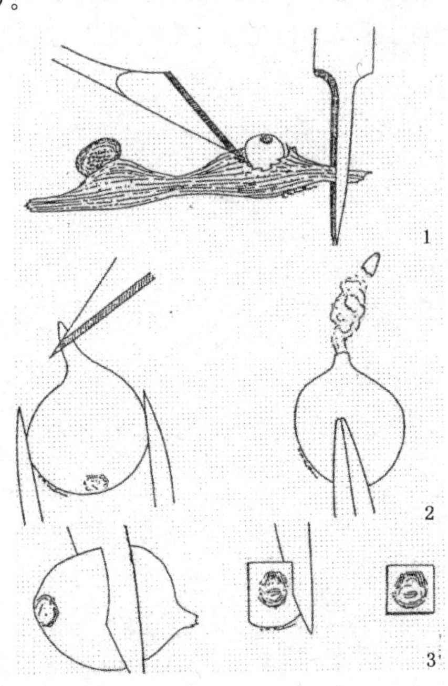

图 C.1　会阴花纹的制作方法

C.2　标本制作方法

C.2.1　临时玻片制作方法

C.2.1.1　线虫量大时，将离心浓缩的线虫水液转移入 1.5 mL 的 PCR 管中，置于 65 ℃的水浴锅中处理 5 min 左右，进入 C.2.1.3 的操作。

C.2.1.2　线虫量小时，将线虫转移到带有小凹面的载玻片水溶液中，盖上盖玻片，在酒精灯火焰外焰上来回轻轻移动（15 次左右），将线虫刚好杀死为止。

C.2.1.3　取少量线虫固定液（TAF，约 25 μL）置于载玻片的中央，稍微加热后，在解剖镜下，用线虫挑针挑取线虫（约 10 条），转移到载玻片上的线虫固定液中央，待线虫沉底后，从水滴的正上方盖上盖玻片。

C.2.2　永久玻片制作方法

C.2.2.1　线虫脱水（甘油-乙醇脱水法，De Griss，1996）

步骤 1：将活体线虫的幼虫和雄虫离心，制成浓缩水液，转入小凹面皿中，将与浓缩线虫水液等体积的 TAF 液加热至 80 ℃左右，迅速加入装有线虫的小凹面皿中。

步骤 2：将小凹面皿放在干燥器中，干燥器内加有其容量十分之一的乙醇(95%)，将干燥器置于 35 ℃～40 ℃的培养箱中 12 h(注：应加盖)。从干燥器中取出小凹面皿，直接放在 40 ℃的培养箱中，加入脱水液 1(如果液面过满，在加脱水液前，应缓缓抽吸去掉上层液)，加盖，半盖小凹面皿(防止皿内乙醇蒸发过快)，每隔 3 h，再加脱水液 1 至皿刚满为止，重复 2 次～3 次，最后，加入脱水液 2，过夜。

步骤 3：将脱水后的线虫保存在装有氯化钙($CaCl_2$)的干燥皿中，用凡士林封盖，常温保存。

C.2.2.2 玻片制作

步骤 1：在酒精灯上加热直径为 1.2 cm 的空心小钢管，粘取封片石蜡，在干净的载玻片上印制蜡圈。

步骤 2：取 15 μL 纯净甘油，置于载玻片石蜡圈中央，挑针挑取 10 条线虫，按照头尾一致的顺序排列成两行于甘油中，取与线虫直径大小一致的玻璃丝 3 根～4 根，紧靠石蜡圈周围放置(能包容在盖玻片下)，小心盖上盖玻片。

步骤 3：在加热板上缓慢加热石蜡圈，直到其完全融化，置室温自然冷却，指甲油封片。

步骤 4：加贴标签，在左标签上写上样品号、寄主、截获口岸、产地、制作日期；右标签上标注线虫学名、虫态和数量。

附 录 D
（资料性附录）
伪哥伦比亚根结线虫的形态特征

D.1 伪哥伦比亚根结线虫的形态特征图

D.1.1 伪哥伦比亚根结线虫雌虫的形态特征图（见图D.1）。

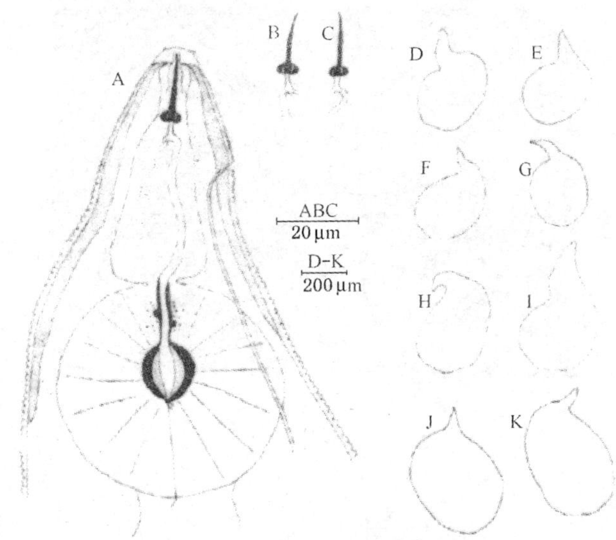

A——雌虫前体部；
B、C——口针；
D～K——雌虫整体。

a）

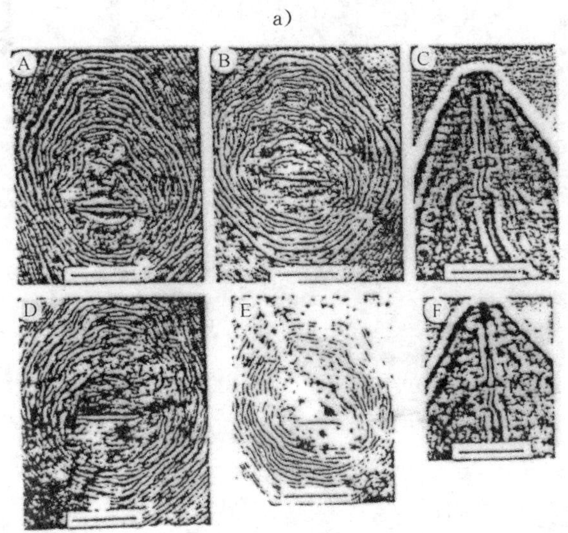

A、B、D、E——会阴花纹；
C、F——雌虫头部侧面观。

注：A～D为伪哥伦比亚根结线虫，E、F为哥伦比亚根结线虫；短横线＝20 μm，显微摄影图片。

b）

图D.1 伪哥伦比亚根结线虫（*Meloidogyne fallax*）雌虫的形态特征图（引用自Karssen，1996）

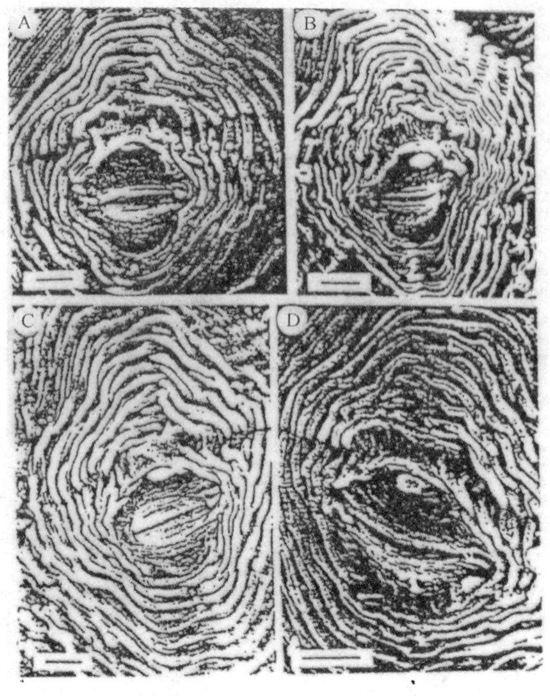

A～D——会阴花纹。

注：短横线=10 μm,电镜图片。

c)

图 D.1（续）

D.1.2 伪哥伦比亚根结线虫雄虫的形态特征图(见图 D.2)。

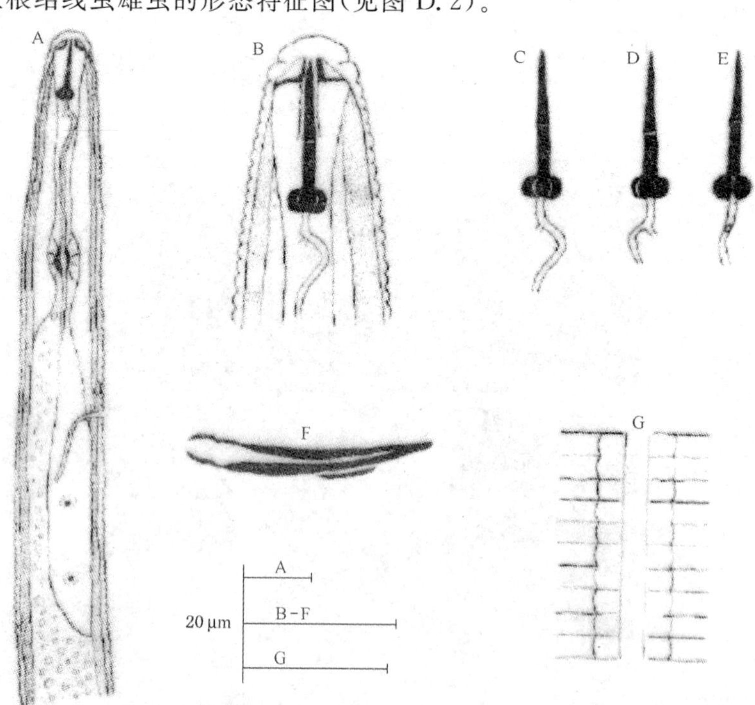

A、B——雄虫前体部；

C～E——口针(E 为背面观)；

F——交合刺和交合刺韧带；

G——侧区。

图 D.2 伪哥伦比亚根结线虫(*Meloidogyne chitwoodi*)雄虫的形态特征图(引用自 Karssen,1996)

D.1.3 伪哥伦比亚根结线虫2龄幼虫的形态特征图(见图D.3)。

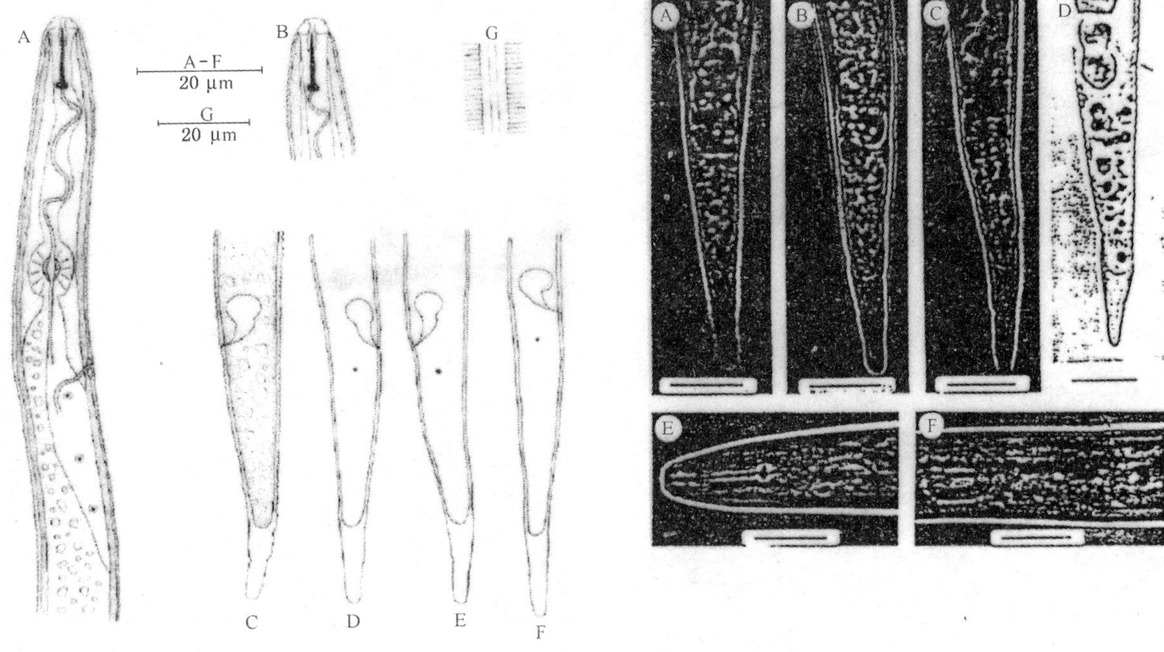

A、B——幼虫前体部;
C～F——尾部;
G——侧区。

a)

A～D——尾部;
E——头部;
F——中食道球和后食道腺。
注:短横线=10 μm。

b)

图D.3 伪哥伦比亚根结线虫(*Meloidogyne fallax*)2龄幼虫的形态特征图(引用自Karssen,1996)

D.2 伪哥伦比亚根结线虫、哥伦比亚根结线虫和北方根结线虫的形态特征比较见表D.1。

表D.1 伪哥伦比亚根结线虫、哥伦比亚根结线虫和北方根结线虫的形态特征区别

项目	伪哥伦比亚根结线虫 *M. fallax*/μm	哥伦比亚根结线虫 *M. chitwoodi*/μm	北方根结线虫 *M. hapla*/μm
雌虫口针长度/μm	14～15	11～13	10～13
雄虫口针长度/μm	19～21	16～18	17～23
雄虫口针基部球形状	突出(宽3.8～5.1)	圆形后倒,或不规则	不突出(宽2.5×5.0)
2龄幼虫的长度/μm	381～435	336～385	312～355
2龄幼虫的尾长/μm	46～56	39～45	33～48
2龄幼虫透明尾的长度/μm	12～16	8～13	12～19
会阴花纹	背弓高,线条粗,肛门与尾端之间无刻点	背弓中到低,线条较细,肛门与尾端之间无刻点	背弓圆,低,侧线圆滑,肛门与尾端之间具小刻点

中华人民共和国出入境检验检疫行业标准

SN/T 2338—2009

草莓滑刃线虫检疫鉴定方法

Quarantine identification of *Aphelenchoides fragariae* (Ritzema Bos) Christie

2009-07-07 发布　　2010-01-16 实施

中华人民共和国
国家质量监督检验检疫总局 发布

前　言

本标准的附录D为规范性附录，附录A、附录B和附录C为资料性附录。

本标准由国家认证认可监督管理委员会提出并归口。

本标准起草单位为中华人民共和国珠海出入境检验检疫局和珠海市质量计量监督检测所。

本标准主要起草人：陈其文、张卫东、廖力、蒋立琴、乐海洋、徐淼锋、张建军、刘勇、彭仁。

本标准系首次发布的出入境检验检疫行业标准。

草莓滑刃线虫检疫鉴定方法

1 范围

本标准规定了草莓滑刃线虫检疫和鉴定方法。

本标准适用于进出境花卉、苗木、盆景及草莓、柑橘、番茄等经济作物中草莓滑刃线虫的检疫鉴定。

2 规范性引用文件

下列文件中的条款通过本标准的引用而成为本标准的条款。凡是注日期的引用文件，其随后所有的修改单(不包括勘误的内容)或修订版均不适用于本标准，然而，鼓励根据本标准达成协议的各方研究是否可使用这些文件的最新版本。凡是不注日期的引用文件，其最新版本适用于本标准。

SN/T 1157 进出境植物苗木检疫规程

SN/T 1158 进出境植物盆景检疫规程

3 符号和缩略语

L＝体长；

a＝体长/最大体宽；

b＝体长/体前端至食道与肠连接处的距离；

c＝体长/尾长；

St＝口针长度；

V＝体前端至阴门处距离×100/体长；

T＝泄殖腔口至精巢末端的距离×100/体长；

tail＝尾长；

spicule＝交合刺长度。

4 原理

中文名称：草莓滑刃线虫

学名：*Aphelenchoides fragariae*(Ritzema Bos，1890)Christie，1932

分类地位：线形动物门(Nematoda)、侧尾腺纲(Secernentea)、滑刃目(Aphelenchida)、滑刃科(Aphelenchoididae)、滑刃属(*Aphelenchoides*)

草莓滑刃线虫是一种芽叶寄生线虫。主要危害植物地上部分的腋芽、嫩叶和花序，被侵染的植株表现为生长不良，发生矮化和畸形，导致枝弱叶稀，顶芽凋枯，开花减少，产量及品质降低。草莓滑刃线虫主要依靠带芽苗木、接穗等无性繁殖材料传播扩散。其雌雄虫的形态学特征是制定该检疫鉴定方法的主要依据，传播途径、寄主范围、地理分布(参见附录A)和生物学特征是鉴定的辅助依据。

5 仪器和用具

5.1 仪器

生物显微镜(100倍～1 000倍)、体视显微镜(10倍以上，具透射光源)、电热恒温箱、冰箱。

5.2 用具

钟面皿或培养皿、盖玻片、载玻片、凹玻片、玻璃纤维丝、试管、烧杯、小镊子、剪刀、挑针、浅盘、打孔器、指形管、酒精灯、干燥器、滤纸或纱布、漏斗、漏斗架、乳胶管、止水夹、加热板、分样筛(100目、500目)。

6 试剂

乙醇、指甲油、石蜡、FG固定液(福尔马林：甘油：蒸馏水=10：1：89)、4%甲醛、乳酚油(苯酚20 mL、乳酸20 mL、甘油40 mL和蒸馏水20 mL混合而成)。

7 现场检疫

对草莓、柑橘、番茄、花卉、苗木、盆景等芽叶部分进行检查，重点选取矮化、矮缩和畸形等症状的苗木，如无可疑症状则按要求随机取样。取样后立即置密封塑料袋，标记后及时送实验室检测。

具体抽样比例按SN/T 1157和SN/T 1158执行。

8 实验室检验

8.1 线虫分离

用浅盘分离法或漏斗法分离线虫(参见附录B)。

8.2 体视显微镜镜检

分离获得的水样在10倍以上体视显微镜检查，初步观察线虫的形态特征。

8.3 标本制作

挑出若干分离到的线虫虫体，置于载玻片上制作临时玻片或永久玻片(参见附录C)。

8.4 生物显微镜观察、摄影和测量

应针对雌、雄虫主要鉴定特征仔细观察并显微摄影，重点包括整体形态、头区轮廓、口针、侧线、尾部形态、雌虫生殖系统及雄虫交合刺等，并在每张图片上加相应标尺，测量并计算a、b、c和V等值。

9 形态鉴定特征

9.1 滑刃线虫属形态鉴定特征

虫体长度中等到长，热杀死后，雌虫虫体直到腹弯，雄虫通常尾部向腹面弯成沟状整个虫体呈“J”形；侧线通常4条，偶尔2或3条；头部略缢缩，头架骨化弱；口针较细，有基部球或基部膨大，口针长度通常为10 μm～12 μm，一般不超过20 μm；食道前体部圆柱形，中食道球发达、卵圆形或方圆形，中食道球瓣发达，后食道腺叶发达、覆盖肠的背面；排泄孔位于中食道球后水平处。雌虫阴门位于虫体中后部，一般位于体长的60%～70%；单生殖腺、前伸，后阴子宫囊通常存在并常含有精子，偶尔后阴子宫囊缺；尾呈圆锥形，尾端形态多样：钝圆或细圆，指状或分叉或有1个腹突，有或无尾尖突，尾尖突形态多样。雄虫尾呈圆锥形、向腹面弯成钩状；交合刺呈玫瑰刺形，基顶和基喙通常发达，有时缺；3对尾乳突，其中1对位于泄殖腔区，1对位于近末端，1对位于这两者之间；无交合伞。

9.2 草莓滑刃线虫形态鉴定特征

9.2.1 草莓滑刃线虫测计值

草莓滑刃线虫测计值见表1。

表1 草莓滑刃线虫测计值

类别	L/μm	A	b	c	St/μm	尾长/μm	V/%	T/%	交合刺长度/μm
雌虫	450～800	45～60	8～15	12～20	10～11	38～42	64～71	—	—
雄虫	480～650	46～63	9～11	16～19	10～12	38～42	—	44～61	21～25
注：以上测量数据来自Shahina,1996。									

9.2.2 草莓滑刃线虫形态鉴定特征

草莓滑刃线虫形态鉴定特征见附录D，虫体长度中等到长(450 μm～800 μm)，雌虫体形较细，热杀死后虫体直到弯；头部高、光滑，前端平，连续或略缢缩；口针细，长10 μm～11 μm，有小而明显的基部

球;侧区是一条窄带,侧线 2 条;排泄孔位于神经环或紧靠其后水平处;阴门横裂,阴门唇略突起,卵母细胞单行排列,受精囊长卵圆形,后阴子宫囊超过肛阴距的二分之一,后阴子宫囊常有精子;尾长圆锥形,末端钝尖,无尾尖突。雄虫普遍,体形基本类似雌虫;热杀死后,尾部弯成 45°～90°;单精巢、前伸,精母细胞单行排列;尾端有 1 个钝刺,有 3 对腹亚中尾乳突;无交合伞,交合刺玫瑰刺形,有中等发达的基顶和基喙,背边长 14 μm～17 μm。

9.2.3 **草莓滑刃线虫与近似种的区别**

草莓滑刃线虫与滑刃属的其他三种芽叶线虫毁芽滑刃线虫(*A. blastophthorus*)、水稻干尖线虫(*A. besseyi*)和菊花滑刃线虫(*A. ritzemabosi*)形态极为相似,主要区别见表 2。

表 2 草莓滑刃线虫与近似种线虫主要形态区别

形态特征	草莓滑刃线虫	毁芽滑刃线虫	水稻干尖线虫	菊花滑刃线虫
侧线数	2 条	4 条	4 条	4 条
尾尖突	单刺	单刺	星状 3 个～4 个刺突	刷状 2 个～4 个微刺
后阴子宫囊长度	大于肛阴距的二分之一	肛阴距的二分之一	小于肛阴距的二分之一	大于肛阴距的二分之一
交合刺顶尖	有,中等	有,发达	无	无
交合刺缘突	有,中等	有,发达	有,中等	无

10 结果判定

符合 9.2.1 测计值以及 9.2.2 形态鉴定特征的,可判定为草莓滑刃线虫。

11 样品保存

若判定为草莓滑刃线虫,则将剩余的线虫杀死、固定制成永久玻片保存,并标上样品编号、制作时间和制作人等。

对已鉴定出带有草莓滑刃线虫的植物材料,保存在 5 ℃～10 ℃及干燥、防鼠防虫处,样品需至少保存 3 个月,以备复验、谈判和仲裁。

附 录 A
（资料性附录）
草莓滑刃线虫的寄主与分布

A.1 寄主

草莓滑刃线虫的寄主范围极广，已有47个科250多种植物，蕨类植物100余种。草莓是其典型寄主。涉及经济价值较高的科有：百合科、报春花科、毛茛科、菊科、石蒜科、禾本科、鸢尾科、榆科、豆科、水龙骨科、花葱科、木犀科、荠科和蔷薇科等。

A.2 分布

德国、奥地利、英国、法国、西班牙、葡萄牙、意大利、捷克、保加利亚、阿塞拜疆、比利时、立陶宛、白俄罗斯、丹麦、匈牙利、拉脱维亚、瑞典、罗马尼亚、挪威、爱尔兰、希腊、澳大利亚、新西兰、俄罗斯、日本、加拿大和美国等。

附 录 B
（资料性附录）
草莓滑刃线虫的分离法

B.1 漏斗法

将 10 cm～15 cm 直径的漏斗固定在支架上（图 B.1），柄端接一段乳胶管，管的近末端用止水夹夹紧。将分离的样品先剪成小块，用纱布包好，放入漏斗，加水淹没。在线虫自身的趋水性和重量作用下，线虫不断脱离植物组织，穿过纱布迁游到水中，最后沉降到漏斗末端的乳胶管下端水中。24 h 后，小心地打开乳胶管末的止水夹，用小器皿接取约 5 mL 的含有线虫的水样，放在体视显微镜下进行观察。用此法分离线虫时，室内温度最好要保持在 20 ℃～28 ℃，温度太高或太低均会影响草莓滑刃线虫的分离效果。

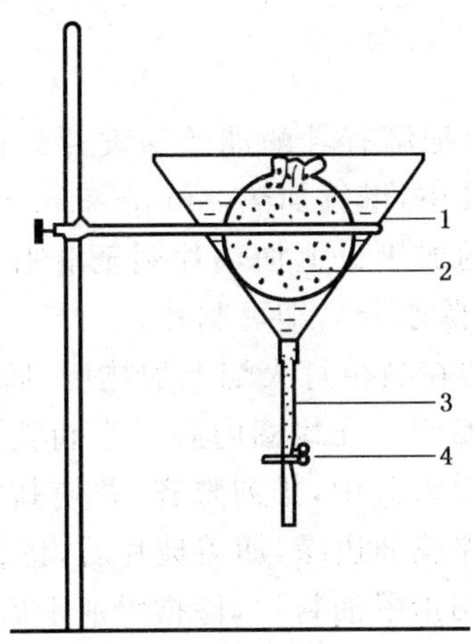

1——漏斗；

2——用纱布包裹的样品；

3——乳胶管；

4——止水夹。

图 B.1 Baermann 漏斗装置

B.2 浅盘分离法

浅盘分离法装置（图 B.2）由两只不锈钢浅盘、线虫滤纸或纱布组成，两只浅盘可套放，上盘底面为大于 10 目的粗筛网，下盘为正常浅盘。

分离线虫时，将线虫滤纸平放在上盘的筛网上，用水淋湿，将供分离的已剪成小块的样品撒铺在其上，套进下盘内；从两只浅盘的夹缝中注水，以淹没供分离的样品为宜；在 20 ℃～28 ℃下放置 24 h 后，线虫渐渐集中到下盘的水中；用烧杯收集浅盘中水，并将烧杯中的水连续通过 100 目和 500 目的筛网，将 500 目标准筛上的含线虫的残留物冲洗到培养皿中镜检。

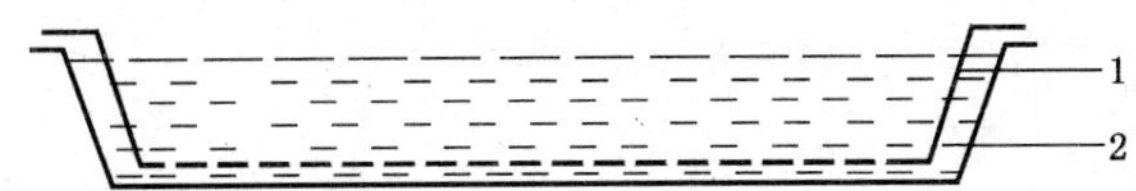

1——上盘；

2——下盘。

图 B.2 浅盘分离装置

附 录 C
（资料性附录）
线虫玻片标本制作方法

C.1 线虫杀死：在体视显微镜下用线虫挑针挑取少量线虫放至凹玻片上的水滴中，使线虫位于水滴中央，手持凹玻片在酒精灯火焰上来回 5 s～6 s，使线虫恰好被杀死为止；杀死大量的线虫，可将线虫悬浮液放在试管中加等量的沸水杀死线虫。

C.2 线虫固定：少量线虫被杀死后，可用线虫挑针将线虫移至 FG 固定液中固定。大量的线虫被杀死后，在线虫悬浮液中加等量浓度双倍的固定液即可。

C.3 临时玻片标本的制作：以 FG 液作为浮载剂，滴适量于载玻片上，用挑针将固定好的线虫移数条于浮载剂中，并使其完全沉下，浮载剂边缘均匀放置 3 mm～5 mm 长、直径与线虫体宽相近的玻璃纤维丝 3 根，加盖玻片，用滤纸吸去溢出的浮载剂，用指甲油封片，待指甲油干后再加封一次，可保存几天至数周。

C.4 永久玻片标本的制作

C.4.1 脱水：采用乳酚油快速脱水法，把滴有乳酚油的凹玻片放在加热板上，加热至 65 ℃～70 ℃，将已固定 1 d 以上的线虫挑入热的乳酚油中，继续加热 2 min～3 min 后，在体视显微镜下观察标本是否清晰，若不够清晰，继续在 65 ℃～70 ℃的加热板上加热片刻至清晰（注意避免加热过度而损坏标本），然后放在干燥器中 12 h～24 h，进一步去除水分后即可制片。

C.4.2 制片：将直径 1.5 cm 的打孔器在酒精灯火焰上加热后，插到蜡盘中蘸取少量石蜡，并迅速轻按于载玻片中央。待冷却后即形成一个蜡圈。在蜡圈内滴一小滴乳酚油（用量以盖上盖玻片后不外溢为宜）作为浮载剂，将已脱水的线虫数条挑入其中，排列整齐，并使其完全沉下，将与线虫体宽相近的 3 根 3 mm～5 mm 的玻璃纤维丝均匀置于浮载剂边缘，加盖玻片后，将载玻片移至 65 ℃～70 ℃的加热板上熔蜡，待蜡熔化后移至实验台上冷却，用指甲油封片，待指甲油干后再封一次。最后贴上标签，左边的标签写明样品号、寄主、截获口岸、产地、制作日期；右边的标签写线虫种名、线虫虫态及其数量。

附 录 D
（规范性附录）
草莓滑刃线虫形态特征图

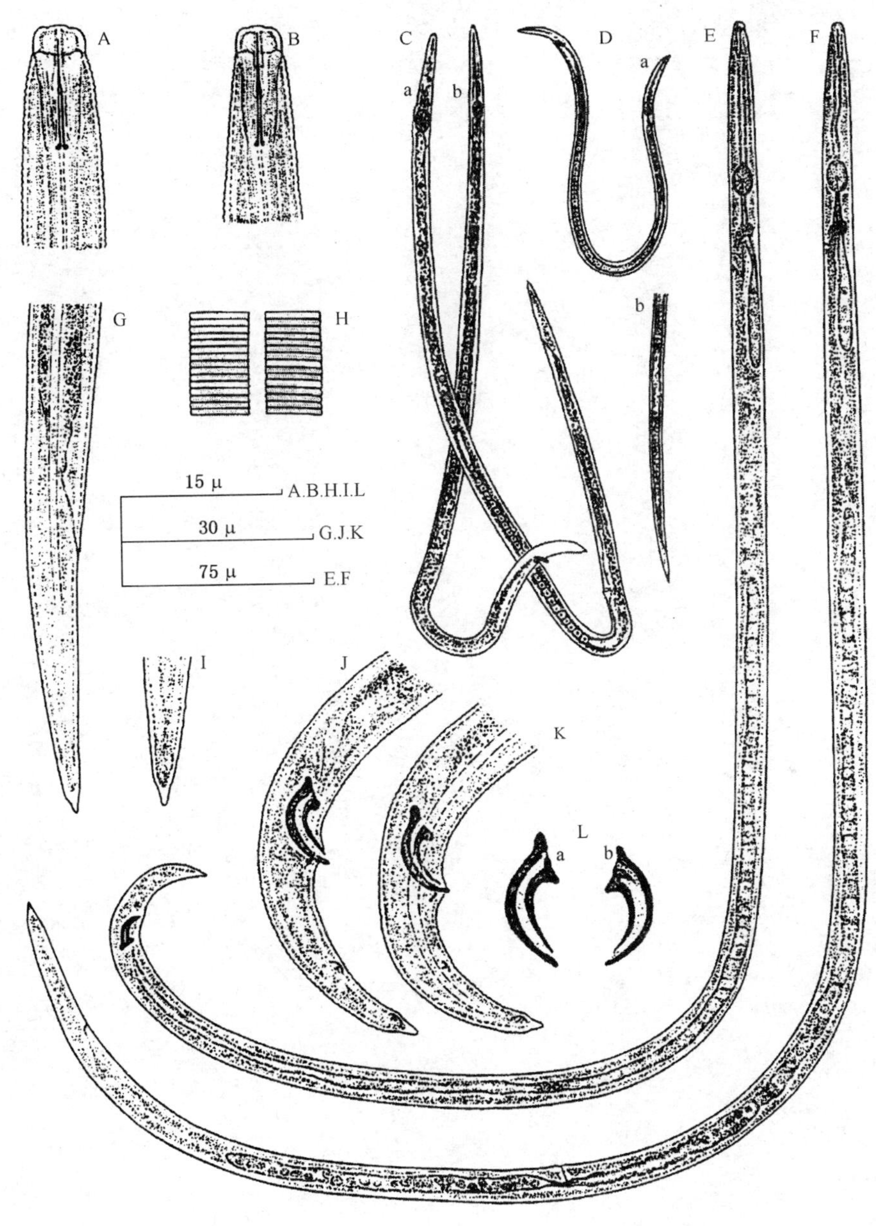

A——雌虫头部；
B——雄虫头部；
C(a),F——雌虫；
C(b),D(a),E——雄虫；
D(b)——雌虫体后部；
G——雌虫尾部；
H——雌虫侧区；
I——雌虫尾端；
J,K——雄虫尾部；
L——交合刺。

图 D.1 草莓滑刃线虫(*A. fragariae*)特征图
(A,B,E-L,仿 Siddiqi,1975;C,D,仿 Ritzema Bos,1893,1891)

中华人民共和国出入境检验检疫行业标准

SN/T 2505—2010

水稻干尖线虫检疫鉴定方法

Quarantine identification of rice white-tip nematode, *Aphelenchoides besseyi* christie

2010-03-02 发布　　　　2010-09-16 实施

中华人民共和国国家质量监督检验检疫总局　发布

前　言

本标准的附录B为规范性附录,附录A为资料性附录。

本标准由国家认证认可监督管理委员会提出并归口。

本标准起草单位:中国检验检疫科学研究院、中华人民共和国山东出入境检验检疫局、中华人民共和国江苏出入境检验检疫局、中华人民共和国新疆出入境检验检疫局和中华人民共和国广东出入境检验检疫局。

本标准主要起草人:葛建军、邵秀玲、粟寒、王翀、赵立荣。

本标准系首次发布的出入境检验检疫行业标准。

水稻干尖线虫检疫鉴定方法

1 范围

本标准规定了进出境植物检疫中水稻干尖线虫的检疫鉴定方法。

本标准适用于进出境植物及植物产品、植物栽培介质等传带的水稻干尖线虫的检疫鉴定。

2 符号

下列符号用于本标准。

n——测计的线虫样本数目；

L——虫体体长(μm 或 mm)；

a——体长/最大体宽；

b——体长/虫体前端至食道与肠连接处的距离；

c——体长/尾长；

St——口针长度(μm)；

Sp——交合刺长度(μm)；

T——泄殖腔开口至精巢末端的距离×100/体长；

V——虫体前端至阴门的距离×100/体长。

3 原理

学名：*Aphelenchoides besseyi* Christie，1942

异名：*Aphelenchoides oryzae* Yokoo，1948

Asteroaphelenchoides besseyi (Christie，1942) Drozdovski，1967

英文通俗名称：

Rice white-tip nematode，Spring dwarf nematode，Strawberry bud nematode，White-tip nematode

分类地位：线形动物门(Nematoda)、侧尾腺纲(Secernentea)、滑刃目(Aphelenchida)、滑刃线虫科(Aphelenchoididae)、滑刃线虫属(*Aphelenchoides*)。

水稻干尖线虫的寄主范围、传播途径(参见附录 A)和形态学特征是其检疫鉴定方法的依据。

4 仪器、用具及药品

4.1 仪器与用具

4.1.1 生物显微镜。

4.1.2 体视显微镜具透射光源。

4.1.3 冰箱。

4.1.4 加热板(80 ℃以下)。

4.1.5 打孔器。

4.1.6 载玻片。

4.1.7 盖玻片。

4.1.8 标准套筛(60 目～500 目等)。

4.1.9 烧杯(500 mL、1 000 mL 等)。

4.1.10 漏斗。

4.1.11 漏斗架。

4.1.12 乳胶管。

4.1.13 止水夹。

4.1.14 凹玻片。

4.1.15 指形管。

4.1.16 剪刀。

4.1.17 挑针。

4.1.18 浅盘(上盘、下盘)。

4.1.19 玻璃纤维丝。

4.1.20 酒精灯。

4.1.21 培养皿。

4.1.22 试管。

4.1.23 纱布。

4.1.24 干燥器。

4.1.25 记号笔。

4.2 药品

4.2.1 指甲油。

4.2.2 4%甲醛。

4.2.3 乳酚油(苯酚 20 mL、乳酸 20 mL、甘油 40 mL 和蒸馏水 20 mL 混合而成)。

4.2.4 石蜡。

4.2.5 冰乙酸。

5 外观症状的检查

检查受检植物是否是水稻干尖线虫的寄主;检查是否有水稻干尖线虫的危害症状,如植物叶片是否畸形、扭曲、皱缩,褪绿叶片粗糙、叶柄变红、节间短、腋芽坏死等症状,收集上述可疑植物材料及所夹带的介质土,一并带回实验室检验。

6 实验室检验

对于抽取的样品,若是叶片或叶芽等,可以在含水的培养皿中直接进行组织解剖,查看是否有线虫;水稻种子或其他样品可用浅盘分离法或漏斗法分离线虫。将分离获得的水样在体视显微镜下检查,挑取或吸取疑似线虫若干条,制成临时玻片后在显微镜下镜检,观察线虫的形态学结构。

7 水稻干尖线虫的形态学鉴定特征

7.1 形态特征图

见附录 B。

7.2 形态特征描述

雌虫:虫体细长,热力杀死后稍直或弯曲;环纹纤细,不清晰,中部环纹约 0.9 μm 宽;口针较细弱,长 10 μm~13 μm,基部略膨大;唇区圆,稍缢缩;侧区约体宽的四分之一,刻线 4 条;中食道球卵圆形,瓣门清晰;排泄孔常接近神经环的前缘;阴门横裂,阴门唇稍突起;受精囊长卵圆形,内常聚集有精子;卵巢前伸,相对较短,不延伸至食道腺处,卵母细胞 2 列~4 列;后阴子宫囊窄,内无精子,长为肛门处体宽的 2.5 倍~3.5 倍,但短于肛阴距的三分之一。尾圆锥形,长为肛门处体宽的 3.5 倍~5 倍,末端有一个尾尖突,上有 3 个~4 个小尖突。

雄虫:热杀死后虫体后部向腹面弯成近180°;前体部特征与雌虫相似;尾圆锥形,末端有一尾尖突,上有2个～4个小尖突。交合刺呈玫瑰刺状,喙部中等发达,但无顶部,背弓长18 μm～21 μm。

7.3 测计值

7.3.1 雌虫

n=10:*L*=0.66 mm～0.75 mm;*a*=32～34;*b*=10.2～11.4;*c*=17～21;*V*=67～80 (Christie,1942)。

n=20:*L*=0.57～0.84(0.68)mm;*a*=39～53(47.7);*b*=9.2～13.1(11.46);*c*=13.8～20.4(17.7);$V={}^{39.1\text{-}19.9}68.7\sim73.6(71.2)^{4.1\text{-}6.2}$;St=10.0-12.5(11.9)μm (Fortuner,1970,来自水稻)。

L=0.7 mm;*a*=50;*b*=10;*c*=19;$V={}^{33}70^{6}$;St=10 μm(新模标本,来自美国草莓)。

L=0.62～0.88 mm;*a*=38～58;*b*=9～12;*c*=15～20;$V={}^{43\text{-}33}66\sim72^{4\text{-}8}$(Allen,1952)。

7.3.2 雄虫

n=10;*L*=0.54 mm～0.62 mm;*a*=36～39;*b*=8.6～8.8;*c*=15～17 (Christie,1942)。

n=20:*L*=0.53～0.61(0.57)mm;*a*=40.7～46.9(44.4);*b*=8.87～10.7(9.52);*c*=16～20(17.97);*T*=28～52(40.59);St=10.0～12.5(11.4)μm;Sp=18～21(19.24)μm (Fortuner,1970,来自水稻)。

L=0.44 mm～0.72 mm;*a*=36～47;*b*=9～11;*c*=14～19;*T*=50～65(新模标本,来自美国草莓)。

L=0.573～0.864(0.732)mm;*a*=40～63(51);体宽12～17(14)μm (Franklin,1950)。

7.4 与近似种的区别

除稻干尖线虫外,滑刃线虫属的菊花滑刃线虫(*A. ritzemabodsi*)、草莓滑刃线虫(*A. fragariae*)和毁芽滑刃线虫(*A. blastophthorus*)也可危害多种植物的叶片或腋芽,易与水稻干尖线虫混淆,其主要形态特征区别见表1。

表1 四种滑刃线虫的主要形态学区别

滑刃线虫种	侧区刻线	雌虫体长/μm	后阴子宫囊	雌虫尾部	交合刺
水稻干尖线虫	4条	660～750	不超过肛阴距的三分之一	圆锥形,末端有1尾尖突,上有3个～4个小尖突	喙部中等发达,无顶部,背弓长18 μm～21 μm
菊花滑刃线虫	4条	770～1 200	超过肛阴距的二分之一	长圆锥形,末端有尾尖突,其上有2个～4个小尖突	顶部和喙部不明显,背弓长20 μm～22 μm
草莓滑刃线虫	2条	450～800	超过肛阴距的二分之一	长圆锥形,末端为一简单的钝尖,无任何修饰	顶部和喙部中等发达,背弓长14 μm～17 μm
毁芽滑刃线虫	4条	680～900	肛阴距的二分之一	圆锥形,末端为一简单的锐尖	大,顶部和喙部明显,背弓长28 μm～32 μm

8 结果判定

以雌虫和雄虫的形态学特征作为该线虫的鉴定依据,符合第7章形态特征和测计值的可鉴定为水稻干尖线虫。

9 样品的保存

9.1 样品保存

样品经登记,经手人签字,妥善保存。如发现水稻干尖线虫,该样品材料要保存在5 ℃～10 ℃及干燥、防鼠防虫处,并标明样品编号、鉴定日期、截获人、寄主名称、运输工具名称等,样品需至少保存3个月,以备复验、谈判和仲裁。

9.2 线虫标本的保存

若鉴定为水稻干尖线虫,则将剩余的线虫杀死、固定后制成永久玻片保存;也可以固定后放入含4%甲醛液的指形管等长期保存。

附 录 A
（资料性附录）
水稻干尖线虫的寄主范围、分布、传播途径和危害症状

A.1 水稻干尖线虫的寄主

主要寄主是水稻和草莓，也可危害大白菜、菊花、洋葱、大豆、甘蔗、甜玉米、甘薯、山药、麻、印度橡树、木槿属、晚香玉、非洲紫苣苔、黍属、狼尾草属、狗尾草属、鼠尾粟属等农作物和园林观赏植物。

A.2 水稻干尖线虫的传播途径

在水稻生产地区，罹病水稻种子是水稻干尖线虫的初侵然源，在田间，农事操作及灌溉水是主要的传播途径。

水稻干尖线虫易随水稻种子、混杂的谷壳、其他寄主植物种苗等繁殖材料作远距离传播。

附 录 B
（规范性附录）
水稻干尖线虫主要形态鉴定特征图

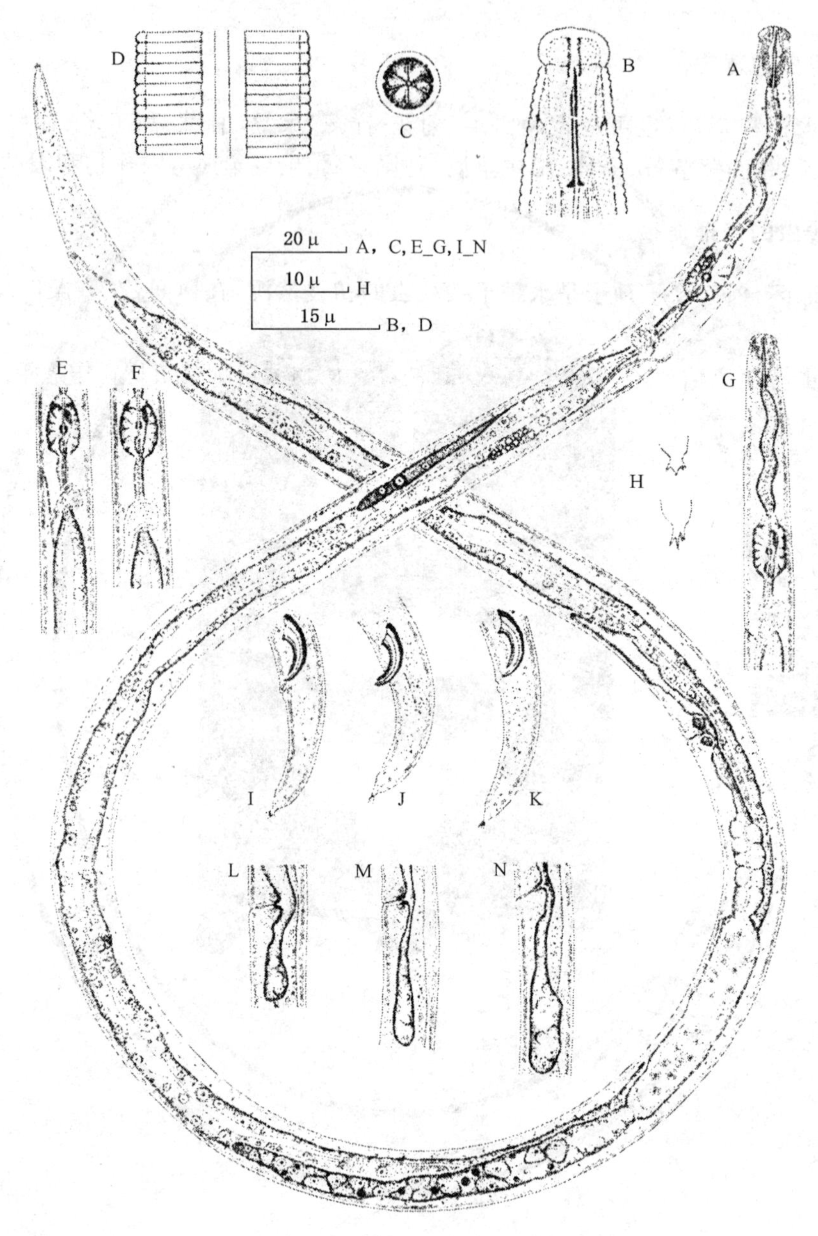

A——雌虫虫体；
B——雌虫头端；
C——雌虫顶面观；
D——侧区；
E——雌虫中食道球和排泄孔与神经环位置的变化；
F——雌虫中食道球和排泄孔与神经环位置的变化；
G——雄虫前体部；
H——雌虫尾尖突；
I——雄虫尾部；
J——雄虫尾部；
K——雄虫尾部；
L——后阴子宫囊；
M——后阴子宫囊；
N——后阴子宫囊。

图 B.1 水稻干尖线虫主要形态鉴定特征图（仿 Siddiqi，1972）

中华人民共和国出入境检验检疫行业标准

SN/T 2506—2010

菊花滑刃线虫检疫鉴定方法

Quarantine identification of chrysanthemum leaf nematode,
***Aphelenchoides ritzemabosi* (Schwartz) steiner & buhrer**

2010-03-02 发布　　　　2010-09-16 实施

中　华　人　民　共　和　国
国家质量监督检验检疫总局　发布

前　言

本标准的附录B为规范性附录，附录A为资料性附录。

本标准由国家认证认可监督管理委员会提出并归口。

本标准起草单位：中国检验检疫科学研究院、中华人民共和国云南出入境检验检疫局、中华人民共和国新疆出入境检验检疫局、中华人民共和国江苏出入境检验检疫局和中华人民共和国北京出入境检验检疫局。

本标准主要起草人：葛建军、杜宇、粟寒、王翀、江丽辉。

本标准系首次发布的出入境检验检疫行业标准。

菊花滑刃线虫检疫鉴定方法

1 范围

本标准规定了进出境植物检疫中菊花滑刃线虫的检疫鉴定方法。

本标准适用于进出境植物及植物产品、土壤、植物栽培介质等传带的菊花滑刃线虫的检疫鉴定。

2 符号

下列符号适用于本标准。

L——虫体体长(μm 或 mm);

a——体长/最大体宽;

b——体长/虫体前端至食道与肠连接处的距离;

c——体长/尾长;

St——口针长度(μm);

T——泄殖腔开口至精巢末端的距离×100/体长;

V——虫体前端至阴门的距离×100/体长。

3 原理

学名:*Aphelenchoides ritzemabosi* (Schwartz,1911) Steiner & Buhrer,1932

异名:

Aphelenchus ritzema-bosi Schwartz,1911

Pathoaphelenchus ritzemabosi (Schwartz,1911) Steiner & Buhrer,1932

Aphelenchoides (*Chitinoaphelenchus*) *ritzemabosi* (Schwartz,1911) Fuches,1937

Pseudoaphelenchoides ritzemabosi (Schwartz,1911) Drozdovsk,1967

Tylenchus ribes Taylor,1917

Aphelenchus ribes (Taylor,1917) Goodey,1923

Aphelenchoides ribes (Taylor,1917) Goodey,1933

Aphelenchus phyllophagus Stewart,1921

英文通俗名称:

Chrysanthemum nematode, Chrysanthemum leaf nematode, Chrysanthemum foliar nematode, Black currant nematode

分类地位:线形动物门(Nematoda)、侧尾腺纲(Secernentea)、滑刃目(Aphelenchida)、滑刃线虫科(Aphelenchoididae)、滑刃线虫属(*Aphelenchoides*)。

菊花滑刃线虫的寄主范围、地理分布、传播途径(参见附录 A)和形态学特征是其检疫鉴定方法的依据。

4 仪器、用具及药品

4.1 仪器与用具

4.1.1 生物显微镜。

4.1.2 体视显微镜具透射光源。

4.1.3 冰箱。

4.1.4 加热板(80 ℃以下)。

4.1.5 打孔器。

4.1.6 载玻片。

4.1.7 盖玻片。

4.1.8 标准套筛(60 目～500 目等)。

4.1.9 烧杯(500 mL、1 000 mL 等)。

4.1.10 漏斗。

4.1.11 漏斗架。

4.1.12 乳胶管。

4.1.13 止水夹。

4.1.14 凹玻片。

4.1.15 指形管。

4.1.16 剪刀。

4.1.17 挑针。

4.1.18 浅盘(上盘、下盘)。

4.1.19 玻璃纤维丝。

4.1.20 酒精灯。

4.1.21 培养皿。

4.1.22 试管。

4.1.23 纱布。

4.1.24 干燥器。

4.1.25 记号笔。

4.2 药品

4.2.1 指甲油。

4.2.2 4%甲醛。

4.2.3 乳酚油(苯酚 20 mL、乳酸 20 mL、甘油 40 mL 和蒸馏水 20 mL 混合而成)。

4.2.4 石蜡。

4.2.5 冰乙酸。

5 外观症状的检查

检查受检植物是否是菊花滑刃线虫的寄主,是否来源于菊花滑刃线虫分布的国家或地区等;重点检查是否有菊花滑刃线虫的危害症状,如植物叶片是否畸形、扭曲、皱缩,褪绿叶片粗糙、叶柄变红、节间短、腋芽坏死等症状,收集上述可疑植物材料及所夹带的土壤或介质土,一并带回实验室检验。

6 实验室检验

对于抽取的样品,若是叶片或叶芽等,可以在含水的培养皿中直接进行组织解剖,查看是否有线虫;其他样品可用浅盘法或漏斗法等方法分离线虫。将分离获得的水样在体视显微镜下检查,挑取或吸取疑似线虫若干条,制成临时玻片后在显微镜下镜检,观察线虫的形态学结构。

7 菊花滑刃线虫的形态学鉴定特征

7.1 形态特征图

见附录 B。

7.2 形态特征描述

雌虫：虫体细长，唇区圆，缢缩；口针长 12 μm，具小而清晰的口针基部球；侧区约占体宽的六分之一至五分之一，刻线 4 条；排泄孔位于神经环后 0.5 倍～2 倍体宽处；阴门横裂，阴门唇稍突起；后阴子宫囊长度超过肛阴距的二分之一，内有精子；单卵巢前伸，卵母细胞多行排列；尾圆锥形，末端有 1 个钉状突起，上有 2 个～4 个向后的小尖突，形成 1 个排刷状的附属物。

雄虫：热杀死后虫体后部向腹面弯成近 180°；前体部特征与雌虫相似；交合刺呈玫瑰刺状，顶部和喙部不明显，背弓长 20 μm～22 μm；尾末端为钉状突起，上有 2 个～4 个小尖突，形状可变。

7.3 测计值

7.3.1 雌虫

L=0.77 mm～1.20 mm；a=40～45；b=10～13；c=18～24；$V={}^{48\text{-}33}66\sim75^{14\text{-}18}$ (Allen，1952)。

L=0.85 mm；a=42；b=12；c=18；$V={}^{35}68^{17}$；St=12 μm (新模标本)。

7.3.2 雄虫

L=0.70 mm～0.93 mm；a=31～50；b=10～14；c=16～30；T=35～64 (Allen，1952)。

7.4 与近似种的区别

除菊花滑刃线虫外，滑刃线虫属的水稻干尖线虫(*A. besseyi*)、草莓滑刃线虫(*A. fragariae*)和毁芽滑刃线虫(*A. blastophthorus*)也可危害多种植物的叶片或腋芽，易与菊花滑刃线虫混淆，其主要形态特征区别见表 1。

表 1 四种滑刃线虫的主要形态学区别

滑刃线虫种	侧区刻线	雌虫体长/μm	后阴子宫囊	雌虫尾部	交合刺
菊花滑刃线虫	4 条	770～1 200	超过肛阴距的二分之一	长圆锥形，末端有尾尖突，其上有 2 个～4 个小尖突	顶部和喙部不明显，背弓长 20 μm～22 μm
水稻干尖线虫	4 条	660～750	不超过肛阴距的三分之一	圆锥形，末端有 1 尾尖突，上有 3 个～4 个小尖突	喙部中等发达，无顶部，背弓长 18 μm～21 μm
草莓滑刃线虫	2 条	450～800	超过肛阴距的二分之一	长圆锥形，末端为一简单的钝尖，无任何修饰	顶部和喙部中等发达，背弓长 14 μm～17 μm
毁芽滑刃线虫	4 条	680～900	肛阴距的二分之一	尾圆锥形，末端为一简单的锐尖	大，顶部和喙部明显，背弓长 28 μm～32 μm

8 结果判定

以雌虫和雄虫的形态学特征作为该线虫的鉴定依据，符合第 7 章形态特征和测计值的可鉴定为菊花滑刃线虫。

9 样品的保存

9.1 样品保存

样品经登记，经手人签字，妥善保存。如发现菊花滑刃线虫，该样品材料要保存在 5 ℃～10 ℃及干燥、防鼠防虫处，并标明样品编号、截获日期、截获人、寄主名称、运输工具名称、输出国名等，样品需至少保存 3 个月，以备复验、谈判和仲裁。

9.2 线虫标本的保存

若鉴定为菊花滑刃线虫，则将剩余的线虫杀死、固定后制成永久玻片保存；也可以固定后放入含 4%甲醛液的指形管等长期保存。

附　录　A
（资料性附录）
菊花滑刃线虫的寄主范围、分布、传播途径和危害症状

A.1　菊花滑刃线虫的寄主

菊花芽叶线虫的寄主范围很广，多达数百种，主要危害园林植物，包括向日葵属、香石竹、瓜叶菊属、紫罗兰、非洲紫罗兰、菊属、百日菊属、福禄考属、大丽花属、秋海棠、龙葵、杜鹃花属、牡丹、翠菊属、罂粟属、风铃草、黑醋栗、醋栗、大岩桐、羽扇豆、沟酸浆属、西瓜、胡椒属、紫苑、蒲包草属、翠雀属、马鞭草属、百日菊、黄雏菊属、多榔菊属、接股木属、金盏草、西伯利亚桂竹香、大滨属等。此外，该线虫也可危害农作物，如草莓属、烟草、苜蓿、莱豆、非洲堇等，此外该线虫还可以寄生千里光、繁缕等。

A.2　菊花滑刃线虫的地理分布

欧洲：保加利亚、丹麦、德国、匈牙利、爱尔兰、意大利、拉托维亚、荷兰、波兰、葡萄牙、俄罗斯、西班牙、瑞士、乌克兰、英国、马德拉群岛和亚速尔群岛。

亚洲：印度、日本、韩国、乌兹别克、哈萨克斯坦。

非洲：毛里求斯和南非。

美洲：美国、墨西哥、巴西和智利。

大洋洲：斐济和新西兰。

A.3　菊花滑刃线虫的传播途径

由于菊花滑刃线虫是一种专性寄生植物地上部分的寄生线虫，寄生寄主植物的叶、芽、生长点和匍匐茎、鳞球茎等，故寄主植物的种苗、繁殖材料和鲜切花是该线虫的主要远距离传播途径。此外翠菊种子也可以携带并传播该线虫。

附 录 B
（规范性附录）
菊花滑刃线虫主要形态鉴定特征图

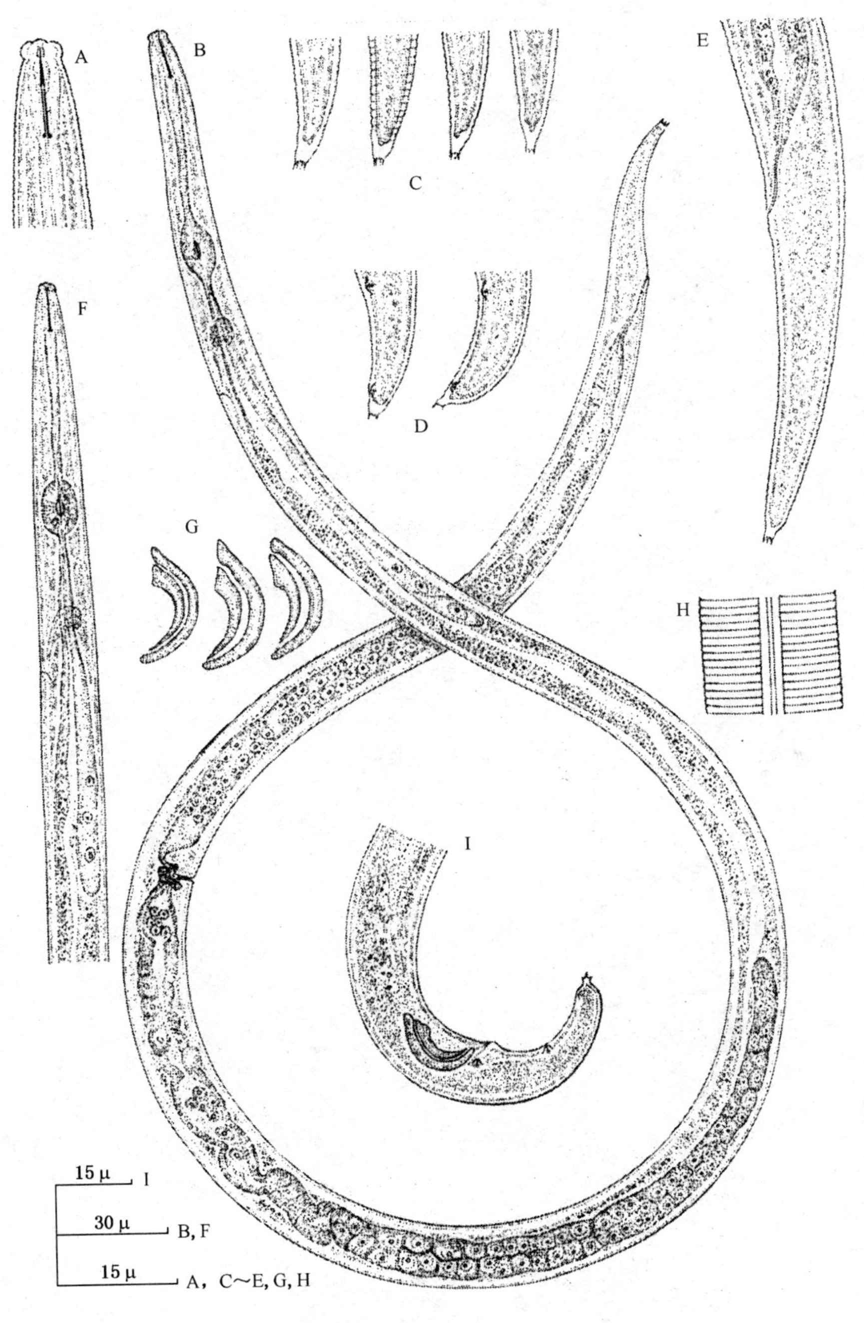

A——雌虫前体部；
B——雌虫虫体；
C——雌虫尾；
D——雄虫尾部；
E——雌虫尾；
F——雌虫食道区；
G——交合刺；
H——侧区；
I——雄虫尾部。

图 B.1 菊花滑刃线虫主要形态鉴定特征图（仿 Siddiqi，1974）

中华人民共和国出入境检验检疫行业标准

SN/T 2507—2010

咖啡短体线虫检疫鉴定方法

Quarantine identification of banana root nematode, *Pratylenchus coffeae* (Zimmermann) filipjev & steckhven

2010-03-02 发布　　2010-09-16 实施

中华人民共和国国家质量监督检验检疫总局　发布

前　言

本标准的附录B为规范性附录，附录A为资料性附录。

本标准由国家认证认可监督管理委员会提出并归口。

本标准起草单位：中国检验检疫科学研究院、中华人民共和国上海出入境检验检疫局、中华人民共和国天津出入境检验检疫局、中华人民共和国江苏出入境检验检疫局和中华人民共和国厦门出入境检验检疫局。

本标准主要起草人：葛建军、戚龙君、王金成、粟寒、王宏毅。

本标准系首次发布的出入境检验检疫行业标准。

咖啡短体线虫检疫鉴定方法

1 范围

本标准规定了进出境植物检疫中咖啡短体线虫的检疫鉴定方法。

本标准适用于进出境植物及植物产品、土壤等传带的咖啡短体线虫的检疫鉴定。

2 符号

下列符号适用于本标准。

n——测计的线虫样本数目；

L——虫体体长(μm或mm)；

a——体长/最大体宽；

b——体长/虫体前端至食道与肠连接处的距离；

c——体长/尾长；

St——口针长度(μm)；

T——泄殖腔开口至精巢末端的距离×100/体长；

V——虫体前端至阴门的距离×100/体长。

3 原理

中文名称：咖啡短体线虫

学名：*Pratylenchus coffeae*(Zimmermann，1898)Filipjev&Schuurmans Steckhven，1941

异名：*Tylenchus coffeae* Zimmermann，1898

Tylenchus musicola Cobb，1919

Tylenchus mahogani Cobb，1920

Anguillulina pratensis Goffart，1929

Pratylenchus musicola Filipjev，1936

Pratylenchus mahogani Filipjev，1936

Anguillulina mahogani Goodey，1937

Tylenchus(*Chitinotylenchus*)sp. Schneider，1938

英文名：Banana root nematode，Banana meadow nematode，Banana root-lesion nematode，

分类地位：线虫门(Nematoda)，侧尾腺纲(Secernentea)，垫刃目(Tylenchida)，短体科(Pratylenchidae)，短体线虫亚科(Pratylenchinae)，短体线虫属(*Pratylenchus*)。

咖啡短体线虫是一类迁移性内寄生线虫，破坏寄主植物根的皮层或鳞球茎的鳞片，并发微生物感染，导致其发生腐烂。咖啡短体线虫寄主范围很广，超过250种。其寄主范围、传播途径、生物学和形态学特征是其检疫鉴定方法的依据。咖啡短体线虫的寄主范围、分布和传播途径参见附录A。

4 仪器、用具及药品

4.1 仪器与用具

4.1.1 生物显微镜。

4.1.2 体视显微镜具透射光源。

4.1.3 冰箱。

4.1.4 加热板(80 ℃以下)。

4.1.5 打孔器。

4.1.6 载玻片。

4.1.7 盖玻片。

4.1.8 标准套筛(60 目～500 目等)。

4.1.9 烧杯(500 mL、1 000 mL 等)。

4.1.10 漏斗。

4.1.11 漏斗架。

4.1.12 乳胶管。

4.1.13 止水夹。

4.1.14 凹玻片。

4.1.15 指形管。

4.1.16 剪刀。

4.1.17 挑针。

4.1.18 浅盘(上盘、下盘)。

4.1.19 玻璃纤维丝。

4.1.20 酒精灯。

4.1.21 培养皿。

4.1.22 试管。

4.1.23 纱布。

4.1.24 干燥器。

4.1.25 记号笔。

4.2 药品

4.2.1 指甲油。

4.2.2 4%甲醛。

4.2.3 乳酚油(苯酚 20 mL、乳酸 20 mL、甘油 40 mL 和蒸馏水 20 mL 混合而成)。

4.2.4 石蜡。

4.2.5 冰乙酸。

5 外观症状的检查

对植物种苗的根、鳞球茎、块茎、茎根、根状茎等地下部分进行检查,查看是否有根腐症状,收集上述可疑植物材料及所夹带的土壤,一并带回实验室检验。

6 实验室检验

对于抽取的样品,可用浅盘分离法或漏斗法分离线虫。将分离获得的水样在体视显微镜下检查,挑取或吸取疑似线虫若干条,制成临时玻片后在显微镜下镜检,观察线虫的形态学结构。

7 咖啡短体线虫的形态学鉴定特征

7.1 形态特征图

见附录 B。

7.2 形态特征描述

雌虫:年幼的雌虫较细长,而老熟的雌虫虫体较胖,虫体环纹明显;侧区常有刻线 4 条,有时有 5 或 6 条。唇区低,稍缢缩,前缘平,2 个唇环清晰,偶尔在唇区的一侧有 3 个唇环;口针发达,粗短,基部球圆至椭圆形。中食道球卵圆形，食道腺从腹面和侧面覆盖肠的前端，覆盖长度为 1 倍～2.5 倍体宽；排泄孔位于食道-肠瓣门位置的前方，半月体紧靠排泄孔的前部，约占 2 个体环的宽度。前生殖管卵母细胞单行排列，前端直或有回折；受精囊大，宽卵圆至近圆形，内常有精子；后阴子宫囊长为体宽的 1 倍～1.5 倍，当后阴子宫囊较长时，末端常有未发育的卵巢组织；阴道较直。年幼的雌虫尾长为肛门处体宽的 2 倍～2.5 倍，而老熟的雌虫尾长为肛门处体宽的 1.5 倍～2 倍；尾亚圆柱形，末端宽圆，少数锯齿状、平截状或不规则的齿状。侧尾腺孔小，位于尾的中前部。

雄虫：丰富。口针基部球较雌虫窄；交合刺细长，成对，腹弓 16 μm～20 μm；引带 4 μm～7 μm；交合伞边缘有弱的锯齿状纹。

7.3 测计值

7.3.1 雌虫

L=0.45 mm～0.70 mm；a=25～35；b=5～7；c=17～22；V=$^{54-26}$76～83$^{3.2-8}$；St=15 μm～18 μm(Sher&Allen，1953)。

L=0.59 mm；a=34；b=6.3；c=21；V=81.9；St=18 μm(新模标本)。

n=20：L=0.65 mm～0.68 mm；a=18.2～21.3；b=6.8～8.1；b'=4.8～5.2；c=14.3～23.2；V=77～81.4：St=16.3 μm～17.5 μm(刘维志，2004)。

7.3.2 雄虫

L=0.45 mm～0.70 mm；a=26～40；b=6～7；c=17～24；T=45～52；St=15 μm～17 μm(Loof，1960)。

n=10：L=0.41 mm～0.56(0.48)mm；a=23.8～31.4(27.4)；b=5.9～7.7(6.5)；c=17.6～23.3(19.1)；T=37～58(48)；St=14 μm～15 μm。

n=10：L=0.504 mm～0.646 mm；a=21～28.2；b=5.4～7.6；b'=3.8～5.5；c=18.2～23.1；c'=2.4～2.6：St=16.3 μm～17.5 μm(刘维志，2004)。

7.4 与近似种的区别

见表 1。

表 1 4 种常见短体线虫的形态学区别

短体线虫种	唇环数	口针长度/μm	侧区刻线	受精囊形状	雌虫尾形	后阴子宫囊长度/μm
咖啡短体线虫	2	15～18	4(少数 5～6)条	长卵圆形	亚圆柱形，末端未环化	17～50
穿刺短体线虫 *P. penetrans*	3	15～17	4 条	近圆形	锥形，末端钝圆、未环化	1 倍～1.5 倍阴门处体宽
伤残短体线虫 *P. vulnus*	3～4	13～19	4 条	长椭圆形	锥形，尾尖细圆	21～64
卢斯短体线虫 *P. loosi*	2	14～18	4(少数 5～6)条	长卵形	锥形，末端钝尖、未环化	18～26

8 结果判定

以雌虫和雄虫的形态学作为该线虫的鉴定依据，符合第 7 章形态特征和测计值的可鉴定为咖啡短体线虫。

9 样品的保存

9.1 样品保存

样品经登记，经手人签字，妥善保存。如发现咖啡短体线虫，该样品至少需在 4 ℃左右条件下保存

3个月，以备复验、谈判和仲裁。保存期满后，发现的咖啡短体线虫的样品需作销毁处理。

9.2 线虫标本的保存

若鉴定为咖啡短体线虫，则将剩余的线虫杀死、固定制成永久玻片保存；也可以固定后放入含4%甲醛液的指形管内长期保存。

对已鉴定出带有咖啡短体线虫的植物材料，经登记后，要保存在5℃～10℃及干燥、防鼠防虫处，并标明样品编号、截获日期、截获人、寄主名称、运输工具名称、输出国名等，样品需至少保存3个月，以备复验、谈判和仲裁。

附　录　A
（资料性附录）
咖啡短体线虫的寄主范围、分布、生活史和传播途径

A.1　咖啡短体线虫的寄主

咖啡短体线虫属多食性的植物寄生线虫，其寄主范围较广，几乎包括所有科的约250多种植物。主要农作物寄主包括柑橘、咖啡、芋头、山药、姜黄、小豆蔻、香蕉、芭蕉、胡椒、马铃薯、可可、玉米和姜等。

A.2　咖啡短体线虫的分布

欧洲：保加利亚、意大利、西班牙、加那力群岛。

亚洲：阿富汗、孟加拉、不丹、缅甸、格鲁吉亚、印度(Bihar、Delhi、Himachal Pradesh、Indian Punjab、Karnataka、Manipur、Orissa、Rajasthan、Sikkim、Tamil Nadu、Tripura、present、Uttar Pradesh、West Bengal)、印度尼西亚、爪哇、伊朗、日本(Kyushu、Ryukyu Archipelago、Ryukyu Archipelago、Shikoku)、韩国、朝鲜、马来西亚、也门、巴基斯坦、菲律宾、斯里兰卡、泰国、越南。

非洲：喀麦隆、民主刚果、加纳、肯尼亚、马达加斯加、马拉维、毛里求斯、莫桑比克、南非、尼日利亚、塞舌尔、坦桑尼亚、乌干达、赞比亚、津巴布韦。

中美洲和加勒比海地区：巴巴多斯、伯利兹、哥斯达黎加、古巴、多米尼加、多米尼加共和国、萨尔瓦多、格林纳达、危地马拉、洪都拉斯、牙买加、马提尼克岛、尼加拉瓜、巴拿马、波多黎各、特立尼达和多巴哥和瓜德罗普岛(法属)。

北美洲：美国(阿肯色、加利福尼亚、佛罗里达、夏威夷和南卡罗来那州)和墨西哥。

南美洲：巴西、智利、哥伦比亚、厄瓜多尔、苏里南、法属圭亚那和委内瑞拉。

大洋洲：澳大利亚、巴布亚新几内亚、斐济、基里巴斯、库克群岛、纽埃岛(属新西兰)、萨摩亚群岛、所罗门群岛、汤加、瓦努阿图。

A.3　咖啡短体线虫的传播途径

咖啡短体线虫的幼虫和成虫在土壤内仅可作短距离的移动；而农事操作、农具和交通工具可将农田中的土壤带走，从而传播咖啡短体线虫；植物种苗及其携带的土壤可将咖啡短体线虫传播到新的地区，因此，寄主植物种苗及起携带的土壤是咖啡短体线虫远距离传播的主要途径。

附 录 B
（规范性附录）
咖啡短体线虫主要形态鉴定特征图

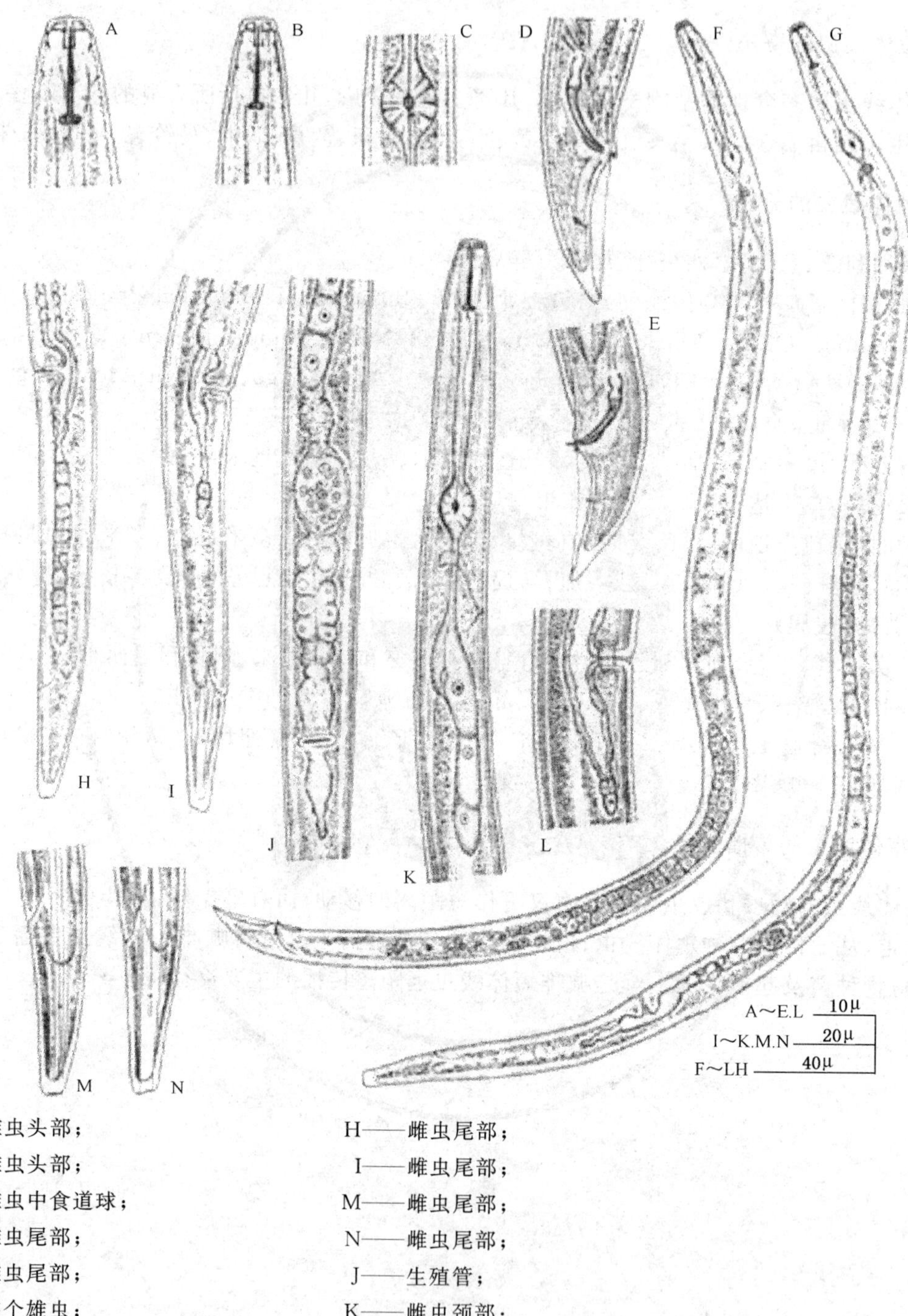

A——雌虫头部；
B——雄虫头部；
C——雄虫中食道球；
D——雄虫尾部；
E——雄虫尾部；
F——整个雄虫；
G——整个雌虫；
H——雌虫尾部；
I——雌虫尾部；
M——雌虫尾部；
N——雌虫尾部；
J——生殖管；
K——雌虫颈部；
L——阴门和后阴子宫囊。

图 B.1 咖啡短体线虫主要形态鉴定特征图（仿 Siddiqi，1972）

三、杂草检疫鉴定类

中华人民共和国出入境检验检疫行业标准

SN/T 1144—2002

植物检疫 列当的检疫鉴定方法

Plant quarantine—
Methods for inspection and identification of broomrape (*Orobanche*. L)

2002-11-25发布　　2003-05-01实施

中华人民共和国
国家质量监督检验检疫总局　发布

前　言

本标准在制定过程中，参考了国内外有关列当种子鉴定的研究成果，经过调查研究与资料分析，并依据列当主要是种子传播的特点，针对列当种子的形态分类学特征等进行编制。

本标准的附录A、附录B为资料性附录。

本标准由国家认证认可监督管理委员会提出并归口。

本标准起草单位：中华人民共和国深圳出入境检验检疫局。

本标准主要起草人：康林、李一农、黄佩卿、李芳荣。

本标准系首次发布的检验检疫行业标准。

植 物 检 疫
列当的检疫鉴定方法

1 范围

本标准规定了入境植物和植物产品中列当检疫、鉴定的方法。

本标准适用于对列当寄主植物（主要是：葫芦科、菊科、豆科、茄科、十字花科、大麻科、亚麻科、伞形科及禾本科等植物）、植物产品的入境检疫。

2 术语和定义

下列术语和定义适应于本标准。

2.1

列当 broomrape

学名：*Orobanche* L.

列当属侧膜胎座目（Paritales），列当科（Orobanchaceae）、列当属（*Orobanche* L.）。

2.2

植物 plant

栽培植物、野生植物及其种子、种苗和其他繁殖材料。

2.3

植物产品 plant product

来源于植物未经加工或者虽经加工但仍有可能传播病虫草害的产品，如粮食、豆、棉花、麻、烟草、籽仁、干（鲜）果、蔬菜、生药材、木材、源性饲料等。

2.4

样品 sample

从批量产品或原产品中抽取的试样。

2.4.1

原始样品 original sample

在现场各点抽取的样品。每份原始样品的总重量为 2 000 g。

2.4.2

复合样品 composite sample

未经充分混匀的原始样品的总和。每份复合样品的重量应不少于 1 500 g。

2.4.3

平均样品 average sample

复合样品经充分混合均匀后的样品。

2.4.4

检验样品 inspection sample

从平均样品中称取的用于室内检验的样品。

2.4.5

保存样品 preservation sample

取走检验品后用来保存以备复检和仲裁的剩余检验样品。

2.5

网眼 mesh

分布在列当种子表面成网状的凹坑(网眼的形状、深浅、网底形状是鉴定列当属与野菰属和独角金的主要特征)。

3 原理

列当是一年生根寄生草本植物,主要以种子传播,每株列当可产 4 万至 50 万粒种子,种子非常微小(0.2mm～0.5mm),肉眼几乎不能检出。根据此特点,参照 Jacorsohn 和 Marcus 检验法(见附录 B),采用过筛冲洗法检疫列当作为其检验方法的主要依据。

4 仪器、试剂

4.1 仪器、用具

4.1.1 体视显微镜、显微镜。

4.1.2 套筛:60 目(孔径:500 μm)～500 目(孔径:25 μm)。

4.1.3 计量器、分样台、分样板。

4.1.4 放大镜。

4.1.5 瓷盘、漏斗、洗瓶、量杯、培养皿。

4.1.6 镊子、指形管、广口瓶、排毛笔、小毛笔、吸水纸。

4.1.7 标签、记录本、标本瓶、标本盒、樟脑丸等。

4.2 药品

1%的表面活性剂或肥皂水。

5 列当的形态特征

列当为一年生根寄生草本植物,根退化,茎肉质,直立,单生或少分枝,有细绒毛,浅黄色或紫褐色或无色。叶退化成鳞片状螺旋状排列在茎杆上,黄色或黄褐色,全株缺乏叶绿素,穗状花序紧密。花小,两性,白色、粉红色、米黄色或蓝紫色。每朵小花的基部均有一狭长的苞片,苞片披针形或卵状披针形。花萼钟形,淡黄色,裂片 5,顶端锐尖,或靠基的一裂片退化,即成 4 裂片。花冠唇形,上唇 2 裂,下唇 3 裂。雄蕊 4 枚,2 强,着生于花冠筒内,花丝细长,上部白色,基部黄色,花药 2 室,黄色,背白色棉毛或细长绒毛,倒生于花丝的顶端,纵裂,雌蕊一枚,卵形,柱头膨大如头状,紫蓝色的花柱直立或下弯或内藏。上位子房,由 4 心皮合一室,侧膜胎座,胚珠多数。蒴果,通常纵裂,花柱常宿存。内含大量种子。

种子多为倒卵形或不规则形,少有椭圆形、圆柱形或近球形(列当、野菰、独角金种子的区分参见附录 A)。细小似灰尘(0.2 mm～0.5 mm),深黄褐色至暗褐色。种脐明显或不明显,种皮表面凹凸不平,有脊状条纹突起形成网,网眼浅,方形或纵矩形,网壁平滑。网眼排列规则或不规则。网脊平无小突起,网眼底部网状或小凹坑状。

6 现场检疫与取样

6.1 原粮与种子取样

6.1.1 原粮取样

6.1.1.1 船运货物的取样

——船运散装原粮的检疫与取样是根据原粮种类及原粮中列当的寄生植物种类分舱别、分层次、分品种取样。

——取样标准：每舱分上、中、下三层扦取样品，如有需要时每舱可增加取样层数。每舱每层扦取的样品重量不得少于 2 000 g。

——取样方式：按棋盘式选取 20 个～40 个取样点抽取原始样品装入一次性薄膜袋中，并同时在每个点取约 2 000 g 样品，用规格筛过筛，初步检查筛上（下）物是否带有列当的花、枝、茎等，并注意是否带有其他杂草种子。然后将筛下物用一次性薄膜袋装好，带回室内进一步检验。

6.1.1.2 **取样次数**

——第一次取样于卸货前在表层进行。

——第二次取样在卸货三分之一时进行。

——第三次取样在卸货三分之二时进行。

6.1.2 **种子取样**

包装大于 0.5 kg 的按以下标准随机取样，每份样品的扦样点不少于 5 个：

10 kg 以下取 1 份；11 kg～100 kg 取 2 份；101 kg～1 000 kg 取 3 份；1 001 kg～5 000 kg 取 4 份；5 001～10 000 kg取 5 份；100 001 kg 以上每增加 5 000 kg 增取 1 份样品。不足 5 000 kg 的计取 1 份样品，每份样品的重量：大粒种子（如：玉米、花生、大豆等）为 2.5 kg；中粒种子（如：麦类、绿豆等）为 2.0 kg；小粒种子（如：谷子、苜蓿等）为 1.5 kg；细小或轻质种子（如：烟草等）为 1.0 kg。

包装小于 0.5 kg 的按以下标准随机取样：

100 包以下取 1 份；101～500 包取 2 份；501 包～1 000 包取 3 份；1 001～5 000 包取 4 份；5 001～10 000 包取 5 份，10 001 包以上每增加 5 000 包增取 1 份。不足 5 000 包的余量计取 1 份，每份样品的重量为 1 kg。

6.2 **植物取样**

对进口的植物，包括苗木、花卉进行检疫时，查看苗木、花卉是否有残存的列当寄生物及根部有否列当寄生。植物的取样按以下标准随机取样：50 株以下取 1 份，51 株～200 株取 2 份；201 株～1 000 株取 3 份；1 001 株～5 000 株取 4 份；5 001 株以上每增加 5 000 株增取 1 份；不足 5 000 株的余量计取 1 份样品，每份样品 5 株。

6.3 **现场检疫**

在现场检疫时，对从疫区进口的植物、植物产品应进行仔细检验，特别是列当危害的寄主植物，如：葫芦科、菊科、豆科、茄科、十字花科、伞形花科、禾本科及其他科属的植物种子，过筛然后按第 7 章规定的检验方法进行仔细检验，筛下物应在体视显微镜下观察，发现有可疑的应在显微镜下仔细观察，必要时作电镜扫描，以防漏检。

6.4 **取样标记**

以上所取样品都要标明编号、品名、取样日期、取样人。

7 检验方法

7.1 把检验样品放入三角瓶内（三角瓶视检验样品多少定大小），然后加少许肥皂水或冲洗液，再加自来水直至覆盖检验样品。

7.2 摇匀，静置 10 min。

7.3 把三角瓶内检验样品连同液体一起倒入上筛为 60 目（孔径：500 μm）、下筛为 300 目（孔径：50 μm）的套筛中（套筛直径最好 10 cm，上大下小）。

7.4 用自来水冲洗三角瓶 7 次～8 次，并将冲洗液倒入上筛冲洗检验样品。

7.5 移开上筛，用自来水冲洗下筛壁，用滤纸吸干后，把下筛直接置体视显微镜下仔细观察，发现有列当种子时，需移至显微镜下确定，必要时需作电镜扫描。

8 结果判定

以第 5 章的描述为依据，符合其形态特征的可鉴定为列当种子(*Orobanche* L.)。

9 样品保存

鉴定完毕后，保存植物或植物产品样品，并将检出的列当种子装入指形管或标本瓶内，加以标识(注明：编号、中名、学名、科别、输入国名、从何种商品中检出、进出口日期)，分别进行记录，经手人签字后妥善保存。

附　录　A
（资料性附录）
列当、野菰、独角金种子的区分

A.1　种子表面网眼方形、纵矩形或近圆形、多边形，长宽比不超过4：1，网纹不扭转，网脊上无突起。种子多为倒卵形，网眼浅，方形或纵矩形，网壁平滑，网眼底部网状或小凹坑状 ……… 列当属（*Orobanche* L.）。

A.2　种子近球形或宽椭圆形，网眼深，为方形、近圆形或多边形，网壁具多层环形棱，网眼底部网状 ………………………………………………………………………………………… 野菰（*Aeginetia indica* L.）。

A.3　种子表面网眼长条形，长宽比7：1以上，网纹稍扭转，网脊上有2排互生的突起 ……………………………………………………………………………… 独角金（Striga asiatica (L.) O. Kuntze）。

附　录　B
（资料性附录）
Jacorsohn 和 Marcus 检验法

B.1　设计并制作一个漏斗状的容器，漏斗的上口直径约 20 cm，下口直径约 10 cm，在下口安上 500 目的金属筛网；上口安上 100 目的金属筛网并用尼龙网加围，以便能筛种子样品。

B.2　将检验的样品倒入 1 000 mL 烧杯中，加入含有 1% 表面活性剂的水溶液直至液面覆盖检验样品为止，静止 10 min 后轻轻摇晃 1 min～2 min。

B.3　用自来水从漏斗口冲洗筛网，然后将烧杯中的水连同被检物一起倒入漏斗上口。

B.4　用自来水冲洗筛网 7 次～8 次，这样，被检物留在上口网上，列当种子被冲到下口网上。

B.5　移开上口筛网，用洗液再仔细冲洗漏斗壁，将所有列当种子都冲到下口筛网上。

B.6　将下口筛网直接在体视显微镜下观察，发现有列当种子时需移至显微镜下确定。

中华人民共和国出入境检验检疫行业标准

SN/T 1154—2002

植物检疫　毒麦检疫鉴定方法

Plant quarantine—Methods for quarantine and identification of Annual ray-grass(*Lolium temulentum* L.)

2002-11-25 发布　　　　2003-05-01 实施

中华人民共和国
国家质量监督检验检疫总局　发布

前　言

本标准的附录A、附录B为资料性附录。

本标准由国家认证认可监督管理委员会提出并归口。

本标准负责起草单位:中华人民共和国福建出入境检验检疫局。

本标准起草人:郭琼霞、黄可辉、陈艳、陈明、李德福。

本标准系首次发布的检验检疫行业标准。

引　言

毒麦(*Lolium temulentum* L.)是我国禁止输入的进境植物危险性杂草,它分蘖力强,繁殖力大,适应性广,一旦侵入农田,不仅给农作物生产造成重大损失,而且其颖果的种皮与糊粉层之间含有毒麦碱(Temuline-$C_7H_{12}N_2O$,捷母林),对人、畜和家禽有毒害作用。为了有效防止该种杂草随原粮和植物种子等调运和引种等进行远距离传播,在植物检疫时,需正确掌握和制定毒麦的鉴定方法及规范标准。

本标准在制定的过程中,参考了国内外有关毒麦鉴定的资料及研究成果,经过调查研究及对毒麦实物标本资料进行综合分析,并根据毒麦的分布、形态分类学特征、鉴定毒麦的各项技术指标和毒麦传播的原理、特点等,对本标准进行编写。

植物检疫　毒麦检疫鉴定方法

1　范围

本标准规定了植物检疫中毒麦的检疫鉴定方法。

本标准适用于所有植物原粮和种子中混杂的毒麦的检疫鉴定。

2　术语和定义

下列术语和定义适用于本标准。

2.1

小穗　splkelet

为禾本科花序的构成单位，每个小穗由一至多朵小花，并连同基端由内、外颖片所组成。

2.2

小花(带稃颖果)　flaret

禾本科的花(籽实)连同包被其外的内、外稃。

2.3

颖　glume

是指禾本科小穗基部的苞片。共二枚，下面一枚为第一颖(外颖)，上面一枚为第二颖(内颖)。

2.4

稃　millet

是指禾本科小穗上花的苞片。共二枚，下面一枚为外稃，上面一枚为内稃。

3　原理

毒麦(*Lolium temulentum* L.)属于大麦族(Hordeum)、禾本科(Gramineae)、黑麦草属(*Lolium* L.)。毒麦均以小穗、小花(带稃颖果)的形式混杂于植物原粮及植物种子之中，随植物原粮及植物种子的调运和引种而传播。毒麦的小穗、小花(带稃颖果)、颖果的形态特征与黑麦草属(*Lolium*)其他种不同，是鉴定该种的依据。毒麦有两个变种分别为：长芒毒麦(*Lolium temulentum* var. *longiaristum* Parnell.)和田毒麦(*Lolium temulentum* var. *arvense* Bab.)，其形态及危害性均同原种。所以，本标准将长芒毒麦和田毒麦的主要鉴定特征与毒麦一起定义，作为本标准的鉴定依据。

4　仪器和用具

4.1　扩大镜。

4.2　体示显微镜、目镜和台镜的测微尺。

4.3　解剖刀、解剖针、镊子。

4.4　指形管、培养皿。

4.5　孔筛、筛底、筛盖。

4.6　天平、电子天平。

4.7　分样台、分样板、白瓷盘。

4.8　标签、记录本、标本瓶、标本盒、一次性塑料袋、棉花、吸水纸等。

5 现场检疫

5.1 现场取样

5.1.1 准备

预先了解应检货物的产地、货物名称及重量。

5.1.2 原始样品和复合样品的制备

船运散装的植物原粮和种子分舱别、层次、品种、等级等，按棋盘式选 30 点～50 点扦取原始样品，每份原始样品的质量应不少于 50 g；并制成复合样品，每份复合样品的质量应不少于 2 000 g。

以车皮或其他包装为单位的植物原粮和种子，扦取一份复合样品，每份复合样品的质量应不少于 1 500 g。其余也按本标准执行。

5.1.3 船运散装植物原粮和种子的取样次数

第一次取样，卸货前在表层进行；第二次取样，卸货三分之一时进行；第三次取样，卸货三分之二时进行。每次取样各制备复合样品一份。

5.1.4 一般包装植物原粮和植物种子的取样份数与重量

5.1.4.1 取样份数

10 kg 以下取一份；11 kg～100 kg 以下取二份；101 kg～500 kg 以下取三份；501 kg～1 000 kg 以下取四份；1 001 kg～2 000 kg 以下取五份；2 001 kg～5 000 kg 以下取六份；5 001 kg～10 000 kg 以下取七份；10 001 kg～100 000 kg，每增加 5 000 kg，增取一份样品；不足 5 000 kg 的余量，计取一份样品；100 001 kg以上，每增加 50 000 kg，增取一份样品；不足 50 000 kg 的余量，计取一份样品。

5.1.4.2 取样重量

每份样品的重量：大粒种子如：玉米、大豆等，每份 2.5 kg；中粒种子如：麦类、绿豆、空心菜等，每份 2.0 kg；小粒种子如：黑麦草、谷子、白菜等，每份 1.5 kg。

5.2 样品登记

扦取样品的登记项目包括船名、发货港、原产地、品种及等级、船别和层次、扦样时间、样品编号、扦样员姓名等。

5.3 现场查验

现场查验时，对植物原粮和植物种子进行仔细查看；过筛时，按第 6 章规定的过筛检验方法进行筛选，并挑检，将发现的可疑的黑麦草属的籽实，一并带回实验室，进一步挑检、检验和在体示显微镜下镜检鉴定。

6 实验室检验

6.1 样品制备

把现场检疫抽取的复合样品倒入瓷盘内，并充分混匀、摊平，制取平均样品；对制取的平均样品，采取四分法，取该样品的二分之一至四分之三（较少样品）作为试验样品，其余的作为保存样品。

6.2 过筛检验

根据样品种子的大小确定不同规格的孔筛及加上底盘，将检验样品倒入规格筛的上层内，盖上盖子，用回旋法过筛，每筛旋转 25 次～30 次后，把过筛的筛上物和筛下物分别倒入白瓷盘内，用镊子挑检杂草籽实，并放置于培养皿内。混杂于植物原粮和植物种子中的毒麦小花（带稃颖果）的籽实，一般在孔筛直径为 2.5 公厘以上的筛上物中获得。

6.3 鉴定方法

6.3.1 目测鉴定

用肉眼或借助扩大镜将挑检的杂草籽实进行分类，挑取黑麦草属杂草籽。

6.3.2 镜检鉴定

将黑麦草属的小穗和小花(带稃颖果)置放解剖镜下,观察小穗、小穗轴、小花(带稃颖果)的内、外稃和外稃上的芒等形态特征,并依据毒麦小花(带稃颖果)的外表形态特征和黑麦草属主要种分种检索表进行分种鉴定。

对小花(带稃颖果)的内、外稃等外部主要特征不明显或已被磨损,从外观上难于鉴别时,可采用解剖法从其内部形态和结构来区别鉴定。方法是:将小花(带稃颖果)放在解剖镜的镜台上,垫上已备好的棉花,用解剖刀和解剖针,对其籽实进行解剖和镜检,观察稃片内颖果、胚及籽实横切面等的形态特征,并依据毒麦小花(带稃颖果)的内、外表形态特征进行比较鉴定。

6.3.3 称取千粒重

将符合毒麦形态特征的小花(带稃颖果),放在电子天平上称其重量,并换算为千粒重(g)。

7 形态鉴定特征

7.1 黑麦草属的形态特征

黑麦草属(别名:毒麦属)的主要形态特征:小穗含二至数朵花,单生而无柄,两侧压扁,以背腹面对向穗轴而排列成穗状花序,小穗脱节于颖之上及各花之间;除顶生小穗具外颖外,其余均退化,内颖位于背轴之一方,具五脉至九脉;外稃背面圆形,具五脉,无芒或有芒;内、外稃等长或内稃稍短于外稃,先端尖;颖果腹面中部具纵沟,稃片与颖果粘合,不易脱离。黑麦草属主要种分种检索表(参见附录 A)。

7.2 毒麦的形态特征

7.2.1 植株

毒麦为一年生草本,须根较稀疏而细弱;杆成疏丛,茎直立,无毛,具三至四节,株高约 50 cm～110 cm;叶鞘较疏松,长于节间,叶舌长约 1 mm;叶片线形,长 10 cm～50 cm,宽 4 mm～11 mm,质地较薄,无毛或微粗糙;穗状花序长 10 cm～25 cm,宽 1 cm～1.5 cm,小穗数 12 个～14 个,穗轴节间长 5 mm～7 mm,下部者长可达 1 cm。毒麦植株特征图(参见图 B.1)。

7.2.2 小穗

毒麦每小穗含四花至七花,以五花为多;小穗轴长 1 mm～1.5 mm,光滑无毛;小穗长 8 mm～26 mm,宽 3 mm～5 mm;除顶生小穗具外颖外,其余的外颖均退化;内颖长于小穗、背轴,披针形,具狭膜质的边缘,脉纹五脉至九脉,长 8 mm～10 mm,宽 1.5 mm～2.0 mm。毒麦小穗的特征图(参见 B.1 和 B.2)。

7.2.3 小花(带稃颖果)

毒麦的小花(带稃颖果)长 6 mm～9 mm,宽 2.28 mm～2.80 mm,厚 1.5 mm～2.5 mm;形状椭圆形或长椭圆形,粗短而膨胀;稃片淡黄色或黄褐色;内、外稃顶端较尖;外稃披针形,具五脉,背面较平直,腹面显著弓隆,先端急尖,基盘狭窄而截平,顶端膜质透明;芒自外稃顶端下方约 0.5 mm 处伸出,长约 10 mm;内稃约与外稃等长,具二脊,两边脊上具窄翼和微小的纤毛,近中部通常有横皱纹和纵沟;带稃颖果为内、外稃所紧贴,不易剥离。毒麦小花(带稃颖果)特征图(参见 B.2)。

7.2.4 颖果

颖果长 4 mm～6 mm,宽 1.8 mm～2.5 mm,厚 1.5 mm～2.5 mm;颜色黄褐色灰褐色;形状椭圆形,背面圆形,腹面弓隆,腹沟宽而浅,先端无毛;胚部卵圆形或近圆形;种脐微小,凹陷;毒麦千粒重为 10 g～13 g。毒麦颖果特征图(参见 B.2)。

7.2.5 毒麦变种长芒毒麦和田毒麦形态特征图

毒麦两个变种长芒毒麦和田毒麦的小穗特征图(参见 B.3);长芒毒麦小花(带稃颖果)、颖果特征图(参见 B.4);田毒麦小花(带稃颖果)特征图(参见 B.5)。

8 结果评定

以小穗、小花(带稃颖果)、颖果的形态特征为依据,符合第 7 章描述的形态鉴定特征的,可鉴定为毒

麦 *Lolium temulentum* L.。

9 样品保存

植物原粮和种子的保存样品，按船舱别、层次、品种、等级分别存放，保存样品经登记和经手人签字后置低温、干燥、防虫、防鼠处，妥善保存两个月。如发现毒麦的种子，并已达到规定的含量标准，该样品至少需保存六个月，以备复验、谈判和仲裁，保存期满后需经灭活处理。

附 录 A
（资料性附录）
黑麦草属主要种的分种检索表

1. 外稃有极明显的芒 …………………………………………………………………………… 2

1. 外稃通常无芒，或偶有短芒，或具极微弱的细芒 …………………………………………… 5

2. 颖果粗短而膨胀，整个果体不等厚，侧面观背面较平直，腹面明显弓形、隆起 ………………… 3

2. 颖果瘦长而不膨胀，显著扁平，整个果体约等厚，侧面观腹面不呈上述弓形、隆起 ……………… 4

3. 小穗含 4 花～6 花，以 5 花为多，芒长约 10 mm，内、外稃顶端较尖，千粒重为 10 g～ 13 g ……… …………………………………………………………………… 毒麦（*Lolium temulentum* L.）

3. 小穗含 6 花～9 花，有时可达 11 花，以 9 花为多，芒长 10 mm 以上，内、外稃顶端较钝，千粒重为 9 g～10 g ……………………………… 长芒毒麦（*Lolium temulentum* var. *longiaristatum*）

4. 小花（带稃颖果）长 4 mm～6 mm，宽 1.25 mm～1.5 mm，厚约 0.5 mm，芒长约 5 mm 或近 10 mm，千粒重为 1.8 g～2.5 g ………………………………… 多花黑麦草（*Lolium multiflorum* Lam.）

4. 小花（带稃颖果）长 5 mm～10 mm，宽 1.5 mm～2.0 mm，厚约 1 mm，芒长达 7 mm 以上，千粒重为 6 g～ 8 g ……………………………………………… 波斯黑麦草（*Lolium persicum* Boiss & Hoben.）

5. 颖果瘦长，背腹显著扁平划船形中凹，整个果体近等厚 ……………………………………… 7

5. 颖果粗短而膨胀，背腹略扁，整个果体不等厚，侧面观背面平直，腹面显著呈弓形隆起 ………… 6

6. 小花（带稃颖果）长 5 mm～8 mm，宽 2.5 mm～3.0 mm，厚约 2.5 mm，通常无芒或有微弱的短芒，每小穗含 7 花～8 花，千粒重为 10 g～11 g ………… 田毒麦（*Lolium temulentum* var. *arvense* Bab.）

6. 小花（带稃颖果）长 3 mm～5 mm，宽 1.1 mm～2.0 mm，厚约 1 mm～1.5 mm，通常无芒或具长不超过 5.5 mm 的细芒，千粒重为 3 g～4 g ………………… 细穗毒麦（*Lolium remotum* Schrank.）

7. 颖果背腹显著扁平，整个果体近等厚，外稃先端具短尖或钝圆，小穗含 6 花～10 花，千粒重为 2 g～2.2 g ……………………………………………………………… 黑麦草（*Lolium peremne* L.）

7. 颖果船形中凹，具一细弱芒，长约为颖果的一半。外稃坚实，革质，微呈 5 棱，小穗含 4 花～8 花，千粒重为 1.7 g～2 g ……………………………………… 瑞士黑麦草（*Lolium rigidum* Gaud.）

附 录 B
(资料性附录)
毒麦、长芒毒麦、田毒麦的形态特征图

1——植株；
2——小穗；
3——外稃；
4——叶鞘。

图 B.1 毒麦(*Lolium temulentum* L.)植株特征图

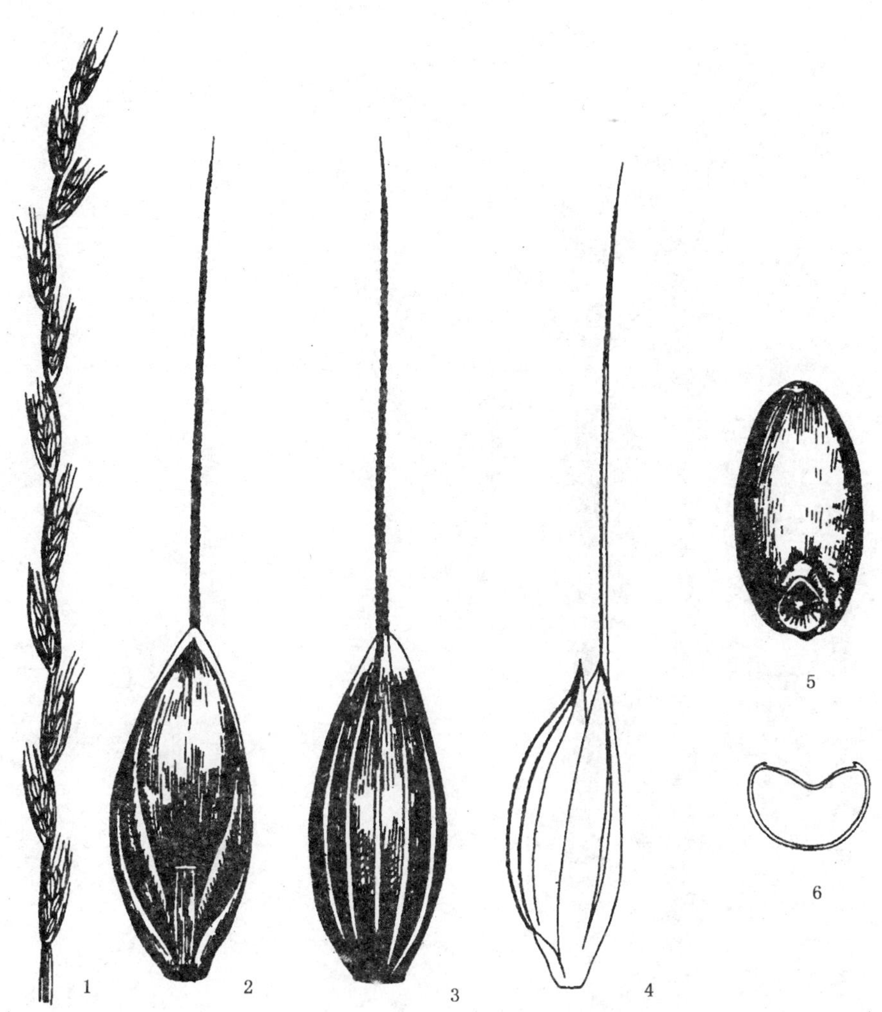

1——小穗；
2——小花腹面；
3——小花背面；
4——小花侧面；
5——颖果、胚；
6——颖果横切面。

图 B.2　毒麦(*Lolium temulentum* L.)小穗和小花特征图

1——长芒毒麦(*Lolium temulentum* var. *longiaristum* Parnell.)小穗;
2——田毒麦(*Lolium temulentum* var. *arvense* Bab.)小穗。

图 B.3 毒麦两个变种的小穗特征图

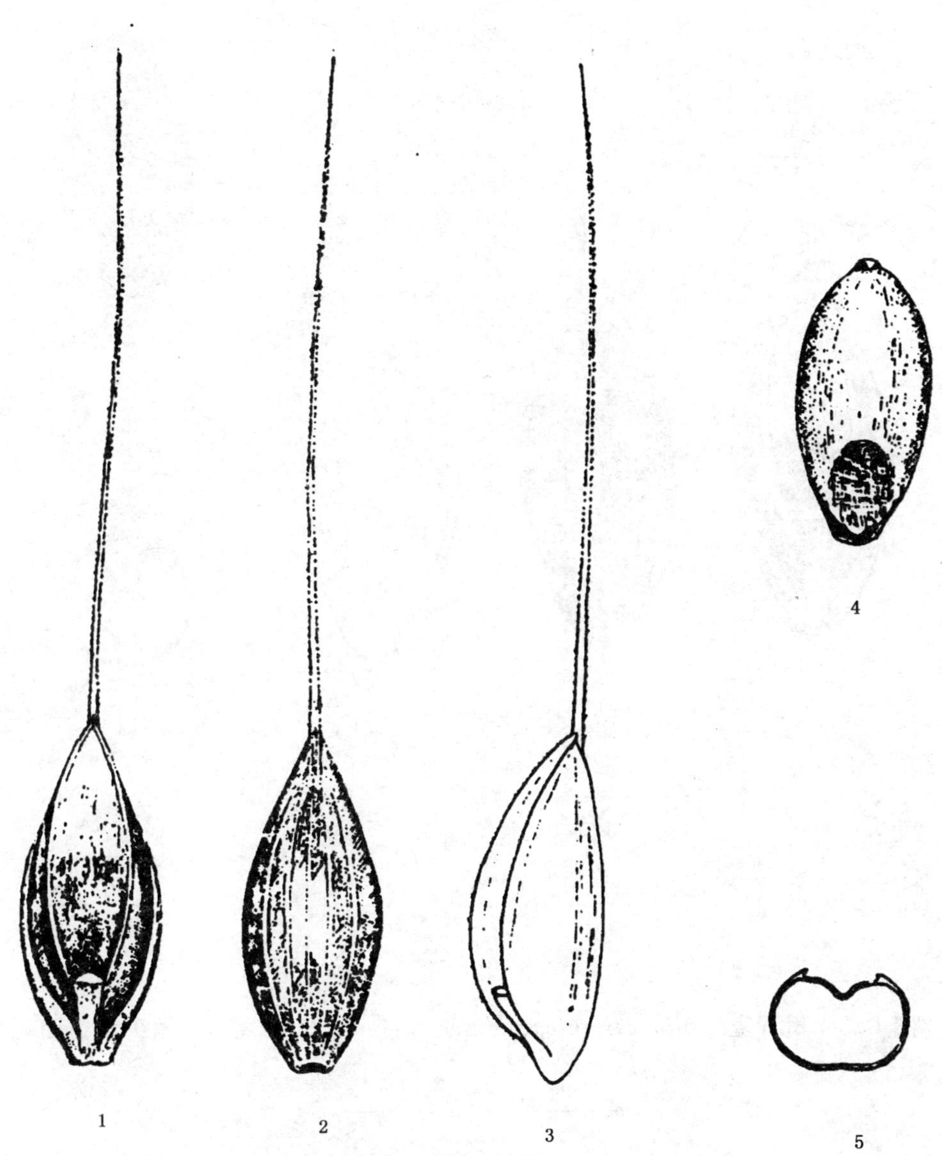

1——小花腹面；
2——小花背面；
3——小花侧面；
4——去稃颖果、胚；
5——颖果横切面。

图 B.4 长芒毒麦(*Lolium temulentum* var. *longiaristum* Parnell.)小花、颖果特征图

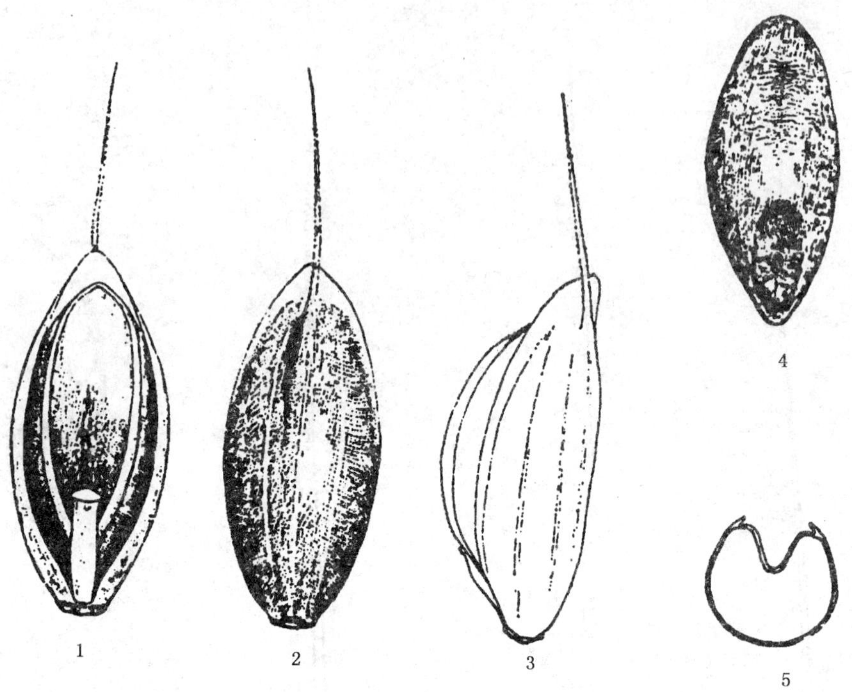

1——小花腹面；

2——小花背面；

3——小花侧面；

4——颖果、胚；

5——颖果横切面。

图 B.5 田毒麦(*Lolium temulentum* var. *arvense* Bab.)小花、颖果特征图

中华人民共和国出入境检验检疫行业标准

SN/T 1362—2004

假高粱检疫鉴定方法

Methods for quarantine and identification of *Sorghum halepense*（L.）Pers.

2004-06-01 发布　　　　2004-12-01 实施

中华人民共和国国家质量监督检验检疫总局 发布

前　言

本标准的附录A、附录B为资料性附录。

本标准由国家认证认可监督管理委员会提出并归口。

本标准负责起草单位:中华人民共和国山东出入境检验检疫局。

本标准主要起草人:邵秀玲、邓善英、陈长法、魏晓棠。

本标准是首次发布的出入境检验检疫行业标准。

假高粱检疫鉴定方法

1 范围

本标准规定了植物及植物产品中假高粱的检疫与鉴定方法。

本标准适用于粮食、种子等植物及植物产品中混杂假高粱的分离与鉴定。

2 术语、定义

下列术语和定义适用于本标准。

2.1

小穗 spikelet

构成禾本科植物复花序的基本单位，具一至多朵小花，每个小穗基部一般有二个颖片。假高粱结实小穗具二个颖片，含二花，第一花退化，仅存内、外稃，膜质透明，第二花结实。

2.2

小穗轴 rachilla

每个小穗有一短轴，其上着生一至多朵小花。

2.3

稃片 squama

禾本科小穗上的小花，其外面具有两片苞片称为稃片，在外一片称为外稃(lemma)，包着的内部一片称为内稃(palea)。

2.4

颖片 glume

禾本科植物小穗基部的苞片，第一颖(存在或退化)位置较低，亦称外颖(outer glume)，第二颖位置较高，亦称内颖(inter glume)。

3 原理

假高粱[*Sorghum halepense*(L.)Pers.]多以小穗、颖果等形态混杂于进口粮及植物种子中，并随之传播。本标准以假高粱的小穗、稃片、颖片、颖果的形态特征及其大小作为鉴定假高粱的依据。

4 仪器和用具

4.1 生物显微镜、体视显微镜。

4.2 测微尺、直尺。

4.3 解剖刀、解剖针、镊子、小毛笔、培养皿、指形管、广口瓶、白磁盘、分样台、分样板、样品铲。

4.4 电动震筛机或套筛(筛盖与筛底)：圆形孔筛直径不小于 20 cm，孔径分别为 2.0 mm、2.5 mm、3.0 mm、3.5 mm、4.0 mm。

4.5 电子称、电子天平(万分之一)。

4.6 样品袋、标签、原始记录本、标本瓶、标本盒、吸水纸、棉花、防虫剂、冰箱、干燥剂(SiO_2)。

5 实验室检验

5.1 样品检验

5.1.1 平均样品的制备

将取回的混合样品充分混匀，制成平均样品。

5.1.2 检验样品与保存样品的制备

对平均样品采用四分法或用分样器进行分样，视样品多少，取平均样品的二分之一至四分之三作为检验样品，称取其重量并记录，每份应不少于 2 000 g，进口种子可根据种类、数量等实际情况决定，剩余平均样品加贴标签作为保存样品保存。

5.1.3 过筛检验

根据样品的直径大小确定套筛规格，从大到小依次套上不同孔径的规格筛和筛底，加入适量样品后盖上筛盖，以回旋法过筛，每筛旋转 15 次～20 次(或用电动震筛机震荡)，使样品分离充分后，将各层筛上物及筛下物分别倒入白磁盘内，挑选杂草籽入培养皿，以备镜检鉴定。

5.2 鉴定方法

5.2.1 目测鉴定

用肉眼或借助体视显微镜对杂草籽进行分类，将蜀黍属小穗、带稃颖果、颖果等挑选出来。

5.2.2 镜检鉴定

将蜀黍属杂草籽放在体视显微镜下，观察其小穗、小穗轴、稃片、颖果的外部形态特征。对外部形态判断模糊的，可用解剖刀及解剖针对种子进行解剖，观察其种脐、种胚的形状及大小等特征。

5.3 鉴定特征

5.3.1 蜀黍属特征

蜀黍属别名高粱属，其主要形态特征：小穗孪生，但在穗轴顶端之一节则为三枚共生。有柄小穗为雄性或中性，常退化而不孕；无柄小穗为两性结实，背腹压扁，基盘短而钝圆，第一颖下部呈革质，平滑而有光泽。小穗通常有明显的芒，芒自第二外稃顶端二裂齿间伸出，芒膝曲扭转，极易脱落，第二颖背面有两枚小穗轴，顶端有关节或不明显。

5.3.2 假高粱形态特征

5.3.2.1 结实小穗特征(参见附录 B)

小穗孪生，顶为三枚共生。结实的无柄小穗卵状披针形或椭圆形，背腹扁，腹面具穗轴节间和有柄小穗柄各一枚；无柄小穗长 3.5 mm～5.0 mm，宽 1.8 mm～2.0 mm，厚约为 1.5 mm，黄褐色、红褐色至紫黑色，表面光滑，有光泽。第一颖革质，具油漆光泽，上部具两脊，脊和边缘有纤毛(早落)：第二颖中央脊突，无毛，成舟形。两颖片革质，顶端常呈破碎状，基部圆。小穗轴顶端有关节，小穗系由关节处整齐脱落。稃片白膜质透明，芒由第二外稃裂齿间伸出，膝曲扭转，长约 12 mm，极易断落，有时无芒。

5.3.2.2 颖果特征(参见附录 B)

颖果长 2.6 mm～3.2 mm，宽 1.5 mm～1.8 mm，厚约 1.0 mm；倒卵形或椭圆形，暗红褐色或棕色，表面乌暗而无光泽；侧面观，背面钝圆，腹面扁平，全长近等厚；先端钝圆，具宿存花柱两枚；基部钝尖。种脐微小，圆形，深褐色。

5.3.2.3 解剖特征

稃片薄膜质，透明，稍短于小穗，第二外稃先端二裂，芒从裂齿间伸出，膝曲扭转，芒长 9 mm～15 mm，常折断；胚卵圆形或椭圆形，长为颖果的二之分一至三分之二。

6 结果判定

以上述小穗、颖果、小穗轴等形态特征为依据，符合 5.3.2 者可鉴定为假高粱[*Sorghum halepense* (L.)Pers.]，其他相似种参见附录 A。

7 样品保存

保存样品由经手人标识确认、样品管理员登记，进行防虫处理后，置放于恒温、恒湿、防鼠处保存，保存期为三个月，发现假高粱的样品至少保存六个月，以备复验、谈判、仲裁，作为对外交涉之依据，保存期满，经灭生后妥善处理。

附 录 A
（资料性附录）
假高粱与其近似种的比较

表 A.1

种类	假高粱	黑高粱	苏丹草	光高粱	拟高粱
学名	*Sorghum halepense* (L.)Pers.	*Sorghum almum* Parodi	*Sorghum sudanense* (Piper)Stapf.	*Sorghum nitidum* (Vahl.)Pers.	*Sorghum propinqum* (Kunth.)Hitche
无柄小穗	长 3.5 mm～5.0 mm，顶端稍钝形，无芒或有芒，卵状披针形	长 5.0 mm～5.5 mm，宽 2.3～2.5 mm，厚约 1.8 mm，小穗或无关节，成熟小穗轴折断而分离，折断处不整齐	长 6.0 mm～6.5 mm，顶端稍尖，阔椭圆形，芒易脱落，有柄小穗呈披针形	长 3.0 mm～5.0 mm，顶端稍钝形，卵状披针形，芒长	长 4.0 mm～5.0 mm，顶端突然尖锐，具短小尖头，无芒，菱状披针形
颖片	革质，呈黄褐色、红褐色或紫黑色，有光泽，先端锐尖	革质，呈黄褐色、红褐色或紫黑色，有光泽，先端锐尖	革质，有光泽，呈黄褐色、红褐色至紫黑色	革质，黑色	革质，下部红褐色，上部或顶端黄色
第 1 颖	背部近扁平，具二脊，脊和边缘上具短纤毛	背部近扁平，具二脊，脊和边缘上具短纤毛	颖具二脊，脊上有短纤毛	顶端近膜质；上端具二脊，有三至五条纵脉；背部密被纤毛	扁平，顶端无齿或齿不显著，脉不明显，边缘包第二颖，二侧脊及背部密被纤毛
第 2 颖	具一脊，舟形，脊上有短纤毛	具一脊，舟形，脊上有短纤毛	具一脊，脊近顶端有纤毛	顶端具短尖，具三至五条纵脉，背部微隆起	中脊突出，基部穗轴节间和小穗柄各一枚，顶端膨大内陷具白色长柔毛
第 1 小花	仅有外稃，膜质，具三脉，长圆状披针形	仅有外稃，膜质，具三脉，长圆状披针形	内、外稃均膜质透明	仅有外稃，厚膜质，卵状披针形	仅有外稃，膜质，具一脉，三角状披针形
第 2 小花	膜质的内外稃边缘被毛；外稃三角状披针形，长约 2.0 mm，顶端微二裂，主脉由齿间伸出芒，芒长约 3.5 mm，有时呈小尖头而无芒；内稃线形或不规则	外稃三角状披针形，顶端微二裂，主脉由齿间伸出芒，有时无芒；内稃线形或不规则	内外稃膜质；外稃先端二裂，芒从齿裂中间伸出，芒长 8.5 mm～12 mm	外稃宽披针形，透明膜质，边缘被毛，顶端二齿裂，芒自齿间伸出，膝曲扭转，芒长可达 20 mm 以上	膜质的内外稃边缘被毛；外稃披针形，长 3.5 mm，顶端无芒；内稃线形
颖果	颖果长 2.6 mm～3.2 mm，宽 1.5 mm～1.8 mm，厚约 1.0 mm；倒卵形或椭圆形，暗红褐色或棕色，表面乌暗而无光泽；侧面观，背面钝圆，腹面扁平，全长近等厚；先端钝圆，具宿存花柱二枚；基部钝尖。种脐微小，圆形，深褐色	颖果长 3.0 mm～3.5 mm，宽 1.8 mm～2.0 mm，厚约1.1 mm	颖果倒卵形，长 4.0 mm～4.5 mm，宽 2.5 mm～2.8 mm，顶端钝圆，基部稍尖，果皮赤褐色，胚体大，近椭圆形，长约占果体近二分之一至五分之四；脐紫褐色圆形，位于果实腹面基部	颖果椭圆形，长约 2.2 mm，宽约 1.0 mm，棕红色，胚体大，长约占果体近二分之一，脐圆形，黑褐色，位于果实腹面基部	颖果倒卵形，平凸；紫褐至棕褐色；长 2.5 mm，宽 1.8 mm。顶具二枚花柱合生的残基。胚长为颖果的三分之二。

附 录 B
(规范性附录)
假高粱结实小穗和颖果形态特征图

a) 假高粱小穗腹面

b) 假高粱小穗背面

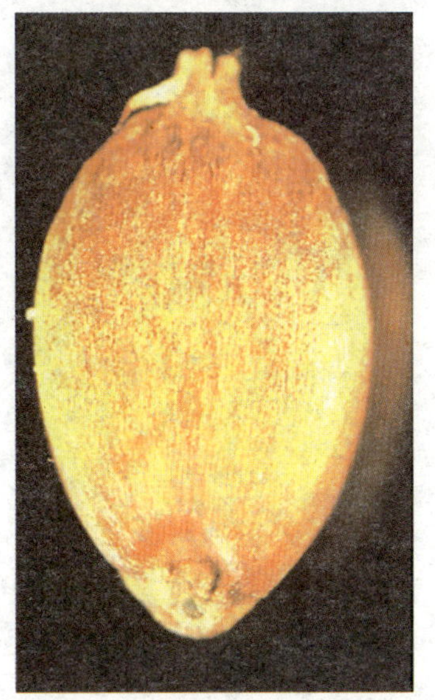

c) 假高粱颖果腹面

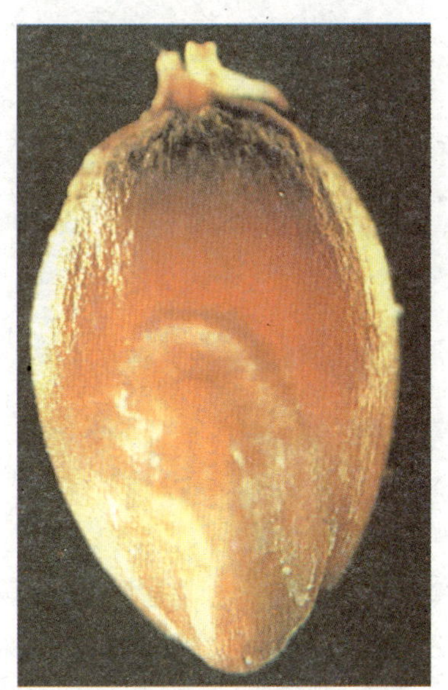

d) 假高粱颖果背面

图 B.1

中华人民共和国出入境检验检疫行业标准

SN/T 1385—2004

菟丝子属的检疫鉴定方法

Methods for quarantine and identification of *Cuscuta* L.

2004-06-01 发布

2004-12-01 实施

中华人民共和国
国家质量监督检验检疫总局 发布

前　言

本标准的附录 A、附录 B 为资料性附录。

本标准由国家认证认可监督管理委员会提出并归口。

本标准起草单位:中华人民共和国上海出入境检验检疫局。

本标准主要起草人:印丽萍、叶军、宋绍祎、易建平、邬红。

本标准系首次发布的检验检疫行业标准。

引　言

菟丝子(*Cuscuta* L.)是一类能寄生于植物、造成严重经济损失又难以防除的恶性杂草，因此，世界上有许多国家把其列为禁止或限制输入的有害生物。1992年农业部颁布的《中华人民共和国进境植物检疫危险性病、虫、杂草名录》中，菟丝子被列为二类危险性有害生物。该属种类多，寄主范围极广，在世界上许多国家均有分布。为保护我国农业生产安全，防止菟丝子传入和传出国境，做好检验检疫工作，特制定本标准。

本标准在制定的过程中，参考了国内外有关菟丝子鉴定的方法、资料及研究成果，查考了有关菟丝子的标本，经过调查研究和综合分析，根据菟丝子的形态分类学特征、传播方式和途径、鉴定菟丝子的各项技术指标，对本标准进行编写。

菟丝子属的检疫鉴定方法

1 范围

本标准规定了进出境植物检疫中菟丝子属(*Cuscuta* L.)植物的检疫和鉴定方法。

本标准适用于进出境种用种子、粮食(包括豆类、原粮及其粗加工品)、烟草及其他用途的植物和植物产品中菟丝子属的检疫和鉴定。

2 术语和定义

下列术语和定义适用于本标准。

2.1

寄生 parasitism

植物通过吸收寄主体内的水分和养分来完成生活史的过程。

2.2

鳞片 scale

菟丝子植物花瓣基部流苏状的变态的叶片。

2.3

晕轮 halo

种脐周围一个褪色面,但不明显成环。

2.4

种脐 hila

种子成熟时,从种柄脱落下来后在种子上留下的一个痕迹。

2.5

喙 beak

呈鸟嘴状的顶端或突起。

2.6

蒴果 capsule

由两个或两个以上心皮合生而成,内含多数种子,成熟时有多种开裂方式。

3 原理

菟丝子属旋花科(Convolvulaceae),是一年生寄生于茎部的全寄生草本植物。因此,菟丝子易随寄主及其产品传播。在菟丝子传播过程中,主要以植株和种子形式存在。本标准以菟丝子的植株和花部特征、蒴果和种子的特征等作为鉴定菟丝子属植物的依据。

4 仪器设备

4.1 体视显微镜、放大镜。

4.2 白瓷盘。

4.3 电动筛和筛子:

4.3.1 电动筛:旋转速率 100 r/min～150 r/min,筛子一般采用圆筛(直径 20 cm,孔径 3.5 mm 和直径 20 cm,孔径 2.0 mm)。

4.3.2 筛子:人工筛样检验时,筛子规格分别为孔径 3.5 mm、3.0 mm、2.0 mm、1.5 mm。

4.4 解剖刀、解剖针、镊子、培养皿、指形管、广口瓶、双面胶。

4.5 标本瓶、标签、原始记录纸、吸水纸、樟脑精、干燥剂、冰箱、微波炉。

4.6 电子秤、电子天平。

5 现场检疫

5.1 进出口种子和粮食等植物产品，现场检疫采用筛选法可有效地防止对菟丝子种子的漏检。

5.1.1 用一套孔径从 1.0 mm～3.5 mm 大小不等的各种规格的筛子，依孔径大小，筛子由上至下排列。

5.1.2 把样品倒入套筛的最上格，充分过筛。单柱类的菟丝子集中在孔径 2.0 mm～3.5 mm 的筛子中；其他的菟丝子集中在孔径小于 1.8 mm 的筛子中。

5.1.3 实际操作中可视混杂农产品种子的大小、菟丝子的寄主种类等因素，用一至两种规格的筛子，就可筛选出混杂的菟丝子种子。

5.2 烟叶等植物和产品，在现场检疫时，逐片检查有无菟丝子植株体或种子。

6 实验室检验和鉴定

6.1 样品检验

6.1.1 样品制备：将送检样品充分混合，根据样品的种类和数量确定实验室检验样品的数量。少于 1.0 kg的散装送检样品全检、少于 10 听(包)(枝)的送检样品全检。

6.1.2 称样：把实验室的检验检疫样品进行称量计重。

6.1.3 筛样：把样品倒入电动筛或孔筛中。用电动筛筛样时，电动筛的每分钟旋转速率为 110 r/min～150 r/min 转，每次旋转 3 min。用孔筛人工筛样时，可视样品的多少，分次筛样，每筛旋动 10 次～20 次，筛样时间 3 min。把筛上和筛下物分别倒入白瓷盘或培养皿中，挑选杂草种子。

6.1.4 烟叶、苗木等产品，须逐片和逐株检查有无菟丝子植株体和植株体缠绕。

6.2 鉴定方法

6.2.1 镜检：把挑取的杂草种子或植株体放入培养皿中，在解剖镜或扩大镜下镜检。

6.2.2 种子形态特征观察

6.2.2.1 按照菟丝子的特征，检查出怀疑对象(参见附录 A)。

6.2.2.2 将可疑种子倒入水中浸泡 0.5 h 左右(以泡涨为准)。

6.2.2.3 剥去种皮，可观察到菟丝子种子的胚为线状，卷曲两圈半至三圈，没有子叶。

6.3 鉴定特征

6.3.1 茎

茎纤细，淡黄色至粉色、紫红色。

6.3.2 花

花小，白色或淡红色；无梗或具短梗，集成穗状、总状或簇生成头状的花序；苞片小或无；花五至四出数；萼片几乎等大，基部或多或少连合；花冠管状、壶状、球状或钟状，冠管五至四浅裂；在花冠管内雄蕊基部有鳞片，鳞片边缘分裂或成流苏状；雄蕊与花冠裂片同数，着生于花冠喉部，与花冠裂片互生，通常稍伸出，花丝短，花药内向，花粉粒椭圆形，无刺；雌蕊由二枚心皮构成，子房二室，上位，每室二胚珠；花柱二，完全分离或多少连合，柱头球形或伸长(见第 B.1 章)。

6.3.3 果

蒴果球形、扁球形或卵形，有时稍肉质，周裂或不规则开裂，内含种子一至四粒。

6.3.4 种子

种子一般卵形，无毛，有喙或喙不明显，表面光或粗糙；胚包含在肉质的胚乳中，线形，成圆盘状或螺旋状弯曲，子叶无或仅有细小的鳞片状遗痕。单柱类种子一般大于 2.0 mm，种脐明显；菟丝子亚属和细茎亚属的种子一般小于2.0 mm,可见明显的脐区和种脐(见第B.2章)。

7 结果判定

符合6.3菟丝子属植株和果实鉴定特征者可鉴定为菟丝子。

8 样品保存

保存样品须加贴标签,置放于恒温、恒湿、防霉、防蛀处保存,保存期限六个月,保存期满,样品须作灭活处理。

附 录 A
（资料性附录）
菟丝子种子照片

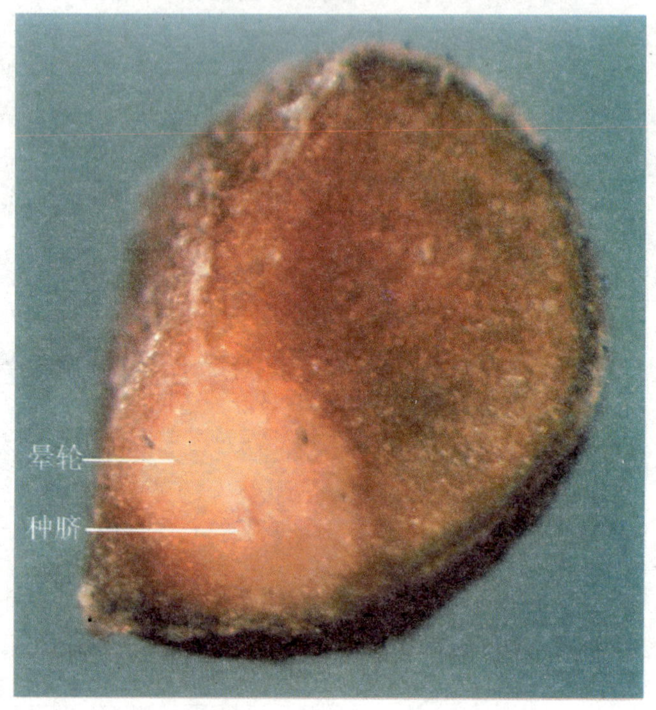

图 A.1　菟丝子种子形态

附　录　B
（资料性附录）
菟丝子主要种分类检索表

根据菟丝子种对世界农牧业生产的危害程度和我国菟丝子的分布状况，我们选择了15个重要种，并根据其植株、果实、种子的特征编制了两个分种检索表。

B.1　菟丝子主要种的植物分种检索表

植物分种检索表的编制，采用Yuncker的分类处理，以花柱数目（一或二）、柱头形状、茎的粗细为主要形态特征，将菟丝子分为细茎 *Grammica*、单柱 *Monogyna*、菟丝子 *Cuscuta* 三个亚属，结合其他特征，鉴定到种。

1　花柱二；花通常簇生成小伞形或小团伞花序，茎纤细
　2　柱头球状或头状，不伸长（Sub. Grammica）
　　3　花萼裂片背部平滑无脊；蒴果仅下半部被宿存花冠所包被，顶部花柱基裂开成深的凹陷
　　　4　花冠裂片顶端圆，直立，冠筒内鳞片很小，且远离雄蕊 ……………… 南方菟丝子 *C. australis*
　　　4　花冠裂片顶端锐尖，常反折，鳞片大形，贴近雄蕊
　　　　5　花萼裂片在交接处形成角块形状，花冠裂片尖端内弯 ………… 五角菟丝子 *C. pentagona*
　　　　5　花萼和花冠不为上述 …………………………………………… 田野菟丝子 *C. campestris*
　　3　花萼裂片背部微突成龙骨状或具粗糙的硬毛；蒴果几乎全部为宿存花冠所包被
　　　6　花萼裂片背部微突成龙骨状 ……………………………………… 中国菟丝子 *C. chinensis*
　　　6　花萼及花冠背面具乳头状或粗糙的硬毛 ……………………… 大子菟丝子 *C. indecora*
　2　柱头伸长为棒状或短圆锥状（Sub. Cuscuta）
　　7　花一般四出数
　　　8　花梗较长，等长或长于花，花黄色 ………………………… 具梗菟丝子 *C. pedicellata*
　　　8　花梗粗而短，花白色 ………………………………………… 欧洲菟丝子 *C. europea*
　　7　花五出数
　　　9　花通常有显著的梗 …………………………………………… 百里香菟丝子 *C. epithymum*
　　　9　花无梗
　　　　10　茎黄色或浅黄色，蒴果盖裂 ………………………………… 亚麻菟丝子 *C. epilinum*
　　　　10　茎浅绿色或红色
　　　　　11　花萼裂片背部明显具脊，末端肉质；鳞片大，流苏状，向内弯曲 ……………………… 杯花菟丝子 *C. cupulata*
　　　　　11　花萼裂片背面无脊，末端也不为肉质；鳞片明显二裂，紧贴于花冠筒……………………… 苜蓿菟丝子 *C. approximata*
1　花柱一；总状或圆锥花序，茎粗似细绳，通常寄生于木本植物上（Sub. Monogyna）
　12　花较小，花冠长3 mm～4 mm；花柱通常明显或与柱头近相等
　　13　花柱明显比柱头长，柱头二裂
　　　14　柱头明显有二裂片 ………………………………………… 日本菟丝子 *C. japonica*
　　　14　柱头头状，微二裂 ………………………………………… 啤酒花菟丝子 *C. lupuliformis*
　　13　花柱短，约0.5 mm，几与柱头等长，柱头头状，中央有浅裂缝……… 单柱菟丝子 *C. monogyna*
　12　花较大，花冠长5 mm～9 mm，有短花梗；花柱极短近无，柱头二，舌状长圆形，明显比花柱长 ……………………… 大花菟丝子 *C. reflexa*

B.2 菟丝子主要种的种子分种检索表

菟丝子种子的分种检索,依据其种子的大小、形状、种子表面的特征及其胚的特征。

1 种子长径小于 2.0 mm(Sub. Grammica;Sub. Cuscuta)
  2 种子长径小于 1.0 mm
    3 种子卵形,电镜下可见其种皮具网穴状结构 ……………………………… 杯花菟丝子 *C. cupulata*
    3 种子长卵形,电镜下可见其种皮网穴不明显 …………………………… 苜蓿菟丝子 *C. approximata*
  2 种子不为上述情况
    4 种子常二粒连生,肾形 ………………………………………………………… 亚麻菟丝子 *C. epilinum*
    4 种子不为上述情况
      5 萌发时可见胚卷旋三周
        6 种皮表面具白色微颗粒 ………………………………………………… 中国菟丝子 *C. chinensis*
        6 种皮表面不具白色微颗粒
          7 种子腹棱线两侧不对称,种喙明显 ………………………………… 南方菟丝子 *C. australis*
          7 种子腹棱线两侧对称,种喙不明显
            8 种子卵圆至近球形
              9 种子倒卵形,种脐小 ……………………………………………… 大籽菟丝子 *C. indecora*
              9 种子近圆形,种脐明显 …………………………………………… 田野菟丝子 *C. campestris*
            8 种子一面圆形,一面平坦 …………………………………………… 五角菟丝子 *C. pentagona*
      5 萌发时可见胚卷旋二周
        10 种子具喙,喙明显 …………………………………………………… 百里香菟丝子 *C. epithymum*
        10 种子喙不明显
          11 种脐椭圆形 ……………………………………………………………… 欧洲菟丝子 *C. europaea*
          11 种脐圆形 ……………………………………………………………… 具梗菟丝子 *C. pedicellelata*
1 种子长径大于 2.5 mm(Sub. Monogyna)
  12 种子长径在 3.0 mm~3.5 mm,黄色或黄棕色
    13 种脐椭圆形
      14 电镜下可见脐区长达 425 μm ………………………………………… 日本菟丝子 *C. japonica*
      14 电镜下可见脐区仅 225 μm ……………………………………………… 单柱菟丝子 *C. monogyna*
    13 种脐梭形 ……………………………………………………………………… 啤酒花菟丝子 *C. lupuliformis*
  12 种子长径在 4.0 mm~4.5 mm,黑褐色 …………………………………… 大花菟丝子 *C. reflexa*

参 考 文 献

[1] 方瑞征等编著.1979.中国植物志.64(1):143—145.科学出版社

[2] 李扬汉、黄建中.1986.日本菟丝子寄主范围的调查与研究.植物检疫.2:9—12

[3] 阴知勤.1986.新疆高等寄生植物——菟丝子 *Cuscuta L.*.八一农学院学报.1:7—13

[4] 印丽萍、颜玉树.1996.杂草种子图鉴.中国农业出版社

[5] 郭澄.1993.菟丝子的生药学研究.博士研究生论文

[6] 江苏新医学院编.1977.中药大辞典.上海人民出版社

[7] 刘慎鄂.1936.中国北部植物图

[8] Cooke,D. A. and I. D. Black,1987,Biology and control of Cuscuta campestris and other Cuscuta spp.:A biolographic review,Dep. of Agri. South Australia Technical Papper No,18.

[9] Govil,C. M. and Larania,S.,1980,Floral anatomy and embryology of some species of Cuscuta,Proc. Indian Acad. Sci. B.,89:219-228.

[10] Heywood,V. H.,1971,The characteristics of the scanning electron microscopes and their importance in biological studies,Scanning Electron Microscopy,Systematic and Evolutionary Applications(ed),4:1-16.

[11] Leroy Home et al.,1979,A Geographical Altas of Worrld Weeds,A Wiley-Interscience Publication.

[12] Kuijt,J.,1969,The biology of parasitic flowering plants,University of California Press,Berkeleylos Angeles.

[13] Musselman,L. J. and W. F. MMann,1978,Root parasites of southern forests,Southern Forest Experiment Station.

[14] Smmith,B. E.,1934,A taxonomic and morphologocal study of the genus Cuscuta dodders in North Carolina,J. Elisha Mitchell Sci. Soc.,50:283-302.

[15] Tomb,A. s.,1974,SEM studies of small seeds,The Annual SEM Symp.,(4)8-11.

[16] Walls,F.,1962,Dodder……serious parasitic weed,The Agricultural Gazette,133-135.

[17] Wolswinkel,P.,1973,The disturbance of the development of broad bean(Vicia faba L.) and the setting and growth of pods after infection by Cuscuta:Experiments about translocation of assimilates,Proc. Eur. Weed Res. Coun. Symp. Parasitic Weeds,177-187.

[18] Young,P. A.,1927,The classification of plants on the basis of parasitism,Amer. J. Bot.,14:481-486.

[19] Younker,T. G.,1932,The genus Cuscuta,Memoirs of the torrey botanical club,18(2):109-331.

[20] Knepper,D. A. et al,1990,Identifyying dodder seed as contaminants in seed shipments,Seed Sci. & Technol.,18:731-741.

[21] Lytton J. M..,1986,The Genus Cuscuta in Viginia,CASTANEA 51(3):188-196.

[22] Parker, C., 1991, Protection of crops against parasitic weeds, Crop Protection, v10: 7-23,Feb..

[23] Lyshede,B. O.,Seed structure and germination in Cuscuta pedicellata with some notes on C. campestris,Nord. J. Bot. 4(5):669-674.

[24] Pazy,B. and Piltmann,U.,1991,Unusual chromosome separation in meiosis of Cuscuta L,Genome,34:533-536.

中华人民共和国出入境检验检疫行业标准

SN/T 1814—2006

南方三棘果检疫鉴定方法

Identification of *Emex australis* Steinh.

2006-08-28 发布　　　　2007-03-01 实施

中华人民共和国国家质量监督检验检疫总局　发布

前 言

本标准的附录 A、附录 B 为资料性附录。

本标准由国家认证认可监督管理委员会提出并归口。

本标准起草单位：中华人民共和国福建出入境检验检疫局。

本标准主要起草人：郭琼霞、黄可辉、翁瑞泉、虞赟、林阳武、汤秀美、王念武、刘顺国。

本标准系首次发布的出入境检验检疫行业标准。

南方三棘果检疫鉴定方法

1 范围

本标准规定了植物检疫中南方三棘果的检疫鉴定方法。

本标准适用于所有植物原粮和植物种子中混杂的南方三棘果的检疫鉴定。

2 术语和定义

下列术语和定义适用于本标准。

2.1

瘦果 achene

由一个、两个或三个心皮组成的单室果实，不开裂，内含种子一粒，果皮与种皮分离，种子仅在一点与子房壁相连。

3 原理

南方三棘果（亦称三棘果）(*Emex australis* Steinh.)隶属蓼科(Polygonaceae)、刺酸模属(*Emex* Neck.)。以总苞的形式混杂于植物原粮及植物种子之中，随植物原粮及植物种子的调运和引种而传播。南方三棘果总苞和瘦果的外表形态特征是鉴定该种的依据。本标准将南方三棘果瘦果的形态特征作为本标准的鉴定依据。

4 仪器和器具

4.1 扩大镜、体视显微镜、镜台测微尺。

4.2 解剖刀、解剖针、镊子、指形管、培养皿。

4.3 孔筛、筛底、筛盖、分样台、分样板、白瓷盘。

4.4 天平(千分之一)、电子天平(万分之一)。

4.5 标签、记录本、标本瓶、标本盒、样品袋、棉花、吸水纸等。

5 实验室检验

5.1 样品制备

称取送检样品，将送检的复合样品倒入瓷盘内，并充分混匀、摊平，制取平均样品；对制取的平均样品，采取四分法，取该样品的1/2～3/4(较少样品)作为试验样品，试验样品的质量不少于1 000 g，其余的作为保存样品，准确称取试验样品的质量(精确到0.01 kg)；送检的样品为小于等于1 kg的全检。

5.2 过筛检验

根据样品种子的大小确定不同规格的孔筛，加上筛底，将检验样品倒入规格筛的上层内，盖上盖子，用回旋法过筛，每筛旋转25次～30次后，把过筛的筛上物和筛下物分别倒入白瓷盘内，用镊子挑检杂草籽实，并放置于培养皿内。混杂于植物原粮和植物种子中的南方三棘果的瘦果，一般在孔径为2.5 mm以上的筛上物中获得。

5.3 鉴定方法

5.3.1 目测鉴定

用肉眼或借助扩大镜将挑检的杂草籽实进行分类，挑取南方三棘果的果实。

5.3.2 镜检鉴定

将南方三棘果的果实置放体视显微镜下,观察瘦果表面的形态特征进行分种鉴定。

对南方三棘果瘦果顶端的刺、外表等外部主要特征不明显或已被折断、磨损,从外观上难于鉴别时,可采用解剖法从其内部的种子形态和结构来区别鉴定。方法是:将南方三棘果的瘦果放在体视显微镜的镜台上,垫上已备好的棉花,用解剖刀和解剖针,对其籽实进行解剖和镜检,观察籽实横切面、种子、胚和胚乳的颜色与形态等特征,并依据南方三棘果的瘦果和种子的形态特征进行比较鉴定。

6 鉴定特征

6.1 植株

一年生草本,植株高 50 cm~120 cm,茎直立或基部匍匐,上部上升,多分枝;叶三角状卵圆形,互生,有叶柄;花腋生于叶片的基部,花梗短,花被片 6,雄蕊 6 枚,花柱 3,植株的形态特征图(参见图 A.1)

6.2 总苞

总苞内含瘦果和种子,其瘦果和种子包藏于合生的、已木质化的宿存花被内,呈小坚果状,浅红褐色,乌暗,长 5.0 mm~8.0 mm,宽 3.5 mm~4.0 mm(不含刺长),具三棱,棱的顶端由外轮花被片的中脉延伸而呈近 45°角的直而尖锐的刺三个;果体表面不平整,无光泽,每一果面两侧近平行,近中部两侧各有一短条形的凹陷;在基部另有向下开放的大凹穴两个,凹穴的顶上两侧各有一个小孔穴,凹穴内常有一条不明显的中脊,果体顶端在刺基部的上缘和内轮花被的上端具明显突起的网状纹,花被片扇形,其边缘整齐或略呈波状,顶端突起。其横切面近不规则的六角形,棱脊和棱间中央均有明显的输导组织;瘦果和种子位于其中央;果脐为宽卵状近圆形,边缘突起中间成凹穴。

6.3 瘦果

瘦果三角状卵形,长 3.7 mm~4.0 mm,宽为 1.8 mm~2.1 mm,深红褐色,表面光滑,有光泽,顶端锐尖,有三棱,基部近圆形,其横切面呈圆三角形。

6.4 种子

种子 3.5 mm~3.8 mm,宽为 1.6 mm~2.0 mm,三棱状锥形或卵状锥形,黄褐色,表面有褐色的斑点和斑纹,内胚乳丰富,白色;胚位于种子的一侧。其总苞、瘦果和种子的特征图(参见图 A.2)。

6.5 南方三棘果与翅蒺藜的果实区别

翅蒺藜(*Tribulus alatus* Delile.)隶属蒺藜科(Zygophyllaceae)蒺藜属(*Tribulus* L.)。南方三棘果果实的中脉延伸的三个刺较细锐,翅蒺藜三个刺较钝锐;靠近基部的侧面穴南方三棘果较大,而翅蒺藜较小;翅蒺藜果实刺下有翅,表面两个侧面的棱脊也较南方三棘果明显。翅蒺藜果实的形态特征图(参见图 B.1)。

7 结果评定

以总苞、瘦果、种子的形态特征为依据,符合第 6 章描述的形态鉴定特征的,可鉴定为南方三棘果(*Emex australis* Steinh.)。

8 样品的保存

植物原粮和植物种子的保存样品,按船舱别、层次、品种、等级分别存放,保存样品经登记和经手人签字后置低温、干燥、防虫、防鼠处,妥善保存。如发现南方三棘果的种子,则该样品至少需保存 6 个月,以备复验、谈判和仲裁,保存期满后需经灭活处理。

附 录 A
（资料性附录）
南方三棘果的形态特征图

a） 植株　　　　　　b） 花

（仿 C. A. Gardner）

图 A.1　南方三棘果（*Emex australis* Steinh.）植株形态特征图

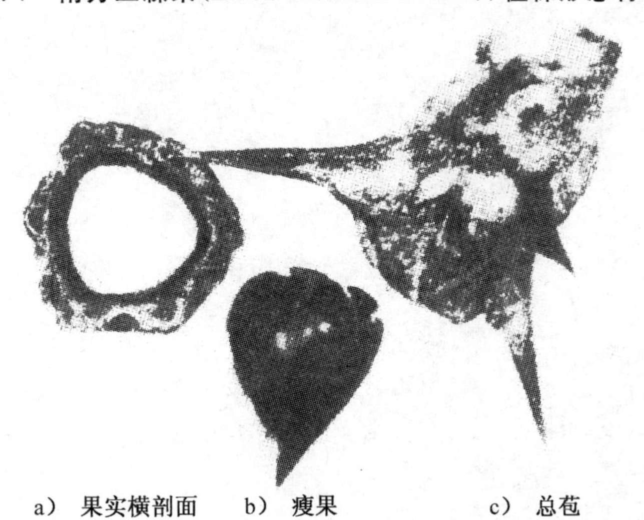

a） 果实横剖面　b） 瘦果　　　c） 总苞

图 A.2　南方三棘果（*Emex australis* Steinh.）果实形态特征图

附　录　B
（资料性附录）
翅蒺藜的形态特征图

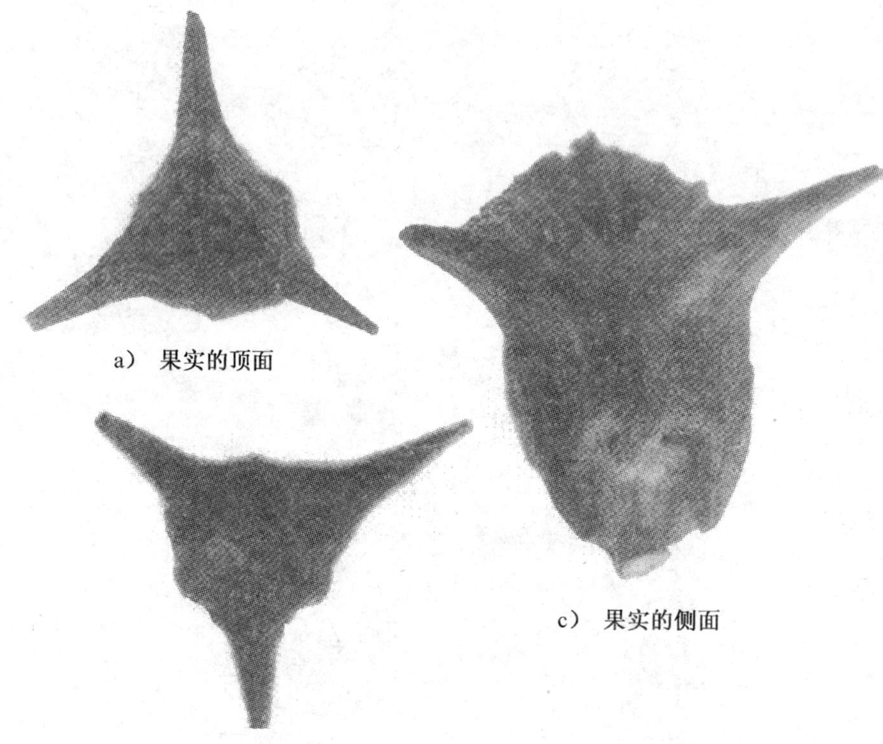

a） 果实的顶面

b） 果实的基部

c） 果实的侧面

图 B.1　翅蒺藜（*Tribulus alatus* Delile.）果实形态特征图

中华人民共和国出入境检验检疫行业标准

SN/T 1838—2006

具节山羊草检疫鉴定方法

Identification of *Aegilops cylindrica* Horst

2006-11-10 发布　　　　2007-05-16 实施

中华人民共和国国家质量监督检验检疫总局 发布

前言

本标准的附录 A、附录 B 均为资料性附录。

本标准由国家认证认可监督管理委员会提出并归口。

本标准起草单位:中华人民共和国深圳出入境检验检疫局。

本标准主要起草人:康林、陈冬美、余道坚、印丽萍、于恒纯、李一农、王颖。

本标准系首次发布的检验检疫行业标准。

具节山羊草检疫鉴定方法

1 范围

本标准规定了植物和植物产品中具节山羊草的(Jointed goatgrass,*Aegilops cylindrica* Horst)检疫鉴定方法。

本标准适用于植物及植物产品中具节山羊草(Jointed goatgrass,*Aegilops cylindrica* Horst)的检疫鉴定。

2 术语和定义

下列术语和定义适用于本标准。

2.1

小穗 spikelet

禾本科花序中的一个最小花簇,每个小穗有一至数朵花。

2.2

颖果 caryopsis

果皮与种皮愈合,不能分离。

2.3

颖 glume

禾本科小穗基部苞片,为内外颖,外颖(outer glume),内颖(inner glume)。

2.4

稃片

禾本科小穗上花的苞片,共二枚,一枚为外稃(lemma),一枚为内稃(palea)。

2.5

芒 awn

禾本科小穗上的颖或外稃先端伸长成刚毛状物。

3 原理

具节山羊草[别名:圆柱山羊草(*Aegilops cylindrica* Horst.)],属禾本科[Poaceae(Gramineae)]山羊草属(*Aegilops* L)。一年生草本植物,其种子随植物、植物产品的调用或引种而传播。本标准以具节山羊草的小穗、小花及颖果的形态特征作为其检疫鉴定的主要依据。

4 仪器和用具

4.1 体视显微镜、扩大镜。

4.2 分样器(机)、分样台、分样板。

4.3 电动震筛机或套筛(带筛底筛盖)。

4.4 天平、电子天平。

4.5 镊子、解剖刀、解剖针、瓷盘、培养皿、指形管、小毛笔、样品铲。

4.6 样品袋、标签、记录本、标本瓶(盒)、樟脑丸、防虫剂、干燥剂(SiO_2)等。

5 实验室检验

5.1 样品制备

把现场检疫抽取的原始样品制备成复合样品，倒入瓷盘内，充分混匀、摊平(或用分样器分样)、制取平均样品，采取四分法，取该样品的二分之一至四分之三(较少样品时)作为检验样品，余样作为保存样品。

5.2 过筛检验

根据样品种子的大小确定规格筛的孔径，并将检验样品倒入规格筛的上层内过筛。检验样品种子大于具节山羊草种子的主要检查筛下物；检验样品种子小于具节山羊草种子的主要检查筛上物。

5.3 鉴定方法

5.3.1 目测鉴定

用肉眼或借助扩大镜将挑检出的杂草籽实进行分类，检出其中的山羊草属杂草籽。

5.3.2 镜检鉴定

将疑似具节山羊草的小穗或小花置体视显微镜下，观察小穗、小穗轴及小花的内外稃及芒等形态特征，并依据具节山羊草小花的形态特征及山羊草属主要种分种检索表(分种检索表参见附录A)对疑似种子进行鉴定。

5.3.3 解剖鉴定

对小花的内外稃等主要特征不明显或已损坏，从外观上难于鉴别时，可根据具节山羊草的颖果、胚及籽实横切面等内部形态和结构来区分和鉴定。

6 具节山羊草的形态特征

6.1 植株

具节山羊草为一年生草本，须根系，植株丛生，高 30 cm～60 cm。叶片互生，叶基部有叶耳，叶片膨大。见具节山羊草花序特征图(参见附录B)。

6.2 小穗

小穗含2朵～3朵小花，顶生花不孕，圆柱形，单生于穗轴节上，嵌入扁平而微凹的小穗轴节间内，长 10 mm～12 mm，黄褐色。小穗轴节间矩形，先端膨大，截平，与小穗紧贴，成熟时与穗轴关节一同脱落。小穗具2颖，颖片几乎等长，无脊棱，革质，具7脉～9脉，表面有短硬毛而粗糙，顶端有二齿，一齿呈宽钝而短的三角状，另一齿锐尖或延伸成芒，芒背具刺毛(参见附录B)。

6.3 小花

小花外稃椭圆状披针形，近端部草质，外稃顶端具三齿(个别二齿)或具芒，芒长 1 mm～2 mm，具五脉，先端不汇合。内稃膜质，稍短于外稃，先端有二齿，具2脊，脊上有纤毛。

6.4 颖果

颖果贴生内、外稃之间，长卵状椭圆形，长 5 mm～8 mm，宽 2 mm～3 mm，褐黄色，背腹压扁，背面圆形，腹面有沟，顶端密生黄褐色绒毛。种脐明显，深褐色，突出。胚位于颖果背面基部，椭圆形，长约占颖果的五分之一至四分之一，色稍深(参见附录B)。

7 结果判定

以小穗、小花、颖果的形态特征为依据，符合 6.2、6.3、6.4 所描述的，可鉴定为具节山羊草。

8 样品保存

8.1 具节山羊草种子保存

鉴定完毕后，将鉴定出的具节山羊草种子装入种子瓶(如指形管)或标本瓶内，内外均加标识，注明：

编号、中名、学名、科别、产地、货物名称、进出口日期、检疫员姓名等，分别进行记录并经处理后妥善保存。

8.2 留样保存

发现具节山羊草种子的样品，至少保存 6 个月，以备复验、谈判和仲裁之用。

发生纠纷或诉讼的保存样品，需保存至纠纷或诉讼终结时止。

保存期满后需进行灭活处理。

附　录　A
（资料性附录）
山羊草属的主要分种检索表

1. 颖顶端无芒，仅具一或二微齿，略截平，外稃顶端具一长芒，有五脉，脉仅于顶端显著 ……………………………………………………………………………………… 节节麦（*Aegilops squarrosa* L.）
1. 颖顶端有芒，（至少有一短芒） ……………………………………………………………………… 2
2. 颖顶端不截平，具二齿，一齿为三角状，而另一齿具长或短的芒，芒长 5 mm～8 mm，侧生（下部）小穗外稃顶端具三齿（个别二齿），顶生小穗的外稃则有一长芒 ……………………………………………………………………………… 山羊草（*Aegilops cylindrica* Horst.）
2. 颖顶端截平，具三个粗壮的长芒，芒长 25 mm～40 mm，外稃亦生有三个不等长的芒 ……………………………………………………………………… 钩刺山羊草（*Aegilops triuncialis* L.）

附　录　B
（资料性附录）
具节山羊草的形态特征图

图 B.1　具节山羊草(*Aegilops cylindrica* Horst.)植株特征图(仿)

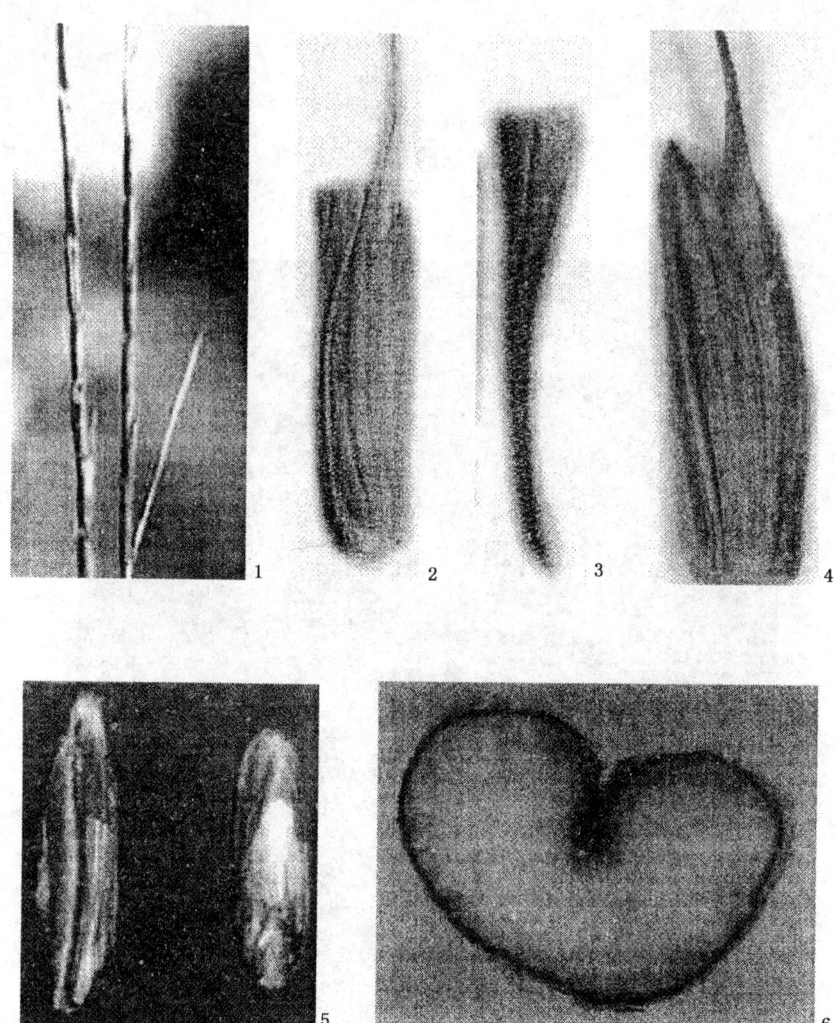

1——穗状花序；

2——小穗外形；

3——小穗轴节间；

4——颖片；

5——颖果：左为腹面，示腹沟及果脐；右为背面，示下胚部；

6——颖果横切面。

图 B.2 具节山羊草（*Aegilops cylindrica* Horst.）小穗、小花及颖果特征图

中华人民共和国出入境检验检疫行业标准

SN/T 1842—2006

美丽猪屎豆检疫鉴定方法

Identification of *Crotalaria spectabilis* Roth.

2006-11-10 发布　　　　2007-05-16 实施

中华人民共和国
国家质量监督检验检疫总局 发布

前　言

本标准的附录 A、附录 B 均为资料性附录。

本标准由国家认证认可监督管理委员会提出并归口。

本标准起草单位:中华人民共和国深圳出入境检验检疫局。

本标准主要起草人:陈冬美、康林、郑耘、郭琼霞、张有才、陈志粦、焦懿。

本标准系首次发布的检验检疫行业标准。

美丽猪屎豆检疫鉴定方法

1 范围

本标准规定了植物和植物产品中美丽猪屎豆(Showy crotalaria,*Crotalaria spectabilis* Roth.)的检疫鉴定方法。

本标准适用于植物及植物产品中美丽猪屎豆(Showy crotalaria,*Crotalaria spectabilis* Roth.)的检疫鉴定。

2 术语和定义

下列术语和定义适用于本标准。

2.1

荚果 pod

由单心皮上位子房形成(果实成熟时,沿背缝线和腹缝线两边开裂,开裂后果皮往往扭曲)。

2.2

种脐 hilum

种子与种柄或胎座分离后在种子表面遗留下的痕迹。

2.3

子叶 cotyledon

为幼胚的叶。在无胚乳或少胚乳种子中,子叶极为发达,并储存有大量养料。

2.4

胚根 radicel or radicle

位于胚轴之下端,为未发育的初生根,种子萌发后,发育成地下部分。

3 原理

美丽猪屎豆(*Crotalaria spectabilis* Roth.)属豆科(Leguminosae)猪屎豆属(*Crotalaria* L)。一年生草本植物,其种子随植物原粮、植物种子的调用或引种而传播。本标准以种子的外部形态特征作为鉴定美丽猪屎豆的主要依据。

4 仪器和用具

4.1 体视显微镜、扩大镜。

4.2 分样器(机)、分样台、分样板。

4.3 电动震筛机或套筛(带筛底筛盖)。

4.4 天平、电子天平。

4.5 镊子、解剖刀、解剖针、瓷盘、培养皿、指形管、小毛笔、样品铲。

4.6 样品袋、标签、记录本、标本瓶(盒)、樟脑丸、防虫剂、干燥剂(SiO_2)等。

5 实验室检验

5.1 样品制备

把现场检疫抽取的复合样品倒入瓷盘内,充分混匀、摊平(或用分样器分样)、制取平均样品,采取四分法,取该样品的二分之一至四分之三(较少样品时)作为检验样品,余样作为保存样品。

5.2 过筛检验

根据检验样品种子的大小确定筛的孔径，将检验样品倒入规格筛内，用回旋过筛法过筛。检验样品种子大于美丽猪屎豆种子的检查筛下物；检验样品种子小于美丽猪屎豆种子的检查筛上物。

5.3 鉴定

5.3.1 目测鉴定

用肉眼或借助扩大镜将挑检出的杂草籽实进行分类，检出其中的猪屎豆属杂草籽。

5.3.2 镜检鉴定

将疑似美丽猪屎豆种子置解剖镜下，观察种子外形及胚根、子叶等内部结构特点，并依据美丽猪屎豆的形态特征及猪屎豆属主要种分种检索表（参见附录 A）对疑似种子进行鉴定。

5.3.3 解剖鉴定

对种脐等主要特征不明显或已损坏，从外观上难于鉴别时，可根据美丽猪屎豆种子的胚根、子叶等内部形态和结构来区分和鉴定。

6 美丽猪屎豆的形态特征

6.1 植株

美丽猪屎豆为一年生草本，茎直立，高 60 cm～150 cm；托叶卵状三角形，长约 1 cm；单叶，叶片质薄，倒披针形或长椭圆形，长 7 cm～15 cm，宽 2 cm～5 cm，叶面无毛。总状花序顶生或腋生，花 20 朵～30 朵，苞片卵状三角形，长 3 mm～10 mm，小苞片线形，长约 1 mm；花梗长 10 mm～15 mm；花萼二唇形，长 12 mm～15 mm；花冠淡黄色或有时为紫红色，旗瓣圆形或长圆形，子房无柄（参见附录 B）。

6.2 荚果

荚果圆柱形或长圆形，长 2.5 cm～3 cm，厚 1.5 cm～2 cm，上下稍扁，秃净无毛，膨胀，内含多数种子。

6.3 种子

种子长 4 mm～5 mm，宽约 3 mm～3.5 mm，肾形或近肾形，两侧扁平；黑色或暗黄褐色，表面非常光亮，两端与背部钝圆，中部宽；胚根与子叶分离，长度为子叶长的二分之一以上，其端部向内弯曲成钩状。种脐位于腹面胚根端部的凹陷内，被胚根端部完全遮盖，种脐周围被细砂纸状的粗糙区所围绕。种子横切面椭圆形；子叶黄褐色；种子有少量胚乳。

7 结果判定

以种子的形态特征为依据，符合 6.2、6.3 所描述的，可鉴定为美丽猪屎豆（*Crotalaria spectabilis* Roth.）。

8 样品保存

8.1 美丽猪屎豆种子保存

将检出的美丽猪屎豆种子装入指形管或标本瓶内，加以标识（注明：编号、中名、学名、科别、输入国名、从何种商品中检出、进出口日期），分别进行记录并处理，经手人签字后妥善保存。

8.2 样品保存及保存期限

发现美丽猪屎豆种子的样品，至少保存 6 个月，以备复验、谈判和仲裁之用。

发生纠纷或诉讼的保存样品，需保存至纠纷或诉讼终结时止。

保存期满后需进行灭活处理。

附 录 A
（资料性附录）
猪屎豆属的主要分种检索表

1. 种脐周围无乌暗的粗糙区 …………………………………………………………………………… 2
1. 种脐周围有乌暗的粗糙区 …………………………………………………………………………… 3
2. 种子淡黄褐色至红褐色，长 3 mm～3.5 mm，宽 2.5 mm～3 mm，胚根长度为子叶长度的五分之三，胚根端部略呈钩状，种脐部分遮盖，脐周围无乌暗的粗糙区 … 响铃当（*Crotalaria albida* Heyne.）
2. 种子黑褐色，表面光滑有光泽，长 1.8 mm～1.9 mm，宽 1.9 mm～2.0 mm，胚根端外突，胚根长度为子叶长度的五分之四以上 ……………………………… 野百合（*Crotalaria sessiliflora* L.）
3. 种子长 4 mm～5 mm，宽约 3 mm～3.5 mm，黑色，表面光亮。种脐周围被灰色细砂纸状粗糙区所围绕 ………………………………………………………… 美丽猪屎豆（*Crotalaria spectabilis* Roth.）
3. 种子长 6 mm～7 mm，宽约 4 mm～4.5 mm，暗橄榄绿色或灰褐色，表面乌暗或有光泽。种脐周围围绕着排列整齐颗粒状粗糙区 ……………………………………………… 菽麻（*Crotalaria juncea* L.）
4. 胚根长度为子叶长度的五分之二，种子呈黄褐色至红褐色，表面光滑有光泽，长 1.8 mm～1.9 mm，宽 2.1 mm～2.2 mm ……………………………… 光萼猪屎豆（*Crotalaria usuramoensis* Baker. f）
4. 胚根长度为子叶的二分之一 ……………………………………………………………………… 5
5. 种子呈淡棕褐色或红褐色，长 2.3 mm～3 mm，宽 2 mm～2.5 mm ……………………………… ……………………………………………………………… 细叶猪屎豆（*Crotalaria intermedia*）
5. 种子呈浅灰色或暗绿色，排列不规则的同心圆状条纹，长 3 mm～3.5 mm，宽 2.5 mm～3 mm …… …………………………………………………………… 猪屎豆（*Crotalaria mucronata* Desv.）

附 录 B
（资料性附录）
美丽猪屎豆的形态特征图

图 B.1 美丽猪屎豆(*Crotalaria spectabilis* **Roth.**)的叶、花特征图

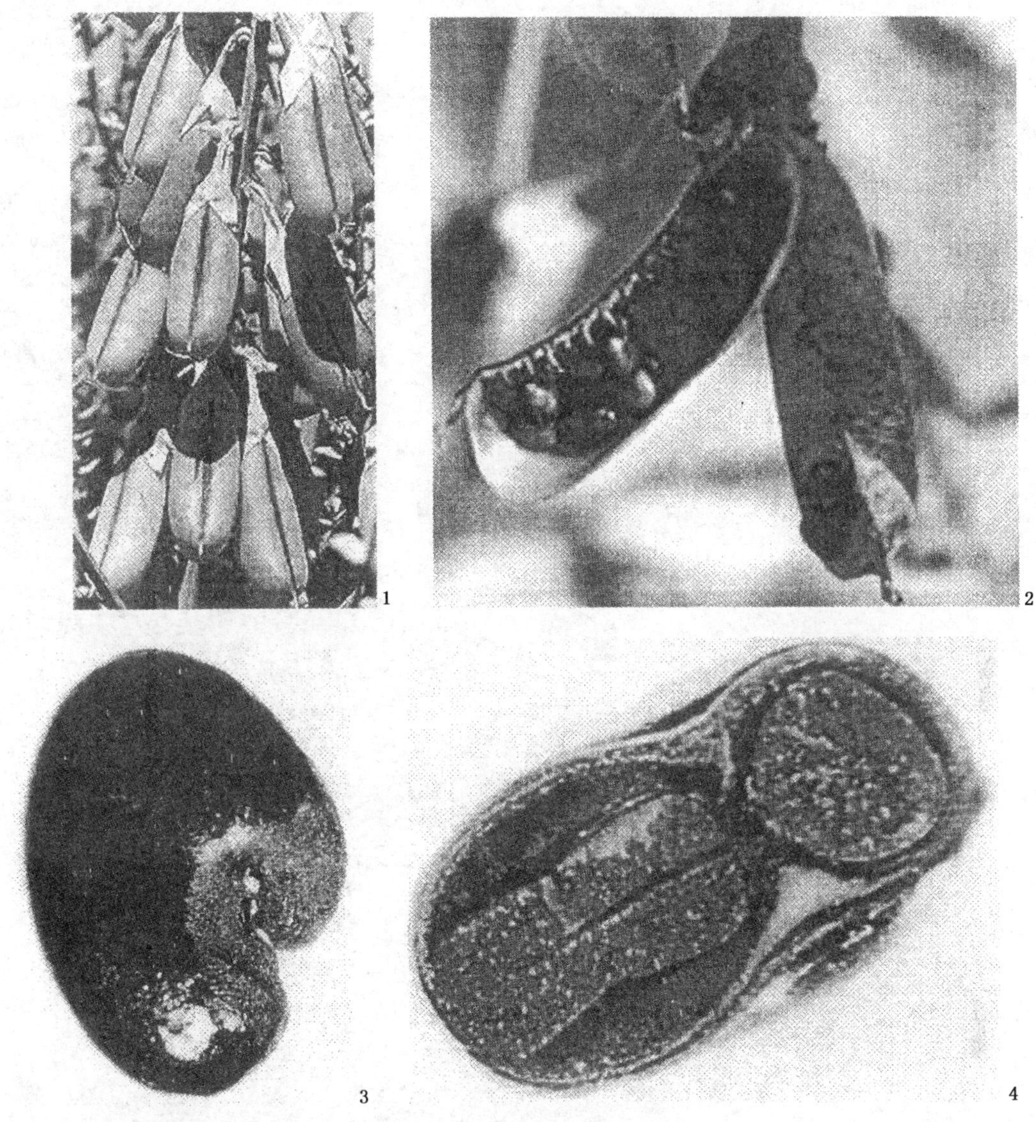

1～2——荚果；

3——种子；

4——种子剖面。

图 B.2 美丽猪屎豆(*Crotalaria spectabilis* Roth.)荚果、种子特征图

中华人民共和国出入境检验检疫行业标准

SN/T 2339—2009

毒莴苣检疫鉴定方法

Quarantine identification of *Lactuca serriola* L.

2009-07-07 发布　　　　2010-01-16 实施

中华人民共和国
国家质量监督检验检疫总局　发布

前　言

本标准的附录 A、附录 B、附录 C 均为资料性附录。

本标准由国家认证认可监督管理委员会提出并归口。

本标准负责起草单位:中华人民共和国珠海出入境检验检疫局。

本标准参与起草单位:中华人民共和国湖北出入境检验检疫局。

本标准主要起草人:廖力、乐海洋、张卫东、王振华、徐淼锋、陈德蓉、薛旅、周昱晨。

本标准系首次发布的出入境检验检疫标准。

毒莴苣检疫鉴定方法

1 范围

本标准规定了植物检疫中毒莴苣 *Lactuca serriola* L. 的检疫鉴定方法。

本标准适用于所有植物原粮和植物种子中混杂的毒莴苣的检疫鉴定。

2 术语和定义

下列术语和定义适用于本标准。

2.1

头状花序 capitulum

花序轴顶端短缩成头状，其上着生许多无柄花。

2.2

总苞 involucrum

由许多苞片密集生在一花序的基部或愈合包着花序。

2.3

瘦果 achene

由2心皮合生而成的小型闭果，内含种子一粒，果皮与种皮易于分离。

2.4

喙 beak

雌蕊发育成果实时，子房顶端形成一尖头状突起，形如鸟嘴。

2.5

果脐 hila

果实成熟时，从果柄处脱落下来留下的痕迹。

3 原理

3.1 分类地位

毒莴苣 *Lactuca serriola* L. 又名刺莴苣、野莴苣、银齿莴苣等，隶属菊科 Compositae 莴苣属 *Lactuca* L.。

3.2 传播方式与途径

多以瘦果的形式混杂于植物原粮、种子及其他植物产品中，并随其调运和引种而传播。

3.3 鉴定依据

本标准以毒莴苣瘦果的形态特征作为其检疫鉴定的主要依据。

4 仪器和用具

4.1 仪器

体视显微镜(带目镜测微尺或镜台测微尺)、电子天平(千分之一克、万分之一克)、电动筛或套筛。

4.2 用具

放大镜、解剖刀、解剖针、镊子、指形管、培养皿、白瓷盘、样品铲、样品袋、标签、记录纸、标本瓶、标本盒、防虫剂、樟脑精、干燥剂。

5 实验室检验鉴定

5.1 样品制备

将现场检疫抽取的送检样品充分混匀，制成平均样品。采用四分法，视样品多少取平均样品的二分之一至四分之三（较少样品时）作为试验样品，称取质量并记录，每份试验样品不少于 1 kg，剩余的平均样品加贴标签作为保留样品。送检样品不足 1 kg 的全检。

5.2 过筛检验

根据样品个体的大小直径确定套筛的规格，从大到小依次套上不同孔径的规格筛并加上底筛，将试验样品倒入规格筛的上层内，盖上筛盖，用回旋法过筛（或用电动筛振荡），使样品充分分离，样品个体大于毒莴苣籽实的主要检查筛下物，否则主要检查筛上物，把过筛的筛上物和筛下物分别倒入白瓷盘内，用镊子挑取杂草籽实，放于培养皿内以备下一步鉴定。混杂于植物原粮和种子中毒莴苣籽实，一般在孔径为 4 mm 以上的筛上物中获得。当样品量少时，也可将全部样品放入白瓷盘中进行人工挑检。

5.3 鉴定方法

5.3.1 目测鉴定

用肉眼或借助放大镜对杂草籽进行分类，将疑似莴苣属杂草籽挑选出来。

5.3.2 镜检鉴定

将挑选出的杂草籽放在体视显微镜下，观察其瘦果外部形态特征，必要时解剖观察其种子的形态特征。

6 鉴定特征

6.1 莴苣属

6.1.1 基本生物学特性

一年、二年或多年生草本。

6.1.2 植株形态特征

6.1.2.1 叶

叶分裂或不分裂。

6.1.2.2 花

头状花序同型，在茎枝顶端排成伞房花序、圆锥花序分枝。果期总苞长卵球形，总苞片 3 层～5 层，质地薄，覆瓦状排列。花托平，无托毛。舌状小花黄色，7 枚～25 枚，舌片顶端截形，5 齿裂。花药基部附属物箭头形，有急尖的小耳。

6.1.2.3 果实

瘦果褐色，倒卵形、倒披针形或长椭圆形，压扁，每面有 3 条～10 条细脉纹或细肋，顶端锐尖成细喙，喙细线状，与瘦果等长或短于瘦果，但通常 2 倍～4 倍长于瘦果。冠毛白色，纤细 2 层，微锯齿状或几成单毛状。

6.2 毒莴苣

6.2.1 基本生物学特性

一年生草本，高约 60 cm～250 cm。

6.2.2 植株形态特征（参见附录 A）

6.2.2.1 茎

茎直立，有乳汁，基部具稀疏皮刺，于茎中部以上或基部分枝。

6.2.2.2 叶

叶互生，中、下部叶狭倒卵形至长圆形，常羽状深裂、或倒向羽状浅裂、半裂或深裂，长 3 cm～25 cm、宽 1 cm～7 cm，无柄，基部箭形抱茎；顶生叶卵状披针形或披针形，全喙或仅具稀疏的牙齿状刺。

6.2.2.3 花

头状花序多数，于茎顶排列成疏松的大型圆锥状；总苞 3 层，外层苞片宽短，卵形或卵状披针形，向内苞片渐狭为线形，在果实成熟时总苞开展或反折；头状花序由 7 朵～15(35)朵舌状花组成，花冠淡黄色，干后变蓝紫色；每个头状花序产生 6 个～30 个瘦果。

6.2.2.4 瘦果(参见附录 B)

瘦果呈倒卵形，常向一面弯曲；灰褐色，无光泽；长 3 mm～4 mm(不计喙)，宽 1 mm～1.25 mm。果体两侧扁平，两面各具 5 条～10 条明显隆起的纵棱，近顶端的边棱及棱脊上有细的刺状毛，棱间有一细线沟；顶端锐尖成一细弱长喙，似芒状，一般长于果体，黄白色，喙脆弱易折断，其顶端膨大成一圆形的羽毛盘(冠毛着生处)，冠毛白色，易脱落。果脐位于果实的基端部，阔椭圆形，周围黄白色外突，中央凹陷。果内含 1 粒种子。

6.2.2.5 种子

种子与果实同形，胚直立，红褐色，无胚乳。

6.3 毒莴苣与近似种的区别

毒莴苣与近似种的区别参见附录 B、附录 C。

7 结果判定

以瘦果形态特征为依据，符合 6.2.2.4 所描述的可鉴定为毒莴苣 *Lactuca serriola* L.。

8 标本和样品保存与处理

8.1 保存方法

8.1.1 标本保存

将检出鉴定的毒莴苣籽实装入指形管或标本瓶内，加以标识，注明编号、中文名称、学名、科别、产地、货物名称、进出口日期，经手人签字后妥善保存。

8.1.2 样品保存

试验样品与保留样品由经手人确认和样品管理员登记，注明编号、中文名称、产地、进出口日期，妥善保存。

8.2 保存时间

含有毒莴苣的样品，妥善保存至少 6 个月。

8.3 处理

保存期满后，样品应作灭活处理。

附　录　A
（资料性附录）
毒莴苣形态特征图

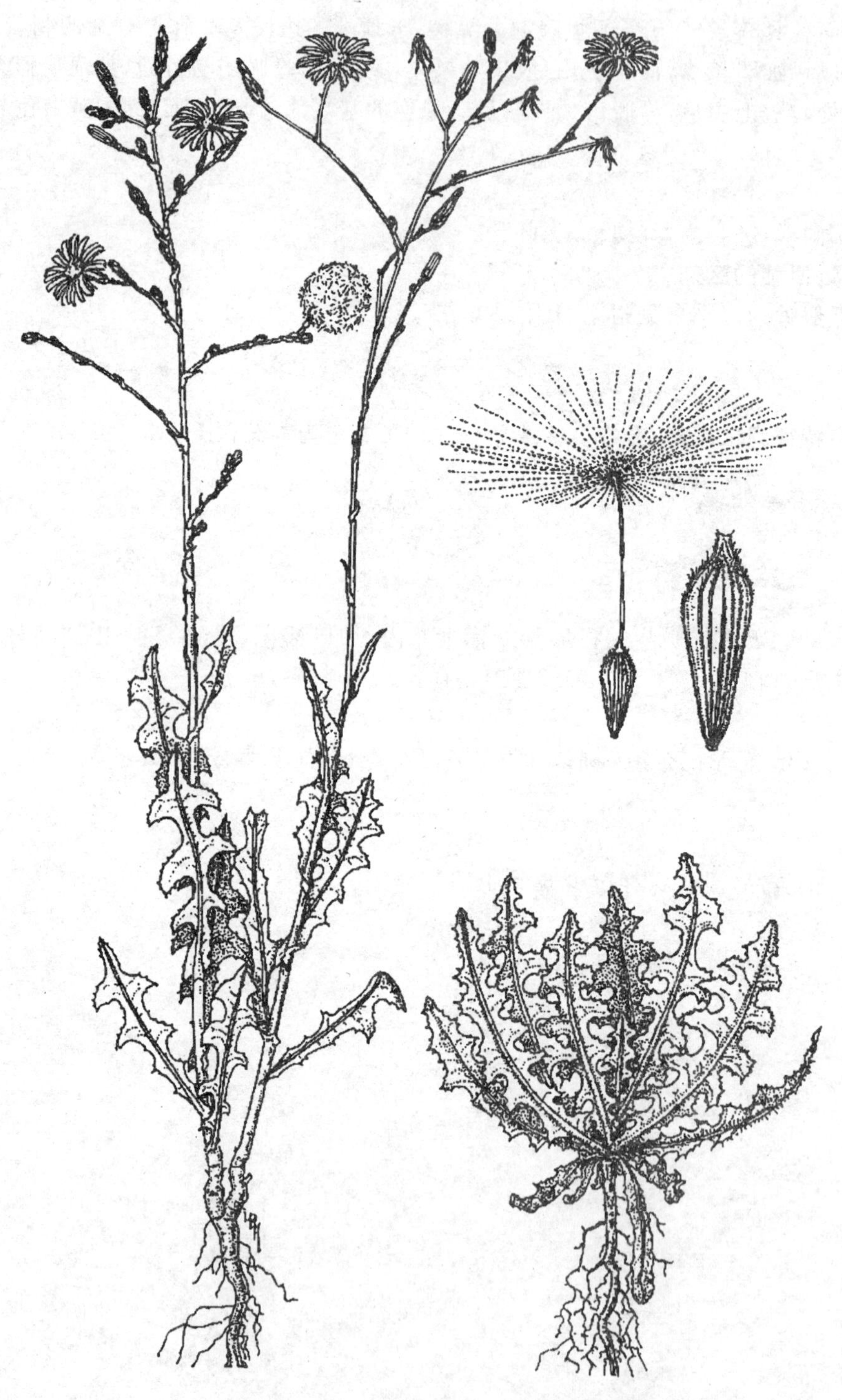

图 A.1　毒莴苣植株（引自 K. F. Parker1990）

附　录　B
（资料性附录）
莴苣属相似种瘦果形态图

图 B.1　毒莴苣 *L. serriola* L.

图 B.2　莴苣 *L. sativa* L.

图 B.3　野莴苣 *L. pulchella*（Pursh）DC.
（引自 USDA，NRCS. 2007. The PLANTS Database）

图 B.4　苦莴苣 *L. virosa* L.
（引自 USDA，NRCS. 2007. The PLANTS Database）

附 录 C
（资料性附录）
莴苣属相似种检索表

1. 瘦果卵形，顶端渐狭而尖，通常留有坚实的短粗喙，与果体紧连，不易脱落，果长 4 mm～6 mm，宽 1 mm～1.35 mm，表面有 3 条～4 条纵棱，顶端有白色茸毛形成的冠毛。种子长方形，扁平，灰或红棕色 …………………………………………………………………………… 野莴苣 *L. pulchella*(Pursh)DC.

1. 瘦果倒卵形，顶端渐尖成 1 长喙，喙细弱，易折断，仅有残留物 …………………………………… 2

2. 瘦果黑褐色或深红褐色，颜色较深，长 4 mm～6 mm(不计喙)，宽 1.5 mm～2 mm。具明显纵棱，每面 5 条，边缘翅状，果脐广椭圆形，边缘黄白色。种子红褐色，黄切面长棱形 … 苦莴苣 *L. virosa* L.

2. 瘦果灰褐色，颜色较浅，长 3 mm～4 mm(不计喙) ……………………………………………………… 3

3. 瘦果灰褐色，长 3 mm～4 mm(不计喙)，宽 1 mm～1.25 mm。具明显纵棱，每面 6 条～11 条，果脐阔椭圆形，边缘黄白色圆筒状。种子浅红褐色，横切面椭圆形 ………………… 毒莴苣 *L. serriola* L.

3. 瘦果灰褐色或黄灰褐色，长 3 mm～4 mm(不计喙)。宽 1 mm～1.5 mm，具明显纵棱，每面 6 条～7 条，果脐阔椭圆形，边缘白色圆筒状。种子黄白色，横切面椭圆形 …………………… 莴苣 *L. sativa* L.

中华人民共和国出入境检验检疫行业标准

SN/T 2373—2009

豚草属检疫鉴定方法

Quarantine identification of *Ambrosia* L.

2009-09-02 发布　　　　2010-03-16 实施

中华人民共和国
国家质量监督检验检疫总局　发布

前　言

本标准的附录 A、附录 B、附录 C、附录 D、附录 E 均为资料性附录。

本标准由国家认证认可监督管理委员会提出并归口。

本标准负责起草单位:中华人民共和国福建出入境检验检疫局、中华人民共和国深圳出入境检验检疫局、中华人民共和国厦门出入境检验检疫局。

本标准主要起草人:郭琼霞、黄可辉、康林、林石明、陈冬美、姚向荣、林阳武、康玉珠、蔡武煌。

本标准系首次发布的出入境检验检疫行业标准。

豚草属检疫鉴定方法

1 范围

本标准规定了植物检疫中豚草属 *Ambrosia* L. 的检疫鉴定方法。

本标准适用于植物原粮和植物种子中混杂的豚草属的检疫鉴定。

2 术语和定义

下列术语和定义适用于本标准。

2.1

总状花序 raceme

花轴上着生许多有花柄的花，各花柄长短略相等的花序。

2.2

总苞 involucre

包围花或花簇基部的一轮苞片；菊科豚草属具有雄花序总苞和雌花序总苞，雌花序总苞结实、顶端闭合。

2.3

总苞片 phyllary

菊科植物总苞基部的一种叶状或鳞片状结构的苞片，或菊科植物总苞的一枚苞片。

2.4

瘦果 a chene

由一个、两个或三个心皮组成的单室果实，不开裂，内含种子一粒，果皮与种皮分离，种子仅在一点与子房壁相连；菊科植物的果实大多数是由两个心皮构成的。

3 原理

3.1 分类地位

豚草属 *Ambrosia* L.，隶属菊科 Compositae。

3.2 传播方式与途径

豚草属以总苞、瘦果的形式混杂于植物原粮及植物种子之中，随植物原粮及植物种子的调运和引种而传播。

3.3 鉴定特征依据

本标准将豚草属总苞、瘦果的形态特征作为鉴定该属、种的鉴定依据。

4 仪器和器具

4.1 仪器

体视显微镜(带目镜测微尺或镜台测微尺)、电子天平、电动筛或套筛。

4.2 器具

放大镜、解剖刀、解剖针、镊子、指形管、培养皿、白瓷盘、样品袋、标签、记录纸、标本瓶、标本盒、防虫剂、樟脑精、干燥剂。

5 实验室检疫鉴定

5.1 样品制备

将现场检疫抽取的复合样品充分混匀，制成平均样品。采用四分法，取平均样品的二分之一至四分之三（较少样品时）作为试验样品，其余的作为保存样品贴标签保存，称取并记录试验样品的质量。送检样品不足 1 kg 的全检。

5.2 过筛检验

根据试验样品个体的大小确定套筛的规格，按照孔径从大到小依次套上规格筛并加上筛底，将试验样品倒入最上层的规格筛内，盖上筛盖，以回旋法过筛，或用电动震筛机震筛，使样品充分分离。把过筛的筛上物和筛下物分别倒入白瓷盘内，用镊子挑捡杂草籽，并放置于培养皿内。试验样品个体大于豚草属总苞、瘦果的主要检查筛下物；试验样品个体小于豚草属总苞、瘦果的主要检查筛上物。

5.3 实验室鉴定

5.3.1 目测鉴定

用肉眼或借助扩大镜将检出的杂草籽进行分类，挑出疑似豚草属籽实。

5.3.2 镜检鉴定

5.3.2.1 直接观察

将疑似杂草籽置于体视显微镜下，观察其总苞、瘦果、种子表面的形态特征，并依据豚草属形态特征对疑似杂草籽进行种类鉴定。

5.3.2.2 解剖观察

对于籽实表面形态特征模糊，从外观上难于鉴别时，可采用解剖刀和解剖针进行解剖和镜检，观察籽实横切面、种子胚和胚乳的形状、颜色及大小等特征，并进行分类鉴定。

6 形态特征

6.1 豚草属形态特征

6.1.1 基本生物学特性

一年生或多年生植物，雌雄同株，本属主要种类有 22 个种。形态和特征参见附录 A 和附录 B。

豚草属的常见种类有：美洲豚草 *Ambrosia artemisiifolia* L.、三裂叶豚草 *Ambrosia trifida* L.、多年生豚草 *Ambrosia psilostachya* DC.。豚草属主要种类形态特征分种检索表参见附录 B。

6.1.2 形态特征

6.1.2.1 根

主根直立、须根多数；有横向生长的地下茎，或根系发达，根上密生幼芽，可形成新的植株，为根蘖性植物。

6.1.2.2 茎

茎直立，多分枝，茎上有细沟及白毛，粗糙，茎高 1.5 m～3.0 m。

6.1.2.3 叶

叶互生或对生，全缘至掌状或羽状分裂。

6.1.2.4 花

头状花序单性，雌雄同株。雄头状花序多花，通常复排成总状花序，雄花序总苞合生成半球形或碟状，顶端开口，具 5 个～12 个齿；花冠整齐，花冠管极短，顶端 5 齿裂；花药近离生，基部钝而全缘。雌头状花序单生，或 2 朵～3 朵聚生于雄花序下方，或枝的上部叶腋内，通常仅 1 朵雌花；花冠通常不存在；花柱的顶部自总苞的喙中伸出，雌花总苞结实。

6.1.2.5 总苞

合生,卵形、倒卵形、长倒卵形,纺锤形,球形,或近球形;顶端闭合、突起、大多呈圆锥形的喙;周围有多个棘状突起,或小,或不明显,突起下方沿总苞表面有时具隆起的纵肋,与突起同数或略少;总苞黄白色、浅灰褐色、黄褐色至褐色,有时带与总苞颜色较深的斑,有时具不规则网纹,或皱纹;总苞一室,内含瘦果一粒。豚草属总包特征参见附录A。

6.1.2.6 瘦果

瘦果不开裂,无冠毛;卵形,倒卵形,长倒卵形,纺锤形;灰色、黄褐色、褐色至棕褐色,表面较光滑,埋藏于总苞中,内含种子一粒。

6.1.2.7 种子

种子无胚乳,胚大、直生。

6.2 豚草属的常见种类特征

6.2.1 美洲豚草 *Ambrosia artemisiifolia* L. 形态特征

6.2.1.1 植株(参见附录C中的图C.1)

一年生草本。根系直立,无根茎;株高20 cm～180 cm,有时可达250 cm。茎直立,多分枝,茎上有细沟及白毛,粗糙;单叶,下部叶对生,上部叶互生,具柄。叶片有时是一回羽状分裂,多半二回羽状细裂,近于无毛,窄卵圆形至广卵圆形或椭圆形,长5 cm～10 cm;叶质较薄,叶上面绿色,背面灰白色。

6.2.1.2 花(参见附录C中的图C.1)

头状花序单性;雄花序生于上部,单生或成总状排列,约5朵～20朵,直径约2.0 mm～3.0 mm,呈杯状,雄花序总苞片7片～12片;雌花序无柄,生于下部叶腋内,1朵～3朵集生,总苞近球形或倒卵形,封闭,内有一花,花托通常有鳞片。

6.2.1.3 总苞(参见附录C中的图C.2)

总苞长2.0 mm～4.0 mm,径粗1.6 mm～2.4 mm,倒卵形,表面浅灰褐色、黄褐色至褐色,有时带黑褐色的斑,有网状纹;顶端中央有一圆锥形的长喙,周围有4个～10个较细的棘状突起,突起下方沿总苞表面有时具隆起的纵肋;总苞一室,内含瘦果一粒。

6.2.1.4 瘦果(参见附录C中的图C.2)

瘦果不开裂,无冠毛,倒卵形,黄褐色、褐色至棕褐色,表面较光滑,内含种子一粒。

6.2.1.5 种子(参见附录C中的图C.2)

种子灰白色、淡黄色或黄白色,倒卵形,表面有稀少的纵脉纹。种子无胚乳,胚大,直生。

6.2.2 三裂叶豚草 *Ambrosia trifida* L. 形态特征

6.2.2.1 植株(参见附录D中的图D.1)

一年生草本。茎高2.0 m～3.5 m,上部分枝,粗大,粗糙,上部茎上有细沟及开展的白毛,下部往往无毛或脱落。单叶对生,有柄,下部叶掌状,大多3裂,部分5裂,边缘有锯齿;上部叶3裂至不分裂。叶轮廓呈广椭圆形至卵圆形或近圆形,有时呈披针形,叶片长约20 cm。

6.2.2.2 花

头状花序单性;雄花序生于上部,排列成较长的总状花序,长约30 cm,雄花序总苞杯状,苞片7片～12片;雌花序无柄,生于叶腋,1朵～3朵集生,雌花序较大,直径2.0 mm～4.0 mm,总苞封闭,木质,内有一花,花托裸露。

6.2.2.3 总苞(参见附录D中的图D.2)

总苞长6.0 mm～12.0 mm,径粗3.0 mm～7.0 mm,呈黄白色、黄褐色、淡灰褐色至黑褐色,表面光滑,顶端中央有一圆锥状的长喙,喙长2.0 mm～4.0 mm,周围有5个～10个棘状突起,较锐,向上斜伸,并沿总苞表面下延成纵肋,与突起同数或略少;总苞一室,内含瘦果一枚。

6.2.2.4 瘦果(参见附录D中的图D.2)

瘦果不开裂,倒卵形至长倒卵形,果皮较薄,灰色、褐色或灰褐色,表面光滑,稍有光泽;瘦果内含种子一粒。

6.2.2.5 种子(参见附录D中的图D.2)

种子倒卵形至长倒卵形，种皮灰白色或淡黄褐色，表面有白色或颜色略深的纵脉纹。种子无胚乳，胚大、直生。

6.2.3 多年生豚草 *Ambrosia psilostachya* DC. 形态特征

6.2.3.1 植株(参见附录E中的图E.1)

多年生根蘖性植物，根系发达，有横向生长的地下根茎，根茎上密生幼芽，可形成新的植株；植株高30.0 cm～150.0 cm，茎杆直立，粗糙，通常为绿色，上部有分枝，分枝不再生小枝，茎上有细的白毛；叶片窄，叶片卵状三角形、椭圆形，长20.0 mm～140.0 mm，宽8.0 mm～50.0 mm，羽状锯齿或一回羽状分裂，裂片的前端稍呈尖状，叶质厚，叶面有短且硬的毛，较粗糙；叶背面短毛密集，稍呈白色。

6.2.3.2 花

头状花序单性；枝头有为数较多的雄性花在花轴上排列组成较为紧密的总状花序，雄花序总苞上普遍长有较硬的毛；雌花序单个着生于叶腋，总苞封闭，木质，内有一花。

6.2.3.3 总苞(参见附录E中的图E.2)

总苞倒卵形，2.0 mm～3.0 mm，径粗2.0 mm～2.5 mm，顶端中央具有圆锥状短喙，喙长0.6 mm～0.7 mm，周围无短棘状突起，或很小，突起下方无纵棱或略显3条～6条圆棱；表面浅褐色至褐色，有时带黑褐色斑纹，有不规则皱纹，无毛或有白色短毛；总苞一室，内含瘦果一枚。

6.2.3.4 瘦果

瘦果倒卵形，不开裂，内含种子1粒。

6.3 多年生豚草与美洲豚草的主要区别

多年生豚草与美洲豚草的形态特征较为相似，其主要区别有：多年生豚草有横向生长的地下茎，美洲豚草根系直立，无根茎；多年生豚草的叶片常为一回羽状深裂，裂片的前端稍呈尖状，叶质厚，较粗糙；美洲豚草叶片多为二回羽状分裂，有时也是一次羽状分裂，但裂片的前端不尖，叶质薄，不粗糙；多年生草本的总苞顶端的周围无短棘状突起，或很小，而美洲豚草的总苞顶端周围有4个～10个较细的棘状突起，突起下方沿总苞表面有时具隆起的纵肋。

7 结果评定

以总苞、瘦果的形态特征为依据，符合第6章中描述的形态鉴定特征的，可鉴定为豚草属 *Ambrosia* spp.。

8 标本和样品的保存与处理

8.1 保存方法

8.1.1 标本保存

将鉴定检出的豚草属籽实装入指形管或标本瓶内，加以标识，注明编号、中文名称、学名、科别、产地、货物名称、进出口日期，经手人签字后妥善保存。

8.1.2 样品保存

保存样品按编号、中文名称、产地、进出口日期分别存放，并由经手人标识确认和样品管理员登记后，妥善保存。

8.2 保存时间

含有豚草属籽实的样品，妥善保存至少6个月。

8.3 样品处理

保存期满后，含有豚草属籽实的样品应作灭活处理。

附 录 A
（资料性附录）
豚草属(*Ambrosia* L.)形态特征图

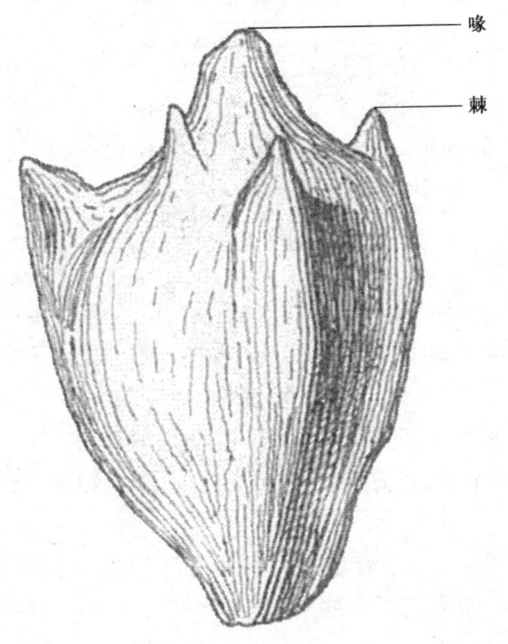

图 A.1 豚草属(*Ambrosia* L.)总苞形态特征图

附 录 B
（资料性附录）
豚草属主要种类形态特征分种检索表

1. 灌木 …………………………………………………………………………………………… 2

1. 一年生、多年生草本或半灌木（通常具地下茎） ……………………………………… 10

2. 叶片裂片或丝状分裂，宽 0.5 mm～1.5 mm；总苞具 5 个～20 个棘状突起 ……………… 3

2. 叶片卵形、卵状三角形、椭圆形、披针形、菱形或三角形；总苞具 8 个～30 个棘状突起 ……… 4

3. 总苞棘状突起大多围绕在近顶端，棘长 2.0 mm～3.0 mm，宽 1.0 mm～2.0 mm
………………………………………………………………………… *Ambrosia monogyra*

3. 总苞棘状突起大多分散四周，棘长 3.0 mm～6.0 mm，宽 2.0 mm～8.0 mm
………………………………………………………………………… *Ambrosia salsola*

4. 叶片绿色，较少毛或叶背具硬毛 ……………………………………………………………… 5

4. 叶片常灰色、灰白色或白色，具柔毛或被微绒毛 ……………………………………………… 6

5. 叶柄 0 mm～2.0 mm，叶片椭圆形或卵圆形，边缘具齿状刺 …………… *Ambrosia ilicifolia*

5. 叶柄 10.0 mm～35.0 mm，叶片披针状或狭三角，边缘具粗齿，无刺
………………………………………………………………………… *Ambrosia ambrosioides*

6. 叶片 1 回～3 回羽状裂叶；雌花序着生处常与雄花序混生 ………………… *Ambrosia dumosa*

6. 叶片不具羽状分裂；雌花序靠近雄花序 ………………………………………………………… 7

7. 叶片椭圆形，线状披针形或菱形，边缘具不规则的锯齿；雌花序具 1 朵小花；总苞具浓密的绒毛和具柄的腺毛 ……………………………………………………… *Ambrosia eriocentra*

7. 叶片卵状三角形、卵形或线状披针形；雌花序具 1 朵～3 朵小花；总苞被柔毛或具柄腺毛 …… 8

8. 叶片基部心形或截平，叶背包括叶脉被浓密柔毛 ……………………… *Ambrosia cordifolia*

8. 叶片基部楔形或截平，叶背被绒毛，大多位于叶脉间 ……………………………………… 9

9. 叶片卵形或卵状三角形；总苞常被微绒毛 ………………………… *Ambrosia chenopodiifolia*

9. 叶片三角形或披针状三角形；总苞常具柄腺毛 ………………………… *Ambrosia deltoidea*

10. 一年生 ……………………………………………………………………………………… 11

10. 多年生或半灌木 ……………………………………………………………………………… 14

11. 叶片大多对生，叶片具掌状，部分 3 裂～5 裂，总苞长 6.0 mm～10.0 mm，中央具有圆锥状长喙，周围有 5 个～10 个棘状突起，较锐，向上斜伸，并沿总苞表面下延成纵肋
……………………………………………………………… 三裂叶豚草 *Ambrosia trifida*

11. 叶片大多对生，叶片基部具 1 个～4 个裂片或无，或 1 回～2 回羽状分裂 ……………… 12

12. 叶片基部具 1 个～4 个裂片或无；雌花序花梗长 0.5 mm，或无；总苞长 5.0 mm～8.0 mm
………………………………………………………………………… *Ambrosia bidentata*

12. 叶片大多 1 回～2 回羽状分裂；雌花序花梗长 0.5 mm～2.0 mm；总苞长 2.0 mm～5.0 mm
…………………………………………………………………………………………………… 13

13. 雄性花序的总苞直径 2.0 mm～7.0 mm，每个总苞常具 1 条～5 条黑色脉纹；总苞纺锤状、倒金字塔形，3.0 mm～5.0 mm，具 8 个～18 个棘状突起，2.0 mm～5.0 mm
………………………………………………………………………… *Ambrosia acanthicarpa*

13. 雄性花序的总苞直径 2.0 mm～3.0 mm，每个总苞常无黑色脉纹；总苞近球形或倒卵形，2.0 mm～4.0 mm，中央具有圆锥状长喙，周围有棘状突起或瘤状突起 4 个～10 个，长 0.1 mm～0.5 mm，突起下方沿总苞表面有时具隆起的有纵肋 …………… 美洲豚草 *Ambrosia artemisiifolia*

14. 茎秆俯卧或匍匐 …………………………………………………………………… 15

14. 茎秆直立 ……………………………………………………………………………… 16

15. 雄性花序总苞直径 2.0 mm～3.0 mm；总苞梨形，直径约 1.0 mm～2.0 mm，棘状突起或瘤状突起 0 个～5 个，长 0.1 mm～0.5 mm …………………………………… *Ambrosia hispida*

15. 雄性花序总苞直径 4.0 mm～6.0 mm；总苞纺锤形、梨形，直径约 4.0 mm～7.0 mm，棘状突起 8 个～16 个，长 0.5 mm～1.5 mm …………………………………… *Ambrosia chamissonis*

16. 叶片 1 回～3 回羽状分裂，大多卵状三角形或披针形；雄性花序总苞大多碟状，偶总苞杯状 ………………………………………………………………………………………… 17

16. 叶片通常 1 回～4 回羽状分裂，大多披针形、线形；雄性花序总苞杯状 ……………… 19

17. 叶片椭圆形、披针状椭圆形，长 50.0 mm～180.0 mm，宽 12.0 mm～50.0 mm，1 回～3 回羽状分裂，叶背面具浓密柔毛 …………………………………………… *Ambrosia tomentosa*

17. 叶片椭圆形、披针状、倒披针形或卵形，长 20.0 mm～100.0 mm，宽 8.0 mm～75.0 mm，1 回～2 回羽状分裂或无，叶背具浓密的柔毛或硬毛 ………………………………………… 18

18. 叶片无叶柄，叶片披针形、披针状椭圆形、披针状长方形或倒披针形，长 20.0 mm～70.0 mm，极少羽状分裂，雄性花序总苞杯状 …………………………………… *Ambrosia cheiranthifolia*

18. 叶柄 10.0 mm～45.0 mm，叶片椭圆形、卵形，45.0 mm～100.0 mm，常 1 回～2 回羽状分裂 ……………………………………………………………………………… *Ambrosia grayi*

19. 总苞具棘状突起 1 个～13 个，棘锥形，顶端具钩状 ………………………………… 20

19. 总苞具棘状突起或瘤状突起 0 个～6 个，棘坚硬、圆锥状，顶端直 ………………… 21

20. 叶片大多线形，部分 1 回羽状分裂，裂片线形；雄性花蕊总苞直径 4.0 mm～6.0 mm ……………………………………………………………………………… *Ambrosia linearis*

20. 叶片披针形、椭圆形，2 回～4 回羽状分裂，裂片披针状；雄性花蕊总苞直径 1.5 mm～3.0 mm ……………………………………………………………………………… *Ambrosia confertiflora*

21. 叶片卵状三角形、椭圆形，长 15.0 mm～75.0 mm，宽 12.0 mm～45.0 mm，具细长裂片，1 回～3 回羽状分裂；总苞纺锤状，2.0 mm～25.0 mm，被硬毛 ……………… *Ambrosia pumila*

21. 叶片卵状三角形、椭圆形，长 20.0 mm～140.0 mm，宽 8.0 mm～50.0 mm，羽状锯齿或 1 回羽状分裂；总苞倒卵形，2.0 mm～3.0 mm，被稀毛，总苞顶端中央具有圆锥状短喙，周围无棘状突起，或很小 ……………………………………………… 多年生豚草 *Ambrosia psilostachya*

附　录　C
（资料性附录）
美洲豚草 *Ambrosia artemisiifolia* L. 形态特征图

a）植株

b）花序

图 C.1　美洲豚草 *Ambrosia artemisiifolia* L. 植株、花序形态特征图

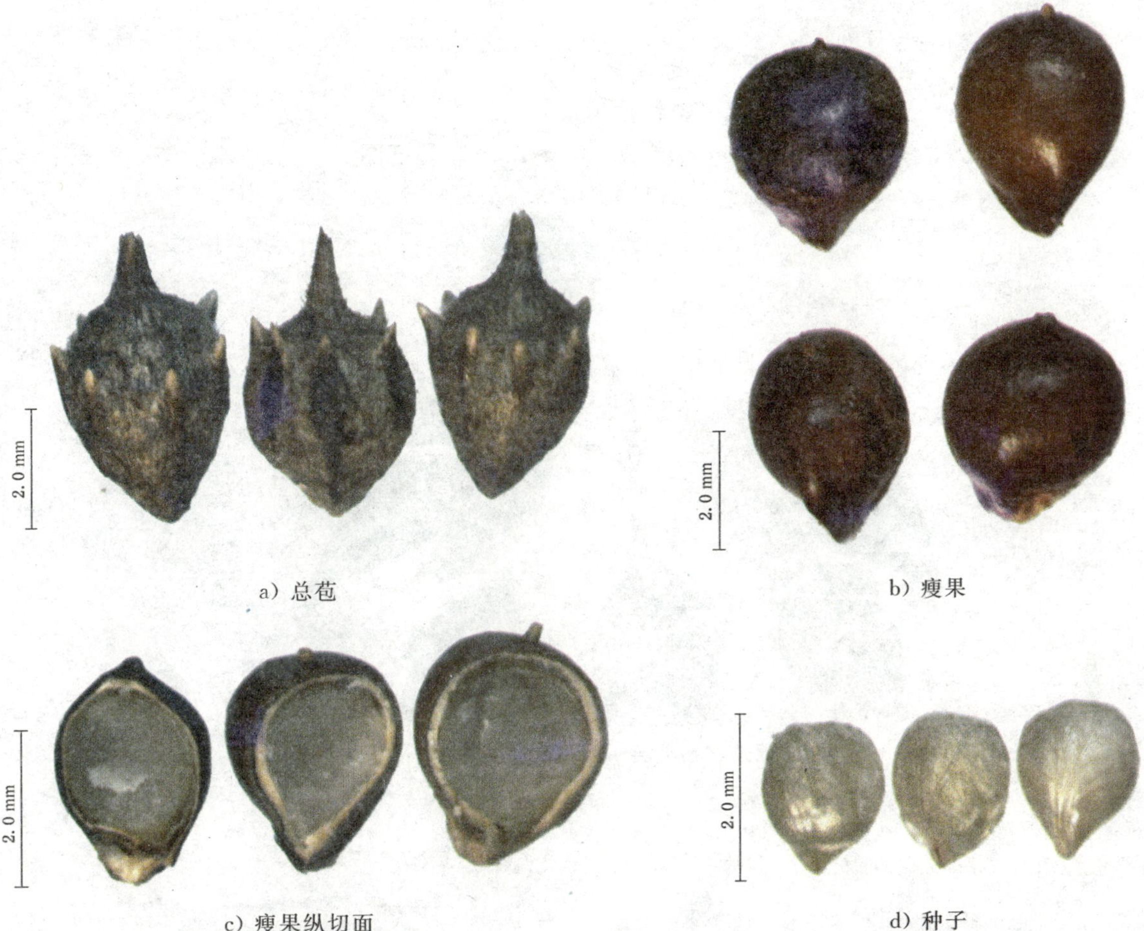

图 C.2　美洲豚草 *Ambrosia artemisiifolia* L. 总苞、瘦果形态特征图

附 录 D
（资料性附录）
三裂叶豚草 *Ambrosia trifida* L. 形态特征图

图 D.1 三裂叶豚草 *Ambrosia trifida* L. 植株形态特征图

图 D.2 三裂叶豚草 *Ambrosia trifida* L. 总苞、瘦果形态特征图

附　录　E
（资料性附录）
多年生豚草 *Ambrosia psilostachya* DC. 形态特征图

图 E.1　多年生豚草 *Ambrosia psilostachya* DC. 植株形态特征图

图 E.2　多年生豚草 *Ambrosia psilostachya* DC. 总苞形态特征图

中华人民共和国出入境检验检疫行业标准

SN/T 2477—2010

刺苞草检疫鉴定方法

Identification of *Cenchrus tribuloides* L.

2010-01-10 发布

2010-07-16 实施

中华人民共和国
国家质量监督检验检疫总局 发布

前　言

本标准的附录A、附录B均为资料性附录。

本标准由国家认证认可监督管理委员会提出并归口。

本标准负责起草单位:中华人民共和国深圳出入境检验检疫局、深圳市检验检疫科学研究院。

本标准参与起草单位:中华人民共和国福建出入境检验检疫局、中华人民共和国江苏出入境检验检疫局。

本标准主要起草人:康林、陈冬美、郭琼霞、陈枝楠、张绍红、徐浪、唐少冰。

本标准系首次发布的出入境检验检疫行业标准。

刺苞草检疫鉴定方法

1 范围

本标准规定了植物和植物产品、动物皮毛中刺苞草的检疫鉴定方法。

本标准适用于植物和植物产品、动物皮毛中刺苞草的检疫鉴定。

2 术语和定义

下列术语和定义适用于本标准。

2.1

小穗 spikelet

禾本科花序中的一个最小花簇，每个小穗有一至数朵花。

2.2

总苞 involucrum

总苞(又称刺苞)具刺，由许多苞片密集聚生在一花序的基部或愈合包着的花序。

2.3

小花(带稃颖果) floret

禾本科的花(籽实)连同包被其外的内、外稃。

2.4

颖果 caryopsis

果皮与种皮愈合，不能分离。

2.5

颖 glume

禾本科小穗基部苞片，包括内外颖，外颖(outer glume)，内颖(inner glume)。

2.6

稃片

禾本科小穗上花的苞片，共两枚，一枚为外稃(lemma)，一枚为内稃(palea)。

2.7

芒 awn

禾本科小穗上的颖或外稃先端伸长成刚毛状物。

3 原理

3.1 分类地位

刺苞草 *Cenchrus tribuloides* L.［别名：沙丘蒺藜草］，一年生草本植物，属禾本科［Poaceae(Gramineae)］蒺藜草属(*Cenchrus* L.)。

3.2 传播途径

种子易随原粮、种子等植物及植物产品和动物皮毛的调运、引种而传播。

3.3 鉴定依据

本标准以刺苞草的小穗(总苞)、小花及颖果的形态特征作为其检疫鉴定的主要依据。

4 仪器和用具

4.1 体视显微镜、扩大镜。

4.2 分样器(机)、分样台、分样板。

4.3 电动震筛机或套筛(带筛底筛盖)。

4.4 天平、电子天平。

4.5 镊子、解剖刀、解剖针、瓷盘、培养皿、指形管、小毛笔、样品铲。

4.6 样品袋、标签、记录本、标本瓶(盒)、樟脑丸、防虫剂、干燥剂(SiO_2)等。

5 实验室检验

5.1 样品制备

5.1.1 植物产品

将现场检疫抽取的原始样品制备成复合样品,倒入瓷盘内,充分混匀、摊平(或用分样器分样)、制取平均样品,采取四分法,取该样品的二分之一至四分之三(较少样品时)作为检验样品,余样作为保存样品。

5.1.2 动物皮毛

将现场检疫抽取的动物皮毛均匀分成两份,一份直接放在瓷盘内作为检验样品进行检疫,一份作为保存样品。

5.2 植物种子过筛检验

根据样品种子的大小确定规格筛的孔径,并将检验样品倒入规格筛的上层内过筛。检验样品种子大于刺苞草种子的主要检查筛下物,检验样品种子小于刺苞草种子的主要检查筛上物。

5.3 鉴定方法

5.3.1 目测鉴定

用肉眼或借助扩大镜将挑捡出的杂草籽进行分类,捡出其中的蒺藜草属杂草籽。

5.3.2 镜检鉴定

将疑似刺苞草的小穗或小花置体视显微镜下,观察小穗、小花的内外稃、芒和颖果等形态特征,并依据刺苞草小穗(总苞)、小花及颖果的形态特征及蒺藜草属主要种分种检索表(参见附录A)对疑似种子进行鉴定。

5.3.3 解剖鉴定

当小花的内外稃等主要特征不明显或已损坏,从外观上难于鉴别时,可根据刺苞草的颖果、胚及脐等内部形态和结构来区分和鉴定。

6 刺苞草的形态特征

6.1 蒺藜草属的特征

穗形总状花序顶生,由多数不育小枝形成的刚毛常部分愈合而成球形刺苞,具短而粗的总梗,总梗在基部脱节。刺苞上刚毛直立或弯曲,内含簇生小穗1至数枚,成熟时,小穗与刺苞一起脱落。

小穗无柄,颖不等长,第一颖常短小或缺;第二颖通常短于小穗;外稃纸质至膜质,内稃发育良好。

颖果椭圆状扁球形,种脐点状。

6.2 刺苞草的特征

6.2.1 小穗

小穗1枚～3枚,簇生于有刺的总苞(刺苞)中,总苞长约5 mm,宽约2.5 mm～3 mm,刺长2.5 mm～12 mm,深黄色至褐色,刺苞及刺的下部具丝状柔毛。小穗扁平卵形,无柄,长约5 mm,宽约2.6 mm～3 mm。第一颖缺(参见附录B)。

6.2.2 小花

外稃质硬,背面平坦,先端尖,具5脉,边缘膜质,包卷内稃,内稃凸起,具二脉,稍成脊。

6.2.3 颖果

颖果几呈圆形，长约 2.4 mm～3.2 mm，宽约 2.2 mm～2.6 mm，黄褐色；顶端具残存花柱；背面平坦，腹面突起，脐明显，凹陷，圆形，紫黑色，下方具种柄残余。胚大，圆形或卵圆形，长约占颖果的五分之四(参见附录 B)。

7 结果判定

以小穗(总苞)、小花、颖果的形态特征为依据，符合 6.2.1、6.2.2、6.2.3 所描述的，可鉴定为刺苞草(*Cenchrus tribuloides* L.)。

8 样品保存

8.1 刺苞草种子保存

鉴定完毕后，将鉴定出的刺苞草种子装入指形管或标本瓶内，加以标识(注明：编号、中名、学名、科别、产地、货物名称、进出口日期)，分别记录并经处理后妥善保存。

8.2 留样保存

发现刺苞草种子的样品，至少保存 6 个月，以备复验、谈判和仲裁之用。

发生纠纷或诉讼的保存样品，需保存至纠纷或诉讼终结时止。

保存期满后进行灭活处理。

附　录　A
（资料性附录）
蒺藜草属的主要分种检索表

1　刺苞上无明显的刚毛状刺(均呈刺状),刺苞长 5 mm～8 mm,刺数超过 40 根,刺基部两侧边缘无毛或疏松柔毛,颖果脐为褐色 …………………… 长刺蒺藜草 *Cenchrus longispinus* (Hwck.) Fern.

1　刺苞上有明显的刚毛状刺和刚毛状刺上有倒刺 ……………………………………………………… 2

2　刺长 2.5 mm～12 mm,刺苞及刺的下部具丝状柔毛,胚大,卵圆形,长约占颖果的五分之四,颖果脐为紫黑色 …………………………………………………………… 刺苞草 *Cenchrus tribuloides* L.

2　刺长 2 mm～4.2 mm,刺苞及刺的下部具柔毛,胚极大,圆形,几乎占颖果的整个背面。颖果脐为深灰色……………………………………………………… 疏花蒺藜草 *Cenchrus pauciflorus* Benth.

3　刺苞上刚毛有明显的倒向糙毛,背部密生细毛和长绵毛,刺苞裂片于三分之一或中部稍下处连合,刺苞总梗具密的短毛……………………………………………… 刺蒺藜草 *Cenchrus echinatus* L.

3　刺苞上刚毛无明显的倒向糙毛,背部疏生白色短毛和长绵毛,刺苞裂片于中部或三分之二以下连合,刺苞总梗光滑无毛 ………………………………………… 光梗蒺藜草 *Cenchrus calyculatus* Cav.

附 录 B
（资料性附录）
刺苞草的形态特征图

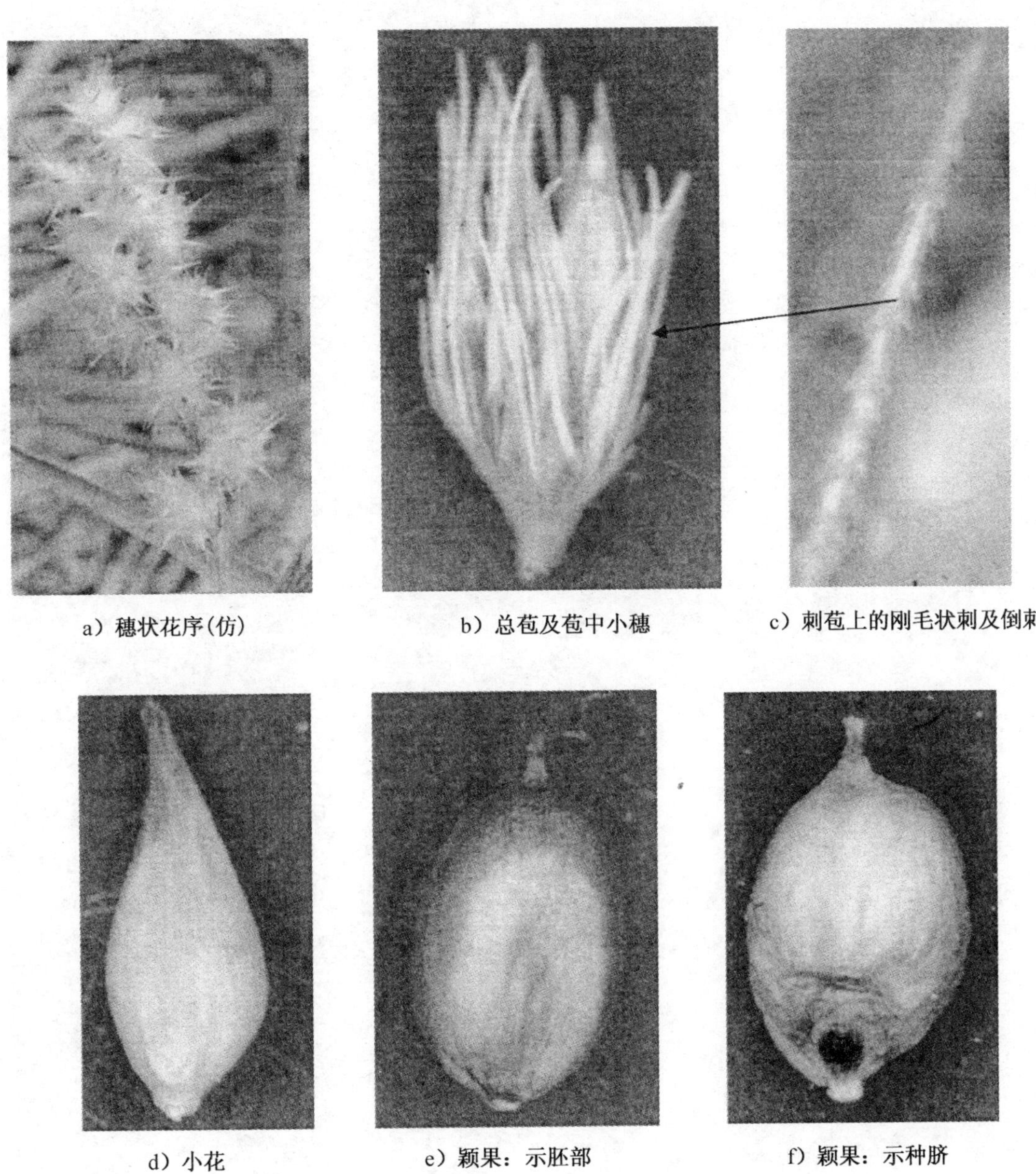

a）穗状花序(仿)　b）总苞及苞中小穗　c）刺苞上的刚毛状刺及倒刺

d）小花　e）颖果：示胚部　f）颖果：示种脐

图 B.1　刺苞草(*Cenchrus tribuloides* L.)总苞及苞中小穗、小花及颖果特征图

四、转基因检测类

中华人民共和国出入境检验检疫行业标准

SN/T 1194—2003

植物及其产品转基因成分检测 抽样和制样方法

Methods of sampling and preparation of samples for detection of genetically modified components in plants and their derived products

2003-03-17 发布　　　　2003-09-01 实施

中华人民共和国国家质量监督检验检疫总局 发布

前　言

本标准由国家认证认可监督管理委员会提出并归口。

本标准起草单位:国家质量监督检验检疫总局动植物检疫实验所、中华人民共和国深圳出入境检验检疫局、中华人民共和国广州出入境检验检疫局。

本标准主要起草人:陈红运、黄文胜、朱水芳、覃文、章桂明。

本标准系首次发布检验检疫行业标准。

植物及其产品转基因成分检测
抽样和制样方法

1 范围

本标准规定了植物及其产品转基因成分检测的抽样和制样方法。

本标准适用于植物及其产品转基因成分检测的抽样和制样。

2 规范性引用文件

下列文件中的条款通过本标准的引用而成为本标准的条款。凡是注日期的引用文件，其随后所有的修改单(不包括勘误的内容)或修订版均不适用于本标准，然而，鼓励根据本标准达成协议的各方研究是否可使用这些文件的最新版本。凡是不注日期的引用文件，其最新版本适用于本标准。

GB/T 10111 利用随机数骰子进行随机抽样的方法

SN/T 0798 粮油饲料检验 检验名词术语

SN/T 0799 进出口粮油、饲料检验 检验一般规则

SN/T 0800.1 进出口粮油、饲料检验 抽样和制样方法

SN/T 0952 进出口商品抽样检验程序 孤立批计数抽样批不合格品率的估计及样本量的选定(适用于批量较大的情形)

3 定义及术语

SN/T 0798 确立的以及下列术语和定义适用于本标准。

3.1

转基因植物 genetically modified plants

用基因工程技术或者现代生物技术改变基因组构成的植物。

4 总则

4.1 一般规定

按照 SN/T 0799 的规定进行。

4.2 作批

4.2.1 非繁殖材料作批

4.2.1.1 原材料作批

散装原材料报验批数量小于 10 000 t 时，作批数量最大为 500 t，超过的部分单独为报验批。报验批数量大于 10 000 t 时，以 10 000 t 作 20 批为基数，每超过 1 000 t，增加一批，不足 1 000 t，按一批计，报验批数量除以批数为作批的最大数量。

袋(箱)装原材料作批最大数量为 500 t。

4.2.1.2 加工产品作批

饲料和油脂的作批按 SN/T 0800.1 的规定执行。

其他加工产品按报验批同一合同、同一生产批量、同一品种、等级或唛头作批。

4.2.2 繁殖材料作批

植物繁殖材料以品种为单位作批。

4.3 抽样注意事项

4.3.1 抽取的样品应具有代表性。

4.3.2 确保取样器具清洁、干燥、无异味，取样器具所用材质不应对待取样品造成污染。

4.3.3 不同批的样品应使用不同的取样器具，盛装样品的容器或包装袋应为一次性使用的，以避免交叉污染。

4.3.4 取样时应保护样品，取样器具和容器应存放于清洁的环境中，避免由雨水和灰尘等引起污染。

4.3.5 取样过程中应避免样品散落，以防止有活性的生物污染生态环境。

4.3.6 样品的粉碎应在单独的实验室进行以防污染。

4.3.7 所取样操作应在尽可能短的时间内完成以避免样品的组分发生变化。如果某一取样步骤需要很长的时间，样品应存放在密闭的容器中。

5 抽样工具和设备

按照 SN/T 0800.1 的规定进行。

6 抽样地点

6.1 仓库抽样

货物储存在仓库或储存罐，按批抽样。

6.2 口岸抽样

货物在口岸检验、检疫过程中实施抽样。

7 抽样方法

7.1 非繁殖材料抽样

7.1.1 原材料抽样

7.1.1.1 散装原材料的抽样

按照 SN/T 0800.1 的抽样规定执行。

7.1.1.2 袋(箱)装原材料的抽样

对于袋(箱)装原材料的抽样，应从袋(箱)的不同部位如顶部、中部和下部扦取单株样品，按表 1 确定抽样件数。

表 1 袋(箱)装原材料抽样件数的确定

一批货物的总袋数	应抽取袋数
10 袋以下	逐袋抽样
10～100 袋	随机抽取 10 袋
100 袋以上	按总袋数的平方根抽取(取整数，小数部分向上修约)

7.1.2 加工产品的抽样

7.1.2.1 油脂和饲料的抽样

按照 SN/T 0800.1 的规定执行。

7.1.2.2 其他加工产品(包括食品)的抽样

7.1.2.2.1 样本的抽取

样本的抽取可使用 GB/T 10111 等方法进行简单随机抽样，也可根据需要或视情况采用其他抽样方法。

7.1.2.2.2 样本量的确定

批量范围小于 250 时，抽取批量的 5%作为样本量。

批量范围大于250时，采用SN/T 0952中E-5估计等级所需的样本量(见表2)。

表2 不同批量范围所需的样本量

批量范围	样 本 量
251～400	13～20
401～650	21～25
651～1 000	23～32
1 001～1 500	33～40
1 501～2 500	36～45
2 501～4 000	46～56
4 001～6 500	57～80
6 501～10 000	81～125
10 001～15 000	126～150
15 001～25 000	151～180
≥25 001	181～220

7.2 繁殖材料的抽样

采取随机抽样，也可根据需要或视情况采用其他抽样方法。

8 样品的数量

8.1 原始样品量

8.1.1 非繁殖材料

8.1.1.1 谷物和油料作物种子的原始样品量为5 kg。

8.1.1.2 淀粉、饲料及其他粉状样品为500 g。

8.1.1.3 油类样品为500 mL。

8.1.1.4 卵磷脂样品为100 mL或500 g。

8.1.2 繁殖材料

8.1.2.1 种子

8.1.2.1.1 一般包装

10 kg以下取一份；11 kg～100 kg取两份；101 kg～500 kg取三份；501 kg～1 000 kg取四份；1 001 kg～2 000 kg取五份；2 001 kg～5 000 kg取六份；5 001 kg～10 000 kg取七份；10 001 kg～100 000 kg，每增加5 000 kg增取一份样品；不足5 000 kg的余量计取一份样品；100 001 kg以上，每增加50 000 kg增取一份样品；不足50 000 kg的余量计取一份样品。

每份样品的重量：大粒种子(如玉米、花生、大豆等)为2.5 kg；中粒种子(如麦类、甜菜、绿豆、空心菜等)为2.0 kg；小粒种子(如黑麦草、谷子、苜蓿、白菜等)为1.5 kg；其他细小或轻质种子(如烟草、桉树等)为1.0 kg。

8.1.2.1.2 小包装

100袋(听)以下取一份；101袋(听)～500袋(听)取两份；501袋(听)～1 000袋(听)取三份；1 001袋(听)～5 000袋(听)取四份；5 001袋(听)～10 000袋(听)取五份；10 001以上每增加5 000袋(听)增取一份。不足5 000袋(听)的余量计取一份样品。

每份样品为10袋(听)。

8.1.2.2 整株植物、砧木、茎干

50株(枝)以下取一份；50株(枝)～200株(枝)取两份；201株(枝)～1 000株(枝)取三份；1 001株

(枝)～5 000 株(枝)取四份；5 001 株(枝)以上每增加 5 000 株(枝)增取一份样品，不足 5 000 株(枝)的余量计取一份样品。

每份样品为五株(枝)。

8.1.2.3 鳞球茎、块根、块茎

500 粒以下取一份；501 粒～2 000 粒取两份；2 001 粒～5 000 粒取三份；5 001 粒～10 000 粒取四份；10 001 粒以上每增加 10 000 粒增取一份样品。不足 10 000 粒的余量计取一份样品。

每份样品为 20 粒。

8.1.2.4 接穗、芽条类

100 条(芽)以下取一份；101 条(芽)～500 条(芽)取两份；501 条(芽)～2 000 条(芽)取三份；2 001 条(芽)～5 000 条(芽)取四份；5 001 条(芽)以上每增加 5 000 条(芽)增取一份样品。不足 5 000 条(芽)的余量计取一份样品。

每份样品为 10 条(芽)。

8.1.2.5 试管苗类

100 支(瓶)以下取一份；101 支(瓶)～500 支(瓶)取两份；501 支(瓶)～1 000 支(瓶)取三份；1 001 支(瓶)～5 000 支(瓶)取四份；5 001 支(瓶)～10 000 支(瓶)取五份；10 001 以上每增加 5 000 支增取一份样品。不足 5 000 支的余量计取一份样品。

每份样品为五支(瓶)。

8.2 实验室样品量

8.2.1 谷物和油料作物种子

如果组成不均一，实验室样品至少由 10 000 粒组成；如果组成均一，实验室样品至少为 3 500 粒。几种谷物和油料种子的实验室样品量见表 3。

表 3 几种谷物和油料种子的实验室样品量

植物	粒重	样品量 (不均一分布) 10 000 粒	样品量 (均一分布) 3 500 粒
大麦	37 mg	370 g	140 g
玉米	285 mg	2 850 g	1 000 g
燕麦	32 mg	320 g	112 g
油菜	4 mg	40 g	14 g
水稻	27 mg	270 g	95 g
大豆	200 mg	2 000 g	700 g
小麦	37 mg	370 g	140 g

8.2.2 加工产品

部分加工产品的实验室样品量见表 4。对于深加工产品，根据其主要成分(如淀粉、植物蛋白)的含量进行换算以确定所需的实验室样品量。

表 4 加工产品的实验室样品量

植物	油		蛋白质		多糖(淀粉)		卵磷脂	
玉米	3.8%	38 g	8.5%	85 g	61%	610 g		
大豆	18%	126 g	34%	238 g			0.1%～0.25%	0.7 g～1.75 g
注："%"指加工产品在原材料中的重量百分比，如玉米种子中玉米油含量为 3.8%。								

9 平均样品的制备

按照 SN/T 0800.1 的规定执行。

10 样品的盛装、标识和送检

10.1 样品的盛装

抽取的样品应采用容量、规格适宜的容器或包装袋盛装、密封，并且在适当条件下保存。样品应防止任何外来杂质的污染，防止日晒、雨淋。

10.2 样品的标识

10.2.1 抽取的样品应及时加贴唯一的标签，标签内容应包括报检号、样品编号、货物名称、品种或批号、抽样时间和抽样人。

10.2.2 与样品直接接触的标签必须防潮（尤其对于湿度比较大的样品），同时应使用高质量的记号笔书写，以免有关信息丢失。

10.2.3 盛装样品的容器或包装袋表面也应加贴同一标签，固定牢固。

10.3 送检

实验室样品应在尽可能短的时间内传递和发送，发送条件应根据样品性质确定。对有特殊要求的样品（如需冷藏的样品），必须采用相应的条件以避免样品发生物理和化学变化。对于无特殊要求的样品，应在避光、干燥条件下保存和运输。

11 抽样报告

按照 SN/T 0799 的规定执行。

12 试样的制备

实验室收到平均样品后，应核对报验单，审查抽样报告，核查样品标识，确认无误后，再进行试样的制备。

将实验室样品取一半作为存查样品，另一半用于样品的制备。具体制备方法依样品的状态和特性而定。

13 存查样品的保存

13.1 存查样品的保存条件

存查样品的保存条件应依据样品特性确定，一般密封保存于 4℃或－20℃以避免样品发生理化变化以及交叉污染。

13.2 存查样品的保存期限

按照 SN/T 0799 的规定执行。

13.3 存查样品的处理

存查样品应经适当处理后才能丢弃，尤其对于检测为阳性的植物种子和苗木一定要通过高压消毒处理将其灭活销毁，以免泄露而污染生态环境。

14 健康和安全

抽样所需防护条件应符合安全要求。

抽样人员必需遵守相应的安全操作规程。

中华人民共和国出入境检验检疫行业标准

SN/T 1195—2003

大豆中转基因成分的定性PCR检测方法

Protocol of the qualitative polymerase chain reaction (PCR) for detecting genetically modified component in soybeans

2003-03-17 发布　　　　2003-09-01 实施

中华人民共和国国家质量监督检验检疫总局 发布

前　言

本标准由国家认证认可监督管理委员会提出并归口。

本标准起草单位:中华人民共和国江苏出入境检验检疫局。

本标准主要起草人:蒋原、祝长青、林宏。

本标准系首次发布的检验检疫行业标准。

大豆中转基因成分的定性 PCR 检测方法

1 范围

本标准规定了大豆中转基因成分的定性聚合酶链式反应(PCR)检测方法。

本标准适用于大豆中抗草甘膦转基因大豆(roundup ready soybean)中的转基因成分的检测。

2 规范性引用文件

下列文件中的条款通过本标准的引用而成为本标准的条款。凡是注日期的引用文件,其随后所有的修改单(不包括勘误的内容)或修订版均不适用于本标准,然而,鼓励根据本标准达成协议的各方研究是否可使用这些文件的最新版本。凡是不注日期的引用文件,其最新版本适用于本标准。

GB/T 6682 分析实验室用水规格和试验方法

SN/T 1193 基因检验实验室技术要求

SN/T 1194 植物及其产品转基因成分检测的抽样和制样方法

SN/T 1204 植物及其加工产品中转基因成分实时荧光 PCR 定性检验方法

3 术语、定义和缩略语

下列术语、定义和缩略语适用于本标准。

3.1

转基因成分 genetically modified component

将物种本身不具有的、而是来源于其他物种的功能基因序列。

3.2

聚合酶链式反应 ploymerase chain reaction (PCR)

模板基因序列先经高温变性成为单链,在 DNA 聚合酶作用和适宜的反应条件下,根据模板序列设计的两条引物分别与模板 DNA 两条链上相应的一段互补序列发生退火而相互结合,接着在 DNA 聚合酶的作用下以四种脱氧核糖核酸(dNTP)为底物,使引物得以延伸,然后不断重复变性、退火和延伸这一循环,使欲扩增的基因片段以几何倍数扩增。

3.3 缩略语

3.3.1 Lectin:植物凝集素基因,为大豆本身含有的内源基因。

3.3.2 CaMV 35S:35S promoter from cauliflower mosaic virus,花椰菜花叶病毒 35S 启动子。

3.3.3 NOS:Terminator of nopaline synthase gene from *Agrobacterium tumefaciens*,来源于农杆菌的胭脂碱合成酶基因终止子。

3.3.4 CP4 EPSPS:5-enolpyruvylshikimate-3-phosphate synthase gene,5-烯醇丙酮酸莽草酸-3-磷酸合成酶基因。

3.3.5 RRS:roundup ready soybean,美国 Monsanto 公司的获准商品化种植的抗除草剂草甘膦的转基因大豆,转入外源基因有 CaMV35S 启动子,NOS 终止子和 CP4-EPSPS 基因等。

4 防污染措施

检测过程中防止交叉污染的措施按照 SN/T 1193 中的规定执行。

5 抽样和制样

5.1 抽样

按照 SN/T 1194 中规定的方法执行。

5.2 制样

称取约 50 g 大豆样品,用湿热灭菌(121℃处理 30 min)或干热灭菌(180℃处理 2 h)的研钵或合适的粉碎装置将样品粉碎至约 0.5 mm 左右。

6 测定方法

6.1 原理

根据 RRS 转基因大豆生物基因组中含有的外源基因序列设计出特异性引物,利用 PCR 方法对这段外源基因的序列片段进行扩增,根据实验结果来判定被检样品的核酸中是否含有 RRS 的转基因成分。

6.2 试剂和材料

除另有规定外,所使用的试剂为分析纯或生化试剂。

6.2.1 CTAB 缓冲液:CTAB 20g/L,Tris-HCl 0.1 mol/L(pH8.0),EDTA 0.02 mol/L。

6.2.2 Tris 饱和酚。

6.2.3 三氯甲烷:异戊醇(24∶1)。

6.2.4 异丙醇。

6.2.5 70%乙醇。

6.2.6 TE 溶液(10 mmol/L Tris,1 mmol/L EDTA,pH8.0)。

6.2.7 RNA 酶溶液:5 μg/μL。

6.2.8 10×PCR 反应液。

6.2.9 氯化镁($MgCl_2$):25 mmol/L。

6.2.10 dNTP(dATP,dCTP,dGTP,dUTP)溶液:各 2.5 mmol/L。

6.2.11 *Taq* 酶:5 U/μL。

6.2.12 引物:转基因大豆的内源基因和外源基因检测时所用的引物序列见表 1。

表 1 转基因大豆的内源基因和外源基因的引物序列

检测基因	引物序列	扩增片段长度	基因性质
Lectin	正:5′-gcc ctc tac tcc acc ccc atc c-3′ 反:5′-gcc cat ctg caa gcc ttt ttg tg-3′	118 bp	内源基因
	正:5′-tgc cga agc aac caa aca tga tcc t-3′ 反:5′-tga tgg atc tga tag aat tga cgt t-3′	438 bp	
CaMV35S	正:5′-gat agt ggg att gtg cgt ca-3′ 反:5′-gct cct aca aat gcc atc a-3′	195 bp	外源基因
NOS	正:5′-gaa tcc tgt tgc cgg tct tg-3′ 反:5′-tta tcc tag ttt gcg cgc ta-3′	180 bp	外源基因
CP4 EPSPS	正:5′-ctt ctg tgc tgt agc cac tga tgc-3′ 反:5′-cca cta tcc ttc gca aga ccc ttc c-3′	320 bp	外源基因
	正:5′-cct tcg caa gac cct tcc tct ata-3′ 反:5′-atc ctg gcg ccc atg gcc tgc atg-3′	513 bp	

6.2.13 实验用水：按 GB/T 6682 规定执行。

6.2.14 溴化乙锭(EB)：10 mg/mL。

6.2.15 DNA 分子量标记物。

6.2.16 琼脂糖。

6.2.17 50×TAE 缓冲液：242 g Tris 碱，57.1 mL 冰乙酸，100 mL 0.5 mol/L EDTA(pH8.0)。

6.2.18 上样缓冲液。

6.2.19 RRS 标样，非转基因大豆标样。

6.2.20 1.5 mL 离心管。

6.2.21 滤芯吸头(10 μL，20 μL，100 μL，200 μL，1 000 μL)。

6.2.22 PCR 反应管(200 μL)。

6.3 主要仪器

6.3.1 电子天平(感量为 0.001g)。

6.3.2 恒温孵育装置。

6.3.3 普通离心机，低温冷冻高速离心机，微型离心机。

6.3.4 研钵及粉碎装置。

6.3.5 低温冰箱，普通冰箱。

6.3.6 旋涡震荡器。

6.3.7 高压灭菌器。

6.3.8 高温干燥箱。

6.3.9 核酸蛋白分析仪。

6.3.10 微量移液器(0.5 μL，2 μL，10 μL，20 μL，100 μL，200 μL，1 000 μL)。

6.3.11 基因扩增仪。

6.3.12 电泳仪。

6.3.13 凝胶成像分析系统。

6.3.14 实时荧光 PCR 仪。

6.3.15 超净工作台。

6.3.16 实验用水制备装置。

6.4 检测方法

6.4.1 样品的 DNA 提取

6.4.1.1 CTAB 方法

6.4.1.1.1 分别称取 100 mg 制备好的样品，各加入到两支 1.5 mL 离心管中，同时设立试剂提取对照。

6.4.1.1.2 加入 600 μL CTAB 缓冲液，振荡均匀，65℃温育 30 min。

6.4.1.1.3 加入 500 μL 酚：三氯甲烷：异戊醇(25：24：1)，振荡均匀，12 000 r/min 离心 15 min。

6.4.1.1.4 吸取上清液，放入另一新管中，加入等体积的异丙醇，12 000 r/min 离心 10 min。

6.4.1.1.5 弃去上清液，加入 70%乙醇溶液洗涤，12 000 r/min 离心 1 min。

6.4.1.1.6 弃去上清液，干燥，用 50 μL TE 溶液溶解沉淀。

6.4.1.1.7 加入 5 μL RNA 酶溶液，37℃温育 30 min。

6.4.1.1.8 加入 400 μL 的 CTAB 溶液，振荡均匀。

6.4.1.1.9 加入 250 μL 的三氯甲烷：异戊醇，振荡均匀，12 000 r/min 离心 15 min。

6.4.1.1.10 吸取上清液，放入另一新管中，加入 200 μL 的异丙醇，12 000 r/min 离心 10 min。

6.4.1.1.11 弃去上清液，干燥，用 50 μL TE 缓冲液溶解沉淀。

6.4.1.2 商品化试剂盒方法

根据不同提取原理的商品化基因组提取试剂盒，使用时按照操作说明书进行操作。选择商品化试剂盒的原则是所提取 DNA 质量好并且得率高。

6.4.1.3　**所提取样品 DNA 的质量评估**

6.4.1.3.1　**方法 1**

样品中提取的 DNA 用核酸蛋白分析仪测定，分别计算核酸的纯度和浓度，计算公式见(1)式：

$$\text{DNA 纯度} = \frac{OD_{260nm}}{OD_{280nm}} \qquad \cdots\cdots(1)$$

比值在 1.7～2.0 之间较好，符合 PCR 检测要求。

DNA 浓度根据 $1OD_{260nm}$＝50 μg/mL 双链 DNA 或 38 μg/mL 单链 DNA，估算出浓度。

6.4.1.3.2　**方法 2**

用 1％的凝胶电泳进行检测，具体的操作步骤见 6.4.2.4 的凝胶电泳检测部分，根据电泳结果来检测提取的 DNA。

6.4.1.3.3　**方法 3**

通过定性 PCR 来检测大豆样品的固有内源基因 Lectin，根据检测结果来判定样品中提取的 DNA 是否满足 PCR 检测要求，PCR 的反应体系见表 2，反应循环参数见表 3，其他操作要求按照 6.4.2 的定性 PCR 检测。

6.4.2　**定性 PCR 检测**

6.4.2.1　**PCR 反应体系**

检测 RRS 中内源和外源基因采用的 PCR 检测反应体系见表 2。反应体系中各试剂的量根据反应体系的总体积进行适当调整。每个反应体系应该设置两个平行管。

表 2　PCR 检测参考反应体系(50 μL 体系)

试剂名称	加入 PCR 反应体系的量
10×PCR 反应缓冲液	5 μL
氯化镁(25 mmol/L)	4 μL
UNG 酶(1 U/ μL)	0.4 μL
dNTP 溶液(各为 2.5 mmol/L)	4 μL
正义引物(10 pmol/μL)	1 μL
反义引物(10 pmol/μL)	1 μL
Taq 酶(5 U/μL)	0.5 μL
模板(样品的 DNA)	0.5 μg～3 μg
水	补足反应体系，使总体积为 50 μL

6.4.2.2　**反应体系对照的设置**

进行 PCR 检测时反应体系必须设置阳性对照、阴性对照和空白对照。

6.4.2.2.1　阳性对照：用 RRS 标物提取的 DNA 作为模板。

6.4.2.2.2　阴性对照：用非转基因大豆标物提取的 DNA 作为模板。

6.4.2.2.3　空白对照：用配置反应体系的实验用水代替模板。

6.4.2.3　**RRS 中内源基因和外源基因的检测**

RRS 中内源基因和外源基因的 PCR 检测的参考反应条件见表 3。反应条件需根据检测仪器的性能做相应调整。

表 3　RRS 中内源基因和外源基因的 PCR 检测的参考反应条件

被扩增的基因	变　　性	扩　　增	循环次数	最后延伸
Lectin	94℃,5 min	94℃,30 s 54℃,40 s 72℃,60 s	40	72℃,7 min
CaMV35S NOS	94℃,5 min	94℃,30 s 54℃,40 s 72℃,60 s	40	72℃,7 min
CP4 EPSPS	94℃,5 min	94℃,30 s 60℃,60 s 72℃,60 s	40	72℃,7 min

6.4.2.4　**凝胶电泳检测 PCR 产物**

用 1×TAE(或 0.5×TBE)电泳缓冲液制备 2%的琼脂糖凝胶(凝胶融化后凉至 60℃左右时加入溴化乙锭,含量为 0.5 μg/mL;或者在电泳后用溴化乙锭溶液进行染色。此外也可以选用其他染色剂)。按比例将 10 μL 的 PCR 产物与上样缓冲液均匀混合,然后分别加入对应的凝胶孔中,同时加入合适的 DNA 分子量标记物,选择合适的电压(3 V/cm～5 V/cm)进行电泳,电泳时间为 20 min～40 min。用凝胶成像分析系统进行观察分析并记录。

6.4.2.5　**结果分析与判定**

6.4.2.5.1　根据内源基因 Lectin 扩增情况,来判断所提取的样品 DNA 的质量,必要时进行样品 DNA 的纯化或者重新提取,防止出现检测中产生假阴性。

6.4.2.5.2　样品的内源基因 Lectin 扩增为阳性,样品的外源基因 CaMV35S 和外源基因 NOS 扩增为阳性,其相应的阳性对照、阴性对照和空白对照正确,可根据结果判定被检样品中含有 CaMV35S 和 NOS 转基因成分。

如果外源基因 CP4 EPSPS 的扩增结果同时也为阳性,其相应的阴性对照和空白对照均正确,可以判定此样品为 RRS。

6.4.2.5.3　样品的内源基因 Lectin 扩增为阳性,样品的外源基因 CaMV35S、NOS 或 CP4 EPSPS 中仅有一个为阳性,判定被检样品的检测结果可疑,应按照 SN/T 1204 中规定的方法进行确证实验。

———

中华人民共和国出入境检验检疫行业标准

SN/T 1196—2003

玉米中转基因成分定性 PCR 检测方法

Protocol of the polymerase chain reaction for detecting genetically modified components in maize

2003-03-17 发布　　2003-09-01 实施

中华人民共和国国家质量监督检验检疫总局　发布

前　言

本标准的附录A为资料性附录。

本标准由国家认证认可监督管理委员会提出并归口。

本标准起草单位:中华人民共和国辽宁出入境检验检疫局。

本标准主要起草人:曹际娟、陈明生、卢行安、赵昕、王秀芬。

本标准系首次发布的检验检疫行业标准。

玉米中转基因成分定性PCR 检测方法

1 范围

本标准规定了玉米中转基因成分检验的抽样、制样、PCR检测方法。

本标准的筛选检测适用于玉米中转基因成分的定性检测。

本标准的鉴定检测适用于玉米MON810、Bt11、Event176、T14/T25、CBH351、GA21品系转基因成分的定性检测。

2 规范性引用文件

下列文件中的条款通过本标准的引用而成为本标准的条款。凡是注明日期的引用文件,其随后所有的修改单(不包括勘误的内容)或修订版均不适用于本标准,然而,鼓励根据本标准达成协议的各方研究是否可使用这些文件的最新版本。凡是不注日期的引用文件,其最新版本适用于本标准。

GB/T 6682 分析实验室用水规格和实验方法

SN/T 1193 基因检验实验室技术要求

SN/T 1194 植物及其产品转基因成分检测抽样和制样方法

SN/T 1204 植物及其加工产品中转基因成分实时荧光PCR定性检验方法

3 术语、定义和缩略语

下列术语、定义和缩略语适用于本标准。

3.1

转基因 transgene

将物种本身不具有的、来源于其他物种的功能DNA序列,通过各种导入手段,使其在该物种中进行表达,以便该物种获得新的品种特征。

3.2

聚合酶链式反应 polymerase chain reaction,简称PCR

模板基因序列先经高温变性成为单链,在DNA聚合酶作用和适宜的反应条件下,根据模板序列设计的两条引物分别与模板DNA两条链上相应的一段互补序列发生退火而相互结合,接着在DNA聚合酶的作用下以四种脱氧核糖核酸(dNTP)为底物,使引物得以延伸,然后不断重复变性、退火和延伸这一循环,使欲扩增的基因片段以几何倍数扩增。

3.3 缩略语

3.3.1 PCR:polymerase chain reaction,简称PCR。

3.3.2 DNA:deoxyribonucleic acid,脱氧核糖核酸。

3.3.3 dNTP:deoxyribonucleoside triphosphate,脱氧核苷三磷酸。

3.3.4 dATP:deoxyadeNOSine triphosphate,脱氧腺苷三磷酸。

3.3.5 dCTP:deoxycytidine triphosphate,脱氧胞苷三磷酸。

3.3.6 dGTP:deoxyguaNOSine triphosphate,脱氧鸟苷三磷酸。

3.3.7 dTTP:deoxythymidine triphosphate,脱氧胸苷三磷酸。

3.3.8 dUTP:deoxyuridine triphosphate,脱氧尿苷三磷酸。

3.3.9 bp:base pair,碱基对。

3.3.10 EDTA: ethylene diaminetetraacetic acid,乙二胺四乙酸。

3.3.11 *Taq*:*Thermus aquaticu*,水生热栖菌。

3.3.12 Tris:tris(hydroxymethyl)aminomethane,三(羟甲基)氨基甲烷。

3.3.13 TE:Tris-Cl、EDTA 缓冲液。

3.3.14 IVR:invertase 1 gene from maize,玉米的转化酶 1 基因。

3.3.15 Zein:玉米醇溶蛋白基因。

3.3.16 CaMV 35S:35S promoter from cauliflower mosaic virus,来自于花椰菜花叶病毒的 35S 启动子。

3.3.17 NPTII: neomycin-3′-phosphotransferase gene,新霉素-3′-磷酸转移酶基因。

3.3.18 NOS: terminator of nopaline synthase gene,胭脂碱合成酶基因终止子。

3.3.19 IVS2:intron from the maize alcohol dehydrogenase gene,玉米醇脱氢酶基因的基因内区 2。

3.3.20 PAT: phosphinothricin acetyltransferase gene,草丁膦乙酰转移酶基因。

3.3.21 HSP70:0.8 Kb intron from the *hsp70* gene (heat-shock protein),来自热休克蛋白(*hsp70*)基因的 0.8Kb 基因内区。

3.3.22 CryIA(b): a synthetic gene encodes the first 648 amino acids,insecticidal-active ftruncated product identical to that of *CryIA(b)* gene of *Bacillus thuringiensis* subsp,苏云金芽孢杆菌杀虫毒蛋白 *cryIA(b)*基因。

3.3.23 CDPK:calcium-dependent protein kinase(CDPK) gene,钙依赖蛋白激酶基因。

3.3.24 Cry9C: insecticidal-active ftruncated product identical to that of *Cry9C* gene of *Bacillus thuringiensis* subsp,苏云金芽孢杆菌杀虫毒蛋白 *Cry9C* 基因。

3.3.25 CaMV35S!:35S terminator of CaMV genome,花椰菜花叶病毒基因组的 35S 终止子。

3.3.26 P actin 1:the promoter derived from the rice (*Oryza sativa*) actin 1 gene,来源于玉米肌动蛋白 1 基因的启动子。

3.3.27 OTP:optimized transit peptide gene,优化运输肽基因。

3.3.28 mEPSPS:maize 5-enolypyruvylshikimate-3-phosphate synthase,来源于玉米的莽草酸羟基乙酰转移酶。

4 防污染措施

检测过程中防止交叉污染的措施按照 SN/T 1193 中的规定执行。

5 抽样和制样

5.1 抽样

按照 SN/T 1194 中规定的方法执行。

5.2 制样

称取约 20 g 玉米样品,经干热灭菌(150℃干热预处理 2 h)或 120℃、30 min 高压消毒处理的碾钵或粉碎机中碾磨至样品粉末颗粒约 0.5 mm 左右大小。

6 测定方法

6.1 原理

样品经过提取 DNA 后,针对转基因植物所插入的外源基因的基因序列设计引物,通过 PCR 技术,特异性扩增外源基因的 DNA 片断,根据 PCR 扩增结果,判断该样品中是否含有转基因成分。

6.2 试剂和材料

除另有规定外,其他试剂为分析纯或生化试剂,水为按照 GB/T 6682 规定的一级水。

6.2.1 引物：检测转基因玉米内、外源基因的引物及其信息见表1。

表1 检测转基因玉米内、外源基因所需的引物信息

被检测基因（上游/下游）	基因来源	引物序列	扩增长度/bp	退火温度/℃	提示	备注
IVR	内源	5′-ccgctgtatcacaagggctggtacc-3′ 5′-ggagcccgtgtagagcatgacgatc-3′	226	58	内源参照	任选其一
Zein	内源	5′-tgaacccatgcatgcagt-3′ 5′-ggcaagaccattggtga-3′	173	58		
CaMV 35S	外源	5′-gctcctacaaatgccatca-3′ 5′-gatagtgggattgtgcgtca-3′	195	55	筛选检测	任选其一
CaMV 35S	外源	5′-tcatcccttacgtcagtggag-3′ 5′-ccatcattgcgataaaggaaa-3′	165	55		
NOS	外源	5′-gaatcctgttgccggtcttg-3′ 5′-ttatcctagtttgcgcgcta-3′	180	55	筛选检测	任选其一
NOS	外源	5′-atcgttcaaacatttggca-3′ 5′-attgcgggactctaatcata-3′	165	55		
NPTII	外源	5′-aggatctcgtcgtgacccat-3′ 5′-gcacgaggaagcggtca-3′	183	56	筛选检测	
PAT	外源	5′-gtcgacatgtctccggagag-3′ 5′-gcaaccaaccaagggtatc-3′	191	56	筛选检测	
BAR	外源	5′-acaagcacggtcaacttcc-3′ 5′-actcggccgtccagtcgta-3′	175	56	筛选检测	
IVS2/PAT	外源	5′-ctgggaggccaaggtatctaat-3′ 5′-gctgctgtagctggcctaatct-3′	189	55	鉴定检测 BT11	
Maize genome /CaMV35S	外源	5′-tcgaaggacgaaggactctaacg-3′ 5′-tccatctttgggaccactgtcg-3′	170	55	鉴定检测 MON810	
HSP70/ CryIA(b)	外源	5′-agtttcctttttgttgctctcct-3′ 5′-gatgtttgggttgttgtccat-3′	194	55	鉴定检测 MON810	
CDPK/ CryIA(b)	外源	5′-ctctcgccgttcatgttcgt-3′ 5′-ggtcaggctcaggctgatgt-3′	211	55	鉴定检测 176	
PAT/ CaMV35S!	外源	5′-atggtggatggcatgatgttg-3′ 5′-tgagcgaaaccctataagaaccc-3′	209	55	鉴定检测 T14/T25	
CaMV35S /PAT	外源	5′-ccttcgcaagacccttcctctata-3′ 5′-agatcatcaatccactcttgtggtg-3′	231	55	鉴定检测 T14/T25	
CaMV35S/ Cry9C	外源	5′-ccttcgcaagacccttcctctata-3′ 5′-gtagctgtcggtgtagtcctcgt-3′	170	55	鉴定检测 CBH-351	
Cry9C/ CaMV35S!	外源	5′-tactacatcgaccgcatcga-3′ 5′-cctaattcccttatctggga-3′	171	55	鉴定检测 CBH-351	
P actin 1/ mEPSPS	外源	5′-tctcgatctttggccttggta-3′ 5′-tgcagcccagcttatcgtcta-3′	430	55	鉴定检测 GA21	
OTP/ mEPSPS	外源	5′-acggtggaagagttcaatgtatg-3′ 5′-tctccttgatgggctgca-3′	270	55	鉴定检测 GA21	

6.2.2 *Taq* DNA 聚合酶

6.2.3 dNTP:dATP、dTTP、dCTP、dGTP、dUTP。

6.2.4 琼脂糖:电泳纯。

6.2.5 溴化乙锭(EB)或其他染色剂。

6.2.6 三氯甲烷。

6.2.7 异戊醇。

6.2.8 异丙醇。

6.2.9 70%乙醇。

6.2.10 分子量 Marker:50 bp~300 bp。

6.2.11 CTAB 裂解液:3% CTAB(质量浓度),1.4 mol/L 氯化钠,0.2%(体积分数)巯基乙醇,20 mmol/L EDTA,100 mmol/L Tris-HCl,pH8.0。

6.2.12 TE 缓冲液:10 mmol/L Tris-HCl,pH8.0;1 mmol/L EDTA,pH8.0。

6.2.13 10×PCR 缓冲液:100 mmol/L 氯化钾,160 mmol/L 硫酸铵,20 mmol/L 硫酸镁,200 mmol/L Tris-HCl(pH8.8),1% Triton X-100,1 mg/mL BSA。

6.2.14 5×TBE 缓冲液:Tris 54 g,硼酸 275 g,0.5 mol/L EDTA(pH8.0) 20 mL,加蒸馏水至1 000 mL。

6.2.15 10×上样缓冲液:0.25%溴酚蓝,40%蔗糖。

6.2.16 RNA 酶(10 ug/mL)。

6.3 仪器

6.3.1 固体粉碎机及研钵。

6.3.2 高速冷冻离心机,台式小型离心机,Mini 个人离心机。

6.3.3 水浴培养箱,恒温培养箱,恒温孵育箱。

6.3.4 天平:感量 0.001 g。

6.3.5 高压灭菌锅。

6.3.6 高温干燥箱。

6.3.7 纯水器,双蒸水器。

6.3.8 冷藏、冷冻冰箱。

6.3.9 制冰机。

6.3.10 旋涡震荡器。

6.3.11 微波炉。

6.3.12 基因扩增仪。

6.3.13 电泳仪。

6.3.14 PCR 超净工作台。

6.3.15 核酸蛋白分析仪。

6.3.16 微量移液器:0.1 μL~2 μL,0.5 μL~10 μL,2 μL~20 μL,10 μL~100 μL,20 μL~200 μL,200 μL~1 000 μL。

6.3.17 凝胶成像系统。

6.3.18 实时荧光 PCR 仪。

6.3.19 Eppendorf 管:1.5 mL~5 mL。

6.3.20 PCR 反应管:200 μL,500 μL 两种规格。

6.4 检测步骤

6.4.1 模板 DNA 提取

称取 2 g 粉样于 10 mL 离心管中,加入 5 mL CTAB 裂解液(含适量 RNA 酶),混匀,60℃水浴振荡保温 1 h;2 000 r/min 离心 5 min;取上清液,加等体积三氯甲烷/异戊醇(体积分数:24∶1)混匀,静置 5 min,8 000 r/min 离心 5 min;小心取离心上清液,再加等体积三氯甲烷/异戊醇(体积分数:24∶1)混匀,静置 5 min,8 000 r/min 离心 5 min;取离心上清液加 0.65 倍体积的异丙醇,混匀,12 000 r/min 4℃离心 10 min;弃上清液,加 500 μL 70%冰乙醇洗涤一次,12 000 r/min 4℃离心 5 min;弃上清液,将沉淀晾干,加入 50 μL TE,溶解沉淀(4℃过夜,或 37℃保温 1 h);此即为总 DNA 提取液。

也可用相应市售 DNA 提取试剂盒提取 DNA。

6.4.2 PCR 扩增

6.4.2.1 PCR 反应体系

检测转基因玉米中内、外源基因的 PCR 反应体系见表 2。每个反应体系应设置两个平行反应。

以转基因玉米或已知相应阳性质粒作为阳性对照,非转基因玉米作为阴性对照,以水代替模板 DNA 作为空白对照。

表 2 转基因玉米内、外源基因检测的 PCR 反应体系

试剂名称	贮备液浓度	25 μL 反应体系 加样体积/μL	50 μL 反应体系 加样体积/μL
10×PCR 缓冲液	—	2.5	5.0
氯化镁($MgCl_2$)	25 mmol/L	2.5	5.0
dNTP(含 dUTP)	2.5 mmol/L	2.5	5.0
Taq 酶	5 U/μL	0.2	0.4
UNG 酶	1 U/μL	0.2	0.4
引物	20 pmol/μL	0.5	1.0
		0.5	1.0
模板 DNA	0.3 μg/μL~6 μg/μL	1.0	2.0
双蒸水	—	补至 25 μL	补至 50 μL
注 1:反应体系中各试剂的量可根据具体情况或不同的反应总体积进行适当调整。			

6.4.2.2 PCR 反应循环参数

94℃预变性 2 min。94℃变性 40 s,55℃~58℃退火 60 s(具体退火温度详见表 1),72℃延伸 60 s,35 个循环。72℃延伸 5 min。4℃保存。也可根据不同的基因扩增仪对 PCR 反应循环参数做适当调整。

6.4.3 PCR 扩增产物电泳检测

用电泳缓冲液(1×TBE 或 TAE)制备 2%琼脂糖凝胶(其中在 55℃~60℃左右加入 EB 或其他染色剂至终浓度为 0.5 μg/mL,也可在电泳后进行染色)。将 10 μL~15 μL PCR 扩增产物分别和 2 μL 上样缓冲液混合,进行点样。用 100 bp Ladder DNA Marker 或相应合适的 DNA Marker 作分子量标记。3 V/cm~5 V/cm 恒压,电泳 20 min~40 min。凝胶成像仪观察并分析记录。

6.5 结果判断

6.5.1 内源基因的检测

用针对玉米内源的 IVR 基因(或 Zein 基因)设计的引物对玉米 DNA 提取液进行 PCR 测试,阴性对照、阳性对照和待测样品均应被扩增出 226 bp(或 173 bp)的 PCR 产物。如未见有该 PCR 产物扩增,则说明 DNA 提取质量有问题,或 DNA 提取液中有抑制 PCR 反应的因子存在,应重新提取 DNA,直到扩增出该 PCR 产物。

6.5.2 外源基因的检测

对玉米样品 DNA 提取液进行外源基因的 PCR 测试,如果阴性对照和空白对照未出现扩增条带,阳性对照和待测样品均出现预期大小的扩增条带(扩增片段大小见表1),则可初步判定待测样品中含有可疑的该外源基因,应进一步进行确证试验,依据确证试验的结果最终报告;如果待测样品中未出现PCR扩增产物,则可断定待测样品中不含有该外源基因。

6.5.3 筛选检测和鉴定检测的选择

对玉米样品中转基因成分的检测,可参见附录A的内容,先筛选检测CaMV 35S、NOS、NPTII、PAT、BAR基因,筛选检测结果阴性则直接报告结果。

若筛选检测结果阳性,则需进一步鉴定检测IVS2/PAT、Maize genome/CaMV35S、HSP70/CryIA(b)、CDPK/CryIA(b)、CaMV35S/PAT、PAT/CaMV35S!、CaMV35S/Cry9C、Cry9C/CaMV35S!、P actin 1/mEPSPS、OTP/mEPSPS基因,以确定是何种转基因玉米品系。

6.6 确证试验

确证试验方法按照SN/T 1204中规定的方法执行。

7 结果表述

7.1 未检出××××基因。

7.2 检出××××基因,(可进一步报告)该检测样品是××××转基因玉米品系。

附 录 A
（资料性附录）
商品化的转基因玉米外源基因的相关信息

表 A.1 商品化的转基因玉米转入的外源基因的主要信息

植物名称	品系名称	转入的外源基因		
		启动子	结构基因	终止子
玉米	176	CaMV35S	CryIA(b),BAR(PAT),bla,CDPK	CaMV35S!
	676,678,680	CaMV35S	PAT(PAT),dam	
	B16(DLL25)	CaMV35S	BAR(PAT),bla	
	BT11(X4334CBR,X4734CBR)	CaMV35S	IVS,PAT,CryIA(b)	NOS
	CBH-351	CaMV35S	BAR(PAT),Cry9c,bla	NOS,CaMV35S!
	DBT418	CaMV35S,adh1	CryIA(c),BAR(PAT),pinII,bla	
	GA21	Rice actinI,RuBiSCo	mEPSPS	NOS
	MON80100	CaMV35S	goxv247,CryIA(b),EPSPS,neo(NPTII)	NOS
	MON802	CaMV35S	goxv247,CryIA(b),EPSPS,neo(NPTII)	NOS
	MON809	CaMV35S	goxv247,CryIA(b),EPSPS	NOS
	MON810	CaMV35S	HSP70,CryIA(b)	
	MON832	CaMV35S	goxv247,EPSPS,neo(NPTII)	NOS
	MS3	CaMV35S,pTa29	BAR(PAT),barnase,bla	NOS
	MS6	CaMV35S,pTa29	BAR(PAT),barnase,bla	NOS
	NK603	P-ractI,enhanced CaMV35S	EPSPS	NOS
	T14,T25	CaMV35S	PAT(PAT),bla	CaMV35S!
	TC1507	CaMV35S,Ubiquitin(*Zea mays*)	PAT(PAT),CryIFa2	

表 A.2　商品化的转基因玉米品系含有的筛选基因和鉴定基因

转基因玉米品系名称	筛选基因名称					鉴定基因名称									
	CaMV35S	NOS	NPTII	BAR	PAT	IVS2/PAT	Maize genome/CaMV35S	HSP70/CryIA(b)	CDPK/CryIA(b)	CaMV 35S/PAT	PAT/CaMV 35S!	CaMV 35S/Cry9C	Cry9C/CaMV 35S!	P actin 1/mEPSPS	OTP/mEPSPS
176	●			●					●						
676,678,680	●				●										
B16(DLL25)	●			●											
BT11（X4334CBR，X4734CBR）	●	●			●	●									
CBH-351	●	●		●								●	●		
DBT418	●			●											
GA21		●												●	●
MON80100	●	●	●												
MON802	●	●	●												
MON809	●	●													
MON810	●						●	●							
MON832	●	●	●												
MS3	●	●		●											
MS6	●	●		●											
NK603	●	●													
T14/25	●				●					●	●				
TC1507	●				●										

注：●表示该玉米品系含有该外源基因。

中华人民共和国出入境检验检疫行业标准

SN/T 1197—2003

油菜籽中转基因成分定性PCR检测方法

Protocol of the polymerase chain reaction for detecting genetically modified components in rapeseeds

2003-03-17 发布　　　　2003-09-01 实施

中华人民共和国国家质量监督检验检疫总局 发布

前　言

本标准的附录 A 是资料性附录。

本标准由国家认证认可监督管理委员会提出并归口。

本标准起草单位：中华人民共和国上海出入境检验检疫局。

本标准主要起草人：潘良文、沈禹飞、陈家华、胡永强。

本标准系首次发布的检验检疫行业标准。

油菜籽中转基因成分定性PCR检测方法

1 范围

本标准规定了抗草甘膦除草剂、抗草丁膦除草剂、雄性不育转基因油菜籽的定性PCR检测方法。

本标准适用于抗草甘膦除草剂、抗草丁膦除草剂、雄性不育转基因油菜籽的定性PCR检测。

2 规范性引用文件

下列文件中的条款通过本标准的引用而成为本标准的条款。凡是注明日期的引用文件，其随后所有的修改单(不包括勘误的内容)或修订版均不适用于本标准，然后，鼓励根据本标准达成协议的各方研究是否可使用这些文件的最新版本。凡是不注日期的引用文件，其最新版本适用于本标准。

GB/T 6682 分析实验室用水规格和实验方法

SN/T 1193 基因检测实验室技术要求

SN/T 1194 植物及其产品中转基因成分检测抽样和制样方法

SN/T 1204 植物及其加工产品中转基因成分实时荧光PCR定性检验方法

3 术语、定义和缩略语

下列术语、定义和缩略语适用于本标准。

3.1

转基因 transgene

将物种本身不具有的、来源于其他物种的功能DNA序列，通过各种导入手段，使其在该物种中进行表达，以便该物种获得新的品种特征。

3.2

聚合酶链式反应 polymerase chain reaction，PCR

模板基因序列先经高温变性成为单链，在DNA聚合酶作用和适宜的反应条件下，根据模板序列设计的两条引物分别与模板DNA两条链上相应的一段互补序列发生退火而相互结合，接着在DNA聚合酶的作用下以四种脱氧核糖核酸(dNTP)为底物，使引物得以延伸，然后不断重复变性、退火和延伸这一循环，使被扩增的基因片段以几何倍数扩增。

3.3 缩略语

3.3.1 PCR：polymerase chain reaction，简称PCR。

3.3.2 DNA：deoxyribonucleic acid，脱氧核糖核酸。

3.3.3 dNTP：deoxyribonucleoside triphosphate，脱氧核苷酸三磷酸。

3.3.4 dATP：deoxyadenosine triphosphate，脱氧腺苷三磷酸。

3.3.5 dCTP：deoxycytidine triphosphate，脱氧胞苷三磷酸。

3.3.6 dGTP：deoxyguanosine triphosphate，脱氧鸟苷三磷酸。

3.3.7 dTTP：deoxythymidine triphosphate，脱氧胸苷三磷酸。

3.3.8 dUTP：deoxyuridine triphosphate，脱氧尿苷三磷酸。

3.3.9　UDG:uracil DNA glycosylase,尿嘧啶 DNA-糖基酶。

3.3.10　bp:base pair,碱基对。

3.3.11　EDTA:ethylene diaminetetraacetic acid,乙二胺四乙酸。

3.3.12　*Taq*:*Taq* DNA Polymerase,耐热 DNA 聚合酶。

3.3.13　TE:Tris-HCl、EDTA 缓冲液。

3.3.14　SDS:sodium dodecylsulfate,十二烷基磺酸钠。

3.3.15　Tris:tris (hydroxymethyl) aminomethane,三(羟甲基)氨基甲烷。

3.3.16　PEP: phosphoenolpyruvate carboxylase gene,磷酸烯醇式丙酮酸羧化酶。

3.3.17　FMV 35S:35S promoter from a modified figwort mosaic virus(caulimovirus group),玄参花叶病毒 35S 启动子。

3.3.18　CP4 EPSPS: 5-enolpyruvylshikimate-3-phosphate synthase gene,5-莽草酸-3-磷酸合成酶基因。

3.3.19　CTP:chloroplast transit peptide gene,叶绿体运输肽基因。

3.3.20　GOX:glyphosate oxidoreductase gene,草甘膦氧化还原酶基因。

3.3.21　E9 3′:3′ sequence of small subunit of rbcS(ribulose-1,5-bisphosphate carboxylase) E9 gene (from pea),来源于豌豆的核酮糖-1,5 二磷酸羧化酶 E9 基因小亚基 3′端序列。

3.3.22　CaMV 35S:35S promoter from cauliflower mosaic virus,花椰菜花叶病毒 35S 启动子。

3.3.23　PAT:phosphinothricin acetyltransferase gene from *Bacillus amyloliquefaciens*,来源于杆菌 *Bacillus* amyloliquefaciens 草丁膦乙酰转移酶基因。

3.3.24　BARNASE: ribonuclease gene from *Bacillus amyloliquefaciens*,来源于杆菌 *Bacillus amyloliquefaciens* 的 ribonuclease 基因。

3.3.25　BARSTAR:specific inhibitor of the barnase gene from *Bacillus amyloliquefaciens*,来源于杆菌 *Bacillus amyloliquefaciens* 的 barnase 基因的特异抑制基因。

3.3.26　NPTII:neomycin-3′-phosphotransferase gene,新霉素-3′-磷酸转移酶基因。

3.3.27　NOS:promoter of nopaline synthase gene from *Agrobacterium tumefaciens*,来源于农杆菌的胭脂碱合成酶基因启动子。

3.3.28　NOS 3′: terminator of nopaline synthase gene,胭脂碱合成酶基因终止子。

3.3.29　OCS 3′:octopine synthase gene terminator,章鱼碱合成酶基因终止子。

3.3.30　SsuAra: ribulose-1,5-bisphosphate carboxylase small subunit atslA promoter from *Arabidopsis thaliana*,来源于拟南芥的 ribulose-1,5-二磷酸羧化酶小亚基 atslA 基因的启动子。

3.3.31　TA29: developmentally regulated promoter from anther-specific TA29 gene from *Nicotiana tabacum*,来源于烟草的花蕊特异性 TA29 基因的发育调节启动子。

3.3.32　TR7 3′:3′ regulatory region from *Agrobacterium tumefaciens* of the T-DNA transcript 7,来源于农杆菌的 T-DNA 转座子 7 的 3′调节区域。

4　防污染措施

检测过程中防止交叉污染的措施按照 SN/T 1193 中的规定执行。

5　抽样和制样

5.1　抽样

按照 SN/T 1194 中规定的方法执行。

5.2　制样

称取约 20 g 油菜籽样品,经干热灭菌(150℃干热预处理 2 h)或 120℃、30 min 高压消毒处理的碾钵或粉碎机中碾磨至样品粉末颗粒约 0.5 mm 大小。

6 测定方法

6.1 原理

样品经过提取 DNA 后，针对转基因植物所插入的外源基因的基因序列设计引物，通过 PCR 技术，特异性扩增外源基因的 DNA 片断，根据 PCR 扩增结果，判断该样品中是否含有转基因成分。

6.2 试剂和材料

除另有规定外，其他试剂为分析纯或生化试剂，水为按照 GB/T 6682 规定的一级水。

6.2.1 1 mol/L Tris-HCl 缓冲液(pH 8.0)：称取 121.1 g，Tris，溶于 800 mL 水中，搅拌，加入浓盐酸 42 mL，冷却至室温，用稀盐酸准确调整 pH 至 8.0，分装后高压灭菌备用。

6.2.2 0.5 mol/L EDTA(pH8.0)：在 800 mL 水中加入 186.1 g Na_2-EDTA · $2H_2O$，在磁力搅拌器剧烈搅拌，用氢氧化钠调节溶度 pH 值至 8.0(约需 20 g 氢氧化钠颗粒)，然后定容至 1 L，分装后高压灭菌备用。

6.2.3 DNA 抽提缓冲液：量取 100 mL 1mol/L Tris-Cl，50 mL 0.5 mol/L EDTA，称取 5.0 g SDS，16.848 g 氯化钠，定容至 1 L，分装后高压灭菌备用。

6.2.4 Tris 饱和酚。

6.2.5 三氯甲烷。

6.2.6 液氮。

6.2.7 异丙醇。

6.2.8 70%乙醇。

6.2.9 TE 缓冲液(pH8.0)：量取 10 mL 1 mol/L Tris-Cl(pH8.0)和 2 mL 0.5 mol/L EDTA(pH 8.0)，加水定容至 1 000 mL，分装后高压灭菌备用。

6.2.10 10×PCR 缓冲液

含 500 mmol/L 氯化钾，100 mmol/L Tris-HCl(pH 8.3)，15 mmol/L 氯化镁($MgCl_2$)，0.1%明胶。

6.2.11 10×氯化镁：25 mmol/L。

6.2.12 10×dNTP：含 2.5 mmol/L dATP，dUTP，dCTP，dGTP。

6.2.13 Taq 酶 5 Unit/μL。

6.2.14 引物：根据表 1 的序列进行合成引物，加超纯水配制成 100 μmol/L 储存，直接用于 PCR 测试的引物浓度为 5 μmol/L。

表 1 检测转基因油菜籽内外源基因所需的引物序列

被检测基因	基因来源	引物序列	扩增长度/bp	退火温度/℃	提 示	备注
PEP	内源	5′-gctagtgtagaccagttcttg-3′ 5′-cactcttgtctcttgtcctc-3′	248	55	筛选检测	选择其一
		5′-ccagttcttggagccgcttga-3′ 5′-aagggccagtccaaatgcaga-3′	121	60		
CaMV35S	外源	5′-gctcctacaaatgccatca-3′ 5′-gatagtgggattgtgcgtca-3′	195	55	筛选检测	选择其一
		5′-ccatcattgcgataaaggaaa-3′ 5′-tcatcccttacgtcagtggag-3′	165	55		

表 1(续)

被检测基因	基因来源	引物序列	扩增长度/bp	退火温度/℃	提 示	备注
NOS	外源	5′-gaatcctgttgccggtcttg-3′ 5′-ttatcctagtttgcgcgcta-3′	180	55	筛选检测	选择其一
		5′-atcgttcaaacatttggca-3′ 5′-attgcgggactctaatcata-3′	166	55		
NPTII	外源	5′-aggatctcgtcgtgacccat-3′ 5′-gcacgaggaagcggtca-3′	183	55	筛选检测	选择其一
		5′-ggatctcctgtcatct-3′ 5′-gatcatcctgatcgac-3′	173	55		
FMV 35S	外源	5′-aagcctcaacaaggtcag-3′ 5′-ctgctcgatgttgacaag-3′	196	55	筛选检测 抗草甘膦油菜	选择其一
		5′-aagacatccaccgaagactta-3′ 5′-aggacagctcttttccacgtt-3′	210	60		
GOX(修饰)	外源	5′-gtcttcgtgttgctggaaccgtt-3′ 5′-gaactggcaggagcgagagct-3′	121	60	抗草甘膦油菜	选择其一
		5′-ctcttgtttcgtcgtttcatc-3′ 5′-gaaacccatccacttggagta-3′	450	55		
CP4-EPSPS(修饰)	外源	5′-gacttgcgtgttcgttcttc-3′ 5′-aacaccgttgagcttgagac-3′	204	55	抗草甘膦油菜	
PAT	外源	5′-cgcggtttgtgatatcgttaac-3′ 5′-tcttgcaacctctctagatcatcaa-3′	108	60	抗草丁膦油菜	选择其一
		5′-gtcgacatgtctccggagag-3′ 5′-gcaaccaaccaagggtatc-3′	191	60	抗草丁膦油菜	
BAR	外源	5′-accatcgtcaaccactacatcg-3′ 5- gctgccagaaacccacgtcat-3′	430	55	抗草丁膦及雄性不育油菜	选择其一
		5′-acaagcacggtcaacttcc-3′ 5′-actcggccgtccagtcgta-3′	175	60	抗草丁膦及雄性不育油菜	
BARNASE	外源	5′-ctgggtggcatcaaaagggaacc-3′ 5′-tccggtctgaatttctgaagcctg-3′	161	60	抗草丁膦及雄性不育油菜	
BARSTAR	外源	5′-tcagaagtatcagcgacctccacc-3′ 5′-aagtatgatggtgatgtcgcagcc-3′	236	60	抗草丁膦及雄性不育油菜	

6.2.15 双蒸水。

6.2.16 RNaseA：2 mg/μL。

6.2.17 溴化乙锭：10 mg/mL。

6.2.18 DNA：分子量标记·100 bp～2 000 bp。

6.2.19 琼脂糖。

6.2.20　50×TAE 缓冲液：称取 484 g Tris，量取 114.2 mL 冰乙酸，200 mL 0.5 mol/L EDTA（pH8.0），溶于蒸馏水中，定容至 2 L。分装后高压灭菌备用。

6.2.21　10×上样缓冲液：含 0.25%溴酚蓝，0.25%二甲苯青 FF，30%甘油水溶液。

6.3　**仪器**

6.3.1　基因扩增仪。

6.3.2　电泳仪。

6.3.3　电泳槽。

6.3.4　凝胶分析成像系统。

6.3.5　DNA 冷冻干燥离心机。

6.3.6　冷冻离心机。

6.3.7　DNA 分析系统。

6.3.8　水浴锅。

6.3.9　微波炉。

6.3.10　微量加样器：0.1 μL～2.5 μL，0.5 μL～10 μL，2 μL～20 μL，10 μL～100 μL，20 μL～200 μL，200 μL～1 000 μL。

6.3.11　天平：感量 0.001 g。

6.3.12　高压灭菌锅。

6.3.13　PCR 反应管：200 μL，500 μL 两种规格。

6.3.14　Eppendorf 离心管：1.5 mL。

6.4　**检测步骤**

6.4.1　**油菜籽总 DNA 的提取**

6.4.1.1　称取约 10 g 油菜籽样品，在碾钵中加入液氮碾磨至样品粉末颗粒约 0.5 mm 左右大小。

6.4.1.2　称取约 40 mg 磨碎的样品转入 1.5 mL 的 Eppendorf 管中，设立提取双实验。

6.4.1.3　加入 100 μL DNA 抽提缓冲液，混匀，注意不要使样品结块，再加入 900 μL DNA 抽提缓冲液，震荡 30 s 后，反复颠倒混合 5 min。

6.4.1.4　10 000 g 离心 5 min，取上清 700 μL，加入 5 μL RNaseA(2 mg/mL)，37℃保温 30 min。

6.4.1.5　加入等体积的 Tris 饱和酚，上下反复颠倒混匀共 10 min。

6.4.1.6　10 000 g 离心 5 min，取上清液 600 μL，加入等体积的三氯甲烷，上下反复颠倒混匀共 5 min。

6.4.1.7　10 000 g 离心 5 min，取上清液 500 μL，加入等体积的异丙醇，轻轻混合 3 min。

6.4.1.8　10 000 g 离心 10 min，此时管底有白色沉淀。

6.4.1.9　去上清，加入 70%乙醇 1 mL 清洗 1 次～3 次。

6.4.1.10　倒去 70%乙醇，短暂离心，用吸管尽可能除去乙醇洗液。低温冷冻干燥约 2 min，加 50 μL TE 缓冲液（pH 8.0），溶解 DNA 沉淀。

油菜籽总 DNA 的提取也可用相应市售 DNA 提取试剂盒提取。

6.4.2　**PCR 检测**

6.4.2.1　**PCR 反应体系**

检测转基因油菜籽中内外源基因采用的 PCR 反应体系见表 2。反应体系中各试剂的量可根据具体情况或不同的反应总体积进行适当调整。每个反应体系应设置两个平行反应。

表 2　检测转基因油菜籽内外源基因的 PCR 反应体系

试剂名称	贮备液浓度	25 μL 反应体系加样体积/μL	50 μL 反应体系加样体积/μL
10×PCR 缓冲液	—	2.5	5.0
氯化镁（$MgCl_2$）	25 mmol/L	2.5	5.0

表 2(续)

试剂名称	贮备液浓度	25 μL 反应体系加样体积/ μL	50 μL 反应体系加样体积/ μL
dNTP(含 dUTP)	2.5 mmol/L	2.5	5.0
Taq 酶	5 U/ μL	0.2	0.4
UNG 酶	1 U/ μL	0.2	0.4
引物	20 pmol/ μL	0.5	1.0
		0.5	1.0
模板 DNA	0.3 μg/ μL～6 μg/ μL	1.0	2.0
双蒸水	—	补至 25 μL	补至 50 μL

以转基因油菜籽作为阳性对照、非转基因油菜籽作为阴性对照，以加入双蒸水作为空白对照。

6.4.2.2 **PCR 反应循环参数**

检测转基因油菜籽内外源基因的 PCR 反应循环参数为：95℃，5 min；94℃，20 s，引物的退火温度，40 s，72℃，40 s，40 个循环；72℃，3 min。引物的退火温度见表 1。PCR 反应循环参数可根据基因扩增仪型号的不同进行适当调整。

6.4.2.3 **PCR 产物的琼脂糖凝胶电泳检测**

将适量 50×TAE 稀释成 1×TAE 溶液，配制溴化乙锭含量为 0.5 μg/mL 的 2%琼脂糖凝胶。

取 15 μL PCR 产物，加 1.5 μL 10×上样缓冲液点样行电泳，并加 DNA 分子标记点样以判断 PCR 产物的片段大小。电压大小根据电泳槽长度来确定，一般控制在 3 V/cm～5 V/cm 长度，电泳时间根据溴酚蓝的移动位置来确定，电泳检测结果用凝胶分析成像系统记录。

6.5 **结果判断**

6.5.1 **油菜籽 DNA 提取液是否适合 PCR 扩增的判断**

用针对油菜籽内源参照基因 PEP 基因设计的引物(两对引物可选其一)对油菜籽 DNA 提取液进行 PCR 测试，阴性对照、阳性对照和待测样品都应被扩增出 248 bp 或 121 bp 的 PCR 产物。如未见有 PCR 扩增，则说明在 DNA 提取过程中未提取到可进行 PCR 测试的 DNA，或 DNA 提取液中有抑制 PCR 反应的物质存在，应重新提取 DNA，直到扩增出 248 bp 或 121 bp 的 PCR 产物。

6.5.2 **油菜籽中转基因成分的检测**

对油菜籽样品中转基因成分的检测，可参见附录 A 的内容，首先筛选检测 CaMV 35S、FMV35S、NOS、NPTII 基因。

如果 CaMV 35S、NOS、NPTII、FMV 35S 基因的检测结果均为阴性，则直接报告检测结果。

如果 CaMV 35S、NOS、NPTII、FMV 35S 基因的检测结果有一个或两个成阳性结果，则应进一步检测外源目的基因 GOX(修饰)、CP4-EPSPS(修饰)、BAR、PAT、BARNASE、BARSTAR 中的一个或几个基因予以确认为哪一性状的转基因油菜籽。对于 PCR 检测结果为阳性的样品，应进一步进行确证试验，然后报告检测结果。

6.6 **确证试验**

确证试验方法按照 SN/T 1204 中规定的方法执行。

7 结果表述

7.1 **阴性结果**

经用 PCR 方法对油菜籽代表性样品进行检测，未检出××××基因。

7.2 **阳性结果**

经用 PCR 方法对油菜籽代表性样品进行检测，检出××××基因。

附　录　A
（资料性附录）
转基因油菜转入的外源基因的有关信息

表 A.1　转基因油菜转入的外源基因的有关信息

公司名称	改良性状	启动子	结构基因	终止子
Monsanto	抗草甘膦	1) FMV 35S 2) FMV 35S	CP4 EPSPS(修饰)(with CTP2) GOX(修饰) (with CTP1)	E9 3′ E9 3′
AgrEvo	抗草丁膦	1) CaMV 35S 2) NOS	PAT NPTII	CaMV 35S OCS 3′
Plant Genetic Systems	雄性不育抗草丁膦	1) TA29 2) TA29 3) SsuAra 4) NOS	BARNASE BARSTAR BAR(with CTP) NPTII	NOS 3′ nda TR7 3′ OCS 3′

中华人民共和国出入境检验检疫行业标准

SN/T 1198—2003

马铃薯中转基因成分定性 PCR 检测方法

Protocol of the polymerase chain reaction for detecting genetically modified components in potatoes

2003-03-17 发布　　　　2003-09-01 实施

中华人民共和国国家质量监督检验检疫总局　发布

前　言

本标准的附录A为资料性附录。

本标准由国家认证认可监督管理委员会提出并归口。

本标准起草单位：中华人民共和国山东出入境检验检疫局。

本标准主要起草人：高宏伟、梁成珠、张艺兵、权洁霞。

本标准系首次发布的检验检疫行业标准。

马铃薯中转基因成分定性PCR检测方法

1 范围

本标准规定了马铃薯中的转基因成分的定性PCR检测方法。

本标准适用于转基因马铃薯品种(NEW LEAF®)POTATO LINES BT-06,ATBT 04-06,ATBT 04-31,ATBT 04-36 AND SPBT 02-05;(NEW LEAF® PLUS) POTATO LINES PBMT 21-129,PBMT 21-350 AND PBMT 22-82;(NEW LEAF® Y)POTATO LINES RBMT 15-101,SEMT 15-02 AND SEMT 15-15等品种的转基因马铃薯块茎、植株、生薯条、生薯片、淀粉的检测。

2 规范性引用文件

下列文件中的条款通过本标准的引用而成为本标准的条款。凡是注日期的引用文件,其随后所有的修改单(不包括勘误的内容)或修订版均不适用于本标准,然而,鼓励根据本标准达成协议的各方研究是否可使用这些文件的最新版本。凡是不注日期的引用文件,其最新版本适用于本标准。

GB/T 6682 分析实验室用水规格和实验方法

SN/T 1193 基因检验实验室技术要求

SN/T 1194 植物及其产品转基因成分检测抽样和制样方法

SN/T 1204 植物及其加工产品转基因成分实时荧光PCR定性检验方法

3 术语、定义和缩略语

下列术语和定义(缩略语)适用于本标准。

3.1

转基因 transgene

将物种本身不具有的、来源于其他物种的功能DNA序列,通过各种导入手段,使其在该物种中进行表达,以便该物种获得新的品种特征。

3.2

聚合酶链式反应 polymerase chain reaction,PCR

模板基因序列先经高温变性成为单链,在DNA聚合酶作用和适宜的反应条件下,根据模板序列设计的两条引物分别与模板DNA两条链上相应的一段互补序列发生退火而相互结合,接着在DNA聚合酶的作用下以四种脱氧核糖核酸(dNTP)为底物,使引物得以延伸,然后不断重复变性、退火和延伸这一循环,使欲扩增的基因片段以几何倍数扩增。

3.3 缩略语

3.3.1 Pata:马铃薯种属特异性DNA引物,扩增的片段为马铃薯块茎贮藏蛋白Patatin基因片段。

3.3.2 CaMV 35S:promoter from cauliflomer mosaic virus,花椰菜花叶病毒35S启动子。

3.3.3 NPT-Ⅱ:neomycin phosphotransferase-Ⅱ,新霉素-3'-磷酸转移酶。

3.3.4 NOS:nopaline synthase terminator,胭脂碱合成酶3'转录终止子。

3.3.5 PVYcp:potato Y virus coat protein,马铃薯Y病毒外壳蛋白。

3.3.6 cry 3A:一个由*B. thuringiensis* subsp,*Tenebrionis* (B. t. t.) strain BI 256-82的蛋白。这个蛋白具有抗虫活性,尤其是可以选择性的杀死科罗拉多马铃薯甲虫(Colorado potato beetle larvae)。

3.3.7 CP4 EPSPS：5-enolpyrulshikimate-3-phosphate synthase 5-enolpyrul shikimate-3-phosphate synthase，来源于农杆菌 *Agrobacterium* sp. Strain CP4 的 5-莽草酸-3-磷酸合成酶。

3.3.8 PLRVrep：potato leafroll virus，马铃薯卷叶病毒重复序列。

3.3.9 E93'：the 3' non-translated region of the pea ribulose-1，5-bisphosphate carboxylase small subunit (rbcS) E9 gene.，来源于豌豆的核酮糖-1，5-二磷酸羧化酶 E9 基因小亚基 3'端序列。

3.3.10 ArabSSU1A：arabidopsis thaliana ribulose-1'5-bisphosphate carboxylase (Rubisco) small subunit ats 1A promoter，arabidopsis thaliana 的核酮糖-1，5-二磷酸羧化酶小亚基 1A 的启动子。

3.3.11 aad：(resides outside T-DNA)在转座自大肠杆菌 Tn 7 中编码链霉素腺苷酰(基)转移酶的基因。

3.3.12 oriV：(resides outside T-DNA)一个源自农杆菌 Agrobacterium 的 RK2 质粒的 1.3 kb 的复制区域。

3.3.13 ori 322：(resides outside T-DNA)一个源自 pBR322 质粒的 1.8 kb 的片段，其中包含复制区域和转移结合位点 bom。

3.3.14 FMV 35S：a promotor derived from figwort mosaic virus (FMV)，玄参花叶病毒 35S 启动子。

4 防污染措施

检测过程中防止交叉污染的措施按照 SN/T 1193 中的规定执行。

5 抽样与制样

对于转基因样品通用的抽样方法，按照 SN/T 1194 的规定执行。

5.1 马铃薯产品抽样量

5.1.1 马铃薯块茎、生薯条、生薯片、植株抽样量。

按照表 1 中比例抽样。其中每包取样数的单位对于块茎、生薯条、生薯片为个，对于植株为株。

表 1 马铃薯块茎、植株、生薯条的抽样量

批量/包	开包数目	每包取样数目
≤50	2	2
51～500	3	3
501～35 000	5	5
≥35 001	8	8

5.1.2 马铃薯淀粉抽样量。

按表 2 中比例抽样。

表 2 马铃薯淀粉的抽样量

批量/包	开包数目	每包取样数目/g
≤15	2	120
16～50	3	120
51～150	5	120
151～500	8	120
501～3 200	13	120
3 201～35 000	20	120
35 001～500 000	32	120
≥500 001	50	120

5.2 马铃薯试样制备

5.2.1 马铃薯块茎、生薯条、生薯片、植株的试样制备

对于同一批次的马铃薯块茎、生薯条、生薯片，把每个样品洗干净，在任意部位用小刀切下约 1 cm^3 的样品作为试样用于提取 DNA。

对于同一批次的马铃薯植株，取每个样品的一片叶片洗干净，用小刀切下 2 cm^2 的叶片作为试样用于提取 DNA。

5.2.2 马铃薯淀粉试样的制备

把每包取样的 120 g 淀粉充分混合，从每个 120 g 中取 100 mg 作为试样。

6 测定方法

6.1 原理

样品经过提取 DNA 后，针对转基因植物所插入的外源基因的基因序列设计引物，通过 PCR 技术，特异性扩增外源基因的 DNA 片断，根据 PCR 扩增结果，判断该样品中是否含有转基因成分。

6.2 试剂和材料

除另有规定外，其他试剂为分析纯或生化试剂，水为按照 GB/T 6682 规定的一级水。

6.2.1 引物：按照表 3 中提供的引物序列合成引物，加入无离子水配成 100 pmol/μL 贮存，配成直接用于 PCR 反应的 20 pmol/μL 的工作液。参见附录 A。

表 3 转基因马铃薯 PCR 检测用的引物序列及 PCR 产物的大小

引　物	来源	引物序列	片　段	备注
PATA	内源	F 5’-tga cct gga cac cac agt tat-3’ R 5’-gtg gat ttc agg agt tct tcg-3’	216 bp	内对照
CaMV 35S	外源	F 5’-gct cct aca aat gcc atc a-3’ R 5’-gat agt ggg att gtg cgt ca-3’	195 bp	筛选、鉴定检测 NEW LEAF®
FMV 35S	外源	F 5’-agt cca aag cct caa caa ggt c-3’ R 5’-cat tag tga gtg ggc tgt cag g-3’	365 bp	筛选、鉴定检测 NEW LEAF® PLUS NEW LEAF® Y
NOS	外源	F 5’-gaa tcc tgt tgc cgg tct tg-3’ R 5’-tta tcc tag ttt gcg cgc ta-3’	180 bp	筛选检测 NEW LEAF® PLUS NEW LEAF® Y NEW LEAF®
NPTII	外源	F 5’-gga tct cct gtc atc t-3’ R 5’-gat cat cct gat cga c-3’	173 bp	筛选检测 NEW LEAF® PLUS NEW LEAF® Y NEW LEAF®
PLRVrep	外源	F 5’-tcg tca tta aac ttg acg ac-3’ R 5’-ctt ctt tca cgg agt tcc ag-3’	172 bp	鉴定检测 NEW LEAF® PLUS
PVYcp	外源	F 5’-gaa tca agg cta tca cgt cc-3’ R 5’-cat ccg cac tgc ctc ata cc-3’	161 bp	鉴定检测 NEW LEAF® Y
Cry3A	外源	5’-aga gcc gtc gca aac acc aat c-3’ 5’-tct ggg tgc tgg cct cat cg-3’	112 bp	鉴定检测 NEW LEAF® PLUS NEW LEAF® Y NEW LEAF®

6.2.2 *Taq* DNA 聚合酶。

6.2.3 dNTP:dATP、dTTP、dCTP、dGTP、dUTP。

6.2.4 琼脂糖:电泳纯。

6.2.5 溴化乙锭(EB)或其他染色剂。

6.2.6 三氯甲烷。

6.2.7 异丙醇。

6.2.8 70%乙醇。

6.2.9 分子量 Marker:50 bp~300 bp。

6.2.10 植物总 DNA 提取缓冲液:量取 100 mL 1mol/L Tris-Cl,50 mL 0.5 mol/L EDTA,称取 5.0 g 十二烷基磺酸钠(SDS),16.8 48 g 氯化钠,定容至 1 L,分装灭菌备用。

6.2.11 TE 缓冲液:10 mmol/L Tris-HCl,pH 8.0;1 mmol/L EDTA,pH8.0。

6.2.12 10×PCR 缓冲液:100 mmol/L 氯化钾(KCl),160 mmol/L 硫酸铵$(NH_4)_2SO_4$,20 mmol/L 硫酸镁($MgSO_4$),200 mmol/L Tris-HCl(pH8.8),1% Triton X-100,1 mg/mL BSA。

6.2.13 5×TBE 缓冲液:Tris 54 g,硼酸 27.5 g,0.5 mol/L EDTA(pH8.0)20 mL,加蒸馏水至1 000 mL。

6.2.14 10×上样缓冲液:0.25%溴酚蓝,40%蔗糖。

6.2.15 RNA 酶(10 μg/mL)。

6.2.16 聚乙烯吡咯烷酮(PVP)。

6.3 仪器

6.3.1 固体粉碎机及研钵。

6.3.2 高速冷冻离心机,台式小型离心机,Mini 个人离心机。

6.3.3 水浴培养箱,恒温培养箱,恒温孵育箱。

6.3.4 天平:感量 0.001 g。

6.3.5 高压灭菌锅。

6.3.6 高温干燥箱。

6.3.7 纯水器、双蒸水器。

6.3.8 冷藏、冷冻冰箱。

6.3.9 制冰机。

6.3.10 旋涡震荡器。

6.3.11 微波炉。

6.3.12 基因扩增仪。

6.3.13 电泳仪。

6.3.14 PCR 超净工作台。

6.3.15 核酸蛋白分析仪。

6.3.16 微量移液器:0.1 μL~2 μL,0.5 μL~10 μL,2 μL~20 μL,10 μL~100 μL,20 μL~200 μL,200 μL~1 000 μL。

6.3.17 凝胶成像系统。

6.3.18 实时荧光 PCR 仪。

6.3.19 Eppendorf 管:1.5 mL~5 mL。

6.3.20 PCR 反应管:200 μL,500 μL 两种规格。

6.4 检测方法

6.4.1 样品 DNA 的提取与纯化

对于马铃薯块茎、生薯条、生薯片、植株,每个试样充分混合置于研钵,加液氮冷冻并迅速研磨成粉末。将 100 mg 研磨的粉末或淀粉粉末分装于 1.5 mL 的 eppendorf 管中，加入 600 μL 预热的提取缓冲液，再加入 200 μL20%的 PVP，混匀，65℃保温 20 min，期间摇动数次。加入等体积的酚-三氯甲烷，轻轻颠倒混匀。10 000 r/min 离心 10 min。取上清液，加入三分之二倍体积的冰冷的异丙醇，混匀。10 000 r/min 离心 10 min。去掉上清液中的异丙醇，此时管底有白色沉淀。向白色沉淀中加入 10 μL 的 RNA 酶(10 mg/mL)，37 ℃保温 30 min。加入 1 mL 乙酸钾(5 mol/L)。于 10 000 r/min 离心 10 min。去掉上清液，保留沉淀。用 70%乙醇洗涤沉淀三次，干燥。用 100 μL TE 溶解沉淀，作为 PCR 反应的模板，4 ℃保存备用。

也可用相应市售 DNA 提取试剂盒提取 DNA。

6.4.2 PCR 扩增

6.4.2.1 实验对照的设立

每个样品必须有二个平行实验，同时每次检测必须设立三个对照：

——阳性对照，为包含要检测基因片段的转基因植物材料的 DNA 或包含要检测基因片段的阳性质粒 DNA；

——阴性对照，非转基因马铃薯基因组 DNA；

——空白对照(不含 DNA 模板)。

6.4.2.2 PCR 反应体系

在 0.2 mL PCR 反应管中，按表 4 所列顺序依次加入反应物，总体积为 25 μL。

表 4 PCR 反应体系组成成分

组成成分	25 μL 反应体积
10×PCR 缓冲液	2.5 μL
4×dNTP(2.5 mmol/L)	2.0 μL
引物 1(20 pmol/μL)	0.5 μL
引物 2(20 pmol/μL)	0.5 μL
*Taq*DNA 聚合酶(5 U/μL)	0.2 μL
UNG 酶(1 U/μL)	0.2 μL
氯化镁($MgCl_2$)(25 mmol/L)	2.0 μL
DNA 模板	0.5 μL～2.0 μL(10 ng～50 ng DNA)
无离子水	使反应体积达到 25 μL

6.4.2.3 PCR 反应程序

检测不同外源基因，PCR 扩增条件略有不同，不同外源基因的具体扩增程序见表 5。

表 5 PCR 反应条件参数

被扩增的外源基因	变性	扩增	循环数	最终延伸
PATA	94 ℃,3 min	94 ℃,40 s;50 ℃,45 s;72 ℃,45 s	35	72 ℃,7 min
CaMV 35S、NOS、NPTII	94 ℃,3 min	94 ℃,40 s;54 ℃,45 s;72 ℃,45 s	35	72 ℃,7 min
FMV 35 S	94 ℃,3 min	94 ℃,40 s;60 ℃,45 s;72 ℃,45 s	35	72 ℃,7 min
PLRVrep,Cry 3Aa	94 ℃,3 min	94 ℃,40 s;55 ℃,45 s;72 ℃,45 s	35	72 ℃,7 min
PVYcp	94 ℃,3 min	94 ℃,40 s;63 ℃,40 s;72 ℃,40 s	35	72 ℃,7 min

6.4.2.4 PCR 扩增产物的凝胶电泳检测

用微波炉加热溶解琼脂糖凝胶，配制成 2.0%浓度的琼脂糖凝胶。将配制好的琼脂糖凝胶放入 0.5×TBE电泳缓冲液的电泳槽中，用移液器取 10 μL 扩增产物和 2 μL 6×载样缓冲液混合，点样到

2.0%的琼脂糖凝胶上。用 Marker 作分子标记。在 1 V/cm～5 V/cm 电压下电泳 40 min，EB 染色，然后用凝胶成像系统观察、照相、记录。

6.5 结果判断

6.5.1 内源基因的检测

对于马铃薯种属特异性内源基因 Patatin 片段的内参照引物 PATA 扩增样品的 DNA，如果阴性对照、样品和阳性对照的 PCR 产物都出现 214 bp 的条带，则表明提取的样品 DNA 符合 PCR 反应的要求，能用于外源基因检测；否则不能用于检测外源基因，应该重新提取样品 DNA，直到扩出 214 bp 的条带。

6.5.2 外源基因的检测

对马铃薯样品 DNA 提取液进行外源基因的 PCR 测试，如果阴性对照和空白对照未出现扩增条带，阳性对照和待测样品均出现预期大小的扩增条带(扩增片段大小见表 3)，则可初步判定待测样品中含有可疑的该外源基因，应进一步进行确证试验，依据确证试验的结果最终报告；如果待测样品中未出现 PCR 扩增产物，则可断定待测样品中不含有该外源基因。

6.5.3 筛选检测和鉴定检测的选择

对马铃薯样品中转基因成分的检测，可参考附录 A 的内容，先筛选检测 CaMV 35S、FMV 35S、NOS、NPTⅡ基因，筛选检测结果阴性则直接报告结果。

若筛选检测结果阳性，则需进一步鉴定检测 PLRVrep、PVYcp、Cry3A 基因以确定是何种转基因马铃薯品系。

6.6 确证试验

确证试验方法按照 SN/T 1204 中规定的方法执行。

7 结果表述

7.1 未检出××××基因。

7.2 检出××××基因，(可进一步报告)该检测样品是××××转基因马铃薯品系。

附 录 A
（资料性附录）
常见转基因马铃薯转入的外源基因的有关信息

表 A.1 常见转基因马铃薯转入的外源基因

序号	公司名称及株系	改良性状	启动子	结构基因	终止子	质粒
1	Monsanto 公司 NEW LEAF® PLUS RBMT 21-129	1）抗马铃薯卷叶病 2）抗马铃薯甲虫	1）FMV 35S 2）rabSSU1A 3）P-nos	1）PLRVrep ' 2）cry 3Aa， 3）NPTII	1）E9 3' 2）nos 3）nos	PV-STMT21
2	Monsanto 公司 NEW LEAF® PLUS RBMT 21-350	1）抗马铃薯卷叶病 2）抗马铃薯甲虫	1）FMV 35S 2）rabSSU1A 3）P-nos	1）PLRVrep 2）cry 3Aa， 3）NPTII	1）nos 2）nos 3）nos	PV STMT21
3	Monsanto 公司 NEW LEAF® PLUS RBMT 22-82	1）抗马铃薯卷叶病 2）抗马铃薯甲虫	1）FMV 35S 2）ArabSSU1A 3）FMV 35S	1）PLRVrep 2） cry 3Aa， 3）CP4 EPSPS 4）ori-322	1）E9 3' 2）nos 3）E9 3'	PV-STMT22
4	Monsanto 公司 NEW LEAF® Y RBMT 15-101	1）抗马铃薯 Y 病毒 2）抗马铃薯甲虫	1）FMV 35S 2）ArabSSU1A 3）P-nos	1）PVYcp 2）cry 3Aa， 3）NPTII	1）E9 3' 2）nos 3）nos	PV-STMT15
5	Monsanto 公司 NEW LEAF® Y SEMT 15-02	1）抗马铃薯 Y 病毒 2）抗马铃薯甲虫	1）FMV 35S 2）ArabSSU1A 3）P-nos	1）PVYcp 2）cry 3Aa， 3）NPTII 4）add 5）oriV 6）ori322	1）E9 3' 2）nos 3）nos	PV-STMT15
6	Monsanto 公司 NEW LEAF® Y SEMT 15-15	1）抗马铃薯 Y 病毒 2）抗马铃薯甲虫	1）FMV 35S 2）ArabSSU1A 3）P-nos	1）PVYcp 2）cry 3Aa， 3）NPTII 4）aad 5）oriV 6）ori322	1）E9 3' 2）nos 3）nos	PV-STMT15
7	Monsanto 公司 NEW LEAF® BT-06	1）抗马铃薯甲虫	1）ArabSSU1A 2）CaMV 35S	1）cry 3Aa， 2）NPTII	1）E9 3' 2）nos	PV-STBT02

表 A.1 （续）

序号	公司名称及株系	改良性状	启动子	结构基因	终止子	质粒
8	Monsanto 公司 NEW LEAF® ATBT 04-06	1）抗马铃薯甲虫	1）CaMV 35S 2）CaMV 35S	1）cry 3Aa， 2）NPTII	1）E9 3’ 2）nos	PV-STBT04
9	Monsanto 公司 NEW LEAF® ATBT 04-31	1）抗马铃薯甲虫	1）ArabSSU1A 2）CaMV 35S	1）cry 3Aa， 2）NPTII	1）E9 3’ 2）nos	PV-STBT04
10	Monsanto 公司 NEW LEAF® ATBT 04-36	1）抗马铃薯甲虫	1）ArabSSU1A 2）CaMV 35S	1）cry 3Aa， 2）NPTII 3）aad 4）oriV 5）ori322	1）E9 3’ 2）nos	PV-STBT04
11	Monsanto 公司 NEW LEAF® SPBT 02-05	1）抗马铃薯甲虫	1）CaMV 35S 2）CaMV 35S	1）cry 3Aa， 2）NPTII 3）oriV 4）ori322	1）E9 3’ 2）nos	PV-STBT02

中华人民共和国出入境检验检疫行业标准

SN/T 1199—2010
代替 SN/T 1199—2003

棉花中转基因成分定性PCR检验方法

Protocol of the polymerase chain reaction for detecting genetically modified components in cotton

2010-05-27 发布　　　　2010-12-01 实施

中华人民共和国
国家质量监督检验检疫总局 发布

前　言

本标准按照 GB/T 1.1—2009 给出的规则起草。

本标准代替 SN/T 1199—2003《棉花中转基因成分定性 PCR 检测方法》。

本标准与 SN/T 1199—2003 相比，主要技术变化如下：

——规范了专业用语和表述方式；

——范围中增加"转基因棉花品系 MON531，MON1445 和 MON15985 实时荧光 PCR 的品系鉴定"；

——术语和缩略语参照 GB/T 19495.1《转基因产品检测　实验室技术要求》中的规定；

——对棉花中 DNA 的提取，采用 CTAB 法的部分(2003 年版的 6.4.1 和 6.4.2；本版的 9.1.1)采用 GB/T 19495.3 中规定的方法；增加了 9.1.2 凡不适用于 9.2.1 方法的样品可按照 GB/T 19495.3 中规定相应的方法执行；

——对食品中核酸的定量(2003 年版的 6.5；本版的 9.2)采用 GB/T 19495.3 中规定的方法；

——增加了实时荧光 PCR 方法，并在结果判断步骤中(2003 年版的第 7 章；本版的 9.5.2)相应增加了实时荧光 PCR 检测结果判断方法；

——对常规 PCR 扩增反应体系，反应循环数及其结果判断(2003 年版的 6.6.1、6.6.2、6.6.3、表 2 和表 3；本版的 8.5.1、表 A.1、表 A.3 和表 A.4)的表述方式重新编排，并修改了确证实验方法。

本标准由国家认证认可监督管理委员会提出并归口。

本标准起草单位：中华人民共和国天津出入境检验检疫局、中华人民共和国上海出入境检验检疫局。

本标准主要起草人：刘烜、刘伟、贺艳、潘良文、赵卫东、郑文杰、刘跃庭。

本标准于 2003 年首次发布，2010 年第一次修订。

棉花中转基因成分定性PCR检验方法

1 范围

本标准规定了棉籽中转基因成分的定性PCR检测方法。

本标准适用于棉籽及粗加工产品中抗鳞翅目昆虫棉花SGK321、SGK9708、GK1、GK2、GK3、GK5、GK12、GK19、GK22、GK95-1转基因成分普通PCR筛选检测和转基因棉花品系MON531、MON1445和MON15985实时荧光PCR的品系鉴定。

2 规范性引用文件

下列文件对于本文件的应用是必不可少的。凡是注日期的引用文件,仅注日期的版本适用于本文件,凡是不注日期的引用文件,其最新版本(包括所有的修改单)适用于本文件。

GB 5491　粮食、油料检验　扦样、分样法

GB/T 6682　分析实验室用水规格和实验方法

GB/T 10360　油料饼粕　扦样

GB/T 19495.1　转基因产品检测　通用要求和定义

GB/T 19495.2　转基因产品检测　实验室技术要求

GB/T 19495.3—2004　转基因产品检测　核酸提取纯化方法

3 术语和缩略语

GB/T 19495.1界定的术语和缩略语适用于本文件。

4 原理

样品经过提取DNA后,针对转基因棉籽内外源基因所设计的引物和探针序列,通过普通PCR,特异性扩增内外源基因的DNA片段,并根据PCR判断该样品中是否含有转基因成分。如需进行品系鉴定,则经过实时荧光PCR技术,判断样品中是否含有某品系。

5 仪器用具

5.1 基因扩增仪、电泳仪、电泳槽、凝胶分析成像系统、紫外可见分光光度计、天平(感量1 mg和0.1 mg)、高压灭菌锅、超低温冰箱、冷冻离心机、水浴锅、微波炉、实时荧光定量PCR仪、超净工作台、超纯水器、旋涡振荡器。

5.2 微量加样器(2.5 μL,10 μL,20 μL,100 μL,200 μL,1 000 μL)、PCR反应管(200 μL,500 μL)、Eppendorf离心管(1.5 mL和2.0 mL)。

6 试剂

除另有规定外,其他试剂为分析纯或生化试剂,水为按照GB/T 6682规定的一级水。

6.1　三氯甲烷。

6.2　异戊醇。

6.3　异丙醇。

6.4　氯化镁。

6.5　70%乙醇。

6.6　RNase A:2 mg/L。

6.7　dNTP:dATP、dTTP、dCTP、dGTP 等浓度配好,每种终浓度为 0.2 mmol/L。

6.8　*Taq* DNA 聚合酶。

6.9　UNG 酶。

6.10　琼脂糖。用 1×TAE 溶液,配制溴化乙锭含量为 0.5 μg/mL 的 1%～2%琼脂糖凝胶。

6.11　溴化乙锭:10 mg/mL。工作浓度为 0.5 μg/mL。

6.12　DNA:分子量标记 100 bp～2 000 bp。

6.13　CTAB 裂解液:3% CTAB(质量分数),1.4 mmol/L 氯化钠,0.2%(体积分数)巯基乙醇,20 mmol/L EDTA,100 mmol/L Tris-HCl,pH8.0。

6.14　TE 缓冲液(pH8.0):量取 10 mL 1 mol/L Tris-Cl(pH8.0)和 2 mL 0.5 mol/L EDTA(pH8.0),加水定容至 1 000 mL,分装后高压灭菌备用。

6.15　10×PCR 缓冲液:100 mmol/L 氯化钾,160 mmol/L 硫酸铵,20 mmol/L 硫酸镁,200 mmol/L Tris-HCl(pH8.8),1% Triton X-100,1 mg/mL BSA。

6.16　50×TAE 缓冲液:称取 484 g Tris,量取 114.2 mL 冰乙酸,200 mL 0.5 mol/L EDTA(pH8.0),溶于蒸馏水中,定容至 2 L。分装后高压灭菌备用。

6.17　10×上样缓冲液:含 0.25%溴酚蓝,0.25%二甲苯青 FF,30%甘油水溶液。

6.18　引物和探针:符合附录 A 中表 A.1,表 A.2 的序列合成引物和探针,加超纯水配制成 100 μmol/L 储存,用于 PCR 测试的探针浓度为 10 μmol/L。

7　防污染措施

检测过程中防止交叉污染的措施应符合 GB/T 19495.2 中的规定。

8　抽样与制样

8.1　散装棉籽、棉籽粕的抽样

抽样位置的确定按照 GB 5491 执行。使用双套管抽样器或抽样铲抽样。当货物小于或等于 50 kg 时,抽样点数不少于 3 点;当货物在 51 kg～1 500 kg 时,抽样点数不少于 5 点;当货物在 1 501 kg～3 000 kg 时,抽样点数为 5 点～10 点;当货物在 3 001 kg～5 000 kg 时,抽样点数为 10 点～20 点;当货物在 5 001 kg～25 000 kg 时,抽样点数为 20 点～50 点。使用双套管抽样器或抽样铲抽样。

8.2　件装棉籽、棉籽粕的抽样

使用单管抽样器或抽样铲抽样。当一批货物的总包数在 10 袋以下时,逐袋抽样;当总包数在 10 袋～100 袋时,随机抽取 10 袋;当总包数在 100 袋以上时,按总袋数的平方根抽取(取整数,小数部分向上修约)。

8.3　分样方法

将抽取的棉籽的初次样品均匀混合,混合样品按照 GB 5491 中四分法制备成送检样品。抽取的棉籽粕送检样品的制备应符合 GB/T 10360 的规定。当转基因成分限量水平为 0.1%,送检样品的最小量应在 100 g 以上;当转基因成分限量水平为 0.01%,送检样品的最小量应在 1 000 g 以上。

8.4 制样

将分样所得的棉籽、棉籽粕样品,在粉碎机中研磨至样品成粉末。

9 检测方法

9.1 样品基因组 DNA 的提取

9.1.1 CTAB 法

称取 0.2 g 粉碎后的样品于 2 mL 离心管中,加入 1 mL CTAB 裂解液,混匀,65 ℃水浴保温 30 min,不时振荡;12 000*g* 离心 5 min;小心取离心上清液,加入等体积的三氯甲烷/异戊醇(体积分数 24∶1)混匀,静止 5 min,12 000*g* 离心 5 min;取离心上清液,再加入等体积的三氯甲烷/异戊醇(体积分数 24∶1)混匀,静止 5 min,12 000*g* 离心 5 min;取离心上清液加 0.65 倍体积的异丙醇,混匀,12 000*g* 4 ℃离心 10 min;弃上清液,加 500 mL70%冰乙醇洗涤一次,12 000*g* 4 ℃离心 5 min;弃上清液,将沉淀晾干,加入 50 μL TE,溶解沉淀(4 ℃过夜,或 37 ℃保温 1 h);4 ℃保存备用。每个实验室样品应制备两个测试样品和提取空白对照同时提取 DNA。提取空白对照为不加样品其他操作步骤同上。

9.1.2 其他方法

凡不适用于 9.2.1 方法的样品可按照 GB/T 19495.3 中规定相应的方法执行。

9.2 DNA 的定量

DNA 的定量方法应符合 GB/T 19495.3—2004 中 5.3 的规定。

提取和纯化后的 DNA 溶液长期保存应储存−20 ℃或低于−20 ℃。

9.3 质控设置

检测过程中应设置核酸提取空白对照,PCR 扩增试剂空白对照(NTC),PCR 扩增阴性目标 DNA 对照(NAC)、PCR 扩增阳性目标 DNA 对照,具体方式按照 GB/T 19495.2—2004 中 7.4.3.1 的规定。

9.4 普通 PCR 检测

9.4.1 PCR 反应体系和反应参数

PCR 引物、反应体系和参数见附录 A 中表 A.1、表 A.3 和表 A.4。反应体系中各试剂的量可根据具体情况或不同的反应总体积进行适当的调整。每个反应体系应设置两个平行反应。PCR 产物用琼脂糖凝胶电泳检测。

9.4.2 PCR 结果判定

9.4.2.1 样品 DNA 提取液是否适合 PCR 扩增的判断

用棉花内源 18 s rDNA 基因引物对样品 DNA 提取液进行 PCR 测试,阴性对照,阳性对照和测试样品都应该被扩增出 137 bp 的 PCR 产物。如未见有 PCR 扩增,则说明在 DNA 提取过程中未提取到可进行 PCR 测试的 DNA,或 DNA 提取液中有抑制 PCR 反应的物质存在,应重新提取 DNA,直到扩增出该 PCR 产物。

9.4.2.2 样品中转基因成分检测

对样品DNA提取液进行外源基因的PCR检测，如果阴性对照和空白对照未出现扩增条带，阳性和测试样品均出现预期大小的扩增条带(扩增片段大小见附录A中表A.1)，则可初步判断有可疑的该外源基因，应进一步做实时荧光PCR等确证实验，然后依据确证实验结果最终报告。如果测试样品中未出现PCR扩增产物，则可判定测试样品中不含有该外源基因。

9.4.3 确证实验

常规定性PCR扩增产物经凝胶电泳检测为阳性结果时，还应通过下列的方法之一进行确证：
——实时荧光PCR检测；
——其他验证方法。

9.4.4 检测低限

本方法未确定绝对检测低限，但本方法至少能检测到0.1%(质量分数)转基因棉籽。

9.5 实时荧光PCR品系鉴定

9.5.1 实时荧光PCR引物、反应体系及反应参数

实时荧光PCR引物、反应体系和参数见附录A中表A.2和表A.5。反应体系中各试剂的量可根据具体情况或不同的反应总体积进行适当的调整。每个反应体系应设置两个平行反应。

9.5.2 实时荧光PCR结果判定

9.5.2.1 实时荧光PCR质控标准

空白对照：无荧光增幅现象。
阴性对照：外源基因无荧光增幅现象。
阳性对照：外源基因检测Ct值小于或等于36。
上述指标有一项不符合者，应重新作实时荧光PCR扩增。

9.5.2.2 实时荧光PCR结果判定

测试样品内源基因检测Ct值小于或等于36，外源基因检测Ct值大于或等于40，判断该样品不含所检的外源基因。

测试样品内源基因检测Ct值小于或等于36，外源基因检测Ct值小于或等于36，判断该样品含有所检的外源基因。

测试样品外源基因检测Ct值在36～40之间，应调整模板浓度，重做实时荧光PCR。再次扩增后的外源基因Ct值仍小于40，且阴性对照、阳性对照和空白对照结果正常则可判定为该样品检出×××基因。再次扩增后的外源基因Ct值大于或等于40，且阴性对照、阳性对照和空白对照结果正常则可判定为该样品未检出×××基因。

9.5.3 检测低限

本方法未确定绝对检测低限，但本方法至少能检测到0.1%(质量分数)转基因棉籽。

9.6 结果表述

该样品未检出×××基因。
该样品检出×××基因。

附 录 A
（规范性附录）
棉花及其制品内外源基因的引物和探针序列和 PCR 检测的反应体系

表 A.1 定性 PCR 检测棉花内外源基因所需的引物序列

被检测基因	基因来源	引物序列	扩增片段长度/bp
18s rDNA	内源	5'-TCT-GCC-CTA-TCA-ACT-TTC-GAT-GGT-A-3' 5'-AAT-TTG-CGC-GCC-TGC-TGC-CTT-CCT-T-3'	137
CaMV 35S	外源	5'-GCT-CCT-ACA-AAT-GCC-ATC-A-3' 5'-GAT-AGT-GGG-ATT-GTG-CGT-CA-3'	195
Nos	外源	5'-GAA-TCC-TGT-TGC-CGG-TCT-TG-3' 5'-TTA-TCC-TAG-TTT-GCG-CGC-TA-3'	180
Gus	外源	5'-TCA-GCG-CGA-AGT-CTT-TAT-AC-3' 5'-TTC-AGT-TCG-TTG-TTC-ACA-CA-3'	210
NptII	外源	5'-ACC-TGT-CCG-GTG-CCC-TGA-ATG-AAC-TGC-3' 5'-GCC-ATG-ATG-GAT-ACT-TTC-TCG-GCA-GGA-GC-3'	196
Cry IA(c)	外源	5'-GTT-CCA-GCT-ACA-GCT-ACC-TCC-3' 5'-CCA-CTA-AAG-TTT-CTA-ACA-CCC-AC-3'	119
Cry IA(b) +Cry IA(c)	外源	5'-GTT-CGT-TCT-CGG-ACT-AGT-TG-3' 5'-GGA-GAG-CTG-GGT-TAG-TAG-GA-3'	215
CpTI	外源	5'-GCG-ATG-AAC-CTT-CTG-AGT-CT-3' 5'-TAC-TCA-TCA-TCT-TCA-TCC-CTG-3'	220

表 A.2 实时荧光定性 PCR 检测棉花内外源基因的引物和探针序列

被检测基因	基因来源	引物序列	探针序列[a]	扩增长度/bp
acp1	棉籽内源	5'-TCC-CAT-TCG-AGT-TTC-TCA-CGT-3' 5'-CTT-GAA-CAG-TTG-TGA-TGG-ATT-GTG-3'	5'-ATT-GTC-CTC-TTC-CAC-CGT-GAT-TCC-GAA-3'	76
Mon531品系特异基因	外源	5'-TCC-CAT-TCG-AGT-TTC-TCA-CGT-3' 5'-AAC-CAA-TGC-CAC-CCC-ACT-GA-3'	5'-TTG-TCC-CTC-CAC-TTC-TTC-TC-3'	72
Mon15985品系特异基因	外源	5'-GTT-ACT-GAG-TCG-GGG-ATA-TCC-3' 5'-AAG-GTT-GCT-AAA-TGG-ATG-GGA-3'	5'-CCG-CTC-TAG-AAC-TAG-TGG-ATC-TGC-ACT-GAA-3'	82
Mon1445品系特异基因	外源	5'-GGA-GTA-AGA-CGA-TTC-AGA-TCA-AAC-AC-3' 5'-ATC-GAC-CTG-CAG-CCC-AAG-CT-3'	5'-ATC-AGA-TTG-TCG-TTT-CCC-GCC-TTC-AGT-TT-3'	87
[a] 探针的 5'端标记 FAM 荧光报告基团，3'端标记 TAMRA 等荧光淬灭基团。				

表 A.3 棉花内外源基因定性 PCR 检测的反应体系

次序	组　分	25 μL 反应体系 加样体积/μL	50 μL 反应体系 加样体积/μL
1	10×PCR 缓冲液	2.5	5
2	10×dNTPs(含 dUTP)	2.5	5
3	10×氯化镁	2.5	5
4	*Taq* 酶(5 单位/μL)	0.2	0.4
5	正向引物(10 μmol/L)	0.5	1
6	反向引物(10 μmol/L)	0.5	1
7	DNA 模板(1 ng～10 ng)	1	2
8	双蒸水	15.3	30.6
注：反应体系中各试剂的量可根据反应体系的总体积进行适当调整。			

表 A.4 棉花内外源基因定性 PCR 检测的反应参数

被扩增的外源基因	变性	扩增	循环次数	最终延伸
CaMV35S、Nos、NptII、Gus、CryIA（b）+CryIA(c)、18s rDNA	95 ℃,10 min	94 ℃,30 s 54 ℃,40 s 72 ℃,60 s 94 ℃,30 s	40	72 ℃,5 min
CryIA(c)	95 ℃,10 min	60 ℃,40 s 72 ℃,60 s	40	72 ℃,5 min
注：PCR 反应循环参数可根据基因扩增仪器型号的不同进行适当调整。				

表 A.5 实时荧光 PCR 定性检测棉花内外源基因的反应体系和反应参数

试剂名称		终浓度	加入体积(25 μL)
反应体系	10×PCR 缓冲液	1×	2.5
	氯化镁($MgCl_2$)(25 mmol)	2.5 mmol/L	2.5
	dNTP(含 dUTP)(2.5 mmol)	0.2 mmol/L	2
	UNG 酶(5 U/mL)	0.075 U	0.375
	上游引物(10 μmol/L)	150 nM	0.375
	下游引物(10 μmol/L)	150 nM	0.375
	探针(5 μmol/L)	50 nM	0.25
	Taq 酶(5 U/mL)	0.05 U	0.25
	DNA 模板	50 ng/mL	1.0 μL
	补水至	补足水至 25 mL	

表 A.5 实时荧光 PCR 定性检测棉花内外源基因的反应体系和反应参数（续）

试剂名称		终浓度	加入体积(25 μL)
反应参数	二步法 （适合 ABI 仪器）	预变性 95 ℃/3 min,1 个循环;95 ℃/15 s,60 ℃/60 s,40 个循环	
	三步法 （只适合 LightCycler 仪器）	预变性 95 ℃/10 min,1 个循环;95 ℃/5 s,50 ℃/5 s,60 ℃/20 s,40 个循环	
注 1：实时荧光 PCR 建议使用市售 *Taq* Man Universal Master Mix(2×)PCR 专用试剂，反应体系和反应参数可直接参考试剂盒说明书。 注 2：不同型号仪器的使用可直接参考仪器使用操作说明。 注 3：当外源基因和内源基因标记相同的荧光报告基团时，应在不同反应管中分别加入外源基因和内源基因的引物、探针，分别进行检测。 注 4：DNA 模板的加入量可适当调节。合适的 DNA 模板量应该是：内源基因检测的 Ct 值在 15～36 之间，外源基因检测的 Ct 值在 27～36 之间。否则应进一步增加/减少或纯化 DNA。 注 5：表中给出的 PCR 反应体系和反应参数可根据仪器要求的不同进行适当调整。			

表 A.6 转基因棉花转入的外源基因的有关信息

转基因棉花品系名称	单位名称	改良性状	结构基因	启动子	终止子
Bollgard	Monsanto	具有抗鳞翅目昆虫的抗性	CryIA(c) NPTII	CaMV35S	NOS
SGK321、SGK9708、GK1、GK2、GK3、GK5、GK12、GK19、GK22、GK95-1	中国农科院	具有抗鳞翅目昆虫的抗性	NPTII GUS CryIA(b)-CryIA(c)	CaMV35S	NOS

中华人民共和国出入境检验检疫行业标准

SN/T 1200—2003

烟草中转基因成分定性PCR检测方法

Protocol of qualitative PCR for the detection of genetically modified components in tobacco

2003-03-17 发布　　　　2003-09-01 实施

中华人民共和国国家质量监督检验检疫总局　发布

前　言

本标准的附录 A 是资料性附录。

本标准由国家认证认可监督管理委员会提出并归口。

本标准起草单位:中华人民共和国云南出入境检验检疫局。

本标准主要起草人:徐自忠、贾建军、周晓黎、旦有民、周力兵。

本标准系首次发布的检验检疫行业标准。

烟草中转基因成分定性 PCR 检测方法

1 范围

本标准规定了烟草中转基因成分定性 PCR 检测方法。

本标准适用于对新鲜和干的烟叶、种籽及烤烟等的转基因成分进行定性检测和鉴定。

2 规范性引用文件

下列文件中的条款通过本标准的引用而成为本标准的条款。凡是注日期的引用文件，其随后所有的修改单(不包括勘误的内容)或修订版均不适用于本标准，然而，鼓励根据本标准达成协议的各方研究是否可使用这些文件的最新版本。凡是不注日期的引用文件，其最新版本适用于本标准。

GB/T 6682　分析实验室用水规格和试验方法

SN/T 1193　基因检测实验室技术要求

SN/T 1194　植物及其产品转基因成分检测抽样和制样方法

SN/T 1204　植物及其加工产品中转基因成分实时荧光 PCR 定性检验方法

3 术语、定义和缩略语

下列术语、定义和缩略语适用于本标准。

3.1 术语和定义

3.1.1

转基因　transgene

将物种本身不具有的、来源于其他物种的功能 DNA 序列，通过各种导入手段，使其在该物种中进行表达，以便该物种获得新的品种特征。

3.1.2

聚合酶链式反应　polymerase chain reaction，简称 PCR

模板基因序列先经高温变性成为单链，在 DNA 聚合酶作用和适宜的反应条件下，根据模板序列设计的两条引物分别与模板 DNA 两条链上相应的一段互补序列发生退火而相互结合，接着在 DNA 聚合酶的作用下以四种脱氧核糖核酸(dNTPs)为底物，使引物得以延伸，然后不断重复变性、退火和延伸这一循环，使欲扩增的基因片段以几何倍数增加。

3.2 缩略语

3.2.1　UNG：uracil DNA glycosylase，尿嘧啶 DNA-糖基酶。

3.2.2　EDTA：ethylene diaminetetraacetic acid，乙二胺四乙酸。

3.2.3　CTAB：十六烷基三乙基溴化铵。

3.2.4　TMV-CP：tobacco mosiac virus coat protain，烟草花叶病毒外壳蛋白基因。

3.2.5　CMV-CP：cucumber mosiac virus coat protain，黄瓜花叶病毒外壳蛋白基因。

3.2.6　TMV-54KD：tobacco mosiac virus 54KD gene，烟草花叶病毒 54KD 蛋白基因。

3.2.7　BT：*Bacillus Thuingensis* subsp，苏云金杆菌杀虫蛋白基因。

3.2.8　PVY-CP：potato virus Y coat protain，马铃薯病毒 Y 外壳蛋白基因。

3.2.9　TBE：Tris 碱、硼酸、EDTA 缓冲液。

3.2.10　NPT-Ⅱ：neomycin-3′-phosphotransferase gene，新霉素-3′-磷酸转移酶基因。

3.2.11　NOS：terminator of nopaline synthase gene，胭脂碱合成酶基因终止子。

3.2.12　CaMV 35S：35S promoter from cauliflower mosaic virus，来自于花椰菜花叶病毒的 35S 启

动子。

3.2.13　Tris：tris (hydroxymethyl) aminomethane，三(羟甲基)氨基甲烷。
3.2.14　DNA：deoxyribonucleic acid，脱氧核糖核酸。
3.2.15　dNTPs：dTTP、dATP、dCTP、dGTP。
3.2.16　dTTP：deoxyribonucleoside triphosphate，脱氧胸苷三磷酸。
3.2.17　dATP：deoxyadenosine triphosphate，脱氧腺苷三磷酸。
3.2.18　dCTP：deoxycytidine triphosphate，脱氧胞苷三磷酸。
3.2.19　dGTP：deoxyguanosine triphosphate，脱氧鸟苷三磷酸。
3.2.20　dUTP：deoxyuridine triphosphate，脱氧尿苷三磷酸。
3.2.21　bp：base pair，碱基对。

4　原理

转基因植物是经过了基因修饰的植物即其本身的基因组中有外源基因的导入，其基因组中含有外源成分。转基因植物是为了使植物获得抗病、抗虫、抗除草剂、提高作物品质、产量等性状。所以在进行植物的转基因改造时，植物中必须导入能够表达上述性状的目的基因，同时要在植物中表达这些外源目的基因，还需一个完整的表达调控系统，其中主要包括启动子、终止子以及在构建和鉴定表达系统时所需的选择标记基因。对转基因植物的检测主要通过检测调控序列启动子、终止子、选择标记基因进行初选，然后再对具体的目的基因检测。对于转基因烟草其常用的调控序列如35S启动子、NOS终止子和选择标记基因NPT-II；常见商品化烟草的目的基因有TMV-CP、CMV-CP、TMV-54KD、BT、PVY-CP。

5　防污染措施

防止交叉污染的措施按照SN/T 1193中的规定执行。

6　试剂和材料

6.1　本标准所用水应符合GB/T 6682中三级水(三蒸水)的规格。
6.2　下列试剂除特殊规定外，均指分析纯试剂。
6.2.1　氯化铯、三氯甲烷、异戊醇、CTAB、液氮、EDTA、Tris、硼酸、β-巯基乙醇。
6.2.2　dNTPs，*Taq* DNA聚合酶、琼脂糖，溴化乙锭、DNA分子量标准、电泳载样缓冲液。
6.3　寡核苷酸引物(见表1)。

表1　检测转基因烟草内、外源基因所需引物序列表

检测基因	基因来源	引物序列	扩增片段长度	提示
35S	外源	5′-gctcctacaaatgccatca-3′	195bp	筛选检测
		5′-gatagtgggattgtgcgtca-3′		
NOS	外源	5′-gaatcctgttgccggtcttg-3′	180bp	筛选检测
		5′-ttatcctagtttgcgcgcta-3′		
NPT-II	外源	5′-ggatctcctgtcatct-3′	173bp	筛选检测
		5′-gatcatcctgatcgac-3′		
Bt	外源	5′-cccactagttaacaatttgattgga-3′	299bp	鉴定检测
		5′-ccggaagctttaggactgtaggt-3′		
CMV-CP	外源	5′-aagacgttggcagctggtcg-3′	202bp	鉴定检测
		5′-ctcgaatttgaatgcgcgaa-3′		

表 1(续)

检测基因	基因来源	引 物 序 列	扩增片段长度	提 示
PVY-CP	外源	5′-gatatttcaaatactcgggca-3′	362bp	鉴定检测
		5′-gcataacgcgctaaacccac-3′		
TMV 54KD	外源	5′-gagttgtctggcatcattga-3′	295pb	鉴定检测
		5′-acaatggtcaaagccgggta-3′		
TMV-CP	外源	5′-gtgttcttgtcatcagcgtgggc-3′	327bp	鉴定检测
		5′-caccgttgcgtcgtctactctacg-3′		
Chloroplast non-coading DNA	内源	5′-cgaaatcggtagacgctacg-3′	550bp	内源参照
		5′-ggggatagagggacttgaac-3′		

7 主要器械和设备

7.1 液氮罐。

7.2 PCR 仪。

7.3 旋涡混合器。

7.4 微量高速离心机。

7.5 水浴锅。

7.6 凝胶成像系统。

7.7 超净工作台。

7.8 电泳装置。

7.9 高压灭菌锅。

7.10 真空干燥机。

7.11 纯水器。

7.12 各式微量移液器(0.5 μL～1 000 μL),各式枪头(100 μL～1 000 μL),各式微量离心管(250 μL～1 500 μL),研钵。

8 样品处理

8.1 取样

按照 SN/T 1194 中规定的方法进行。

8.2 制样

将待检样品新鲜烟叶,烟籽在滤纸上生长发芽的嫩芽(将烟籽置有用自来水湿润的滤纸的培养皿内,置 27℃～28℃ 培养箱)或干烟叶,还有阴性和阳性对照烟叶约 200 mg 置于经高压灭菌消毒的研钵内,此样应至少平行做二至三份,用剪刀尽量剪碎,然后加入适量液氮,迅速进行研磨,使叶片成粉状。

8.3 DNA 的提取

8.3.1 在提取样品 DNA 的同时,要设立空白对照,即取同样量的三蒸水,也进行 DNA 提取。

8.3.2 烟籽和新鲜烟叶中 DNA 的提取。

8.3.2.1 将前步中新鲜烟叶或烟籽嫩芽经研磨后的粉末转移到 1.5 mL 离心管中,然后按 1 μL/mg 加入 65℃ 预热的 2×CTAB 抽提缓冲液(配制参见附录 A),按 2%(体积分数)加入 β-巯基乙醇,充分混匀,65℃ 水浴中加热 1 min～3 min,此步中也设立阴、阳性烟叶对照。

8.3.2.2 加入等体积的三氯甲烷/异戊醇(24 : 1,体积分数),轻轻振动,彻底混合,13 000 r/min 离心5 min。

8.3.2.3 将上层水相移入一新的离心管中，避免吸入下层液体，加入十分之一体积的10% CTAB(65℃预热)，第二次加入等体积的三氯甲烷/异戊醇(24∶1，体积分数)充分混合，13 000 r/min 离心5 min。10% CTAB缓冲液的配制参见附录A。

8.3.2.4 将上层水相转移到一新的离心管中，加入等体积的CTAB沉淀缓冲液，轻轻混和，15 000 r/min离心10 min，沉淀核酸。CTAB沉淀缓冲液配制参见附录A。

8.3.2.5 在沉淀中加入200 μL高盐TE缓冲液，65℃温浴10 min，溶解沉淀。溶液配制参见附录A。

8.3.2.6 加入二倍体积冰冷的乙醇，15 000 r/min离心10 min，再沉淀核酸。

8.3.2.7 用80%乙醇洗涤核酸一次，真空抽干或室温蒸干，然后用紫外分光光度计测定核酸的纯度，DNA纯度 $=OD_{260}/OD_{280}$，比值在1.7～1.9之间较好，符合PCR检测要求。

8.3.3 干烟叶及烤烟中DNA的提取

8.3.3.1 将8.2中磨好的烟粉末约100 mg移入一新的1.5 mL离心管中，加700 μL 1×CTAB抽提缓冲液，混和均匀，65℃温浴10 min。

8.3.3.2 加入等体积三氯甲烷/异戊醇(24∶1，体积分数)轻轻振荡混和，13 000 r/min离心5 min。

8.3.3.3 取上层水相移入一新的离心管中，加入十分之一体积10% CTAB抽提缓冲液，混匀，再加入等体积三氯甲烷-异戊醇(24∶1，体积分数)，充分混合，13 000 r/min离心5 min。

8.3.3.4 取上层水相移入一新的离心管中，重复上一步，然后加入等体积CTAB沉淀液混和，15 000 r/min，离心10 min，沉淀核酸。

8.3.3.5 在沉淀中加入200 μL高盐TE缓冲液，65℃温浴10 min，溶解沉淀。

8.3.3.6 加入二倍体积冰冷的乙醇，－70℃保存30 min，15 000 r/min离心10 min，再沉淀核酸。

8.3.3.7 用80%乙醇洗涤核酸一次，真空抽干或室温蒸干，然后用紫外分光光度计测定核酸的纯度，DNA纯度 $=OD_{260\ nm}/OD_{280\ nm}$，比值在1.7～1.9之间较好，符合PCR检测要求。

9 应用PCR对样品的初步筛选试验

9.1 PCR反应程序

PCR反应程序见表2。

表2 PCR检测反应体系(50 μL)

模板DNA	2 μL(1 μL≥5 ng)
dNTPs(含dUTP)	1 μL(10 mmol/μL)
Primerl	1 μL(50 pmol/μL)
Primer2	1 μL(50 pmol/μL)
氯化镁($MgCl_2$)	3 μL(25 mmol/μL)
10×Buffer	5 μL
Taq	0.5 μL(5 U/μL)
UNG酶	0.5 μL(1 U/μL)
dd H_2O	36.0 μL
Total volume	50 μL
注：反应体系中各试剂的用量根据反应体系的总体积进行适当调整。每个反应体系应该设置两个平行管。	

9.2 反应体系对照的设置

9.2.1 进行PCR反应时应设立阳性对照、阴性对照和空白对照。

9.2.2 阳性对照：用转基因烟草标样提取的DNA作为模板。

9.2.3 阴性对照：用非转基因烟草标样提取的DNA作为模板。

9.2.4 空白对照:用配置反应体系的超纯水代替模板。

9.3 反应条件

反应条件见表3。

表3 内源基因检测及筛选检测反应条件

被扩增的基因	变　性	扩增条件	循环次数	最后延伸条件
Chloroplast Non-coadind DNA	94℃,10 min	94℃,30 s 60℃,40 s 72℃,45 s	30	72℃,5 min
35S	94℃,10 min	94℃,30 s 62℃,20 s 72℃,20 s	30	72℃,5 min
NOS	94℃,10 min	94℃,30 s 62℃,20 s 72℃,20 s	30	72℃,5 min
Npt-II	94℃,10 min	94℃,60 s 60℃,75 s 72℃,50 s	30	72℃,5 min

9.4 PCR扩增产物电泳检测

取PCR反应产物(包括待检样品、阳性对照、阴性对照、空白对照)10 μL,加6×载样缓冲液2 μL,并加有DNA分子量标准,在1.2%琼脂糖凝胶,1×TBE缓冲液中,恒压1 V/cm~5 V/cm电泳1 h,溴化乙锭(0.5 μg/mL)染色,凝胶成像系统中分析结果。5×TBE缓冲液配制参见附录A。

9.5 结果分析

9.5.1 内源基因检测

用针对烟草内源的Chloroplast noo-coadind DNA,设计的引物对烟草DNA提取液进行PCR测试,阴性对照、阳性对照和待测样品均应被扩增出550 bp的PCR产物。如未见有该PCR产物扩增,则说明DNA提取质量有问题,或DNA提取液中有抑制PCR反应的因子存在,应重新提取DNA,直到扩增出该PCR产物。

9.5.2 外源基因检测

如果阳性对照、阴性对照、空白对照都成立。待检样品有条带的为阳性,否则为阴性;如果阳性对照成立,阴性对照、空白对照不成立,说明操作过程可能有污染,要重新试验;如果阳性对照不成立,则说明PCR反应不成立,也要重新试验。

10 对PCR筛选检测阳性样品的进一步验证试验

按照SN/T 1204中规定进行。

11 对目的基因的进一步检测

11.1 对筛选基因检测为阳性的,如需对目的基因检测,进行下列PCR试验反应参照9.1和9.2反应条件见表4。

表 4 目的基因检测反应条件

被扩增的基因	变性	扩增条件	循环次数	最后延伸条件
Bt	94℃,10 min	94℃,45 s 55℃,1 min 72℃,2 min	30	72℃,5 min
CMV-CP	94℃,10 min	94℃,1 min 55℃,1 min 72℃,2 min	30	72℃,5 min
TMV 54KD	94℃,10 min	94℃,1 min 60℃,1 min 72℃,2 min	35	72℃,5 min
TMV-CP	94℃,10 min	94℃,1 min 55℃,1 min 72℃,2 min	30	72℃,5 min
PVY-CP	94℃,10 min	94℃,60 s 55℃,75 s 72℃,50 s	30	72℃,5 min

12 结果判定的表述

12.1 当内源基因检测扩增出相应条带,而被检测的××××基因未扩增出相应条带,同时,相应的阳性、阴性和空白对照成立,表述为未检出××××基因。

12.2 当内源基因检测扩增出相应条带,被检测的××××基因也扩增出相应条带,同时,相应的阳性、阴性和空白对照成立,表述为检出××××基因,(可进一步报告)该检测样品是××××转基因烟草。

附 录 A
（资料性附录）
溶 液 配 制

A.1 2×CTAB 抽提缓冲液

由下列物质配成：
——2% CTAB（质量浓度）；
——100 mmol/L Tris-HCl（pH8.0）；
——20 mmol/L EDTA（pH8.0）；
——1.4 mol/L 氯化钠；
——1% PVP。

A.2 10% CTAB 缓冲液

由下列物质配成：
——10% CTAB（质量浓度）；
——0.7 mol/L 氯化钠。

A.3 CTAB 沉淀缓冲液

由下列物质配成：
——1% CTAB；
——50 mmol/L Tris-HCl（pH8.0）；
——10 mmol/L EDTA（pH8.0）。

A.4 高盐 TE 缓冲液

由下列物质配成：
——10 mmol/L Tris-HCl（pH8.0）；
——1 mmol/L EDTA（pH8.0）；
——1 mol/L 氯化钠。

A.5 5×TBE 缓冲液

由下列物质配成：
——54 g Tris；
——27.5 g 硼酸；
——20 mL 0.5 mol/L EDTA（pH8.0）。
加水至 1 L。

中华人民共和国出入境检验检疫行业标准

SN/T 1201—2003

植物性饲料中转基因成分定性PCR检测方法

Protocol of PCR for detection of genetically modified feed

2003-03-17 发布　　2003-09-01 实施

中华人民共和国国家质量监督检验检疫总局 发布

前　言

本标准由国家认证认可监督管理委员会提出并归口。

本标准由中华人民共和国深圳出入境检验检疫局负责起草，中国进口商品检验技术研究所参加起草。

本标准主要起草人：章桂明、王颖、余道坚、康林、杨伟东、金显忠、程颖慧、陈枝楠、徐宝梁。

本标准系首次发布的检验检疫行业标准。

植物性饲料中转基因成分定性PCR检测方法

1 范围

本标准规定了饲料中转基因成分的定性检测方法。

本标准中定性检测方法适用于以转基因大豆 Roundup Ready;转基因玉米(BT11、BT176、MON810、T14/25、CBH351)和转基因油菜籽(抗草甘膦除草剂、抗草丁膦除草剂、雄性不育)为原料所加工的饲料中转基因成分的定性检测。

2 规范性引用文件

下列文件中的条款通过本标准的引用而成为本标准的条款。凡是注明日期的引用文件,其随后所有的修改单(不包括勘误的内容)或修改版均不适合于本标准,然而,鼓励根据本标准达成协议的各方研究是否可使用这些文件的最新版本。凡是不注明日期的引用文件,其最新版本适合于本标准。

SN/T 0798 进出口粮油饲料检验 检验名词术语

SN/T 1193 基因分析检测实验室技术要求

SN/T 1194 植物及其产品中转基因成分检测抽样和制样方法

SN/T 1196 玉米中转基因成分定性 PCR 检测方法

SN/T 1197 油菜籽中转基因成分定性 PCR 检测方法

SN/T 1204 植物及其加工产品中转基因成分实时荧光 PCR 定性检验方法

3 术语、定义和缩略语

下列术语、定义和缩略语适用于本标准。

3.1

转基因饲料 genetically modified feed (GMF)

通过基因重组技术获得的基因改良生物加工而成的饲料。

3.2

聚合酶链式反应 polymerase chain reaction (PCR)

模板 DNA 先经高温变性为单链,在适宜的温度下和缓冲溶液中,两条引物分别与模板 DNA 两条链上的一段互补序列发生退火,接着在 DNA 聚合酶的催化下以四种 dNTP 为底物,使退火引物得以延伸,如此反复变性、退火和 DNA 合成循环,使位于两段引物序列之间的 DNA 片段呈几何倍数扩增。

3.3

定性检测 qualitative detection

对样品中转基因成分进行检测,以判定该样品是否为转基因产品。

3.4

缩略语

3.4.1 GMO:genetically modified organism,转基因生物。

3.4.2 CaMV 35S:35S promoter from cauliflower mosaic virus,花椰菜花叶病毒 35S 启动子。

3.4.3 NOS:terminator of nopaline synthase gene from *Agrobacterium tumefaciens*,来源于农杆菌的胭脂碱合成酶基因终止子。

3.4.4 CP4 EPSPS:5-enolpyruvylshikimate-3-phosphate synthase gene,5-莽草酸-3-磷酸合成酶基因。

3.4.5 RRS:Roundup Ready™ Soybean,美国 Monsanto 公司转基因抗除草剂大豆。

3.4.6 IVR:Invertase 1 gene from maize,玉米转化酶 1 基因。

3.4.7 NptⅡ: neomycin-3′-phosphotransferase gene,新霉素-3′-磷酸转移酶基因。

3.4.8 CryIA(b):a synthetic gene encoded the first 648 amino acids,insecticidal-active truncated product identical to that of *cryIA(b)* gene of *Bacillus thuringiensis* subsp, *Kurstaki* steain HD-1 苏云金芽孢杆菌结晶蛋白(Cry)Ⅰ型毒素抗虫基因。

4 原理

转基因饲料定性检测是利用外源基因与植物本身基因的不同,通过设计只能扩增外源基因中 DNA 片段的引物和进行 PCR 扩增,根据实验结果,判定该饲料是否带有外源基因成分。

5 试剂

5.1 SDS 提取液:1.5%SDS,EDTA-Na_2 100 mmol/L(pH 8.0), Tris-HCl 20 mmol/L(pH 8.0),氯化钠(NaCl) 500 mmol/L。

5.2 Tris 饱和酚。

5.3 三氯甲烷。

5.4 异戊醇。

5.5 异丙醇。

5.6 70%乙醇。

5.7 RNA 酶(10 mg/mL)。

5.8 琼脂糖。

5.9 三羟甲基氨基甲烷(Tris)。

5.10 冰乙酸。

5.11 EDTA(PH8.0)。

5.12 10×PCR 缓冲液。

5.13 dNTP。

5.14 Taq DNA 聚合酶。

5.15 溴化乙锭(10 mg/mL)。

5.16 100 bp ladder DNA Marker。

5.17 液氮。

5.18 TAE(50X)缓冲液。

5.19 10×加样缓冲液:0.25%溴酚蓝,40%蔗糖。

6 仪器设备

6.1 研钵。

6.2 水浴锅。

6.3 电子天平(精度:1/1 000 以上)。

6.4 普通离心机。

6.5 低温冷冻高速离心机。

6.6 冰箱。

6.7 低温冰箱:(−40℃)。

6.8 制冰机。

6.9 恒温干燥箱。

6.10 pH 计。

6.11 移液器:0.1 μL、0.5 μL、2 μL、10 μL、20 μL、100 μL、200 μL、1 000 μL。

6.12 紫外可见分光光度计。

6.13 纯水机。

6.14 高压消毒锅。

6.15 PCR 管:0.2 mL、0.5 mL。

6.16 离心管:1.5 mL,2.0 mL。

6.17 Tip 头:0.1 μL~10 μL、5 μL~200 μL、100 μL~500 μL。

6.18 PCR 仪。

6.19 电泳仪。

6.20 凝胶分析成像系统。

7 防污染措施

植物性饲料转基因成分定性 PCR 检测方法中所要求的实验室防污染措施按照 SN/T 1193 规定的方法执行。

8 抽样与制样

植物性饲料转基因成分定性 PCR 检测方法中样品的抽样和制样按照 SN/T 1194 规定的方法执行。

9 DNA 提取及浓度测定

9.1 DNA 提取

9.1.1 改良 SDS 方法

a) 称取样品 5 g,在研钵中加入液氮研磨至样品呈 0.5 mm 左右的粉末。

b) 称取 300 mg 磨碎的样品,迅速转入 2 mL 离心管中,加 1.5 mL 65℃ SDS 提取缓冲液,混匀,放入 65℃水浴锅中水浴 15 min。

c) 15 000 g 离心 15 min,取上清液 1 mL。

d) 加 RNase(终浓度 10 μg/mL),37℃水浴 30 min。

e) 加入等体积 Tris 饱和酚,充分混匀。

f) 13 000g 离心 15 min,取上清液 800 μL,加入 400 μL Tris 饱和酚及 400 μL 三氯甲烷-异戊醇($V:V=24:1$)混匀。

g) 15 000g 离心 10 min,取上清液 600 μL,加入 600 μL 三氯甲烷-异戊醇($V:V=24:1$)混匀。

h) 15 000g 离心 5 min,取上清液 300 μL,加入 600 μL 异丙醇,轻轻混匀,冰浴 10 min。

i) 13 000 g 离心 5 min 取沉淀,并用 1 mL 70%乙醇清洗三次。

j) 倒去乙醇,离心,用吸管尽可能吸去剩余乙醇。干燥后加入 100 μL 去离子水溶解 DNA。

k) 低温(−20℃)保存。

9.1.2 试剂盒法

不同基因组 DNA 提取试剂盒,使用时按操作说明书操作。

9.2 DNA 浓度测定

样品 DNA 用紫外分光光度计测定 260 nm 和 280 nm 处吸收值,分别计算核酸的纯度和浓度,计算公式见式(1)、式(2)。

$$\text{DNA 纯度} = OD_{260}/OD_{280} \quad \cdots\cdots (1)$$

$$\text{DNA 浓度}(\mu g/mL) = 50 \times OD_{260} \quad \cdots\cdots (2)$$

PCR级DNA溶液的OD_{260nm}/OD_{280nm}比值为1.7～1.9。

10 定性PCR检测方法

定性PCR检测包括对饲料三种主要成分:大豆、玉米和油菜内源基因和外源基因的检测。先通过内源基因的检测,确定该饲料是否含有相应成分;然后再检测CaMV 35S和NOS等外源基因,确定上述主要成分是否含有外源基因;最后通过外源鉴定基因确定转基因的品种。每次PCR检测须设立相应的阳性对照、非GMO阴性对照和水空白对照。

10.1 定性PCR检测方法

10.1.1 含大豆转基因成分的饲料定性PCR检测

先检测大豆内源Lectin基因,然后检测CaMV 35S启动子、NOS终止子外源基因;最后检测抗除草剂基因CaMV35S/CP4-EPSPS的外源基因。

10.1.1.1 PCR所用引物

PCR扩增所用的引物的序列及扩增片段长度见表1。

表1 定性PCR检测含大豆转基因成分的饲料内、外源基因的引物序列

被检测基因	基因性质	引物序列	扩增长度(bp)
Lectin	大豆内源基因	5′-GACGCTATTGTGACCTCCTC-3′ 5′-TGTCAGGGGCATAGAAGGTG-3′	181
CaMV 35S	外源基因	5′-GCTCCTACAAATGCCATC-3′ 5′-GATAGTGGGATTGTGCGTCA-3′	195
NOS	外源基因	5′-TTAAGATTGAATCCTGTTGCCG-3′ 5′-TAATTTATCCTAGTTTGCGCGC-3′	180
CP4-EPSPS	外源基因	5′-CCACTATCCTTCGCAAGACCCTTCC-3′ 5′-CTTCTGTGCTGTAGCCACTGATGC-3′	320

10.1.1.2 PCR扩增反应体系

PCR扩增反应体系见表2。

表2 定性PCR检测植物性饲料内、外源基因的反应体系

试剂名称	贮备液浓度	加样量/μL	
		25 μL反应体系	50 μL反应体系
10×PCR缓冲液	—	2.5	5.0
氯化镁($MgCl_2$)	25 mmol/L	2.5	5.0
dNTPs	2.5 mmol/L	2.5	5.0
Taq酶	5 U/μL	0.2	0.3
正义引物	10 pmol/μL	0.5	1.0
反义引物		0.5	1.0
DNA模板	50 ng～200 ng	1.0	2.0
双蒸水	—	15.3	30.8

10.1.1.3 **PCR 扩增程序**

PCR 扩增程序见表 3。

表 3 定性 PCR 检测含大豆转基因成分的饲料内、外源基因的反应扩增程序

被扩增的基因	预变性	扩增	循环次数	最终延伸
Lectin CP4-EPSPS	94℃,5 min	94℃,1 min 58℃,1 min 72℃,1 min	35	72℃,10 min
CaMV 35S NOS	94℃,3 min	94℃,20 s 55℃,40 s 72℃,1 min	40	72℃,5 min

10.1.1.4 **PCR 产物凝胶电泳**

将配制好的 1.5%的琼脂糖凝胶放入 1×TAE 电极缓冲液的电泳槽中,用移液器取 2 μL 1×加样缓冲液在干净的封口膜上,再分别移取上述扩增产物 10 μL,加入 2 μL 1×电泳上样缓冲液,与其混匀,上样到 1.5%的琼脂糖凝胶上,并点上 Marker。恒压 5 V/cm 恒压,30min,再置于凝胶成像系统中观察,打印并保存实验结果。

10.1.2 **含玉米转基因成分饲料的定性 PCR 检测**

先检测玉米内源 IVR 基因,然后检测 CaMV 35S、NOS 或 NPTⅡ等外源基因,最后检测 CRYIA(b)以及 SN/T 1196 上列出的 IVS/PAT、Maize genome/CaMV35S、HSP70/CryIA(b)、CDPK/CryIA(b)、CaMV35S/PAT、CaMV35S/PAT 和 Cry9C/Ster 外源鉴定基因以进行转基因品种鉴定。

含玉米转基因成分的饲料内源基因和外源基因 PCR 检测所用的引物、反应体系和扩增程序见表 4、表 2 和表 5,其外源鉴定基因的定性 PCR 检测按 SN/T 1196 进行。PCR 产物凝胶电泳方法同10.1.1.4。

表 4 定性 PCR 检测含玉米转基因成分的饲料内、外源基因的引物序列

检测基因	基因性质	引 物 序 列	扩增长度/bp
IVR	玉米内源基因	5′-CCGCTGTATCACAATGGCTGGTACC-3′ 5′-GGAGCCCGTGTAGAGCATGACGATC-3′	226
CaMV 35S	外源基因	5′-GCTCCTACAAATGCCATCA-3′ 5′-GATAGTGGGATTGTGCGTCA-3′	195
NOS	外源基因	5′-TTAAGATTGAATCCTGTTGCCG-3′ 5′-TAATTTATCCTAGTTTGCGCGC-3′	180
NPTⅡ	外源基因	5′-CTCACCTTGCTCCTGCCGAGA-3′ 5′-CGCCTTGAGCCTGGCGAACAG-3′	215
CRYIA(b)	外源基因	5′-CTGGTGGACATCATCTGGGGCATCTTCG-3′ 5′-TTGGTACAGGTTGCTCAGGCCCTCC-3′	146

表 5 定性 PCR 检测含玉米转基因成分的饲料内、外源基因的扩增程序

被扩增的基因	预变性	扩增	循环次数	最终延伸
IVR CRYIA(b)	95℃,5 min	95℃,30 s 64℃,1 min 72℃,30 s	40	72℃,10 min
CaMV 35S NOS NPTⅡ	94℃,3 min	94℃,20 s 55℃,40 s 72℃,1 min	40	72℃,5 min

10.1.3 含油菜转基因成分饲料的定性 PCR 检测

先检测油菜内源 PE3-PEPCase 基因，然后检测 CaMV 35S、FMV 35S、NOS 或 NPTⅡ等外源基因，最后检测外源鉴定基因 BAR(PAT)、BARNASE、BARSTAR、CP4-EPSPS(修饰)和 GOX(修饰)等。

含转基因油菜成分的饲料外源基因 PCR 检测所用的引物、反应体系和扩增程序见表 4、表 2 和表 5，其内源基因和外源鉴定基因的定性 PCR 检测按 SN/T 1197 进行。

10.1.4 含转基因混合成分饲料的定性 PCR 检测

含有两种或两种以上转基因的植物产品主要成分的混合饲料，要分别对各主要成分的内、外源基因进行 PCR 定性检测，其检测方法同 10.1.1、10.1.2 和 10.1.3。

10.2 定性 PCR 验证实验

定性 PCR 验证实验按 SN/T 1197 进行。

11 结果判定与表述

11.1 结果判定

11.1.1 内源基因的检测

用针对待测样品的内源基因的引物对所抽体的 DNA 进行 PCR 检测，阴性对照、阳性对照和待测样品均应被扩增出已经片段长度的 PCR 产物。如未见有该 PCR 扩增，则说明 DNA 提取质量有问题，或 DNA 提取液中有抑制 PCR 产物的因子存在，应重新提取 DNA，直到扩增出该 PCR 产物。

11.1.2 外源基因的检测

对待测样品 DNA 提取液进行外源基因的 PCR 检测，如果阴性对照和空白对照未出现条带，阳性对照和待测样品均出现预期大小的扩增条带，则可初步判断待测样品中含有外源基因，进一步验证实验按 SN/T 1204 进行。

11.2 结果表述

检出×××基因；

未检出×××基因。

12 样品和原始数据保存

12.1 样品保存

存查样品应视样品的状态采用相应的保存方式，妥善保存六个月。如发现转基因，该样品保存一年，以备复验、谈判和仲裁。保存期满后，需经处理。

12.2 原始数据保存

转基因样品检测结束后，其原始记录单和检验报告或证书应归档，妥善保管，以备复验、谈判和仲裁。

中华人民共和国出入境检验检疫行业标准

SN/T 1204—2003

植物及其加工产品中转基因成分实时荧光PCR定性检验方法

Protocol of the real-time PCR for detecting genetically modified plants and their derived products

2003-03-17 发布　　　　2003-09-01 实施

中华人民共和国国家质量监督检验检疫总局　发布

前　言

本标准由国家认证认可监督管理委员会提出并归口。

本标准由中华人民共和国质量监督检验检疫总局动植物检疫实验所、中华人民共和国广东出入境检验检疫局、中华人民共和国辽宁出入境检验检疫局、中华人民共和国深圳出入境检验检疫局、中华人民共和国上海出入境检验检疫局负责起草。

本标准主要起草人：朱水芳、覃文、曹际娟、章桂明、潘良文、黄文胜、陈红运。

本标准系首次发布的检验检疫行业标准。

植物及其加工产品中转基因成分实时荧光 PCR 定性检验方法

1 范围

本标准规定了植物及其加工产品中转基因成分的实时荧光 PCR 定性检验方法。

本标准适用于玉米、大豆、油菜籽、马铃薯、番茄、棉花、烟草及其加工产品中转基因成分实时荧光 PCR 定性检验或者其他检验方法检测结果为阳性的确证实验。

2 规范性引用文件

下列文件中的条款通过本标准的引用而成为本标准的条款。凡是注日期的引用文件，其随后所有的修改单(不包括勘误的内容)或修订版均不适用于本标准，然而，鼓励根据本标准达成协议的各方研究是否可使用这些文件的最新版本。凡是不注日期的引用文件，其最新版本适用于本标准。

GB/T 6682 分析实验室用水规格和实验方法

SN/T 1193 基因检验实验室技术要求

SN/T 1194 植物及其产品中转基因成分检测抽样和制样方法

3 缩略语

下列缩略语适用于本标准。

3.1 AmpErase UNG 酶：uracil *N*-glycosylase。

3.2 C_t 值：*C*：cycle，t：threshold，每个反应管内的荧光信号到达设定的域值时所经历的循环数。

3.3 IPC：internal positive control，内参照。

3.4 NTC：no template control，空白对照。

3.5 PCR：polymerase chain reaction，简称 PCR。

3.6 DNA：deoxyribonucleic acid，脱氧核糖核酸。

3.7 dNTP：deoxyribonucleoside triphosphate，脱氧核苷三磷酸。

3.8 dATP：deoxyadenosine triphosphate，脱氧腺苷三磷酸。

3.9 dCTP：deoxycytidine triphosphate，脱氧胞苷三磷酸。

3.10 dGTP：deoxyguanosine triphosphate，脱氧鸟苷三磷酸。

3.11 dUTP：deoxyuridine triphosphate，脱氧尿苷三磷酸。

3.12 bp：base pair，碱基对。

3.13 *Taq* 酶：DNA 聚合酶。

3.14 Tris：tris(hydroxymethyl) aminomethane，三(羟甲基)氨基甲烷。

3.15 TE：Tris-Cl、EDTA 缓冲液。

3.16 Lectin：植物凝集素。

3.17 ZEIN：植物醇溶蛋白。

3.18 PE3-PEPcase：phosphoenilpyruvate-carboxylase，磷酸烯醇式丙酮酸羧化酶。

3.19 tRNALeu：植物叶绿体基因。

3.20　18s rRNA：真核生物 18 s 核糖体 RNA 基因。

3.21　CaMV 35S：35S promoter from cauliflower mosaic virus，来自于花椰菜花叶病毒的 35S 启动子。

3.22　NOS：terminator of nopaline synthase gene，胭脂碱合成酶基因终止子。

3.23　FMV35S：35S promoter from a modified figwort mosaic virus(caulimovirus group)，玄参花叶病毒 35S 启动子。

3.24　NPTII：neomycin-3′-phosphotransferase gene，新霉素-3′-磷酸转移酶基因。

3.25　BAR：phosphinothricin acetyltransferase gene from *Bacillus amyloliquefaciens*，来源于杆菌 *Bacillus amyloliquefaciens* 草丁膦乙酰转移酶基因。

3.26　PAT：phosphinothricin acetyltransferase gene，草丁膦乙酰转移酶基因。

3.27　GOX：glyphosate oxidoreductase gene，草甘膦氧化还原酶基因。

3.28　CryIA(b)：a synthetic gene encodes the first 648 amino acids，insecticidal-active ftruncated product identical to that of *cryIA(b)* gene of *Bacillus thuringiensis* subsp，苏云金芽孢杆菌杀虫毒蛋白 *cryIA(b)*基因。

3.29　Cry3A：*B. thuringiensis* subsp，*Tenebrionis*(*B. t. t.*) strain BI 256-82 抗虫毒蛋白，选择性毒杀科罗拉多马铃薯甲虫(Colorado potato beetle larvae)。

3.30　EPSPS：5-enolpyruvylshikimate-3-phosphate synthase gene，5-莽草酸-3-磷酸合成酶基因。

4　防污染措施

植物及其加工产品中转基因成分实时荧光 PCR 定性检验过程的防污染措施应符合 SN/T 1193 的规定。

5　抽样与制样

植物及其加工产品中转基因成分实时荧光 PCR 定性检验按照 SN/T 1194 规定的方法执行。

6　实验方法

6.1　原理

实时荧光定量 PCR 技术，是指在 PCR 反应体系中加入荧光基团，利用荧光信号积累实时监测整个 PCR 进程，最后通过标准曲线对未知模板进行定量分析的方法。

PCR 扩增时在加入一对引物的同时加入一个特异性的荧光探针，该探针为一寡核苷酸，两端分别标记一个报告荧光基团和一个淬灭荧光基团。探针完整时，报告基团发射的荧光信号被淬灭基团吸收；PCR 扩增时，*Taq* 酶的 5′端-3′端外切酶活性将探针酶切降解，使报告荧光基团和淬灭荧光基团分离，从而荧光监测系统可接收到荧光信号，即每扩增一条 DNA 链，就有一个荧光分子形成，实现了荧光信号的累积与 PCR 产物形成完全同步。

6.2　主要仪器

6.2.1　实时荧光定量 PCR 仪。

6.2.2　超净工作台。

6.2.3　消毒灭菌锅。

6.2.4　制冰机。

6.2.5　核酸蛋白分析仪。

6.2.6　高速冷冻离心机，台式小型离心机，Mini 个人离心机。

6.2.7　低温冰箱，冷藏冷冻冰箱。

6.2.8　纯水器，双蒸水器。

6.2.9　旋涡震荡器。

6.2.10　微量进样器：0.5 μL、2 μL、10 μL、20 μL、100 μL、200 μL、1 000 μL。

6.2.11　光化学 PCR 反应管。

6.3　主要试剂

除另有规定外，所有试剂均采用分析纯或生化试剂。

6.3.1　实验用水：应符合 GB/T 6682 中一级水的规格。

6.3.2　PCR 缓冲液。

6.3.3　氯化镁($MgCl_2$)。

6.3.4　dNTPs(dATP、dUTP、dCTP、dGTP)。

6.3.5　UNG 酶(Uracil *N*-glycosylase)。

6.3.6　*Taq* 酶。

6.3.7　引物和探针

植物及其加工产品中转基因成分实时荧光 PCR 检测所用引物和探针序列见表 1。

表 1　实时荧光 PCR 实验所用引物和探针序列

检测基因	引物序列	探针序列	适用范围
ZEIN	5′-tgaacccatgcatgcagt-3′	5′-tggcgtgtccgtccctgatgc-3′	玉米及其加工产品(内源基因)
	5′-ggcaagaccattggtga-3′		
Lectin	5′-cctcctcgggaaagttacaa-3′	5′-ccctcgtctcttggtcgcgccctct-3′	大豆及其加工产品(内源基因)
	5′-gggcatagaaggtgaagtt-3′		
PE3-PEPcase	5′-ccagttcttggagccgcttga-3′	5′-caggtcgctatgcgactgcggagaca-3′	油菜籽及其加工产品(内源基因)
	5′-aagggccagtccaaatgcaga-3′		
tRNALeu	5′-cgaaatcggtagacgctacg-3′	5′-gcaatcctgagccaaatcc-3′	植物(内参照基因)
	5′-ttccattgagtctctgcacct-3′		
18 s rRNA	5′-cctgagaaacggctaccat-3′	5′-tgcgcgcctgctgccttcct-3′	真核生物(内参照基因)
	5′-cgtgtcaggattgggtaat-3′		
CaMV35S	5′-cgacagtggtcccaaaga-3′	5′-tggacccccacccacgaggagcatc-3′	转基因大豆、玉米、油菜籽、番茄、马铃薯及其加工产品
	5′-aagacgtggttggaacgtcttc-3′		
NOS	5′-atcgttcaaacatttggca-3′	5′-catcgcaagaccggcaacagg-3′	转基因大豆、玉米、油菜籽、番茄、马铃薯及其加工产品
	5′-attgcgggactctaatcata-3′		
FMV35S	5′-aagacatccaccgaagactta-3′	5′-tggtccccacaagccagctgctcga-3′	转基因油菜籽、马铃薯、番茄和棉花(籽)及其加工产品
	5′-aggacagctcttttccacgtt-3′		
NPTII	5′-aggatctcgtcgtgacccat-3′	5′-cacccagccggccacagtcgat-3′	转基因油菜籽、番茄、马铃薯及其加工产品
	5′-gcacgaggaagcggtca-3′		
Bar	5′-acaagcacggtcaacttcc-3′	5′-ccgagccgcaggaaccgcaggag-3′	转基因油菜籽、玉米及其加工产品
	5′-actcggccgtccagtcgta-3′		
PAT	5′-gtcgacatgtctccggagag-3′	5′-tggccgcggtttgtgatatcgttaa-3′	转基因大豆、玉米、油菜籽及其加工产品
	5′-gcaaccaaccaagggtatc-3′		
GOX	5′-gtcttcgtgttgctggaaccgtt-3′	5′-tgctcacgttctctacactcgcgctcg-3′	转基因油菜籽、玉米及其加工产品
	5′-gaactggcaggagcgagagct-3′		

表 1(续)

检测基因	引物序列	探针序列	适用范围
Cry3A	5′-tccggttacgaggttctt-3′	5′-acctatgctcaagctgccaacaccc-3′	转基因马铃薯及其加工产品
	5′-ccatagatttgagcgtcctta-3′		
CryIA(b)	5′-cgcgactggatcaggtaca-3′	5′-ccgccgcgagctgaccctgaccgtg-3′	转基因玉米及其加工产品
	5′-tggggaacaggctcacgat-3′		
EPSPS	5′-ccgacgccgatcaccta-3′	5′-ccgcgtgccgatggcctccgca-3′	转基因大豆及其加工产品
	5′-gatgccgggcgtgttgag-3′		

6.4 实验步骤

6.4.1 阴性对照、阳性对照和空白对照的设置

6.4.1.1 阴性对照

以待测非转基因植物(如大豆、玉米、油菜籽、马铃薯、番茄、烟草)及其加工产品 DNA 为模板。

6.4.1.2 阳性对照

采用含有待测基因序列的植物及其加工产品 DNA 作为 PCR 反应的模板,或采用含有待测基因序列的质粒。

6.4.1.3 空白对照

设两个,一是提取 DNA 时设置的提取空白对照(以水代替样品),二是 PCR 反应的空白对照(以水代替 DNA 模板)。

6.4.2 实时荧光 PCR 反应体系

实时荧光 PCR 反应体系见表 2,每个样品各做二个平行管。加样时应使样品 DNA 溶液完全落入反应液中,不要粘附于管壁上,加样后应尽快盖紧管盖。

表 2 实时荧光 PCR 反应体系

试 剂 名 称	终 浓 度
10×PCR 反应缓冲液	1×
氯化镁($MgCl_2$)	2.5 mmol/L
dNTPs(含 dUTP)	0.2 mmol/L
UNG 酶	0.075 U
引物(上游)	0.2 μmol/L
引物(下游)	0.2 μmol/L
探针	0.1 μmol/L
Taq 酶	2.5 U
DNA 模板(20 ng~30 ng/μL)	5 μL
补水至	50 μL
注:表中 DNA 模板为原料的模板量,加工产品可视加工程度适当增加模板量。	

6.4.3 实时荧光 PCR 反应参数

实时荧光定量 PCR 的反应参数为:37℃,5 min;预变性 95℃,3 min;95℃,15s,60℃,1 min,40 个循环。

注:不同仪器可根据仪器要求将反应参数作适当调整。

6.4.4 仪器检测通道的选择

PCR反应管荧光信号收集的设置，应与探针所标记的报告基团一致。报告基团为FAM时，荧光信号收集应设在FAM通道；报告基团为TET时，荧光信号收集应设在TET通道；余类推。具体设置方法因仪器而异，可参照仪器使用说明书。

6.4.5 实时荧光PCR反应运行

按预先设定的样品摆放顺序将PCR反应管依次摆放(上机前注意检查各反应管是否盖紧，以免荧光物质泄漏污染仪器)，开始运行仪器进行实时荧光PCR反应。

6.5 结果分析

6.5.1 基线的设置

实时荧光PCR反应结束并分析结果后，应设置无效基线范围。无论采用任何荧光通道(FAM或TET)，基线范围选择在3个～15个循环，如果有强阳性样本，应根据实际情况调整基线范围。阈值设置原则以基线刚好超过正常阴性对照扩增曲线的最高点，且C_t值=40为准。

6.5.2 C_t值与DNA浓度的关系

C_t值大于或等于40时，PCR过程中无目标DNA的扩增；C_t值在36～40之间，且平行样的每个值之间的差异很大，表明PCR反应体系中的目标DNA量很少，应适当增加模板量。

7 实时荧光PCR定性检验的质量控制

空白对照：外源基因检测C_t值大于或等于40，内参照基因检测C_t值大于或等于40；

阴性对照：外源基因检测C_t值大于或等于40，内参照基因检测C_t值在20～30之间；

阳性对照：外源基因检测C_t值小于或等于34。

上述指标有一项不符合者，应重做实时荧光PCR扩增。

8 结果判断与表述

8.1 结果判断

待测样品外源基因检测C_t值大于或等于40，内参照基因检测C_t值在20～30之间者，阴性对照、阳性对照和空白对照结果正常者，则可判定该样品未检出×××基因。

待测样品外源基因检测C_t值小于或等于36，内参照基因检测C_t值在20～30之间者，阴性对照、阳性对照和空白对照结果正常者，则可判定该样品检出×××基因。

待测样品外源基因检测C_t值在36～40之间，应重做实时荧光PCR扩增。再次扩增后的结果C_t值仍小于40，且阴性对照、阳性对照和空白对照结果正常，则可判定该样品检出×××基因；再次扩增后结果C_t值大于40，且阴性对照、阳性对照和空白对照结果正常，可判定该样品未检出×××基因。

8.2 结果表述

检出×××基因；

未检出×××基因。

中华人民共和国出入境检验检疫行业标准

SN/T 1816—2006

番茄中转基因成分定性 PCR 检测方法

Method of polymerase chain reaction for detecting genetically modified components in tomato

2006-08-28 发布　　　　2007-03-01 实施

中华人民共和国
国家质量监督检验检疫总局　发布

前　言

本标准的附录 A 为资料性附录。

本标准由国家认证认可监督管理委员会提出并归口。

本标准起草单位：中国检验检疫科学研究院、中华人民共和国新疆出入境检验检疫局、中华人民共和国山东出入境检验检疫局。

本标准主要起草人：陈颖、张祥林、徐宝梁、高宏伟、王振国、王晶、吴亚君、黄文胜。

本标准系首次发布的出入境检验检疫行业标准。

番茄中转基因成分定性PCR检测方法

1 范围

本标准规定了番茄中转基因成分检验的PCR检测方法。

本标准适用于商品化种植的转基因番茄1345-4、351N、5345、8338、ZenecaB，Da，282F、FLAVR SAVR、BioScien等品系的番茄果实、种子、植株、酱制品等转基因成分定性检测。

2 规范性引用文件

下列文件中的条款通过本标准的引用而成为本标准的条款。凡是注明日期的引用文件，其随后所有的修改单(不包括勘误的内容)或修订版均不适用于本标准，然而，鼓励根据本标准达成协议的各方研究是否可使用这些文件的最新版本。凡是不注日期的引用文件，其最新版本适用于本标准。

SN/T 1193 基因检验实验室技术要求

SN/T 1204 植物及其加工产品中转基因成分实时荧光PCR定性检测方法

3 术语、定义和缩略语

下列术语、定义和缩略语适用于本标准。

3.1 术语和定义

3.1.1

转基因 transgene

将本物种不具有的、来源于其他物种的功能DNA序列，通过各种导入手段，使其在该物种中进行表达，以便使该物种获得新的品种特征。

3.1.2

聚合酶链反应 polymerase chain reaction，PCR

模板基因序列先经过高温变性成为单链，在DNA聚合酶作用和适宜的反应条件下，根据模板序列设计的两条引物分别于模板DNA两条链上的一段互补序列发生退火而相互结合，接着在DNA聚合酶的催化下以四种脱氧核糖核苷酸(dNTP)为底物，使引物得以延伸，然后不断重复变性、退火和延伸这一循环，使欲扩增的基因片段呈几何倍数扩增。

3.2 缩略语

3.2.1

CaMV 35S 35S promoter from Cauliflower mosaic virus

花椰菜花叶病毒35S启动子。

3.2.2

FAM35S/HSP70 35S promoter from a modified figwort mosaic virus/0.8 kb intron from hsp70 gene(heat-shock protein)

玄参花叶病毒启动子/热休克蛋白基因的0.8 kb内含子序列。

3.2.3

CMV Cucumber mosaic virus

黄瓜花叶病毒。

3.2.4

Ocs octopine synthase gene

章鱼碱合成酶基因。

3.2.5

Nos terminator of nospaline synthase gene

胭脂碱合成酶基因。

3.2.6

mas mannopine synthase gene

甘露碱合成酶基因。

3.2.7

NPTII neomycin-3′-phosphotransferase gene

新霉素-3′-磷酸转移酶基因。

3.2.8

PG antisense polygalacturonase gene

多聚半乳糖醛酸酶基因。

3.2.9

ACCD(EFE) 1-aminocyclopropane-1-carboxylic acid deaminase

1-氨基-环丙烷-1-羧酸脱氨酶。

3.2.10

ACCS 1-aminocyclopropane-1carboxylic acid synthetase

1-氨基-环丙烷-1-羧酸合成酶。

3.2.11

CryIAc a synthetic gene encodes insecticidal-active truncated product identical to that of *cryIA*(*c*) gene of *Bacillus thuringiensis* subsp,*Kurstaki* steain HD-73

苏云金芽孢杆菌杀虫毒蛋白。

3.2.12

Sam-K S-adenosylmethionine hydrolase

S-腺苷甲硫胺酸水解酶。

3.2.13

***rbc*S ribulose-1,5-bisphosphate carboxylase small submit gene**

植物叶绿体核酮糖-1,5-二磷酸羧化酶小亚基基因。

3.2.14

***rbc*L ribulose-1,5-bisphosphate carboxylase/oxygenase large subunit gene**

植物叶绿体核酮糖 1,5-二磷酸羧化酶/加氧酶大亚基基因。

3.2.15

aad aminoglycoside adenyltransferase

氨基糖苷腺嘌呤转移酶。

3.2.16

Tml

来自农杆菌的未命名蛋白。

4 原理

样品经过提取 DNA 后,针对转基因植物所插入的外源基因的基因序列设计引物,通过 PCR 技术,特异性扩增外源基因的 DNA 片段，根据 PCR 扩增结果，判断该样品中是否含有该转基因成分。

检测先对提取的 DNA 进行内对照的扩增，扩出相应的内对照条带后可以进行筛选基因的检测，如果筛选基因为阳性，再进行鉴定基因的检测。如果筛选基因为阴性则直接报告结果。

检测过程中防止交叉污染的措施按照 SN/T 1193 中的规定执行。

5 试剂

5.1 PCR 用引物

按照表 1 中提供的引物序列合成引物，加入无离子水配成 100 pmol/μL 贮存，配成直接用于 PCR 反应的 20 pmol/μL 的工作液。

表 1 检测转基因番茄内，外源基因所需的引物序列

被检测基因	基因来源	引物序列	扩增长度/bp	退火温度/℃	备 注
*rbc*L	叶绿体 DNA	5′ cttgattttaccaaagatgatga 3′ 5′ ttcttcgcatgtacccgcag 3′	159	54	DNA 提取效率检测
PG	内源	5′ ggatccttagaagcatctagt 3′ 5′ cgttggtgcatccctgcatgg 3′	383[a]	60	DNA 提取效率检测
CaMV35S	外源	5′-tcatcccttacgtcagtggag-3′ 5′-ccatcattgcgataaaggaaa-3′	165	54	筛选检测 （品系 351N 除外） 选择其一
		5′ gctcctacaaatgccatca 3′ 5′ gatagtgggattgtgcgtca 3′	195	54	
Nos	外源	5′ gaatcctgttgccggtcttg 3′ 5′ ttatcctagtttgcgcgcta 3′	180	54	筛选检测 （品系 351N、8338 和 FLAVR SAVR 除外） 选择其一
		5′ gccggtcttgcgatgattat 3′ 5′ ttatcctagtttgcgcgcta 3′	170	60	
NPTII	外源	5′-ggatctcctgtcatct-3′ 5′-gatcatcctgatcgac-3′	173	58	筛选检测 选择其一
		5′ ctcaccttgctcctccgaga 3′ 5′ cgccttgagcctggcggacag 3′	215	54	
CaMV35S/PG	外源	5′ ccactgacgtaagggatgacg 3′ 5′ aggggaaagtggaaaaccatc 3′	383 和 180[a]	54	检测 FLAVR SAVRTM tomato
PG/NOS	外源	5′ ggatccttagaagcatctagt 3′ 5′ catcgcaagaccggcaacag 3′	350	54	检测 Zeneca Tomato nema282F
CryIAc	外源	5′ gttccagctacagctacctcc 3′ 5′ ccactaaagtttctaacacccac 3′	119	60	Tomato5345
ACCD (EFE)	外源	5′ aaacagacaaaaataggcgg 3′ 5′ ccaaacgtaaaacggcttg 3′	108	60	华番一号，8338

[a] 转基因番茄可同时扩增出 383 bp 和 180 bp 两个不同大小的 DNA 片段，非转基因番茄只能扩增出 383 bp 的 DNA 片段。

5.2 药品及试剂

5.2.1 *Taq*DNA 聚合酶，琼脂糖(电泳纯)溴化乙锭，三氯甲烷，异丙醇，异戊醇 70%乙醇，分子量标准(100 bp～2 000 bp)，RNaseA 酶，Tris 饱和酚。

5.2.2 TE 缓冲液：10 mmol/L Tris-HCl(pH8.0)，1 mmol/L EDTA(pH8.0)。

5.2.3 10×PCR 缓冲液：100 mmol/L 氯化钾(KCl)，160 mmol/L 硫酸铵[$(NH_4)_2SO_4$]，20 mmol/L 硫酸镁($MgSO_4$)，200 mmol/L Tris-HCl(pH8.8)，1% TritonX-100，1 mg/mL BSA。

5.2.4 电泳缓冲液：Tris 54 g，硼酸 27.5 g，0.5 mol/L EDTA，Tris-HCl(pH8.0)20 mL，加蒸馏水至 1 000 mL；使用时 10 倍稀释。

5.2.5 溴化乙锭贮存液：用双蒸水配制成 10 mg/mL。

5.2.6 dNTPs：dATP、dTTP、dCTP、dGTP。

5.2.7 CTAB 裂解液：2% CTAB(质量浓度)，1.4 mol/L 氯化钠(NaCl)，40 mmol/L 巯基乙醇，20 mmol/L EDTA，100 mmol/L Tris-Cl(pH 8.0)。

5.2.8 1 mol/L Tris-HCl 缓冲液(pH8.0)：称取 121.1 g Tris，溶于 800 mL 水中，加入浓盐酸 42 mL，冷却至室温，用稀盐酸准确调节 pH 值至 8.0，加水定容至 1 L，分装后高压灭菌备用。

5.2.9 0.5 mol/L EDTA(pH8.0)：在 800 mL 水中加入 186.1 g($EDTA-Na_2 \cdot 2H_2O$)，用磁力搅拌器剧烈搅拌，用氢氧化钠调节溶液 pH 值至 8.0(约需 20 g 氢氧化钠颗粒)，然后加水定容至 1 L，分装后高压灭菌备用。

5.2.10 3 mol/L 乙酸钠(NaAc)溶液：408 g 乙酸钠($NaAc \cdot 3H_2O$)溶解加水至 1 000 mL，用冰乙酸调 pH 值至 4.8。

6 仪器

固体粉碎机或研钵，高速冷冻离心机，台式小型离心机，Mini 个人离心机，天平(感量 0.001 g)，旋涡振荡器，PCR 仪，电泳仪，超净工作台，核酸蛋白分析仪，微量移液器，凝胶成像系统，离心管(Eppendorf 管，1.5 mL～5 mL)，PCR 反应管(200 μL～500 μL)。

7 检测方法

7.1 样品 DNA 的提取与纯化

称取充分混匀的待测样品 100 mg，加入至 1.5 mL 的 Eppendorf 离心管中，加入 65℃ 预热的 600 μLCTAB 裂解液，振荡混匀，置于 65℃水浴中处理 30 min，期间每隔 10 min 混匀 1 次；取出冷却至室温后，加入等体积的三氯甲烷/异戊醇(24∶1)，充分混匀，室温，15 000 g 离心 15 min；小心吸取上清液(约 600 μL)至一新的 1.5 mL 离心管，加入 2.5 倍体积的预冷的无水乙醇或 0.8 倍体积的异丙醇，再加入 1/10 体积的 3 mol/L 乙酸钠(pH4.8)，充分混匀，−20℃(加入无水乙醇时)或 4℃(加入异丙醇时)放置 30 min 以上；4℃，15 000 g 离心 15 min，弃去上清液；加入 70%的乙醇 500 μL，洗涤沉淀两次，室温，15 000 g 离心 5 min 弃上清(注意不要把沉淀倒出)，晾干沉淀，至乙醇挥发殆尽后，加入 50 μL 的去离子水或 TE 缓冲液溶解沉淀，−20℃保存待用。

也可用相应市售 DNA 提取试剂盒提取 DNA。

7.2 PCR 扩增

7.2.1 实验对照的设立

每个样品应有 2 个平行实验，同时每次检测必须设立 3 个对照：

——分子量标准；

——阳性对照，为包含要检测基因片段的转基因植物材料的 DNA 或包含要检测基因片段的阳性质粒 DNA；

——阴性对照，非转基因番茄基因组 DNA；

——空白对照(不含 DNA 模板)。

7.2.2 PCR 反应体系

检测转基因番茄内、外源基因的 PCR 反应体系(见表 2)。

表 2 检测转基因番茄内、外源基因的 PCR 反应体系

试剂名称	储备液浓度	25 μL 反应体系 加样体积/μL	50 μL 反应体系 加样体积/μL
10×PCR 缓冲液	—	2.5	5.0
$MgCl_2$	25 mmol/L	2.5	5.0
dNTP(含 dUTP)	2.5 mmol/L	2.0	4.0
Taq 酶	5 U/μL	0.2	0.4
UNG 酶	1 U/μL	0.2	0.4
引物	20 pmol/μL	0.5	1.0
		0.5	1.0
DNA 模板	50～100 ng/μL	1～2	2.0
双蒸水	—	补至 25 μL	补至 50 μL

7.2.3 PCR 反应程序

不同外源基因的具体扩增程序见表 3。PCR 循环参数可根据基因扩增仪扩增型号的不同进行适当调整。

表 3 检测转基因番茄内、外源基因的 PCR 反应循环参数

被检测基因	预变性	扩 增	循环次数	终延伸
*rbc*L	94℃ 3 min	94℃ 30 s,54℃ 30 s, 72℃ 30 s	30	72℃ 5 min
PG	94℃ 3 min	94℃ 30 s,60℃ 30 s, 72℃ 30 s	30	72℃ 5 min
CaMV35S	94℃ 5 min	94℃ 30 s,55℃ 30 s, 72℃ 30 s	30	72℃ 5 min
NOS	94℃ 5 min	94℃ 30 s,55℃ 30 s, 72℃ 30 s	30	72℃ 5 min
NPTII	94℃ 5 min	94℃ 30 s,55℃ 30 s, 72℃ 30 s	30	72℃ 5 min
CryIAc	94℃ 10 min	94℃ 30 s,60℃ 40 s, 72℃ 60 s	40	72℃ 5 min
CaMV35S/PG	94℃ 5 min	94℃ 30 s,58℃ 30 s, 72℃ 30 s	30	72℃ 5 min
PG/NOS	94℃ 5 min	94℃ 30 s,58℃ 30 s, 72℃ 30 s	30	72℃ 5 min
ACCD(EFE)	95℃ 10 min	94℃ 15 s,60℃ 40 s, 72℃ 60 s	40	72℃ 5 min

7.3 PCR 扩增产物的凝胶电泳检测

称取 2.0 g 琼脂糖,于 100 mL 电泳缓冲液(0.5×TBE)中,用微波炉加热溶解琼脂糖,冷却至 55℃～

60℃左右加入溴化乙锭(EB)至终浓度为0.5 μg/mL,制胶。在电泳槽中加入电泳缓冲液(0.5×TBE),使液面刚刚没过凝胶。将8 μL～10 μL PCR扩增产物和2 μL加样缓冲液混合,点样。每行胶孔中选一个胶孔,在其中加入DNA分子量标记以判断PCR扩增产物大小。电压大小一般控制在3 V/cm～5 V/cm,电泳时间约35 min或者根据溴酚蓝的移动位置来确定,电泳结果用凝胶成像仪记录并保存。

8 结果判断

8.1 判断提取的DNA质量

使用内参照引物*rbc*L基因或PG基因片段设计的引物对番茄样品DNA提取液进行PCR扩增,阴性对照、阳性对照和待测样品均应被扩增出159 bp或383 bp的PCR产物;否则不能用于检测外源基因,应该重新提取样品DNA。

8.2 筛选基因的判定

对番茄样品DNA提取液进行外源基因的PCR检测,如果阴性对照和空白对照未出现扩增条带,阳性对照和待测样品均出现预期大小的扩增条带(扩增片段大小见表1),则可初步判定待测样品中含有可疑的该外源基因,应进一步进行确证试验,依据确证试验的结果做出最终判断;如果待测样品中未出现相应PCR扩增条带,则可判定待测样品中不含有该外源基因。

8.3 筛选检测和鉴定检测的选择

对番茄样品中转基因成分的检测,可参考附录A的内容。

首先筛选检测所有转基因番茄中都存在的NPTII基因,检测结果阴性,则直接报告检测结果;检测结果阳性,则检测CaMV35S启动子基因,若未检出CaMV35S启动子基因,则可确定样品为品系351N,若检出CaMV35S启动子基因,则进一步检测其他外源目的基因,以确定为何种转基因番茄。

9 确证实验

确证实验方法按照SN/T 1204中规定的方法执行。

附 录 A
（资料性附录）
商品化的转基因番茄转入的外源基因的主要信息

表 A.1

品系名称	目的基因及其调控元件			筛选基因及其调控元件			备 注
	启动子	目的基因	终止子	启动子	筛选基因	终止子	
1345-4	CaMV 35S	氨基环丙烷羧酸合成酶(ACCS)	Nos	Nos	NPTII	Ocs	DNA plant technology corporation，美国1994年批准用于食品和饲料，1995年用于种植。加拿大1995年批准用于饲料。
351N	未知	S-腺苷甲硫胺酸水解酶(Sam-K)	未知	Nos	NPTII	Ocs	Agritope Inc. 美国1996年批准用于食品、饲料和种植。
5345	CaMV 35S	Bt毒素蛋白基因CryIAc和氨基糖苷腺嘌呤转移酶aad(aad基因在植物中不表达，仅用于重组质粒的筛选)	大豆球蛋白终止子	CaMV 35S	NPTII	Nos	1987 Monsanto公司，美国1998年用于食品、饲料和种植。加拿大2000年用于饲料。
8338	FMV35S/HSP70	氨基环丙烷羧酸脱氨酶(ACCD)或乙烯形成酶(EFE)	*rbc*S终止子	CaMV 35S	NPTII	Ocs	Monsanto公司，美国1994年批准用于食品和饲料，1995年用于种植。
B，Da，F	CaMV 35S	反义多聚半乳糖醛酸酶(PG)基因	Nos	CaMV 35S	NPTII	Ocs	Zeneca Seeds，美国1994年批准用于食品和饲料，1995年用于种植，加拿大1996年用于饲料。
FLAVR SAVR	CaMV 35S	反义多聚半乳糖醛酸酶(PG)基因	Tml	mas启动子(甘露碱合成酶)	NPTII	mas终止子(甘露碱合成酶)	1994美国加利福尼亚基因公司育成Flavr Savr，成为转基因植株商品化的首例。美国1994年批准用于食品和饲料，加拿大和墨西哥于1995、日本于1997年用于饲料。

表 A.1(续)

品系名称	目的基因及其调控元件			筛选基因及其调控元件			备　注
	启动子	目的基因	终止子	启动子	筛选基因	终止子	
BioScien(华番1号,商品名:百日鲜)	CaMV 35S	氨基环丙烷羧酸氧化酶(ACCD)或乙烯形成酶(EFE)	Nos	CaMV 35S	NPTII	Nos	1995年通过中国农业部专家鉴定,1996年获农业部农业生物基因工程安全委员会批准。
8805R	CaMV 35S	黄瓜花叶病毒(Cucumber mosaic virus,CMV)外壳蛋白	Nos	CaMV 35S	NPTII	Nos	—

中华人民共和国出入境检验检疫行业标准

SN/T 1943—2007

小麦中转基因成分 PCR 和实时荧光 PCR 定性检测方法

Protocol of polymerase chain reaction and real-time PCR for qualitative detecting genetically modified components in transgenic wheat

2007-08-06 发布　　2008-03-01 实施

中华人民共和国国家质量监督检验检疫总局　发布

前　言

本标准的附录 A 为规范性附录。

本标准由国家认证认可监督管理委员会提出并归口。

本标准由中华人民共和国黑龙江出入境检验检疫局、中国检验检疫研究院负责起草。

本标准主要起草人:栾凤侠、张洪祥、白月、高勇、黄文胜、徐宝梁。

本标准中如涉及国内已申请的专利,专利持有人声明放弃在中国境内的使用。

本标准系首次发布的出入境检验检疫行业标准。

小麦中转基因成分 PCR 和实时荧光 PCR 定性检测方法

1 范围

本标准规定了小麦中转基因成分 PCR 和实时荧光 PCR 检测方法。

本标准适用于小麦中转基因成分 PCR 和实时荧光 PCR 的定性检测。

2 规范性引用文件

下列文件中的条款通过本标准的引用而成为本标准的条款。凡注明日期的引用文件,其随后所有的修改单(不包括勘误的内容)或修订版均不适用于本标准,然而,鼓励根据本标准达成协议的各方研究是否可使用这些文件的最新版本。凡是不注明日期的引用文件,其最新版本适用于本标准。

GB/T 6682 分析实验室用水规格和实验方法

SN/T 1193 基因检测实验室技术要求

SN/T 1194 植物及其产品转基因成分检测抽样和制样方法

3 术语、定义和缩略语

3.1 术语和定义

下列术语和定义适用于本标准。

3.1.1

转基因 transgene

将物种本身不具有的、来源于其他物种的功能 DNA 序列,通过分子生物学手段导入,使其在该物种中表达,以便该物种获得新的性状特征。

3.1.2

转基因成分 genetically modified component

物种本身不具有的、而是来源于其他物种的功能基因序列。

3.1.3

内源基因 endogenous reference gene

在转基因作物基因组中拷贝数恒定的、不显示等位基因变化的、在其他品种作物中不存在的基因。该基因即可用于评价样品中是否存在该作物品种,也可作为参照基因序列对某一目的基因进行定量检测,同时还可确定 DNA 提取是否成功、并验证 PCR 反应体系中是否存在抑制物质。

3.1.4

外源基因 exogenous gene

利用生物工程技术转入的其他生物基因,使该生物品种表现新的生物学性状。

3.2 缩略语

下列缩略语适用于本标准。

3.2.1 bar:phosphinothricin acetyltransferase gene from *Bacillus amyloliquefacions*,来源于杆菌 *Bacillus amyloliquefacions* 草丁膦乙酰转移酶基因。

3.2.2 Ct:cycle threshold,每个反应管内的荧光信号达到设定阈值时经历的循环数。

3.2.3 GAG56D:triticm aestivum partial GAG56D gene for gamma-gliadin,小麦醇溶蛋白基因(GeneBank® 编号:GI:10638295)。是小麦属特异性内源基因。

3.2.4 NAC:no amplification control,阴性对照。

3.2.5 NOS:terminator of nopaline snthase gene from *Agrobacterium tumefaciens*,来源于农杆菌的胭脂碱合成酶基因终止子。

3.2.6 NTC:no template control,空白对照。

3.2.7 Ubiquintin:玉米泛素蛋白基因启动子

3.2.8 uidA:betaglucuronidase(GUS)reporter gene from *E. coli*,大肠杆菌转 β-葡糖苷酶基因。

3.2.9 Wx012:wheat waxiness gene,小麦蜡质基因,是小麦物种特异性内源基因。

4 防污染措施

检测过程中防止交叉污染的措施按照 SN/T 1193 中的规定执行。

5 抽样和制样

5.1 抽样

按照 SN/T 1194 中规定的方法执行。

5.2 制样

称取约 20 g 小麦样品,在粉碎机中研磨至样品成粉末。

6 方法提要

样品经过提取 DNA 后,针对转基因小麦内外源基因所设计的引物和探针序列,分别通过 PCR 和实时荧光 PCR 技术,特异性扩增内外源基因的 DNA 片段,并根据 PCR 和实时荧光 PCR 检测结果,判断该样品中是否含有转基因成分。

7 试剂

除另有规定外,其他试剂为分析纯或生化试剂,水为按照 GB/T 6682 规定的一级水。

7.1 CTAB 裂解液:3% CTAB(质量分数),1.4 mmol/L 氯化钠,0.2%(体积分数)巯基乙醇,20 mmol/L,EDTA,100 mmol/L Tris-HCl,pH 8.0。

7.2 TE 缓冲液(pH 8.0):量取 10 mL 1 mol/L Tris-Cl(pH8.0)和 2 mL 0.5 mol/L EDTA(pH 8.0),加水定容至 1 000 mL,分装后高压灭菌备用。

7.3 10×PCR 缓冲液:100 mmol/L 氯化钾(KCl),160 mmol/L 硫酸铵[$(NH_4)_2SO_4$],20 mmol/L 硫酸镁($MgSO_4$),200 mmol/L Tris-HCl(pH8.8),1% Triton X-100,1 mg/mL BSA。

7.4 氯化镁。

7.5 dNTP:dATP、dTTP、dCTP、dGTP、dUTP。

7.6 *Taq* DNA 聚合酶。

7.7 三氯甲烷。

7.8 异戊醇。

7.9 异丙醇。

7.10 70%乙醇。

7.11 RNaseA:2 mg/μL。

7.12 引物和探针:根据附录 A 中表 A.1、表 A.2 的序列合成引物和探针,加超纯水配制成 100 μmol/L 储存,用于 PCR 测试的引物浓度为 10 μmol/L。

7.13 溴化乙锭:10 mg/mL。

7.14 DNA:分子量标记 100 bp~2 000 bp。

7.15 琼脂糖。

7.16 50×TAE 缓冲液:称取 484 g Tris,量取 114.2 mL 冰乙酸,200 mL 0.5 mol/L EDTA(pH 8.0),

溶于蒸馏水中,定容至 2 L。分装后高压灭菌备用。

7.17　10×上样缓冲液:含 0.25%溴酚蓝,0.25%二甲苯青 FF,30%甘油水溶液。

7.18　PCR 反应缓冲液。

7.19　UNG 酶。

8　仪器

8.1　基因扩增仪。

8.2　电泳仪。

8.3　电泳槽。

8.4　凝胶分析成像系统。

8.5　紫外可见分光光度计。

8.6　天平:感量 1 mg,0.1 mg。

8.7　高压灭菌锅。

8.8　超低温冰箱。

8.9　冷冻离心机。

8.10　水浴锅。

8.11　微波炉。

8.12　微量加样器:2.5 μL,10 μL,20 μL,100 μL,200 μL,1 000 μL。

8.13　PCR 反应管:200 μL,500 μL 两种规格。

8.14　Eppendorf 离心管:1.5 mL,2.0 mL。

8.15　实时荧光定量 PCR 仪。

8.16　超净工作台。

8.17　超纯水器。

8.18　漩涡振荡器。

9　检测方法

9.1　小麦基因组 DNA 的提取

9.1.1　CTAB 法

称取 0.2 g 粉碎后的小麦样品于 2 mL 离心管中,加入 1 mL CTAB 裂解液,混匀,65℃水浴保温 30 min,不时振荡;12 000 r/min 离心 5 min;小心取离心上清液,加入等体积的三氯甲烷/异戊醇(体积分比 24∶1)混匀,静止 5 min,12 000 r/min 离心 5 min;取离心上清液,再加入等体积的三氯甲烷/异戊醇(体积比 24∶1)混匀,静止 5 min,12 000 r/min 离心 5 min;取离心上清液加 0.65 倍体积的异丙醇,混匀,12 000 r/min 4℃离心 10 min;弃上清液,加 500 μL 70%冰乙醇洗涤一次,12 000 r/min 4℃离心 5 min;弃上清液,将沉淀晾干,加入 50 μL TE,溶解沉淀(4℃过夜,或 37℃保温 1 h);4℃保存备用。每个实验室样品应制备两个测试样品和提取空白对照同时提取 DNA。

9.1.2　试剂盒法

小麦总 DNA 的提取也可使用相应市售 DNA 提取试剂盒。

9.2　核酸纯度和浓度的定量

样品中提取的 DNA 做适当稀释,放入紫外分光光度计的比色杯中,于 260 nm 处测定其吸收峰,1 $OD_{260\ mm}$=50 μg/mL双链 DNA 或 38 μg/mL 单链 DNA。

紫外分光光度法检测核酸浓度的最佳范围是 2 μg/mL～50 μg/mL,OD 值应该在 0.05～1 范围内。PCR 级 DNA 溶液的 $OD_{260\ mm}/OD_{280\ mm}$的比值为 1.7～2.0。

9.3 质控设置

阴性对照(NAC):以非转基因小麦 DNA 为模板。

阳性对照:采用含有目的基因序列的转基因小麦 DNA 为 PCR 反应的模板,或采用含有目的基因序列的质粒。

空白对照(NTC):PCR 试剂空白对照(以水代替 PCR 模板),提取空白对照。

9.4 **PCR 定性检测**

9.4.1 **PCR 反应体系和反应参数**

PCR 反应体系和参数见附录 A 中表 A.3、表 A.4。反应体系中各试剂的量可根据具体情况或不同的反应总体积进行适当的调整。每个反应体系应设置两个平行反应。

9.4.2 **PCR 产物的琼脂糖凝胶电泳检测**

将适量 10×TAE 稀释成 1×TAE 溶液,配制溴化乙锭含量为 0.5 μg/mL 的 1%～2%琼脂糖凝胶。取 10 μL PCR 产物,加 2 μL 上样缓冲液,在琼脂糖凝胶孔内点样,用 DNA Marker,判断 PCR 产物的片段大小。电压根据电泳槽长度来判断,一般控制在 3 V/cm～5 V/cm 长度,电泳时间根据溴酚蓝的移动位置来确定,电泳检测结果用凝胶分析成像系统记录。

9.4.3 **PCR 结果判定**

9.4.3.1 **小麦 DNA 提取液是否适合 PCR 扩增判断**

用小麦内源 Wx012(或 GAG56D)基因对小麦 DNA 提取液进行 PCR 测试,阴性对照,阳性对照和测试样品都应该被扩增出 102 bp(或 328 bp)的 PCR 产物。如未见有 PCR 扩增,则说明在 DNA 提取过程中未提取到可进行 PCR 测试的 DNA,或 DNA 提取液中有抑制 PCR 反应的物质存在,应重新提取 DNA,直到扩增出该 PCR 产物。

9.4.3.2 **小麦中转基因成分检测**

对小麦样品 DNA 提取液进行外源基因的 PCR 检测,如果阴性对照和空白对照未出现扩增条带,阳性和测试样品均出现预期大小的扩增条带(扩增片段大小见附录 A 中表 A.1),则可初步判断有可疑的该外源基因,应进一步做实时荧光 PCR 等确证实验,然后依据确证实验结果最终报告。如果测试样品中未出现 PCR 扩增产物,则可判定测试样品中不含有该外源基因。

9.4.4 确证实验

样品检测为阳性结果时需要用实时荧光 PCR 来确证。

9.5 **实时荧光 PCR 定性检测**

9.5.1 **实时荧光 PCR 反应体系及反应参数**

实时荧光 PCR 反应体系和参数见附录 A 中表 A.5。反应体系中各试剂的量可根据具体情况或不同的反应总体积进行适当的调整。每个反应体系应设置两个平行反应。

9.5.2 **实时荧光 PCR 结果判定**

9.5.2.1 **实时荧光 PCR 质控标准**

——空白对照:无荧光增幅现象;

——阴性对照:无荧光增幅现象;

——阳性对照:外源基因检测 Ct 值小于或等于 36。

上述指标有一项不符合者,应重新作实时荧光 PCR 扩增。

9.5.2.2 **实时荧光 PCR 结果判定**

测试样品内源基因检测 Ct 值小于或等于 36,外源基因检测 Ct 值大于或等于 40,判断该样品不含所检的外源基因。

测试样品内源基因检测 Ct 值小于或等于 36,外源基因检测 Ct 值小于或等于 36,判断该样品含有所检的外源基因。

测试样品外源基因检测 Ct 值在 36～40 之间,应调整模板浓度,重做实时荧光 PCR。再次扩增后的外源基因Ct值仍小于40,且阴性对照、阳性对照和空白对照结果正常则可判定为该样品检出×××基因。再次扩增后的外源基因Ct值大于或等于40,且阴性对照、阳性对照和空白对照结果正常则可判定为该样品未检出×××基因。

9.6 结果表述

该样品未检出×××基因。

该样品检出×××基因。

附 录 A
（规范性附录）
小麦中转基因成分 PCR 定性检测方法参照表

表 A.1 定性 PCR 检测小麦内外源基因所需的引物序列

被检测基因	基因来源	引物序列	扩增长度/bp
NOS	外源	5′-gaatcctgttgccggtcttg-3′ 5′-ttatcctagtttgcgcgcta-3′	180
bar	外源	5′-gtctgcaccatcgtcaacc-3′ 5′-gaagtccagctgccagaaac-3′	445
		5′-acaagcacggtcaacttcc-3′ 5′-actcggccgtccagtcgta-3′	175
uidA	外源	5′-agtgtacgtatcaccgtttgtgtgaac-3′ 5′-atcgccgctttggacataccatccgta-3′	1 056
ubiquitin[a]	外源	5′-aacactggcaagttagcaat-3′ 5′-ccgtaataaatagacaccc-3′	314
GAG56D	小麦属内源	5′-cccaacaacaaccaccgttca-3′ 5′-tggccctggacgagagtacct-3′	328
Wx012	小麦种内源	5′-gtcgcgggaacagaggtgt-3′ 5′-ggtgttcctccattgcgaaa-3′	102

a ubiquitin 只可用于不含玉米成分的多组分小麦样品和单一组分小麦样品的筛选基因。

表 A.2 实时荧光定性 PCR 检测小麦内外源基因的引物和探针序列

被检测基因	基因来源	引物序列	探针序列	扩增长度/bp
GAG56D	小麦属内源	5′-caacaattttctcagccccaaca-3 5′-ttcttgcatgggttcacctgtt-3′	5′-ttcccgcagccccaacaaccgc-3′	121
Wx012	小麦种内源	5′-gtcgcgggaacagaggtgt-3′ 5′-ggtgttcctccattgcgaaa-3′	5′-caaggcggccgaaataagttgcc-3′	102
bar	外源	5′-acaagcacggtcaacttcc-3′ 5′-actcggccgtccagtcgta-3′	5′-ccgagccgcaggaaccgcaggag-3′	175
ubiquitin[a]	外源	5′-gtccagaggcagcgacaga-3′ 5′-cgagtagataatgccagcctgtta-3′	5′-tgccgtgccgtctgcttcgcttg-3′	126
NOS	外源	5′-atcgttcaaacatttggca-3′ 5′-attgcgggactctaatcata-3′	5′-catcgcaagaccggcaacagg-3′	165

注：探针的 5′端标记 FAM 荧光报告基团，3′端标记 TAMRA 等荧光淬灭基团。

a ubiquitin 只可用于不含玉米成分的多组分小麦样品和单一组分小麦样品的筛选基因。

表 A.3　小麦内外源基因定性 PCR 检测的反应体系

试剂名称	储备液浓度	加入体积/μL
10×PCR Buffer	—	2.5
氯化镁($MgCl_2$)	25 mmol/L	2.5
dNTP	2.5 mmol/L	2.0
引物(上游、下游)	10 pmol/μL	1.0
Taq 酶	5 U/μL	0.2
DNA 模板	0.3 μg/μL～6 μg/μL	2.0
ddH_2O	—	补足总体积为 25 μL
注：反应体系中各试剂的量可根据反应体系的总体积进行适当调整。		

表 A.4　小麦内外源基因定性 PCR 检测的反应参数

被检测基因	预变性	扩　增	循环数	后延伸
bar	94℃,5 min	94℃,30 s;58℃,40 s;72℃,1.5 min	35	72℃,10 min
NOS	94℃,3 min	94℃,20 s;54℃,40 s;72℃,1 min	40	72℃,3 min
uidA	94℃,5 min	94℃,1 min;62℃,1 min;72℃,1.5 min	40	72℃,10 min
ubiquitin	94℃,5 min	94℃,30 s;54℃,30 s;72℃,1 min	35	72℃,10 min
Wx012	95℃,10 min	95℃,30 s;63℃,30 s;72℃,30 s	40	72℃,7 min
GAG56D	94℃,5 min	94℃,30 s;61℃,1 min;72℃,1.5 min	35	72℃,10 min
注：PCR 反应循环参数可根据基因扩增仪器型号的不同进行适当调整。				

表 A.5　实时荧光 PCR 定性检测小麦内外源基因的反应体系和反应参数

试剂名称	终 浓 度	加入体积(μL)
10×PCR Buffer	1×	2.5
氯化镁($MgCl_2$)(25 mmol)	2.5 mmol/L	2.5
dNTP(含 dUTP)(2.5 mmol)	0.2 mmol/L	2.0
UNG 酶(5 U/μL)	0.075 U	0.375
上游引物(10 pmol/μL)	0.2 pmol/μL	1.0
下游引物(10 pmol/μL)	0.2 pmol/μL	1.0
探针(5 μmol/L)	0.2 pmol/μL	1.0
Taq 酶(5 U/μL)	2.5 U	0.25
DNA 模板	50 ng/μL	1.0 μL
补水至		补足水至 25 μL

表 A.5（续）

<table>
<tr><th colspan="2">试剂名称</th><th>终浓度</th><th>加入体积(μL)</th></tr>
<tr><td rowspan="2">反应参数</td><td>二步法(适合 ABI 仪器)</td><td colspan="2">预变性 95℃/3 min，1 个循环；95℃/15 s，60℃/60 s，40 个循环</td></tr>
<tr><td>三步法(只适合 LightCycler 仪器)</td><td colspan="2">预变性 95℃/10 min，1 个循环；95℃/5 s，50℃/5 s，60℃/20 s，40 个循环</td></tr>
<tr><td colspan="4">注 1：实时荧光 PCR 建议最好使用市售 real-time PCR 专用试剂，反应体系和反应参数可直接参考试剂盒说明书。
注 2：不同型号仪器的使用可直接参考仪器使用操作说明。
注 3：当外源基因和内源基因标记相同的荧光报告基团时，应在不同反应管中分别加入外源基因和内源基因的引物、探针，分别进行检测。
注 4：DNA 模板的加入量可适当调节。合适的 DNA 模板量应该是：内源基因检测的 Ct 值在 15～36 之间，外源基因检测的 Ct 值在 27～36 之间。否则应进一步增加/减少或纯化 DNA。
注 5：表中给出的 PCR 反应体系和反应参数可根据仪器要求的不同进行适当调整。</td></tr>
</table>

中华人民共和国出入境检验检疫行业标准

SN/T 2271—2009

青椒中转基因成分定性PCR检测方法

Method of the ploymerase chain reaction for detecting genetically modified components in pimiento

2009-02-20 发布

2009-09-01 实施

中华人民共和国国家质量监督检验检疫总局 发布

前　言

本标准由国家认证认可监督委员会提出并归口。

本标准起草单位：中华人民共和国山东出入境检验检疫局。

本标准主要起草人：高宏伟、梁成珠、刘心同、王岩、于立欣、曹忠雷。

本标准系首次发布的出入境检验检疫行业标准。

青椒中转基因成分定性PCR检测方法

1 范围

本标准规定了转基因青椒中外源基因CaMV 35S、NPTⅡ、NOS、CMV定性PCR检测方法。

本标准适用于对青椒样品的转基因筛选检测，适用于抗黄瓜花叶病毒转基因青椒的鉴定。

2 规范性引用文件

下列文件中的条款通过本标准的引用而成为本标准的条款。凡是注日期的引用文件，其随后所有的修改单(不包括勘误的内容)或修订版均不适用于本标准，然而，鼓励根据本标准达成协议的各方研究是否可使用这些文件的最新版本。凡是不注日期的引用文件，其最新版本适用于本标准。

SN/T 1193 基因检验实验室技术要求

SN/T 1204 植物及其加工品中转基因成分实时荧光PCR检测方法

3 术语、定义和缩略语

下列术语、定义和缩略语适用于本标准。

3.1 术语和定义

3.1.1

转基因 transgene

将本物种不具有的、来源于其他物种的功能DNA序列，通过各种导入手段，使其在该物种中进行表达，以便使该物种获得新的品种特征。

3.1.2

聚合酶链反应 polymerase chain reaction，PCR

模板基因序列先经过高温变性成为单链，在DNA聚合酶作用和适宜的反应条件下，根据模板序列设计的两条引物分别于模板DNA两条链上的一段互补序列发生退火而相互结合，接着在DNA聚合酶的催化下以四种脱氧核糖核苷酸(dNTP)为底物，使引物得以延伸，然后不断重复变性、退火和延伸这一循环，使欲扩增的基因片段呈几何倍数扩增。

3.2 缩略语

3.2.1

rbcL ribulose bisphosphate carboxylase/oxygenase large subunit

核酮糖1,5-二磷酸羧化酶/加氧酶大亚基基因，由植物叶绿体基因组编码。

3.2.2

CaMV 35S 35 promoter from cauliflomer mosaic virus

花椰菜花叶病毒35S启动子。

3.2.3

NPTⅡ neomycin phosphotransferase-Ⅱ

新霉素-3’-磷酸转移酶。

3.2.4

NOS nopaline synthase terminator

胭脂碱合成酶3’转录终止子。

3.2.5

CMV cucumber mosaic virus

黄瓜花叶病毒。

4 原理

样品经过提取 DNA 后，针对转基因植物所插入的外源基因的基因序列设计引物，通过 PCR 技术，特异性扩增外源基因的 DNA 片段，根据 PCR 扩增结果，判断该样品中是否含有该转基因成分。

检测先对提取的 DNA 进行内对照的扩增，扩出相应的内对照条带后可以进行筛选基因的检测，如果筛选基因为阳性，再进行鉴定基因的检测。如果筛选基因为阴性则直接报告结果。

检测过程中防止交叉污染的措施按照 SN/T 1193 中的规定执行。

5 试剂

5.1 PCR 用引物

按照表 1 中提供的引物序列合成引物，加入无离子水配成 100 pmol/μL 贮存，配成直接用于 PCR 反应的 10 pmol/μL 的工作液。

表 1 转基因青椒 PCR 检测用的引物序列及 PCR 产物的大小

引物名称	类 型	引 物 序 列	片段/bp	用 途
rbcL	内源	F 5'-aat ctt cta ctg gta cat gga c-3' R 5'-tca tca tct ttg gta aaa tca ag-3'	433	内对照
CaMV 35S	外源	F 5'-gct cct aca aat gcc atc a-3' R 5'-gat agt ggg att gtg cgt ca-3'	195	筛选
NOS	外源	F 5'-gaa tcc tgt tgc cgg tct tg-3' R 5'-tta tcc tag ttt gcg cgc ta-3'	180	筛选
NPTⅡ	外源	F 5'-acc tgt ccg gtg ccc tga atg aac tgc-3' R 5'-gcc atg atg gat act ttc tcg gca gga gc-3'	196	筛选
CMV	外源	F 5'-aag acg ttg gca gct ggt cg-3' R 5'-ctc gaa ttt gaa tgc gcg aa-3'	202	鉴定

5.2 药品及试剂

Taq DNA 聚合酶，琼脂糖（电泳纯）溴化乙锭，三氯甲烷，异丙醇，70%乙醇，分子量标准（100 bp～2 000 bp），RNaseA 酶，Tris 饱和酚，UNG 酶。

TE 缓冲液：10 mmol/L Tris-HCl(pH8.0)，1 mmol/L EDTA(pH8.0)。

10×PCR 缓冲液：100 mmol/L 氯化钾，160 mmol/L 硫酸铵[$(NH_4)_2SO_4$]，20 mmol/L 硫酸镁($MgSO_4$)，200 mmol/L Tris-HCl(pH8.8)，1% Triton X-100，1 mg/mL BSA。

电泳缓冲液：Tris 54 g，硼酸 27.5 g，0.5 mol/L EDTA＋Tris-HCl(pH8.0)20 mL，加蒸馏水至 1 000 mL；使用时 10 倍稀释。

溴化乙锭贮存液：用双蒸水配制成 10 mg/mL。

dNTPs：dATP、dTTP、dCTP、dGTP、dUTP。

CTAB 提取缓冲液：1% CTAB，0.05 mol/L Tris-HCl(pH8.0)，0.7 mol/L 氯化钠(NaCl)，0.01 mol/L EDTA(pH8.0)。

6 仪器

固体粉碎机或研钵，高速冷冻离心机，台式小型离心机，Mini 个人离心机，天平（感量 0.001 g）旋涡振荡器,PCR 仪,电泳仪,超净工作台,核酸蛋白分析仪,微量移液器,凝胶成像系统,离心管(Eppendorf 管,1.5 mL～5 mL),PCR 反应管(200 μL～500 μL)。

7 检测方法

7.1 样品 DNA 的提取与纯化

称取 100 mg 样品至 1.5 mL 离心管中,加入 700 μL CTAB 提取缓冲液,涡旋振荡混匀后于 65 ℃温育 30 min,期间颠倒混匀离心管 2 次～3 次。加入 700 μL 的等体积三氯甲烷∶异戊醇,涡旋振荡混匀后放置 10 min,期间颠倒混匀离心管 2 次～3 次;12 000 *g* 离心 5 min。转移上清液至 1.5 mL 离心管中。加入 0.6 倍体积经 4 ℃预冷的异丙醇,于－20 ℃下静置 5 min,12 000 *g* 离心 5 min,小心弃去上清液;加入 1 000 μL 70%乙醇,期间颠倒混匀离心管 2 次～3 次,4 ℃下 8 000 *g* 离心 1 min,小心弃去上清液;加 20 μL RNase A 酶(10 μg/mL),37 ℃温育 30 min。加入 600 μL 氯化钠溶液,65 ℃温浴 10 min。加入 600 μL 的三氯甲烷/Tris 饱和酚,颠倒混匀后,12 000 *g* 离心 5 min,转移上层水相至 1.5 mL 离心管中。加入 0.6 倍体积经 4 ℃预冷的异丙醇,颠倒混匀后,于 4 ℃下静置 30 min;4 ℃下 12 000 *g* 离心 10 min,小心弃去上清液;加入 1 000 μL 经 4 ℃预冷的 70%乙醇,期间颠倒混匀离心管 2 次～3 次,4 ℃下 12 000 *g* 离心 10 min,小心弃去上清液;用经 4 ℃预冷的 70%乙醇按相同方法重复洗一次。冷冻干燥系统中挥干液体;加 50 μL TE 缓冲液溶解 DNA,4 ℃保存备用。

7.2 PCR 扩增

7.2.1 实验对照的设立

每个样品应有 2 个平行实验,同时每次检测应设立 3 个对照:

——分子量标准;

——阳性对照,为包含要检测基因片段的转基因植物材料的 DNA 或包含要检测基因片段的阳性质粒 DNA;

——阴性对照,非转基因青椒基因组 DNA;

——空白对照(不含 DNA 模板)。

7.2.2 PCR 反应体系

在 200 μL PCR 反应管中,按表 2 所列顺序依次加入反应物,总体积为 25 μL。

表 2 PCR 反应体系组成成分

组成成分	25 μL 反应体积
10×PCR 缓冲液	2.5 μL
4×dNTP(2.5 mmol/L,含 dUTP)	2.0 μL
引物 1(10 pmol/μL)	0.5 μL
引物 2(10 pmol/μL)	0.5 μL
Taq DNA 聚合酶(5 U/μL)	0.2 μL
UNG 酶(1 U/μL)	0.2 μL
氯化镁($MgCl_2$)(25 mmol/L)	2.0 μL
DNA 模板	0.5 μL～2.0 μL(10 ng～50 ng DNA)
无离子水	使反应体积达到 25 μL

7.2.3 PCR 反应程序

不同外源基因的具体扩增程序见表 3。

表 3 PCR 反应条件参数

被扩增的外源基因	变　性	扩　增	循环次数	最终延伸
rbcL CaMV 35S NOS NPTⅡ CMV	94 ℃,3 min	94 ℃,40 s 54 ℃,45 s 72 ℃,45 s	35	72 ℃,7 min

7.3 PCR 扩增产物的凝胶电泳检测

称取 2.0 g 琼脂糖，于 100 mL 电泳缓冲液(0.5×TBE)中，用微波炉加热溶解琼脂糖，冷却至 55 ℃～60 ℃左右加入溴化乙锭(EB)至终浓度为 0.5 μg/mL，制胶。在电泳槽中加入电泳缓冲液(0.5×TBE)，使液面刚刚没过凝胶。将 8 μL～10 μL PCR 扩增产物和 2 μL 加样缓冲液混合，点样。每行胶孔中选一个胶孔，在其中加入 DNA 分子量标记以判断 PCR 扩增产物大小。电压大小一般控制在 3 V/cm～5 V/cm，电泳时间约 35 min，或者根据溴酚蓝的移动位置来确定，电泳结果用凝胶成像仪记录并保存。

8 结果判定

8.1 判断提取的 DNA 质量

使用内参照引物 rbcL 扩增样品的 DNA，如果阴性对照、样品和阳性对照的 PCR 产物都出现 433 bp 的条带，则表明提取的样品 DNA 符合 PCR 反应的要求，可以用于外源基因检测；否则不能用于检测外源基因，应该重新提取样品 DNA。

8.2 筛选基因的判定

使用筛选基因的引物 CaMV 35S、NOS、NPTⅡ对样品 DNA 进行 PCR 扩增，如果阴性对照和空白对照未出现扩增条带，阳性对照和待测样品均出现预期大小的扩增条带，则可以初步判断该样品含有外源基因，应该进一步进行确证实验，依照确证实验的结果最终报告。如果阴性对照和样品都未出现扩增的 PCR 产物，而阳性样品出现扩增的 PCR 产物，则可以判断待测样品中不含有该外源基因。

8.3 鉴定基因判定

对于青椒中转基因成分的检测，先检测 CaMV 35S、NOS、NPTⅡ基因。如果检测结果阴性则报告结果。

如果检测结果阳性，则进行鉴定检测 CMV 基因，以确定转基因青椒的为抗黄瓜花叶病毒的转基因青椒。

9 确证实验

确证实验方法按照 SN/T 1204 中规定的方法执行。

中华人民共和国出入境检验检疫行业标准

SN/T 2584—2010

水稻及其产品中转基因成分实时荧光PCR检测方法

Protocol of real time polymerase chain reaction for detecting genetically modified components in rice and its derived products

2010-05-27 发布　　2010-12-01 实施

中华人民共和国国家质量监督检验检疫总局 发布

前　言

本标准按照 GB/T 1.1—2009 给出的规则起草。

本标准由国家认证认可监督管理委员会提出并归口。

本标准起草单位:中华人民共和国厦门出入境检验检疫局、中国检验检疫科学研究院、中华人民共和国北京出入境检验检疫局、中华人民共和国湖北出入境检验检疫局。

本标准主要起草人:陈红运、梁新苗、陈双雅、王振华、李玲、黄文胜、胡小钟、朱水芳、陈洪俊。

水稻及其产品中转基因成分实时荧光PCR检测方法

1 范围

本标准规定了水稻及米制品中转基因成分的检测方法。

本标准适用于转Bt基因抗虫水稻(TT51-1,克螟稻,Ⅱ优科丰6号)和耐除草剂转基因水稻(LLRICE62,LLRICE601)的检测,也适用于米制品中转基因成分的检测。

2 规范性引用文件

下列文件对于本文件的应用是必不可少的。凡是注日期的引用文件,仅注日期的版本适用于本文件,凡是不注日期的引用文件,其最新版本(包括所有的修改单)适用于本文件。

GB 6682 分析实验室用水规格和实验方法

SN/T 1193 基因检验实验室技术要求

SN/T 1194 植物及其产品中转基因成分检测抽样和制样方法

3 缩略语

下列缩略语适用于本文件。

3.1

cry1Ac 基因 cry1Ac gene

编码苏云金芽胞杆菌(*Bacillus thuringiensis*)Cry1Ac杀虫晶体蛋白的基因。

3.2

cry1Ab 基因 cry1Ab gene

编码苏云金芽胞杆菌(*Bacillus thuringiensis*)Cry1Ab杀虫晶体蛋白的基因。

3.3

cry1Ab/cry1Ac 融合基因 cry1Ab/cry1Ac fusion gene

cry1Ab基因与cry1Ac基因经人工拼接形成的基因。

3.4

sps 基因 sucrose phosphate synthase

蔗糖磷酸合酶基因,在本标准中用作水稻内标准基因。

3.5

gos9 基因 gos gene

一个根部表达的水稻基因,在本标准中用作水稻内标准基因。

3.6

PLD 基因 phospholipase D gene

磷脂酶D基因。

3.7

Ct 值 cycle threshold

每个反应管内的荧光信号到达设定的阈值时所经历的循环数,某些品牌的定量PCR仪也称为Cp(cross point)值。

4 原理

应用 *Taq*Man 探针技术，根据常用的筛选基因(启动子，终止子等)序列、构建特异性序列(启动子或终止子与目标基因之间的序列)、转化体特异性序列和水稻内源基因序列，设计引物和荧光探针，对试样中基因组DNA进行PCR扩增。在PCR反应过程中，荧光信号的累积与PCR产物形成完全同步，因此可根据荧光信号的强度判定样品中是否含有特定的基因。

5 仪器和试剂

5.1 主要仪器

定量PCR仪；冷冻研磨仪；消毒灭菌锅；制冰机；核酸蛋白分析仪；高速冷冻离心机，台式小型离心机，Mini个人离心机；低温冰箱：旋涡振荡器；微量移液器。

5.2 主要试剂

除另有规定外，所有试剂均为分析纯或生化试剂。实验用水应符合GB 6682中一级水的规格。主要试剂见附录A。水稻内源基因和检测用外源基因的引物和探针序列见表1。

表1 引物和探针序列

检测基因	引物/探针序列(5'-3')	终浓度/(nmol/L)	用途
sps	上游引物：ttgcgcctgaacggatat	400	水稻内源基因。任选其一
	下游引物：cggttgatcttttcgggatg	400	
	探针：tccgagccgtccgtgcgtc	200	
gos9	上游引物：ttagcctcccgctgcaga	300	
	下游引物：agagtccacaagtgctcccg	300	
	探针：cggcagtgtggttggtttcttcgg	100	
PLD	上游引物：tggtgagcgttttgcagtct	200	
	下游引物：ctgatccactagcaggaggtcc	200	
	探针：tgttgtgctgccaatgtggcctg	200	
CaMV35S	上游引物：cgacagtggtcccaaaga	200	进出口水稻及米制品中转基因成分筛选检测
	下游引物：aagacgtggttggaacgtcttc	200	
	探针：tggacccccacccacgaggagcatc	100	
NOS	上游引物：atcgttcaaacatttggca	200	
	下游引物：attgcgggactctaatcata	200	
	探针：catcgcaagaccggcaacagg	100	
Bt	上游引物：gggaaatgcgtattcaattcaac	400	出口水稻及米制品中Bt基因(crylAb，crylAc或crylAb/crylAc)筛选检测。任选其一
	下游引物：ttctggactgcgaacaatgg	400	
	探针：acatgaacagcgccttgaccacagc	200	
	上游引物：gaccctcacagttttggacattg	400	
	下游引物：atttctctggtaagttgggacact	400	
	探针：tcccgaactatgactccagaacctaccctatcc	200	

表 1 引物和探针序列（续）

检测基因	引物/探针序列(5'-3')	终浓度/(nmol/L)	用 途
crylAb/crylAc-NOS	上游引物：gactgctggagtgattatcgacaga	300	转基因水稻 TT51-1(Bt 63)构建特异性检测。欧盟官方指定的检测方法
	下游引物：agctcggtacctcgacttattcag	300	
	探针：tcgagttcattccagttactgcaacactcgag	100	
flanking genomic sequence	上游引物：agagactggtgatttcagcggg	800	转基因水稻 TT51-1(Bt 63)转化体特异性检测
	下游引物：gcgtccagaaggaaaaggaata	800	
	探针：atctgccccagcactcgtccg	400	
LLRICE62	上游引物：agctggcgtaatagcgaagagg	400	耐除草剂转基因水稻"LLRICE62"转化体特异性检测
	下游引物：tgctaacgggtgcatcgtcta	400	
	探针：cgcaccgattatttatacttttagtccacct	200	
LLRICE601	上游引物：tctaggatccgaagcagatcgt	400	耐除草剂转基因水稻"LLRICE601"转化体特异性检测
	下游引物：ggagggcgcggagtgt	400	
	探针：ccacctcccaacaataaaagcgcctg	200	

6 抽样与制样

6.1 抽样

按照 SN/T 1194 中的规定执行。

6.2 制样

称取约 200 g 样品，用粉碎机或冷冻研磨仪将样品粉碎至细粉状。

7 检测

7.1 防污染措施

检测过程中防污染措施按照 SN/T 1193 中的规定执行。

7.2 DNA 提取

7.2.1 DNA 模板制备

每个样品提取 2 个平行管。称取 200 mg 粉碎的样品，加入 1 mL 预冷至 4 ℃的抽提液，剧烈摇动混匀后，在冰上静置 5 min，4 ℃条件下 10 000g 离心 15 min，弃上清液；加入 600 μL 预热到 65 ℃的裂解液，充分重悬沉淀，在 65 ℃恒温保持 40 min，期间颠倒混匀 5 次；室温条件下，10 000g 离心 10 min，取上清液转至另一新离心管中；加入 5 μL RNase A，37 ℃恒温保持 30 min。分别用等体积苯酚：异戊醇溶液和三氯甲烷：异戊醇溶液各抽提一次；室温条件下，10 000g 离心 10 min，取上清液转至另一新离心管中；加入三分之二体积异丙醇，十分之一体积 3 mol/L 乙酸钠溶液(pH5.6)，－20 ℃放置 2 h～3 h；在 4 ℃条件下，10 000g 离心 15 min，弃上清液，用 70％乙醇洗涤沉淀一次，倒出乙醇，晾干沉淀；加入 50 μL TE(pH8.0)溶解沉淀,所得溶液即为样品 DNA 溶液。

注:也可使用等效的 DNA 提取试剂盒。

7.2.2 DNA 浓度测定

采用紫外分光光度法测定 DNA 浓度,所测得 OD 值为核酸总量。紫外分光光度法检测核酸浓度的最佳范围是 2 μg/mL～50 μg/mL,OD 值应该在 0.05～1 的区间内。

将 DNA 溶液做适当的稀释,放入紫外分光光度计的比色皿中,于 260 nm 处测定其吸收峰, $1OD_{260\ nm}$ =50 μg/mL 双链 DNA 或 38 μg/mL 单链 DNA。PCR 级 DNA 溶液的 $OD_{260\ nm}/OD_{280\ nm}$ 比值为 1.7～2.0。

7.3 PCR 反应

7.3.1 阴性对照、阳性对照和空白对照的设置

以非转基因水稻为阴性对照,以转基因水稻为阳性对照,以水或 TE 溶液为空白对照。

7.3.2 PCR 反应体系

PCR 反应体系见表 2。每个 DNA 样品做 2 个平行管。加样时应使样品 DNA 溶液完全加入反应液中,不要粘附于管壁上,加样后应尽快盖紧管盖。

表 2 PCR 反应体系

试剂名称	终浓度
*Taq*Man Universal Master Mix(2×)	1×
引物(上游)	0.2 μmol/L～0.8 μmol/L
引物(下游)	0.2 μmol/L～0.8 μmol/L
探针	0.1 μmol/L～0.4 μmol/L
DNA 模板(20 ng～30 ng/μL)	5 μL
补水至	50 μL

7.3.3 仪器设置

设定样品名称、报告基团和淬灭基团的种类、荧光信号收集等。

7.3.4 PCR 反应参数

实时荧光 PCR 扩增反应参数见表 3。

表 3 实时荧光 PCR 反应参数

作　用	时间/s	温度/℃
UNG 酶消除残留污染	120	50
活化 DNA 合成酶/预变性	600	95
PCR(40 个循环)		
变性	15	95
退火/延伸/荧光信号收集	60	60

7.3.5 **PCR 反应运行**

按预先设定的样品摆放顺序将 PCR 反应管依次摆放(上机前注意检查各反应管是否盖紧,以免荧光物质泄漏污染仪器),开始运行仪器进行实时荧光 PCR 反应。

8 结果分析

8.1 阈值设定

实时荧光 PCR 反应结束后,设置荧光信号阈值,阈值设定原则根据仪器噪声情况进行调整,以阈值线刚好超过正常阴性样品扩增曲线的最高点为准。

8.2 质量控制

空白对照:内源基因和外源基因均无荧光增幅现象。

阴性对照:内源基因有荧光增幅现象且 Ct 值小于或等于 36,外源基因无荧光增幅现象。

阳性对照:内源基因和外源基因均有荧光增幅现象,且 Ct 值小于或等于 36。

上述指标有一项不符合者,说明 PCR 反应体系不正常,应重新进行实时 PCR 扩增。

9 结果判定与表述

9.1 结果判定

测试样品外源基因检测 Ct 值等于 40,判断该样品不含所检的外源基因。

测试样品外源基因检测 Ct 值小于或等于 36,判断该样品含有所检的外源基因。

测试样品外源基因检测 Ct 值在 36~40 之间,应调整模板浓度,重做实时荧光 PCR。再次扩增后的外源基因检测 Ct 值仍小于 40,则可判定为该样品检出×××基因。再次扩增后的外源基因检测 Ct 值等于 40,则可判定为该样品未检出×××基因。

9.2 结果表述

该样品未检出×××基因(品系)。

该样品检出×××基因(品系)。

附　录　A
（规范性附录）
主　要　试　剂

A.1　10 mol/L 氢氧化钠（NaOH）溶液

在 160 mL 水中加入 80 g 氢氧化钠，溶解后加水定容至 200 mL，塑料瓶中保存。

A.2　0.5 mol/L EDTA 溶液（pH8.0）

称取二水乙二铵四乙酸二钠（$Na_2EDTA \cdot 2H_2O$）18.6 g，加入 70 mL 水中，加入少量 10 mol/L 氢氧化钠溶液，加热至完全溶解后，冷却至室温，用 10 mol/L 氢氧化钠溶液调 pH 至 8.0，加水定容至 100 mL。在 103.4 kPa（121 ℃）条件下灭菌 20 min。

A.3　1 mol/L Tris-HCl 溶液（pH8.0）

称取 121.1 g 三羟甲基氨基甲烷（Tris）溶解于 800 mL 水中，用浓盐酸调 pH 至 8.0，加水定容至 1 L。在 103.4 kPa（121 ℃）条件下灭菌 20 min。

A.4　1 mol/L Tris-HCl（pH7.5）

称取 121.1 g Tris 碱溶解于 800 mL 水中，用浓盐酸调 pH 至 7.5，用水定容至 1 L。在 103.4 kPa（121 ℃）条件下灭菌 20 min。

A.5　10 mg/mL RNase A

将胰 RNA 酶（RNase A）溶于 10 mmol/L Tris-HCl（pH7.5）、15 mmol/L 氯化钠中，配成 10 mg/mL 的浓度，于 100 ℃加热 15 min，缓慢冷却至室温，分装成小份保存于－20 ℃。

A.6　3 mol/L 乙酸钠（pH5.6）

称取 408.3 g 三水乙酸钠溶解于 800 mL 水中，用冰乙酸调 pH 至 5.6，用水定容至 1 L。在 103.4 kPa（121 ℃）条件下灭菌 20 min。

A.7　抽提液

在 600 mL 水中加入 69.3 g 葡萄糖，20 g 聚乙烯吡咯烷酮（K30）（PVP），1 g 二乙胺基二硫代甲酸钠（Sodium diethyldithiocarbonate，DIECA），充分溶解，然后加入 1 mol/L Tris-HCl（pH7.5）100 mL，0.5 mol/L EDTA（pH8.0）10 mL，加水定容至 1 L，4 ℃保存，使用时加入 0.2%（体积分数）的 β-巯基乙醇。

A.8　裂解液

在 600 mL 水中加入 81.7 g 氯化钠，20 g 十六烷基三甲基溴化铵（CTAB），20 g 聚乙烯吡咯烷酮（K30）（PVP），1 g 二乙胺基二硫代甲酸钠（Sodium diethyldithiocarbonate，DIECA），充分溶解，然后加入 1 mol/L Tris-HCl（pH7.5）100 mL，0.5 mol/L EDTA（pH8.0）4 mL，加水定容至 1 L，室温保存，使用时加入 0.2%（体积分数）的 β-巯基乙醇。

A.9　TE 缓冲液（pH8.0）

分别加入 1 mol/L Tris-HCl（pH8.0）10 mL 和 0.5 mol/L EDTA（pH8.0）溶液 2 mL，加水定容至 1 000 mL。在 103.4 kPa（121 ℃）条件下灭菌 20 min。

A.10　苯酚：三氯甲烷：异戊醇溶液

将苯酚、三氯甲烷和异戊醇按照 25：24：1 的体积比混合。

A.11　三氯甲烷：异戊醇溶液

将三氯甲烷和异戊醇按照 24：1 的体积比混合。

A.12　异丙醇。

A.13　70%乙醇（体积分数）。

五、物种资源鉴定类

中华人民共和国出入境检验检疫行业标准

SN/T 2600—2010

出境水杉遗传种质资源快速鉴定方法

Methods for the rapid identification of *Metasequoia glyptostroboides* genetic resources for export

2010-05-27 发布　　2010-12-01 实施

中华人民共和国国家质量监督检验检疫总局　发布

前　　言

本标准按照 GB/T 1.1—2009 给出的规则起草。

本标准由国家认证认可监督管理委员会提出并归口。

本标准负责起草单位:中华人民共和国湖北出入境检验检疫局。

本标准参加起草单位:湖北林业科学院。

本标准主要起草人:李金甫、蔡三山、王振华、陈京元、邱国强、靳勇。

引　　言

珍稀植物遗传物种是大自然留给我们的宝贵财富，也是世界各国争夺的珍稀资源。出入境检验检疫机构作为生物物种资源进出境查验的执法部门，迫切需要准确、快速的生物物种鉴定技术，提高口岸查验工作的效率，切实保护我国生物物种资源。

本标准应用分子生物学技术，通过有关资料的收集和实验室检测验证，建立了国家一级重点保护植物水杉(*Metasequoia glyptostroboides*)的准确、快速的鉴定方法，解决对水杉实施口岸查验的关键技术问题，提高查验效率，有效避免水杉遗传种质资源的流失。

出境水杉遗传种质资源快速鉴定方法

1 范围

本标准规定了水杉(*Metasequoia glyptostroboides*)遗传种质资源的鉴定方法。

本标准适用于在对出境水杉遗传种质资源进行查验时,对其进行鉴定。

2 术语、定义和缩略语

2.1 术语和定义

下列术语和定义适用于本文件。

2.1.1

内转录间隔区 internal transcribed spacer, ITS

植物细胞核中,编码 rRNA 的基因是一些高度重复序列组成的多基因家族,其中,编码核糖体小亚基 rRNA 的 18S 基因与 5.8S、26S 基因共同构成一转录单位(见图 1)。其中,5.8S 与 18S、26S 间的基因间区分别为内转录间隔区(ITS)1 和 2。亦即,ITS 区被 5.8S 分隔成 ITS1 和 ITS2 两个区域。ITS1 和 ITS2 的转录物在 rRNA 加工的过程中被切掉,但这两部分在核 rRNA 成熟过程中具有重要作用。

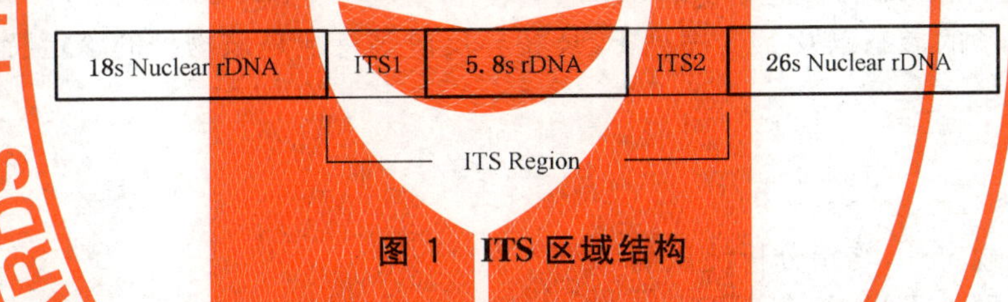

图 1 ITS 区域结构

2.1.2

聚合酶链式反应 polymerase chain reaction, PCR

模板 DNA 序列经高温变性成为单链,在 DNA 聚合酶作用和适宜的反应条件下,根据模板 DNA 序列设计的两条引物分别与模板 DNA 两条链上相应的一段互补序列发生退火而相互结合,接着在 DNA 聚合酶的作用下以四种脱氧核糖核酸(dNTP)为底物,使引物得以延伸,然后不断重复变性、退火和延伸这一循环,使欲扩增的基因片段以几何倍数扩增。

2.2 缩略语

下列缩略语适用于本文件。

2.2.1

DNA deoxyribonucleic acid

脱氧核糖核酸。

2.2.2

dNTP deoxyribonucleoside triphosphate

脱氧核苷酸三磷酸。

2.2.3

dATP deoxyadenosine triphosphate

脱氧腺苷三磷酸。

2.2.4

dCTP deoxycytidine triphosphate

脱氧胞苷三磷酸。

2.2.5

dGTP deoxyguanosine triphosphate

脱氧鸟苷三磷酸。

2.2.6

dTTP deoxythymidine triphosphate

脱氧胸苷三磷酸。

2.2.7

dUTP deoxyuridine triphosphate

脱氧尿苷三磷酸。

2.2.8

bp base pair

碱基对。

3 原理

水杉(*Metasequoia glyptostroboides*)属于裸子植物门(Gymnosperm)杉科(Taxodiaceae)水杉属(*Metasequoia* Miki ex Hu et Cheng)。水杉叶、果、种子具有区别于其他物种的特征。核 rDNA 的内转录间隔区 ITS 序列包含被 5.8S rDNA 所分隔的 ITS1 和 ITS2 两个片段;每个物种具有其特定的 ITS 序列。水杉叶、果、种子的形态以及 ITS 序列 PCR 特异反应等特征是该物种的鉴定特征。

4 试剂和材料

下列试剂除特殊规定外,均指分析纯试剂。

4.1 三氯甲烷,异戊醇,CTAB,液氮,EDTA。

4.2 dNTPs,*Taq* DNA 聚合酶,琼脂糖,Goldview 染料,DNA 分子量标准,电泳载样缓冲液。

5 主要器械和设备

液氮罐,PCR 仪,电泳仪,台式微量离心机,凝胶成像系统,超净工作台,纯水器,水浴锅,各式微量移液器(0.5 μL~1 000 μL),各式枪头(100 μL~1 000 μL),各种微量离心管(250 μL~1 500 μL),研钵。

6 检测

6.1 形态检测

利用肉眼观察样品叶、果和种子的形态特征。

6.2 PCR 检测

6.2.1 从叶片或种子中提取基因组 DNA

取 0.1 g 新鲜叶片或 0.1 g 种子,从中提取 DNA(见附录 A),并将 DNA 置于−20 ℃保存备用。提取的基因组 DNA 进行琼脂糖凝胶电泳,电泳结束后将凝胶置于凝胶呈像系统分析。

6.2.2 PCR 扩增

6.2.2.1 引物及待扩增 DNA

扩增引物 5 个(见附录 B):Metas-1、Metas-2 和 Metas-3 为水杉特异性引物,TrnL-F 和 TrnL-R 为植物基因组扩增通用引物,作为内参照反应的引物。PCR 扩增的 DNA 样包括待检测 DNA,阳性对照水杉基因组 DNA 和阴性对照杉木(*Cunninghamia lanceolata*)基因组 DNA。

6.2.2.2 扩增

利用上述 5 个引物,将待扩增 DNA 样分别进行 PCR 扩增。扩增时,设置超纯水空白对照,对 Metas-1、Metas-2 和 Metas-3 按条件 94 ℃变性 30 s→51 ℃退火 30 s→72 ℃延伸 1 min,循环处理 30 次,最后在 72 ℃下延伸 7 min;对 TrnL-F 和 TrnL-R,退火温度则改为 55 ℃,完成 PCR 扩增(见附录 A),扩增后产物置于−20 ℃保存备用。

6.2.3 琼脂糖凝胶电泳

将每个 PCR 扩增产物和 1kb DNA Ladder 分别加入电泳凝胶样品孔,进行电泳,电泳结束后将凝胶置于凝胶呈像系统分析(见附录 A)。

7 鉴定特征

7.1 叶、果实和种子形态特征

见附录 C。

7.2 PCR 特异性反应

水杉 DNA 利用特异性引物 Metas-1、Metas-2 和 Metas-3 扩增,其中 Metas-1/Metas-2 扩增片段长度为 610 bp,Metas-1/Metas-3 扩增片段长度为 850 bp,则 PCR 特异性反应呈阳性。待检测 DNA 若用上述引物扩增无扩增片段或者扩增片段大小不相符,则 PCR 特异性反应呈阴性。

8 结果评定

叶、果实和种子形态特征符合,则判断为水杉;若仍有疑问,则进行分子鉴定;若基因组 DNA PCR 特异性反应呈阳性,则判断为水杉。

附　录　A
（规范性附录）
DNA 提取、PCR 及琼脂糖凝胶电泳

A.1　叶片基因组 DNA 的提取

A.1.1　试剂

A.1.1.1　提取缓冲液

100 mmol/L Tris-HCl(pH8.0)，1.4 mol/L 氯化钠，20 mmol/L EDTA，20 mmol/L 亚硫酸钠（Na_2SO_3），2%CTAB、10 m/L 巯基乙醇（现用现加）。

A.1.1.2　TE 缓冲液（pH8.0）

10 mmol/L Tris，1 mmol/L EDTA。

A.1.1.3　其他试剂

三氯甲烷-异戊醇（24∶1），异内醇，无水乙醇，70%乙醇。

A.1.2　提取步骤

A.1.2.1　将 0.1 g 叶片在液氮中研成粉末，取粉末放入盛有 450 μL 提取缓冲液的 1.5 mL 的 Eppendorf 管中，混匀。65 ℃温育 15 min。加入 450 μL 三氯甲烷-异戊醇（24∶1）混匀，13 000 r/min 离心 5 min，转移上清液于干净的 1.5 mL Eppendorf 管中。

A.1.2.2　往有机相中加入 450 μL 提取缓冲液，混匀，13 000 r/min 离心 5 min，转移上清液于干净的 1.5 mL Eppendorf 管中。重复步骤 1.2.2 2 次。

A.1.2.3　上清液加入等体积三氯甲烷-异戊醇（24∶1）混匀，13 000 r/min 离心 5 min，分别转移上清液于干净的 1.5 mL Eppendorf 管中。上清液中分别加入三分之二体积的预冷异内醇混匀，室温下静置 3 min～5 min。8 000 r/min 离心 5 min，弃上清液，以 70%和预冷无水乙醇洗沉淀 2 次，室温干燥。将干燥 DNA 沉淀溶于 20 μL TE 缓冲液。

A.2　种子基因组 DNA 的提取

A.2.1　试剂

A.2.1.1　提取缓冲液

12%CTAB，100 mmol/L Tris-HCl，1.4 mol/L 氯化钠，20 mmol/L EDTA。

A.2.1.2　TE 缓冲液（pH8.0）

10 mmol/L Tris，1 mmol/L EDTA。

A.2.1.3　其他试剂

三氯甲烷-异戊醇（24∶1），7.5 mol/L 乙酸铵，无水乙醇，70%乙醇。

A.2.2 提取步骤

A.2.2.1 在液氮中用无菌研杵研磨0.1 g种子。加500 μL～800 μL的CTAB抽提缓冲液转移至40 mL锥底管中。轻轻混匀后55 ℃孵浴20 min。

A.2.2.2 15 000g离心5 min。

A.2.2.3 转移上清液至一个干净管中，加入等体积的三氯甲烷-异戊醇24∶1，轻轻混合2 min。

A.2.2.4 15 000g离心20 s。

A.2.2.5 将上层液相转移至已预先加入十分之一体积7.5 mol/L的乙酸铵和2倍体积的冰冷乙醇的管中。

A.2.2.6 轻轻混匀后－20 ℃放置1 h。

A.2.2.7 15 000g离心1 min，弃上清液。

A.2.2.8 用70%的乙醇清洗沉淀两次，每次清洗混匀后15 000g离心30 s。

A.2.2.9 晾干沉淀后重悬于50 μL的1×TE缓冲液中。

A.3 PCR扩增

A.3.1 试剂

10×PCR缓冲液。

A.3.2 扩增步骤

A.3.2.1 将表A.1各组分加入灭菌的Eppendorf管(0.2 mL)内混合均匀。

表A.1

组　　分	容　积	最终浓度
10×PCR缓冲液	2.5 μL	1×
10 mmol/L的四种dNTP混合物	0.5 μL	0.2 mmol/L(每种)
50 mmol/L氯化镁	1.5 μL	5 mmol/L
引物(三种引物混合物，每种引物10 μmol/L)	3 μL	0.4 μmol/L(每种)
模板DNA	1 μL(25 ng/μL)	—
Taq DNA聚合酶(5 U/μL)	0.25 μL	1.25单位

加灭菌水至最终体积25 μL。

A.3.2.2 置于PCR仪，94 ℃保持5 min。

A.3.2.3 按94 ℃变性30 s，51 ℃(或55 ℃)退火30 s，72 ℃延伸1 min，循环重复处理30次。

A.3.2.4 最后在72 ℃下延伸7 min。

A.4 琼脂糖凝胶电泳

A.4.1 试剂

A.4.1.1 10×TBE电泳缓冲液(pH8.0)

每1 000 mL含有：Tris 48.4 g，乙酸钠4.1 g，Na_2EDTA 2.92 g。

A.4.1.2　5×SGB 上样缓冲液

每 10 mL 含有:1 mol/L Tris(pH8.0),5 mL 甘油,0.5 mol/L EDTA(pH8.0),20% SDS,15 mg 澳酚蓝(BPB),15 mg 二甲苯苯胺(XC)。

A.4.1.3　其他试剂

Goldview 染料。

A.4.2　电泳

A.4.2.1　将 2 g 琼脂加入到盛有 100 mL 0.5×TBE 缓冲液的三角瓶,加热使琼脂糖溶解即可。

A.4.2.2　冷却至 60 ℃时,加入 Goldview 染料 10 μL。

A.4.2.3　将琼脂糖倒入制胶模具,凝胶厚度一般为 0.3 cm～0.5 cm,迅速在模具一端插上梳子,注意梳齿与模具底面之间距离不能太近。

A.4.2.4　待凝胶完全凝固后(约 30 min),小心移去梳子,将凝胶放入电泳槽中。

A.4.2.5　加入 0.5×TBE 缓冲液至电泳槽中,让液面高于胶面 0.5 cm。

A.4.2.6　在 DNA 样品中加入五分之一的 5×SGB 混匀后,用移液器将 DNA 样品加入样品孔中。

A.4.2.7　接通电泳槽与电泳仪电源,在 100 mA 电流下电泳 5 min～10 min,然后在 15 mA～20 mA 下电泳直到指示剂(蓝色)到达凝胶的四分之三处,切断电源。

A.4.2.8　取出凝胶,在紫外灯下观察结果或拍照记录。

附 录 B
（规范性附录）
引物及水杉 ITS 序列

B.1 引物序列

Metas-1：5'-ACT TTG TGC AAT TGT CCT CCG T-3'
Metas-2：5'-GCC GAG AGT CAT ATT TA(T/C/G)G TTC-3'
Metas-3：5'-GAC GGA CCT CGT GCT CAT TT-3'
TrnL-F：5'-CGA AAT CGG TAG ACG CTA CG-3'
TrnL-R：5'-GGG GAT AGA GGG ACT TGA AC-3'

B.2 水杉 ITS 序列（具有下划线部分分别对应 Metas-1，Metas-2 和 Metas-3 序列）

TTGTCGGTTCGGGCCCTTGAATCGTGTAGGGGAGGAGG 38
CGAGCCCGGCATGTCGGACTCCGTN(C)CCTTTCCCGACCCTC 78
GCTCTCGACGGCGN(G)GTGGACAGCCGGCACTTTGTGCAATT 118
GTCCTCCGTT(N)TTCGGTTCGAGGCGATCGAAGGCCGCGTTC 158
GGGTGCGTGTGCNCCGGN(T)GTTGCAAGCCCCAGGGTCCGAT 198
TTCGATTGCAATGGGTGCATCTCGGCGATGTGCGTCGCGG 238
GGGGGTCCTGCCCCGTTTCAATCGGAAAGAGGCCCCGAGT 278
CTTTGCCCNGTCGAAGCAGCG(N)TGCCTCGGCCGCGTGCGCG 318
GCGCTGTGCCAGGGATCCGTCGCCTCGACGACGGCAAGTC 358
GGGACTGCCGCAACCCCCCGTTGTGTCGCCTAAGGGAN(C)GA 398
TATGTCG(C)NTNGGAGAGTACTATGCAGCGGACGAGTGCACT 438
CGCGTGATTCGCGGGGCGGACCCCTCGTCTAGCCATGCG 478
GTCNTCTCGAGGCGGCGTCCACNTCAGCGACGCAACGGGG 518
NGGGGACACATTGTTCCNCAGCGGCCCCCTCTAGGGAGGC 558
ATCGCCTCTCGACGTGGGGGCGTTGGTGGATCGATTGTGT 598
CAACACCCTACACATCGGTGCGACCCGCACCAAGAAATCC 638
AAAGACTGGAGTGCGGCCGAAATGCCTTGAGCGTTTGGT 678
CGCCGGAAAATGTGAAAATTAGAACNAAATATGACTCTCG 718
GCAACGGATATCTCGGCTCTCGCCACGATGAAGAATGTAG 758
CGAAATGCGATACTTAGTGTGAATTGCAGAATCCCGTGAA 798
TCATCGAGTCTTTGAACGCAAGTTGCGCCCGAGGCTTCGG 838
CCGAGGGCACGTCTGCTTGGGCGTCGCATTTCAAAATCGC 878
CCTCTAGAACGGAGGAGCGGAGATGGTCGTCCGTGCCCGC 918
CAGAGGTGCGGTCGGCTGAAATGAGCACGAGGTCCGTCGC 958

附 录 C
（规范性附录）
形 态 图

C.1 侧生小枝对生，羽状；叶条形，扁平，交互对生成两列；球果下垂，近四棱球形或短圆筒形，长18 mm～25 mm；种鳞通常22-28个，交互对生，木质，盾状，基部楔形，顶端扩展，各有5个～9个种子；种子扁平，周围有翅，先端凹缺，长5 mm。

C.2 种子形态见图C.1。

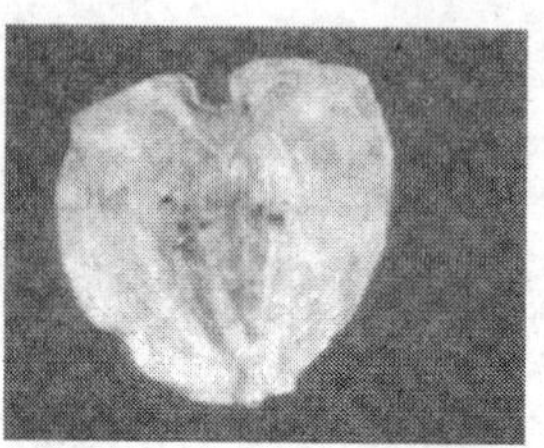

图 C.1 种子形态图

C.3 小枝和叶片形态见图C.2。

图 C.2 小枝和叶片形态图

C.4 果实形态见图C.3。

图 C.3 果实形态图

参 考 文 献

[1] Chun-Xiang Li,Qun Yang. Polymorphism of ITS Sequences of Nuclear Ribosomal DNA in Metasequoia Glyptostroboides. Journal of Genetics and Molecular Biology. 2002,13(4):264-271.

中华人民共和国出入境检验检疫行业标准

SN/T 2612—2010

植物种质资源鉴定方法 稻属植物的鉴定

Detection and identification for germplasm resources in plant—*Oryza* L.

2010-05-27 发布　　2010-12-01 实施

中华人民共和国国家质量监督检验检疫总局 发布

前　言

本标准按照 GB/T 1.1—2009 给出的规则起草。

本标准由国家认证认可监督管理委员会提出并归口。

本标准负责起草单位:中国检验检疫科学研究院。

本标准参加起草单位:中华人民共和国浙江出入境检验检疫局,中华人民共和国云南出入境检验检疫局。

本标准主要起草人:徐涛、许瑾、吴志毅、白松、赵文军、张永江、朱水芳、陈洪俊、段胜男。

植物种质资源鉴定方法
稻属植物的鉴定

1 范围

本标准规定了进出境稻属植物种质资源鉴定的方法。

本标准适用于国家法律法规规定禁止出口的、出口国家重点保护的稻属物种及其遗传材料，以及我国参加的国际公约所限制进出口的稻属物种资源的出入境检测。

2 规范性引用文件

下列文件对于本文件的应用是必不可少的。凡是注日期的引用文件，仅注日期的版本适用于本文件，凡是不注日期的引用文件，其最新版本（包括所有的修改单）适用于本文件。

GB/T 6682 分析实验室用水规格和试验方法

GB/T 14072 林木种质资源保存原则与方法

ASTM E1342 用冷冻、冷冻干燥和低温养护法保存细菌、真菌、原生生物、病毒、遗传要素以及动物和植物组织的保存（Standard Practice for Preservation by Freezing，Freeze—Drying，and Low Temperature Maintenance of Bacteria，Fungi，Protista，Viruses，Genetic Elements，and Animal and Plant Tissues）

3 术语和定义

下列术语和定义适用于本文件。

3.1

种质 germplasm

亲代通过有性生殖过程或体细胞直接传递给子代并决定固有特性的遗传物质。

3.2

稻属种质资源 the germplasm resources of *Oryza* L.

稻属及属以下分类单位具有不同遗传基础的个体和群体的各种遗传材料总称。

3.3

多倍体 polyploid

体细胞中有三组或三组以上染色体组的生物，其染色体数目用 $3n$、$4n$……表示。

3.4

基因型 genotype

生物的遗传型，是生物体从它的亲本获得全部基因的总和。一般用符号来表示，如 AA，BBCC。

3.5

小穗 spikelet

一个穗状花序，含 1 至多数小花，花生于颖状苞片内。小花花被退化为鳞片状、刚毛状、鳞被状或缺如。小穗再排成穗状、指状、总状或圆锥状花序。小穗的差别是分属的主要依据之一。

3.6

种子 seed

裸子植物和被子植物特有的繁殖体,它由胚珠经过传粉受精形成,一般由种皮、胚和胚乳 3 部分组成。稻属种子为颖果,带内、外稃。

3.7

胚 embryo

由卵细胞和一个精子受精后发育而成,是种子内未发育的幼小植物体。在种子中胚是唯一有生命的部分,已有初步的器官分化,包括胚芽、胚轴、胚根和子叶四部分。

3.8

原生质体 protoplast

除去细胞壁的细胞或是说一个被质膜所包围的裸露细胞。原生质体由原生质分化形成,具体包括细胞膜和膜内细胞质及其他具有生命活性的细胞器,植物和动物的如细胞核、线粒体和高尔基体等;而细菌如核糖体、拟核等。

3.9

脊 raphe

种皮的阔面中央纵线叫做脊或种脊,是种脐至合点之间隆起的脊棱线,内含维管束。由倒生胚珠的珠柄发育而来。倒生胚珠的种子种脊狭长突起(杏、蓖麻),弯生胚珠或横生胚珠则短,直生胚珠无种脊。

3.10

稃 husk

又称谷壳,麸糠。小麦等植物的花外面包着的硬壳,又分为:内稃,外稃。

3.11

颖 glume

又称颖片,指禾本科植物小穗基部的两枚苞片。

3.12

颖果 caryopsis

单粒种子形成的果实,成熟时果皮、种皮不易分离,此为禾本科植物特有的果实。如水稻、小麦。

3.13

叶舌 ligule

叶片与叶鞘交界处内侧的膜状突起。

3.14

叶耳 falcate

单子叶植物中叶鞘与叶片接连处叶缘两侧的伸延物。

3.15

鳞被 Lodicule

禾本科(*Gramineae*)的花器之一。指外稃和雄蕊中间形成的小鳞片。相当于花被,通常有 2 个,背面(向轴一侧)的一个已经退化消失。

4 原理

稻属学名(*Oryza* L.),隶属于裸子植物门(Angispermae)单子叶植物纲(Monocotyledoneae)颖花亚纲(Glumiflorae)禾本目(Graminale)禾本科(Gramineae)稻亚科(Oryzoideae)稻族(*Oryzeae* Dumort.),目前约有 20 个野生种和 2 个栽培种(亚洲栽培稻 *O. sativa* L. 和非洲栽培稻 *O. glaberrima* Steud.),广布于全球热带与亚热带地区。稻属植物细胞染色体数(2n)分 24 和 48 两类。属模式:水稻

Oryza sativa L.，别名：水稻、稌、稉、秔（古称）。分布于两半球热带、亚热带、亚洲、非洲、大洋洲及美洲，我国有4种，其中三种野生稻：(1)普通野生稻（*O. rufipogon* Griff.）(2)药用野生稻（*O. officinalis* Wall ex Watt.）(3)疣粒野生稻（*O. meyeriana* Baill. subsp, *granulata* Nees et Arn. ex Watt.）均被列为国家二级保护植物（我国珍稀濒危保护植物名录，1987年）、国家重点保护野生植物[国家重点保护野生植物名录（第一批），1999年]；《生物多样性保护公约》（附录中植物、国家重点保护植物及国家珍贵树种）和农业保护植物（农业植物保护名录）。栽培品种变异极为丰富。稻属中主要有2个栽培种，一个是世界栽培范围最广的稻，另一个是主要在非洲栽培的光稃稻。美洲产的阔叶稻也常作为实验材料引入。水稻除种子供食用外，秆可充燃料、编草鞋、草席和作制纸的原料，又可为牛马的干料；稃（即谷壳）可充燃料；糠为牲畜上好的饲料。稻属种质资源进出境时，可能存在的形态有：种子、植株、稻穗、叶片、花、花粉、胚、组培苗、原生质体、组织、细胞、核酸（基因组DNA、RNA）等，以形态学方法为主，并借助分子生物学手段作为分类鉴定的依据。

5 鉴定方法

5.1 形态学鉴定

5.1.1 植株

5.1.1.1 培养

可利用芽鞘颜色等性状鉴定禾谷类种子的纯度，如有混杂，分别鉴定。鉴定时，随机取100粒种子，2次～4次重复进行光下发芽培养，待幼苗出现固有色泽和特征时，根据植株的形态进行鉴定。

5.1.1.2 稻属属水平的特征

稻属植物为一年生或多年生草本。秆直立，丛生；叶片线形扁平，宽大；叶鞘无毛；叶舌长膜质或具叶耳。顶生圆锥花序疏松开展，常下垂。小穗含一两性小花，其下附有2枚退化外稃，两侧甚压扁；颖退化，仅在小穗柄顶端呈二半月形之痕迹；雄蕊6枚；柱头2，帚刷状，自小穗两侧伸出；鳞被2；孕性外稃硬纸质，具小疣点或细毛，有5脉，顶端有长芒或尖头；内稃与外稃同质，有3脉，侧脉接近边缘而为外稃之2边脉所紧握。染色体小型，x=12。假稻属和稻属相近，所不同者为颖及不育小花的外稃完全退化，外稃较薄，边有棱而具睫毛，雄蕊6或更少（种类检索参见附录A、附录B，部分野生稻形态参见附录C）。

5.1.2 种子

用肉眼或借助放大镜观察种子的形状、大小、色泽、花纹和种皮表面结构特征（光滑与粗糙，有无突起，脊及多少，有无刺毛及多少等）。品种鉴定时需要标准品种的样品或标准品种种子彩色图谱及描述作依据。一般可以鉴定至种，少数可以鉴定至变种，个别的也能鉴定至品种。

稻属种子形态的总体特征：颖果长圆形，平滑，胚小，长为果体的四分之一，成熟后为内、外稃包被。具体参见附录B、附录C。

5.2 细胞遗传学鉴定

目前，对稻属的细胞遗传学分析已初步确定了10个基因组类型：AA、BB、CC、BBCC、CCDD、EE、FF、HHJJ、HHKK、GG。稻属染色体组型，栽培稻及其近缘种如普通野生稻、尼瓦拉野生稻、巴蒂野生稻、长药野生稻都具有AA染色体组，$2n=24$。药用野生稻（$2n=24$）及所有的$2n=48$的野生稻如小粒野生稻、高秆野生稻等，都具有C。具体的细胞遗传学鉴定方法参见附录D。

5.3 分子生物学鉴定

具体的分子生物学鉴定方法参见附录E。

5.4 结果判定与表述

对备检样品的形态鉴定与5.1.1.2稻属植株特征和5.1.2种子特征符合，细胞学鉴定与附录D中D.2.3符合，分子生物学鉴定与附录E中E.5.2.6和E.5.3.5描述符合，以上三者都符合的可判定为稻属植物。

6 样品保存与复核

6.1 样品保存

物种资源的样品保存方法参照标准GB/T 14072和ASTM E1342。

6.2 结果记录与资料保存

完整的实验记录包括：样品的名称与编号、来源、种类、时间，实验的时间、地点、方法和结果等，并要有经手人和实验人员的签字。生物学测定需有分类鉴别的特征照片，电镜观察需有形态照片，分子生物学检测需有最终的实验数据、电泳结果照片等。原始数据应归档，妥善保管，以备复验、谈判和仲裁。

6.3 复核

由国家质量监督检验检疫总局指定的单位或人员负责。主要考察实验记录、照片等资料的完整性和真实性，必要时进行复核实验。

附　录　A
（资料性附录）
稻属主要植物的分类、基因组及分布

表 A.1　稻属主要植物的分类、基因组及分布

复合群	物　　种	染色体数（2*n*）	基因组	分　　布	生长习性
栽培稻复合群 *Oryza. sativa* complex	1. 矮舌野稻 *O. barthii* A. Chev.	24	A^gA^g	非洲	一年生
	2. 非洲栽培稻 *O. glaberrima* Steud.	24	A^gA^g	西非	一年生
	3. 展颖野稻 *O. glumaepatula* Steud.	24	$A^{gp}A^{gp}$	拉丁美洲	多年生
	4. 长雄蕊野稻 *O. longistaminata* A. Chev. et Roehr.	24	A^lA^l	非洲	多年生
	5. 南方野稻 *O. meridionalis* Ng N Q et al	24	A^mA^m	澳大利亚北部	通常为一年生
	6. 多年生普通野稻 *O. rufipogon* Griff.	24	AA	亚洲热带及亚热带、澳大利亚北部、中国南部	多年生
	7. 亚洲栽培稻 *O. sativa* L. 药用野稻复合群 *O. officinalis* Complex	24	AA	全世界	一年生
	8. 斑点野稻 *O. punctata* Kotschy ex Steud.	24,48	BB BBCC	非洲	多年生或一年生
	9. 紧穗野稻 *O. eichingeri* A. Peter	24	CC	南亚、东非	多年生
	10. 药用野稻 *O. officinalis* Wall. ex Watt	24	CC	亚洲热带及亚热带、澳大利亚北部、中国南部	多年生
	11. 根茎野稻 *O. rhizomatis* Vaughan	24	CC	斯里兰卡	多年生
	12. 小粒野稻 *O. minuta* J. S. Presl ex C. B. Presl	48	BBCC	菲律宾、巴布亚新几内亚、印度	多年生
	13. 高杆野稻 *O. alta* Swallen	48	CCDD	拉丁美洲	多年生
	14. 大颖野稻 *O. grandiglumis* (Doell) Prod.	48	CCDD	南美洲	多年生
	15. 阔叶野稻 *O. latifolia* Desv.	48	CCDD	拉丁美洲	多年生
	16. 澳洲野稻 *O. australiensis* Domin	24	EE	澳大利亚北部	多年生

表 A.1　稻属主要植物的分类、基因组及分布（续）

复合群	物　　种	染色体数（2*n*）	基因组	分　　布	生长习性
疣粒野稻复合群 *O. meyeriana* complex	17. 颗粒野稻 *O. granulata* Nees et Arn. ex Watt	24	GG	南亚、东南亚及中国南部	多年生
	18. 疣粒野稻 *O. meyeriana*(Zoll. et Mor. ex Steud.)Baill. 马来野稻复合群 *O. ridleyi* complex	24	GG	东南亚及中国南部	多年生
	19. 长颖野稻 *O. longiglumis* Jansen	48	JJHH	东南亚，新几内亚	多年生
	20. 马来野稻 *O. ridleyi* Hook. f. 未归入复合群的野稻 Species not assigned to a complex	48	JJHH	印度尼西亚、巴布亚新几内亚	多年生
	21. 短药野稻 *O. brachyantha* A. Chev. et Roehr	24	FF	非洲	一年生
	22. 希来特野稻 *O. schlechteri* Pilger	48	未知	新几内亚	一年生

注：四倍体细胞类型（$2n=4x=48$）也在该物种发现。

附 录 B
（资料性附录）
稻属主要植物形态检索表

1a. 小穗长通常不超过 2 mm ………………………………………………… 短粒野稻 *O. schlechteri*

1b. 小穗长超过 3 mm。

2a. 不育外稃线形或线状披针形。

3a. 下部叶的叶舌长 14 mm～45 mm，顶端急尖。

4a. 通常一年生；圆锥花序较密；花药长不及 2.5 mm。

5a. 谷粒在成熟时不易脱落。栽培种。原产亚洲…………………… 亚洲栽培稻 *O. sativa*

5b. 谷粒在成熟是易脱落。野生种。

6a. 圆锥花序的第一次分枝较开展而斜生；秆半直立至倾斜生长。
原产亚洲 ……………………………………………………………… 尼瓦拉野稻 *O. nivara*

6b. 圆锥花序的第一次分枝紧缩而直立上伸；秆直立或半直立生长。
原产澳洲（偶有多年生） ………………………………………… 南方野稻 *O. meridionalis*

4b. 多年生；圆锥花序通常疏散；花药长超过 2.5 mm。

7a. 秆直立，具分枝的、伸展的根茎……………………………… 长雄蕊野稻 *O. longistaminata*

7b. 秆匍匐或半直立，通常不具或稍具根茎。

8a. 有浮水生茎，不具或稍具根茎。原产亚洲 ……………………… 普通野稻 *O. rufipogon*

8b. 无浮水生茎，不具根茎。原产美洲 ………………………… 展颖野稻 *O. glumaepatula*

3b. 下部叶的叶舌短于 13 mm，顶端圆或平截。

9a. 圆锥花序主轴向顶端渐增粗糙毛；具根茎 ……………………… 澳洲野稻 *O. australiensis*

9b. 圆锥花序主轴无毛或分枝腋间有毛；无根茎（药用野稻偶有根茎）。

10a. 小穗长超过 7 mm，有芒或无芒，若有芒则近刚直。

11a. 成熟时谷粒不脱落或部分脱落；内、外稃通常无粗糙硬毛；小穗常无芒或具短芒。
栽培种，原产非洲 ………………………………………… 非洲栽培稻 *O. glaberrima*

11b. 成熟时谷粒脱落；内、外稃被粗糙硬毛；小穗有芒（10 cm 或更长）。
野生种………………………………………………………………… 短舌野稻 *O. barthii*

10b. 小穗长通常不及 7 mm（高野稻除外），通常有芒，芒不刚直。

12a. 叶舌顶缘无流苏状毛，叶宽不及 2 cm。

13a. 小穗宽超过 2 mm。

14a. 小穗长超过 6 mm；芒长超过 2 cm；无根茎；叶舌长 3 mm～4 mm；四倍体。
原产非洲 ………………………………………………………… 斑点野稻 *O. punctata*

14b. 小穗长不及 5.5 mm；芒长不及 2 cm 或无芒；偶有根茎；叶舌长 2 mm～3 mm；
二倍体。原产非洲 ………………………………………… 药用野稻 *O. officinalis*

13b. 小穗宽不及 2 mm。

15a. 圆锥花序分枝较紧缩；小穗长为 4.5 mm～6.0 mm；芒长可达 3 cm；有叶耳；
叶舌长可达 3.5 mm；二倍体。原产非洲 ………………… 紧穗野稻 *O. eichingeri*

15b. 圆锥花序分枝开展；小穗长为 3.7 mm～4.7 mm；有芒（长 2 cm 或不及 2 cm）或
无芒；无叶耳；叶舌长达 1.5 mm；四倍体。原产非洲 ………………… 小粒野稻 *O. minuta*

12b. 叶舌顶缘具流苏状毛；叶宽超过 2 cm。

16a. 不育外稃与孕花外稃的长度和质地均相似……………… 大护颖野稻 *O. grandiglumis*

16b. 不育外稃短于孕花外稃，且质地不同。

17a. 叶宽不及 5 cm；小穗长不及 7 mm ……………………………… 宽叶野稻 *O. latifolia*

17b. 叶宽超过 5 cm；小穗长超过 7 mm ………………………………………… 高野稻 *O. alta*

2b. 不育外稃锥状或刚毛状。

18a. 内、外稃表面有疣粒，小穗无芒。

19a. 稃表面电镜扫描的钩毛为弯锥形；钩毛周围的硅质突起为乳头状，顶端圆而光滑。原产中国 ………………………………………… 瘤粒野稻 *O. meyeriana* subsp. *tuberculata*

19b. 稃表面电镜扫描的钩毛为雀嘴形；钩毛周围的硅质突起为火山顶状，顶端具星状冠。原产东南亚。

20a. 小穗长圆形至椭圆状长圆形，短于 7 mm ………… 颗粒野稻 *O. meyeriana* subsp. *granulata*

20b. 小穗狭长圆形至披针形，长于 7 mm ……… 疣粒野稻 *O. meyeriana* subsp. *meyeriana*

18b. 内、外稃表面无疣粒；小穗有芒。

21a. 多年生；外稃沿脊有纤毛；四倍体。

22a. 不育外稃短于孕花外稃；芒长 6 mm～15 mm …………………… 马来野稻 *O. ridleyi*

附　录　C
（资料性附录）
我国分布的三种野生稻植株及种子形态示意图

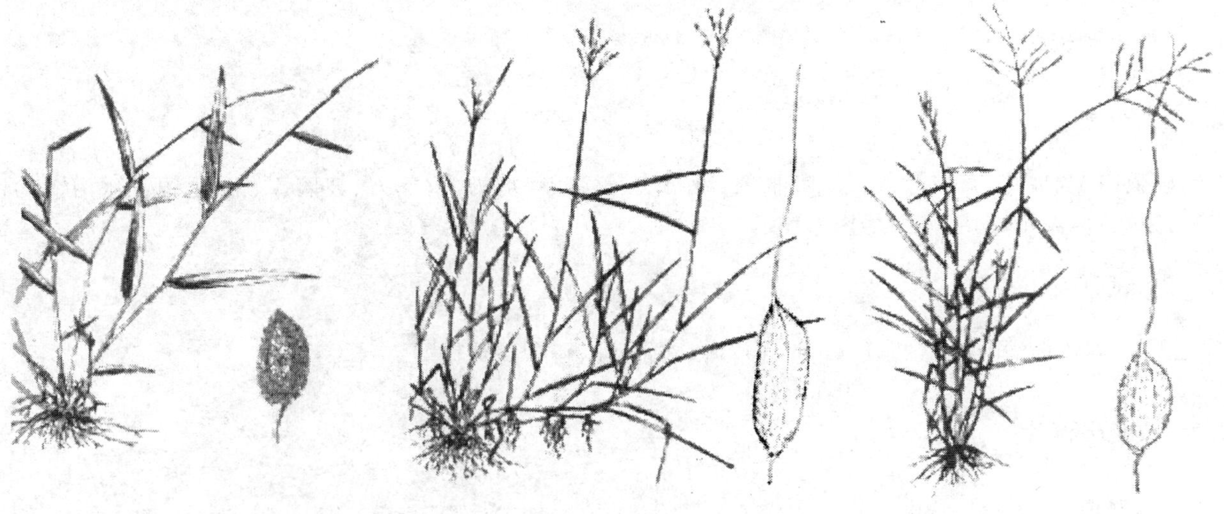

图 C.1　疣粒野生稻　　图 C.2　普通野生稻　　图 C.3　药用野生稻

附 录 D
（资料性附录）
细胞学鉴定

D.1 仪器和试剂

D.1.1 仪器

显微镜、载玻片、盖玻片、镊子、吸水纸、纱布块、解剖针、剪刀、解剖刀、玻璃棒、铅笔、恒温水浴锅、温度计、冰箱、恒温干燥箱、显微摄影系统等。

D.1.2 试剂

酒精、冰乙酸、甲醇、盐酸、Giemsa、EDTA、氯化钾、磷酸二氢钠等。

D.2 染色体制片

D.2.1 原理

通过染色体核型分析，判断该样品是否为稻属种质资源，并能对不同基因组型进行区分。

D.2.2 制片步骤

D.2.2.1 材料为花粉细胞或幼嫩根尖。种子预处理：培养皿中铺放2层滤纸，浸泡种子8 h左右倒掉水，于22 ℃～25 ℃培养至种子萌动，然后放4 ℃冰箱中过夜，重新置于22 ℃～25 ℃，培养至种子根长约为1 cm～1.5 cm左右，迅速取下根尖0.5 cm左右，放在0 ℃冰水浴中处理24 h～36 h。

D.2.2.2 固定：用卡诺固定液（95%乙醇：冰乙酸＝3：1），室温固定12 h～24 h。

D.2.2.3 酶解法制片：

a） 去掉固定液，加蒸馏水浸洗5 min～20 min；
b） 去掉水，加缓冲液（1 mmol/L EDTA，and 75 mmol/L 氯化钾，pH4.2）浸洗5 min；
c） 再换缓冲液，20 min；
d） 去掉缓冲液，加入2%果胶酶与4%纤维素酶混合液，37 ℃酶解30 min～35 min；
e） 用移液器小心吸出酶液，加入缓冲液5 min；
f） 用含4% Giemsa（Sigma，USA）的33 mmol/L phosphate buffer（pH6.8）染液染色20 min可制片；
g） 用镊子或吸管取出根尖，放在载玻片上，用刀片小心切掉根冠部分，切碎分生组织，垫刀片加盖玻片，轻敲，使细胞分散，移出刀片，轻烤片子，垫滤纸压片。

D.2.2.4 冷冻揭片：在相差显微镜下选择分裂相多、染色体分散好的片子，照像。

D.2.3 结果判断

D.2.3.1 染色体数目

选择分散良好的细胞观察计数，有丝分裂中期稻属植物细胞染色体数（$2n$）分24和48两类。进一步证实稻属植物为二倍体或四倍体植物，染色体组 $X=12$，为 $2n=24$，$4n=48$（详见附录A）。其中栽培稻（亚洲和非洲）是2倍体，染色体组通常用AA表示，细胞的染色体数目为24条。

D.2.3.2 染色体相对长度组成及核型分析

对有丝分裂早中期的染色体观察发现，AA、CC、GG 稻属染色体的长度在 82.8 μm～157.8 μm(见表 D.1)，其中 *O. granulata*(GG)总染色体长度比其他二倍体种都长。着丝粒居中，形态通常表现为中间细两头粗的“棒状”。普通野生稻(AA)的核型与栽培稻的最相近；短舌野生稻(AA)的核型与非洲栽培稻相似。栽培稻(以 *O. sativa* ssp. *indica cv*. IR36 为代表)A 组染色体及核型图见图 D.1 9 号和 10 号染色体通常位于核仁附近。在减数分裂粗线期 12 条染色体长度变化在 18.0 μm～79 μm 之间(统计见表 D.2)。测量染色体长度并统计，栽培稻 A 组染色体与药用野生稻 C 组染色体总长度的比值约为1∶1.5。图 D.2 显示了栽培稻(AA)和野生稻(BBCC、CCCC、CC、GG)根尖组织体细胞有丝分裂早中期染色体分布图。

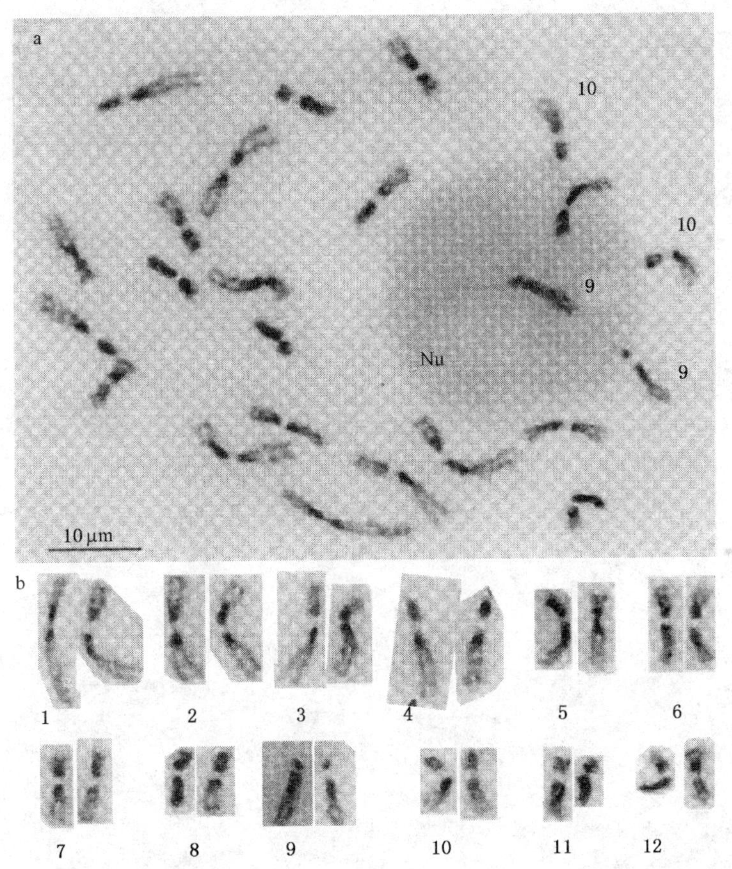

图 D.1 栽培稻 *O. sativa* ssp. *indica cv*. IR36 的染色体组成(a)和核型(b)

表 D.1 栽培稻和部分野生稻在有丝分裂早中期总的染色体长度统计

物种 Species	登录号或变种名称 Accession No. or variety name	基因组类型 Genome type	染色体数 $2n$	染色体长度/μm Chromosome[a] length	标准偏差 (SD)[b]
O. sativa	cv. Nipponbare	AA	24	86.6	9.9
O. eichingeri	W1527	CC	24	82.8	14.5
O. rhizomatis	W1805	CC	24	107.3	11.4
O. granulata	W0003	GG	24	157.8	4.3
O. granulata	W0067	GG	24	142.5	13.4
注：Accession No. 材料源自 NIG(National Institute of Genetics)的登录号。					
[a]染色体总长度为 3 个细胞的平均值。 [b] S.D. 代表 standard deviation 标准偏差。					

表 D.2 栽培稻 *O. sativa* ssp. 在减数分裂粗线期染色体长度的统计表

编　　号	长度/μm	编　　号	长度/μm
1	79	7	26.0
2	47.5	8	23.0
3	47.0	9	21.0
4	38.5	10	21.0
5	30.5	11	20.5
6	27.5	12	18.0

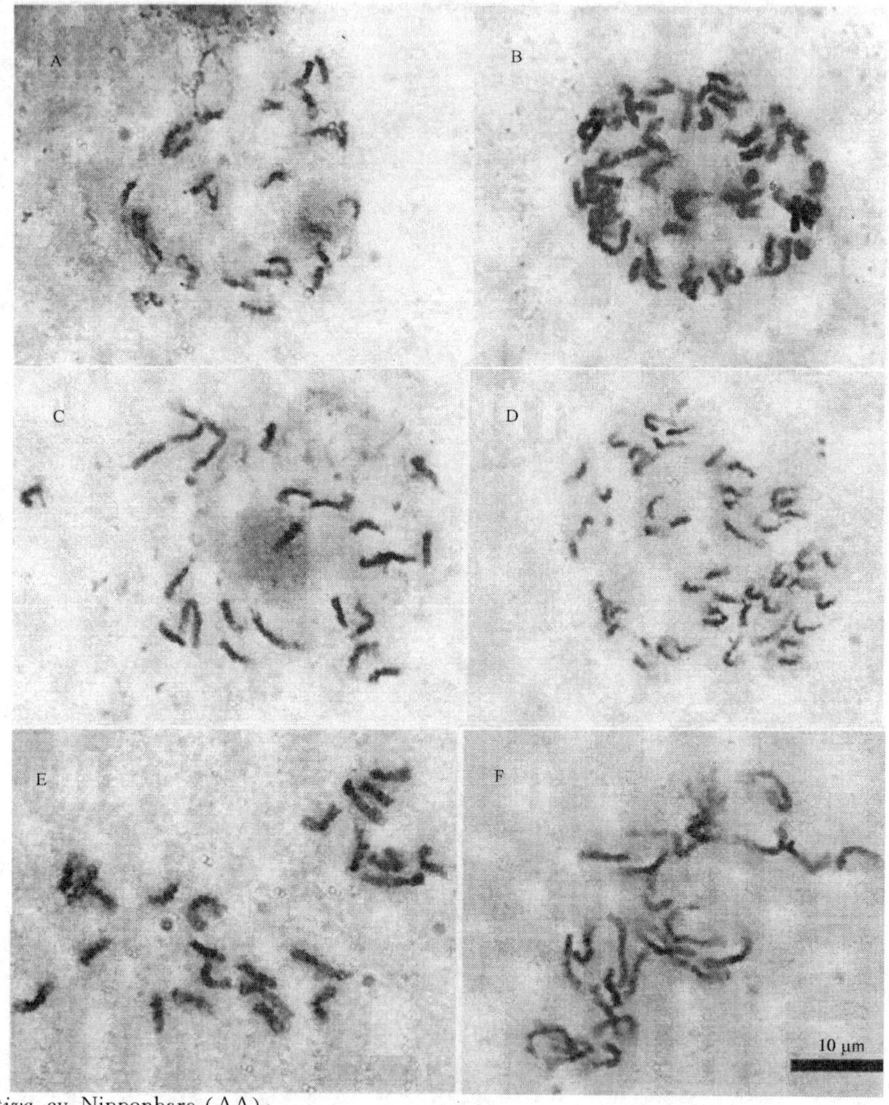

A——*O. sativa*, cv. Nipponbare (AA);

B——W1213, *O. minuta* (BBCC);

C——W1527, *O. eichingeri* (CC);

D——W1525, *O. eichingeri* (CCCC);

E——W1805, *O. rhizomatis* (CC);

F——W0003, *O. granulata* (GG)。

材料编号源自 NIG(National Institute of Genetics)的登录号。

图 D.2 栽培稻(A)和野生稻(B~F)根尖组织体细胞有丝分裂早中期染色体分布图

D. 2.4 结果表述

通过对染色体数目、长度和核型的检测，可判定为稻属植物。

附 录 E
（资料性附录）
分子生物学鉴定

E.1 仪器和试剂

E.1.1 仪器

解剖镜、小型粉碎机、液氮、天平、离心机、紫外分光光度计、PCR 仪、电泳仪、电泳槽、紫外透射仪、植物光照培养箱或温室、水浴锅、可调移液器（1 000 μL，200 μL，20 μL，10 μL，2.5 μL）、可调移液器头、离心管、研钵等。

E.1.2 试剂

PCR 反应常用试剂、电泳试剂和核酸分子量标准等，除另有规定外，均为分析纯或生化纯，水为按照 GB/T 6682 规定的执行。

E.2 聚合酶链式反应检测

E.2.1 原理

样品经过提取 DNA 后，针对稻属植物物种特异性序列设计引物，通过 PCR 技术，特异性扩增 DNA 片段，根据 PCR 扩增结果，判断该样品是否为稻属种质资源。

E.2.2 样品 DNA 的提取和沉淀

E.2.2.1 取稻属植物材料约 0.14 g 放入研钵，液氮研成粉末后装入 1.5 mL 离心管中。

E.2.2.2 加入 65 ℃提前预热的“S”缓冲液 650 μL 混合均匀后放入 65 ℃水浴锅中温浴 2 h。

E.2.2.3 冷却后加入等体积的 Tris 饱和酚：三氯甲烷：异戊醇（25：24：1），轻摇 15 min，4 ℃离心 10 min（8 000 r/min）。

E.2.2.4 上清液 600 μL 转移至另一 1.5 mL 离心管中，加入等体积三氯甲烷，轻柔混匀后 4 ℃离心 10 min（8 000 r/min）。

E.2.2.5 将上清液转移至另一离心管内，加入三分之二体积预冷的异丙醇，－20 ℃放置 30 min，4 ℃离心 25 min（3 500 r/min～4 000 r/min），用灭菌牙签小心挑出絮状沉淀转入另一管中用 70%乙醇洗涤两次。

E.2.2.6 弃上清液，干燥约 30 min 溶于 200 μL 1×TE 中。

E.2.2.7 加入 2 μL RNase（10 mg/mL）于 37 ℃消化 2 h。

E.2.2.8 加入等体积的 Tris 饱和酚：三氯甲烷：异戊醇（25：24：1）轻轻混匀于 4 000 r/min 离心 15 min。

E.2.2.9 将上清液转移到另一离心管中，加入等体积三氯甲烷，轻柔混匀后 4 000 r/min 离心 15 min。

E.2.2.10 上清液转移到另一离心管中，加入十分之一体积的 3 mol/L 乙酸钠（pH5.2），混匀后加入 2 倍体积预冷的无水乙醇。

E.2.2.11　轻轻混匀，放置在－20 ℃ 30 min，4 ℃离心 25 min(3 500 r/min～4 000 r/min)，挑出沉淀用 70%乙醇洗涤两次干燥后加入 100 μL 1×TE 溶解，保存于－20 ℃备用。

E.2.2.12　DNA 质量检测及浓度测定：0.8%琼脂糖胶电泳检测或用紫外分光光度计测定 260 nm 和 280 nm 处吸收值，根据公式：DNA 纯度＝OD_{260}/OD_{280}（1.7～1.9 为 PCR 级）DNA 浓度（μg/mL）＝ 50×OD_{260}测定核酸的纯度和浓度后，取适量样品用 1×TE 稀释为 50 ng/μL 保存备用。

"S"缓冲液：

1 mol/L　Tris-HCl(pH8.5)	50 mL	100 mmol/L
5 mol/L　氯化钠	10 mL	100 mmol/L
0.5 mol/L　EDTA(pH8.0)	50 mL	50 mmol/L
2% SDS	50 mL	2%

定容至 500 mL

对于种子样品的模板 DNA 提取：称取 2 g 粉样于 10 mL 离心管中，加入 5 mL CTAB 裂解液（含适量 RNA 酶），混匀，60 ℃水浴振荡保温 1 h；2 000 r/min 离心 5 min；取上清液，加等体积三氯甲烷/异戊醇（体积比：24/1）混匀，静置 5 min 8 000 r/min，离心 5 min；取上清液，加 0.65 倍体积的异丙醇，混匀，12 000 r/min 4 ℃离心 10 min，弃上清液，加 500 μL 70%冰乙醇洗涤一次，12 000 r/min 4 ℃离心 5 min；弃上清液，将沉淀晾干，加入 50 μL TE，溶解沉淀（4 ℃过夜，或 37 ℃保温 1 h）；此即为总 DNA 提取液（浓度测定方法同上）。

也可用相应市售 DNA 提取试剂盒提取模板 DNA。

建议将 PCR 反应液分装成小包装，每次取部分进行反应测试，其余溶液保存在－20 ℃。

E.2.3　引物合成

Primer 1　　5'-tgcaacttct agctgctcga-3'

Primer 2　　5'-gcatccgatcttgatggg-3'

PCR 产物大小为 113 bp，为稻属 DNA 的特异性扩增引物。

Primer 3　　5'-cgaaatcggtagacgctacg-3'

Primer 4　　5'-ggggatagagggacttgaac-3'

PCR 产物大小为 614 bp，为绿色植物 DNA 扩增的通用引物。

E.2.4　PCR 反应

本方法中，PCR 反应的总体积为 25 μL，反应体系见表 E.1。可以在不改变试剂浓度的情况下，适当扩大反应体系。

表 E.1　PCR 反应体系

试　剂	终浓度	加样体积/μL
样品 DNA	10 ng～50 ng	1
水		16.7
10×PCR 缓冲液（不含 $MgCl_2$）	1×	2.5
氯化镁溶液，25 mmol/L	2.0 mmol/L	2.0
dNTP 溶液，10 mmol/L	0.2 mmol/L	0.5

表 E.1 PCR 反应体系(续)

试　剂	终浓度	加样体积/μL
正义引物,10 μmol/L	0.4 μmol/L	1
反义引物,10 μmol/L	0.4 μmol/L	1
Taq DNA 聚合酶,5 U/μL	1.5 U	0.3
注:如 PCR 缓冲液中已经含有 $MgCl_2$,则 $MgCl_2$ 在反应混合液的终浓度应调整为 2.0 mmol/L。		

反应条件为:先 95 ℃,变性 5 min;然后按 94 ℃ 30 s,60 ℃ 30 s,72 ℃ 1 min 进行循环,循环 30 次;最后在 72 ℃,延伸 10 min。反应结束后,取 10 μL PCR 产物进行琼脂糖电泳。

E.2.5 琼脂糖电泳

将 TAE 和电泳级琼脂糖按 1.5%(质量浓度)配好,加入 SYBR® Green Ⅰ核酸染料终浓度为 0.5 μg/mL,混匀,制胶。用适量的(约 2 μL~3 μL)6×加样缓冲液分别与 10 μL 样品混合,然后将其和适合的 DNA 分子量标准物分别加入到样品孔中,电泳。结束时将整个胶置于凝胶成像仪上观察。

E.2.6 结果判断

通过成像观察,若有相应大小的两条产物带都出现,即可判定为阳性(检测样品为稻属植物);仅出现 614 bp 的带(为稻属以外的其他植物)或无任何扩增带出现(非绿色植物),判定为阴性。

检测时应做平行实验,两份平行测试样品的结果应该保持一致。如果一个测试样品的结果为阳性而另一个为阴性时,应重新进行检测。可通过增加 PCR 反应中 DNA 的模板量,使两份平行测试样品的结果一致。所检测目标片段出现扩增,且 PCR 产物经过确证,所有对照结果正常,结果判定为阳性;所检测目标片段未出现扩增,所有对照结果正常,结果判定为阴性。

E.3 聚合酶链式反应-限制性片段长度多态性(PCR-RFLP 法)检测

E.3.1 原理

本方法是基于对稻属 Adh 基因 PCR 扩增的基础上进行限制性酶切,根据酶切带型对所有十个水稻基因组(A,B,BC,C,CD,E,F,G,HJ 和 HK)进行快速、可靠的鉴定。

E.3.2 Adh1 和 Adh2 基因的 PCR 扩增

DNA 的提取方法同 E.2.2。

Adh1 和 Adh2 基因的通用正义引物,AdhF1:5'-CACACCGACGTCTACTTCTG-3'。

Adh1 基因的反义引物,Adh1bR:5'-TCAGCAAGTACCTAAATTATC-3',稻属植物 Adh1 基因扩增片段的范围(图 E.1,内含子 2~7 的区域):1.8-2.0 kb。

Adh2 基因的反义引物,Adh2RR:5'-CCACCGTTGGTCATCTCAAT-3',稻属植物 Adh2 基因扩增片段的范围(图 E.1,内含子 2~7 的区域):1.8-2.4 kb。

本方法中,PCR 反应的总体积为 25 μL,反应体系见表 E.2。可以在不改变试剂浓度的情况下,适当扩大反应体系。

表 E.2 PCR 反应体系

试 剂	终浓度	加样体积/μL
样品 DNA	20 ng/μL	1
水		18.3
10×PCR 缓冲液(不含 $MgCl_2$)	1×	2.5
氯化镁溶液,25 mmol/L	1.5 mmol/L	1.5
dNTP 溶液,10 mmol/L	0.2 mmol/L	0.5
正义引物,10 μmol/L	0.2 μmol/L	0.5
反义引物,10 μmol/L	0.2 μmol/L	0.5
Taq DNA 聚合酶,5 U/μL	1.0 U	0.2
注:如 PCR 缓冲液中已经含有 $MgCl_2$,则 $MgCl_2$ 在反应混合液的终浓度应调整为 1.5 mmol/L。		

反应条件为:先 70 ℃,变性 4 min;然后按 94 ℃ 1 min,56 ℃ 30 s,72 ℃ 1.5 min 进行 3 次循环,然后按 94 ℃ 20 s,55 ℃ 20 s,72 ℃ 1.5 min 进行循环 30 次;最后在 72 ℃,延伸 10 min。反应结束后,取 10 μL PCR 产物进行 1%胶浓度的琼脂糖电泳。

E.3.3 不同基因组 PCR 产物的酶切分析

对 GenBank 中 23 种稻属植物的 Adh 基因(GenBank 编号为 AF148568—AF148635)进行限制性酶切位点分析,选择用于 RFLP 分析的、能区分不同基因组的保守位点,如图 E.1 所示:

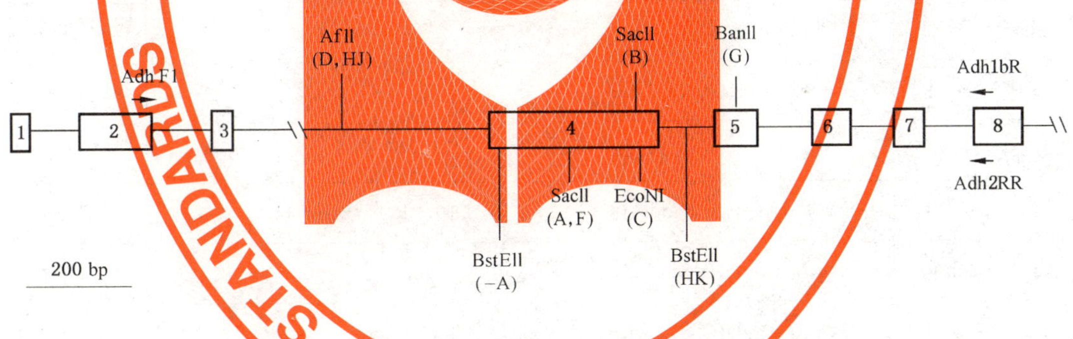

图 E.1 稻属植物 Adh 基因的五种限制性酶切位点图

10 μL 酶切反应体系,取 2 μL~5 μL PCR 产物,用 2U 的限制性内切酶在最适反应条件下进行完全酶切。

E.3.4 琼脂糖电泳

将酶切的 PCR 产物通过加入 SYBR® Green Ⅰ 核酸染料的、1.4%的 TBE 琼脂糖电泳分离,用凝胶成像仪对其紫外灯下成像。

E.3.5 结果判断

酶切结果与所鉴定的稻属基因组类型对应关系如表 E.3,电泳结果如图 E.2。

表 E.3 两种 *Adh* 基因与限制性内切酶的组合及其在稻属基因组鉴定上的应用

编号 No.	组合 Combination	稻属基因组和其酶切带型(数量、大小) Target genome and its identification	其他基因组带型 Other genomes
1	Adh1+*Tth*111 Ⅰ	A,one band	Two or three bands
2	**Adh2+*Sac* Ⅱ**	A and F,two bands(0.80-0.82,0.89-0.91 for A;0.83,1.53 for F)	One band
3	Adh1+*Dra* Ⅰ	A and B,two bands(0.20-0.21,1.68-1.69 for A;0.22,1.70 for B)	One band
4	**Adh1+*Sac* Ⅱ**	B,two bands(0.66,1.25)	One band
5	Adh1+*Fau* Ⅰ	B,two bands(0.66,1.25)	One band
6	Adh2+*Hpa* Ⅰ	B,two bands(0.42,1.26)	One band
7	Adh1+*Eco*0109 Ⅰ	B and HJ,two bands(0.73,1.19 for B;0.25,1.49 for HJ)	One band
8	Adh1+*Ppu*M Ⅰ	B and HJ,two bands(0.73,1.19 for B;0.25,1.48 for HJ)	One band
9	Adh2+*Eco*R Ⅰ	B,C,and G,two bands(0.19,1.49 for B;0.62-0.63,1.06-1.07 for C;0.17,1.52 for G)	One band
10	**Adh2+*Eco*N Ⅰ**	C,two bands(0.66,1.04)	One band
11	**Adh1+*Afl* Ⅱ**	D(E)and HJ,two bands(0.62-0.69,1.11-0.14 for D(E);0.76,1.04 for HJ)	One band
12	Adh1+*Mme* Ⅰ	D(E),one band	Two or three bands
13	Adh1+*Sap* Ⅰ	F,two bands(0.63,1.17)	One band
14	Adh1+*Hgi*A Ⅰ	F,two bands(0.15,1.65)	One band
15	Adh2+*Swa* Ⅰ	F and HK,two bands(0.37,1.99 for F;0.21,1.72 for HK)	One band
16	**Adh1+*Ban* Ⅱ**	G,two bands(0.56,1.07)	One band
17	Adh1+*Avr* Ⅱ	G,two bands(0.37,1.26)	One band
18	Adh2+*Bst*B Ⅰ	G,one band	Two bands
19	Adh2+*Pvu* Ⅱ	G and HK,one band	Two or three bands
20	Adh1+*Eco*R Ⅰ	HJ,two bands(0.23,1.57)	One band
21	Adh1+*Bst*E Ⅱ	HJ,one band	Two or three bands
22	**Adh2+*Bst*E Ⅱ**	HK,four bands(0.34,0.56,0.79,1.68)	One or two bands

注:与 Adh 基因组合的黑体的限制性内切酶位点显示如图 E.1,在限制性酶切带型数量后,圆括号内数字显示的是每条带的大小(单位:kb)。

根据表 E.3 中酶切带型、大小的对应关系即可鉴定出稻属植物的基因组类型。

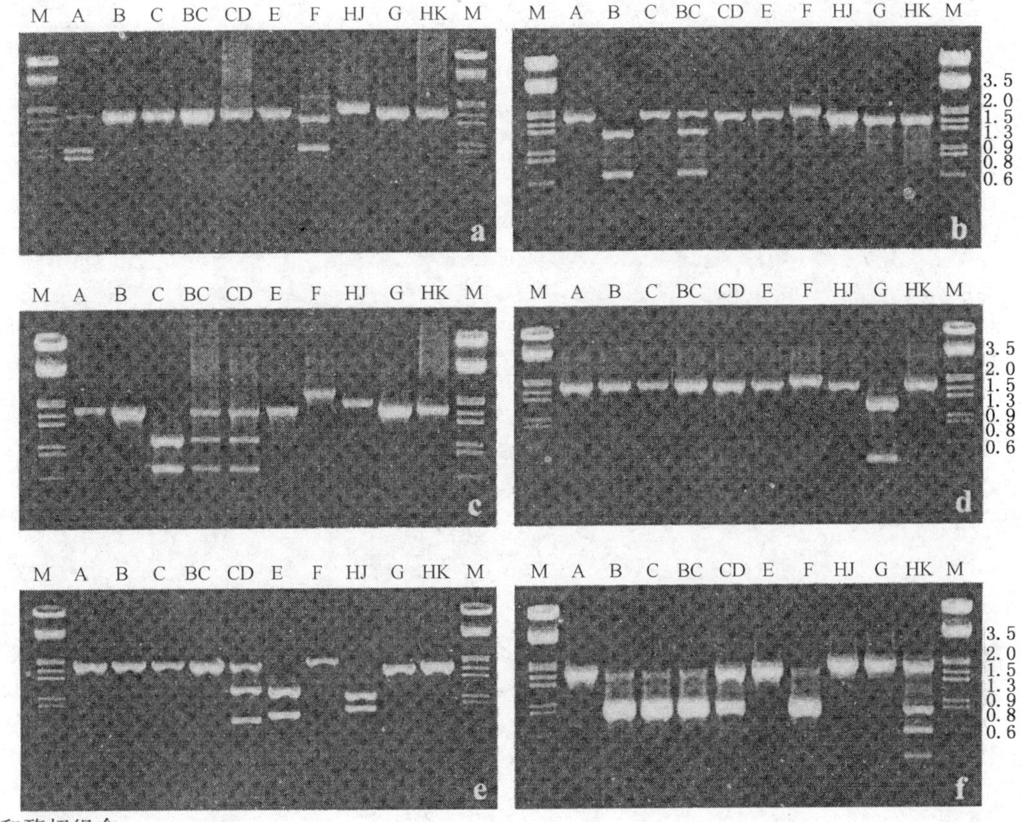

基因和酶切组合：

a——Adh2+*Sac* Ⅱ；

b——Adh1+*Sac* Ⅱ；

c——Adh2+*Eco*N Ⅰ；

d——Adh1+*Ban* Ⅱ；

e——Adh1+*Afl* Ⅱ；

f——Adh2+*Bst*E Ⅱ。

基因组类型所代表的稻属种类：*A*，*O. rufipogon*；*B*，*O. punctata*；*C*，*O. officinalis*；BC，*O. minuta*；CD，*O. alta*；E，*O. australiensis*；F，*O. brachyantha*；G，*O. granulata*；HJ，*O. ridleyi*；

HK，*O. schlechteri*. M，分子量 Marker，大小(kb)

图 E.2 PCR 扩增 Adh 基因经限制性内切酶酶切图

E.4 结果表述

样品 PCR 法检测为阳性，可判定为稻属植物。样品经 PCR-RFLP 法进一步检测，根据带型、大小的对应关系可鉴定出稻属植物的基因组类型。